工业和信息化部“十四五”规划教材
安徽省一流教材

信号与系统

丁志中 刘 超 吴 玺 蒋薇薇 编著

電子工業出版社
Publishing House of Electronics Industry
北京·BEIJING

内 容 简 介

本书是工业和信息化部“十四五”规划教材，阐述了信号与系统的基本概念、核心原理和实用方法，主要包括连续时间与离散时间信号与系统的时域分析、频域分析、s 域分析、z 域分析、状态方程与 MIMO 系统等。

本书在内容阐述上加强离散时间系统的分析，揭示连续时间与离散时间系统的相互关系以及数字滤波器的核心原理；在体系建构上注重与当今技术发展的适配性，增加了对卡尔曼滤波、扩展卡尔曼滤波，以及人工神经网络、深度学习等技术领域的基本概念和核心原理的介绍。此外，本书给出了 Matlab 实践内容和程序示例，可作为与课程配套的实践教学课程内容。

本书可作为通信工程、电子信息工程、电子信息科学与技术等电子信息类专业的本科生教材。本书提供了多学时配置方案，可满足不同专业的不同需求，也可供研究生和有关科技工作者参考。

图书在版编目（CIP）数据

信号与系统 / 丁志中等编著. —北京：电子工业出版社，2023.12

ISBN 978-7-121-46844-5

Ⅰ. ①信… Ⅱ. ①丁… Ⅲ. ①信号系统-教材 Ⅳ. ①TN911.6

中国国家版本馆 CIP 数据核字（2023）第 239545 号

责任编辑：路　越　　文字编辑：孟泓辰
印　　刷：北京虎彩文化传播有限公司
装　　订：北京虎彩文化传播有限公司
出版发行：电子工业出版社
　　　　　北京市海淀区万寿路 173 信箱　邮编　100036
开　　本：787×1092　1/16　印张：29.25　字数：745.6 千字
版　　次：2023 年 12 月第 1 版
印　　次：2024 年 12 月第 2 次印刷
定　　价：69.00 元

凡所购买电子工业出版社图书有缺损问题，请向购买书店调换。若书店售缺，请与本社发行部联系，联系及邮购电话：（010）88254888，88258888。

质量投诉请发邮件至 zlts@phei.com.cn，盗版侵权举报请发邮件至 dbqq@phei.com.cn。

本书咨询联系方式：menghc@phei.com.cn。

前　　言

“信号与系统”是通信工程、电子信息工程、电子信息科学与技术等本科专业的核心课程。自恢复高考招生后，信号与系统教材在国内出版已四十余年。四十多年间，计算机、互联网和移动通信对世界经济和技术发展形成了强劲的推动。面对新一代信息技术、人工智能等新技术的发展，面对加强基础学科、新兴学科、交叉学科建设的需求，面对信号处理已全面数字化时代，需要对本课程教学内容作一点适配性调整，这是编写本书的主要动因。

作者 1989 年开始讲授信号与系统课程，先后参与《信号分析与处理》第一版和第二版的编写。三十余年的教学和科研实践，在本课程的内容和阐述方法上积攒了一些心得和感悟，希望与大家交流分享，这是编写本书的另一个动因。

本书的编写特点如下。

1．面向技术发展、加强基础学科和新兴学科的适配性调整

1）化解离散时间与系统的教学难点，将课程重点向离散域迁移

在当前及未来的电子与通信系统的设计和实现中，各种信号处理和变换都将尽可能在离散域完成。然而，与连续域相比，离散域信号与系统的分析一直是信号与系统课程的学习和讲授难点。这需要教材从编写和阐述上化解难点，实现课程教学的重点适度向离散域迁移。对此，本书在编写上采取了以下措施。

（1）加强离散傅里叶级数（DFS）、离散时间傅里叶变换（DTFT）和离散傅里叶变换（DFT）的概念阐述。理解实际应用中 DFT 相关技术所需的概念支撑，主要来源于信号与系统课程学习中对 DFT 的深入理解。化解 DFT 难点的关键有两点：一是从 DFS 开始建立离散频域的概念，降低概念入门的难度，同时，强调一个重要概念——DFT 本质上就是 DFS，与 DFT 关联的是周期序列；二是明晰与强调 DTFT 和连续时间傅里叶变换之间的关系、DFT 和 DTFT 之间的关系，因为这是离散频域学习之困难的另一个源点。

（2）化解数字滤波的教学难点，从“实用方法”角度阐述数字滤波。数字滤波器的相关内容很早被编入少数信号与系统类教材。然而，由于难度、学时等原因，实际教学中很少讲授。数字滤波成为教学难点主要有两方面原因：一是离散域频谱的概念更抽象，初学者难以真正理解数字滤波器与模拟滤波器频率响应之间的关系；二是双线性变换法涉及模拟滤波器的设计理论，并且双线性变换法的核心原理没有得到很好的诠释。

此外，本书将数字滤波拆分为三部分：脉冲响应不变法和 FIR 滤波器的设计（第 4 章）、模拟滤波器设计（第 5 章）、双线性变换法和 IIR 滤波器设计（第 6 章），使相关知识点衔接更紧密，也便于教学中尽早涉及数字滤波器的相关内容。

2）针对培养拔尖创新人才的需求，在合理的前提下，第 7 章引入新内容

（1）基于矢量和矩阵的离散序列运算是当今信号与信息处理的重要形式，保留状态方程的传统讲授内容仍有一定的意义。然而，真正使状态方程描述获得广泛认可且具有极强吸引力的是卡尔曼滤波。更需关注的是，卡尔曼滤波在当今的机器学习中又获得新应用。经典卡尔曼滤波的拓展形成了贝叶斯滤波框架，在此框架下的扩展卡尔曼滤波、无迹卡尔曼滤波等技术已经成为统计机器学的基本内容。本书将卡尔曼滤波及相关内容纳入本科生核心课程教学，以适应拔尖人才培养的需求。

（2）人工智能是当今极具发展前景的技术。开源工具和平台激发了本科学生开展相关科研实践的热情。另外，卷积和多输入多输出系统也是信号与系统课程的重要议题。因此，本书对人工神经网络和深度学习的基本原理进行了介绍，为学生的科研实践奠定概念基础。

必须说明，第 7 章在一定程度上突破了信号与系统的经典讲授内容框架，有利有弊。

3）从“解算能力”向“工具应用能力”适度迁移

当今，基于计算机和网络的各种平台与应用为研究和研发提供了强大的支撑，加强工具应用能力培养的需求越来越强烈。对此，本书每章最后增加了 Matlab 实践，可以供学生自学，也可以作为与课程配套的实践教材使用。

4）将部分内容移出讲授范围

例如，时域分析中不再介绍系统响应的微分方程和差分方程求解方法。将系统响应求解问题纳入更为方便严谨的 s 域和 z 域分析中。

2．部分内容或知识点阐述方式的调整与改进

信号与系统被普遍认为是一门“难学”的课程，学习过程中会出现很多概念上的困惑。除上述化解难点措施之外，本书在很多知识点上力图提供深入浅出的阐述和新的诠释。

1）单边变换和双边变换

在信号与系统教材中，拉普拉斯变换的介绍一般给出单边变换和双边变换两种定义。多数教材以讲授单边变换为主，这一阐述体系可以避开系统响应求解中不需涉及的问题，但让初学者在单边变换和双边变换之间形成了很强的概念隔离。本书对拉普拉斯变换的理解视角进行了调整，明晰“拉普拉斯变换只有一个”的概念。

2）时域抽样定理的结论

对于抽样频率问题，很多文献给出的结论是 $f_s \geqslant 2f_{max}$。事实上，这个结论是有条件的。对于单一频率正弦信号的抽样应该是 $f_s > 2f_0$，不能取等号。本书给出了相对详细的阐述，参见 3.5.1 节。

3）卷积积分和卷积和的计算

借助作图求卷积的方法几何意义清晰，但多数初学者会感到绘图过程不易掌握且易错。本书给出了借助阶跃函数确定卷积上下限的方法，简化了求解过程。

4）傅里叶变换的物理意义解释

学习信号与系统一个最重要的目的是建立信号频谱和系统频谱的概念。然而，初学者对 $X(\omega)$ 的接受和理解总有难度。本书相对深入地讨论了正确理解 $X(\omega)$ 所需的重要概念，参见 3.3.5 节和 4.2.4 节。

5）关于圆周移位

“圆周移位”概念的引入，虽然使有限长序列的分析理论自成体系（避免其涉及无限长周期序列），但在 DFT 和 DFS 之间形成了不该有的隔离，增加了学习难度。参见 4.3.3 节。

书中还有一些细节问题的处理，这里不再一一赘述。

3．关于字体和编排的设计

一本可以自学的教材，不仅需要对学科知识进行介绍，也需要与读者有思维的交流，例如交代一些背景概念、注意事项，甚至是记忆方法等。为了使这些“插入性”内容不影响主线内容阐述的连贯性，本书采用了两种字体。楷体内容定义为“自我阅读”内容，用于叙述主线中的插入性介绍和Matlab实践部分。

本书对一些公式进行了“加框”，以表示该公式可以作为记忆重点，供初学者参考。加框的准则是“重要、分析求解中常用、有一定记忆难度”。

本书中经典信号与系统内容的讲授学时约为64学时，可根据专业特点和学时要求形成48学时或32学时的讲授方案。也可构成一门96学时的深度讲授课程，或64学时+32学时的两门课程（64学时本科必修+32学时本科选修；或64学时本科必修+32学时研究生课程）。表1和表2举例说明了几种学时分配方案和内容选择考虑，仅供参考，需要任课教师根据教学对象的特点进行适当调整，或构建新方案。

表1　学时分配方案举例

方案	一	二	三	四	五	六	七	八
主要教学需求	典型讲授	加强离散	引入新技术	新工科与应用	重点讲授	频域分析	系统分析	深讲/2门课
第1章	6	6	4	4	4	2	2	6 / 6+0
第2章	8	6	4	6	4	2	2	14 / 8+6
第3章	16	12	12	8	7	12	5	18 / 16+2
第4章	12	18	12	8	5	12	5	18 / 12+6
第5章	14	10	10	4	5	2	10	18 / 14+4
第6章	8	12	10	6	3	2	8	12 / 8+4
第7章			12	12	4			10 / 0+10
合计学时	64	64	64	48	32	32	32	96 / 64+32

表2　教学方案的学时分配和内容选择考虑

方案	学时分配和内容选择考虑
一	该方案注重信号与系统课程的经典内容讲授：时域分析与卷积、三大变换；可不涉及模拟滤波、数字滤波、DFT的深入讨论和FFT的介绍，也不涉及第7章卡尔曼滤波和人工神经网络等新技术的讲授
二	该方案更加强调离散时间信号与系统的学习，强化DFS、DTFT、DFT讲授，引入模拟滤波和数字滤波的教学内容。在该方案下，如果再额外配置8学时的Matlab实践教学，可以获得更好的教学效果
三	该方案用一定的学时介绍卡尔曼滤波、人工神经网络和深度学习所涉及的基本概念和核心原理。在64总学时的约束条件下，需要适度省略一些经典教学内容的讲授，省略的内容可由学生自学。第7章内容有一定的难度。该方案教学要求较高，适合基础较好的教学对象
四	该方案主要面向新工科与应用，其教学需求是：了解信号与系统的基础内容，了解新技术领域所涉及的基本概念和核心原理
五	该方案是方案三的简介版，适合对信号与系统课程讲授内容深度和广度要求不高的教学对象
六	傅里叶分析在很多领域的数据或信号分析中获得应用，若干专业需要学生建立频域分析的概念，掌握频域分析的基本方法。面向这一需求，可以形成一个少学时的本科或研究生教学方案，着重介绍连续和离散时间频域分析，建立信号频谱和系统频率响应函数的基本概念。表中的32学时方案仅为举例
七	如果教学需求是希望学生了解系统函数、系统分析和设计相关的概念与方法，可形成相应的少学时讲授方案。表中的32学时方案仅为举例
八	对于有些专业或教学对象，全面深入地讲授本书所介绍的内容，不失为一种高收益的教学方案，可采用如下两种讲授和课程设置形式： 第一种是按阐述顺序形成一门96学时的课程（可安排在两个学期），其学时分配可参考表1中左列方案； 第二种是按课程内容的难度组建为两门课程：64学时+32学时。学时分配可参考表1中右列方案，其中32学时课程可以是本科生选修课程，也可以是研究生课程。

本书第 1、3、4、7 章的主体内容和第 2、5、6 章的部分内容由丁志中编写；第 2 章主体内容由吴玺编写；第 5 章主体内容和第 3 章少量内容由刘超编写；第 6 章主体内容由蒋薇薇编写。第 1、4、6、7 章 Matlab 实践由丁志中编写，其余章节 Matlab 实践由刘超编写。全书由丁志中负责编写立意和统稿，插图主要由刘超负责完成。

本书提供课程教学配套的电子课件、课后习题参考答案、Matlab 程序源代码及全书内容索引，请扫描下方二维码或登录华信教育资源网（www.hxedu.com.cn）下载。

孙燕实、郭艳蓉、贾璐、姜烨、周墨淼、王定良、庄硕等教师多次与作者进行了交流和讨论，简三贵、王璿、韩旭、宋晨宇、李晨等同学参与了本书的阅读校对工作，电子工业出版社孟泓辰编辑等为本书的出版做了大量的工作。在此一并表示诚挚的谢意。

由于作者水平有限，难免存在疏漏与不妥之处，恳请读者批评指正。

电子邮箱：zzding@hfut.edu.cn；sigsys@hfut.edu.cn

丁志中

2023 年 6 月 28 日　于翡翠湖畔

目　　录

第 1 章　信号与系统导论

1.1　信号的概念

1.1.1　信号的定义和描述

广义来说，信号是对事物本身或其状态变化的一种描述，它承载了该事物的某种特性和信息。信号的具体形式通常是某种物理量随时间和空间的变化，如光信号、电信号、声信号等，其中电信号是应用最广的信号形式。所谓电信号常常是指随时间变化的电压、电流或电磁波等。

日常生活中，我们常常听到或使用信号一词，如电视信号、广播信号、手机信号、WiFi 信号、语音信号、图像信号、雷达信号、卫星信号等。例如，图 1.1(a)是钢琴演奏音阶 $1234567\dot{1}$（do,re,mi,fa,sol,la,si,高音 do）时的实录信号，总时长约为 4733ms。图 1.1(b)和图 1.1(c)分别是将 30ms 时段内 fa 和高音 do 展开显示后的信号波形，可以看到实录的音阶信号的变化非常接近正弦波。事实上，纯音调信号就是用正弦信号定义的，对所有乐器都是相同的（例如，低音 mi 的频率定义为 330Hz，中音 mi 的频率是 660Hz，两者构成倍频关系），但不同乐器可以演奏出不同的音色。音色主要取决于信号所包含的频率成分，以及信号轮廓（术语称为信号包络）的变化规律。图 1.1(d)绘出的是这段钢琴音阶信号的包络。如果这段音阶信号通过中波 AM 广播电台发送出去，那么传输到发射天线上的信号波形类似于图 1.1(e)所示（注意它只对应 1770～1785ms 的音阶信号）。从图 1.1 中我们可以获得对信号的直观认识。

为了便于理论分析，必须对各种形式的信号进行抽象的数学描述。因此在信号与系统学科中，<u>信号被定义为一个自变量或多个自变量的函数</u>，函数的曲线或几何图像即信号波形。在很多情况下，信号和函数两个术语具有相同的含义。

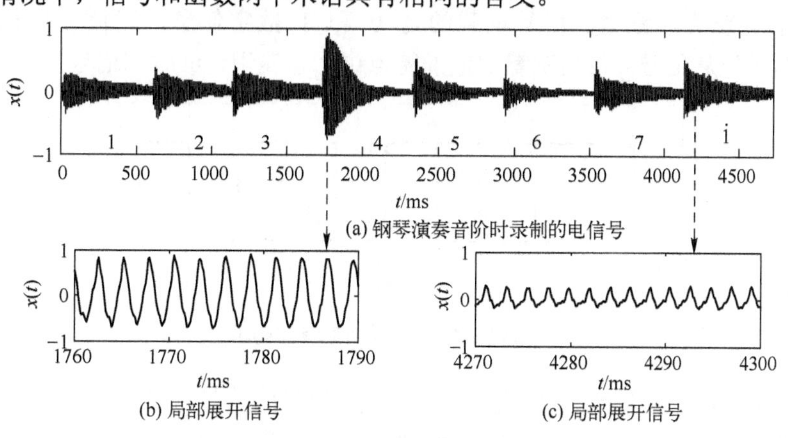

(a) 钢琴演奏音阶时录制的电信号

(b) 局部展开信号

(c) 局部展开信号

图 1.1　音阶信号的直观展示

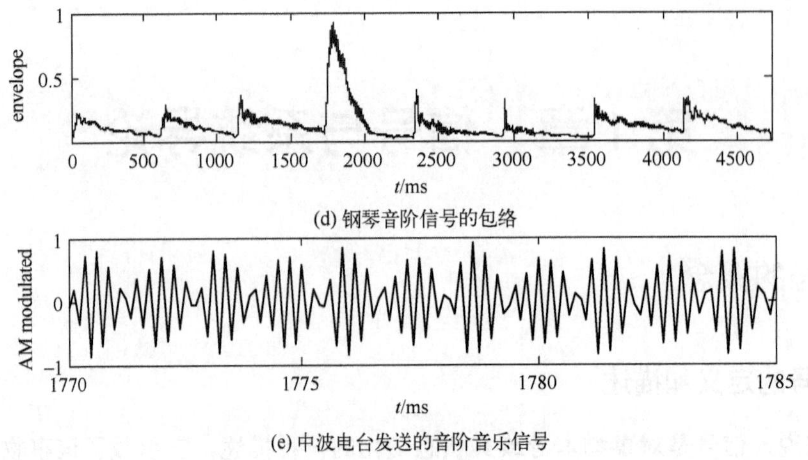

(d) 钢琴音阶信号的包络

(e) 中波电台发送的音阶音乐信号

图 1.1 音阶信号的直观展示（续）

1.1.2 信号的分类

对于具有不同特点的信号或函数，一般需要采用不同的分析方法。这些特点通常就是信号分类的一个区分准则。从分析需要出发，一般将信号分为连续时间信号（Continuous-time Signal）和离散时间信号（Discrete-time Signal）、周期信号（Periodic Signal）和非周期信号（Non-periodic Signal）、确定性信号（Deterministic Signal）和随机信号（Random Signal）等。

1．连续时间信号和离散时间信号

如果信号自变量的取值是连续的，则称为连续时间信号，可记为 $x(t)$。

由于录音麦克风连续地将声音转变为电信号，因此图 1.1 给出的钢琴录音信号是连续时间信号的一个例子。很多将光、压力、温度转变为电信号的光电传感器、压电传感器和温度传感器输出的信号都是连续时间信号，这类连续时间信号的特点是其函数的取值也是连续的，或者说有无穷多个取值状态，习惯上称为模拟信号（Analog Signal）。还有一类连续时间信号，其函数的取值状态是有限的、不连续的。例如计算机局域网中两台计算机传输数据时，在网线上传输的是曼彻斯特编码（Manchester Coding），波形类似图 1.2，其函数取值只有正、负两个电平值。因这类信号承载的是 0 和 1 数字信息，习惯上也称为数字信号（digital signal），但从信号波形自变量取值的特点讲，它属于连续时间信号。

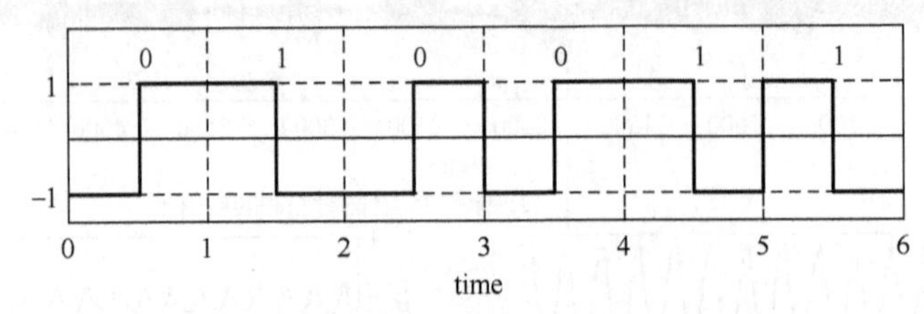

图 1.2 局域网中传输的曼切斯特编码信号波形

如果自变量只能在离散的点上取值，则称为离散时间信号，可记为 $x[n]$。这里 n 只能取整数值。离散时间信号又常称离散时间序列（或离散序列、序列）。

离散信号源于两种应用情形。一种是事物本身或其状态变化需要用元素集合或序列的形式来描述。例如一个商场里的商品价格和商品序号之间的关系，自变量（商品序号）不可能在实数范围内连续取值。

另一种情况是为了利用计算机进行信号处理，在离散的时间点上对连续时间信号抽取样值（这一过程称为抽样），从而获得一个离散的时间信号。图 1.3 是每隔 T_s 秒对连续时间正弦信号 $x(t)$ 抽样后得到的离散时间序列 $x[n]$，即

$$x[n]=x(nT_s),\quad n=0,\pm1,\pm2,\cdots \tag{1-1}$$

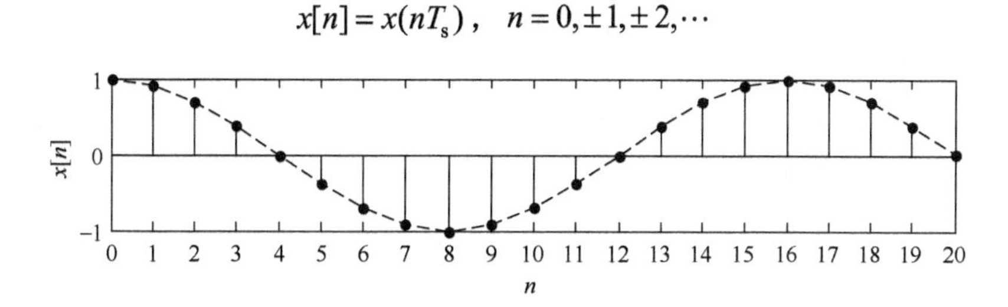

图 1.3　由连续时间正弦信号得到的离散时间正弦序列

需要注意的是，离散时间信号的自变量只能取离散点上的整数值，但函数值是可以连续取值的。

本书用圆括号（·）表示连续时间信号，方括号[·]表示离散时间信号。

2．周期信号和非周期信号

连续时间周期信号是在 $(-\infty,\infty)$ 区间每隔一定时间 T 按相同规律重复变化的信号，即连续时间周期信号满足

$$x(t-mT)=x(t)\quad (m=\pm1,\pm2,\cdots) \tag{1-2}$$

上式中最小的 T 值称为信号的最小周期，简称周期。连续时间正弦函数是典型的周期信号。

类似，离散时间周期序列满足

$$x[n-mN]=x[n]\quad (m=\pm1,\pm2,\cdots) \tag{1-3}$$

其中最小的整数 N 称为序列的最小周期，简称周期。图 1.4 是周期 $N=8$ 的方波周期序列。

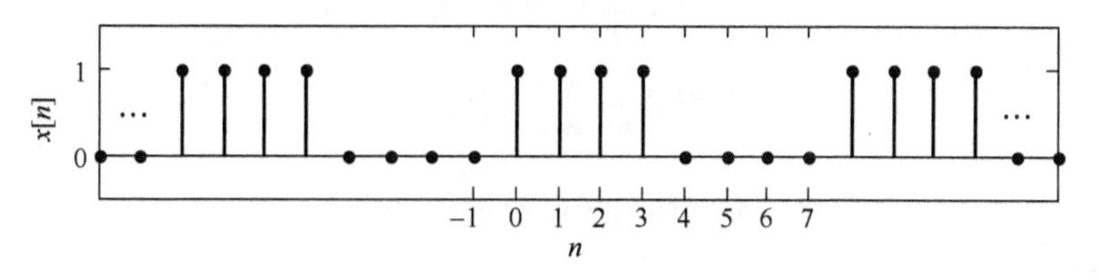

图 1.4　离散时间周期方波信号

需要注意的是，这里定义的周期信号必须在 $(-\infty,\infty)$ 区间满足式（1-2）或式（1-3），显然严格意义上的周期信号只在理论意义上存在。不满足周期信号定义的均为非周期信号。实际应用中只能在有限的时间内观测和记录信号（常简称为时限信号），当认为它们是周期信号时，是对观测或记录时段外的信号作了“假定”的延拓。

3．能量信号和功率信号

在很多应用中，常常需要判定有无信号的存在。例如，在语音监控录音系统中，为了节省存储空间，只在判定有声音信号存在时才存储数据。又如，在总线结构的计算机局域网中，多台计算机挂接在同一条网线上，当其中一台计算机准备发送数据时，需要检测线上是否有其他计算机正在传输数据，以避免冲突。判定有无信号的一个常用方法是检测线上的信

号能量或功率是否超过设定的门限值。

连续时间信号和离散时间信号的能量定义分别为

$$E=\int_{-\infty}^{\infty}|x(t)|^2\,\mathrm{d}t \tag{1-4}$$

$$E=\sum_{n=-\infty}^{+\infty}|x[n]|^2 \tag{1-5}$$

平均功率是单位时间上的能量。由于信号是定义在$(-\infty,\infty)$区间上的，因此整个信号的平均功率定义需采用极限的形式表述，即

$$P=\lim_{T\to\infty}\frac{1}{2T}\int_{-T}^{T}|x(t)|^2\mathrm{d}t \tag{1-6}$$

$$P=\lim_{N\to\infty}\frac{1}{2N+1}\sum_{n=-N}^{N}|x[n]|^2 \tag{1-7}$$

对于实数信号，上述定义式中的$|\cdot|$表示绝对值运算；对于复变函数信号，则表示复数的模。在不会引起含义混淆的情况下，本书中将信号的平均功率简称为信号功率。信号能量和信号功率是信号整体特性的一种度量。

所谓能量信号（Energy Signal），即按照式（1-4）或式（1-5）计算的信号能量满足$E<\infty$。能量信号的典型例子是有限时长信号。

所谓功率信号（Power Signal），即按照式（1-6）或式（1-7）计算的信号功率满足$P<\infty$。功率信号的典型例子是常见的周期信号。

由式（1-6）或式（1-7）的极限运算可以看出：由于能量信号的$E<\infty$，因此其功率$P\to 0$。由于功率信号的功率P不为无穷小，其在无穷大区间上的能量$E\to\infty$。

对于周期信号，信号在$(-\infty,\infty)$区间上的平均功率等于信号在一个周期内的平均功率，因此其功率计算可以简化为

$$P=\frac{1}{T}\int_{T}|x(t)|^2\mathrm{d}t \tag{1-8}$$

$$P=\frac{1}{N}\sum_{n=\langle N\rangle}|x[n]|^2 \tag{1-9}$$

其中$\int_{T}(\cdot)$和$\sum_{n=\langle N\rangle}(\cdot)$表示在任意一个周期内的积分或求和。

实际应用中的信号都是有限时长的，在有限时段内的信号能量定义为

$$E=\int_{t_1}^{t_2}|x(t)|^2\mathrm{d}t \tag{1-10}$$

$$E=\sum_{n=n_1}^{n_2}|x[n]|^2 \tag{1-11}$$

有限时段内的信号平均功率等于其能量除以时段的宽度。

需要注意的是，将信号分为能量信号和功率信号并不是一种完备的分类，因为至少在理论上存在着一类信号，它既不满足能量有限条件，也不能满足功率有限条件，即既不属于能量信号，也不属于功率信号。例如$x(t)=\mathrm{e}^{-at}\ (-\infty<t<\infty)$，其能量和功率均为无穷大。

无穷小和无穷大往往给数学分析带来困难，因此信号分析中常需要区分能量信号和功

率信号，以便寻找适合的分析和计算方法。

【例 1-1】 求下列信号的能量和功率。

（1）图 1.4 所示的离散时间周期方波信号；

（2）$x(t)=\mathrm{e}^{-a|t|}$，$a>0$，$-\infty<t<\infty$。

【解】（1）周期信号的能量 $E\to\infty$；$P=\dfrac{1}{N}\sum_{n=\langle N\rangle}|x[n]|^2=\dfrac{1}{8}\sum_{n=0}^{3}1^2=\dfrac{1}{2}$

（2）$E=\int_{-\infty}^{0}x^2(t)\,\mathrm{d}t+\int_{0}^{\infty}x^2(t)\,\mathrm{d}t=\int_{-\infty}^{0}(\mathrm{e}^{at})^2\,\mathrm{d}t+\int_{0}^{\infty}(\mathrm{e}^{-at})^2\,\mathrm{d}t=\dfrac{1}{a}$；$P\to 0$

【例毕】

4．一维信号和多维信号

在前面出现的信号例子中，信号值都是单个自变量的函数，称为一维信号（One-dimensional Signal）。如果信号值是两个或多个自变量的函数，则称为二维（Two-dimensional Signal）或多维信号（Multiple-dimensional Signal）。

离散时间二维信号的典型例子是灰度图像信号，它可以表示为 $x[n,m]$，其中 $[n,m]$ 表示一个像素在平面上的坐标位置，x 表示该像素的灰度值。图 1.5(a)是一个 32×32 像素的灰度图像（加注了横纵坐标 n, m），最小灰度值为 0（黑色），最大灰度值为 255（白色）；图 1.5(b)是用和一维离散时间信号类似的表示方法绘制的灰度值二维信号波形。

在理解了灰度图像的构成后，通常不需要图 1.5(b)的表示方法，因为通过视觉直接从原始图像上感受灰度值比图 1.5(b)更为清晰和直观。

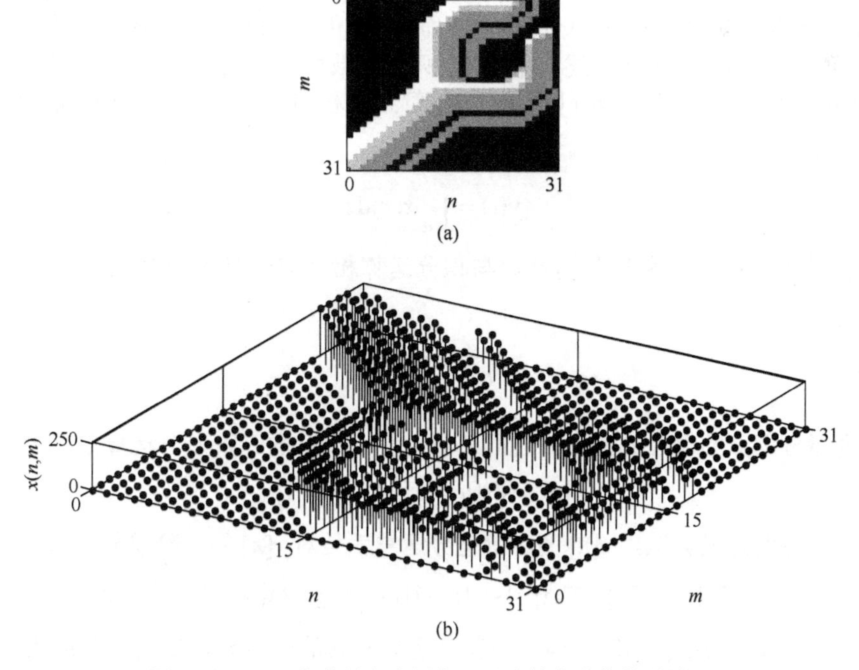

图 1.5　32×32 像素的灰度图像及对应的灰度值信号波形

5．确定性信号和随机信号

客观自然界中的很多信号都可以用一个确定的连续或离散函数进行描述，继而进行理论分析，这类信号称为确定性信号。所谓“确定”是指能够确切知道信号在每个时间点上的取值。从严格意义上讲，确定性信号是指那些函数取值能够用数学表达式进行描述的信号。然而，应用中还存在很多信号，它在某一时刻的信号取值是不确定的，至多能知道该时刻取某个值的可能性大小，称其为随机信号。例如，电子仪器中由于热噪声产生的信号输出、手机通信系统中无线电杂波在手机天线上产生的信号等，都可以用随机信号的模型进行描述。为了分析这类信号，可以借助概率论和随机过程等数学工具。

值得注意的是，一个信号是确定性信号还是随机信号，并不是绝对的，可以根据理论分析所要解决问题的需要而假定，只要这一分析方法具有有效性和便捷性。例如语音信号、音乐信号、图像信号的分析，既有确定性信号的分析方法，又有随机性信号分析模型。

信号的分类还有其他方法，例如直流信号与交流信号、奇异信号和非奇异信号、时域信号与频域信号等，这些都将在后面章节中有所涉及。对于上面提及的信号分类，本书前六章的讨论将主要针对于连续时间和离散时间一维确定性信号。

1.1.3 信号的运算和独立变量变换

将信号通过某种运算或者变换而产生新的信号，是信号处理的基本手段和基本目的之一。独立变量变换会导致信号波形的变化，对这一变化过程的理解，有助于我们理解信号分析中的一些性质和方法。

1．信号的基本运算

信号被定义为函数，因此信号的基本运算也就是函数的基本运算。很容易理解连续时间信号相加、相乘、数乘（乘以一个常数）和微分的运算方法，它们分别对应于函数的相应运算，这里不再赘述。函数的积分在数学课程中分为不定积分和定积分，信号的积分运算定义为在 $(-\infty, t]$ 区间上的变上限积分，如一次积分运算如式（1-12）（高次积分类推）。

$$y(t)=\int_{-\infty}^{t} x(\tau)\mathrm{d}\tau \tag{1-12}$$

离散信号不存在微分和积分运算。与积分运算相对应的是离散时间信号的求和运算，其定义为

$$y[n]=\sum_{m=-\infty}^{n} x[m] \tag{1-13}$$

与连续时间微分运算相对应的是离散时间差分运算，$x[n]$ 的一阶差分运算定义为

$$y[n]=\nabla x[n]=x[n]-x[n-1] \tag{1-14}$$

与高阶微分运算的定义类似，$x[n]$ 的二阶差分运算就是对 $y[n]$ 的一阶差分，即

$$\nabla^2 x[n]=\nabla y[n]=\nabla(x[n]-x[n-1])=x[n]-2x[n-1]+x[n-2] \tag{1-15}$$

上面由 $x[n], x[n-1], x[n-2]\cdots$ 构成的差分运算称为后向差分，后向差分应用较多。如果用 $x[n], x[n+1]$ 定义一阶差分，则称为前向差分（为区分，用 Δ 表示）

$$y[n]=\Delta x[n]=x[n+1]-x[n] \tag{1-16}$$

【例 1-2】 已知离散时间信号 $x[n]$ 如下，试求 $\sum_{m=-\infty}^{n} x[m]$ 和 $\nabla x[n]$。

$$x[n]=\begin{cases}2^{-n} & n\geqslant 0\\ 0 & n<0\end{cases}$$

【解】 $\sum_{m=-\infty}^{n} x[m]=\sum_{m=0}^{n}2^{-m}=\frac{1-2^{-(n+1)}}{1-2^{-1}}=2-2^{-n}$, $\quad n\geqslant 0$

$$\nabla x[n]=x[n]-x[n-1]=\begin{cases}2^{-n}-2^{-(n-1)}=-2^{-n}, & n\geqslant 1\\ x[0]-x[-1]=1, & n=0\\ 0, & n<0\end{cases}$$

【例毕】

2．常见的自变量变换

信号平移（Time Shifting） 将信号 $x(t)$ 中的自变量 t 换为 $t-t_0$，则信号 $x(t-t_0)$ 相对于 $x(t)$ 构成了平移变换，简记为 $x(t)\to x(t-t_0)$。当 $t_0>0$ 时，$x(t-t_0)$ 的波形是 $x(t)$ 波形的右移，平移量为 t_0；当 $t_0<0$ 时，$x(t-t_0)$ 的波形是 $x(t)$ 波形的左移，平移量为 $|t_0|$。

【例 1-3】 信号 $x(t)$的波形如图 1.6(a)所示，分别画出 $t_0>0$ 和 $t_0<0$ 时的平移信号 $x(t-t_0)$。

【解】$t_0>0$ 时，信号波形向右平移 t_0，如图 1.6(b)所示。

$t_0<0$ 时，信号波形向左平移 t_0，如图 1.6(c)所示。

注意图 1.6(b)中 $x(t-t_0)$ 关键点坐标的标注规则：无论 $t_0>0$ 还是 $t_0<0$，只要是 $x(t-t_0)$ 的形式，平移后坐标 = 平移前坐标+t_0。例如平移前图 1.6(a)的端点坐标分别为 $-T_1$ 和 T_2，则平移后图 1.6(b)中的坐标分别为 $-T_1+t_0$ 和 T_2+t_0。

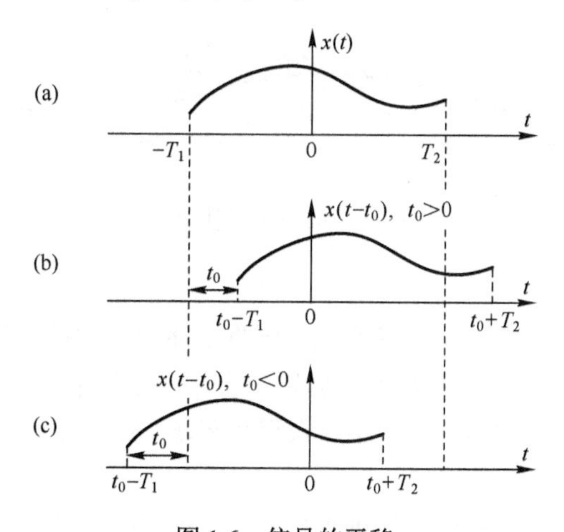

图 1.6 信号的平移

【例毕】

信号反转（reflection） 将信号 $x(t)$ 中的自变量 t 换为 $-t$，则信号 $x(-t)$ 相对于 $x(t)$ 构成了反转变换，简记 $x(t)\to x(-t)$。反转后信号波形与原信号波形关于纵轴对称。

【例 1-4】 信号 $x(t)$的波形如图 1.7(a)所示，画出信号 $x(-t)$。

【解】反转信号 $x(-t)$ 如图 1.7(b)所示。

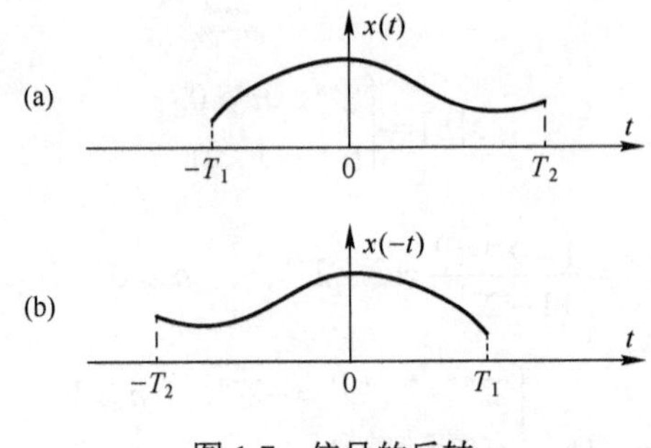

图 1.7 信号的反转

【例毕】

尺度变换（Time Scaling） 将连续信号 $x(t)$ 的自变量 t 换为 at（$a>0$），则称为尺度变换，简记为 $x(t)\to x(at)$。信号 $x(at)$ 的波形是 $x(t)$ 波形的压缩或扩展，所以尺度变换又称压扩变换。$a>1$ 时，信号波形被压缩；$a<1$ 时，信号波形被扩展。

【例 1-5】 信号 $x(t)$的波形如图 1.8(a)所示，画出信号 $x(2t)$和信号 $x(t/2)$。

【解】信号 $x(2t)$如图 1.8(b)所示，信号 $x(t/2)$如图 1.8(c)所示。

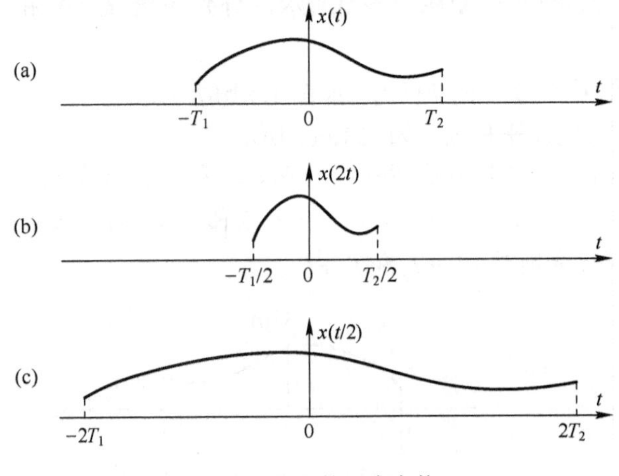

图 1.8 信号的尺度变换

【例毕】

对于离散时间序列的平移和反转变换，只要将上述叙述中的 t 换为 n 即可。

【例 1-6】 信号 $x[n]$如图 1.9(a)所示，画出信号 $x[n-3]$和 $x[-n]$。

【解】平移信号 $x[n-3]$如图 1.9(b)所示，反转信号 $x[-n]$如图 1.9(c)所示。

【例毕】

需要注意的是，由于离散时间序列的自变量 n 必须取整数值，因此离散信号的直接压扩无意义，必须另作定义，即所谓的序列的抽取和内插。序列的抽取和内插将在第 4 章中讨论。

在问题分析中，常会遇到上述三种变换的组合，即 $x(t)\to x(at-t_0)$（$a>0$ 或 $a<0$），下面以一例说明求解过程。

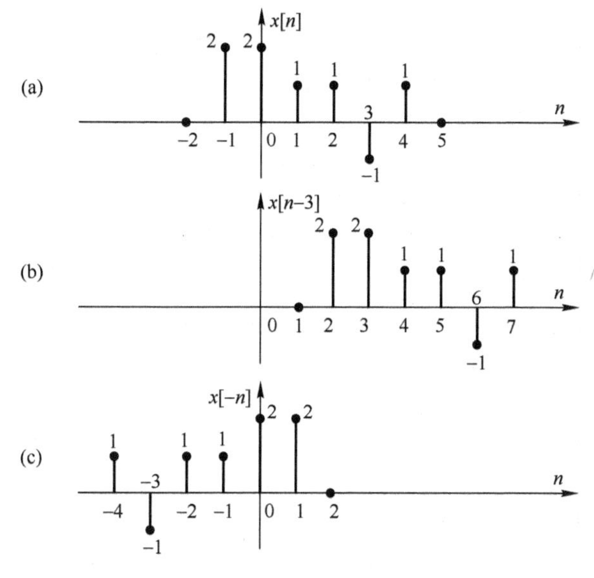

图 1.9　离散信号的平移和反转

【例 1-7】　$x(t)$ 和 $x[n]$如图 1.10 所示，试分别绘出 $x(2t-1)$ 和 $x[-n+1]$ 的波形图。

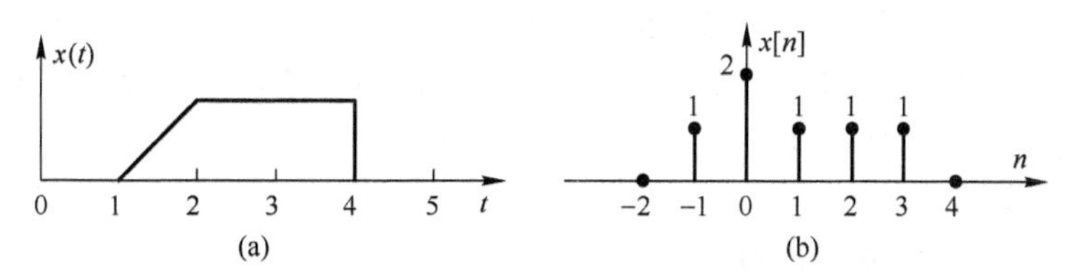

图 1.10　例 1-7 题图

【解】首先求 $x(t) \to x(t-1)$， $x[n] \to x[n+1]$ 的波形变换，如图 1.11(a)(b)所示。然后求 $x(t-1) \to x(2t-1)$， $x[n+1] \to x[-n+1]$，如图 1.11(c) (d)所示。

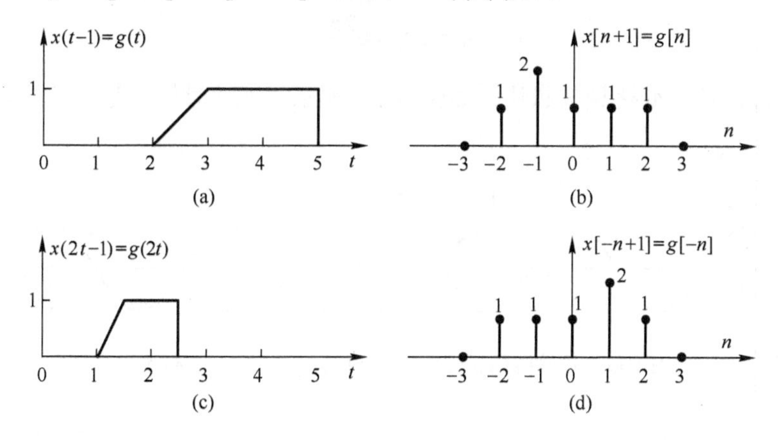

图 1.11　例 1-7 求解

若设 $g(t)=x(t-1)$，则 $g(2t)=x(2t-1)$，即 $x(2t-1)$ 和 $x(t-1)$ 之间构成波形压扩关系。若设 $g[n]=x[n+1]$，则 $g[-n]=x[-n+1]$，即 $x[-n+1]$ 和 $x[n+1]$ 之间构成反转关系。因此可以归纳出这样的规则：只要自变量前面的系数发生变化，则两个波形之间就构成了压扩关系；自变量前面的符号发生变化，则构成反转关系。基于这一规则，可以得到自变量变换求解的技巧：先作平移变换，后作压扩和反转变换。

当表示函数的符号不变时，自变量和函数取值的对应关系应该保持不变。例如，图1.10 (a)和图1.11(c)均使用 x 作为函数符号，则它们的自变量和函数值映射关系应该相同，在图1.10(a)中有 $x(1)=0$ 和 $x(2)=1$，在图1.11 (c)中也应该有 $x(1)=0$ 和 $x(2)=1$ 成立。现验证一个点：在图1.11(c)中 $t=1.5$ 时，$x(2t-1)=x(2)=1$，维持了映射关系 $x(2)=1$，则变换后的波形图1.11(c)大概率是正确的。如有担心，可再验证另一特殊点。需要说明的是，在很多文献中，对于函数符号的使用并未严格遵守“符号相同，映射关系相同”这一规则。为了遵从符号使用习惯，本书中一些函数符号的使用也未严格遵守这一规则。

【例毕】

1.2 基本信号

1.2.1 正弦信号

在信号分析中，一般将具有正弦函数 sin 和余弦函数 cos 形式的信号统称为正弦信号，因为它们的区别只是一个相位差问题。正弦信号是应用最为广泛的信号之一，例如 220V 的交流照明电是正弦信号，有线和无线通信系统中也常使用正弦信号进行信息传输，同时它在信号分析中也起着十分重要的作用。

1．连续时间正弦信号

连续时间正弦信号的表达式为

$$x(t)=A\cos(\omega t+\varphi) \tag{1-17}$$

其中 A 为振幅，ω 为连续时间角频率，φ 为初相位，波形如图 1.12 所示。记最小周期为 T，频率为 f，则 ω、f、T 之间的关系为

$$\omega=2\pi f=\frac{2\pi}{T} \tag{1-18}$$

随着频率的增加，信号变化越来越快，如图 1.13 所示。连续时间正弦信号的最高频率理论上为无穷大。

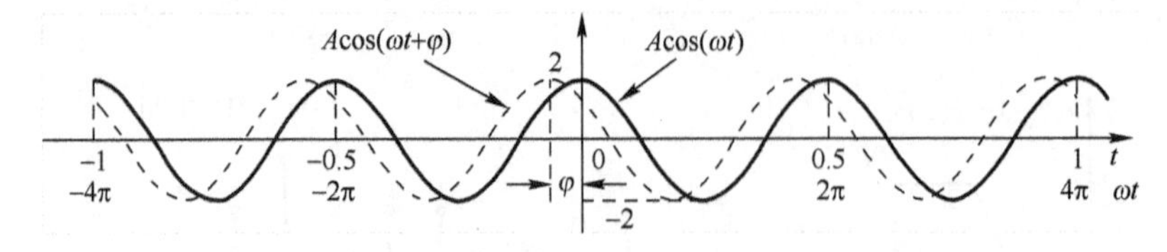

图 1.12 连续时间正弦信号（$f=2\text{Hz}, A=2,\ \varphi=\pi/4$）

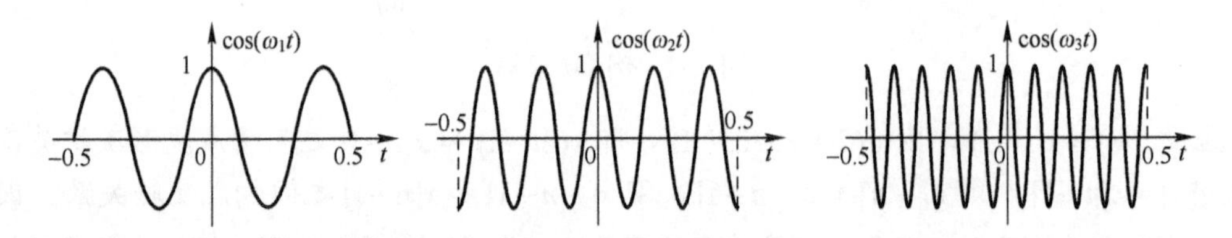

图 1.13 连续时间正弦信号的频率高低与变化快慢（$\omega_1<\omega_2<\omega_3$）

2．离散时间正弦信号

离散时间正弦信号（正弦序列）的表达式为

$$x[n]=A\cos(\Omega n+\varphi) \tag{1-19}$$

其中 A,Ω,φ 分别称为正弦序列的振幅、角频率和初相位。正弦序列可以视为以固定的间隔 T_s 对连续时间信号进行的抽样（参见图 1.3），即

$$A\cos(\omega t+\varphi)|_{t=nT_s}=A\cos(\omega nT_s+\varphi)=A\cos(\Omega n+\varphi)$$

因此离散时间角频率和连续时间角频率有如下关系

$$\boxed{\Omega=\omega T_s=\frac{\omega}{f_s}} \tag{1-20}$$

下面就离散时间正弦序列的特点作一讨论。

1）正弦序列为周期函数的条件

连续时间正弦信号 $\cos\omega t$ 一定是变量 t 的周期函数。但是对于离散时间正弦序列 $\cos\Omega n$，它未必是变量 n 的周期函数。现假定 N 是 $\cos\Omega n$ 的最小周期，若 $\cos\Omega n$ 为周期序列，则要求

$$\cos\Omega n=\cos\Omega(n+N)=\cos(\Omega n+\Omega N)=\cos(\Omega n+2k\pi)$$

即

$$\Omega N=2k\pi,\quad N=k\frac{2\pi}{\Omega}\quad（N,k\text{ 为整数}）$$

可以看出只有当 $2\pi/\Omega$ 为有理数（整数之比）时，N 才可为一整数存在。因此正弦序列为周期函数的充分必要条件是 $2\pi/\Omega$ 为有理数，其最小周期为比值 $2\pi/\Omega$ 的分子。由此条件得到的简单判定方法是如果 $\cos\Omega n$ 是周期函数，其 Ω 值必含有 π。

【例 1-8】 判定下列正弦序列是否为周期信号；对周期信号求其最小周期。

（1）$\cos\left(\frac{5}{6}n+\frac{\pi}{4}\right)$　　（2）$\cos\left(\frac{5\pi}{6}n+\frac{\pi}{3}\right)$

（3）$\cos\left(\frac{5}{6}n\right)+\cos\left(\frac{5\pi}{6}n\right)$　　（4）$\cos\left(\frac{5\pi}{6}n\right)+\sin\left(\frac{7\pi}{12}n+\frac{\pi}{6}\right)$

【解】（1）$\Omega=5/6$，为非周期信号。

（2）$\Omega=5\pi/6$，为周期信号；$N=2k\pi/\Omega=k\cdot 12/5=12$（$k=5$）。

（3）周期信号和非周期信号的和为非周期信号。

（4）第一项的周期为 $N_1=12$，第二项的周期为 $N_2=24$，整个序列的最小周期为两者的最小公倍数，即 $N=24$。

【例毕】

2）正弦序列的角频率和频率

由 $\Omega=\omega T_s$ [式（1-20）]不难理解，离散时间角频率的大小也表示了信号变化的快慢。图 1.14 分别绘出了 $\Omega=0,\pi/4,\pi,7\pi/4,2\pi,9\pi/4$ 的正弦序列。当 $\Omega\leqslant\pi$ 时，随着正弦序列角频率 Ω 的增加，序列的变化加快，即相邻两个样值之间的函数差值愈来愈大。当 $\Omega=\pi$ 时，相邻两个样值在最大值和最小值之间交替变化，这时序列的变化速度达到最快。当 Ω 越过 π 继续增大时，序列的变化速度又逐渐变慢。当 $\Omega=2\pi$ 时，序列又回到与 $\Omega=0$ 时相同的直流信号。这就是说，离散时间正弦序列的最高角频率（变化最快时的角频率）为 $\Omega=\pi$。此外，离散时间正弦序列相对于角频率来说一定是周期函数，周期为 2π。这是因

为n为整数值，因此对于任何Ω值来说，总有$\cos(\Omega+2\pi)n=\cos\Omega n$成立。

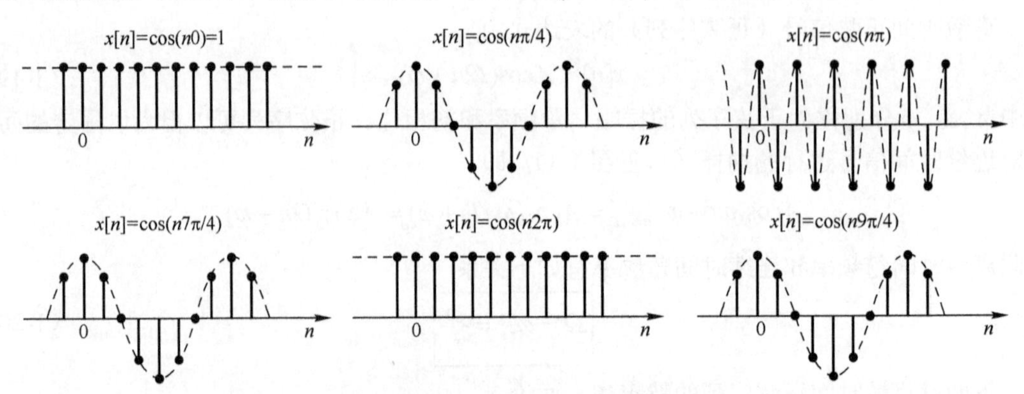

图 1.14 不同角频率时的离散时间正弦序列

若已知正弦序列为周期信号，最小周期为N，则有$\cos\Omega(n+N)=\cos\Omega n$，$\Omega N=2\pi$成立。因此其离散正弦序列的角频率和其周期的关系为

$$\Omega=\frac{2\pi}{N}=2\pi F\ \left(F=\frac{1}{N}\right) \tag{1-21}$$

这是和式（1-18）相对应的式子，其中F称为离散时间频率。需要注意的是，连续时间频率f有着清晰的物理概念（每秒变化的次数），但是离散时间频率F不再具有这样的清晰概念，因此在离散时间信号分析中更多地是使用角频率，而不是频率。

最后，将上述讨论的连续时间和离散时间正弦信号的特点归纳如下。

（1）$\cos\omega t$相对于变量t来说一定是周期函数；$\cos\Omega n$相对于变量n来说并不一定是周期函数，仅当$2\pi/\Omega$为有理数时是周期函数。

（2）$\cos\omega t$相对于角频率ω来说不是周期函数；$\cos\Omega n$相对于角频率Ω来说是以2π为周期的周期函数。

（3）$\cos\omega t$变化最快时$\omega=\infty$；$\cos\Omega n$变化最快时$\Omega=\pi$。

1.2.2 指数信号

有很多现象可以用指数变化规律进行描述，例如电容器的充放电过程、人的记忆衰减过程等。指数函数在信号与系统分析中也具有着重要的地位。

1. 连续时间实指数信号

在连续时间信号分析中，指数信号一般指以e为底的指数函数，实指数信号的表达式为

$$x(t)=C\mathrm{e}^{at}\quad (C, a\text{ 为实数}) \tag{1-22}$$

当$a>0$时是指数增长信号，当$a<0$时是指数衰减信号，如图 1.15(a)(b)所示。常用的是单边指数衰减信号，即

$$x(t)=\begin{cases}\mathrm{e}^{at}, & t>0\\ 0, & t<0\end{cases}\quad (a<0) \tag{1-23}$$

如图 1.15(c)所示。

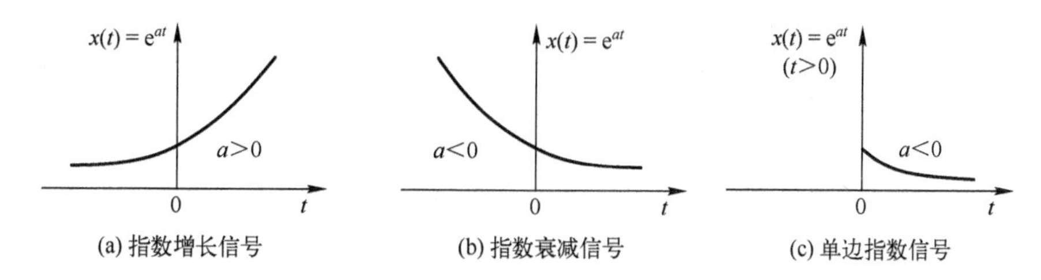

图 1.15　常见连续时间实指数信号

指数函数和正弦函数的乘积构成指数增长或衰减的振荡波形，如图 1.16 所示。很多实际系统在特定的条件下会呈现指数衰减振荡，例如 RLC 振荡电路。

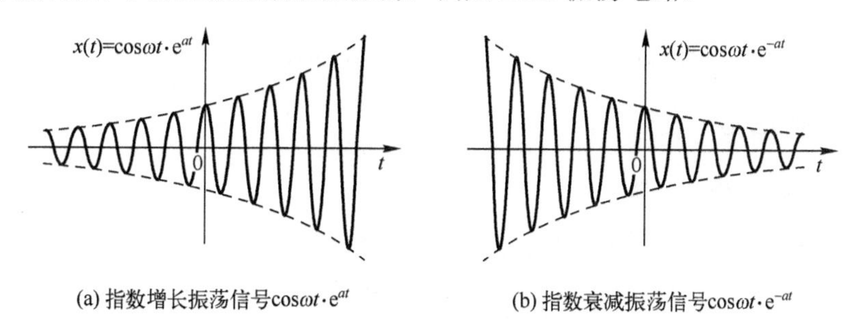

图 1.16　指数增长或衰减的信号

2．离散时间实指数信号

离散时间实指数信号的表达式为

$$x[n]=Ca^n \quad (C, a \text{ 为实数}) \tag{1-24}$$

参见图 1.17，当$|a|<1$时，$x[n]$是随n衰减的序列；当$|a|>1$时，$x[n]$是随n增长的序列；当$a>0$时，$x[n]$是一个正项序列（所有样值均大于零）；当$a<0$时，$x[n]$是一个交错序列（样值正负交替出现）。

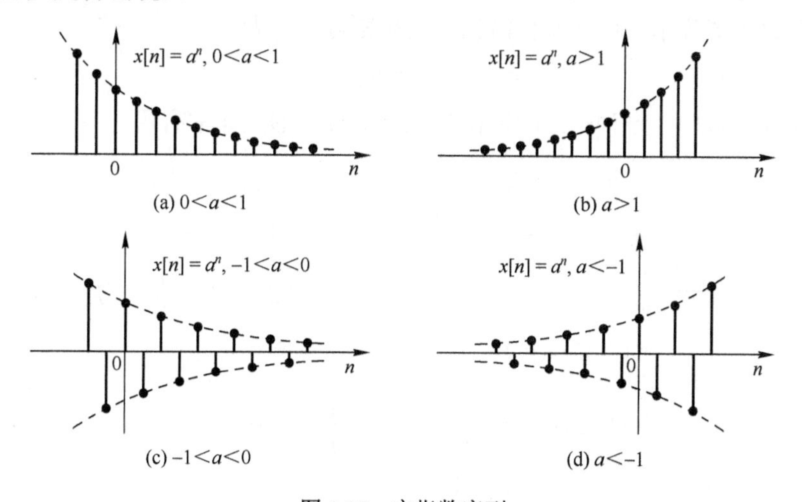

图 1.17　实指数序列

3．复指数信号

如果式（1-22）中的 a 取复数或式（1-24）中的 a 取复数，则称为复指数信号。客观自然界中并不存在复数信号，但复数信号的引入将信号的表示上升为更为抽象的理论层面，也使信号的理论分析结果变得更具有广泛意义。$e^{j\omega t}$ 和 $e^{j\Omega n}$ 是复指数信号的特例，后面将会看到它们在连续时间和离散时间频域分析中扮演着重要的角色。由欧拉（Euler）公式可知

$$e^{j\omega t} = \cos\omega t + j\sin\omega t \tag{1-25}$$

$$e^{j\Omega n} = \cos\Omega n + j\sin\Omega n \tag{1-26}$$

因此前面关于正弦信号的讨论结论也适用于 $e^{j\omega t}$ 和 $e^{j\Omega n}$，即：

（1）$e^{j\omega t}$ 是变量 t 的周期函数；当 $2\pi/\Omega$ 为有理数时，$e^{j\Omega n}$ 是变量 n 的周期函数。

（2）相对于角频率 ω 来说，$e^{j\omega t}$ 不是周期函数，而 $e^{j\Omega n}$ 相对于角频率 Ω 来说是以 2π 为周期的周期函数。

（3）$e^{j\omega t}$ 的最快变化角频率为 $\omega=\infty$；$e^{j\Omega n}$ 的最快变化角频率为 $\Omega=\pi$。

1.2.3 单位阶跃信号

1．连续时间单位阶跃函数

连续时间单位阶跃函数（Unit Step Function）$u(t)$ 定义为

$$u(t)=\begin{cases}1, & t>0\\ 0, & t<0\end{cases} \tag{1-27}$$

其信号波形如图 1.18 所示。

需要注意的是，式（1-27）表明 $u(t)$ 在 $t=0$ 处无定义。这是因为在信号分析中，无论给它补充什么样的单值定义[$u(0)=0$ 或 1 或 1/2]均不适宜。但是在 $t=0$ 的左极限和右极限的取值是明确的，即 $u(0^-)=0$ 和 $u(0^+)=1$。这种对不连续点处函数取值的处理方式已是信号分析中普遍接受和采用的方法，因为这样处理通常不影响分析结论。在分析不连续点处的特殊问题时，可采用其他辅助手段。

单位阶跃函数为时限信号的表示带来了很大的方便，例如图 1.19 所示的方波信号通常是用分段函数的形式表示，引入单位阶跃函数后则可表示为

$$x(t)=u(t)-u(t-T)$$

在信号的分析和运算中，这种借助阶跃函数表示信号的形式非常有用。

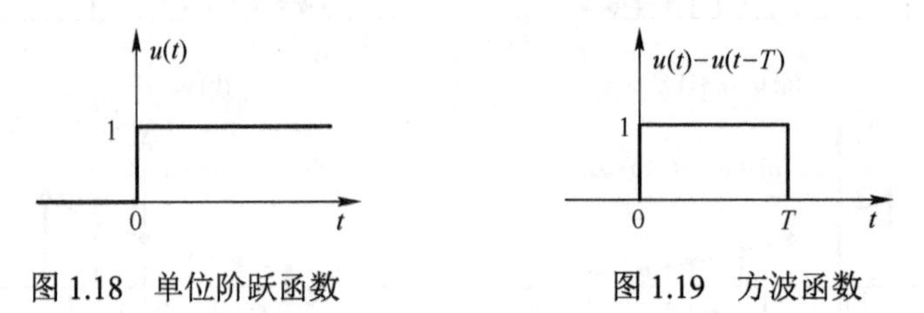

图 1.18　单位阶跃函数　　　图 1.19　方波函数

*【例 1-9】　（1）求单位阶跃函数的积分 $r(t)=\int_{-\infty}^{t}u(\tau)\mathrm{d}\tau$。

（2）求图 1.19 所示的方波函数的积分。

【解】（1）当 $t>0$ 时，$r(t)=\int_{-\infty}^{t}u(\tau)\mathrm{d}\tau=\int_{0}^{t}1\mathrm{d}\tau=t$，当 $t<0$ 时，积分为 0，即

$$r(t)=tu(t)$$

$r(t)$ 的波形如图 1.20(a)所示，常称为斜坡函数。

（2）$r_1(t)=\int_{-\infty}^{t}x(\tau)\mathrm{d}\tau=\int_{0}^{t}[u(\tau)-u(\tau-T)]\mathrm{d}\tau \qquad (t>0)$

由题（1）知上式第一项积分为

$$\int_0^t u(\tau)\mathrm{d}\tau = tu(t)$$

第二项积分为

$$\begin{aligned}\int_0^t u(\tau-T)\mathrm{d}\tau &= \int_T^t u(\tau-T)\mathrm{d}\tau \quad (t>T) \qquad [\text{因为}\, t<T\,\text{时}, u(t-T)=0\,]\\ &= \int_0^{t-T} u(\lambda)\mathrm{d}\lambda \quad (t>T) \qquad [\text{变量代换：令}\,\lambda=t-T\,]\\ &= t-T \quad (t>T)\\ &= (t-T)u(t-T) \qquad [\text{利用阶跃函数表示}]\end{aligned}$$

所以

$$r_1(t)=tu(t)-(t-T)u(t-T)$$

$r_1(t)$ 的波形如图 1.20(b)所示。需要说明的是，本小题的积分如果用分段函数考虑（或者直接根据几何图形进行积分计算），求解会简单很多，这里只是为了熟悉阶跃函数的使用和运算。

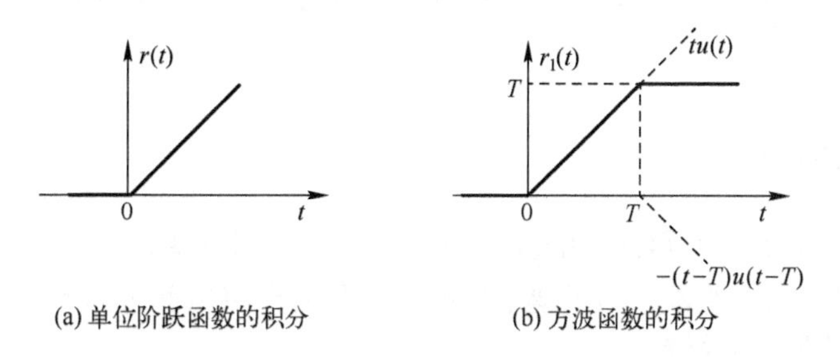

(a) 单位阶跃函数的积分　(b) 方波函数的积分

图 1.20　阶跃函数及方波函数的积分

【例毕】

2．离散时间单位阶跃函数

离散时间单位阶跃信号 $u[n]$ 定义为

$$u[n]=\begin{cases}1, & n\geqslant 0\\ 0, & n<0\end{cases} \tag{1-28}$$

其信号波形如图 1.21 所示。注意单位阶跃序列的每一点定义都是明确的。

常用单位阶跃序列表示有限长序列，例如图 1.22 所示的长度为 N 的矩形窗口序列可以表示为

$$x[n]=u[n]-u[n-N]=\begin{cases}1, & 0\leqslant n\leqslant N-1\\ 0, & \text{其他}\end{cases}$$

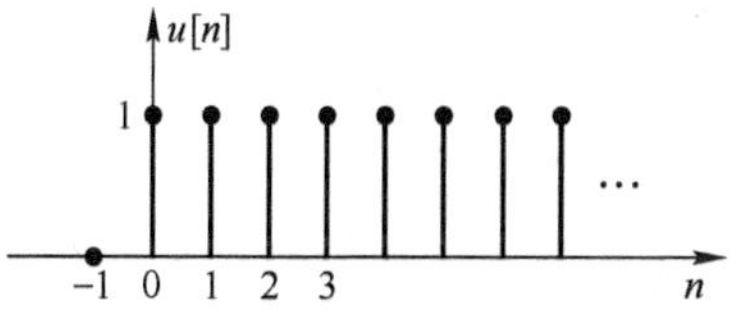

图 1.21　单位阶跃序列

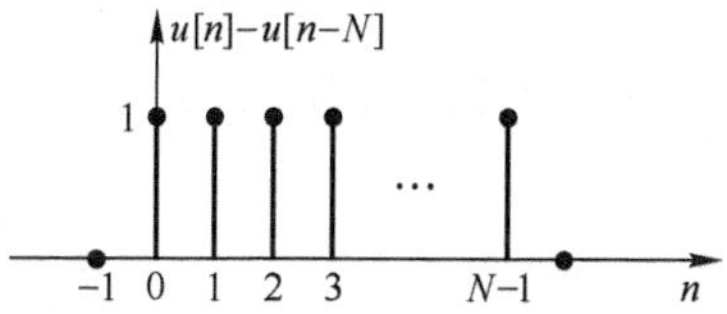

图 1.22　方波序列

*【例 1-10】 （1）求单位阶跃序列的求和序列 $x_1[n]=\sum_{m=-\infty}^{n}u[m]$。

（2）求图 1.22 所示方波序列的求和序列 $x_2[n]$。

【解】（1） $x_1[n]=\sum_{m=-\infty}^{n}u[m]=\sum_{m=0}^{n}1=(n+1),\ (n\geqslant 0)$，即 $x_1[n]=(n+1)u[n]$。

注意斜坡序列应该是 $r[n]=nu[n]=nu[n-1]=x_1[n-1]$。

（2）由方波序列的图形易知

当 $n<0$ 时， $x_2[n]=\sum_{m=-\infty}^{n}(u[m]-u[m-N])=0$；

当 $0\leqslant n\leqslant N-1$ 时， $x_2[n]=\sum_{m=0}^{n}1=n+1$；

当 $n\geqslant N$ 时, $x_2[n]=\sum_{m=0}^{N-1}1=N$。

用阶跃函数表示，则为

$$x_2[n]=\sum_{m=-\infty}^{n}(u[m]-u[m-N])=(n+1)(u[n]-u[n-N])+Nu[n-N]$$

【例毕】

1.2.4 单位冲激信号

离散时间单位冲激函数（Unit Impulse Function）是最简单的一种信号形式，而连续时间单位冲激函数相对比较抽象。为了便于理解，本节先介绍离散时间单位冲激函数。

1．离散时间单位冲激函数

离散时间单位冲激函数又称为单位冲激序列或单位样值序列，其定义为

$$\delta[n]=\begin{cases}1, & n=0\\ 0, & n\neq 0\end{cases} \tag{1-29}$$

信号波形如图 1.23 所示。

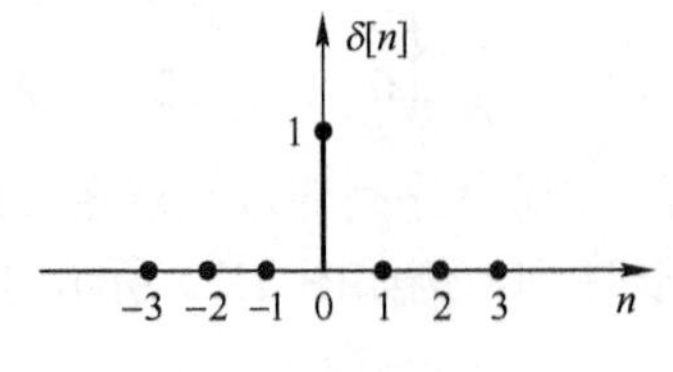

图 1.23 单位冲激序列

由单位阶跃序列和单位冲激序列的波形不难看出两者间的差分关系为

$$\delta[n]=u[n]-u[n-1] \tag{1-30}$$

另一方面，由图 1.24 和 $\delta[n]$ 的定义可知

$$\sum_{m=-\infty}^{n}\delta[m]=\begin{cases}1, & n\geqslant 0\\ 0, & n<0\end{cases}$$

所以两者之间的关系为

$$u[n]=\sum_{m=-\infty}^{n}\delta[m] \tag{1-31}$$

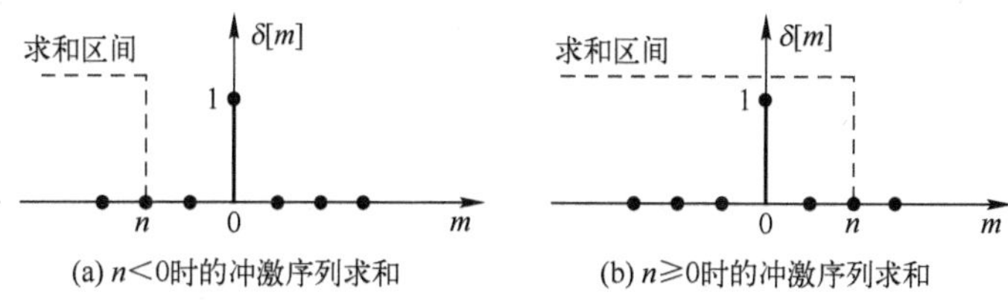

(a) $n<0$时的冲激序列求和　(b) $n\geqslant 0$时的冲激序列求和

图 1.24　冲激序列求和

【例 1-11】 试用冲激序列表示图 1.22 所示的方波序列。

【解】 $x[n]=u[n]-u[n-N]=\delta[n]+\delta[n-1]+\cdots+\delta[n-N+1]=\sum_{m=0}^{N-1}\delta[n-m]$

按照类似的思路可以得到$\delta[n]$和$u[n]$求和关系的另一种表达式

$$u[n]=\delta[n]+\delta[n-1]+\delta[n-2]\cdots=\sum_{m=0}^{\infty}\delta[n-m] \tag{1-32}$$

【例毕】

2．连续时间单位冲激函数

1）连续时间单位冲激函数的定义

与离散时间单位冲激序列$\delta[n]$相对应的是连续时间单位冲激信号$\delta(t)$，但是$\delta(t)$远没有$\delta[n]$那样简单明了。考察图 1.25(a)所示的窄脉冲信号$\delta_\varDelta(t)$，它的高度为$1/\varDelta$，宽度为$\varDelta$，面积$S=\varDelta\cdot 1/\varDelta=1$。当宽度$\varDelta\to 0$时，高度$1/\varDelta\to\infty$，但是面积$S$维持 1 不变。在$\varDelta\to 0$的极限情况下，$\delta_\varDelta(t)$所形成的函数即冲激信号$\delta(t)$，即

$$\delta(t)=\lim_{\varDelta\to 0}\delta_\varDelta(t) \tag{1-33}$$

窄脉冲 $\delta_\varDelta(t)$与横坐标围成的面积[即$\delta(t)$前面的系数]称为冲激强度（注意不是函数值），称$\delta(t)$为单位冲激函数，就是指其冲激强度为 1。图 1.25(b)给出了这一奇异函数的波形表示，图中$t=0$处的箭头体现函数取值无穷大的含义。

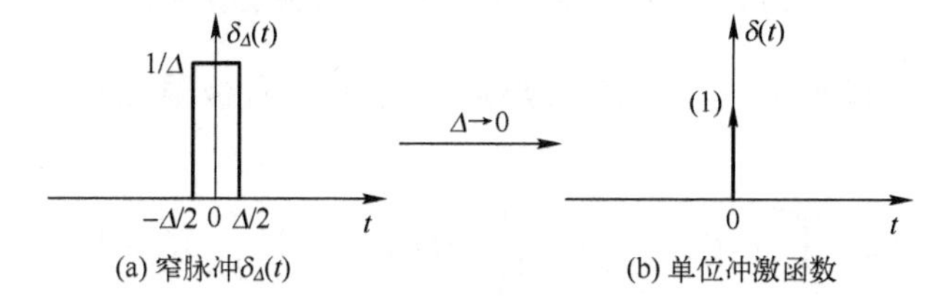

(a) 窄脉冲$\delta_\varDelta(t)$　(b) 单位冲激函数

图 1.25　单位冲激函数的窄脉冲定义

根据对图 1.25(b)和式（1-33）的理解，显然$\delta(t)$使下面两式同时成立

$$\begin{cases}\delta(t)=0,\ t\neq 0\\ \int_{-\infty}^{\infty}\delta(t)\mathrm{d}t=1\end{cases} \tag{1-34}$$

式（1-34）也可作为$\delta(t)$的定义式，即所谓的狄拉克（Dirac）定义。

2）单位冲激函数和单位阶跃函数的关系

由$\delta(t)$的狄拉克定义和图 1.26 所示的几何意义可知

$$\int_{-\infty}^{t}\delta(\tau)\mathrm{d}\tau=\begin{cases}0, & t<0\\ 1, & t>0\end{cases}$$

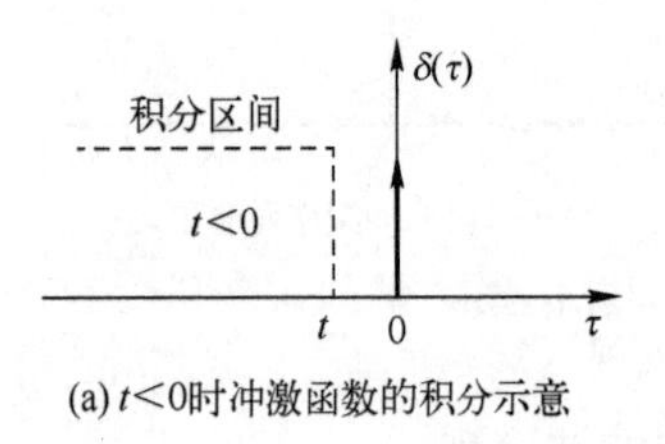

(a) t<0时冲激函数的积分示意

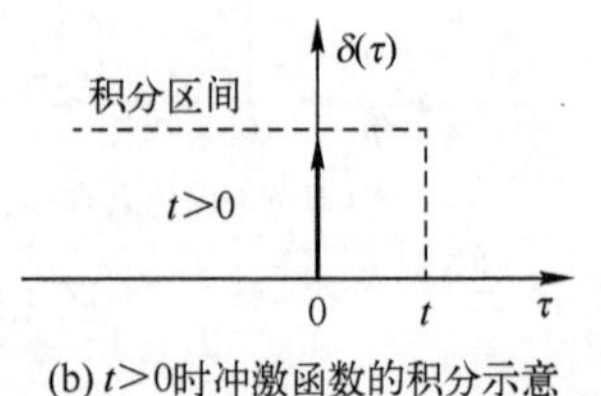

(b) t>0时冲激函数的积分示意

图 1.26 冲激函数的积分示意

因此$\delta(t)$和$u(t)$构成如下的积分关系

$$u(t)=\int_{-\infty}^{t}\delta(\tau)\mathrm{d}\tau \tag{1-35}$$

为了分析$\delta(t)$和$u(t)$构成的微分关系，考察图 1.27 中阶跃函数的逼近函数$u_{\varDelta}(t)$及其导数$\delta_{\varDelta}(t)$，即

$$\delta_{\varDelta}(t)=\frac{\mathrm{d}u_{\varDelta}(t)}{\mathrm{d}t}$$

不难理解当$\varDelta\to 0$时，$u_{\varDelta}(t)\to u(t),\delta_{\varDelta}(t)\to\delta(t)$，因此

$$\delta(t)=\frac{\mathrm{d}u(t)}{\mathrm{d}t} \tag{1-36}$$

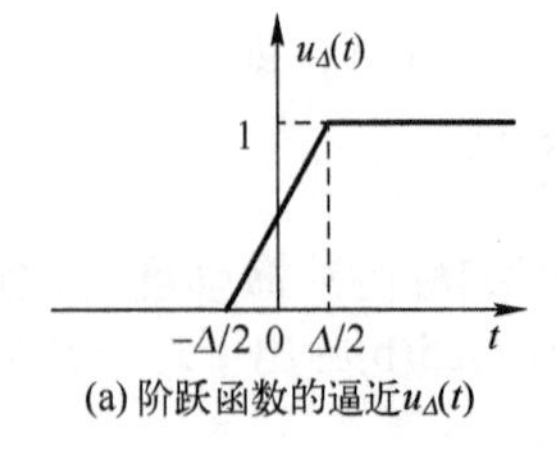

(a) 阶跃函数的逼近$u_\Delta(t)$

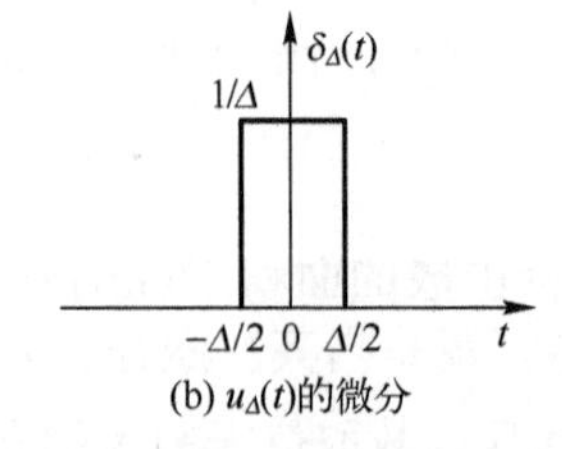

(b) $u_\Delta(t)$的微分

图 1.27 冲激函数与阶跃函数微分关系的推导

【例 1-12】 若将横轴上$t=0$的左极限点记为0^-，右极限点记为0^+，计算下列各式的值。

（1）$\int_{-\infty}^{0^-}\delta(t)\mathrm{d}t$ （2）$\int_{-\infty}^{0^+}\delta(t)\mathrm{d}t$ （3）$\int_{0^-}^{0^+}\delta(t)\mathrm{d}t$ （4）$\int_{-1}^{1}\delta(t-2)\mathrm{d}t$ （5）$\int_{-1}^{3}\delta(t-2)\mathrm{d}t$

【解】 根据$\delta(t)$的几何意义和狄拉克定义可知：

（1）$\int_{-\infty}^{0^-}\delta(t)\mathrm{d}t=0$ （2）$\int_{-\infty}^{0^+}\delta(t)\mathrm{d}t=1$ （3）$\int_{0^-}^{0^+}\delta(t)\mathrm{d}t=1$

（4）$\int_{-1}^{1}\delta(t-2)\mathrm{d}t=0$ （5）$\int_{-1}^{3}\delta(t-2)\mathrm{d}t=1$

【例毕】

【例 1-13】 化简下列表达式。

（1）$\int_{-\infty}^{t}\delta(\tau-t_0)\mathrm{d}\tau$

（2）$g'(t)=\dfrac{\mathrm{d}}{\mathrm{d}t}\left\{A\left[u\left(t+\dfrac{\tau}{2}\right)-u\left(t-\dfrac{\tau}{2}\right)\right]\right\}$

【解】（1）参见图 1.26，$\delta(\tau-t_0)$ 出现在 $\tau=t_0$ 处，因此当积分限 $t<t_0$ 时，积分值为 0，当积分限 $t>t_0$ 时，积分值为 1，因此有

$$\int_{-\infty}^{t}\delta(\tau-t_0)\mathrm{d}\tau=u(t-t_0) \tag{1-37}$$

（2）$g(t)$ 是后面经常用到的幅度为 A、宽度为 τ 的典型方波信号。参见图 1.27 可以推知

$$\delta(t-t_0)=\frac{\mathrm{d}u(t-t_0)}{\mathrm{d}t} \tag{1-38}$$

因此
$$g'(t)=A\left[u'\left(t+\frac{\tau}{2}\right)-u'\left(t-\frac{\tau}{2}\right)\right]=A\delta\left(t+\frac{\tau}{2}\right)-A\delta\left(t-\frac{\tau}{2}\right)$$

结果如图 1.28 所示。可以看到冲激函数可以方便地表示函数在不连续点处的导数。同时可以看到：一个阶跃幅度为 A 的正向跳变，求导后产生一个冲激强度为 A 的正向冲激；一个阶跃幅度为 A 的负向跳变，求导后产生一个冲激强度为 A 的负向冲激。

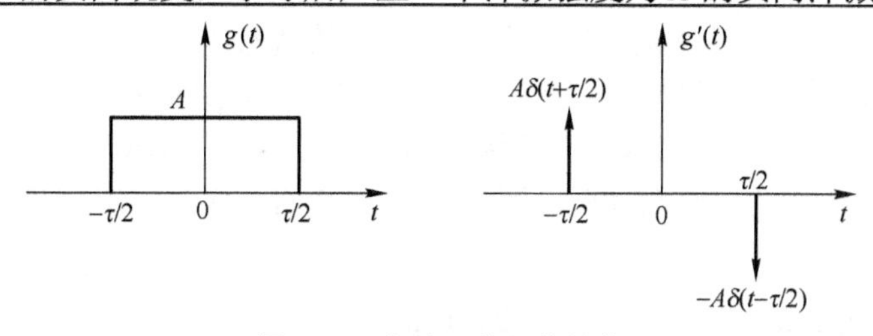

图 1.28　方波函数及其导数

【例毕】

***3）单位冲激函数的性质**

在计算和化简含有 $\delta(t)$ 的表达式时，通常需要应用 $\delta(t)$ 的下列性质。

性质 1　若对任何 t 有 $|x(t)|<\infty$，在 $t=0$ 处 $x(t)$ 连续且 $x(0)\neq 0$，则

$$x(t)\cdot\delta(t)=x(0)\cdot\delta(t) \tag{1-39}$$

为了理解式（1-39），考察图 1.29。$\delta_\Delta(t)$ 和 $x(t)$ 如图 1.29(a)所示，可见 $\delta_\Delta(t)$ 在区间 $[-\Delta/2,\Delta/2]$ 之外处处为零，所以 $x(t)$ 和 $\delta_\Delta(t)$ 相乘后的结果如图 1.29(b)所示。由于 Δ 很小，显然有

$$x(t)\cdot\delta_\Delta(t)\approx x(0)\cdot\delta_\Delta(t)$$

当 $\Delta\to 0$ 时，$\delta_\Delta(t)\to\delta(t)$，上式的近似成为等式，即式（1-39）。

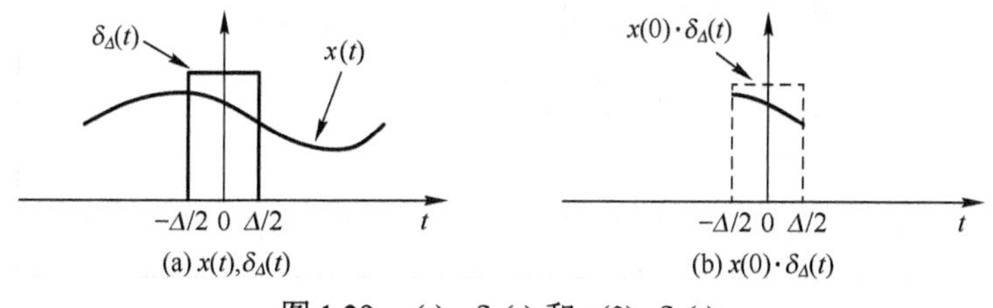

图 1.29　$x(t)$，$\delta_\Delta(t)$ 和 $x(0)\cdot\delta_\Delta(t)$

式（1-39）的结论稍加推广，即为

$$x(t)\cdot\delta(t-t_0)=x(t_0)\cdot\delta(t-t_0) \tag{1-40}$$

性质 2 筛选性质

$$\int_{-\infty}^{\infty}x(t)\delta(t)\mathrm{d}t=x(0) \tag{1-41}$$

$$\int_{-\infty}^{\infty}x(t)\delta(t-t_0)\mathrm{d}t=x(t_0) \tag{1-42}$$

对性质 1 中的等式两边进行积分即可得到性质 2。

性质 3 偶函数性质

$$\delta(-t)=\delta(t) \tag{1-43}$$

从$\delta(t)$的几何意义上很容易理解它是偶函数。

***性质 4 尺度变换性质**

$$\delta(at)=\frac{1}{|a|}\delta(t)\text{，}a\neq 0 \tag{1-44}$$

$$\delta(at-t_0)=\frac{1}{|a|}\delta\left(t-\frac{t_0}{a}\right)\text{，}a\neq 0 \tag{1-45}$$

为了理解式（1-44），图 1.30 给出了$a=1/2$时的情形。根据前面讨论的信号的自变量变换可知，图 1.30(b)是图 1.30(a)$\delta_{\Delta}(t)$波形的 2 倍扩展$\delta_{\Delta}(t/2)$，它与横轴围成的面积为 2。因此当$\Delta\to 0$时，$\delta_{\Delta}(t/2)$将成为冲激强度为 2 的冲激，即$2\delta(t)$，如图 1.30(c)所示。当$a=-1/2$时，由于$\delta_{\Delta}(t)$的偶函数性质，图 1.30 仍然适用，两种情况合并用$|a|$表示。

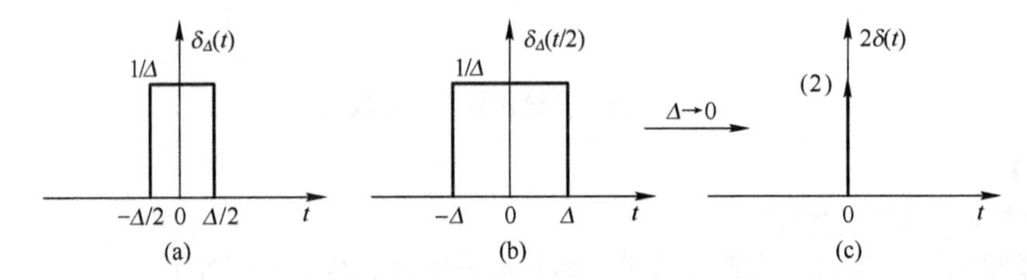

图 1.30 冲激函数尺度变换性质的说明

【例 1-14】 化简和计算下列各式。

（1）$\int_{-\infty}^{t}\mathrm{e}^{-\tau}\delta(\tau-1)\mathrm{d}\tau$

（2）$\int_{-\infty}^{\infty}(t+1)\delta(-2t+2)\mathrm{d}t$

（3）$\int_{-\infty}^{\infty}u(t-t_0/2)\delta(t-t_0)\mathrm{d}t$

【解】（1）原式$=\int_{-\infty}^{t}\mathrm{e}^{-1}\delta(\tau-1)\mathrm{d}\tau=\mathrm{e}^{-1}\int_{-\infty}^{t}\delta(\tau-1)\mathrm{d}\tau=\mathrm{e}^{-1}u(t-1)$

（2）原式$=\int_{-\infty}^{\infty}\frac{1}{|-2|}\delta(t-1)(t+1)\mathrm{d}t=\int_{-\infty}^{\infty}\delta(t-1)\mathrm{d}t=1$

（3）原式$=\int_{-\infty}^{\infty}u(t-t_0/2)\delta(t-t_0)\mathrm{d}t=u(t_0-t_0/2)\int_{-\infty}^{\infty}\delta(t-t_0)\mathrm{d}t=u(t_0/2)=\begin{cases}0, & t_0<0\\1, & t_0>0\end{cases}$

【例毕】

*【例 1-15】 讨论下列表达式的化简问题。

（1）$t\delta(t)$ （2）$u(t)\delta(t)$ （3）$u'(t)\delta(t)$

【解】本题给出的 $x(t)=t$，$x(t)=u(t)$，$x(t)=u'(t)$ 已经不满足应用 $\delta(t)$ 性质的要求，但有时会遇到这样的问题，在化简和计算中令人困惑。化简这类表达式的关键是把握概念“冲激函数前面的系数表示冲激强度（窄脉冲与横轴围成的面积）”。

（1）按照式（1-39）性质1和冲激强度的概念有：$t\delta(t)=0\cdot\delta(t)=0$

如果按照普通的函数值相乘考虑，$t\delta(t)$ 在 $t=0$ 时的函数值为 $0\cdot\infty$，在数学上是不定式。补充了 $t\delta(t)=0$ 的定义后，性质1中 $x(0)\neq 0$ 的限制条件则可以去掉。

（2）$u(t)\delta(t)=u(0)\delta(t)$，如果在 $t=0$ 时刻 $u(t)$ 没有明确定义[如本书中 $u(t)$ 的定义]，那么 $u(0)\delta(t)$ 是没有意义的。如果定义 $u(0)=1/2$，则 $u(0)\delta(t)=\delta(t)/2$。

（3）$u'(t)\delta(t)=\delta(t)\delta(t)$，$\delta(t)$ 的乘积是没有意义的。

【例毕】

*4）单位冲激函数的导数及其性质

尽管 $\delta(t)$ 是奇异函数，它的导数仍然是可定义的、存在的。为了理解 $\delta(t)$ 的导数，考察图 1.31。图 1.31(a)所示的三角形窄脉冲与横轴围成的面积恒为1，当 $\varDelta\to 0$ 时，$S_\varDelta(t)\to\delta(t)$。$\delta(t)$ 的导数定义为 $\varDelta\to 0$ 时 $S_\varDelta(t)$ 的导数，即

$$\frac{\mathrm{d}}{\mathrm{d}t}\delta(t)=\lim_{\varDelta\to 0}\frac{\mathrm{d}}{\mathrm{d}t}S_\varDelta(t) \tag{1-46}$$

注意在 $\varDelta\to 0$ 时，$S'_\varDelta(t)$ 形成一对冲激强度为无穷的正负冲激。$\delta(t)$ 的一阶导数因此也常称为冲激偶信号，以 $\delta'(t)$ 表示，如图 1.31(b)所示。冲激偶反映了 $\delta(t)$ 在 0^- 和 0^+ 时刻的两次函数值跳变（0→∞和∞→0），不能相互抵消。

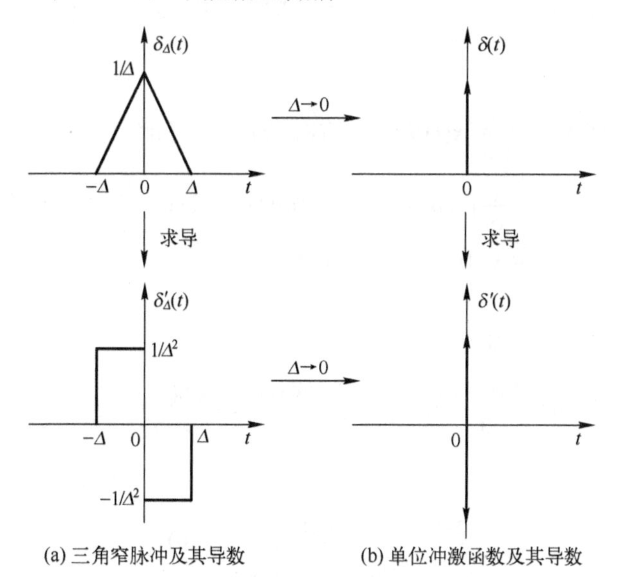

(a) 三角窄脉冲及其导数　　(b) 单位冲激函数及其导数

图 1.31　单位冲激函数导数的理解

$\delta(t)$ 的二阶导数定义为对 $\delta'(t)$ 的求导，高阶导数以此类推。对于 $\delta(t)$ 的高阶导数，难以再从几何意义上作直观解释。

$\delta'(t)$ 具有如下性质。

性质 1　奇函数性质

$$\delta'(-t) = -\delta'(t) \tag{1-47}$$

由 $S'_{\Delta}(t)$ 的奇函数特性不难理解 $\delta'(t)$ 为奇函数。事实上，因为偶函数的导数为奇函数，奇函数的导数为偶函数。可以推知，$\delta(t)$ 的所有奇次阶导数为奇函数，$\delta(t)$ 的所有偶次阶导数为偶函数。

性质 2　$\delta'(t)$ 的积分为 0，即

$$\int_{-\infty}^{\infty} \delta'(t)\mathrm{d}t = 0 \tag{1-48}$$

这是因为 $\delta'(t)$ 和横轴围成的净面积为零。

性质 3　若对任何 t 有 $|x(t)| < \infty$，且 $x(t)$ 在 $t = 0$ 处连续，则

$$\int_{-\infty}^{\infty} x(t)\delta'(t)\mathrm{d}t = -x'(0) \tag{1-49}$$

$$\int_{-\infty}^{\infty} x(-t)\delta'(t)\mathrm{d}t = x'(0) \tag{1-50}$$

该性质是下面性质 4 的直接推论。

*__性质 4__　若对任何 t 有 $|x(t)| < \infty$，且 $x(t)$ 在 $t = 0$ 处连续，则

$$x(t)\cdot\delta'(t) = x(0)\cdot\delta'(t) - x'(0)\cdot\delta(t) \tag{1-51}$$

$$x(-t)\cdot\delta'(t) = x(0)\cdot\delta'(t) + x'(0)\cdot\delta(t) \tag{1-52}$$

【**证明**】式（1-51）证明如下：

由函数乘积的求导法则知

$$\frac{\mathrm{d}}{\mathrm{d}t}[x(t)\delta(t)] = \frac{\mathrm{d}x(t)}{\mathrm{d}t}\delta(t) + x(t)\frac{\mathrm{d}\delta(t)}{\mathrm{d}t} = x'(0)\delta(t) + x(t)\delta'(t)$$

移项后有

$$\begin{aligned} x(t)\delta'(t) &= \frac{\mathrm{d}}{\mathrm{d}t}[x(t)\delta(t)] - x'(0)\delta(t) \\ &= \frac{\mathrm{d}}{\mathrm{d}t}[x(0)\delta(t)] - x'(0)\delta(t) \qquad [\text{性质 1 式（1-39）}] \\ &= x(0)\delta'(t) - x'(0)\delta(t) \end{aligned}$$

式（1-52）证明如下：

同样由函数乘积的求导法则知

$$\frac{\mathrm{d}}{\mathrm{d}t}[x(-t)\delta(t)] = \frac{\mathrm{d}x(-t)}{\mathrm{d}t}\delta(t) + x(-t)\frac{\mathrm{d}\delta(t)}{\mathrm{d}t} = -\frac{\mathrm{d}x(-t)}{\mathrm{d}(-t)}\delta(t) + x(-t)\frac{\mathrm{d}\delta(t)}{\mathrm{d}t}$$

考虑到

$$\left.\frac{\mathrm{d}x(-t)}{\mathrm{d}(-t)}\right|_{t=0} = \left.\frac{\mathrm{d}x(t)}{\mathrm{d}t}\right|_{t=0} = x'(0)$$

则前一式移项后有

$$x(-t)\frac{\mathrm{d}\delta(t)}{\mathrm{d}t} = \frac{\mathrm{d}}{\mathrm{d}t}[x(-t)\delta(t)] + \frac{\mathrm{d}x(-t)}{\mathrm{d}(-t)}\delta(t)$$

$$=\frac{\mathrm{d}}{\mathrm{d}t}[x(0)\delta(t)]+\left.\frac{\mathrm{d}x(-t)}{\mathrm{d}(-t)}\right|_{t=0}\delta(t) \qquad [性质 1 式（1-39）]$$

$$=x(0)\delta'(t)+x'(0)\delta(t)$$

【证毕】

***【例 1-16】** 计算 $\int_0^2(3t^2+1)\delta'(2-3t)\,\mathrm{d}t$ 的值。

【解】 令 $\tau=2-3t$，则 $t=\frac{1}{3}(2-\tau)$，$\mathrm{d}t=-\frac{1}{3}\mathrm{d}\tau$。

$$\int_0^2(3t^2+1)\delta'(2-3t)\,\mathrm{d}t=-\frac{1}{3}\int_2^{-4}\left(\frac{1}{3}(2-\tau)^2+1\right)\delta'(\tau)\,\mathrm{d}\tau$$

$$=\frac{1}{3}\int_{-4}^{2}\left(\frac{1}{3}\tau^2-\frac{4}{3}\tau+\frac{7}{3}\right)\delta'(\tau)\,\mathrm{d}\tau \qquad [积分上下限交换变号]$$

$$=-\frac{1}{3}\left.\left(\frac{1}{3}\tau^2-\frac{4}{3}\tau+\frac{7}{3}\right)'\right|_{\tau=0} \qquad [性质 3 式（1-49）]$$

$$=-\frac{1}{3}\times\left(-\frac{4}{3}\right)=\frac{4}{9}$$

通过这个例子可以看到，当遇到关于 $\delta(t)$ 或者 $\delta'(t)$ 比较复杂的计算表达式时，可以首先通过变量代换，消除 $\delta(t)$ 或者 $\delta'(t)$ 的平移、反转和尺度变换，然后根据性质计算。

【例毕】

最后需要说明的是，本书对于 $\delta(t)$ 定义及相关问题的讨论，是以窄脉冲极限为基础的，这存在一定的局限性。但它具有相对清晰的几何意义，并且基本满足信号分析的需求。本书希望在不涉及更多数学知识的前提下，让初次接触 $\delta(t)$ 函数的读者能对冲激函数有较好的理解。

1.2.5 抽样函数

抽样函数是表示信号或系统特性时常用的函数，其定义为

$$\mathrm{Sa}(t)=\frac{\sin t}{t} \tag{1-53}$$

该函数曲线如图 1.32(a)所示。抽样函数具有如下性质：

（1）$\mathrm{Sa}(t)$ 是偶函数。

（2）当 $t=0$ 时，$\mathrm{Sa}(0)=1$ 且为最大值。

（3）当 $t=\pm\pi,\pm 2\pi,\pm 3\pi\cdots$ 时，$\mathrm{Sa}(t)=0$。

（4）在 $\mathrm{Sa}(t)=\cos(t)$ 的 t 值处（$\mathrm{Sa}(t)$ 与 $\cos(t)$ 相交处），$\mathrm{Sa}(t)$ 取极值。

（5）曲线呈现衰减振荡型，“主瓣”宽度为 2π，“旁瓣”宽度均为 π。

（6）$\int_0^{\infty}\mathrm{Sa}(t)\mathrm{d}t=\frac{\pi}{2}$ 或 $\int_{-\infty}^{\infty}\mathrm{Sa}(t)\mathrm{d}t=\pi$。

很多文献中（包括 Matlab）采用归一化的 sinc 函数，其定义为

$$\mathrm{sinc}(t)=\mathrm{Sa}(\pi t)=\frac{\sin(\pi t)}{\pi t} \tag{1-54}$$

sinc 函数和 Sa 函数的波形基本相同，只是在 $t=\pm1,\pm2,\cdots$ 时 sinc 函数过零点，如图 1.32(b)所示（注意图 1.32(a)和图 1.32(b)的横轴并未按比例绘制）。sinc 函数与横轴围成的曲边面积为

$$\int_0^{\infty}\mathrm{sinc}(t)\,\mathrm{d}t=\frac{1}{2} \quad 或 \quad \int_{-\infty}^{\infty}\mathrm{sinc}(t)\,\mathrm{d}t=1 \tag{1-55}$$

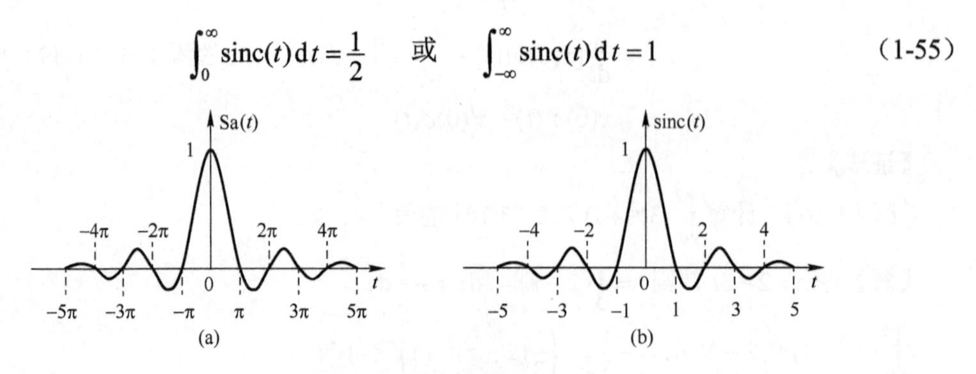

图 1.32 抽样函数曲线

sinc 函数和 Sa 函数另一个值得强调的性质是正交性，即 $\mathrm{Sa}(t-m\pi)$ 和 $\mathrm{Sa}(t-n\pi)$ 及 $\mathrm{sinc}(t-m)$ 和 $\mathrm{sinc}(t-n)$ 之间是正交的（m, n 为非零整数，但 $m\neq n$）。了解这一性质对于理解现代通信系统中的 OFDM 调制技术原理非常重要。关于正交的概念，本书第 2 章中将会介绍。

1.3 系统

1.3.1 系统的基本概念

系统一般可定义为由若干个互相依赖的事物组成的具有特定功能的整体。例如太阳系、人的神经组织系统、原子结构等，这些属于自然系统；交通运输网、大型计算机等属于人工系统；社会经济、政治机构等属于非物理系统；机械传动系统、通信网、电力网等属于物理系统。因此系统是一个并不陌生的、应用非常广泛的概念。

信号与系统中所讲的系统通常不是指应用中的某一个具体系统，而是经过抽象后用某种数学形式表示的系统模型，它将外部对系统的作用抽象为可用数学函数表示的输入信号（或称为激励），将具体的实际系统本身抽象为用数学方程或函数描述的数学模型，系统因外部作用或内部因素而引起的变化或产生的结果则体现在输出信号（或称为响应）之中，如图 1.33 所示。在多数情况下，为了分析的简便，抽象出的系统是单输入单输出系统，又称 SISO（Single-Input Single-Output）系统，如图 1.33(a)所示。但在有些应用场合，必须考虑存在多个输入情况下的多个输出问题，即多输入多输出系统，又称 MIMO（Multiple-Input Multiple-Output）系统，如图 1.33(b)所示。很显然，还存在单输入多输出（SIMO）和多输入单输出（MISO）系统模型，如图 1.33(c)和图 1.33(d)所示。

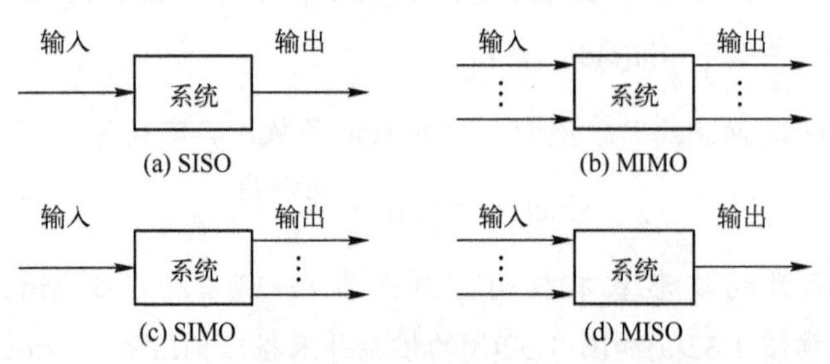

图 1.33 系统模型

需要注意的是，在信号与系统分析中只要描述系统的数学方程或输入输出关系相同，都视为相同的系统，无论它是机械系统还是电路系统。

图 1.34 示意的是手机和基站之间的通信链路，手机天线接收到的信号可能包含通过直接传输路径到达的电波信号，同时包含通过多条反射路径到达的电波信号，形成多径效应。随着手机用户的移动，周围环境会发生变化，反射路径也会不断地发生变化。多径效应会对通信质量产生较为显著的影响，为了分析这一影响，可以建立一个式（1-56）所示的单输入单输出系统模型（这里假设只考虑一条反射路径，其他反射路径可以忽略，即所谓的二径模型），其中 $x(t)$ 表示基站天线发送的信号（无线传输信道的输入信号），$y(t)$ 表示手机天线的接收信号（信道的输出信号），h_1,h_2 分别是主路径和反射路径的衰减系数，τ_1,τ_2 是相应的传输延时。

$$y(t)=h_1x(t-\tau_1)+h_2x(t-\tau_2) \tag{1-56}$$

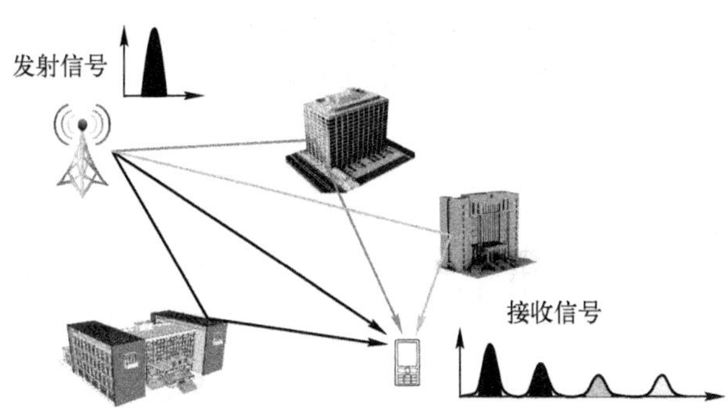

图 1.34　移动通信中的多径传输

为了提高手机和基站间的信息传输速率（俗称带宽），现代移动通信系统中采用所谓的 MIMO 技术，即多个收发天线构成多输入多输出的无线传输信道，如图 1.35 所示。

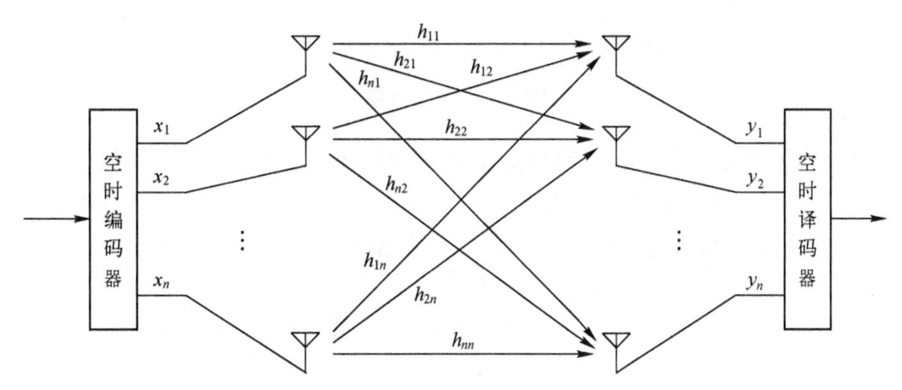

图 1.35　多天线构成的 MIMO 系统

为了研究多天线系统，可以建立 MIMO 系统模型。例如 2×2 MIMO 模型为

$$\begin{cases} y_1(t)=h_{11}x_1(t-\tau_{11})+h_{12}x_2(t-\tau_{12}) \\ y_2(t)=h_{21}x_1(t-\tau_{21})+h_{22}x_2(t-\tau_{22}) \end{cases} \tag{1-57}$$

现代无线通信系统也广泛采用 SIMO 和 MISO 系统，不再一一举例。本书前面各章主要讨论单输入单输出系统，第 7 章状态方程分析将涉及多输入多输出系统。

如果图 1.33 中的输入和输出信号及系统内部信号均为连续时间信号，则称该系统为连续时间系统；如果系统的输入和输出信号及系统内部信号均为离散时间序列，则称该系统为离散时间系统。两者分别如图 1.36 所示。

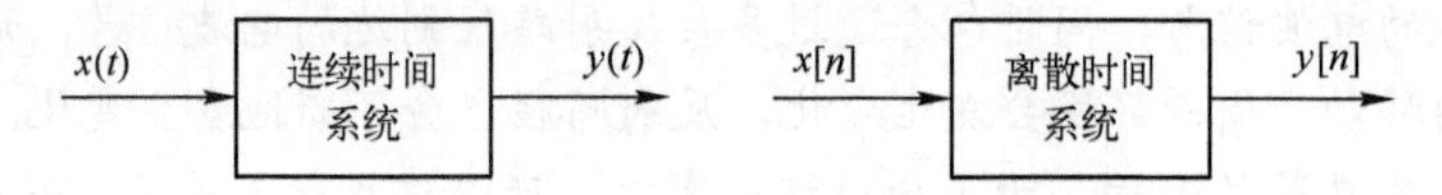

图 1.36 连续时间系统和离散时间系统

实际应用中还会出现混合系统，即输入和输出信号及系统内部信号不全是连续时间信号或不全是离散时间信号，而是一种混合的情况。

系统和系统之间或者说一个系统内各子系统之间的相互连接关系包括串联（又称级联）、并联、混联和反馈，各种连接关系的具体含义如图 1.37 所示。注意在并联关系中，各子系统具有相同的输入，系统总输出是各子系统输出的和。所谓反馈，就是将系统的输出直接或者通过一个“反馈”子系统处理后回送到系统输入端，和系统外部输入叠加后送到“前向”子系统的输入端。

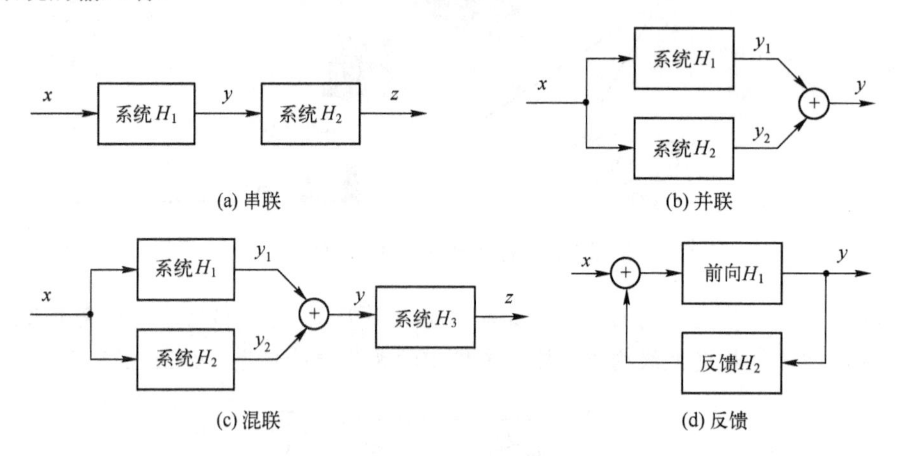

图 1.37 系统互联

一个系统的内部常常含有能够存储能量或信号的单元，因此系统的输出通常是由两个因素产生的：一是系统在外部信号的作用下产生输出，二是由于系统内部存储能量的释放而产生输出。假定系统总输出满足可加性，则可以将这两部分因素分开考虑，即计算仅由外部信号激励所产生的输出和计算仅由系统内部储能所产生的输出。前者称为零状态响应（Zero-State Response），记为 y_{zs}；后者称为零输入响应（Zero-Input Response），记为 y_{zi}。系统完全响应为两者之和，即

$$y = y_{zs} + y_{zi} \tag{1-58}$$

可以用 RC 电路来具体说明上述概念。在图 1.38(a)给出的 RC 电路中，$t<0$ 时开关 S 与 1 相连，并使电容器充满电荷，电容器两端电压为 $-E$。在 $t=0$ 时开关从 1 切换到 2，$t>0$ 后的电路为图 1.38(b)。如果将图 1.38(b)中电容电压视为系统的输出，直流电源 E 视为系统输入，现在考虑 $t>0$ 后系统输出的求解。在此情况下，系统输出（电容器电压）是两部分因素共同作用的结果：输入电源 E 对电容器的充电[如图 1.38(c)所示]，以及电容器在 $t<0$ 时获得的存储电荷形成的放电[如图 1.38(d)所示]。它们各自单独作用所产生的电容器

电压即为零状态响应和零输入响应。

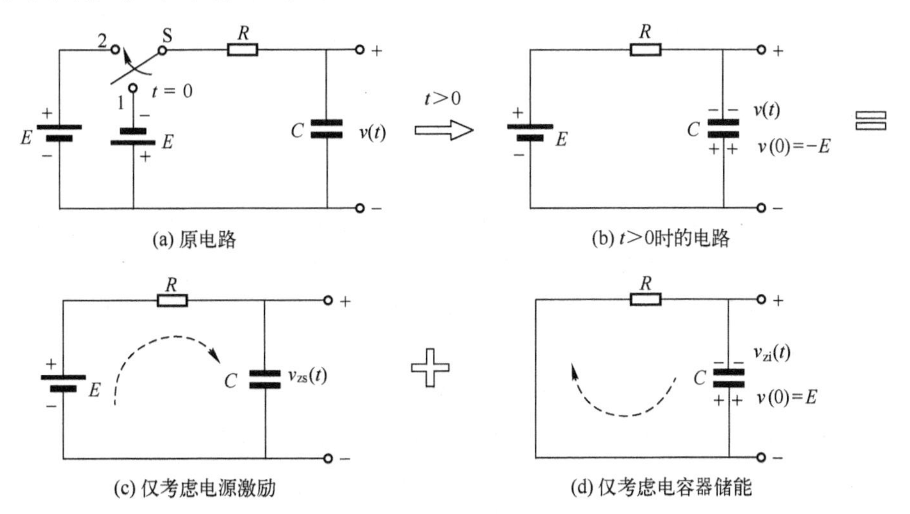

图 1.38　零输入响应和零状态响应的说明

1.3.2　系统特性及 LTI 系统

线性时不变系统（Linear Time-Invariant，LTI）是本课程的重点研究对象。本节首先从更广泛的意义上讨论连续时间和离散时间系统的一些重要特性，这些特性的含义是讨论信号分析与处理问题的重要概念基础。然后给出 LTI 系统的定义和两个重要性质。

1．无记忆性和记忆性

如果一个系统在任一时刻的输出值仅取决于该时刻的系统输入值，与该时刻以前或以后的输入值无关，则该系统具有无记忆性或称为无记忆系统。否则，该系统具有记忆性或称为有记忆系统。

例如，若把流过电阻器的电流视为系统的输入 $x(t)$，把电阻器两端的电压视为系统的输出 $y(t)$，由电阻器的伏安特性关系可知系统在 t 时刻的输出为

$$y(t) = Rx(t)$$

可见任意 t 时刻的输出值 $y(t)$ 仅取决于 t 时刻的输入值 $x(t)$，即电阻器是无记忆的。

对于客观自然界中存在的有记忆系统，其特点是任一时刻的输出值不仅与该时刻的输入值有关，而且与该时刻以前的输入值有关。例如，若将电容器的电流视为系统的输入 $x(t)$，电容器电压视为系统的输出 $y(t)$，由电容器的电压-电流关系可知 t 时刻的输出为

$$y(t) = \frac{1}{C}\int_{-\infty}^{t} x(\tau)\mathrm{d}\tau$$

可见系统 t 时刻的输出值与输入 $x(t)$ 在 $(-\infty, t]$ 区间上的所有值有关，即电容器是有记忆的。同理，完成求和运算的离散时间系统

$$y[n] = \sum_{m=-\infty}^{n} x[m]$$

也是一个有记忆系统。

由于离散时间系统的数据是可以存储在计算机中的，变量 n 并不一定表示当前的实际时

间，因此可以出现系统在n时刻的输出值与“将来时刻”（n时刻以后）的输入值有关，这类系统也是有记忆系统。例如$y[n]=x[n+2]$，则$y[1]=x[3]$，系统在 1 时刻的输出与 3 时刻的输入有关。

*【例 1-17】 试判定下列系统是有记忆系统还是无记忆系统。

（1） $y(t)=x(t/2)$ （2） $y(t)=\dfrac{\mathrm{d}x(t)}{\mathrm{d}t}$

【解】 对于给定输入输出关系判定系统特性这类问题的求解，主要依靠概念分析。需要注意对给定输入输出关系的理解，多数情况下可以通过特例分析或找出反例得到答案。

（1）由于$y(1)=x(1/2)$，即$t=1$时刻的输出与$t=1$以前时刻$(t=1/2)$的输入有关，因此该系统是有记忆系统。

（2）该系统的输出是输入信号的导数。仅根据t时刻的函数值，并不能确定函数在t时刻的导数，因为函数在t时刻的导数与t时刻以前的函数取值密切相关，即

$$\frac{\mathrm{d}x}{\mathrm{d}t}=\lim_{\Delta t\to 0}\frac{x(t)-x(t-\Delta t)}{\Delta t}$$

因此微分器是一个记忆系统。

【例毕】

2．因果性和非因果性

如果系统在任一时刻的输出值只取决于该时刻和该时刻以前的输入，而与该时刻以后的输入无关，则称该系统具有因果性或称之为因果系统。否则称该系统为非因果系统。例如延迟系统

$$y(t)=x(t-\tau_0)\quad(\tau_0>0)$$

是一个因果系统，因t时刻的输出仅与$(t-\tau_0)$时刻的输入有关。但是前向差分系统

$$y[n]=x[n+1]-x[n]$$

则是非因果系统，因为n时刻的输出与$n+1$时刻的输入有关。

因果性体现的是现实世界中时间顺序上的因果关系，即必须是“有因（输入）在前，有果（输出）在后”。对于客观自然界中的连续时间系统来说，这是不可违背的规律。换句话说，若自变量是时间，则连续时间非因果系统是不可实现的或不存在的。但是对于离散时间系统，非因果系统不但存在，而且经常遇到。一方面，离散序列变量n未必是时间变量。例如对一幅存储在计算机中的图像来说，此时的序列变量n为空间变量。对静止图像进行数字处理时，不存在时间上的因果顺序。另一方面，离散序列可以存储和延时处理，这样就完全可能在处理n_0时刻的输出时，用n_0时刻以后的输入值参与运算。因此对离散时间系统来说，讨论非因果系统还是有意义的。

*【例 1-18】 试判定下列系统是否为因果系统。

（1） $y(t)=x(t/2)$ （2） $y(t)=x(2t)$

【解】（1）该系统是对输入信号进行横轴方向扩展，因此输出信号可能早于输入信号出现，例如$y(-1)=x(-1/2)$，即$t=-1$时刻的输出与$t=-1$以后时刻$(t=-1/2)$的输入有关，因此是非因果系统。

（2）该系统是对输入信号进行横轴方向压缩，同样输出信号可能早于输入信号出现，例如$y(1)=x(2)$，即$t=1$时刻的输出与$t=1$以后时刻$(t=2)$的输入有关，因此是非因果系统。

由本例可以看出，不含时延变换的时域压扩系统都是非因果系统。

【例毕】

3．稳定性

系统稳定与否是一个在理论分析和实际应用中都备受关注的问题，因为一个不稳定的系统通常是不能正常工作的。稳定性有几种定义，信号与系统中采用的是所谓的“有界输入有界输出”定义，即 BIBO（Bounded-Input Bounded-Output）定义：若对任何有界的输入信号，系统输出总是有界的，则该系统是稳定的或称之为稳定系统。否则称为不稳定系统。也就是说，对于 BIBO 稳定系统，若系统输入恒有 $|x|<\infty$ 成立，则系统输出一定有 $|y|<\infty$ 成立。按此定义，求和系统

$$y[n]=\sum_{m=-\infty}^{n}x[m]$$

是一个不稳定系统。因为当 $x[n]=u[n]$ 时为有界输入（$|x[n]|<\infty$），由阶跃序列的几何意义，很容易得知系统的输出为

$$y[n]=\sum_{m=-\infty}^{n}u[m]=(n+1)u[n]$$

在 $n\to\infty$ 时 $|y[n]|\to\infty$。类似，连续时间积分系统在 BIBO 定义下是不稳定系统。

4．可逆性

如果根据系统的输出可以唯一确定系统的输入，则该系统是可逆的或称为可逆系统。否则称为不可逆系统。从数学上讲，如果通过输入输出之间的函数关系 $y=f(x)$ 可以确定一个唯一的反函数 $x=f^{-1}(y)$，则该系统一定是可逆的。例如积分器

$$y(t)=\int_{-\infty}^{t}x(\tau)\mathrm{d}\tau$$

是一个可逆系统，其逆系统为微分器

$$x(t)=\frac{\mathrm{d}y(t)}{\mathrm{d}t}$$

在没有任何限定条件时，微分器 $y(t)=\frac{\mathrm{d}x(t)}{\mathrm{d}t}$ 是一个不可逆系统，因为输入 $x(t)$ 为任意常数时，输出都为 $y(t)=0$。但是在实际应用中，总可以假定 $x(-\infty)=0$ 成立，此时微分器则是可逆系统，因为对 $y(t)=\frac{\mathrm{d}x(t)}{\mathrm{d}t}$ 两边进行积分有

$$\int_{-\infty}^{t}y(\tau)\mathrm{d}\tau=\int_{-\infty}^{t}x'(\tau)\mathrm{d}\tau=x(t)-x(-\infty)=x(t)$$

即逆系统为

$$x(t)=\int_{-\infty}^{t}y(\tau)\mathrm{d}\tau$$

从信号与系统角度讲，逆系统的功能就是去除原系统对信号所产生的影响，如图 1.39 所示。逆系统在信号处理中有着广泛的应用，例如手机通信系统中为了消除多径传输的影响，采用所谓的信道均衡技术，事实上就是逆系统的应用。又如高保真音响系统中为了消除电路或器件对音乐信号产生的失真，也可采用逆系统进行处理。

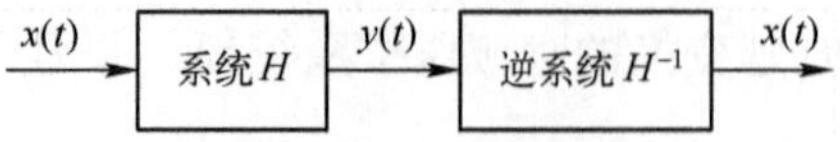

图 1.39 逆系统的作用

上述例子均为连续时间系统，离散时间逆系统的概念是完全类似的。

*【例 1-19】 试判定下列系统是否是可逆系统；如果可逆，求其逆系统。

（1） $y(t)=\int_{-\infty}^{t} \mathrm{e}^{-(t-\tau)}x(\tau)\mathrm{d}\tau$ （2） $y[n]=\begin{cases} x[n-1], & n\geqslant 1 \\ 0, & n=0 \\ x[n], & n\leqslant -1 \end{cases}$

【解】（1）该系统的输出是输入信号和指数信号乘积后的积分（在第 2 章中将会看到，这类积分是卷积积分），积分系统是可逆系统。为了求其逆系统，原式两边求导得

$$\begin{aligned} y'(t) &= \frac{\mathrm{d}}{\mathrm{d}t}\left(\mathrm{e}^{-t}\int_{-\infty}^{t}\mathrm{e}^{\tau}x(\tau)\mathrm{d}\tau\right) \\ &= \mathrm{e}^{-t}\cdot\mathrm{e}^{t}x(t)-\mathrm{e}^{-t}\int_{-\infty}^{t}\mathrm{e}^{\tau}x(\tau)\mathrm{d}\tau \\ &= x(t)-\int_{-\infty}^{t}\mathrm{e}^{-(t-\tau)}x(\tau)\mathrm{d}\tau \\ &= x(t)-y(t) \quad [\text{对比}y(t)\text{的表达式可知上式第二项为}y(t)] \end{aligned}$$

因此逆系统为

$$x(t)=\frac{\mathrm{d}y(t)}{\mathrm{d}t}+y(t)$$

（2）仔细分析原输入输出关系可以看到，该系统的功能是：将输入信号的右边序列（$n\geqslant 0$）右移一个单位后输出（注意 $y[1]=x[0]$），右移后在 $n=0$ 的“空位”补充 0 输出，保持输入信号的左边序列（$n\leqslant -1$）不变。显然，这一操作保留了输入信号的所有样值，只要逆向操作就可以由 $y[n]$ 获得 $x[n]$，因此该系统的逆系统为

$$x[n]=\begin{cases} y[n+1], & n\geqslant 0 \\ y[n], & n\leqslant -1 \end{cases}$$

【例毕】

5. 时不变性

如果系统的参数不随时间发生变化（或系统不对输入信号进行时间压扩和反转变换），则该系统将具有时不变性，称为时不变系统，否则称为时变系统。对于时不变系统，无论输入信号是在何时接入系统的，系统的输入输出关系都将维持不变。更准确地说，如果系统在 $x(t)$ 激励下产生输出 $y(t)$，那么当输入信号延时 t_0 后再施加到系统之上[输入变为 $x(t-t_0)$]，则时不变系统所产生的输出恰好是 $y(t)$ 的等值延时[输出为 $y(t-t_0)$]。因此，时不变性可以表述如下。

设 $x(t)\rightarrow y(t)$，若系统满足

$$x(t-t_0)\rightarrow y(t-t_0) \tag{1-59}$$

则称该系统为连续时间时不变系统。式（1-59）常常是判定系统是否具有时不变性的依据。前面提到的电阻器、电容器、微分器、积分器等均是时不变系统。对于离散时间时不变系统，则有

$$x[n-n_0]\to y[n-n_0] \quad (1\text{-}60)$$

需要注意的是，“变化是绝对的，不变是相对的”，因此从严格意义上讲现实世界中的任何系统都是时变的。但是在大多数情形下，这个变化所产生的差别是微小的，或者是分析中可以忽略的，此时可以将其视为时不变系统。例如，通常将有线信道（如网线、同轴电缆等）用时不变系统进行描述。对于移动通信中的无线信道，由于用户的移动导致环境的不断变化（信号传输路径的不断变化），因此移动通信系统中的无线信道用时变系统进行描述则更为准确。然而时变系统的分析比较困难，因此常常在很短的时间内认为信道是不变的，采用时不变系统进行描述。在式（1-57）的传输模型中，如果体现信道作用的系数 h_{ij} 是与时间无关的常数，则该系统是一个时不变系统；如果 h_{ij} 也是时间的函数，则该系统是一个时变系统。

*【例 1-20】 判定下列系统是否是时不变系统。

（1） $y(t)=x(t/2)$　　（2） $y(t)=x(t)\sin 2\pi t$　　（3） $y[n]=x[-n]$

【解】（1）该系统的输出是输入信号在时间轴方向的 2 倍扩展。按照此理解，当输入信号为 $x(t-t_0)$ 时，其时间轴方向的扩展信号为 $x(t/2-t_0)$，而由原关系式知道 $y(t-t_0)=x\left(\frac{t-t_0}{2}\right)$，因此

$$x(t-t_0)\to x\left(\frac{t}{2}-t_0\right)\neq y(t-t_0)=x\left(\frac{t-t_0}{2}\right)$$

所以该系统是时变系统。

（2）将该系统的功能理解为“系统输出等于系统输入与 $\sin(2\pi t)$ 的乘积”，那么该系统是时变系统，因为在此理解下有

$$x(t-\tau)\to(\sin 2\pi t)x(t-\tau)\neq y(t-\tau)=[\sin 2\pi(t-\tau)]x(t-\tau)$$

（3）按照输入输出关系，该系统的输出是输入信号的时域反转信号，因此当输入为 $x[n-N]$ 时，输出为 $x[-n-N]$。由于

$$x[n-N]\to x[-n-N]\neq y[n-N]=x[-(n-N)]$$

因此该系统是时变系统。

【例毕】

6．线性

设 $x_1(t)\to y_1(t)$，$x_2(t)\to y_2(t)$，如果系统同时满足如下的比例性和叠加性：

比例性　$$cx_1(t)\to cy_1(t)\quad (c\text{ 为任意常数}) \quad (1\text{-}61)$$

叠加性　$$x_1(t)+x_2(t)\to y_1(t)+y_2(t) \quad (1\text{-}62)$$

则该系统是线性的或被称为线性系统。线性通常采用下列等价表述

$$ax_1(t)+bx_2(t)\to ay_1(t)+by_2(t) \quad (1\text{-}63)$$

其中 a，b 为任意常数。对于离散时间线性系统，则有

$$ax_1[n]+bx_2[n]\to ay_1[n]+by_2[n] \quad (1\text{-}64)$$

由比例性式（1-61）可以推知线性系统的一个重要性质是零输入产生零输出。显然，这是线性系统的必要条件。

不具有零输入零输出特性的系统肯定不是线性系统，但具有零输入零输出性质的系统未必是线性系统。

*【例 1-21】 试判定下列系统是否是线性系统。

（1） $y(t)=x^2(t)$ （2） $y(t)=\begin{cases}x(t), & x(t)>0\\ 0, & 其他\end{cases}$ （3） $y[n]=x[n]+2$

【解】（1）若 $x_1(t)\to y_1(t)=x_1^2(t)$，$x_2(t)\to y_2(t)=x_2^2(t)$，则

$$ax_1(t)+bx_2(t)\to[ax_1(t)+bx_2(t)]^2\neq ax_1^2(t)+bx_2^2(t)=ay_1(t)+by_2(t)$$

因此该系统是非线性系统。

（2）假设 $x(t)$（$x(t)>0$）$\to y_1(t)\neq 0$，而 $-x(t)$（$-x(t)<0$）$\to y_2(t)=0\neq -y_1(t)$，即不满足比例性，因此是非线性系统。

第 7 章将看到，人工神经网络中采用了这一非线性函数。

（3）当 $x[n]=0$ 时 $y[n]=2$，违背了线性系统的“零输入零输出”必要条件，因此该系统并不是这里定义的线性系统。

显然，描述该系统的方程在数学上是线性方程。因此信号与系统中的线性系统和数学中的线性方程并不完全是一回事。信号与系统中的线性系统强调的是系统输入和输出之间的线性因果关系，原方程中的 2 是独立于输入而存在的项。

【例毕】

7．LTI 系统及其性质

若一个系统同时满足线性和时不变性，则称该系统为线性时不变系统。由 LTI 系统的线性和时不变性可以得到其两个重要性质。

性质 1 微分性质/差分性质

对于连续时间 LTI 系统，若 $x(t)\to y(t)$，则

$$\frac{\mathrm{d}x(t)}{\mathrm{d}t}\to\frac{\mathrm{d}y(t)}{\mathrm{d}t} \tag{1-65}$$

对于离散时间 LTI 系统，若 $x[n]\to y[n]$，则

$$x[n]-x[n-1]\to y[n]-y[n-1] \tag{1-66}$$

显然，式（1-66）是线性和时不变性的直接推论。若将求导运算表示为函数增量和自变量增量之比取极限的形式，不难理解式（1-65）也是线性时不变性的直接结果。

性质 2 积分性质/求和性质

对于连续时间和离散时间 LTI 系统，有

$$\int_{-\infty}^{t}x(\tau)\mathrm{d}\tau\to\int_{-\infty}^{t}y(\tau)\mathrm{d}\tau \tag{1-67}$$

$$\sum_{m=-\infty}^{n}x[m]\to\sum_{m=-\infty}^{n}y[m] \tag{1-68}$$

对输入信号的积分事实上也是对信号的累加运算，因此上述积分性质与求和性质也是 LTI 系统线性时不变性的必然结果。

式（1-65）～式（1-68）可以推广到高阶微分/差分和多重积分/求和的情况。线性和时不变性是 LTI 系统的两个重要性质，它们为系统分析提供了十分有利的条件。正是在这两个特性的基础上，才形成了完善的 LTI 系统的分析理论和方法。

1.3.3　SISO 系统的时域描述

1．连续时间 SISO 系统的微分方程描述

对于很多实际应用中的连续时间系统，根据其原理或根据人们所关心的某一特性建立起来的数学模型常常是微分方程，而且在相当多的情况下是一个高阶线性常系数微分方程（或者是联立的一阶线性常系数微分方程组）。N 阶线性常系数微分方程的一般形式为

$$\sum_{k=0}^{N} a_k \frac{\mathrm{d}^k y(t)}{\mathrm{d}t^k} = \sum_{k=0}^{M} b_k \frac{\mathrm{d}^k x(t)}{\mathrm{d}t^k} \tag{1-69}$$

其中 $x(t)$ 是系统的输入（或称激励），$y(t)$ 是系统的输出（或称响应），a_k 和 b_k 则是由系统本身决定的、与时间无关的常数。微分方程中导数的最高阶数定义为系统的阶数，通常情况下有 $N \geqslant M$ ，因此式（1-69）描述的是一个 N 阶系统。

2．离散时间 SISO 系统的差分方程描述

与连续时间系统类似，一类最常见而且最重要的离散时间系统是用线性常系数差分方程描述的系统。N 阶线性常系数差分方程的一般形式为

$$\sum_{k=0}^{N} a_k y[n-k] = \sum_{k=0}^{M} b_k x[n-k] \tag{1-70}$$

其中 $x[\cdot]$ 是系统的输入序列及其移位序列，$y[\cdot]$ 是系统的输出序列及其移位序列，a_k 和 b_k 是由系统决定的、与时间无关的常数。差分方程的阶数定义为离散时间系统的阶数，式（1-70）描述的是一个 N 阶离散时间系统。

事实上不难证明，如果在信号接入系统前系统的初始储能为零，则线性常系数微分方程或差分方程描述的系统都是 LTI 系统。

3．LTI 系统的冲激响应描述

1.2.4 节介绍了连续时间和离散时间单位冲激信号 $\delta(t)$ 和 $\delta[n]$ 。系统的冲激响应就是系统在零状态（初始储能为零）条件下由冲激信号激励后所产生的响应，记为 $h(t)$ 或 $h[n]$ ，如图 1.40 所示。

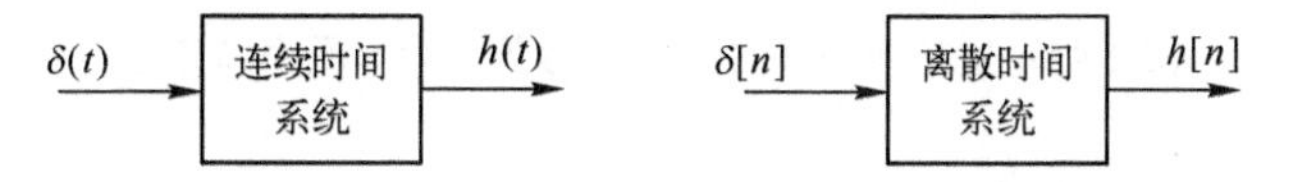

图 1.40　连续时间系统和离散时间系统冲激响应的定义

第 2 章将会看到当知道系统冲激响应后，则可以确定 LTI 系统在任意信号激励下的输出响应。从这层意义上讲，冲激响应是对 LTI 系统的充分描述。因此，在理论分析和实际应用中常常用冲激响应描述一个 LTI 系统，如图 1.41 所示。

x(t) → h(t) → y(t)　　x[n] → h[n] → y[n]

图 1.41　LTI 系统的冲激响应描述

为了便于理解上述结论，这里考察一下室内声音多径传播的 LTI 系统实验建模问题。参见图 1.42，假定室内 A 点是声源所在处，B 点是录音设备所在处。声音从 A 点发出后，由于墙面、地面、天花板及室内其他物体的反射，它将通过多条路径到达 B 点，导致 B 点录

制的信号中带有人耳不易辨别的“回声”效果。这一多径效应会降低计算机语音识别系统的识别率。为了消除回声，方法之一是将该室内的声音传播过程用一个 LTI 系统逼近，然后对录制后的信号进行逆系统处理。室内传播的声音是一个连续时间信号，但是可以建立一个等效的离散时间系统模型，以便利用计算机进行信号处理。为了确定该离散时间系统，可以采用现场测试的方法。例如，在 A 点产生一个非常短促的单位强度的声音，以模拟 $\delta[n]$ 信号。按照冲激响应的定义，B 点接收的信号则为该房间声音传播系统的单位冲激响应 $h[n]$。由于多径传播的衰减和延时，$h[n]$ 将具有类似如下的形式（考虑相对时延）：

$$h[n] = h_0\delta[n] + h_1\delta[n-1] + h_2\delta[n-2]$$

即

$$h[n] = \{h_0, h_1, h_2\}$$

这里假定录音实验表明只有 3 条传播路径的信号强度不可忽略，其中 h_i 是第 i 条传播路径产生的衰减。获得了系统冲激响应后，则可以求得系统在给定输入时的输出。例如，仅有两个样值构成的输入 $x[n] = \{x[0], x[1]\}$ 可以表示为

$$x[n] = x[0]\delta[n] + x[1]\delta[n-1]$$

因为 $\delta[n] \to h[n]$，根据系统的线性时不变性质，有

$$x[0]\delta[n] \to x[0]h[n], x[1]\delta[n-1] \to x[1]h[n-1]$$

则系统在此两个样值序列激励下的总响应应为

$$x[n] \to x[0]h[n] + x[1]h[n-1]$$

更一般性的分析将在第 2 章介绍。很显然，上述分析过程也适用于移动通信系统中的多径传播问题。

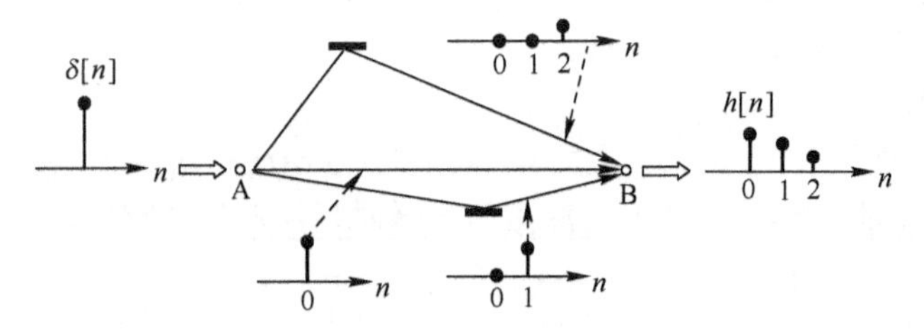

图 1.42 室内声音多径传播的等效离散时间系统模型

1.4 信号与系统的基本问题和基本内容

随着计算机与信息处理技术的高速发展，许多专业的工程技术人员或研究人员都需要了解和掌握信号处理方面的基本知识与技术。

信号与系统主要解决下列两个基本问题。

（1）已知系统及其输入，如何求解系统的输出响应。问题的关键是如何寻找在**任意激励**下求解 LTI 系统响应的一般方法。也就是说，这一方法应该适用于任意形式的输入信号。例如，当输入为直流信号、阶跃信号、正弦信号时，其求解方法是不变的。（这一点与电路分析基础课程不同。在电路分析基础课程中，针对直流电路和交流电路分别寻求相应的求解方法。读者可以思考为什么存在这样的区别。）

第 2 章时域分析、第 5 章拉普拉斯变换和第 6 章 z 变换的内容中都给出了系统响应求解

的方法。在时域分析中，“零状态响应等于输入激励与系统冲激响应的卷积”是一个核心结论。变换域中的零状态响应求解方法是这一结论的变换域表示。拉普拉斯变换提供了连续时间系统响应求解的严谨方法，z 变换提供了离散时间系统响应求解的严谨方法。

（2）建立信号与系统的频域描述和频谱的概念。如果仅在时域中研究信号与系统，实际应用中的很多问题将难以解决，甚至无法解决。信号与系统的频域描述提供了另外一个分析和解决问题的角度。例如，对于滤除信号中噪声这一问题，在时域中通常很难找到简单可行的方法。建立了信号频谱的概念后，则可得到简单可行的方法——滤波。第 3 章和第 4 章分别对应于连续时间和离散时间的频域分析。

随着计算机硬件的发展和抽样芯片速率的快速提升，目前各种电子设备和系统都尽可能采用数字信号处理技术，因此离散时间分析中的概念和方法变得越来越重要。连续时间系统和离散时间系统之间的桥梁是抽样（Sampling）。从技术发展和实际应用角度讲，抽样及相关理论分析已经成为信号与系统中第三个重要内容，将在第 3 章和第 4 章的相关章节中讨论。

从分析方法看，信号与系统的基本内容可划分为两大部分：时域分析法和变换域分析法。在时域分析法中，所有函数假定为以时间为自变量。如果将以时间为自变量的函数通过某种变换形成另一变量域的函数，然后在此基础上进行分析求解，就是所谓的变换域分析法。变换域分析包括连续时间傅里叶分析、离散时间傅里叶分析、拉普拉斯变换和 z 变换。在数字信号处理技术已获得广泛应用的今天，离散时间傅里叶分析中 DTFT、DFT 和 FFT 都是非常重要的概念。

*1.5 Matlab 实践入门

1.5.1 Matlab 中信号的表示

在开展信号与系统的 Matlab 实践时，首先需要掌握如何在 Matlab 中表示信号。课程中分析和讨论的信号多半是定义在（$-\infty,\infty$）区间上的连续时间信号，例如正弦信号。然而，必须记住的是：在 Matlab 中无法表示理论意义上（或者说严格意义上）的连续时间信号，也无法表示无穷区间上的信号（即便是离散时间信号），因为连续时间信号或无限长时段内的离散时间信号都是由无穷多个点构成的，计算机不可能有无穷大的存储容量。在 Matlab 中能表示的信号一定是有限时长的、在离散时间点上的信号样值。当有人说用 Matlab 表示连续信号时，应该理解为“连续时间信号在有限时段内的数值近似表示”。

Matlab 中有可用于连续时间函数分析的工具“Symbolic Math Toolbox”，功能也很强。但它是将函数表达式当作符号进行处理的工具，实现函数表达式的运算与化简等。简单讲，就是可以代替手工运算进行“公式推导”，因此常被称为符号推理工具。例如，通过调用该工具箱中的微分函数可以完成对 $x=\sin(\omega*t)$ 的求导运算 $\mathrm{d}x/\mathrm{d}t$，给出其求导结果 $\omega*\cos(\omega*t)$。然而，它只是以符号（ω, $*$, cos , t 等）的形式给出的函数表达式，不是时间变量和函数的具体取值，因此很难用于本课程所讨论的信号分析和处理。可以这样理解：符号推理工具是数学函数的分析与演算工具，不是信号的分析与处理工具。

1．连续时间信号的数值表示

如上所述，Matlab 中表示的信号本质上都是离散时间信号。但是我们可以让这个“离散时间信号”尽可能地逼近连续时间信号，或者称为连续时间信号的数值表示。能够“逼近”的关键就是时间间隔应该足够小。究竟多大的时间间隔才算“足够小”，取决于在Matlab中处理连续时间信号的目的和所能允许的误差，不同的信号分析和处理目的对时间间隔大小有不同的要求，需要具体问题具体分析。通常情况下可以从以下三个方面来考虑。

（1）对于绘出的“连续时间”信号波形，从主观视觉判断应足够光滑。

主观视觉上判定波形是否光滑和显示图形的窗口大小以及在窗口中显示的信号样值个数多少有关。在小窗口下显示为光滑的曲线，在大窗口显示时未必光滑；一个窗口中几百个样值时显示为光滑的曲线，在同样窗口尺寸下显示几十点（“展开”显示）可能就不够光滑了。实验表明：如果希望在14英寸显示屏上满屏显示光滑“连续”的正弦波，一个正弦波周期内一般需有100个以上的样值。也就是说，抽样间隔应小于正弦波周期的1%（或者说抽样频率为正弦信号频率的100倍以上）。显示窗口较小时，抽样频率可以小到正弦信号频率的16倍左右。例如图1.3中虚线表示的连续正弦波，就是在每个周期16个样值下绘制的，视觉上已比较光滑。

这种以“视觉判定是否光滑”来确定“是否为连续信号”主要适用于信号的可视化和从波形观察信号变化规律等应用场合。需要注意的是，屏幕上显示很光滑的曲线可能与连续时间信号相差甚远。例如，两个样值就可以用plot函数绘制一条很光滑的直流信号，但是两个样值和直流信号完全不是一回事。

（2）根据具体需求，保证离散时间点的信号能“跟上”连续时间信号的快变化。

究竟需要用多小的时间间隔进行抽样，才能保证信号的快变化信息不丢失？这是一个非常重要且有趣的问题，也是第3章中抽样定理所回答的问题。在学习了相关内容后，会比较容易理解这里提出的问题。

对于此阶段的信号处理实践学习，这里给出一个经验参考：如果考虑的信号总时段宽度为T，多数情况下可以取时间间隔为$0.001T$。

（3）从信号的频域特性考虑。这需在学习第3章后方可理解，暂不讨论。

2. 连续时间信号Matlab表示举例

1）正弦信号

应用中有时需要仿真连续时间正弦信号。当给定信号频率f后，时间间隔可以取为$\Delta t \leqslant 1/(100f)$。下面是产生1kHz连续时间正弦波仿真信号的代码，抽样间隔为$0.001T$，信号总时段为$20T$。

```
% filename:ct_sig_cos.m %
f = 1000;
t = -0.01: 0.000001:0.01;
x = cos(2*pi*f*t);
figure(1);
plot(t,x);
% end of file
```

下面的代码产生10GHz的高频正弦波。plot函数所绘出的信号形状和上段代码相同，重要的区别在于时间变量的取值。因此，如果不要求实时性，Matlab中也可以进行射频信号的处理。

```
% filename:ct_sig_cos_10G.m %
f = 1e10;
t = -10/f: 0.001/f:10/f;
```

```
x = cos(2*pi*f*t);
figure(1);
plot(t,x);
% end of file
```

2）单位阶跃信号

应用中常常通过考察系统对阶跃信号的响应来衡量系统的动态特性。Matlab 中产生阶跃信号的函数是 heaviside，其定义为

$$\text{heaviside}(t)=\begin{cases}0, & t<0\\ 1/2, & t=0\\ 1, & t>0\end{cases}\quad [\text{注意：教材中该点未定义}]$$

所产生的阶跃信号是否足够陡峭取决于抽样间隔，示例代码如下:

```
% filename:ct_sig_UnitStep.m %
t = -1:0.001:3;
x = heaviside(t);
figure(1);
plot(t,x);
% end of file
```

3）单位冲激信号

尽管单位冲激信号 $\delta(t)$ 非常特殊，但是 Matlab 还是提供了相应的函数 dirac，其定义和 $\delta(t)$ 的定义一致，所产生的函数值在 t=0 处为无穷大（Matlab 中用 Inf 表示），其他处处为零。下面是示例代码:

```
% filename:ct_sig_UnitImpulse.m %
t = -0.1:0.01:0.1;
x = dirac(t);
% end of file
```

dirac 函数的特点使用 plot(t, x)语句绘制函数波形没有意义。上段代码执行的结果如下:

```
x = 0 0 0 0 0  0 0 0 0 0 Inf 0 0 0 0 0 0 0 0 0 0
```

4）周期方波信号

如前所述，Matlab 表示的信号一定是有限时段上的信号，因此这里所谓的周期信号是指在该有限时段上呈现出周期性。Matlab 中产生周期方波信号的函数是 square。它产生一个周期为 2π、脉冲幅度为 ±1 的奇对称方波信号。它和 sin(t)的波形特点非常类似，只是波形改为方波。函数 square 中提供了调节正负脉冲宽度之比（称占空比）的功能，默认情况下的占空比为 50%（正负脉冲等宽）。下列代码演示如何产生给定周期的偶对称方波信号，以及占空比的设置。

```
% filename:ct_sig_PerioRect.m %
T = 2;                              %方波周期
f = 1/T;                            %方波频率，以便和 sin 对比
t0 = T/4;                           %产生偶对称信号的平移量
t = -5:0.01:5;
x1 = square(t);                     %默认函数波形，用于对比
x2 = square(2*pi*f*(t+t0),50);      %第二个参数表示占空比为 50%
figure(1);
subplot(2,1,1);
```

```
plot(t,x1);
axis([-5,5,-1.2,1.2]);
subplot(2,1,2);
plot(t,x2);
axis([-5,5,-1.2,1.2]);
% end of file
```

除上述信号发生函数外，Matlab 还提供了下列函数：

（1）exp——产生指数信号。

（2）sinc——产生抽样函数，其定义为 sinc(*t*)=sin(π**t*)/(π**t*)。

（3）rectpuls——产生单个方波信号。

（4）tripuls——产生单个三角波信号。

（5）sawtooth——产生周期锯齿波信号。

（6）chirp——产生频率逐渐变化的调频信号。

在 Matlab 的命令窗口中输入 doc 函数名（如 doc chirp），或者在 Help 中搜索函数名，可以调出该函数的在线帮助文档，查看这些函数的具体用法。

由于计算机只能存储和处理离散时间信号，因此在单片机、DSP 和 ARM 等系统中用算法分析和处理信号时，应该采用离散时间信号与系统的“思维”。只是在一些特定的场合，我们才采用 Matlab 进行连续时间信号的仿真。从这层意义上讲，深入理解离散时间的相关理论显得更为重要。

3．离散时间信号的 Matlab 表示

离散时间信号没有跳变和无穷大等奇异性存在，比较容易理解。典型信号的产生也比较简单，因此 Matlab 中没有提供相应的函数。但是对于一些信号也有新的概念引入，例如正弦信号的数字频率概念。另外，连续时间信号用 plot 函数绘制信号波形，而离散时间信号用 stem 函数绘制（当然，也可以用 plot）。

1）离散时间正弦信号

如果将正弦序列视为独立于连续时间正弦信号而存在的信号，那么直接按照表达式 $\sin\Omega n$ 或 $\cos\Omega n$ 考虑即可，其中 $\Omega = 2\pi / N$，N 为序列的周期。示例代码如下：

```
% filename:dt_sig_cos_N.m %
N = 16;                    %N 为周期
n = -40:40;
x = cos((2*pi/N)*n);
figure(1);
stem(n,x);
% end of file
```

如果正弦序列是对应于某个模拟频率 f 的离散信号，那么在代码中体现出模拟信号频率 f 和抽样频率 f_s（或抽样间隔 T_s）更为合适一些。数字频率和模拟频率之间的关系如式（1-20）所示，即

$$\Omega = \frac{2\pi}{N} = \omega T_s = 2\pi \frac{f}{f_s} \quad (N\text{为离散正弦信号周期})$$

示例代码如下：

```
% filename:dt_sig_cos_T.m %
f = 1000;                  %模拟频率
fs = 16*f;                 %抽样频率
```

```
n = -40:40;
x = cos((2*pi*f/fs)*n);
figure(1);
stem(n,x);
% end of file
```

对于数字角频率的概念及其与模拟频率的关系，在后续章节中还将继续讨论。

2）单位冲激和单位阶跃序列

由于序列很简单，在 Matlab 中没有对应的函数，通过调用通用函数就可以实现，因此实现的方法有多种，下面是示例代码：

```
% filename:dt_sig_UnitImpulse.m %
n = -10:10;
N = length(n);        %确定 n 的长度
x = zeros(N,1);       %产生 1 行 N 个 0
x(11) = 1;            %第 11 下标位置对应于 n=0
figure(1);
stem(n,x);
% end of file
% filename:dt_sig_UnitStep.m
n = -10:10;
N = length(n);
x = [n>=0];           %利用关系比较 n>=0 的返回值获得 0 和 1
figure(1);
stem(n,x);
% end of file
```

需要注意的是，heaviside(0)=0.5，因此它不能产生正确的$u[n]$。同样其他连续时间函数 rectpulse，square 等也不能正确地产生相应的离散时间序列，因为这些函数的信号上跳沿或下跳沿都是渐变的，这会产生与离散序列不相符的样值。读者如果自己尝试一下，则会有更好的理解。

3）离散周期序列的产生

除了正弦序列，如果要在 Matlab 中生成其他周期序列，则可根据需要自己“合成”，即先生成一个周期内的序列，然后采用“复制”的方法构成周期序列。下面的示例代码用这样的方法产生一个周期锯齿波序列：

```
% filename:dt_sig_sawtooth.m %
n1 = -4:4;
x1 = n1+4;                  %产生单个周期锯齿波
x = [x1,x1,x1,x1,x1];       %通过复制构成周期信号
n = -floor(length(x)/2):floor(length(x)/2); %确定 n 的范围
figure(1);
stem(n,x);
% end of file
```

4．含噪信号和噪声信号的仿真

1）含噪信号的仿真

在很多情况下，需要仿真受噪声污染的信号，并要设定信号强度和噪声强度的相对大小，即所谓的信噪比 SNR（Signal to Noise Ratio）。调用 awgn 函数可以很方便地实现这一功能。awgn 是 additive white Gaussian noise（加性高斯白噪声）的缩写。下面的示例代码产生

受高斯白噪声污染的正弦信号，为了不太熟悉 dB 单位的读者进行比较，其中函数 awgn 的调用采用了两种调用格式。awgn 的输入参数含义如下：

x——待加入噪声的信号；

snr——信噪比；

'measured' ——对所给信号进行功率计算，根据计算的信号功率和信噪比要求施加相应大小的噪声；

'db' ——snr 以 dB 为单位，即

$$\text{snr} = 10\log\frac{\text{信号功率}}{\text{噪声功率}} \quad 或 \quad \text{snr} = 20\log\frac{\text{信号电压}}{\text{噪声电压}} \tag{1-71}$$

当 snr=20 时，信号功率是噪声功率的 100 倍，即噪声电压幅度是信号电压幅度的十分之一（读者可以在运行程序后观察信号波形，验证这一关系）。

'linear' ——snr 定义为 snr= 信号功率/噪声功率。

可以在 Matlab 的命令窗口中输入 doc awgn，查看该函数的在线帮助。

```
% filename:ct_sig_awgn.m %
% 产生连续时间正弦信号
f = 1000;               %1kHz 正弦信号
t = 0:0.001/f:5/f;      %间隔为 0.001 倍周期，时段为 5 倍周期
x = cos(2*pi*f*t);
% 施加高斯白噪声
snr1 = 20;
snr2 = 100;
x1_agwn = awgn(x,snr1,'measured','db');
x2_agwn = awgn(x,snr2,'measured','linear');
% 显示波形
figure(1);
plot(t,x1_agwn);
figure(2);
plot(t,x2_agwn);
% end of file
```

2）噪声的仿真

在一些情况下（如为了使叠加进多个信号中的随机噪声样值完全一样），需要自己产生高斯白噪声，而不是调用 awgn 函数，则可以调用 wgn 函数。wgn 函数可以产生指定功率（单位为 dBW，1dBW=10log$P$，P 是以瓦为单位的功率）。如果需要指定信噪比，则需要通过信噪比算出对应的噪声功率。由式（1-71）可知

$$\text{噪声功率(dBW)} = \text{信号功率(dBW)} - \text{snr}$$

下面是示例代码，其中的信号功率按照式（1-9）计算后取对数。为了对比，代码中分别调用了 wgn 和 awgn 函数。运行程序后，从输出波形可以看出两种方法的效果是相同的。

```
% filename:dt_sig_wgn.m %
% 产生连续时间正弦信号
f = 1000;
t = 0:0.001/f:5/f;
x = cos(2*pi*f*t);
N = length(x);
% 计算给定信噪比下的噪声功率
snr = 20;
```

```
Ps_dBW = 10*log10(sum(x.^2)/N); % 计算信号功率
Pn_dBW = Ps_dBW - snr;
% 产生指定功率的噪声
noiseSig = wgn(1,N,Pn_dBW);
% 采用两种方法叠加噪声
x1 = x + noiseSig;
x2 = awgn(x,snr,'measured','db');
% 比较两种方法的信号波形
figure(1);
plot(t,x1);
figure(2);
plot(t,x2);
% end of file
```

Matlab 中还有其他产生随机数的函数，例如 randn，randi，读者可以用 doc 命令查阅其在线帮助。

1.5.2　输出图形的修饰

在上述示例代码中，波形的绘制均采用了比较简单的函数调用格式。这样的图形插入 word 文档中会显得不够精美，显示的信息也不够完整。Matlab 具有很强的绘图功能，对图形显示也提供了丰富的修饰手段。这里从实用出发，以代码形式示例如何对输出图形进行适度的修饰和导出。

图 1.43 和图 1.44 是运行程序 ModifyView.m 后的结果。图 1.43 是简单调用 plot 或 stem 函数所绘制的图形，它存在这样一些问题：

（1）函数曲线的原有颜色和线宽不太适合文档的黑白打印。

（2）函数曲线在纵向显示上通常是“顶天立地”，而在横向显示上又时尔留有不该有的“空白”。

（3）在变量值很小或很大时，横纵坐标标注会出现 10 的幂次；或者有时刻度标注过密等。这些都影响图形版面的美观。

（4）缺少自变量和函数符号的标注，缺少标题。

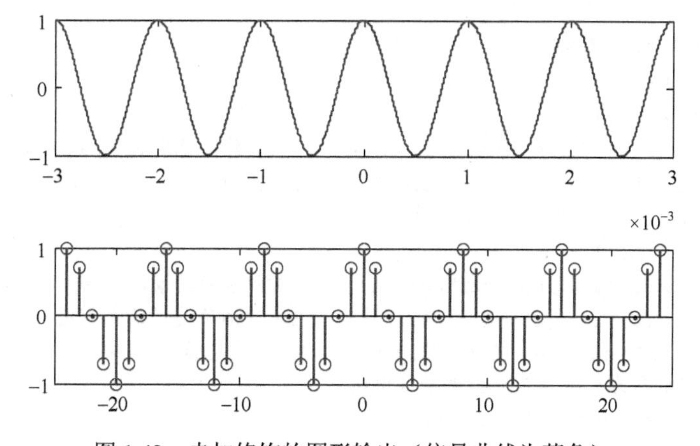

图 1.43　未加修饰的图形输出（信号曲线为蓝色）

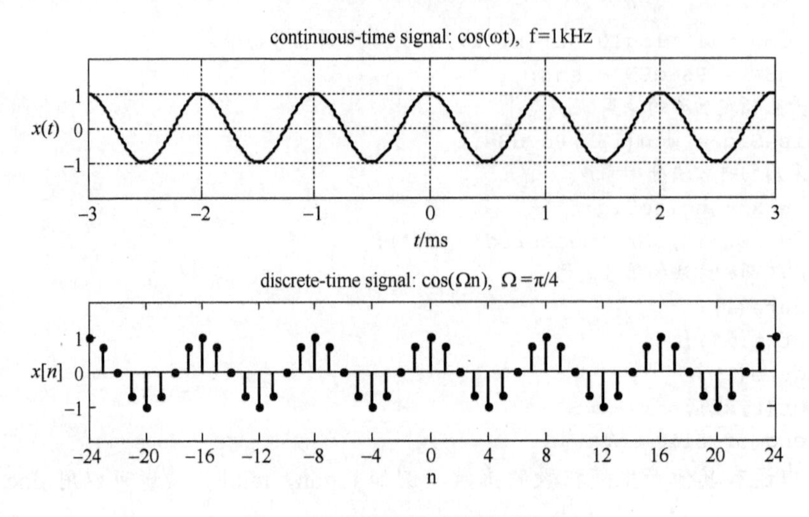

图 1.44 适度修饰后的图形输出

如何克服上述问题，下面的代码提供了解决方法。读者可以在编程实践中寻求更好的能够解决自己问题的方法，Matlab 中线型、标记和颜色的描述符见表 1.1。

```
% filename:ModifyView.m %
% 产生连续时间正弦信号
f = 1000;
t = -3/f: 0.001/f:3/f;
xt = cos(2*pi*f*t);
% 产生连续时间正弦信号
fs = 8*f;
n =-8*3:8*3;
xn = cos(2*pi*(f/fs)*n);
% 不加修饰的图形绘制
figure(1)
subplot(2,1,1)
plot(t,xt);
subplot(2,1,2)
stem(n,xn);
% 适度修饰的图形绘制
figure(2);
subplot(2,1,1) ;
plot(t,xt,'k','LineWidth',2);       %改曲线颜色和线宽(原为蓝色)
title('continuous-time signal: cos(\omegat), f=1kHz');
%用转义符\omegat 显示非英文字符
xlabel('t/ms');
ylabel('x(t)','Rotation',0);        %加注和旋转 x(t)(默认时为纵向)
axis([min(t),max(t),-2,2]);         %使波形不要“顶天立地”
set(gca,'XTick',[-3/f:0.001:3/f],'XTickLabel',[-3:3]);
%设置时间刻度为毫秒，避免图中横轴出现 10^-3
set(gca,'YTick',[-1,0,1]);
grid on; %增加网格
subplot(2,1,2); stem(n,xn,'.k');  %将离散信号用点而不用圆圈显示
title('discrete-time signal: cos(\Omegan),...
      \Omega=\pi/4');    % 接上行，...为续行符
```

```
xlabel('n'); ylabel('x[n]','Rotation',0);
axis([min(n),max(n),-2,2]);
set(gca,'XTick',[min(n):4:max(n)]);
set(gca,'YTick',[-1,0,1]);
% end of file
```

表 1.1 Matlab 中线型、标记和颜色的描述符

线型		标记	
描述符	线型	描述符	标记
'-'	实线（默认）	'o'	圆圈（默认）
'--'	虚线	'+'	加号
':'	点线	'*'	星号
'-.'	点画线	'x'	叉号
		'.'	点
颜色		'^'	上三角
描述符	颜色	'v'	下三角
'b'	蓝色（默认）	'>'	右三角
'k'	黑色	'<'	左三角
'r'	红色	's'	方框
'g'	绿色	'd'	菱形
'y'	黄色	'p'	五角形
'c'	青蓝色	'h'	六角形
'm'	品红色		
'w'	白色		

在形成信号分析和处理的各类技术文档中，常需要插入信号波形。Matlab 在 figure 窗口中的 File→Export Setup 菜单提供了图形导出功能，用该界面下的 Export 按钮将图形保存为.emf 格式文件，比较适合插入 word 文档中。

1.5.3 应用举例

1. 回声仿真

生活中感受回声的情形有“山谷里唱歌”“空大的房间中说话”。回声会产生的负面作用前面已经提及。但回声也有正面的作用，它可以使歌声在听觉上更为悦耳，音响系统中就设置有回声调节旋钮。回声是由多径传输造成的，因此实现回声仿真的基本思想就是多路延迟衰减信号的叠加。下面的示例代码将一段无音乐伴奏歌曲进行回声的仿真合成。可以通过实验初步感受延时和衰减大小对于回声合成信号的影响，例如将代码中的回声延时分别调整为 200 个、400 个、600 个样值后进行试听。

本例代码中还涉及如何读入和播放音频.wav 文件。Matlab 早期版本中的相应函数是 wavread、wavwrite、wavplay 等，高版本 Matlab 会提示这些函数将被 audioread、audiowrite、audioplayer 等函数所替代，示例代码中给出了两组函数的调用示范。

```
% filename:appCase_echo.m %
[x,fs] = wavread('appCase_echo_data.wav');%fs 为抽样频率
% wavread 可用 audioread 替代
% [x,fs] = audioread('appCase_echo_data.wav');
```

```
x = x'; % 读入后为列矢量，转置成习惯上的行矢量
x = 4*x(1,:); % 原音乐是双声道，这里取第 1 个声道的数据
wavplay(x,fs);
% wavplay可用下列三行代码替代
% playerObjx = audioplayer(x,fs);
% play(playerObjx);
% pause(12); %等数据播放完毕。读者可以尝试不调用 pause 函数
% 产生多径信号，前补零是延时，后补零是为了各路信号等长
y1 = [zeros(1,20000),0.8*x,zeros(1,80000)];
y2 = [zeros(1,40000),0.6*x,zeros(1,60000)];
y3 = [zeros(1,60000),0.4*x,zeros(1,40000)];
y4 = [zeros(1,80000),0.2*x,zeros(1,20000)];
y = y1+y2+y3+y4;
wavplay(y,fs);
% playerObjy = audioplayer(y,fs);
% play(playerObjy);
% figure(1);%绘制波形,观察区别
% subplot(2,1,1);  plot(x);
% subplot(2,1,2);  plot(y);
% end of file
```

2. 信号检测

在很多应用中，常常需要判定信号的有无。较为典型的例子是语音监控录音系统，如果没有信号判定的功能，所有数据都写入磁盘，那将需要很大的磁盘空间。假设抽样频率为8kHz（1 秒内会有 8000 个样值），每个信号样值用 10 位 A/D 转换器进行量化（1 个样值用 10 位长的 0/1 序列表示），那么 1 小时的录音数据所占的磁盘空间为 3600×8000×10/8=36MB。如果被监控场所在绝大部分时间内是无声音的，显然可以通过检测信号的有无来减少数据存储量。在噪声较小的场合（或滤除噪声后），一般可采用判定信号能量或功率的大小方法检测有无信号。

下面的示例代码是对回声仿真实验中的数据文件进行信号检测，其基本思路是将数据进行分帧（这里 1ms 为一帧），然后计算各帧的信号能量。为了使判定更稳定，对于所计算出的信号能量进行了平滑滤波。图 1.45 分别给出了原始信号、各帧信号能量和平滑后的信号能量，其横坐标为样值数或帧数。注意，示例代码并没有给出有无信号的判定，这将留作实践作业。关于信号平滑滤波的相关概念会在后面的章节中介绍。

```
% filename:voiceDetect.m %
[x,fs] = audioread('appCase_echo_data.wav');
x = x';
x = x(1,:);
xL = length(x);
wndL = floor((10^-3)*fs);      %分帧的窗口长度
frame = floor(xL/wndL);        %总帧数，floor(x)为取整函数
% 计算每一帧的信号能量
for i = 0:frame-1
   E(i+1) = sum(x(i*wndL+1:i*wndL+wndL).^2);
end
coeff_filter = ones(1,wndL)/wndL;
E_ave = filter(coeff_filter,1,E);
```

```
frame_t = 0:0.001:0.001*frame-1;
figure(1);
subplot(3,1,1); plot(x,'k');
title('signal');
subplot(3,1,2); plot((1:frame),E,'k');
title('frame energy (1frame=44samples)');
subplot(3,1,3); plot(E_ave,'k');
title('filtered frame energy');
% end of file
```

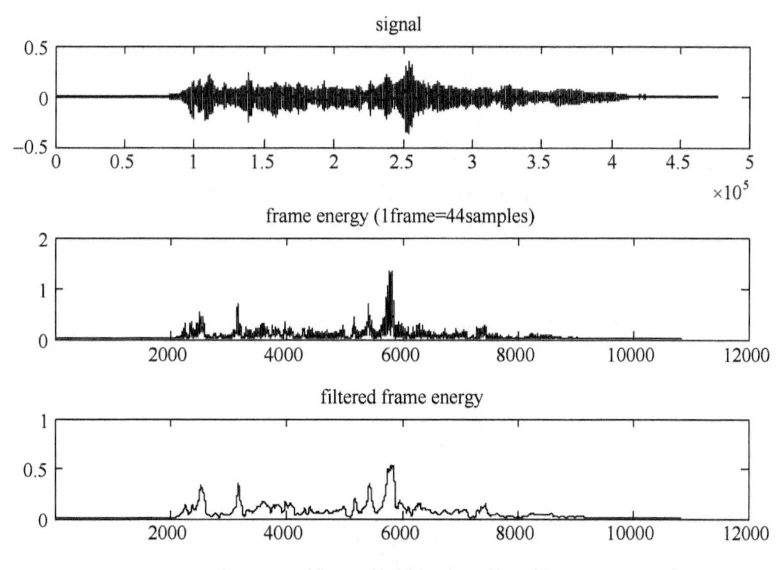

图 1.45　利用平均能量进行信号检测

习　题

1.1　绘出下列函数的波形草图。

（1）$x(t)=3\mathrm{e}^{-|t|}$　　（2）$x[n]=\begin{cases}(1/2)^n, & n\geqslant 0\\ 2^n, & n<0\end{cases}$

（3）$x(t)=\sin(2\pi t)u(t)$　　（4）$x[n]=\sin\left(\dfrac{\pi}{4}n\right)u[n]$

（5）$x(t)=\mathrm{e}^{-t}\cos(4\pi t)[u(t)-u(t-4)]$　　（6）$x[n]=3^n\left(u[n-1]-u[n-5]\right)$

（7）$x(t)=[\delta(t)-\delta(t-2)]\cos\dfrac{\pi}{2}t$　　（8）$x[n]=n\left(\delta[n+3]-\delta[n-1]\right)$

（9）$x(t)=u(t)-2u(t-1)+u(t-2)$　　（10）$x[n]=n(u[n]-u[n-5])+u[n-5]$

（11）$x(t)=\dfrac{\mathrm{d}}{\mathrm{d}t}[u(t+1)-u(t-1)]$　　（12）$x[n]=u[-n+5]-u[-n]$

（13）$x(t)=\displaystyle\int_{-\infty}^{t}\delta(\tau-1)\mathrm{d}\tau$　　（14）$x[n]=-n\,u[-n]$

1.2　确定下列信号的能量和功率，并指出是能量信号还是功率信号，或两者均不是。

（1）$x(t)=3\mathrm{e}^{-|t|}$　　（2）$x[n]=\begin{cases}(1/2)^n, & n\geqslant 0\\ 2^n, & n<0\end{cases}$

（3） $x(t)=\sin(2\pi t)$ （4） $x[n]=\sin\left(\frac{\pi}{4}n\right)$

（5） $x(t)=\sin(2\pi t)u(t)$ （6） $x[n]=\sin\left(\frac{\pi}{4}n\right)u[n]$

（7） $x(t)=3\mathrm{e}^{-t}$ （8） $x(t)=3\mathrm{e}^{-t}u(t)$

1.3 已知 $x(t)$ 的波形如题图 1.3 所示，试画出下列函数的波形。

（1） $x(t-2)$ （2） $x(t+2)$

（3） $x(2t)$ （4） $x\left(\frac{1}{2}t\right)$

（5） $x(-t)$ （6） $x(-t+2)$

（7） $x(-t-2)$ （8） $x(-2t+2)$

（9） $x\left(\frac{1}{2}t-2\right)$ （10） $x\left(-\frac{1}{2}t-2\right)$

（11） $x(t)+x\left(\frac{1}{2}t-2\right)$ （12） $x(2t)\cdot x\left(\frac{1}{2}t\right)$

（13） $\frac{\mathrm{d}x(t)}{\mathrm{d}t}$ （14） $\int_{-\infty}^{t}x(\tau)\mathrm{d}\tau$

1.4 已知 $x_1(t)$ 及 $x_2(t)$ 的波形如题图 1.4 所示，试分别画出下列函数的波形，并注意它们的区别。

（1） $x_1(2t)$ （2） $x_1\left(\frac{1}{2}t\right)$

（3） $x_2(2t)$ （4） $x_2\left(\frac{1}{2}t\right)$

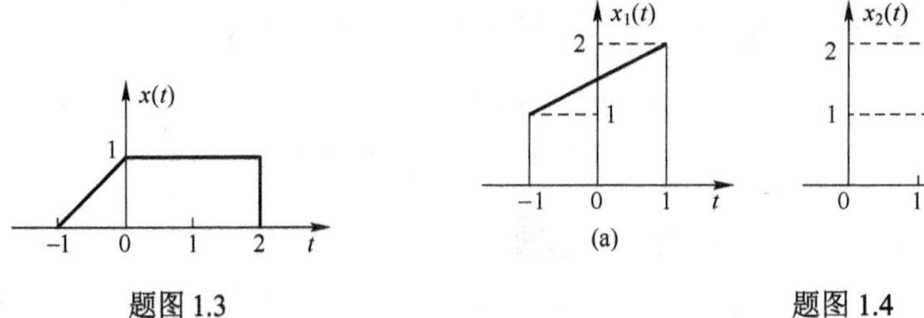

题图 1.3 题图 1.4

1.5 已知 $x[n]$ 的波形如题图 1.5 所示，试画出下列序列的波形。

（1） $x[n+4]$ （2） $x[-n]$

（3） $x[-n-3]$ （4） $x[-n+3]$

（5） $x[-n-3]+x[-n+3]$ （6） $x[-n-3]\cdot x[-n+3]$

（7） $\nabla x[n]$ （8） $\sum_{m=-\infty}^{n}x[m]$

1.6 任何信号可以分解为奇分量和偶分量的和：

$$x(t)=x_{\mathrm{e}}(t)+x_{\mathrm{o}}(t) \quad 或 \quad x[n]=x_{\mathrm{e}}[n]+x_{\mathrm{o}}[n]$$

其中 x_{e} 为偶分量，x_{o} 为奇分量。偶分量和奇分量可以由下式确定：

$$x_{\mathrm{e}}(t)=\frac{1}{2}[x(t)+x(-t)], \quad x_{\mathrm{o}}(t)=\frac{1}{2}[x(t)-x(-t)]$$

$$x_{\mathrm{e}}[n]=\frac{1}{2}(x[n]+x[-n]), \quad x_{\mathrm{o}}[n]=\frac{1}{2}(x[n]-x[-n])$$

（1）试证明 $x_{\mathrm{e}}(t)=x_{\mathrm{e}}(-t)$ 或 $x_{\mathrm{e}}[n]=x_{\mathrm{e}}[-n]$；$x_{\mathrm{o}}(t)=-x_{\mathrm{o}}(-t)$ 或 $x_{\mathrm{o}}[n]=-x_{\mathrm{o}}[-n]$。

（2）试确定题图 1.6(a)和图 1.6(b)所示信号的偶分量和奇分量，并绘出其波形草图。

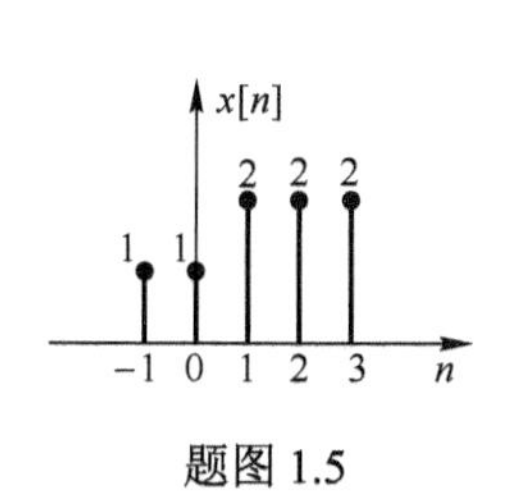

题图 1.5

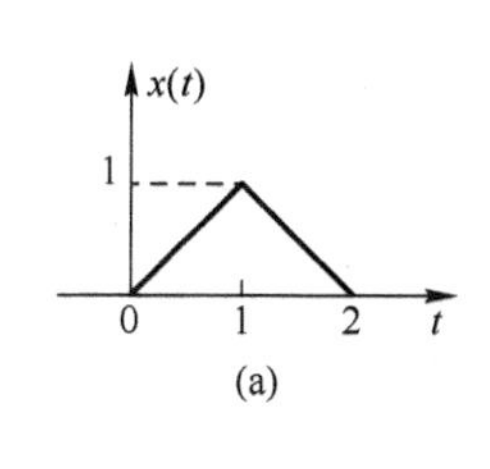

(a)

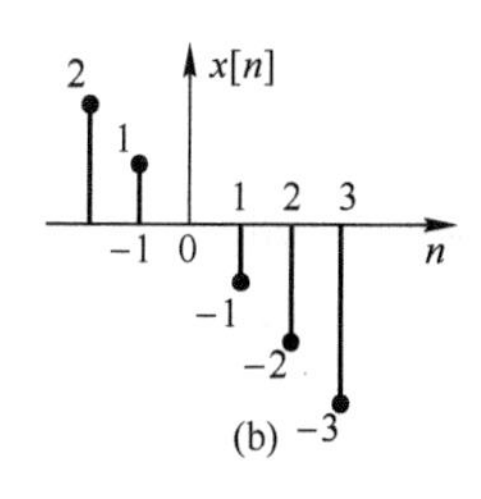

(b)

题图 1.6

1.7　设 $x[n]=2^n$ ，试求 $\nabla x[n], \Delta x[n], \nabla^2 x[n], \Delta^2 x[n]$ 。

1.8　判断下列信号是否为周期信号，若是周期的，试求其最小周期。

（1）$x(t)=\cos\left(4t+\dfrac{\pi}{6}\right)$　　（2）$x(t)=\sin(2\pi t)u(t)$

（3）$x(t)=\mathrm{e}^{-t}\cos(2\pi t)$　　（4）$x(t)=\mathrm{e}^{\mathrm{j}\frac{\pi}{4}(t-3)}$

（5）$x(t)=a\sin(5t)+b\cos(\pi t)$　　（6）$x[n]=\cos\left(\dfrac{\pi}{8}n+3\right)$

（7）$x[n]=\cos\left(\dfrac{7}{9}\pi n\right)$　　（8）$x[n]=\cos(16n)$

（9）$x[n]=\mathrm{e}^{\mathrm{j}2\pi n/15}$　　（10）$x[n]=\sum\limits_{m=-\infty}^{\infty}\left(\delta[n-3m]-\delta[n-1-3m]\right)$

（11）$x[n]=3\cos\left(\dfrac{\pi}{6}n\right)+\sin\left(\dfrac{\pi}{3}n\right)-2\sin\left(\dfrac{\pi}{4}n+\dfrac{\pi}{3}\right)$

1.9　计算下列各式的值。

（1）$\dfrac{\mathrm{d}}{\mathrm{d}t}\left[\mathrm{e}^{-t}\delta(t)\right]$　　（2）$\dfrac{\mathrm{d}}{\mathrm{d}t}\left[\mathrm{e}^{-t}u(t)\right]$

（3）$\int_{-\infty}^{\infty}x(t-t_0)\delta(t)\mathrm{d}t$　　（4）$\int_{-\infty}^{t}x(\tau-t_0)\delta(\tau)\mathrm{d}\tau$

（5）$\int_{-\infty}^{\infty}x(t_0-t)\delta(t)\mathrm{d}t$　　（6）$\int_{-\infty}^{\infty}x(t-t_0)\delta'(t)\mathrm{d}t$

（7）$\int_{-\infty}^{\infty}\delta(t-t_0)u\left(t-\dfrac{t_0}{2}\right)\mathrm{d}t$　　（8）$\int_{-\infty}^{t}\delta(\tau-t_0)u(\tau-2t_0)\mathrm{d}\tau$

（9）$\int_{0^+}^{\infty}\delta(t)\mathrm{d}t$　　（10）$\int_{-\infty}^{0^-}\delta(t)\mathrm{d}t$

（11）$\int_{-\infty}^{\infty}\delta'(t+1)(t^2-1)\mathrm{d}t$　　（12）$\int_{-\infty}^{\infty}\delta''(t)\mathrm{e}^{-t}\mathrm{d}t$

（13）$\int_{-1/3}^{1/3}\delta(2t-3)(t+1)\mathrm{d}t$　　（14）$\int_{-\infty}^{\infty}\delta(3t-3)(t^2+2t-1)\mathrm{d}t$

（15）$\int_{-\infty}^{\infty}\delta(t/2)(t^2+t+1)\mathrm{d}t$　　（16）$\int_{-\infty}^{t}\delta(\tau/2)(\tau^2+\tau+1)\mathrm{d}\tau$

1.10　设 $x(t)$ 或 $x[n]$ 为系统的输入信号， $y(t)$ 或 $y[n]$ 为系统的输出信号，试判定下列各函数所描述的系统是否是：(a)线性的；(b)时不变的；(c)因果的；(d)稳定的；(e)无记忆的。

（1）$y(t)=x(t+4)$　　（2）$y(t)=x(t)+x(t-\tau)$　（$\tau>0$，且为常数）

（3）$y(t)=x(t/2)$　　（4）$y(t)=x^2(t)$

（5）$y(t)=\mathrm{e}^{2x(t)}$　　（6）$y(t)=x(t)\sin 2\pi t$

（7）$y(t)=\begin{cases}x(t), & x(t)>0\\ 0\end{cases}$　　（8）$y(t)=\dfrac{\mathrm{d}x(t)}{\mathrm{d}t}$

（9） $y(t)=\int_{-\infty}^{t}x(\tau)\mathrm{d}\tau$　　（10） $y(t)=\frac{1}{T}\int_{t-T/2}^{t+T/2}x(\tau)\mathrm{d}\tau$

（11） $y[n]=nx[n]$　　（12） $y[n]=5x[n]+6$

（13） $y[n]=x[-n]$　　（14） $y[n]=x[n]\cdot x[n-1]$

*1.11　已知 $x(2-2t)$ 的波形如题图 1.11 所示，试画出 $x(t)$ 的波形。

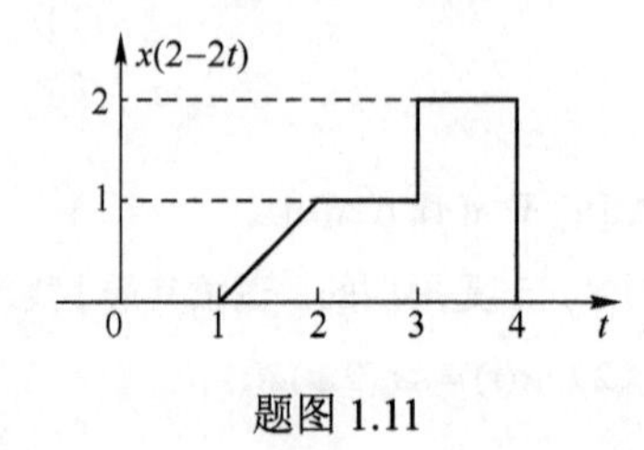

题图 1.11

*1.12 判断下列每个系统是否是可逆的，如果是可逆的，试构成其逆系统；如果不是，找出使系统具有相同输出的两个输入信号。

（1） $y(t)=\int_{-\infty}^{t}\mathrm{e}^{-(t-\tau)}x(\tau)\mathrm{d}\tau$　　（2） $y[n]=\begin{cases}x[n-1], & n\geqslant 1\\ 0, & n=0\\ x[n], & n\leqslant -1\end{cases}$

（3） $y(t)=\frac{\mathrm{d}x(t)}{\mathrm{d}t}$　　（4） $y[n]=nx[n]$

（5） $y(t)=\int_{-\infty}^{t}x(\tau)\mathrm{d}\tau$　　（6） $y[n]=\sum_{k=-\infty}^{n}\left(\frac{1}{2}\right)^{n-k}x[k]$

*1.13　对于例 1.2 中的 $x(t)$ 和 $x[n]$，请指出下面求解 $x(2t-1)$ 和 $x[-n+1]$ 的过程错在何处？

求解 $x(2t-1)$ 的过程：

$\because\ x(2t-1)=x\left[2\left(t-\frac{1}{2}\right)\right]$

$\therefore$ 先将 $x(t)$ 的波形右移 $\frac{1}{2}$ 个单元得到 $x\left(t-\frac{1}{2}\right)$ 的波形，再将 $x\left(t-\frac{1}{2}\right)$ 的波形压缩一倍得到 $x\left[2\left(t-\frac{1}{2}\right)\right]$ 即 $x(2t-1)$ 的波形，如题图 1.13(a)所示。

求解 $x[-n+1]$ 的过程：

$\because\ x[-n+1]=x[-(n-1)]$

$\therefore$ 先将 $x[n]$ 的波形右移 1 个单元得到 $x[n-1]$ 的波形，再将 $x[n-1]$ 的波形反转得到 $x[-(n-1)]$ 即 $x[-n+1]$ 的波形，如题图 1.13(b)所示。

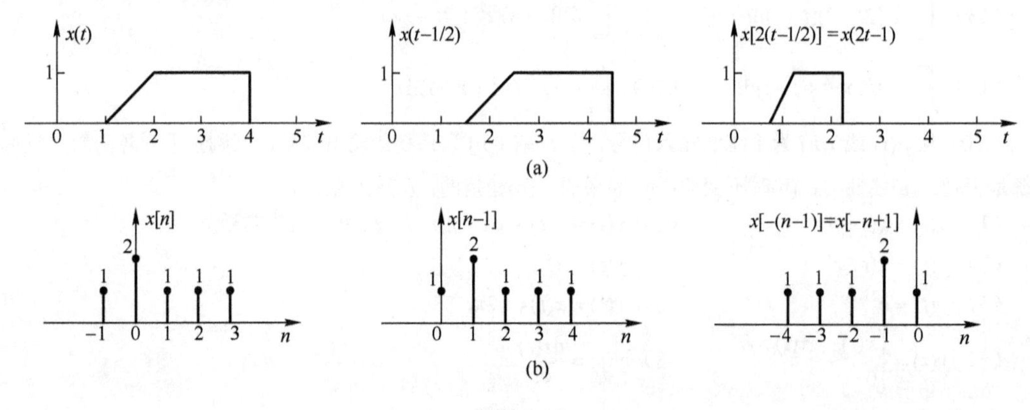

题图 1.13

*1.14　试证明方程 $y'(t)+ay(t)=x(t)$ 所描述的系统在仅考虑零状态响应时为线性系统。

[提示：根据线性的定义，证明满足可加性和齐次性]

1.15　已知某离散 LTI 系统激励为题图 1.15(a)所示 $x_1[n]$，其零状态响应如题图 1.15(b)所示。试求：

（1）当激励为题图 1.15(c)所示信号 $x_2[n]$时系统的零状态响应。

（2）当激励为题图 1.15(d)所示信号 $x_3[n]$时系统的零状态响应。

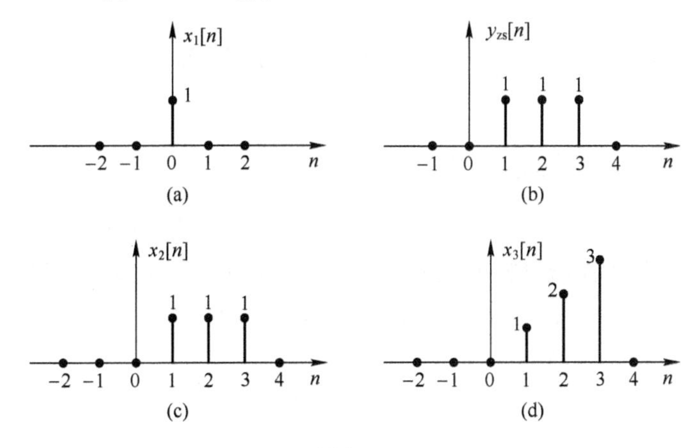

题图 1.15

*1.16　题图 1.16 是一种加速度计。它由束缚在弹簧上的物体 M 构成，其整体固定在平台上。如果物体的质量为 M，弹簧的弹性系数为 K，物体 M 与加速度计间的黏性摩擦系数为 B。加速度计的位移记为 $x_1(t)$，物体 M 的位移记为 $x_2(t)$。实际上，只能测得物体相对于加速度计的位移 $y(t)=x_1(t)-x_2(t)$。试列出以 $x_1(t)$为输入，$y(t)$为输出的系统微分方程。

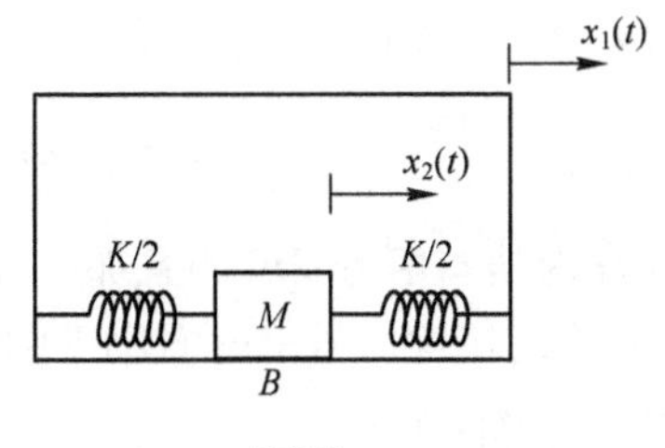

题图 1.16

第 2 章　信号与系统的时域分析

2.1　离散时间 LTI 系统的零状态响应：卷积和

2.1.1　LTI 系统响应求解的基本思想

寻找“在任意信号激励下系统响应求解的一般方法”是信号与系统研究的基本问题之一，也是进行信号分析和系统分析的主要目的之一。显然，如果没有任何附加条件，则很难找到任意系统在任意信号激励下响应求解的一般方法。LTI 系统所具有的两个重要特性——线性和时不变性为解决这一问题提供了条件。

以离散时间信号与系统为例。假设任意信号 $x[n]$ 可以分解为某种基本信号 $e[n]$ 及其延时序列 $e[n-n_i]$ 的线性组合：

$$x[n]=a_0e[n]+a_1e[n-n_1]+a_2e[n-n_2]+\cdots=\sum_i a_ie[n-n_i]$$

那么假定 $e[n]$ 激励系统所产生的响应为 $y_e[n]$（简记为 $e[n]\to y_e[n]$），则由系统的线性和时不变性可知

$$e[n-n_i]\to y_e[n-n_i]\qquad [\text{时不变性}]$$

$$a_ie[n-n_i]\to a_iy_e[n-n_i]\qquad [\text{比例性}]$$

$$\sum_i a_ie[n-n_i]\to\sum_i a_iy_e[n-n_i]\quad (\,x[n]\to y[n]\,)\qquad [\text{叠加性}]$$

也就是说，如果 $x[n]$ 可以分解为基本信号 $e[n]$ 的叠加，并且已知系统在 $e[n]$ 激励下的响应 $y_e[n]$，那么就可以求得 LTI 系统在任意信号 $x[n]$ 激励下的响应 $y[n]$。这就是 LTI 系统响应求解的基本思想，它同样适用于连续时间系统。

2.1.2　零状态响应的卷积和求解

1．用 $\delta[n]$ 表示离散信号

由上述分析可知，如果期望确定 LTI 系统响应求解的一般方法，首要问题是对任意信号 $x[n]$ 的线性分解。

不失一般性，假设离散时间信号 $x[n]$ 如图 2.1 等式左边的图形所示。图中 $x[n]$ 在[−1, 2]区间内的四个样值可以看成等式右端四个冲激序列的线性叠加，即

$$x[n]=x[-1]\delta[n+1]+x[0]\delta[n]+x[1]\delta[n-1]+x[2]\delta[n-2]$$

不难理解，如果 $x[n]$ 是定义在$(-\infty,\infty)$区间上的序列，则它可以表示为

$$x[n]=\cdots x[-1]\delta[n+1]+x[0]\delta[n]+x[1]\delta[n-1]+\cdots$$

即
$$x[n]=\sum_{k=-\infty}^{\infty}x[k]\delta[n-k] \tag{2-1}$$

上式即为任意离散时间信号的单位冲激序列分解，或者说，任意离散时间信号都可以用单位冲激序列的线性组合表示。它是推导离散时间 LTI 系统响应求解一般方法的重要基础。在等式右边求和中，由于当 $k\neq n$ 时 $\delta[n-k]=0$，因此当给定 n 值后，上式右端求和只有 $k=n$ 一项非零（$x[n]$），其他项均为零。

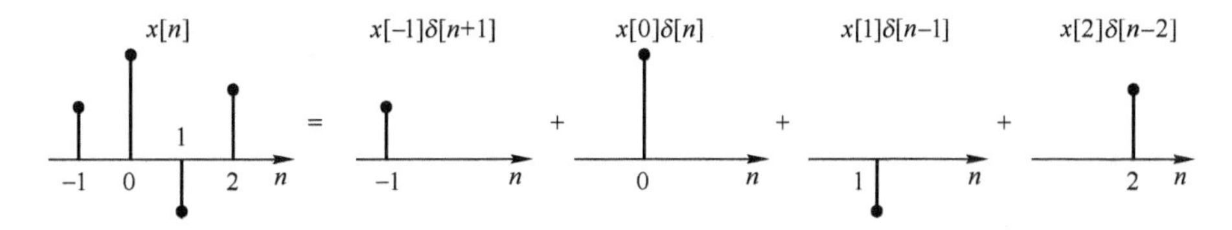

图 2.1　离散时间信号的单位冲激序列分解

2．离散时间系统的零状态响应

在第 1 章已经定义 $\delta[n]$ 激励系统所产生的响应为单位冲激响应 $h[n]$，即

$$\delta[n]\to h[n]$$

那么对于给定的 k 值，根据系统的线性和时不变性可知

$$\delta[n-k]\to h[n-k]$$

$$x[k]\delta[n-k]\to x[k]h[n-k]$$

$$x[n]=\sum_{k=-\infty}^{\infty}x[k]\delta[n-k]\to\sum_{k=-\infty}^{\infty}x[k]h[n-k]=y[n]$$

即离散时间 LTI 系统在任意信号 $x[n]$ 激励下的输出响应为

$$\boxed{y[n]=\sum_{k=-\infty}^{\infty}x[k]h[n-k]} \tag{2-2}$$

由于单位冲激响应 $h[n]$ 是系统在零状态下仅由 $\delta[n]$ 激励所产生的响应，且在上式推导过程中没有涉及系统的初始储能，因此按照此式计算得到的系统响应是零状态响应。

【例 2-1】 假设通过实验和分析确定图 1.42 所示多径传输系统的冲激响应序列为 $h[0]=1, h[1]=0.5, h[2]=0.1$。如果系统的输入序列为 $x[0]=2, x[1]=1$，试求系统的输出序列。

【解】 根据式（2-2）可知

$$y[0]=x[0]h[0]=2\times1=2$$

$$y[1]=x[0]h[1]+x[1]h[0]=2\times0.5+1\times1=2$$

$$y[2]=x[0]h[2]+x[1]h[1]=2\times0.1+1\times0.5=0.7$$

$$y[3]=x[0]h[3]+x[1]h[2]=x[1]h[2]=1\times0.1=0.1$$

$$n\text{ 取其他值时，}\quad y[n]=0$$

【例毕】

式（2-2）表明输出响应的求解就是两个序列相乘后再求和。形如式（2-2）的求和称为卷积和。任意两个时间序列 $x_1[n], x_2[n]$ 的卷积和定义为

$$y[n]=\sum_{k=-\infty}^{\infty}x_1[k]x_2[n-k] \qquad (2\text{-}3)$$

简记为 $y[n]=x_1[n]*x_2[n]$。引入了卷积和的概念后，式（2-2）可以表述为：离散时间 LTI 系统的零状态响应等于系统输入信号与系统冲激响应的卷积，即

$$y[n]=x[n]*h[n] \qquad (2\text{-}4)$$

式（2-4）清楚地表明，当已知系统的冲激响应 $h[n]$ 后，则可以求得系统在任意输入情况下的输出。因此从响应求解角度看，冲激响应在时域中完全表征了一个 LTI 系统，是对系统的充分描述。注意这一结论只适用于 LTI 系统。

2.1.3 卷积和的计算

从式（2-4）可以看到，系统响应求解的过程就是卷积和的计算过程。在卷积和表达式中，除了求和变量 k，还含有参变量 n，求和结果是参变量 n 的函数。因此，如果要计算式（2-4），从概念上讲应该对每个参变量 n 的取值，计算相应的和式，类似例 2-1 的求解过程。但例 2-1 的求解方法给出的不是闭式解，下面介绍两种闭式解的计算方法。

***1．方法一：借助信号波形作图确定 n 的取值范围与求和上下限**

由于 n 在卷积和表达式中也是变量（参变量），不同的 n 有不同的求和计算结果，因此在计算求和前需要清楚地知道 n 对求和结果的影响。为此，可以借助式（2-3）中 $x_1[k]$ 和 $x_2[n-k]$ 的波形图进行分析。这里通过一例说明该方法的求解过程。

【例 2-2】 设 $x_1[n]=u[n]-u[n-N]$，$x_2[n]=a^n u[n]$，$|a|<1$，波形如图 2.2 所示，计算卷积和 $x_1[n]*x_2[n]$。

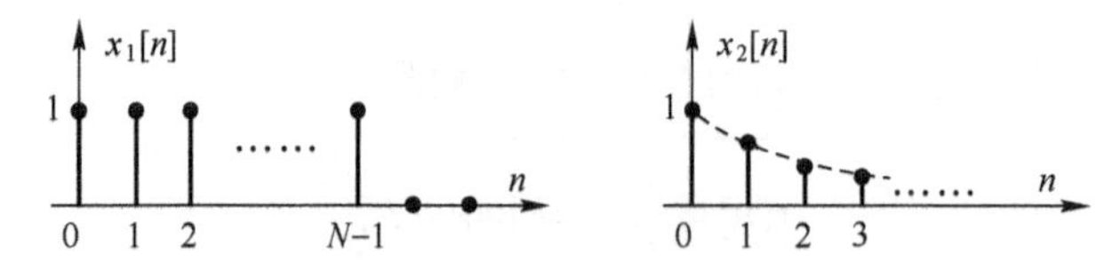

图 2.2 例 2-2 中的方波序列和指数序列

【解】 参见图 2.3。首先注意到：在对式（2-3）中两个函数作图时，自变量是 k，不是 n。将 $x_1[n]$ 波形的横轴变量 n 换为 k，则得到 $x_1[k]$ 的波形，如图 2.3(a)所示。

$x_2[n-k]=x_2[-k+n]$ 的波形是 $x_2[-k]$ 波形的平移，$x_2[-k]$ 是 $x_2[-k+n]$ 在平移量 $n=0$ 时的波形，如图 2.3(b)所示。

由于 $x_2[-k+n]$ 的自变量为 $-k$，因此当 $n=-\infty$ 时将 $x_2[-k]$ 向左平移至负无穷远得到 $x_2[-k+n]$ 波形。n 从 $-\infty$ 逐渐增加，对应于 $x_2[-k+n]$ 波形从负无穷逐渐向右平移。只要 $x_2[-k+n]$ 的波形未移到图 2.3(b)的位置（注意此位置 $n=0$），$x_1[k]$ 和 $x_2[-k+n]$ 波形就不发生“重叠”，乘积等于零，因此

$$x_1[n]*x_2[n]=0\,,\quad -\infty<n<0$$

当 $x_2[-k+n]$ 波形继续右移，则和 $x[k]$ 波形发生“重叠”，其典型位置如图 2.3(c)所示。图 2.3(c)中最右边一个非零样值的横坐标是 $x_2[-k]$ 未平移时波形中该样值的坐标加上平移量，即 $0+n$。因此，由图 2.3(c)可以看出非零值重叠区间的求和范围是从 $k=0$ 到 $k=n$，即

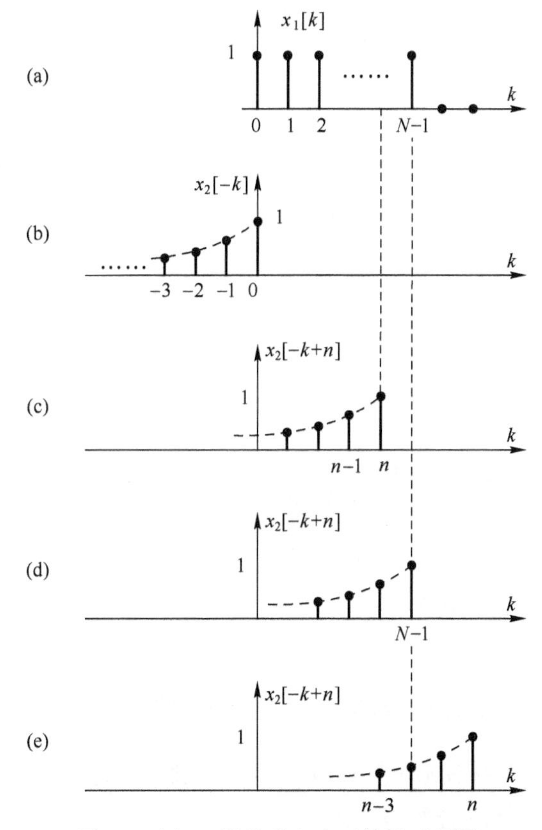

图 2.3　例 2-2 计算卷积和时的波形作图

$$
\begin{aligned}
x_1[n]*x_2[n] &= \sum_{k=-\infty}^{\infty} x_1[k]x_2[n-k] \quad &[卷积和的定义] \\
&= \sum_{k=0}^{n} a^{n-k} \quad &[在求和区间内\ x_1[k]=1] \\
&= a^n \sum_{k=0}^{n} a^{-k} \\
&= a^n \frac{1-a^{-(n+1)}}{1-a^{-1}} \quad &[有限项求和] \\
&= \frac{1-a^{n+1}}{1-a}
\end{aligned}
$$

上述结论是 $x_2[-k+n]$ 处于图 2.3(c)位置时的结果。如果 $x_2[-k+n]$ 的右移越过图 2.3(d)位置[例如图 2.3(e)位置]，两个序列的重叠情况会有所不同[参见图 2.3(e)]。因此，按照图 2.3(c)求得的结果对于平移量 n 是有限制的，即位于图 2.3(b)和图 2.3(d)之间。当右移至图 2.3(c)位置时，平移量为 $n=N-1$。结合图 2.3(b)和图 2.3(d)可知，上述结果在 $0 \leqslant n \leqslant N-1$ 才成立，即

$$
x_1[n]*x_2[n] = \frac{1-a^{n+1}}{1-a}, \qquad 0 \leqslant n \leqslant N-1
$$

当 $x_2[-k+n]$ 从图 2.3(d)位置继续右移，直至移到 $+\infty$，重叠情况不再发生变化，典型位置如图 2.3(e)所示，其求和区间是[0, N−1]，因此当 $N \leqslant n < \infty$ 时

$$
\begin{aligned}
x_1[n]*x_2[n] &= \sum_{k=-\infty}^{\infty} x_1[k]x_2[n-k] \\
&= \sum_{k=0}^{N-1} a^{n-k} \\
&= a^n \frac{1-a^{-N}}{1-a^{-1}} \\
&= \frac{a^{n+1-N}-a^{n+1}}{1-a}, \quad N \leqslant n < \infty
\end{aligned}
$$

综合上述求解结果，卷积和为

$$
x_1[n]*x_2[n] = \begin{cases} 0, & -\infty < n < 0 \\ \dfrac{1-a^{n+1}}{1-a}, & 0 \leqslant n \leqslant N-1 \\ \dfrac{a^{n+1-N}-a^{n+1}}{1-a}, & N \leqslant n < \infty \end{cases}
$$

利用方法一求解的要点归纳如下：

（1）如何进行求和的分段。

计算求和表达式 $\sum_{k=-\infty}^{\infty} x_1[k]x_2[n-k]$ 有两个重要因素需要确定："求和上下限"和"被求和函数的表达式"。在反转平移波形 $x_2[-k+n]$ 从 $-\infty$ 移至 $+\infty$ 的过程中，如果这两个因素中的任意一个发生了变化，必须进行新的分段。

例如在本例中，当 $x_2[-k+n]$ 由 $-\infty$ 右移到图 2.3(a)位置时，被求和函数表达式发生了变化（由零变成非零），因此图 2.3(b)位置是求和分段的分界点。当 $x_2[-k+n]$ 继续右移，越过图 2.3(d)位置时，求和限发生了变化，从上一段的 $[0, n]$ 变为 $[0, N-1]$，因此图 2.3(d)成为另一分段的分界点。

（2）分段后如何确定 n 的取值范围。

如例中所看到的，每个分段下求得的卷积和都有一个 n 的取值范围，如本例中三个分段的 n 为：$-\infty < n < 0$；$0 \leqslant n \leqslant N-1$；$N \leqslant n < \infty$。在求卷积和的过程中，$n$ 是反转平移波形 $x_2[-k+n]$ 相对于反转波形 $x_2[-k]$ 的平移量，$x_2[-k+n]$ 位于 $x_2[-k]$ 左边时平移量 n 为负，位于右边时平移量 n 为正。确定 n 的取值范围就是确定 $x_2[-k+n]$ 波形在两个"端点位置"时 n 的值，例如本例中图 2.3(b)和图 2.3(d)位置。

（3）如何确定求和上下限。

确定求和上下限的主要问题是如何确定反转平移波形（本例中的 $x_2[-k+n]$）关键样值点的横坐标。图 2.3(c)～图 2.3(e)中，$x_2[-k+n]$ 任意一个样值点的横坐标等于未平移的反转波形（图 2.3(b)的 $x_2[-k]$）的该样值坐标加上平移量 n。例如，图 2.3(e)中从右往左的第 4 个样值点的横坐标为图 2.3(b)中对应样值点横坐标-3 加平移量 n，即 n-3。

【例毕】

方法一的特点是作图过程非常清晰地揭示了卷积和计算式（2-3）所包含的几何意义，有助于初学者对卷积和计算过程的理解。但作图过程比较麻烦，初学者在分段和 n 取值范围上易出错。下面介绍的方法二可以免去作图过程，比较容易掌握，但其计算过程不能揭示卷积和计算的几何意义。

2．方法二：借助单位阶跃函数确定 n 的取值范围与求和上下限

【例 2-3】 对于例 2-2 所给的序列 $x_1[n]=u[n]-u[n-N]$，$x_2[n]=a^n u[n]$，本例借助单位阶跃函数计算其卷积和。

【解】 由卷积和定义

$$\begin{aligned}
x_1[n]*x_2[n] &= \sum_{k=-\infty}^{\infty} x_1[k]x_2[n-k] \\
&= \sum_{k=-\infty}^{\infty} (u[k]-u[k-N])a^{n-k}u[n-k] \\
&= a^n \sum_{k=-\infty}^{\infty} u[k]a^{-k}u[n-k] - a^n \sum_{k=-\infty}^{\infty} u[k-N]a^{-k}u[n-k]
\end{aligned}$$

在上式第一项中，当 $k<0$ 时，$u[k]=0$；当 $k>n$ 时，$u[n-k]=0$。所以第一项非零值的求和范围为 $0\leqslant k\leqslant n$。$0\leqslant k\leqslant n$ 也给出了第一项求和以后 n 的取值范围为 $n\geqslant 0$，求解中在该项的后面将用 $u[n]$ 表示。同样分析可知，第二项非零值的求和范围为 $N\leqslant k\leqslant n$，第二项求和以后 n 的取值范围为 $n\geqslant N$，将用 $u[n-N]$ 表示。因此

$$\begin{aligned}
x_1[n]*x_2[n] &= \left\{a^n \sum_{k=0}^{n} a^{-k}\right\}u[n] - \left\{a^n \sum_{k=N}^{n} a^{-k}\right\}u[n-N] \\
&= a^n \frac{1-a^{-(n+1)}}{1-a^{-1}}u[n] - a^n \frac{a^{-N}-a^{-(n+1)}}{1-a^{-1}}u[n-N] \\
&= \frac{1-a^{n+1}}{1-a}u[n] - \frac{1-a^{n-N+1}}{1-a}u[n-N]
\end{aligned}$$

在应用方法二计算卷积和时，对于求和上下限的确定和 n 取值范围的确定问题，不需要每次都讨论，可以将其归纳为以下两点作为法则，在求解时直接应用。

（1）借助阶跃函数表示序列后，卷积和计算的每项都会含有两个阶跃函数的乘积，其中对应于式（2-3）中 $x_1[k]$ 的不作反转变化的阶跃函数决定了求和的下限，即令其自变量等于零则得到求和下限。例如，对于 $u[k]$ 可得下限为 $k=0$，对于 $u[k-N]$ 可得下限为 $k=N$。

对应于式（2-3）中 $x_2[n-k]$ 的作反转变化的阶跃函数决定了求和的上限，即令其自变量等于零则得到求和上限。例如，对于 $u[n-k]$ 可得求和上限为 $k=n$。

（2）各项求和表达式后限定 n 范围的阶跃函数形式为"u[上限−下限]"。例如本例中 $u[n]$ 和 $u[n-N]$。

应用上述规则，求解过程可以简化为

$$\begin{aligned}
x_1[n]*x_2[n] &= \sum_{k=-\infty}^{\infty} x_1[k]x_2[n-k] \\
&= \sum_{k=-\infty}^{\infty} (u[k]-u[k-N])a^{n-k}u[n-k] \\
&= a^n \sum_{k=-\infty}^{\infty} u[k]a^{-k}u[n-k] - a^n \sum_{k=-\infty}^{\infty} u[k-N]a^{-k}u[n-k] \\
&= \left(a^n \sum_{k=0}^{n} a^{-k}\right)u[n] - \left(a^n \sum_{k=N}^{n} a^{-k}\right)u[n-N] \\
&= a^n \frac{1-a^{-(n+1)}}{1-a^{-1}}u[n] - a^n \frac{a^{-N}-a^{-(n+1)}}{1-a^{-1}}u[n-N] \\
&= \frac{1-a^{n+1}}{1-a}u[n] - \frac{1-a^{n-N+1}}{1-a}u[n-N]
\end{aligned}$$

整个求解过程简便流畅，无须任何作图。计算结果为一个表达式，形式上与方法一的分段函数表示有所不同。但两种表达方式可以相互转化。例如对于上述结果（下面记为 $y[n]$），注意到 $u[n]$ 和 $u[n-N]$ 的非零范围，则可知

当 $n<0$ 时，$y[n]=0$ $\quad$ [此时 $u[n],u[n-N]$ 均为 0]

当 $0\leqslant n\leqslant N-1$ 时，$y[n]=\dfrac{1-a^{n+1}}{1-a}$ $\quad$ [此时 $u[n]=1,u[n-N]=0$]

当 $N\leqslant n<\infty$ 时，$y[n]=\dfrac{1-a^{n+1}}{1-a}-\dfrac{1-a^{n-N+1}}{1-a}=\dfrac{a^{n+1-N}-a^{n+1}}{1-a}$ $\quad$ $[u[n]=u[n-N]=1]$

可见两者结果相同。

【例毕】

*3. 方法三：短序列卷积和的表格计算

上述两种方法比较适合于用函数表达式表示的离散序列卷积和计算。实际应用中的一些信号可能很难用函数表达式表示（例如语音信号），或者两个信号序列都很短，这种情形下采用所谓的表格法计算卷积和会更方便一点，但其缺点是计算结果不是闭式形式。表格法事实上是将式（2-3）的数值计算过程进行了表格化编排，本质上就是例 2-1 的求解过程，下面用一例说明。

【例 2-4】 已知有限长序列

$$x[n]=\{x[-1],x[0],x[1],x[2]\}=\{1,2,3,-1\}$$

$$h[n]=\{h[0],h[1],h[2]\}=\{1,-1,2\}$$

求 $y[n]=x[n]*h[n]$。

【解】 将式（2-2）求和展开，并考虑到本例中序列的非零样值，则有

$$y[n]=x[-1]h[n+1]+x[0]h[n]+x[1]h[n-1]+x[2]h[n-2]$$

由于 $x[n]$ 的取值区间为 $[-1, 2]$，$h[n]$ 的取值区间为 $[0, 2]$，$y[n]$ 的取值区间为两者的端点坐标和，即 $[-1+0, 2+2]=[-1, 4]$。因此，在上式中代入 n 值有

$$y[-1]=x[-1]h[0]=1$$

$$y[0]=x[-1]h[1]+x[0]h[0]=-1+2=1$$

$$y[1]=x[-1]h[2]+x[0]h[1]+x[1]h[0]=2-2+3=3$$

$$y[2]=x[0]h[2]+x[1]h[1]+x[2]h[0]=4-3-1=0$$

$$y[3]=x[1]h[2]+x[2]h[1]=6+1=7$$

$$y[4]=x[2]h[2]=-2$$

上述过程可用类似两数相乘的竖式表示如下：

$x[n]$			$x[-1]$	$x[0]$	$x[1]$	$x[2]$
$h[n]$				$h[0]$	$h[1]$	$h[2]$
			$x[-1]h[2]$	$x[0]h[2]$	$x[1]h[2]$	$x[2]h[2]$
		$x[-1]h[1]$	$x[0]h[1]$	$x[1]h[1]$	$x[2]h[1]$	
	$x[-1]h[0]$	$x[0]h[0]$	$x[1]h[0]$	$x[2]h[0]$		
$y[n]$	$x[-1]h[0]$	$x[-1]h[1]+$ $x[0]h[0]$	$x[-1]h[2]+$ $x[0]h[1]+$ $x[1]h[0]$	$x[0]h[2]+$ $x[1]h[1]+$ $x[1]h[1]$	$x[1]h[2]+$ $x[2]h[1]$	$x[2]h[2]$
	↑ $n=-1$	↑ $n=0$	↑ $n=1$	↑ $n=2$	↑ $n=3$	↑ $n=2+2=4$

上式展示了表格法的原理，求解时直接用样值排表即可，即

$x[n]$			1	2	3	−1
$h[n]$				1	−1	2
			2	4	6	−2
		−1	−2	−3	1	
	1	2	3	−1		
$y[n]$	1	1	3	0	7	−2
		↑ $n=0$				

卷积结果可简便地表示为

$$y[n]=\{1,\ \underset{\substack{\uparrow\\ n=0}}{1},\ 3,\ 0,\ 7,\ -2\}$$

排列竖式时注意下面两点。

（1）序列应右对齐排列。

（2）$y[n]$ 最右边样值的 n 取值为 $x[n]$ 和 $h[n]$ 最右边样值的 n 值和，在该例中 $y[n]$ 最右边样值的 n 取值为 $n=2+2=4$。

读者可以仿例 2-3，将求解过程和相应规则作一简化整理。

【例毕】

最后特别指出：若两个有限长序列 $x_1[n], x_2[n]$ 的长度分别为 L_1 和 L_2，非零区间分别为 $[N_1, N_2]$ 和 $[M_1, M_2]$，读者可以用上述卷积计算的方法一证明：卷积后序列 $x_1[n]*x_2[n]$ 的长度为 L_1+L_2-1，非零区间为 $[N_1+M_1,\ N_2+M_2]$。

2.1.4　卷积和的性质

性质 1　交换律

$$\sum_{k=-\infty}^{\infty} x_1[k]x_2[n-k]=\sum_{k=-\infty}^{\infty} x_1[n-k]x_2[k] \tag{2-5}$$

简记为

$$x_1[n]*x_2[n]=x_2[n]*x_1[n] \tag{2-6}$$

【证明】

$$\begin{aligned} x_1[n]*x_2[n] &= \sum_{k=-\infty}^{\infty} x_1[k]x_2[n-k] \\ &= \sum_{r=\infty}^{-\infty} x_1[n-r]x_2[r] \qquad [令 r=n-k] \\ &= x_2[n]*x_1[n] \end{aligned}$$

【证毕】

由于卷积和满足交换律，因此在计算卷积和时将表达式相对简单的信号作反转（写作 $x[n-k]$ 的形式），可以简化计算过程。例如对于例 2-2 和例 2-3，如果将 $x_1[n]$ 作反转，计算上会略简单。

性质 2 结合律

$$x_1[n]*(x_2[n]*x_3[n])=(x_1[n]*x_2[n])*x_3[n] \tag{2-7}$$

【证明】 由上式左边得

$$\begin{aligned}
x_1[n]*(x_2[n]*x_3[n]) &= (x_3[n]*x_2[n])*x_1[n] && [\text{交换律}]\\
&= \sum_{k=-\infty}^{\infty} x_1[n-k](\sum_{r=-\infty}^{\infty} x_3[r]x_2[k-r])\\
&= \sum_{r=-\infty}^{\infty} x_3[r](\sum_{k=-\infty}^{\infty} x_1[n-k]x_2[k-r]) && [\text{交换求和次序}]\\
&= \sum_{r=-\infty}^{\infty} x_3[r](\sum_{m=\infty}^{+\infty} x_1[m]x_2[(n-r)-m]) && [\text{令}\ m=n-k\ ]\\
&= \sum_{r=-\infty}^{\infty} x_3[r]y_{12}[n-r] && [\ y_{12}[n]=x_1[n]*x_2[n]\ ]\\
&= x_3[n]*y_{12}[n]\\
&= x_3[n]*(x_1[n]*x_2[n])\\
&= (x_1[n]*x_2[n])*x_3[n] && [\text{交换律}]
\end{aligned}$$

【证毕】

性质 3 分配律

$$x_1[n]*(x_2[n]+x_3[n])=x_1[n]*x_2[n]+x_1[n]*x_3[n] \tag{2-8}$$

【证明】

$$\begin{aligned}
x_1[n]*(x_2[n]+x_3[n]) &= \sum_{k=-\infty}^{\infty} x_1[n-k](x_2[k]+x_3[k])\\
&= \sum_{k=-\infty}^{\infty} x_1[n-k]x_2[k]+\sum_{k=-\infty}^{\infty} x_1[n-k]x_3[k]\\
&= x_1[n]*x_2[n]+x_1[n]*x_3[n]
\end{aligned}$$

【证毕】

性质 4 与冲激序列的卷积和

$$x[n]*\delta[n]=x[n] \tag{2-9}$$

$$\boxed{x[n]*\delta[n-n_0]=x[n-n_0]} \tag{2-10}$$

如果将式（2-9）按照卷积和的定义式展开即为式（2-1），前面已经证明。下面证明式（2-10）。

【证明】

$$\begin{aligned}
x[n]*\delta[n-n_0] &= \sum_{k=-\infty}^{\infty} x[k]\delta[n-n_0-k] && [\text{卷积和定义}]\\
&= \sum_{k=-\infty}^{\infty} x[n-n_0]\delta[n-n_0-k] && [\text{性质}\ x[n]\delta[n-n_0]=x[n_0]\delta[n-n_0]\ ]\\
&= x[n-n_0]\sum_{k=-\infty}^{\infty} \delta[n-n_0-k] && [\ x[n-n_0]\ \text{与求和变量}\ k\ \text{无关}]
\end{aligned}$$

$$=x[n-n_0] \qquad [\sum_{k=-\infty}^{\infty}\delta[n-n_0-k]=1]$$

【证毕】

【例 2-5】 设 $x_1[n]=u[n]-u[n-2]$，$x_2[n]=a^n\left(u[n]-u[n-2]\right)$，计算其卷积和。

【解】由于 $x_1[n]$ 和 $x_2[n]$ 是很短的序列，可以冲激序列表示为

$$x_1[n]=\delta[n]+\delta[n-1]，\ x_2[n]=\delta[n]+a\delta[n-1]$$

利用卷积和性质有

$$\begin{aligned}x_1[n]*x_2[n]&=(\delta[n]+\delta[n-1])*(\delta[n]+a\delta[n-1])\\&=\delta[n]*\delta[n]+\delta[n-1]*\delta[n]+a\delta[n]*\delta[n-1]+a\delta[n-1]*\delta[n-1]\\&=\delta[n]+(1+a)\delta[n-1]+a\delta[n-2]\end{aligned}$$

可将本例视为求解卷积和的方法四，它特别适合短序列的卷积计算，比表格法更易掌握。

【例毕】

***性质 5　卷积后信号的时移与反转**

若 $y[n]=x_1[n]*x_2[n]$，则

$$y[n-n_0]=x_1[n-n_0]*x_2[n]=x_1[n]*x_2[n-n_0] \tag{2-11}$$

$$y[-n]=x_1[-n]*x_2[-n]=x_2[-n]*x_1[-n] \tag{2-12}$$

在有些理论推导中需要用到上两式给出的结论和相应的概念。

上两式右端在形式上的区别提醒了应注意之点：将 $y[n]$ 的自变量作替换时，不能简单地也将等式右端作变量替换。例如，虽 $y[-n]=x_1[-n]*x_2[-n]$ 成立，但是 $y[n-n_0]\neq x_1[n-n_0]*x_2[n-n_0]$。

【证明】先证明式（2-11）。由式（2-10）知

$$\begin{aligned}y[n-n_0]&=y[n]*\delta[n-n_0]\\&=\left(x_1[n]*x_2[n]\right)*\delta[n-n_0]\\&=x_1[n]*\left(x_2[n]*\delta[n-n_0]\right) \qquad [\text{结合律}]\\&=x_1[n]*x_2[n-n_0] \qquad [\text{利用式（2-10）}]\end{aligned}$$

再证明式（2-12）。在卷积定义式（2-3）中用 $-n$ 替换 n 得

$$y[-n]=\sum_{k=-\infty}^{\infty}x_1[k]x_2[-n-k]$$

考察 $x_1[-n]*x_2[-n]$，按照卷积定义式（2-3）有

$$\begin{aligned}x_1[-n]*x_2[-n]&=\sum_{k=-\infty}^{\infty}x_1[-k]x_2[-n+k] \qquad [\text{因 } x_2[-(n-k)]=x_2[-n+k]]\\&=\sum_{r=\infty}^{-\infty}x_1[r]x_2[-n-r] \qquad [\text{令 } -k=r]\end{aligned}$$

上式和前面的 $y[-n]$ 比较知 $y[-n]=x_1[-n]*x_2[-n]$。

【证毕】

2.2 连续时间 LTI 系统的零状态响应：卷积积分

2.2.1 零状态响应的卷积积分求解

1．用 $\delta(t)$ 表示连续信号

在图 2.4 左边第一幅图中，虚线所示的连续时间信号 $x(t)$可用图中实线阶梯波 $x_0(t)$近似。由于图中窄脉冲的非零区间相互不重叠，因此阶梯波 $x_0(t)$的函数值也可表示为窄脉冲的叠加。特别注意，这里不是用窄脉冲叠加表示 $x_0(t)$与横轴围成的曲边面积，是表示 $x_0(t)$的函数值。

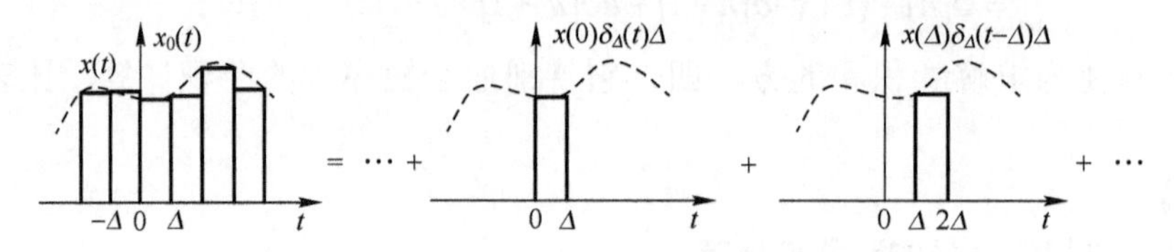

图 2.4 连续时间信号的窄脉冲分解

设窄脉冲宽度为$\varDelta$，现定义$\delta_\varDelta(t)$为

$$\delta_\varDelta(t)) = \begin{cases} \dfrac{1}{\varDelta}, & 0 < t < \varDelta \\ 0, & 其他 \end{cases}$$

因$\delta_\varDelta(t-k\varDelta)\cdot\varDelta=1$，图中第$k$个窄脉冲的函数值可表示为$x(k\varDelta)\delta_\varDelta(t-k\varDelta)\cdot\varDelta$，则

$$x_0(t) = \sum_{k=-\infty}^{\infty} x(k\varDelta)\delta_\varDelta(t-k\varDelta)\cdot\varDelta \tag{2-13}$$

当$\varDelta\to 0$时，$x_0(t)$将等于$x(t)$，即

$$x(t) = \lim_{\varDelta\to 0} x_0(t) = \lim_{\varDelta\to 0}\sum_{k=-\infty}^{\infty} x(k\varDelta)\delta_\varDelta(t-k\varDelta)\cdot\varDelta \tag{2-14}$$

记τ为连续时间变量，无穷小量$\varDelta$用$\mathrm{d}\tau$表示，则当$\varDelta\to 0$时有

$$k\varDelta\to\tau,\ x(k\varDelta)\to x(\tau),\ \delta_\varDelta(t-k\varDelta)\to\delta(t-\tau),\ \sum_{k=-\infty}^{\infty}\to\int_{-\infty}^{\infty}$$

所以式（2-14）在$\varDelta\to 0$时变为

$$x(t) = \int_{-\infty}^{\infty} x(\tau)\delta(t-\tau)\mathrm{d}\tau \tag{2-15}$$

式（2-15）表明：任意信号$x(t)$可以分解为无穷多个连续排列的冲激函数的叠加，每个冲激函数的冲激强度等于$x(t)$在该点的函数值，如图 2.5 所示。

2．连续时间系统的零状态响应

由式（2-15）知，任意连续时间信号$x(t)$可以分解为冲激函数的“叠加”。若系统对$\delta(t)$的响应为$h(t)$，即$\delta(t)\to h(t)$，由 LTI 系统的线性时不变性质可知

$$\delta(t-\tau)\to h(t-\tau)\quad [时不变性]$$

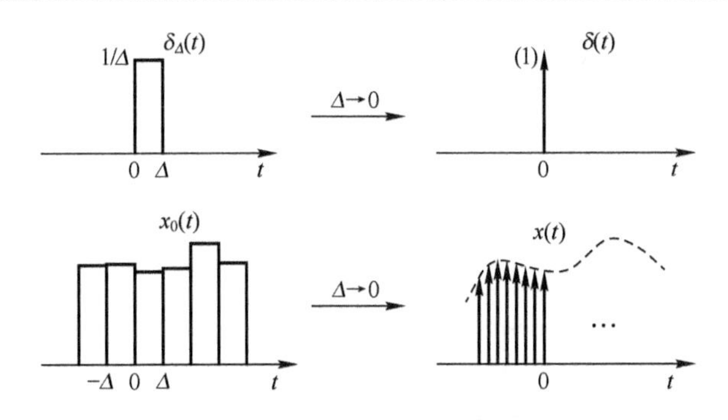

图 2.5　$x(t)$ 的冲激函数分解

$$x(\tau)\delta(t-\tau) \to x(\tau)h(t-\tau) \quad [\text{比例性}]$$

$$\int_{-\infty}^{\infty} x(\tau)\delta(t-\tau)\mathrm{d}\tau \to \int_{-\infty}^{\infty} x(\tau)h(t-\tau)\mathrm{d}\tau \quad [\text{叠加性}]$$

即连续时间 LTI 系统对任意输入信号 $x(t)$ 的响应为

$$\boxed{y(t)=\int_{-\infty}^{\infty} x(\tau)h(t-\tau)\mathrm{d}\tau} \tag{2-16}$$

由于该输出响应与系统初始储能无关，因此是零状态响应。

形如式（2-16）的积分称为卷积积分（Convolution Integration）。一般函数 $x_1(t)$ 和 $x_2(t)$ 的卷积积分定义为

$$y(t)=\int_{-\infty}^{\infty} x_1(\tau)x_2(t-\tau)\mathrm{d}\tau \tag{2-17}$$

简记为

$$y(t)=x_1(t)*x_2(t)$$

因此式（2-16）可以表述为：连续时间 LTI 系统的零状态响应等于系统输入信号与系统冲激响应的卷积积分，即

$$y(t)=x(t)*h(t) \tag{2-18}$$

上式表明已知系统的冲激响应 $h(t)$ 后，则可以求得系统在任意输入情况下的输出，因此，$h(t)$是对连续时间系统的充分描述。

2.2.2　卷积积分的计算

卷积积分的计算方法和卷积和的计算方法类似，主要有两种计算方法。方法一是借助信号波形作图确定 t 的取值范围及求和上下限；方法二是借助单位阶跃函数确定 t 的取值范围及求和上下限。下面分别举例说明。

*【例 2-6】 $x(t)$ 和 $h(t)$ 波形如图 2.6 所示，借助作图求其卷积。

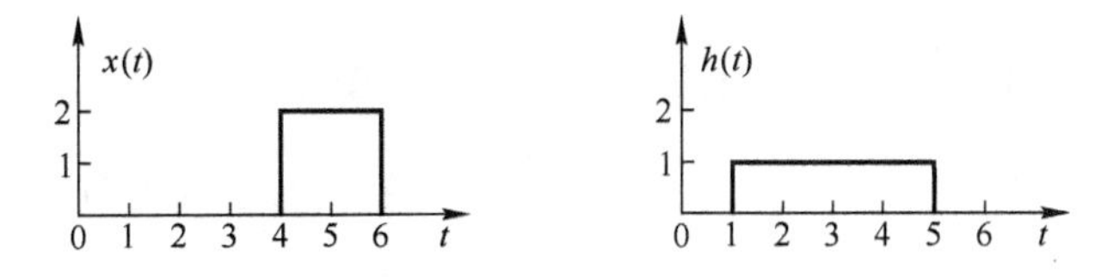

图 2.6　例 2-6 的信号波形

【解】 $x(t)=2[u(t-4)-u(t-6)]$，$h(t)=u(t-1)-u(t-5)$。将积分变量由 t 换为 τ， $h(\tau)$ 和

$x(-\tau)$ 的波形如图 2.7(a)(b)所示。

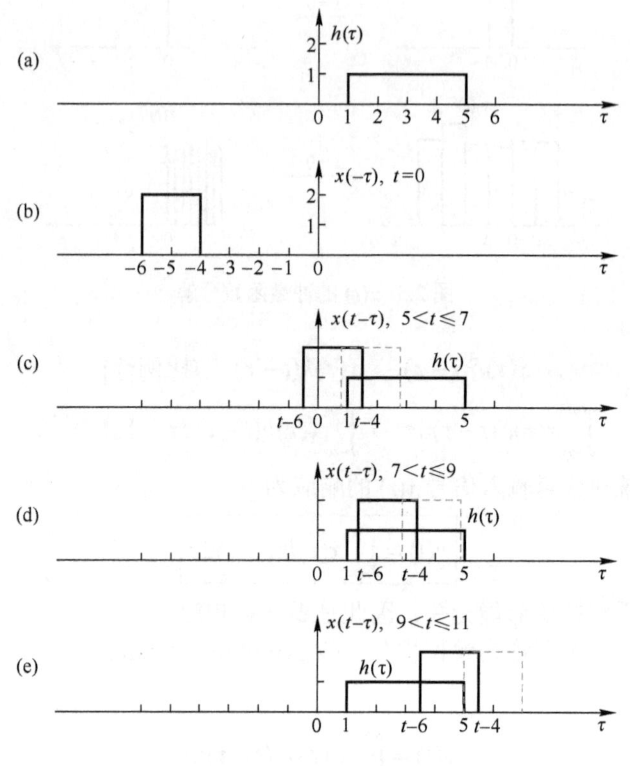

图 2.7 例 2-6 的卷积图解过程

因为 $x(t-\tau)=x(-\tau+t)$，即 $x(-\tau)$ 是平移量 $t=0$ 时 $x(t-\tau)$ 的波形；$t<0$ 时，$x(t-\tau)$ 是 $x(-\tau)$ 的左移；$t>0$ 时，$x(t-\tau)$ 是 $x(-\tau)$ 的右移。当 t 从 $-\infty$ 变到 $+\infty$ 时，$x(t-\tau)$ 的波形将从 $-\infty$ 移到 $+\infty$。在移动的过程中 $x(t-\tau)$ 和 $h(\tau)$ 之间的重叠关系会发生变化：互不重叠→部分重叠[图 2.7(c)]→完全重叠[图 2.7(d)]→部分重叠[图 2.7(e)]→互不重叠。重叠关系发生变化的交界点是积分分段的依据。同时应注意到，在 $x(t-\tau)$ 的移动过程中，其左右端点坐标分别为 $(t-6)$ 和 $(t-4)$。

根据上述图形和分析可知积分分段和积分限如下：

当 $-\infty<t\leqslant 5$ 时，$y(t)=0$ [两波形不相交]

当 $5<t\leqslant 7$ 时，$y(t)=\int_{1}^{t-4}2\mathrm{d}\tau=2(t-5)$ [参见图 2.7(c)]

当 $7<t\leqslant 9$ 时，$y(t)=\int_{t-6}^{t-4}2\mathrm{d}\tau=4$ [参见图 2.7(d)]

当 $9<t\leqslant 11$ 时，$y(t)=\int_{t-6}^{5}2\mathrm{d}\tau=2(11-t)$ [参见图 2.7(e)]

当 $t>11$ 时，$y(t)=0$ [两波形再次不相交]

$y(t)$ 波形如图 2.8 所示。

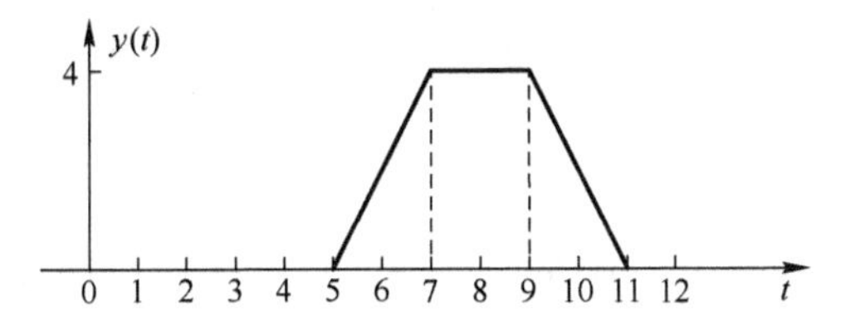

图 2.8　例 2-6 卷积后信号 $y(t)$ 波形

【例毕】

【例 2-7】 借助阶跃函数求解例 2-6 中两信号的卷积积分。

【解】 利用阶跃函数，两信号可以表示为

$$x(t)=2[u(t-4)-u(t-6)]\ ,\ h(t)=u(t-1)-u(t-5)$$

与卷积和类似，卷积积分也满足交换律（稍后将介绍），因此无论将哪个波形作反转都一样，这里将 $h(t)$ 作反转。

$$\begin{aligned}y(t)&=\int_{-\infty}^{\infty}x(\tau)h(t-\tau)\mathrm{d}\tau\\&=\int_{-\infty}^{\infty}2[u(\tau-4)-u(\tau-6)][u(t-\tau-1)-u(t-\tau-5)]\mathrm{d}\tau\\&=\int_{-\infty}^{\infty}2u(\tau-4)u(t-\tau-1)\mathrm{d}\tau-\int_{-\infty}^{\infty}2u(\tau-4)u(t-\tau-5)\mathrm{d}\tau\\&\quad-\int_{-\infty}^{\infty}2u(\tau-6)u(t-\tau-1)\mathrm{d}\tau+\int_{-\infty}^{\infty}2u(\tau-6)u(t-\tau-5)\mathrm{d}\tau\end{aligned}$$

在上式第一项中，当 $\tau<4$ 时，$u(\tau-4)=0$；当 $\tau>t-1$ 时，$u(t-\tau-1)=0$。所以上式第一项被积函数的非零区间为 $4<\tau<t-1$。$4<\tau<t-1$ 也同时表明第一项积分后 t 的取值范围为 $t>5$（$t-1>4$）。同样分析可知，第二项被积函数的非零区间为 $4<\tau<t-5$，积分后 t 的取值范围为 $t>9$（$t-5>4$）；第三项为 $6<\tau<t-1$，$t>7$；第四项为 $6<\tau<t-5$，$t>11$。因此

$$\begin{aligned}y(t)&=\left\{\int_{4}^{t-1}2\mathrm{d}\tau\right\}u(t-5)-\left\{\int_{4}^{t-5}2\mathrm{d}\tau\right\}u(t-9)-\left\{\int_{6}^{t-1}2\mathrm{d}\tau\right\}u(t-7)+\left\{\int_{6}^{t-5}2\mathrm{d}\tau\right\}u(t-11)\\&=2(t-5)u(t-5)-2(t-9)u(t-9)-2(t-7)u(t-7)+2(t-11)u(t-11)\end{aligned}$$

通过对阶跃函数的取值分析，上式也可以写成分段函数形式

$$y(t)=\begin{cases}2(t-5), & 5\leqslant t<7\\4, & 7\leqslant t<9\\2(11-t), & 9\leqslant t<11\\0, & t<5,t\geqslant 11\end{cases}$$

确定积分限和 t 值范围的过程可归纳为下列两点，在求解时直接应用：

（1）不作翻转变化的阶跃函数决定了积分的下限；作翻转变化的阶跃函数决定了积分的上限。例如，本例中 $u(\tau-4)$ 和 $u(\tau-6)$ 决定了相应积分项积分下限为 4 和 6；$u(t-\tau-1)$，$u(t-\tau-5)$ 决定了相应积分项的积分上限为 $t-1$ 和 $t-5$。

（2）积分项后限定 t 变化范围的阶跃函数形式为"u(上限－下限)"。

【例毕】

通过上面的计算结果可以观察到：若时限信号 $x_1(t)$ 和 $x_2(\mathrm{t})$ 的时宽分别为 T_1 和 T_2，非零区

间分别为$[t_{11}, t_{12}]$和$[t_{21}, t_{22}]$，则卷积后信号的时宽为T_1+T_2，非零区间为$[t_{11}+t_{21}, t_{12}+t_{22}]$。

2.2.3 卷积积分的性质

与卷积和相同，卷积积分同样满足交换律、结合律和分配律，这里合并为一条性质给出。

性质 1 交换律、结合律和分配律

交换律：
$$x_1(t)*x_2(t)=x_2(t)*x_1(t) \tag{2-19}$$

结合律：
$$[x_1(t)*x_2(t)]*x_3(t)=x_1(t)*[x_2(t)*x_3(t)] \tag{2-20}$$

分配律：
$$x_1(t)*[x_2(t)+x_3(t)]=x_1(t)*x_2(t)+x_1(t)*x_3(t) \tag{2-21}$$

性质 2 微积分性质

$$y^{(m)}(t)=x_1^{(n)}(t)*x_2^{(m-n)}(t) \tag{2-22}$$

其中$y^{(m)}(t)$表示m次求导（当$m>0$）或$|m|$次积分（当$m<0$），n为任意整数。

注意：式（2-22）也表明，对卷积后函数$y(t)$的m次微积分运算可以在$x_1(t)$和$x_2(t)$之间任意分配，只要对$x_1(t)$和$x_2(t)$的微分或积分次数之和等于m即可，如

$$m=0：\ y(t)=x_1'(t)*\int_{-\infty}^{t}x_2(\tau)\mathrm{d}\tau=(\int_{-\infty}^{t}x_1(\tau)\mathrm{d}\tau)*x_2'(t)=\cdots$$

$$m=1：\ y'(t)=x_1'(t)*x_2(t)=x_1(t)*x_2'(t)=x_1''(t)*\int_{-\infty}^{t}x_2(\tau)\mathrm{d}\tau=\cdots$$

$$m=-1：\ \int_{-\infty}^{t}y(\tau)\mathrm{d}\tau=x_1(t)*(\int_{-\infty}^{t}x_2(\tau)\mathrm{d}\tau)=x_1'(t)*(\int_{-\infty}^{t}\int_{-\infty}^{t}x_2(\tau)\mathrm{d}\tau)=\cdots$$

最常用的情形是只含有一阶微分或积分的情况，读者可尝试证明。证明的主要过程是按卷积定义展开，然后交换运算次序。

性质 3 与冲激函数的卷积

$$x(t)*\delta(t)=x(t) \tag{2-23}$$

$$\boxed{x(t)*\delta(t-t_0)=x(t-t_0)} \tag{2-24}$$

式（2-23）按照卷积定义展开后即为任意信号的$\delta(t)$分解表达式（2-15）。按照卷积积分的定义可证明式（2-24）。将上述性质和微积分性质结合，则有

$$x(t)*\delta^{(m)}(t-t_0)=x^{(m)}(t)*\delta(t-t_0)=x^{(m)}(t-t_0) \tag{2-25}$$

***性质 4 卷积后信号的时移与反转**

若$y(t)=x_1(t)*x_2(t)$，则

$$y(t-t_0)=x_1(t-t_0)*x_2(t)=x_1(t)*x_2(t-t_0) \tag{2-26}$$

$$y(-t)=x_1(-t)*x_2(-t)=x_2(-t)*x_1(-t) \tag{2-27}$$

读者可参照离散时间卷积和的对应性质自行证明。

从 LTI 系统响应角度可以很容易理解式（2-26）：当输入延时t_0时，输出也延时t_0，即$y(t-t_0)=x(t-t_0)*h(t)$。

***【例 2-8】** 利用卷积性质求例 2-6 中两信号的卷积。

【解】 该例的目的是验证性质 2，分析计算中一般无须采用本例的方法。

$x(t)$的一阶导数为

$$x'(t)=\frac{\mathrm{d}}{\mathrm{d}t}[2u(t-4)-2u(t-6)]=2\delta(t-4)-2\delta(t-6)$$

$h(t)$ 的一次积分 $h^{(-1)}(t)$ 需要根据 $h(t)$ 的波形进行如下分段考虑：

当 $t<1$ 时，$h^{(-1)}(t)=\int_{-\infty}^{t}h(\tau)\mathrm{d}\tau=0$

当 $1\leqslant t<5$ 时，$h^{(-1)}(t)=\int_{-\infty}^{t}h(\tau)\mathrm{d}\tau=\int_{1}^{t}\mathrm{d}\tau=t-1$

当 $t\geqslant 5$ 时，$h^{(-1)}(t)=\int_{-\infty}^{t}h(\tau)\mathrm{d}\tau=\int_{1}^{5}\mathrm{d}\tau=4$

根据卷积积分的性质有

$$\begin{aligned}x(t)*h(t)&=x'(t)*h^{(-1)}(t)\\&=[2\delta(t-4)-2\delta(t-6)]*h^{(-1)}(t)\\&=2h^{(-1)}(t-4)-2h^{(-1)}(t-6)\end{aligned}$$

因此，由前面所求的 $h^{(-1)}(t)$ 平移后得到 $h^{(-1)}(t-4)$ 和 $h^{(-1)}(t-6)$（如图 2.9 虚线曲线所示），进而可得到 $x(t)*h(t)$（图中实线所示）。

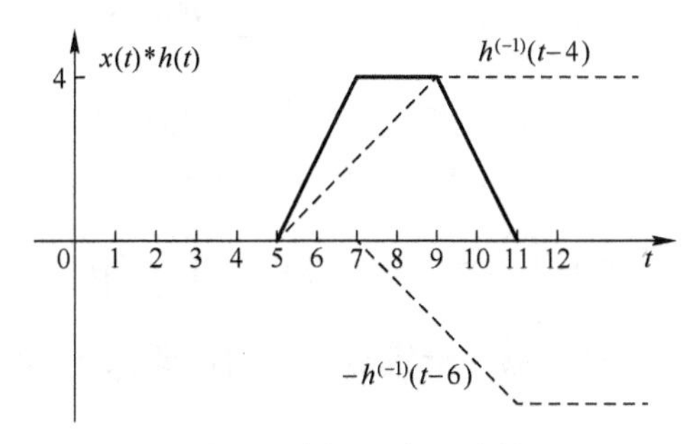

图 2.9　例 2-8 卷积结果

【例毕】

【例 2-9】　已知 $y(t)=x_1(t)*x_2(t)$，试用 $y(t)$ 表示 $x_1(t-t_1)*x_2(t-t_2)$。

【解】由式（2-24）可得

$$\delta(t-t_1)*\delta(t-t_2)=\delta(t-t_1-t_2)\quad[\text{将其中一个}\ \delta\ \text{函数视为}\ x]$$

反向利用式（2-24）有

$$\begin{aligned}x_1(t-t_1)*x_2(t-t_2)&=[x_1(t)*\delta(t-t_1)]*[x_2(t)*\delta(t-t_2)]\\&=[x_1(t)*x_2(t)]*[\delta(t-t_1)*\delta(t-t_2)]\quad&[\text{交换律和结合律}]\\&=[x_1(t)*x_2(t)]*\delta(t-t_1-t_2)\quad&[\text{利用上述已求结果}]\\&=y(t)*\delta(t-t_1-t_2)\quad&[\text{代入题给已知条件}]\\&=y(t-t_1-t_2)\quad&[\text{利用式（2-24）}]\end{aligned}$$

如果在上式中令 $t_1=t_0, t_2=0$（或 $t_1=0, t_2=t_0$），则有

$$y(t-t_0)=x_1(t-t_0)*x_2(t)=x_1(t)*x_2(t-t_0)$$

可见 $y(t-t_0)\neq x_1(t-t_0)*x_2(t-t_0)$，在考虑卷积后函数的延迟时需要特别注意。

【例毕】

2.3 系统冲激响应的性质

2.3.1 系统特性与冲激响应

前面已经指出，冲激响应在时域中对 LTI 系统作了充分的描述，是 LTI 系统的时域表征。因此，系统的许多性质也必然在冲激响应中得到体现。

性质 1 因果性 若系统是因果的，则对所有的$t<0$或$n<0$，其冲激响应必满足

$$h(t)=0 \quad 或 \quad h[n]=0 \qquad (t<0 \quad 或 \quad n<0) \tag{2-28}$$

这是因为$\delta(t)$或$\delta[n]$是在$t=0$或$n=0$时刻作用于系统的，根据因果性其输出响应不能出现在系统激励以前。例如，$h[n]=\delta[n-N]$是因果系统，$h[n]=\delta[n+N]$是非因果系统（假定$N>0$）。

性质 2 稳定性 若系统是 BIBO 稳定的，则其冲激响应必满足：

$$\int_{-\infty}^{\infty}|h(t)|\mathrm{d}t<\infty \quad 或 \quad \sum_{n=-\infty}^{\infty}|h[n]|<\infty \tag{2-29}$$

即 BIBO 稳定系统的冲激响应必须是绝对可积的或绝对可和的。以连续信号为例，若输入信号$x(t)$是有界的，即$|x(t)|\leqslant M$，那么在$x(t)$激励下的输出信号为

$$|y(t)|=\left|\int_{-\infty}^{\infty}x(t-\tau)h(\tau)\mathrm{d}\tau\right|\leqslant\int_{-\infty}^{\infty}|x(t-\tau)h(\tau)|\mathrm{d}\tau\leqslant\int_{-\infty}^{\infty}M|h(\tau)|\mathrm{d}\tau\leqslant M\int_{-\infty}^{\infty}|h(\tau)|\mathrm{d}\tau$$

显然，当$h(t)$满足式（2-29）时，输出一定是有界的，即$|y(t)|<\infty$。对离散系统的$h[n]$，也是类似的证明过程。

例如，前面已指出累加系统$y[n]=\sum_{k=-\infty}^{n}x[k]$是非稳定的，因其冲激响应为

$$h[n]=\sum_{k=-\infty}^{n}\delta[k]=u[n] \quad [当\ x[n]=\delta[n],y[n]=h[n]]$$

不满足绝对可和条件（$\sum_{n=-\infty}^{\infty}|h[n]|=\sum_{n=-\infty}^{\infty}|u[n]|\to\infty$）。

性质 3 无记忆性 若系统是无记忆的，则对所有的$t\neq 0$或$n\neq 0$，其冲激响应满足

$$h(t)=0 \quad 或 \quad h[n]=0 \qquad (t\neq 0 或 n\neq 0) \tag{2-30}$$

这是因为冲激输入仅在$t=0$或$n=0$时刻有非零值作用于系统，如果系统无记忆，则$t\neq 0$或$n\neq 0$时的输出应为零。例如，$h[n]=\delta[n]+\delta[n-1]$是一个有记忆离散时间系统，因为$h[1]=1$；$h(t)=k\delta(t)$是一个无记忆连续时间系统。

【例 2-10】 试判断下列系统是否是因果的、稳定的、无记忆的。

（1）$h(t)=\mathrm{e}^{-t}u(t+1)$ （2）$h[n]=u[n+3]-u[n-4]$

【解】（1）稳定性：由于$\int_{-\infty}^{\infty}|h(t)|\mathrm{d}t=\int_{-1}^{\infty}\mathrm{e}^{-t}\mathrm{d}t=\mathrm{e}<\infty$，因此系统是稳定的。

因果性：因为$t<0$时$h(t)\neq 0$，因此系统是非因果性的。

记忆性：因为$t\neq 0$时$h(t)$有非零值，因此系统是有记忆的。

（2）稳定性：由于 $\sum_{n=-\infty}^{\infty}|h[n]|=7<\infty$，因此系统是稳定的。

因果性：因为 $n<0$ 时 $h[n]\neq 0$，因此系统是非因果的。

记忆性：因为 $n\neq 0$ 时 $h[n]$ 有非零值，因此系统是有记忆的。

【例毕】

2.3.2　理想系统的冲激响应

1．恒等系统的冲激响应

所谓恒等系统即系统的输出信号恒等于输入信号，无失真无延时。由于

$$y(t)=x(t)*h(t)=x(t)*\delta(t)=x(t)\text{；}\quad y[n]=x[n]*h[n]=x[n]*\delta[n]=x[n]$$

所以恒等系统的冲激响应为

$$h(t)=\delta(t)\text{；}\quad h[n]=\delta[n]$$

如果要对理想导线建模，则为恒等系统，如图 2.10 所示。

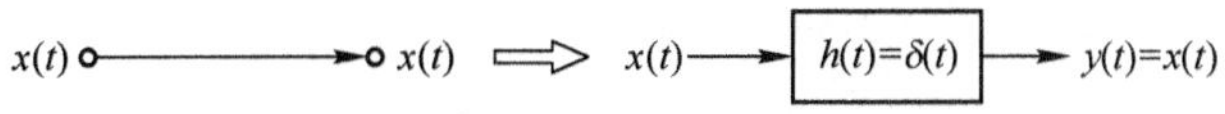

x(t) → x(t) ⇨ x(t) → h(t)=δ(t) → y(t)=x(t)

图 2.10　理想导线建模为恒等系统

2．理想传输系统的冲激响应

所谓理想传输系统即为无失真有时延的传输系统。由于

$$y(t)=x(t-t_0)=x(t)*\delta(t-t_0)\text{；}\quad y[n]=x[n-n_0]=x[n]*\delta[n-n_0]$$

所以理想传输系统的冲激响应为（参见图 2.11）

$$h(t)=\delta(t-t_0)\text{；}\quad h[n]=\delta[n-n_0] \tag{2-31}$$

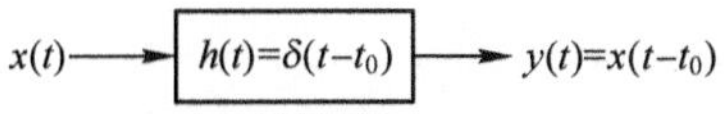

x(t) → h(t)=δ(t−t0) → y(t)=x(t−t0)

图 2.11　连续时间理想传输系统的冲激响应

2.3.3　互联系统的冲激响应

1．串联系统的总冲激响应

应用卷积结合律，可以将两个子系统串联时的系统总输出改写为

$$z(t)=(x(t)*h_1(t))*h_2(t)=x(t)*(h_1(t)*h_2(t))=x(t)*h(t)$$

其中

$$h(t)=h_1(t)*h_2(t) \tag{2-32}$$

上式表明串联系统的总冲激响应为子系统冲激响应的卷积，如图 2.12 所示。

相应地，离散时间串联系统的总冲激响应为

$$h[n]=h_1[n]*h_2[n] \tag{2-33}$$

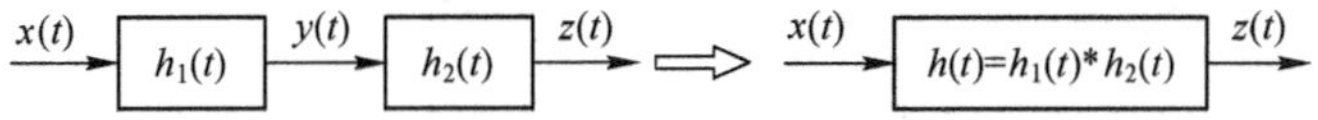

x(t) → h1(t) → y(t) → h2(t) → z(t) ⇨ x(t) → h(t)=h1(t)*h2(t) → z(t)

图 2.12　连续时间串联系统的总冲激响应

卷积运算满足交换律，即对于式（2-32）或式（2-33）有 $h = h_1 * h_2 = h_2 * h_1$。这意味着对于 LTI 系统，两个串联的子系统互换位置后，系统总输出维持不变，如图 2.13 所示（在实际应用中各子系统具有各自的功能，通常不可互换位置）。

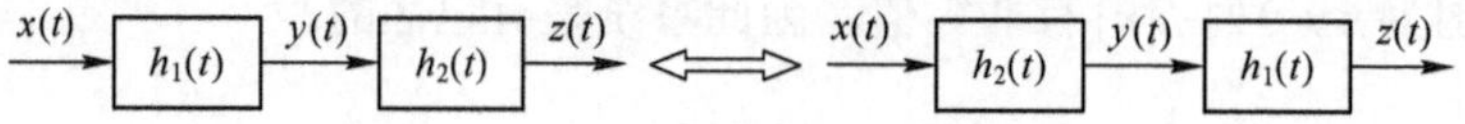

图 2.13　LTI 系统中子系统可以互换位置

对于图 2.14 所示的原系统和其逆系统的串联，应用串联系统和恒等系统冲激响应的结论可知，逆系统的冲激响应满足下列关系

$$h(t) * h_r(t) = \delta(t) \quad 或 \quad h[n] * h_r[n] = \delta[n] \tag{2-34}$$

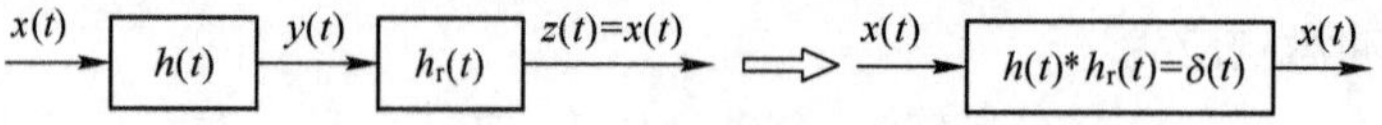

图 2.14　逆系统的冲激响应

如果考虑系统的传输延时，则式（2-34）应该修正为

$$h(t) * h_r(t) = \delta(t - t_1 - t_2) \quad 或 \quad h[n] * h_r[n] = \delta[n - n_1 - n_2] \tag{2-35}$$

其中 t_1、t_2 或 n_1、n_2 分别为原系统和逆系统产生的延时。

2．并联系统的总冲激响应

当两个子系统并联时，由图 2.15 可知

$$y(t) = x(t) * h_1(t) + x(t) * h_2(t) = x(t) * [h_1(t) + h_2(t)] = x(t) * h(t)$$

因此并联系统总冲激响应为子系统冲激响应的和，即

$$h(t) = h_1(t) + h_2(t) \quad 或 \quad h[n] = h_1[n] + h_2[n] \tag{2-36}$$

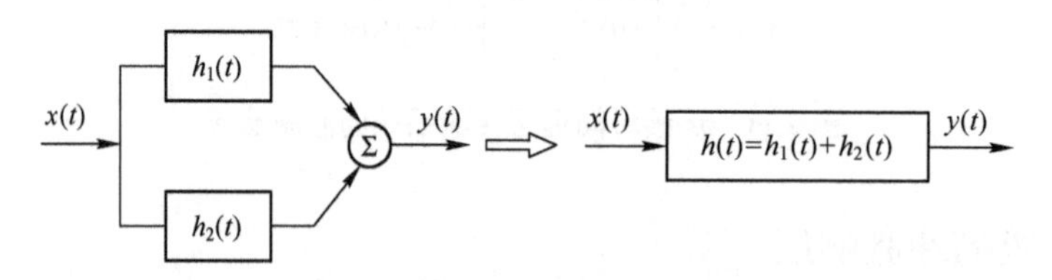

图 2.15　并联系统的冲激响应

根据上述结论，可求得图 2.16 所示混联系统的总冲激响应为

$$h(t) = h_5(t) + h_1(t) * [h_2(t) - h_3(t) * h_4(t)]$$

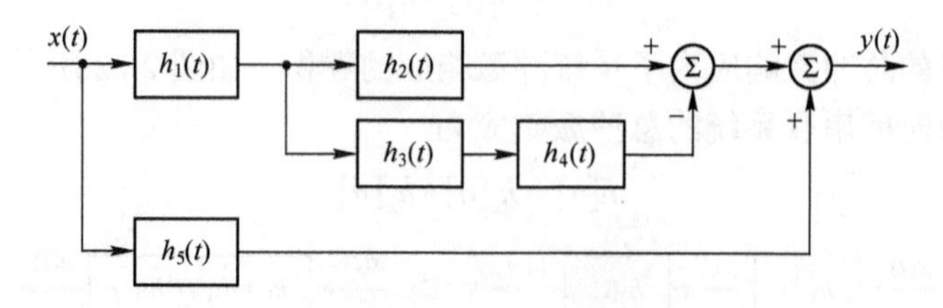

图 2.16　混联系统举例

*2.4　系统的方框图表示

信号与系统主要研究 LTI 系统。对于用微分方程和差分方程描述的系统，如果在激励加入之前系统为零状态（无初始储能），则它们满足 LTI 系统的条件。因此，微分方程和差分方程描述的系统是信号与系统学科研究的重点对象之一。

2.4.1　微分方程描述系统的方框图表示

微分方程描述的系统是一个抽象系统，它可以是一个电路系统，也可能是一个机械系统，或者是由其他类别系统建模而得。这一描述方法便于数学分析与求解，但是缺乏直观性和结构的可视化。如果将微分方程描述转换为方框图描述，则可以直观地展示出系统的结构，虽然它通常与系统的真实结构不同，但可以作为进行系统分析、系统控制和系统的仿真实现等的有效手段。

一个线性常系数微分方程涉及三种基本的运算：微分、乘系数和相加。这三种基本运算就构成了系统方框图的基本单元。但是微分器抗干扰能力差，一个微弱的快变化干扰会在微分器输出端产生很强的输出，因为微分器输出的是输入信号的斜率。因此在系统实现时一般采用积分器作为基本单元，而不是微分器。乘系数、相加和积分三种基本运算单元用图 2.17 所示的符号表示。

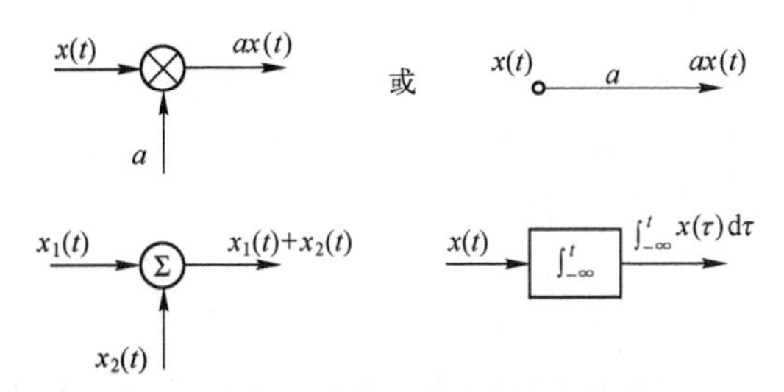

图 2.17　微分方程描述系统的基本运算单元

1．一阶系统的方框图描述

一阶微分方程的一般形式为

$$a_1 y'(t) + a_0 y(t) = b_1 x'(t) + b_0 x(t) \tag{2-37}$$

上式两边积分得

$$a_1 y(t) + a_0 \int_{-\infty}^{t} y(\tau)\mathrm{d}\tau = b_1 x(t) + b_0 \int_{-\infty}^{t} x(\tau)\mathrm{d}\tau \tag{2-38}$$

若令

$$w(t) = b_1 x(t) + b_0 \int_{-\infty}^{t} x(\tau)\mathrm{d}\tau \tag{2-39}$$

则有

$$a_1 y(t) + a_0 \int_{-\infty}^{t} y(\tau)\mathrm{d}\tau = w(t) \tag{2-40}$$

不难看出，式（2-39）可以用图 2.18(a)所示的一阶前向系统表示，而式（2-40）可以用图 2.18(b)所示的一阶反馈系统表示。

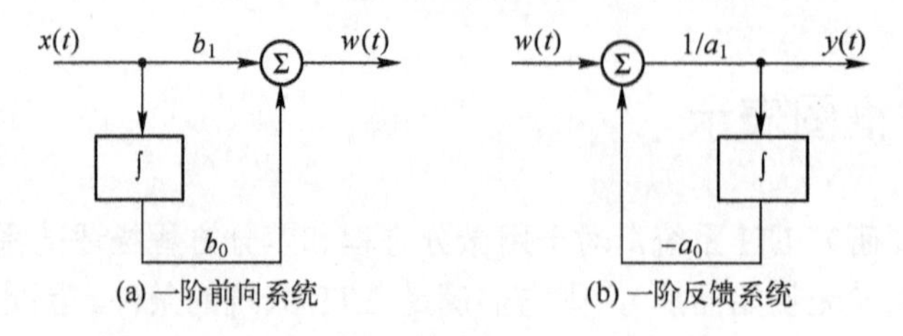

(a) 一阶前向系统　　(b) 一阶反馈系统

图 2.18　微分方程一阶前向系统及一阶反馈系统

显然，图 2.18(a)和(b)两个系统可以级联起来，从而得到图 2.19 所示的一阶微分方程系统的结构形式之一，即所谓的直接 I 型。

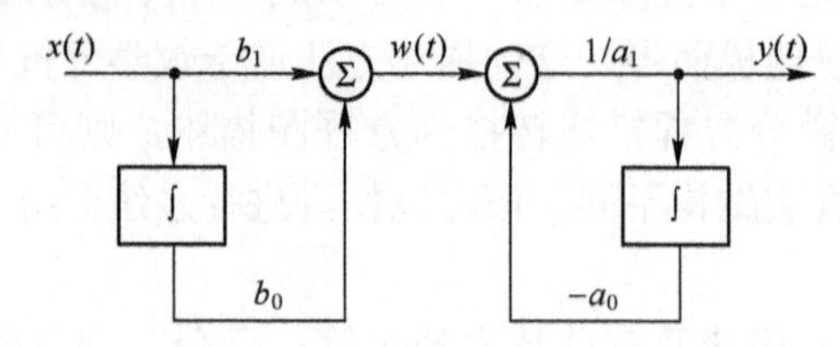

图 2.19　一阶微分方程系统的结构：直接 I 型

如前所述，在 LTI 系统的级联子系统可以互换位置，交换位置后得到图 2.20(a)所示的结构。在该结构中两个积分器具有相同的输入，可以合并为一个积分器，从而得到图 2.20(b)所示的所谓直接II型结构。

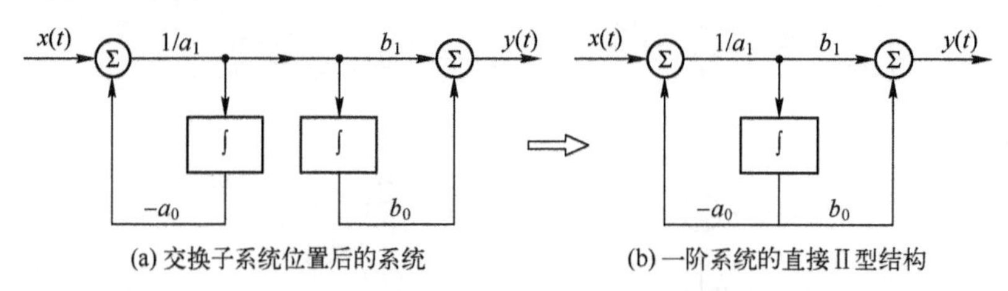

(a) 交换子系统位置后的系统　　(b) 一阶系统的直接II型结构

图 2.20　微分方程交换子系统位置后的系统及一阶系统的直接II型结构

微分方程的阶数和方程中导数的阶数是对应的，当用积分器实现时，它和积分器的个数也应该是相等的。直接 I 型结构中积分器存在冗余，因此通常采用直接II型结构。

2．*N* 阶系统的方框图描述

与一阶系统的推导类似，可以推导出 N 阶微分方程系统的直接II型结构，如图 2.21 所示。当方程右端只有 M（$M<N$）阶导数时，令相应的 b_k 为零即可。

不失一般性，假设 N 阶微分方程中激励函数的求导次数也为 N，即

$$\sum_{k=0}^{N} a_k \frac{\mathrm{d}^k y(t)}{\mathrm{d}t^k} = \sum_{k=0}^{N} b_k \frac{\mathrm{d}^k x(t)}{\mathrm{d}t^k}$$

对其两边进行 N 次积分可得

$$a_N y(t) + a_{N-1}\int_{-\infty}^{t} y(\tau)\mathrm{d}\tau + \cdots + a_0 \underbrace{\int_{-\infty}^{t}\cdots\int_{-\infty}^{t}}_{N} y(\tau)\mathrm{d}\tau$$

$$= b_N x(t) + b_{N-1}\int_{-\infty}^{t} x(\tau)\mathrm{d}\tau + \cdots + b_0 \underbrace{\int_{-\infty}^{t}\cdots\int_{-\infty}^{t}}_{N} x(\tau)\mathrm{d}\tau$$

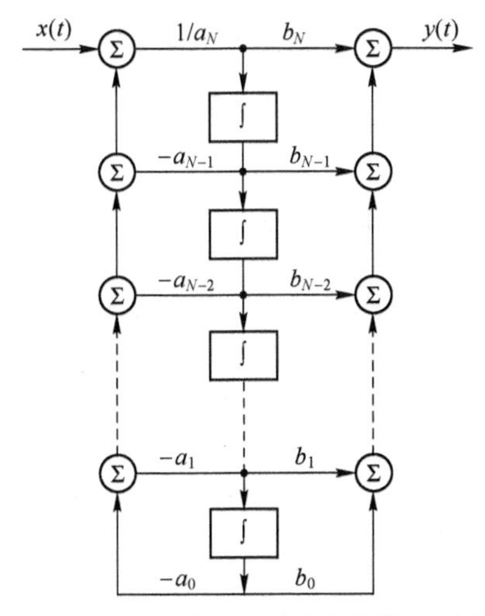

图 2.21　N 阶微分方程系统的直接 II 型结构

令
$$w(t)=b_N x(t)+b_{N-1}\int_{-\infty}^{t}x(\tau)\mathrm{d}\tau+\cdots+b_0\underbrace{\int_{-\infty}^{t}\cdots\int_{-\infty}^{t}}_{N}x(\tau)\mathrm{d}\tau \tag{2-41}$$

则
$$a_N y(t)+a_{N-1}\int_{-\infty}^{t}y(\tau)\mathrm{d}\tau+\cdots+a_0\underbrace{\int_{-\infty}^{t}\cdots\int_{-\infty}^{t}}_{N}y(\tau)\mathrm{d}\tau=w(t) \tag{2-42}$$

上两式对应于式（2-39）和式（2-40），余下推导过程和一阶系统从图 2.18 到图 2.20 的转变过程类似，只是积分器个数多些而已。

【例 2-11】 试绘出下列微分方程的系统方框图。

$$\frac{\mathrm{d}^4 y(t)}{\mathrm{d}t^4}=x(t)-2\frac{\mathrm{d}^2 x(t)}{\mathrm{d}t^2}$$

【解】 根据图 2.21 可以得到图 2.22(a)所示的直接 II 型的系统方框，稍加整理可以改画为更为美观的图 2.22(b)的形式。

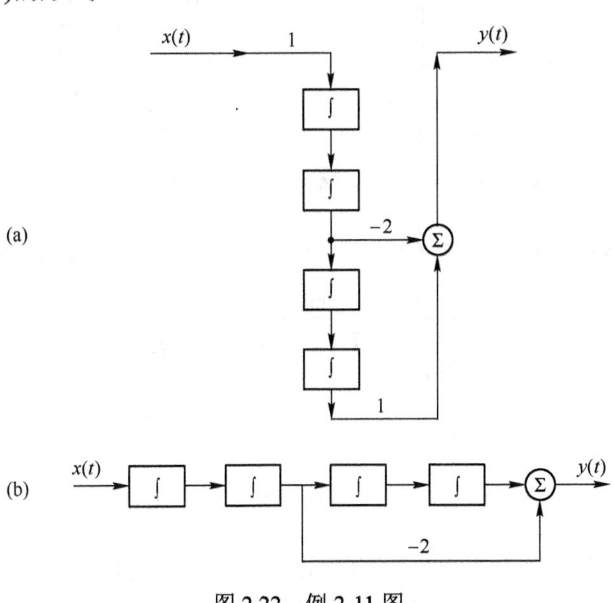

图 2.22　例 2-11 图

对于由微分方程绘制系统方框图一类的问题，通常只需根据图 2.21 所示的结构以及它和微分方程中系数的对应关系直接绘制，由于推导相对复杂，不宜再按照前述推导过程求解。

【例毕】

2.4.2 差分方程描述系统的方框图表示

差分方程涉及的三个基本运算为乘系数、相加和序列延时（移位），其符号表示如图 2.23 所示，其中 z^{-1} 为表示延时单元的符号。差分方程描述系统的方框图通常反映了离散时间系统软件或硬件实现的结构。

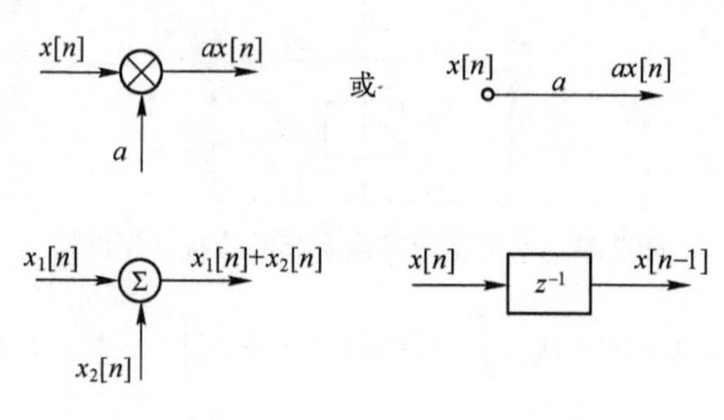

图 2.23 差分方程描述系统的基本运算单元

1．一阶系统的方框图描述

一阶差分方程的一般形式为

$$a_0 y[n]+a_1 y[n-1]=b_0 x[n]+b_1 x[n-1] \tag{2-43}$$

令

$$w[n]=b_0 x[n]+b_1 x[n-1] \tag{2-44}$$

则

$$a_0 y[n]+a_1 y[n-1]=w[n] \tag{2-45}$$

不难看出，式（2-44）和式（2-45）可以分别用图 2.24(a)和图 2.24(b)所示的方框图表示。

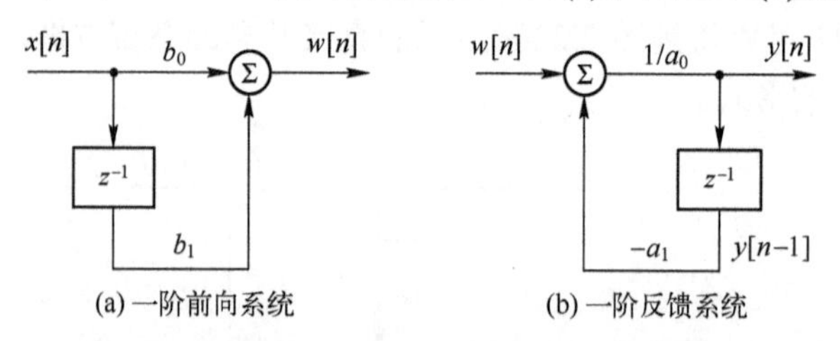

图 2.24 差分方程一阶前向系统及一阶反馈系统

上述两个系统级联后对应于式（2-43），该结构称为直接 I 型，如图 2.25 所示。

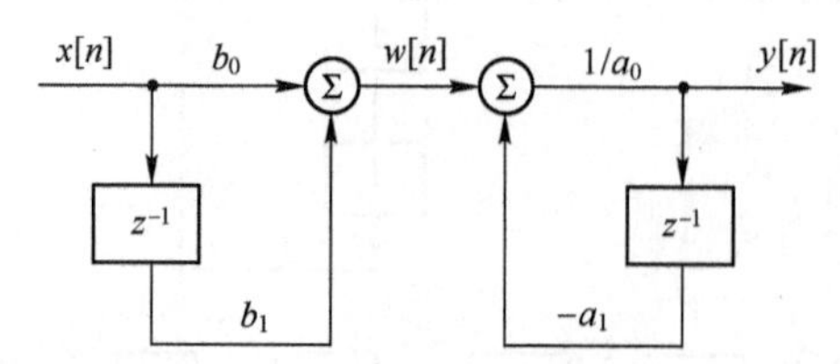

图 2.25 一阶差分方程系统的结构：直接 I 型

对于 LTI 系统来说，两个级联的子系统可以互换位置。交换子系统位置后得到图 2.26(a)。图 2.26(a)中两个延时器 z^{-1} 有相同的输入，可合并成图 2.26(b)所示的结构，称为直接 II 型结构。差分方程的阶数和系统中的延时器个数相等，因此直接Ⅱ型中延时器个数没有冗余，应用更为广泛。

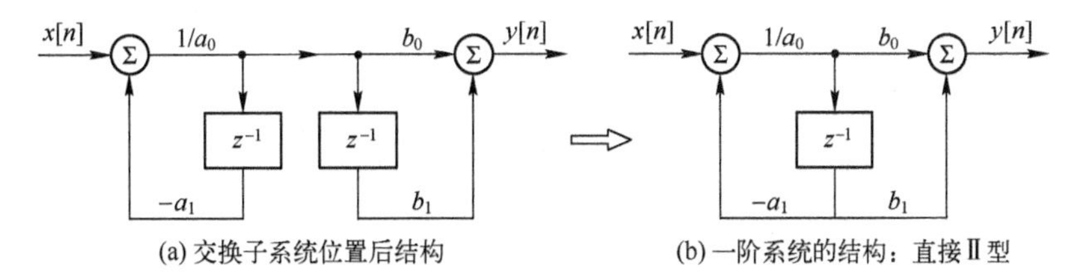

(a) 交换子系统位置后结构　　(b) 一阶系统的结构：直接Ⅱ型

图 2.26　一阶系统直接Ⅱ型的推导

2．N 阶系统的方框图描述

不失一般性，假设 N 阶差分方程具有如下形式（令 $M=N$）

$$\sum_{k=0}^{N}a_k y[n-k]=\sum_{k=0}^{N}b_k x[n-k] \tag{2-46}$$

利用上述一阶差分方程系统结构的推导方法，不难得到图 2.27 所示的 N 阶差分方程的直接Ⅱ型结构。对于 $M<N$ 的差分方程，只要令相应的 b_k 为零即可。

【例 2-12】 绘出差分方程 $y[n]-3y[n-1]+4y[n-3]=x[n]-5x[n-4]$ 的方框图。

【解】 所求直接Ⅱ型结构的系统方框图 2.28 如图所示。

对于由差分方程绘制系统方框图，通常也是按照图 2.27 直接绘制。

【例毕】

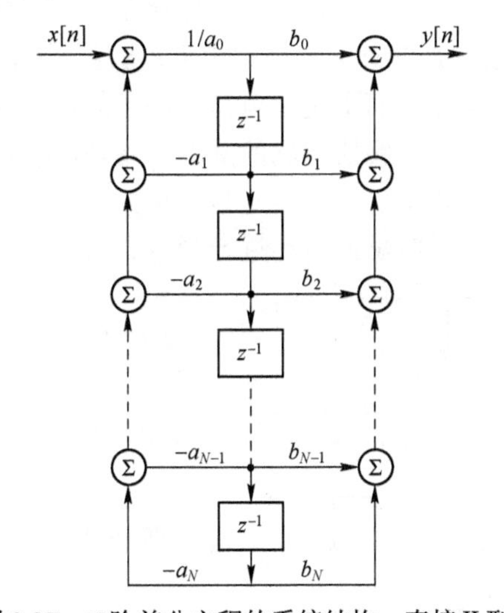

图 2.27　N 阶差分方程的系统结构：直接Ⅱ型

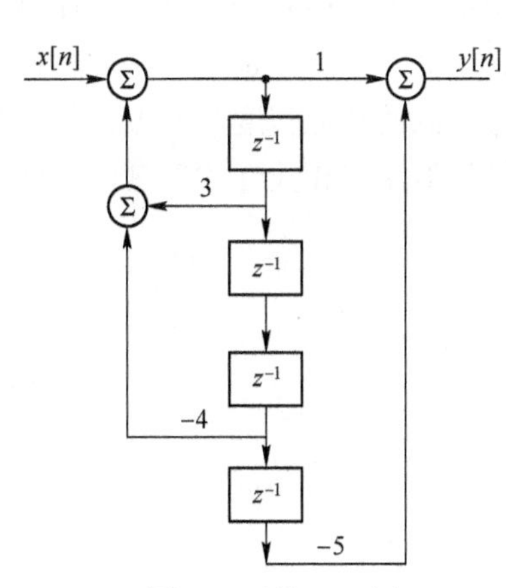

图 2.28　例 2-12 图

3．FIR 系统

用下列差分方程形式描述的系统有着较为广泛的应用，因为它总是稳定的。

$$y[n]=\sum_{k=0}^{M}b_k x[n-k]$$

该系统的结构如图 2.29 所示。令 $x[n]=\delta[n]$ 可得

$$h[n]=b_0\delta[n]+b_1\delta[n-1]+\cdots+b_M\delta[n-M]$$

$h[n]$ 为有限长，因此这类系统称为有限长脉冲响应系统（Finite Impulse Response，FIR）。

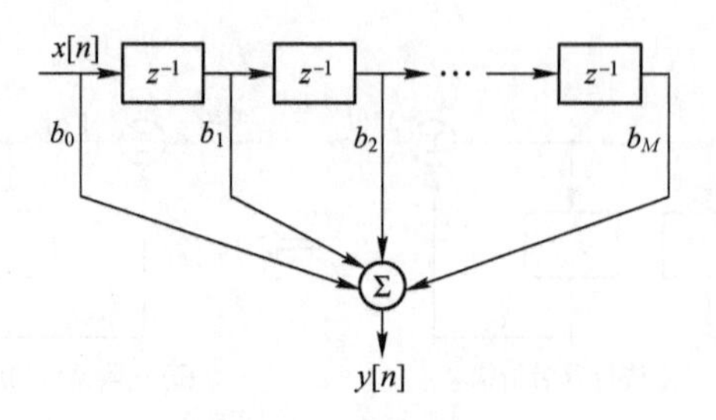

图 2.29 FIR 系统

在第 4 章数字滤波器介绍中，该结构称为 FIR 滤波器。在一些应用中，称为抽头延时线（Tapped Delay Line）单元。

*2.5 相关分析

相关分析在通信、雷达等领域中有着广泛的应用。本节将介绍相关性和相关函数等基本概念和定义。

2.5.1 连续时间信号相关函数

本节首先介绍雷达测距的基本原理。如图 2.30 所示，雷达发送的脉冲信号 $s(t)$ 遇到目标（飞机）后被反射回来，雷达则根据有无反射信号来判定是否有目标存在，并通过测定信号往返传输所用时间来确定目标的距离（传输速度是光速）。那么如何让雷达设备能自行可靠地判定所接收到的信号是本机发送信号的反射信号，而不是来自其他设备的信号或仅仅是某种噪声？此外，如何确定信号在空中传输所用时间？解决问题的基本思路是比较接收信号和发送信号之间的相似程度，或者说判定接收信号和本机发射信号是否相关。为此，必须形成一种信号相似度或相关性的度量，以便设备根据该度量值自动进行判定。

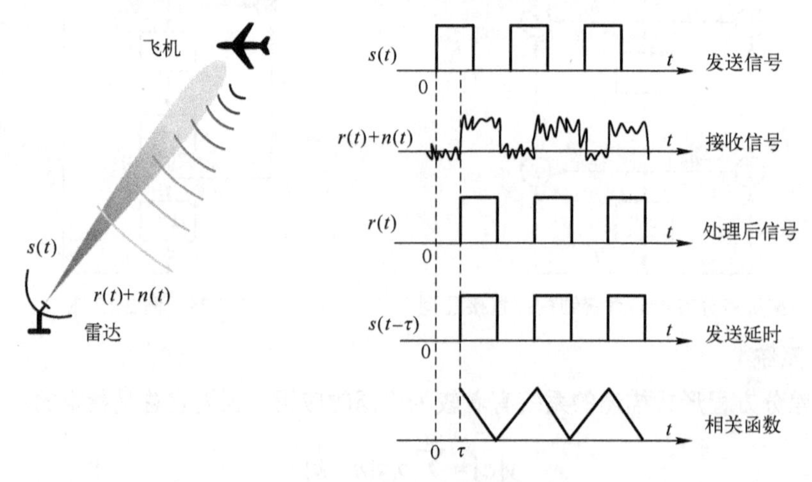

图 2.30 雷达测距基本原理

假定接收信号经过去除噪声和放大整形后的波形如图 2.30 中的 $r(t)$ 所示，它与发送信

号 $s(t)$ 有一个时延。如果将发送信号也逐步延时，并且在每一步延时下计算延时信号 $s(t-\tau)$ 和 $r(t)$ 相乘后的积分，则根据定积分的几何意义不难理解，当延时的 τ 恰好等于雷达信号往返传输的延时时，$s(t-\tau)$ 和 $r(t)$ 波形完全重叠，积分值达到最大。当两者波形不完全重叠或接收信号与发射信号不相似时，积分值不会达到最大。因此，当积分器输出值达到一个门限时，判定有目标存在，积分值达到最大时的延时指示了雷达信号往返传输用时，从而可以算出目标距离。采用“两个信号相乘后积分”作为相似度或相关性的度量，简单实用。这就是相关函数的定义。

1．自相关函数

能量有限实数信号 $x(t)$ 和自身延时信号 $x(t-\tau)$ 相乘后的积分定义为 $x(t)$ 的自相关函数，记为 $R(\tau)$：

$$R(\tau)=\int_{-\infty}^{\infty}x(t)x(t-\tau)\mathrm{d}t \tag{2-47}$$

上式中作变量代换 $t'=t-\tau$，则可得到实信号自相关函数的等价定义形式为

$$R(\tau)=\int_{-\infty}^{\infty}x(t'+\tau)x(t')\mathrm{d}t'=\int_{-\infty}^{\infty}x(t+\tau)x(t)\mathrm{d}t \tag{2-48}$$

对于功率信号，上述积分将趋于无穷大，定义需改为

$$R(\tau)=\lim_{T\to\infty}\frac{1}{T}\int_{-T/2}^{T/2}x(t+\tau)x(t)\mathrm{d}t=\lim_{T\to\infty}\frac{1}{T}\int_{-T/2}^{T/2}x(t)x(t-\tau)\mathrm{d}t \tag{2-49}$$

周期信号是典型的功率信号。由于信号的周期性，上述定义可以简化为

$$R(\tau)=\frac{1}{T}\int_{T}x(t+\tau)x(t)\mathrm{d}t=\frac{1}{T}\int_{T}x(t)x(t-\tau)\mathrm{d}t \tag{2-50}$$

其中 $\int_{T}$ 表示在任意一个周期内的积分。

对于能量有限复数信号，自相关函数的定义为

$$R(\tau)=\int_{-\infty}^{\infty}x(t+\tau)x^{*}(t)\mathrm{d}t=\int_{-\infty}^{\infty}x(t)x^{*}(t-\tau)\mathrm{d}t \tag{2-51}$$

【例 2-13】 求下列信号的自相关函数

（1）方波信号 $x(t)=u(t)-u(t-T)$

（2）正弦信号 $x(t)=\cos\omega t$，$x(t)=\sin\omega t$

（3）复指数信号 $x(t)=\mathrm{e}^{\mathrm{j}\omega t}$

【解】（1）相关函数表达式含有信号平移、相乘和积分，因此其求解过程和卷积积分有些类似，只是不需要进行信号反转。通常情况下需要先考虑平移变量的取值，才能确定积分的上下限，下面利用式（2-48）的形式进行计算（参见图 2.31）。需要注意的是这里 τ 在积分过程中是参变量（波形的平移量），t 是积分变量，积分后是 τ 的函数。

$\tau=-\infty$ 时，$x(t+\tau)$ 的波形是 $x(t)$ 波形右移到 $+\infty$ 处。当 τ 从 $-\infty$ 逐渐增加时，$+\infty$ 处的 $x(t+\tau)$ 波形逐渐向左平移，直至平移到 $-\infty$，其间 $x(t)$ 和 $x(t+\tau)$ 的波形经历了“没有重叠→部分重叠→完全重叠→部分重叠→没有重叠”的过程。根据这一过程可知

当 $-T\leqslant\tau<0$ 时[参见图 2.31(a)]，$R(\tau)=\int_{-\tau}^{T}1\cdot\mathrm{d}t=T-\tau=\tau+T$

当 $0\leqslant\tau<T$ 时[参见图 2.31(b)]，$R(\tau)=\int_{0}^{T-\tau}1\cdot\mathrm{d}t=-\tau+T$

其他情况下 $R(\tau)=0$。由此可以绘出 $R(\tau)$ 的波形如图 2.31(c)所示。

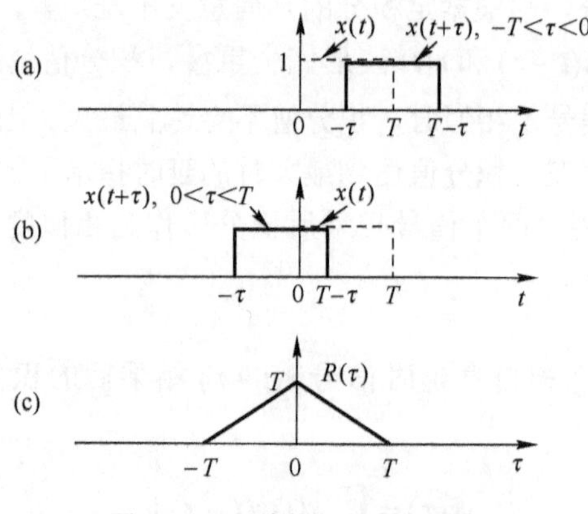

图 2.31　方波信号的相关函数

图 2.31(a)(b)中的坐标点确定公式为 $t_{x(t+\tau)}=t_{x(t)}-\tau$。例如，图 2.31(a)中 $t_{x(t)}=T$ 时，$t_{x(t+\tau)}=T-\tau$；$t_{x(t)}=0$ 时，$t_{x(t+\tau)}=0-\tau=-\tau$。这是因为第 1 章例 1-7 的讨论中曾指出，函数符号相同函数的映射关系不变。按照这一规则，可知有 $t_{x(t+\tau)}+\tau=t_{x(t)}$。

相关函数和卷积积分的表达式非常相似，后面会介绍两者之间的关系，因此也可以利用卷积积分计算相关函数。

（2）正弦信号的相关函数在理论分析中有着相对重要的地位。由周期信号自相关函数的定义知

$$\begin{aligned}R(\tau)&=\frac{1}{T}\int_T\cos\omega t\cdot\cos\omega(t+\tau)\mathrm{d}t\\&=\frac{1}{2T}\int_T\cos(2\omega t+\omega\tau)\mathrm{d}t+\frac{1}{2T}\int_T\cos\omega\tau\,\mathrm{d}t\qquad[\text{利用三角函数公式}]\\&=\frac{1}{2T}\cos\omega\tau\int_T\mathrm{d}t\qquad[\text{上式第 1 项为零，余弦函数在完整周期内积分}]\\&=\frac{1}{2}\cos\omega\tau\end{aligned}$$

类似的方法可以求得

$$R(\tau)=\frac{1}{T}\int_T\sin\omega t\cdot\sin\omega(t+\tau)\mathrm{d}t=\frac{1}{2}\cos\omega\tau$$

（3）$\mathrm{e}^{\mathrm{j}\omega t}$ 是复周期信号，按照定义有

$$R(\tau)=\frac{1}{T}\int_T x(t+\tau)x^*(t)\mathrm{d}t=\frac{1}{T}\int_T\mathrm{e}^{\mathrm{j}\omega(t+\tau)}\cdot\mathrm{e}^{-\mathrm{j}\omega t}\mathrm{d}t=\frac{1}{T}\mathrm{e}^{\mathrm{j}\omega\tau}\int_T\mathrm{d}t=\mathrm{e}^{\mathrm{j}\omega\tau}$$

【例毕】

自相关函数具有如下性质。

性质 1　对称性　实数信号的自相关函数为偶函数，即

$$R(-\tau)=R(\tau)\tag{2-52}$$

在式（2-47）中用 $-\tau$ 代替 τ，则得式（2-48）。因此式（2-47）和式（2-48）的等价性是自相关函数为偶函数的体现。复信号相关函数满足所谓的共轭对称性，即

$$R(-\tau)=R^*(\tau)\tag{2-53}$$

性质 2　极值性 自相关函数在 $\tau=0$ 时取最大值，即

$$R(\tau)\leqslant R(0) \tag{2-54}$$

且

$$R(0)>0 \tag{2-55}$$

性质 3　自相关与卷积的关系

$$R(\tau)=x(-\tau)*x(\tau) \tag{2-56}$$

【证明】 注意在前面的卷积积分定义式中用 t 作为积分变量，则有

$$x(\tau)*x(-\tau)=\int_{-\infty}^{\infty}x(t)x[-(\tau-t)]\mathrm{d}t=\int_{-\infty}^{\infty}x(t)x(t-\tau)\mathrm{d}t=R(\tau)$$

【证毕】

【例 2-14】 利用相关函数和卷积的关系求 $x(t)=u(t)-u(t-T)$ 的自相关函数。

【解】 对于卷积的计算，可以借助作图确定积分上下限（例 2-6），或借助阶跃函数确定积分上下限（例 2-7），这里采用后一种方法。由题给表达式知

$$x(\tau)=u(\tau)-u(\tau-T)$$

$$x(-\tau)=u(-\tau)-u(-\tau-T)=u(\tau+T)-u(\tau)\qquad \text{[波形反转后用阶跃函数表示]}$$

按照例 2-7 的方法，并注意改用 t 作为积分变量，则有

$$\begin{aligned}
x(-\tau)*x(\tau)&=\int_{-\infty}^{\infty}[u(t+T)-u(t)][u(\tau-t)-u(\tau-t-T)]\mathrm{d}t\\
&=\int_{-\infty}^{\infty}u(t+T)u(\tau-t)\mathrm{d}t-\int_{-\infty}^{\infty}u(t+T)u(\tau-t-T)\mathrm{d}t-\\
&\quad\int_{-\infty}^{\infty}u(t)u(\tau-t)\mathrm{d}t+\int_{-\infty}^{\infty}u(t)u(\tau-t-T)\mathrm{d}t\\
&=\left[\int_{-T}^{\tau}\mathrm{d}t\right]u(\tau+T)-\left[\int_{-T}^{\tau-T}\mathrm{d}t\right]u(\tau)-\left[\int_{0}^{\tau}\mathrm{d}t\right]u(\tau)+\left[\int_{0}^{\tau-T}\mathrm{d}t\right]u(\tau-T)\\
&=\begin{cases}0, & \tau<-T\\ \tau+T, & 0>\tau\geqslant -T\\ \tau+T-2\tau=-\tau+T, & T>\tau\geqslant 0\\ -\tau+T+\tau+T=0, & \tau\geqslant T\end{cases}
\end{aligned}$$

结果与例 2-13 第（1）题相同。

【例毕】

2．互相关函数

自相关函数适合于度量雷达发送信号和接收信号之间的相关性，因为两个信号源于同一信号。实际应用中常希望度量不同信号源的两信号之间的相关性，这就是互相关函数。能量有限实信号和复信号的互相关函数定义分别为

$$R_{xy}(\tau)=\int_{-\infty}^{\infty}x(t+\tau)y(t)\mathrm{d}t=\int_{-\infty}^{\infty}x(t)y(t-\tau)\mathrm{d}t \tag{2-57}$$

$$R_{yx}(\tau)=\int_{-\infty}^{\infty}y(t+\tau)x(t)\mathrm{d}t=\int_{-\infty}^{\infty}y(t)x(t-\tau)\mathrm{d}t \tag{2-58}$$

$$R_{xy}(\tau)=\int_{-\infty}^{\infty}x(t+\tau)y^{*}(t)\mathrm{d}t=\int_{-\infty}^{\infty}x(t)y^{*}(t-\tau)\mathrm{d}t \tag{2-59}$$

$$R_{yx}(\tau)=\int_{-\infty}^{\infty}y(t+\tau)x^{*}(t)\mathrm{d}t=\int_{-\infty}^{\infty}y(t)x^{*}(t-\tau)\mathrm{d}t \tag{2-60}$$

对于功率有限信号和周期信号，上述定义按照式（2-49）、式（2-50）的形式修正即可。可以证明互相关函数具有下列性质。

性质 1　对称性

$$R_{xy}(\tau)=R_{yx}(-\tau)\quad（实数信号）\tag{2-61}$$

$$R_{xy}(\tau)=R_{yx}^{*}(-\tau)\quad（复数信号）\tag{2-62}$$

性质 2　互相关与卷积的关系

$$R_{xy}(\tau)=x(\tau)*y(-\tau)\tag{2-63}$$

【例 2-15】 本例利用互相关函数考察 $x(t)=\cos\omega t$ 和 $y(t)=\sin\omega t$ 之间的相关性问题，并分别求解 $R_{xy}(\tau)$ 和 $R_{yx}(\tau)$。

【解】由前面的介绍知，周期信号互相关函数的定义应为

$$R_{xy}(\tau)=\frac{1}{T}\int_T x(t+\tau)y(t)\mathrm{d}t=\frac{1}{T}\int_T x(t)y(t-\tau)\mathrm{d}t\tag{2-64}$$

$$R_{yx}(\tau)=\frac{1}{T}\int_T y(t+\tau)x(t)\mathrm{d}t=\frac{1}{T}\int_T y(t)x(t-\tau)\mathrm{d}t\tag{2-65}$$

对于本题有

$$\begin{aligned}R_{xy}(\tau)&=\frac{1}{T}\int_T \cos\omega(t+\tau)\sin\omega t\mathrm{d}t\\&=\frac{1}{2T}\int_T \sin(2\omega t+\omega\tau)\mathrm{d}t-\frac{1}{2T}\int_T(\sin\omega\tau)\mathrm{d}t\qquad[利用三角函数公式]\\&=-\frac{1}{2}\sin\omega\tau\qquad[上式第 1 项为零：正弦信号在 2 倍周期内积分]\end{aligned}$$

在上式中，当 $\omega\tau=-\pi/2$（$2\pi\tau/T=-\pi/2$），即 $\tau=-T/4$ 时，$R_{xy}(\tau)$ 达到最大值，即 $R_{xy}(\tau)=1$。事实上从三角函数的波形可知，如果将 $x(t)=\cos\omega t$ 右移四分之一周期，它就是 $\sin\omega t$ 波形，因此两者相似度达到最大值。当 $\tau=0$ 时，$R_{xy}(0)$ 度量的是 $\cos\omega t$ 和 $\sin\omega t$ 之间的相关性，$R_{xy}(0)=0$ 表明 $\cos\omega t$ 和 $\sin\omega t$ 是不相关的，正交分析一节中将会看到两者是相互正交的。

$$\begin{aligned}R_{yx}(\tau)&=\frac{1}{T}\int_T \sin\omega(t+\tau)\cos\omega t\mathrm{d}t\\&=\frac{1}{2T}\int_T \sin(2\omega t+\omega\tau)\mathrm{d}t+\frac{1}{2T}\int_T(\sin\omega\tau)\mathrm{d}t\\&=\frac{1}{2}\sin\omega\tau\end{aligned}$$

同样当 $\tau=T/4$ 时，$R_{xy}(\tau)=1$。从定义式可知 $R_{xy}(\tau)$ 和 $R_{yx}(\tau)$ 度量两个信号相关性的主要区别在于哪个波形平移的问题。此例也验证了 $R_{xy}(-\tau)=R_{yx}(\tau)$。

【例毕】

*【例 2-16】 本例考察 LTI 系统输入信号 $x(t)$ 和输出信号 $y(t)$ 之间的相关性。

【解】设系统的冲激响应为 $h(t)$，$y(t)=x(t)*h(t)$。由互相关函数的定义知

$$\begin{aligned}R_{xy}(\tau)&=\int_{-\infty}^{\infty}x(t+\tau)y(t)\mathrm{d}t\\&=\int_{-\infty}^{\infty}x(t+\tau)[\int_{-\infty}^{\infty}h(\lambda)x(t-\lambda)\mathrm{d}\lambda]\mathrm{d}t\qquad[代入 y(t)=x(t)*h(t)]\end{aligned}$$

$$=\int_{-\infty}^{\infty}\int_{-\infty}^{\infty}x(t+\tau)h(\lambda)x(t-\lambda)\mathrm{d}\lambda\mathrm{d}t \quad [改写成二重积分的形式]$$

$$=\int_{-\infty}^{\infty}h(\lambda)[\int_{-\infty}^{\infty}x(t+\tau)x(t-\lambda)\mathrm{d}t]\mathrm{d}\lambda \quad [改为先对 t 求积分]$$

$$=\int_{-\infty}^{\infty}h(\lambda)[\int_{-\infty}^{\infty}x(t')x(t'-\tau-\lambda)\mathrm{d}t']\mathrm{d}\lambda \quad [作变量代换 t'=t+\tau]$$

$$=\int_{-\infty}^{\infty}h(\lambda)R_x(\lambda+\tau)\mathrm{d}\lambda \quad [对比自相关函数的定义式可得]$$

$$=-\int_{\infty}^{-\infty}h(-v)R_x(-v+\tau)\mathrm{d}v \quad [令 \lambda=-v]$$

$$=\int_{-\infty}^{\infty}h(-v)R_x(\tau-v)\mathrm{d}v \quad [交换积分上下限]$$

$$=h(-\tau)*R_x(\tau) \quad [对比卷积的定义可得]$$

即

$$R_{xy}(\tau)=h(-\tau)*R_x(\tau) \tag{2-66}$$

由式（2-61）和式（2-27）[$y(-t)=x(-t)*h(-t)$]知

$$R_{yx}(\tau)=R_{xy}(-\tau)=h(\tau)*R_x(-\tau) \tag{2-67}$$

【例毕】

3．相关系数

在有些应用场合，只需直接考虑两个信号的相似度问题，不必考虑信号的平移，即 $\tau=0$。然而，仅仅在互相关函数中令 $\tau=0$，会存在一个问题，即当信号的强度不同时，积分值的大小会不同。为了在相似度的度量中去除信号幅度的影响，可以采取所谓的归一化措施，使相似度度量的最大值均为 1，从而得到所谓的相关系数定义为

$$\rho=\frac{\int_{-\infty}^{\infty}x(t)y(t)\mathrm{d}t}{\sqrt{\int_{-\infty}^{\infty}x^2(t)\mathrm{d}t\cdot\int_{-\infty}^{\infty}y^2(t)\mathrm{d}t}} \tag{2-68}$$

上述定义适用于能量有限信号。对于功率信号和周期信号，其定义表达式需作类似于式（2-49）和式（2-50）的调整。

用相关系数度量信号相似度或相关性具有以下特点。

（1）相关系数是归一化的度量参数，即

$$|\rho|\leqslant 1 \tag{2-69}$$

当 $x(t)=y(t)$ 时，两个信号具有最强的相关性，此时由式（2-68）知 $\rho=1$。

（2）$\rho=\pm 1$ 时的相关性：

当信号波形相同、幅度不同时（ $y(t)=Ax(t)$，称 $y(t)$ 和 $x(t)$ 线性相关），$\rho=1$。

当信号波形相同、极性相反时（ $y(t)=-Ax(t)$ ），$\rho=-1$。

（3）$\rho=0$ 时，表明 $\int_{-\infty}^{\infty}x(t)y(t)\mathrm{d}t=0$，$x(t)$ 和 $y(t)$ 不相关或正交。

【例 2-17】 参见图 2.32，考察 $y_1(t)$ 至 $y_4(t)$ 与 $x(t)$ 的相似程度。

【解】 采用主观视觉判定，读者也可以给出 $y_i(t)$ 与 $x(t)$ 的相似度排序为

$$y_1(t)>y_2(t)>y_3(t)>y_4(t)$$

但主观判定很难得到相似程度大小的定量度量，现采用相关系数判定。

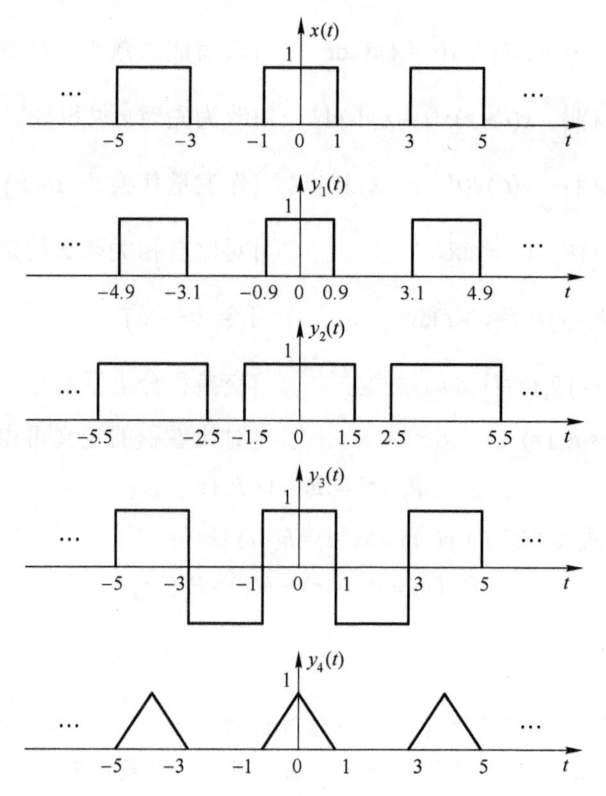

图 2.32 例 2-17 图：波形相似度的主观判定和客观判定

由图可以看出，所有信号的周期相同，均为$T=4$，各信号在一个周期内的能量为

$$E_0=\int_T x^2(t)\mathrm{d}t=2,\quad E_1=\int_T y_1^2(t)\mathrm{d}t=1.8,\quad E_2=\int_T y_2^2(t)\mathrm{d}t=3,$$

$$E_3=\int_T y_3^2(t)\mathrm{d}t=4,\quad E_4=\int_T y_4^2(t)\mathrm{d}t=2\int_{-1}^{0} y_4^2(t)\mathrm{d}t=2\int_{-1}^{0}(1+t)^2\mathrm{d}t=\frac{7}{3}$$

由图 2.32 和定积分的几何意义，不难求出下列各项积分值为

$$\int_T x(t)y_1(t)\mathrm{d}t=1.8,\quad \int_T x(t)y_2(t)\mathrm{d}t=2,\quad \int_T x(t)y_3(t)\mathrm{d}t=2,\quad \int_T x(t)y_4(t)\mathrm{d}t=1$$

根据周期信号的相关系数

$$\rho=\frac{\frac{1}{T}\int_T x(t)y(t)\mathrm{d}t}{\sqrt{\frac{1}{T}\int_T x^2(t)\mathrm{d}t\cdot\frac{1}{T}\int_T y^2(t)\mathrm{d}t}}=\frac{\int_T x(t)y(t)\mathrm{d}t}{\sqrt{\int_T x^2(t)\mathrm{d}t\cdot\int_T y^2(t)\mathrm{d}t}} \tag{2-70}$$

代入上述计算数值，可得$y_1(t)$至$y_4(t)$与$x(t)$的相关系数分别为

$$\rho_1=\frac{1.8}{\sqrt{2\times 1.8}}=0.9487,\qquad \rho_2=\frac{2}{\sqrt{2\times 3}}=0.8165,$$

$$\rho_3=\frac{2}{\sqrt{2\times 4}}=0.7071,\qquad \rho_4=\frac{1}{\sqrt{2\times 7/3}}=0.4629$$

即
$$\rho_1>\rho_2>\rho_3>\rho_4$$

上述结果和主观判定吻合。如果将$y_2(t)$的脉冲宽度改为[−1.1, 1.1]，可以计算此时的

$\rho_2 = 0.9534$，它和 ρ_1 非常接近。可见相关系数很好地度量了信号的相似度或相关性。

【例毕】

2.5.2　离散时间信号相关函数

离散时间能量有限复信号 $x[n]$ 和 $y[n]$ 的互相关函数定义为

$$R_{xy}[m] = \sum_{n=-\infty}^{\infty} x[n+m]y^*[n] = \sum_{n=-\infty}^{\infty} x[n]y^*[n-m] \tag{2-71}$$

$$R_{yx}[m] = \sum_{n=-\infty}^{\infty} y[n+m]x^*[n] = \sum_{n=-\infty}^{\infty} y[n]x^*[n-m] \tag{2-72}$$

功率信号的互相关函数定义为

$$R_{xy}[m] = \lim_{N\to\infty} \frac{1}{2N+1} \sum_{n=-N}^{N} x[n+m]y^*[n] = \lim_{N\to\infty} \frac{1}{2N+1} \sum_{n=-N}^{N} x[n]y^*[n-m] \tag{2-73}$$

$$R_{yx}[m] = \lim_{N\to\infty} \frac{1}{2N+1} \sum_{n=-N}^{N} y[n+m]x^*[n] = \lim_{N\to\infty} \frac{1}{2N+1} \sum_{n=-N}^{N} y[n]x^*[n-m] \tag{2-74}$$

对于周期信号，可在任意一个周期内求和，即

$$R_{xy}[m] = \frac{1}{N} \sum_{n=<N>} x[n+m]y^*[n] = \frac{1}{N} \sum_{n=<N>} x[n]y^*[n-m] \tag{2-75}$$

$$R_{yx}[m] = \frac{1}{N} \sum_{n=<N>} y[n+m]x^*[n] = \frac{1}{N} \sum_{n=<N>} y[n]x^*[n-m] \tag{2-76}$$

其中 $\sum_{n=<N>}$ 表示任意一个周期内的求和。显然，上述定义同样适用于实数信号。

当 $x[n] = y[n]$ 时，上列各式变为相应的自相关函数定义。例如对能量信号，有

$$R[m] = \sum_{n=-\infty}^{\infty} x[n+m]x^*[n] = \sum_{n=-\infty}^{\infty} x[n]x^*[n-m] \tag{2-77}$$

离散时间自相关函数和互相关函数具有和连续时间相关函数类似的性质。

性质 1　自相关对称性　若 $x[n]$ 为实数序列，则其自相关函数满足

$$R[-m] = R[m] \tag{2-78}$$

若 $x[n]$ 为复数序列，则有

$$R[-m] = R^*[m] \tag{2-79}$$

性质 2　自相关极值性　自相关函数在 $m = 0$ 时取最大值，即

$$|R[m]| \leqslant R[0] \tag{2-80}$$

且

$$R[0] > 0 \tag{2-81}$$

性质 3　互相关对称性

$$R_{xy}[m] = R_{yx}^*[-m] \tag{2-82}$$

性质 4　与卷积的关系　实数序列相关函数和卷积的关系为

$$R_{xy}[m] = x[m] * y[-m] \tag{2-83}$$

读者可以自行证明上述各性质。

【例 2-18】 求下列离散时间信号的自相关函数

（1） $x[n]=u[n]-u[n-N]$ （2） $x[n]=\cos\Omega n$ （3） $x[n]=\mathrm{e}^{\mathrm{j}\Omega n}$

【解】（1）采用和例 2-13 第（1）题相同的方法确定求和限。

首先将 $x[n+m]$ 波形推至 $+\infty$，此时平移量为 $m=-\infty$，然后开始向左平移，考虑 $x[n]$ 波形和 $x[n+m]$ 的重叠情况进行分段，进而确定求和的上下限：

当 $-\infty<m\leqslant -N$ 时，$R[m]=0$

当 $-N+1\leqslant m\leqslant 0$ 时，$R[m]=\sum_{n=m}^{N-1}1=N-m$

当 $1\leqslant m\leqslant N$ 时，$R[m]=\sum_{n=0}^{N-1+m}1=N+m$

当 $N+1\leqslant m$ 时，$R[m]=0$

本题也可以利用卷积和计算求解相关函数。

（2）直接由相关函数定义求解。

$$
\begin{aligned}
R[m]&=\frac{1}{N}\sum_{n=<N>}\cos\Omega(n+m)\cos\Omega n\\
&=\frac{1}{2N}\sum_{n=<N>}\cos\Omega(2n+m)-\frac{1}{2N}\sum_{n=<N>}\cos\Omega m\\
&=-\frac{1}{2N}\sum_{n=<N>}\cos\Omega m \qquad \text{[上式第 1 项为零：余弦序列在两个周期内求和]}\\
&=-\frac{1}{2}\cos\Omega m \qquad \text{[上式中 }\cos\Omega m\text{ 与求和变量无关]}
\end{aligned}
$$

（3）直接由相关函数定义求解。

$$
R[m]=\frac{1}{N}\sum_{n=<N>}\mathrm{e}^{\mathrm{j}\Omega(n+m)}\cdot\mathrm{e}^{-\mathrm{j}\Omega n}=\frac{1}{N}\sum_{n=<N>}\mathrm{e}^{\mathrm{j}\Omega m}=\mathrm{e}^{\mathrm{j}\Omega m}
$$

【例毕】

*2.6 正交分析

2.6.1 信号正交的概念和定义

1．从矢量正交到信号正交

引入相关系数或函数是为了度量信号的相似度或相关性。如果两个信号的相关系数为零（不相关），即式（2-68）的分子为零，即

$$
\int_{-\infty}^{\infty}x(t)y(t)\mathrm{d}t=0
$$

则称 $x(t)$ 和 $y(t)$ 正交。为什么两个信号乘积的积分等于零就称其为正交？为了比较直观地理解这一点，回顾一下两个矢量的正交条件。

设 $\boldsymbol{x}=[x_1,x_2,\cdots,x_N]$，$\boldsymbol{y}=[y_1,y_2,\cdots,y_N]$ 为 N 维实数矢量，矢量 $\boldsymbol{x}$ 和 $\boldsymbol{y}$ 之间的夹角 θ 由下式确定

$$\cos\theta = \frac{< \boldsymbol{x}, \boldsymbol{y} >}{|\boldsymbol{x}||\boldsymbol{y}|} \tag{2-84}$$

其中$|\cdot|$表示矢量的长度

$$|\boldsymbol{x}| = [\sum_i x_i^2]^{1/2}, \quad |\boldsymbol{y}| = [\sum_i y_i^2]^{1/2}$$

$<\cdot>$表示内积（Inner Product），其定义为

$$< \boldsymbol{x}, \boldsymbol{y} > = \sum_{i=1}^{N} x_i y_i, \quad < \boldsymbol{x}, \boldsymbol{x} > = \sum_{i=1}^{N} x_i^2 = |\boldsymbol{x}|^2 \tag{2-85}$$

当 $\boldsymbol{x}$ 和 $\boldsymbol{y}$ 正交时，夹角为 90°，$\cos\theta = 0$。由式（2-84）知

$$< \boldsymbol{x}, \boldsymbol{y} > = \sum_{i=1}^{N} x_i y_i = 0 \tag{2-86}$$

如果将矢量元素$[x_1, x_2, \cdots, x_N]$和$[y_1, y_2, \cdots, y_N]$看成离散时间信号的序列值，则可以称满足上式内积为零的两个离散时间信号是正交的。

不难理解，对于连续时间信号则可以将两个信号乘积后积分为零定义为正交的条件。同时为了表述的统一，可定义两个连续函数的内积为

$$< x(t), y(t) > = \int_{t_1}^{t_2} x(t) y(t) \mathrm{d}t \tag{2-87}$$

这样无论是矢量、离散时间信号还是连续时间信号，正交的条件均是内积为零。

对于复数信号，内积定义为

$$< x(t), y(t) > = \int_{t_1}^{t_2} x(t) y^*(t) \mathrm{d}t \tag{2-88}$$

2．信号正交的定义

若连续时间信号 $x(t)$ 和 $y(t)$ 在区间$[t_1,\ t_2]$上满足

$$\int_{t_1}^{t_2} x(t) y^*(t) \mathrm{d}t = 0 \quad 或 \quad \int_{t_1}^{t_2} x^*(t) y(t) \mathrm{d}t = 0 \tag{2-89}$$

则称 $x(t), y(t)$ 在区间$[t_1,\ t_2]$上正交。

类似，离散时间信号正交的定义为

$$\sum_{n=N_1}^{N_2} x[n] y^*[n] = 0 \quad 或 \quad \sum_{n=N_1}^{N_2} x^*[n] y[n] = 0 \tag{2-90}$$

上述定义适用于实数信号和复数信号。下面举例说明最常见的正交信号。

【例 2-19】 试证明下列信号是正交的。

（1）$\sin k\omega_1 t$ 与 $\cos m\omega_1 t$（k, m 为整数）正交。

（2）当 $k \neq m$ 时，$\mathrm{e}^{\mathrm{j}k\Omega_1 n}$ 与 $\mathrm{e}^{\mathrm{j}m\Omega_1 n}$ 正交。

（3）图 2.33 所示的两个反相方波信号正交。

【解】（1）$\sin k\omega_1 t$ 与 $\cos m\omega_1 t$ 是周期信号，且 $T = 2\pi / \omega_1$ 为两者的公共周期。积分范围只需取一个周期，且注意到三角函数在整数倍周期内积分为 0，则有

$$\int_T \sin k\omega_1 t \cdot \cos m\omega_1 t \, \mathrm{d}t = \frac{1}{2}\int_T \sin(k+m)\omega_1 t \, \mathrm{d}t + \frac{1}{2}\int_T \sin(k-m)\omega_1 t \, \mathrm{d}t = 0$$

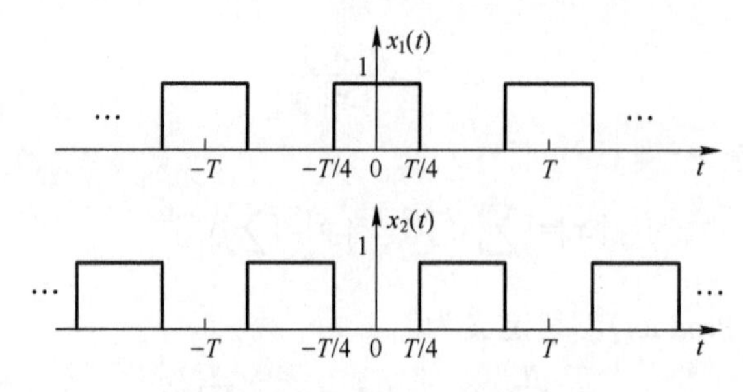

图 2.33 两个相位差 180°的方波

因此 $\sin k\omega_1 t$ 与 $\cos m\omega_1 t$ 正交。类似可验证，当 k 和 m 为互不相同的整数时，$\sin k\omega_1 t$ 与 $\sin m\omega_1 t$ 和 $\cos k\omega_1 t$ 与 $\cos m\omega_1 t$ 也是正交的。

（2）$\mathrm{e}^{\mathrm{j}k\Omega_1 n}$ 与 $\mathrm{e}^{\mathrm{j}m\Omega_1 n}$ 是周期序列，且 $N = 2\pi/\Omega_1$ 为两者的公共周期。将式（2-90）的定义修正为一个周期内的求和，有

$$\sum_{n=\langle N\rangle}(\mathrm{e}^{\mathrm{j}k\Omega_1 n})^*\mathrm{e}^{\mathrm{j}m\Omega_1 n}=\sum_{n=0}^{N-1}\mathrm{e}^{\mathrm{j}(m-k)\Omega_1 n}=\frac{1-\mathrm{e}^{\mathrm{j}(m-k)\frac{2\pi}{N}N}}{1-\mathrm{e}^{\mathrm{j}(m-k)\Omega_1}}=\frac{1-\mathrm{e}^{\mathrm{j}(m-k)2\pi}}{1-\mathrm{e}^{\mathrm{j}(m-k)\Omega_1}}=0 \qquad [k-m\neq 0]$$

因此，当 $k\neq m$ 时 $\mathrm{e}^{\mathrm{j}k\Omega_1 n}$ 与 $\mathrm{e}^{\mathrm{j}m\Omega_1 n}$ 正交。

（3）观察信号波形可知 $x_1(t)x_2(t)\equiv 0$，因此 $\int_{-\infty}^{\infty}x_1(t)x_2(t)\,\mathrm{d}t=0$，即两信号正交。

【例毕】

3．正交函数集

若连续时间函数集 $\{x_1(t), x_2(t),\cdots,x_N(t)\}$ 中任意两个信号 $x_i(t)$，$x_j(t)$（$i\neq j$）在区间 $[t_1, t_2]$ 上是正交的，则称函数集 $\{x_1(t), x_2(t),\cdots,x_N(t)\}$ 是区间 $[t_1, t_2]$ 上的正交函数集。更进一步，如果在函数集 $\{x_1(t), x_2(t),\cdots,x_N(t)\}$ 之外，不存在任何一个函数可以和集合中函数构成正交关系，则称此函数集为完备正交函数集。对于离散时间信号，其概念和定义是类似的。

最常见的连续时间正交函数集是三角函数和复指数函数，它们都是由无穷个函数（包括常数 1）构成的完备正交函数集：

三角函数：$\{1,\sin\omega_0 t,\cos\omega_0 t,\sin 2\omega_0 t,\cos 2\omega_0 t,\cdots,\sin k\omega_0 t,\cos k\omega_0 t,\cdots\}$

复指数函数：$\{1,\mathrm{e}^{\mathrm{j}\omega_0 t},\mathrm{e}^{-\mathrm{j}\omega_0 t},\mathrm{e}^{\mathrm{j}2\omega_0 t},\mathrm{e}^{-\mathrm{j}2\omega_0 t},\cdots,\mathrm{e}^{\mathrm{j}k\omega_0 t},\mathrm{e}^{-\mathrm{j}k\omega_0 t},\cdots\}$

需要注意的是，离散时间三角函数和复指数函数所构成的完备正交函数集是由有限个信号构成的：

三角函数：$\{1,\sin\left(\frac{2\pi}{N}n\right),\cos\left(\frac{2\pi}{N}n\right),\sin\left(2\cdot\frac{2\pi}{N}n\right),\cos\left(2\cdot\frac{2\pi}{N}n\right),\cdots,$

$$\sin\left((N-1)\cdot\frac{2\pi}{N}n\right),\cos\left((N-1)\cdot\frac{2\pi}{N}n\right)\}\text{（共 }2N\text{–1 个）}$$

复指数函数：$\{1,\mathrm{e}^{\mathrm{j}\frac{2\pi}{N}n},\mathrm{e}^{\mathrm{j}2\cdot\frac{2\pi}{N}n},\cdots,\mathrm{e}^{\mathrm{j}(N-1)\cdot\frac{2\pi}{N}n}\}$（共 N 个）

这是因为

$$\mathrm{e}^{\mathrm{j}N\frac{2\pi}{N}n}=1,\quad \mathrm{e}^{\mathrm{j}(N+1)\frac{2\pi}{N}n}=\mathrm{e}^{\mathrm{j}\frac{2\pi}{N}n},\quad \mathrm{e}^{\mathrm{j}(N+2)\frac{2\pi}{N}n}=\mathrm{e}^{\mathrm{j}2\frac{2\pi}{N}n}\cdots$$

以及

$$\cdots\mathrm{e}^{-\mathrm{j}2\frac{2\pi}{N}n}=\mathrm{e}^{-\mathrm{j}2\frac{2\pi}{N}n}\mathrm{e}^{\mathrm{j}N\frac{2\pi}{N}n}=\mathrm{e}^{\mathrm{j}(N-2)\frac{2\pi}{N}n},\quad \mathrm{e}^{-\mathrm{j}\frac{2\pi}{N}n}=\mathrm{e}^{-\mathrm{j}\frac{2\pi}{N}n}\mathrm{e}^{\mathrm{j}N\frac{2\pi}{N}n}=\mathrm{e}^{\mathrm{j}(N-1)\frac{2\pi}{N}n}\cdots$$

呈周期重复。

信号的正交性有着非常广泛的应用。一般情况下区分信号的途径有三种：时分（信号出现的时间范围不同）、频分（信号出现的频率范围不同）和正交。CDMA 手机采用的码分本质上是正交可分的一个特例，即利用了不同码元波形间的相互正交性，其核心原理类似例 2-19 中第（3）小例。3G 以后的手机通信采用所谓的 OFDM（Orthogonal Frequency Division Multiplex，正交频分复用）或其改进方案。OFDM 的核心概念类似例 2-19 中第（2）小例。需要注意的是，时分/频分一定是时域/频域正交的，但正交未必是时分/频分的。

2.6.2　信号的正交分解与近似

1．正交分解

参见图 2.34，一个二维矢量 $\boldsymbol{x}$ 可以分解为两个正交矢量的和，即

$$\boldsymbol{x} = c_1\boldsymbol{v}_1 + c_2\boldsymbol{v}_2$$

如果 $\boldsymbol{x}$ 为 N 维矢量，则其正交分解形式为

$$\boldsymbol{x} = \sum_{i=1}^{N} c_i\boldsymbol{v}_i \tag{2-91}$$

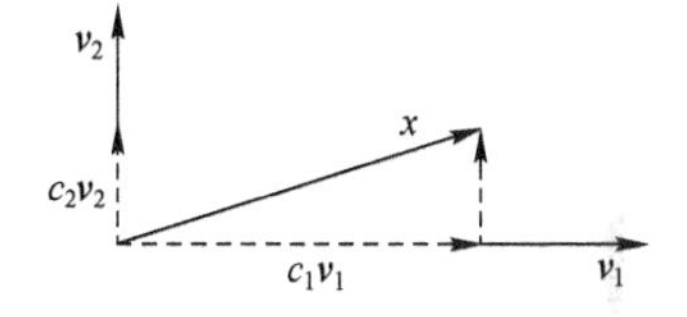

图 2.34　矢量的正交分解

其中 $\boldsymbol{v}_i$，$\boldsymbol{v}_j$（$i \neq j$）相互正交。上式两边与 $\boldsymbol{v}_j$ 作内积运算，并注意到当 $i \neq j$ 时 $<\boldsymbol{v}_i, \boldsymbol{v}_j>=0$，则有

$$<\boldsymbol{x}, \boldsymbol{v}_j> = \sum_{i=1}^{N} c_i <\boldsymbol{v}_i, \boldsymbol{v}_j> = c_j <\boldsymbol{v}_j, \boldsymbol{v}_j> = c_j |\boldsymbol{v}_j|^2$$

$$c_j = \frac{<\boldsymbol{x}, \boldsymbol{v}_j>}{|\boldsymbol{v}_j|^2}，\text{即}\ c_i = \frac{<\boldsymbol{x}, \boldsymbol{v}_i>}{|\boldsymbol{v}_i|^2} = \frac{<\boldsymbol{x}, \boldsymbol{v}_i>}{<\boldsymbol{v}_i, \boldsymbol{v}_i>} \tag{2-92}$$

上式为正交展开式（2-91）中的系数确定公式。

对于连续时间或离散时间信号，也可以作类似的正交分解：

$$x(t) = \sum_k c_k \varphi_k(t) \tag{2-93}$$

$$x[n] = \sum_k c_k \phi_k[n] \tag{2-94}$$

其中 $\varphi_k(t), \phi_k[n]$（$k = 1, 2, \cdots$）分别是连续和离散时间正交函数集。与式（2-92）的推导相同，信号正交展开式中的系数 c_i 由下式确定：

$$c_k = \frac{<x(t), \varphi_k(t)>}{<\varphi_k(t), \varphi_k(t)>} = \frac{\int_{t_1}^{t_2} x(t)\varphi_k^*(t)\mathrm{d}t}{\int_{t_1}^{t_2} \varphi_k(t)\varphi_k^*(t)\mathrm{d}t} = \frac{\int_{t_1}^{t_2} x(t)\varphi_k^*(t)\mathrm{d}t}{\int_{t_1}^{t_2} |\varphi_k(t)|^2\,\mathrm{d}t} \tag{2-95}$$

$$c_k = \frac{<x[n], \phi_k[n]>}{<\phi_k[n], \phi_k[n]>} = \frac{\sum_{n=N_1}^{N_2} x[n]\phi_k^*[n]}{\sum_{n=N_1}^{N_2} \phi_k[n]\phi_k^*[n]} = \frac{\sum_{n=N_1}^{N_2} x[n]\phi_k^*[n]}{\sum_{n=N_1}^{N_2} |\phi_k[n]|^2} \tag{2-96}$$

上两式适用于实数信号和复数信号。

【例 2-20】 本例考察任意连续时间和离散时间周期信号的正交分解问题。

【解】 前面已经指出，复指数信号是周期函数，并且 $e^{jk\omega_0 t}$（$k=0,\pm1,\pm2,\cdots$）构成完备的正交函数集。按照上述讨论，我们将任意一个连续时间周期信号 $x(t)$ 进行如下的正交分解

$$x(t)=\sum_{k=-\infty}^{\infty}c_k e^{jk\omega_0 t}\text{，（}\omega_0=\frac{2\pi}{T},T\text{ 为信号周期）} \tag{2-97}$$

这里 $\varphi_k(t)=e^{jk\omega_0 t}$，下面确定展开式的系数 c_k。

式（2-95）的分母和分子分别为

$$\int_T|\varphi_k(t)|^2\,dt=\int_T|e^{jk\omega_0 t}|^2\,dt=\int_T 1\cdot dt=T\quad[\text{复数 } e^{jk\omega_0 t}\text{ 的模为 }1]$$

$$\int_T x(t)\varphi_k^*(t)dt=\int_T x(t)e^{-jk\omega_0 t}dt$$

所以

$$c_k=\frac{1}{T}\int_T x(t)e^{-jk\omega_0 t}dt \tag{2-98}$$

对于离散序列，有限个复指数序列 $e^{jk\frac{2\pi}{N}n}$（$k=0,1,2,\cdots,N-1$）构成了完备正交函数集，因此任意离散周期序列可以按照下式进行正交展开：

$$x[n]=\sum_{k=0}^{N-1}c_k e^{jk\frac{2\pi}{N}n}\text{，（}N\text{ 为信号周期）} \tag{2-99}$$

这里 $\phi_k[n]=e^{jk\frac{2\pi}{N}n}$，根据式（2-96）有

$$\sum_{n=0}^{N-1}|\phi_k[n]|^2=\sum_{n=0}^{N-1}|e^{jk\frac{2\pi}{N}n}|^2=\sum_{n=0}^{N-1}1=N$$

$$\sum_{n=0}^{N-1}x[n]\phi_k^*[n]=\sum_{n=0}^{N-1}x[n]e^{-jk\frac{2\pi}{N}n}$$

所以

$$c_k=\frac{1}{N}\sum_{n=0}^{N-1}x[n]e^{-jk\frac{2\pi}{N}n} \tag{2-100}$$

事实上，式（2-97）和式（2-98）就是第 3 章中讨论的连续时间傅里叶级数复指数展开；式（2-99）和式（2-100）是第 4 章中讨论的离散时间傅里叶级数复指数展开。

【例毕】

需要注意的是，并不是所有信号都可以用式（2-93）或式（2-94）展开。事实上，函数集 $\{\varphi_k\}$ 或 $\{\phi_k\}$ 张成了一个所谓的信号空间，只有落在该空间的函数才可以实现无误差的展开，这里不再讨论。

2．正交投影与信号的近似

一个三维矢量 $\boldsymbol{x}$ 可以分解为三个正交矢量的和，即

$$\boldsymbol{x}=c_1\boldsymbol{v}_1+c_2\boldsymbol{v}_2+c_3\boldsymbol{v}_3$$

其中 $c_i\boldsymbol{v}_i$ 是矢量 $\boldsymbol{x}$ 在 $\boldsymbol{v}_i$ 轴上的正交投影，而 $c_1\boldsymbol{v}_1+c_2\boldsymbol{v}_2$ 是矢量 $\boldsymbol{x}$ 在 $\boldsymbol{v}_1-\boldsymbol{v}_2$ 平面上的正交投影（其余两个类推），参见图 2.35。显然，可以忽略其中某个或某些系数很小的

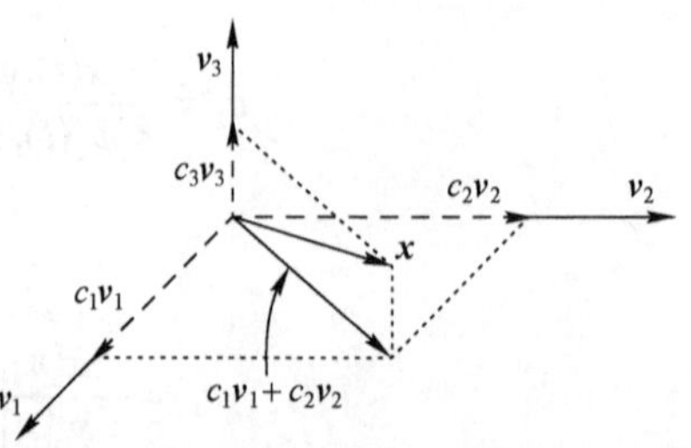

图 2.35 矢量的正交投影

项，而获得矢量 $\boldsymbol{x}$ 的近似。例如，可以用图 2.35 中 $\boldsymbol{x}$ 在 $\boldsymbol{v}_1-\boldsymbol{v}_2$ 平面上的投影近似表示 $\boldsymbol{x}$，即

$$\boldsymbol{x}\approx c_1\boldsymbol{v}_1+c_2\boldsymbol{v}_2 \quad 或 \quad \boldsymbol{x}=c_1\boldsymbol{v}_1+c_2\boldsymbol{v}_2+\Delta\boldsymbol{x}$$

其中 $\Delta\boldsymbol{x}$ 是用投影 $c_1\boldsymbol{v}_1+c_2\boldsymbol{v}_2$ 近似表示 $\boldsymbol{x}$ 产生的误差。对于这种近似，也可从另一个角度理解：三维空间矢量 $\boldsymbol{x}$ 采用了非完备正交矢量集进行了分解，即尽管 $\boldsymbol{v}_1,\boldsymbol{v}_2$ 是一个正交矢量集，但是还存在与 $\boldsymbol{v}_1,\boldsymbol{v}_2$ 正交的 $\boldsymbol{v}_3$ 矢量不在近似表达式的矢量集合中。

可以借助矢量正交投影的概念理解信号的正交投影。当将式（2-93）或式（2-94）中系数较小的项舍弃时，就是用信号的正交投影对信号进行近似。

3．信号的投影近似与最小均方误差近似

当用信号的正交投影近似信号 $x(t)$ 时会产生误差，记误差为 $\Delta x(t)$，则

$$x(t)=\sum_k c_k\varPhi_k(t)+\Delta x(t) \tag{2-101}$$

注意上式中的展开只利用了完备正交函数集 $\{\varphi_k\}$ 的一个子集。理论上需要分析的问题是：在给定函数集合 $\{\varPhi_k\}$ 的情况下，是否可以找到另一组展开式系数 $\{c_k\}$ 使误差更小？为了回答这一问题，首先要确定如何度量误差，这里采用均方误差，其定义为[假定 $x(t)$ 为实函数]

$$\overline{\Delta x^2(t)}=\frac{1}{t_2-t_1}\int_{t_1}^{t_2}\Delta x^2(t)\mathrm{d}t \tag{2-102}$$

将式（2-101）代入上式

$$\overline{\Delta x^2(t)}=\frac{1}{t_2-t_1}\int_{t_1}^{t_2}[x(t)-\sum_k c_k\varPhi_k(t)]^2\,\mathrm{d}t$$

为了确定在什么样的 c_m 取值下 $\overline{\Delta x^2(t)}$ 会达到最小，上式两边对其中任意一个系数 c_j 求导，并令其为零：

$$\begin{aligned}\frac{\partial}{\partial c_j}\overline{\Delta x^2(t)}&=\frac{1}{t_2-t_1}\int_{t_1}^{t_2}2[x(t)-\sum_k c_k\varPhi_k(t)]\frac{\partial}{\partial c_j}[x(t)-\sum_k c_k\varPhi_k(t)]\mathrm{d}t\\&=-\frac{1}{t_2-t_1}\int_{t_1}^{t_2}2[x(t)-\sum_k c_k\varPhi_k(t)]\varPhi_j(t)\mathrm{d}t\\&=-\frac{2}{t_2-t_1}\int_{t_1}^{t_2}x(t)\varPhi_j(t)\mathrm{d}t+\frac{2}{t_2-t_1}\sum_k c_k\int_{t_1}^{t_2}\varPhi_k\varPhi_j(t)\mathrm{d}t\\&=-\frac{2}{t_2-t_1}\int_{t_1}^{t_2}x(t)\varPhi_j(t)\mathrm{d}t+\frac{2}{t_2-t_1}c_j\int_{t_1}^{t_2}\varPhi_j\varPhi_j(t)\mathrm{d}t \qquad [m\neq j\text{积分为零}]\\&=0\end{aligned}$$

解得

$$c_j=\frac{\int_{t_1}^{t_2}x(t)\varPhi_j(t)\mathrm{d}t}{\int_{t_1}^{t_2}\varPhi_j\varPhi_j(t)\mathrm{d}t}$$

上式和正交分解系数相同，这表明信号的正交投影近似是最小均方误差近似，即一种最佳近似。

信号的正交投影和近似有着广泛的应用。例如，进行数据降维时（减少数据的维数，

如用二维数据近似表达一个三维数据）常采用正交投影近似。数据降维可以减少计算量或存储空间。

*2.7 Matlab 实践

2.7.1 卷积和的计算

卷积和是计算离散系统零状态响应的重要运算。Matlab 工具箱提供了 conv( )函数计算两个离散信号的卷积，其基本调用格式为

$$y = \mathrm{conv}(\boldsymbol{h}, \boldsymbol{x});$$

其中 $\boldsymbol{h}$ 和 $\boldsymbol{x}$ 为参与卷积运算的两个离散信号，以矢量形式存储。计算结果为矢量 $\boldsymbol{y}$，$\boldsymbol{y}$ 序列的长度 length($\boldsymbol{y}$) = length($\boldsymbol{h}$)+length($\boldsymbol{x}$)−1。

【例 2-21】 计算下列两信号的卷积 $y[n]=x[n]*h[n]$，并绘制信号波形图。

$$x[n]=\frac{1}{2^n}\left(u[n+2]-u[n-3]\right)；\quad h[n]=u[n]-u[n-6]$$

【解】Matlab 源程序如下：

```
% filename: ex2_21_conv.m %
n = -5:10;                              % 定义离散时间范围（略大于信号时间范围）
x = (1/2).^n.*([n>=-2]-[n>=3]);         % 信号 x[n]，包括部分零值
h = ([n>=0]-[n>=6]);                    % 信号 h[n] ，包括部分零值
y = conv(x,h);                          % 计算卷积
ny = [0:length(y)-1]-10;                % 信号起始时刻设置
figure;
subplot(3,1,1);stem(n,x,'filled');title('x[n]')
subplot(3,1,2);stem(n,h,'filled');title('h[n]')
subplot(3,1,3);stem(ny,y,'filled');title('y[n]')
% end of file %
```

程序运行结果如图 2.36 所示：

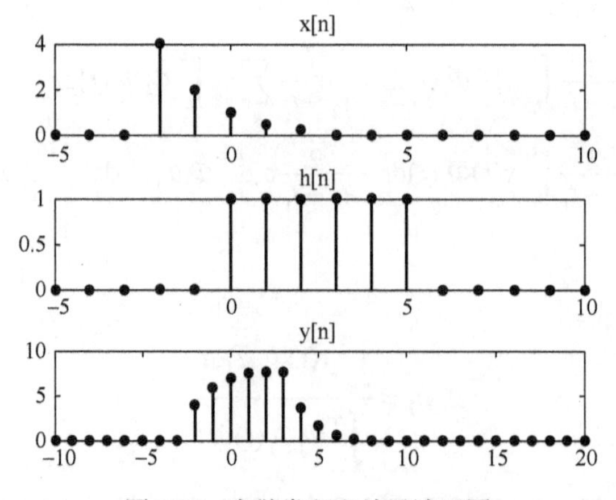

图 2.36 离散卷积和结果波形图

【例毕】

2.7.2 系统响应求解

1. 连续时间 LTI 系统单位冲激响应和零状态响应

Matlab 的 impulse( )函数用于求解连续系统的单位冲激响应，其基本调用格式为

$$\text{impulse}(B, A);$$

其中 $B=[b_M, b_{M-1}, \cdots, b_0]$，$A=[a_N, a_{N-1}, \cdots, a_0]$ 为下列微分方程的系数

$$a_N y^{(N)}(t)+a_{N-1}y^{(N-1)}(t)+\cdots+a_0 y(t)=b_M x^{(M)}(t)+b_{M-1}x^{(M-1)}(t)+\cdots+b_0 x(t)$$

Matlab 中函数 lsim( )用于求解零状态响应，其基本调用格式如下

$$\text{lsim}(\text{sys}, x, t);$$

其中 t 为对输入信号的抽样时刻，x 为抽样值，sys 为 LTI 系统模型。sys 需调用函数 tf( ) 获得，其调用格式为（B 和 A 含义同上）

$$\text{sys} = \text{tf}(B, A);$$

【例 2-22】 连续时间系统微分方程为 $y''(t)+3y'(t)+2y(t)=x''(t)+x(t)$，求该系统的单位冲激响应，以及输入为 $x(t)=e^{-t}u(t)$ 时的零状态响应，并绘出其波形图。

【解】 Matlab 源程序如下：

```
% filename: ex2_22_response.m %
A = [1,3,2];  B = [1,0,1];            % 定义系统系数矢量
figure;subplot(2,1,1);
impulse(B,A);                          % 求单位冲激响应
title('单位冲激响应')
t = 0:0.01:5; x = exp(-t);             % 输入信号
sys = tf(B,A);
subplot(2,1,2);lsim(sys,x,t);          % 零状态响应
title('零状态响应')
% end of file %
```

程序运行结果如图 2.37 所示：

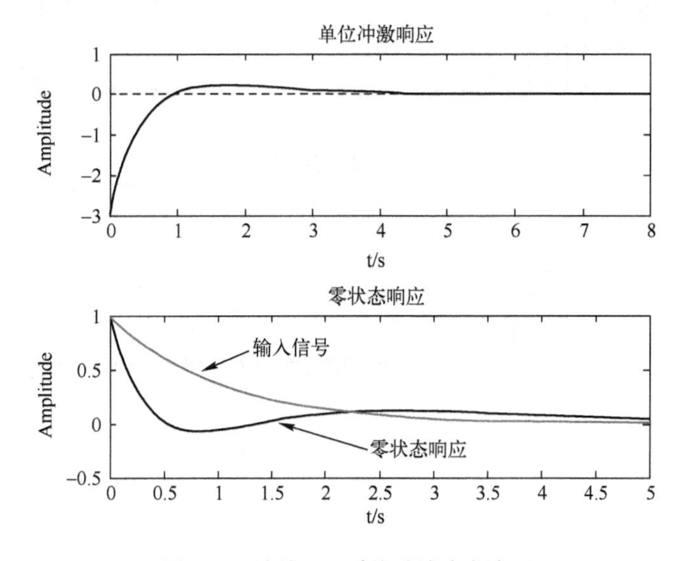

图 2.37 连续 LTI 系统时域响应波形

【例毕】

2．离散 LTI 系统单位冲激响应和零状态响应

对于离散信号与系统，Matlab 提供了函数 impz( )和 filter( )求解系统的单位冲激响应和零状态响应。典型调用格式如下

$$h = \mathrm{impz}(B, A, k);$$

$$y = \mathrm{filter}(B, A, x);$$

其中，$B=[b_0,b_1,\cdots,b_N]$，$A=[a_0,a_1,\cdots,a_M]$为下列差分方程的系数

$$a_0y[n]+a_1y[n-1]+\cdots+a_Ny[n-N]=b_0x[n]+b_1x[n-1]+\cdots+b_Mx[n-M]$$

impz 函数中 k 表示所求单位冲激响应响应的时间长度，filter 中 x 表示输入信号。

【例 2-23】 离散时间系统的差分方程为$6y[n]-5y[n-1]+y[n-2]=x[n]$，求系统的单位冲激响应，以及输入信号为$x[n]=2^{-n}u[n]$时的零状态响应。

【解】Matlab 源程序如下：

```
% filename: ex2_23_response_z.m %
A = [6,-5,1]; B = [1];              % 定义系统系数矢量
figure; subplot(2,1,1);
impz(B,A,30);                       % 求单位冲激响应
xlabel('n'); ylabel('Amplitude'); title('单位冲激响应')
n = 0:29; x = 1./2.^n;              % 输入信号
y = filter(B,A,x);                  % 零状态响应
subplot(2,1,2);stem(n,y,'filled');
xlabel('n'); ylabel('Amplitude'); title('零状态响应')
% end of file %
```

程序运行结果如图 2.38 所示：

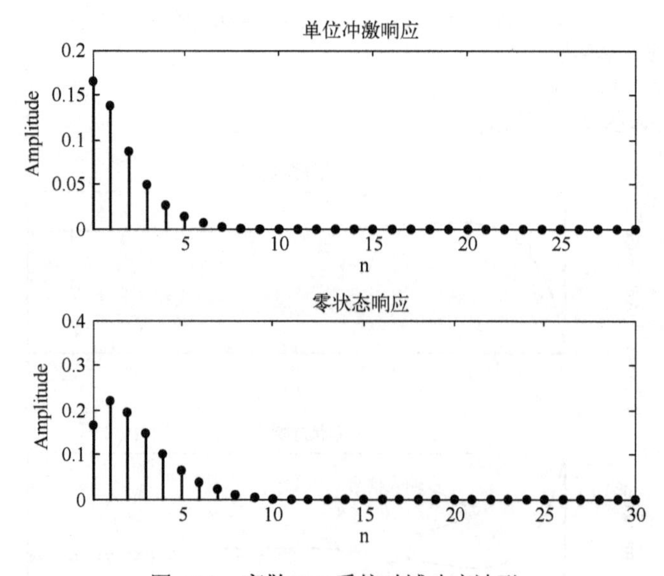

图 2.38 离散 LTI 系统时域响应波形

【例毕】

2.7.3　相关函数的计算

Matlab 提供了 xcorr( )函数计算序列 x 和 y 的互相关，其典型的调用格式为

$$r = \text{xcorr}(x,y);$$

【例 2-24】　已知两个离散时间信号分别为

$$x_1[n] = \cos(\pi n/3)\left(u[n]-u[n-11]\right),\quad x_2[n] = 0.8^n\left(u[n]-u[n-11]\right)$$

求其互相关 R_{xy} 以及自相关 R_x 和 R_y。

【解】当参与互相关运算的两个信号相同时，得到的即为自相互函数。这里利用 conv 函数计算互相关，利用 xcorr 函数计算自相关。Matlab 源程序如下：

```
% filename: ex2_24_correlation.m %
n = 0:10; nr = -10:10;                  % 定义时间范围
x1 = cos(pi*n/3);  x2 = 0.8.^n;         % 两个信号序列
R12 = conv(x1,fliplr(x2));              % 计算互相关
R1 = xcorr(x1,x1);                      % 计算自相关
R2 = xcorr(x2,x2);
% end of file %
```

【例毕】

习　　题

2.1　求下列离散序列的卷积和 $x[n]*h[n]$。

（1）$x[n]=\begin{cases}1, & n=0\\ -1, & n=1\\ 1, & n=2\\ 0, & \text{其他}\end{cases}$，　$h[n]=\begin{cases}1, & n=0\\ 0, & n=1\\ -2, & n=2\\ 1, & n=3\\ 0, & \text{其他}\end{cases}$

（2）$x[n]=\{\underset{\substack{\uparrow\\ n=-2}}{-1},\ 0,\ 1,\ 2\}$，　$h[n]=\{\underset{\substack{\uparrow\\ n=-1}}{2},\ 1,\ 1,\ -1\}$

（3）$x[n]$ 和 $h[n]$ 如题图 2.1 所示。

（4）$x[n]=\delta[n]+\delta[n-1]$，　$h[n]=u[n]-u[n-7]$

（5）$x[n]=\delta[n+1]-\delta[n-5]$，　$h[n]=\left(\frac{1}{2}\right)^n u[n]$

（6）$x[n]=u[n+2]-u[n-4]$，　$h[n]=u[n+1]-u[n-9]$

（7）$x[n]=n\left(u[n]-u[n-3]\right)$，　$h[n]=u[n]-u[n-5]$

（8）$x[n]=2^n\left(u[n-1]-u[n-6]\right)$，　$h[n]=u[n-2]-u[n-8]$

（9）$x[n]=\left(\frac{1}{2}\right)^n u[n]$，　$h[n]=\left(\frac{1}{3}\right)^n u[n]$

（10）$x[n]=u[n]-u[n-4]$，　$h[n]=\left(\frac{1}{2}\right)^n u[n]$

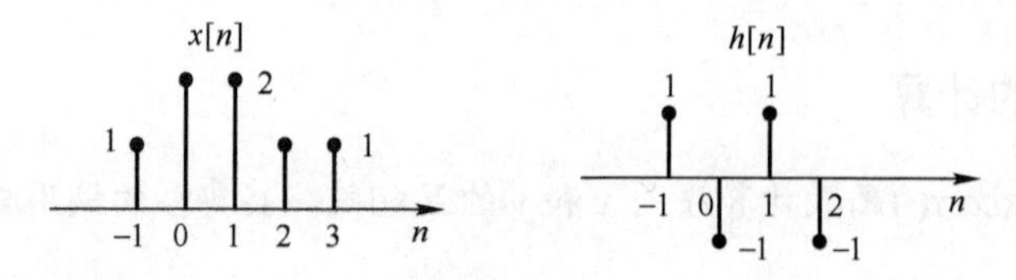

题图 2.1

2.2 求下列连续信号的卷积。

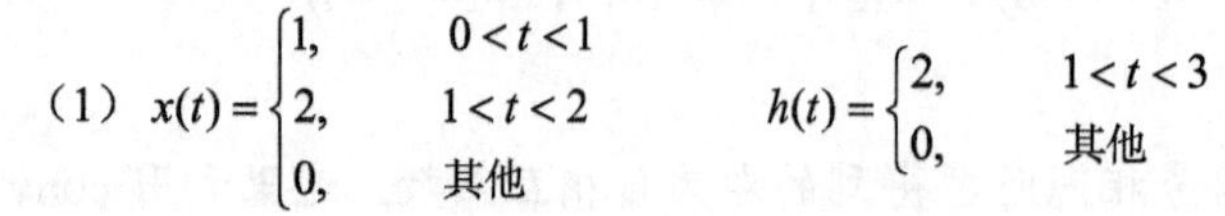

（1）$x(t)=\begin{cases}1, & 0<t<1\\ 2, & 1<t<2\\ 0, & \text{其他}\end{cases}$　　$h(t)=\begin{cases}2, & 1<t<3\\ 0, & \text{其他}\end{cases}$

（2）$x(t)$ 和 $h(t)$ 如题图 2.2 所示。

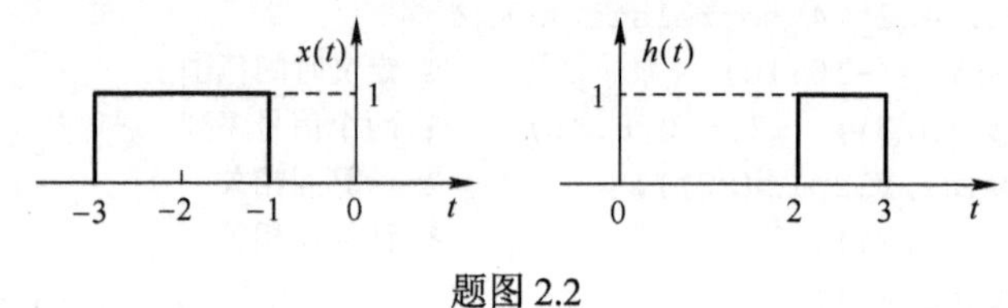

题图 2.2

（3）$x(t)=\delta(t-1)-\delta(t-2)$，　$h(t)=e^{-2t}u(t)$

（4）$x(t)=\delta(t+1)+2\delta(t)\cos\omega t$，　$h(t)=\sin(\omega t+\theta)$

（5）$x(t)=u(t)-u(t-1)$，　$h(t)=(t+1)[u(t-1)-u(t-2)]$

（6）$x(t)=u(t)-u(t-2)$，　$h(t)=e^{-at}u(t)$

（7）$x(t)=u(t)-u(t-4)$，　$h(t)=u(t)$

（8）$x(t)=e^{-at}u(t)$，　$h(t)=\sin(\omega t)u(t)$

（9）$x(t)=e^{-t}u(t)$，　$h(t)=\sum_{n=0}^{\infty}\delta(t-n)$

2.3 试求题图 2.3 示系统的总冲激响应表达式。

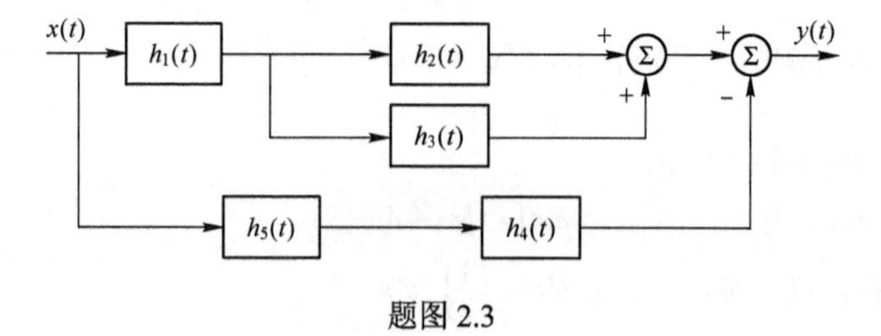

题图 2.3

2.4 试判断下列系统的稳定性和因果性。

（1）$h[n]=\left(-\frac{1}{2}\right)^n u[n]$　　（2）$h[n]=u[n+1]$

（3）$h[n]=(0.99)^n u[n+1]$　　（4）$h[n]=2^n u[n-2]$

（5）$h(t)=e^{3t}u(t)$　　（6）$h(t)=e^{at}u(t)$　（a 为实数）

（7）$h(t)=e^{-3t}u(1-t)$　　（8）$h(t)=e^{-t}u(t+1)$

2.5 用方框图表示下列系统。

（1）$y[n]-3y[n-1]+4y[n-3]=x[n]-5x[n-4]$

（2）$4\frac{d^2y(t)}{dt^2}+\frac{dy(t)}{dt}=x(t)-3\frac{d^2x(t)}{dt^2}$　　（3）$\frac{d^4y(t)}{dt^4}=x(t)-2\frac{d^2x(t)}{dt^2}$

*2.6　试证明线性时不变系统具有如下性质：

（1）若系统对激励 $x(t)$ 的响应为 $y(t)$，则系统对激励 $\frac{dx(t)}{dt}$ 的响应为 $\frac{dy(t)}{dt}$；

（2）若系统对激励 $x(t)$ 的响应为 $y(t)$，则系统对激励 $\int_{-\infty}^{t}x(\tau)d\tau$ 的响应为 $\int_{-\infty}^{t}y(\tau)d\tau$。

2.7　考察题图 2.7(a)所示系统，其中开平方运算取正根。

（1）求出 $y(t)$和 $x(t)$之间的关系；　（2）该系统是线性系统吗，是时不变系统吗？

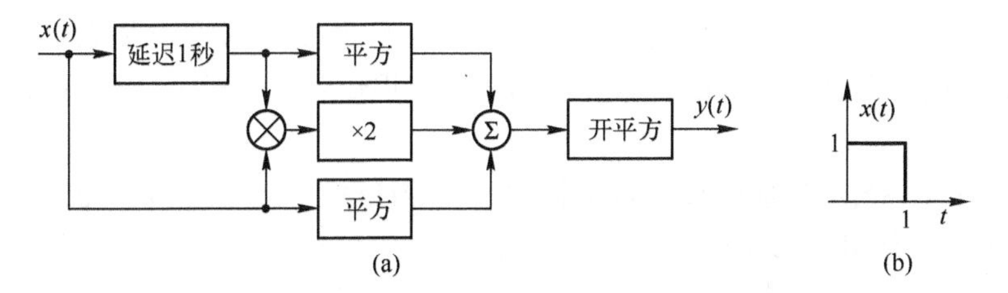

题图 2.7

*2.8　一个线性系统对 $\delta(t-\tau)$ 的响应为 $h_\tau(t)=u(t-\tau)-u(t-2\tau)$，试判断：

（1）该系统是否为时不变系统？　（2）该系统是否是因果系统？

2.9　假设在 2.5 节图 2.30 所示的雷达测距系统中，已测得发送信号和回波信号之间相关函数在 $\tau=100\mu s$ 时取最大值，试确定被测目标离雷达天线的距离。

2.10　试利用例 2-13 题（2）的结果，求卷积 $\cos\omega t*\cos\omega t$。

2.11　试利用相关与卷积的关系，计算方波序列 $x[n]=u[n]-u[n-N]$ 的自相关函数。

2.12　参照式（2-68），分别给出连续时间功率信号和周期信号的相关系数定义式。

2.13　对于离散时间序列 $x[n]$ 和 $y[n]$，给出类似式（2-68）的相关系数定义式。现假定

$$x[n]=u[n]-u[n-N],\quad y[n]=0.5^n(u[n]-u[n-N])$$

试确定两序列的相关系数。

*2.14　在数字通信系统中，通常用两个不同频率的正弦信号分别表示数字 0 和 1，如题图 2.14 所示，其中待发送的数字 0 和 1 控制着振荡器的切换开关。现假定两个正弦信号 $\cos\omega_0 t$ 和 $\cos\omega_1 t$ 相互正交，试分析接收端能够正确获得数字 0 和 1（术语称为解调）的原理。

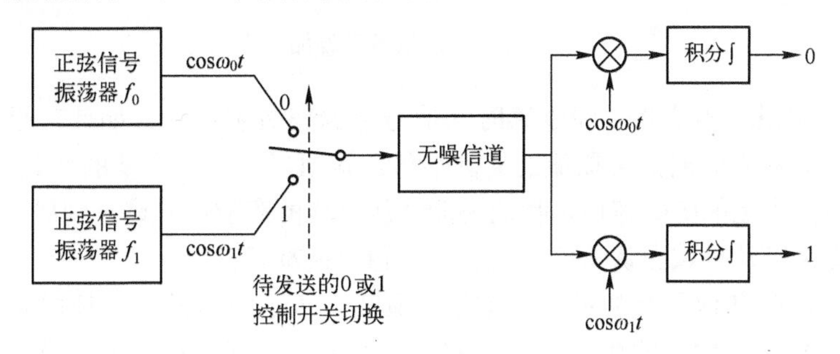

题图 2.14

第 3 章　连续时间信号与系统的傅里叶分析

3.1　傅里叶分析的意义

将信号表示为时间的函数及波形是非常直观、易于接受的，也是人们认知信号最直接、最自然的方法。但是如果仅限于从时域描述和认识信号，会存在什么问题？让我们看一个例子。

图 3.1(a)、(b)、(c)是分别单独弹奏中音 do（524Hz）、mi（660Hz）、sol（784Hz）时的信号。如果同时弹奏 do mi sol（例如和弦演奏），对应的信号则是三个信号的叠加，如图 3.1(d)所示。现在希望利用某种信号处理的方法，从叠加后信号 $x_{1+3+5}(t)$ 中分离出各自的单音信号。如果仅从时域的角度去看信号，这一问题很难解决。因为三个单音信号叠加时各自所占比例通常是未知的，每一时间点的函数值叠加后似乎也无法再区分开来。

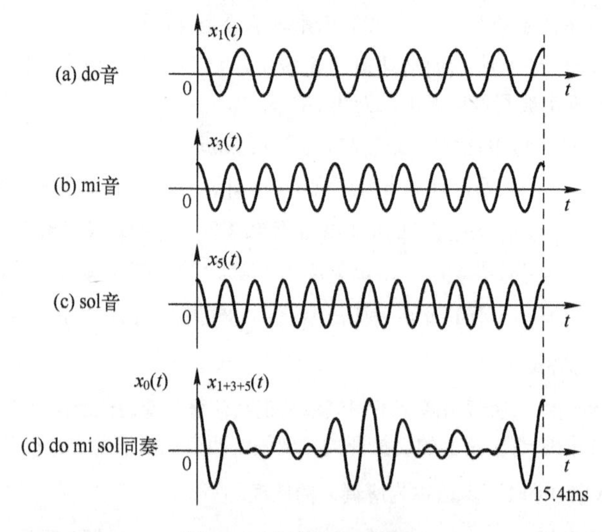

图 3.1　时域信号及叠加

更进一步，如果还需要将上述连续时间信号存储在数字设备（如计算机）中，则必须将它转变成只在有限个时间点上取值的离散信号。这引发了一个重要的问题："丢弃"了连续信号在很多时间点上的函数值后，我们还能够从这样的离散信号恢复到原来的连续时间信号吗？同样，如果仅从时域上认识信号，这一问题也很难回答。

引入傅里叶级数和傅里叶变换这一数学工具后，人们可以从一个新的角度（频域的角度）认识信号。建立了频域的概念和分析方法后，上面的问题都有了解决方法。从时域看 $x_{1+3+5}(t)$，三个单音信号被混在一起，但是从频域看，它们有各自的振动频率，是互不相同的。因而要想从叠加后的信号中分离出单音信号，从理论上说非常简单，对 $x_{1+3+5}(t)$ 按照频率进行"过滤"即可。

抽样后信号的频谱分析和抽样定理则回答了在什么条件下能从离散信号恢复原连续信号的问题。如果不是从频域的角度去认识信号，则很难理解时域抽样定理的结论。

第 2 章信号与系统的时域分析的重点内容是卷积积分与卷积和，它的重点在于 LTI 系统的响应求解。频域分析的重点则在于建立信号频谱和系统频率响应的概念，以及信号通过系统后的频谱变化，而不是响应的求解。

3.2　周期信号的傅里叶级数分析

3.2.1　周期信号的傅里叶级数展开

1．指数函数展开式

一个周期为 T 的周期信号 $x_T(t)$ 可以表示成指数函数傅里叶级数

$$\boxed{x_T(t)=\sum_{k=-\infty}^{\infty}c_k\mathrm{e}^{\mathrm{j}k\omega_0 t}=\sum_{k=-\infty}^{\infty}c_k\mathrm{e}^{\mathrm{j}k\frac{2\pi}{T}t}} \tag{3-1}$$

为了确定展开式系数 c_k 的表达式，上式两边同乘 $\mathrm{e}^{-\mathrm{j}n\omega_0 t}$ 并在任意一个周期内积分

$$\int_T x_T(t)\mathrm{e}^{-\mathrm{j}n\omega_0 t}\mathrm{d}t=\int_T\left[\sum_{k=-\infty}^{\infty}c_k\mathrm{e}^{\mathrm{j}k\omega_0 t}\right]\mathrm{e}^{-\mathrm{j}n\omega_0 t}\mathrm{d}t=\sum_{k=-\infty}^{\infty}c_k\int_T\mathrm{e}^{\mathrm{j}(k-n)\omega_0 t}\mathrm{d}t$$

由于 $\mathrm{e}^{\pm\mathrm{j}m\omega_0 t}$（$m\neq0$）在一个周期内的积分为零，上式右端求和只有 $k=n$ 时的一项为非零值，因此右端可化简为

$$\sum_{k=-\infty}^{\infty}c_k\int_T\mathrm{e}^{\mathrm{j}(k-n)\omega_0 t}\mathrm{d}t=c_n\int_T\mathrm{e}^{\mathrm{j}0t}\mathrm{d}t=c_n\int_T 1\cdot\mathrm{d}t=c_nT \qquad [\text{注意到}\int_T\mathrm{e}^{\pm\mathrm{j}m\omega_0 t}\mathrm{d}t=0, m\neq0]$$

从而有

$$c_n=\frac{1}{T}\int_T x_T(t)\mathrm{e}^{-\mathrm{j}n\omega_0 t}\mathrm{d}t$$

将下标变量 n 换为 k，所以展开式（3-1）中 c_k 的计算公式为

$$\boxed{c_k=\frac{1}{T}\int_T x_T(t)\mathrm{e}^{-\mathrm{j}k\omega_0 t}\mathrm{d}t=\frac{1}{T}\int_T x_T(t)\mathrm{e}^{-\mathrm{j}k\frac{2\pi}{T}t}\mathrm{d}t} \tag{3-2}$$

通常情况下 c_k 为复数，可写成模和幅角的形式

$$c_k=|c_k|\mathrm{e}^{\mathrm{j}\theta_k} \tag{3-3}$$

【例 3-1】 图 3.1(d)音乐信号的傅里叶级数分析。

图 3.1(a)~图 3.1(c)信号称为音阶信号。图 3.1(d)中的 $x_{1+3+5}(t)$ 称为和弦信号，图中显示了和弦信号的 2 个周期。记和弦信号的周期为 T（对应于 ω_0），音阶信号的周期为 T_1,T_3,T_5。由图可以看出 $T=4T_1=5T_3=6T_5$，即 $\omega_1=4\omega_0,\omega_3=5\omega_0,\omega_5=6\omega_0$。因此和弦信号可以表示为

$$x_{1+3+5}(t)=\cos(4\omega_0 t)+\cos(5\omega_0 t)+\cos(6\omega_0 t)$$

也就是说，和弦信号是由基频 ω_0 的 4、5、6 倍的倍频信号混合构成的。利用欧拉公式，上式可写为

$$x_{1+3+5}(t)=\frac{1}{2}\mathrm{e}^{\mathrm{j}4\omega_0 t}+\frac{1}{2}\mathrm{e}^{-\mathrm{j}4\omega_0 t}+\frac{1}{2}\mathrm{e}^{\mathrm{j}5\omega_0 t}+\frac{1}{2}\mathrm{e}^{-\mathrm{j}5\omega_0 t}+\frac{1}{2}\mathrm{e}^{\mathrm{j}6\omega_0 t}+\frac{1}{2}\mathrm{e}^{-\mathrm{j}6\omega_0 t}$$

这就是图 3.1(d)和弦信号的傅里叶级数复指数形式展开式。对照式（3-1）可知其展开式系数 c_k 为

$$c_{-4}=c_4=c_{-5}=c_5=c_{-6}=c_6=1/2\text{，其余 } c_k \text{ 为 } 0$$

注意，本例中 c_k 并未通过式（3-2）计算确定，这也是确定 c_k 的一种方法。

【例毕】

【例 3-2】 图 3.2(a)给出的是由单位冲激信号 $\delta(t)$ 构成的周期信号 $\delta_T(t)$：

$$\delta_T(t)=\sum_{n=-\infty}^{\infty}\delta(t-nT) \tag{3-4}$$

$\delta_T(t)$ 在理论分析中担当着重要的角色。试求 $\delta_T(t)$ 的傅里叶级数展开式。

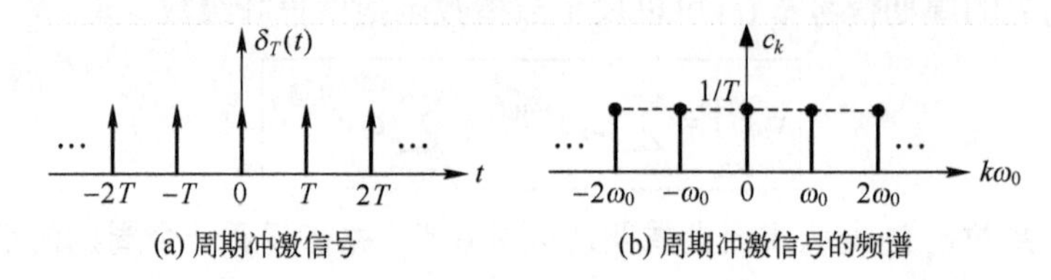

(a) 周期冲激信号　　(b) 周期冲激信号的频谱

图 3.2　周期冲激信号及其频谱

【解】由式（3-2）

$$c_k=\frac{1}{T}\int_T \delta_T(t)\mathrm{e}^{-\mathrm{j}k\omega_0 t}\mathrm{d}t=\frac{1}{T}\int_{-\frac{T}{2}}^{\frac{T}{2}}\delta(t)\mathrm{e}^{-\mathrm{j}k\omega_0 t}\mathrm{d}t=\frac{1}{T}$$

所以

$$\delta_T(t)=\frac{1}{T}\sum_{k=-\infty}^{\infty}\mathrm{e}^{\mathrm{j}k\omega_0 t}\qquad \left(\omega_0=\frac{2\pi}{T}\right) \tag{3-5}$$

可以看到 $\delta_T(t)$ 的傅里叶级数系数 c_k 是常数，如图 3.2(b)所示。

熟悉图 3.2 所示的结论，对于后续有些内容的学习和理解会有所帮助。

【例毕】

【例 3-3】 周期矩形脉冲信号 $x_T(t)$ 如图 3.3(a)所示，其脉幅为 1，脉宽为 $2T_1$，脉冲重复周期为 T，求其傅里叶级数系数 c_k。假定 $T_1=1, T=8$ 时，绘出 c_k 序列的波形图。

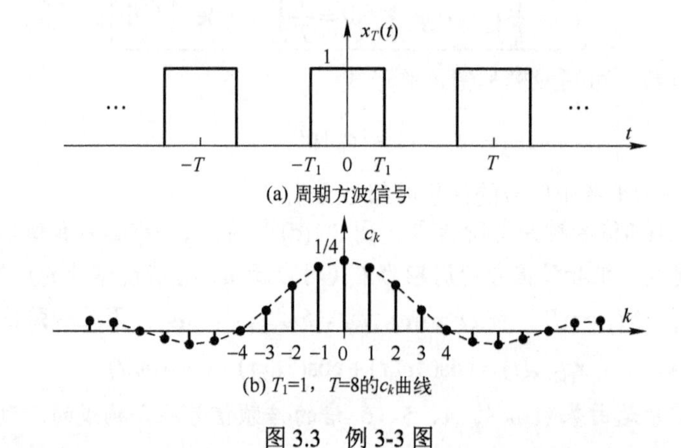

(a) 周期方波信号

(b) T_1=1，T=8的c_k曲线

图 3.3　例 3-3 图

【解】为便于计算，积分周期取为$[-T/2, T/2]$，则积分限为$[-T_1, T_1]$：

$$c_k = \frac{1}{T}\int_{-T_1}^{T_1} \mathrm{e}^{-\mathrm{j}k\omega_0 t}\mathrm{d}t = \frac{1}{-\mathrm{j}k\omega_0 T}(\mathrm{e}^{-\mathrm{j}k\omega_0 T_1} - \mathrm{e}^{\mathrm{j}k\omega_0 T_1}) = \frac{2T_1}{T}\frac{\sin k\omega_0 T_1}{k\omega_0 T_1}$$

用 $\mathrm{Sa}(\cdot)$ 或 $\mathrm{sinc}(\cdot)$ 表示则为

$$c_k = \frac{2T_1}{T}\mathrm{Sa}(k\omega_0 T_1) = \frac{2T_1}{T}\mathrm{sinc}\left(k\frac{2T_1}{T}\right) \quad \left(\omega_0 = \frac{2\pi}{T}\right) \tag{3-6}$$

所以该周期脉冲信号的展开式为

$$x_T(t) = \frac{2T_1}{T}\sum_{k=-\infty}^{\infty}\mathrm{Sa}(k\omega_0 T_1)\mathrm{e}^{\mathrm{j}k\omega_0 t}$$

当 $T_1 = 1, T = 8$ 时，有

$$c_k = \frac{2T_1}{T}\mathrm{Sa}\left(\frac{2T_1}{T}k\pi\right) = \frac{1}{4}\mathrm{Sa}\left(\frac{\pi}{4}k\right) = \frac{1}{4}\frac{\sin\left(\frac{\pi}{4}k\right)}{\frac{\pi}{4}k}$$

由上式可以绘出图 3.3(b)所示的 c_k 波形。

方波信号在理论分析和实际工程应用中都占有非常重要的地位，有必要对 c_k 波形的特点作更进一步的讨论。

（1）谱线间隔——信号分量的频率间隔

图 3.3(b)中 c_k 的横坐标是 k，但由式（3-6）可以看到 $k\omega_0$ 是一个“整体”，不同的 k 值意味着不同的频率信号分量。每个 k 值对应的 c_k 称为一条谱线，相邻谱线的间隔为 ω_0。当给定周期 T 后，谱线间隔 $\omega_0 = 2\pi/T$ 就固定了。T 值越大，谱线间隔越小，谱线越密。

（2）谱线的包络线及其零点位置

若式（3-6）中的 $k\omega_0$ 用连续变量 ω 替换，则得到连续函数 $\frac{2T_1}{T}\mathrm{Sa}(\omega T_1)$，对应的连续曲线如图 3.3(b)中虚线所示，称其为谱线的包络线。当 $\omega T_1 = m\pi$ 时（$m = \pm 1, \pm 2, \cdots$），$\mathrm{Sa}(\omega T_1) = 0$，因此谱线包络的零点位置为

$$\omega = m\frac{\pi}{T_1} \text{ 或 } f = m\frac{1}{2T_1} \quad (m = \pm 1, \pm 2, \cdots) \tag{3-7}$$

所以，当给定方波信号的宽度 $2T_1$ 后，包络的零点位置也就随之固定。当方波脉宽增大时，包络线的零点位置将向坐标原点收缩。

简言之，方波信号的周期决定了谱线间隔，脉宽决定了包络线的零点位置。

【例毕】

2．三角函数展开式

周期信号的指数函数展开形式比较利于理论分析，但相对抽象。为了更好地理解傅里叶级数展开在信号分析中所包含的物理概念，现将其转换为三角函数形式。式（3-1）可以进行如下变形：

$$x_T(t) = c_0 + \sum_{k=1}^{\infty}[c_k\mathrm{e}^{\mathrm{j}k\omega_0 t} + c_{-k}\mathrm{e}^{-\mathrm{j}k\omega_0 t}] \qquad \text{[求和式改写]}$$

$$= c_0 + \sum_{k=1}^{\infty}[c_k e^{jk\omega_0 t} + (c_k e^{jk\omega_0 t})^*] \qquad [c_{-k} = c_k^*，稍后将证明]$$

$$= c_0 + \sum_{k=1}^{\infty} 2\mathrm{Re}(c_k e^{jk\omega_0 t}) \qquad [复数和其共轭相加，\mathrm{Re}\{\ \}表示取实部]$$

$$= c_0 + \sum_{k=1}^{\infty} 2\mathrm{Re}(|c_k| e^{j\theta_k} e^{jk\omega_0 t}) \qquad [写成模和幅角的形式 c_k = |c_k| e^{j\theta_k}]$$

$$= c_0 + \sum_{k=1}^{\infty} 2\mathrm{Re}(|c_k| e^{j(k\omega_0 t + \theta_k)})$$

$$= c_0 + \sum_{k=1}^{\infty} 2|c_k|\cos(k\omega_0 t + \theta_k) \qquad [取 |c_k| e^{j(k\omega_0 t+\theta_k)} 的实部]$$

即

$$x_T(t) = c_0 + \sum_{k=1}^{\infty} 2|c_k|\cos(k\omega_0 t + \theta_k) = A_0 + \sum_{k=1}^{\infty} A_k \cos(k\omega_0 t + \theta_k) \tag{3-8}$$

其中

$$A_0 = c_0，\ A_k = 2|c_k| \ (k \geqslant 1) \tag{3-9}$$

式（3-8）表明一个周期信号可以分解为直流信号分量和一系列正弦信号分量的叠加，其中 $k=1$ 时的正弦分量称为基波分量，$k \geqslant 2$ 时称为谐波分量，$k=m$ 时称为 m 次谐波分量。

如果利用公式 $\cos(x+y) = \cos x \cos y - \sin x \sin y$ 将式（3-8）中的 $\cos(k\omega_0 t + \theta_k)$ 展开，可得到另一种常见形式：

$$x_T(t) = c_0 + \sum_{k=1}^{\infty}\left[(2|c_k|\cos\theta_k)\cos k\omega_0 t + (-2|c_k|\sin\theta_k)\sin k\omega_0 t\right]$$

即

$$x_T(t) = c_0 + \sum_{k=1}^{\infty}[a_k \cos k\omega_0 t + b_k \sin k\omega_0 t] \tag{3-10}$$

其中

$$a_k = 2|c_k|\cos\theta_k，\ b_k = -2|c_k|\sin\theta_k，\ \theta_k = \arctan\left(\frac{-b_k}{a_k}\right) \tag{3-11}$$

【例 3-4】 写出例 3-3 所示周期方波信号的三角函数展开式[式（3-8）]。如果方波的参数为 $T_1=1, T=8$，绘出各频率分量的信号幅度 A_k 和相位 θ_k 随 k 变化的波形图。

【解】 在上例中已经求得 c_k，为了给出式（3-8）的形式，只要确定 c_k 的模 $|c_k|$ 和幅角 θ_k 即可。

由式（3-6）可知 c_k 为 k 的实函数，由于正实数的幅角为 0，负实数的幅角为 π 或−π，c_k 可以写为

$$c_k = |c_k| e^{j\theta_k} = \begin{cases} c_k e^{j0} & (c_k > 0) \\ |c_k| e^{j\pi} 或 |c_k| e^{-j\pi} & (c_k < 0) \end{cases} \tag{3-12}$$

对于本例，根据式（3-6）有

$$|c_k| = \frac{2T_1}{T}|\mathrm{Sa}(k\omega_0 T_1)|，\ \theta_k = \begin{cases} 0 & [\mathrm{Sa}(k\omega_0 T_1) > 0] \\ -\pi & [\mathrm{Sa}(k\omega_0 T_1) < 0] \end{cases} \quad [这里取 -\pi]$$

因此

$$x_T(t)=\frac{2T_1}{T}+\frac{4T_1}{T}\sum_{k=1}^{\infty}|\mathrm{Sa}(k\omega_0 T_1)|\cos(k\omega_0 t+\theta_k) \tag{3-13}$$

由式（3-8）可以看到正弦信号的幅度是 $2|c_k|$，依据图 3.3(b)不难绘出 $T_1=1$，$T=8$ 时的幅度和相位波形，分别如图 3.4(b)和图 3.4(c)所示。作为对比，图 3.4(a)绘出了 c_k 的波形。

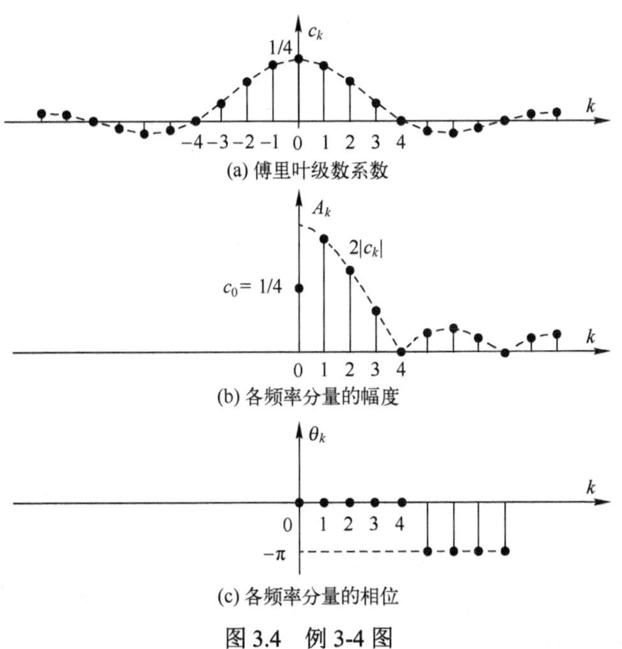

图 3.4　例 3-4 图

【例毕】

3．常用周期信号的傅里叶级数展开

上述例子涉及的正弦叠加信号、方波信号和周期冲激信号是工程应用和信号分析中常见的周期信号，尤其是方波信号在理论和应用中都担任着极其重要的角色。常用信号发生器产生的信号包括正弦信号、方波信号、三角波信号和锯齿波信号。形如图 3.5(a)(b)所示的三角波信号与锯齿波信号的 c_k 表达式如下。

三角波：
$$c_k=\frac{A}{2}\mathrm{Sa}^2\left(\frac{k\pi}{2}\right)=\frac{A}{2}\mathrm{sinc}^2\left(\frac{k}{2}\right) \tag{3-14}$$

锯齿波：
$$c_0=\frac{A}{2},\quad c_k=\mathrm{j}(-1)^k\frac{A}{2k\pi}\quad(k\neq 0) \tag{3-15}$$

其中 A 是信号幅度。为了获得更直观的概念，图 3.5 绘出了三角波、锯齿波、方波和周期冲激信号的$|c_k|$波形（图中$|c_k|$的信号参数为 A=1, T=8, T_1=1）。为了更准确地对$|c_k|$取值进行相互比较，表 3.1 给出了三角波、锯齿波和方波信号直流分量和前五次谐波分量的具体数值。在稍后的周期信号频谱的介绍中，将会利用此图和此表进行讨论。

表 3.1　三角波、锯齿波和方波信号的直流分量（c_0）和前五次谐波分量的幅度（$2|c_k|$）

	直流	一次谐波	二次谐波	三次谐波	四次谐波	五次谐波
三角波	0.5	0.4052	0	0.043	0	0.0162
锯齿波	0.5	0.3184	0.1592	0.1062	0.0796	0.0636
方波	0.25	0.4502	0.3184	0.15	0	0.09

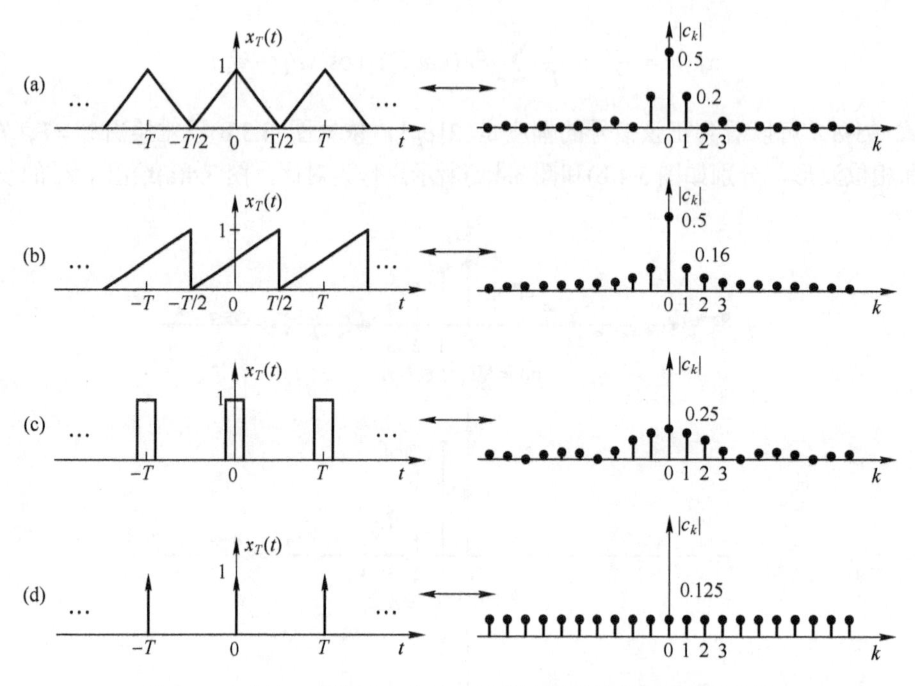

图 3.5　三角波、锯齿波、方波和周期冲激信号的幅频特性比较

对于多数周期信号，直接利用式（3-2）求解 c_k，其积分过程通常比较复杂。利用后面介绍的傅里叶变换和傅里叶级数的关系求解，会相对简单一点，因为对傅里叶变换讨论会更深入一点，有很多性质和结论可用。

3.2.2　复指数展开式系数的基本性质

傅里叶级数是周期信号分析的有效工具，也是信号频域分析的概念入门。这里给出的 c_k 的三个基本性质是从频域认识信号的基础。

性质 1　若周期信号 $x_T(t)$ 为实函数，则 c_k 具有共轭对称性，即

$$c_{-k} = c_k^* \tag{3-16}$$

【证明】 由 $x(t) = A\cos(100\pi t + \theta_0)$ 的定义：

$$\begin{aligned} c_k^* &= \left[\frac{1}{T}\int_T x(t)\mathrm{e}^{-\mathrm{j}k\omega_0 t}\mathrm{d}t\right]^* && [c_k \text{ 的定义}] \\ &= \frac{1}{T}\int_T x^*(t)\mathrm{e}^{\mathrm{j}k\omega_0 t}\mathrm{d}t && [\text{共轭运算的性质}] \\ &= \frac{1}{T}\int_T x(t)\mathrm{e}^{-\mathrm{j}(-k)\omega_0 t}\mathrm{d}t && [x(t)\text{ 为实函数，} x^*(t) = x(t)] \\ &= c_{-k} && [\text{对比 } c_k \text{ 的定义}] \end{aligned}$$

【证毕】

图 3.5 给出的四种周期信号均为实函数，不难验证其 c_k 均满足共轭对称性。例如对于图中的锯齿波信号，由式（3-15）知

$$c_k = \mathrm{j}(-1)^k \frac{A}{2k\pi} \quad (k \neq 0),\quad c_{-k} = \mathrm{j}(-1)^{-k}\frac{A}{-2k\pi} = (-\mathrm{j})(-1)^k\frac{A}{2k\pi} = c_k^*$$

性质 2　若周期信号 $x_T(t)$ 为实函数，则 c_k 的模是 k 的偶函数，c_k 的相位是 k 的奇函

数，即

$$|c_{-k}|=|c_k| \tag{3-17}$$

$$\theta_{-k}=-\theta_k \tag{3-18}$$

【证明】 对式（3-16）两边取模有$|c_{-k}|=|c_k^*|=|c_k|$（共轭模相等），式（3-17）得证。

将c_k^*和c_{-k}用模和幅角的形式表示易证得式（3-18）。由$c_k=|c_k|\mathrm{e}^{\mathrm{j}\theta_k}$知

$$c_k^*=|c_k|\mathrm{e}^{-\mathrm{j}\theta_k} \quad [\text{共轭复数：模相等幅角相反}]$$

$$c_{-k}=|c_{-k}|\mathrm{e}^{\mathrm{j}\theta_{-k}}=|c_k|\mathrm{e}^{\mathrm{j}\theta_{-k}} \quad [\text{式（3-17）}|c_{-k}|=|c_k|]$$

由性质 1 知$c_{-k}=c_k^*$，即上两式应相等，从而有$\theta_{-k}=-\theta_k$。

【证毕】

性质 3　若周期信号$x_T(t)$是实偶函数，则c_k是k的实偶函数，即

$$c_k^*=c_k\ （\text{实函数}），\ c_{-k}=c_k\ （\text{偶函数}） \tag{3-19}$$

【证明】 由性质 1 知$c_{-k}=c_k^*$，因此只要证明$c_{-k}=c_k$，则有$c_{-k}=c_k=c_k^*$成立。不失一般性，c_k积分区间取为$[-T/2, T/2]$，则有

$$c_k=\frac{1}{T}\int_{-T/2}^{T/2}x(t)\mathrm{e}^{-\mathrm{j}k\omega_0 t}\mathrm{d}t$$

$$\begin{aligned}c_{-k}&=\frac{1}{T}\int_{-T/2}^{T/2}x(t)\mathrm{e}^{\mathrm{j}k\omega_0 t}\mathrm{d}t && [\text{上式中令}-k\text{替换}k]\\&=\frac{1}{T}\int_{T/2}^{-T/2}x(-t')\mathrm{e}^{-\mathrm{j}k\omega_0 t'}\mathrm{d}(-t') && [\text{积分变量代换：令}t=-t']\\&=\frac{1}{T}\int_{-T/2}^{T/2}x(t')\mathrm{e}^{-\mathrm{j}k\omega_0 t'}\mathrm{d}t' && [x(t)\text{为偶函数；改变积分限}]\\&=c_k\end{aligned}$$

【证毕】

图 3.3(a)的周期方波、图 3.5(a)的周期三角波和图 3.5(d)的周期冲激函数都是实偶信号，由式（3-6）、式（3-14）和式（3-5）可以看到它们的c_k都是实偶函数。图 3.5(b)的锯齿波不是实偶函数，由式（3-15）可以看到其c_k是复变量函数。

最后再次讨论一下c_k为实函数时其相位的取值问题。实数c_k可以表示为

$$c_k=c_k\mathrm{e}^{\mathrm{j}0}=|c_k|\mathrm{e}^{\mathrm{j}0}\ （\text{当}c_k\geqslant 0）\ \text{或}\ c_k=|c_k|\mathrm{e}^{\pm\mathrm{j}\pi}\ （\text{当}c_k<0）$$

即实数c_k的相位为

$$\theta_k=\begin{cases}0, & c_k\geqslant 0 \quad (\mathrm{e}^{\mathrm{j}0}=1)\\ \pi\ \text{或}-\pi, & c_k<0 \quad (\mathrm{e}^{\pm\mathrm{j}\pi}=-1)\end{cases}$$

这里拟强调的问题是：当$c_k<0$时，θ_k取π还是$-\pi$？由上式知，θ_k既可以取π，也可以取$-\pi$，c_k的值不变。但性质 2 表明c_k应该是k的奇函数，因此当c_k为实函数时，其相位波形通常绘制为图 3.6(c)所示的具有负斜率的奇对称形式。

$\theta_k=\pm\pi$是一个特殊情况。从复平面也可以理解：幅角为π和$-\pi$都对应于同一个射线。如果在$k<0$和$k>0$时θ_k同取π或同取$-\pi$，使图 3.6(c)的θ_k波形在视觉上具有偶对称特性，它与c_k的相位是奇函数也不矛盾。另外，后面还将看到如何传输是有延时的（现实世

界信号传输不可能“提前”），则相位特性应具有“负斜率”特征。

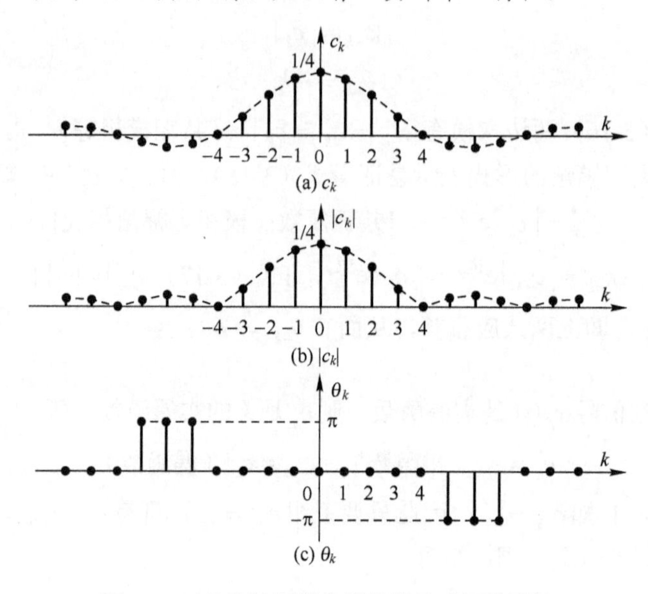

图 3.6 对称方波周期信号的傅里叶级数系数

3.2.3 周期信号的频谱

1．幅频特性和相频特性——信号的频域描述

对于确定性连续时间信号，每给定一个时间值 t_0，在时域中总可以根据其函数表达式或曲线，确定相应的信号取值 $x(t_0)$。因此，函数 $x(t)$ 在时域中对信号进行了充分的描述。

同样，由傅里叶级数展开式（3-8）可以看到，对于给定周期的周期信号，当直流分量（若 $A_0 \neq 0$）及各正弦分量的幅值 A_k 和相角 θ_k 确定后，该周期信号 $x_T(t)$ 就被完全确定了。换句话说，周期信号各分量的幅值 A_k 和相角 θ_k 随频率 $k\omega_0$ 变化的规律是在频域中对周期信号的充分描述。这一频域中的描述称为周期信号的频谱或频谱特性。

例如，对于周期方波信号，图 3.3(a)是其时域的充分描述，从该图可知每个时刻信号的取值；图 3.4(b)和图 3.4(c)则是在频域中对该方波信号的充分描述；从图 3.4(b)可知方波信号的频率成分构成及各频率分量（包括直流）的幅度 A_k 大小，称之为幅频特性图；从图 3.4(c)可知各频率分量的初相位 θ_k 大小，称为相频特性图。给定幅频特性和相频特性后，则对应的时域信号就被唯一地确定了。

指数函数展开式（3-1）和三角函数展开式（3-8）是等价的，因此 c_k 也是对周期信号的充分描述。一般情况下 c_k 是复数（$c_k = |c_k| \mathrm{e}^{\mathrm{j}\theta_k}$），因此也需要用幅频特性和相频特性两张图来表示 c_k。当 c_k 为实数时，可以用一张图表示，例如图 3.4(a)，称为幅相图。

用 A_k 和 θ_k 表示的频谱没有负频率（$k<0$），具有较为清晰的物理概念，通常称为单边谱或物理谱[如图 3.4(b)(c)所示]，A_k 表示每个正弦频率分量的实际幅度大小，用 $|c_k|$ 和 θ_k 表示的频谱称为双边谱（如图 3.6 所示），双边谱和单边谱之间的关系为 $A_0 = c_0$，$A_k = 2|c_k|$ [参见式（3-9）和图 3.4(a)(b)]。

双边谱中出现了负频率。频率的概念是每秒变化的次数，从这个意义上讲，负频率没有物理意义，它只是应用欧拉公式的结果。复指数函数 $e^{\pm j\omega t}$ 的引入，给理论分析带来了很大的便利，因此在信号分析中更多的是采用傅里叶级数的复指数展开式。

2．周期信号频谱的特点

通过周期信号的傅里叶级数分析，借助图 3.5 绘出的几种典型周期信号的时域波形及其幅频特性图，可以看到周期信号频谱的一些特点。

（1）任何周期信号的频谱都具有离散性和谐波性。

从周期信号的傅里叶级数展开式可以看到，周期信号只含直流（如果 $c_0 \neq 0$）和频率为 $k\omega_0$ 的基波和谐波分量，频谱图是等间隔的离散谱线。离散性和谐波性是周期信号频谱的基本特征。

（2）常见周期信号的频谱具有衰减性和无限大带宽。

图 3.5 中的方波、锯齿波、三角波都是常见的周期信号。从图中看到，它们均含有频率趋于无穷大的谐波分量（带宽无限大），但随着频率的增高，谐波分量的幅度逐渐衰减至零。

由于冲激函数时域波形变化速度达到极限，图 3.5 中周期冲激信号的谐波分量幅度没有衰减，这是唯一的特例。

（3）时域中信号的跳变会产生丰富的高频分量。

频率是反映信号变化快慢的物理量。如果一个周期信号从时域中观察含有快速变化的部分，则可以从频域中看到其高频分量比较丰富或高频分量幅值衰减较慢；反之，该信号的低频分量较为丰富或幅值较强。信号取值的“跳变”是一种局部的最快变化，它将导致信号含有频率为无穷大的高频分量。一般来说，跳变越多或跳变的幅度越大，高频分量的幅度将越大。

对于图 3.5 所示的四种周期信号，如果按照时域波形在一个周期内跳变的剧烈程度排序：三角波无跳变、锯齿波有一次跳变（$A\to0$）、方波有两次跳变（$0\to A$, $A\to0$）、冲激信号包含了两次极限程度的跳变（在同一点 $0\to\infty$, $\infty\to0$）。因此，即便不进行傅里叶级数展开，也可以定性地判断出它们的高频分量衰减速度是递减的。

3．信号的有效带宽

前面的理论分析表明周期方波、三角波信号等都含有频率为无限大的谐波分量。然而，任何信号处理设备或系统都不能传输或处理频率趋于无穷大的信号，应用中只能考虑一定带宽内的频率分量，在该带宽内所有信号分量的合成能够体现原来信号的主要特征，这就是所谓的有效带宽。

有效带宽的选取，一般是根据实际应用场合的需求及该信号频谱结构的特点而确定的。多数情况下的选择是能包含 90%以上信号能量的带宽。对于方波信号，通常选取直流到频谱包络线的第一个零点（$f=1/2T_1$）之间的频带宽度作为其有效带宽，即

$$B=\frac{1}{2T_1}\quad\text{（方波有效带宽=1/方波脉宽）}\tag{3-20}$$

如此定义的方波有效带宽，既合理地考虑了频谱的结构特点，同时也满足包含 90%能量的要求。

由于方波信号在理论分析和实际应用中都有着非常重要的地位，记住“方波有效带宽=1/方波脉宽”的结论，对于学习和工程实践都非常有益。

*3.2.4 关于傅里叶级数的几点补充

1．狄里赫利条件

若周期信号 $x_T(t)$ 满足狄里赫利条件，则 $x_T(t)$ 有唯一的傅里叶级数。狄里赫利条件是:

（1）在一个周期内 $x_T(t)$ 必须绝对可积，即

$$\int_T |x_T(t)|\,\mathrm{d}t < \infty$$

（2）在一个周期内 $x_T(t)$ 的极大值和极小值数目是有限的。

（3）在一个周期内 $x_T(t)$ 只能有有限个不连续点，且在这些不连续点上的函数值必须是有限的。

值得注意的是，狄里赫利条件是充分条件，不是必要条件。实际应用中的信号一般均满足狄里赫利条件，不满足条件的信号是一些理论上构造的数学函数。

2．傅里叶级数的收敛值和不连续函数的表示

若周期信号 $x_T(t)$ 在 t_0 点处连续，则傅里叶级数在 t_0 处收敛于原函数值 $x_T(t_0)$；若 $x_T(t)$ 在 t_0 处不连续，傅里叶级数将收敛于 $x_T(t)$ 在 t_0 处的左极限和右极限的平均值。因此，图 3.7(a)所示周期方波信号的傅里叶级数将收敛于图 3.7(b)所示的函数曲线（图中•表示函数值点，o 强调该点无函数值）。

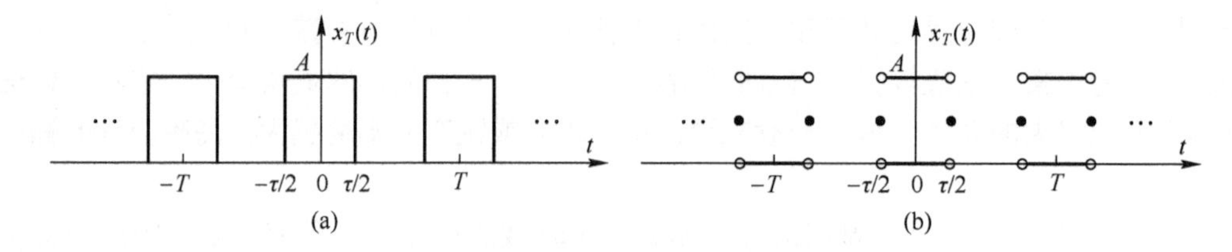

图 3.7 方波信号傅里叶级数的收敛值

数学课程中一般用类似图 3.7(b)的方式表示具有不连续点的周期函数。这种表示方法明确地给出了函数在不连续点处的取值定义（或明确说明该点无定义）。在信号分析中，具有不连续点的周期信号多采用图 3.7(a)的表达方式，因为它更接近于人们通过仪器观测到的信号波形。信号在孤立不连续点的有限取值（不为无穷大），并不改变信号的频谱结构，也不影响卷积积分计算的结果，因此在信号分析和 LTI 系统的响应求解中，通常不追究图 3.7(a)中方波信号在不连续点处的取值究竟是 $x_T(\pm\tau/2)=0$ 还是 $x_T(\pm\tau/2)=A$。这样的处理并不影响利用傅里叶分析这一数学工具的有效性。

3．周期信号的重构和吉布斯现象

由傅里叶级数分析可知，很多周期信号在理论上都含有无穷多个频率分量，但实际应用中存在的只能是有限带宽的信号。当用直流和前 N 项正弦分量重构一个理论上为无限带宽的周期信号时，即

$$x_N(t) = c_0 + \sum_{k=1}^{N}(a_k \cos k\omega_0 t + b_k \sin k\omega_0 t) \tag{3-21}$$

可以预料有限项的重构会存在误差，N 越大，$x_N(t)$ 越逼近 $x_T(t)$。图 3.8 示意了不同 N 值时重构方波的情况。

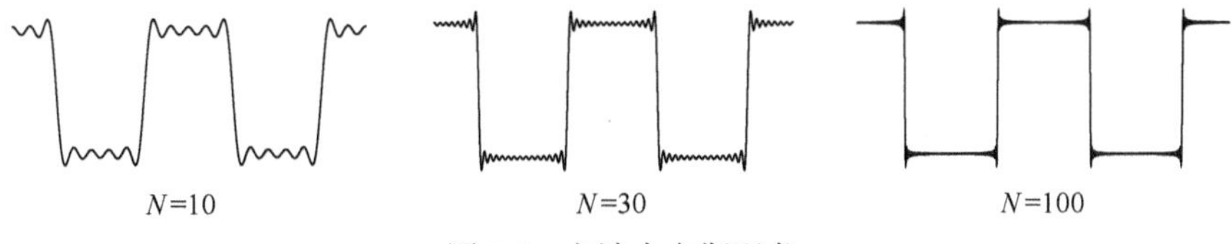

图 3.8　方波吉布斯现象

从图 3.8 可以看到，重构信号有振荡和过冲现象。随着 N 的增加，振荡部分的能量越来越小，且逐渐向不连续点处收缩。按照一般常理推断，当 $N\to\infty$ 时 $x_N(t)$ 将趋于理想方波信号。出人意料的是，过冲的幅度并不随 N 的增大而减小，总是约为跳变幅度的 9%左右，如图 3.8 所示。即使 $N\to\infty$，重构信号在方波上下跳沿处仍有过冲，这就是吉布斯（Gibbs）现象。美国物理数学家米希尔森（Michelson）1898 年在用自己研制的谐波分析仪重构方波信号时发现了吉布斯现象，1899 年著名的数学物理学家吉布斯在理论上对此作了解释（按照维基百科，首先发现和解释吉布斯现象的是英国数学家 Henry Wilbraham，比吉布斯早 50 年）。读者可以很方便地在 Matlab 中再现吉布斯现象。

3.3　非周期信号的傅里叶变换分析

3.3.1　非周期信号的傅里叶变换表示

1．正变换定义

在例 3-3 周期方波傅里叶级数展开的讨论中已经指出：周期 T 越大，谱线越密。当周期 $T\to\infty$ 时，周期信号 $x_T(t)$ 将变成非周期信号 $x(t)$，同时 $x_T(t)$ 的谱线间隔 $\omega_0\to 0$，即 c_k 将由离散谱趋向于连续谱，如图 3.9 所示。

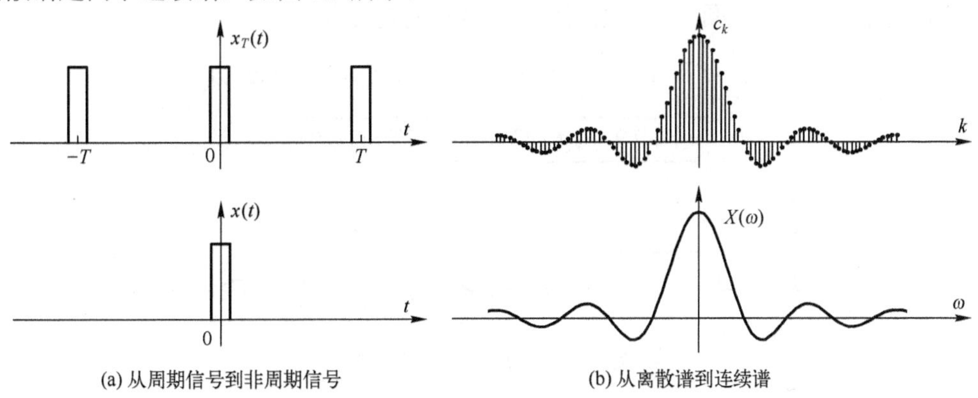

(a) 从周期信号到非周期信号　(b) 从离散谱到连续谱

图 3.9　周期变化及谱线间隔变化

但是由于

$$c_k=\frac{1}{T}\int_T x(t)\mathrm{e}^{-\mathrm{j}k\omega_0 t}\mathrm{d}t$$

随着 $T\to\infty, c_k\to 0$，显然无法直接研究 c_k。然而上式中的积分不会随 $T\to\infty$ 而趋于零。因此为了避开 $c_k\to 0$ 问题，可以定义

$$X(\omega)=\lim_{T\to\infty}Tc_k=\lim_{T\to\infty}\int_{-\frac{T}{2}}^{\frac{T}{2}}x_T(t)\mathrm{e}^{-\mathrm{j}k\omega_0 t}\mathrm{d}t \tag{3-22}$$

考虑到 $T\to\infty$ 时, $x_T(t)\to x(t)$ 及离散变量 $k\omega_0$ 趋于连续变量 ω，上式变为

$$\boxed{X(\omega)=\int_{-\infty}^{\infty}x(t)\mathrm{e}^{-\mathrm{j}\omega t}\mathrm{d}t} \tag{3-23}$$

式（3-23）即为非周期信号的傅里叶正变换。$X(\omega)$一般为ω的复函数，其极坐标和直角坐标形式记为

$$\boxed{X(\omega)=|X(\omega)|\mathrm{e}^{\mathrm{j}\varphi(\omega)}=X_{\mathrm{R}}(\omega)+\mathrm{j}X_{\mathrm{I}}(\omega)} \tag{3-24}$$

2．逆变换定义

考察傅里叶级数展开式（3-1）并注意到$\omega_0 T=2\pi$，有

$$x_T(t)=\sum_{k=-\infty}^{\infty}c_k\mathrm{e}^{\mathrm{j}k\omega_0 t}=\sum_{k=-\infty}^{\infty}\frac{\omega_0 T}{2\pi}c_k\mathrm{e}^{\mathrm{j}k\omega_0 t}=\frac{1}{2\pi}\sum_{k=-\infty}^{\infty}Tc_k\mathrm{e}^{\mathrm{j}k\omega_0 t}\omega_0 \tag{3-25}$$

当$T\to\infty$时，$k\omega_0\to\omega, Tc_k\to X(\omega)$［式（3-23）］。同时考虑到$T\to\infty$时，谱线间隔$\omega_0$可用无穷小量$\mathrm{d}\omega$表示，求和变成积分，$x_T(t)\to x(t)$，则上式变为

$$x(t)=\frac{1}{2\pi}\int_{-\infty}^{\infty}X(\omega)\mathrm{e}^{\mathrm{j}\omega t}\mathrm{d}\omega \tag{3-26}$$

式（3-26）即为傅里叶逆变换定义式。为表述简便，傅里叶正变换、逆变换和变换对常用下列符号表示。

$$X(\omega)=\mathscr{F}\{x(t)\};\ x(t)=\mathscr{F}^{-1}\{X(\omega)\};\ x(t)\xleftrightarrow{\mathscr{F}}X(\omega)$$

以上从概念上将周期信号的傅里叶级数推广到非周期信号的傅里叶变换。

注意，上述过程是从概念引出新的定义，并非在阐述一个数学推导。

需要指出的是，傅里叶变换具有唯一性，$x(t)\xleftrightarrow{\mathscr{F}}X(\omega)$是一一对应关系，即若$x_1(t)=x_2(t)$，则$X_1(\omega)=X_2(\omega)$，反之亦然。

【例 3-5】 求单个脉冲信号$x(t)=u(t+T_1)-u(t-T_1)$的傅里叶变换。

【解】 $x(t)$的波形参见图 3.10。根据傅里叶变换的定义有

$$X(\omega)=\int_{-T_1}^{T_1}\mathrm{e}^{-\mathrm{j}\omega t}\mathrm{d}t=\frac{2}{\omega}\sin(\omega T_1)=2T_1\mathrm{Sa}(\omega T_1)=2T_1\mathrm{sinc}(\omega T_1/\pi)$$

即

$$\boxed{u(t+T_1)-u(t-T_1)\xleftrightarrow{\mathscr{F}}2T_1\mathrm{Sa}(\omega T_1)} \tag{3-27}$$

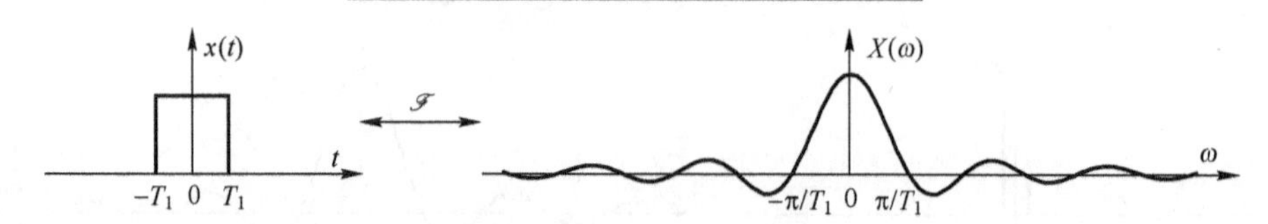

图 3.10　方波信号及其频谱

【例毕】

【例 3-6】 求单边指数衰减信号$x(t)=\mathrm{e}^{-at}u(t)\ (a>0)$的傅里叶变换。

【解】 $X(\omega)=\int_{-\infty}^{\infty}x(t)\mathrm{e}^{-\mathrm{j}\omega t}\mathrm{d}t=\int_{0}^{\infty}\mathrm{e}^{-at}\mathrm{e}^{-\mathrm{j}\omega t}\mathrm{d}t=\int_{0}^{\infty}\mathrm{e}^{-(a+\mathrm{j}\omega)t}\mathrm{d}t=\frac{1}{a+\mathrm{j}\omega}$

即

$$\boxed{\mathrm{e}^{-at}u(t)\xleftrightarrow{\mathscr{F}}\frac{1}{a+\mathrm{j}\omega}}\quad(a>0) \tag{3-28}$$

可见$X(\omega)$是复函数，其幅频特性和相频特性分别为（参见图 3.11）

$$|X(\omega)|=\frac{1}{\sqrt{a^2+\omega^2}} \tag{3-29}$$

$$\varphi(\omega) = -\arctan\left(\frac{\omega}{a}\right) \tag{3-30}$$

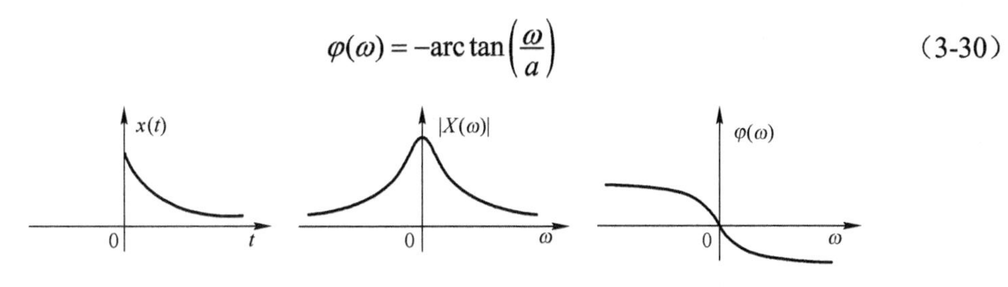

图 3.11　单边指数衰减信号及其频谱

【例毕】

【例 3-7】　求单位冲激函数 $\delta(t)$ 的傅里叶变换。

【解】 $X(\omega) = \int_{-\infty}^{\infty} x(t)\mathrm{e}^{-\mathrm{j}\omega t}\mathrm{d}t = \int_{-\infty}^{\infty} \delta(t)\mathrm{e}^{-\mathrm{j}\omega t}\mathrm{d}t = 1$

即

$$\boxed{\delta(t) \xleftrightarrow{\mathscr{F}} 1} \tag{3-31}$$

式（3-31）表明 $\delta(t)$ 的频谱是一常数，又称为“白色谱”，如图 3.12 所示。

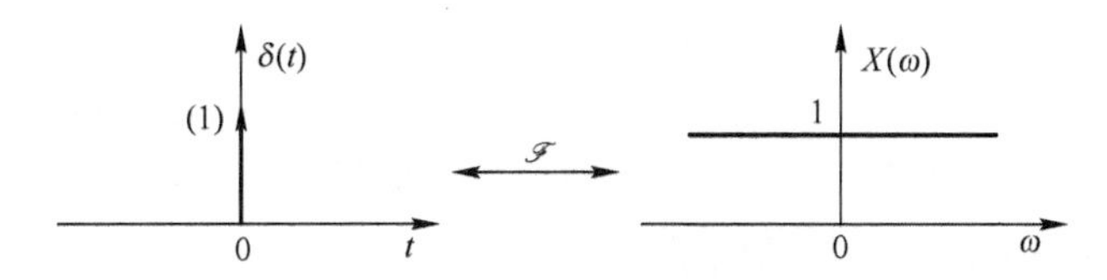

图 3.12　冲激信号及其频谱

【例毕】

【例 3-8】　求频域信号 $2\pi\delta(\omega)$ 的逆变换。

【解】 $x(t) = \frac{1}{2\pi}\int_{-\infty}^{\infty} X(\omega)\mathrm{e}^{\mathrm{j}\omega t}\mathrm{d}\omega = \frac{1}{2\pi}\int_{-\infty}^{\infty} 2\pi\delta(\omega)\mathrm{e}^{\mathrm{j}\omega t}\mathrm{d}\omega = 1$

即

$$\mathscr{F}^{-1}\{2\pi\delta(\omega)\} = 1$$

根据傅里叶变换的唯一性可知，单位幅度直流信号的傅里叶变换如图 3.13 所示，为

$$1 \xleftarrow{\mathscr{F}^{-1}} 2\pi\delta(\omega) \tag{3-32}$$

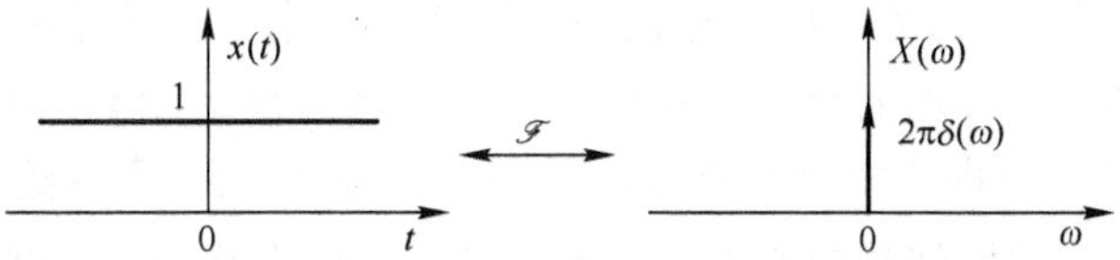

图 3.13　单位幅度直流信号及其频谱

【例毕】

*【例 3-9】　求频域方波函数 $X(\omega) = u(\omega+W) - u(\omega-W)$ 傅里叶逆变换。

【解】 $x(t) = \frac{1}{2\pi}\int_{-\infty}^{\infty} X(\omega)\mathrm{e}^{\mathrm{j}\omega t}\mathrm{d}\omega = \frac{1}{2\pi}\int_{-W}^{W} \mathrm{e}^{\mathrm{j}\omega t}\mathrm{d}\omega = \frac{W}{\pi}\mathrm{Sa}(Wt) = \frac{W}{\pi}\mathrm{sinc}\left(\frac{Wt}{\pi}\right)$

$$u(\omega+W) - u(\omega-W) \xrightarrow{\mathscr{F}^{-1}} \frac{W}{\pi}\mathrm{Sa}(Wt) \tag{3-33}$$

频域方波函数及其对应时域波形如图 3.14 所示。

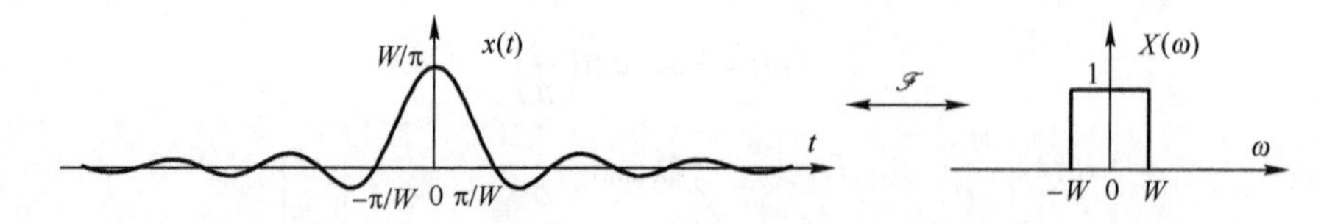

图 3.14 频域方波函数及其对应时域波形

【例毕】

3．傅里叶变换的存在条件

例 3-5 至例 3-9 是直接根据定义，通过计算定积分获得函数的傅里叶变换或逆变换。事实上，傅里叶正逆变换都是定义在无穷区间上的积分，对于很多函数，积分值会趋向于无穷大，即积分不收敛，导致傅里叶变换不存在。由于

$$X(\omega)=\int_{-\infty}^{\infty}x(t)\mathrm{e}^{-\mathrm{j}\omega t}\,\mathrm{d}t\leqslant\left|\int_{-\infty}^{\infty}x(t)\mathrm{e}^{-\mathrm{j}\omega t}\,\mathrm{d}t\right|\leqslant\int_{-\infty}^{\infty}|x(t)\mathrm{e}^{-\mathrm{j}\omega t}|\mathrm{d}t=\int_{-\infty}^{\infty}|x(t)|\,\mathrm{d}t$$

所以如果 $x(t)$ 满足绝对可积条件，即

$$\int_{-\infty}^{\infty}|x(t)|\mathrm{d}t<\infty \tag{3-34}$$

则积分一定收敛，傅里叶变换一定存在。显然，<u>绝对可积条件是傅里叶变换存在的充分条件</u>。当 $x(t)$ 满足绝对可积条件时，$X(\omega)$ 将不会含有奇异函数 $\delta(\omega)$，$X(\omega)<\infty$ 对于所有 ω 恒成立，例 3-5 和例 3-6 就是这样的例子。

然而，从定积分的几何意义可知，最简单的直流信号（图 3.13）并不满足绝对可积条件，其傅里叶变换积分为（注意到这里的三角函数积分为 0）

$$X(\omega)=\int_{-\infty}^{\infty}1\cdot\mathrm{e}^{-\mathrm{j}\omega t}\mathrm{d}t=\int_{-\infty}^{\infty}\cos\omega t\,\mathrm{d}t-\mathrm{j}\int_{-\infty}^{\infty}\sin\omega t\,\mathrm{d}t=\begin{cases}0, & \omega\neq 0\\ \infty, & \omega=0\end{cases}$$

这就是说，直流信号的傅里叶正变换积分是不收敛的。

无穷大会使理论分析变得困难。但是有一类孤立频点上的无穷大能用频域冲激函数表示，即 $X(\omega)$ 仍可以用函数式进行表示。式（3-32）已经表明直流信号的傅里叶变换可以借助 $\delta(\omega)$ 表示。在例 3-8 中为了避开积分无穷大带来的困难，采用了变通的方法求解，不是直接根据傅里叶正变换定义式求解。

引入频域中的冲激函数 $\delta(\omega)$ 后，理论分析和实际应用中的常见信号（如直流信号、阶跃信号、正弦信号等）均存在傅里叶变换表达式。可以将式（3-23）积分收敛的傅里叶变换称为<u>狭义傅里叶变换</u>；而将该积分不收敛，但引入 $\delta(\omega)$ 后仍可表示的傅里叶变换称为<u>广义傅里叶变换</u>。由于很多常用信号的傅里叶变换都是广义傅里叶变换，因此在信号与系统中所说的傅里叶变换分析不强调区分“广义”和“狭义”，通常指广义傅里叶变换。

分析傅里叶变换的收敛性问题不是本书的要点，但对于信号与系统的频域分析来说，了解傅里叶变换存在与否的三种典型情况还是非常重要的。

（1） $x(t)$ 绝对可积，则其狭义傅里叶变换一定存在，且对于所有 ω 的取值恒有 $|X(\omega)|<\infty$ 成立，即 $X(\omega)$ 不会出现频域冲激函数 $\delta(\omega)$ 或 $\delta(\omega-\omega_m)$。

在这种情况下，可以直接利用傅里叶变换的定义式（3-23）求 $X(\omega)$，例 3-5 至例 3-7 均属于此类情形。常见的绝对可积信号包括时限信号、指数衰减信号、冲激信号等。能量有限信号都是绝对可积信号。

（2）$x(t)$ 虽不满足绝对可积条件，但其傅里叶变换可以借助频域冲激函数表示，则其广义傅里叶变换是存在的。需要注意的是，此时不能直接利用傅里叶变换定义式求解 $X(\omega)$，因为积分不收敛。功率有限信号属于此类情形，例如直流信号、阶跃信号、正弦信号等。

（3）信号功率趋于无穷大的信号，其广义傅里叶变换也不存在。例如指数增长信号 $\mathrm{e}^{at}\ (a>0)$，或比指数增长更快的信号 $\mathrm{e}^{at^2}\ (a>0)$。

需要说明的是，上面的讨论主要考虑傅里叶正变换，事实上傅里叶逆变换积分也存在是否收敛的问题。例如对于频域中的常数 $X(\omega)=1$，其傅里叶逆变换的积分不收敛，但是它存在对应的时域信号 $\delta(t)$；而频域函数 e^{ω}（注意不是 $\mathrm{e}^{\mathrm{j}\omega}$）则没有对应的时域函数，因为它是指数增长的频域信号。

*【例 3-10】 符号函数定义为 $\mathrm{sgn}(t)=\begin{cases}1, & t>0\\ -1, & t<0\end{cases}$，求其傅里叶变换。

【解】sgn(t) 不满足绝对可积条件，直接利用傅里叶变换定义式求解会有积分的困难，为此构造一个双边指数衰减奇函数（参见图 3.15 左图）：

$$x(t)=\begin{cases}\mathrm{e}^{-at}, & t>0\\ -\mathrm{e}^{at}, & t<0\end{cases}\quad (a>0) \tag{3-35}$$

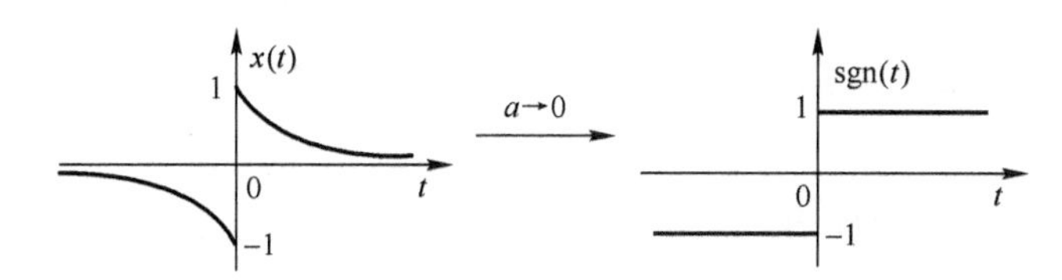

图 3.15　双边指数衰减奇函数与符号函数 sgn(t)

当 $a\to 0$ 时，$x(t)\to \mathrm{sgn}(t)$。因此可以先求 $x(t)$ 的傅里叶变换

$$X(\omega)=\int_{-\infty}^{0}-\mathrm{e}^{at}\mathrm{e}^{-\mathrm{j}\omega t}\mathrm{d}t+\int_{0}^{\infty}\mathrm{e}^{-at}\mathrm{e}^{-\mathrm{j}\omega t}\mathrm{d}t=\frac{-1}{a-\mathrm{j}\omega}+\frac{1}{a+\mathrm{j}\omega}=-\mathrm{j}\frac{2\omega}{a^2+\omega^2} \tag{3-36}$$

由于

$$\mathrm{sgn}(t)=\lim_{a\to 0}x(t)$$

两边取傅里叶变换，并将式（3-36）代入得

$$\mathscr{F}\{\mathrm{sgn}(t)\}=\mathscr{F}\left\{\lim_{a\to 0}x(t)\right\}=\lim_{a\to 0}\mathscr{F}\{x(t)\}=\lim_{a\to 0}\frac{-\mathrm{j}2\omega}{a^2+\omega^2}=\begin{cases}\dfrac{2}{\mathrm{j}\omega}, & \omega\neq 0\\ 0, & \omega=0\end{cases}$$

上式中当 $\omega=0$ 时，$\mathscr{F}\{\mathrm{sgn}(t)\}=0$，是因为 $\lim\limits_{a\to 0}0=0$。sgn(t) 的曲线也表明无直流。

因此

$$\mathscr{F}\{\mathrm{sgn}(t)\}=\begin{cases}\dfrac{2}{\mathrm{j}\omega}, & \omega\neq 0\\ 0, & \omega=0\end{cases} \tag{3-37}$$

在理论分析时分段函数非常不便，常只用主体函数代替，即

$$\mathrm{sgn}(t)\xleftrightarrow{\mathscr{F}}\frac{2}{\mathrm{j}\omega} \tag{3-38}$$

但是当考虑上式在 $\omega=0$ 处的取值时，必须按照式（3-37）理解。

【例毕】

3.3.2 傅里叶变换的性质——$X(\omega)$的特点

当提及术语傅里叶变换时通常有两种含义。第一是指给定一个$x(t)$后所求得的$X(\omega)$（连续时间信号频谱，稍后将深入讨论其概念），在此意义下的"傅里叶变换的性质"主要揭示$X(\omega)$具有哪些特点。第二是指傅里叶变换这一运算，在此意义下的"傅里叶变换的性质"主要回答：当信号在时域作运算或变化后其频谱如何变化。例如$\mathscr{F}\{x_1(t)+x_2(t)\}=?$、$\mathscr{F}\{x(t-t_0)\}=?$一类问题。傅里叶变换运算相关的性质将在下小节介绍。

本小节介绍连续时间信号频谱函数$X(\omega)$的特点。

性质 1　共轭对称性 若$x(t)$为t的实函数，则$X(\omega)$满足

$$X(-\omega)=X^*(\omega) \tag{3-39}$$

【证明】

$$\begin{aligned}X^*(\omega)&=\left[\int_{-\infty}^{\infty}x(t)\mathrm{e}^{-\mathrm{j}\omega t}\mathrm{d}t\right]^* && [\text{定义式两边取共轭}]\\&=\int_{-\infty}^{\infty}x^*(t)(\mathrm{e}^{-\mathrm{j}\omega t})^*\mathrm{d}t && [\text{共轭运算的性质}]\\&=\int_{-\infty}^{\infty}x(t)\mathrm{e}^{\mathrm{j}\omega t}\mathrm{d}t && [x^*(t)=x(t)]\\&=X(-\omega) && [\text{与定义式对比可得}]\end{aligned}$$

【证毕】

例如单边指数信号$\mathrm{e}^{-at}u(t)$的傅里叶变换为$X(\omega)=1/(a+\mathrm{j}\omega)$，可以验证

$$X^*(\omega)=1/(a+\mathrm{j}\omega)^*=1/(a-\mathrm{j}\omega)=X(-\omega)$$

性质 2　若$x(t)$为t的实函数，则

（1）幅频特性是ω的偶函数，相频特性是ω的奇函数，即

$$|X(-\omega)|=|X(\omega)| \tag{3-40}$$

$$\varphi(-\omega)=-\varphi(\omega) \tag{3-41}$$

（2）$X(\omega)$实部$X_{\mathrm{R}}(\omega)$是ω的偶函数，虚部$X_{\mathrm{I}}(\omega)$是ω的奇函数，即

$$X_{\mathrm{R}}(-\omega)=X_{\mathrm{R}}(\omega) \tag{3-42}$$

$$X_{\mathrm{I}}(-\omega)=-X_{\mathrm{I}}(\omega) \tag{3-43}$$

【证明】上述结论（1）证明比较简单，留给读者自己完成。这里只证明结论（2）。由$X(\omega)=X_{\mathrm{R}}(\omega)+\mathrm{j}X_{\mathrm{I}}(\omega)$两边取共轭和作$-\omega$的变量代换，有

$$X^*(\omega)=X_{\mathrm{R}}(\omega)-\mathrm{j}X_{\mathrm{I}}(\omega)$$

$$X(-\omega)=X_{\mathrm{R}}(-\omega)+\mathrm{j}X_{\mathrm{I}}(-\omega)$$

由性质 1 知$X^*(\omega)=X(-\omega)$，即

$$X_{\mathrm{R}}(\omega)-\mathrm{j}X_{\mathrm{I}}(\omega)=X_{\mathrm{R}}(-\omega)+\mathrm{j}X_{\mathrm{I}}(-\omega)$$

上式实部和虚部应分别相等，则有$X_{\mathrm{R}}(-\omega)=X_{\mathrm{R}}(\omega)$和$X_{\mathrm{I}}(-\omega)=-X_{\mathrm{I}}(\omega)$。

【证毕】

性质 3　若$x(t)$为t的实偶函数，则$X(\omega)$是ω的实偶函数，即

$$X^*(\omega)=X(\omega)\ （实函数），\ X(-\omega)=X(\omega)\ （偶函数） \tag{3-44}$$

若 $x(t)$ 为 t 的实奇函数，则 $X(\omega)$ 是 ω 的虚奇函数。

该性质可以由性质 1 推得，这里省略。实际应用中传输和处理的连续时间信号均是实数信号，因此其频谱具有上述性质所描述的特点。

***性质 4**　若 $x(t)$ 为 t 的虚函数（$x(t)=\mathrm{j}f(t), f(t)$ 为 t 的实函数），则

$$X(-\omega)=-X^*(\omega) \tag{3-45}$$

$$X_{\mathrm{R}}(-\omega)=-X_{\mathrm{R}}(\omega) \tag{3-46}$$

$$X_{\mathrm{I}}(-\omega)=X_{\mathrm{I}}(\omega) \tag{3-47}$$

$|X(\omega)|$ 仍是 ω 的偶函数，$\varphi(\omega)$ 仍是 ω 的奇函数。

【证明】先证式（3-45）。因为

$$X(\omega)=\int_{-\infty}^{\infty}x(t)\mathrm{e}^{-\mathrm{j}\omega t}\mathrm{d}t=\mathrm{j}\int_{-\infty}^{\infty}f(t)\mathrm{e}^{-\mathrm{j}\omega t}\mathrm{d}t=\mathrm{j}F(\omega)$$

由性质 1 知 $F(-\omega)=F^*(\omega)$，所以

$$X(-\omega)=\mathrm{j}F(-\omega)=\mathrm{j}F^*(\omega)=-(\mathrm{j}F(\omega))^*=-X^*(\omega)$$

再证式（3-46）和式（3-47）。由于 $x(t)=\mathrm{j}f(t)$，所以

$$X(\omega)=\mathrm{j}F(\omega)=\mathrm{j}F_{\mathrm{R}}(\omega)-F_{\mathrm{I}}(\omega)$$

由式（3-42）和式（3-43）不难推知有式（3-46）和式（3-47）成立。

【证毕】

***性质 5　帕斯瓦尔（Parseval）定理**　时域信号和频域函数具有相同的能量，即

$$\int_{-\infty}^{\infty}|x(t)|^2\mathrm{d}t=\frac{1}{2\pi}\int_{-\infty}^{\infty}|X(\omega)|^2\mathrm{d}\omega \tag{3-48}$$

【证明】考虑更一般的复数信号情形：

$$\begin{aligned}\int_{-\infty}^{\infty}|x(t)|^2\mathrm{d}t&=\int_{-\infty}^{\infty}x(t)x^*(t)\mathrm{d}t && [复数的性质]\\&=\int_{-\infty}^{\infty}x^*(t)\left[\frac{1}{2\pi}\int_{-\infty}^{\infty}X(\omega)\mathrm{e}^{\mathrm{j}\omega t}\mathrm{d}\omega\right]\mathrm{d}t && [x(t)\ 用傅里叶逆变换表示]\\&=\frac{1}{2\pi}\int_{-\infty}^{\infty}X(\omega)\left[\int_{-\infty}^{\infty}x^*(t)\mathrm{e}^{\mathrm{j}\omega t}\mathrm{d}t\right]\mathrm{d}\omega && [交换积分次序]\\&=\frac{1}{2\pi}\int_{-\infty}^{\infty}X(\omega)\left[\int_{-\infty}^{\infty}x(t)\mathrm{e}^{-\mathrm{j}\omega t}\mathrm{d}t\right]^*\mathrm{d}\omega\\&=\frac{1}{2\pi}\int_{-\infty}^{\infty}X(\omega)X^*(\omega)\mathrm{d}\omega\\&=\frac{1}{2\pi}\int_{-\infty}^{\infty}|X(\omega)|^2\mathrm{d}\omega\end{aligned}$$

【证毕】

3.3.3　傅里叶变换的性质——信号运算的傅里叶变换

性质 1　线性　若 $x_1(t)\overset{\mathscr{F}}{\longleftrightarrow}X_1(\omega), x_2(t)\overset{\mathscr{F}}{\longleftrightarrow}X_2(\omega)$，$a_1, a_2$ 为常数，则

$$a_1x_1(t)+a_2x_2(t)\overset{\mathscr{F}}{\longleftrightarrow}a_1X_1(\omega)+a_2X_2(\omega) \tag{3-49}$$

该性质可以直接根据傅里叶变换定义式证得。

【例 3-11】 求阶跃函数$u(t)$的傅里叶变换。

【解】参见图 3.16，$u(t)$可以看成符号函数和直流函数的叠加，即

$$u(t)=\frac{1}{2}\mathrm{sgn}(t)+\frac{1}{2} \tag{3-50}$$

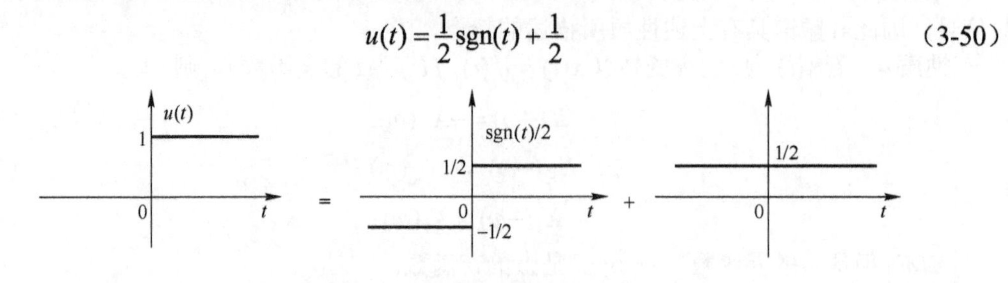

图 3.16 符号函数及其分解

根据傅里叶变换的线性性质有

$$\mathscr{F}\{u(t)\}=\frac{1}{2}\mathscr{F}\{\mathrm{sgn}(t)\}+\frac{1}{2}\mathscr{F}\{1\}=\frac{1}{2}\cdot\frac{2}{\mathrm{j}\omega}+\frac{1}{2}\cdot 2\pi\delta(\omega)=\frac{1}{\mathrm{j}\omega}+\pi\delta(\omega)$$

即

$$\boxed{u(t)\xleftrightarrow{\mathscr{F}}\frac{1}{\mathrm{j}\omega}+\pi\delta(\omega)} \tag{3-51}$$

需注意，对上式的准确理解应为

$$\mathscr{F}\{u(t)\}=\begin{cases}\dfrac{1}{\mathrm{j}\omega}, & \omega\neq 0\\ \pi\delta(\omega), & \omega=0\end{cases} \tag{3-52}$$

【例毕】

性质 2 时移特性 若$x(t)\xleftrightarrow{\mathscr{F}}X(\omega)$，则

$$\boxed{x(t-t_0)\xleftrightarrow{\mathscr{F}}\mathrm{e}^{-\mathrm{j}\omega t_0}X(\omega)} \quad （t_0\text{ 为常数}） \tag{3-53}$$

【证明】 根据傅里叶逆变换定义有

$$x(t-t_0)=\frac{1}{2\pi}\int_{-\infty}^{\infty}X(\omega)\mathrm{e}^{\mathrm{j}\omega(t-t_0)}\mathrm{d}\omega \quad [\text{用 } t-t_0 \text{ 代替逆变换定义式中的 } t]$$

$$=\frac{1}{2\pi}\int_{-\infty}^{\infty}\left[\mathrm{e}^{-\mathrm{j}\omega t_0}X(\omega)\right]\mathrm{e}^{\mathrm{j}\omega t}\mathrm{d}\omega$$

与逆变换定义式对比知：$x(t-t_0)\xleftrightarrow{\mathscr{F}}\mathrm{e}^{-\mathrm{j}\omega t_0}X(\omega)$

【证毕】

与式（3-53）等价的表述形式为

$$x(t+t_0)\xleftrightarrow{\mathscr{F}}\mathrm{e}^{\mathrm{j}\omega t_0}X(\omega) \tag{3-54}$$

信号平移是应用中最常发生的信号变化，例如信号传输时延导致的平移。该性质表明时域信号的平移不改变频谱的幅频特性，只改变其相频特性。对于相频特性的物理概念，稍后将作详细讨论。

*【例 3-12】 二进制数字通信系统中常用双极性的方波信号表示 0 和 1，码元波形如图 3.17(a)所示，求其傅里叶变换。

【解】如图 3.17 所示，双极性脉冲可以分解为两个单极性脉冲的叠加，即

$$x(t)=x_1(t)+x_2(t)$$

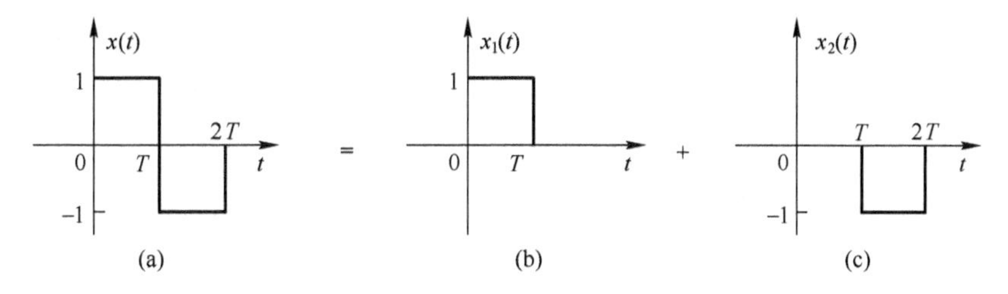

图 3.17　双极性方波信号的分解

设对称方波 $g(t)=u(t+T/2)-u(t-T/2)$，则 $x_1(t)$ 和 $x_2(t)$ 是 $g(t)$ 和 $-g(t)$ 的平移，

即
$$x(t)=g(t-T/2)-g(t-3T/2)$$

根据傅里叶变换的线性和时移特性有

$$X(\omega)=G(\omega)\mathrm{e}^{-\mathrm{j}\omega T/2}-G(\omega)\mathrm{e}^{-\mathrm{j}3\omega T/2}=G(\omega)\mathrm{e}^{-\mathrm{j}\omega T}\left(\mathrm{e}^{\mathrm{j}\omega T/2}-\mathrm{e}^{-\mathrm{j}\omega T/2}\right)=2\mathrm{j}G(\omega)\sin\frac{\omega T}{2}\mathrm{e}^{-\mathrm{j}\omega T}$$

利用例 3-5 的结果，可知其中 $G(\omega)$ 为

$$G(\omega)=\mathscr{F}\{g(t)\}=T\,\mathrm{Sa}\left(\frac{\omega T}{2}\right)$$

因此
$$X(\omega)=\mathrm{j}2T\mathrm{Sa}\left(\frac{\omega T}{2}\right)\sin\left(\frac{\omega T}{2}\right)\mathrm{e}^{-\mathrm{j}\omega T} \tag{3-55}$$

其幅频特性为 $|X(\omega)|=2T\left|\mathrm{Sa}\frac{\omega T}{2}\sin\frac{\omega T}{2}\right|$，$|X(0)|=0$，即双极性脉冲无直流分量。

从 $x(t)$ 的波形也可看出无直流。有些设备中有“隔直流”电路，所以码元波形设计时，一般尽可能不含直流分量。

【例毕】

性质 3　时域微分特性　若 $x(t)\xleftrightarrow{\mathscr{F}}X(\omega)$，则

$$\boxed{\frac{\mathrm{d}}{\mathrm{d}t}x(t)\xleftrightarrow{\mathscr{F}}\mathrm{j}\omega X(\omega)} \tag{3-56}$$

【证明】　对傅里叶逆变换式两边求导

$$\frac{\mathrm{d}}{\mathrm{d}t}x(t)=\frac{\mathrm{d}}{\mathrm{d}t}\left[\frac{1}{2\pi}\int_{-\infty}^{\infty}X(\omega)\mathrm{e}^{\mathrm{j}\omega t}\mathrm{d}\omega\right]\qquad [X(\omega)\text{用逆变换定义表示}]$$

$$=\frac{1}{2\pi}\int_{-\infty}^{\infty}X(\omega)\frac{\mathrm{d}}{\mathrm{d}t}\left[\mathrm{e}^{\mathrm{j}\omega t}\right]\mathrm{d}\omega\qquad [\text{交换微分和积分顺序}]$$

$$=\frac{1}{2\pi}\int_{-\infty}^{\infty}[\mathrm{j}\omega X(\omega)]\mathrm{e}^{\mathrm{j}\omega t}\mathrm{d}\omega\qquad [\text{与傅里叶逆变换定义式比较可得下式}]$$

即
$$\mathscr{F}^{-1}\{\mathrm{j}\omega X(\omega)\}=\frac{\mathrm{d}}{\mathrm{d}t}x(t)$$

【证毕】

时域微分性质表明信号在时域中微分一次，导致频域中的频谱乘因子 $\mathrm{j}\omega$。将 $\mathrm{j}\omega X(\omega)$ 写成模和幅角的形式，有

$$\mathrm{j}\omega X(\omega)=\mathrm{e}^{\mathrm{j}\frac{\pi}{2}}\omega|X(\omega)|\mathrm{e}^{\mathrm{j}\varphi(\omega)}=|\omega X(\omega)|\mathrm{e}^{\mathrm{j}[\varphi(\omega)+\frac{\pi}{2}]}$$

可以看到随着 ω 的上升 $\mathrm{j}\omega X(\omega)$ 的模会增大，所以微分会提升信号的高频分量。

*【例 3-13】 在通信系统中常需要提取脉冲信号的跳沿（作为收发双方的同步信息），提取跳沿的方法之一是对脉冲信号进行微分。本例考察脉冲信号微分后高频分量的提升情况，参见图 3.18。

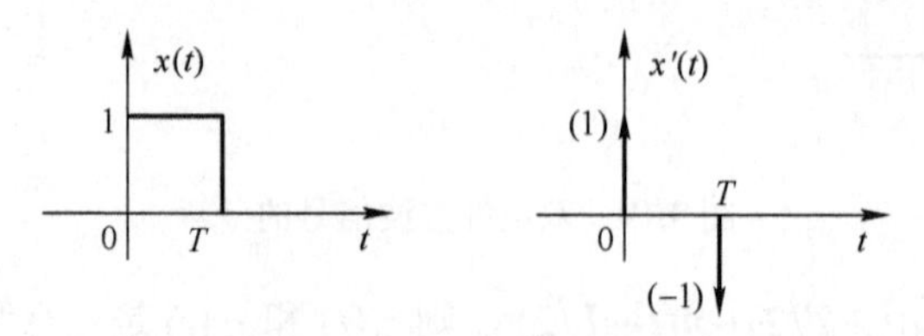

图 3.18 脉冲信号及其微分

【解】由前面方波信号的傅里叶变换，并利用时移特性可得

$$\mathscr{F}\{x(t)\}=X(\omega)=T\,\mathrm{Sa}\left(\frac{\omega T}{2}\right)\mathrm{e}^{-\mathrm{j}\omega T/2}=2\frac{\sin(\omega T/2)}{\omega}\mathrm{e}^{-\mathrm{j}\omega T/2}$$

利用时域微分特性知

$$\mathscr{F}\{x'(t)\}=\mathrm{j}\omega X(\omega)=2\mathrm{j}\sin(\omega T/2)\mathrm{e}^{-\mathrm{j}\omega T/2}$$

方波信号和跳沿的幅频特性分别为

$$|X(\omega)|=T\left|\mathrm{Sa}\frac{\omega T}{2}\right| \quad \text{[方波幅频特性]}$$

$$|\mathrm{j}\omega X(\omega)|=2|\sin(\omega T/2)| \quad \text{[跳沿幅频特性]}$$

可见方波信号微分后，其频谱高频分量不再衰减。

实际电路对方波微分后输出的是尖脉冲，不是冲激函数，因此高频会衰减。

【例毕】

*性质 4 时域积分特性 若 $x(t)\xleftrightarrow{\mathscr{F}}X(\omega)$，则

$$\int_{-\infty}^{t}x(\tau)\mathrm{d}\tau\xleftrightarrow{\mathscr{F}}\frac{X(\omega)}{\mathrm{j}\omega}+\pi X(0)\delta(\omega) \tag{3-57}$$

其中 $X(0)=X(\omega)|_{\omega=0}$，当 $X(0)=0$ 时有

$$\int_{-\infty}^{t}x(\tau)\mathrm{d}\tau\xleftrightarrow{\mathscr{F}}\frac{X(\omega)}{\mathrm{j}\omega} \tag{3-58}$$

式（3-58）可以从时域微分性质推得。因为，若记 $y(t)=\int_{-\infty}^{t}x(\tau)\mathrm{d}\tau$，则恒有 $y'(t)=x(t)$ 成立，两边取傅里叶变换并应用时域微分特性可得 $\mathrm{j}\omega Y(\omega)=X(\omega)$，$\mathrm{j}\omega$ 移项后即为式（3-58）。式（3-57）的证明将在例 3-17 中给出。

微分对频谱产生的影响是乘 $\mathrm{j}\omega$ 因子，但积分对频谱产生的影响并不能简单地认为是除以 $\mathrm{j}\omega$ 因子，需要判定直流分量 $X(0)$ 是否为零。微分性质和积分性质的结合应用，常常可以简化一些信号的傅里叶变换求解。

【例 3-14】 利用积分性质求单位阶跃函数的傅里叶变换。

【解】 $u(t)=\int_{-\infty}^{t}\delta(\tau)\mathrm{d}\tau$，这里 $x(t)=\delta(t),X(\omega)=1,X(0)=1$

所以

$$\mathscr{F}\{u(t)\}=\frac{X(\omega)}{\mathrm{j}\omega}+\pi X(0)\delta(\omega)=\frac{1}{\mathrm{j}\omega}+\pi\delta(\omega)$$

【例毕】

*【例 3-15】 求图 3.19(a)所示三角波信号 $x(t)$ 的傅里叶变换。

【解】记 $y(t)=\dfrac{\mathrm{d}}{\mathrm{d}t}x(t)$，方波信号为 $g(t)=u(t+T/4)-u(t-T/4)$，脉宽为 $T/2$。由图 3.19 可知 $y(t)=\dfrac{2}{T}\left[g\left(t+\dfrac{T}{4}\right)-g\left(t-\dfrac{T}{4}\right)\right]$，两边取傅里叶变换得

$$\begin{aligned}Y(\omega)&=\frac{2}{T}G(\omega)[\mathrm{e}^{\mathrm{j}\omega T/4}-\mathrm{e}^{-\mathrm{j}\omega T/4}] && \text{[时移特性]}\\&=\frac{2}{T}\cdot\frac{T}{2}\mathrm{Sa}\left(\frac{\omega T}{4}\right)\cdot 2\mathrm{j}\sin\left(\frac{\omega T}{4}\right) && \text{[利用式（3-27）和欧拉公式]}\\&=2\mathrm{j}\mathrm{Sa}\left(\frac{\omega T}{4}\right)\sin\left(\frac{\omega T}{4}\right)\end{aligned}$$

$$Y(0)=2\mathrm{j}\mathrm{Sa}\left(\frac{\omega T}{4}\right)\sin\left(\frac{\omega T}{4}\right)\bigg|_{\omega=0}=0$$

由于 $x(t)=\int_{-\infty}^{t}y(\tau)\mathrm{d}\tau$ 且 $Y(0)=0$，根据式（3-58）知

$$X(\omega)=\frac{Y(\omega)}{\mathrm{j}\omega}=\frac{T}{2}\mathrm{Sa}^2\left(\frac{\omega T}{4}\right) \tag{3-59}$$

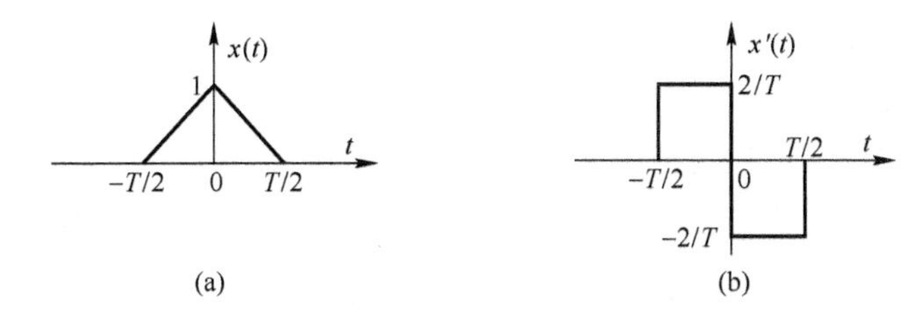

图 3.19 三角波及其微分

【例毕】

利用时域积分性质求解傅里叶变换是易错点，典型出错情形如下。

$\mathscr{F}\{y(t)\}$ 不易求解，但 $\mathscr{F}\{x(t)=y'(t)\}=X(\omega)$ 易求，从而利用积分性质得

$$\mathscr{F}\{y(t)\}=\frac{X(\omega)}{\mathrm{j}\omega}+\pi X(0)\delta(\omega)$$

这一求解过程存在漏洞，虽有 $x(t)=y'(t)$，但 $y(t)=\int_{-\infty}^{t}x(\tau)\mathrm{d}\tau$ 未必成立。

例如符号函数 $y(t)=\mathrm{sgn}(t)$ 的傅里叶变换不易求解，但 $x(t)=y'(t)=\mathrm{sgn}'(t)=2\delta(t)$ 的傅里叶变换很容易求得为 $X(\omega)=2$。如果像上述过程求解，则有

$$\mathscr{F}\{y(t)=\mathrm{sgn}(t)\}=\frac{X(\omega)}{\mathrm{j}\omega}+\pi X(0)\delta(\omega)=\frac{2}{\mathrm{j}\omega}+2\pi\delta(\omega)\ \ [\text{由 } X(\omega)=2 \text{ 得 } X(0)=2]$$

显然，结果不正确。错误的原因是 $y(t)=\mathrm{sgn}(t)\neq\int_{-\infty}^{t}x(\tau)\mathrm{d}\tau=\int_{-\infty}^{t}2\delta(\tau)\mathrm{d}\tau=2u(t)$。

事实上，对于 $y(t)=\int_{-\infty}^{t}x(\tau)\mathrm{d}\tau$ 必有 $y(-\infty)=\int_{-\infty}^{-\infty}x(\tau)\mathrm{d}\tau=0$ 成立。这就是说，如果 $y(t)=\int_{-\infty}^{t}x(\tau)\mathrm{d}\tau$ 成立，必有 $y(-\infty)=0$。因此，可形成以下判定方法：假设 $\mathscr{F}\{y(t)\}$ 不易求解，但 $\mathscr{F}\{y'(t)\}$ 易求，如果要利用时域积分性质求 $\mathscr{F}\{y(t)\}$，则必须有 $y(-\infty)=0$ 成立。

由于问题的本质原因是“先微分后积分，可能会有常数项的差异”。因此，当

$y(-\infty) \neq 0$ 时，可将该常数项移去后再应用时域积分性质。下面举一例说明。

*【例 3-16】 利用时域积分性质求符号函数 $\text{sgn}(t)$ 的傅里叶变换。

【解】设 $y(t) = \text{sgn}(t)$，$x(t) = y'(t) = \text{sgn}'(t) = 2\delta(t)$ 的傅里叶变换易求。但不能直接对 $y(t)$ 应用时域积分性质，因为 $y(-\infty) = \text{sgn}(-\infty) = -1 \neq 0$。为此构造下列函数

$$z(t) = y(t) - y(-\infty) = \text{sgn}(t) + 1$$

则 $z(-\infty) = 0$，且 $\mathscr{F}\{z'(t)\} = \mathscr{F}\{y'(t)\} = \mathscr{F}\{x(t)\} = X(\omega) = \mathscr{F}\{2\delta(t)\} = 2$。对 $z(t)$ 利用积分性质有

$$Z(\omega) = \frac{X(\omega)}{\text{j}\omega} + \pi X(0)\delta(\omega) = \frac{2}{\text{j}\omega} + 2\pi\delta(\omega)$$

从而 $$\mathscr{F}\{\text{sgn}(t)\} = \mathscr{F}\{y(t)\} = \mathscr{F}\{z(t)\} - \mathscr{F}\{1\} = \frac{2}{\text{j}\omega} + 2\pi\delta(\omega) - 2\pi\delta(\omega) = \frac{2}{\text{j}\omega}$$

$y(t)$ 可以作图 3.20 所示的分解，因此 $z(t) = y(t) + 1, z(-\infty) = 0$。对于 $z(t)$ 可以验证微积分关系均成立，即

$$z'(t) = x(t) = 2\delta(t+1) - 2\delta(t-1)\text{，}\quad z(t) = \int_{-\infty}^{t} [2\delta(\tau+1) - 2\delta(\tau-1)]\text{d}\tau$$

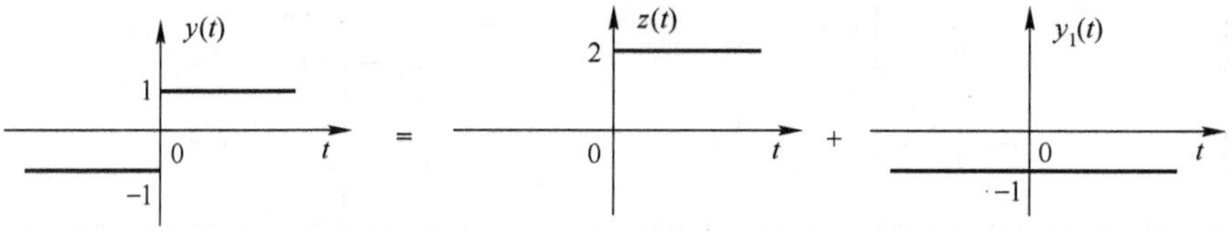

图 3.20　$y(-\infty) \neq 0$ 的波形分解

【例毕】

性质 5　尺度变换特性 若 $x(t) \xleftrightarrow{\mathscr{F}} X(\omega)$，则

$$x(at) \xleftrightarrow{\mathscr{F}} \frac{1}{|a|} X\left(\frac{\omega}{a}\right) \tag{3-60}$$

【证明】 根据傅里叶变换定义

$$\begin{aligned}
\mathscr{F}\{x(at)\} &= \int_{-\infty}^{\infty} x(at)\text{e}^{-\text{j}\omega t}\text{d}t \\
&= \begin{cases} \dfrac{1}{a}\displaystyle\int_{-\infty}^{\infty} x(\lambda)\text{e}^{-\text{j}\frac{\omega}{a}\lambda}\text{d}\lambda, & a > 0 \\ -\dfrac{1}{a}\displaystyle\int_{-\infty}^{\infty} x(\lambda)\text{e}^{-\text{j}\frac{\omega}{a}\lambda}\text{d}\lambda, & a < 0 \end{cases} \qquad [\text{变量代换 } \lambda = at] \\
&= \begin{cases} \dfrac{1}{a} X\left(\dfrac{\omega}{a}\right), & a > 0 \\ -\dfrac{1}{a} X\left(\dfrac{\omega}{a}\right), & a < 0 \end{cases}
\end{aligned}$$

综合以上两种情况，即为式（3-60）。

【证毕】

该性质表明：在时域中压缩信号时，其频谱将在频域中被扩展，反之则相反。从直观概念上理解也是这样，时域压缩，信号的变化速度加快，其频谱的高频分量应该增加；时域扩展，信号的变化速度放慢，其频谱的高频分量将相应减少。

这种时域和频域的压扩关系也形成了通信系统中收益与代价的制约关系。例如在数字通信系统中，更小的码元宽度可以提高信息传输的速度，但代价是信号占用的频带宽度会增加。

在式（3-60）中，令 $a=-1$ 时则可得到如下结论：

$$x(-t)\overset{\mathscr{F}}{\longleftrightarrow}X(-\omega) \tag{3-61}$$

即时域信号的反转会导致对应频域函数反转，反之亦然。

实信号的傅里叶变换具有共轭对称性，即若 $x(t)$ 为实信号，则

$$X(-\omega)=X^{*}(\omega)=\left[|X(\omega)|\mathrm{e}^{\mathrm{j}\varphi(\omega)}\right]^{*}=|X(\omega)|\mathrm{e}^{-\mathrm{j}\varphi(\omega)}$$

将上式和式（3-61）结合起来，可以得到如下结论：对实信号来说，保持幅频特性不变，而将相位取反[由 $\varphi(\omega)$ 变为 $-\varphi(\omega)$]后再进行傅里叶逆变换，则所得到的信号是原信号的反转 $x(-t)$。理解时域信号的反转，可以想象一下视频“倒放”的效果。如果是一段语音，反转后播放该是什么效果？在第 4 章学习了 FFT 后，读者不妨通过 Matlab 实验体验一下。

性质 6　时域卷积定理　若 $x_1(t)\overset{\mathscr{F}}{\longleftrightarrow}X_1(\omega)$，$x_2(t)\overset{\mathscr{F}}{\longleftrightarrow}X_2(\omega)$，则

$$x_1(t)*x_2(t)\overset{\mathscr{F}}{\longleftrightarrow}X_1(\omega)X_2(\omega) \tag{3-62}$$

【证明】根据卷积积分定义和傅里叶变换定义：

$$\begin{aligned}\mathscr{F}\{x_1(t)*x_2(t)\}&=\int_{-\infty}^{\infty}\left[\int_{-\infty}^{\infty}x_1(\tau)x_2(t-\tau)\mathrm{d}\tau\right]\mathrm{e}^{-\mathrm{j}\omega t}\mathrm{d}t\\&=\int_{-\infty}^{\infty}x_1(\tau)\left[\int_{-\infty}^{\infty}x_2(t-\tau)\mathrm{e}^{-\mathrm{j}\omega t}\mathrm{d}t\right]\mathrm{d}\tau\qquad[\text{交换积分次序}]\\&=\int_{-\infty}^{\infty}x_1(\tau)X_2(\omega)\mathrm{e}^{-\mathrm{j}\omega\tau}\mathrm{d}\tau\qquad[\text{傅里叶变换时移特性}]\\&=X_2(\omega)\int_{-\infty}^{\infty}x_1(\tau)\mathrm{e}^{-\mathrm{j}\omega\tau}\mathrm{d}\tau\\&=X_1(\omega)X_2(\omega)\end{aligned}$$

【证毕】

式（3-62）是信号与系统中的一个重要结论。在第 2 章中已经看到，一个 LTI 系统的零状态响应为 $y(t)=x(t)*h(t)$，对应的频域关系是 $Y(\omega)=X(\omega)H(\omega)$。也就是说，傅里叶变换将卷积计算映射为乘积运算，为频域分析带来了便利。

【例 3-17】　时域积分性质式（3-57）的证明。

【证明】首先需注意到下列关系式

$$\int_{-\infty}^{t}x(\tau)\mathrm{d}\tau=x(t)*u(t) \tag{3-63}$$

这是因为按照例 2-7 给出的卷积积分计算方法，有

$$x(t)*u(t)=\int_{-\infty}^{\infty}x(\tau)u(t-\tau)\mathrm{d}\tau=\int_{-\infty}^{t}x(\tau)\mathrm{d}\tau$$

因此

$$\mathscr{F}\left\{\int_{-\infty}^{t}x(\tau)\mathrm{d}\tau\right\}=\mathscr{F}\{x(t)*u(t)\}$$

$$=X(\omega)\left[\frac{1}{\mathrm{j}\omega}+\pi\delta(\omega)\right]$$ [时域卷积定理，代入$u(t)$的傅里叶变换]

$$=\frac{X(\omega)}{\mathrm{j}\omega}+\pi X(\omega)\delta(\omega)$$

$$=\frac{X(\omega)}{\mathrm{j}\omega}+\pi X(0)\delta(\omega)$$ [$\delta(\cdot)$函数的性质]

【例毕】

性质 7 对偶性 若$x(t)\xleftrightarrow{\mathscr{F}}X(\omega)$，则

$$X(t)\xleftrightarrow{\mathscr{F}}2\pi x(-\omega) \tag{3-64}$$

【证明】 在傅里叶逆变换定义中，将变量t换为$-t$得

$$x(-t)=\frac{1}{2\pi}\int_{-\infty}^{\infty}X(\omega)\mathrm{e}^{-\mathrm{j}\omega t}\mathrm{d}\omega$$

作为数学函数，显然上式中自变量符号t和ω可交换，且两边同乘2π，则有

$$2\pi x(-\omega)=\int_{-\infty}^{\infty}X(t)\mathrm{e}^{-\mathrm{j}\omega t}\mathrm{d}t$$

将上式与傅里叶变换定义式比较，则知对偶性成立。

【证毕】

对偶性是傅里叶正变换与逆变换表达式具有很强的相似性所致，当将$\omega=2\pi f$代入变换表达式后，相似性则体现得更加明显：

$$X(\omega)=X(2\pi f)=\int_{-\infty}^{\infty}x(t)\mathrm{e}^{-\mathrm{j}2\pi ft}\mathrm{d}t$$

$$x(t)=\frac{1}{2\pi}\int_{-\infty}^{\infty}X(\omega)\mathrm{e}^{\mathrm{j}\omega t}\mathrm{d}\omega=\int_{-\infty}^{\infty}X(2\pi f)\mathrm{e}^{\mathrm{j}2\pi ft}\mathrm{d}f$$

对于有些信号，如果利用对偶性求解傅里叶变换，会比较简便。

【例 3-18】 利用对偶性求$\mathrm{Sa}(\omega_\mathrm{c}t)$的傅里叶变换。

【解】 令$g(t)=u(t+T_1)-u(t-T_1)$，则$g(-t)=g(t)$。由方波信号的傅里叶变换式（3-27）知

$$g(t)\xleftrightarrow{\mathscr{F}}2T_1\mathrm{Sa}(\omega T_1)$$

根据对偶性得

$$2T_1\mathrm{Sa}(tT_1)\xleftrightarrow{\mathscr{F}}2\pi g(-\omega)=2\pi g(\omega)$$

令$T_1=\omega_\mathrm{c}$且上式两边同除以$2\omega_\mathrm{c}$，则

$$\mathrm{Sa}(\omega_\mathrm{c}t)\xleftrightarrow{\mathscr{F}}\frac{\pi}{\omega_\mathrm{c}}g(\omega)=\frac{\pi}{\omega_\mathrm{c}}[u(\omega+\omega_\mathrm{c})-u(\omega-\omega_\mathrm{c})]$$

在系统的频域分析中更为有用的结论是上式的变形

$$\boxed{u(\omega+\omega_\mathrm{c})-u(\omega-\omega_\mathrm{c})\xleftrightarrow{\mathscr{F}}\frac{\omega_\mathrm{c}}{\pi}\mathrm{Sa}(\omega_\mathrm{c}t)} \tag{3-65}$$

【例毕】

*【例 3-19】 利用对偶性求频域阶跃函数$u(\omega)$的逆变换。

【解】 因为$u(t)\xleftrightarrow{\mathscr{F}}\frac{1}{\mathrm{j}\omega}+\pi\delta(\omega)$，根据对偶性知

$$\frac{1}{\mathrm{j}t}+\pi\delta(t)\xleftrightarrow{\mathscr{F}}2\pi u(-\omega)$$

又因为 $x(-t)\xleftrightarrow{\mathscr{F}}X(-\omega)$ [参见式（3-61）]，改变上式中 ω 的符号，则有

$$\frac{1}{-\mathrm{j}t}+\pi\delta(-t)=\frac{1}{-\mathrm{j}t}+\pi\delta(t)\xleftrightarrow{\mathscr{F}}2\pi u(\omega)$$

即

$$u(\omega)\xleftrightarrow{\mathscr{F}}\frac{1}{2\pi}\left[\frac{1}{-\mathrm{j}t}+\pi\delta(t)\right] \tag{3-66}$$

【例毕】

*__【例 3-20】__ 利用对偶性求频域符号函数 $\operatorname{sgn}(\omega)$ 的逆变换。

【解】 因为 $\operatorname{sgn}(t)\xleftrightarrow{\mathscr{F}}\frac{2}{\mathrm{j}\omega}$，根据对偶性知：

$$\frac{2}{\mathrm{j}t}\xleftrightarrow{\mathscr{F}}2\pi\operatorname{sgn}(-\omega)=-2\pi\operatorname{sgn}(\omega)\quad(\operatorname{sgn}(\cdot)\text{为奇函数})$$

因此

$$\operatorname{sgn}(\omega)\xleftrightarrow{\mathscr{F}}\frac{1}{-\mathrm{j}\pi t} \tag{3-67}$$

【例毕】

傅里叶正逆变换表达式的相似性不仅产生式（3-64）的结果，也预示上述性质 2 至性质 6 也会有对偶的结论，并且其证明方法也非常类似。

性质 8　频移特性 若 $x(t)\xleftrightarrow{\mathscr{F}}X(\omega)$，则

$$\boxed{x(t)\mathrm{e}^{\mathrm{j}\omega_0 t}\xleftrightarrow{\mathscr{F}}X(\omega-\omega_0)} \tag{3-68}$$

【证明】 根据傅里叶变换定义

$$X(\omega-\omega_0)=\int_{-\infty}^{\infty}x(t)\mathrm{e}^{-\mathrm{j}(\omega-\omega_0)t}\mathrm{d}t=\int_{-\infty}^{\infty}[\mathrm{e}^{\mathrm{j}\omega_0 t}x(t)]\mathrm{e}^{-\mathrm{j}\omega t}\mathrm{d}t$$

上式与傅里叶变换定义对比可知 $x(t)\mathrm{e}^{\mathrm{j}\omega_0 t}\xleftrightarrow{\mathscr{F}}X(\omega-\omega_0)$。

【证毕】

【例 3-21】 求信号 $\sin\omega_0 t,\cos\omega_0 t$ 的傅里叶变换。

【解】 利用 $1\xleftrightarrow{\mathscr{F}}2\pi\delta(\omega)$ 和频移性质有

$$\mathscr{F}\{\sin\omega_0 t\}=\frac{1}{2\mathrm{j}}\mathscr{F}\left\{1\cdot\mathrm{e}^{\mathrm{j}\omega_0 t}-1\cdot\mathrm{e}^{-\mathrm{j}\omega_0 t}\right\}=\frac{1}{2\mathrm{j}}[2\pi\delta(\omega-\omega_0)-2\pi\delta(\omega+\omega_0)]$$

因此

$$\boxed{\sin\omega_0 t\xleftrightarrow{\mathscr{F}}\mathrm{j}\pi[\delta(\omega+\omega_0)-\delta(\omega-\omega_0)]} \tag{3-69}$$

类似可求得

$$\boxed{\cos\omega_0 t\xleftrightarrow{\mathscr{F}}\pi[\delta(\omega+\omega_0)+\delta(\omega-\omega_0)]} \tag{3-70}$$

【例毕】

*__【例 3-22】__ 在二进制数字通信系统中，常用图 3.21(a)所示的方波 $g(t)$ 表示 1 或 0，但 $g(t)$ 通常难以进行无线传输。为了便于无线发射，可用一段时间内的高频正弦波表示 1 或 0，如图 3.21(c)的 $x(t)$ 波形所示，现求 $x(t)$ 的傅里叶变换。

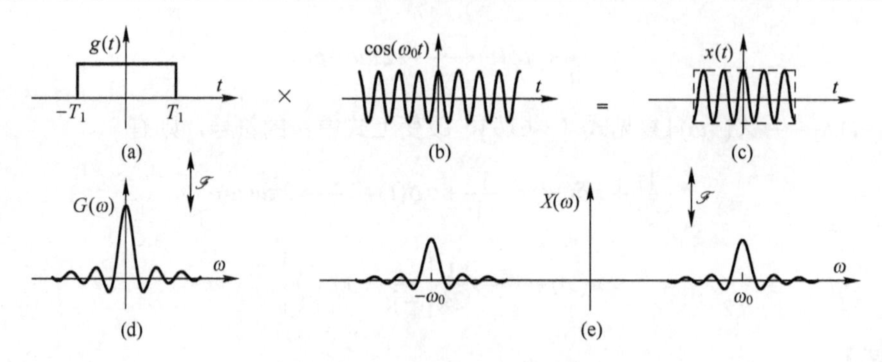

图 3.21 数字调制及其频谱变化

【解】如图 3.21 所示，$x(t)$ 可以表示成

$$x(t)=g(t)\cos\omega_0 t$$

所以

$$X(\omega)=\mathscr{F}\left\{g(t)\cdot\frac{1}{2}(\mathrm{e}^{-\mathrm{j}\omega_0 t}+\mathrm{e}^{\mathrm{j}\omega_0 t})\right\}$$

利用频移性质得

$$X(\omega)=\frac{1}{2}\left[G(\omega+\omega_0)+G(\omega-\omega_0)\right] \tag{3-71}$$

其中 $G(\omega)$ 为

$$G(\omega)=2T_1\,\mathrm{Sa}(\omega T_1)$$

因此

$$X(\omega)=T_1\,\mathrm{Sa}[(\omega+\omega_0)T_1]+T_1\,\mathrm{Sa}[(\omega-\omega_0)T_1]$$

$g(t)$ 乘 $\cos\omega_0 t$ 的过程称为调制，它将 $x(t)$ 的频谱搬移至 $\pm\omega_0$ 处[图 3.21(e)]。

【例毕】

*性质 9　**频域微分特性** 若 $x(t)\xleftrightarrow{\mathscr{F}}X(\omega)$，则

$$-\mathrm{j}tx(t)\xleftrightarrow{\mathscr{F}}\frac{\mathrm{d}}{\mathrm{d}\omega}X(\omega) \tag{3-72}$$

【证明】 傅里叶变换式两边对 ω 求导

$$\frac{\mathrm{d}}{\mathrm{d}\omega}X(\omega)=\frac{\mathrm{d}}{\mathrm{d}\omega}\left[\int_{-\infty}^{\infty}x(t)\mathrm{e}^{-\mathrm{j}\omega t}\mathrm{d}t\right]$$

$$=\int_{-\infty}^{\infty}x(t)\frac{\mathrm{d}}{\mathrm{d}\omega}[\mathrm{e}^{-\mathrm{j}\omega t}]\mathrm{d}t \qquad \text{[交换求导和积分的次序]}$$

$$=\int_{-\infty}^{\infty}[-\mathrm{j}tx(t)]\mathrm{e}^{-\mathrm{j}\omega t}\mathrm{d}t$$

与傅里叶变换定义式对比知式（3-72）成立。

【证毕】

*【例 3-23】 求 $x(t)=t\mathrm{e}^{-at}u(t)$ 的傅里叶变换。

由式（3-28）$\mathscr{F}\{\mathrm{e}^{-at}u(t)\}=\dfrac{1}{a+\mathrm{j}\omega}$，根据频域微分性质知

$$\mathscr{F}\left\{-\mathrm{j}t\mathrm{e}^{-at}u(t)\right\}=\frac{\mathrm{d}}{\mathrm{d}\omega}\left(\frac{1}{a+\mathrm{j}\omega}\right)=\frac{-\mathrm{j}}{(a+\mathrm{j}\omega)^2}$$

因此

$$\mathscr{F}\{t\mathrm{e}^{-at}u(t)\}=\frac{1}{(a+\mathrm{j}\omega)^2} \tag{3-73}$$

该题也可利用下列卷积关系求解

$$e^{-at}u(t)*e^{-at}u(t)=\left[\int_0^t e^{-a\tau}e^{-a(t-\tau)}d\tau\right]u(t)=\left[e^{-at}\int_0^t d\tau\right]u(t)=te^{-at}u(t) \tag{3-74}$$

因此根据时域卷积定理可得

$$\mathscr{F}\left\{te^{-at}u(t)\right\}=\mathscr{F}\left\{e^{-at}u(t)\right\}\mathscr{F}\left\{e^{-at}u(t)\right\}=\frac{1}{(a+j\omega)^2}$$

【例毕】

*性质 10　**频域积分特性**　若 $x(t)\xleftrightarrow{\mathscr{F}}X(\omega)$，则

$$\frac{x(t)}{-jt}+\pi x(0)\delta(t)\xleftrightarrow{\mathscr{F}}\int_{-\infty}^{\omega}X(\lambda)d\lambda \tag{3-75}$$

其证明将在频域卷积定理后的例 3-26 给出。频域积分性质应用较少。

性质 11　频域卷积定理　若 $x_1(t)\xleftrightarrow{\mathscr{F}}X_1(\omega)$，$x_2(t)\xleftrightarrow{\mathscr{F}}X_2(\omega)$，则

$$x_1(t)x_2(t)\xleftrightarrow{\mathscr{F}}\frac{1}{2\pi}\left[X_1(\omega)*X_2(\omega)\right]=\frac{1}{2\pi}\int_{-\infty}^{\infty}X_1(\lambda)X_2(\omega-\lambda)d\lambda \tag{3-76}$$

【证明】　根据傅里叶变换的定义有

$$\begin{aligned}\mathscr{F}\left\{x_1(t)x_2(t)\right\}&=\int_{-\infty}^{\infty}x_1(t)x_2(t)e^{-j\omega t}dt\\&=\int_{-\infty}^{\infty}x_2(t)\left[\frac{1}{2\pi}\int_{-\infty}^{\infty}X_1(\lambda)e^{j\lambda t}d\lambda\right]e^{-j\omega t}dt &&[x_1(t)\text{用逆变换表示}]\\&=\frac{1}{2\pi}\int_{-\infty}^{\infty}X_1(\lambda)\left[\int_{-\infty}^{\infty}x_2(t)e^{-j(\omega-\lambda)t}dt\right]d\lambda &&[\text{交换积分次序}]\\&=\frac{1}{2\pi}\int_{-\infty}^{\infty}X_1(\lambda)X_2(\omega-\lambda)d\lambda &&[\text{利用傅里叶变换频移特性}]\end{aligned}$$

【证毕】

时域信号相乘运算是常见的信号运算（例如前面提及的调制），因此频域卷积定理在理论分析和应用中时而会用到。如果函数 $X_1(\omega)$ 带限于 $[W_{1L},W_{1H}]$，$X_2(\omega)$ 带限于 $[W_{2L},W_{2H}]$。那么由第 2 章卷积计算知道，卷积后函数 $X_1(\omega)*X_2(\omega)$ 的频率范围将为

$$[W_{1L}+W_{2L},\ W_{1H}+W_{2H}] \tag{3-77}$$

因此时域信号的相乘，可能会导致频谱带宽的扩展。这一概念在实际应用中非常重要，尤其是当考虑信号的抽样问题时（抽样将在后面介绍）。

【例 3-24】　假设信号 $x_1(t)$ 含有 100～800Hz 的频率分量，$x_2(t)$ 含有 200～600Hz 的频率分量，试确定乘积后信号 $x_1(t)\cdot x_2(t)$ 的最低频率和最高频率。

【解】最低频率为 100+200=300Hz；最高频率为 800+600=1400Hz。

【例毕】

【例 3-25】　试利用频域卷积定理证明频移特性 $x(t)e^{j\omega_0 t}\xleftrightarrow{\mathscr{F}}X(\omega-\omega_0)$。

【证明】记 $x_1(t)=x(t),x_2(t)=e^{j\omega_0 t}$，其傅里叶变换分别为

$$x_1(t)=x(t)\xleftrightarrow{\mathscr{F}}X_1(\omega)=X(\omega),\quad x_2(t)=e^{j\omega_0 t}\xleftrightarrow{\mathscr{F}}X_2(\omega)=2\pi\delta(\omega-\omega_0)$$

根据频域卷积定理知

$$x(t)e^{j\omega_0 t}\xleftrightarrow{\mathscr{F}}=\frac{1}{2\pi}X_1(\omega)*X_2(\omega)=\frac{1}{2\pi}X(\omega)*[2\pi\delta(\omega-\omega_0)]=X(\omega-\omega_0)$$

【证毕】

*【例 3-26】 试利用频域卷积定理证明频域积分特性。

【证明】先推导所需的预备结论

$$u(t) \xleftrightarrow{\mathscr{F}} \frac{1}{\mathrm{j}\omega} + \pi\delta(\omega) \quad \text{[阶跃函数傅里叶变换式（3-51）]}$$

$$\frac{1}{\mathrm{j}t} + \pi\delta(t) \xleftrightarrow{\mathscr{F}} 2\pi u(-\omega) \quad \text{[由上式利用傅里叶变换的对偶性]}$$

$$\frac{1}{2\pi}\left(\frac{1}{-\mathrm{j}t} + \pi\delta(t)\right) \xleftrightarrow{\mathscr{F}} u(\omega) \quad \text{[式（3-61）} x(-t) \xleftrightarrow{\mathscr{F}} X(-\omega)\text{，且 } \delta(-t) = \delta(t)\text{]}$$

由例 2-7 的卷积计算示例可知

$$u(\omega) * X(\omega) = \int_{-\infty}^{\infty} u(\omega - \lambda) X(\lambda) \mathrm{d}\lambda = \int_{-\infty}^{\omega} X(\lambda) \mathrm{d}\lambda$$

最后，根据频域卷积定理有

$$\mathscr{F}^{-1}\{u(\omega)\} \cdot \mathscr{F}^{-1}\{X(\omega)\} \xleftrightarrow{\mathscr{F}} \frac{1}{2\pi} u(\omega) * X(\omega) = \frac{1}{2\pi}\int_{-\infty}^{\omega} X(\lambda)\mathrm{d}\lambda$$

$$\frac{1}{2\pi}\left(\frac{1}{-\mathrm{j}t} + \pi\delta(t)\right) \cdot x(t) \xleftrightarrow{\mathscr{F}} \frac{1}{2\pi}\int_{-\infty}^{\omega} X(\lambda)\mathrm{d}\lambda \quad \text{[代入前面} u(\omega) \text{ 和上述卷积关系]}$$

即

$$\frac{x(t)}{-\mathrm{j}t} + \pi x(0)\delta(t) \xleftrightarrow{\mathscr{F}} \int_{-\infty}^{\omega} X(\lambda)\mathrm{d}\lambda \quad \text{[利用了冲激函数性质]}$$

【证毕】

至此，傅里叶变换的性质已经介绍完毕。阐述上述性质的意义在于，在理论分析或实际应用中可以利用性质解决较为复杂的频谱求解和频域分析问题。下面以例子的形式，对一些概念和求解方法作进一步的讨论。

（1）时域与频域的对偶性是信号与系统时频分析中的一个重要概念。

【例 3-27】 信号的傅里叶分析还存在着一个重要的对偶特点，即

时限信号一定具有无限带宽，带限频谱一定对应无限时宽信号。

时限信号即信号只在有限时段内为非零，其余时段内处处为零。带限频谱指信号频谱只在有限频段内为非零。上述对偶性可通过频域和时域卷积定理加以理解。

时限信号 $x(t)$ 可以表示为任意信号 $f(t)$ 和时限函数 $[u(t+T_1)-u(t-T_1)]$ 的乘积

$$x(t) = f(t)[u(t+T_1) - u(t-T_1)]$$

两边取傅里叶变换，根据频域卷积定理和方波信号的傅里叶变换可得

$$X(\omega) = \frac{1}{2\pi} F(\omega) * 2T_1 \,\mathrm{Sa}(\omega T_1)$$

由于频域函数 $\mathrm{Sa}(\omega T_1)$ 是无限带宽的，因此无论 $F(\omega)$ 是有限带宽还是无限带宽，根据卷积积分过程可知上述卷积的结果 $X(\omega)$ 一定是无限带宽的。

类似，任意一个带宽有限的频域函数总可以表示成

$$X(\omega) = F(\omega)[u(\omega + W_1) - u(\omega - W_1)]$$

由时域卷积定理知

$$x(t) = f(t) * \frac{W_1}{\pi} \mathrm{Sa}(W_1 t)$$

因此 $x(t)$ 一定是无限时宽信号。

【例毕】

（2）频域函数的求解方法是灵活多样的。傅里叶变换性质为傅里叶变换求解提供了更多灵活和便捷的方法。一个问题常可以用多种方法进行求解，究竟使用哪个性质，不仅取决于问题本身，同时还与掌握公式和有关内容的熟悉程度有关。

【例 3-28】 对于图 3.22(a)所示的三角波，可以用多种方法求其傅里叶变换。

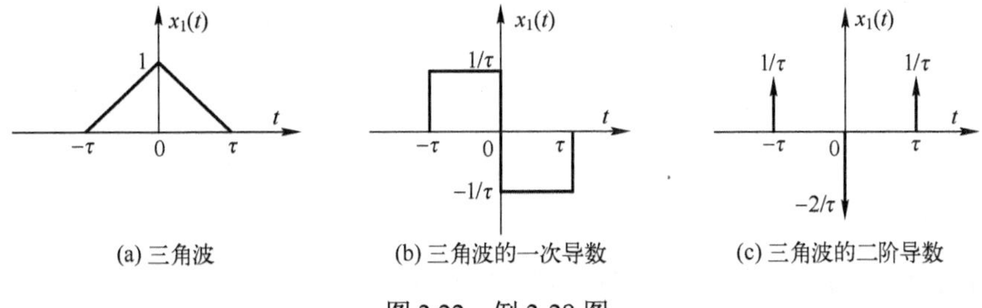

图 3.22　例 3-28 图

解法一　由于单个三角波满足绝对可积条件，因此可以直接根据傅里叶变换的定义进行求解，但是其积分过程比较复杂。

解法二　三角波的一次微分为图 3.22(b)所示的双极性脉冲信号，直接根据傅里叶变换定义求该脉冲信号的傅里叶变换，积分过程相对简单，然后利用时域积分性质求三角波信号的傅里叶变换。这一方法比解法一简便。

解法三　如果熟记了方波信号的傅里叶变换表达式[式（3-27）]，则可以利用时移特性和时域积分特性求三角波的傅里叶变换。这就是例 3-15 的方法。

解法四　将三角波微分两次则得到图 3.22(c)所示的冲激函数（参见例 1-12 和图 1.28）。冲激函数的傅里叶变换式比较简单，再利用时移性质和时域积分性质求解，具体过程如下。

三角波的一阶导数为

$$x'(t)=\frac{1}{\tau}[u(t+\tau)-u(t)]-\frac{1}{\tau}[u(t)-u(t-\tau)]$$

二阶导数为

$$x''(t)=\frac{1}{\tau}[\delta(t+\tau)-\delta(t)]-\frac{1}{\tau}[\delta(t)-\delta(t-\tau)]=\frac{1}{\tau}[\delta(t+\tau)-2\delta(t)+\delta(t-\tau)]$$

则

$$\mathscr{F}\{x''(t)\}=\frac{1}{\tau}(\mathrm{e}^{\mathrm{j}\omega\tau}-2+\mathrm{e}^{-\mathrm{j}\omega\tau})=\frac{2}{\tau}(\cos\omega\tau-1)=-\frac{4}{\tau}\sin^2\frac{\omega\tau}{2}$$

由上式不难看出 $\mathscr{F}\{x''(t)\}_{\omega=0}=0$，因此利用时域积分性质关系得

$$\mathscr{F}\{x'(t)\}=\frac{\mathscr{F}\{x''(t)\}}{\mathrm{j}\omega}=-\frac{4}{\tau}\frac{\sin^2\frac{\omega\tau}{2}}{\mathrm{j}\omega}$$

上式具有 $\mathrm{Sa}(\cdot)\sin(\cdot)$ 的形式，易知 $\mathscr{F}\{x'(t)\}_{\omega=0}=0$。再次利用积分性质得

$$\mathscr{F}\{x(t)\}=\frac{\mathscr{F}\{x'(t)\}}{\mathrm{j}\omega}=\frac{1}{(\mathrm{j}\omega)^2}\frac{-4}{\tau}\sin^2\frac{\omega\tau}{2}=\tau\,\mathrm{Sa}^2\frac{\omega\tau}{2}$$

解法五　三角波 $x(t)$ 可以看成两个脉冲信号的卷积，如图 3.23 所示，即

$$x(t)=g(t)*g(t) \tag{3-78}$$

由方波信号的傅里叶变换公式知

$$\mathscr{F}\{g(t)\}=\tau\sqrt{1/\tau}\,\mathrm{Sa}\frac{\omega\tau}{2}=\sqrt{\tau}\,\mathrm{Sa}\frac{\omega\tau}{2}$$

根据时域卷积定理得

$$\mathscr{F}\{x(t)\}=\sqrt{\tau}\,\mathrm{Sa}\frac{\omega\tau}{2}\cdot\sqrt{\tau}\,\mathrm{Sa}\frac{\omega\tau}{2}=\tau\,\mathrm{Sa}^2\frac{\omega\tau}{2}$$

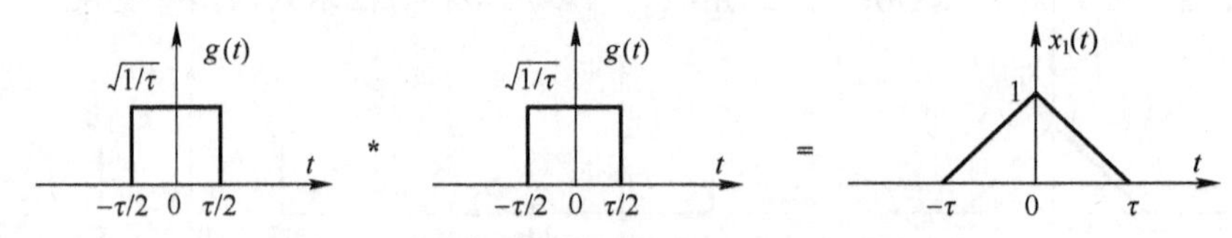

图 3.23 将三角脉冲表示为两个矩形脉冲的卷积

【例毕】

（3）频域分析一般不用于响应求解，但对简单的情形也可以为之。

傅里叶分析主要用于信号与系统的频域特性分析，很少用于系统响应的求解，因为显式的复变量函数的化简和计算都非常不便。响应求解主要应用 s 域和 z 域分析方法，但是对于由 $\mathrm{j}\omega$ 多项式之比构成的相对简单的频域函数，可以利用部分分式展开法求解，下面以一简单例子说明。部分分式展开法将在第 5 章作详细介绍。

*【例 3-29】 设 $X(\omega)=\dfrac{5+2\mathrm{j}\omega}{6+5\mathrm{j}\omega+(\mathrm{j}\omega)^2}$，求其逆变换。

【解】 $X(\omega)$ 可以分解为下列两个部分分式之和

$$X(\omega)=\frac{1}{\mathrm{j}\omega+2}+\frac{1}{\mathrm{j}\omega+3}$$

由于

$$\mathscr{F}\{\mathrm{e}^{-at}u(t)\}=\frac{1}{a+\mathrm{j}\omega}$$

部分分式展开式两边取傅里叶逆变换得

$$x(t)=\mathscr{F}^{-1}\{X(\omega)\}=\mathscr{F}^{-1}\left\{\frac{1}{\mathrm{j}\omega+2}\right\}+\mathscr{F}^{-1}\left\{\frac{1}{\mathrm{j}\omega+3}\right\}=\mathrm{e}^{-2t}u(t)+\mathrm{e}^{-3t}u(t)$$

【例毕】

3.3.4 周期信号的傅里叶变换

单纯周期信号的频域分析有效工具是傅里叶级数，因为它不需要引入冲激函数，物理概念相对简单。但是当信号中既含有周期分量，又含有非周期的能量信号时，则需要有一分析工具能同时适用于这两类信号。为此，有必要将傅里叶变换应用于周期信号的频域分析。本小节主要讨论如何求解周期信号的傅里叶变换。

1．周期信号的傅里叶变换

设周期信号 $x_T(t)$ 的周期为 T，$x_T(t)$ 的傅里叶级数展开式为

$$x_T(t)=\sum_{k=-\infty}^{\infty}c_k\mathrm{e}^{\mathrm{j}k\omega_0 t}\quad\left(\omega_0=\frac{2\pi}{T}\right)$$

两边同取傅里叶变换

$$\mathscr{F}\{x_T(t)\}=\mathscr{F}\left\{\sum_{k=-\infty}^{\infty}c_k\mathrm{e}^{\mathrm{j}k\omega_0 t}\right\}=\sum_{k=-\infty}^{\infty}c_k\mathscr{F}\left\{\mathrm{e}^{\mathrm{j}k\omega_0 t}\right\}$$

代入$\mathscr{F}\{\mathrm{e}^{\mathrm{j}k\omega_0 t}\}=2\pi\delta(\omega-k\omega_0)$得

$$\mathscr{F}\{x_T(t)\}=2\pi\sum_{k=-\infty}^{\infty}c_k\delta(\omega-k\omega_0) \tag{3-79}$$

由式（3-79）看到，周期信号的傅里叶变换是由冲激函数构成的，这些冲激函数出现在$k\omega_0$处，对应的冲激强度为$2\pi c_k$。这里c_k是由式（3-2）确定的周期信号指数展开式的系数，即

$$c_k=\frac{1}{T}\int_T x(t)\mathrm{e}^{-\mathrm{j}k\omega_0 t}\mathrm{d}t$$

例如，依据例 3-3 傅里叶级数系数的求解结果式（3-6），图 3.3(a)所示周期方波信号的傅里叶变换为

$$\mathscr{F}\{x_T(t)\}=2\pi\sum_{k=-\infty}^{\infty}\frac{2T_1}{T}\mathrm{Sa}(k\omega_0T_1)\delta(\omega-k\omega_0) \tag{3-80}$$

其对应的频谱如图 3.24 所示。

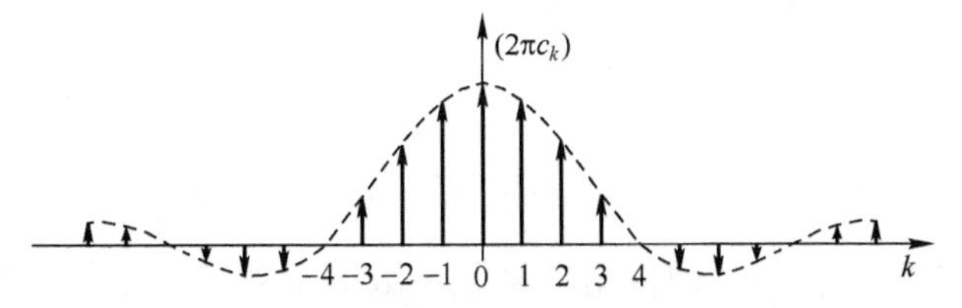

图 3.24　对称周期方波信号的傅里叶变换

【例 3-30】　求图 3.25 左图所示周期冲激信号$\delta_T(t)$的傅里叶变换。

【解】$\delta_T(t)$的傅里叶级数展开系数为

$$c_k=\frac{1}{T}\int_{-\frac{T}{2}}^{\frac{T}{2}}\delta_T(t)\mathrm{e}^{-\mathrm{j}k\omega_0 t}\mathrm{d}t=\frac{1}{T}$$

将c_k代入式（3-79）中可得$\delta_T(t)$的傅里叶变换为

$$\mathscr{F}\{\delta_T(t)\}=\frac{2\pi}{T}\sum_{k=-\infty}^{\infty}\delta(\omega-k\omega_0)=\omega_0\sum_{k=-\infty}^{\infty}\delta(\omega-k\omega_0) \tag{3-81}$$

若记

$$\delta_{\omega_0}(\omega)=\sum_{k=-\infty}^{\infty}\delta(\omega-k\omega_0) \tag{3-82}$$

则

$$\delta_T(t)\xleftrightarrow{\mathscr{F}}\omega_0\delta_{\omega_0}(\omega) \tag{3-83}$$

函数波形如图 3.25 所示。

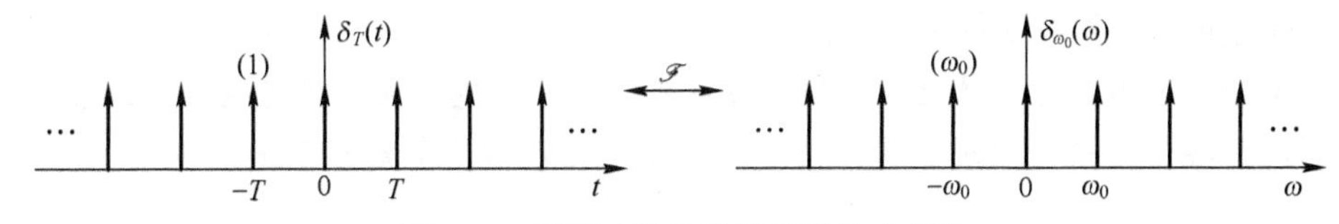

图 3.25　周期冲激信号及其傅里叶变换

【例毕】

2．傅里叶级数和傅里叶变换之间的关系

设 $x(t)$ 为非周期信号，其傅里叶变换为 $X(\omega)$。若将 $x(t)$ 作周期为 T 的周期延拓，构成 $x_T(t)$，如图 3.26 所示，显然有

$$x(t)=\begin{cases}x_T(t), & |t|\leqslant T/2\\ 0, & |t|>T/2\end{cases} \tag{3-84}$$

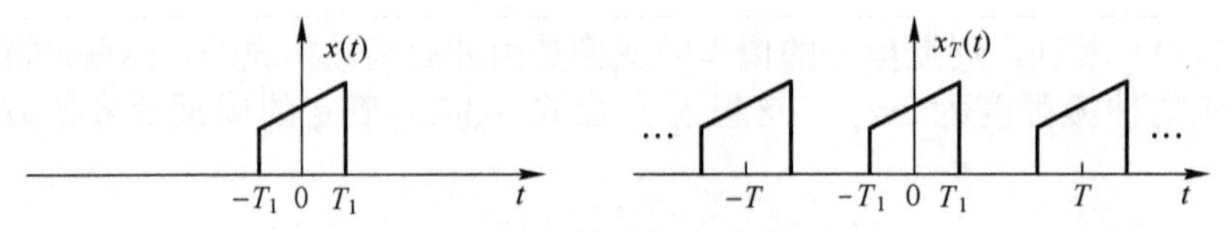

图 3.26　非周期信号的周期延拓

考虑到式（3-84），周期信号 $x_T(t)$ 的傅里叶级数系数可以写为

$$c_k=\frac{1}{T}\int_{-T/2}^{T/2}x_T(t)\mathrm{e}^{-\mathrm{j}k\omega_0 t}\mathrm{d}t=\frac{1}{T}\int_{-T/2}^{T/2}x(t)\mathrm{e}^{-\mathrm{j}k\omega_0 t}\mathrm{d}t \tag{3-85}$$

$x(t)$ 的傅里叶变换为

$$X(\omega)=\int_{-\infty}^{\infty}x(t)\mathrm{e}^{-\mathrm{j}\omega t}\mathrm{d}t=\int_{-T/2}^{T/2}x(t)\mathrm{e}^{-\mathrm{j}\omega t}\mathrm{d}t \tag{3-86}$$

比较式（3-85）和式（3-86）可得

$$c_k=\frac{1}{T}X(\omega)\Big|_{\omega=k\omega_0}=\frac{1}{T}X(k\omega_0)\qquad（\omega_0=\frac{2\pi}{T}） \tag{3-87}$$

式（3-87）表明，周期信号 $x_T(t)$ 的傅里叶级数系数等于对应的非周期信号 $x(t)$ 的傅里叶变换在 $\omega=k\omega_0$ 处的抽样值 $X(k\omega_0)$ 与周期 T 的比。

需要注意的是，式（3-87）给出的关系不是同一个信号的傅里叶变换和傅里叶级数系数之间的关系，它是图 3.26 所示两个信号之间的频谱关系。

*【例 3-31】 利用式（3-87）求图 3.5(a)周期三角波的傅里叶级数展开式系数 c_k。

【解】对于一些周期信号，直接根据傅里叶级数系数的定义式求 c_k，其积分过程往往很复杂。利用式（3-87）求 c_k 会简便很多，因为我们对傅里叶变换更熟悉，有更多的已有结论可用。由例 3-15 知，单个三角波的傅里叶变换为

$$X(\omega)=\frac{T}{2}\mathrm{Sa}^2\frac{\omega T}{4}$$

因此，周期三角波信号的傅里叶级数系数为

$$c_k=\frac{1}{T}X(\omega)\Big|_{\omega=k\omega_0}=\frac{1}{2}\mathrm{Sa}^2\frac{k\omega_0 T}{4}$$

【例毕】

***3．周期信号傅里叶变换两种表达式的等价性**

式（3-79）是周期信号傅里叶变换的表达形式之一，它利用了周期信号的傅里叶级数展开。然而，周期信号也可以用非周期信号的周期延拓表示（参见图 3.26），即

$$x_T(t)=\sum_{k=-\infty}^{\infty}x(t-kT) \tag{3-88}$$

上式两边取傅里叶变换，并应用傅里叶变换的时域平移性质可得

$$\mathscr{F}\{x_T(t)\}=\mathscr{F}\left\{\sum_{k=-\infty}^{\infty}x(t-kT)\right\}=\sum_{k=-\infty}^{\infty}\mathscr{F}\{x(t-kT)\}=\sum_{k=-\infty}^{\infty}X(\omega)\mathrm{e}^{-\mathrm{j}kT\omega}$$

即

$$\mathscr{F}\{x_T(t)\}=X(\omega)\sum_{k=-\infty}^{\infty}\mathrm{e}^{-\mathrm{j}kT\omega}$$

其中 $X(\omega)$ 是 $x_T(t)$ 中单个周期所构成的非周期信号 $x(t)$ 的傅里叶变换。因此周期信号的傅里叶变换有两种表达式

$$\mathscr{F}\{x_T(t)\}=2\pi\sum_{k=-\infty}^{\infty}c_k\delta(\omega-k\omega_0) \tag{3-89}$$

$$\mathscr{F}\{x_T(t)\}=X(\omega)\sum_{k=-\infty}^{\infty}\mathrm{e}^{-\mathrm{j}kT\omega} \tag{3-90}$$

现在的问题是能否证明上述两种表达式具有等价性，或者说如何证明下式成立

$$2\pi\sum_{k=-\infty}^{\infty}c_k\delta(\omega-k\omega_0)=X(\omega)\sum_{k=-\infty}^{\infty}\mathrm{e}^{-\mathrm{j}kT\omega} \tag{3-91}$$

为了证明过程更加容易理解，下面分三步证明式（3-91）。首先确定频域周期信号傅里叶级数展开式；其次证明对于周期冲激函数 $\delta_T(t)$，上述两种表达式是等价的；最后证明对于一般周期信号，式（3-89）和式（3-90）两种表达式是等价的。

（1）频域周期信号的傅里叶级数展开

单纯地从数学函数讲，信号无所谓时域和频域，只是变量符号 t 和 ω 的不同而已。在将其和时域或频域关联后，两个函数中的变量或参数才具有不同的物理含义。赋予了时域和频域的概念后，同一个周期信号的时域表达式和频域表达式之间需要维持时域周期 T 和频域 ω_0 之间的约束关系不变，即 $\omega_0=2\pi/T$。表 3.2 通过对比形成了频域周期函数傅里叶级数的展开式和系数确定公式。

表 3.2　时域周期函数和频域周期函数傅里叶级数展开的对比

	时域周期函数的傅里叶级数展开	频域周期函数的傅里叶级数展开
函数	$x_T(t)$	$X_{\omega_0}(\omega)$
周期	$T=\frac{2\pi}{\omega_0}$	$\omega_0=\frac{2\pi}{T}$
展开式	$x_T(t)=\sum_{k=-\infty}^{\infty}c_k\mathrm{e}^{\mathrm{j}k\frac{2\pi}{T}t}=\sum_{k=-\infty}^{\infty}c_k\mathrm{e}^{\mathrm{j}k\omega_0 t}$	$X_{\omega_0}(\omega)=\sum_{k=-\infty}^{\infty}c'_k\mathrm{e}^{\mathrm{j}k\frac{2\pi}{\omega_0}\omega}=\sum_{k=-\infty}^{\infty}c'_k\mathrm{e}^{\mathrm{j}kT\omega}$
系数	$c_k=\frac{1}{T}\int_{-T/2}^{T/2}x_T(t)\mathrm{e}^{-\mathrm{j}k\frac{2\pi}{T}t}\mathrm{d}t=\frac{1}{T}\int_{-T/2}^{T/2}x_T(t)\mathrm{e}^{-\mathrm{j}k\omega_0 t}\mathrm{d}t$	$c'_k=\frac{1}{\omega_0}\int_{-\omega_0/2}^{\omega_0/2}X_{\omega_0}(\omega)\mathrm{e}^{-\mathrm{j}k\frac{2\pi}{\omega_0}\omega}\mathrm{d}\omega=\frac{1}{\omega_0}\int_{-\omega_0/2}^{\omega_0/2}X_{\omega_0}(\omega)\mathrm{e}^{-\mathrm{j}kT\omega}\mathrm{d}\omega$

（2）$\delta_T(t)$ 两种傅里叶变换表达式的等价性

图 3.25(a)的 $\delta_T(t)$ 可以表示为

$$\delta_T(t)=\sum_{k=-\infty}^{\infty}\delta(t-kT)$$

上式两边取傅里叶变换，并应用傅里叶变换的时域平移性质可得

$$\mathscr{F}\{\delta_T(t)\}=\mathscr{F}\left\{\sum_{k=-\infty}^{\infty}\delta(t-kT)\right\}=\sum_{k=-\infty}^{\infty}\mathscr{F}\{\delta(t-kT)\}=\sum_{k=-\infty}^{\infty}\mathrm{e}^{-\mathrm{j}kT\omega} \tag{3-92}$$

需要证明的是式（3-81）和式（3-92）的等价性，即需证明有下式成立

$$\omega_0\sum_{k=-\infty}^{\infty}\delta(\omega-k\omega_0)=\sum_{k=-\infty}^{\infty}\mathrm{e}^{-\mathrm{j}kT\omega} \tag{3-93}$$

这里频域周期函数为

$$X_{\omega_0}(\omega)=\omega_0\delta_{\omega_0}(\omega)=\omega_0\sum_{k=-\infty}^{\infty}\delta(\omega-k\omega_0)$$

按照表 3.2 其傅里叶级数系数为

$$c_k'=\frac{1}{\omega_0}\int_{-\omega_0/2}^{\omega_0/2}\omega_0\delta_{\omega_0}(\omega)\mathrm{e}^{-\mathrm{j}kT\omega}\mathrm{d}\omega=1$$

因此其傅里叶级数展开式为

$$\omega_0\delta_{\omega_0}(\omega)=\sum_{k=-\infty}^{\infty}\mathrm{e}^{\mathrm{j}kT\omega}$$

从 $\delta_{\omega_0}(\omega)$ 的波形不难理解，$\delta_{\omega_0}(\omega)$ 是 ω 的偶函数，即 $\delta_{\omega_0}(\omega)=\delta_{\omega_0}(-\omega)$，因此上式可写为

$$\omega_0\delta_{\omega_0}(\omega)=\omega_0\delta_{\omega_0}(-\omega)=\sum_{k=-\infty}^{\infty}\mathrm{e}^{-\mathrm{j}kT\omega}$$

上式即为式（3-93）。

（3）任意周期信号两种傅里叶变换表达式的等价性

下面从周期信号傅里叶变换的式（3-90）导出式（3-81）。

$$\begin{aligned}\mathscr{F}\{x_T(t)\}&=X(\omega)\sum_{k=-\infty}^{\infty}\mathrm{e}^{-\mathrm{j}kT\omega}\\&=X(\omega)\omega_0\sum_{k=-\infty}^{\infty}\delta(\omega-k\omega_0)\qquad[\text{代入式（3-93）}]\\&=2\pi\sum_{k=-\infty}^{\infty}\frac{X(\omega)}{T}\delta(\omega-k\omega_0)\\&=2\pi\sum_{k=-\infty}^{\infty}\frac{X(k\omega_0)}{T}\delta(\omega-k\omega_0)\qquad[\text{冲激函数的性质}]\\&=2\pi\sum_{k=-\infty}^{\infty}c_k\delta(\omega-k\omega_0)\qquad[\text{代入式（3-87）}]\end{aligned}$$

3.3.5 傅里叶变换与信号频谱

1．傅里叶变换的核心思想：非周期信号分解为无穷小正弦信号的叠加

如前所述，傅里叶级数的核心思想是将周期信号分解为正弦信号的叠加：

$$x_T(t)=A_0+\sum_{k=1}^{\infty}A_k\cos(k\omega_0t+\theta_k)\text{（直流视作频率为零的正弦信号）} \tag{3-94}$$

为了讨论傅里叶变换的物理概念，将其逆变换表达式作如下变形

$$\begin{aligned}x(t)&=\frac{1}{2\pi}\int_{-\infty}^{\infty}X(\omega)\mathrm{e}^{\mathrm{j}\omega t}\mathrm{d}\omega\\&=\frac{1}{2\pi}\int_{-\infty}^{\infty}|X(\omega)|\mathrm{e}^{\mathrm{j}\varphi(\omega)}\mathrm{e}^{\mathrm{j}\omega t}\mathrm{d}\omega\\&=\frac{1}{2\pi}\int_{-\infty}^{\infty}|X(\omega)|\cos[\omega t+\varphi(\omega)]\mathrm{d}\omega+\frac{\mathrm{j}}{2\pi}\int_{-\infty}^{\infty}|X(\omega)|\sin[\omega t+\varphi(\omega)]\mathrm{d}\omega\end{aligned}$$

考虑到幅相特性和三角函数的奇偶性，上式虚部为奇函数在对称区间上的积分，积分为零。实部为偶函数在对称区间上的积分，积分为单边区间的 2 倍。所以

$$x(t)=\frac{1}{\pi}\int_{0}^{\infty}|X(\omega)|\cos[\omega t+\varphi(\omega)]\mathrm{d}\omega \tag{3-95}$$

积分也是一种求和，为了便于概念的理解，可将上式改写为

$$x(t)\approx\sum_{i}\left(\frac{|X(\omega_i)|}{\pi}\mathrm{d}\omega_i\right)\cos[\omega_i t+\varphi(\omega_i)] \tag{3-96}$$

可以看到上式和式（3-94）相似。因此，从信号分析角度可以这样解释信号的傅里叶变换：一个能量有限的非周期信号可以看成是由无穷多个、频率连续变化的、各分量实际幅度为无穷小量 $|X(\omega)|\mathrm{d}\omega/\pi$、各分量幅度之间相对大小关系由 $|X(\omega)|$ 确定、各分量相位由 $\varphi(\omega)$ 确定的正弦信号的叠加。图 3.27 示意了这一概念。

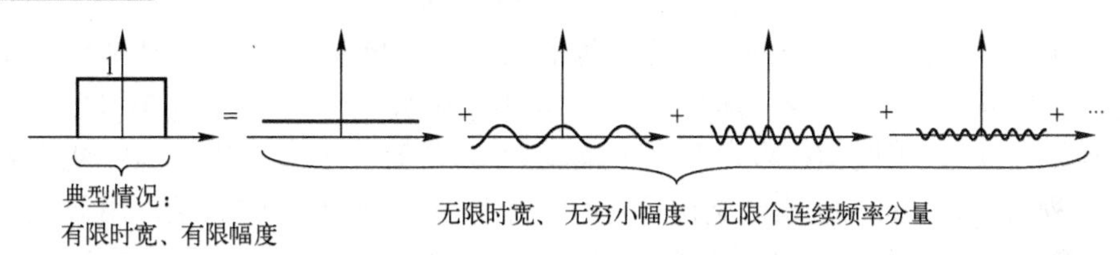

图 3.27　能量有限信号的正弦波分解

在幅值表达式 $|X(\omega)|\mathrm{d}\omega/\pi$ 中，无穷小的体现是 $\mathrm{d}\omega$。从能量角度看，能量有限信号（如单个方波信号）的能量为有限值，只有每个正弦波分量的幅度为无穷小，无穷多个正弦波分量叠加后其能量才有可能也为有限值。

为了进一步理解图 3.27 中的无穷小幅度问题，可以从信号波形的几何意义上分析一下能量有限信号的直流分量。直流分量就是函数的均值，即

$$\overline{x(t)}=\lim_{T\to\infty}\frac{1}{T}\int_{-T/2}^{T/2}x(t)\mathrm{d}t \tag{3-97}$$

从函数曲线来看，函数的时间均值是一条平行于横轴的直线，如图 3.28 中虚线所示，它使函数曲线在该直线上下方围成的净曲边面积为零。对于图 3.28 所示的方波信号和单边指数衰减信号，为了使均值线上下方的面积总和为零，其直流分量的幅度必定是一个无限趋于零但不等于零的无穷小量，因为均线上方围成的曲边面积是有限值。因此，应该这样理解 $x(t)$ 的傅里叶变换 $X(\omega)$ 在 $\omega=0$ 处的取值 $X(0)$ [若 $X(0)\neq 0$]：它表明该信号含直流分量，但其直流分量的实际幅度为趋于零但不等于零的无穷小量。对某个频点的交流分量幅度 $|X(\omega_0)|$ 也是类似的理解。

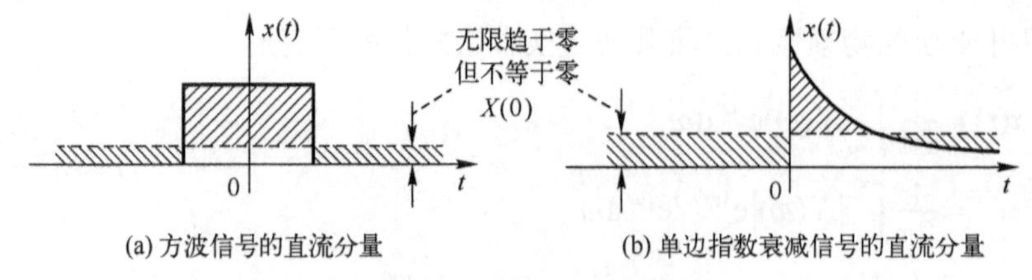

(a) 方波信号的直流分量　　(b) 单边指数衰减信号的直流分量

图 3.28　信号直流分量示意图

综上所述，非周期信号傅里叶变换的模值$|X(\omega)|<\infty$并不是信号分量的实际幅度大小，实际幅度为无穷小；不同频率点的$|X(\omega)|$取值反映的是它们之间的相对大小。简言之，**傅里叶变换 $X(\omega)$是描述无穷小量的函数**。有了这一概念后，方能正确理解含有冲激函数的信号频谱。

有文献称$X(\omega)$为频谱密度函数，这里密度二字就是表明$X(\omega)$是描述无穷小量的函数。例如，对于一个质量非均匀的“线状”物体，可用“线密度函数”$m(x)$描述其质量沿线的分布情况。如果该物体的总质量为有限值M（$M<\infty$），那么线上一点x_0的质量将为无穷小量（$m(x_0)\to 0$，但$m(x_0)\neq 0$），即$m(x)$是一个描述无穷小量的函数。

2．频域冲激函数表示的信号频谱

有必要先回顾一下傅里叶级数所表示的周期信号频谱，参见式（3-94）。傅里叶级数是将周期信号分解为正弦波的叠加，其中每个正弦分量的幅度A_k为信号分量的实际幅度大小，例如$A_0=1$表明该周期信号含有幅度为 1 的直流分量。

然而，傅里叶变换$X(\omega)$是描述无穷小量的函数，如果要用$X(\omega)$描述非无穷小的有限值，它只能用无穷大来表示（有限值相对于无穷小量则为无穷大），即必须借助冲激函数才能表述。例如$x(t)=1$ 表明$x(t)$只含有一个幅度为 1 的直流分量，用傅里叶变换表示则为$2\pi\delta(\omega)$。又如$x(t)=A\cos\omega_0 t$表示$x(t)$只含有一个频率为ω_0的正弦分量，用傅里叶变换表示则为$A\pi[\delta(\omega+\omega_0)+\delta(\omega-\omega_0)]$。一般周期信号含有无穷多个频率分量（直流、基波和高次谐波），每个频率分量的幅度均不为无穷小，因此它的傅里叶变换表达式如式（3-79）所述的那样——在每个频率分量处都有一个冲激函数$\delta(\omega-k\omega_0)$（参见图 3.24）。

【例 3-32】 设图 3.29 是某个信号$x(t)$的傅里叶变换$X(\omega)$，试确定$x(t)$所含有的频率分量、各分量信号的实际幅度大小和信号的表达式。

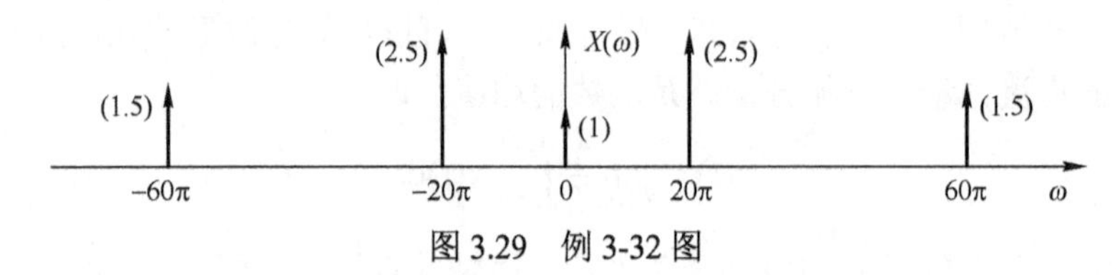

图 3.29　例 3-32 图

【解】 从图可知信号含有三个频率分量：直流、10Hz 和 30Hz 正弦波。各分量的幅度：直流幅度为 1/2π=0.16；10Hz 正弦分量幅度为 2.5×2/(2π)=0.80；30Hz 正弦分量幅度为 1.5×2/(2π)=0.48。信号的频谱表达式为

$$X(\omega)=\delta(\omega)+2.5[\delta(\omega+20\pi)+\delta(\omega-20\pi)]+1.5[\delta(\omega+60\pi)+\delta(\omega-60\pi)]$$

信号的表达式为

$$x(t)=0.16+0.80\cos(20\pi t)+0.48\cos(60\pi t)$$

【例毕】

3．相频特性和附加相移

从式（3-95）可以看出相频特性 $\varphi(\omega)$ 的物理含义：它是信号 $x(t)$ 在 ω 处频率分量的初相角（图 1.12 给出了初相角的几何意义）。需要注意的是，$|X(\omega)|$ 不是信号 $x(t)$ 在 ω 处正弦频率分量的实际幅度，但 $\varphi(\omega)$ 是各频率分量的实际初相角。

由傅里叶变换的时域平移性质可知

$$x(t-t_0)\xleftrightarrow{\mathscr{F}}X(\omega)\mathrm{e}^{-\mathrm{j}\omega t_0}=|X(\omega)|\,\mathrm{e}^{\mathrm{j}[\varphi(\omega)-\omega t_0]}$$

因此，信号 $x(t)$ 在时域中的延时会改变其相频特性，产生附加相移 $-\omega t_0$。

此外，与式（3-95）的推导类似可以推得

$$x(t-t_0)=\frac{1}{\pi}\int_0^{\infty}|X(\omega)|\cos[\omega(t-t_0)+\varphi(\omega)]\mathrm{d}\omega \tag{3-98}$$

上式表明：$x(t)$ 在时域中整体延时 t_0 就是每一个频率分量均延时 t_0。反之，如果 $x(t)$的各频率分量在传输过程中时延不等，或附加相移和频率ω不是负斜率线性关系$-\omega t_0$，信号波形就会产生失真。

由图 3.1 不难理解上述结论：将图 3.1(a)(b)(c)给予相同的延时，合成后波形是图 3.1(d)的延时，波形不产生失真。如果将图 3.1(a)(b)(c)给予不同的延时，则合成后波形一定不同于图 3.1(d)，会产生失真。

4．非周期信号频谱的特点

（1）非周期信号频谱的基本特点是连续谱，即 ω 可连续取值。

（2）和周期信号类似，很多非周期信号的频谱也具有无限频带宽度和高频衰减的特征。

（3）非周期信号的幅频特性 $|X(\omega)|$ 反映的是各分量幅度的相对大小，各分量的实际幅度是一个趋于零（但不等于零）的无穷小量。

（4）若信号在某个频率点上含有实际幅度不为无穷小的分量，则其傅里叶变换在该频率点上会出现频域冲激函数。

*5．乘法调制的频谱分析

应用频域卷积定理可以分析通信系统中乘法调制信号的频谱。信号在无线发送前需要调制的主要目的是解决电磁波的有效辐射问题。要让信号能通过天线作为无线电波有效发射，天线长度应和电波波长 λ 可比（一般为 1/4 波长或 1/2 波长）。由于波长 $\lambda=v/f$（其中 v 是光速 3×10^8 m/s，f 是信号频率），可以算出：若要直接发射话音信号（取 $f\leqslant 3$ kHz），天线长度需几百千米，这显然不现实。调制理论解决了这一问题。最易理解的调制技术是幅度调制[图 3.30(a)]，其原理比较简单：将话音信号 $x(t)$ 和高频信号 $\cos\omega_0 t$ 相乘即可。调制后信号频谱为

$$\begin{aligned}X_{\mathrm{m}}(\omega)&=\mathscr{F}\{x(t)\cos\omega_0 t\}\\&=\mathscr{F}\left\{\frac{1}{2}x(t)\mathrm{e}^{\mathrm{j}\omega_0 t}\right\}+\mathscr{F}\left\{\frac{1}{2}x(t)\mathrm{e}^{-\mathrm{j}\omega_0 t}\right\}\\&=\frac{1}{2}X(\omega-\omega_0)+\frac{1}{2}X(\omega+\omega_0)\end{aligned} \tag{3-99}$$

如图 3.30(b)和图 3.30(c)所示，由于 ω_0 可以很高，因此 $x_{\mathrm{m}}(t)$ 得以有效的发射。

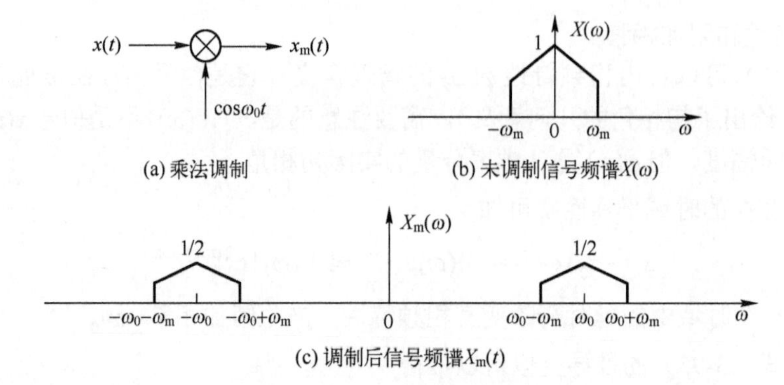

图 3.30 乘法调制及其频谱分析

如果再将 $x_m(t)$ 乘 $\cos\omega_0 t$，即 $x_d(t)=x_m(t)\cos\omega_0 t$，则其频谱为

$$\begin{aligned}X_d(\omega)&=\mathscr{F}\{x_m(t)\cos\omega_0 t\}\\&=\mathscr{F}\left\{\frac{1}{2}x_m(t)e^{j\omega_0 t}\right\}+\mathscr{F}\left\{\frac{1}{2}x_m(t)e^{-j\omega_0 t}\right\}\\&=\frac{1}{2}X(\omega)+\frac{1}{4}X(\omega-2\omega_0)+\frac{1}{4}X(\omega+2\omega_0)\end{aligned}\tag{3-100}$$

如图 3.31 所示。由图 3.31 可以看出，只要取出 $X_d(\omega)$ 中的低频部分，则可以得到话音信号的频谱 $X(\omega)$（2 倍的系数差别可以通过信号放大解决），这就是乘法解调的基本原理。应该指出乘法调制与解调只是调制技术中的一种。

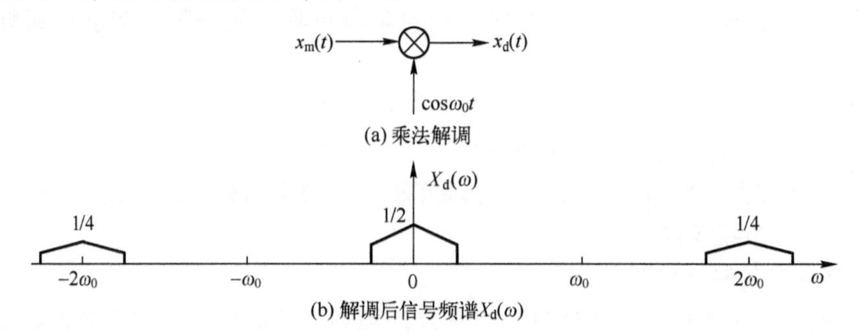

图 3.31 乘法解调及其频谱分析

*3.3.6 能量谱密度和功率谱密度

1．能量谱密度函数

能量信号的幅度频谱 $|X(\omega)|$ 描述的是各频率分量的幅度在频域中的分布情况。由帕斯瓦尔定理式（3-48）可知，$|X(\omega)|^2$ 描述的则是信号能量在频域中的分布情况，可将其定义为信号的能量谱密度函数，即

$$E(\omega)=|X(\omega)|^2\tag{3-101}$$

由于 $X(\omega)$ 是描述无穷小量的函数，因此当 $|X(\omega_0)|<\infty$ 时，信号在频率 ω_0 处的实际能量也为无穷小。$E(\omega)$ 常简称为能量谱。

2．功率谱密度函数

对于功率信号（信号能量趋于无穷大），需要考察其平均功率在频域中的分布情况。从

概念上讲，可以定义下式为功率谱密度函数

$$P(\omega)=\lim_{\tau\to\infty}\frac{E_\tau(\omega)}{2\tau}=\lim_{\tau\to\infty}\frac{|X_\tau(\omega)|^2}{2\tau} \tag{3-102}$$

其中 $X_\tau(\omega)$ 是 $x(t)$ 的截断函数 $x_\tau(t)$ 的傅里叶变换。不失一般性，截断函数 $x_\tau(t)$ 的取值区间可定义为$[-\tau,\tau]$，如图 3.32 所示。

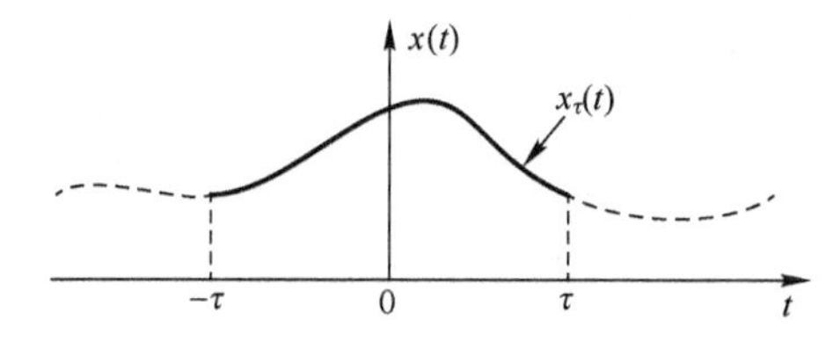

图 3.32　功率信号 $x(t)$ 的截断函数 $x_\tau(t)$

由于功率信号的傅里叶变换含有冲激函数，按照式（3-102）计算功率谱密度函数会出现 $\delta^2(\omega)$，数学上遇到困难。如果按照时频域的能量/功率守恒原则求解，会简便很多。

1）直流信号的功率谱密度函数

设直流信号 $x(t)=A$，按照信号平均功率定义式（1-6）可知，其平均功率为 $\bar{P}=A^2$。这一非无穷小的信号功率 $\bar{P}$ 集中在一个频点 $\omega=0$ 处，因此直流信号的功率谱密度函数为

$$P(\omega)=2\pi A^2\delta(\omega) \tag{3-103}$$

上述 $P(\omega)$ 维持了时频域的功率守恒，因为

$$\bar{P}=\frac{1}{2\pi}\int_{-\infty}^{\infty}P(\omega)\mathrm{d}\omega=\frac{1}{2\pi}\int_{-\infty}^{\infty}2\pi A^2\delta(\omega)\mathrm{d}\omega=A^2\int_{-\infty}^{\infty}\delta(\omega)\mathrm{d}\omega=A^2 \tag{3-104}$$

这里从概念推导直流信号的功率谱密度函数，简单便捷。还可以从基于截断函数的定义式（3-102）出发进行推导，但过程相对抽象，且需要利用下列等式。

$$\lim_{\tau\to\infty}\tau\,\mathrm{Sa}(\omega\tau)=\pi\delta(\omega) \tag{3-105}$$

【证明】

$\lim_{\tau\to\infty}x_\tau(t)=A$　　[$x_\tau(t)$ 为直流信号 A 的截断函数，参见图 3.32]

$\mathscr{F}[\lim_{\tau\to\infty}x_\tau(t)]=\mathscr{F}[A]=2\pi A\delta(\omega)$　　[两边取傅里叶变换，并代入式（3-32）]

$\lim_{\tau\to\infty}\mathscr{F}[x_\tau(t)]=2\pi A\delta(\omega)$　　[交换极限和傅里叶变换的运算顺序]

$\lim_{\tau\to\infty}2\tau A\mathrm{Sa}(\omega\tau)=2\pi A\delta(\omega)$　　[代入方波信号傅里叶变换公式（3-27）]

$\lim_{\tau\to\infty}\tau\mathrm{Sa}(\omega\tau)=\pi\delta(\omega)$

【证毕】

为了强调冲激函数的特点，式（3-105）可写为分段函数形式（不是非常严谨）

$$\lim_{\tau\to\infty}\tau\mathrm{Sa}(\omega\tau)=\pi\delta(\omega)=\begin{cases}\pi\delta(\omega), & \omega=0\\ 0, & \omega\neq 0\end{cases} \tag{3-106}$$

利用式（3-105），可以从式（3-102）推导出式（3-103），证明如下。

【证明】

$$P(\omega)=\lim_{\tau\to\infty}\frac{|X_\tau(\omega)|^2}{2\tau}\qquad [定义式（3-102）]$$

$$=\lim_{\tau\to\infty}\frac{|2A\tau\mathrm{Sa}(\omega\tau)|^2}{2\tau}\qquad [代入直流信号截断函数的傅里叶变换]$$

$$=2A^2\lim_{\tau\to\infty}\{|\tau\mathrm{Sa}(\omega\tau)||\mathrm{Sa}(\omega\tau)|\}\tag{3-107}$$

由于 $\omega=0$ 时，

$$\lim_{\tau\to\infty}|\mathrm{Sa}(\omega\tau)|=\lim_{\tau\to\infty}|\mathrm{Sa}(0)|=1；\quad \lim_{\tau\to\infty}|\tau\mathrm{Sa}(\omega\tau)|=|\pi\delta(\omega)|=\pi\delta(\omega)\quad [参见式（3-106）]$$

$\omega\neq 0$ 时，

$$\lim_{\tau\to\infty}|\mathrm{Sa}(\omega\tau)|=\lim_{\tau\to\infty}\frac{|\sin(\omega\tau)|}{|\omega\tau|}\leqslant\lim_{\tau\to\infty}\frac{1}{|\omega\tau|}=0；\quad \lim_{\tau\to\infty}|\tau\mathrm{Sa}(\omega\tau)|=0\quad [参见式（3-106）]$$

所以式（3-107）可写为

$$2A^2\lim_{\tau\to\infty}\{|\tau\mathrm{Sa}(\omega\tau)||\mathrm{Sa}(\omega\tau)|\}=\begin{cases}2\pi A^2\delta(\omega), & \omega=0\\ 0, & \omega\neq 0\end{cases}=2\pi A^2\delta(\omega)$$

式（3-103）得证。

【证毕】

2）正弦信号的功率谱密度函数

由式（1-8）可以求得正弦信号 $A\cos\omega_0 t$ 和 $A\sin\omega_0 t$ 的平均功率为 $A^2/2$，信号功率集中在 $\omega=\omega_0$ 处。根据时频域功率守恒原则，可确定单一频率正弦信号的功率谱密度函数为

$$P(\omega)=\frac{1}{2}\pi A^2[\delta(\omega+\omega_0)+\delta(\omega-\omega_0)]\tag{3-108}$$

与直流信号类似，上述结论也可利用式（3-102）推导。

【证明】

首先，在式（3-105）中作变量代换可得

$$\lim_{\tau\to\infty}\tau\mathrm{Sa}[(\omega\pm\omega_0)\tau]=\pi\delta(\omega\pm\omega_0)\tag{3-109}$$

其次，正弦信号的截断函数可以表示为

$$x_\tau(t)=(A\cos\omega_0 t)g_\tau(t)\qquad [g_\tau(t)=u(t+\tau)-u(t-\tau)]$$

其傅里叶变换为

$$X_\tau(\omega)=\frac{1}{2}A[G_\tau(\omega+\omega_0)+G_\tau(\omega-\omega_0)]=A\tau\mathrm{Sa}[(\omega+\omega_0)\tau]+A\tau\mathrm{Sa}[(\omega-\omega_0)\tau]\tag{3-110}$$

最后，由式（3-102）

$$P(\omega)=\lim_{\tau\to\infty}\frac{|X_\tau(\omega)|^2}{2\tau}\qquad [定义式（3-102）]$$

$$=\lim_{\tau\to\infty}\frac{|A\tau Sa[(\omega+\omega_0)\tau]+A\tau Sa[(\omega-\omega_0)\tau]|^2}{2\tau}\qquad [代入式（3-110）]$$

$$=\frac{1}{2}A^2\pi[\delta(\omega+\omega_0)+\delta(\omega-\omega_0)]\qquad [与前面的分析类似]\tag{3-111}$$

【证毕】

需要说明的是，对于初相位不为零的正弦信号 $A\cos(\omega_0 t+\varphi)$ 和 $A\sin(\omega_0 t+\varphi)$，式（3-108）

的结论不变，只是证明过程会略烦琐一点。

3）周期信号的功率谱密度函数

由式（3-1）和式（3-8）可知，周期信号可以展开为一系列正弦波的叠加，即

$$x_T(t)=\sum_{k=-\infty}^{\infty}c_k e^{jk\omega_0 t} \quad [式（3-1）]$$

$$=c_0+\sum_{k=1}^{\infty}2|c_k|\cos(k\omega_0 t+\theta_k) \quad [式（3-8）和式（3-9）]$$

由于各频率分量相互正交，信号 $x_T(t)$ 的平均功率等于各分量平均功率之和。由上述直流信号和正弦信号的讨论可推知周期信号的总功率为

$$\overline{P}=|c_0|^2+2\sum_{k=1}^{\infty}|c_k|^2=\sum_{k=-\infty}^{\infty}|c_k|^2 \quad [|c_{-k}|=|c_k|] \tag{3-112}$$

由于在 $\omega=k\omega_0$（$k=0,\pm1,\pm2,\cdots$）处含有不为无穷小量的分量功率，因此周期信号的功率谱密度函数应表示为

$$P(\omega)=2\pi\sum_{k=-\infty}^{\infty}|c_k|^2\delta(\omega-k\omega_0) \tag{3-113}$$

当 $x_T(t)$ 为周期方波信号时，参考图 3.24 不难绘出 $P(\omega)$ 的曲线。

对于确定性信号的功率谱，一般利用信号的相关函数求解其功率谱，因为相关函数和功率谱构成傅里叶变换对。很少给出式（3-102）的定义，因为其求解常常遇到数学上的困难。这里的讨论主要有两个目的。

（1）给出直流信号、正弦信号和周期信号的功率谱表达式。很多文献并没有回答这个问题，在一些理论分析中，时而需要用到这些结论。

（2）建立一个概念：对于周期信号应该利用式（3-113）求功率谱，但这不是唯一的方法和必须采用的方法。从截断函数的定义出发求功率谱，理论上也是正确的，只是会遇到数学上的困难。

*3．随机信号的功率谱密度函数

作为对比，这里简单介绍一下随机信号功率谱密度函数，其定义为

$$P(\omega)=\lim_{\tau\to\infty}\frac{E[|X_\tau(\omega)|^2]}{2\tau} \tag{3-114}$$

其中 $X_\tau(\omega)$ 是单个样本函数的傅里叶变换，$E[\cdot]$ 是数学期望（概率均值）。与式（3-102）相比，式（3-114）多一个求概率均值的过程。

随机信号一般定义在 $(-\infty,\infty)$ 区间，通常为功率有限信号。最常用的随机信号模型是高斯白噪声，其功率谱密度函数定义为 $P(\omega)=N_0/2\,[\omega\in(-\infty,\infty)]$，虽然 $P(\omega)$ 与频域区间的乘积为无穷大，但白噪声仍然是一个功率有限信号，因为 $P(\omega)$ 是“密度函数”（无穷小量，无穷多个无穷小量的和仍可以是一个有限值）。限于篇幅，这里不再举例说明式（3-114）的使用。有兴趣的读者可以阅读通信原理类的教材，在基带信号分析中用式（3-114）求解二进制码元序列信号的功率谱密度函数。

3.4 连续时间 LTI 系统的频域分析

3.4.1 连续时间 LTI 系统的频域表示

1. 系统的频率响应特性

由第 2 章时域分析知 LTI 系统的零状态响应为

$$y(t)=x(t)*h(t)$$

两边取傅里叶变换并应用时域卷积定理得

$$Y(\omega)=X(\omega)H(\omega) \tag{3-115}$$

因此，$h(t)$ 的傅里叶变换 $H(\omega)$ 在频域中充分表征了一个 LTI 系统，称 $H(\omega)$ 为系统的频率响应特性或频率响应函数。一般 $H(\omega)$ 为复函数，写为模和幅角的形式

$$H(\omega)=\frac{Y(\omega)}{X(\omega)}=|H(\omega)|\mathrm{e}^{\mathrm{j}\varphi(\omega)} \tag{3-116}$$

其中，$|H(\omega)|$ 称为系统的幅频特性，$\varphi(\omega)$ 称为系统的相频特性。

为了理解 $H(\omega)$ 的物理含义，现考察 LTI 系统在正弦信号激励下的响应（这一分析具有一般性，因为傅里叶变换将任意信号分解为正弦信号的叠加）。设激励为 $x(t)=A\cos(\omega_0 t+\varphi)$，$h(t)$ 为实函数，系统输出 $y(t)=x(t)*h(t)$ 可计算如下：

$$\begin{aligned}
y(t)&=\int_{-\infty}^{\infty}h(\tau)x(t-\tau)\mathrm{d}\tau\\
&=\int_{-\infty}^{\infty}h(\tau)A\cos[\omega_0(t-\tau)+\varphi]\mathrm{d}\tau\\
&=\frac{A}{2}\int_{-\infty}^{\infty}h(\tau)\mathrm{e}^{\mathrm{j}[\omega_0(t-\tau)+\varphi]}\mathrm{d}\tau+\frac{A}{2}\int_{-\infty}^{\infty}h(\tau)\mathrm{e}^{-\mathrm{j}[\omega_0(t-\tau)+\varphi]}\mathrm{d}\tau && \text{[欧拉公式]}\\
&=\frac{A}{2}\mathrm{e}^{\mathrm{j}(\omega_0 t+\varphi)}\int_{-\infty}^{\infty}h(\tau)\mathrm{e}^{-\mathrm{j}\omega_0\tau}\mathrm{d}\tau+\frac{A}{2}\mathrm{e}^{-\mathrm{j}(\omega_0 t+\varphi)}\int_{-\infty}^{\infty}h(\tau)\mathrm{e}^{\mathrm{j}\omega_0\tau}\mathrm{d}\tau\\
&=\frac{A}{2}\mathrm{e}^{\mathrm{j}(\omega_0 t+\varphi)}H(\omega_0)+\frac{A}{2}\mathrm{e}^{-\mathrm{j}(\omega_0 t+\varphi)}\left[\int_{-\infty}^{\infty}h(\tau)\mathrm{e}^{-\mathrm{j}\omega_0\tau}\mathrm{d}\tau\right]^* && [h(t)\text{为实函数}]\\
&=\frac{A}{2}\mathrm{e}^{\mathrm{j}(\omega_0 t+\varphi)}H(\omega_0)+\frac{A}{2}\mathrm{e}^{-\mathrm{j}(\omega_0 t+\varphi)}H^*(\omega_0)\\
&=\frac{A}{2}\mathrm{e}^{\mathrm{j}(\omega_0 t+\varphi)}\left|H(\omega_0)\right|\mathrm{e}^{\mathrm{j}\varphi(\omega_0)}+\frac{A}{2}\mathrm{e}^{-\mathrm{j}(\omega_0 t+\varphi)}\left|H(\omega_0)\right|\mathrm{e}^{-\mathrm{j}\varphi(\omega_0)} && \text{[极坐标表示]}\\
&=\frac{A}{2}\left|H(\omega_0)\right|\left(\mathrm{e}^{\mathrm{j}[\omega_0 t+\varphi+\varphi(\omega_0)]}+\mathrm{e}^{-\mathrm{j}[\omega_0 t+\varphi+\varphi(\omega_0)]}\right)\\
&=A\left|H(\omega_0)\right|\cos[\omega_0 t+\varphi+\varphi(\omega_0)]
\end{aligned} \tag{3-117}$$

由上式看到，LTI 系统在正弦信号激励下的响应仍为一个正弦信号，只是系统输出的正弦信号幅度和相位被 $H(\omega)$ 进行了修正。若对不同的输入信号频率 ω_0，$H(\omega_0)$ 的取值不同，则输入正弦信号的幅度和相位会受到不同的修正。因此，$H(\omega)$ 描述了 LTI 系统对不同频率输入信号频率的“响应”，或者说描述了系统的频域特性。

2. $H(\omega)$ 的一般形式

很多系统都可以用微分方程描述，例如

$$a_2y''(t)+a_1y'(t)+a_0y(t)=b_1x'(t)+b_0x(t)$$

上式两边取傅里叶变换，并应用时域微分性质式（3-56），则有

$$a_2(\mathrm{j}\omega)^2 Y(\omega)+a_1(\mathrm{j}\omega)Y(\omega)+a_0Y(\omega)=b_1(\mathrm{j}\omega)X(\omega)+b_0X(\omega)$$

整理得

$$H(\omega)=\frac{Y(\omega)}{X(\omega)}=\frac{b_1(\mathrm{j}\omega)+b_0}{a_2(\mathrm{j}\omega)^2+a_1(\mathrm{j}\omega)+a_0}$$

可见，系统频率响应函数是两个 $\mathrm{j}\omega$ 的多项式之比，即 $H(\omega)$ 为 $\mathrm{j}\omega$ 的有理函数。

不难推知，对于 N 阶微分方程系统有

$$H(\omega)=\frac{Y(\omega)}{X(\omega)}=\frac{\sum_{k=0}^{M}b_k(\mathrm{j}\omega)^k}{\sum_{k=0}^{N}a_k(\mathrm{j}\omega)^k}=\frac{B(\mathrm{j}\omega)}{A(\mathrm{j}\omega)} \tag{3-118}$$

在式（3-118）中，当 $B(\mathrm{j}\omega)=1\,[\,H(\omega)=1/A(\mathrm{j}\omega)\,]$时，称为 AR（Auto Regressive）系统模型；当 $A(\mathrm{j}\omega)=1\,[\,H(\omega)=B(\mathrm{j}\omega)\,]$时，称为 MA（Moving Average）系统模型；当 $A(\mathrm{j}\omega)\neq 1$ 且 $B(\mathrm{j}\omega)\neq 1$ 时，称为 ARMA 系统模型。

【例 3-33】 本例考察一阶微分系统和一阶积分系统的频率响应特性。

【解】 一阶微分系统为 $y(t)=x'(t)$，两边取傅里叶变换得 $Y(\omega)=\mathrm{j}\omega X(\omega)$，即

$$H(\omega)=\frac{Y(\omega)}{X(\omega)}=\mathrm{j}\omega=\begin{cases}\omega\mathrm{e}^{\mathrm{j}\frac{\pi}{2}}, & \omega>0\\ |\omega|\mathrm{e}^{-\mathrm{j}\frac{\pi}{2}}, & \omega<0\end{cases} \tag{3-119}$$

所以一阶微分系统的幅频响应和相频响应分别为

$$|H(\omega)|=|\omega|;\qquad \varphi(\omega)=\begin{cases}\frac{\pi}{2}, & \omega>0\\ -\frac{\pi}{2}, & \omega<0\end{cases}$$

如图 3.33(a)所示。

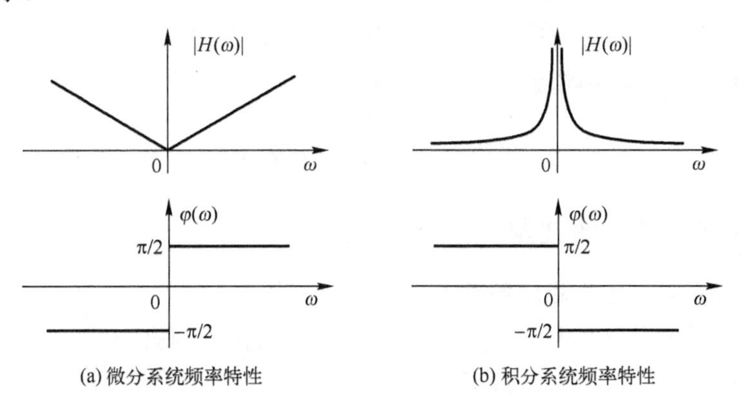

(a) 微分系统频率特性　　(b) 积分系统频率特性

图 3.33　微积分系统频率特性

对于一阶积分系统为 $y(t)=\int_{-\infty}^{t}x(\tau)\mathrm{d}\tau$，由傅里叶变换的时域积分特性知

$$Y(\omega)=\frac{X(\mathrm{j}\omega)}{\mathrm{j}\omega}+\pi X(0)\delta(\omega)$$

上式右端 $\delta(\omega)$ 表明系统在 $\omega=0$ 处的输出为无穷大，即系统增益 $|H(\omega)|\|_{\omega=0}=\infty$ 。当 $\omega\neq 0$ 时有

$$H(\omega)=\frac{Y(\omega)}{X(\omega)}=\frac{1}{\mathrm{j}\omega}=\begin{cases}\dfrac{1}{\omega}\mathrm{e}^{-\mathrm{j}\frac{\pi}{2}}, & \omega>0\\ \dfrac{1}{|\omega|}\mathrm{e}^{\mathrm{j}\frac{\pi}{2}}, & \omega<0\end{cases} \tag{3-120}$$

所以一阶积分系统的幅频响应和相频响应分别为

$$|H(\omega)|=\frac{1}{|\omega|};\quad \varphi(\omega)=\begin{cases}-\dfrac{\pi}{2}, & \omega>0\\ \dfrac{\pi}{2}, & \omega<0\end{cases}$$

如图 3.33(b)所示。由图也可以看到一阶积分系统在 $\omega=0$ 处的增益为无穷大。这是因为当 $x(t)$ 为直流信号时，对其从 $-\infty$ 到 t 的积分必为无穷大。

【例毕】

3．互联系统的频率响应函数

图 1.37 给出了几种典型的系统互联结构，这里给出对应的频域函数关系。

串联系统 由于 $Z(\omega)=H_2(\omega)Y(\omega)=H_2(\omega)H_1(\omega)X(\omega)$，所以总频率响应为

$$H(\omega)=H_1(\omega)H_2(\omega) \tag{3-121}$$

并联系统 由于 $Y(\omega)=H_1(\omega)X(\omega)+H_2(\omega)X(\omega)$，所以总频率响应为

$$H(\omega)=H_1(\omega)+H_2(\omega) \tag{3-122}$$

混联系统 利用上面的两个结论，可知图 1.37(c)混联系统的总频率响应为

$$H(\omega)=[H_1(\omega)+H_2(\omega)]H_3(\omega)$$

反馈系统 在图 1.37(d)的系统输出端列方程，则有

$$Y(\omega)=[X(\omega)+H_2(\omega)Y(\omega)]H_1(\omega)$$

整理可得反馈系统的总频率响应为

$$H(\omega)=\frac{H_1(\omega)}{1-H_1(\omega)H_2(\omega)} \tag{3-123}$$

3.4.2 理想传输系统和滤波器

1．理想传输系统与线性相位条件

传输系统的目的是将信号尽可能不失真地从一端传输到另一端，可以允许有传输时延。因此，对于任意信号的理想传输系统，其输入输出关系应为

$$y(t)=x(t-t_0) \tag{3-124}$$

两边取傅里叶变换后可得理想传输系统的频率响应特性为

$$H(\omega)=\frac{Y(\omega)}{X(\omega)}=\mathrm{e}^{-\mathrm{j}\omega t_0} \tag{3-125}$$

其幅频特性和相频特性分别为

$$|H(\omega)|=1;\quad \varphi(\omega)=-\omega t_0$$

如图 3.34 所示。

上述结果给出两个重要的概念：

（1）如果要实现理想传输，系统必须具有线性相位特性。从前面式（3-98）相关的讨论中知道，线性相位特性反映的直观观念为：对输入信号的所有频率分量，系统的延时必须是相等的。

（2）对于可实现的连续时间系统，$\varphi(\omega)$应该具有负斜率特性。比较式（3-124）和式（3-125）可知，负斜率是延时所致。如果$\varphi(\omega)$是正斜率曲线，则系统具有“时间提前”功能，显然是不可实现的。

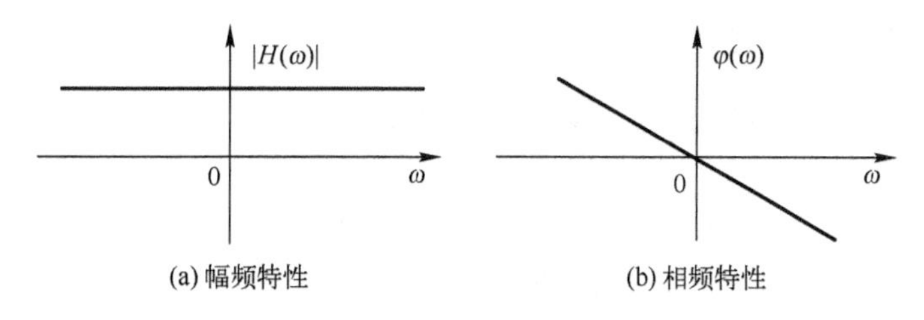

图 3.34　理想传输系统的频率特性

2．理想滤波器的概念

从前面对 $H(\omega)$ 的物理概念讨论可知，若对某个频率 ω_0 有 $H(\omega_0)=0$，那么系统在该频率上的输出将为零。因而设计不同特性的 $H(\omega)$，可以让系统抑制或阻止信号中的某些频率分量通过系统，这就是滤波器的概念。

根据允许通过的信号频率范围，可以将滤波器分为低通、高通、带通和带阻滤波器，如图 3.35 所示。显然，滤波器的这一分类是根据其幅频特性进行的。所谓的“理想滤波器”有两个含义：

（1）幅频特性是理想化的“方波型”函数。

（2）相频特性是理想化的线性相位特性（理想传输要求线性相位特性）。

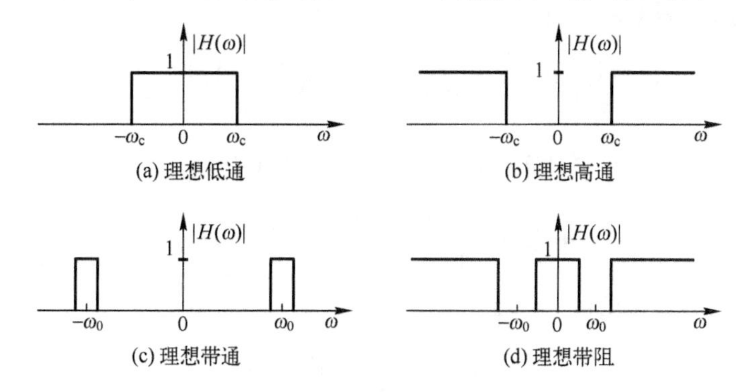

图 3.35　理想滤波器的幅频特性

3．理想低通滤波器

在滤波器的设计中，通常是先设计低通滤波器，然后将其转换为其他类型的滤波器，因此低通滤波器担负着更为重要的角色。由于理想低通滤波器要求在通带内，系统对所有的输入信号频率分量均具有单位增益[参见图 3.35(a)]，并且具有负斜率线性相位特性（理想传输特性），因此其频率响应 $H(\omega)$ 应为

$$H(\omega)=|H(\omega)|\mathrm{e}^{\mathrm{j}\varphi(\omega)}=\begin{cases}\mathrm{e}^{-\mathrm{j}\omega t_0}, & |\omega|<\omega_c\\ 0, & |\omega|>\omega_c\end{cases} \tag{3-126}$$

即
$$|H(\omega)|=\begin{cases}1, & |\omega|<\omega_c\\ 0, & |\omega|>\omega_c\end{cases};\quad \varphi(\omega)=\begin{cases}-\omega t_0, & |\omega|<\omega_c\\ 0, & |\omega|>\omega_c\end{cases} \tag{3-127}$$

上述 $H(\omega)$ 是频域方波，由式（3-65）可知理想低通滤波器的冲激响应函数为

$$h(t)=\mathscr{F}^{-1}\{H(\omega)\}=\frac{\omega_c}{\pi}\mathrm{Sa}[\omega_c(t-t_0)]=\frac{1}{\pi(t-t_0)}\sin\omega_c(t-t_0) \tag{3-128}$$

*3.4.3 因果稳定系统的频率响应特性

实际应用中可实现的连续时间系统一定是因果的，并且通常还要求它也是稳定的。这里分析一下因果稳定系统 $H(\omega)$ 应具有的特点。

先看稳定性要求对 $H(\omega)$ 形成的约束。由式（2-30）知，稳定系统的冲激响应 $h(t)$ 满足绝对可积条件，其傅里叶变换积分一定收敛。因此，稳定系统的 $H(\omega)$ 一定是普通意义下的函数（不会含有类似 $\delta(\omega\pm\omega_0)$ 的频域冲激函数）。

再看因果性要求对 $H(\omega)$ 形成的约束。假设 $h(t)$ 是一个因果系统的冲激响应，其频率响应函数 $H(\omega)$ 的直角坐标表示为

$$H(\omega)=H_R(\omega)+\mathrm{j}H_I(\omega)$$

由因果性知 $h(t)$ 一定是单边信号[当 $t<0$ 时 $h(t)=0$]，因此因果系统的 $h(t)$ 在 $t\in(-\infty,\infty)$ 区间内一定使下列关系恒成立

$$h(t)=h(t)u(t),\quad t\in(-\infty,\infty) \tag{3-129}$$

两边取傅里叶变换，并应用频域卷积定理

$$\mathscr{F}\{h(t)\}=\frac{1}{2\pi}\mathscr{F}\{h(t)\}*\mathscr{F}\{u(t)\}$$

代入 $H(\omega)=H_R(\omega)+\mathrm{j}H_I(\omega)$，有

$$\begin{aligned}H_R(\omega)+\mathrm{j}H_I(\omega)&=\frac{1}{2\pi}\left[H_R(\omega)+\mathrm{j}H_I(\omega)\right]*\left[\pi\delta(\omega)+\frac{1}{\mathrm{j}\omega}\right]\\&=\frac{1}{2}H_R(\omega)+\mathrm{j}\frac{1}{2}H_I(\omega)-\mathrm{j}\frac{1}{2\pi}H_R(\omega)*\frac{1}{\omega}+\frac{1}{2\pi}H_I(\omega)*\frac{1}{\omega}\\&=\frac{1}{2}\left[H_R(\omega)+\frac{1}{\pi}\int_{-\infty}^{\infty}\frac{H_I(\lambda)}{\omega-\lambda}\mathrm{d}\lambda\right]+\mathrm{j}\frac{1}{2}\left[H_I(\omega)-\frac{1}{\pi}\int_{-\infty}^{\infty}\frac{H_R(\lambda)}{\omega-\lambda}\mathrm{d}\lambda\right]\end{aligned}$$

令等式两边实部虚部分别相等，可解得

$$H_R(\omega)=\frac{1}{\pi}\int_{-\infty}^{\infty}\frac{H_I(\lambda)}{\omega-\lambda}\mathrm{d}\lambda \tag{3-130}$$

$$H_I(\omega)=-\frac{1}{\pi}\int_{-\infty}^{\infty}\frac{H_R(\lambda)}{\omega-\lambda}\mathrm{d}\lambda \tag{3-131}$$

由此看到，对一个因果系统来说，$H(\omega)$ 的实部和虚部不是相互独立的，其中一个确定

后另一个也随之确定了。事实上，$H_{\rm R}(\omega)$ 和 $H_{\rm I}(\omega)$ 构成了希尔伯特变换对，希尔伯特变换将在 3.6 节介绍。

3.5　信号的抽样

计算机无法对连续时间信号进行处理，因为任意一段时间内的信号都有无穷多个样值。因此，必须对连续时间信号进行抽样，以获得有限个样值。问题是这样的处理能否保留原信号所有的信息？本节介绍的抽样定理将给出回答。

3.5.1　时域抽样分析和时域抽样定理

1．理想抽样

所谓理想抽样就是用周期冲激信号 $\delta_T(t)$ 乘待抽样信号 $x(t)$，获得抽样后信号 $x_{\rm s}(t)$ 的过程，如图 3.36 所示。$x_{\rm s}(t)$ 在两个样值点之间的函数值为零，它只保留了样值点上信号 $x(t)$ 的函数值信息，从而完成了对 $x(t)$ 的抽样。由于冲激函数是不可实现的，因此这种抽样方式仅用于理论分析的理想模型。

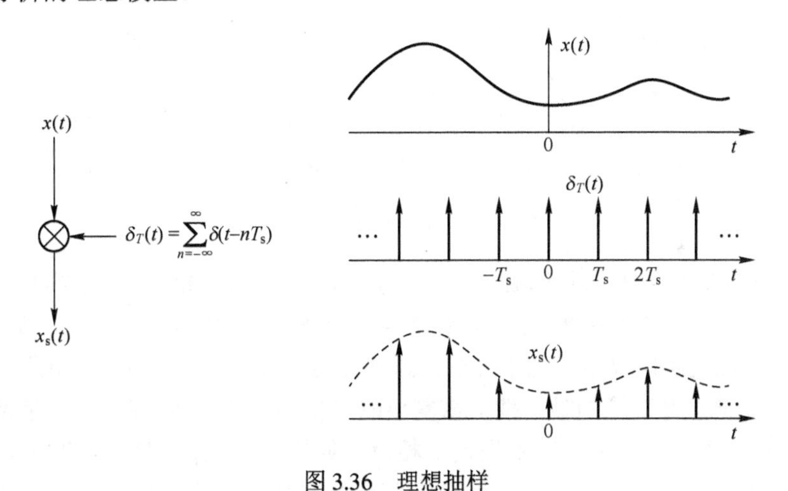

图 3.36　理想抽样

设抽样间隔为 $T_{\rm s}$（又称抽样周期），对应的抽样频率为 $f_{\rm s}=1/T_{\rm s}$（角频率 $\omega_{\rm s}=2\pi/T_{\rm s}$）。由图 3.36 知抽样后信号 $x_{\rm s}(t)$可表示为

$$x_{\rm s}(t)=x(t)\sum_{n=-\infty}^{\infty}\delta(t-nT_{\rm s}) \tag{3-132}$$

两边取傅里叶变换，并应用频域卷积定理有

$$\begin{aligned}X_{\rm s}(\omega)&=\frac{1}{2\pi}X(\omega)*\left[\frac{2\pi}{T_{\rm s}}\sum_{k=-\infty}^{\infty}\delta(\omega-k\omega_{\rm s})\right]\qquad [\text{代入式（3-81）}]\\&=\frac{1}{T_{\rm s}}\sum_{k=-\infty}^{\infty}X(\omega)*\delta(\omega-k\omega_{\rm s})\\&=\frac{1}{T_{\rm s}}\sum_{k=-\infty}^{\infty}X(\omega-k\omega_{\rm s})\end{aligned}$$

即理想抽样后信号 $x_s(t)$ 的频谱为

$$X_s(\omega)=\frac{1}{T_s}\sum_{k=-\infty}^{\infty}X(\omega-k\omega_s) \tag{3-133}$$

上式表明理想抽样后信号的频谱 $X_s(\omega)$ 为抽样前信号频谱 $X(\omega)$ 的周期延拓。因此，对连续时间信号进行时域理想抽样，会导致其频谱作周期延拓，延拓周期为抽样频率。

2．时域抽样定理

首先假设抽样前信号 $x(t)$ 的频谱 $X(\omega)$如图 3.37(a)所示，最高频率为 ω_m 且有 $X(\omega_m)=0$。由于抽样频率 ω_s 和 ω_m 的大小关系不同，$X(\omega)$周期延拓后的 $X_s(\omega)$有三种情况，分别如图 3.37(b)(c)(d)所示。

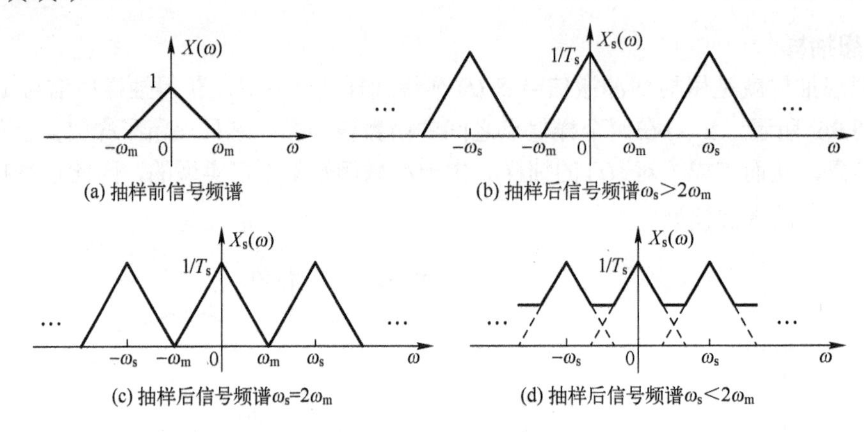

图 3.37　理想抽样频谱分析

根据图中坐标的几何关系可以看出，当 $\omega_s \geqslant 2\omega_m$ 时，$X(\omega)$的周期延拓不会产生频谱的混叠，所有 $X(\omega)$的信息都完整且不失真地存在于抽样后频谱 $X_s(\omega)$中，如图 3.37(b)和图 3.37(c)所示。在这种情况下，利用理想低通滤波器就可以从 $X_s(\omega)$中滤出原信号的不失真频谱 $X(\omega)$。根据傅里叶变换的唯一性，恢复出的 $X(\omega)$所对应的时域信号一定是抽样前的信号 $x(t)$，并且未丢失任何信息和产生失真。相反，如果 $\omega_s<2\omega_m$，$X(\omega)$周期延拓后会产生频谱的混叠，如图 3.37(d)所示，此时则无法从 $X_s(\omega)$中提取不失真的 $X(\omega)$。因此，从图 3.37 可以得到不失真抽样频率应该满足

$$f_s \geqslant 2f_m$$

多数文献给出的是上述结论 $f_s \geqslant 2f_m$。但需要指出的是，可以取 $f_s = 2f_m$ 是有条件的，即 $X(\omega)$ 在 ω_m 处不含 $\delta(\omega-\omega_m)$（不含有幅度不为无穷小的正弦分量）。

现假定 $X(\omega_m)\neq 0$，那么不外乎有图 3.38 所示的四种情形。

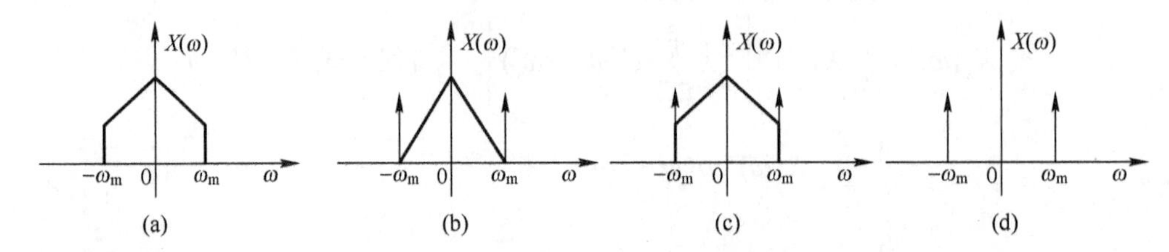

图 3.38　$X(\omega_m)\neq 0$ 的四种情形

（1）在图 3.38(a)中，虽然 $X(\omega_{\mathrm{m}})\neq 0$ 但 $X(\omega)$ 在 ω_{m} 处不含 $\delta(\omega-\omega_{\mathrm{m}})$。此时在最高频点 $\omega=\omega_{\mathrm{m}}$ 处，$X(\omega)$ 所含正弦分量的实际幅度为无穷小量[参见式（3-96）的讨论]。若取 $\omega_{\mathrm{s}}=2\omega_{\mathrm{m}}$（$f_{\mathrm{s}}=2f_{\mathrm{m}}$）进行抽样，借助图 3.38(c)可以推知：抽样后信号频谱在 $\omega=\omega_{\mathrm{m}}$ 处有频谱混叠。但由式（3-95）

$$x(t)=\frac{1}{\pi}\int_0^{\infty}\left|X(\omega)\right|\cos[\omega t+\varphi(\omega)]\mathrm{d}\omega=\frac{1}{\pi}\int_0^{\omega_m}\left|X(\omega)\right|\cos[\omega t+\varphi(\omega)]\mathrm{d}\omega$$

不难理解，被积函数在单一频点 $\omega=\omega_{\mathrm{m}}$ 处的非无穷大取值，不影响积分结果。因此，在图 3.38(a)情形下若取 $\omega_{\mathrm{s}}=2\omega_{\mathrm{m}}$ 进行抽样，频谱在 $\omega=\omega_{\mathrm{m}}$ 处有混叠，但仍可以不失真地恢复抽样前信号 $x(t)$。

（2）在图 3.38(b)和图 3.38(c)中，$X(\omega)$ 在 ω_{m} 处含有冲激函数 $\delta(\omega-\omega_{\mathrm{m}})$。由上述讨论不难推知，此时若取 $\omega_{\mathrm{s}}=2\omega_{\mathrm{m}}$ 进行抽样，不仅抽样后信号频谱在 $\omega=\omega_{\mathrm{m}}$ 处有混叠，而且不可能不失真地恢复抽样前信号 $x(t)$，因为式（3-95）中被积函数在该频点的无穷大取值会改变定积分的结果。因此，在此情形下如果要实现不失真抽样，必须有 $\omega_{\mathrm{s}}>2\omega_{\mathrm{m}}$（不能取等号）。

（3）对于图 3.38(d)，其结论与图 3.38(b)(c)相同，即不失真抽样的条件是 $\omega_{\mathrm{s}}>2\omega_{\mathrm{m}}$，只是图 3.38(d)表示的是单一频率正弦信号。因此，对 $\cos(\omega_0 t+\theta)$ 进行抽样时，抽样频率必须满足 $f_{\mathrm{s}}>2f_0$，不能取 $f_{\mathrm{s}}=2f_0$。

$f_{\mathrm{s}}=2f_0$ 表示在正弦信号的一个周期有两个样值点。满足 $f_{\mathrm{s}}>2f_0$ 并不表示在一个周期内至少有 3 个样值点。$f_{\mathrm{s}}>2f_0$ 的准确含义是：$f_{\mathrm{s}}\neq 2f_0$ 但可无限接近 $2f_0$。例如 1000 个正弦波周期中有 2001 个样值点，则满足了 $f_{\mathrm{s}}>2f_0$ 的条件。

读者可用 Matlab 验证单一频率正弦信号的抽样问题，取 $f_{\mathrm{s}}=2f_0$ 时会丢失初相位信息。

现将上述讨论概述为如下的时域抽样定理。

时域抽样定理　设 $x(t)$的频域带宽有限，最高频率为 f_{m} ($\omega_{\mathrm{m}}=2\pi f_{\mathrm{m}}$)。如要实现对 $x(t)$的不失真抽样，抽样频率 f_{s} 应满足如下条件

$$\begin{cases} f_{\mathrm{s}}\geqslant 2f_{\mathrm{m}}，当X(\omega)在\omega_{\mathrm{m}}处无频域冲激函数 \\ f_{\mathrm{s}}>2f_{\mathrm{m}}，当X(\omega)在\omega_{\mathrm{m}}处有频域冲激函数 \end{cases} \tag{3-134}$$

*【例 3-34】　已知实信号 $x(t)$的最高频率为 f_{m} (Hz)（频谱在 f_{m} 处不含频域冲激函数），试分别计算对下列信号抽样时，不发生频谱混叠的最低抽样频率

（1）$x(2t)$　　（2）$x(t)*x(2t)$　　（3）$x(t)x(2t)$　　（4）$x(t)+x(2t)$

【解】（1）根据傅里叶变换的尺度变换性质，信号在时域的压缩对应其频谱在频域的扩展，故信号 $x(2t)$的最高频率为 $2f_{\mathrm{m}}$。根据抽样定理，对信号 $x(2t)$抽样的最低频率为 $4f_{\mathrm{m}}$。

（2）信号在时域的卷积，对应其频谱在频域的乘积。不难理解，乘积后频谱的最高频率为 f_{m}。因此，对 $x(t)*x(2t)$抽样的最低频率为 $2f_{\mathrm{m}}$。

（3）信号在时域的乘积，对应其频谱在频域的卷积。根据第 2 章中关于卷积后信号的宽度讨论可知，$x(t)x(2t)$的最高频率为 $f_{\mathrm{m}}+2f_{\mathrm{m}}=3f_{\mathrm{m}}$。因此对 $x(t)x(2t)$抽样的最低频率为 $6f_{\mathrm{m}}$。

（4）信号在时域相加，对应其频谱在频域相加，故信号 $x(t)+x(2t)$ 的最高频率为 $2f_{\mathrm{m}}$。因此对 $x(t)+x(2t)$抽样的最低频率为 $4f_{\mathrm{m}}$。

应用中的信号一般为时限信号，其频谱具有无限带宽特征[参见图 3.39(a)]。如果直接对这类信号进行抽样，将会产生频谱混叠（其产生的误差称为混叠误差）。为了减小混叠误差，可先对待抽样的连续信号进行低通滤波[参见图 3.39(b)，图 3.39(b)以理想低通滤波器为

例，这类模拟低通滤波器称为抗混叠滤波器]，然后对滤波后的信号进行抽样。虽然抗混叠滤波器滤波会损失一些信息，但在多数场合下比混叠带来的误差小。在目前常用的 A/D 转换器中，一般都含有截止频率可编程的抗混叠滤波器。

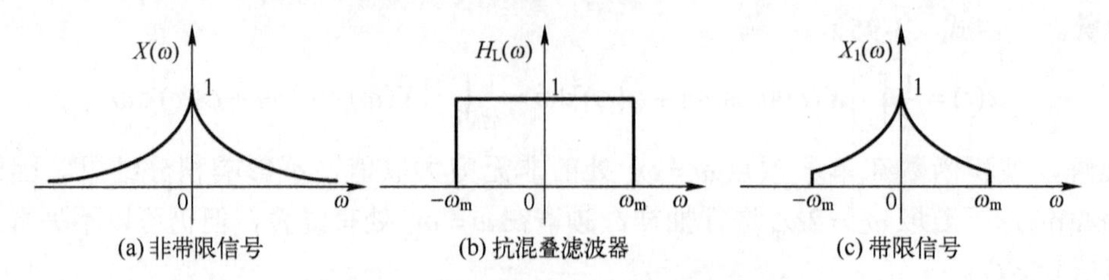

图 3.39　连续信号抽样前的抗混叠滤波

*3．理想抽样下的信号恢复与内插

图 3.37 从频域的角度清晰地解释了信号不失真抽样的条件。图 3.40 则从频域的角度说明了从抽样后信号 $x_s(t)$ 恢复 $x(t)$ 的过程，即利用截止频率为 $\omega_s/2$（$\omega_s/2>\omega_m$）、增益为 T_s 的理想低通滤波器，可以从理想抽样后信号的频谱 $X_s(\omega)$ 中恢复抽样前信号频谱 $X(\omega)$（不考虑滤波器的延时），即

$$X(\omega)=X_s(\omega)H_L(\omega) \tag{3-135}$$

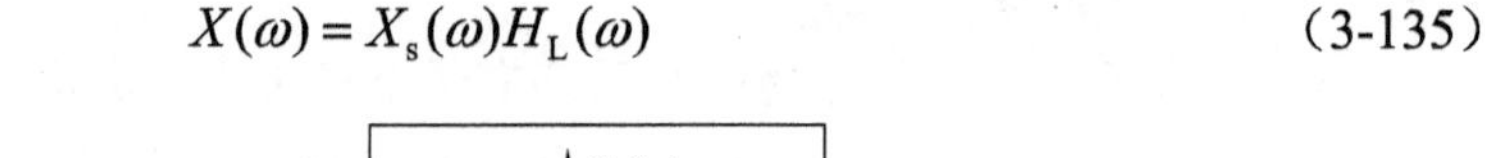

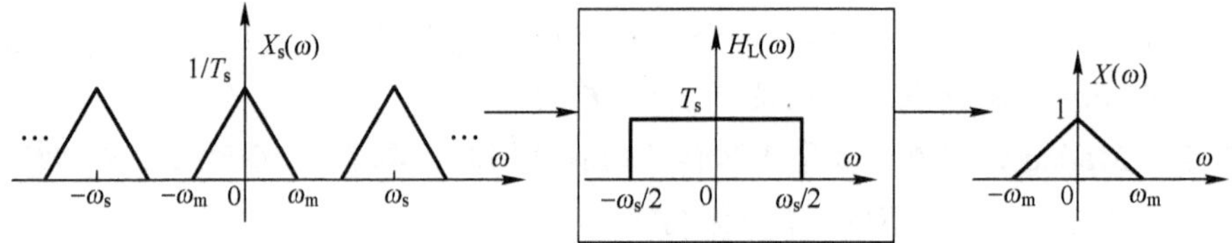

图 3.40　从频域角度看抽样信号的恢复

如果将式（3-135）用对应的时域函数表示，将会看到由抽样后信号 $x_s(t)$ 恢复 $x(t)$，本质上就是函数内插问题。由前面的分析知，抽样后信号和滤波器的冲激响应分别为

$$x_s(t)=x(t)\sum_{n=-\infty}^{\infty}\delta(t-nT_s)=\sum_{n=-\infty}^{\infty}x(nT_s)\delta(t-nT_s) \tag{3-136}$$

$$h_L(t)=\mathscr{F}^{-1}\{H_L(\omega)\}=\mathrm{Sa}\left(\frac{\omega_s t}{2}\right) \tag{3-137}$$

代入式（3-135）对应的时域卷积关系中，则有

$$\begin{aligned}
x(t)&=h_L(t)*x_s(t)\\
&=\mathrm{Sa}\left(\frac{\omega_s t}{2}\right)*\sum_{n=-\infty}^{\infty}x(nT_s)\delta(t-nT_s) && [\text{分别代入 } h_L(t) \text{ 和 } x_s(t)]\\
&=\sum_{n=-\infty}^{\infty}x(nT_s)\mathrm{Sa}\left(\frac{\omega_s t}{2}\right)*\delta(t-nT_s) && [\text{交换卷积积分和求和的顺序}]\\
&=\sum_{n=-\infty}^{\infty}x(nT_s)\mathrm{Sa}\left[\frac{\omega_s}{2}(t-nT_s)\right] && [\text{利用卷积性质 } x(t)*\delta(t-t_0)=x(t-t_0)]
\end{aligned}$$

即

$$x(t)=\sum_{n=-\infty}^{\infty}x(nT_s)\mathrm{Sa}\left[\frac{\omega_s}{2}(t-nT_s)\right] \tag{3-138}$$

上式清晰地表明，连续时间函数 $x(t)$ 的确可以用离散时间点上的样值 $x(nT_s)$ 和内插函数 $\mathrm{Sa}\left[\frac{\omega_s}{2}(t-nT_s)\right]$ 表示。当抽样间隔 T_s（$T_s=1/f_s$）满足抽样定理条件时，这一内插可以完全不失真地由 $x(nT_s)$ 重构信号 $x(t)$。图 3.41 给出了上述内插公式的直观解释。

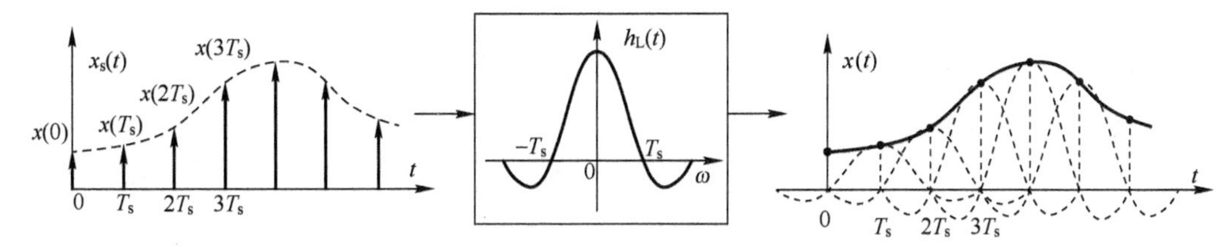

图 3.41 由 $x_s(t)$ 的内插恢复 $x(t)$

*4. 脉冲抽样

理想抽样中的冲激函数是不可实现的，一种比较可行的方法是用窄脉冲代替冲激信号，即将图 3.36 中周期冲激函数 $\delta_T(t)$ 用周期窄脉冲替代。脉冲抽样过程可以用图 3.42 所示的电子开关电路描述：脉冲宽度为 τ 的抽样脉冲 $p(t)$ 控制电子开关的切换，在脉冲持续时间内 $x(t)$ 被送到抽样器输出端。

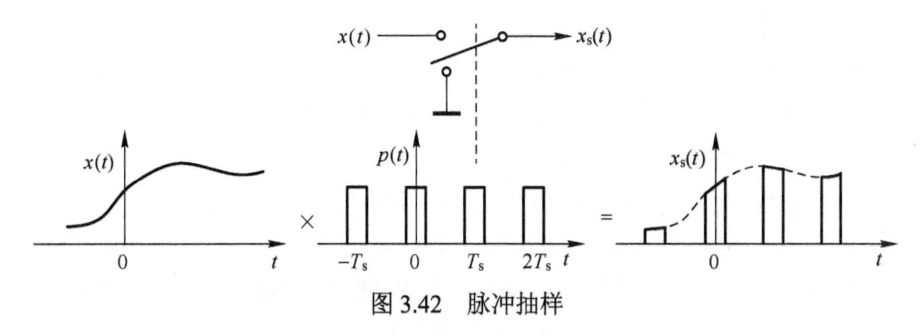

图 3.42 脉冲抽样

显然，图 3.42 中抽样后信号 $x_s(t)$ 可以表示为

$$x_s(t)=x(t)p(t) \tag{3-139}$$

两边取傅里叶变换得

$$X_s(\omega)=\frac{1}{2\pi}X(\omega)*P(\omega) \tag{3-140}$$

上式中 $P(\omega)$ 是周期方波信号 $p(t)$ 的频谱，由式（3-80）可得

$$P(\omega)=2\pi\sum_{k=-\infty}^{\infty}\frac{\tau}{T_s}\mathrm{Sa}\left(\frac{k\omega_s\tau}{2}\right)\delta(\omega-k\omega_s) \qquad [\tau\text{ 替代 }2T_1,\omega_s\text{ 替代 }\omega_0]$$

将 $P(\omega)$ 代入式（3-140）得

$$\begin{aligned}X_s(\omega)&=\frac{1}{2\pi}X(\omega)*\left[2\pi\sum_{k=-\infty}^{\infty}\frac{\tau}{T_s}\mathrm{Sa}\left(\frac{k\omega_s\tau}{2}\right)\delta(\omega-k\omega_s)\right]\\&=\frac{\tau}{T_s}\sum_{k=-\infty}^{\infty}\mathrm{Sa}\left(\frac{k\omega_s\tau}{2}\right)\left[X(\omega)*\delta(\omega-k\omega_s)\right] \qquad [\text{交换卷积积分和求和顺序}]\\&=\frac{\tau}{T_s}\sum_{k=-\infty}^{\infty}\mathrm{Sa}\left(\frac{k\omega_s\tau}{2}\right)X(\omega-k\omega_s) \qquad [\text{卷积性质 }X(\omega)*\delta(\omega-\omega_0)=X(\omega-\omega_0)]\end{aligned}$$

即
$$X_s(\omega)=\frac{\tau}{T_s}\sum_{k=-\infty}^{\infty}\mathrm{Sa}\left(\frac{k\omega_s\tau}{2}\right)X(\omega-k\omega_s) \tag{3-141}$$

由式（3-141）可以看到，脉冲抽样后信号的频谱 $X_s(\omega)$ 也是由 $X(\omega)$ 平移后叠加而成，但此时 $X_s(\omega)$ 已不是 $X(\omega)$ 的周期延拓。然而当 ω_s 和 k 确定后，$\frac{\tau}{T_s}\mathrm{Sa}\left(\frac{k\omega_s\tau}{2}\right)$ 是与 ω 无关的常数，即对于每个求和项，式中 $X(\omega-k\omega_s)$ 前面的系数均是常数。因此尽管 $X_s(\omega)$ 不再为 $X(\omega)$ 的周期延拓，但 $X_s(\omega)$ 中包含的 $X(\omega)$ 并没有发生畸变，抽样后信号中仍含有不失真的 $X(\omega)$ 信息，如图 3.43 所示。因此与理想抽样类似，可以利用低通滤波器从 $x_s(t)$ 中恢复 $x(t)$。

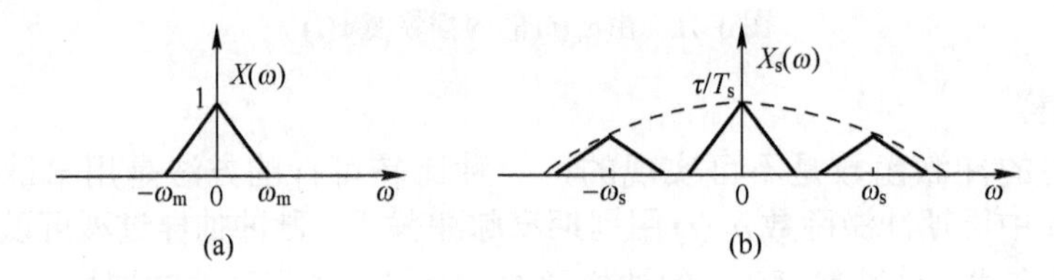

图 3.43 脉冲抽样频谱

*5. 零阶保持抽样

在图 3.44 中，抽样后信号 $x_s(t)$ 的脉冲顶部函数值与 $x(t)$ 是相同的，当脉冲很窄时，要通过电路实现这一过程会相对困难。一种简单的处理方法是获取抽样瞬间的 $x(t)$值，并保持这一样本值直到下一个抽样时刻，形成类似图 3.44 中 $x_0(t)$ 所示的阶梯波形。这里“零阶”是指两个样值间用常数代替（变量的零次方），该抽样过程又称平顶抽样。

平顶抽样过程无法用简单的信号乘积模型表示。为了便于分析其频谱，可以将平顶抽样过程抽象成图 3.44 方框图所示的分析模型，即用理想抽样后的信号去激励一个冲激响应为窄脉冲 $h_0(t)$ 的系统，该系统的输出则为平顶抽样后的信号。

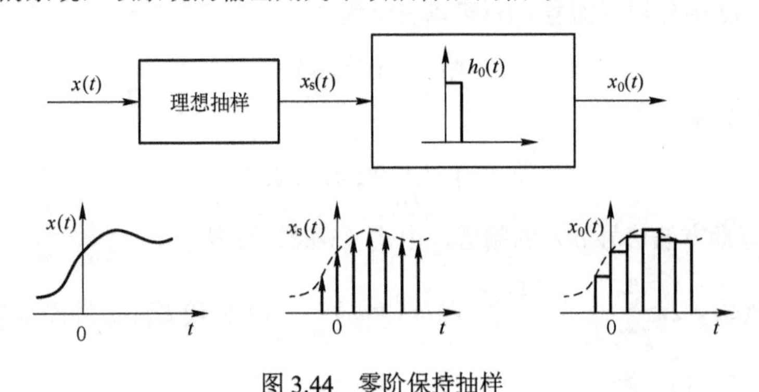

图 3.44 零阶保持抽样

由图 3.44 可知

$$\begin{aligned}X_0(\omega)&=H_0(\omega)X_s(\omega)\\&=H_0(\omega)\frac{1}{T_s}\sum_{n=-\infty}^{\infty}X(\omega-n\omega_s) &&\text{[代入理想抽样后的信号频谱]}\\&=\mathrm{Sa}\left(\frac{T_s\omega}{2}\right)\mathrm{e}^{-\mathrm{j}\omega T_s/2}\sum_{n=-\infty}^{\infty}X(\omega-n\omega_s) &&\text{[代入 }h_0(t)\text{的傅里叶变换]}\end{aligned} \tag{3-142}$$

上式即为抽样保持信号的频谱表达式。注意它和脉冲抽样频谱表达式（3-141）不同，这里 $\mathrm{Sa}(T_s\omega/2)\mathrm{e}^{-\mathrm{j}\omega T_s/2}$ 是频率的函数，它使 $X_0(\omega)$ 中包含的 $X(\omega)$ 发生了畸变。假设 $X(\omega)$ 是图 3.45(a)所示的带限频谱，则理想抽样后和平顶抽样后信号的频谱分别如图 3.45(b)和图 3.45(c)所示。可以看到，零阶保持抽样后的信号频谱发生了畸变，要想完全恢复原信号 $x(t)$，需要对上述畸变进行补偿。

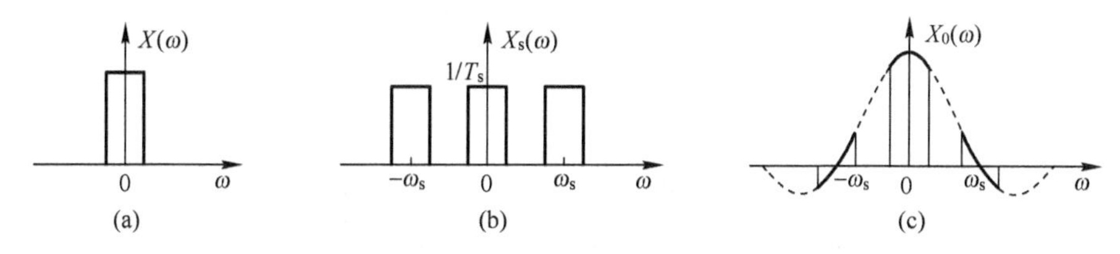

图 3.45　零阶保持抽样信号的频谱

*6．单一频率正弦信号的欠抽样分析

对于带限于[0, ω_m]范围内的信号 $x(t)$，由于 $X(\omega)$ 通常在[0, ω_m]内非零，因此若 $\omega_s<2\omega_m$，则抽样一定会导致频谱混叠，如图 3.37 (d)所示。但如果 $x(t)$ 是单一频率正弦信号 $x(t)=\cos\omega_0 t$，由于 $X(\omega)$ 仅在 ω_0（$\omega_0=\omega_m$）处非零，即使 $\omega_s<2\omega_m$，抽样也不会导致频谱混叠。

图 3.46 给出了单一频率正弦信号及其抽样后的频谱，其中虚线表示负频率谱线及其抽样后导致的频移，$x_r(t)$ 为抽样后信号经低通滤波器后的输出信号。图 3.46(a)给出的是抽样前频谱；图 3.46(b)给出了 $\omega_s>2\omega_m$ 情况下抽样后信号频谱，图 3.46(c)给出了 $\omega_s<2\omega_m$ 情况下抽样后信号频谱。不难理解，只要不发生频谱混叠，欠抽样未必都是不可取的，下面讨论的带通信号抽样正是利用了频谱无混叠的欠抽样原理。

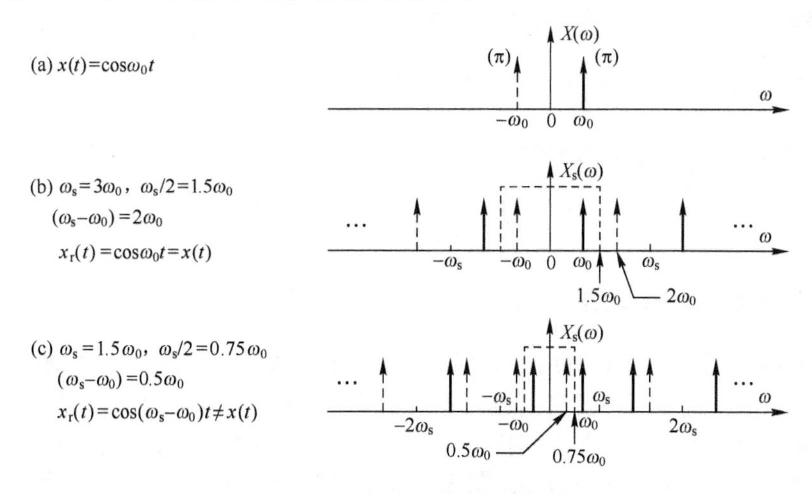

图 3.46　正弦信号抽样的频谱分析

*7．带通信号的抽样

带通信号是频谱分布在 f_L（$\omega_L=2\pi f_L$）和 f_H（$\omega_H=2\pi f_H$）之间的带限信号，如图 3.47(a)所示。如果抽样频率 $\omega_s\geqslant 2\omega_H$，显然可以实现频谱无重叠的抽样，如图 3.47(b)所示。若 ω_H 较大，则要求具有很高的抽样频率，应用中难以实现。但是可以利用抽样后信号频谱混叠的特点，实现低于奈奎斯特频率的抽样，例如 f_L = 4kHz，f_H =6kHz，奈奎斯特抽样频

率为 $f_s=2f_H=12\text{kHz}$，但是若以 $f_s=4\text{kHz}$ 抽样，则抽样后频谱如图 3.47(c)所示。可以看到 $X(\omega)$ 和 $X(\omega\pm\omega_s)$ 的频谱混在一起，但并没有造成重叠。信号分析仪器常采用带通抽样技术。

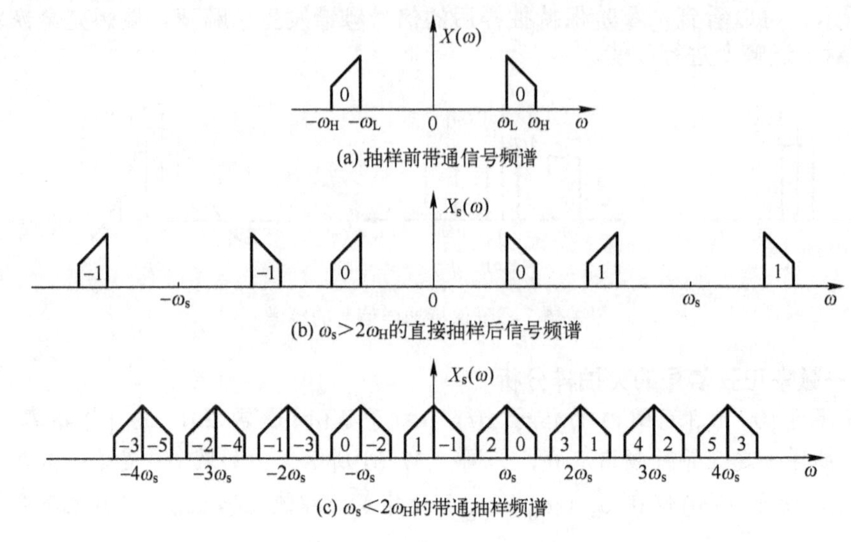

(a) 抽样前带通信号频谱

(b) $\omega_s>2\omega_H$的直接抽样后信号频谱

(c) $\omega_s<2\omega_H$的带通抽样频谱

图 3.47 带通信号的抽样

说明：图中“0”表示原位频谱，“1”和“−1”分别表示向右和向左搬移 ω_s 后的频谱，“2”和“−2”分别表示向右和向左搬移 $2\omega_s$ 后的频谱，以此类推。

可以推出一般情况下，带通信号的抽样频率必须满足：

$$\frac{2f_H}{k}\leqslant f_s\leqslant\frac{2f_L}{k-1},\qquad k=1,2,\cdots,N \tag{3-143}$$

其中，$N=\left\lfloor\dfrac{f_H}{f_H-f_L}\right\rfloor$，$\lfloor x\rfloor$ 为 $\lfloor x\rfloor\leqslant x$ 的取整运算。例如，对于图 3.47 的例子 $f_L=4\text{kHz}$，$f_H=6\text{kHz}$，$N=\left\lfloor\dfrac{6}{6-4}\right\rfloor=3$，抽样频率的范围为

$$\frac{12}{k}\leqslant f_s\leqslant\frac{8}{k-1},\qquad k=1,2,3$$

*3.5.2 模拟信号的数字处理系统

随着信号处理技术的不断发展，数字信号处理已经成为主流技术。当通过抽样将模拟信号转化为离散时间信号后，就可以通过数字处理系统来等效实现原来模拟系统的功能。

所谓模拟信号的数字处理就是用图 3.48(a)所示的系统等效完成图 3.48(b)所示系统的功能，即两个系统有相同的 $x(t)$ 和 $y(t)$。图 3.48(a)中模数转换（简称 A/D）单元将模拟信号转变为数字信号，数字系统单元实质上是一个将输入数据转变为输出数据的算法，可以是软件实现，也可以是硬件实现，数模转换（简称 D/A）实现从数字信号到模拟信号的转换。

模数转换系统通常由图 3.49 所示的几个部分组成。抽样电路每间隔 T_s 秒采得一个信号值，保持电路将该值一直保持到下个抽样时刻到来。经抽样、保持电路后，模拟输入信号 $x(t)$转变成图中所示的抽样后信号 $x_0(t)$。

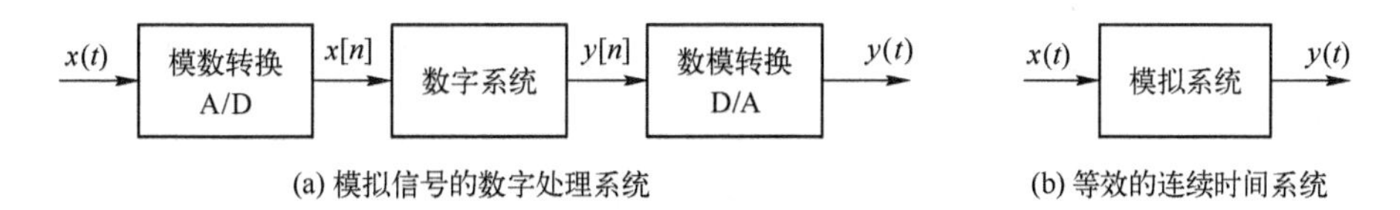

图 3.48　模拟信号的数字处理系统及等效的连续时间系统

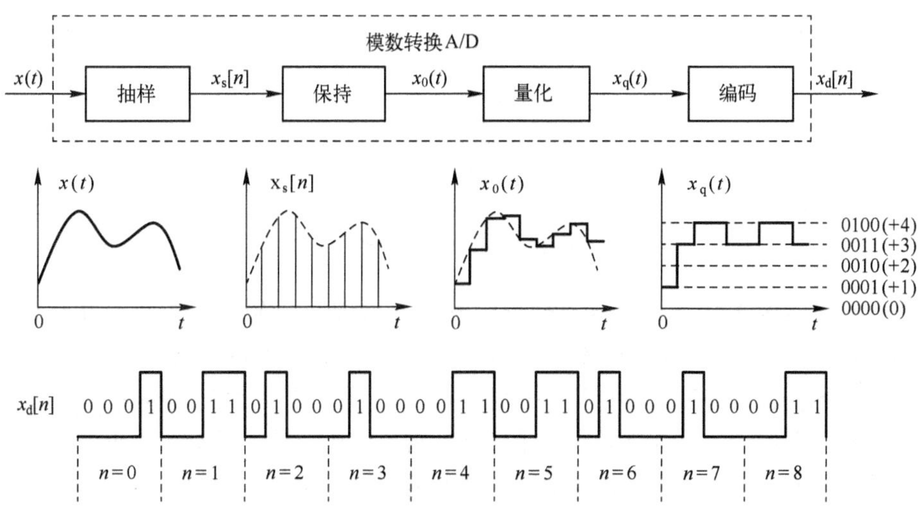

图 3.49　模数转换系统

由于系统的输入信号 $x(t)$是任意的，因而抽样后 $x_0(t)$的函数取值可能是实数范围内的任意一个值，换句话说，$x_0(t)$的函数取值是连续变化的，有无穷多个取值可能。量化器则将 $x_0(t)$的函数取值进行离散化，从而得到量化后的信号 $x_q(t)$。图中 $x_q(t)$坐标上的虚线即表示量化时的“刻度”（称量化电平）。

量化电平的大小可用二进制数表示，如图中第一级量化电平用二进制数 0001（十进制 1）表示，第四级量化电平用二进制 0100（十进制 4）表示。编码器则根据量化电平的划分，将 $x_q(t)$转变成用 0/1 表示的数字序列 $x_d[n]$。例如对于图中所示信号 $x(t)$，经抽样、量化和编码后，则将 $x(t)$转变成图中所示的数字序列。

数模转换是模数转换的逆过程，系统组成如图 3.50 所示。从图中各点信号波形上可以看出每个系统单元的功能。最后一个环节“滤波”将 D/A 中保持电路的输出信号转变成模拟信号。

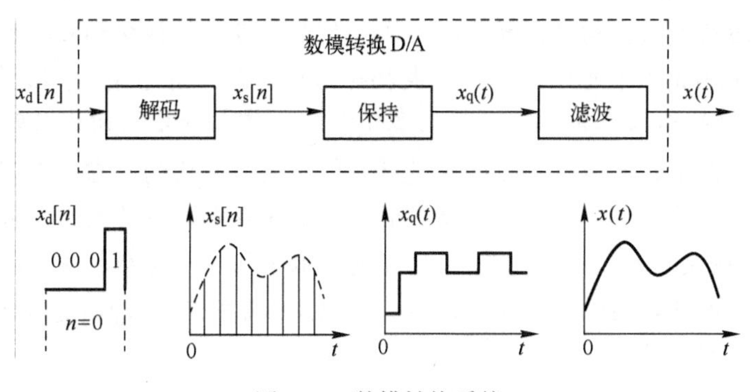

图 3.50　数模转换系统

由于编码、解码及保持单元在理论上不会改变信号所含的信息，且量化的影响可以归为误差分析问题，因此在很多文献中，通常只提取“模拟信号数字处理系统”中的关键单元，形成图 3.51 所示的系统框图，以突出核心问题。然而，图 3.51 中的抽样环节和前面讨论的抽样分析并不能对应，因为在前面的讨论中，抽样后信号是连续时间信号 $x_s(t)$，并不是离散序列 $x[n]$。同样，在前面讨论的抽样恢复中，考虑的也是从连续时间信号 $x_s(t)$ 恢复 $x(t)$，并不是从离散样值恢复 $x(t)$。

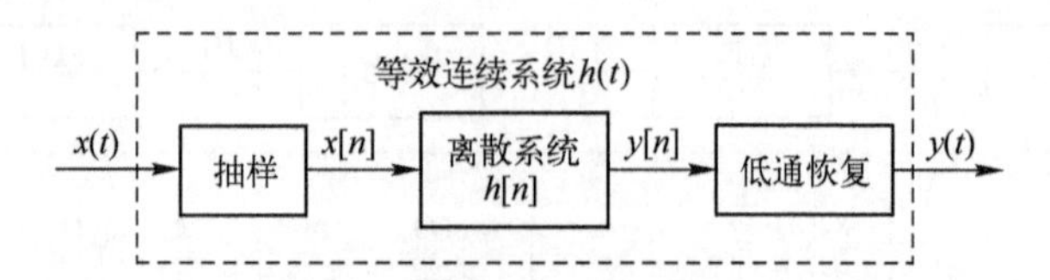

图 3.51　模拟信号数字处理系统的核心单元

为此，可以将图 3.51 改绘成图 3.52 所示的系统方框图。在图 3.52 中，引入了“冲激串/序列转换器”和“序列/冲激串转换器”，将连续域和离散域进行了“隔离”。“冲激串/序列转换器”之前的抽样部分和前面讨论的理想抽样对应了起来，“序列/冲激串转换器”之后的低通滤波器和前面讨论的抽样恢复对应了起来。需要注意的是，所引入的两个“转换器”是无法用电路实现的，是为了便于理解而人为定义的系统单元。

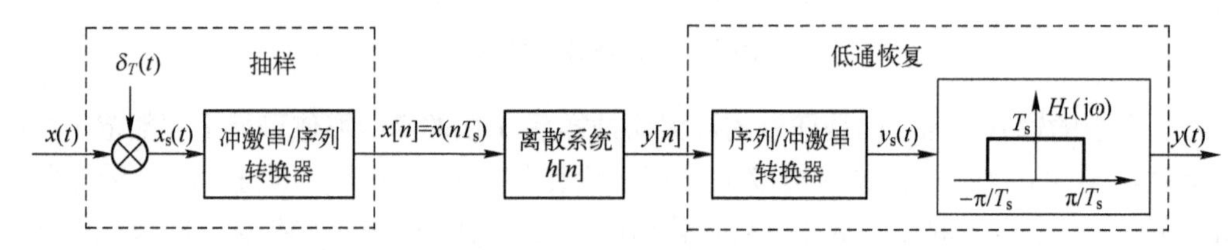

图 3.52　模拟信号数字处理系统的分析模型

需要注意的是，连续域分析理论和离散域分析理论是两套体系。连续域分析理论不能分析离散时间序列，离散域分析理论也无法分析连续时间信号。这就是为什么在前面的抽样分析中，抽样后信号只能是连续时间信号 $x_s(t)$，而不能是离散序列 $x[n]$。

深入理解“模拟信号的数字处理系统”非常重要，因为当今的信号处理已全面走向数字化。目前 A/D 和 D/A 器件的抽样频率可达数 GHz，基本能满足一般系统的全数字化需求。A/D 和 D/A 器件的实际结构和工作过程与图 3.49 和图 3.50 并不完全一致。图 3.49 和图 3.50 是从概念阐述角度出发构画出的系统框图。例如，模数转换中的抽样和保持两部分在实际器件中是由紧密相关的单元电路一次完成抽样保持功能。图 3.49 中抽样器输出端的离散信号 $x_s[n]$ 只是一种从原理上抽象出来的离散信号，实际器件无法输出这样的信号。实际器件能够接受或能够产生的电压或电流必定是随时间作连续变化的，它们不可能在离散的瞬间电压或电流作用下工作，也不可能产生离散的瞬间电压或电流作为输出。可以思考一个重要的概念：“在物理层没有离散时间信号”。所谓的离散时间信号是从物理层抽象和剥离出来的信号，物理层只有连续时间的信号波形，例如图 3.49 数字信号 $x_d[n]$ 是用连续时间脉冲信号表示数字“0”和“1”的。

*3.5.3　频域抽样分析和频域抽样定理

1．频域抽样

时域信号经过理想抽样后，其频谱会发生周期延拓。根据傅里叶变换的对偶性可以推想，如果对信号的频谱进行理想抽样，那么其对应的时域信号也应发生周期延拓，事实也是如此。

设信号 $x(t)$ 是受限于 $[-t_m, t_m]$ 的时间有限信号，则其频谱将具有无限带宽，如图 3.53 所示。记频域中由 $\delta(\omega)$ 构成的理想冲激抽样信号为 $\delta_{\omega_1}(\omega)$，即

$$\delta_{\omega_1}(\omega)=\sum_{n=-\infty}^{\infty}\delta(\omega-n\omega_1) \tag{3-144}$$

其中，ω_1 为频域抽样间隔。根据式（3-83）可知

$$\mathscr{F}^{-1}\{\delta_{\omega_1}(\omega)\}=\frac{1}{\omega_1}\sum_{n=-\infty}^{\infty}\delta(t-nT_1)\quad\left(\omega_1=\frac{2\pi}{T_1}\right) \tag{3-145}$$

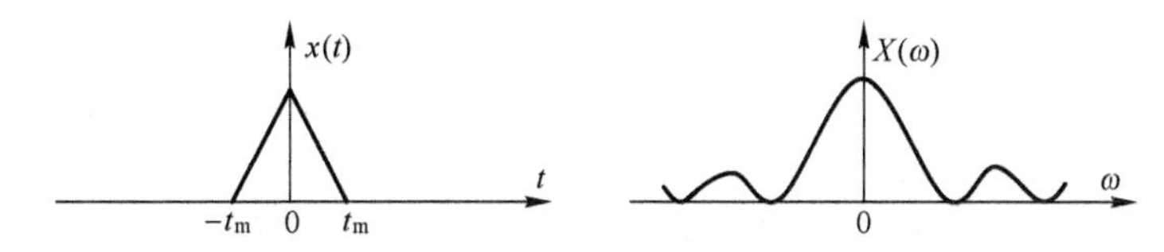

图 3.53　时限信号及其频谱

若对 $x(t)$ 的频谱 $X(\omega)$ 进行理想抽样，则抽样后频谱 $X_1(\omega)$ 为

$$X_1(\omega)=X(\omega)\delta_{\omega_1}(\omega)=X(\omega)\sum_{n=-\infty}^{\infty}\delta(\omega-n\omega_1)$$

上式两边进行傅里叶反变换，并利用时域卷积定理和式（3-145）可知，频域抽样后所对应的时域信号为

$$\begin{aligned}x_1(t)&=\mathscr{F}^{-1}\{X_1(\omega)\}\\&=x(t)*\mathscr{F}^{-1}\{\delta_{\omega_1}(\omega)\} &&[\text{利用时域卷积定理}]\\&=x(t)*\frac{1}{\omega_1}\sum_{n=-\infty}^{\infty}\delta(t-nT_1) &&[\text{代入式（3-145）}]\\&=\frac{1}{\omega_1}\sum_{n=-\infty}^{\infty}x(t)*\delta(t-nT_1) &&[\text{交换卷积与求和的运算顺序}]\\&=\frac{1}{\omega_1}\sum_{n=-\infty}^{\infty}x(t-nT_1) &&[\text{利用卷积的性质}]\end{aligned} \tag{3-146}$$

式（3-146）表明频域的理想抽样导致时域信号的周期延拓，如图 3.54 所示。

2．频域抽样定理

由式（3-146）知，图 3.54(b)中时域延拓周期 T_1 与频域抽样间隔 ω_1 之间的关系为 $T_1=2\pi/\omega_1=1/f_1$。由图 3.54(b)和图 3.54(c)可以看到，当 $T_1\geqslant 2t_{\rm m}$（$T_1>2t_{\rm m}$）或频域抽样间隔 f_1 满足下列条件时

$$\begin{cases} f_1 \leqslant \dfrac{1}{2t_{\rm m}}, & 当x(t)在t_{\rm m}处无冲激函数时 \\ f_1 < \dfrac{1}{2t_{\rm m}}, & 当x(t)在t_{\rm m}处有冲激函数时 \end{cases} \tag{3-147}$$

频域抽样不会造成时域的重叠，即 $X(\omega)$ 完全可以从 $X_1(\omega)$ 中得到重构。

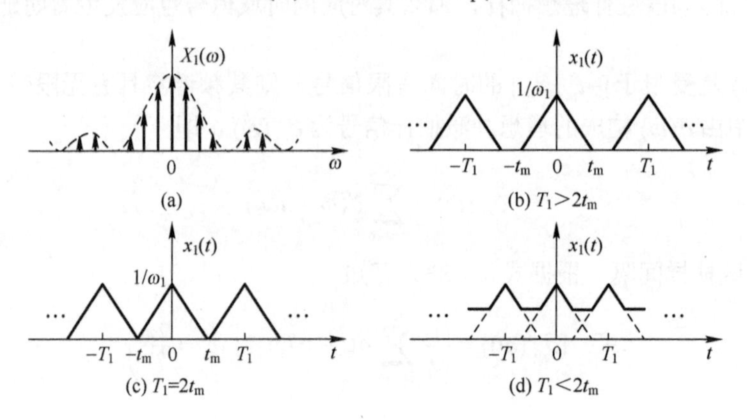

图 3.54　频域抽样和时域周期延拓

对于频域抽样有以下几点说明。

（1）实际应用中的连续时间信号不会出现 $\delta(t-t_{\rm m})$，因此在实际应用中，式（3-147）只有一个结论 $f_1 \leqslant 1/(2t_{\rm m})$，但前面的时域抽样的确会存在有两种情形。

（2）频域抽样是为了使计算机能存储信号的频谱数据。无论是应用还是理论，都无须从离散谱恢复连续谱。因此对于频域抽样，一般不需考虑抽样恢复问题。

（3）从时域抽样和频域抽样的讨论我们看到一个重要的对偶现象：

<u>对时域信号的理想抽样会导致频域信号的周期延拓</u>

<u>对频域信号的理想抽样会导致时域信号的周期延拓</u>

*3.6　希尔伯特变换

希尔伯特变换（Hilbert Transform）在信号与系统分析、通信技术等领域中有着相对广泛的应用。例如通信系统中的单边带调制、因果系统对频率响应特性的约束等，都是希尔伯特变换的应用之处。希尔伯特变换的核心价值在于为构建单边谱信号提供了理论方法，并在此基础上形成了解析信号的概念。

3.6.1　希尔伯特变换及其有关概念

1. 希尔伯特变换的定义

记信号 $x(t)$ 的希尔伯特变换为 $\hat{x}(t)$，希尔伯特正变换和逆变换的定义如下

正变换：
$$\hat{x}(t)=\mathscr{H}\{x(t)\}=x(t)*\frac{1}{\pi t}=\frac{1}{\pi}\int_{-\infty}^{\infty}\frac{x(\tau)}{t-\tau}\mathrm{d}\tau \tag{3-148}$$

逆变换：
$$x(t)=\mathscr{H}^{-1}\{\hat{x}(t)\}=\hat{x}(t)*\frac{1}{-\pi t}=\frac{1}{-\pi}\int_{-\infty}^{\infty}\frac{\hat{x}(\tau)}{t-\tau}\mathrm{d}\tau \tag{3-149}$$

图 3.55 给出了 $1/\pi t$ 和 $-1/\pi t$ 的函数曲线。由上述正逆变换定义式可以看到，希尔伯特正

变换就是信号 $x(t)$ 与 $1/\pi t$ 的卷积积分，逆变换就是 $\hat{x}(t)$ 与 $-1/\pi t$ 的卷积积分。同时，由定义式看到，希尔伯特变换是同域变换，即 $\hat{x}(t)$ 和 $x(t)$ 都是时域函数。

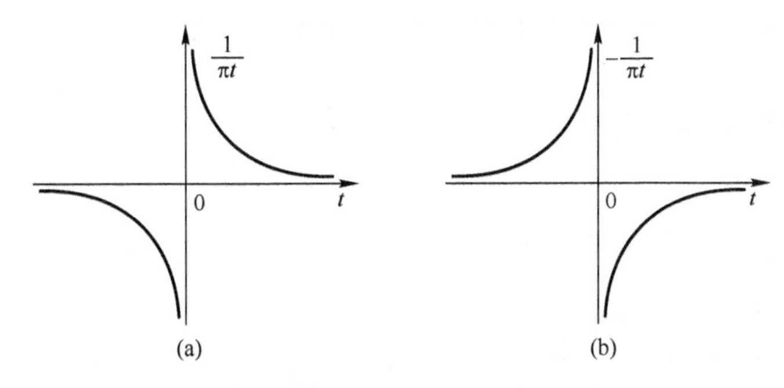

图 3.55　希尔伯特变换中 $\pm 1/\pi t$ 函数曲线

由于卷积满足交换律，因此希尔伯特变换定义式的卷积又可以写为

正变换：
$$\hat{x}(t)=\frac{1}{\pi}\int_{-\infty}^{\infty}\frac{x(t-\tau)}{\tau}\mathrm{d}\tau \tag{3-150}$$

逆变换：
$$x(t)=-\frac{1}{\pi}\int_{-\infty}^{\infty}\frac{\hat{x}(t-\tau)}{\tau}\mathrm{d}\tau \tag{3-151}$$

【例 3-35】 求方波信号 $g(t)=u(t+T_1)-u(t-T_1)$ 的希尔伯特变换。

【解】 利用式（3-150）计算卷积会相对简便一点。图 3.56 绘出了 $g(t)$ 和 $1/\pi t$ 卷积的图示，横坐标是积分变量 τ（卷积积分的计算参见例 2-6）。

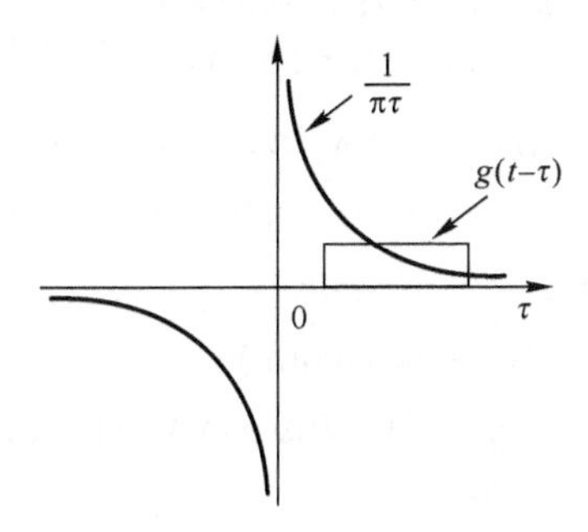

图 3.56　$g(t)$ 和 $1/\pi t$ 卷积图示

由式（3-150）和图 3.56 可知

$$\hat{g}(t)=\frac{1}{\pi}\int_{-\infty}^{\infty}\frac{g(t-\tau)}{\tau}\mathrm{d}\tau$$　　[式（3-150），$g(t)$ 作反转进行积分会简单一点]

$$=\frac{1}{\pi}\int_{t-T_1}^{t+T_1}\frac{1}{\tau}\mathrm{d}\tau$$　　[积分区间确定参见例 2-6，在非零区间内 $g(t-\tau)=1$]

$$=\frac{1}{\pi}\ln\frac{t+T_1}{t-T_1}$$　　[$\frac{1}{\tau}$ 的原函数为 $\ln\tau$]

【例毕】

【例 3-36】 求直流信号 $x(t)=1$ 的希尔伯特变换。

【解】 按照式（3-150），当 $x(t)=1$ 时，有

$$\hat{x}(t)=\frac{1}{\pi}\int_{-\infty}^{\infty}\frac{x(t-\tau)}{\tau}\mathrm{d}\tau=\frac{1}{\pi}\int_{-\infty}^{\infty}\frac{1}{\tau}\mathrm{d}\tau=0$$　　[奇函数对称区间积分]

即
$$\mathscr{H}\{x(t)=1\}=0$$

直流信号的希尔伯特变换是个特殊问题，很多文献不进行讨论，也有认为直流信号的希尔伯特变换是个未定义的问题。本例明确其希尔伯特变换为 0。

【例毕】

2．希尔伯特变换的频域关系

现在考察 $x(t)$ 和 $\hat{x}(t)$ 所对应的频谱函数之间的关系。由式（3-67）知

$$\frac{1}{-\mathrm{j}\pi t}\xleftrightarrow{\mathscr{F}}\operatorname{sgn}(\omega)\text{，即 }\frac{1}{\pi t}\xleftrightarrow{\mathscr{F}}-\mathrm{j}\operatorname{sgn}(\omega)$$

因此，对式（3-148）两边取傅里叶变换，并代入上式有

$$\hat{X}(\omega)=X(\omega)\cdot\mathscr{F}\left\{\frac{1}{\pi t}\right\}=-\mathrm{j}X(\omega)\operatorname{sgn}(\omega)$$

上式两边同乘 $\mathrm{j}\operatorname{sgn}(\omega)$，则有

$$\mathrm{j}\operatorname{sgn}(\omega)\hat{X}(\omega)=-\mathrm{j}^2X(\omega)\operatorname{sgn}^2(\omega)=X(\omega)\quad[\text{因为}\operatorname{sgn}^2(\omega)=1]$$

整理可得希尔伯特变换的频域关系

$$\hat{X}(\omega)=-\mathrm{j}X(\omega)\operatorname{sgn}(\omega)\tag{3-152}$$

$$X(\omega)=\mathrm{j}\hat{X}(\omega)\operatorname{sgn}(\omega)\tag{3-153}$$

希尔伯特变换是无穷区间上的卷积积分，直接按照定义计算会存在积分收敛问题。然而，通过引入频域冲激函数，傅里叶变换已很好地解决了积分无穷大的表示问题。因此，利用傅里叶变换求希尔伯特变换，常常是更为有效的方法。

【例 3-37】 求信号 $x_1(t)=\sin\omega_0 t$ 和 $x_2(t)=\cos\omega_0 t$ 的希尔伯特变换。

【解】 设 $x_1(t)\xleftrightarrow{\mathscr{F}}X_1(\omega)$，$\hat{x}_1(t)\xleftrightarrow{\mathscr{F}}\hat{X}_1(\omega)$。求 $\sin\omega_0 t$，由式（3-138）可得

$$\begin{aligned}\hat{X}_1(\omega)&=-\mathrm{j}X_1(\omega)\operatorname{sgn}(\omega) &&[\text{式（3-152）}]\\&=-\mathrm{j}\cdot\mathrm{j}\pi[\delta(\omega+\omega_0)-\delta(\omega-\omega_0)]\cdot\operatorname{sgn}(\omega) &&[\text{代入正弦信号傅里叶变换}]\\&=\pi\delta(\omega+\omega_0)\operatorname{sgn}(\omega)-\pi\delta(\omega-\omega_0)\operatorname{sgn}(\omega)\\&=-\pi\delta(\omega+\omega_0)-\pi\delta(\omega-\omega_0) &&[\text{由 }\delta(\omega\pm\omega_0)\text{ 的正负频率区域化简 }\operatorname{sgn}(\omega)]\\&=-\pi[\delta(\omega+\omega_0)+\delta(\omega-\omega_0)]\\&=-\mathscr{F}\{\cos\omega_0 t\}\end{aligned}$$

上式两边取傅里叶反变换得

$$\hat{x}_1(t)=\mathscr{H}\{\sin\omega_0 t\}=-\cos\omega_0 t\tag{3-154}$$

类似可求得

$$\hat{x}_2(t)=\mathscr{H}\{\cos\omega_0 t\}=\sin\omega_0 t\tag{3-155}$$

【例毕】

【例 3-38】 再论直流信号的希尔伯特变换

从图 3.55 可以看出，$1/\pi t$ 不含直流分量（参见图 3.28 及关于直流分量的讨论），因此 $\frac{1}{\pi t}\xleftrightarrow{\mathscr{F}}-\mathrm{j}\operatorname{sgn}(\omega)$ 的准确理解应该是

$$\frac{1}{\pi t}\xleftrightarrow{\mathscr{F}}-\mathrm{j}\operatorname{sgn}(\omega)=\begin{cases}-\mathrm{j}, & \omega>0\\0, & \omega=0\\\mathrm{j}, & \omega<0\end{cases}\tag{3-156}$$

进而，式（3-152）的准确理解应该是

$$\hat{X}(\omega)=-\mathrm{j}X(\omega)\mathrm{sgn}(\omega)=\begin{cases}-\mathrm{j}X(\omega), & \omega>0\\ 0, & \omega=0\\ \mathrm{j}X(\omega), & \omega<0\end{cases} \tag{3-157}$$

如果将希尔伯特变换视为滤波器，即 $\hat{X}(\omega)=-\mathrm{j}X(\omega)\mathrm{sgn}(\omega)=X(\omega)H(\omega)$，则有

$$H(\omega)=-\mathrm{j}\mathrm{sgn}(\omega)=\begin{cases}-\mathrm{j}, & \omega>0\\ 0, & \omega=0\\ \mathrm{j}, & \omega<0\end{cases} \tag{3-158}$$

该滤波器滤除直流。因此直流信号的希尔伯特变换为 0。

需要特别强调的是，如果将 $\mathrm{sgn}(\omega)$ 视为单纯的符号函数，在 $\omega=0$ 处可以定义为 $\mathrm{sgn}(0)=1$，也可以认为无定义。但是作为 $1/\pi t$ 的傅里叶变换，必须将其定义为 $\mathrm{sgn}(0)=0$，如式（3-156）所示，因为 $1/\pi t$ 无直流分量。

【例毕】

3．希尔伯特变换的信号处理实质——90°移相

首先考察一下正弦信号移相 90°后，正负频率分量相位发生的变化。

由欧拉公式可知，$\cos\omega_0 t$ 含有的正负频率复指数分量为

$$\cos\omega_0 t=\frac{1}{2}(\mathrm{e}^{\mathrm{j}\omega_0 t}+\mathrm{e}^{-\mathrm{j}\omega_0 t})\quad（\mathrm{e}^{\mathrm{j}\omega_0 t}\text{为正，}\ \mathrm{e}^{-\mathrm{j}\omega_0 t}\text{为负}） \tag{3-159}$$

将 $\cos\omega_0 t$ 移相 90°，有

$$\cos\left(\omega_0 t-\frac{\pi}{2}\right)=\sin\omega_0 t \tag{3-160}$$

而 $\sin\omega_0 t$ 的复指数表示可变形为

$$\begin{aligned}\sin\omega_0 t&=\frac{1}{2\mathrm{j}}(\mathrm{e}^{\mathrm{j}\omega_0 t}-\mathrm{e}^{-\mathrm{j}\omega_0 t})\\ &=\frac{1}{2}(\mathrm{e}^{\mathrm{j}\omega_0 t}\cdot\mathrm{e}^{-\mathrm{j}\frac{\pi}{2}}-\mathrm{e}^{-\mathrm{j}\omega_0 t}\mathrm{e}^{-\mathrm{j}\frac{\pi}{2}})\qquad[-\mathrm{j}=\mathrm{e}^{-\mathrm{j}\frac{\pi}{2}}]\\ &=\frac{1}{2}(\mathrm{e}^{\mathrm{j}\omega_0 t}\cdot\mathrm{e}^{-\mathrm{j}\frac{\pi}{2}}+\mathrm{e}^{-\mathrm{j}\omega_0 t}\mathrm{e}^{\mathrm{j}\frac{\pi}{2}})\qquad[-1=\mathrm{e}^{\mathrm{j}\pi}]\end{aligned} \tag{3-161}$$

注意到式（3-160）（90°移相），比较式（3-159）和式（3-161），可以看到单一频率正弦信号移相 90°后，正负频率分量的模值不变（这里均为 1/2），相位发生如下的变化：

（1）正频率分量的幅角因子乘 $\mathrm{e}^{-\mathrm{j}\frac{\pi}{2}}$，或者说相位增加 $-\pi/2$。

（2）负频率分量的幅角因子乘 $\mathrm{e}^{\mathrm{j}\frac{\pi}{2}}$，或者说相位增加 $\pi/2$。

上述两点结论即为 90°移相操作对信号正负频率分量产生的影响。理解了这个概念后，则比较容易理解希尔伯特变换的信号处理实质。由式（3-152）可得

$$\begin{aligned}\hat{X}(\omega)&=-\mathrm{j}X(\omega)\mathrm{sgn}(\omega)\qquad[\text{式（3-152）}]\\ &=\begin{cases}-\mathrm{j}X(\omega), & \omega>0\\ \mathrm{j}X(\omega), & \omega<0\end{cases}\qquad[\text{将}\ \mathrm{sgn}(\omega)\ \text{的值代入}]\\ &=\begin{cases}|X(\omega)|\mathrm{e}^{\mathrm{j}\varphi(\omega)}\mathrm{e}^{-\mathrm{j}\frac{\pi}{2}}, & \omega>0\\ |X(\omega)|\mathrm{e}^{\mathrm{j}\varphi(\omega)}\mathrm{e}^{\mathrm{j}\frac{\pi}{2}}, & \omega<0\end{cases}\qquad[X(\omega)\ \text{写成模和幅角的形式}]\end{aligned} \tag{3-162}$$

上式和前面的两点结论完全相同。因此，对 $x(t)$ 进行希尔伯特变换，本质上就是对每个频率分量进行 90° 移相。上述 $\hat{X}(\omega)$ 和 $X(\omega)$ 的模和幅角关系可以更清晰地表示为

$$|\hat{X}(\omega)|=|X(\omega)| \tag{3-163}$$

$$\hat{\varphi}(\omega)=\begin{cases}\varphi(\omega)-\dfrac{\pi}{2}, & \omega>0\\ \varphi(\omega)+\dfrac{\pi}{2}, & \omega<0\end{cases} \tag{3-164}$$

【例 3-39】 三论直流信号的希尔伯特变换。

一个频率不为零的正弦信号，其初相位是明确的，因此移相 90° 也是明确的。但对于直流信号，初相位概念是不适用的，“直流信号移相 90° ”也属定义不明。从这个角度可以讲，直流信号的希尔伯特变换是未定义的。但结合前面的讨论，可以补充定义：直流信号的希尔伯特变换为零。

【例毕】

【例 3-40】 由傅里叶级数分析知，周期信号 $x_T(t)$ 可以展开成傅里叶级数

$$x_T(t)=c_0+\sum_{k=1}^{\infty}c_k\cos(k\omega_0 t+\varphi_k)$$

根据前面讨论，希尔伯特变换的实质是对每个频率分量进行 90° 移相，且直流信号的希尔伯特变换等于零，因此上述周期信号的希尔伯特变换为

$$\hat{x}_T(t)=\sum_{k=1}^{\infty}c_k\cos\left(k\omega_0 t+\varphi_k-\frac{\pi}{2}\right)=\sum_{k=1}^{\infty}c_k\sin(k\omega_0 t+\varphi_k)$$

【例毕】

*3.6.2 解析信号

1．用希尔伯特变换构建单边谱信号——解析信号

现在考察 $X(\omega)+\mathrm{j}\hat{X}(\omega)=X_{\mathrm{a}}(\omega)$。由式（3-138）可得

$$X_{\mathrm{a}}(\omega)=X(\omega)+\mathrm{j}[-\mathrm{j}X(\omega)\mathrm{sgn}(\omega)]=X(\omega)[1+\mathrm{sgn}(\omega)]=\begin{cases}2X(\omega), & \omega>0\\ 0, & \omega<0\end{cases} \tag{3-165}$$

可见 $X_{\mathrm{a}}(\omega)$ 是一个单边谱，即只在 $\omega>0$ 时有非零值。

对 $X_{\mathrm{a}}(\omega)=X(\omega)+\mathrm{j}\hat{X}(\omega)$ 两边取傅里叶反变换，则有

$$x_{\mathrm{a}}(t)=x(t)+\mathrm{j}\hat{x}(t) \tag{3-166}$$

这就是说，如果用 $x(t)$ 和其希尔伯特变换 $\hat{x}(t)$ 构成上式所述的复数信号 $x_{\mathrm{a}}(t)$，那么 $x_{\mathrm{a}}(t)$ 的频谱将是单边的（只在 $\omega>0$ 部分有非零值）。$x_{\mathrm{a}}(t)$ 被称为解析信号（Analytic Signal）。

这里 Analytic Signal 就是强调客观自然界中不存在这种信号，因其为复数，只是理论分析用的信号。注意：Matlab 中的 hilbert()函数，其返回值是解析信号 $x_{\mathrm{a}}[n]$，并不是信号的希尔伯特变换 $\hat{x}[n]$。如果需要求 $\hat{x}[n]$，可以利用求复数虚部的函数 imag()，或采用 imag (hilbert(x))的调用形式。

前面的讨论指出 $\hat{x}(t)$ 的直流分量为零，但由式（3-166）知解析信号的直流分量并不为零，应该等于 $x(t)$ 的直流分量幅度。因此，式（3-165）给出的单边谱与 $X(\omega)$ 关系的准确含

义应该为

$$X_a(\omega)=\begin{cases}2X(\omega), & \omega>0\\ X(\omega), & \omega=0\\ 0, & \omega<0\end{cases} \tag{3-167}$$

上述单边谱和双边谱的关系与图 3.4 给出的结论相同。

***2．单边带调制——希尔伯特变换和解析信号的应用**

参见图 3.30，当对 $x(t)$ 进行调制后[$x(t)\cos\omega_0 t$]，$X(\omega)$ 中 $\omega<0$ 的部分被搬移至 $\omega>0$ 区域，导致调制后信号的物理带宽增加一倍。然而，由傅里叶变换的性质知，实信号 $x(t)$ 的幅频和相频分别具有偶对称性和奇对称性。也就是说，当已知 $\omega>0$ 部分的 $X(\omega)$，则完全可以确定 $\omega<0$ 部分的 $X(\omega)$。如果发送端在发射前能够构造一个单边谱信号，则可以节省无线通信系统的频率资源。通信系统中单边带调制技术则是源于这一想法。下图是单边带调制系统框图[图 3.57(a)和图 3.57(b)是等价的]，它利用三角函数的正交性将复数信号的实部和虚部叠加在一起传输。用图 3.57(a)的希尔伯特变换表示比较抽象，根据希尔伯特变换的信号处理实质，可将其改画为图 3.57(b)的形式。

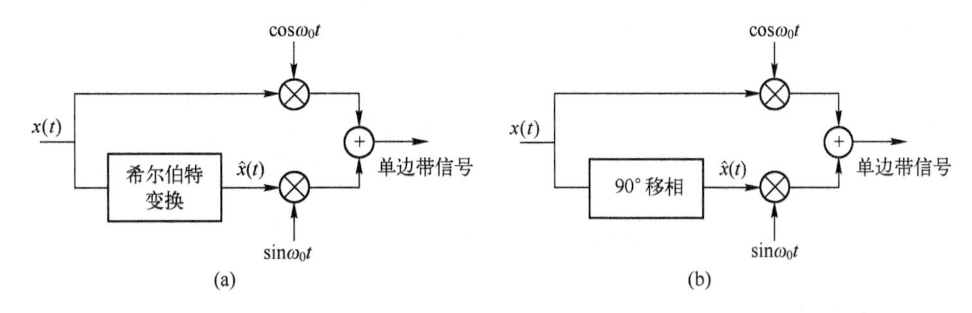

图 3.57　通信系统中单边带调制原理

***3．包络提取——解析信号的应用**

首先明确一下信号包络的概念。一个信号的幅度可能有缓慢变化的过程，例如在图 3.58 中，用虚线勾画出了正弦信号幅度的缓变过程，这个虚线即所谓的信号包络。振幅缓变的正弦信号可以表示为

$$x(t)=A(t)\cos\omega_0 t \qquad [\text{对任意}\ t,\ A(t)>0]$$

其中，$A(t)$ 反映幅度的缓变，即为 $x(t)$ 的包络。现考虑对上式进行希尔伯特变换，由于希尔伯特变换是对信号频率分量进行 90° 相移，即正弦信号的四分之一周期平移。在 $\cos\omega_0 t$ 的四分之一周期内，可以认为 $A(t)$ 近似不变（常数）。因此，只对上式中 $\cos\omega_0 t$ 进行希尔伯特变换即可，所以

$$\hat{x}(t)=A(t)\sin\omega_0 t \qquad [\text{参见式（3-155）}]$$

用上述 $x(t)$ 和 $\hat{x}(t)$ 构成解析信号

$$x_a(t)=x(t)+\mathrm{j}\hat{x}(t)=A(t)\cos\omega_0 t+\mathrm{j}A(t)\sin\omega_0 t=A(t)\mathrm{e}^{\mathrm{j}\omega_0 t}$$

从而 $x_a(t)$ 的模为

$$|x_a(t)|=A(t) \quad [A(t)>0]$$

因此，求解解析信号的模，则提取了 $x(t)=A(t)\cos\omega_0 t$ 的包络 $A(t)$。

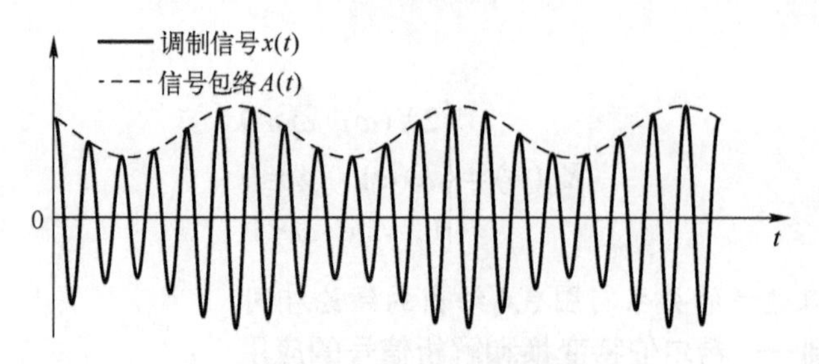

图 3.58 信号包络的示意

上述讨论中，快变化信号是正弦信号。如果快变化信号为非正弦的恒幅信号 $f(t)$，可以建模为

$$x(t) = A(t)f(t) \quad [A(t) > 0] \tag{3-168}$$

其中 $f(t)$ 是快变化的信号主体，$A(t)$ 是缓变的信号包络。与前面分析类似，$x(t)$ 的希尔伯特变换为

$$\hat{x}(t) = A(t)\hat{f}(t)$$

构成的解析信号为

$$x_a(t) = A(t)[f(t) + \mathrm{j}\hat{f}(t)]$$

由于希尔伯特变换的实质是移相，因此当 $f(t)$ 为恒幅信号时，$\hat{f}(t)$ 也为恒幅信号，从而有

$$|x_{\mathrm{a}}(t)| = A(t)\sqrt{f^2(t) + \hat{f}^2(t)} = CA(t) \quad [C = \sqrt{f^2(t) + \hat{f}^2(t)} \text{为常数}, A(t) > 0]$$

上式表明，对于用式（3-168）建模的非正弦情况，也可以用解析信号模求解包络。

3.7 Matlab 实践

3.7.1 周期信号的分解与合成——傅里叶级数

连续周期信号的傅里叶级数展开系数由积分式（3-2）给出，可以利用 Matlab 提供的积分函数 int( )来计算，其典型调用格式为

$$c_k = \mathrm{int}(x,t,a,b);$$

其中 x 为被积函数，t 为积分变量，两者是符号变量。a 和 b 分别为积分的上下限。利用该函数，结合式（3-2）可以求得周期信号的傅里叶级数展开系数。

【例 3-41】求图 3.59 所示周期矩形脉冲信号的傅里叶级数

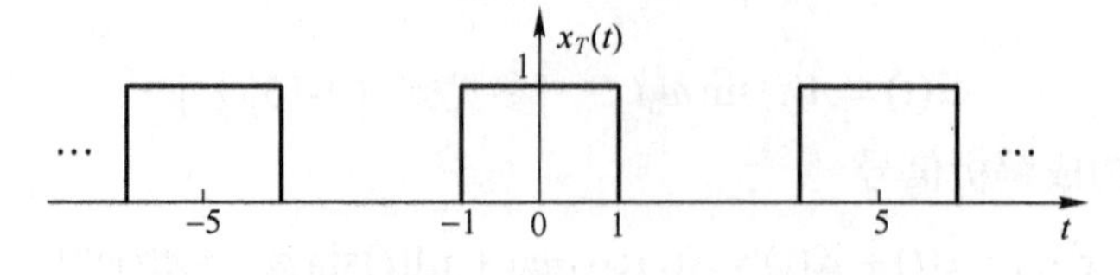

图 3.59 周期矩形脉冲信号

【解】Matlab 源程序如下：

```
% filename: ex3_41_fourier_series.m %
```

```
syms x t k;
T = 5; f = 1/T; T1 = 1;          % 脉冲宽度[-T1,T1]
f = exp(-1i*k*2*pi/T*t);         % 定义被积函数
ck = int(f,t,-T1,T1)/T;          % 傅里叶级数系数表达式
k = [-20:-1,eps,1:20];           % 取值范围. k=0 时为 0/0，需用极小数 eps 替代
ckk = subs(ck,'k',k);            % 表达式具体取值
stem(k,ckk,'filled');
title('周期矩形脉冲信号的傅里叶级数系数');
xlabel('k');ylabel('c_k')
grid on; hold on
t = [-20:0.1:-0.1,eps,0.1:0.1:20];
Ck = subs(ck,'k',t);             % 傅里叶级数包络线
plot(t,Ck)
% end of file %
```

程序运行结果如图 3.60 所示:

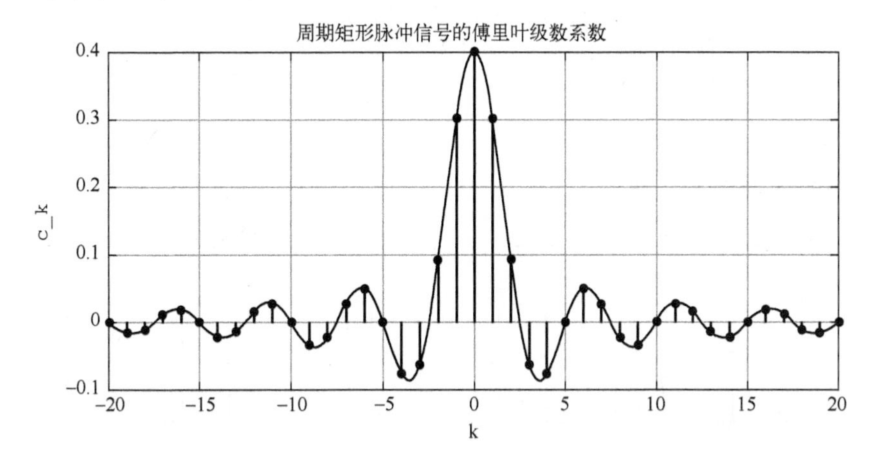

图 3.60　周期矩形脉冲信号的傅里叶级数

【例毕】

【例 3-42】 利用多次谐波叠加合成图 3.61 中的周期矩形脉冲信号。

【解】 Matlab 源程序如下:

```
% filename: ex3_42_fseries_synthesis.m %
T = 5; f = 1/T; T1 = 1;          % 脉冲宽度[-T1,T1]
Duty = 2*T1/T*100;               % 占空比
t = -7:0.01:7;
xt = (square(2*pi*f*(t+T1),Duty)+1)/2; % 周期矩形脉冲
N_max = 15;                      % 最大谐波次数
N = 1:N_max;                     % 谐波次数
c0 = 2*T1/T;                     % 0 级直流分量
c = 2*T1/T*sinc(2*T1/T*N);       % 指数展开系数
a = [c0,2*abs(c)];               % 三角函数展开谐波幅度
theta = [0,angle(c)];            % 谐波相位
harmonic = zeros(N_max+1,length(t));
for i = 1:N_max+1
    harmonic(i,:) = a(i)*cos((i-1)*2*pi*f*t+theta(i));
    % 各次谐波信号
```

```
end
n = 5:5:N_max;
for k = 1:length(n)
    xt_sys(k,:) = sum(harmonic(1:n(k)+1,:),1);
    % 前 n 次谐波叠加
end
%% 绘图
figure(1);
subplot(221);
plot(t,xt,'LineWidth',1.5);grid on; hold on;
title('周期矩形脉冲信号')
axis([min(t) max(t) min(xt)-0.5 max(xt)+0.5]);
for i = 1:3
    subplot(2,2,i+1);
    plot(t,xt);grid on; hold on;
    plot(t,xt_sys(i,:),'LineWidth',1.5);
    title(['前',num2str(n(i)),'次谐波叠加'])
    axis([min(t) max(t) min(xt)-0.5 max(xt)+0.5]);
end
% end of file %
```

程序运行结果如图 3.61 所示:

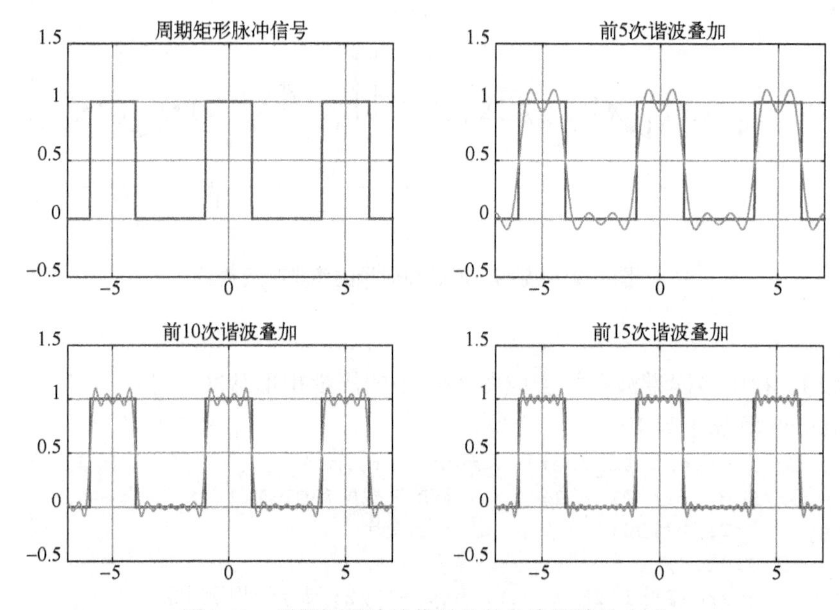

图 3.61　周期矩形脉冲信号及其各次谐波的合成

【例毕】

3.7.2　非周期信号的频谱——傅里叶变换

如果已知信号的表达式，Matlab 提供了 fourier( )和 ifourier( )函数，可以直接求出其傅里叶正变换和逆变换，典型调用格式如下

$$X = \text{fourier}(x,t,w); \qquad x = \text{ifourier}(X,w,t);$$

其中 x 为时域信号，X 为对应的频域傅里叶变换；t 和 w 分别为时间和频率变换。需要注意的是上述函数是针对符号变量的运算，因此在调用该函数之前，需要用 syms 对涉及变量进行定义。

【例 3-43】 利用 Matlab 画出矩形脉冲信号 $x(t)=u(t+1)-u(t-1)$ 的频谱。

【解】 Matlab 源程序如下：

```
% filename: ex3_43_fourier_transformation.m %
syms t w;
x = sym('heaviside(t+1)-heaviside(t-1)');
subplot(3,1,1);ezplot(x,[-5,5])      % 符号函数绘图
grid on; axis([-5,5,-0.2,1.2]);
title('矩形脉冲信号 x(t)');
X = fourier(x,t,w);                  % 求傅里叶变换
subplot(3,1,2);ezplot(real(X),[-6*pi,6*pi]);
grid on; axis([-20,20,-1,3]);
title('信号频谱 X(\omega)');
xr = ifourier(X,w,t);                % 求傅里叶逆变换
subplot(3,1,3);ezplot(xr,[-5,5])
grid on; axis([-5,5,-0.2,1.2]);
title('逆变换恢复的信号')
% end of file %
```

程序运行结果如图 3.62 所示：

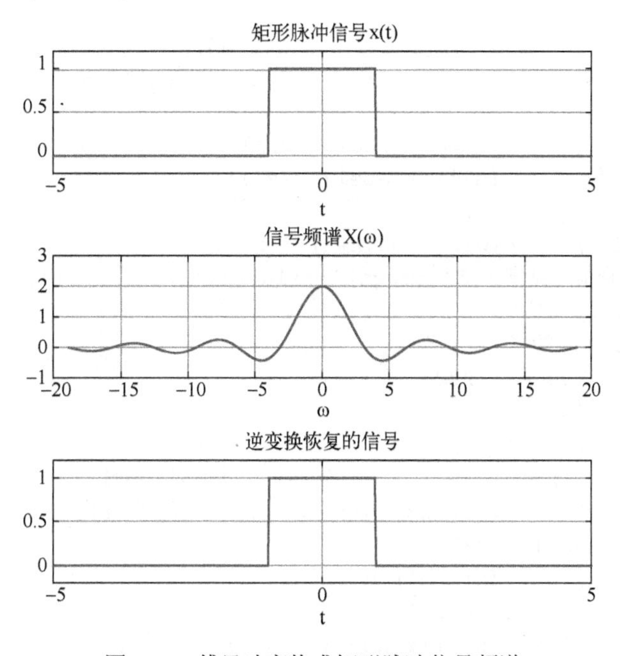

图 3.62 傅里叶变换求矩形脉冲信号频谱

【例毕】

3.7.3 信号时域抽样

理想抽样中采用的周期冲激串在 Matlab 中难以实现，可以通过数据点抽样的方式来近似分析。傅里叶变换式（3-23）中的积分也可用如下求和来近似计算。

$$X(\omega)=\sum_{n=-\infty}^{+\infty}x(n\cdot\Delta t)\mathrm{e}^{-\mathrm{j}\omega n\cdot\Delta t}\Delta t$$

【例 3-44】 已知信号 $x(t)=\cos\left(\frac{2\pi}{3}t\right)$，利用 Matlab 实现抽样频率为 $f_s=2\text{Hz}$，$f_s=\frac{2}{3}\text{Hz}$ 和 $f_s=1\text{Hz}$ 时的时域抽样。

【解】 Matlab 源程序如下：

```
% filename: ex3_44_sampling.m %
t = 0:0.01:10;                          % 时域取值范围
xt = cos(2/3*pi*t);
w = linspace(-4*pi,4*pi,500);           % 频域取值范围
Xw = 0.01*xt*exp(-1i*t'*w);             % 计算傅里叶变换
figure(1);
subplot(221);plot(t,xt,'-b');
title('原信号 x(t)=cos(2\pi t/3)');xlabel('t/s');
axis([0,max(t),-1.1,1.1]);
subplot(222);plot(w/pi,abs(Xw),'-b');
title('原信号频谱 X(\omega)');xlabel('\pi(rad/s)');
axis([-3,3,0,6])
%% fs=2Hz 抽样
fs1 = 2; Ts1 = 1/fs1;
t1 = 0:Ts1:10;
xt1 = cos(2/3*pi*t1);                   % 抽样信号
Xw1 = Ts1*xt1*exp(-1i*t1'*w);           % 计算傅里叶变换
subplot(223);
stem(t1,xt1,'b','filled');hold on;plot(t,xt,'--b');
title('抽样信号 x_1[n]');xlabel('t/s');
axis([0,max(t),-1.1,1.1]);
subplot(224);plot(w/pi,abs(Xw1),'-b');
title('抽样信号频谱 X_2(\omega)');xlabel('\pi(rad/s)');
axis([-3,3,0,6])
%% fs = 2/3Hz 抽样
fs2 = 2/3; Ts2 = 1/fs2;
t2 = 0:Ts2:10;
xt2 = cos(2/3*pi*t2);                   % 抽样信号
xt21 = cos(2*pi*t);                     % 其他频率信号
Xw2 = Ts2*xt2*exp(-1i*t2'*w);           % 计算傅里叶变换
figure(2);subplot(221);
stem(t2,xt2,'b','filled');hold on;
plot(t,xt,'--b',t,xt21,'-.');
title('抽样信号 x_2[n]');xlabel('t/s');
axis([0,max(t),-1.1,1.1]);
subplot(222);plot(w/pi,abs(Xw2),'-b');
title('抽样信号频谱 X_2(\omega)');xlabel('\pi(rad/s)');
axis([-3,3,0,12]);
%% fs = 1Hz 抽样
fs3 = 1/2; Ts3 = 1/fs3;
t3 = 0:Ts3:10;
```

```
xt3 = cos(2/3*pi*t3);                  % 抽样信号
xt31 = cos(1/3*pi*t);                  % 其他频率信号
Xw3 = Ts3*xt3*exp(-1i*t3'*w);          % 计算傅里叶变换
subplot(223);
stem(t3,xt3,'b','filled');hold on;
plot(t,xt,'--b',t,xt31,'-.');
title('抽样信号 x_3[n]');xlabel('t/s');
axis([0,max(t),-1.1,1.1]);
subplot(224);plot(w/pi,abs(Xw3),'-b');
title('抽样信号频谱 X_3(\omega)');xlabel('\pi(rad/s)');
axis([-3,3,0,6]);
% end of file %
```

程序运行结果如图 3.63 所示：

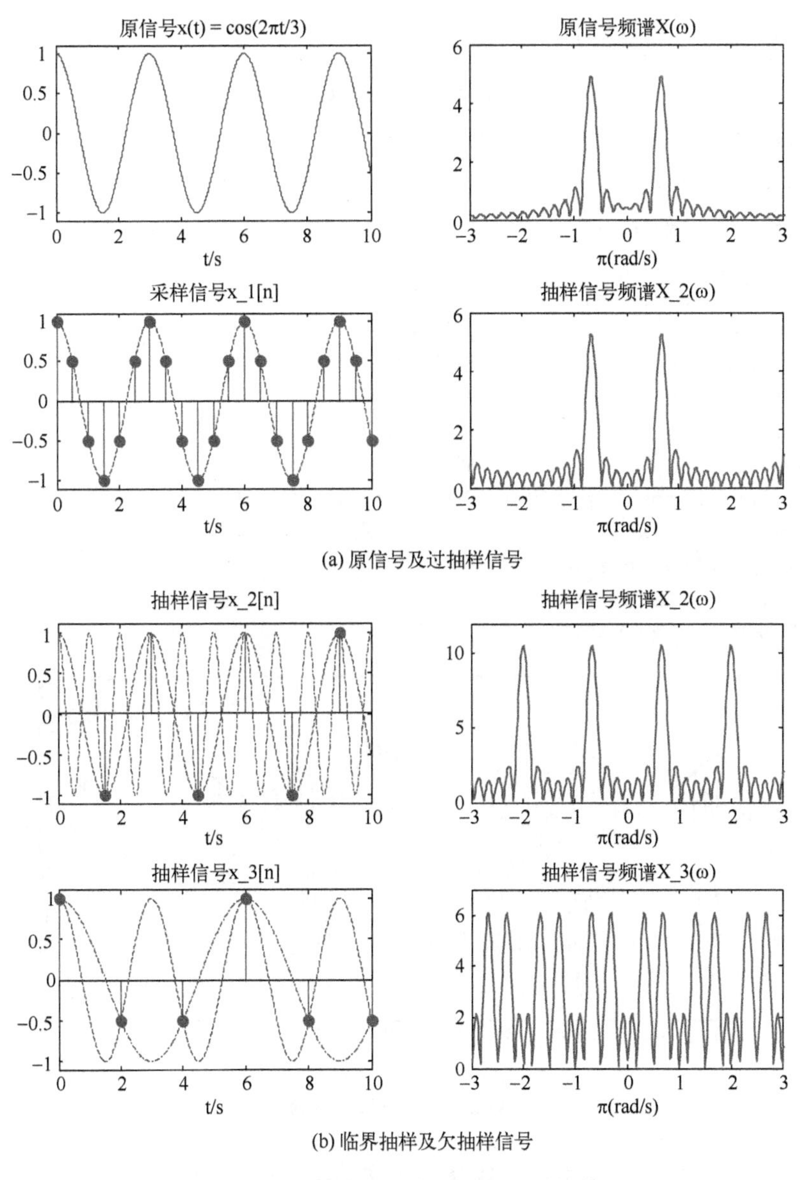

(a) 原信号及过抽样信号

(b) 临界抽样及欠抽样信号

图 3.63　正弦信号抽样时域波形及频谱

由前面的实验结果可以看到，对于正弦信号，采用临界值 2 倍最高频率抽样，频谱已经发生混叠（谱峰比正常谱峰高出 1 倍）。而从时域角度看，临界抽样和欠抽样都存在至少一个不同频率的信号经过完全相同的样值点（通过样值点数据不能完全确定原信号的频率）。实际上对于正弦信号这类频谱在最高频率处存在冲激的信号，抽样频率必须大于 2 倍最高频率。

【例毕】

3.7.4 希尔伯特变换在 AM 信号解调中的应用——包络检波

Matlab 中提供了希尔伯特变换相关的函数 hilbert( )。利用希尔伯特变换可以实现信号包络的提取。hilbert( )的典型调用格式如下

$$xh = \text{hilbert}(x);$$

【例 3-45】 已知某调幅信号

$$x(t) = [1 + 0.3\cos(2\pi f_0 t + \varphi_0)]\cos 2\pi f_c t$$

其中 f_0=3.4kHz，$\varphi_0 = \pi/3$ 为基带信号的频率和相位，$f_c = 80\text{kHz}$ 为载波频率。试利用 Matlab 实现对该信号包络的提取。

【解】Matlab 代码如下:

```
% filename: ex3_45_hilbert.m %
clear all;close all;
fs = 1e6;                  % 抽样频率
t = 0:1/fs:0.001;          % 信号持续时间
f0 = 3.4e3;                % 基带信号频率
phi0 = pi/3;               % 基带信号相位
fc = 8e4;                  % 载波频率
x = (1+0.3*cos(2*pi*f0*t+phi0)).*cos(2*pi*fc*t);
xh = hilbert(x);           % 希尔伯特变换
plot(t,x,'-b',t,abs(xh),'-r');
% end of file %
```

程序运行结果如图 3.64 所示:

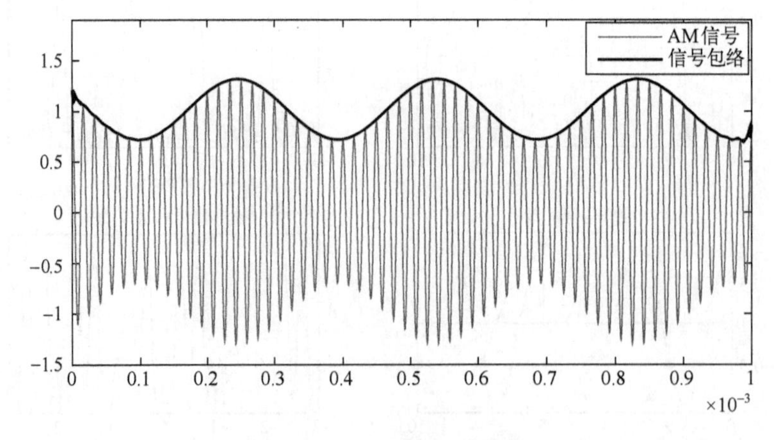

图 3.64 AM 信号及其包络

可以看到，利用希尔伯特变换，能够很方便的提取信号的包络。需要注意的是，希尔

伯特变换得到的是一个复解析信号，该信号的模才是信号包络。

【例毕】

附 录

附表 3.1 连续时间傅里叶变换的定义和性质

	名称	连续时间函数 $x(t)$	傅里叶变换频域函数 $X(\omega)$
1★	定义	$x(t)=\frac{1}{2\pi}\int_{-\infty}^{+\infty}X(\omega)e^{j\omega t}d\omega$	$X(\omega)=\int_{-\infty}^{+\infty}x(t)e^{-j\omega t}dt$
2	线性	$ax_1(t)+bx_2(t)$	$aX_1(\omega)+bX_2(\omega)$
3	尺度变换	$x(at), a\neq 0$	$\frac{1}{\lvert a\rvert}X\left(\frac{\omega}{a}\right)$
4★	对偶	$x(t)\xrightarrow{\mathscr{F}}X(\omega)$	$X(t)\xleftrightarrow{\mathscr{F}}2\pi x(-\omega)$
5★	时移	$x(t\pm t_0)$	$X(\omega)e^{\pm j\omega t_0}$
6★	频移	$x(t)e^{\pm j\omega_0 t}$	$X(\omega\mp\omega_0)$
7★	时域微分	$\frac{d}{dt}x(t)$	$j\omega X(\omega)$
8	频域微分	$-jtx(t)$	$\frac{d}{d\omega}X(\omega)$
9★	时域积分	$\int_{-\infty}^{t}x(\tau)d\tau$	$\frac{X(\omega)}{j\omega}+\pi X(0)\delta(\omega)$
10	频域积分	$\frac{x(t)}{-jt}+\pi x(0)\delta(t)$	$\int_{-\infty}^{\omega}X(\sigma)d\sigma$
11★	时域卷积	$x(t)*h(t)$	$X(\omega)H(\omega)$
12	频域卷积	$x(t)p(t)$	$\frac{1}{2\pi}X(\omega)*P(\omega)$
13★	对称性	$x(t)$ 实信号 $x(t)$ 虚信号 $x(t)$ 实偶信号	$X(-\omega)=X^*(\omega)$ $X(-\omega)=-X^*(\omega)$ $X(\omega)$ 实偶信号
14★	时域抽样	$x(t)\sum_{n=-\infty}^{+\infty}\delta(t-nT)$	$\frac{1}{T}\sum_{k=-\infty}^{+\infty}X\left(\omega-k\frac{2\pi}{T}\right)$
15	频域抽样	$\frac{1}{\omega_0}\sum_{n=-\infty}^{+\infty}x\left(t-n\frac{2\pi}{\omega_0}\right)$	$X(\omega)\sum_{k=-\infty}^{+\infty}\delta(\omega-k\omega_0)$
16	帕斯瓦尔定理	$\int_{-\infty}^{\infty}\lvert x(t)\rvert^2dt=\frac{1}{2\pi}\int_{-\infty}^{\infty}\lvert X(\omega)\rvert^2d\omega$	

★ 可视为重点记忆公式，后面不再说明。有的重要性质很易记住，则未加星号。

附表 3.2 常用傅里叶变换对

	连续时间函数 $x(t)$	傅里叶变换频域函数 $X(\omega)$
1★	$\delta(t)$	1
2★	1	$2\pi\delta(\omega)$
3	$\frac{d^k}{dt^k}\delta(t)$	$(j\omega)^k$
4★	$u(t)=\begin{cases}1, & t>0\\ 0, & t<0\end{cases}$	$\frac{1}{j\omega}+\pi\delta(\omega)=\begin{cases}\frac{1}{j\omega}, & \omega\neq 0\\ \pi\delta(\omega), & \omega=0\end{cases}$
5	$\frac{1}{2}\delta(t)-\frac{1}{j2\pi t}$	$u(\omega)$

续表

	连续时间函数 $x(t)$	傅里叶变换频域函数 $X(\omega)$
6	$tu(t)$	$\mathrm{j}\pi\frac{\mathrm{d}}{\mathrm{d}\omega}\delta(\omega)-\frac{1}{\omega^2}$
7	$\mathrm{sgn}(t)=\begin{cases}1, & t>0\\ -1, & t<0\end{cases}$	$\begin{cases}\frac{2}{\mathrm{j}\omega}, & \omega\neq 0\\ 0, & \omega=0\end{cases}$
8	$\frac{1}{\pi t}\ \ (t\neq 0)$	$\mathrm{sgn}(\omega)=\begin{cases}-\mathrm{j}, & \omega>0\\ 0, & \omega=0\\ \mathrm{j}, & \omega>0\end{cases}$
9	$\delta(t-t_0)$	$\mathrm{e}^{-\mathrm{j}\omega t_0}$
10	$\mathrm{e}^{\mathrm{j}\omega_0 t}$	$2\pi\delta(\omega-\omega_0)$
11★	$\cos\omega_0 t$	$\pi[\delta(\omega+\omega_0)+\delta(\omega-\omega_0)]$
12★	$\sin\omega_0 t$	$\mathrm{j}\pi[\delta(\omega+\omega_0)-\delta(\omega-\omega_0)]$
13★	$g_\tau(t)=u\left(t+\frac{\tau}{2}\right)-u\left(t-\frac{\tau}{2}\right)$ （单个方波）	$\tau\,\mathrm{Sa}\left(\frac{\omega\tau}{2}\right)$
14	$\frac{W}{2\pi}\mathrm{Sa}\left(\frac{Wt}{2}\right)$	$u(\omega+W/2)-u(\omega-W/2)$ （频域方波）
15	$\begin{cases}1-\frac{2}{\tau}\lvert t\rvert, & \lvert t\rvert\leqslant\frac{\tau}{2}\\ 0, & \lvert t\rvert>\frac{\tau}{2}\end{cases}$ （单个三角波）	$\frac{\tau}{2}\mathrm{Sa}^2\left(\frac{\omega\tau}{4}\right)$
16★	$\mathrm{e}^{-at}u(t)\ \ (a>0)$	$\frac{1}{a+\mathrm{j}\omega}$
17	$\mathrm{e}^{-a\lvert t\rvert}\ \ (a>0)$	$\frac{2a}{\omega^2+a^2}$
18	$\mathrm{e}^{-at}\cdot\cos\omega_0 t\cdot u(t)\ \ (a>0)$	$\frac{a+\mathrm{j}\omega}{(a+\mathrm{j}\omega)^2+\omega_0^2}$
19	$\mathrm{e}^{-at}\cdot\sin\omega_0 t\cdot u(t)\ \ (a>0)$	$\frac{\omega_0}{(a+\mathrm{j}\omega)^2+\omega_0^2}$
20	$t\mathrm{e}^{-at}u(t)\ \ (a>0)$	$\frac{1}{(a+\mathrm{j}\omega)^2}$
21	$\frac{t^{k-1}}{(k-1)!}\mathrm{e}^{-at}u(t)\ \ (a>0)$	$\frac{1}{(a+\mathrm{j}\omega)^k}$
22★	$\delta_T(t)=\sum_{n=-\infty}^{+\infty}\delta(t-nT)$	$\frac{2\pi}{T}\sum_{k=-\infty}^{+\infty}\delta\left(\omega-k\frac{2\pi}{T}\right)$
23	$\sum_{k=-\infty}^{+\infty}c_k\mathrm{e}^{\mathrm{j}k\omega_0 t}$	$2\pi\sum_{k=-\infty}^{+\infty}c_k\delta(\omega-k\omega_0)$
24	$\mathrm{e}^{-(t/\sigma)^2}$	$\sqrt{\pi}\sigma\mathrm{e}^{-\left(\frac{\omega\sigma}{2}\right)^2}$

让·巴普蒂斯·约瑟夫·傅里叶（Baron Jean Baptiste Joseph Fourier，1768.3.21～1830.5.16）出生于法国奥赛尔（Auxerre），著名物理学家、数学家。1780 年起就读于地方军校，1795 年任巴黎综合工科大学助教，1798 年随拿破仑军队远征埃及，受到拿破仑器重，回国后于 1801 年被任命地方长官。

1807 年傅里叶写成了关于热传导的基本论文《热的传播》，在该文中推导出著名的热传导方程，并在求解该方程时发现解函数可以由三角函数构成的级数形式表示，从而提出任意周期函数都可以展开成三角函数的无穷级数。傅里叶级数（三角级数）、傅里叶分析等理论均由此创始。由于对传热理论的贡献，傅里叶于 1817 年当选为巴黎科学院院士。

1822 年，傅里叶出版了专著《热的解析理论》。这部经典著作将欧拉、伯努利等在一些特殊情形下应用的三角级数方法发展成内容丰富的一般理论。傅里叶应用三角级数求解热传导方程，为了处理无穷区域的热传导问题又导出了当前所称的“傅里叶积分”。傅里叶的工作迫使人们对函数概念作出修正、推广，特别是引起了对不连续函数的探讨。三角级数收敛性问题更刺激了集合论的诞生。因此，《热的解析理论》影响了整个 19 世纪分析严格化的进程。傅里叶 1822 年成为科学院终身秘书。

习　题

3.1　求下列周期信号指数展开形式的傅里叶级数系数 c_k。

（1）$x_1(t)=\sin(2\omega_0 t)$　　（2）$x_2(t)=\sin^2(\omega_0 t)$

（3）$x_3(t)=\cos(3t+\pi/4)$　　（4）$x_4(t)=\sin(2t)+\cos(4t)+\sin(6t)$

（5）$x_5(t)=1+\mathrm{e}^{j2\pi(t+1/3)}$　　（6）$x_6(t)=[1+\sin(2\pi t)]\cos(6\pi t+\pi/4)$

3.2　求下列图中所示信号的傅里叶级数。

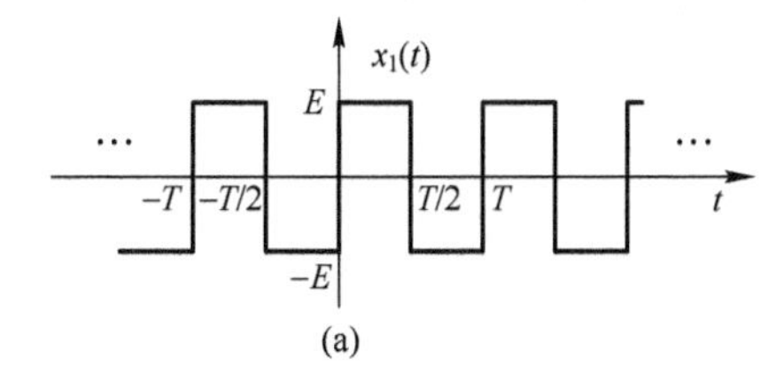

(a)

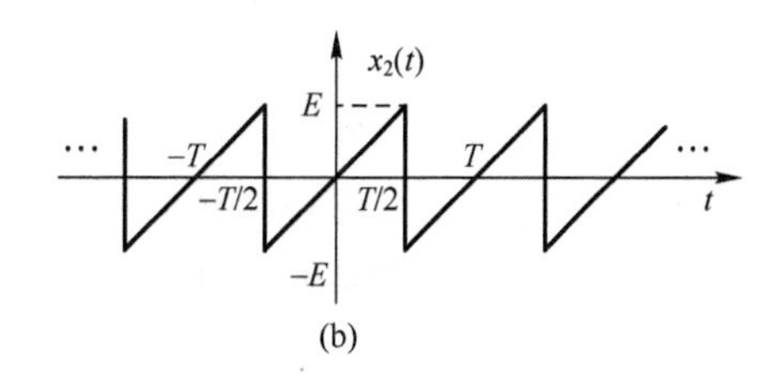

(b)

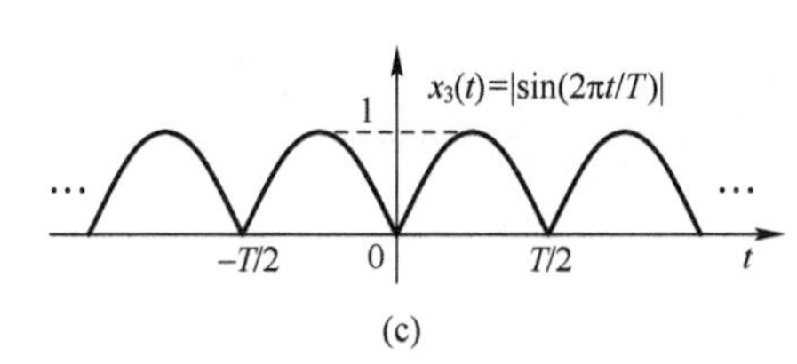

(c)

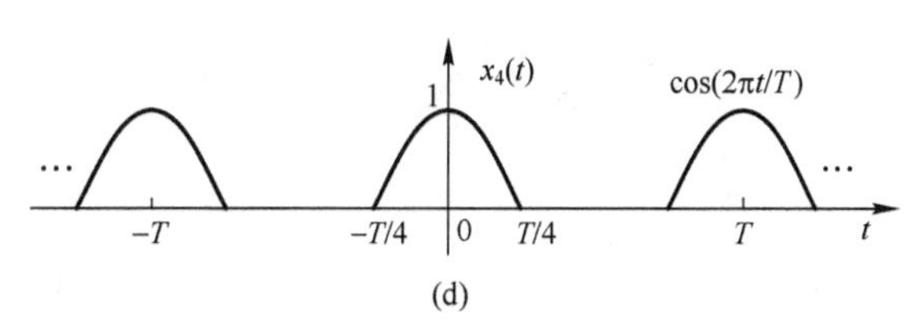

(d)

题图 3.2

3.3　求下列信号 $x(t)$ 的傅里叶变换 $X(\omega)$。

（1）$x(t)=\mathrm{e}^{at}u(-t),\quad a>0$　　（2）$x(t)=\mathrm{e}^{-2|t|}$

（3）$x(t)=t\mathrm{e}^{-5t}u(t)$　　（4）$x(t)=\mathrm{e}^{-|t|}\sin 2t$

（5）$x(t)=[\mathrm{e}^{-at}\sin\omega_0 t]u(t),\quad a>0$　　（6）$x(t)=\sin\pi t+\cos(2\pi t+\pi/4)$

（7）$x(t)=\mathrm{e}^{-2t}[u(t+2)-u(t-2)]$　　（8）$x(t)=\sum\limits_{k=0}^{+\infty}[u(t-kT)-u(t-T_1-kT)]$

（9）$x(t)=\dfrac{1}{a+\mathrm{j}t}$　　（10）$x(t)=\begin{cases}1+\cos\pi t, & |t|\leqslant 1\\ 0, & |t|>1\end{cases}$

（11）$x(t)=\begin{cases}1-t^2, & |t|\leqslant 1\\ 0, & |t|>1\end{cases}$　　（12）$x(t)=\begin{cases}\sin 10\pi t(1-|t|), & |t|\leqslant 1\\ 0, & |t|>1\end{cases}$

（13）$x(t)=\sum\limits_{k=0}^{+\infty}a^k\delta(t-kT),\quad |a|<1$　　（14）$x(t)=\sum\limits_{k=-\infty}^{+\infty}\mathrm{e}^{-|t-2k|}$

（15）$x(t)=\dfrac{\sin^2\pi t}{\pi^2 t^2}$　　（16）$x(t)=\left[\dfrac{\sin\pi t}{\pi t}\right]\left[\dfrac{\sin\pi(t-1)}{\pi(t-1)}\right]$

3.4　若已知 $\mathscr{F}\{x(t)\}=X(\omega)$，试求下列信号的傅里叶变换。

（1）$tx(2t)$　　（2）$tx(t-3)$

（3）$(t-2)x(t)$　　（4）$(t-3)x(-3t)$

（5）$(1-t)x(1-t)$　　（6）$x(2t-5)$

（7）$(t-3)\frac{\mathrm{d}}{\mathrm{d}t}x(t-3)$　　（8）$\int_{-\infty}^{t}x(3\tau+2)\mathrm{d}\tau$

3.5　求下列频谱函数的傅里叶逆变换。

（1）$\frac{1}{2+\mathrm{j}\omega}$　　（2）$\frac{\mathrm{j}\omega}{(2+\mathrm{j}\omega)^2}$

（3）$\frac{1}{(2+\mathrm{j}\omega)^2+1}$　　（4）$\frac{1}{6+5\mathrm{j}\omega-\omega^2}$

（5）$\frac{3+5\mathrm{j}\omega}{10+6\mathrm{j}\omega-\omega^2}$　　（6）$4\sin 2\omega$

（7）$\frac{1}{\omega^2}$　　（8）$\sin\frac{\omega\tau}{2}\Big/\frac{\omega\tau}{2}$

3.6　在题图 3.6(b)中取 $T=\tau$，将 $x_2(t)$ 进行周期为 T 的周期延拓，得到周期信号 $x_T(t)$，如题图 3.6(a)所示；取 $x_T(t)$ 的 $2N+1$ 个周期构成截取函数 $x_N(t)$，如题图 3.6(b)所示。[提示：参见脉冲信号和三角波信号的傅里叶变换]

（1）求周期信号 $x_T(t)$ 的傅里叶级数系数；

（2）求周期信号 $x_T(t)$ 的傅里叶变换；

（3）求截取信号 $x_N(t)$ 的傅里叶变换。

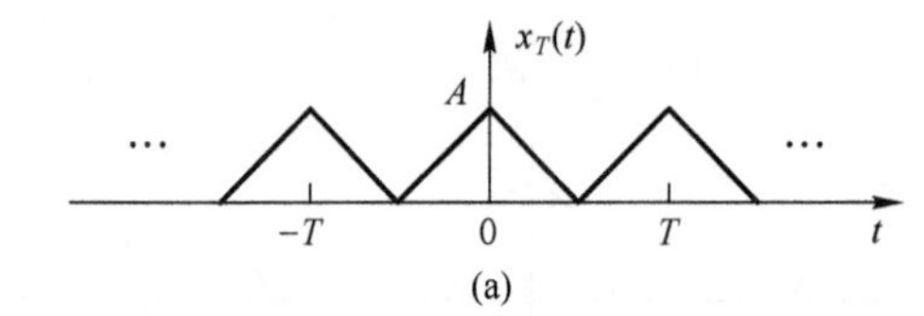

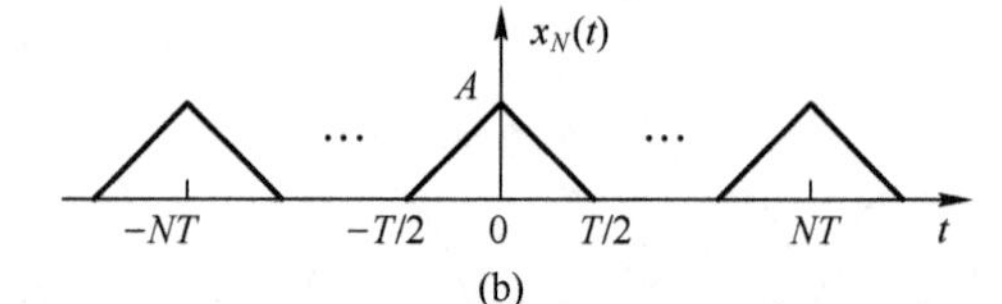

题图 3.6

3.7　已知信号 $x(t)$ 的波形如题图 3.7 所示，且其傅里叶变换为 $X(\omega)=|X(\omega)|\mathrm{e}^{\mathrm{j}\varphi(\omega)}$，利用傅里叶变换性质（不作积分运算），求：

（1）$\varphi(\omega)$　　（2）$X(0)$

（3）$\int_{-\infty}^{+\infty}X(\omega)\mathrm{d}\omega$　　（4）$\mathscr{F}^{-1}\{\mathrm{Re}[X(\omega)]\}$ 的图形。

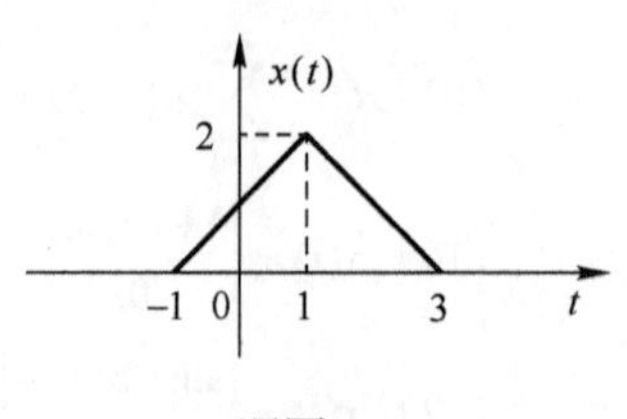

题图 3.7

3.8　已知 $x(t)$ 的波形如题图 3.8(a)所示。

（1）画出其导数 $x'(t)$ 及 $x''(t)$ 的波形图；

（2）利用时域微分性质，求 $x(t)$ 的傅里叶变换；

（3）求题图 3.8(b)所示梯形脉冲调制信号 $x_c(t)=x(t)\cos\omega_c t$ 的频谱函数。

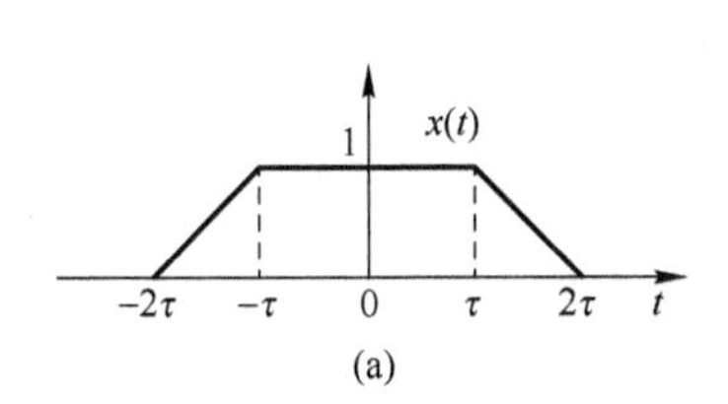

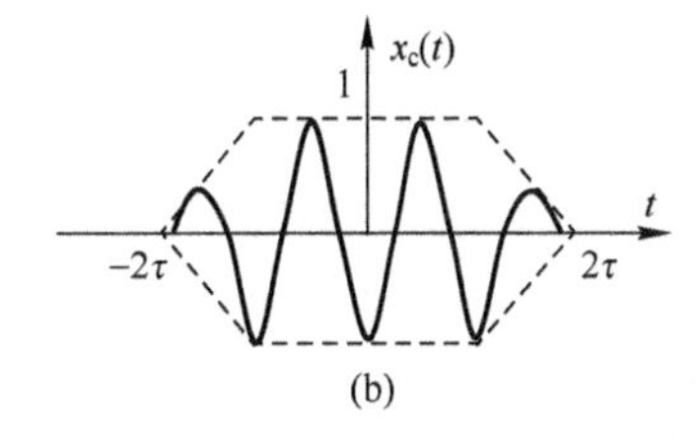

题图 3.8

3.9　设输入为 $x(t)=\mathrm{e}^{-4t}u(t)$，系统的频率特性为 $H(\omega)=\dfrac{\mathrm{j}\omega+1}{6+\mathrm{j}5\omega-\omega^2}$，求系统的零状态响应。

3.10　理想低通滤波器的幅频特性为矩形函数，相频特性为线性函数 $\varphi(\omega)=-\omega t_0$，如题图 3.10 所示。现假设输入信号为 $x(t)=A\left[u(t+\tau/2)-u(t-\tau/2)\right]$ 矩形脉冲，试求系统输出 $y(t)$。

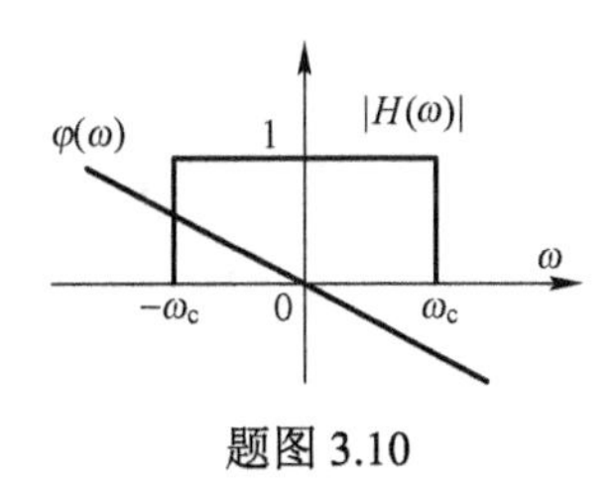

题图 3.10

*3.11　考虑一连续 LTI 系统，其单位冲激响应为

$$h(t)=\mathrm{Sa}\left[\frac{9\pi(t-1)}{4}\right]$$

当该系统的输入信号为如下情况时，求输出信号 $y(t)$的傅里叶级数表示。

（1）$x(t)=\sum_{k=-\infty}^{+\infty}\delta(t-k)$　　（2）$x(t)=\sum_{k=-\infty}^{+\infty}(-1)^k\delta(t-2k)$

（3）$x(t)=\sum_{k=-\infty}^{+\infty}\left[u(t+0.5-2k)-u(t-0.5-2k)\right]$

（提示：利用傅里叶级数，从频域求解）

3.12　直流稳压电源中整流电路的系统模型如题图 3.12 所示，图中整流器可以是半波整流器或者全波整流器。半波整流器和全波整流器的输入和输出的信号变换关系分别为

$$\text{半波：}\ y(t)=\begin{cases}x(t), & x(t)\geqslant 0\\ 0, & x(t)<0\end{cases}\qquad \text{全波：}\ y(t)=|x(t)|$$

$x(t)$ → 整流器 → $y(t)$ → 低通滤波器 → $v(t)$

题图 3.12

（1）当 $x(t)=A\cos(100\pi t+\theta_0)$ 时，试分别求半波整流器和全波整流器的输出 $y(t)$ 中的直流分量以及基波分量的大小和频率；

（2）假设整流器后接的低通滤波器的频率响应函数为

$$H(\omega)=\frac{1}{\mathrm{j}\omega+2\pi}$$

试计算当用全波整流和半波整流时，输出信号 $v(t)$中的直流分量 V_0 和基波分量 V_1 之比。按此计算结果，你能对半波整流和全波整流的整流性得出什么结论？

*3.13　求题 3.2 中 $x_1(t)$ 和 $x_4(t)$ 的功率谱密度函数。

*3.14　信号 $x(t)$的最高频率 $f_{\max}$ 为 500Hz，当信号的最低频率 $f_{\min}$ 分别为 0、300Hz、400Hz 时，试确

定能够实现无混叠抽样的最低抽样频率，并解释如何从抽样后信号中恢复 $x(t)$。

3.15 求 $\cos\omega_0 t$ 的希尔伯特变换。

3.16 求 $[1+m(t)]\cos\omega_0 t$ 的希尔伯特变换，其中 $|m(t)|<1$ 且为慢变化信号。

*3.17 解析信号具有单边谱特征，但解析信号是一个复数信号，实际应用中采用图 3.56 所示的系统实现单边带调制，试证明该系统输出信号只含有 $x(t)$ 的单边谱。

3.18 在题图 3.18(a)所示系统中，抽样信号 $s(t)$ 如题图 3.18(b)所示，是一个正负交替出现的冲激串，输入信号的频谱 $x(\omega)$ 如题图 3.18(c)所示。

（1）对于 $T_s < \dfrac{\pi}{2\omega_m}$，画出 $y_1(t)$ 和 $y(t)$ 的频谱；

（2）对于 $T_s < \dfrac{\pi}{2\omega_m}$，确定能够从 $y(t)$ 中恢复 $x(t)$ 的系统。

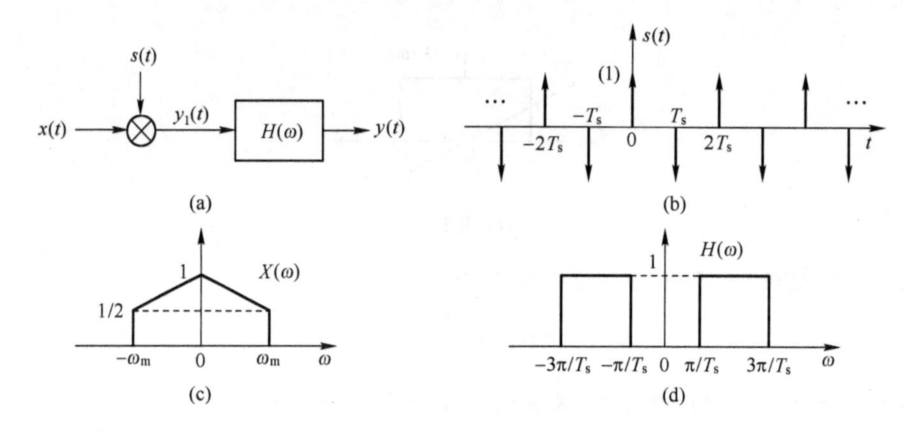

题图 3.18

3.19 在题图 3.19(a)所示系统中，已知输入信号 $x(t)$ 的傅里叶变换如题图 3.19(b)所示，系统的频率特性 $H_1(\omega)$ 和 $H_2(\omega)$ 分别如题图 3.19(c)和题图 3.19(d)所示，试求输出 $y(t)$ 的傅里叶变换。

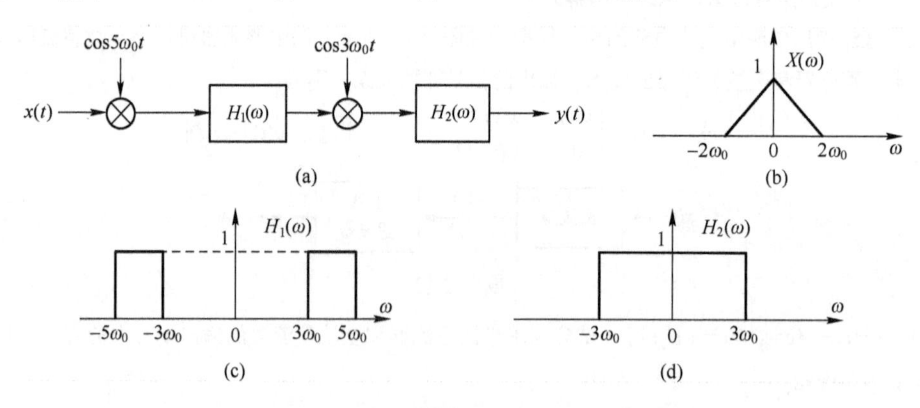

题图 3.19

*3.20 题图 3.20(a)所示的滤波器中 $\mathscr{F}\{x(t)\}=X(\omega)$。如果滤波器的频率特性函数 $H(\omega)$ 满足

$$H(\omega)=KX^*(\omega)\mathrm{e}^{-\mathrm{j}\omega\tau} \quad （K，\tau \text{ 为常数}）$$

则称该滤波器为信号 $x(t)$ 的匹配滤波器。

（1）若 $x(t)$ 为题图 3.20(b)所示的单个矩形脉冲，求其匹配滤波器的频率特性函数 $H(\omega)$；

（2）证明题图 3.20(c)所示系统是单个矩形脉冲的匹配滤波器；

（3）求单个矩形脉冲匹配滤波器的冲激响应 $h(t)$，并画出 $h(t)$ 的波形；

（4）求单个矩形脉冲匹配滤波器的输出响应 $y(t)$，并画出 $y(t)$ 的波形。

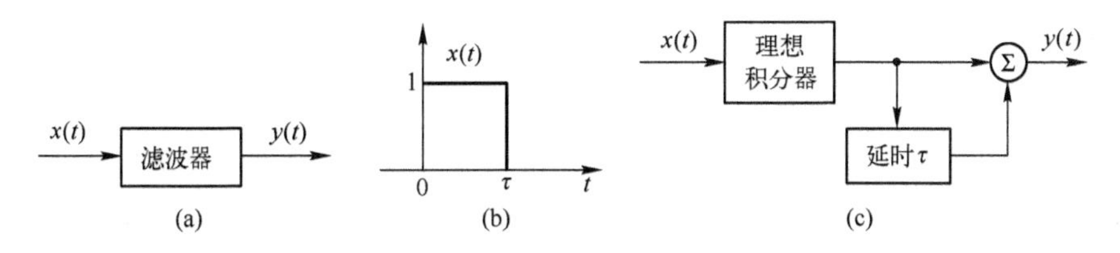

题图 3.20

*3.21 如题图 3.21(a)所示系统，输入信号为一个正弦调制信号 $x(t) = f(t)\cos\omega_0 t$，$f(t)$是一个频谱如题图 3.21(b)所示的低通信号，理想低通滤波器的频率响应如题图 3.21(c)所示。

（1）画出信号 $z(t)$的幅频特性；

（2）如果想要无失真恢复信号 $f(t)$，即 $y(t)=Af(t-\tau)$，ω_0 和 W 需要满足什么条件；

（3）求输出信号 $y(t)$，并给出 θ_0 的最佳取值。

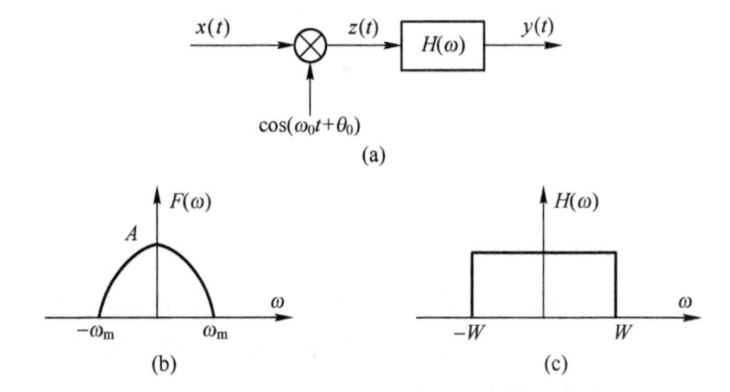

题图 3.21

*3.22 如题图 3.22(a)所示两个带限信号 $x_1(t)$和 $x_2(t)$的乘积被一个周期冲激序列 $p(t)$抽样，$x_1(t)$和 $x_2(t)$的频谱如题图 3.22(b)和题图 3.22(c)所示，$\omega_1 > \omega_2 > 0$。

（1）若要通过理想低通滤波器从 $x_p(t)$恢复 $x(t)$，$p(t)$的最大抽样间隔 T_{max} 是多少？

（2）若将抽样间隔缩小为 $T_{max}/2$，得到抽样信号 $x'_p(t)$ 的频谱 $X'_p(\omega)$ 与抽样间隔为 T_{max} 时抽样信号的频谱 $X_p(\omega)$有什么关系？

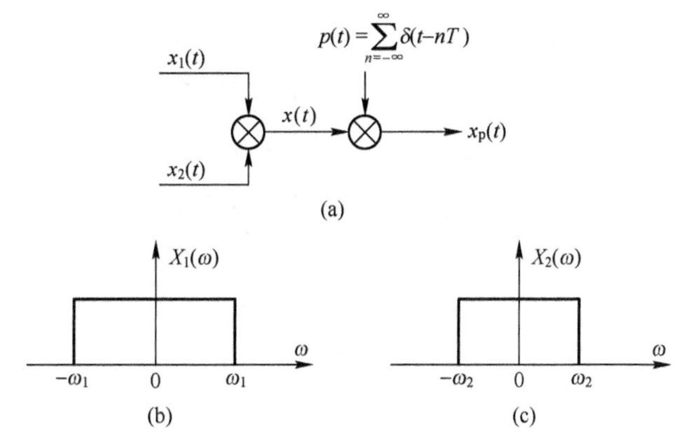

题图 3.22

*3.23　一种多路复用系统如题图 3.23(a)所示，解复用系统如题图 3.23(b)所示。假定 $x_1(t)$和 $x_2(t)$都是带限实信号，其最高频率为 ω_M，即$|\omega| \geqslant \omega_M$时，$X_1(\omega) = X_2(\omega) = 0$。假定载波频率 ω_c大于 ω_M，证明 $y_1(t) = x_1(t)$，$y_2(t) = x_2(t)$。

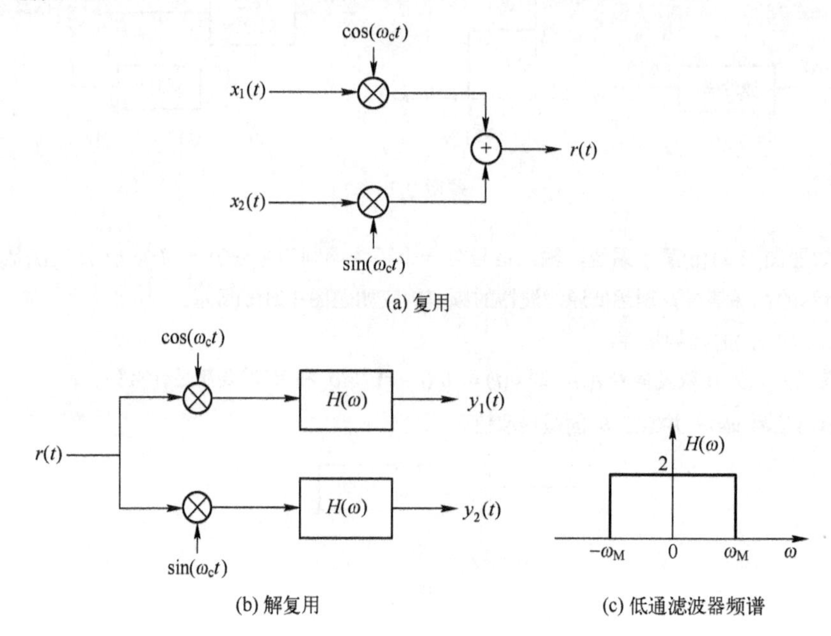

(a) 复用

(b) 解复用　　(c) 低通滤波器频谱

题图 3.23

*3.24　假设如题图 3.24 所示的幅度调制和解调系统中，$\theta_c = \theta_d$，调制器的频率为 ω_c，解调器的频率为 ω_d，它们之间的频率差为 $\Delta\omega = (\omega_c - \omega_d)$。此外，假定 $x(t)$为带限信号，即$|\omega| \geqslant \omega_M$时，$X(\omega) = 0$；且假定解调器中，低通滤波器的截止频率满足不等式

$$(\omega_M + \Delta\omega) < W < (2\omega_c - \Delta\omega - \omega_M)$$

（1）证明解调器中低通滤波器的输出正比与 $x(t)\cos(\Delta\omega t)$；

（2）若 $x(t)$的频谱如题图 3.24(b)所示，当 $\Delta\omega = \omega_M/2$ 时，画出解调器输出信号的频谱。

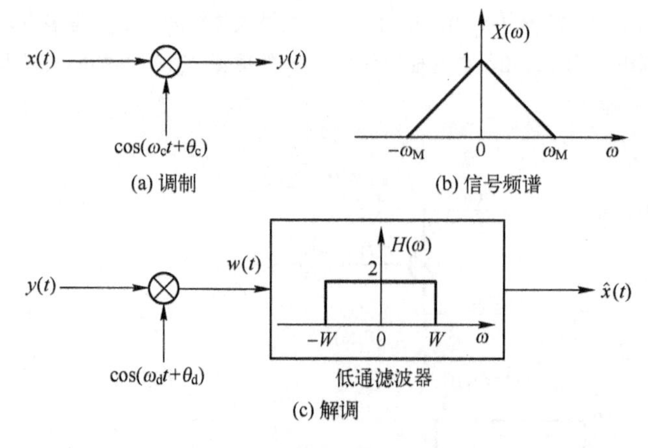

(a) 调制　　(b) 信号频谱

(c) 解调

题图 3.24

第 4 章　离散时间信号与系统的傅里叶分析

在第 3 章看到，傅里叶级数和傅里叶变换的引入，使人们可以从频域的角度理解和分析连续时间信号，形成了信号频谱、信号滤波等一系列实际应用中非常重要的概念。例如，对于第 3 章引言中提出的从 do,mi,sol 合奏信号中分离单个音阶信号的问题，在时域中无法解决，在频域中就是一个滤波问题。同时，由第 3 章的抽样定理知道，当满足抽样频率不低于信号最高频率的两倍时，连续时间信号可以用抽样后序列不失真地表示。那么，如何对离散序列 $x[n]$ 进行处理或计算，才能实现等效于对 $x(t)$ 的处理？例如，对上述 do,mi,sol 合奏信号抽样后，我们如何对其 $x[n]$ 进行计算和处理，才能分离出单个音阶信号？很显然，要解决这一问题必须首先明白如何从频域理解一个离散序列。如同将连续时间微分方程求解、连续时间卷积积分计算等推广到离散时间差分方程求解和离散时间卷积和计算一样，可以将连续时间的傅里叶级数和傅里叶变换分析方法应用到离散域，其对应内容即为离散傅里叶级数（Discrete Fourier Series，DFS）和离散时间傅里叶变换（Discrete Time Fourier Transform，DTFT）。然而，DTFT 仍然是角频率 Ω 的连续函数，无法在计算机等数字设备中进行存储和计算，必须将其离散化，形成可在计算机中计算的离散傅里叶变换（Discrete Fourier Transform，DFT）。为了提高 DFT 的计算效率，人们提出了一种快速算法，即快速傅里叶变换（Fast Fourier Transform，FFT）。DFS、DTFT 和 DFT 是离散时间傅里叶分析的基础理论和核心内容。

对于连续时间 do,mi,sol 合奏音乐信号，可以采用模拟元器件（电容、电感、电阻等）构建滤波电路，进而通过模拟滤波器从合奏信号中分离出单音信号。当形成了离散时间信号与系统的频谱概念和相应的分析方法后，我们可以构建数字滤波器，对合奏信号抽样后序列进行数字滤波，从中分离出单音信号所对应的数字序列。本章最后将介绍数字滤波器的核心原理和应用。

当今，数字信号处理技术的应用越来越广泛，因此本章内容的重要性也越来越突出。但是相对于连续时间信号与系统，DTFT、DFT 和数字滤波器中的相关概念将更为抽象也更难理解。另外，在本章的叙述中“离散时间信号”和“序列”具有相同的含义，后者更简便些。

4.1　周期序列的傅里叶级数分析

4.1.1　离散傅里叶级数（DFS）

1．DFS 展开式

连续时间傅里叶级数分析的核心概念是任意一个周期信号都可以分解为正弦信号的叠加。对于离散周期信号，这一结论依然成立，即任意一个离散周期信号可以分解为离散正弦信号的叠加。

先看一具体的例子。图 4.1(a)是由两个单位样值和两个零样值构成的周期为 4 的离散周

期方波信号，即

$$x_N[n]=\cdots+\delta[n+4]+\delta[n+3]+\delta[n]+\delta[n-1]+\delta[n-4]+\delta[n-5]+\cdots$$

不难验证，该周期序列可以由图 4.1(b)(c)(d)所示的三个序列叠加而成，即有

$$x_N[n]=\frac{1}{2}+\frac{1}{2}\cos\frac{\pi}{2}n+\frac{1}{2}\sin\frac{\pi}{2}n$$

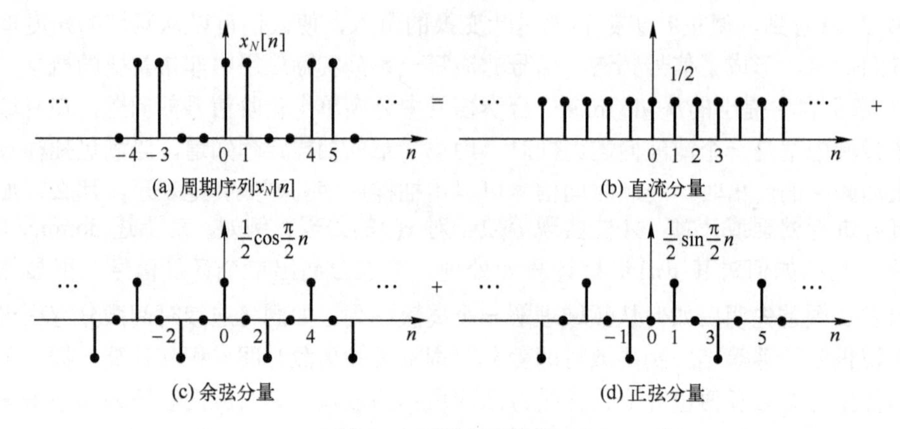

图 4.1 周期序列的展开

由该例可以看到，周期方波序列的确可以分解为若干正弦序列的叠加（直流可以视为角频率为零的正弦序列）。与连续时间信号与系统的傅里叶分析相同，为了便于理论分析，通常将离散周期信号展开成复指数序列形式。为此，利用欧拉公式可将该例的展开式改写为复指数序列的形式，即

$$\begin{aligned}x_N[n]&=\frac{1}{2}+\frac{1}{4}(\mathrm{e}^{\mathrm{j}\frac{\pi}{2}n}+\mathrm{e}^{-\mathrm{j}\frac{\pi}{2}n})-\mathrm{j}\frac{1}{4}(\mathrm{e}^{\mathrm{j}\frac{\pi}{2}n}-\mathrm{e}^{-\mathrm{j}\frac{\pi}{2}n})\\&=\frac{1}{2}+\left(\frac{1}{4}-\mathrm{j}\frac{1}{4}\right)\mathrm{e}^{\mathrm{j}\frac{\pi}{2}n}+\left(\frac{1}{4}+\mathrm{j}\frac{1}{4}\right)\mathrm{e}^{-\mathrm{j}\frac{\pi}{2}n}\\&=\frac{1}{2}+\left(\frac{1}{4}-\mathrm{j}\frac{1}{4}\right)\mathrm{e}^{\mathrm{j}\frac{\pi}{2}n}+\left(\frac{1}{4}+\mathrm{j}\frac{1}{4}\right)\mathrm{e}^{\mathrm{j}\frac{3\pi}{2}n}\quad[\mathrm{e}^{\mathrm{j}\frac{3\pi}{2}n}=\mathrm{e}^{-\mathrm{j}\frac{\pi}{2}n}]\end{aligned}$$

一般情况，任意周期为 N 的离散周期序列 $x_N[n]$ 可展开为有限项复指数序列的和，即

$$\boxed{x_N[n]=\sum_{k=\langle N\rangle}c_k\mathrm{e}^{\mathrm{j}k\frac{2\pi}{N}n}}\tag{4-1}$$

上式即为 DFS 展开式，其中 c_k 是展开式系数，求和下标 $k=\langle N\rangle$ 表示求和范围可取任意一个周期。

2．展开式系数的确定

为了确定 DFS 展开式系数 c_k，将式（4-1）两边同乘 $\mathrm{e}^{-\mathrm{j}m\frac{2\pi}{N}n}$，并在一个周期内对 n 求和

$$\begin{aligned}\sum_{n=\langle N\rangle}x_N[n]\mathrm{e}^{-\mathrm{j}m\frac{2\pi}{N}n}&=\sum_{n=\langle N\rangle}\left[\mathrm{e}^{-\mathrm{j}m\frac{2\pi}{N}n}\sum_{k=\langle N\rangle}c_k\mathrm{e}^{\mathrm{j}k\frac{2\pi}{N}n}\right]\\&=\sum_{k=\langle N\rangle}c_k\left[\sum_{n=\langle N\rangle}\mathrm{e}^{\mathrm{j}(k-m)\frac{2\pi}{N}n}\right]\qquad[交换求和顺序]\end{aligned}$$

稍后将证明[见式（4-10）]当 $k\neq m$ 时，$\sum\limits_{n=\langle N\rangle}\mathrm{e}^{\mathrm{j}(k-m)\frac{2\pi}{N}n}=0$，当 $k=m$ 时，$\sum\limits_{n=\langle N\rangle}\mathrm{e}^{\mathrm{j}(k-m)\frac{2\pi}{N}n}=N$。

因此，上式对 k 的求和只有 $k=m$ 一项非零，其余各项均为零。将该结论代入上式中可得

$$\sum_{n=<N>} x_N[n]\mathrm{e}^{-\mathrm{j}m\frac{2\pi}{N}n}=c_m N$$

移项并将变量 m 换用 k 表示，则有

$$\boxed{c_k=\frac{1}{N}\sum_{n=<N>} x_N[n]\mathrm{e}^{-\mathrm{j}k\frac{2\pi}{N}n}} \tag{4-2}$$

上式即为 DFS 展开式系数的确定公式。通常情况下，系数 c_k 是复数，可以表示为模和幅角的形式

$$c_k=|c_k|\mathrm{e}^{\mathrm{j}\theta_k} \tag{4-3}$$

$|c_k|$ 随 k 的变化规律称为幅频特性，θ_k 随 k 的变化规律称为相频特性。关于周期序列频谱的概念将在后面讨论。

【例 4-1】 用式（4-2）求解图 4.1(a)所示周期方波序列的 DFS 展开式。

【解】 周期 $N=4$，求和范围取[0, 3]，根据式（4-2）得

$$c_k=\frac{1}{N}\sum_{n=<N>} x_N[n]\mathrm{e}^{-\mathrm{j}k\frac{2\pi}{N}n}=\frac{1}{4}\sum_{n=0}^{3} x_N[n]\mathrm{e}^{-\mathrm{j}k\frac{2\pi}{4}n}=\frac{1}{4}+\frac{1}{4}\mathrm{e}^{-\mathrm{j}k\frac{\pi}{2}}$$

分别令 $k=0,1,2,\cdots$，可计算出

$$c_0=\frac{1}{2},\quad c_1=\frac{1}{4}-\mathrm{j}\frac{1}{4},\quad c_2=0,\quad c_3=\frac{1}{4}+\mathrm{j}\frac{1}{4},$$
$$c_4=c_0,\quad c_5=c_1,\quad c_6=c_2,\quad c_7=c_3,$$
$$c_8=c_0,\quad c_9=c_1,\quad c_{10}=c_2,\quad c_{11}=c_3,$$
$$\cdots$$

可以看到，DFS 展开式系数 c_k 呈周期变化规律。按照式（4-1），取任意一个周期进行叠加即可。取 c_0,c_1,c_2,c_3 得

$$x_N[n]=\frac{1}{2}+\left(\frac{1}{4}-\mathrm{j}\frac{1}{4}\right)\mathrm{e}^{\mathrm{j}\frac{\pi}{2}n}+\left(\frac{1}{4}+\mathrm{j}\frac{1}{4}\right)\mathrm{e}^{\mathrm{j}\frac{3\pi}{2}n}$$

利用 $\mathrm{e}^{\mathrm{j}\frac{3\pi}{2}n}=\mathrm{e}^{-\mathrm{j}\frac{\pi}{2}n}$ 及欧拉公式，可将上式写成正弦序列展开式

$$x_N[n]=\frac{1}{2}+\frac{1}{2}\cos\frac{\pi}{2}n+\frac{1}{2}\sin\frac{\pi}{2}n$$

关于 c_k 和指数序列 $\mathrm{e}^{\mathrm{j}k\frac{2\pi}{N}n}$ 的周期性，稍后还将讨论。

【例毕】

4.1.2　DFS 的性质——周期序列频谱 c_k 的特点

对于连续时间周期信号，其频域分析的有效工具是连续时间傅里叶级数。与之对应，离散时间周期信号的有效分析工具是 DFS。DFS 展开式系数 c_k 的基本性质揭示了周期序列频谱的基本特性。

性质 1　周期序列的 DFS 展开式系数是 k 的周期函数且周期为 N，即

$$c_{k\pm lN}=c_k\ （l\ 为整数） \tag{4-4}$$

【证明】根据 c_k 的计算公式有

$$\begin{aligned} c_{k\pm lN} &= \frac{1}{N}\sum_{n=<N>} x_N[n]\mathrm{e}^{-\mathrm{j}(k\pm lN)\frac{2\pi}{N}n} \\ &= \frac{1}{N}\sum_{n=<N>} x_N[n]\mathrm{e}^{-\mathrm{j}k\frac{2\pi}{N}n}\mathrm{e}^{-\mathrm{j}(\pm lN)\frac{2\pi}{N}n} \\ &= \frac{1}{N}\sum_{n=<N>} x_N[n]\mathrm{e}^{-\mathrm{j}k\frac{2\pi}{N}n} \quad [\mathrm{e}^{-\mathrm{j}(\pm lN)\frac{2\pi}{N}n} = \mathrm{e}^{\mp \mathrm{j}nl\cdot 2\pi} = 1] \\ &= c_k \end{aligned}$$

【证毕】

上述 c_k 的周期性意味着 $c_{-1}=c_{N-1}$，$c_0=c_N$，$c_1=c_{N+1},\cdots$。由证明过程可以看到，c_k 的周期性来源于复指数序列的周期性（稍后将讨论复指数序列的一些基本性质）。由于 c_k 是周期函数，因此在利用式（4-2）求解 DFS 展开式系数时，只需求解主值区间内的 c_k 值。通常取 $[0, N-1]$ 作为主值区间，即

$$c_k = \frac{1}{N}\sum_{n=<N>} x_N[n]\mathrm{e}^{-\mathrm{j}k\frac{2\pi}{N}n},\ k=0,1,2,\cdots,N-1$$

上式对 n 的求和也可在任意一个周期进行。不失一般性，将其约定在主值区间 $[0, N-1]$ 内求和，从而上式可进一步写为

$$c_k = \frac{1}{N}\sum_{n=0}^{N-1} x_N[n]\mathrm{e}^{-\mathrm{j}k\frac{2\pi}{N}n},\ k=0,1,2,\cdots,N-1 \tag{4-5}$$

在实际计算 c_k 时采用上式作为 c_k 的定义式，变量 n,k 的取值范围都更加明确。

稍后将会讨论，正是因为 c_k 的周期性导致 DFS 的一个重要概念：离散周期序列的傅里叶级数只含有有限项频率分量。这一点与连续时间傅里叶级数不同。更为重要的是式（4-5）和后面将介绍的离散傅里叶变换（DFT）完全相同。

DFT 是数字信号处理技术中一个非常重要但又相对抽象的概念。对 DFS 的充分理解将为学习 DFT 奠定一个良好基础，式（4-5）是理解 DFT 和 DFS 关系的重要公式。

性质 2 若 $x_N[n]$ 为实数周期序列，则 c_k 具有共轭对称性，即

$$c_{-k} = c_k^* \tag{4-6}$$

【证明】由 c_k 的计算式可得

$$\begin{aligned} c_k^* &= \left[\frac{1}{N}\sum_{n=<N>} x_N[n]\mathrm{e}^{-\mathrm{j}k\frac{2\pi}{N}n}\right]^* \\ &= \frac{1}{N}\sum_{n=<N>} x_N^*[n][\mathrm{e}^{-\mathrm{j}k\frac{2\pi}{N}n}]^* \quad [\text{共轭运算为线性运算}] \\ &= \frac{1}{N}\sum_{n=<N>} x_N[n]\mathrm{e}^{\mathrm{j}k\frac{2\pi}{N}n} \quad [x_N[n]\text{为实数，}x_N^*[n]=x[n]] \\ &= \frac{1}{N}\sum_{n=<N>} x_N[n]\mathrm{e}^{-\mathrm{j}(-k)\frac{2\pi}{N}n} \\ &= c_{-k} \end{aligned}$$

【证毕】

性质 3 若 $x_N[n]$ 为实数周期序列，则 c_k 的模为 k 的偶函数，c_k 的相位（幅角）θ_k 为 k

的奇函数，即

$$|c_{-k}|=|c_k| \tag{4-7}$$

$$\theta_{-k}=-\theta_k \tag{4-8}$$

【证明】事实上该性质是性质 2 的推论。

由性质 2 式（4-6）可得 $|c_{-k}|=|c_k^*|=|c_k|$，即式（4-7）得证。

另外，由 $c_k=|c_k|\mathrm{e}^{\mathrm{j}\theta_k}$ 可得

$$c_k^*=|c_k^*|\mathrm{e}^{-\mathrm{j}\theta_k}=|c_k|\mathrm{e}^{-\mathrm{j}\theta_k} \quad \text{[共轭复数模相等，幅角取负]}$$

$$c_{-k}=|c_{-k}|\mathrm{e}^{\mathrm{j}\theta_{-k}}=|c_k^*|\mathrm{e}^{\mathrm{j}\theta_{-k}}=|c_k|\mathrm{e}^{\mathrm{j}\theta_{-k}} \quad \text{[性质 2} |c_{-k}|=|c_k^*|\text{]}$$

根据性质 2，上两式应相等，幅角也必相等，因此有 $\theta_{-k}=-\theta_k$。式（4-8）得证。

【证毕】

性质 4　周期序列 $x_N[n]$ 若为实偶函数，则 c_k 为 k 的实偶函数。

【证明】先证明 $c_{-k}=c_k$。

$$\begin{aligned} c_k &= \frac{1}{N}\sum_{n=<N>} x_N[n]\mathrm{e}^{-\mathrm{j}k\frac{2\pi}{N}n} && [c_k \text{ 的定义式}] \\ &= \frac{1}{N}\sum_{-m=<N>} x_N[-m]\mathrm{e}^{\mathrm{j}k\frac{2\pi}{N}m} && [\text{令 } n=-m\text{，更换求和变量}] \\ &= \frac{1}{N}\sum_{m=<N>} x_N[m]\mathrm{e}^{\mathrm{j}k\frac{2\pi}{N}m} && [x_N[n] \text{ 的偶函数特性，且求和范围可任意周期}] \end{aligned}$$

由上式得 $c_{-k}=\frac{1}{N}\sum_{m=<N>} x_N[m]\mathrm{e}^{-\mathrm{j}k\frac{2\pi}{N}m}=c_k$，即 $c_{-k}=c_k$。

结合式（4-6）和上式，则有

$$c_{-k}=c_k^*=c_k$$

其中 $c_k^*=c_k$ 表明 c_k 为实函数，$c_{-k}=c_k$ 表明 c_k 为偶函数。

【证毕】

上述性质的介绍将有助于理解周期序列频谱的结构特征。

4.1.3　复指数谐波序列及其性质

本书在 $\mathrm{e}^{\mathrm{j}k\frac{2\pi}{N}n}$ 定义式（4-2）中，复指数项写为 $\mathrm{e}^{\mathrm{j}k\frac{2\pi}{N}n}$（而非 $\mathrm{e}^{\mathrm{j}\frac{2\pi}{N}kn}$），其目的是便于和连续时间傅里叶级数比较，从而更容易理解 DFS 中的相关概念。

这里将连续和离散两种情况下 c_k 公式重写于此：

$$\text{连续时间：} c_k=\frac{1}{T}\int_T x_T(t)\mathrm{e}^{-\mathrm{j}k\omega_1 t}\mathrm{d}t=\frac{1}{T}\int_T x_T(t)\mathrm{e}^{-\mathrm{j}k\frac{2\pi}{T}t}\mathrm{d}t$$

$$\text{离散时间：} c_k=\frac{1}{N}\sum_{n=<N>} x_N[n]\mathrm{e}^{-\mathrm{j}k\Omega_1 n}=\frac{1}{N}\sum_{n=<N>} x_N[n]\mathrm{e}^{-\mathrm{j}k\frac{2\pi}{N}n}$$

比较上两式，并借助连续时间傅里叶级数的相关概念，不难理解 $\mathrm{e}^{\mathrm{j}k\frac{2\pi}{N}n}$ 是离散周期信号傅里叶级数展开的第 k 次谐波，$\mathrm{e}^{\mathrm{j}\frac{2\pi}{N}n}$ 是基波（$k=1$）。同时可以看到，连续时间和离散时间傅里叶级数系数表达式有很强的相似性。两者的区别将在下面复指数谐波序列的性质介绍中进行讨论。

性质 1 $e^{jk\frac{2\pi}{N}n}$ 是 k 的周期函数，且周期为 N。

【证明】 对于任意整数 l 有

$$e^{j(k\pm lN)\frac{2\pi}{N}n}=e^{jk\frac{2\pi}{N}n}\cdot e^{\pm j2\pi nl}=e^{jk\frac{2\pi}{N}n}\qquad [e^{\pm j2\pi nl}=1]$$

【证毕】

具体来说，性质 1 意味着

$$e^{j0\cdot\frac{2\pi}{N}n}=e^{jN\cdot\frac{2\pi}{N}n}=1\qquad [\text{因周期性，}e^{jN\cdot\frac{2\pi}{N}n}\text{又是直流分量}]$$

$$e^{j\frac{2\pi}{N}n}=e^{j(1+N)\frac{2\pi}{N}n}\qquad [\text{因周期性，}e^{j(1+N)\frac{2\pi}{N}n}\text{又是基波分量}]$$

$$e^{j2\frac{2\pi}{N}n}=e^{j(2+N)\frac{2\pi}{N}n}\qquad [\text{因周期性，}e^{j(2+N)\frac{2\pi}{N}n}\text{又是 2 次谐波分量}]$$

$$\vdots$$

注意：连续时间复指数谐波 $e^{jk\frac{2\pi}{T}t}$ 一般不是 k 的周期函数，因对任意整数 M

$$e^{j(k\pm M)\frac{2\pi}{T}t}=e^{jk\frac{2\pi}{T}t}e^{\pm jM\frac{2\pi}{T}t}\neq e^{jk\frac{2\pi}{T}t}\qquad [e^{\pm jM\frac{2\pi}{T}t}\neq 1]$$

性质 2 $e^{jk\frac{2\pi}{N}n}$ 是 n 的周期函数，且周期为 N。

其证明和性质 1 的证明类似，不再赘述。性质 2 表述的物理概念是，固定 k 值后，基波或高次谐波是一个时域周期序列。

注意：连续时间复指数函数 $e^{jk\frac{2\pi}{T}t}$ 也是 t 的周期函数且周期为 T，因为

$$e^{jk\frac{2\pi}{T}(t\pm lT)}=e^{jk\frac{2\pi}{T}t}e^{\pm j2\pi kl}=e^{jk\frac{2\pi}{T}t}$$

性质 3 $e^{jk\frac{2\pi}{N}n}$ 在任一周期内对 n 的求和满足

$$\sum_{n=\langle N\rangle}e^{jk\frac{2\pi}{N}n}=\begin{cases}N, & k=0,\pm N,\pm 2N,\cdots\\ 0, & \text{其余}k\text{值}\end{cases}\tag{4-9}$$

【证明】 求和区间取为 $[0,\ N-1]$ 时有

$$\begin{aligned}\sum_{n=0}^{N-1}e^{jk\frac{2\pi}{N}n}&=1+e^{jk\frac{2\pi}{N}}+e^{jk\frac{2\pi}{N}2}+\cdots+e^{jk\frac{2\pi}{N}(N-1)}\\&=\frac{1-e^{jk\frac{2\pi}{N}N}}{1-e^{jk\frac{2\pi}{N}}}\qquad [\text{级数求和公式}\sum_{n=0}^{N-1}q^n=\frac{1-q^N}{1-q},q=e^{jk\frac{2\pi}{N}}]\\&=\frac{1-e^{jk2\pi}}{1-e^{jk\frac{2\pi}{N}}}\\&=\begin{cases}N, & k=0,\pm N,\pm 2N,\cdots\quad [\text{直接由第一行也可知为}N\text{个1相加}]\\ 0, & \text{其余}k\text{值}\qquad\qquad [\text{上式分子为 0，分母不为 0}]\end{cases}\end{aligned}$$

【证毕】

性质 3 表述的是一个熟知的概念：除直流信号在一个周期内求和不为零外，基波和高次谐波在任一周期内的求和均为零。

性质 4 当 $e^{jm\frac{2\pi}{N}n}$ 时，$e^{jm\frac{2\pi}{N}n}$ 和 $e^{jk\frac{2\pi}{N}n}$ 相互正交，即有

$$\sum_{n=\langle N\rangle}e^{jm\frac{2\pi}{N}n}\cdot(e^{jk\frac{2\pi}{N}n})^*=\sum_{n=\langle N\rangle}e^{j(m-k)\frac{2\pi}{N}n}=\begin{cases}0, & m\neq k\\ N, & m=k\end{cases}\tag{4-10}$$

【证明】 当 $m=k$ 时，上式是式（4-9）中“$k=0$”的情形。当 $m\neq k$ 时，上式是式（4-9）

中“其余 k 值”的情形。

【证毕】

性质 4 形成的重要概念是，DFS 展开式中 N 个基函数 $1, \mathrm{e}^{\mathrm{j}\frac{2\pi}{N}n}$，$\mathrm{e}^{\mathrm{j}2\frac{2\pi}{N}n}, \cdots$，$\mathrm{e}^{\mathrm{j}(N-1)\frac{2\pi}{N}n}$ 是一组完备正交函数集，即 DFS 是正交展开。

连续时间傅里叶级数展开也是正交展开，其正交基函数是 $1, \mathrm{e}^{\mathrm{j}\frac{2\pi}{T}t}$，$\mathrm{e}^{\mathrm{j}2\frac{2\pi}{T}t}, \cdots$。它包含了无穷多个正交基函数。但 DFS 只包含 N 个正交基函数。信号正交的定义参见式（2-89）和式（2-90）。

4.1.4　周期序列的频谱及其特征

这里以方波序列为例，讨论周期序列频谱的基本特征。

【例 4-2】 求图 4.2(a)所示对称周期方波序列的傅里叶级数系数。

【解】主值区间设为对称区间，主值区间内的 $x_N[n]$ 可表示为

$$x_N[n] = u[n+N_1] - u[n-(N_1+1)] = \begin{cases} 1, & N_1 \geqslant n \geqslant -N_1 \\ 0, & \text{其他} \end{cases}$$

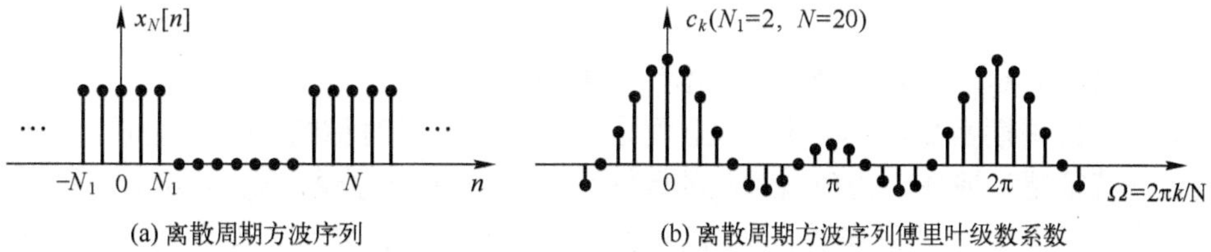

(a) 离散周期方波序列　　(b) 离散周期方波序列傅里叶级数系数

图 4.2　例 4-2 图

由 c_k 的定义式可知

$$\begin{aligned}
c_k &= \frac{1}{N}\sum_{n=-N_1}^{N_1} x_N[n]\mathrm{e}^{-\mathrm{j}k\frac{2\pi}{N}n} \\
&= \frac{1}{N}\sum_{n=-N_1}^{N_1} \mathrm{e}^{-\mathrm{j}k\frac{2\pi}{N}n} & \text{[代入序列样值]} \\
&= \frac{1}{N}\frac{\mathrm{e}^{\mathrm{j}k\frac{2\pi}{N}N_1}(1-\mathrm{e}^{-\mathrm{j}k\frac{2\pi}{N}(2N_1+1)})}{(1-\mathrm{e}^{-\mathrm{j}k\frac{2\pi}{N}})} & \left[\text{利用求和公式}\sum_{n=0}^{N-1} q^n = \frac{1-q^N}{1-q}\right] \\
&= \frac{1}{N}\frac{\mathrm{e}^{-\mathrm{j}k\frac{2\pi}{2N}}(\mathrm{e}^{\mathrm{j}k\frac{2\pi}{N}(N_1+\frac{1}{2})} - \mathrm{e}^{-\mathrm{j}k\frac{2\pi}{N}(N_1+\frac{1}{2})})}{\mathrm{e}^{-\mathrm{j}k\frac{2\pi}{2N}}(\mathrm{e}^{\mathrm{j}k\frac{2\pi}{2N}} - \mathrm{e}^{-\mathrm{j}k\frac{2\pi}{2N}})} & \text{[分子分母分别提取一个指数因子]} \\
&= \frac{1}{N}\frac{\sin\left[k\frac{2\pi}{N}\left(N_1+\frac{1}{2}\right)\right]}{\sin\left[k\frac{2\pi}{2N}\right]} & \text{[利用欧拉公式化简为正弦序列形式]} \\
&= \frac{1}{N}\frac{\sin\left[\left(N_1+\frac{1}{2}\right)k\Omega_1\right]}{\sin\left[\frac{1}{2}k\Omega_1\right]} & \left[\Omega_1 = \frac{2\pi}{N}\right]
\end{aligned}$$

即
$$c_k = \frac{1}{N}\frac{\sin\left[\left(N_1+\frac{1}{2}\right)k\Omega_1\right]}{\sin\left[\frac{1}{2}k\Omega_1\right]} \tag{4-11}$$

当$k=0$时，分子分母均为0，分别求导可确定
$$c_0 = \frac{2N_1+1}{N} \tag{4-12}$$

c_k随$k\Omega_1$的变化曲线如图4.2(b)所示。

【例毕】

由上例和前面介绍的相关性质可以得到以下基本概念。

（1）c_k随k的变化描述的是离散时间周期信号的频域特性。

k是DFS展开式中数字频率分量的谐波次数，由式（4-11）可以看到k的变化实质上对应数字角频率$k\Omega_1$的变化。因此图4.2(b)的横轴一般不采用k，而是采用$k\Omega_1$，以强调角频率值的变化。

（2）离散时间周期信号的频谱为离散谱。

很显然，$c_k \sim k\Omega_1$构成的是离散的线谱。谱线间隔为$\Omega_1 = 2\pi/N$，对应的数字频率间隔为$F_1 = 1/N$。

（3）离散时间周期信号的频谱是频率的周期函数。

c_k是$k\Omega_1$的周期函数。$k\Omega_1$的主值区间通常取关于纵轴对称的[−π, π]区间，便于理论分析且双边谱特征更为清晰。物理谱对应的区间为[0, π]。具体地说，$x_N[n]$中含有的频率分量个数等于[0, π]区间内的谱线条数；$x_N[n]$中所含各频率分量的实际幅度分别为：直流分量实际幅度等于$|c_0|$，基波正弦分量实际幅度等于$2|c_1|$，高次谐波正弦分量实际幅度等于$2|c_k|$。

在第3章中讨论过单边谱、双边谱和物理谱的概念。另外，$k\Omega_1$的主值区间也可取[0, 2π)（如在Matlab中），此时(π, 2π)区间内的谱线是(−π, 0)区间谱线的右移2π。这里方括号表示闭区间，圆括号表示开区间。

最后需要注意到的是，例4-2的周期方波序列是一个实偶函数，对应的谱线c_k也是实偶函数。一般情况下c_k为复数，其频谱图需分幅频特性图和相频特性图绘制。

4.2 非周期序列的傅里叶变换分析

4.2.1 离散时间傅里叶变换（DTFT）

1．DTFT正变换

连续时间傅里叶变换分析是连续时间傅里叶级数分析的理论拓展，其核心概念是任意一个非周期信号也可以分解为正弦信号的叠加。对于离散时间非周期信号，也可采用类似的拓展方法，进而得到类似的结论：任意一个离散时间非周期信号也可以分解为正弦信号的叠加。

与连续时间情况类似，一个周期序列$x_N[n]$在周期$N\to\infty$时，将变成非周期序列$x[n]$，如图4.3所示。同时$x_N[n]$的谱线间隔$(2\pi/N)\to 0$，即离散谱将趋于连续谱。

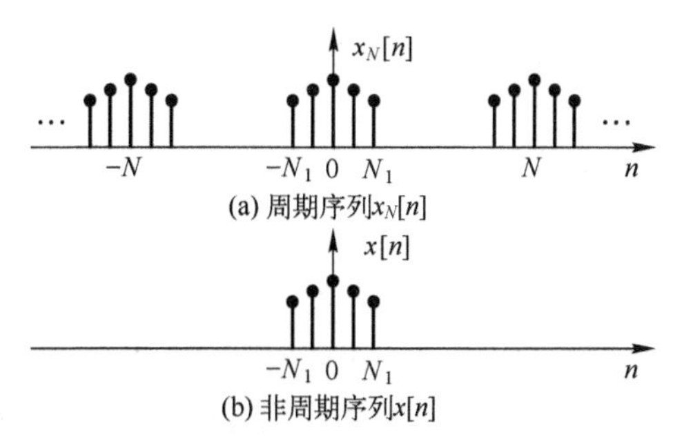

图 4.3　周期序列及与对应的非周期序列

由于

$$c_k = \frac{1}{N}\sum_{n=<N>} x_N[n]\mathrm{e}^{-\mathrm{j}k\frac{2\pi}{N}n}$$

所以，当$N \to \infty$时，c_k趋于零（但不等于零）。因而对于非周期序列定义

$$X(\mathrm{e}^{\mathrm{j}\Omega}) = \lim_{N\to\infty} Nc_k = \lim_{N\to\infty}\sum_{n=<N>} x_N[n]\mathrm{e}^{-\mathrm{j}k\frac{2\pi}{N}n} \tag{4-13}$$

考虑到$N \to \infty$时，$k\Omega_1$（$k2\pi/N$）趋于连续变量Ω，$x_N[n] \to x[n]$，所以上式变为

$$\boxed{X(\mathrm{e}^{\mathrm{j}\Omega}) = \sum_{n=-\infty}^{\infty} x[n]\mathrm{e}^{-\mathrm{j}\Omega n}} \tag{4-14}$$

此式即为非周期序列的离散时间傅里叶变换。它对应于连续时间信号的傅里叶变换，是离散时间信号的频域描述，即离散时间信号的频谱。上式可简记为

$$X(\mathrm{e}^{\mathrm{j}\Omega}) = \mathrm{DTFT}\{x[n]\} \tag{4-15}$$

一般情况下，$X(\mathrm{e}^{\mathrm{j}\Omega})$是复函数，可写成模与相角或实部与虚部的形式

$$X(\mathrm{e}^{\mathrm{j}\Omega}) = \left|X(\mathrm{e}^{\mathrm{j}\Omega})\right|\mathrm{e}^{\mathrm{j}\varphi(\Omega)} = X_\mathrm{R}(\mathrm{e}^{\mathrm{j}\Omega}) + \mathrm{j}X_\mathrm{I}(\mathrm{e}^{\mathrm{j}\Omega}) \tag{4-16}$$

2．DTFT 逆变换

将周期序列傅里叶级数展开式配以$\Omega_1 \cdot N/2\pi$（乘积为 1）：

$$x_N[n] = \sum_{k=<N>} c_k \mathrm{e}^{\mathrm{j}k\frac{2\pi}{N}n} = \frac{1}{2\pi}\sum_{k=<N>} Nc_k \mathrm{e}^{\mathrm{j}k\frac{2\pi}{N}n}\Omega_1 \qquad (\Omega_1 = \frac{2\pi}{N})$$

当$N \to \infty$时，$(k2\pi/N) = k\Omega_1 \to \Omega$，$\Omega_1 \to \mathrm{d}\Omega$，$Nc_k \to X(\mathrm{e}^{\mathrm{j}\Omega})$［参见式（4.13）］，$x_N[n] \to x[n]$。同时，由于$k$的取值周期为$N$，$k2\pi/N$的取值周期为$2\pi$，所以当$N \to \infty$时，$(k2\pi/N) \to \Omega$的取值周期为$2\pi$，上式的求和变为在$2\pi$区间上对$\Omega$的积分。因此，当$N \to \infty$时上式变为

$$\boxed{x[n] = \frac{1}{2\pi}\int_{2\pi} X(\mathrm{e}^{\mathrm{j}\Omega})\mathrm{e}^{\mathrm{j}\Omega n}\mathrm{d}\Omega} \tag{4-17}$$

此式即为非周期序列的离散时间傅里叶逆变换，简记为$x[n] = \mathrm{IDTFT}\left\{X(\mathrm{e}^{\mathrm{j}\Omega})\right\}$。

3．DTFT 的收敛条件

DTFT 正变换是无穷区间上的求和，存在求和是否收敛的问题。由于

$$X(\mathrm{e}^{\mathrm{j}\Omega}) = \sum_{n=-\infty}^{\infty} x[n]\mathrm{e}^{-\mathrm{j}\Omega n} \leqslant \sum_{n=-\infty}^{\infty}\left|x[n]\mathrm{e}^{-\mathrm{j}\Omega n}\right| = \sum_{n=-\infty}^{\infty}\left|x[n]\right|$$

因此，如果 $x[n]$ 满足绝对可和条件，即

$$\sum_{n=-\infty}^{\infty}|x[n]|<\infty \tag{4-18}$$

则求和一定收敛，即 $x[n]$ 绝对可和是 DTFT 收敛的充分条件。与连续时间傅里叶变换的收敛性类似，DTFT 的收敛一般有三种情况：

（1）当 $x[n]$ 是能量有限信号时，$x[n]$ 满足绝对可和条件，DTFT 一定收敛。

（2）当 $x[n]$ 为功率有限信号时，$x[n]$ 不满足绝对可和条件，DTFT 不收敛，但引入冲激函数后，$x[n]$ 存在用冲激函数表示的 DTFT。

（3）当 $x[n]$ 为增长过快的信号时，DTFT 不收敛且无法表示。

在离散域分析中，通常仅考虑 DTFT 收敛情况下的分析与求解，因为应用中序列的频谱分析一般采用 DFT（DFT 不存在收敛性问题）。

【例 4-3】 单位样值序列 $\delta[n]$ 的 DTFT。

【解】 $\delta[n]$ 只有一个非零样值，按照 DTFT 的定义有

$$X(\mathrm{e}^{\mathrm{j}\Omega})=\sum_{n=-\infty}^{\infty}x[n]\mathrm{e}^{-\mathrm{j}\Omega n}=\sum_{n=-\infty}^{\infty}\delta[n]\mathrm{e}^{-\mathrm{j}\Omega n}=1$$

即

$$\mathrm{DTFT}\{\delta[n]\}=1 \tag{4-19}$$

【例毕】

【例 4-4】 单个对称方波序列 $x[n]=u[n+N_1]-u[n-(N_1+1)]$ 的 DTFT。

【解】 前面求解过周期方波序列的 DFS，这里考察单个方波序列的 DTFT。

$$X(\mathrm{e}^{\mathrm{j}\Omega})=\sum_{n=-\infty}^{\infty}x[n]\mathrm{e}^{-\mathrm{j}\Omega n}=\sum_{n=-N_1}^{N_1}\mathrm{e}^{-\mathrm{j}\Omega n}=\frac{\sin\left[\left(N_1+\frac{1}{2}\right)\Omega\right]}{\sin\frac{\Omega}{2}}$$

即

$$\mathrm{DTFT}\{u[n+N_1]-u[n-N_1\text{-}1]\}=\frac{\sin\left[\left(N_1+\frac{1}{2}\right)\Omega\right]}{\sin\frac{\Omega}{2}} \tag{4-20}$$

$X(\mathrm{e}^{\mathrm{j}\Omega})$ 是一个实偶函数，当 $N_1=2$ 时，其幅相特性曲线如图 4.4 所示。

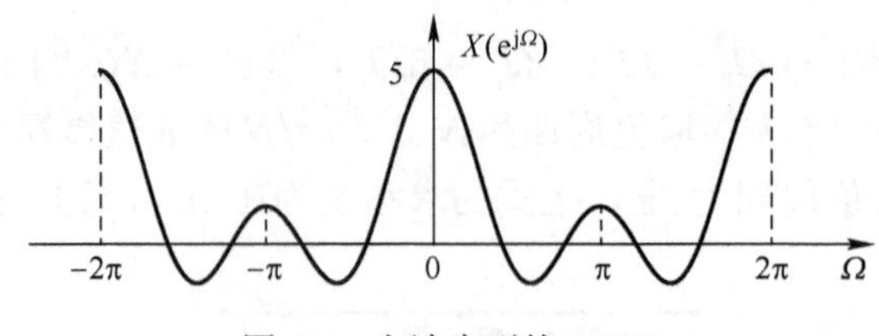

图 4.4 方波序列的 DTFT

可将式（4-20）和图 4.4 与连续时间方波信号对应结果式（3-27）和图 3.10 比较，注意异同之处。

【例毕】

【例 4-5】 单边指数衰减序列 $x_1[n]=a^n u[n]$（$|a|<1$）的 DTFT。

【解】 该衰减序列是绝对可和的，因此可直接利用 DTFT 定义式求解。

$$X_1(e^{j\Omega}) = \sum_{n=-\infty}^{\infty} x_1[n]e^{-j\Omega n} = \sum_{n=0}^{\infty} a^n e^{-j\Omega n} = \frac{1}{1-ae^{-j\Omega}}$$

即

$$\text{DTFT}\{a^n u[n]\} = \frac{1}{1-ae^{-j\Omega}} \quad (|a|<1) \tag{4-21}$$

可见 $X_1(e^{j\Omega})$ 是复函数，其模和相位分别为

$$|X_1(e^{j\Omega})| = \frac{1}{\sqrt{1+a^2-2a\cos\Omega}} \tag{4-22}$$

$$\varphi_1(\Omega) = -\arctan\frac{a\sin\Omega}{1-a\cos\Omega} \tag{4-23}$$

图 4.5 绘出了 $a>0$ 和 $a<0$ 时的幅频特性示意图，注意高低频分量的区别。当 $0<a<1$ 时，$x_1[n]$ 是缓变衰减序列，因此低频比较丰富；当 $-1<a<0$ 时，$x_1[n]$ 是正负交替衰减序列，信号变化剧烈，因此高频比较丰富。

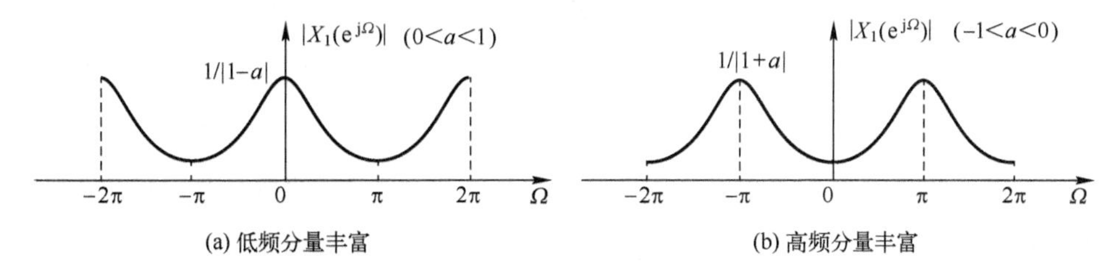

图 4.5　单边指数衰减序列的幅频特性

频谱特性的绘制可用 Matlab 函数完成。

【例毕】

【例 4-6】　频域周期冲激函数 $\delta_{2\pi}(\Omega) = \sum_{l=-\infty}^{\infty} \delta(\Omega - 2l\pi)$ 的 DTFT 逆变换。

【解】该频域周期冲激序列如图 4.6 所示。由逆变换定义式可得

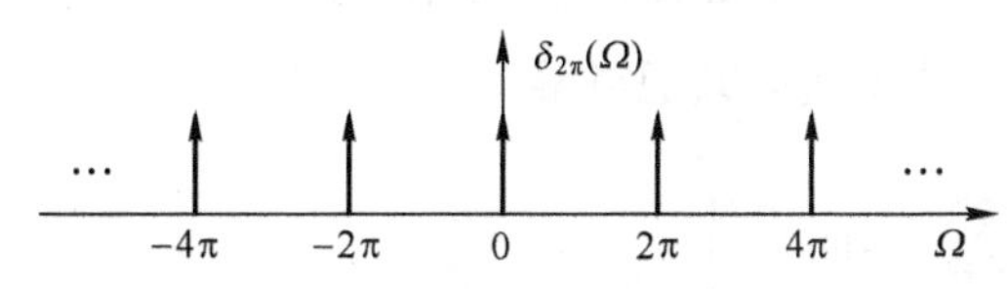

图 4.6　频域周期单位冲激函数 $\delta_{2\pi}(\Omega)$

$$x[n] = \frac{1}{2\pi}\int_{2\pi} X(e^{j\Omega})e^{j\Omega n}d\Omega = \frac{1}{2\pi}\int_{2\pi} \delta_{2\pi}(\Omega)e^{j\Omega n}d\Omega = \frac{1}{2\pi}$$

即

$$\text{IDTFT}\{\delta_{2\pi}(\Omega)\} = \text{IDTFT}\left\{\sum_{l=-\infty}^{\infty}\delta(\Omega-2l\pi)\right\} = \frac{1}{2\pi}$$

利用将介绍的 DTFT 线性性质可知直流序列的 DTFT 为

$$\text{DTFT}\{1\} = 2\pi\delta_{2\pi}(\Omega) \tag{4-24}$$

【例毕】

4.2.2　DTFT 的性质——频谱函数 $X(e^{j\Omega})$ 的特点

当提及术语 DTFT 时通常有两种含义。第一是指给定一个 $x[n]$ 后所求得的 $X(e^{j\Omega})$（离

散时间信号频谱），在此意义下的“DTFT 性质”主要揭示 $X(\mathrm{e}^{\mathrm{j}\Omega})$ 具有哪些特点。第二是指 DTFT 运算，在此意义下的“DTFT 性质”主要回答当序列在时域作运算或变化后其频谱如何变化，例如 $\mathrm{DTFT}\{x_1[n]+x_2[n]\}$=?、$\mathrm{DTFT}\{x[n-n_0]\}$=? 一类问题。简言之，DTFT 可以指表达式 $X(\mathrm{e}^{\mathrm{j}\Omega})=\mathrm{DTFT}\{x[n]\}$的左边，也可以指表达式右边的运算符 $\mathrm{DTFT}\{\cdot\}$。DTFT 运算相关的性质将在下一小节介绍。

本小节讨论 $X(\mathrm{e}^{\mathrm{j}\Omega})$ 特点的目的是为讨论离散时间信号频谱的概念奠定基础，也为后面讨论 DFT 的有关概念奠定基础。

性质 1　周期性 $X(\mathrm{e}^{\mathrm{j}\Omega})$ 是 Ω 的周期函数，周期为 2π，即

$$X(\mathrm{e}^{\mathrm{j}(\Omega\pm 2\pi l)})=X(\mathrm{e}^{\mathrm{j}\Omega}) \tag{4-25}$$

【证明】 在 $X(\mathrm{e}^{\mathrm{j}\Omega})$ 定义式（4-14）中用 $\Omega\pm 2\pi l$ 替换 Ω，可得

$$\begin{aligned}X(\mathrm{e}^{\mathrm{j}(\Omega\pm 2\pi l)})&=\sum_{n=-\infty}^{\infty}x[n]\mathrm{e}^{-\mathrm{j}(\Omega\pm 2\pi l)n}\\&=\sum_{n=-\infty}^{\infty}x[n]\mathrm{e}^{-\mathrm{j}\Omega n}\mathrm{e}^{\mp\mathrm{j}2\pi nl}\\&=X(\mathrm{e}^{\mathrm{j}\Omega})\qquad[l,n\text{ 为整数时 }\mathrm{e}^{\mp\mathrm{j}2\pi nl}=1]\end{aligned}$$

【证毕】

结合 DFS 的对应性质，可以看到无论是周期序列还是非周期序列，其频谱都具有周期性，周期为 2π。

在信号与系统中有“时域的离散性对应于频域的周期性”，因此离散信号的频谱都具有周期性。对偶结论是“时域的周期性对应于频域的离散性”，例如连续时间和离散时间周期信号，其频谱都是离散的。

性质 2　共轭对称性 若 $x[n]$ 为实数序列，则 $X(\mathrm{e}^{\mathrm{j}\Omega})$ 具有共轭对称性，即

$$X(\mathrm{e}^{-\mathrm{j}\Omega})=X^*(\mathrm{e}^{\mathrm{j}\Omega}) \tag{4-26}$$

【证明】 在 $X(\mathrm{e}^{\mathrm{j}\Omega})$ 定义式两边取共轭可得

$$\begin{aligned}X^*(\mathrm{e}^{\mathrm{j}\Omega})&=\left[\sum_{n=-\infty}^{\infty}x[n]\mathrm{e}^{-\mathrm{j}\Omega n}\right]^*\\&=\sum_{n=-\infty}^{\infty}x[n]\mathrm{e}^{\mathrm{j}\Omega n}\qquad[\text{利用共轭运算的性质，且 }x^*[n]=x[n]]\\&=\sum_{n=-\infty}^{\infty}x[n]\mathrm{e}^{-\mathrm{j}(-\Omega)n}\\&=X(\mathrm{e}^{-\mathrm{j}\Omega})\qquad[\text{与定义式对比可得}]\end{aligned}$$

【证毕】

例如，对于单边指数衰减信号，前面求出其 DTFT 为

$$X(\mathrm{e}^{\mathrm{j}\Omega})=\frac{1}{1-a\mathrm{e}^{-\mathrm{j}\Omega}}$$

可以验证

$$X^*(e^{j\Omega}) = \left(\frac{1}{1-ae^{-j\Omega}}\right)^* = \frac{1}{(1-ae^{-j\Omega})^*} = \frac{1}{1-ae^{j\Omega}} = X(e^{-j\Omega})$$

性质 3　若 $x[n]$ 是实数序列，则

（1）$|X(e^{j\Omega})|$ 为 Ω 的偶函数，$\varphi(\Omega)$ 是 Ω 的奇函数，即

$$\left|X(e^{-j\Omega})\right| = \left|X(e^{j\Omega})\right| \tag{4-27}$$

$$\varphi(-\Omega) = -\varphi(\Omega) \tag{4-28}$$

（2）$X_R(e^{j\Omega})$ 是 Ω 的偶函数，$X_I(e^{j\Omega})$ 是 Ω 的奇函数，即

$$X_R(e^{-j\Omega}) = X_R(e^{j\Omega}) \tag{4-29}$$

$$X_I(e^{-j\Omega}) = -X_I(e^{j\Omega}) \tag{4-30}$$

【证明】（1）由复数的极坐标表示 $X(e^{j\Omega}) = \left|X(e^{j\Omega})\right| e^{j\varphi(\Omega)}$ 可得

$X^*(e^{j\Omega}) = \left|X(e^{j\Omega})\right| e^{-j\varphi(\Omega)}$　　[共轭复数模相等，幅角取反]

$X(e^{-j\Omega}) = |X(e^{-j\Omega})| e^{j\varphi(-\Omega)}$　　[在 $X(e^{j\Omega}) = \left|X(e^{j\Omega})\right| e^{j\varphi(\Omega)}$ 中用 $-\Omega$ 代入]

由性质 2 知上两式相等，模和幅角应分别相等，即

$$\left|X(e^{-j\Omega})\right| = \left|X(e^{j\Omega})\right|;\quad \varphi(-\Omega) = -\varphi(\Omega)$$

（2）由 DTFT 定义可得

$$X(e^{j\Omega}) = \sum_{n=-\infty}^{\infty} x[n]e^{-j\Omega n} = \sum_{n=-\infty}^{\infty} x[n]\cos\Omega n - j\sum_{n=-\infty}^{\infty} x[n]\sin\Omega n = X_R(e^{j\Omega}) + jX_I(e^{j\Omega})$$

其中

$$X_R(e^{j\Omega}) = \sum_{n=-\infty}^{\infty} x[n]\cos\Omega n;\quad X_I(e^{j\Omega}) = -\sum_{n=-\infty}^{\infty} x[n]\sin\Omega n$$

因此，由 $\cos(x)$ 和 $\sin(x)$ 的奇偶性可得式（4-29）和式（4-30）。

【证毕】

性质 4　若 $x[n]$ 为 n 的实偶函数，则 $X(e^{j\Omega})$ 为 Ω 的实偶函数。

【证明】 由 DTFT 的定义可得

$$\begin{aligned} X(e^{-j\Omega}) &= \sum_{n=-\infty}^{\infty} x[n]e^{-j(-\Omega)n} \\ &= \sum_{m=\infty}^{-\infty} x[-m]e^{-j\Omega m} \quad [\text{令 } n=-m \text{ 作变量代换}] \\ &= \sum_{m=-\infty}^{\infty} x[m]e^{-j\Omega m} \quad [x[n] \text{ 是偶函数，且改变求和上下限}] \\ &= X(e^{j\Omega}) \end{aligned}$$

因 $x[n]$ 为实函数，由性质 1 知 $X(e^{-j\Omega}) = X^*(e^{j\Omega})$，所以

$$X(e^{j\Omega}) = X(e^{-j\Omega}) = X^*(e^{j\Omega})$$

上式表明 $X(e^{j\Omega})$ 为 Ω 的实函数且为偶函数。

【证毕】

性质 5　若 $x[n]$ 为 n 的实奇函数，则 $X(e^{j\Omega})$ 为 Ω 的虚奇函数。

【证明】利用 $x[-n]=-x[n]$，和上面的证明过程非常类似，可以证得

$$X(\mathrm{e}^{-\mathrm{j}\Omega})=-X(\mathrm{e}^{\mathrm{j}\Omega})$$

即 $X(\mathrm{e}^{\mathrm{j}\Omega})$ 是 Ω 的奇函数。由于 $x[n]$ 是实函数，由性质 2 知 $X(\mathrm{e}^{-\mathrm{j}\Omega})=X^*(\mathrm{e}^{\mathrm{j}\Omega})$，因此有

$$X^*(\mathrm{e}^{\mathrm{j}\Omega})=-X(\mathrm{e}^{\mathrm{j}\Omega})$$

欲使上式成立，$X(\mathrm{e}^{\mathrm{j}\Omega})$ 必为 Ω 的纯虚函数，即 $X(\mathrm{e}^{\mathrm{j}\Omega})=\mathrm{j}X_{\mathrm{I}}(\mathrm{e}^{\mathrm{j}\Omega})$。

【证毕】

*性质 6　若 $x[n]$ 为 n 的纯虚函数且为奇函数，则有：

（1）$X_{\mathrm{R}}(\mathrm{e}^{\mathrm{j}\Omega})$ 是 Ω 的奇函数，$X_{\mathrm{I}}(\mathrm{e}^{\mathrm{j}\Omega})$ 是 Ω 的偶函数。

（2）$\left|X(\mathrm{e}^{\mathrm{j}\Omega})\right|$ 仍为 Ω 的偶函数，$\varphi(\Omega)$ 仍为 Ω 的奇函数。

【证明】（1）所谓 $x[n]$ 为 n 的纯虚函数且为奇函数，即 $x[n]$ 具有 $x[n]=\mathrm{j}f[n]$ 的形式，且有 $f[-n]=-f[n]$ 成立，因此由 DTFT 的定义得

$$X(\mathrm{e}^{\mathrm{j}\Omega})=\sum_{n=-\infty}^{\infty}\mathrm{j}f[n]\mathrm{e}^{-\mathrm{j}\Omega n}=\mathrm{j}\sum_{n=-\infty}^{\infty}f[n]\cos\Omega n-\mathrm{j}^2\sum_{n=-\infty}^{\infty}f[n]\sin\Omega n=X_{\mathrm{R}}(\mathrm{e}^{\mathrm{j}\Omega})+\mathrm{j}X_{\mathrm{I}}(\mathrm{e}^{\mathrm{j}\Omega})$$

其中

$$X_{\mathrm{R}}(\mathrm{e}^{\mathrm{j}\Omega})=\sum_{n=-\infty}^{\infty}f[n]\sin\Omega n\;;\quad X_{\mathrm{I}}(\mathrm{e}^{\mathrm{j}\Omega})=\sum_{n=-\infty}^{\infty}f[n]\cos\Omega n$$

因此，由 $\cos(x)$ 和 $\sin(x)$ 的奇偶性可知结论（1）成立。

（2）由于

$$\left|X(\mathrm{e}^{\mathrm{j}\Omega})\right|=\sqrt{X_{\mathrm{R}}^2(\mathrm{e}^{\mathrm{j}\Omega})+X_{\mathrm{I}}^2(\mathrm{e}^{\mathrm{j}\Omega})}=\sqrt{\left(\sum f[n]\sin\Omega n\right)^2+\left(\sum f[n]\cos\Omega n\right)^2}\;;$$

$$\varphi(\Omega)=\arctan\frac{X_{\mathrm{I}}(\mathrm{e}^{\mathrm{j}\Omega})}{X_{\mathrm{R}}(\mathrm{e}^{\mathrm{j}\Omega})}=\frac{\sum\limits_{n=-\infty}^{\infty}f[n]\cos\Omega n}{\sum\limits_{n=-\infty}^{\infty}f[n]\sin\Omega n}$$

由 $\cos(x)$, $\sin(x)$ 和 $\arctan(x)$ 的奇偶性不难得知结论（2）是成立的。

【证毕】

了解和熟悉上述性质，对于传输数据的设计、系统故障调试等还是有益的。离散时间复数信号的应用也越来越广。例如，OFDM 通信系统中传输的就是时域和频域复数序列。

4.2.3 DTFT 的性质——变换的性质

性质 1　线性 若 $\mathrm{DTFT}\{x_1[n]\}=X_1(\mathrm{e}^{\mathrm{j}\Omega})$, $\mathrm{DTFT}\{x_2[n]\}=X_2(\mathrm{e}^{\mathrm{j}\Omega})$，则

$$\mathrm{DTFT}\{a_1x_1[n]+a_2x_2[n]\}=a_1X_1(\mathrm{e}^{\mathrm{j}\Omega})+a_2X_2(\mathrm{e}^{\mathrm{j}\Omega})\quad（a_1, a_2 \text{ 为常数}）\tag{4-31}$$

可由 DTFT 定义式证得。

性质 2　时移特性 若 $\mathrm{DTFT}\{x[n]\}=X(\mathrm{e}^{\mathrm{j}\Omega})$，则

$$\mathrm{DTFT}\{x[n\pm n_0]\}=\mathrm{e}^{\pm\mathrm{j}\Omega n_0}X(\mathrm{e}^{\mathrm{j}\Omega})\tag{4-32}$$

可由 DTFT 定义式证得。

***性质 3　时域差分特性** 若 $\mathrm{DTFT}\{x[n]\}=X(\mathrm{e}^{\mathrm{j}\Omega})$，则

$$\text{DTFT}\{x[n]-x[n-1]\}=(1-\text{e}^{-\text{j}\Omega})X(\text{e}^{\text{j}\Omega}) \tag{4-33}$$

由线性和时移特性容易证得。

*性质 4 时域求和特性** 若 $\text{DTFT}\{x[n]\}=X(\text{e}^{\text{j}\Omega})$，则

$$\text{DTFT}\left\{\sum_{m=-\infty}^{n}x[m]\right\}=\frac{1}{(1-\text{e}^{-\text{j}\Omega})}X(\text{e}^{\text{j}\Omega})+\pi X(0)\sum_{l=-\infty}^{\infty}\delta(\Omega-2\pi l) \tag{4-34}$$

在后面例 4-10 中给出证明。

*性质 5 时域反转特性** 若 $\text{DTFT}\{x[n]\}=X(\text{e}^{\text{j}\Omega})$，则

$$\text{DTFT}\{x[-n]\}=X(\text{e}^{-\text{j}\Omega}) \tag{4-35}$$

在 DTFT 的定义式中用 $-\Omega$ 替换 Ω 后再作 $m=-n$ 变量代换即可证得。

性质 6 时域卷积定理 若 $\text{DTFT}\{x_1[n]\}=X_1(\text{e}^{\text{j}\Omega})$，$\text{DTFT}\{x_2[n]\}=X_2(\text{e}^{\text{j}\Omega})$，则

$$\text{DTFT}\{x_1[n]*x_2[n]\}=X_1(\text{e}^{\text{j}\Omega})X_2(\text{e}^{\text{j}\Omega}) \tag{4-36}$$

【证明】 由 DTFT 和卷积和的定义可得

$$\begin{aligned}\text{DTFT}\{x_1[n]*x_2[n]\}&=\sum_{n=-\infty}^{\infty}\left(\sum_{m=-\infty}^{\infty}x_1[m]x_2[n-m]\right)\text{e}^{-\text{j}\Omega n}\\&=\sum_{m=-\infty}^{\infty}x_1[m]\sum_{n=-\infty}^{\infty}x_2[n-m]\text{e}^{-\text{j}\Omega n}\qquad[\text{交换求和顺序}]\\&=\sum_{n=-\infty}^{\infty}x_1[m]\sum_{l=-\infty}^{\infty}x_2[l]\text{e}^{-\text{j}\Omega(m+l)}\qquad[\text{令 }l=n-m\text{ 作变量代换}]\\&=\sum_{n=-\infty}^{\infty}x_1[m]\text{e}^{-\text{j}m\Omega}\sum_{l=-\infty}^{\infty}x_2[l]\text{e}^{-\text{j}l\Omega}\\&=X_1(\text{e}^{\text{j}\Omega})X_2(\text{e}^{\text{j}\Omega})\end{aligned}$$

【证毕】

上述时域卷积定理为离散时间信号的频域处理奠定了重要的理论基础，它将离散时间信号的时域卷积运算转换为频域乘积运算，从而使连续时间信号频域滤波的处理方法可以拓展到离散域，形成数字滤波 $Y(\text{e}^{\text{j}\Omega})=X(\text{e}^{\text{j}\Omega})H(\text{e}^{\text{j}\Omega})$。但要实现数字滤波，尚存在两个问题：一是 $X(\text{e}^{\text{j}\Omega})$ 等是 Ω 的连续函数，难以在计算机中进行存储和计算；二是如何设计和实现数字滤波器 $H(\text{e}^{\text{j}\Omega})$。本章后续内容主要是围绕这两个问题展开的。

性质 7 频移特性 若 $\text{DTFT}\{x[n]\}=X(\text{e}^{\text{j}\Omega})$，则

$$\text{DTFT}\{x[n]\text{e}^{\text{j}\Omega_0 n}\}=X(\text{e}^{\text{j}(\Omega-\Omega_0)}) \tag{4-37}$$

$$\text{DTFT}\{x[n]\text{e}^{-\text{j}\Omega_0 n}\}=X(\text{e}^{\text{j}(\Omega+\Omega_0)}) \tag{4-38}$$

【证明】 根据 DTFT 的定义有

$$\text{DTFT}\{x[n]\text{e}^{\text{j}\Omega_0 n}\}=\sum_{n=-\infty}^{\infty}(x[n]\text{e}^{\text{j}\Omega_0 n})\text{e}^{-\text{j}\Omega n}=\sum_{n=-\infty}^{\infty}x[n]\text{e}^{-\text{j}(\Omega-\Omega_0)n}=X(\text{e}^{\text{j}(\Omega-\Omega_0)})$$

【证毕】

为了形成有效的无线发射或实现在指定频点的传输，通常需要将信号频率提升到足够高。实现频谱“搬移”的方法是调制，传统的调制均采用连续时间模拟电路进行信号处理，

现在则可以用数字信号处理的方法加以实现。由上述频移性质可知，要实现频率搬移，只要将时域序列 $x[n]$ 乘复指数序列 $\mathrm{e}^{\mathrm{j}\Omega_0 n}$ 即可（向右搬移），即将信号频谱向右搬移了 Ω_0。在接收端只要将接收序列乘复指数序列 $\mathrm{e}^{-\mathrm{j}\Omega_0 n}$，即可形成向左搬移。

与连续时间傅里叶变换的频移性质相比，DTFT 频移性质的理解和应用要稍复杂，因为 $X(\mathrm{e}^{\mathrm{j}\Omega})$ 是 Ω 的周期函数，平移时需要考虑之。

***性质 8　频域微分特性** 若 $\mathrm{DTFT}\{x[n]\}=X(\mathrm{e}^{\mathrm{j}\Omega})$，则

$$\mathrm{DTFT}\{nx[n]\}=\mathrm{j}\frac{\mathrm{d}X(\mathrm{e}^{\mathrm{j}\Omega})}{\mathrm{d}\Omega} \tag{4-39}$$

DTFT 正变换定义式两边对 Ω 求导即可证得。

***性质 9　频域卷积定理** 若 $\mathrm{DTFT}\{x_1[n]\}=X_1(\mathrm{e}^{\mathrm{j}\Omega}),\mathrm{DTFT}\{x_2[n]\}=X_2(\mathrm{e}^{\mathrm{j}\Omega})$，则

$$\mathrm{DTFT}\{x_1[n]\cdot x_1[n]\}=\frac{1}{2\pi}\int_{2\pi}X_1(\mathrm{e}^{\mathrm{j}\lambda})X_2(\mathrm{e}^{\mathrm{j}(\Omega-\lambda)})\mathrm{d}\lambda \tag{4-40}$$

【证明】根据 DTFT 的定义有

$$\begin{aligned}\mathrm{DTFT}\{x_1[n]\cdot x_1[n]\}&=\sum_{n=-\infty}^{\infty}x_1[n]x_2[n]\mathrm{e}^{-\mathrm{j}\Omega n}\\&=\sum_{n=-\infty}^{\infty}x_2[n]\left(\frac{1}{2\pi}\int_{2\pi}X_1(\lambda)\mathrm{e}^{\mathrm{j}\lambda n}\mathrm{d}\lambda\right)\mathrm{e}^{-\mathrm{j}\Omega n}\quad[x_1[n]\text{用逆变换表示}]\\&=\frac{1}{2\pi}\int_{2\pi}X_1(\lambda)\left(\sum_{n=-\infty}^{\infty}x_2[n]\mathrm{e}^{-\mathrm{j}(\Omega-\lambda)n}\right)\mathrm{d}\lambda\quad[\text{交换积分和求和顺序}]\\&=\frac{1}{2\pi}\int_{2\pi}X_1(\lambda)X_2(\Omega-\lambda)\mathrm{d}\lambda\quad[\text{与 DTFT 定义式对比}]\end{aligned}$$

【证毕】

***性质 10　帕斯瓦尔定理** 若 $\mathrm{DTFT}\{x[n]\}=X(\mathrm{e}^{\mathrm{j}\Omega})$，则

$$\sum_{n=-\infty}^{\infty}|x[n]|^2=\frac{1}{2\pi}\int_{2\pi}|X(\mathrm{e}^{\mathrm{j}\Omega})|^2\,\mathrm{d}\Omega \tag{4-41}$$

注意到 $|x[n]|^2=x[n]\cdot x^*[n]$，与上类似用逆变换表示 $x[n]$，则可证得。帕斯瓦尔定理表明时域中求信号能量和频域中求信号能量是相等的。

将上述性质和连续时间傅里叶变换性质对比，可以注意到一些区别，例如：

（1）由 DTFT 正变换和逆变换公式的表达形式可以看出，DTFT 不会再有像连续时间傅里叶变换那样的对偶性。

（2）连续时间傅里叶变换有尺度变换特性，即 $x(at)\xleftrightarrow{\mathscr{F}}X\left(\frac{\omega}{a}\right)/|a|$。在离散时间信号中，序列的自变量 n 必须取整数值，因而除非对 $x[an]$ 给出新的定义，否则尺度变换无意义。在 a 取正整数值时，可以将 $x[an]$ 定义为对 $x[n]$ 的抽取或内插。序列抽取或内插所导致的频谱变化相对复杂，后面单独讨论。

作为 DTFT 性质的应用，下面举例说明双边指数衰减序列、符号函数序列 $\mathrm{sgn}[n]$ 和阶跃序列 $u[n]$ 的 DTFT 求解，以及时域求和特性式（4-34）的证明。

*【例 4-7】 求下列指数序列的 DTFT。

（1） $x_2[n]=a^n u[n-1],|a|<1$　（2） $x_3[n]=x_2[n]-x_2[-n]$

（3） $x_4[n]=x_3[n]+\delta[n]$

【解】将例 4-5 的单边指数衰减序列 $x_1[n]$ 和该例的各序列波形绘制于图 4.7 中，以便比较它们之间的区别和相互关系。

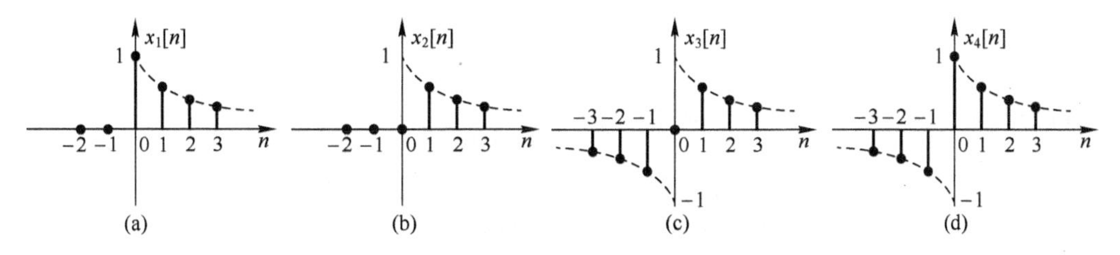

图 4.7　单边和双边指数衰减序列

（1）比较图 4.7(a)和图 4.7(b)的序列波形可知

$$x_2[n]=x_1[n]-\delta[n]$$

所以

$$X_2(\mathrm{e}^{\mathrm{j}\Omega})=X_1(\mathrm{e}^{\mathrm{j}\Omega})-1$$

$$=\frac{1}{1-a\mathrm{e}^{-\mathrm{j}\Omega}}-1 \tag{4-42}$$

$$=\frac{a\mathrm{e}^{-\mathrm{j}\Omega}}{1-a\mathrm{e}^{-\mathrm{j}\Omega}} \tag{4-43}$$

该例也可以利用时移特性求解。由于 $x_1[n]=a^n u[n]$，则

$$x_1[n-1]=a^{n-1}u[n-1]=a^{-1}\cdot a^n u[n-1]=a^{-1}x_2[n]$$

上式两边进行 DTFT 变换并利用时移特性得

$$X_2(\mathrm{e}^{\mathrm{j}\Omega})=aX_1(\mathrm{e}^{\mathrm{j}\Omega})\mathrm{e}^{-\mathrm{j}\Omega}=\frac{a\mathrm{e}^{-\mathrm{j}\Omega}}{1-a\mathrm{e}^{-\mathrm{j}\Omega}}=\frac{1}{1-a\mathrm{e}^{-\mathrm{j}\Omega}}-1$$

（2）比较图 4.7(b)和图 4.7(c)的序列波形可知

$$x_3[n]=x_2[n]-x_2[-n]$$

利用线性和时域反转特性式（4-35）可得

$$X_3(\mathrm{e}^{\mathrm{j}\Omega})=X_2(\mathrm{e}^{\mathrm{j}\Omega})-X_2(\mathrm{e}^{-\mathrm{j}\Omega})$$

$$=\frac{1}{1-a\mathrm{e}^{-\mathrm{j}\Omega}}-\frac{1}{1-a\mathrm{e}^{\mathrm{j}\Omega}}\quad[\text{代入式（4-42）}] \tag{4-44}$$

$$=\frac{a\mathrm{e}^{-\mathrm{j}\Omega}}{1-a\mathrm{e}^{-\mathrm{j}\Omega}}-\frac{a\mathrm{e}^{\mathrm{j}\Omega}}{1-a\mathrm{e}^{\mathrm{j}\Omega}}\quad[\text{代入式（4-43）}] \tag{4-45}$$

$$=-\mathrm{j}\frac{2a\sin\Omega}{1-2a\cos\Omega+a^2} \tag{4-46}$$

由于 $x_3[n]$ 是一个实奇对称序列，$X_3(\mathrm{e}^{\mathrm{j}\Omega})$ 是一个纯虚奇函数，读者可自行证明。

（3）比较图 4.7(c)和图 4.7(d)的序列波形可知

$$x_4[n]=x_3[n]+\delta[n]$$

两边取 DTFT 变换得

$$X_4(\mathrm{e}^{\mathrm{j}\Omega})=X_3(\mathrm{e}^{\mathrm{j}\Omega})+1$$

$$=1+\frac{1}{1-a\mathrm{e}^{-\mathrm{j}\Omega}}-\frac{1}{1-a\mathrm{e}^{\mathrm{j}\Omega}} \quad [代入式（4-44）] \tag{4-47}$$

$$=1-\mathrm{j}\frac{2a\sin\Omega}{1-2a\cos\Omega+a^2} \tag{4-48}$$

【例毕】

*【例 4-8】 求离散时间符号函数$\mathrm{sgn}[n]=\begin{cases}1, & n\geqslant 0\\ -1, & n<0\end{cases}$的 DTFT。

【解】因符号函数不是绝对可和序列，直接由定义求解会有困难。考查例 4-7 中双边指数衰减序列$x_4[n]$，可以看到当$a\to 1$时$x_4[n]\to \mathrm{sgn}[n]$，即

$$\mathrm{sgn}[n]=\lim_{a\to 1}x_4[n]$$

两边取 DTFT，并代入例 4-7 的结果可得

$$\begin{aligned}
\mathrm{DTFT}\{\mathrm{sgn}[n]\}&=\mathrm{DTFT}\{\lim_{a\to 1}x_4[n]\}\\
&=\lim_{a\to 1}\mathrm{DTFT}\{x_4[n]\} \quad [交换求 DTFT 和求极限的顺序]\\
&=\lim_{a\to 1}\left(1+\frac{1}{1-a\mathrm{e}^{-\mathrm{j}\Omega}}-\frac{1}{1-a\mathrm{e}^{\mathrm{j}\Omega}}\right) \quad [代入式（4-47）]\\
&=\begin{cases}1+\dfrac{1}{1-\mathrm{e}^{-\mathrm{j}\Omega}}-\dfrac{1}{1-\mathrm{e}^{\mathrm{j}\Omega}}, & \Omega\neq 2l\pi\\ 1+\dfrac{1}{1-a}-\dfrac{1}{1-a}, & \Omega=2l\pi\end{cases} \quad (l=0,1,2,\cdots)\\
&=\begin{cases}1+\dfrac{1}{1-\mathrm{e}^{-\mathrm{j}\Omega}}-\dfrac{1}{1-\mathrm{e}^{\mathrm{j}\Omega}}, & \Omega\neq 2l\pi\\ 1, & \Omega=2l\pi\end{cases} \quad (l=0,1,2,\cdots)
\end{aligned}$$

由于

$$1-\frac{1}{1-\mathrm{e}^{\mathrm{j}\Omega}}=\frac{-\mathrm{e}^{\mathrm{j}\Omega}}{1-\mathrm{e}^{\mathrm{j}\Omega}}=\frac{-1}{\mathrm{e}^{-\mathrm{j}\Omega}-1}=\frac{1}{1-\mathrm{e}^{-\mathrm{j}\Omega}} \tag{4-49}$$

所以

$$\mathrm{DTFT}\{\mathrm{sgn}[n]\}=\begin{cases}\dfrac{2}{1-\mathrm{e}^{-\mathrm{j}\Omega}}, & \Omega\neq 2l\pi\\ 1, & \Omega=2l\pi\end{cases} \quad (l=0,1,2,\cdots) \tag{4-50}$$

可以将上述结果和连续时间符号函数的傅里叶变换式（3-37）进行对比。由于离散时间$\mathrm{sgn}[n]$不是严格的奇对称函数，因此其直流分量不是严格地等于 0。虽然上式中$\Omega=0$时的直流分量为 1，但要注意到 DTFT 也是表示无穷小量的函数，因此实际的直流分量的幅度为无穷小。

*【例 4-9】 求单位阶跃序列$u[n]=\begin{cases}1, & n\geqslant 0\\ 0, & n<0\end{cases}$的 DTFT。

【解】单位阶跃序列可以用直流信号和符号函数表示，即

$$u[n]=\frac{1}{2}+\frac{1}{2}\mathrm{sgn}[n] \tag{4-51}$$

上式两边取 DTFT

$$\mathrm{DTFT}\{u[n]\}=\mathrm{DTFT}\left\{\frac{1}{2}\right\}+\mathrm{DTFT}\{\mathrm{sgn}[n]\}$$

由式（4-24）可知，$\text{DTFT}\left\{\frac{1}{2}\right\}$只在$\Omega=2l\pi$时有频域冲激函数，$\Omega\neq 2l\pi$时为零；$\text{DTFT}\{\text{sgn}[n]\}$在$\Omega=2l\pi$为 1（远小于该频点上的冲激函数值，可以忽略），$\Omega\neq 2l\pi$时为$\frac{2}{1-\mathrm{e}^{-\mathrm{j}\Omega}}$。综合可得

$$\text{DTFT}\{u[n]\}=\begin{cases}\frac{1}{1-\mathrm{e}^{-\mathrm{j}\Omega}}, & \Omega\neq 2l\pi\\ \pi\sum_{k=-\infty}^{\infty}\delta(\Omega-2k\pi), & \Omega=2l\pi\end{cases}\quad (l=0,1,2,\cdots)\tag{4-52}$$

分段函数表达式使用时非常不便，在理解正确的前提下也可以像连续时间阶跃函数频谱表达式（3-51）和式（3-52）那样处理，即合并为一个表达式

$$\text{DTFT}\{u[n]\}=\frac{1}{1-\mathrm{e}^{-\mathrm{j}\Omega}}+\pi\sum_{k=-\infty}^{\infty}\delta(\Omega-2k\pi)\tag{4-53}$$

【例毕】

*__【例 4-10】__ DTFT 时域求和特性的证明，即证明

$$\text{DTFT}\{\sum_{m=-\infty}^{n}x[m]\}=\frac{1}{(1-\mathrm{e}^{-\mathrm{j}\Omega})}X(\mathrm{e}^{\mathrm{j}\Omega})+\pi X(0)\sum_{l=-\infty}^{\infty}\delta(\Omega-2\pi l)$$

【解】序列求和等于序列与阶跃函数的卷积，即

$$\sum_{m=-\infty}^{n}x[m]=x[n]*u[n]$$

上式两边取 DTFT，并注意代入式（4-53），则有

$$\begin{aligned}\text{DTFT}\{\sum_{m=-\infty}^{n}x[m]\}&=\text{DTFT}\{x[n]*u[n]\}\\&=\text{DTFT}\{x[n]\}\text{DTFT}\{u[n]\}\qquad[\text{时域卷积定理}]\\&=X(\mathrm{e}^{\mathrm{j}\Omega})\left[\frac{1}{1-\mathrm{e}^{-\mathrm{j}\Omega}}+\pi\sum_{k=-\infty}^{\infty}\delta(\Omega-2k\pi)\right]\\&=\frac{1}{1-\mathrm{e}^{-\mathrm{j}\Omega}}X(\mathrm{e}^{\mathrm{j}\Omega})+\pi X(\mathrm{e}^{\mathrm{j}\Omega})\sum_{k=-\infty}^{\infty}\delta(\Omega-2k\pi)\\&=\frac{1}{1-\mathrm{e}^{-\mathrm{j}\Omega}}X(\mathrm{e}^{\mathrm{j}\Omega})+\pi X(0)\sum_{k=-\infty}^{\infty}\delta(\Omega-2k\pi)\end{aligned}$$

上式最后一步利用了$\delta(\cdot)$函数的性质和$X(\mathrm{e}^{\mathrm{j}\Omega})$以$2\pi$为周期的周期性。

【例毕】

4.2.4　非周期序列的频谱及其特征

前面提及，DTFT 的核心概念是将非周期序列展开成正弦序列的叠加。但从几何意义上看，这一概念还是难以理解的。例如，将单个方波序列展开成正弦序列的叠加，这两种信号的波形有很大的区别，并且单个方波信号是能量有限信号，而正弦信号是能量无限信号。本小节将给出相关概念的诠释，概述非周期序列频谱的基本特征。

实数序列易于图示和理解，因此这里假设 $x[n]$ 是实数序列。将 DTFT 逆变换定义式（4-17）作如下变形：

$$
\begin{aligned}
x[n] &= \frac{1}{2\pi}\int_{2\pi} X(\mathrm{e}^{\mathrm{j}\Omega})\mathrm{e}^{\mathrm{j}\Omega n}\mathrm{d}\Omega && \text{[DTFT 逆变换定义式]} \\
&= \frac{1}{2\pi}\int_{2\pi} |X(\mathrm{e}^{\mathrm{j}\Omega})|\,\mathrm{e}^{\mathrm{j}\varphi(\Omega)}\mathrm{e}^{\mathrm{j}\Omega n}\mathrm{d}\Omega && [X(\mathrm{e}^{\mathrm{j}\Omega})\text{ 用模和幅角表示}] \\
&= \frac{1}{2\pi}\int_{-\pi}^{\pi} \left|X(\mathrm{e}^{\mathrm{j}\Omega})\right|\cos[\Omega n+\varphi(\Omega)]\mathrm{d}\Omega + \mathrm{j}\frac{1}{2\pi}\int_{-\pi}^{\pi}\left|X(\mathrm{e}^{\mathrm{j}\Omega})\right|\sin[\Omega n+\varphi(\Omega)]\mathrm{d}\Omega \\
&= \frac{1}{2\pi}\int_{-\pi}^{\pi} \left|X(\mathrm{e}^{\mathrm{j}\Omega})\right|\cos[\Omega n+\varphi(\Omega)]\mathrm{d}\Omega && \text{[奇函数对称区间积分等于 0]} \\
&= \frac{1}{\pi}\int_{0}^{\pi} \left|X(\mathrm{e}^{\mathrm{j}\Omega})\right|\cos[\Omega n+\varphi(\Omega)]\mathrm{d}\Omega && \text{[偶函数对称区间积分化简]} \\
&\approx \sum_{\Omega=0}^{\pi} \frac{\mathrm{d}\Omega}{\pi}\left|X(\mathrm{e}^{\mathrm{j}\Omega})\right|\cos[\Omega n+\varphi(\Omega)] && \text{[概念上将积分理解为求和]}
\end{aligned}
$$

从上式不难理解，非周期序列 $x[n]$ 可由无穷多个、角频率在 $[0, \pi]$ 上连续取值的、**各分量实际幅度为无穷小量** $\left|X(\mathrm{e}^{\mathrm{j}\Omega})\right|\mathrm{d}\Omega/\pi$、各分量幅度之间相对大小关系符合某一变化规律的**正弦序列的叠加**（直流视为正弦序列的特例）。各频率分量幅度之间的相对大小由 $|X(\mathrm{e}^{\mathrm{j}\Omega})|$ 确定，各频率分量的初相位由 $\varphi(\Omega)$ 确定。

图 4.8 借助矩形脉冲序列及其频谱 $X(\mathrm{e}^{\mathrm{j}\Omega})$ 解释了上述概念，图中左列是 $x[n]$ 和对应的 $X(\mathrm{e}^{\mathrm{j}\Omega})$，右列是从 $X(\mathrm{e}^{\mathrm{j}\Omega})$ 中选取的直流分量和两个交流频点正弦序列示意图。

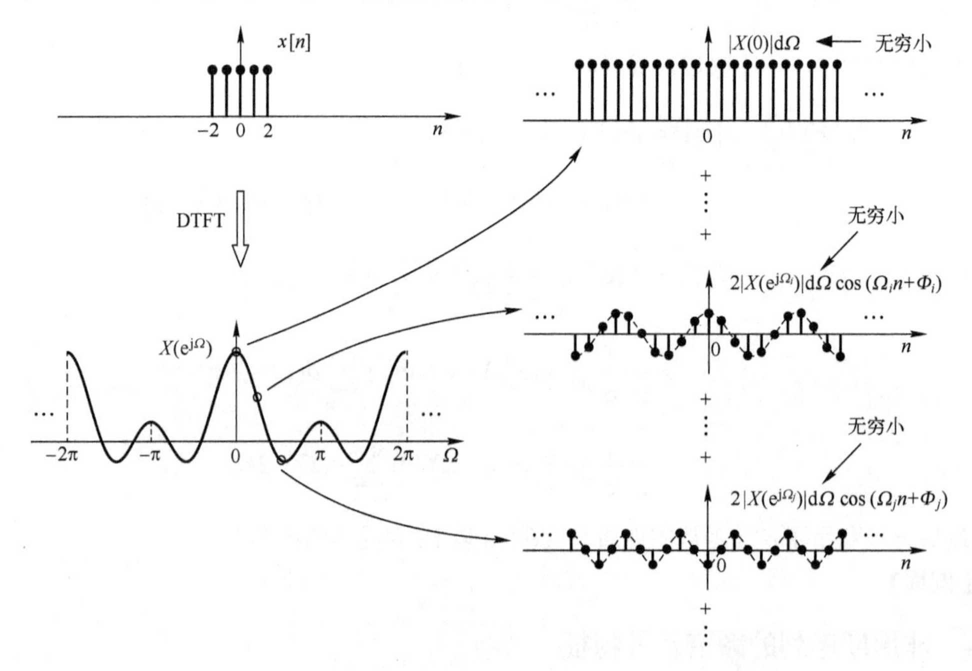

图 4.8 方波序列分解为无穷多个幅度无穷小的正弦序列的叠加

与连续时间系统类似，如果在某个频率点 Ω_0（$0 \leqslant \Omega_0 \leqslant \pi$）上信号分量的实际幅度不为无穷小量，那么其 DTFT 在该频率点上将出现频域冲激函数 $\delta(\Omega-\Omega_0)$。

与连续时间不同的是，在离散时间情况下序列的最高角频率是 π，并且序列的频谱是周

期为 2π 的周期函数。因此序列频谱在$[-\pi,\pi]$区间上的变化规律就已描述了该序列的全部频域特性，而连续信号的全部频域特性是在（$-\infty,\infty$）区间上描述的。

特别注意：无论是连续时间还是离散时间，傅里叶级数 c_k 反映了正弦分量的实际幅度大小，而傅里叶变换 $X(\omega)$ 或 $X(e^{j\Omega})$ 只反映了各频率分量的相对幅度大小，实际幅度为无穷小量[除非出现 $\delta(\omega-\omega_0)$ 或 $\delta(\Omega-\Omega_0)$]。

综合前面讨论，可将非周期序列频谱的主要特征概括如下。

（1）离散时间非周期信号的频谱为连续谱。

“时域的非周期性对应于频域的连续性。”

（2）离散时间非周期信号的频谱为周期函数。物理谱的范围在$[0,\pi]$区间。

“时域的离散性对应于频域的周期性。”

（3）$|X(e^{j\Omega})|$ 值的大小不反映频率分量的实际幅度大小，各频点分量的实际幅度为无穷小量，除非在该频点上出现 $\delta(\Omega-\Omega_0)$。

*4.2.5　周期序列的傅里叶变换

无论是连续时间周期信号还是离散时间周期信号，频域分析的有效工具是傅里叶级数，无须引入频域冲激函数，也无须涉及无穷小量的概念。非周期信号的频域分析只能采用傅里叶变换。当信号同时含有周期和非周期成分时，自然希望傅里叶变换这一种工具能同时适用于非周期信号和周期信号的分析，这是讨论周期信号傅里叶变换的主要目的所在。

1．周期复指数序列 $e^{j\Omega_0 n}$ 的傅里叶变换

为了讨论一般周期序列的傅里叶变换，首先讨论复指数序列的傅里叶变换。

由式（4-24）知，单位直流信号的傅里叶变换为

$$\text{DTFT}\{1\}=2\pi\sum_{l=-\infty}^{\infty}\delta(\Omega-2l\pi)$$

根据傅里叶变换的频移性质得

$$\text{DTFT}\{e^{j\Omega_0 n}\}=2\pi\sum_{l=-\infty}^{\infty}\delta(\Omega-\Omega_0-2l\pi) \tag{4-54}$$

2．一般周期序列的傅里叶变换

任意周期序列可以展开为傅里叶级数。不失一般性，将式（4-1）的求和范围取为[0, N−1]，即

$$x_N[n]=\sum_{k=\langle N\rangle}c_k e^{jk\frac{2\pi}{N}n}=\sum_{k=0}^{N-1}c_k e^{jk\frac{2\pi}{N}n}$$

上式两边同取傅里叶变换得

$$\begin{aligned}X(e^{j\Omega})&=\text{DTFT}\{x_N[n]\}=\sum_{k=0}^{N-1}c_k\,\text{DTFT}\{e^{jk\frac{2\pi}{N}n}\} &&\text{[DTFT 可移入求和号内]}\\&=2\pi\sum_{k=0}^{N-1}\sum_{l=-\infty}^{\infty}c_k\delta(\Omega-k\frac{2\pi}{N}-2l\pi) &&\text{[代入式（4-54），}\Omega_k=k\frac{2\pi}{N}\text{]}\\&=2\pi\sum_{l=-\infty}^{\infty}\sum_{k=0}^{N-1}c_k\delta\left(\Omega-k\frac{2\pi}{N}-2l\pi\right) &&\text{[交换求和顺序]}\end{aligned} \tag{4-55}$$

$$=\sum_{l=-\infty}^{\infty}X_0(\mathrm{e}^{\mathrm{j}(\Omega-2l\pi)})$$

即
$$\mathrm{DTFT}\{x_N[n]\}=X(\mathrm{e}^{\mathrm{j}\Omega})=\sum_{l=-\infty}^{\infty}X_0(\mathrm{e}^{\mathrm{j}(\Omega-2l\pi)}) \tag{4-56}$$

其中
$$X_0(\mathrm{e}^{\mathrm{j}\Omega})=2\pi\sum_{k=0}^{N-1}c_k\delta\left(\Omega-k\frac{2\pi}{N}\right) \tag{4-57}$$

将上式和连续时间周期信号的傅里叶变换式（3-79）比较，可以看见两式非常相似，但需注意以下几点：

（1）$X_0(\mathrm{e}^{\mathrm{j}\Omega})$不是离散周期序列的 DTFT 频谱，而是其频谱在$[0,2\pi]$主值区间内的函数值。将$X_0(\mathrm{e}^{\mathrm{j}\Omega})$进行$2\pi$的周期延拓，才构成离散周期序列的频谱$X(\mathrm{e}^{\mathrm{j}\Omega})$。$c_k$、$X_0(\mathrm{e}^{\mathrm{j}\Omega})$和$X(\mathrm{e}^{\mathrm{j}\Omega})$之间的关系参见图 4.9。

（2）若要考察周期序列的傅里叶变换频谱，可以先按照式（4-57）获得其主值区间内的频谱$X_0(\mathrm{e}^{\mathrm{j}\Omega})$，再进行$2\pi$的周期延拓[式（4-56）]。

（3）$X_0(\mathrm{e}^{\mathrm{j}\Omega})$的周期延拓事实上就是将主值区间的$c_k$进行周期延拓。$c_k$本身就是周期的，因此式（4-56）可以用单重求和表达式等价地写为

$$\mathrm{DTFT}\{x_N(n)\}=2\pi\sum_{k=-\infty}^{\infty}c_k\delta\left(\Omega-k\frac{2\pi}{N}\right) \tag{4-58}$$

上式消去了式（4-55）的双重求和，在有的分析中使用起来更为方便。式（4-58）可以通过式（4-55）的双重求和的化简获得，但比较烦琐，这里是从概念推导而得。

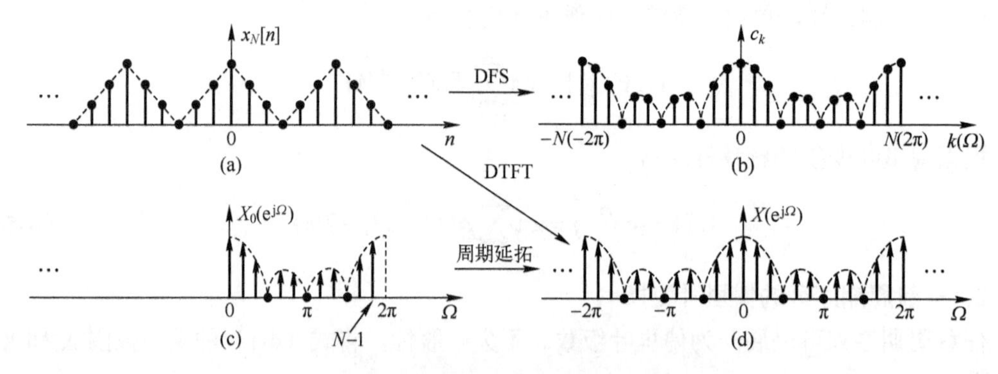

图 4.9 周期序列傅里叶级数系数和傅里叶变换

3．傅里叶级数和傅里叶变换之间的关系

设$x[n]$为非周期序列，其傅里叶变换为$X(\mathrm{e}^{\mathrm{j}\Omega})$。将$x[n]$作周期延拓，则可得一个周期序列$x_N[n]$，重复周期为$N$，参见图 4.10。周期序列$x_N[n]$的傅里叶级数系数为

$$c_k=\frac{1}{N}\sum_{n=\langle N\rangle}x_N[n]\mathrm{e}^{-\mathrm{j}k\frac{2\pi}{N}n}$$

非周期序列$x[n]$的傅里叶变换为（注意到在主值区间内有$x[n]=x_N[n]$）

$$X(\mathrm{e}^{\mathrm{j}\Omega})=\sum_{k=-\infty}^{\infty}x[n]\mathrm{e}^{-\mathrm{j}\Omega n}\sum_{n=\langle N\rangle}x_N[n]\mathrm{e}^{-\mathrm{j}\Omega n}$$

比较上面两式知

$$\boxed{c_k = \frac{1}{N} X(\mathrm{e}^{\mathrm{j}\Omega})\Big|_{\Omega = k\frac{2\pi}{N}}} \tag{4-59}$$

事实上，在从傅里叶级数推出傅里叶变换时,我们已经利用了这样的关系。

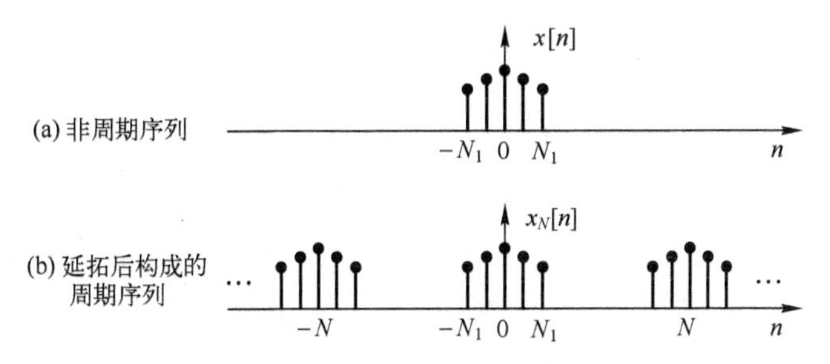

图 4.10　非周期序列及其延拓

【例 4-11】　求图 4.11(a)所示周期单位样值序列 $\delta_N[n] = \sum_{l=-\infty}^{\infty} \delta[n - lN]$ 的 DTFT。

【解】首先求其傅里叶级数展开式系数

$$c_k = \frac{1}{N} \sum_{n=<N>} x[n]\mathrm{e}^{-\mathrm{j}k\frac{2\pi}{N}n} = \frac{1}{N} \sum_{n=<N>} \delta[n]\mathrm{e}^{-\mathrm{j}k\frac{2\pi}{N}n} = \frac{1}{N}$$

代入式（4-58）知其傅里叶变换为

$$X(\mathrm{e}^{\mathrm{j}\Omega}) = \frac{2\pi}{N} \sum_{k=-\infty}^{\infty} \delta\left(\Omega - k\frac{2\pi}{N}\right)$$

$X(\mathrm{e}^{\mathrm{j}\Omega})$ 如图 4.11(b)所示。这一结论可以表示为下列更为有用的形式

$$\delta_N[n] = \sum_{l=-\infty}^{\infty} \delta[n - lN] \xleftrightarrow{\text{DTFT}} \Omega_1 \sum_{k=-\infty}^{\infty} \delta(\Omega - k\Omega_1) \quad \left(\Omega_1 = \frac{2\pi}{N}\right) \tag{4-60}$$

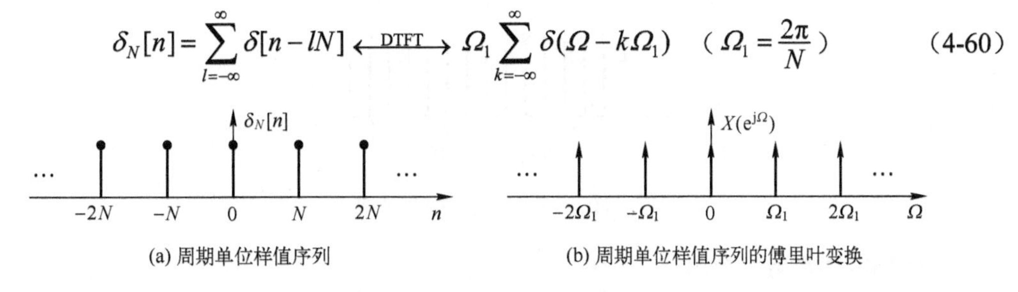

(a) 周期单位样值序列　　(b) 周期单位样值序列的傅里叶变换

图 4.11　周期单位样值序列及其傅里叶变换

【例毕】

*4.2.6　序列内插零和序列抽取的频谱分析

序列内插零和序列抽取的频谱分析是多抽样率系统分析的理论基础。为了分析的循序渐进，这里分为四部分进行讨论：内插零后序列的频谱、丢弃零后序列的频谱、序列“抽样”后的频谱、序列抽取后的频谱。

1．序列内插零和抽取的定义

1）**内插零**　对于给定序列 $x[n]$，M 倍内插零后构成的新序列 $x_{\mathrm{i}}[n]$ 定义为

$$x_{\rm i}[n]=\begin{cases}x[n/M], & n\text{为}M\text{的整数倍}\\ 0, & n\text{不为}M\text{的整数倍}\end{cases} \tag{4-61}$$

即在原序列 $x[n]$ 的每两个样值之间内插 $M-1$ 个零。例如当 $M = 3$ 时，$x[n]$ 和 $x_{\rm i}[n]$ 分别如图 4.12(a)和图 4.12(b)所示，图中

$$x[n]=\{\cdots, 3, 2, 1, 3, 2, 1, 3, 2, 1, \cdots\}$$

$$x_{\rm i}[n]=\{\cdots, 3, 0, 0, 2, 0, 0, 1, 0, 0, 3, 0, 0, 2, 0, 0, 1,\cdots\}$$

2）**抽取** 对于给定序列 $x[n]$，M 倍抽取后构成的新序列 $x_{\rm d}[n]$ 定义为

$$x_{\rm d}[n]=x[nM] \tag{4-62}$$

即每隔 M-1 个样值从 $x[n]$ 中抽取一个样值后构成的新序列 $x_{\rm d}[n]$。例如当 $M=3$ 时，$x[n]$ 和 $x_{\rm d}[n]$ 的关系如图 4.12(a)和图 4.12(c)所示。图中

$$x[n]=\{\cdots, 3, 2, 1, 3, 2, 1, 3, 2, 1,\cdots\}$$

$$x_{\rm d}[n]=\{\cdots, 3, 3, 3, 3, 3,\cdots\}$$

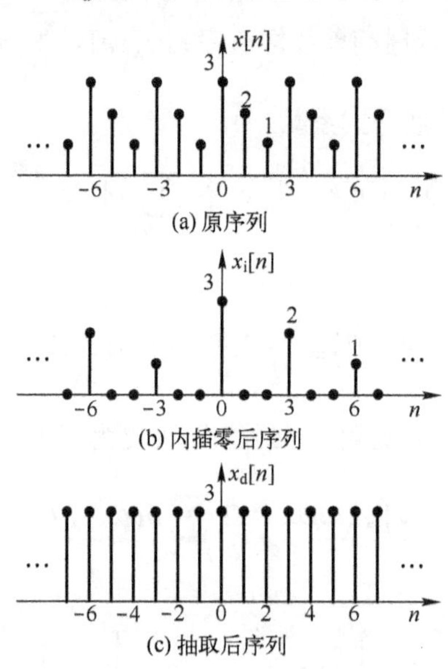

图 4.12 序列内插和抽取

2．序列内插零后的频谱

由 DTFT 的定义有

$$\begin{aligned}X_{\rm i}({\rm e}^{{\rm j}\Omega})&=\sum_{n=-\infty}^{\infty}x_{\rm i}[n]{\rm e}^{-{\rm j}\Omega n}\\&=\sum_{\substack{n=-\infty\\ n=lM}}^{\infty}x[n/M]{\rm e}^{-{\rm j}\Omega n} \qquad \text{[代入式（4-61），}n\text{ 为 }M\text{ 的整数倍]}\\&=\sum_{l=-\infty}^{\infty}x[l]{\rm e}^{-{\rm j}(M\Omega)l} \qquad \text{[令 }l=n/M\text{ 作变量代换]}\\&=X({\rm e}^{{\rm j}M\Omega})\end{aligned}$$

即

$$X_i({\rm e}^{{\rm j}\Omega})=X({\rm e}^{{\rm j}M\Omega}) \tag{4-63}$$

式（4-63）表明，M 倍内插零后序列 $x_i[n]$ 的频谱是原序列 $x[n]$ 频谱的 M 倍压缩，这和连续时间信号的时域扩展（尺度变换）特性类似，但两者在时域波形变化上有明显区别，同时两者在频谱变化上也有两点区别。

（1）连续信号时域扩展后，信号的变化速度变慢，信号频谱的高频分量将减少；离散序列在两个相邻样值之间内插零后，一般都是加快了序列的变化速度（尤其是在内插零的个数较少时）。因此内插零后序列频谱中的高频分量将加大，图 4.13(b)和图 4.13(c)给出了方波序列 2 倍和 3 倍内插零后的频谱。

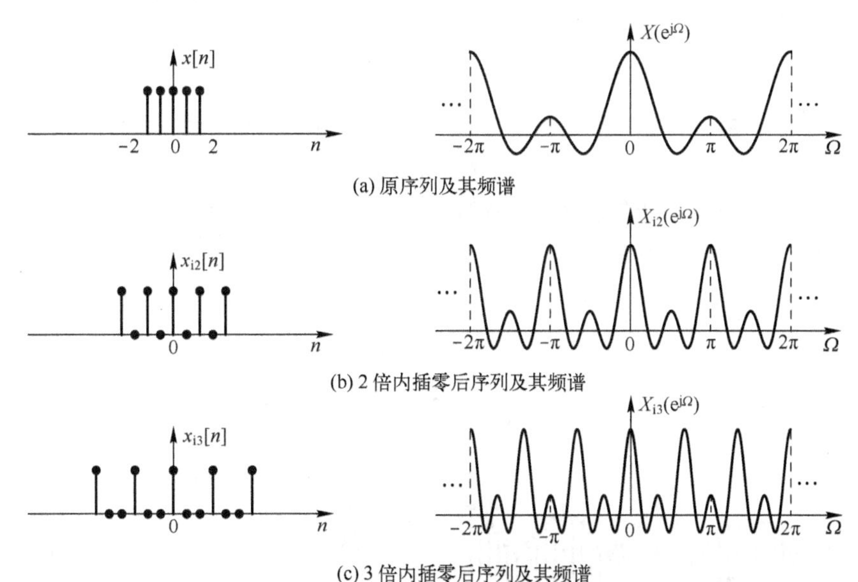

图 4.13　内插零后序列及其频谱变化

（2）连续信号时域扩展 M 倍后，信号的能量将增加 M 倍，因此时域扩展后频谱将有 M 倍的增幅；离散序列内插零后，信号的能量维持不变，因此内插零后频谱也不会产生 M 倍的增幅。

3．序列丢弃零后的频谱

显然，如果将图 4.12(b)中的 $x_i[n]$ 看作原序列，则图 4.12(a)中的 $x[n]$ 是将 $x_i[n]$ 每丢弃 $M-1$ 个零后取一个样值而形成的序列。按习惯将原序列记为 $x[n]$，丢弃零后的序列可记为 $x_1[n]$，如图 4.14 所示，即有

$$x_1[n]=x[Mn] \tag{4-64}$$

不难由 M 倍内插零的频谱式（4-63）推知

$$X_1(e^{j\Omega})=X(e^{j\Omega/M}) \tag{4-65}$$

即 M 倍丢弃零后序列的频谱是原序列频谱的 M 倍扩展。

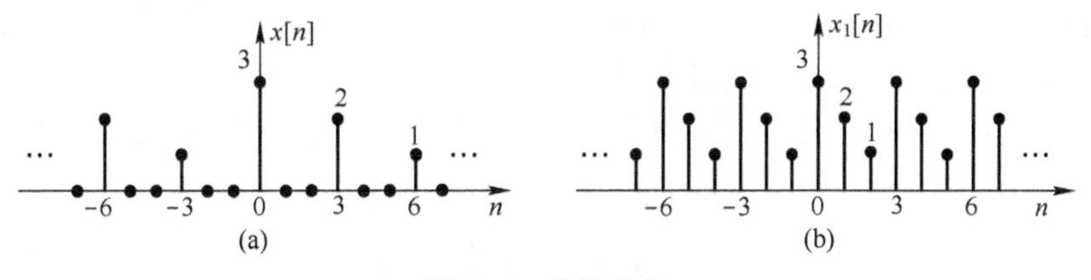

图 4.14　序列弃零

也可直接按照 DTFT 定义推导：

$$
\begin{aligned}
X_1(\mathrm{e}^{\mathrm{j}\Omega}) &= \sum_{n=-\infty}^{\infty} x_1[n]\mathrm{e}^{-\mathrm{j}\Omega n} \\
&= \sum_{n=-\infty}^{\infty} x[Mn]\mathrm{e}^{-\mathrm{j}\Omega n} \qquad [\text{代入式（4-64）}] \\
&= \sum_{l=-\infty}^{\infty} x[l]\mathrm{e}^{-\mathrm{j}\frac{\Omega}{M}l} \qquad [\text{令 } l = Mn\text{，} l \text{ 不为 } M \text{ 的整数倍时 } x[l]=0\text{，所以等式不变}] \\
&= X(\mathrm{e}^{\mathrm{j}\Omega/M})
\end{aligned}
$$

4．序列“抽样”后的频谱

为了更清晰地体现周期延拓关系，下面的推导过程用 $X(\Omega)$ 形式的符号代替 $X(\mathrm{e}^{\mathrm{j}\Omega})$ 形式的符号来表示频域函数，注意两个符号表示的是同一个函数。

图 4.15(b)所示的周期序列 $p[n]$ 是离散时间系统中的理想抽样函数（对应于连续时间系统“理想抽样”中的周期冲激函数）。离散时间理想抽样过程也可以用信号乘积建模，即抽样后信号 $x_s[n] = x[n]p[n]$，如图 4.15(c)左列所示。根据 DTFT 的频域卷积定理，抽样后信号的频谱为

$$
X_s(\Omega) = \frac{1}{2\pi}\int_{2\pi} X(\Omega-\lambda)P(\lambda)\mathrm{d}\lambda \tag{4-66}
$$

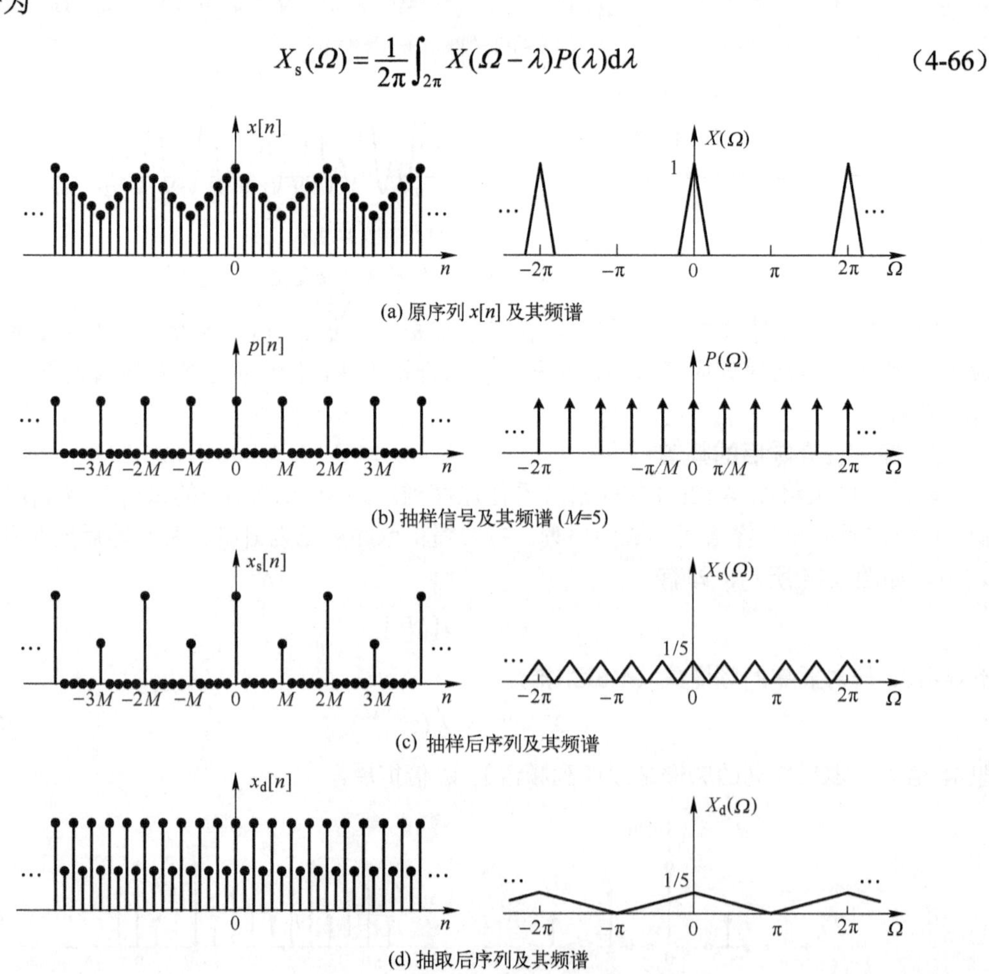

图 4.15　离散序列的“理想抽样”

$p[n]$ 的周期为 M，由式（4-58）容易求得其 DTFT 为

$$P(\Omega)=\frac{2\pi}{M}\sum_{k=-\infty}^{\infty}\delta\left(\Omega-k\frac{2\pi}{M}\right)$$

在$[0,2\pi]$区间内 $P(\Omega)$ 只含有 M 个样值，因此其求和限可改写为

$$P(\Omega)=\frac{2\pi}{M}\sum_{k=0}^{M-1}\delta\left(\Omega-k\frac{2\pi}{M}\right)$$

将上式代入式（4-66）得

$$\begin{aligned}X_{\mathrm{s}}(\Omega)&=\frac{1}{M}\int_{2\pi}X(\Omega-\lambda)\left[\sum_{k=0}^{M-1}\delta\left(\lambda-k\frac{2\pi}{M}\right)\right]\mathrm{d}\lambda\\&=\frac{1}{M}\sum_{k=0}^{M-1}\int_{2\pi}X(\Omega-\lambda)\delta\left(\lambda-k\frac{2\pi}{M}\right)\mathrm{d}\lambda\qquad\text{[交换求和与积分的次序]}\\&=\frac{1}{M}\sum_{k=0}^{M-1}X\left(\Omega-k\frac{2\pi}{M}\right)\qquad\text{[冲激函数卷积性质]}\end{aligned}\tag{4-67}$$

如果改用 $X(\mathrm{e}^{\mathrm{j}\Omega})$ 形式的符号，即为

$$X_{\mathrm{s}}(\mathrm{e}^{\mathrm{j}\Omega})=\frac{1}{M}\sum_{k=0}^{M-1}X(\mathrm{e}^{\mathrm{j}(\Omega-2\pi k/M)})$$

式（4-67）表明，以时域间隔 M 对序列 $x[n]$ 进行“理想抽样”，将导致其频谱作 $M-1$ 次的周期延拓。图 4.15(c)给出了 $M=5$ 时的抽样后序列频谱。注意，对给定序列，如果“抽样”间隔过大（M 过大）或 $x[n]$ 不为频域带限序列，抽样后序列频谱会发生混叠。

5．序列抽取后的频谱

在序列内插零时，除内插的零外，$x_{\mathrm{i}}[n]$ 的所有样值均由 $x[n]$ 构成，因此两者傅里叶变换之间的关系比较容易推出。然而，在序列抽取时，$x[n]$ 的一些非零样值被丢弃了，$x_{\mathrm{d}}[n]$ 和 $x[n]$ 的傅里叶变换所涉及的时域非零样值集合已不相同，因此两者傅里叶变换之间的关系也稍复杂一些。

序列抽取可以视为分两步实现：第一步是序列的“理想抽样”，即由图 4.15(a)中的 $x[n]$ 得到图 4.15(c)中的 $x_{\mathrm{s}}[n]$；第二步将抽样后序列 $x_{\mathrm{s}}[n]$ 中介于两次抽样之间的零值丢弃，即由图 4.15(c)中的 $x_{\mathrm{s}}[n]$ 得到图 4.15(d)中的抽取序列 $x_{\mathrm{d}}[n]$。根据式（4-67）知抽样后序列 $x_{\mathrm{s}}[n]$ 的频谱为

$$X_{\mathrm{s}}(\mathrm{e}^{\mathrm{j}\Omega})=\frac{1}{M}\sum_{k=0}^{M-1}X(\mathrm{e}^{\mathrm{j}(\Omega-k\frac{2\pi}{M})})$$

再由式（4-65），可知序列 $x_{\mathrm{s}}[n]$ 弃零后频谱（序列抽取后的频谱）为

$$X_{\mathrm{d}}(\Omega)=X_{\mathrm{s}}(\mathrm{e}^{\mathrm{j}\Omega/M})=\frac{1}{M}\sum_{k=0}^{M-1}X(\mathrm{e}^{\mathrm{j}(\Omega-2\pi k)/M})\tag{4-68}$$

可以看到，对序列进行 M 倍抽取后其频谱发生了两点变化：第一，频谱以间隔 $2\pi/M$ 作 $M-1$ 次周期延拓；第二，频谱作 M 倍的扩展。图 4.15(d)绘出了抽取序列和其频谱。注意图中假设 $X(\Omega)$ 带限于 π/M（这里取 $M=5$）。如果 $X(\Omega)$ 不是带限于 π/M 的信号，则抽取后的频谱一般会发生混叠。序列抽取和内插的应用参见图 4.40 和图 4.41。

4.3 离散傅里叶变换（DFT）

4.3.1 序列频谱的离散化和 DFT 的定义

长度为 N 的有限长序列 $x[n]$ 的频谱 $X(e^{j\Omega})$ 是一个连续函数，难以用计算机计算，为此可对 $X(e^{j\Omega})$ 进行抽样。由抽样定理形成的概念知道，只要抽样间隔足够小，抽样后的离散样值就可以不失真地表征原来的连续函数。$X(e^{j\Omega})$ 是以 2π 为周期的周期函数，因此将$[0,2\pi)$区间进行 N 等分，则实现了间隔为 $2\pi/N$ 的等间隔频域抽样，参见图 4.16。理论分析表明，如此抽样得到的$[0,2\pi)$区间上的 N 个样值可以不失真地表征 $X(e^{j\Omega})$，从而形成如下的离散傅里叶变换（Discrete Fourier Transform，DFT）定义。

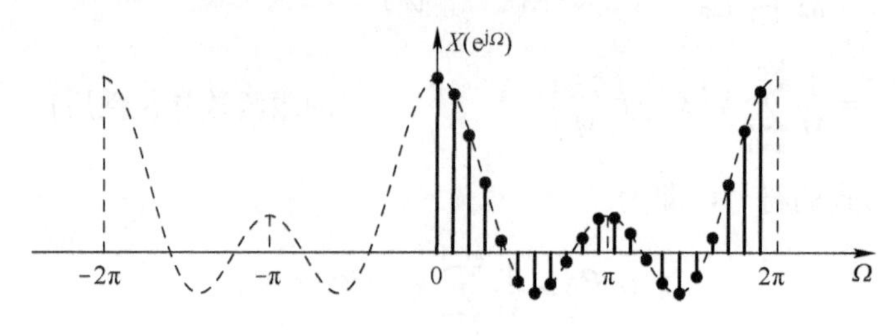

图 4.16 DTFT 的离散化

1．DFT 正变换

假定 $x[n]$ 是仅在$[0, N-1]$区间有非零值的有限长序列，其频谱为 $X(e^{j\Omega})$。基于图 4.16 所示的思路对 $X(e^{j\Omega})$ 进行离散化，则各样值角频率为 $\Omega_k = k2\pi/N$。为此，由 DTFT 变换公式可定义

$$X[k] = X(e^{j\Omega})\Big|_{\Omega=k\frac{2\pi}{N}} = \sum_{n=-\infty}^{\infty} x[n]e^{-j\Omega n}\Bigg|_{\Omega=k\frac{2\pi}{N}} = \sum_{n=0}^{N-1} x[n]e^{-jk\frac{2\pi}{N}n}$$

由于对 $X(e^{j\Omega})$ 的离散化只产生 N 个样值，因此明确 k 的取值范围后的表达式为

$$\boxed{X[k] = \sum_{n=0}^{N-1} x[n]e^{-jk\frac{2\pi}{N}n},\ k = 0,1,2,\cdots,N-1} \tag{4-69}$$

上式即为 DFT 正变换的定义式。需注意到 N 点 $x[n]$ 的 DFT 结果 $X[k]$ 也为 N 点。由图 4.16 不难理解 $X[k]$ 的物理含义，几点说明如下。

（1）谱线间隔为 $\Delta\Omega = 2\pi/N$，去除 $X[0]$ 后的其余谱线关于 $\Omega = \pi$ 点对称。

（2）$X[0]$ 是有限长序列 $x[n]$ 的直流分量，$X[1]$ 是基波分量，$X[2]$ 是二次谐波分量，以此类推。稍后的讨论将指出 DFT 本质上就是 DFS。

（3）$x[n]$ 含有的最高频率分量是最靠近但不超过 π 的谱线 $X[k]$。

当 N 为偶数时，最高频率谱线位于 $\Omega = \pi$ 处，对应于 $k = N/2$。物理谱共含有（$1+N/2$）条谱线。例如 $N=4$ 时物理谱含有 3 条谱线 $X[0], X[1], X[2]$，分别对应于 $\Omega = 0, \pi/2, \pi$（$X[4]$ 位于$3\pi/2$处），如图 4.17(a)所示。

由于当 N 为偶数时 $\Omega = 0$ 和 $\Omega = \pi$ 各有一条谱线，即物理谱包括了直流和数字序列的最

高频点 π，因此 N 为偶数是比较合适的取值。介绍 FFT 后，可以看到最常见情况是 $N=2^M$。

当 N 为奇数时，最高频率谱线位置是 $k=1+\lfloor N/2 \rfloor$（$\lfloor \cdot \rfloor$ 表示向下取整）。最高数字角频率小于π。物理谱共含有（$1+\lfloor N/2 \rfloor$）条谱线。例如，$N=5$ 时物理谱含有 3 条谱线 $X[0], X[1], X[2]$，分别对应于 $\Omega=0$，$2\pi/5$，$4\pi/5$（$X[3]$ 和 $X[4]$ 分别位于 $6\pi/5$ 和 $8\pi/5$ 处），如图 4.17(b)所示。

（4）$(\pi, 2\pi)$ 开区间内的 $X[k]$ 是 $(-\pi, 0)$ 开区间内负频率分量平移 2π所得，因为 $X(\mathrm{e}^{\mathrm{j}\Omega})$ 是以 2π 为周期的周期函数。

（5）$x[n]$ 频谱的主值区间不包括 $\Omega=2\pi$ 处的谱线，因为 $\Omega=2\pi$ 就是直流分量 $X[0]$，属于 $X(\mathrm{e}^{\mathrm{j}\Omega})$ 的下个 2π 周期。

如果 $x[n]$ 是由连续时间信号 $x(t)$ 抽样而得，对 $x(t)$ 的抽样频率为 $f_\mathrm{s}=1/T_\mathrm{s}$。由模拟频率和数字频率之间的关系 $\Omega=\omega T_\mathrm{s}$ 及 $\Delta\Omega=\Delta\omega T_\mathrm{s}$ 可推知 $\Delta f=f_\mathrm{s}/N$，即两条 $X[k]$ 谱线之间对应的模拟信号频率间隔为

$$\Delta f = f_\mathrm{s}/N \tag{4-70}$$

在信号处理实践和应用中，理解和熟悉上式非常重要。

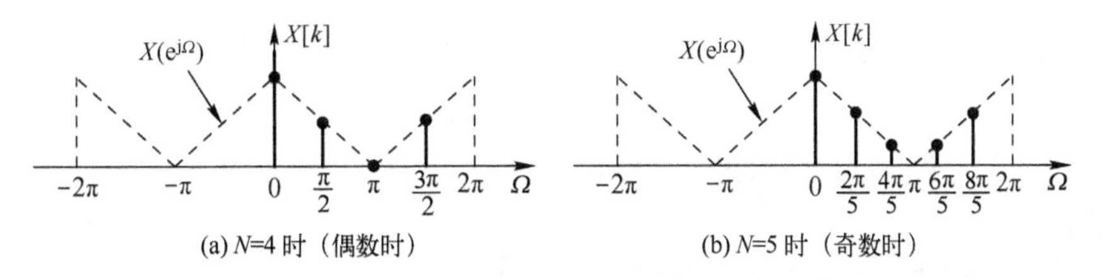

图 4.17　N 为偶数点和奇数点时 $X[k]$ 在 $[0, 2\pi)$ 的分布

2．DFT 逆变换

将 DFT 正变换定义式（4-69）两边同乘 $\mathrm{e}^{\mathrm{j}m\frac{2\pi}{N}k}$，并对 k 值在 $[0, N-1]$ 区间内求和，则有

$$\sum_{k=0}^{N-1} X[k]\mathrm{e}^{\mathrm{j}m\frac{2\pi}{N}k} = \sum_{k=0}^{N-1}\left[\mathrm{e}^{\mathrm{j}m\frac{2\pi}{N}k}\sum_{n=0}^{N-1}x[n]\mathrm{e}^{-\mathrm{j}k\frac{2\pi}{N}n}\right]$$

$$= \sum_{n=0}^{N-1}\left[x[n]\sum_{k=0}^{N-1}\mathrm{e}^{\mathrm{j}(m-n)\frac{2\pi}{N}k}\right] \quad \text{[交换求和顺序，合并指数项]}$$

将复指数序列性质式（4-10）代入上式右端可得

$$\sum_{k=0}^{N-1} X[k]\mathrm{e}^{\mathrm{j}m\frac{2\pi}{N}k} = x[m]N$$

变量符号 m 换为 n，并考虑到 $x[n]$ 只在 $[0, N-1]$ 区间取值，上式可写为

$$\boxed{x[n] = \frac{1}{N}\sum_{k=0}^{N-1} X[k]\mathrm{e}^{\mathrm{j}k\frac{2\pi}{N}n}, n=0,1,2,\cdots,N-1} \tag{4-71}$$

此式即为 DFT 逆变换定义式。

为了方便，正逆变换运算可表示为

$$X[k]=\mathrm{DFT}\{x[n]\}, \quad x[n]=\mathrm{IDFT}\{X[k]\}$$

由于 DFT 的正逆变换都是有限项求和，所以只要时域和频域样值不为无穷大，求和总是收敛的。

应用中的有限长时域序列 $x[n]$ 未必都是从 $n=0$ 开始的，但可以平移到从 0 开始，再利用稍后介绍的 DFT 时移性质，则可求得平移前后两个时间序列的 $X(k)$ 之间关系。因此，DFT 定义中假定 $x[n]$ 只在 $[0, N-1]$ 取值，并不失去一般性。

DFT 和 IDFT 的计算通常都只需在计算机中进行，不需要手工运算。下面的例子旨在加深对 DFT 的认识，从而能正确理解计算机所给出的计算结果，同时也为下小节作一铺垫。

【例 4-12】 求 $x[n]=u[n]-u[n-2]$ 的 4 点 DFT。

【解】该序列在 $n=0$ 和 $n=1$ 处等于 1，其余为 0。因此这是一个含有两个样值的方波序列。根据 DFT 定义并注意到这里 $N=4$，有

$$X[k]=\sum_{n=0}^{3}x[n]\mathrm{e}^{-\mathrm{j}k\frac{2\pi}{4}n}=1+\mathrm{e}^{-\mathrm{j}k\frac{\pi}{2}}, k=0,1,2,3$$

代入 k 值得 $X[0]=2$，$X[1]=1-\mathrm{j}$，$X[2]=0$，$X[3]=1+\mathrm{j}$

将本例和例 4-1 比较，可以看到：

（1）例 4-1 中的周期方波序列就是本例中单个方波序列作周期为 $N=4$ 的周期延拓。注意 $N=4$ 也恰好是这里计算 DFT 的点数。

（2）本例 $X[k]$ 和例 4-1 中 DFS 系数 c_k 有如下关系

$$X[k]=4c_k=Nc_k$$

DFT 和 DFS 关系的讨论将给出上述结论的解释。

【例毕】

【例 4-13】 求 $x[n]=u[n]-u[n-2]$ 的 2 点 DFT。

【解】本例同样是两个样值的方波序列，与上例不同的是求 DFT 的点数。根据 DFT 定义，并注意到此时 $N=2$，则有

$$X[k]=\sum_{n=0}^{1}1\cdot\mathrm{e}^{-\mathrm{j}k\frac{2\pi}{2}n}=1+\mathrm{e}^{-\mathrm{j}k\pi},\ k=0,1$$

代入 k 值得 $X[0]=1, X[1]=0$。

该结果表明，当对 $x[n]=u[n]-u[n-2]$ 只计算 2 点 DFT 时，$x[n]$ 只含有直流分量（$X[0]=1$），不含交流分量（$X[1]=0$）。这与我们在连续时间傅里叶分析和 DTFT 分析中形成的方波信号的频谱概念有所“矛盾”。

事实上，如果将 $x[n]=u[n]-u[n-2]$ 按照 $N=2$ 进行周期延拓，恰好形成一个对所有 n 值有 $x[n]=1$ 的直流信号。换句话说，DFT 确定的频谱不是该方波序列的频谱，而是方波序列进行周期为 2（DFT 的点数）的周期延拓后信号的频谱。在 DFT 和 DFS 关系的讨论中将看到这是一个一般性的结论。

【例毕】

4.3.2 DFT 和 DFS 的关系

在 DFS 性质 1 的讨论中曾给出式（4-5），即

$$c_k=\frac{1}{N}\sum_{n=0}^{N-1}x_N[n]\mathrm{e}^{-\mathrm{j}k\frac{2\pi}{N}n},\ k=0,1,2,\cdots,N-1$$

将 $x_N[n]$ 在求和区间 $[0, N-1]$ 内的序列记为 $x[n]$，则

$$c_k = \frac{1}{N}\sum_{n=0}^{N-1} x[n]\mathrm{e}^{-\mathrm{j}k\frac{2\pi}{N}n},\quad (k = 0,1,2,\cdots,N-1)$$

DFT 的定义式重写于此

$$X[k] = \sum_{n=0}^{N-1} x[n]\mathrm{e}^{-\mathrm{j}k\frac{2\pi}{N}n},\quad (k = 0,1,2,\cdots,N-1)$$

比较上两式，可以看到

$$X[k] = Nc_k,\quad (k = 0,1,2,\cdots,N-1) \tag{4-72}$$

式（4-72）给出了有限长序列 $x[n]$ 的 DFT 和周期序列 $x_N[n]$ 的 DFS 之间关系。图 4.18 直观地揭示了 DFT/ $X[k]$、DTFT/ $X(\mathrm{e}^{\mathrm{j}\Omega})$、DFS/ c_k 之间的关系。图中左边为信号的时域部分，右边为频域部分。图 4.18(a)给出了有限长序列 $x[n]$ 及其频谱的示意图。如前所述，$x[n]$ 的 DFT 变换是将 $X(\mathrm{e}^{\mathrm{j}\Omega})$ 离散化后，用 $[0, 2\pi)$ 半开区间内的 N 个样值 $X[k]$ 替代 $X(\mathrm{e}^{\mathrm{j}\Omega})$，作为 $x[n]$ 的频谱。频域的抽样必然导致时域的周期延拓，即将 $X(\mathrm{e}^{\mathrm{j}\Omega})$ 抽样为 $X[k]$ 的操作[图 4.18(b)右图]必引起时域序列的周期延拓[图 4.18(b)左图]。因此 $X[k]$对应的是一个隐含的周期序列。

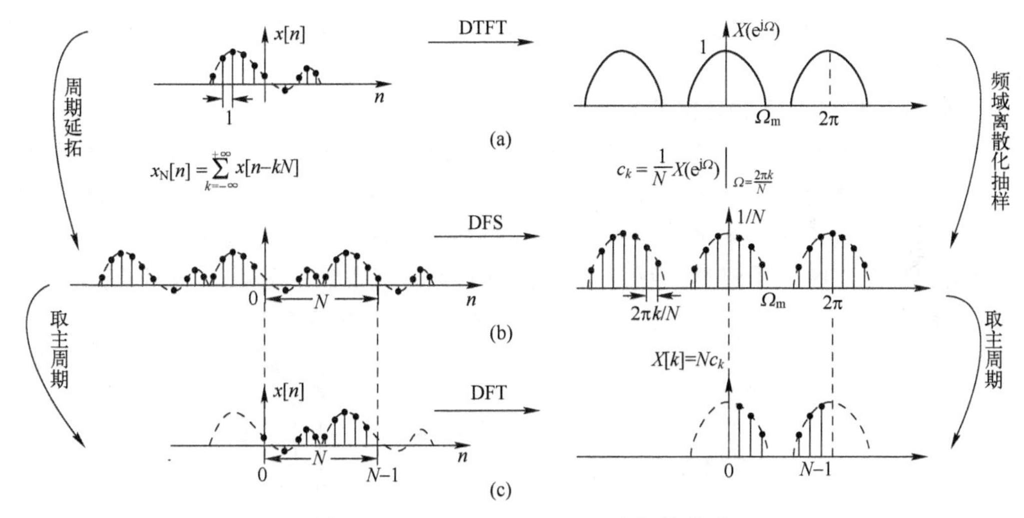

图 4.18　DFT、DFS 及 DTFT 之间的关系

上述讨论形成如下重要概念和结论。

（1）**DFT 本质上就是 DFS**（定义式具有相同的形式，只差一个系数）。

（2）**DFT 是利用周期延拓序列 $x_N[n]$ 在$[0,2\pi)$区间内的 DFS 系数表征连续频谱 $X(\mathrm{e}^{\mathrm{j}\Omega})$**，只是在幅度上相差一个系数。

（3）$X[k]$表面上与非周期序列 $x[n]$ 构成一对变换对（DFT 和 IDFT），**事实上 $X[k]$ 直接关联的是周期序列 $x_N[n]$**，这一结论强调的是：当考虑频域中对 $X(k)$的操作如何影响其对应的时域序列时，这个“对应的时域序列”是 $x_N[n]$，并不是 $x[n]$。或者说，隐含构成实质性对应关系的是 $X[k]$ 和 $x_N[n]$，不是 $X[k]$ 和 $x[n]$。理解这一点，就不难理解例 4-13 中 $x[n]=u[n]-u[n-2]$的 2 点 DFT 计算结果为什么只含直流分量。

（4）$X[k]$、$X(\mathrm{e}^{\mathrm{j}\Omega})$ 和 c_k 之间的关系归纳如下。

DFT 和 DFTF: $X[k]=X(\mathrm{e}^{\mathrm{j}\Omega})\Big|_{\Omega=k\frac{2\pi}{N}}$ [$X[k]$是对$X(\mathrm{e}^{\mathrm{j}\Omega})$的抽样]

DFT 和 DFS: $X[k]=Nc_k$ [$X[k]$和一个周期内的c_k本质上相同]

DFS 和 DTFT: $c_k=\dfrac{1}{N}X(\mathrm{e}^{\mathrm{j}\Omega})\Big|_{\Omega=k\frac{2\pi}{N}}$ [c_k本质上也是$X(\mathrm{e}^{\mathrm{j}\Omega})$的抽样]

【例 4-14】 求$\delta[n]$的 8 点 DFT。

【解】方法一 根据 DFT 定义求解

$$\mathrm{DFT}\{\delta[n]\}=X[k]=\sum_{n=0}^{N-1}\delta[n]\mathrm{e}^{-\mathrm{j}k\frac{2\pi}{N}n}=1,\ k=0,1,2,\cdots,7$$

方法二 由$X[k]$和$X(\mathrm{e}^{\mathrm{j}\Omega})$之间的抽样关系求解

由于 $\mathrm{DTFT}\{\delta[n]\}=X(\mathrm{e}^{\mathrm{j}\Omega})=1$，因此

$$\mathrm{DFT}\{\delta[n]\}=X[k]=X(\mathrm{e}^{\mathrm{j}\Omega})\Big|_{\Omega=k\frac{2\pi}{N}}=1,\ k=0,1,2,\cdots,7$$

此外，还可以利用$X[k]$和c_k之间的关系求解。

$\delta[n]$在$[0,N-1]$区间内只有一个非零样值，其$X[k]$是一个“白色”谱。

【例毕】

下面通过几个具体的问题，对“DFT 实质上对应于一个周期序列”这一概念的重要性进行说明和讨论。

1．例 4-12 和例 4-13 物理概念的图示

由例 4-12 和例 4-13 可以看到，同样一个两样值的单个方波序列，作 4 点 DFT 计算和 2 点 DFT 计算，其结果是不同的（含有的频率分量是不同的）。为什么 DFT 的点数不同会导致含有的频率分量不同，本质原因就是“DFT 实质上对应于一个周期序列”。这里用与图 4.18 类似的图 4.19 给予解释。$[0,2\pi)$主值区间内的谱线条数参见 4.3.1 节讨论。

有了对图 4.19 的理解，对于例 4-12 和例 4-13 的结果就容易理解了。

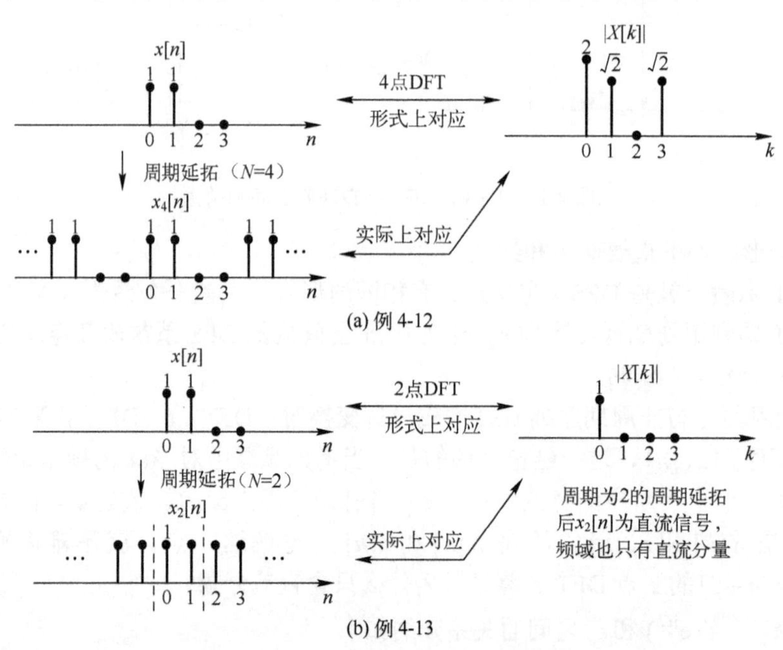

图 4.19 例 4-12 和例 4-13 的概念解释

2. 单一频率正弦信号的 DFT

从概念不难理解这样的结论：由于单一频率正弦信号只含有一个频率，那么其 DFT 在 $[0,\pi]$物理谱范围内应该只有一条谱线。但是如果取一段正弦信号的样值作 DFT 计算，绝大多数情况下其 $X[k]$ 在$[0,\pi]$范围内会有多条谱线，并不是一条谱线，似乎与概念相矛盾。如果理解了“DFT 实质上对应于一个周期序列”这一结论，则很容易理解产生上述现象，并且知道如何能获得单一频率的 DFT。

在图 4.20(a)中，当对计算 DFT 的样值序列进行周期延拓后，所得波形不再是单一频率正弦信号，因此作 DFT 计算必定不会为单一谱线，会出现若干小峰值。如果要确保 DFT 计算结果在$[0,\pi]$ 范围内是单一谱线，则用于计算 DFT 的样值序列一定要恰好覆盖正弦序列的整数倍周期，使之周期延拓后是一个“完美”的单一频率正弦波，如图 4.20(b)所示。

理论上正弦序列是一个无限长序列，但我们只能取有限长的 N 点进行 DFT 计算。DFT 可用于未知频率的正弦波频率估计。“取有限长序列”的操作，形象地描述就是“加窗”。在数字信号处理中，加窗是一个常用的方法，并提出了各种形状的窗函数（这里直接取 N 点的做法，相当于采用了矩形窗），其目的是要减小所谓的“主瓣频谱的泄漏”。事实上，图 4.20 阐述的单一频率正弦波有多条 DFT 谱线的问题，就是“频谱泄漏”的本质原因。

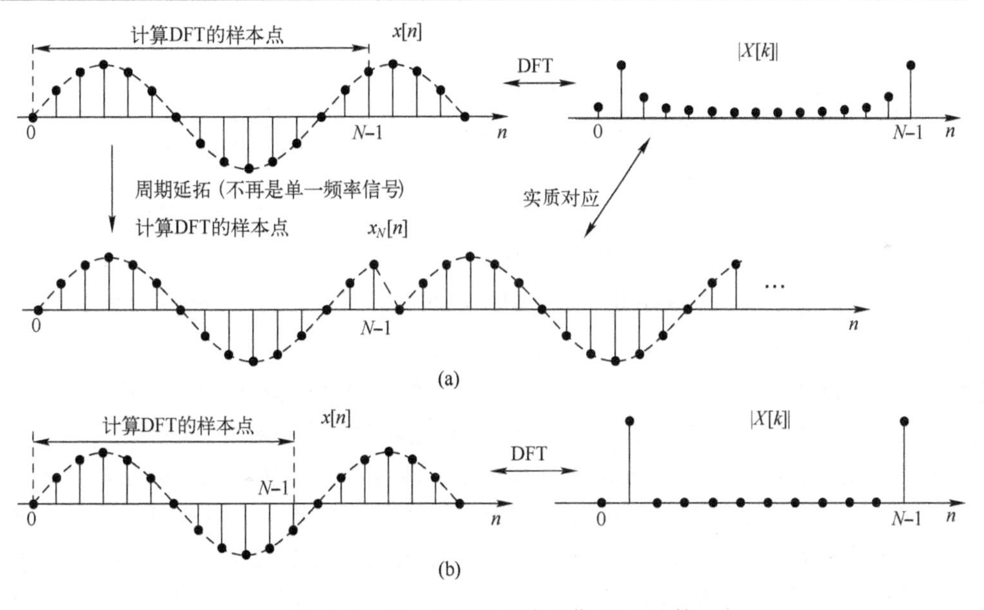

图 4.20　单一频率正弦序列作 DFT 计算

3. 短时傅里叶变换（STFT）

实际应用中常常需要估计信号所含有的频率成分或信号频率，基本方法就是对其计算 DFT，从而获得其频谱估计。一般是对数据进行分段计算（如语音信号分析时），这种分段计算 DFT 的过程就是所谓的短时傅里叶变换（Short Time Fourier Transform，STFT）。当理解了“DFT 实质上对应于一个周期序列”这一概念后，则可以对 STFT 的计算结果有更深入的理解，即严格来讲，STFT 的计算结果并不是那段数据的频率成分，而是那段数据周期延拓后的周期序列所对应的频率成分。当分析 STFT 计算结果时，这一概念是非常重要的。

4. OFDM 调制中的循环前缀

OFDM（Orthogonal Frequency Division Multiplex，正交频分复用）及其改进是现代通信

系统中应用最为广泛的调制技术。图 4.21 给出了 OFDM 系统发送端和接收端信号处理的关键单元。OFDM 调制系统的核心原理就是将待传输的信息（如文本、语音、图像等）映射为 N 个复数 $X[k]$，通过 IDFT 和并串转换合成 N 点的时域序列 $x[n]$。一次 N 点 IDFT 运算得到的 $x[n]$ 序列称为一个 OFDM 符号，图 4.22(a)示意了前后两个相邻 OFDM 符号序列。为了使相邻 OFDM 符号之间不形成"串扰"，需要在其之间插入一段时间的保护间隔。例如 WiFi 无线路由器中，一个 OFDM 符号的时长为 3.2μs，保护间隔是 0.8μs，共计 4μs。

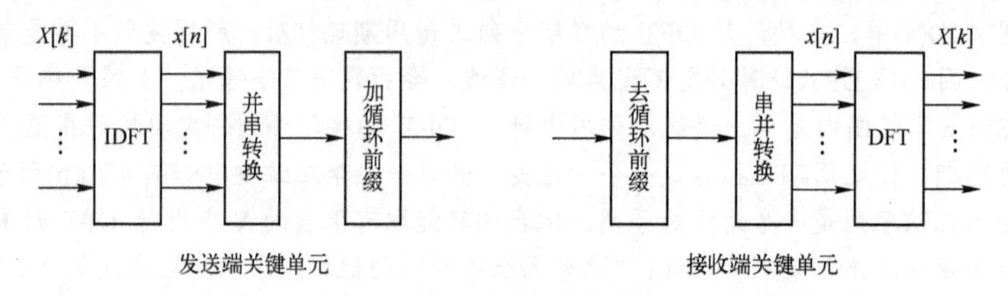

图 4.21　OFDM 通信系统收发端信号处理关键单元

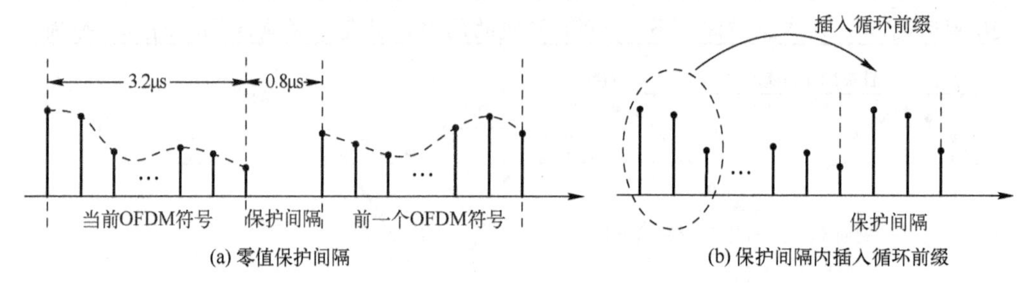

图 4.22　OFDM 插入循环前缀

按照通常的概念，在 0.8μs 保护间隔内只要保持零信号值即可，如图 4.22(a)所示。所谓插入循环前缀，就是将 N 点 IDFT 后 $x[n]$ 的一部分序列按照图 4.22(b)所示的方式插入保护间隔内（等价于循环移位）。为什么用循环前缀填充保护间隔会提升 OFDM 系统的性能，其根本原因在于它利用了"DFT 实质上对应于一个周期序列"这一概念。

现考虑接收端的处理过程。假定通过信号预处理过程已经使接收信号值与发送信号值相等（有 $\hat{x}=x$），但是由于收发端的时间同步有偏差，导致收端的符号抽样落入了保护间隔。如果采用零信号值的保护间隔，即图 4.22 中收发端没有加循环前缀的环节，则抽样后符号样值序列为 $\{x[3],\cdots x[N-1],0,0,0\}$，如图 4.23(a)所示，该序列经 DFT 后与发送端的 $X[k]$ 会有较大偏差。当用循环前缀填充了保护间隔后，收端抽样后符号序列为 $\{x[3],\cdots,x[N-1],x[0],x[1],x[2]\}$，如图 4.23(b)所示。由于 DFT 对应的是一个周期时域序列，收端用该序列进行 DFT 计算时，会比用 $\{x[3],\cdots,x[N-1],0,0,0\}$ 好很多。

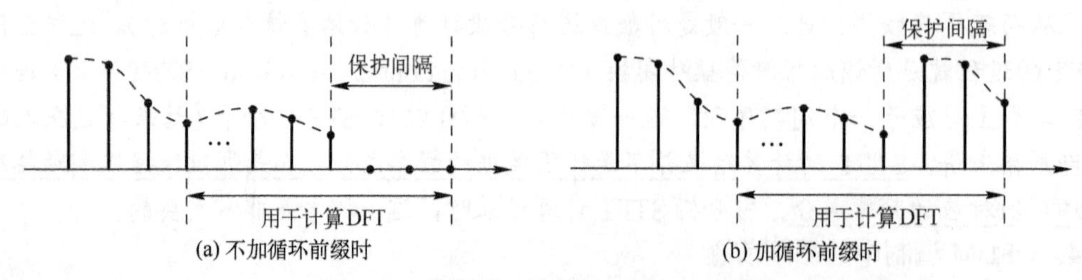

图 4.23　收端用于计算 DFT 的 $x[n]$ 序列

最后需要说明的是，对 OFDM 调制原理的阐述超出本书范围，这里只是从本书强调的概念“DFT 实质上对应于一个周期序列”解释 OFDM 系统中插入循环前缀的原理。图 4.21 给出的方框图也非完整的 OFDM 系统框图。

*4.3.3　周期卷积与圆周卷积

对于非周期的连续时间和离散时间信号，引入频域分析的一个重要成果是将时域的卷积转变为频域的乘积，即 $y = x * h \to Y = XH$。这一性质可统称为时域卷积定理，它不仅简化了计算，也为形成信号的滤波技术奠定了基础。当采用计算机实现数字信号与系统时，自然希望对 DFT 也有相应的定理成立。然而如前所述，DFT 实质上对应的是 $x[n]$ 的周期延拓序列 $x_N[n]$，并非有限长序列 $x[n]$。可以预判 $X[k]H[k]$ 不可能对应于 $x_N[n]$ 和 $h_N[n]$ 的卷积，因为按照第 2 章给出的卷积定义（遵照多数文献的习惯，后面称其为线性卷积）

$$x[n] * h[n] = \sum_{m=-\infty}^{\infty} x[m]h[n-m]$$

当参与上式计算的两序列为周期序列时，无穷大区间的求和一般是不收敛的。因此，需要重新定义卷积，使 DFT 也有相应的时域卷积定理成立。

1．周期序列移位的主值区间表示

参见图 4.24，当将一个周期序列向左或右平移时，会导致样值移出或移进 DFT 定义的 $[0, N-1]$ 区间。为了表示主值区间内的样值，可用窗函数限定，即

$$x_N[n-n_0]R[n]$$

其中
$$R[n] = u[n] - u[n-N] = \begin{cases} 1, & 0 \leqslant n \leqslant N-1 \\ 0, & \text{其他} \end{cases} \tag{4-73}$$

为叙述方便，这里称 $R[n]$ 为主值区间窗函数，窗长度始终等于主值区间长度（上式中 N 值不是固定的，它随 $R[n]$ 前面序列的主值区间长度而变）。

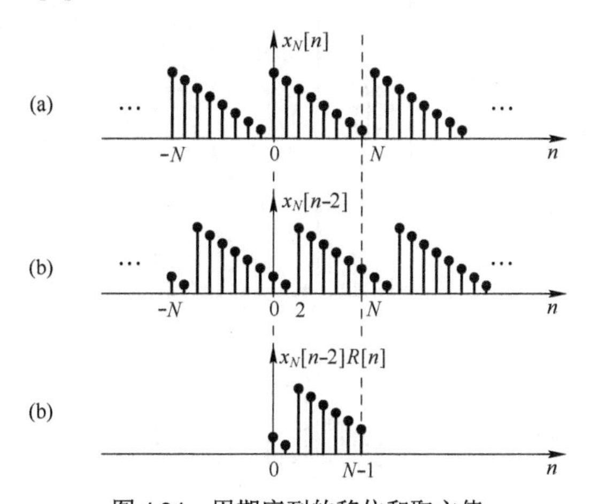

图 4.24　周期序列的移位和取主值

很多文献引入了圆周移位的概念，即将周期序列主值区间内的样值放置于一个圆上，让其在圆上作顺时针或逆时针的移位，如图 4.25 所示。显然，圆周移位和周期序列移位取主值的操作是等价的。引入圆周移位的概念可避免在 DFT 的介绍中涉及周期序列（阐述 DFT 和周期序列的关系是比较麻烦的事），但它也同时隐去了 DFT 与时域周期序列关联这

一重要特性，因此本书的讨论不引入圆周移位的概念。

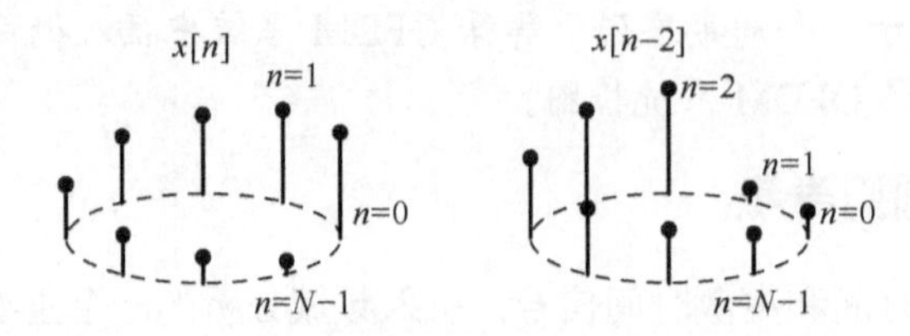

图 4.25 圆周移位：逆时针移 2 位，等价于周期序列右移 2 位[图 4.24(b)]

2. 周期卷积

如果将两个周期序列卷积的求和区间定义为[0, N−1]，显然求和是收敛的。因此，对于两个周期均为 N 的周期序列 $x_N[n]$ 和 $h_N[n]$，可定义如下的卷积运算

$$x_N[n]*h_N[n]=\sum_{m=0}^{N-1}x_N[m]h_N[n-m] \tag{4-74}$$

$$h_N[n]*x_N[n]=\sum_{m=0}^{N-1}h_N[m]x_N[n-m] \tag{4-75}$$

上述两个周期序列的卷积常简称为周期卷积，可以证明上两式计算结果相同（满足交换律）。

注意：为了符号的简洁，这里仍用*表示周期卷积，表示周期序列的下标 N 将这里的*限定为周期卷积。

周期卷积和线性卷积计算过程相同（反转、平移、乘积、求和），只是将无穷长周期序列乘积后的求和区间限定为[0, N−1]，图 4.26 示意了周期卷积过程。

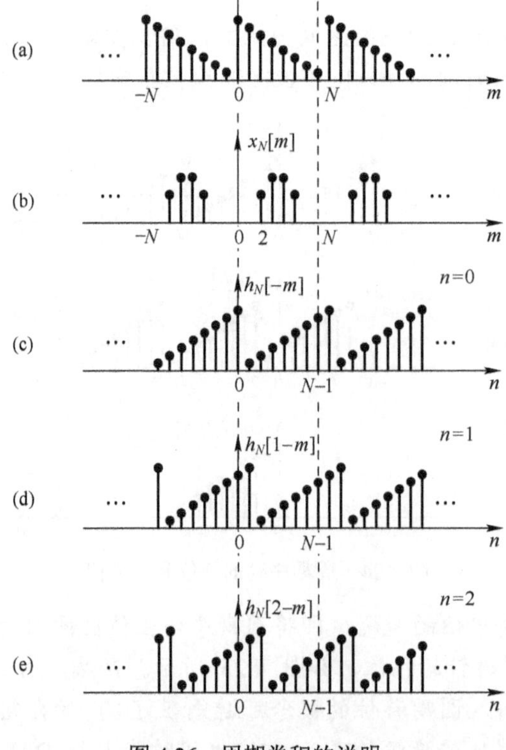

图 4.26 周期卷积的说明

周期卷积具有如下两个重要性质。

性质 1　周期性 周期卷积后序列仍为周期为 N 的周期序列，即

$$x_N[n]*h_N[n]=y_N[n] \tag{4-76}$$

【证明】 令 $x_N[n]*h_N[n]=y[n]$，按照周期卷积定义有

$$\begin{aligned} y[n+N] &= \sum_{m=0}^{N-1} x_N[m]h_N[n+N-m] \\ &= \sum_{m=0}^{N-1} x_N[m]h_N[n-m] \qquad [h_N[n]\text{是周期为} N \text{的周期序列}] \\ &= y[n] \end{aligned}$$

这表明 $y[n]$ 为周期函数且周期等于 N。

【证毕】

借助图 4.26 也不难理解上述性质 1：由于 $x_N[n], h_N[n]$ 是周期序列，所以在卷积计算过程中，当序列移动 $n_0, n_0+N, n_0+2N,\cdots$ 时，计算结果是相同的。

性质 2　周期卷积与线性卷积的关系 周期卷积等于主值区间内有限长序列线性卷积的周期延拓，即

$$y_N[n]=x_N[n]*h_N[n]=\sum_{r=-\infty}^{\infty} y[n+rN] \tag{4-77}$$

其中 $y[n]$ 为 $x_N[n]$ 和 $h_N[n]$ 在主值区间 $[0, N-1]$ 内的有限长序列的线性卷积，即

$$y[n]=(x_N[n]R[n])*(h_N[n]R[n])=x[n]*h[n]=\sum_{m=0}^{N-1} x[m]h[n-m] \tag{4-78}$$

注意，上两式中的 $*$ 具有不同的含义：式（4-77）中表示周期卷积；式（4-78）中表示线性卷积，因 $x_N[n]R[n]=x[n]$ 和 $h_N[n]R[n]=h[n]$ 是有限长序列。由于 $x[n]$ 和 $h[n]$ 的非零值区间是 $[0, N-1]$，因而线性卷积求和最大范围是 $[0, N-1]$。

【证明】 由周期卷积的定义知

$$\begin{aligned} y_N[n] &= \sum_{m=0}^{N-1} x_N[m]h_N[n-m] && [\text{周期卷积的定义}] \\ &= \sum_{m=0}^{N-1} x[m]h_N[n-m] && [\text{在主值区间内}\ x[n]=x_N[n]] \\ &= \sum_{m=0}^{N-1} x[m]\left\{\sum_{r=-\infty}^{\infty} h[n-m+rN]\right\} && [h_N[n-m]\ \text{是}\ h[n-m]\ \text{的周期延拓}] \\ &= \sum_{r=-\infty}^{\infty}\sum_{m=0}^{N-1} x[m]h[n-m+rN] && [\text{交换求和次序}] \\ &= \sum_{r=-\infty}^{\infty}\left\{\sum_{m=0}^{N-1} x[m]h[n+rN-m]\right\} \\ &= \sum_{r=-\infty}^{\infty} y[n+rN] && [\text{将上式花括号内的求和与式（4-78）比较}] \end{aligned}$$

【证毕】

需要注意的是，$x_N[n]R[n]=x[n]$ 和 $h_N[n]R[n]=h[n]$ 的长度都是 N，非零值区间均是[0, N-1]。因此，式（4-78）中 $y[n]$ 的长度为 $2N-1$，非零值区间为[0, 2N-2]。这意味着，式（4-77）中 $y[n]$ 的周期延拓通常都会产生混叠，因为 $y[n]$ 长度将近是两倍的主值区间长度。

3．圆周卷积

如果对周期卷积后的周期序列 $y_N[n]$ 取主值区间[0, N-1]内的样值，所构成的有限长序列记为 $y_c[n]$，即

$$y_c[n]=y_N[n]R[n]=(x_N[n]*h_N[n])R[n] \tag{4-79}$$

则称 $y_c[n]$ 为圆周卷积，其中 $R[n]$ 是前面定义的主值区间窗函数。

由上式可以看到，圆周卷积并没有定义新的卷积计算，只是在周期卷积的基础上，作了一个与主值区间窗函数相乘的运算。当然，如果不引入周期卷积的概念，也可以为圆周卷积直接定义一个卷积运算。

由圆周卷积的定义可知，$y_c[n]$ 的长度为 N，它不是序列 $x_N[n]R[n]=x[n]$ 和 $h_N[n]R[n]=h[n]$ 线性卷积后的完整序列，因此无法直接利用周期卷积或圆周卷积计算线性卷积。不难猜想，如果要使圆周卷积等于线性卷积，可以通过在序列尾部“补零”的方式加大序列长度。

性质 3　圆周卷积等于线性卷积的条件 设有限长序列 $x[n]$ 和 $h[n]$ 的长度分别为 N_x 和 N_h，通过补零构成长度为 N 且定义在区间[0, N-1]上的两个等长序列，则圆周卷积 $(x_N[n]*h_N[n])R[n]$ 等于线性卷积 $x[n]*h[n]$ 的条件为

$$N \geqslant N_x+N_h-1 \tag{4-80}$$

上述结论源于对线性卷积长度和周期卷积长度的考察。通过补零使周期卷积的周期足够大，以便能容纳一个完整的线性卷积序列，则式（4-77）中 $y[n]$ 的周期延拓不会出现混叠。

【例 4-15】 周期卷积的周期分别取为 $N=3$，$N=4$，$N=5$，考察圆周卷积和线性卷积的关系，设有限长序列为

$$h[n]=2\delta[n]+\delta[n-1],\quad x[n]=\delta[n]+\delta[n-1]+\delta[n-2]$$

【解】（1）求 $x[n]$ 和 $h[n]$ 的线性卷积。

对于短序列，利用 $\delta[n-n_1]*x[n-n_2]=x[n-n_1-n_2]$ 求线性卷积比较直观方便。

$$\begin{aligned} x[n]*h[n] &= (\delta[n]+\delta[n-1]+\delta[n-2])*(2\delta[n-1]+\delta[n-1]) \\ &= 2\delta[n]+3\delta[n-1]+3\delta[n-2]+\delta[n-3] \quad \text{[展开后利用性质化简]} \\ &= \{2, 3, 3, 1\} \quad \text{[从 } n=0 \text{ 开始，卷积后长度=2+3-1=4]} \end{aligned}$$

即

$$x[n]*h[n]=\{2, 3, 3, 1\} \quad \text{（样值点从 } n=0 \text{ 开始）} \tag{4-81}$$

（2）求 $N=3$ 时的圆周卷积。

$h[n]$ 补 1 个零（$h[2]=0$）达到长度为 3。将 $x[n]$ 和 $h[n]$ 周期延拓后构成周期序列 $x_N[n]$ $h_N[n]$。注意到 $h_N[2]=0$，按照周期卷积的定义有

$$x_N[n]*h_N[n]=\sum_{m=0}^{2}h_N[m]x_N[n-m]=h_N[0]x_N[n]+h_N[1]x_N[n-1]$$

由于 $N=3$，因此在上式中分别令 $n=0, 1, 2$，并注意到周期移位，则有

$$y_N[0]=h_N[0]x_N[0]+h_N[1]x_N[-1]=2+1=3 \quad \text{[因周期移位，} x_N[-1]=1\text{]}$$

$$y_N[1]=h_N[0]x_N[1]+h_N[1]x_N[0]=2+1=3$$
$$y_N[2]=h_N[0]x_N[2]+h_N[2]x_N[1]=2+1=3$$

所以周期卷积结果为

$$y_N[n]=\{\cdots,3,3,3,\cdots\} \quad \text{（样值点在[0,2]主值区间内）} \tag{4-82}$$

有限长圆周卷积序列为

$$y_c[n]=\{3,3,3\} \quad \text{（样值点从} n=0 \text{开始）} \tag{4-83}$$

比较式（4-83）和式（4-81），可见 $N=3$ 时圆周卷积不等于线性卷积。

（3）求 $N=4$ 时的圆周卷积。

计算过程同上。当取 $N=4$ 时 $h[n]$ 补 2 个零，$x[n]$ 补 1 个零。

$$y_N[n]=\sum_{m=0}^{3}h_N[m]x_N[n-m]=h_N[0]x_N[n]+h_N[1]x_N[n-1] \quad [h_N[2]=h_N[3]=0]$$

分别令 $n=0,1,2,3$ 得

$$y_N[0]=h_N[0]x_N[0]+h_N[1]x_N[-1]=2+0=2 \quad \text{[周期移位，因补零导致} x_N[-1]=0\text{]}$$
$$y_N[1]=h_N[0]x_N[1]+h_N[1]x_N[0]=2+1=3$$
$$y_N[2]=h_N[0]x_N[2]+h_N[1]x_N[1]=2+1=3$$
$$y_N[3]=h_N[0]x_N[3]+h_N[1]x_N[2]=0+1=1 \quad [x_N[3]=0]$$
$$y_N[n]=\{\cdots,2,3,3,1,\cdots\}$$
$$y_c[n]=\{2,3,3,1\}$$

可见 $N=4$ 时满足式（4-80）的条件且为取等号的情形，圆周卷积和线性卷积相等（不仅是样值，而且长度也相等）。

（4）求 $N=5$ 时的圆周卷积。

计算过程同上（$h[n]$ 补 3 个零，$x[n]$ 补 2 个零）。为便于比较，列写如下。

$$y_N[n]=\sum_{m=0}^{4}h_N[m]x_N[n-m]=h_N[0]x_N[n]+h_N[1]x_N[n-1]$$

$$y_N[0]=h_N[0]x_N[0]+h_N[1]x_N[-1]=2+0=2 \quad \text{[周期移位，补零导致} x_N[-1]=0\text{]}$$
$$y_N[1]=h_N[0]x_N[1]+h_N[1]x_N[0]=2+1=3$$
$$y_N[2]=h_N[0]x_N[2]+h_N[1]x_N[1]=2+1=3$$
$$y_N[3]=h_N[0]x_N[3]+h_N[1]x_N[2]=0+1=1 \quad [x_N[3]=0]$$
$$y_N[4]=h_N[0]x_N[4]+h_N[1]x_N[3]=0+0=0 \quad [x_N[3]=x_N[4]=0]$$
$$y_N[n]=\{\cdots,2,3,3,1,0,\cdots\}$$
$$y_c[n]=\{2,3,3,1,0\}$$

可见，当 $N=5$ 时圆周卷积和线性卷积具有相同的非零样值集，但序列尾多了 1 个 0 样值。可以预判，当 $N=6$ 时，$y_c[n]$ 后面将多出 2 个 0 样值，以此类推。

应该注意到：周期卷积的求和范围明确固定为[0, N−1]，同时参与卷积运算的一定是无限长的周期序列，平移过程只需考虑一个周期的长度。这些特点使周期卷积计算没有了线性卷积中确定上下限的困难，直接根据定义式可较为方便地求解，基本无须作图。简言之，周期卷积比线性卷积易求解。

【例毕】

4.3.4 DFT 的性质——$X[k]$的特性

在讨论$X[k]$的性质之前，有必要先回顾和了解以下几点概念。

（1）定义在$[0,N-1]$区间上的有限长序列$x[n]$的频谱是$\mathrm{DTFT}\{x[n]\}=X(\mathrm{e}^{\mathrm{j}\Omega})$，不是$\mathrm{DFT}\{x[n]\}=X[k]$，$X[k]$是为解决频域计算问题而对$X(\mathrm{e}^{\mathrm{j}\Omega})$的抽样。当要考虑包含全部信息的有限长离散序列频谱时，应该考虑的是$X(\mathrm{e}^{\mathrm{j}\Omega})$。讨论 DFT 性质的主要目的是对频域计算和其计算结果有相对深入的了解。

（2）$X[k]$的特性源于$X(\mathrm{e}^{\mathrm{j}\Omega})$，因$X[k]$是对$X(\mathrm{e}^{\mathrm{j}\Omega})$的抽样。$X(\mathrm{e}^{\mathrm{j}\Omega})$一定是$\Omega$的周期函数，因此$X[k]$本质上是周期的。当将$X[k]$理解为周期函数时，这里介绍的$X[k]$性质都是原本熟悉的内容。然而 DFT 在定义时，限定了k的取值范围是$[0, N-1]$（事实上是限定只取周期函数$X[k]$的主值区间）。为了满足这一形式上的约定，$X[k]$性质的表述增加了一点复杂性。

（3）"频域的抽样会导致时域的周期延拓"，因此前面指出 DFT 本质上就是 DFS（除了相差一个系数）。

性质 1　周期性　$X[k]$是以N为周期的周期函数，即有

$$X[k]=X[k+N]；\quad X[-k]=X[N-k] \tag{4-84}$$

【证明】 由 DFT 的定义式可得

$$X[k+N]=\sum_{n=0}^{N-1}x[n]\mathrm{e}^{-\mathrm{j}(k+N)\frac{2\pi}{N}n}=\sum_{n=0}^{N-1}x[n]\mathrm{e}^{-\mathrm{j}k\frac{2\pi}{N}n}\cdot\mathrm{e}^{-\mathrm{j}2\pi n}=\sum_{n=0}^{N-1}x[n]\mathrm{e}^{-\mathrm{j}k\frac{2\pi}{N}n}=X[k]$$

可见，当不限定k的取值范围必须为$[0, N-1]$时，$X[k]$是周期的。

【证毕】

为简便介绍性质，$X[k]$的周期性并没有用最一般的形式表述，式（4-84）只是给出了这里需用的形式。另外，在 DFT 的讨论中一般将$X[k]$表述为$k\in[0, N-1]$的有限长序列，而本书强调$X[k]$本质上为周期函数，以降低 DFT 相关概念的理解难度。

性质 2　共轭对称性　设$X(k)=\mathrm{DFT}\{x[n]\}$，若$x[n]$为实数序列，则

$$X^*[k]=X[N-k]，\text{即}\ X^*[k]=X[-k] \tag{4-85}$$

若$x[n]$为复数序列，则

$$\mathrm{DFT}\{x^*[n]\}=X^*[N-k]，\text{即}\ \mathrm{DFT}\{x^*[n]\}=X^*[-k] \tag{4-86}$$

【证明】 证明式（4-85）。DFT 定义式两边取共轭有

$$\begin{aligned}X^*[k]&=\sum_{n=0}^{N-1}x^*[n](\mathrm{e}^{-\mathrm{j}k\frac{2\pi}{N}n})^*\\&=\sum_{n=0}^{N-1}x[n]\mathrm{e}^{\mathrm{j}k\frac{2\pi}{N}n}\qquad [x^*[n]=x[n]]\\&=X[-k]\qquad [\text{在 DFT 定义式中用}-k\text{代替}k]\\&=X[N-k]\qquad [\text{加上一个周期}]\end{aligned}$$

证明式（4-86）。与上类似，DFT 定义式两边取共轭有

$$X^*[k]=\sum_{n=0}^{N-1}x^*[n](\mathrm{e}^{-\mathrm{j}k\frac{2\pi}{N}n})^*=\sum_{n=0}^{N-1}x^*[n]\mathrm{e}^{\mathrm{j}k\frac{2\pi}{N}n},\quad X^*[-k]=\sum_{n=0}^{N-1}x^*[n](\mathrm{e}^{-\mathrm{j}k\frac{2\pi}{N}n})$$

另外，

$$\mathrm{DFT}\{x^*[n]\}=\sum_{n=0}^{N-1}x^*[n]\mathrm{e}^{-\mathrm{j}k\frac{2\pi}{N}n}$$

比较上两式可知（4-86）成立。

当 $x[n]$ 为实数序列时，$\mathrm{DFT}\left\{x^*[n]\right\}=\mathrm{DFT}\left\{x[n]\right\}=X(k)$，式（4-86）变为式（4-85）。

【证毕】

早先的数字信号处理主要关注实数序列，现在的一些应用中直接采用复数信号，例如 OFDM 通信系统。因此有关复数序列的性质也需要熟悉和了解。

从性质 1 的阐述和证明过程可以看到，$X[k]$ 的性质并不陌生。只是因限定[0, N−1]的取值区间，使性质的表述变得有些陌生感。

性质 3　奇偶性　若 $x[n]$ 为实数序列，则 $X[k]$ 的模是 k 的偶函数，$X[k]$ 的相位是 k 的奇函数；$X[k]$ 的实部是 k 的偶函数，$X[k]$ 的虚部是 k 的奇函数。

当考虑到 k 的取值在形式上需要满足 $k\in[0, N-1]$的限定时，上面的表述加上一个周期 N，改为如下表示即可。

$$|X[k]|=|X[-k]| \ \Rightarrow\ |X[k]|=|X[N-k]|$$
$$-\varphi[k]=\varphi[-k] \ \Rightarrow\ -\varphi[k]=\varphi[N-k]$$
$$X_{\mathrm{R}}[k]=X_{\mathrm{R}}[-k] \ \Rightarrow\ X_{\mathrm{R}}[k]=X_{\mathrm{R}}[N-k]$$
$$X_{\mathrm{I}}[k]=X_{\mathrm{I}}[-k] \ \Rightarrow\ -X_{\mathrm{I}}[k]=X_{\mathrm{I}}[N-k]$$

证明留给读者自行完成。

***性质 4　帕斯瓦尔定理**

$$\sum_{n=0}^{N-1}|x[n]|^2=\frac{1}{N}\sum_{k=0}^{N-1}|X[k]|^2 \tag{4-87}$$

注意到 $|x[n]|^2=x[n]x^*[n]$，从 DFT 的定义出发可以证得上式。

【例 4-16】　考察 Matlab 计算的 8 点 DFT 输出，其计算结果以数组形式给出

$$X\_\mathrm{matlab}=[X\_\mathrm{matlab}[1];X\_\mathrm{matlab}[2];X\_\mathrm{matlab}[3];X\_\mathrm{matlab}[4],\cdots$$
$$X\_\mathrm{matlab}[5];X\_\mathrm{matlab}[6];X\_\mathrm{matlab}[7];X\_\mathrm{matlab}[8]]$$

【解】（1）数组下标和直流分量

Matlab 数组采用 1 下标（C 语言数组采用 0 下标），即数组第 1 个元素的下标为 1，不是 0。因此上述计算结果对应于 $X[0],\cdots,X[7]$。直流分量为 $X[0]=X\_\mathrm{matlab}[1]$。

（2）数字角频率范围和频点

参见图 4.27，N 点 DFT 等分$[0,2\pi]$区间。本例 8 点 DFT 对应的角频率点为

$$[\,0,\ \frac{2\pi}{8},\ 2\frac{2\pi}{8},\ 3\frac{2\pi}{8},\ 4\frac{2\pi}{8},\ 5\frac{2\pi}{8},\ 6\frac{2\pi}{8},\ 7\frac{2\pi}{8}\,]$$

当 N 为偶数时，在 $\Omega=\pi$ 处一定有一条谱线为 $X\left[\frac{N}{2}\right]=X[4]$（$N$ 为奇数时，在 $\Omega=\pi$ 处无谱线）。$\Omega=\pi$ 是最高数字角频率点，通常也对应于抽样频率的一半（$\omega_{\mathrm{s}}/2=2\pi\cdot f_{\mathrm{s}}/2$）。对于本

例物理频谱是前 5 条谱线，即观察信号包含哪些频率成分时，只要看这 5 条谱线即可。

（3）对称性

如果 $x[n]$ 为实数序列，按照性质 3 应有 $|X[1]|=|X[-1]|=|X[8-1]|=|X[7]|$，其余类推。除直流频点的谱线外，幅频特性关于 $\Omega=\pi$ 镜像对称，如图 4.27 所示。相位奇对称特性做类似理解。

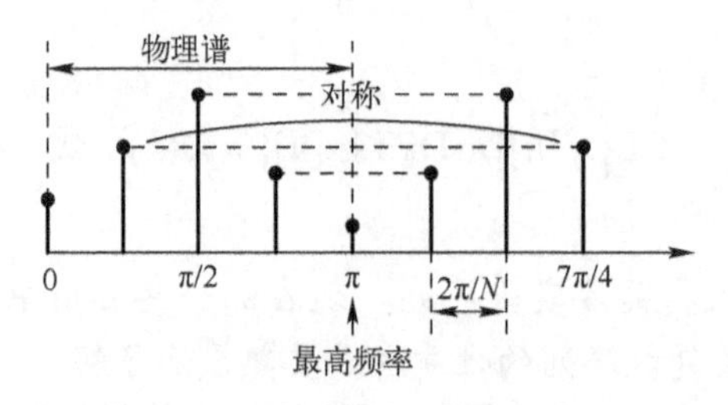

图 4.27　8 点 DFT 谱线图-幅频特性

（4）模拟频率

如果 $x[n]$ 是由模拟信号抽样而得，由 $2\pi/N=\Delta\Omega=\Delta\omega T_s=\Delta\omega/f_s$ 可以推得相邻谱线对应的模拟频率间隔为

$$\Delta f=\frac{f_s}{N} \tag{4-88}$$

由上式可以确定物理谱范围内每条谱线对应的模拟频率。本例物理谱范围内 5 条谱线对应的模拟频率为 0，$f_s/8$，$f_s/4$，$3f_s/8$，$f_s/2$（物理谱不可能超过 $f_s/2$）。

【例毕】

*4.3.5　DFT 的性质——变换的性质

离散序列的真实频谱是 DTFT，它与第 3 章的连续时间信号傅里叶变换对应，因此 DTFT 在理论分析中具有重要的地位。DFT 是为解决 DTFT 的计算机计算问题而提出的，在实际应用中主要触及的是 DFT，深入理解 DFT 变换的主要性质是信号处理实践的必备能力。因此，本小节性质阐述的风格会略有变化——以重要性为导引，突出重点。

本小节讨论时域序列作变换或运算后其 DFT 谱线的变化。从概念上讲，DFT 变换的性质可以从 DTFT 变换的性质推知，因 DFT 是 DTFT 的抽样。这里就几个重要性质和特殊问题，给予相对深入的讨论。

1．时域圆周卷积定理——系统响应的 DFT 求解

在变换域中求系统响应或进行系统分析，是信号与系统中非常重要的方法。DTFT 中有 $\text{DTFT}\{x[n]*y[n]\}=X(e^{j\Omega})H(e^{j\Omega})$ 成立，那么当对 $X(e^{j\Omega})$ 和 $H(e^{j\Omega})$ 抽样后，是否还有 $\text{DFT}\{x[n]*y[n]\}=X[k]H[k]$ 成立？这是本小节关注的重点。

性质 1　时域圆周卷积定理 若 $y_c[n]=(x_N[n]*h_N[n])R[n]$，则

$$Y_c[k]=\text{DFT}\{y_c[n]\}=X[k]H[k] \tag{4-89}$$

【证明】 根据 DFT 的定义有

$$Y_c[k]=\sum_{n=0}^{N-1}y_c[n]e^{-jk\frac{2\pi}{N}n}$$

$$
\begin{aligned}
&=\sum_{n=0}^{N-1}(x_N[n]*h_N[n])R[n]\mathrm{e}^{-\mathrm{j}k\frac{2\pi}{N}n} && [\text{代入 } y_{\mathrm{c}}[n]]\\
&=\sum_{n=0}^{N-1}\left(\sum_{m=0}^{N-1}x_N[m]h_N[n-m]\right)R[n]\mathrm{e}^{-\mathrm{j}k\frac{2\pi}{N}n} && [\text{展开周期卷积}]\\
&=\sum_{m=0}^{N-1}\sum_{n=0}^{N-1}x_N[m]h_N[n-m]R[n]\mathrm{e}^{-\mathrm{j}k\frac{2\pi}{N}n} && [\text{交换求和顺序}]\\
&=\sum_{m=0}^{N-1}x_N[m]\sum_{n=0}^{N-1}h_N[n-m]R[n]\mathrm{e}^{-\mathrm{j}k\frac{2\pi}{N}n} && [x_N[m]\text{ 与 } n \text{ 无关，移出 } n \text{ 求和}]\\
&=\sum_{m=0}^{N-1}x_N[m]\sum_{n=0}^{N-1}h_N[n-m]\mathrm{e}^{-\mathrm{j}k\frac{2\pi}{N}n} && [R[n]\text{ 约束 } n \text{ 取值范围为}[0,N-1]\text{，但求和上下限已经给出相同约束，故可舍去}]\\
&=\sum_{m=0}^{N-1}x_N[m]\sum_{r=-m}^{N-1-m}h_N[r]\mathrm{e}^{-\mathrm{j}k\frac{2\pi}{N}(r+m)} && [\text{令 } r=n-m\text{，作变量代换}]\\
&=\sum_{m=0}^{N-1}\left(x_N[m]\mathrm{e}^{-\mathrm{j}k\frac{2\pi}{N}m}\sum_{r=-m}^{N-1-m}h_N[r]\mathrm{e}^{-\mathrm{j}k\frac{2\pi}{N}r}\right) && [\mathrm{e}^{-\mathrm{j}k\frac{2\pi}{N}m}\text{ 与 } n \text{ 无关，移出 } n \text{ 求和}]\\
&=\sum_{m=0}^{N-1}\left(x_N[m]\mathrm{e}^{-\mathrm{j}k\frac{2\pi}{N}m}\sum_{r=0}^{N-1}h_N[r]\mathrm{e}^{-\mathrm{j}k\frac{2\pi}{N}r}\right) && [\text{因 } h_N[r]\text{ 的周期性求和范围可平移 } m]\\
&=\left(\sum_{m=0}^{N-1}x_N[m]\mathrm{e}^{-\mathrm{j}k\frac{2\pi}{N}m}\right)\left(\sum_{r=0}^{N-1}h_N[r]\mathrm{e}^{-\mathrm{j}k\frac{2\pi}{N}r}\right) && [r\text{ 求和与 } m \text{ 求和完全可分}]\\
&=\left(\sum_{m=0}^{N-1}x[m]\mathrm{e}^{-\mathrm{j}k\frac{2\pi}{N}m}\right)\left(\sum_{r=0}^{N-1}h[r]\mathrm{e}^{-\mathrm{j}k\frac{2\pi}{N}r}\right) && [\text{求和区间内周期函数等于有限长序列}]\\
&=X[k]H[k]
\end{aligned}
$$

【证毕】

在连续时间傅里叶变换和 DTFT 中均有时域卷积定理：

$$x(t)*h(t)\leftrightarrow X(\omega)H(\omega)$$

$$x[n]*h[n]\leftrightarrow X(\mathrm{e}^{\mathrm{j}\Omega})H(\mathrm{e}^{\mathrm{j}\Omega})$$

在第 5 章和第 6 章将介绍的 s 域分析和 z 域分析中，也有同样的结论：

$$x(t)*h(t)\leftrightarrow X(s)H(s)$$

$$x[n]*h[n]\leftrightarrow X(z)H(z)$$

在上述四个表达式中，时域卷积都是线性卷积。这就形成了如下的系统响应变换域求解方法和步骤：

（1）分别求时域函数 x, h 对应的变换域函数 X, H；

（2）在变换域中计算函数乘积 $Y=X\cdot H$；

（3）求变换域函数 Y 的逆变换，从而得到系统响应 y。

特别注意：上述过程要求的卷积运算是线性卷积。

对于 DFT 来说，不能简单地套用上述步骤，将 $y[n]=\mathrm{IDFT}\{H[k]X[k]\}$ 当作系统的输出响应，因为 $X[k]H[k]$ 对应的不是线性卷积，对应的是圆周卷积。

根据圆周卷积与线性卷积相等条件的讨论可知，如果要用 DFT 求解系统响应，应该遵照下列步骤：

（1）取 $N \geqslant N_x + N_h - 1$，补零将 $x[n]$ 和 $h[n]$ 变成长度为 N 的两个等长序列；

（2）分别求补零后两个等长序列的 N 点 DFT；

（3）求乘积 $X[k]H[k]$；

（4）求 $y_c[n] = \text{IDFT}\{X[k]H[k]\}$；

（5）在 $y_c[n]$ 中取前 $N_x + N_h - 1$ 个样值，即为所求响应序列。

直接计算线性卷积的算法效率较低，而 DFT 和 IDFT 均可用 FFT 和 IFFT 计算，因此可利用 $\text{IDFT}\{X[k]H[k]\}$ 计算线性卷积和系统响应。

【例 4-17】 考察线性卷积与 $\text{IDFT}[X[k]H[k]]$ 的关系。设

$$x_1[n] = x_2[n] = u[n] - u[n-2]$$

【解】（1）用冲激函数表示序列，再利用 $\delta[n]$ 卷积性质求线性卷积。

$$\begin{aligned} x_1[n] * x_2[n] &= (\delta[n] + \delta[n-1]) * (\delta[n] + \delta[n-1]) \\ &= \delta[n] * (\delta[n] + \delta[n-1]) + \delta[n-1] * (\delta[n] + \delta[n-1]) \\ &= \delta[n] + \delta[n-1] + \delta[n-1] + \delta[n-2] \\ &= \delta[n] + 2\delta[n-1] + \delta[n-2] \\ &= \{1, 2, 1\} \quad (\text{从 } n = 0 \text{ 开始}) \end{aligned}$$

（2）不补零直接求 $X[k]H[k]$。

利用例 4-13 中的结果知 $x_1[n], x_2[n]$ 的两点 DFT（$k = 0,1$）为

$$X_1[0] = X_2[0] = 1, \quad X_1[1] = X_2[1] = 0$$

记 $Y[k] = X_1[k]X_2[k]$，则 $Y[k]$ 为

$$Y[0] = 1, \quad Y[1] = 0$$

由例 4-13 知 $Y[k] = X_1[k]$，所以逆变换为

$$y_c[n] = x_1[n] = u[n] - u[n-1] = \{1,1\}$$

它不等于线性卷积。

（3）补零求 $X[k]H[k]$。

本例中圆周卷积等于线性卷积的条件为

$$N \geqslant N_x + N_h - 1 = 3$$

为了能利用例 4-12 中 $x[n] = u[n] - u[n-2]$ 的 4 点 DFT 结果，取 $N = 4$。由例 4-12 知

$$X_1[0] = X_2[0] = 2, \quad X_1[1] = X_2[1] = 1 - \text{j}, \quad X_1[2] = X_2[2] = 0, \quad X_1[3] = X_2[3] = 1 + \text{j}$$

乘积 $Y[k] = X_1[k]X_2[k]$ 为

$$Y[0] = 4, \quad Y[1] = (1 - \text{j})^2 = -2\text{j}, \quad Y[2] = 0, \quad Y[3] = (1 + \text{j})^2 = 2\text{j}$$

求其 IDFT 有

$$y_c[n] = \frac{1}{4}\sum_{k=0}^{3} Y[k]\text{e}^{\text{j}k\frac{2\pi}{4}n} = \frac{1}{4}(4 - 2\text{je}^{\text{j}\frac{\pi}{2}n} + 2\text{je}^{\text{j}3\frac{\pi}{2}n})$$

由于 $N = 4$，上式中分别令 $n = 0,1,2,3$ 得

$$y_c[0] = 1, \quad y_c[1] = 2, \quad y_c[2] = 1, \quad y_c[3] = 0$$

可见圆周卷积中包含一个完整不失真的线性卷积结果。根据线性卷积的长度，取前 $N_x+N_h-1=2+2-1=3$ 个样值，则有 $y[n]=\{1,2,1\}$（从 $n=0$ 开始）。

【例毕】

2．频移性质——频谱搬移的数字系统实现

在通信系统的发送端，需将信号频谱从低频频段“搬移”到指定的射频频段，以便有效发射和实现频率资源的分配利用，在接收端需要进行逆向“搬移操作”。随着 A/D、D/A 器件工作频点的大幅提升，这些“频谱搬移”可以很方便地在数字系统中实现，其核心原理则是 DFT 的频移性质。

性质 2　频移性质　若 $\text{DFT}\{x[n]\}=X[k]$，则

$$\text{DFT}\{x[n]\text{e}^{\text{j}m\frac{2\pi}{N}n}\}=X[k-m]R[k] \tag{4-90}$$

其中，$X[k]$ 为周期的；$R[k]$ 是主值区间窗函数，限定 $X[k-m]$ 为主值区间[0, N−1]内的样值。

【证明】由 DFT 定义知

$$\text{DFT}\{x[n]\text{e}^{\text{j}m\frac{2\pi}{N}n}\}=\sum_{n=0}^{N-1}x[n]\text{e}^{\text{j}m\frac{2\pi}{N}n}\text{e}^{-\text{j}k\frac{2\pi}{N}n}=\sum_{n=0}^{N-1}x[n]\text{e}^{-\text{j}(k-m)\frac{2\pi}{N}n}=X[k-m]$$

$X[k]$ 本质上是周期的，但频移至 $(k-m)$ 后原右端样值可能会超出主值区间[0, N−1]，乘主值区间窗函数加以限制。

【证毕】

【例 4-18】　例 4-12 中求解了两样值方波序列的 4 点 DFT，本例考察其频移。

时域序列：　$x[n]=u[n]-u[n-2]=\delta[n]+\delta[n-1]$

4 点 DFT：　$X[k]=[X[0],X[1],X[2],X[3]]=[2,\ 1-\text{j},\ 0,\ 1+\text{j}]$

【解】$X[k]$ 为复数，其幅频特性曾绘制于图 4.19(a)。这里重绘于图 4.28，强调了 $X[k]$ 的周期性和频点对应关系。

（1）谱线基本解读

$X[k]$ 是 k 的周期函数。k 的主值区间为 $k\in[0,\ 3]$。数字角频率的主值区间为 $\Omega\in[0,2\pi]$，对应于模拟信号频率 $f\in[0,f_s]$（如果 $x[n]$ 是由连续时间信号抽样而获得）。序列 $x[n]$ 含有两个频率分量 $X[0]$（直流）和 $X[1]$。

比较：在 DFS 的引例（图 4.1）中已经看到对应的周期方波序列是由直流分量和 $\Omega=\pi/2$ 的交流分量构成。

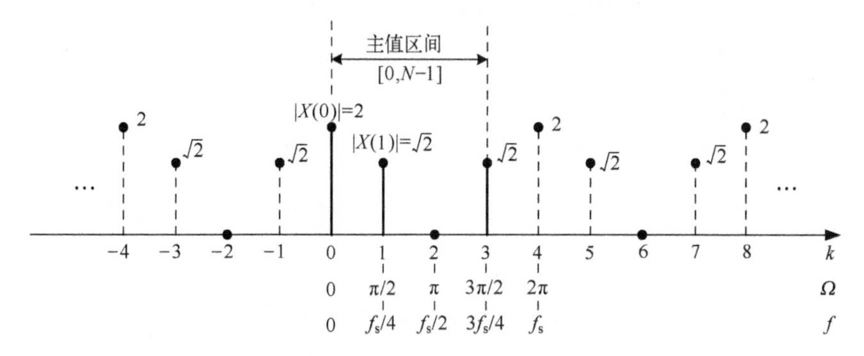

图 4.28　$x[n]=u[n]-u[n-2]$ 方波序列 4 点 DFT 的幅频特性

（2）频移

对于图 4.28 所示的频谱图，如果仅仅进行频谱“搬移”，不改变频谱结构，那么 $X[k]$ 最多只能向右平移一位，其幅频特性如图 4.29 所示。在图 4.29 中 $|X[k]|$ 不再具有偶对称特性，这意味着其逆变后的时域序列不再是实数序列。

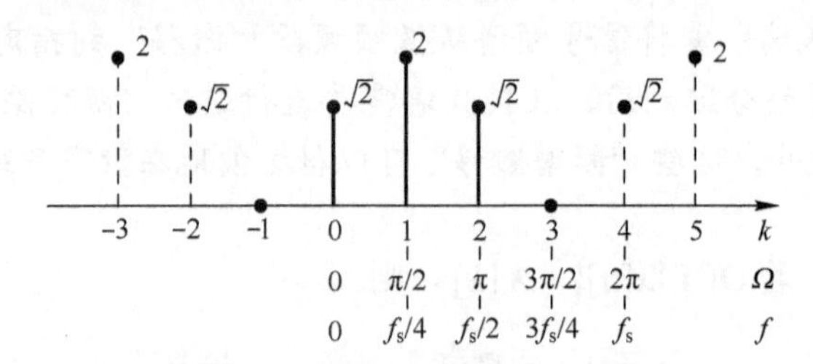

图 4.29　图 4.28 谱线右移一位

$X[k]$ 右移一位后的表达式可以根据例 4-12 的 DFT 计算结果 $X[k]=1+\mathrm{e}^{-\mathrm{j}k\frac{\pi}{2}}$ 和频移性质式（4-90）计算而得

$$X[k-1]=1+\mathrm{e}^{-\mathrm{j}(k-1)\frac{\pi}{2}}=1+\mathrm{e}^{\mathrm{j}\frac{\pi}{2}}\mathrm{e}^{-\mathrm{j}k\frac{\pi}{2}}=1+\mathrm{j}\mathrm{e}^{-\mathrm{j}k\frac{\pi}{2}}$$

上式右端取主值区间，即分别令 $k=0,1,2,3$ 可得

$$X[0]=1+\mathrm{j}\,,\quad X[1]=1+\mathrm{j}(-\mathrm{j})=2\,,\quad X[2]=1+\mathrm{j}(-1)=1-\mathrm{j}\,,\quad X[3]=1+\mathrm{j}\cdot\mathrm{j}=0$$

可见其模值和图 4.29 所绘一致。

按照式（4-90），频域右移一位相当于时域序列乘以复指数序列 $\mathrm{e}^{\mathrm{j}\frac{2\pi}{N}n}$（$m=1$），因此平移后谱线（图 4.29）对应的时域序列为

$$(u[n]-u[n-2])\mathrm{e}^{\mathrm{j}\frac{2\pi}{N}n}=(\delta[n]+\delta[n-1])\mathrm{e}^{\mathrm{j}\frac{\pi}{2}n}=\delta[n]+\mathrm{j}\delta[n\text{-}1]$$

图 4.28 所示谱线可以继续右移，移位 $m\geqslant 4$ 后呈现周期重复。图 4.28 所示谱线也可以左移。但是如果原序列 $x[n]$ 是由模拟信号抽样而得，则由图 4.28 可以看出谱线最多只能右移一位，即谱线的移位不能越过 $\Omega=\pi$ 点。

算法中实现频移非常便捷，只要改变数组下标即可。

【例毕】

在对频域数据进行移位操作时，多采用式（4-90）进行分析。然而，当对时域数据进行形如 $x[n]\mathrm{e}^{\mathrm{j}\Omega_0 n}$ 的序列乘法运算时，Ω_0 很可能小于 $2\pi/N$，即式（4-90）中 $m<1$。显然，式（4-90）不再适用，因 k 必须取整数。对此需重新考虑，即

$$\mathrm{DFT}\{x[n]\mathrm{e}^{\mathrm{j}\Omega_0 n}\}=\sum_{n=0}^{N-1}x[n]\mathrm{e}^{\mathrm{j}\Omega_0 n}\mathrm{e}^{-\mathrm{j}k\frac{2\pi}{N}n}=\sum_{n=0}^{N-1}x[n]\mathrm{e}^{-\mathrm{j}(k\frac{2\pi}{N}-\Omega_0)n}=X[k]\Big|_{\Omega_k=\Omega_k-\Omega_0}\,,\quad (\Omega_k=k\frac{2\pi}{N})$$

即
$$\mathrm{DFT}\{x[n]\mathrm{e}^{\mathrm{j}\Omega_0 n}\}=X[k]\Big|_{\Omega_k=\Omega_k-\Omega_0}\,,\ (\Omega_k=k\frac{2\pi}{N}) \tag{4-91}$$

不难理解上式的几何意义。例如，对于图 4.28 所示的谱线，当 $\Omega_0<2\pi/N$（$m<1$）时表明将谱线右移 Ω_0，但平移量不超过 $\pi/2$。

【例 4-19】 考察例 4-12 中方波序列乘以复指数序列 $x[n]\mathrm{e}^{\mathrm{j}\frac{\pi}{4}n}$ 后的 4 点 DFT。

时域序列：　$x[n]=u[n]-u[n-2]=\delta[n]+\delta[n-1]$

DFT{ $x[n]$ }：　　$X[k]=1+\mathrm{e}^{-\mathrm{j}k\frac{\pi}{2}}$

【解】$\Omega_0=\frac{\pi}{4}$，代入式（4-91）中有

$$\mathrm{DFT}\{x[n]\mathrm{e}^{\mathrm{j}\Omega_0 n}\}=\left(1+\mathrm{e}^{-\mathrm{j}(k\frac{\pi}{2}-\frac{\pi}{4})}\right)\Bigg|_{k\frac{\pi}{2}=k\frac{\pi}{2}-\frac{\pi}{4}}=1+\mathrm{e}^{-\mathrm{j}(k\frac{\pi}{2}-\frac{\pi}{4})}\quad (k=0,1,2,3)$$

分别令 $k=0,1,2,3$ 可得

$$X[0]=1+\mathrm{e}^{\mathrm{j}\frac{\pi}{4}},\ X[1]=1+\mathrm{e}^{-\mathrm{j}\frac{\pi}{4}},\ X[2]=1+\mathrm{e}^{-\mathrm{j}\frac{3\pi}{4}},\ X[3]=1+\mathrm{e}^{-\mathrm{j}\frac{5\pi}{4}}$$

对上式结果的理解需要特别注意，$x[n]\mathrm{e}^{\mathrm{j}\frac{\pi}{4}n}$ 的 DFT 谱线并不是将图 4.28 $x[n]$ 的 DFT 谱线向右平移 π/4，而是将 $x[n]$ 的 DTFT 右移 π/4 后再进行抽样，如图 4.30 所示。式（4-91）本质上是 DTFT 的频移性质，只是结合了频域的抽样。式（4-91）比式（4-90）应用的概率更大。

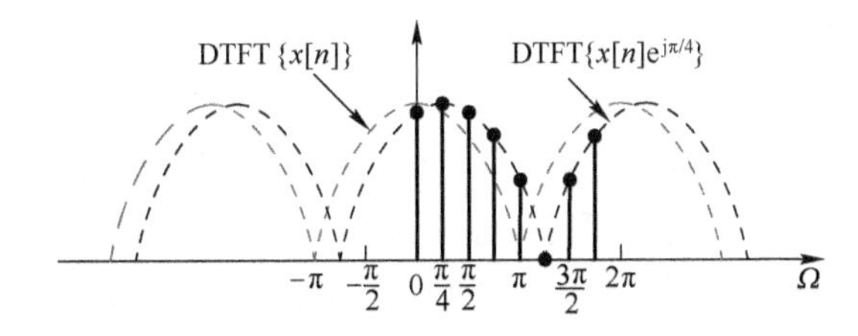

图 4.30　式（4-91）的物理意义解释

验证：$x[n]\mathrm{e}^{\mathrm{j}\frac{\pi}{4}n}=(\delta[n]+\delta[n-1])\mathrm{e}^{\mathrm{j}\frac{\pi}{4}n}=\delta[n]+\mathrm{e}^{\mathrm{j}\frac{\pi}{4}}\delta[n-1]$，直接按照 DFT 定义可得

$$\mathrm{DFT}\{x[n]\mathrm{e}^{\mathrm{j}\frac{\pi}{4}n}\}=\sum_{n=0}^{3}(\delta[n]+\mathrm{e}^{\mathrm{j}\frac{\pi}{4}}\delta[n-1])\mathrm{e}^{-\mathrm{j}k\frac{2\pi}{4}n}=1+\mathrm{e}^{-\mathrm{j}\left(k\frac{\pi}{2}-\frac{\pi}{4}\right)}$$

【例毕】

DFT 频移性质的重要应用是“频谱搬移”的数字系统实现，两个典型应用是通信系统的调制和上混频/下混频。这里以发送端调制为例，说明数字实现的基本原理。

图 4.31(a)是通信系统中模拟调制的核心原理图，其中 $x(t)$ 是需要传输的信息（如音频信号），$\cos\omega_0 t$ 是射频模拟振荡器输出信号（如 $\omega_0=2\pi\times1.8\mathrm{GHz}$）。假设 $x(t)$ 的频谱如图 4.31(b)所示，那么由第 3 章傅里叶变换频移性质和式（3-71）知调制后信号频谱 $S(\omega)$ 如图 4.31(c)所示。图 4.31(a)所示的模拟调制过程研发周期长、成本高、调试与更改困难，并且模拟乘法器的工作频率不能太高。当 A/D 和 D/A 器件抽样率可以达到 10G Sa/s（samples per second）时，这一模拟调制可以用图 4.31(d)的数字调制系统替代，其中 $x[n]$ 是 $x(t)$ 抽样后的序列（如从声卡获得的数据即为音频 $x[n]$），$\cos\Omega_0 n$ 为算法产生的数字正弦信号（$\Omega_0=\omega_0 T_s=\omega_0/f_s$，$f_s$ 为整个系统的抽样频率），序列相乘在计算机类的设备中实现非常简便。这一数字调制过程的频谱搬移原理就是利用了 DTFT 的频移性质和式（4-91）。图 4.31(e)给出的是 $x[n]$ 的频谱 DTFT（虚线包络）及其 DFT（$X[k]$），图 4.31(f)示意了数字调制的频谱搬移过程。[0, 2π)范围内的谱线是 DFT{ $x[n]$ }计算所得结果，[0, π]内的谱线是物理谱。实际应用中 DFT 的点数通常在 64～1024 点，即谱线间隔在 0.03125π～0.001953π（2π/64～2π/1024）。

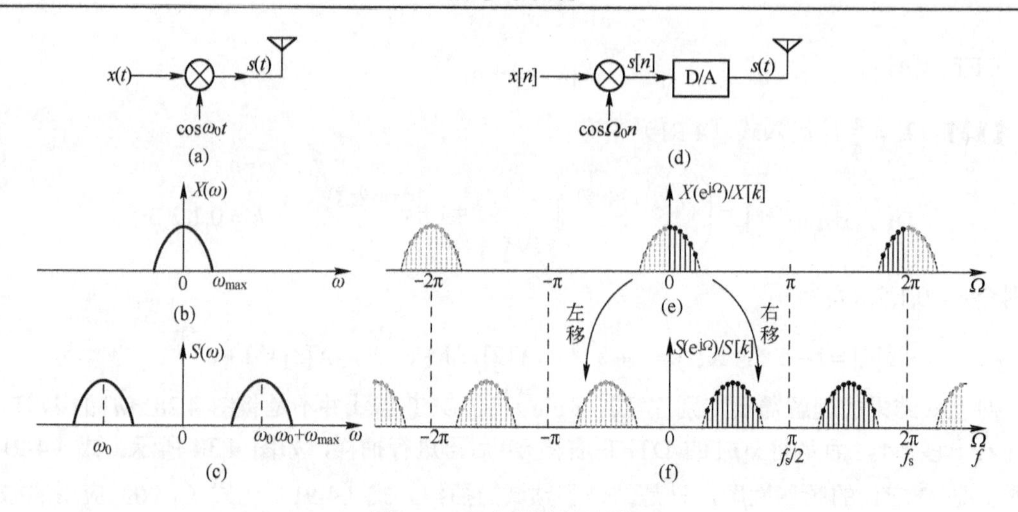

图 4.31　数字调制实现原理

3．时移性质——DFT 的时域序列理解

时域序列的平移是最常见的信号变换。由于 DTFT 的求和范围是$(-\infty,\infty)$，因此参与求和计算的非零样值集合在平移前后不会发生变化。但 DFT 的求和范围限定在$[0, N-1]$区间，参与求和计算的非零样值在平移前后就有可能发生变化，有的样值可能移出了求和范围，也可能有新样值移进求和范围。图 4.32 给出了三种示例情形：图 4.32(a)是周期序列，右移后在$[0, N-1]$区间内的样值集合不变，只是位置有变；图 4.32(b)是有限长序列，右移后在$[0, N-1]$区间内的样值集合也不变；图 4.32(c)所示的有限长序列右移后部分样值移出了$[0, N-1]$区间。

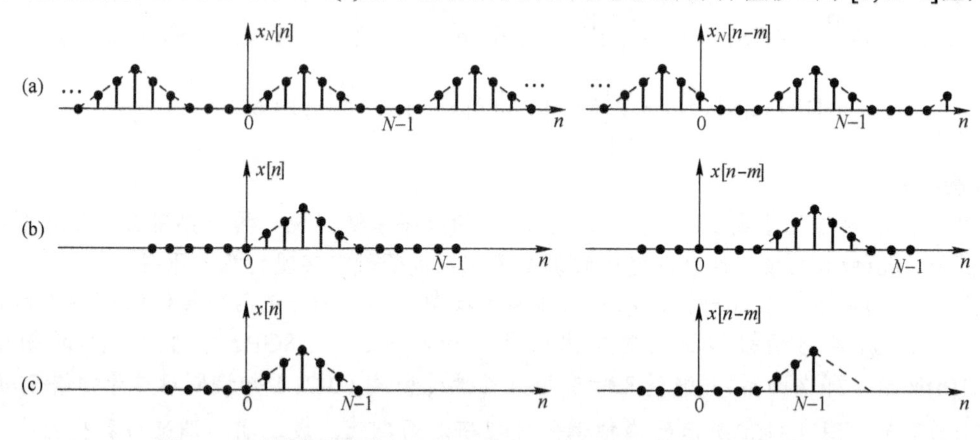

图 4.32　时域序列右移 (a) N=9, m=3；(b) N=12, m=3；(c) N=7, m=3

时域序列平移后在$[0, N-1]$区间内的样值集合是否有变化，影响着 DFT 时移性质的结论。为了表述简洁，这里将平移前后参与 DFT 计算的<u>非零样值集合相同</u>表示为

$$\text{set}\{x[n-m]\}=\text{set}\{x[n]\}\quad（m>0\text{ 或 }m<0） \tag{4-92}$$

性质 3　时移特性　设 $\text{DFT}\{x[n]\}=X[k]$，

（1）若 $\text{set}\{x[n-m]\}=\text{set}\{x[n]\}$（$m>0$）[参见图 4.32(b)]，则

$$x[n-m]\xrightarrow{\text{DFT}}X[k]\text{e}^{-\text{j}k\frac{2\pi}{N}m} \tag{4-93}$$

（2）若 $\text{set}\{x[n-m]\}\neq\text{set}\{x[n]\}$ [参见图 4.32(c)]，则

$$x[n-m] \xrightarrow{\text{DFT}} \mathrm{e}^{-\mathrm{j}k\frac{2\pi}{N}m}\left(X[k]-\sum_{n=N-m}^{N-1}x[n]\mathrm{e}^{-\mathrm{j}k\frac{2\pi}{N}n}\right) \quad (N>m>0) \tag{4-94}$$

$$x[n+m] \xrightarrow{\text{DFT}} \mathrm{e}^{\mathrm{j}k\frac{2\pi}{N}m}\left(X[k]-\sum_{n=0}^{m-1}x[n]\mathrm{e}^{-\mathrm{j}k\frac{2\pi}{N}n}\right) \quad (N>m>0) \tag{4-95}$$

（3）周期序列恒有 $\mathrm{set}\{x_N[n\pm m]\}=\mathrm{set}\{x_N[n]\}$ [参见图 4.32(a)]，所以

$$x_N[n-m]R[n] \xleftrightarrow{\text{DFT}} X[k]\mathrm{e}^{-\mathrm{j}k\frac{2\pi}{N}m} \quad (m>0) \tag{4-96}$$

$$x_N[n+m]R[n] \xleftrightarrow{\text{DFT}} X[k]\mathrm{e}^{\mathrm{j}k\frac{2\pi}{N}m} \quad (m>0) \tag{4-97}$$

【证明】这里以式（4-94）的证明为例，参见图 4.32(c)。

$$\begin{aligned}
\mathrm{DFT}\{x[n-m]\} &= \sum_{n=0}^{N-1}x[n-m]\mathrm{e}^{-\mathrm{j}k\frac{2\pi}{N}n} \\
&= \sum_{r=-m}^{N-1-m}x[r]\mathrm{e}^{-\mathrm{j}k\frac{2\pi}{N}(r+m)} && [\text{令 } r=n-m] \\
&= \mathrm{e}^{-\mathrm{j}k\frac{2\pi}{N}m}\left(\sum_{r=-m}^{-1}x[r]\mathrm{e}^{-\mathrm{j}k\frac{2\pi}{N}r}+\sum_{r=0}^{N-1-m}x[r]\mathrm{e}^{-\mathrm{j}k\frac{2\pi}{N}r}\right) && [\text{分段求和}] \\
&= \mathrm{e}^{-\mathrm{j}k\frac{2\pi}{N}m}\left(\sum_{r=0}^{N-1-m}x[r]\mathrm{e}^{-\mathrm{j}k\frac{2\pi}{N}r}\right) && [\text{当 } r<0 \text{ 时，} x[r]=0] \\
&= \mathrm{e}^{-\mathrm{j}k\frac{2\pi}{N}m}\left(\sum_{r=0}^{N-1}x[r]\mathrm{e}^{-\mathrm{j}k\frac{2\pi}{N}r}-\sum_{r=N-m}^{N-1}x[r]\mathrm{e}^{-\mathrm{j}k\frac{2\pi}{N}r}\right) \\
&= \mathrm{e}^{-\mathrm{j}k\frac{2\pi}{N}m}\left(X[k]-\sum_{r=N-m}^{N-1}x[r]\mathrm{e}^{-\mathrm{j}k\frac{2\pi}{N}r}\right)
\end{aligned}$$

【证毕】

需要说明的是，式（4-96）和式（4-97）的左端 $x_N[n-m]R[n]$ 与 $x_N[n+m]R[n]$ 分别是逆时针方向和顺时针方向的圆周移位，参见图 4.25。在圆周移位的概念下，DFT 时移特性的结论比较简单，因为它等价于图 4.32(a)的情形。然而，应用中很少有圆周移位的情形。即使在某些条件下或应用场景中可以应用圆周移位进行分析，但其“适用性判定”要求对 DFT 有较深入的理解。这里强调的是，对于 DFT 时移性质结论的理解和应用，需要区分方向：是时域←频域，还是时域→频域。

时域←频域方向即操作的是频域数据，思考（或应该思考）的是“对应的时域序列将作如何变化”。例如，将频域数据与复指数函数进行乘积的操作 $X[k]\mathrm{e}^{-\mathrm{j}k\frac{2\pi}{N}m}$，思考“对应的时域序列将如何变化”。在这一方向下，则如前面曾强调的“与 DFT 相关联的是一个时域周期序列”，即操作 $X[k]\mathrm{e}^{-\mathrm{j}k\frac{2\pi}{N}m}$ 导致 $x[n]$ 的变化是[参见图 4.32(a)]：将定义在[0, N−1]区间内的有限长序列 $x[n]$ 进行周期延拓，构成周期序列 $x_N[n]$；将 $x_N[n]$ 右移 m 位得到 $x_N[n-m]$；最后取[0, N−1]区间内的 $x_N[n-m]$ 样值。简言之，操作 $X[k]\mathrm{e}^{-\mathrm{j}k\frac{2\pi}{N}m}$ 将导致 $x[n]$ 逆时针圆周移位 m 位。

这里可以看到引入圆周移位概念的收益：它使阐述变得很简洁，但它增加了学习和理

解 DFT 的难度，因为它在“应用中实际的移位操作”与“圆周移位”之间建立了“隔离”。

时域→频域方向即操作的是时域数据，思考的是“对应的频谱将作如何变化”。例如，将时域数据进行右移移位操作 $x[n-m]$，思考“对应的频域序列将如何变化”。在这一方向下，一个重要的判定准则是参与 DFT 计算的序列样值集合在平移前后是否发生了变化。

如果在时域中操作移位的是周期序列，“移位+取主值区间”等价于圆周移位，一定有下两式成立

$$x_N[n-m]R[n] \xrightarrow{\text{DFT}} X[k]\mathrm{e}^{-\mathrm{j}k\frac{2\pi}{N}m} \quad (m>0) \tag{4-98}$$

$$x_N[n+m]R[n] \xrightarrow{\text{DFT}} X[k]\mathrm{e}^{\mathrm{j}k\frac{2\pi}{N}m} \quad (m>0) \tag{4-99}$$

因此式（4-96）和式（4-97）中采用的是双向箭头。

*4. 其他性质

DFT 还有其他的性质，这里列出三个相对常用的性质。

性质 4　线性　$a_1x_1[n]+a_2x_2[n] \xleftrightarrow{\text{DFT}} a_1X_1[k]+a_2X_2[k]$　（4-100）

线性性质很容易证明，不再赘述。

性质 5　频域圆周卷积定理　$x[n]h[n] \xleftrightarrow{\text{DFT}} a_1X_1[k]+a_2X_2[k]$　（4-101）

DFT 正逆变换公式具有很强的对偶性，因此参照时域圆周卷积定理的证明过程，可以证得上述频域圆周卷积定理。

性质 6　频域反转性质　$x_N[-n] \xleftrightarrow{\text{DFT}} X[-k]$　（4-102）

【证明】由 IDFT 定义式知

$$\begin{aligned}
\text{IDFT}\{X[-k]\} &= \text{IDFT}\{X[N-k]\} && [X[k]\text{是周期为}N\text{的周期函数}] \\
&= \frac{1}{N}\sum_{k=0}^{N-1} X[N-k]\mathrm{e}^{\mathrm{j}k\frac{2\pi}{N}n} && [\text{IDFT 的定义}] \\
&= \frac{1}{N}\sum_{r=N}^{1} X[r]\mathrm{e}^{\mathrm{j}(N-r)\frac{2\pi}{N}n} && [\text{令}\ r=N-k\ \text{作变量代换}] \\
&= \frac{1}{N}\sum_{r=N}^{1} X[r]\mathrm{e}^{-\mathrm{j}r\frac{2\pi}{N}n} && [\mathrm{e}^{\mathrm{j}N\frac{2\pi}{N}n}=1] \\
&= \frac{1}{N}\left(\sum_{r=0}^{N-1} X[r]\mathrm{e}^{-\mathrm{j}r\frac{2\pi}{N}n} - X[0]\mathrm{e}^{-\mathrm{j}0\frac{2\pi}{N}n} + X[N]\mathrm{e}^{-\mathrm{j}N\frac{2\pi}{N}n}\right) && [\text{求和配项}] \\
&= \frac{1}{N}\sum_{r=0}^{N-1} X[r]\mathrm{e}^{\mathrm{j}r\frac{2\pi}{N}(-n)} && [\mathrm{e}^{\mathrm{j}0\frac{2\pi}{N}n}=\mathrm{e}^{\mathrm{j}N\frac{2\pi}{N}n}=1,\ X[0]=X[N]] \\
&= x[-n] && [\text{与 IDFT 定义式对比}]
\end{aligned}$$

【证毕】

注意性质 6 左端表述的是周期信号，因为当限定有限长时域序列在[0, N−1]区间内取值时，$x[-n]$ 是无意义的。然而，引入 DFT 并不是为了分析周期序列的频谱，性质 6 要表述的概念是：如果对频域序列 $X[k]$ 进行反转操作，它将引起 DFT 对应的周期序列 $x_N[n]$ 反转，反转后序列 $x_N[-n]$ 在[0, N−1]区间内的取值是有意义的。

*4.3.6　DFT 的谱线间隔分析——$X(\mathrm{e}^{\mathrm{j}\Omega})$的频域抽样

如前所述，有限长序列$x[n]$的N点 DFT 是将$X(\mathrm{e}^{\mathrm{j}\Omega})$以间隔为$2\pi/N$进行的频域抽样，并指出$X[k]$实质对应于一个时域周期序列。本小节将对此结论给予证明，并在此基础上对 DFT 的谱线间隔进行分析。

假设对$x[n]$的频谱$X(\mathrm{e}^{\mathrm{j}\Omega})$进行理想抽样，抽样间隔为$\Omega_{\mathrm{s}}$。参照时域理想抽样信号，不难理解频域理想抽样信号可表示为频域周期冲激函数，即

$$\delta_{\Omega_{\mathrm{s}}}(\Omega)=\sum_{k=-\infty}^{\infty}\delta(\Omega-k\Omega_{\mathrm{s}}) \tag{4-103}$$

则理想抽样后频谱$X_{\mathrm{s}}(\mathrm{e}^{\mathrm{j}\Omega})$为

$$X_{\mathrm{s}}(\mathrm{e}^{\mathrm{j}\Omega})=X_{\mathrm{s}}(\mathrm{e}^{\mathrm{j}\Omega})\delta_{\Omega_{\mathrm{s}}}(\Omega) \tag{4-104}$$

上式两边进行 DTFT 逆变换，可得频域抽样后所对应的时域序列$x_{\mathrm{s}}[n]$。由 DTFT 的时域卷积定理得

$$\begin{aligned}
x_{\mathrm{s}}[n]&=\mathrm{IDTFT}\left\{X(\mathrm{e}^{\mathrm{j}\Omega})\right\}*\mathrm{IDTFT}\left\{\delta_{\Omega_{\mathrm{s}}}(\Omega)\right\} && [\text{时域卷积定理}]\\
&=\mathrm{IDTFT}\left\{X(\mathrm{e}^{\mathrm{j}\Omega})\right\}*\mathrm{IDTFT}\left\{\sum_{k=-\infty}^{\infty}\delta(\Omega-k\Omega_{\mathrm{s}})\right\} && [\text{代入式（4-103）}]\\
&=\mathrm{IDTFT}\left\{X(\mathrm{e}^{\mathrm{j}\Omega})\right\}*\frac{1}{\Omega_{\mathrm{s}}}\sum_{l=-\infty}^{\infty}\delta\left[n-l\frac{2\pi}{\Omega_{\mathrm{s}}}\right] && [\text{将式（4-60）变形后代入}]\\
&=x[n]*\frac{1}{\Omega_{\mathrm{s}}}\sum_{l=-\infty}^{\infty}\delta\left[n-l\frac{2\pi}{\Omega_{\mathrm{s}}}\right]\\
&=\frac{1}{\Omega_{\mathrm{s}}}\sum_{l=-\infty}^{\infty}x[n]*\delta\left[n-l\frac{2\pi}{\Omega_{\mathrm{s}}}\right] && [\text{交换求和与卷积的顺序}]\\
&=\frac{1}{\Omega_{\mathrm{s}}}\sum_{l=-\infty}^{\infty}x\left[n-l\frac{2\pi}{\Omega_{\mathrm{s}}}\right] && [\text{利用性质 } x[n]*\delta[n-n_0]=x[n-n_0]]
\end{aligned}$$

即

$$x_{\mathrm{s}}[n]=\frac{1}{\Omega_{\mathrm{s}}}\sum_{l=-\infty}^{\infty}x\left[n-l\frac{2\pi}{\Omega_{\mathrm{s}}}\right] \tag{4-105}$$

上式表明，若对序列的频谱以间隔Ω_{s}进行理想抽样，则时域序列$x[n]$将作周期为$2\pi/\Omega_{\mathrm{s}}$的周期延拓。若$x[n]$的序列长度为N，欲使周期延拓后$x_{\mathrm{s}}[n]$中不发生时域序列重叠，频域抽样间隔Ω_{s}应满足

$$\frac{2\pi}{\Omega_{\mathrm{s}}}\geqslant N \quad 或 \quad \Omega_{\mathrm{s}}\leqslant\frac{2\pi}{N} \tag{4-106}$$

这就是说，对有限长序列$x[n]$的频谱$X(\mathrm{e}^{\mathrm{j}\Omega})$进行频域理想抽样时，为了保证其时域不发生混叠，允许的最大抽样间隔为$\Omega_{\mathrm{s}}=2\pi/N$（抽样间隔越大，越易产生信息丢失）。

由上述结论理解 DFT，可得到一个重要概念：<u>DFT 是以刚好不产生时域混叠的抽样间隔对有限长序列的频谱进行抽样</u>。如果希望用更小的间隔进行频域抽样，以便观察信号频谱结构的细节，则必须加大 DFT 计算的点数，通常有两种做法：取更多的时域样值，或在所取样值序列后人为补零增加长度N。两种做法各有利弊，读者可借助概念“DFT 实质对应于一个周期序列”进行思考。

*4.3.7 快速傅里叶变换（FFT）

如果直接按照 DFT 定义式计算 N 点的 DFT，其运算量一般约需 N^2 次复数乘和 $N(N-1)$ 次复数加，计算量正比于 N^2。当样值点较多时，计算量很大。例如，假设抽样频率是 8kHz，如果希望 1s 内对 8000 个样值一次性求解 DFT，则其运算量约为 64×10^6 次复数乘和 56×10^6 次复数加。但是从应用需求角度来说，这个抽样速度不算快，一次性处理 1s 数据的需求也存在。因此如果没有 DFT 的快速算法，序列的频域分析和处理就很难获得广泛应用。1965 年库利（J.W.Cooley）和图基（J.W.Tukey）提出了 DFT 的快速算法 FFT（Fast Fourier Transform）。

1．FFT 算法的核心思想

能降低 DFT 计算量的关键是，利用复指数序列的性质将 DFT 定义式进行并项和化简，从而将 N 点的 DFT 计算分解为两个 $N/2$ 点的 DFT 计算，并且这种分解可以依次进行下去，直至分解为 2 点 DFT。这样，N 点的 DFT 计算可以从 2 点 DFT 算起，采用迭代过程直至算出 N 点 DFT（假定 N 为 2 的幂次，通过补零总可以满足要求）。由于计算量正比于 N^2，而迭代求解的总计算量是单次迭代计算量的线性和，因此这种方法可以大大减少计算量。

在阐述 FFT 算法时，习惯上将复指数序列用稍简单的符号表示，即令

$$e^{-j\frac{2\pi}{N}nk}=W_N^{nk}\quad (W_N=e^{-j\frac{2\pi}{N}}) \tag{4-107}$$

由前面讨论的复指数序列性质，不难推知 W_N^{nk} 具有下列性质。

$$W_N^{nk}=W_N^{nk+lN}\quad [e^{-j\frac{2\pi}{N}nk}=e^{-j\frac{2\pi}{N}(nk+lN)}] \tag{4-108}$$

$$W_N^{N/2}=-1\quad [e^{-j\frac{2\pi}{N}\frac{N}{2}}=e^{-j\pi}=-1] \tag{4-109}$$

$$W_N^{nk+\frac{N}{2}}=-W_N^{nk}\quad [e^{-j\frac{2\pi}{N}\left(nk+\frac{N}{2}\right)}=-e^{-j\frac{2\pi}{N}nk}] \tag{4-110}$$

$$W_N^{2nk}=W_{N/2}^{nk}\quad [e^{-j\frac{2\pi}{N}2nk}=e^{-j\frac{2\pi}{N/2}nk}] \tag{4-111}$$

引入 W_N^{nk} 后，DFT 定义式可以写为

$$X[k]=\sum_{n=0}^{N-1}x[n]W_N^{nk} \tag{4-112}$$

2．N 点 DFT 计算分解为两个 $N/2$ 点的 DFT 计算

设 N 为偶数，则可将 N 点的 $x[n]$ 分为两组 $N/2$ 点的等长序列。所有 n 为偶数的点构成一序列 $x_1[n]$，所有 n 为奇数的点构成另一序列 $x_2[n]$，即

$$x_1[n]=x[2r],\qquad x_2[n]=x[2r+1]\qquad (n=r=0,1,\cdots,\frac{N}{2}-1) \tag{4-113}$$

由式（4-112）形式的 DFT 定义，并考虑到上述的分组，有

$$\begin{aligned}X[k]&=\sum_{n=0}^{N-1}x[n]W_N^{nk}\qquad (k=0,1,\cdots,N-1)\\&=\sum_{\substack{n=0\\(n\text{为偶数})}}^{N-2}x[n]W_N^{nk}+\sum_{\substack{n=1\\(n\text{为奇数})}}^{N-1}x[n]W_N^{nk}\end{aligned}$$

$$=\sum_{r=0}^{\frac{N}{2}-1}x[2r]W_N^{2rk}+\sum_{r=0}^{\frac{N}{2}-1}x[2r+1]W_N^{(2r+1)k}$$

$$=\sum_{r=0}^{\frac{N}{2}-1}x[2r]W_{N/2}^{rk}+W_N^k\sum_{r=0}^{\frac{N}{2}-1}x[2r+1]W_{N/2}^{rk}\qquad [代入式（4-111）]$$

$$=X_1[k]+W_N^kX_2[k]，\quad k=0,1,\cdots,N-1$$

即

$$X[k]=X_1[k]+W_N^kX_2[k]，\quad k=0,1,\cdots,N-1 \tag{4-114}$$

其中

$$X_1[k]=\sum_{r=0}^{\frac{N}{2}-1}x[2r]W_{N/2}^{rk}=\sum_{n=0}^{\frac{N}{2}-1}x_1[n]W_{N/2}^{nk}，\quad k=0,1,\cdots,\frac{N}{2}-1 \tag{4-115}$$

$$X_2[k]=\sum_{r=0}^{\frac{N}{2}-1}x[2r+1]W_{N/2}^{rk}=\sum_{n=0}^{\frac{N}{2}-1}x_2[n]W_{N/2}^{nk}，\quad k=0,1,\cdots,\frac{N}{2}-1 \tag{4-116}$$

分别为由 $x[n]$ 的偶数点和奇数点构成的 $N/2$ 点的 DFT，因此式（4-114）将一个 N 点的 DFT 分解为两个 $N/2$ 点的 DFT。

3．蝶形运算结构

观察式（4-114）～式（4-116）可以看到，直接利用式（4-114）计算 N 点的 $X[k]$ 尚有问题。因为根据 DFT 的定义，$X_1[k]$ 和 $X_2[k]$ 的 k 值范围和 $X[k]$ 的 k 值范围不同。但由前面讨论已经知道：$N/2$ 点 DFT 计算所得 $X_1[k]$ 和 $X_2[k]$，本质上是一个周期为 $N/2$ 的周期序列，即有

$$X_1\left[k+\frac{N}{2}\right]=X_1[k]，\quad X_2\left[k+\frac{N}{2}\right]=X_2[k] \tag{4-117}$$

将这一周期性代入 $X[k]$ 的后半段序列计算中，并进一步化简有

$$X\left[k+\frac{N}{2}\right]=X_1\left[k+\frac{N}{2}\right]+W_N^{k+\frac{N}{2}}X_2\left[k+\frac{N}{2}\right]=X_1[k]-W_N^kX_2[k] \tag{4-118}$$

因此，式（4-114）可以改写为

$$X[k]=X_1[k]+W_N^kX_2[k]，\quad k=0,1,\cdots,\frac{N}{2}-1 \tag{4-119}$$

$$X\left[k+\frac{N}{2}\right]=X_1[k]-W_N^kX_2[k]，\quad k=0,1,\cdots,\frac{N}{2}-1 \tag{4-120}$$

不难推测，$N/2$ 点的 DFT 计算还可以进一步分解为两个 $N/4$ 点的 DFT。为了较为清晰直观地描述整个算法，将式（4-119）和式（4-120）用图 4.33 的图形表示，称为蝶形运算符。引入蝶形运算符后，可以将 N 点 FFT 的分解过程用图形进行描述。例如 8 点 FFT 的分解过程如图 4.34 和图 4.35 所示，分解后的最终结果如图 4.36 所示，不再详述。

可以证明 $N=2^M$ 点的 FFT 计算量为

$$\frac{N}{2}\log_2 N\ 次乘法；\quad N\log_2 N\ 次加法$$

当 $N=1024$ 计算量减少约 200 倍，计算效率会随着 N 的增加而进一步增加。

在系统实现中取 2^M 点可以提高计算效率。Matlab 中 fft( )函数并不要求一定取 2^M 点。关于 FFT 尚有一些概念未涉及，这里只是介绍基本概念和核心原理。

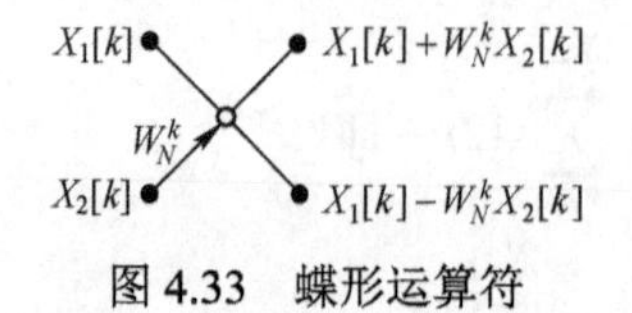

图 4.33 蝶形运算符

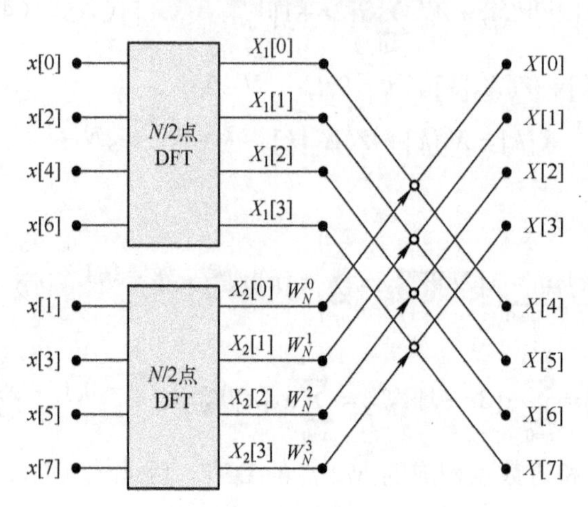

图 4.34 8 点 DFT 分解为两个 4 点 DFT

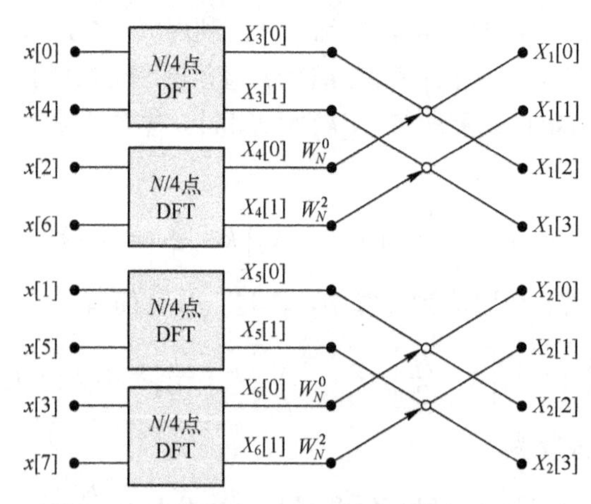

图 4.35 每个 4 点 DFT 分解为两个 2 点 DFT

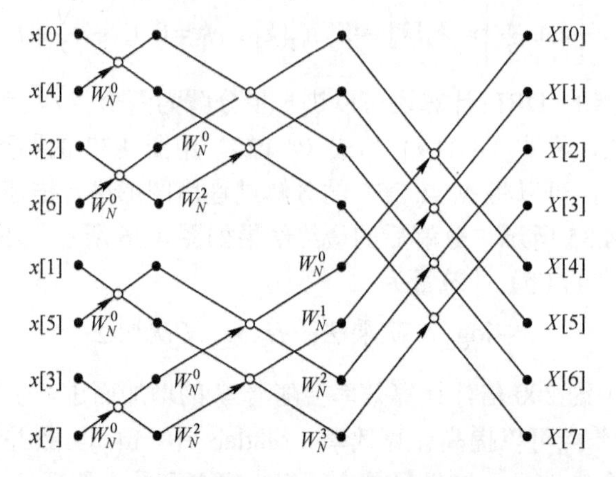

图 4.36 按时间抽取 8 点 FFT

4. FFT 应用举例——功率谱估计

FFT 为频域分析提供了非常重要的快速算法，因此获得了广泛的应用，尤其是在信号的频谱结构分析、滤波、功率谱估计、相关分析等方面已成为使用极广的分析与计算方法。

功率谱估计主要用于随机信号的分析。功率谱估计的应用之一是检测湮没在噪声中的正弦信号。图 4.37(a)所示的是未受噪声污染的频率分别为 25Hz 和 50Hz 的两个正弦信号的叠加：$x(t)=\sin(2\pi\times 25t)+\sin(2\pi\times 50t)$。利用 FFT 算出其 512 点的离散傅里叶变换 $X(k)$，$|X(k)|^2$ 正比于信号的功率谱，图 4.37(b)是其功率谱。如果没有噪声，无论从时域还是频域，均可观察到信号的存在及其频率特征。图 4.37(c)是图 4.37(a)中信号受到随机噪声污染后的情形。由图 4.37(c)可以看出，这时很难从时域中观测到有无信号的存在或信号的频率特征。但是利用 FFT 将其功率谱算出后，从其功率谱分布上明显可观察到信号的存在和其频率特征，如图 4.37(d)所示。

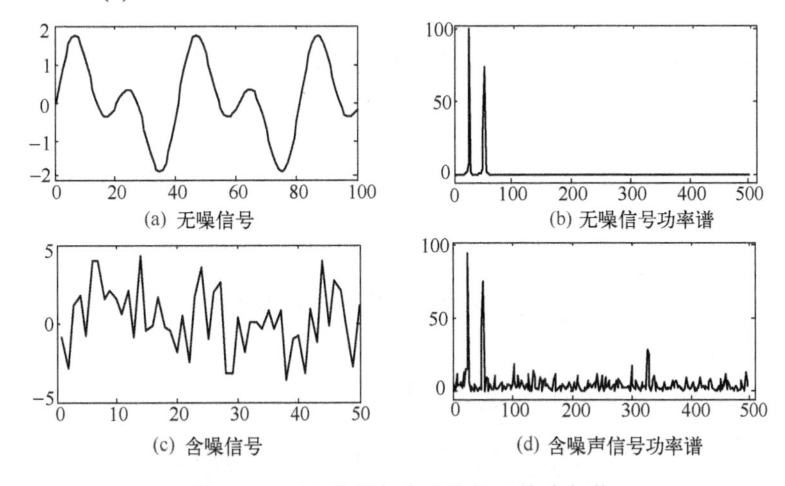

图 4.37　无噪信号与含噪信号及其功率谱

4.4　离散时间系统与连续时间系统

前面在介绍 DFS、DTFT、DFT、FFT 等内容时，概念的阐述和符号的使用均以信号为背景，可以理解为属于信号分析的范畴。然而，信号与系统都是用数学函数描述的，前述内容中的很多概念和结论对于系统也是成立的，只要将常用的信号符号 x/X 换为常用的系统符号 h/H 即可。因此，从前面信号分析切换到系统分析，只需聚焦系统分析的特有问题。

在绝大多数场景下，采用离散时间系统的唯一动因就是替代模拟电路的设计与研发，获得开发周期、成本和性能等各方面的优势。要正确设计和实现一个模拟信号的数字处理系统或算法，必须对离散时间系统和连续时间系统之间的关系有深入的理解。由于所涉及概念相对抽象，这成为一个学习难点，因此也是本节讨论的焦点。同时，本节介绍的内容也是下一节数字滤波器的重要概念基础。

理解离散时间系统和连续时间系统之间的关系，有三个关键点：一是离散时间信号频率的概念及其与连续时间信号频率间的关系；二是离散时间信号频谱和连续时间信号频谱之间的关系；三是离散时间系统频率响应和连续时间系统频率响应之间的关系。

4.4.1 离散时间系统频率响应

1．离散时间系统频率响应的定义

离散时间系统的频率响应定义为系统冲激响应$h[n]$的 DTFT，即

$$H(e^{j\Omega})=\text{DTFT}\{h[n]\}=\sum_{n=-\infty}^{\infty}h[n]e^{-j\Omega n} \tag{4-121}$$

并且由 DTFT 的时域卷积定理知

$$Y(e^{j\Omega})=H(e^{j\Omega})X(e^{j\Omega}) \tag{4-122}$$

因此$H(e^{j\Omega})$是在频域中对离散时间 LTI 系统的充分描述，即对于任意给定频率Ω_0的输入信号$X(e^{j\Omega_0})$，都可以通过系统在该频率上的响应$H(e^{j\Omega_0})$，获悉系统在该频率上的输出$Y(e^{j\Omega_0})$。

为了更为具体地说明，不妨考察离散系统对复指数序列$Ae^{j\Omega_0 n}$的响应。设系统激励$x[n]=Ae^{j\Omega_0 n}$，由时域分析法知系统的零状态响应为

$$\begin{aligned}y[n]&=x[n]*h[n]\\&=\sum_{m=-\infty}^{\infty}h[m]x[n-m] \quad [\text{卷积定义}]\\&=\sum_{m=-\infty}^{\infty}h[m]Ae^{j(n-m)\Omega_0 n} \quad [\text{代入}x[n]]\\&=Ae^{j\Omega_0 n}\sum_{m=-\infty}^{\infty}h[m]e^{-jm\Omega_0}\\&=H(e^{j\Omega_0})Ae^{j\Omega_0 n} \quad [\text{根据}H(e^{j\Omega})\text{的定义}]\end{aligned}$$

上式表明，离散 LTI 系统在指数序列$Ae^{j\Omega_0 n}$激励下的响应仍然是指数序列，只是该复数序列的模和相角（幅角）受到$H(e^{j\Omega_0})$的修正。若对不同的角频率Ω，$H(e^{j\Omega})$的取值不同，则系统输出将受到不同的修正。因此称$H(e^{j\Omega})$为离散时间系统的频率响应特性。若将$H(e^{j\Omega})$写为极坐标形式

$$H(e^{j\Omega})=\left|H(e^{j\Omega})\right|e^{j\varphi(\Omega)} \tag{4-123}$$

则称$|H(e^{j\Omega})|$为幅频特性，$\varphi(\Omega)$称为相频特性。

2．理想传输特性和理想滤波特性

所谓理想传输是指系统输入-输出满足下列关系

$$y[n]=x[n-n_0] \tag{4-124}$$

两边取 DTFT 有

$$Y(e^{j\Omega})=X(e^{j\Omega})e^{-j\Omega n_0}$$

即

$$H(e^{j\Omega})=|H(e^{j\Omega})|e^{j\varphi(\Omega)}=e^{-j\Omega n_0} \quad (\Omega\text{在通带范围内}) \tag{4-125}$$

因此在理想传输要求下，系统幅频特性和相频特性应分别满足

$$|H(e^{j\Omega})|=1 \quad (\Omega\text{在通带范围内}) \tag{4-126}$$

$$\varphi(\Omega)=-n_0\Omega \quad (\Omega\text{在通带范围内}) \tag{4-127}$$

上两式表明，理想传输要求系统具有恒幅特性和线性相位特性（相频特性是过原点的负斜率直线）。

当系统能够对一部分频段信号实现理想传输（所谓通带），而对其他频段信号实现彻底地阻断（所谓阻带），则可构成所谓的理想滤波器。图 4.38 绘出了离散时间的低通、高通、带通和带阻系统的理想滤波幅频特性曲线。

需要特别注意的是，与连续时间频率响应不同，离散时间频率响应 $H(\mathrm{e}^{\mathrm{j}\Omega})$ 是 Ω 的周期函数，周期为 2π。$[0,\ \pi]$区间对应于模拟频率的$[0, f_s/2]$（后面将讨论），f_s 为抽样频率。低通、高通和带通是相对于物理谱角频率范围$[0,\ \pi]$而言的。另外，如果考察双边谱，可取$[-\pi,\ \pi]$区间，也可取$[0,\ 2\pi]$区间。

周期性使 $H(\mathrm{e}^{\mathrm{j}\Omega})$ 的低通、高通等理想特性看起来没有连续时间系统那样简单清晰。

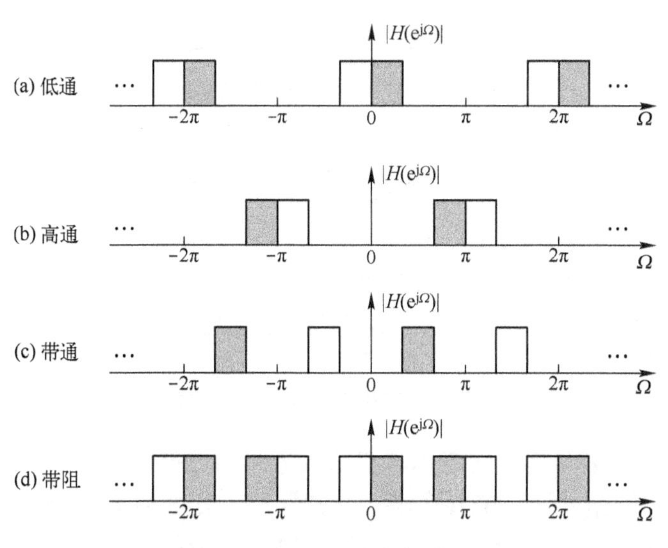

图 4.38　离散时间系统的理想特性

*3．离散频域分析应用举例——子带编码

作为离散时间信号与系统傅里叶分析的一个应用实例，这里从频谱分析的角度对子带编码原理进行介绍。子带编码技术已广泛应用于语音和图像信号处理中。假设离散时间语音信号 $x[n]$ 的频谱为 $X(\mathrm{e}^{\mathrm{j}\Omega})$，如图 4.39 所示。

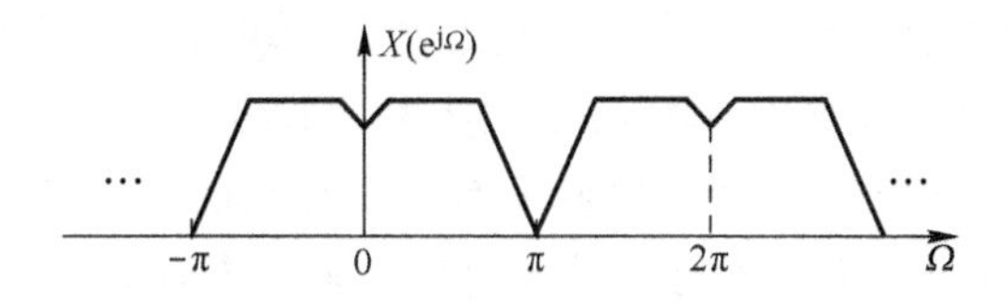

图 4.39　假设的语音信号频谱

如果对连续时间语音信号的抽样频率为 8kHz（每秒有 8 千个样值），每个样值用 16 bit 进行量化，则每秒语音信号共有 $8\mathrm{k}\times16=128\ \mathrm{kbit}$。但是不同频率范围内的语音信号分量对语音信号清晰度等主观品质的影响是不同的，低频部分影响较大，因为语音信号的音调周期和共振峰主要集中在低频部分。为此，可以将语音信号划分为几个子带，对于不同子带的语音信号分配不同的量化比特数，如在高频端采用较少的量化比特数。这样在保证语音质量基

本不受损的前提下，可以减小编码位数，从而提高传输和处理速度。例如，如果将图 4.39 所示的语音信号频谱化分为三个子带$(0,\pi/3)$ $(\pi/3,2\pi/3)$ $(2\pi/3,\pi)$，如图 4.42(a)所示，并且对子带$(2\pi/3,\pi)$改用 8bit 量化，则每秒的比特数将由 128 kbit 降为 $(8k/3)\times(16+16+8)=106.67$ kbit。

图 4.40 和图 4.41 分别给出了将图 4.39 中的语音信号分为三个子带时，发送端子带编码的实现和接收端子带编码信号恢复的原理框图。

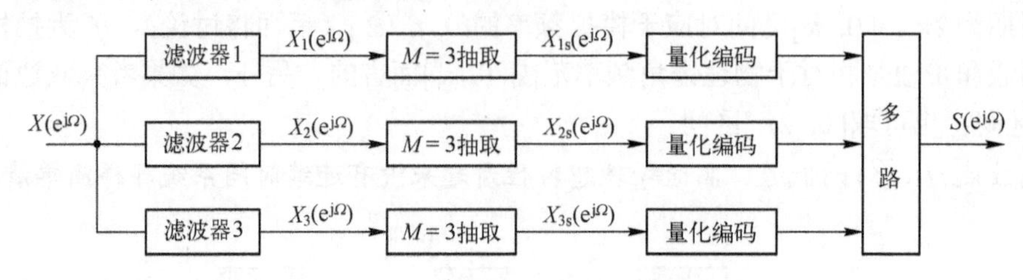

图 4.40 发送端子带编码的实现

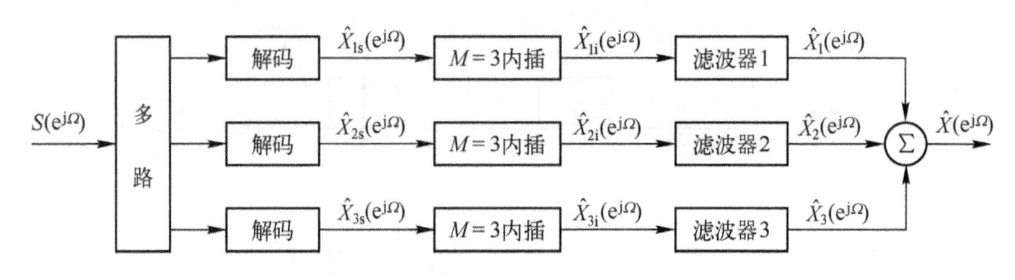

图 4.41 接收端子带编码信号的恢复

在发送端采用三个滤波器（这里以理想滤波器为例进行分析）从信号频谱 $X(e^{j\Omega})$ 中滤出三个子带信号频谱 $X_1(e^{j\Omega})$、$X_2(e^{j\Omega})$ 和 $X_3(e^{j\Omega})$，如图 4.42(b)所示。如果原来 $x[n]$ 是每秒 8000 个样值，那么滤波后三路信号每秒共有 24000 个样值，显然必须减少样值数。为此在每路滤波器后对序列进行 $M=3$ 的抽取，即每三个样值抽取一个样值，丢弃中间的两个样值，这样三路序列的总样值数仍为每秒 8000 个。由 4.2.6 节的讨论知，抽取后序列的频谱可以理解为由两步变换而得，即对离散序列的“抽样”和对“抽样”后序列的“弃零”。“抽样”后序列的频谱是“抽样”前序列频谱的 $M-1$ 次周期延拓。由于每路理想滤波器输出的子带序列都是单边谱带宽为 $\pi/3$ 的带限信号，所以作 $M-1$ 次周期延拓后，非零值频谱并没有相互重叠，如图 4.42 (c)所示。“弃零”后的频谱是“抽样”后序列频谱的 M 倍扩展，如图 4.42(c)和图 4.42(d)所示。注意比较图 4.42(b)和图 4.42(d)，图 4.42(b)中阴影部分的频谱在抽取后作了扩展或扩展加搬移，但是三路抽取后子带序列的频谱在$(0,\pi)$范围内将原来语音信号的频谱信息全部保留了下来。各路子带序列可以采用不同量化比特数的量化编码器进行编码。最后一级多路器将三路子带序列合并为一路数字序列（如采用所谓的时分复用技术，这里不再介绍）。

接收端信号的处理过程是发送端的逆过程，如图 4.41 所示。首先多路器从输入序列中分离出三路子带数字序列，解码后得到三路子带离散序列。如果发送端的滤波器是理想的，且不考虑量化失真和传输引起的失真等因素，那么理论上解码器输出的频谱和发送端抽取后的各路子带频谱完全相同，即图 4.42(d)所示的频谱。经过 $M=3$ 的内插后，频谱将有 M 倍的压缩，所以内插后的频谱和发送端“抽样”后的频谱相同，即图 4.42(c)所示的频谱。

接收端滤波器和发送端的滤波器是相同的，各路滤波器将从内插后序列的频谱中滤出和图 4.42(b)相同的子带序列频谱。三路子带序列在最后一级进行叠加，从而恢复原来的语音序列。

最后应该指出，由于应用中不可能实现理想滤波特性，因此各路子带信号在抽取等处理过程中将发生频谱的混叠，通常可采用正交镜像滤波器组消除混叠。

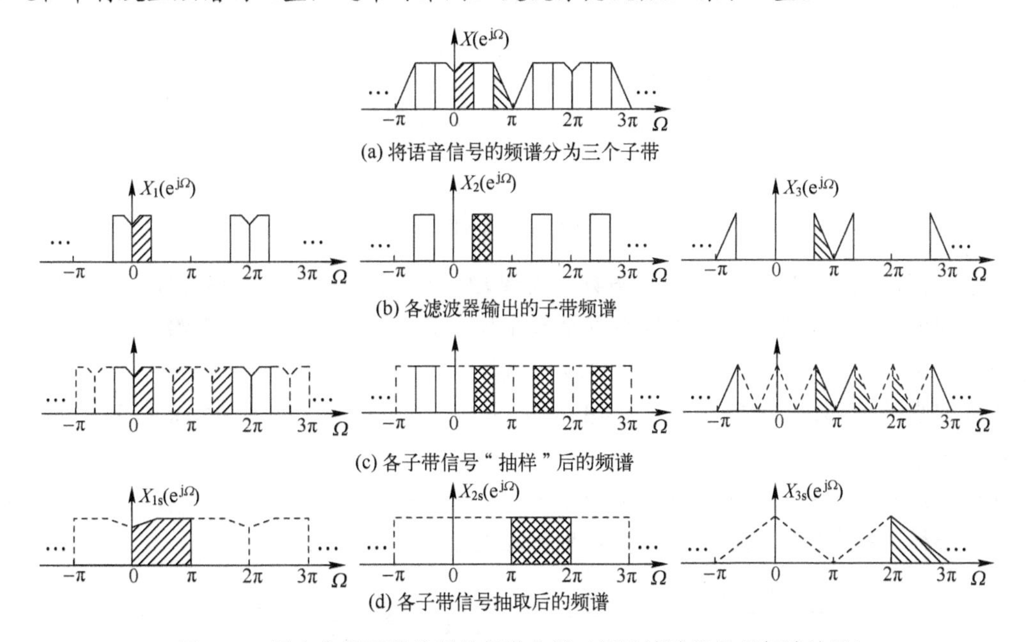

图 4.42　语音信号子带编码的频谱分析（假设滤波器是理想滤波器）

4.4.2　连续时间频率和离散时间频率

如第 3 章所述，连续时间信号的数字处理系统有三个主要环节：抽样、数字处理（广义数字滤波器）、模拟低通滤波（恢复模拟信号），如图 4.43(a)所示。怎样理解图 4.43(a)中数字滤波能够实现与图 4.43(b)中模拟滤波完全等效的功能，包含三个关键问题：

（1）连续时间频率和离散时间频率之间的关系；

（2）连续时间信号频谱和离散时间信号频谱之间的关系；

（3）连续时间系统频率响应和离散时间系统频率响应之间的关系。

本小节讨论上述第一个问题。

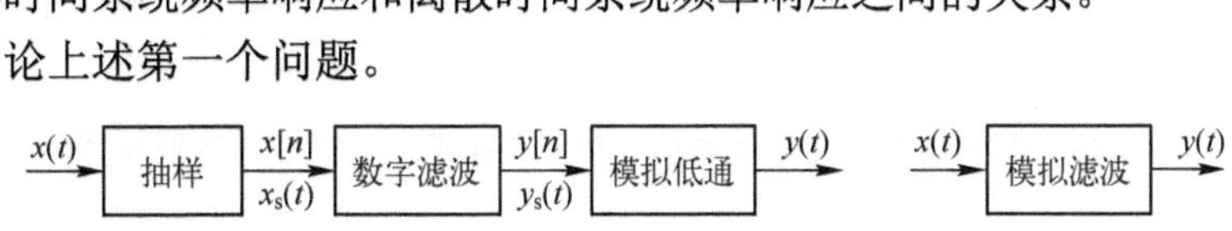

$x(t)$ → 抽样 → $x[n]$ / $x_s(t)$ → 数字滤波 → $y[n]$ / $y_s(t)$ → 模拟低通 → $y(t)$　　(a)

$x(t)$ → 模拟滤波 → $y(t)$　　(b)

图 4.43　模拟系统的等效

离散时间角频率的概念可从连续正弦信号的抽样过程直接获得。若以间隔 T_s 对连续时间正弦信号 $\sin\omega t$ 进行抽样，则抽样后离散正弦序列为 $\sin\omega nT_s = \sin\Omega n$，因此有

$$\Omega = \omega T_s \quad 或 \quad \Omega = 2\pi\frac{f}{f_s} \quad (f_s = \frac{1}{T_s}) \tag{4-128}$$

所以，如果离散序列来源于对连续时间信号的抽样，离散时间频率的物理含义是连续时间频率和抽样频率之比。式（4-128）在连续信号频率和离散信号频率之间建立了一个映射。根据最高信号频率 $f_{\max}$ 和抽样频率 f_s 之间的关系，这一映射会出现图 4.44 所示的三种情况，其中只有当 $\Omega_{\max} \leqslant \pi$ 时[图 4.44(a)和(b)]才满足模拟信号数字处理的必要条件：不失真抽样。整个$[0, \pi]$区间的 Ω 取值范围是实现数字系统的所有“可用频率资源”。

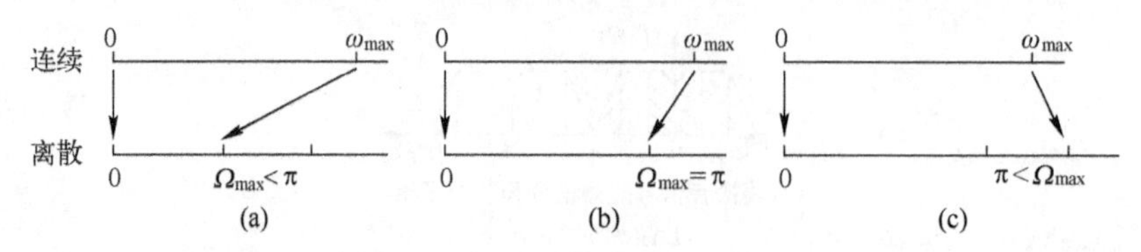

图 4.44　连续时间频率和离散时间频率之间的映射

当某一模拟频率 f 映射后的数字角频率出现 $\Omega > \pi$，则表明一定有抽样失真。此时会出现频率高的模拟信号在抽样后成为低频甚至直流数字信号的情况。图 4.45 给出了几种 f / f_s 比值下单一频率正弦信号的抽样结果。可以看到，当 $f / f_s = 1/1$ 时，$\Omega = 2\pi$，正弦信号抽样后成离散直流序列；又如，当 $f / f_s = 1/2$ 和 $f / f_s = 1.5/1$ 时，Ω 分别为 π 和 3π，抽样后离散序列是相同的。

在特别的和精心的设计中，可以采用 $\Omega > \pi$。例如带通抽样中利用这一技巧进行频谱搬移，虽然抽样是失真的，但频谱结构被不失真地进行了搬移。

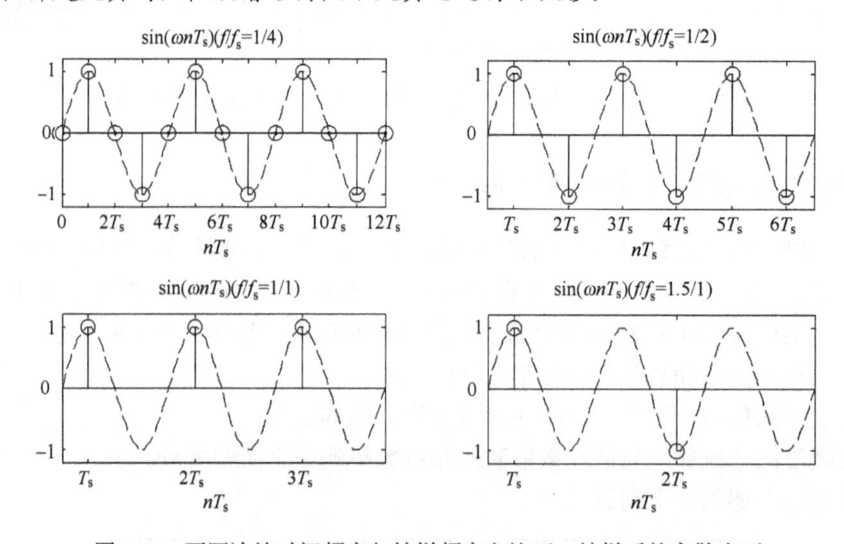

图 4.45　不同连续时间频率与抽样频率之比下，抽样后的离散序列

【例 4-20】 一般假定话音信号的最高频率为 2400Hz，抽样频率通常取 8000Hz，如果希望用数字系统处理抽样后的话音信号（如滤除噪声），试确定数字系统对应的角频率范围。

【解】 根据频率映射关系可得对应的最高数字角频率为

$$\Omega_{\max} = 2\pi \frac{f_{\max}}{f_s} = 2\pi \frac{2400}{8000} = 0.6\pi$$

所以数字角频率范围是$[0, 0.6\pi]$。抽样频率高于 2 倍的信号频率是留有余量。

【例毕】

4.4.3　连续时间和离散时间信号频谱之间的关系

设连续时间信号 $x(t)$ 带限于 $[-\omega_{\mathrm{m}},\omega_{\mathrm{m}}]$，参见图 4.46(a)(b)。首先考虑 $x(t)$ 的理想抽样后信号 $x_{\mathrm{s}}(t)$ 的频谱。由连续时间理想抽样模型知

$$x_{\mathrm{s}}(t)=x(t)\sum_{n=-\infty}^{\infty}\delta(t-nT_{\mathrm{s}})\sum_{n=-\infty}^{\infty}x(nT_{\mathrm{s}})\delta(t-nT_{\mathrm{s}})$$

两边取傅里叶变换得

$$X_{\mathrm{s}}(\omega)=\sum_{n=-\infty}^{\infty}x(nT_{\mathrm{s}})\mathscr{F}\{\delta(t-nT_{\mathrm{s}})\}=\sum_{n=-\infty}^{\infty}x(nT_{\mathrm{s}})\mathrm{e}^{-\mathrm{j}nT_{\mathrm{s}}\omega} \tag{4-129}$$

上式是用 $x(t)$ 的样值 $x(nT_{\mathrm{s}})$ 表示的抽样后信号 $x_{\mathrm{s}}(t)$ 频谱。

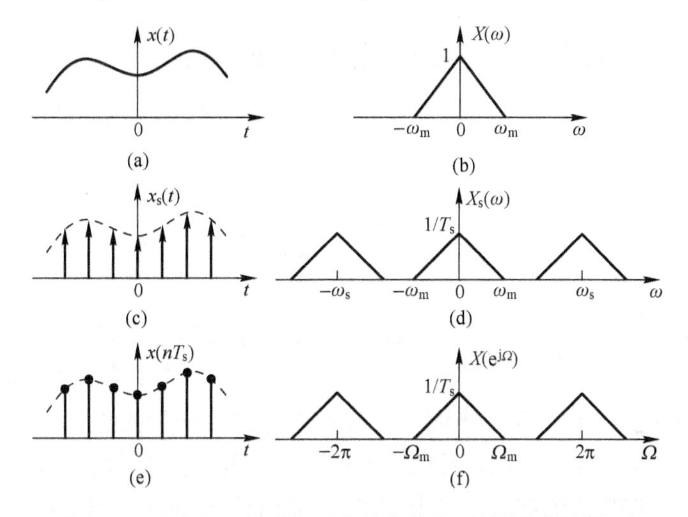

图 4.46　连续信号频谱和对应的离散序列频谱之间的关系

再考虑 $x(t)$ 样值构成的离散序列 $x[n]=x(nT_{\mathrm{s}})=x(t)\big|_{t=nT_{\mathrm{s}}}$ [参见图 4.46(a)(e)]，其频谱为

$$X(\mathrm{e}^{\mathrm{j}\varOmega})=\mathrm{DTFT}\{x[n]\}=\sum_{n=-\infty}^{\infty}x[n]\mathrm{e}^{-\mathrm{j}\varOmega n} \tag{4-130}$$

考虑到 $x[n]$ 和 $x(nT_{\mathrm{s}})$ 是同一个序列，比较式（4-129）和式（4-130）可以看出，如果令 $\varOmega=\omega T_{\mathrm{s}}$ 或 $\omega=\varOmega/T_{\mathrm{s}}$，则序列 $x[n]$ 的频谱与对应的连续时间抽样后信号 $x_{\mathrm{s}}(t)$ 的频谱相同，即有

$$X(\mathrm{e}^{\mathrm{j}\varOmega})=X_{\mathrm{s}}(\omega)\big|_{\omega=\varOmega/T_{\mathrm{s}}} \tag{4-131}$$

两个频谱函数之间只是作了一个角频率的变量代换。另外，由式（3-119）可知理想抽样后信号 $x_{\mathrm{s}}(t)$ 的频谱是 $x(t)$ 频谱的周期延拓，如图 4.46(b)和图 4.46(d)所示（这里假设 $\omega_{\mathrm{s}}>2\omega_{\mathrm{m}}$），即

$$X_{\mathrm{s}}(\omega)=\frac{1}{T_{\mathrm{s}}}\sum_{n=-\infty}^{\infty}X(\omega-n\omega_{\mathrm{s}})\qquad(\omega_{\mathrm{s}}=2\pi/T_{\mathrm{s}}) \tag{4-132}$$

将此代入式（4-131）得

$$X(\mathrm{e}^{\mathrm{j}\Omega}) = X_{\mathrm{s}}(\omega)\Big|_{\omega=\frac{\Omega}{T_{\mathrm{s}}}} = \frac{1}{T_{\mathrm{s}}}\sum_{n=-\infty}^{\infty} X(\omega - n\omega_{\mathrm{s}})\Bigg|_{\omega=\frac{\Omega}{T_{\mathrm{s}}}} \tag{4-133}$$

上式即为 $x(t)$ 频谱和其抽样后序列 $x[n]$ 频谱之间的关系。由该关系式可以得出如下重要概念：

（1） $x[n]$ 的频谱是 $x(t)$ 频谱作周期为 ω_{s} 的周期延拓后，再进行 $\omega = \Omega / T_{\mathrm{s}}$ 变量代换构成的。

（2）如果 $x(t)$ 的抽样满足不失真抽样要求，则 $x[n]$ 的频谱中包含一个完整且不失真的 $x(t)$ 频谱结构，如图 4.46(b)和图 4.46(f)所示。

（3）频率映射关系 $\omega = \Omega / T_{\mathrm{s}}$ 即为连续时间频率和离散时间频率之间的关系。它将抽样角频率 ω_{s} 映射到 2π，$\omega_{\mathrm{s}} / 2$ 映射到 π，最高模拟频率 ω_{m} 映射到 Ω_{m}。

4.4.4 连续时间和离散时间频率响应函数之间的关系

在上小节的讨论中，如果 $x(t)$ 和 $x[n]$ 分别用连续和离散系统的冲激响应 $h(t)$ 和 $h[n]$ 替换，结论同样成立，即

$$H(\mathrm{e}^{\mathrm{j}\Omega}) = H_{\mathrm{s}}(\omega)\Big|_{\omega=\frac{\Omega}{T_{\mathrm{s}}}} = \frac{1}{T_{\mathrm{s}}}\sum_{n=-\infty}^{\infty} H(\omega - n\omega_{\mathrm{s}})\Bigg|_{\omega=\frac{\Omega}{T_{\mathrm{s}}}} \tag{4-134}$$

其中 $H(\omega)$ 是连续系统的频率响应，$H_{\mathrm{s}}(\omega)$ 是对 $h(t)$ 理想抽样后信号 $h_{\mathrm{s}}(t)$ 的频谱，$H(\mathrm{e}^{\mathrm{j}\Omega})$ 是 $h(t)$ 的样值序列 $h[n]$ 的频谱。从上述关系中可以得到与上小节完全类似的结论，只要将理解的角度从信号转变到系统即可。下面从滤波的角度作进一步阐述。

假设需要将图 4.46(a)(b)所示 $x(t)$ 中频率高于 ω_{c} 的高频分量滤除，则采用图 4.47 第一行中间图所示的模拟理想滤波器进行滤波，输出信号 $y(t)$ 的频谱如第一行右图所示。现期望用数字滤波器实现等价的滤波功能，则需知道对应的数字滤波器的频率响应特性。由序列 $x[n]$ 的频谱和 $x(t)$ 频谱之间的关系可知，如果数字滤波器采用式（4-134）给定的频率响应特性，即用图 4.47 第四行中间图所示的 $H(\mathrm{e}^{\mathrm{j}\Omega})$，则数字滤波器的输出序列 $y[n]$ 的频谱将如第三行右图所示。可以看出，除频率变量及幅度不同外，输出序列 $y[n]$ 的频谱中包含了不失真的 $y(t)$ 频谱的全部信息，经过抽样恢复的模拟低通滤波（图中未画）后，则可从 $y[n]$ 中滤出 $y(t)$ 的频谱，从而用数字滤波器实现了和模拟滤波器等价的功能。

然而在应用中，即使已知模拟滤波器的 $H(\omega)$，也不宜用式（4-134）确定对应的数字滤波器的 $H(\mathrm{e}^{\mathrm{j}\Omega})$，但是从上面的分析过程可以看到，如果模拟滤波器的冲激响应 $h(t)$ 为已知，$h(t)$ 抽样值构成的序列 $h[n]$ 则是对应的数字滤波器的冲激响应，因此按照下列过程可以从模拟滤波器得到对应的数字滤波器

$$h(t) = \mathscr{F}^{-1}\{H(\omega)\} \;\rightarrow\; h[n] = h(t)\big|_{t=nT_{\mathrm{s}}} \;\rightarrow\; H(\mathrm{e}^{\mathrm{j}\Omega}) = \mathrm{DTFT}\{h[n]\}$$

这就是数字滤波器设计中的冲激响应不变法的基本原理。

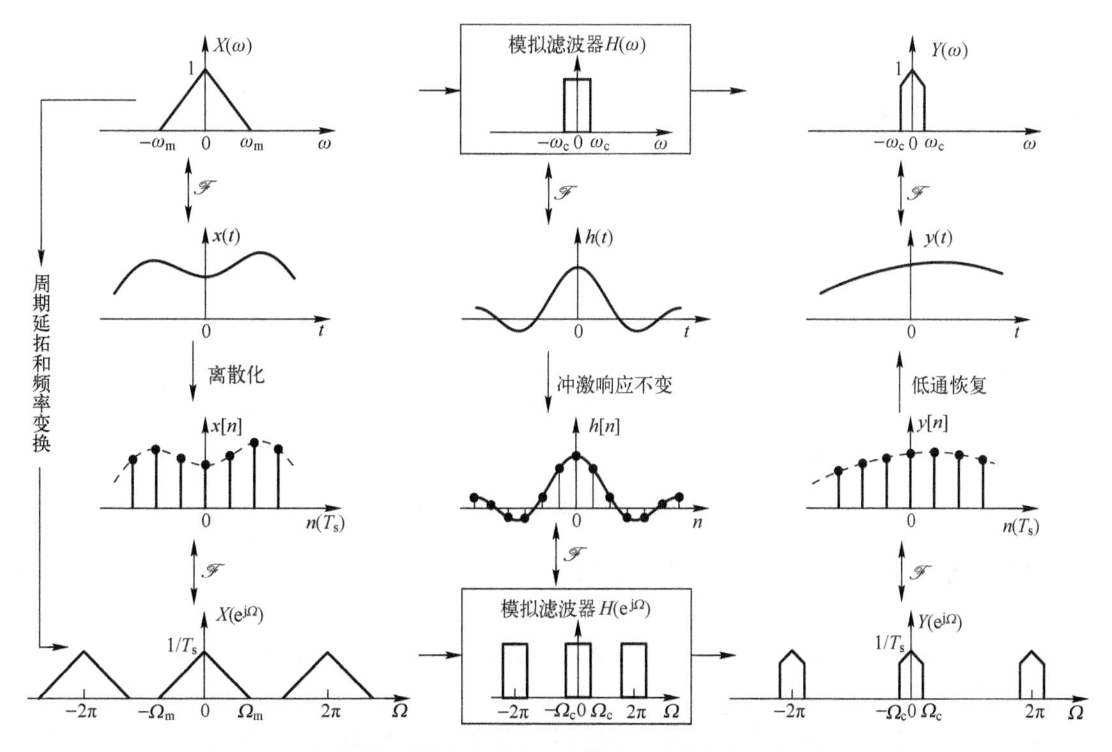

图 4.47　连续时间系统频率响应和离散时间系统频率响应之间的关系

*4.5　数字滤波——FIR 滤波器

在当今的电子设备设计与研发中，尽可能采用数字信号处理代替模拟电路，已经成为首先思路。数字滤波是最常用的信号处理方法，典型应用需求是滤除信号中的噪声和实现信号的分离。数字滤波器设计的主要方法源于经典的模拟滤波器设计理论，涵盖丰富且数学性较强的内容。本书介绍数字滤波器的目的是将其作为离散时间系统分析和设计的应用实例，加深理解连续时间系统频率响应与离散时间系统频率响应之间的关系。在此基础上理解数字滤波原理，掌握几种实用的设计和实现方法。

对数字滤波器的概念理解主要依托频域分析，这是将数字滤波器的部分内容编排在本章的目的所在，以便读者能够在“记忆犹新”的状态下学习“重要但难理解”的内容。然而，系统设计通常是依据系统函数 $H(s)$ 或 $H(z)$ 考虑的，s 域分析和 z 域分析将在第 5 章和第 6 章介绍，因此数字滤波器的另一部分内容编排在第 6 章，待建立了 $H(s)$ 和 $H(z)$ 的概念后再进行讨论。

在研究和研发过程中，常用 Matlab 中的滤波函数对数据进行滤波处理。为此，本章附录给出了函数调用示例。

4.5.1　数字滤波的核心原理——脉冲响应不变法

上小节讨论及图 4.47 揭示了数字滤波器和对应模拟滤波器之间的关系，即数字滤波器的频率响应函数是对应的模拟滤器频率响应函数的周期延拓和频率变量替换。在此概念基础上，形成了一种数字滤波器的设计方法——脉冲响应不变法，即

$$h[n]=T_{\mathrm{s}}\,h(t)\big|_{t=nT_{\mathrm{s}}} \tag{4-135}$$

其中系数T_{s}是为了使图 4.47 第四行右图$Y(\mathrm{e}^{\mathrm{j}\Omega})$的幅度归一化。

模拟低通滤波器是应用最为广泛的一类滤波器。这里以模拟理想低通滤波器的逼近为例，说明脉冲响应不变法的应用过程。模拟理想低通滤波器在理论分析和应用中都具有十分重要的地位，例如抽样信号恢复就是采用理想低通滤波器。理想低通滤波器的频率特性及其对应的冲激响应函数$h(t)$重绘于图 4.48。

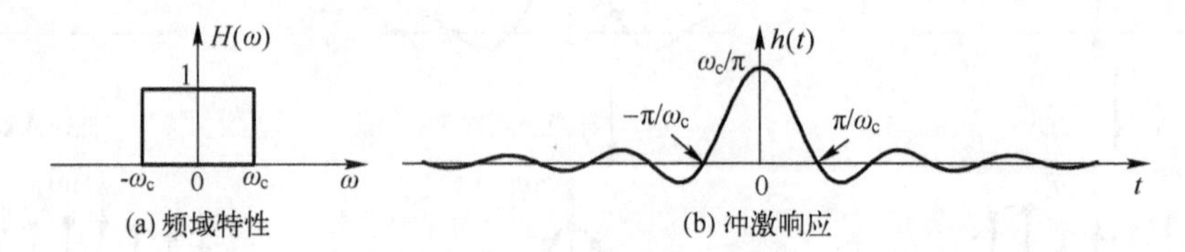

图 4.48　模拟理想低通滤波器

如果期望用数字信号处理的方法实现图 4.48(a)所示的理想低通幅频特性，根据冲激响应不变法的原理，只要按照式（4-135）对图 4.48(b)所示的$h(t)$抽样即可，其中T_{s}是满足不失真抽样要求的抽样频率。然而，这存在两个问题：第一，由于$t<0$时$h(t)\neq 0$，因此模拟理想低通滤波器是非因果系统；第二，$h(t)$抽样后为无限长序列。为此，可将$h[n]$进行平移和截断，如图 4.49(b)所示。平移截断后$h_1[n]$对应的幅频响应如图 4.49(a)所示。它不再是矩形，因此是对理想低通滤波器的逼近。

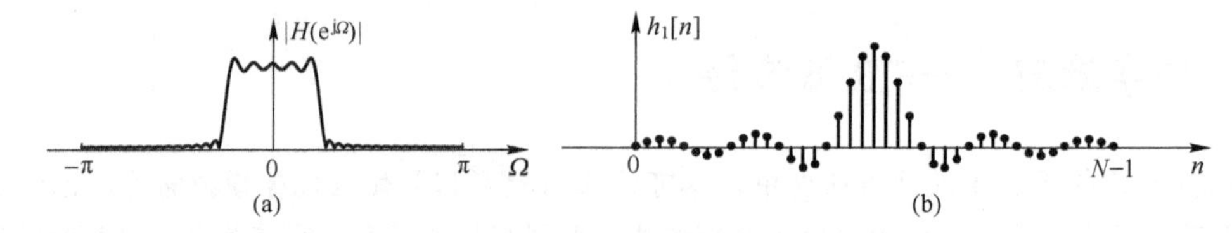

图 4.49　模拟理想滤波器$h_1[n]$的平移和截断

【例 4-21】 设模拟信号$x(t)=\sin 200\pi t+\sin 1000\pi t$，试采用理想低通滤波器逼近的方法，滤除$\sin 1000\pi t$。

【解】 $f_1=100\,\mathrm{Hz}$，$f_2=f_{\max}=500\,\mathrm{Hz}$。取抽样频率$f_{\mathrm{s}}=4f_{\max}=2000\,\mathrm{Hz}$，理想低通的截止频率$f_{\mathrm{c}}=300\,\mathrm{Hz}$（$f_1$和$f_2$的中点）。由式（3-114）知，暂不考虑时延$t_0$时（即令$t_0$=0），截止频率为$f_{\mathrm{c}}$的理想低通的冲激响应为

$$h(t)=\frac{1}{\pi t}\sin\omega_{\mathrm{c}}t \tag{4-136}$$

根据式（4-135）

$$h[n]=T_{\mathrm{s}}\,h(t)\big|_{t=nT_{\mathrm{s}}}=\frac{1}{n\pi}\sin\Omega_{\mathrm{c}}n\quad(\Omega_{\mathrm{c}}=\omega_{\mathrm{c}}T_{\mathrm{s}}) \tag{4-137}$$

假设取 21 点$h[n]$并平移后构成对应的数字滤波器冲激响应$h_1[n]$（$h_1[n]$波形参见图 4.50 左上图），其具体数值如表 4.1 所示。

在 Matlab 中通过计算$y[n]=x[n]*h_1[n]$进行滤波，滤波器输出$y[n]$如图 4.50 下图所示。不难理解，保留的$h[n]$点数越多，$h_1[n]$越接近矩形幅频特性。

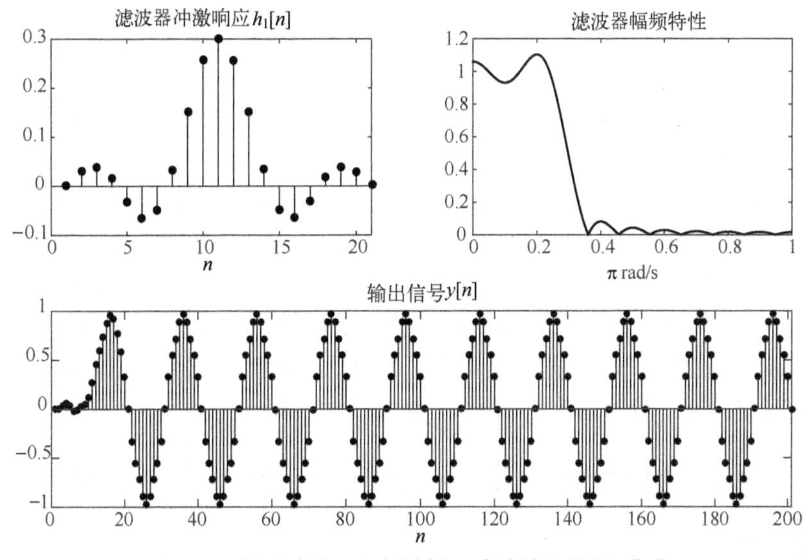

图 4.50　低通滤波器幅频特性及滤波输出信号 $y[n]$

表 4.1　实现的理想低通数字滤波器 $h_1[n]$

n	0	1	2	3	4	5	6	7	8	9	10
$h_1[n]$	0	0.0286	0.0378	0.0141	−0.0312	−0.0637	−0.0468	0.0328	0.1514	0.2575	0.3
n	20	19	18	17	16	15	14	13	12	11	
$h_1[n]$	0	0.0286	0.0378	0.0141	−0.0312	−0.0637	−0.0468	0.0328	0.1514	0.2575	

【例毕】

理想低通滤波器应该具备理想传输特性，即要求具有负斜率的线性相位特性，参见式（4-127）。虽然上面讨论理想低通滤波器的逼近时，并未提及相频特性问题，但是由 DTFT 的时移特性知

$$\text{DTFT}\{h[n-n_0]\}=\text{DTFT}\{h[n]\}\text{e}^{-\text{j}\Omega n_0}=H(\text{e}^{\text{j}\Omega})\text{e}^{-\text{j}\Omega n_0} \tag{4-138}$$

即负斜率线性相位特性对应于时域的延时。因此在上述设计过程中，对 $h[n]$ 的平移量对应于等效模拟系统的传输延时 t_0。换句话说，设计中对 $h[n]$ 的右移越大，所实现的滤波器具有的时延越大。

对 $h[n]$ 的截断意味着所逼近的 $h(t)$ 是时限信号。由“时域有限、频域无限”的概念知道，截断 $h(t)$ 的傅里叶变换 $H(\omega)$ 理论上具有无穷大带宽，将 $H(\omega)$ 进行周期延拓获得对应的数字滤波器 $H(\text{e}^{\text{j}\Omega})$，必然存在频率混叠，这是脉冲响应不变法的主要缺点之一。

脉冲响应不变法很好地揭示了数字滤波器的原理，但是在实际应用中使用不多。因为它需要知道系统的 $h(t)$，而在实际应用中直接确定 $h(t)$ 是比较困难的。如果确定了系统函数 $H(s)$，则没有必要将其变换为 $h(t)$，再采用脉冲响应不变法实现数字滤波器。另外，脉冲响应不变法实质上就是一个对 $h(t)$ 的抽样过程，概念简单且原理清晰，但它并非一种数字滤波器设计的好方法。在对滤波要求不高的场合，不失为一种简单实用的方法。

4.5.2　FIR 滤波器

如果用 $h[n]$ 表征数字滤波器，有两种情况：$h[n]$ 为有限长和 $h[n]$ 为无限长。数字滤波器也可按此划分为两大类型：有限长脉冲响应滤波器和无限长脉冲响应滤波器。通常直接用其英文缩写称为 FIR（Finite Impulse Response）滤波器和 IIR（Infinite Impulse Response）滤波器。本小节讨论 FIR 滤波器中的相关概念和应用，IIR 滤波器将在第 6 章介绍。

1．滑动均值滤波器

上述由脉冲响应不变法实现的理想低通滤波器是 FIR 滤波器的一个例子。滑动均值滤波器也是一种简单实用的 FIR 低通滤波器。在实际应用中，从传感器获得的数据通常有些波动，因此希望依据前若干个样值的均值进行后续计算，而不是仅仅依据当前时刻的单个样值，这样可以在一定程度上提高后续计算结果的可信性。对于此种需求，可以采用滑动均值滤波器实现。所谓滑动，即用一个“窗口”在数据流中滑动，每次只计算窗口内数据的均值。

假设当前时刻为 n，滑动均值取 M 个样值求平均，即

$$y[n]=\frac{1}{M}(x[n]+x[n-1]+\cdots+x[n-(M-1)])=\frac{1}{M}\sum_{m=0}^{M-1}x[n-m] \tag{4-139}$$

由于输出和输入是卷积关系

$$y[n]=\sum_{m=0}^{M-1}h[m]x[n-m]$$

对比可知滑动均值滤波器的冲激响应为长度等于 M 的有限长序列，且

$$h[n]=\{\frac{1}{M},\frac{1}{M},\cdots,\frac{1}{M}\} \quad （从 n=0 开始） \tag{4-140}$$

例如，取 $M=5$ 时，$h[n]$ 可表示为（参见图 4.51）

$$h[n]=\frac{1}{5}(\delta[n]+\delta[n-1]+\delta[n-2]+\delta[n-3]+\delta[n-4])$$

不难理解，M 值越大，平滑效果越好。滑动均值滤波是一种低通滤波器。图 4.52 示意了 $M=5$ 时的滑动均值滤波效果，其中图 4.52(a)是输入序列，图 4.52(b)是滤波器输出序列，从样值波动范围可以看到其低通的滤波效果。

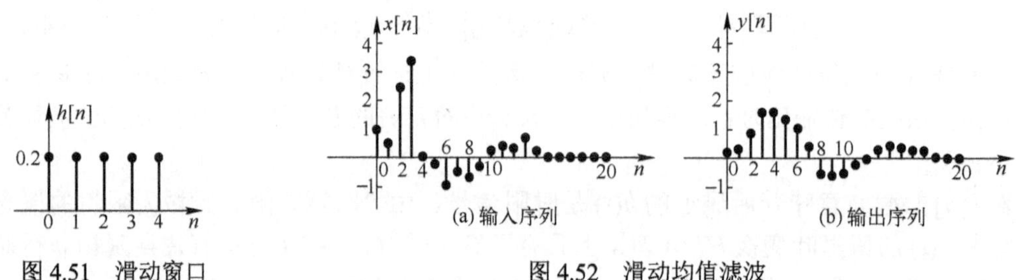

图 4.51 滑动窗口　　图 4.52 滑动均值滤波

2．图像滑动均值滤波

二维数字信号处理已经超出本书范围，但是图像的滑动均值滤波直观易懂，并且是实际应用中很多图像滤波算法的概念基础。

一幅不含彩色的灰度图像，在计算机内部就是用二维数组表示的像素点的灰度值。例如下列数组表示了一幅 8×8 点的灰度图像，其中灰度在[0, 255]范围内取值，0 灰度对应于一个“黑点”，255 灰度对应于一个“白点”。当将该数组值在屏幕上显示出来时，则为一幅 8×8 点灰度图像。从下面矩阵元素取值可以看出，其对应的图像是白色背景下，靠近底部有一个灰色的“+”号。

$$\begin{bmatrix} 255 & 255 & 255 & 255 & 255 & 255 & 255 & 255 \\ 255 & 255 & 255 & 255 & 255 & 255 & 255 & 255 \\ 255 & 255 & 255 & 180 & 180 & 180 & 255 & 255 \\ 255 & 255 & 255 & 180 & 180 & 180 & 255 & 255 \\ 255 & 180 & 180 & 180 & 180 & 180 & 180 & 180 \\ 255 & 180 & 180 & 180 & 180 & 180 & 180 & 180 \\ 255 & 255 & 255 & 180 & 180 & 180 & 255 & 255 \\ 255 & 255 & 255 & 180 & 180 & 180 & 255 & 255 \end{bmatrix}$$

应用中常采用一个二维的滑动窗口，例如 3×3 或 5×5 的窗口，对图像进行滑动滤波。如果是求均值，则为图像的滑动均值滤波。假设采用 3×3 窗口，则上例矩阵第 2 行第 2 列像素位置滤波后的值应该是“邻近”点的均值，即

$$y[2,2]=\frac{1}{9}(x[1,1]+x[1,2]+x[1,3]+x[2,1]+x[2,2]+x[2,3]+x[3,1]+x[3,2]+x[3,3])=255$$

因此，不难理解一个 3×3 二维滑动均值滤波器的冲激响应 $h[m,n]$ 可以写为

$$h[m,n]=\frac{1}{9}\begin{bmatrix} 1 & 1 & 1 \\ 1 & 1 & 1 \\ 1 & 1 & 1 \end{bmatrix}$$

图 4.53 给出了一幅图像滑动均值滤波的效果。可以看到滤波后图像中的噪声减弱，但图像也变得模糊（大尺寸显示时会比较明显）。

(a) 含噪声图像

(b) 滤波后图像

图 4.53　图像滑动均值滤波

*3. FIR 滤波器的窗函数

由上面的讨论可知，如果用冲激响应函数表征所设计的数字滤波器，通常需要进行截断处理。滑动滤波中输入数据的分段处理，也等价于一个矩形“窗口”函数在不断地移动。简言之，FIR 滤波器的冲激响应函数可以写为

$$h_{\text{FIR}}[n]=h[n]w[n] \tag{4-141}$$

其中 $h_{\text{FIR}}[n]$ 是截断后的 FIR 滤波器的冲激响应函数，$w[n]$ 是窗函数。对于 $h[n]$ 的直接截断，相当于上式中 $w[n]$ 采用矩形窗，例如，一维滑动均值滤波器的冲激响应函数可写为

$$h_{\text{FIR}}[n]=\frac{1}{M}w[n]$$

然而，由频域分析中获得的基本概念可知，矩形序列具有较为丰富的高频分量，这会导致$h_{\mathrm{FIR}}[n]$所对应的$H_{\mathrm{FIR}}(\mathrm{e}^{\mathrm{j}\Omega})$在通带外的衰减有可能达不到要求。为此，在 FIR 滤波器的设计中可以采用非矩形的窗函数，较为典型的有汉宁窗（Hanning）、汉明窗（Hamming）、布莱克曼（Blackman）窗等。各窗函数波形及设计后得到的滤波器幅频特性分别如图 4.54～图 4.56 所示。表 4.2 给出了窗函数表达式和 FIR 滤波器设计参数。采用非矩形窗函数可以加大通带外的抑制。

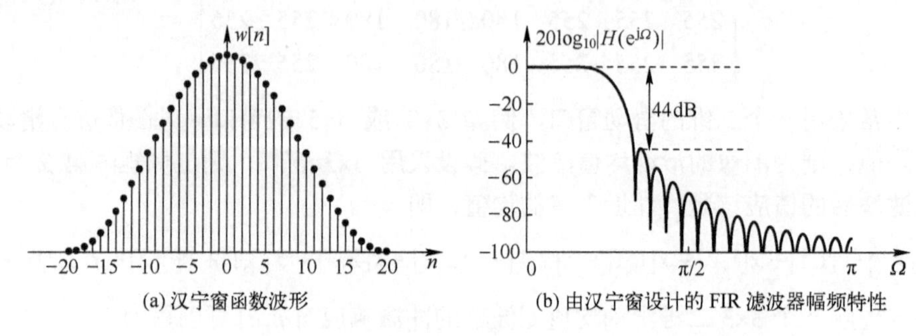

图 4.54 汉宁窗函数波形及汉宁窗设计的 FIR 滤波器幅频特性

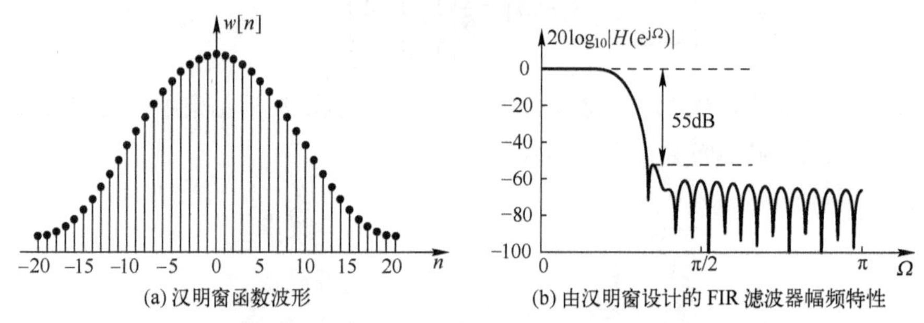

图 4.55 汉明窗函数波形及汉明窗设计的 FIR 滤波器幅频特性

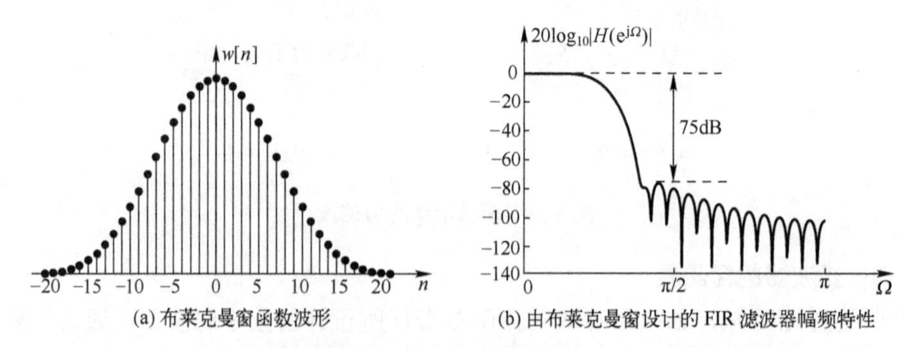

图 4.56 布莱克曼窗函数波形及布莱克曼窗设计的 FIR 滤波器幅频特性

表 4.2 FIR 滤波器设计参考

窗型	窗函数 $\lvert n\rvert\leqslant\frac{N-1}{2}$	窗长度 N B_{T}为过渡带宽	滤波器阻带衰减（dB）	通带波纹（dB）
矩形	1	$0.91\cdot\frac{f_{\mathrm{s}}}{B_{\mathrm{T}}}$	21	−0.9
汉宁	$0.5+0.5\cos\left(\frac{2\pi n}{N-1}\right)$	$3.32\cdot\frac{f_{\mathrm{s}}}{B_{\mathrm{T}}}$	44	−0.06

续表

窗型	窗函数 $\|n\|\leqslant\frac{N-1}{2}$	窗长度 N B_{T}为过渡带宽	滤波器阻带衰减（dB）	通带波纹（dB）
汉明	$0.54+0.46\cos\left(\frac{2\pi n}{N-1}\right)$	$3.44\cdot\frac{f_{\mathrm{s}}}{B_{\mathrm{T}}}$	55	-0.02
布莱克曼	$0.42+0.5\cos\left(\frac{2\pi n}{N-1}\right)$ $+0.08\cos\left(\frac{4\pi n}{N-1}\right)$	$5.98\frac{f_{\mathrm{s}}}{B_{\mathrm{T}}}$	75	-0.0014

*4．低通FIR滤波器设计步骤

前面内容阐述的主要目的是理解数字滤波器的核心原理和FIR滤波器的基本概念。这里介绍如何设计一个能满足频域指标的低通FIR滤波器。

模拟低通滤波器和数字低通滤波器的频域指标可分别用图4.57(a)和图4.57(b)描述，两图的主要区别是角频率及其最大值范围不同。

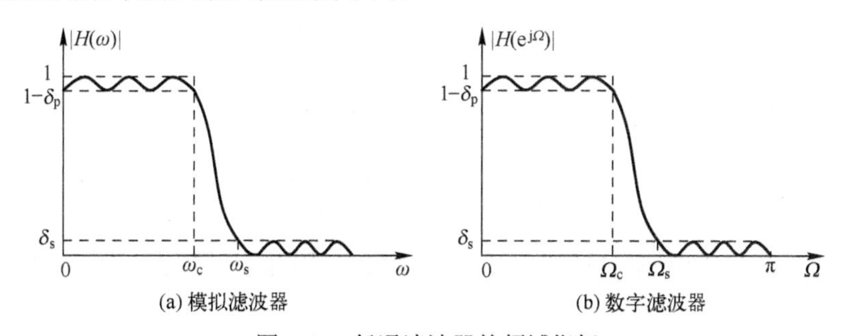

图4.57　低通滤波器的频域指标

作为低通滤波器设计，比较重要的指标是通带截止频率ω_{c}（cutoff）和阻带边界频率ω_{s}（stop）位置的选取。它们决定了过渡带的宽窄，过渡带越窄则要求FIR窗函数越长，意味着滤波器产生的时延越大。FIR滤波器窗长度一般在几十到二百。阻带衰减通常用dB表示，一般定义为

$$\text{阻带衰减(dB)}=20\log_{10}\frac{|H(\omega_{\mathrm{c}})|}{|H(\omega_{\mathrm{s}})|}\tag{4-142}$$

在表4.2中用汉明窗设计的FIR滤波器，其阻带衰减可达55dB，代入上式可以算得$|H(\omega_{\mathrm{s}})|=0.001778(|H(\omega_{\mathrm{c}})|=1)$。矩形窗21dB对应$|H(\omega_{\mathrm{s}})|=0.0891251$，这就是说阻带内信号被滤波器衰减到原有幅度的8.9%，显然在某些应用场合这个残留幅度偏大。可适当记忆dB的典型值，衰减每增加6dB，信号幅度降半，因为$-20\log_{10}0.5=6.02$。另外，由于一般定义通带的最大增益为1，又称归一化增益，所以通带最大增益为0dB。

通带波纹衡量的是通带范围内，由于波纹的存在导致增益损失的程度，用dB计量时定义为

$$\text{通带波纹(dB)}=20\log_{10}(1-\delta_{\mathrm{p}})$$

在表4.2中用矩形窗设计的FIR滤波器，其波纹为-0.9dB，代入上式可以算得$\delta_{\mathrm{p}}=0.09843$，或通带内的最小增益$(1-\delta_{\mathrm{p}})=0.90157$，即在一些频点上信号通过滤波器后幅度下降大约10%。用汉明窗设计的FIR滤波器，其波纹为-0.02dB，计算可得通带内最小增益$(1-\delta_{\mathrm{p}})=0.9977$。可以看到，如果对通带和阻带有要求，一般不采用矩形窗。

理解了相关频域指标定义后，现在考虑如何基于理想低通滤波器脉冲响应不变法，设计有频域指标要求的 FIR 低通滤波器。一般将理想低通截止频率 ω_1 放置在过渡带中点位置。在这个假设下，可以将 FIR 低通滤波器的设计步骤概括如下。

（1）根据应用需求确定模拟通带截止频率 ω_c 和阻带边界频率 ω_s；

（2）选择模拟理想低通滤波器的截止频率 $\omega_1=(\omega_c+\omega_s)/2$；

（3）计算模拟理想低通截止频率 ω_1 对应的数字频率 $\Omega_1=\omega_1/f_s$，并确定数字理想低通滤波器的脉冲响应

$$h[n]=\frac{\sin\Omega_1 n}{\pi n}$$

【例 4-22】 设 $x(t)=\sin 2000\pi t+\sin 8000\pi t$，试设计一个 FIR 低通滤波器，该滤波器能滤除 4kHz 信号，且阻带衰减可以达到 40dB。假定抽样频率为 10kHz。

【解】对应上述设计步骤有：

（1）由于要求能通过 1kHz 信号且滤除 4kHz 信号，为留有一定余量，可取通带截止频率 f_c=2kHz，阻带边界频率 f_s=3kHz。过渡带带宽 B_T = 3−2=1kHz。

（2）取模拟理想低通滤波器的截止频率 f_1=(2+3)/2=2.5kHz。

（3）频率映射 $\Omega_1=2\pi f_1/f_s=2\pi\times 2500/10000=0.5\pi$。由式（4-137）

$$h[n]=\frac{\sin\Omega_1 n}{\pi n}=\frac{\sin 0.5\pi n}{\pi n}$$

（4）选择窗函数。由于要求阻带衰减达到 40dB，因此可以从表 4.2 中选择汉宁窗。对应的窗长度为

$$N=3.32\frac{f_s}{B_T}=3.32\times\frac{10}{1}=33.2\text{，取 }N=33$$

（5）确定窗函数

$$w[n]=0.5+0.5\cos\frac{2\pi n}{N-1}=0.5+0.5\cos\frac{\pi n}{16}$$

（6）确定 FIR 低通滤波器的脉冲响应函数。为了实现因果系统，需进行平移，即

$$\begin{aligned}h_{\text{FIR}}[n]&=h[n-16]w[n-16]\\&=\frac{\sin[0.5\pi(n-16)]}{\pi(n-16)}\left[0.5+0.5\cos\frac{\pi(n-16)}{16}\right],\quad n=0,1,2,\cdots,32\end{aligned}$$

【例毕】

*4.6 Matlab 实践

4.6.1 fft 函数调用和谱线分析

1. fft 函数调用最简示例

当需要利用 FFT 算法计算信号的 DFT 时，可调用函数 fft。最简单实用的调用格式为

$$Y=\text{fft}(x)$$

其中 x 是时域序列，Y 是计算所得 DFT 序列。如果待处理信号是一维的，$\boldsymbol{x}$ 可以是行矢量，

也可是列矢量。如果 x 是矩阵，Matlab 将按列计算信号的 DFT。

下面是对 $x[n]=u[n]-u[n-2]$ 分别求 2 点和 4 点 DFT 的示例代码。

```
% filename: fft_example1.m
x1 = [1,1]';                % '是转置，用列矢量赋值
Y1 = fft(x1);
x2 = [1,1,0,0]';            %补零至长度为 4
Y2 = fft(x2);
figure(1)
subplot(2,1,1)
stem(abs(Y1),'k');          %函数 abs()为取绝对值(实数时）或取模（复数时）
subplot(2,1,2)
stem(abs(Y2),'k');          %参数'k'将蓝线绘制改为黑线绘制
```

运行后的计算结果是（其中 i 表示复数的虚部）

```
Y1 = 2;0
Y2 =[2.000000000000000 + 0.000000000000000i;
     1.000000000000000 - 1.000000000000000i;
     0.000000000000000 + 0.000000000000000i;
     1.000000000000000 + 1.000000000000000i]
```

输出图形如图 4.58 所示，上图是 2 点 DFT，下图是 4 点 DFT。

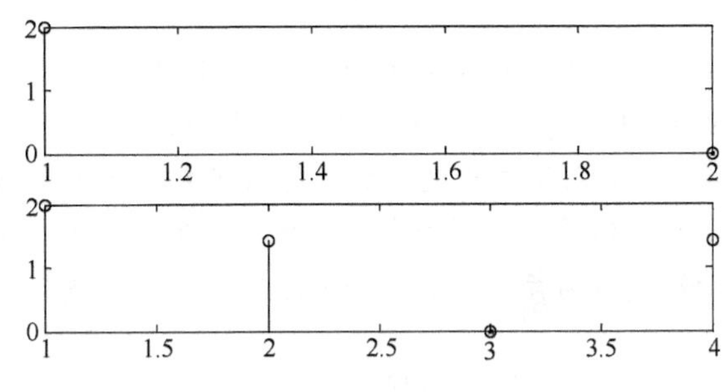

图 4.58　$x[n]=u[n]-u[n-2]$ 的 $|X[k]|$

2．谱线识读

对于初学者来说，往往不能解读图 4.58 给出的 FFT 结果，尤其是上面的 Matlab 程序并没有从“易读性”考虑，增加一些“额外”代码。为此，这里给出如下几点说明。

（1）横坐标值。对于本例，非整数横坐标值是无意义的。在没有任何处理代码的情况下，Matlab 绘图的横坐标就是待绘制数据矢量的下标（从 1 开始的数组元素下标/编号），Matlab 插入非整数值横坐标是因为数据点数过少。

（2）谱线条数。图 4.58 中，上图为 2 点 FFT，因此 2 点 $X[k]$ 值分别绘制在横坐标 1 和 2 处，对应于 $X[0]$ 和 $X[1]$；下图为 4 点 FFT，4 点 $X[k]$ 值分别绘制在横坐标 1, 2, 3, 4 处，对应于 $X[0],X[1],X[2],X[3]$。纵坐标是复数的模值 $|X(k)|$。

（3）谱线的对称性。如果 $x[n]$ 是实信号，则除谱线 $X[0]$ 外，其余 $|X(k)|$ 谱线必定关于 $\Omega=\pi$ 对称。因此有：

当 N 为偶数时，$\Omega=\pi$ 必有一条谱线。例如 2 点 FFT 时，$X[1]$ 必是 $\Omega=\pi$ 的谱线。4 点 FFT 时，$X[2]$ 必是 $\Omega=\pi$ 的谱线，$X[1]$ 和 $X[3]$ 关于 $\Omega=\pi$ 对称。

当 N 为奇数时，$\Omega=\pi$ 无谱线。除 $X[0]$ 外，其余 N-1 条谱线关于 $\Omega=\pi$ 对称。

（4）物理谱范围内的谱线。fft 函数给出的是 $[0,2\pi)$ 区间上的谱线。落在 $[0,\pi]$ 闭区间内

的谱线都是物理谱，即对应于模拟频率范围$[0, f_2/2]$Hz（如果该信号是由连续时间信号抽样而得）。N 点 $X[k]$ 将$[0,2\pi)$ 区间进行了 N 的分割。

3．谱线解读和频谱分析

首先产生一段仿真信号。

```
% filename = sig_for_fft.m
Fs = 1000;  Ts = 1/Fs;  % 抽样频率和抽样间隔
L = 1024;     % 数据长度 1024 = 2^10
t = (0:L-1)*Ts;  % 产生时间点
x = 0.7*sin(2*pi*50*t) + sin(2*pi*120*t);  % 50Hz 和 120Hz 正弦叠加
y = x + 2*randn(size(t));  % 再叠加强噪声（幅度强于正弦信号）
figure(1); plot(1000*t(1:100),y(1:100),'k');
xlabel('t/ms');
```

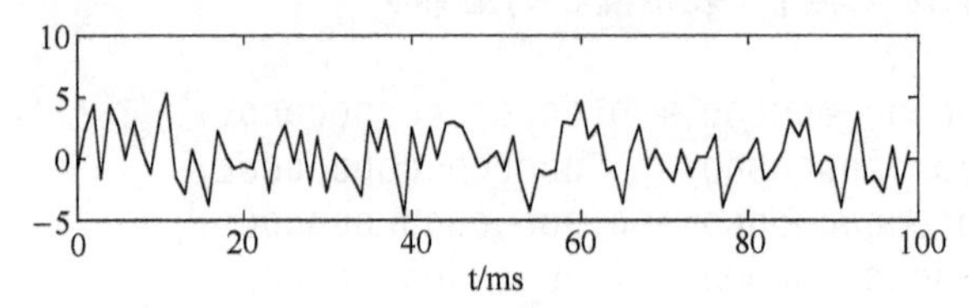

图 4.59　含噪正弦信号

从代码可以看到，生成的仿真信号是频率分别为 50Hz 和 120Hz 两个正弦信号和正态分布噪声的叠加。从图 4.59 可以看到，由于噪声幅度较强，正弦信号已经湮没在噪声中。

假定我们并不知道图 4.59 所示信号的构成，即假定它不是一个仿真信号，例如来自某种传感器的信号，但需要判定信号中是否含有正弦频率分量，以及正弦信号的频率（如果含有），那么采用 FFT 分析则是最为简单而有效的方法。在上述代码后，增加下列代码行。运行后结果如图 4.60 所示。

```
% filename = sig_for_fft.m （续前段代码）
Y = fft(y);  %对上述时域信号计算 FFT
f = (0:2/L:1)*Fs/2; %横轴标选为 f,即物理谱范围内[0,Fs/2]Hz 的模拟频率。
figure(2); plot(f,2*abs(Y(1:L/2+1)),'k');
xlabel('Frequency/Hz'); ylabel('|Y(f)|');
```

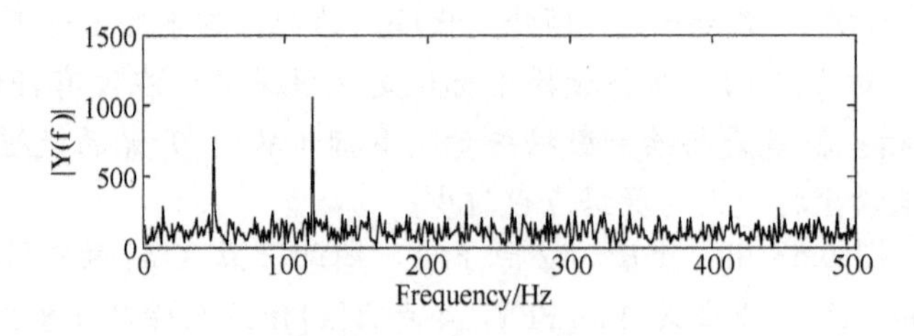

图 4.60　图 4.59 信号的 FFT/物理谱

由图 4.60 可以看到两个非常明显的峰值，即可肯定该信号至少在大约 50Hz 和 120Hz 附近各含有一个正弦信号（可在 Matlab 中通过图的水平放大，读到相对准确的横坐标频率，读者可尝试操作）。

对该示例再给出以下几点说明和注意要点。

（1）抽样频率和最高信号频率。信号的最高频率是 120Hz，程序中抽样频率取了

1kHz，为信号最高频率的 8.33 倍。如第 1 章 Matlab 实践部分提及，如果要用 Matlab 仿真一个“模拟信号”，抽样频率应该至少是信号最高频率的 8～10 倍。

（2）FFT 点数和最低频率信号周期。程序中 FFT 的样值点数取为 1024（$2^{10}=1024$）。但 Matlab 中 fft 函数的调用并不要求点数是 2 的幂，也不要求是偶数，当然点数为 2 的幂时最佳。对于 FFT 点数的考虑主要还是最低频率信号的周期，即 FFT 点数至少包含最低频率信号的一个完整周期，才能较好地体现最低频率信号的“正弦”。例如本例中，抽样频率和最低信号频率比为 1000/50=20，即在最低频率信号的一个周期内有 20 个样值，因此 FFT 的点数至少要大于 20，包含的最低频率信号周期数越多，效果会越好（峰值会更凸显）。

（3）物理谱线范围。清晰地知道哪些 FFT 谱线是物理谱范围内的谱线，是谱线分析中最基本的要求。本小节前面的讨论已经指出，当 N 为偶数时，在 $\Omega=\pi$ 处必有一条谱线，[0, π]范围内物理谱线的条数必为 $\frac{N}{2}+1$，对应于 $X[0]\sim X[N/2]$。

（4）物理谱线对应的模拟频率范围。[0, π]内的谱线对应的模拟频率范围是[0, f_s/2]，对于本例即为[0, 500Hz]。

（5）谱线位置下标和模拟频率的换算。由于每条谱线对应的模拟频率间隔为 $\Delta f=f_s\cdot\frac{\Delta\Omega}{2\pi}=\frac{f_s}{N}$。由于 Matlab 下标采用“从 1 开始”的机制，因此可以得到谱线位置 k 和对应模拟频率 f 之间的关系为

$$f=(k-1)f_s/N \tag{4-143}$$

例如对于本例，$k=52$ 时，$f=49.8047\text{ Hz}$；$k=124$ 时，$f=120.1172\text{ Hz}$。

（6）频率估计误差。对于本例，$k=52$ 和 $k=124$ 是两个谱线峰值位置，因此当用 FFT 对此信号进行频率估计时，会认为信号中包含 $f=49.8047\text{ Hz}$ 和 $f=120.1172\text{ Hz}$ 的正弦信号，与 50Hz 和 120Hz 有一定的误差，产生这个误差的主要原因是对 $X(\mathrm{e}^{\mathrm{j}\Omega})$ 的抽样，不可能使频域的样值恰好落在 50Hz 和 120Hz 模拟频点上。

（7）stem 和 plot 的使用。如果和教材中离散序列波形对应，本例中应该使用函数 stem，而不是 plot。但是当点数较多时，用 stem 绘图不够清晰，使用 plot 函数更合适一点。

4.6.2　数字滤波函数调用和信号的数字滤波

1．数字滤波器设计函数 fir2

Matlab 中 fir2 是基于理想滤波器的频域描述进行滤波器设计的函数，其使用比较方便，特别适合于初学者和不要求严格控制通带阻带指标的应用场合。从使用角度讲，它有如下主要特点。

（1）它可以完成低通、高通、带通、带阻各种类型滤波器的设计。用 fir2 设计后，再调用 filter 函数对数据进行滤波。

（2）用 fir2 设计的滤波器一定是稳定的（用户没有滤波器稳定性的担忧）。

fir2 函数的基本调用格式为

$$b=\mathrm{fir2}(n,\boldsymbol{f},\boldsymbol{m})$$

其中 n 是滤波器的阶数，$\boldsymbol{f}$ 是对滤波器通带/阻带频点描述的矢量，$\boldsymbol{m}$ 是与 $\boldsymbol{f}$ 给出频点对应的增益描述，b 是返回的滤波器的冲激响应（在第 6 章可知，b 也是 $H(z)$的分子多项式系

数）。下面结合代码具体说明，该段代码用 fir2 实现理想低通滤波器（严格讲是逼近理想低通特性）。

```
% filename = fir2_lpf.m
f = [0 0.6 0.6 1]; %通带阻带的端点（数字频点）的描述，共 4 点。参见图 4.56
m = [1 1 0 0]; %通带阻带端点出的增益，该 m 值表示是一个低通
b = fir2(30,f,m); %30 阶是经验值，可通过 freqz 观察是否符合要求
[h,w] = freqz(b,1,128);%求所设计滤波器频域特性
figure(1);
plot(f,m,'--k'); %用黑色虚线绘制理想低通滤波器的幅频特性
hold on; %还在 figure(1)上绘制，如果没有 hold on，则会覆盖前面已绘制的曲线
plot(w/pi,abs(h)); %绘制所设计滤波器的频率响应特性
```

运行程序后，读者可以在 Matlab 中观察下 freqz 的返回值 h 和 w 的取值，这里不作讨论。对于图 4.61，我们给出以下几点说明。

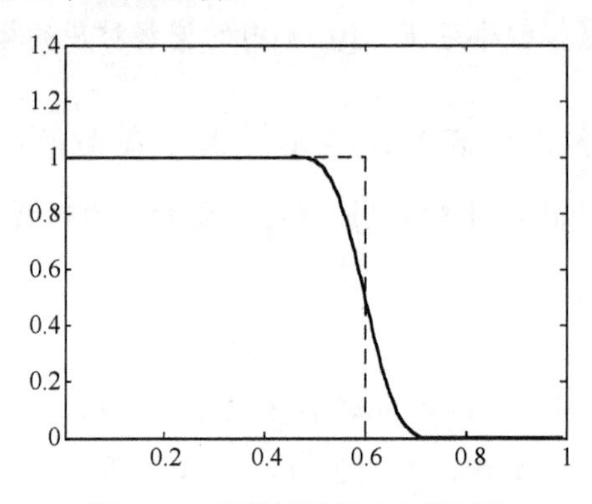

图 4.61　理想低通和 fir2 的逼近

（1）图中横坐标的范围是[0, 1]对应于数字角频率$[0,\pi]$。通带范围是$[0,\ 0.6\pi]$，因此是一个低通滤波器，且滤波器的带宽比较大（如果用模拟滤波器实现宽带低通，有时还是比较困难的）。

（2）该段代码仅是数字滤波器的设计，没有和模拟信号频率发生关联。当用于模拟信号的数字滤波时，则需要进行模拟频率和数字频率的映射。由于 fir2 函数将 $f_s/2$ 映射到数 1，因此对于任意一个模拟信号频率，其映射关系为

$$f=\frac{f_{sig}}{f_s/2} \tag{4-144}$$

其中 f_{sig} 是模拟信号频率，f 是 fir2( )中[0, 1]之间的数字频率，f_s 是抽样频率。

（3）由图可以看到，过渡带范围大约为[0.5, 0.7]（理想低通截止频率位于其中点 0.6），相当于整个频率范围的 1/5，对于很多应用场合都偏大。当将滤波器阶数 n 从 30 提到 300 时，上述代码设计出的过渡带大概在[0.58, 0.62]，更加逼近理想低通。因此，用 fir2 函数设计滤波器时，滤波器阶数的经验值在几十到几百。阶数大会导致滤波器的延时大，例如 n=30 时，滤波器的前 30 个样值通常是不能用的（属于过渡值）；n=300 时，则大约有 300 个过渡值。另外，即便不在乎延时大小，fir2 函数也不允许将阶数值取得太大，否则代码执行时 Matlab 会报错，或者说，fir2 函数不能实现过于陡峭和过窄带宽的滤波器。

（4）如果要实现高通、带通、带阻滤波器，只要改变参数 f 和 m 的描述即可。例如，

```
f = [0 0 0.3 0.5 0.5 1];
m = [0 0 1 1 0 0];
```

则是描述了带通滤波器，通带范围是[0.3, 0.5]。

2. 数字滤波

Matlab 函数中实现滤波过程的函数是 filter，其基本调用格式如下：

$$y = \text{filter}(b,a,x)$$

其中 b 和 a 是离散时间系统函数 $H(z)=\dfrac{b(z)}{a(z)}$ 分子分母多项式的系数（$H(z)$ 第 6 章将介绍，这里理解为 $H(e^{j\Omega})$ 即可），对于用 fir2 设计的滤波器，b 是 fir2 的返回值，a=1。x 是待滤波的信号序列，y 是滤波后的信号值。

现将上面几个例子的代码整理合并为一个滤除 50Hz 交流工频干扰的滤波处理代码。

```
% filename = fir2_filter.m
% 产生仿真信号，50Hz 正弦波是工频干扰信号，120Hz 是有用信号
Fs = 1000;  % 抽样频率 1000
Ts = 1/Fs;  % 抽样间隔
L = 1024;   % 数据长度 1024 = 2^10
t = (0:L-1)*Ts;  % 产生时间点
x = 0.4*sin(2*pi*50*t) + sin(2*pi*120*t);  % 50Hz 干扰+120Hz 信号
figure(1)
subplot(2,1,1); plot(t,x,'k');
title('Signal with 50Hz interference');
subplot(2,1,2); plot(t(1:300),x(1:300),'k');
title('First 0.3s');
% 设计滤波器
% 按照式 (4-144)将模拟频率映射到[0,1]区间
f50 = 50/(Fs/2); f120 = 120/(Fs/2);
% 设计高通滤波器滤除 50Hz，保留 120Hz 信号
fc = (f50+f120)/2; %取 f50 和 f120 的中点为截止频率
f = [0 fc fc  1]; m = [0 0 1 1];
b = fir2(200,f,m); %实验确定阶数为 200，对于 120Hz 信号无衰减
[h,w] = freqz(b,1,128);
f_analog = w/pi*(Fs/2); %为便于观察，转变为模拟频率
figure(2);
plot(f_analog,abs(h),'k');  %观察频率响应特性是否符合要求
title('Frequency/Hz');
% 对 x 进行数字滤波
y = filter(b,1,x);
figure(3);
subplot(2,1,1); plot(t,y,'k');
title('Filtered signal');
subplot(2,1,2); plot(t(1:300),y(1:300),'k');
title('First 0.3s');
```

程序输出图如图 4.62、图 4.63 和图 4.64 所示。由输出的图可以看到，120Hz 正弦信号叠加了 50Hz 工频强干扰后，信号幅度有起伏，经过滤波后成为等幅正弦信号（参见图 4.64），但滤波会产生时延。

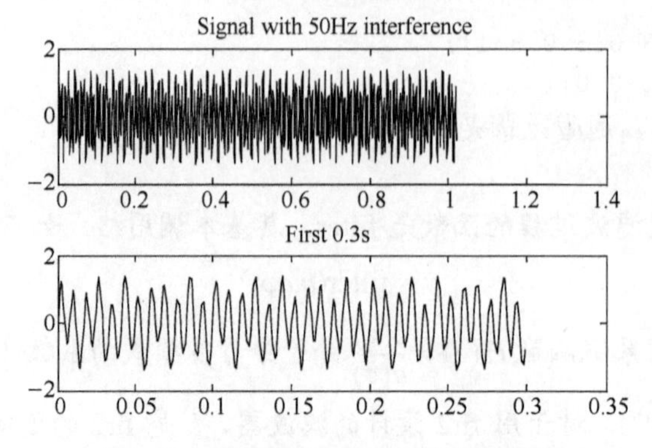

图 4.62 滤波前含 50Hz 干扰信号波形

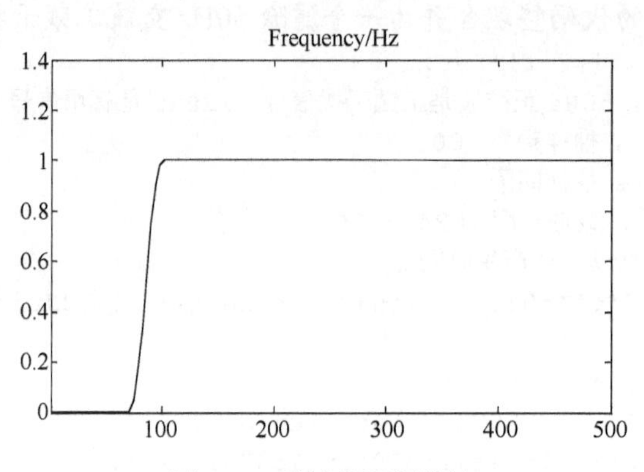

图 4.63 滤波器幅频特性

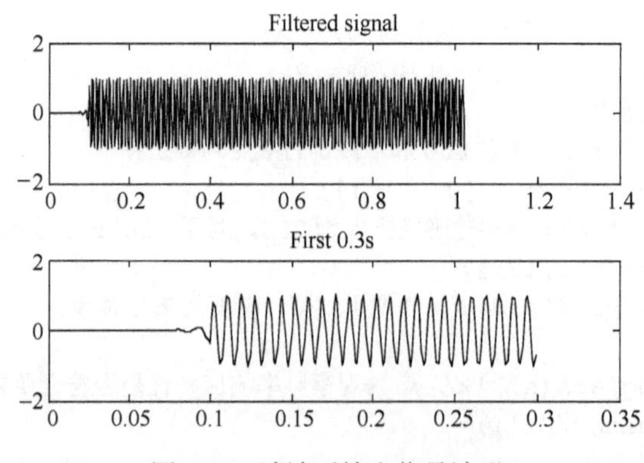

图 4.64 滤波后输出信号波形

3．分段滤波

需要注意到的是在上面的代码中，1024 点数据 x 经过 filter 函数滤波处理，输出 y 也是 1024 点（包括前面有一段过渡状态数据）。事实上，对于一个 n 阶的 fir 滤波器，内部有 n 个延时单元，因此在 filter 内部还有 n 点保存在延时单元中的数据，还没有输出。可以通过下面的调用格式将其输出

$$[y, \mathrm{zf}] = \mathrm{filter}(b,a,x)$$

其中返回值 zf 即为延时单元（寄存器）中的数据。

在处理离线数据时，所有的数据可以向上面一样进行一次性滤波处理。但是在线

(online) 处理数据或者数据太长时，必须进行分段滤波，并且要注意将上一段 zf 值，作为下一段滤波的初始状态值，代入下一段滤波函数调用中，即采用下列调用格式

$$[y, \mathrm{zf}] = \mathrm{filter}(b, a, x, \mathrm{zi})$$

其中 zi 就是上次滤波输出的 zf。

习　题

4.1　求下列离散周期信号的傅里叶级数系数。

（1）$x[n]=\sin\frac{(n-1)\pi}{6}$　　（2）$x[n]=\cos\frac{2\pi}{3}n+\cos\frac{2\pi}{7}n$

（3）$x[n]=\cos\frac{\pi}{4}n-\cos\frac{\pi}{6}n$　　（4）$x[n]=\left(\frac{1}{2}\right)^n$ $(0\leqslant n\leqslant 3)$，周期 $N=4$

（5）$x[n]=\sum_{l=-\infty}^{\infty}\left(u[n-5l]-u[n-4-5l]\right)$　　（6）$x[n]=(-1)^n$

4.2　已知周期信号 $x[n]$ 的傅里叶级数系数 c_k 及其周期 N，试确定信号 $x[n]$。

（1）$c_k=\cos\frac{\pi}{6}k+\sin\frac{5\pi}{6}k$，　$N=12$

（2）$c_k=\left(\frac{1}{2}\right)^{|k|}$　$(-2\leqslant k\leqslant 2)$，　$N=7$

4.3　求下列序列的离散时间傅里叶变换（DTFT）。

（1）$x[n]=u[n]-u[n-6]$　　（2）$x[n]=\left(\frac{1}{3}\right)^n\left(u[n+3]-u[n-4]\right)$

（3）$x[n]=u[n+4]-u[n-2]$　　（4）$x[n]=n\left(u[n]-u[n-4]\right)$

（5）$x[n]=\left(\frac{1}{2}\right)^n u[n]$　　（6）$x[n]=2^n u[-n]$

4.4　利用 DTFT 的性质求下列序列的 DTFT。

（1）$x[n]=a^n\cos\Omega_0 n u[n]$　$(|a<1|)$　　（2）$x[n]=n\left(u[n+N]-u[n-N-1]\right)$

（3）$x[n]=n\left(\frac{1}{2}\right)^{|n|}$　　（4）$x[n]=\sin\left(\frac{\pi}{4}n\right)\left(\frac{1}{2}\right)^n u[n]$

4.5　已知 $x[n]$ 的 DTFT 为 $X(\mathrm{e}^{\mathrm{j}\Omega})$，求下列序列的 DTFT。

（1）$x[n-n_0]$　　（2）$\mathrm{Re}\{x[n]\}$

（3）$\mathrm{Im}\{x[n]\}$　　（4）$x[n]\cos\Omega_0 n$

4.6 已知离散信号的 DTFT 为 $X(\mathrm{e}^{\mathrm{j}\Omega})$，求其对应的时域信号 $x[n]$。

（1）$X(\mathrm{e}^{\mathrm{j}\Omega})=\begin{cases}0, & 0\leqslant\Omega\leqslant\omega \\ 1, & \omega<\Omega\leqslant\pi\end{cases}$　　（2）$X(\mathrm{e}^{\mathrm{j}\Omega})=2+4\mathrm{e}^{\mathrm{j}2\Omega}+3\mathrm{e}^{\mathrm{j}3\Omega}+5\mathrm{e}^{\mathrm{j}6\Omega}$

（3）$X(\mathrm{e}^{\mathrm{j}\Omega})=\sum_{l=-\infty}^{\infty}(-1)^l\delta(\Omega-\frac{\pi}{2}l)$　　（4）$X(\mathrm{e}^{\mathrm{j}\Omega})=\cos^2\Omega$

（5）$X(\mathrm{e}^{\mathrm{j}\Omega})=\cos\frac{\Omega}{2}+\mathrm{j}\sin\Omega$　$(-\pi\leqslant\Omega\leqslant\pi)$

4.7　设两个离散 LTI 系统的频率响应分别为

$$H_1(\mathrm{e}^{\mathrm{j}\Omega})=\frac{2-\mathrm{e}^{-\mathrm{j}\Omega}}{1+\frac{1}{2}\mathrm{e}^{-\mathrm{j}\Omega}},\quad H_2(\mathrm{e}^{\mathrm{j}\Omega})=\frac{1}{1-\frac{1}{2}\mathrm{e}^{-\mathrm{j}\Omega}+\frac{1}{4}\mathrm{e}^{-\mathrm{j}2\Omega}}$$

将这两个系统级联后，求描述整个系统的差分方程。

4.8　设离散 LTI 系统的差分方程为 $y[n]+\frac{1}{2}y[n-1]=x[n]$，求该系统的频率响应 $H(\mathrm{e}^{\mathrm{j}\Omega})$。

*4.9　设 $x[n]$ 和 $y[n]$ 是周期信号，且

$$x[n]=\sum_{k=<N>}a_k\mathrm{e}^{\mathrm{j}k\frac{2\pi}{N}n}\,,\qquad y[n]=\sum_{k=<N>}b_k\mathrm{e}^{\mathrm{j}k\frac{2\pi}{N}n}$$

试证明离散时间调制特性，即证明

$$x[n]\cdot y[n]=\sum_{k=<N>}c_k\mathrm{e}^{\mathrm{j}k\frac{2\pi}{N}n}$$

其中 $c_k=\sum_{l=<N>}a_l\cdot b_{k-l}=\sum_{l=<N>}a_{k-l}\cdot b_l$。

*4.10　周期三角形序列 $x_{\mathrm{a}}[n]$ 如题图 4.10(a)所示，其单个周期内的序列构成有限长序列 $x_{\mathrm{b}}[n]$、$x_{\mathrm{c}}[n]$，如题图 4.10(b)和题图 4.10(c)所示。

（1）求 $x_{\mathrm{b}}[n]$ 的傅里叶变换 $X_{\mathrm{b}}(\mathrm{e}^{\mathrm{j}\Omega})$；

（2）求 $x_{\mathrm{c}}[n]$ 的傅里叶变换 $X_{\mathrm{c}}(\mathrm{e}^{\mathrm{j}\Omega})$；

（3）求 $x_{\mathrm{c}}[n]$ 的傅里叶级数系数 c_k；

（4）证明傅里叶级数系数 c_k 可由 $X_{\mathrm{b}}(\mathrm{e}^{\mathrm{j}\Omega})$ 或 $X_{\mathrm{c}}(\mathrm{e}^{\mathrm{j}\Omega})$ 的等间隔抽样表示，即有

$$c_k=C_1X_{\mathrm{b}}(\mathrm{e}^{\mathrm{j}k\Omega_1})\quad 或\ c_k=C_1X_{\mathrm{c}}(\mathrm{e}^{\mathrm{j}k\Omega_1})$$

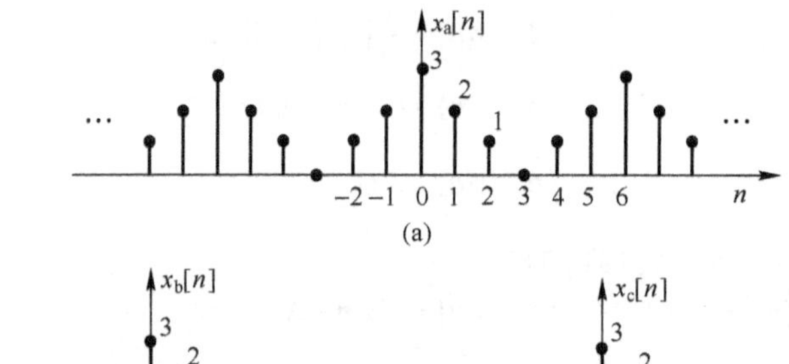

(a)

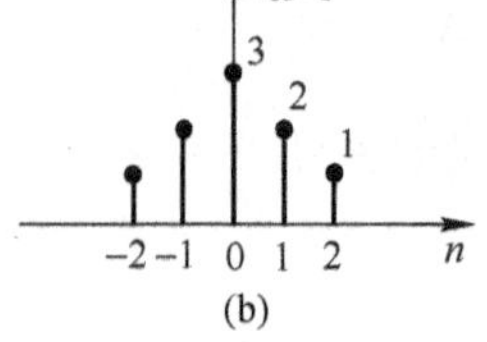

(b)

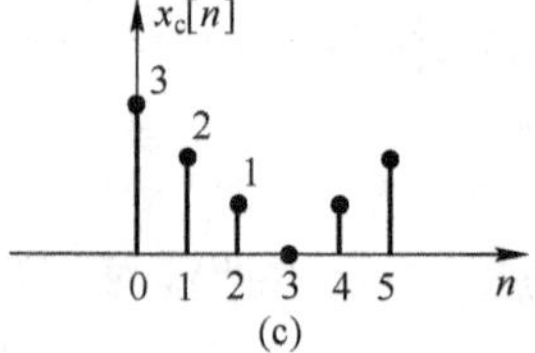

(c)

题图 4.10

*4.11　如果 $x[n]$ 为系统的输入，$y[n]$ 为系统的输出，对下面每组信号判断是否存在一个离散时间 LTI 系统，当输入为 $x[n]$ 时，输出为 $y[n]$？如果不存在，说明为什么。如果存在，它是否是唯一的？求出该 LTI 系统的频率响应。

（1）$x[n]=\left(\frac{1}{2}\right)^n$，　$y[n]=\left(\frac{1}{4}\right)^n$

（2）$x[n]=\left(\frac{1}{2}\right)^n u[n]$，　$y[n]=\left(\frac{1}{4}\right)^n u[n]$

（3）$x[n]=\mathrm{e}^{\mathrm{j}\frac{1}{8}n}$，　$y[n]=2\mathrm{e}^{\mathrm{j}\frac{1}{8}n}$

4.12　求下列有限长序列的 DFT（要求是闭式形式，即用函数表达式表示的形式）。

（1）$x[n]=\delta[n]$　　　（2）$x[n]=\delta[n-n_0]$　$(0<n_0<N)$

（3）$x[n]=a^n R[n]$　　（4）$x[n]=\mathrm{e}^{\mathrm{j}\Omega_0 n}R[n]$

（5）$x[n]=\sin\Omega_0 nR[n]$　（6）$x[n]=\cos\Omega_0 nR[n]$

4.13　已知以下 $X[k]$，试求 IDFT$\{X[k]\}$。

（1）$X[k]=\begin{cases}\dfrac{N}{2}\mathrm{e}^{\mathrm{j}\theta}, & k=m\\ \dfrac{N}{2}\mathrm{e}^{-\mathrm{j}\theta}, & k=N-m\\ 0, & 其他\end{cases}$　　（2）$X[k]=\begin{cases}-\dfrac{N}{2}\mathrm{j}\mathrm{e}^{\mathrm{j}\theta}, & k=m\\ \dfrac{N}{2}\mathrm{j}\mathrm{e}^{-\mathrm{j}\theta}, & k=N-m\\ 0, & 其他\end{cases}$

其中 $X(\mathrm{e}^{\mathrm{j}\Omega})$ 为某一正整数且 $X(\mathrm{e}^{\mathrm{j}\Omega})$。

4.14　已知有限长序列 $X(\mathrm{e}^{\mathrm{j}\Omega})$，DFT$\{x[n]\}=X[k]$，试利用频移定理求：

（1）$X(\mathrm{e}^{\mathrm{j}\Omega})$　　（2）$X(\mathrm{e}^{\mathrm{j}\Omega})$

*4.15　题图 4.15 是 $X(\mathrm{e}^{\mathrm{j}\Omega})$ 的有限长序列 $X(\mathrm{e}^{\mathrm{j}\Omega})$，试求：

（1）$x[n]$ 与 $x[n]$ 的线性卷积；

（2）$x[n]$ 与 $x[n]$ 的 4 点圆周卷积；

（3）$x[n]$ 与 $x[n]$ 的 10 点圆周卷积；

（4）若 $x[n]$ 与 $x[n]$ 的圆周卷积和线性卷积相同，求长度 L 的最小值。

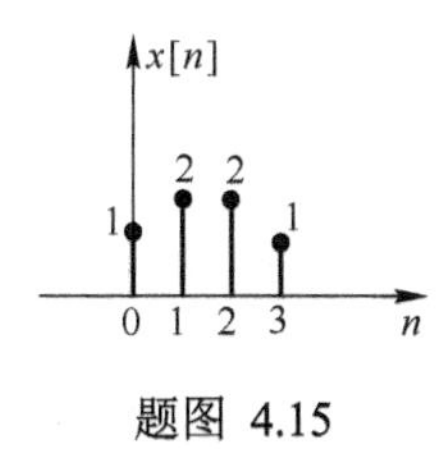

题图 4.15

4.16　已知两个有限长序列

$$x[n]=\cos\left(\frac{2\pi}{N}\right)R[n]，\qquad y[n]=\sin\left(\frac{2\pi}{N}\right)R[n]$$

分别用卷积和 DFT 两种方法求解 $x[n]*y[n]$。

4.17　若 $x[n]=R(N)$

（1）求频率特性 $X(\mathrm{e}^{\mathrm{j}\Omega})$，作出幅频特性草图；

（2）求 DFT$\{x[n]\}$的闭式表达式。

4.18　通过 DFT，对一个连续的持续时间为 1ms 的方波脉冲信号的频谱进行分析。假设该信号在 20kHz 以上的频谱分量可以忽略不计。

（1）如果通过 DFT 直接分析该信号的频谱，要求频谱分辨率达到 1Hz，抽样频率最低应该达到多少？抽样时长应该多长？进行 DFT 的点数 N 应该等于多少？

（2）考虑到信号持续时间为 $T=$ 1ms，保持上述抽样频率不变，直接通过 DFT 可以达到的频域分辨率为多少？此时 DFT 的点数 N 为多少？

（3）在（2）的基础上，如果依然要做到频谱分辨率达到 1Hz，应该如何计算？

4.19　试用窗函数法设计 FIR 低通滤波器 $h[n]$，要求满足技术指标如下：通带截止频率 $\omega_c=\pi/4$，阻带截止频率 $\omega_s=\pi/2$，带内最大衰减-40dB。部分窗函数主要性能指标如下表所示。

（1）要满足设计技术指标，应选择哪种窗函数，滤波器阶数 N 最低应为多少？

（2）给出该滤波器冲激响应函数 $h[n]$。

窗函数	过渡带宽（rad/s）	阻带衰减（dB）
矩形窗	$4\pi/N$	−21
三角窗	$8\pi/N$	−25
汉宁窗	$8\pi/N$	−44
汉明窗	$8\pi/N$	−53
布莱克曼窗	$12\pi/N$	−74

*4.20　设 $x[m, n]$是一个二维信号，它是两个独立的离散变量 m 和 n 的函数，可以定义 $x[m, n]$的二维傅里叶变换为

$$X(\mathrm{e}^{\mathrm{j}\Omega_1},\mathrm{e}^{\mathrm{j}\Omega_2})=\sum_{n=-\infty}^{\infty}\sum_{m=-\infty}^{\infty}x[m,n]\mathrm{e}^{-\mathrm{j}(\Omega_1 m+\Omega_2 n)}$$

（1）证明上式可以逐次按照两个一维傅里叶变换来计算，即先对 m 变换，而认为 n 固定，然后对 n 变换。利用这一结果，确定用 $X(\mathrm{e}^{\mathrm{j}\Omega_1},\mathrm{e}^{\mathrm{j}\Omega_2})$ 表示 $x[m, n]$的反变换表达式。

（2）假设 $x[m, n] = a[m]b[n]$，其中 $a[m]$和 $b[n]$都是一个独立变量的函数。设 $A(\mathrm{e}^{\mathrm{j}\Omega_1})$ 和 $B(\mathrm{e}^{\mathrm{j}\Omega_2})$ 分别代表 $a[m]$和 $b[n]$的傅里叶变换，试用 $A(\mathrm{e}^{\mathrm{j}\Omega_1})$ 和 $B(\mathrm{e}^{\mathrm{j}\Omega_2})$ 来表示 $X(\mathrm{e}^{\mathrm{j}\Omega_1},\mathrm{e}^{\mathrm{j}\Omega_2})$ 。

（3）求信号 $x[m,n]=(0.5)^{n-m}u[n]u[-m]$ 的二维傅里叶变换。

第 5 章　连续时间信号与系统的 s 域分析

傅里叶变换建立了信号与系统的频域描述和分析方法。它所建立的信号频谱和系统频率响应概念，使人们从一个全新的视角理解信号的构成和系统的特性。在此基础上形成的各种信号处理方法获得了极为广泛的应用。傅里叶分析已成为现代信号与信息处理的重要理论基础和信号与系统学科的主体内容。

傅里叶分析的特点是具有较为清晰的物理概念，但是如果利用傅里叶分析求解系统响应，会存在一些问题。首先，傅里叶变换收敛条件较为苛刻，实际应用中最简单和最常用的信号并不满足绝对可积收敛条件，需要引入频域冲激函数构成包含奇异函数的傅里叶变换表达式；其次，傅里叶变换是一个显式的复变量函数（表达式直接含 j），计算烦琐困难；最后，傅里叶变换分析只能用于零状态响应求解，无法确定具有初始状态的系统全响应。简言之，傅里叶变换适用于信号与系统的概念分析，并不适用于系统响应的求解。因此，有必要在傅里叶变换的基础上构建更简便有效的连续时间变换域分析求解方法。

本章介绍的拉普拉斯变换（Laplace Transform）则为拓展连续时间傅里叶变换后形成的连续时间信号与系统的 s 域分析理论。拉普拉斯变换的基本思想是将 $x(t)$ 乘以指数衰减函数 $e^{-\sigma t}$ 后再作傅里叶变换，其目的是改善傅里叶变换积分的收敛性，避免引入 $\delta(\cdot)$ 这样的奇异函数。更为重要的是，s 域函数在形式上具有实变量函数形式，使分析和计算变得相对方便。但这样的处理也有相应的代价，拉普拉斯变换不再像傅里叶变换那样具有清晰的物理概念。总之，傅里叶变换和拉普拉斯变换不仅有非常紧密的联系，而且在其特点和应用上形成了互补。

直接由傅里叶变换定义式推广得到的拉普拉斯变换，假定了信号在 $(-\infty,\infty)$ 区间上有非零值，本章称之为双边信号拉普拉斯变换（多数文献称为双边拉普拉斯变换）。然而，尽管引入了指数衰减因子，常数或直流的双边信号拉普拉斯变换积分依然不收敛。同时，双边信号拉普拉斯变换不适用于考虑有起始时刻的系统响应计算问题。相反，假定信号仅在 $[0,\infty)$ 区间上有非零值的拉普拉斯变换在信号与系统中更为适用，本书称之为单边信号拉普拉斯变换（多数文献称为单边拉普拉斯变换）。

需要注意的是，傅里叶变换借助频域冲激函数 $\delta(\omega\pm\omega_0)$ 解决积分为无穷大时的频域函数表示问题，拉普拉斯变换不再引入 s 域冲激函数，使表达更严谨，分析计算更简便。

本章的主要内容是拉普拉斯变换的定义、性质、正逆变换求解、LTI 系统的 s 域分析和系统响应的 s 域求解，以及模拟滤波器设计。

5.1　拉普拉斯变换

5.1.1　拉普拉斯变换的定义及收敛域

1. 从傅里叶变换到拉普拉斯变换

设 $x(t)$ 为定义在 $(-\infty,\infty)$ 区间上的任意实函数。由第 3 章介绍可知，当信号 $x(t)$ 满足绝对可积条件时，存在唯一傅里叶变换

$$X(\omega)=\int_{-\infty}^{\infty}x(t)\mathrm{e}^{-\mathrm{j}\omega t}\mathrm{d}t$$

然而，对于一些常用信号，上述积分并不收敛，例如直流、阶跃信号、正弦信号等。现引入实函数$\mathrm{e}^{-\sigma t}$，考虑$x(t)\mathrm{e}^{-\sigma t}$的傅里叶变换，即

$$\mathscr{F}\left[x(t)\mathrm{e}^{-\sigma t}\right]=\int_{-\infty}^{\infty}x(t)\mathrm{e}^{-\sigma t}\mathrm{e}^{-\mathrm{j}\omega t}\mathrm{d}t=\int_{-\infty}^{\infty}x(t)\mathrm{e}^{-(\sigma+\mathrm{j}\omega)t}\mathrm{d}t \tag{5-1}$$

由上式可以看到两点：第一，由于$\mathrm{e}^{-\sigma t}$因子的引入，只要σ取值选择适当，积分将收敛；第二，虽然它是对$x(t)\mathrm{e}^{-\sigma t}$作傅里叶变换引出的表达式，但$\mathrm{e}^{-\sigma t}$已和$\mathrm{e}^{-\mathrm{j}\omega t}$合并，若令$s=\sigma+\mathrm{j}\omega$，上述积分可以视为是对$x(t)$的一种新变换（不再视为是对乘积信号$x(t)\mathrm{e}^{-\sigma t}$的傅里叶变换），积分后是$\sigma+\mathrm{j}\omega$的函数，即

$$X(\sigma+\mathrm{j}\omega)=\int_{-\infty}^{\infty}x(t)\mathrm{e}^{-(\sigma+\mathrm{j}\omega)t}\mathrm{d}t \tag{5-2}$$

令$s=\sigma+\mathrm{j}\omega$，则可写为

$$\boxed{X(s)=\int_{-\infty}^{\infty}x(t)\mathrm{e}^{-st}\mathrm{d}t} \tag{5-3}$$

上式即为拉普拉斯正变换定义式。

为了得出拉普拉斯逆变换表达式，同样沿用$x(t)\mathrm{e}^{-\sigma t}$傅里叶变换的概念，即将式（5-2）视为是$x(t)\mathrm{e}^{-\sigma t}$的傅里叶变换，由傅里叶逆变换公式可以从$X(\sigma+\mathrm{j}\omega)$求得$x(t)\mathrm{e}^{-\sigma t}$

$$x(t)\mathrm{e}^{-\sigma t}=\frac{1}{2\pi}\int_{-\infty}^{\infty}X(\sigma+\mathrm{j}\omega)\mathrm{e}^{\mathrm{j}\omega t}\mathrm{d}\omega \tag{5-4}$$

两边乘以$\mathrm{e}^{\sigma t}$有

$$x(t)=\frac{1}{2\pi}\int_{-\infty}^{\infty}X(\sigma+\mathrm{j}\omega)\mathrm{e}^{(\sigma+\mathrm{j}\omega)t}\mathrm{d}\omega \tag{5-5}$$

同样令$s=\sigma+\mathrm{j}\omega$，则$\mathrm{d}s=\mathrm{j}\mathrm{d}\omega$，且当$\omega=\pm\infty$时，$s=\sigma\pm\mathrm{j}\infty$，从而有

$$\boxed{x(t)=\frac{1}{2\pi\mathrm{j}}\int_{\sigma-\mathrm{j}\infty}^{\sigma+\mathrm{j}\infty}X(s)\mathrm{e}^{st}\mathrm{d}s} \tag{5-6}$$

上式为拉普拉斯逆变换定义式。

可以称$x(t)$为原函数，$X(s)$为像函数。为表述方便，拉普拉斯正变换、逆变换及变换对常采用下列符号表示。

$$X(s)=\mathscr{L}\{x(t)\},\quad x(t)=\mathscr{L}^{-1}\{X(s)\},\quad x(t)\stackrel{\mathscr{L}}{\longleftrightarrow}X(s)$$

式（5-3）定义的拉普拉斯变换是傅里叶变换的直接变形和推广，它假定信号$x(t)$在$(-\infty,\infty)$区间有非零值，这里称之为双边信号拉普拉斯变换（很多文献称之为双边拉普拉斯变换）。由于引入了指数因子$\mathrm{e}^{-\sigma t}$，当选择了适当的σ值后它可以改善原傅里叶积分的收敛性。然而，从下面直流信号的例子可以看到，双边信号拉普拉斯变换仍然存在积分收敛问题。

【例 5-1】 求直流信号$x(t)=1$的双边信号拉普拉斯变换。

【解】 由定义式（5-3）得

$$X(s)=\int_{-\infty}^{\infty}1\cdot\mathrm{e}^{-st}\mathrm{d}t=\int_{-\infty}^{0}\mathrm{e}^{-st}\mathrm{d}t+\int_{0}^{\infty}\mathrm{e}^{-st}\mathrm{d}t=\int_{-\infty}^{0}\mathrm{e}^{-(\sigma+\mathrm{j}\omega)t}\mathrm{d}t+\int_{0}^{\infty}\mathrm{e}^{-(\sigma+\mathrm{j}\omega)t}\mathrm{d}t$$

欲使上式第一项积分收敛，需$\sigma<0$（因$t\leqslant0$）；欲使第二项积分收敛，需$\sigma>0$。不存在一

个 σ 取值交集（也即 s 的取值交集）使 $X(s)$ 整个积分收敛。因此，直流信号的双边信号拉普拉斯变换是不存在的。

这一结果预示着式（5-3）定义的双边信号拉普拉斯变换很难适用于信号与系统的分析和求解，因为最简单常用的直流信号的变换都不存在。

【例毕】

【例 5-2】 求单位阶跃信号 $x(t)=u(t)$ 的双边信号拉普拉斯变换。

【解】 由定义式（5-3）得

$$X(s)=\int_{-\infty}^{\infty}u(t)\mathrm{e}^{-st}\mathrm{d}t=\int_{0}^{\infty}u(t)\mathrm{e}^{-st}\mathrm{d}t=\int_{0}^{\infty}\mathrm{e}^{-st}\mathrm{d}t=\frac{1}{s}\text{（当}\sigma>0\text{时积分收敛）}$$

【例毕】

$u(t)$ 可以视为在双边直流信号的基础上构建的单边直流信号。由例 5-2 的求解过程看到，单边信号的拉普拉斯变换积分消除了双边积分的 σ 取交集问题，保证了单边直流信号的拉普拉斯变换积分收敛，适用于信号与系统的分析和求解。

2．单边信号的拉普拉斯变换

如上所述，拉普拉斯变换的核心概念是引入 $\mathrm{e}^{-\sigma t}$ 因子改善积分的收敛特性。由例 5-1 可以看到，为了通过选择 σ 值，使 $\mathrm{e}^{-\sigma t}$ 具有衰减特性，$(-\infty,\infty)$ 积分区间一般需要分为 $(-\infty,0]$ 和 $[0,\infty)$ 两个区间考虑，或者说，将双边信号 $x(t)$ 分为“左边单边信号”和“右边单边信号”进行积分。实际应用中通常不需关注左边单边信号，仅需关注右边单边信号。在 $(-\infty,\infty)$ 区间上有非零值的双边信号 $x(t)$，其对应的右边单边信号（常简称为单边信号）可定义和表示为

$$x_u(t)=x(t)u(t)=\begin{cases}x(t), & t\geqslant 0^+\\ x(t), & t=0\\ 0, & t\leqslant 0^-\end{cases}\tag{5-7}$$

$x_u(t)$ 下标 u 既有代表 unilateral signal 之意，也强调该函数含 $u(t)$ 之意。

在考虑 $x_u(t)$ 的拉普拉斯变换之前，先对式（5-7）中信号的特点进行回顾和明确。式（1-27）已给出 $u(t)$ 的定义，为了与本章 0 时刻的表述一致，可将其等价地改写为

$$u(t)=\begin{cases}1, & t\geqslant 0\\ 0, & t\leqslant 0^-\end{cases}\tag{5-8}$$

注意：在式（1-27）中 $u(t)$ 并未明确在 $t=0$ 时刻的取值，这是因为无论给 $u(0)$ 补充什么定义都会带来一些问题。这里明确 $u(0)=1$。

式（5-7）中的 $x(t)$ 在 $t=0$ 处可以是不连续的，同时在 $t=0$ 处也可以含有冲激函数 $\delta(t)$ 或其导数。$x(t)$ 和 $x_u(t)$ 的典型波形及其关系如图 5.1 所示。

对式（5-7）的单边信号，求拉普拉斯变换有

$$X_u(s)=\mathscr{L}\{x_u(t)\}=\int_{-\infty}^{\infty}x_u(t)\mathrm{e}^{-st}\mathrm{d}t=\int_{-\infty}^{\infty}x(t)u(t)\mathrm{e}^{-st}\mathrm{d}t=\int_{0^-}^{\infty}x(t)\mathrm{e}^{-st}\mathrm{d}t$$

即

$$\boxed{X_u(s)=\int_{0^-}^{\infty}x(t)\mathrm{e}^{-st}\mathrm{d}t}\tag{5-9}$$

上述积分下限取为 0^- 有两个原因，一是只有 $t\leqslant 0^-$ 时才有 $u(t)=0$；二是明确积分需要涵盖 $x(t)$ 在 $t=0$ 的冲激函数。当考虑 $X_u(s)$ 的逆变换时，由式（5-6）可得

$$x_u(t) = x(t)u(t) = \frac{1}{2\pi \mathrm{j}}\int_{\sigma-\mathrm{j}\infty}^{\sigma+\mathrm{j}\infty} X_u(s)\mathrm{e}^{st}\mathrm{d}s \tag{5-10}$$

单边信号拉普拉斯变换的符号加以u下标，与式（5-6）定义的拉普拉斯变换形成两套符号体系，以避免两者的混淆。

$$X_u(s) = \mathscr{L}\{x_u(t)\}，\ x_u(t) = \mathscr{L}^{-1}\{X_u(s)\}，\ x_u(t) \stackrel{\mathscr{L}}{\longleftrightarrow} X_u(s)$$

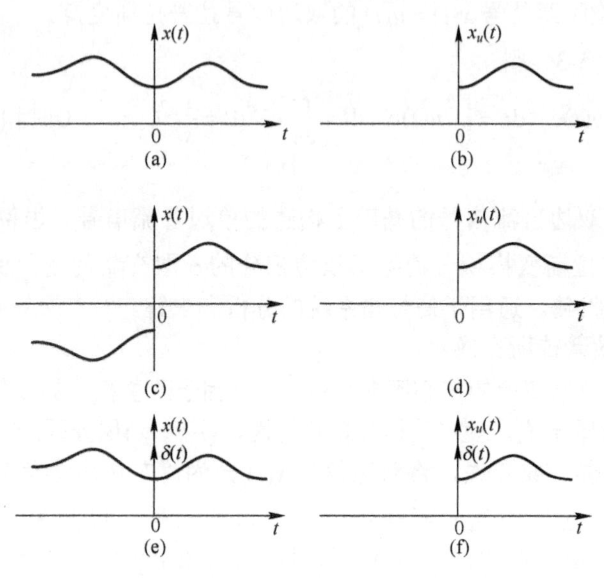

图 5.1 典型双边信号 $x(t)$ 和对应单边信号 $x_u(t)$ 的关系

需要说明的是，这里将式（5-9）称为单边信号拉普拉斯变换，多数文献称为单边拉普拉斯变换。虽然只有两个字的差别，但理解的角度作了调整，以解决一些概念上的困惑。后面将专门讨论“单边信号拉普拉斯变换”与“单边拉普拉斯变换”的问题。

【例 5-3】 求单位冲激信号 $\delta(t)$ 的 $X(s)$ 和 $X_u(s)$。

【解】 当 $x(t)=\delta(t)$ 时有 $x(t)=x_u(t)$，所以

$$X(s) = X_u(s) = \int_{0^-}^{\infty} \delta(t)\mathrm{e}^{-st}\mathrm{d}t = \int_{0^-}^{\infty} \delta(t)\mathrm{d}t = 1 \quad（s\text{为任意值时积分收敛}）$$

即

$$\delta(t) \stackrel{\mathscr{L}}{\longleftrightarrow} X_u(s) = X(s) = 1 \tag{5-11}$$

可以看到对于 $\delta(t)$，由于 $x(t)=x_u(t)$，因此有 $X(s)=X_u(s)$，即 $\delta(t)$ 的双边信号拉普拉斯变换和其单边信号拉普拉斯变换相等。

【例毕】

对于单位阶跃信号 $u(t)$（参见例 5-2）易知，其双边信号拉普拉斯变换和单边信号拉普拉斯变换也相等，即有

$$u(t) \stackrel{\mathscr{L}}{\longleftrightarrow} X_u(s) = X(s) = \frac{1}{s} \quad (\sigma > 0) \tag{5-12}$$

【例 5-4】 求双边指数衰减信号 $x(t)=\mathrm{e}^{-a|t|}$（$a>0$）的 $X(s)$ 和 $X_u(s)$。

【解】 对于双边指数衰减信号有 $x_u(t)=x(t)u(t)=\mathrm{e}^{-at}u(t)$，因此

$$X_u(s) = \int_{0^-}^{\infty} \mathrm{e}^{-at}\mathrm{e}^{-st}\mathrm{d}t = \int_{0^-}^{\infty} \mathrm{e}^{-(s+a)t}\mathrm{d}t = \frac{1}{s+a} \quad（\text{当}\sigma > -a\text{时积分收敛}）$$

即
$$\mathrm{e}^{-at}u(t) \stackrel{\mathscr{L}}{\longleftrightarrow} X_u(s)=\frac{1}{s+a} \quad (\sigma>-a) \tag{5-13}$$

$$X(s)=\int_{-\infty}^{\infty}\mathrm{e}^{-|a|t}\mathrm{e}^{-st}\mathrm{d}t=\int_{-\infty}^{0^-}\mathrm{e}^{at}\mathrm{e}^{-st}\mathrm{d}t+\int_{0^-}^{\infty}\mathrm{e}^{-at}\mathrm{e}^{-st}\mathrm{d}t=\int_{-\infty}^{0^-}\mathrm{e}^{(-s+a)t}\mathrm{d}t+\int_{0^-}^{\infty}\mathrm{e}^{-(s+a)t}\mathrm{d}t$$

当 $\sigma<a$ 时，上式第一项积分收敛，当 $\sigma>-a$ 时，第二项积分收敛。因此当 $-a<\sigma<a$ 时，整个积分收敛，因此有

$$X(s)=\int_{-\infty}^{0^-}\mathrm{e}^{(-s+a)t}\mathrm{d}t+\int_{0^-}^{\infty}\mathrm{e}^{-(s+a)t}\mathrm{d}t=\frac{1}{a-s}+\frac{1}{s+a}=\frac{2a}{a^2-s^2} \quad (-a<\sigma<a)$$

可以看到对于双边指数衰减信号 $X_u(s)\neq X(s)$，因为 $x_u(t)\neq x(t)$。

【例毕】

【例 5-5】 求单个方波信号 $x(t)=u(t)-u(t-T)$ 的 $X(s)$ 和 $X_u(s)$。

【解】 由于这也是一个右边单边信号，即 $x_u(t)=x(t)$，因此有

$$X(s)=X_u(s)=\int_{0^-}^{\infty}x(t)\mathrm{e}^{-st}\mathrm{d}t=\int_{0^-}^{T}\mathrm{e}^{-st}\mathrm{d}t=\frac{1}{s}(1-\mathrm{e}^{-Ts}) \quad (\sigma>-\infty) \tag{5-14}$$

其中积分收敛的区域是 $\sigma>-\infty$。因为只要 $\sigma>-\infty$，$\mathrm{e}^{-\sigma t}$ 在上述有限积分区间内将为有限值，整个积分可收敛。

【例毕】

为了通过对比加深理解，上述例子同时求解了 $X(s)$ 和 $X_u(s)$。在后面的系统响应求解中只用到单边信号拉普拉斯变换 $X_u(s)$。

3．拉普拉斯变换的收敛域特征

1）右边单边信号拉普拉斯变换 $X_u(s)$ 的收敛域特征

在利用 $X_u(s)$ 的求解和计算过程中通常不必特别关注收敛域，因为其像函数和原函数的一一对应关系由函数表达式本身就可确定，不需要参照收敛域。但是掌握单边信号拉普拉斯变换收敛域特征还是非常重要的，因为其中包含一些重要的概念，例如收敛域是否包含 s 平面的 ω 轴等。

所谓拉普拉斯变换的收敛域指的是在 $s=\sigma+\mathrm{j}\omega$ 复平面上由 σ 取值划分的、能够使拉普拉斯变换积分收敛（积分不为无穷大）的 s 平面区域。需要注意其包含的两点概念：第一，拉普拉斯变换是通过调节指数衰减函数 $\mathrm{e}^{-\sigma t}$ 中的 σ 改善积分收敛性的；第二，拉普拉斯变换需保留 ω 在 $(-\infty,+\infty)$ 范围内的每个取值。在这两点概念的基础上，结合前面的例题，不难理解右边单边信号拉普拉斯变换 $X_u(s)$ 的收敛域具有如下主要特征。

（1）对于时限单边信号，$X_u(s)$ 的收敛域为整个 s 平面。这是因为 s 取任何值时，积分均可收敛。例如，例 5-3 的 $\delta(t)$ 和例 5-5 的方波信号。

事实上，无论是单边时限信号还是双边时限信号，收敛域均为整个 s 平面。

（2）由于 $X_u(s)$ 积分区间为 $[0^-,+\infty)$，必定是 σ 大于某个值 σ_0 后 $\mathrm{e}^{-\sigma t}$ 才具有足够快的衰减，使 $\mathrm{e}^{-\sigma t}x(t)$ 可积。因此其收敛域一定是 s 平面上某个 $\sigma=\sigma_0$ 纵向直线的 s 右半平面，即收敛域为 $\sigma>\sigma_0$，参见图 5.2。分界线 $\sigma=\sigma_0$ 称为收敛轴，收敛轴属于不收敛区。

（3）当 $x_u(t)$ 为指数衰减信号时，收敛域包含 ω 轴（$\sigma_0<0$）[参见例 5-4 中的 $X_u(s)$]；当 $x_u(t)$ 为等幅信号时，收敛轴与 ω 轴重合（$\sigma_0=0$）[参见阶跃函数的 $X_u(s)$]；当 $x_u(t)$ 为指数增长信号时，收敛域不包含 ω 轴（$\sigma_0>0$）。三种收敛域的典型特征参见图 5.2。比指数增长更快的 $x_u(t)$，其拉普拉斯变换不存在。

（4）在第 3 章傅里叶变换存在性的讨论中曾经指出，即使引入频域冲激函数，指数增长信号 $e^{at}u(t)$ 的傅里叶变换积分也是不存在的。这一概念在 s 域中的体现即为其收敛域不包含 ω 轴，如图 5.2(c) 所示。傅里叶变换是信号与系统分析的基础，因此有意义的收敛域特征是衰减信号和等幅信号所对应的图 5.2(a)和图 5.2(b)。

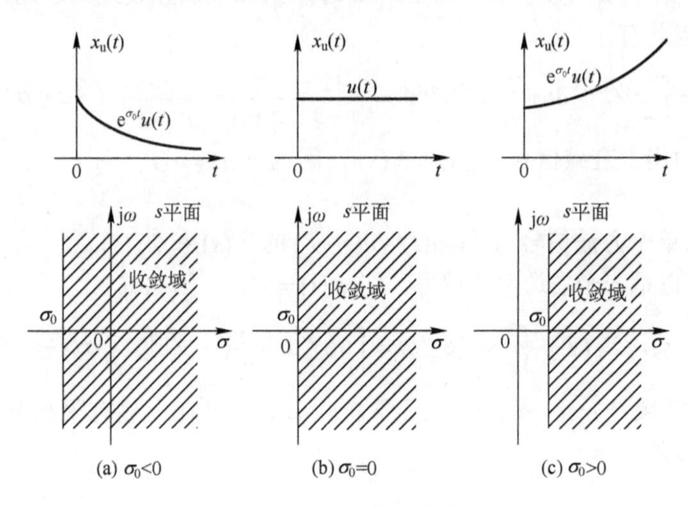

图 5.2 $X_u(s)$ 的收敛域特征

*2）左边单边信号拉普拉斯变换的收敛域特征

作为对比，由上面的讨论不难理解左边单边信号具有图 5.3 所示的收敛域特征。类似，有意义的收敛域特征是左边衰减信号和等幅信号所对应的图 5.3(a)和图 5.3(b)。

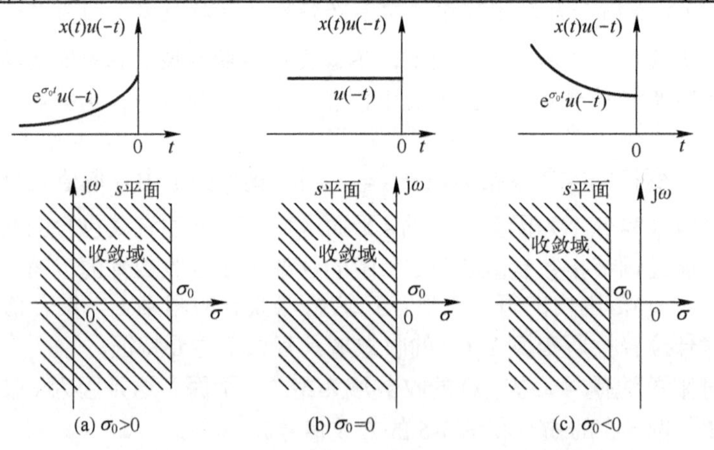

图 5.3 左边单边信号拉普拉斯变换的收敛域特征

*3）双边信号拉普拉斯变换 $X(s)$ 的收敛域特征

结合例 5-1 和例 5-4 可以看到，双边信号拉普拉斯变换 $X(s)$ 的积分必须分$(-\infty,0^-]$和$[0^-,\infty)$两段进行计算，如果存在 σ 使两段积分均收敛，则收敛点 σ 一定有 $\sigma_2>\sigma>\sigma_1$，所以 $X(s)$ 收敛域的典型特征是 s 平面上纵向延伸至正负无穷的带状区域。按照 $x(t)$ 在$(-\infty,0^-]$和$[0^-,\infty)$区间内指数增长或衰减情况，$X(s)$ 的带状收敛区域又可位于不同的位置，如图 5.4 所示。有意义的收敛域特征是双边衰减信号对应的图 5.4(a)。当然，如果 $x(t)$ 为时限信号，$X(s)$ 的收敛域将是 s 全平面（$\sigma>-\infty$）。

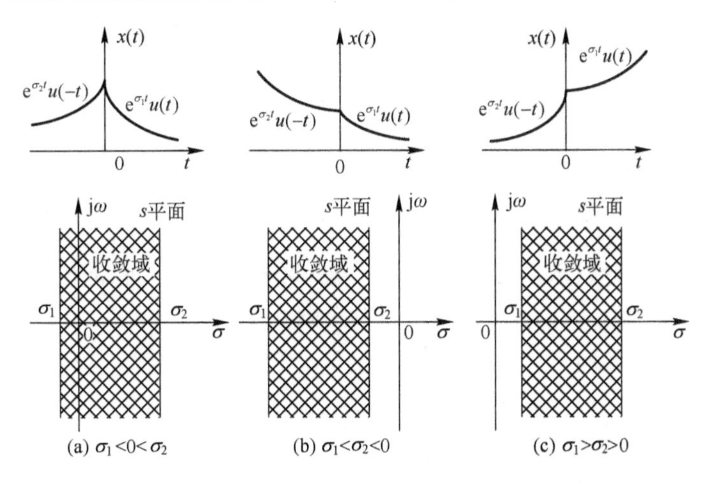

图 5.4　双边信号拉普拉斯变换 $X(s)$ 的收敛域特征

最后，将拉普拉斯变换收敛域特征的几个重要概念归纳如下。

（1）有限时长信号的 $X(s)$ 和 $X_u(s)$ 收敛域均为整个 s 平面。

（2）无限时长右边单边信号 $x_u(t)$ 的 $X_u(s)$ 具有单收敛轴，收敛域为收敛轴的 s 右半平面。

（3）无限时长左边单边信号的 $X(s)$ 具有单收敛轴，收敛域为收敛轴的 s 左半平面。

（4）无限时长双边信号 $x(t)$ 的 $X(s)$ 具有双收敛轴，收敛域为两收敛轴之间的纵向带状区域。

（5）如果要求有第 3 章讨论的傅里叶变换存在，则拉普拉斯变换像函数的收敛域需要包含 s 平面 ω 轴[如图 5.2(a)、图 5.3(a)和图 5.4(a)的情形]，至少收敛轴和 ω 轴重合[如图 5.2(b)和图 5.3(b)的情形]。讨论傅里叶变换不存在的拉普拉斯变换像函数，在信号与系统分析中没有意义。

4．拉普拉斯变换的唯一性

唯一性是指原函数和像函数之间具有一一对应关系。与傅里叶变换一样，拉普拉斯变换原函数和像函数之间也是一一对应的。具体来说，有如下结论。

（1）如果已知信号为右边单边信号或左边单边信号，则时域信号和其拉普拉斯变换之间是一一对应的。具体讲，若像函数表达式本身有 $X_u(s)\neq F_u(s)$，一定有 $x_u(t)\neq f_u(t)$；反之亦然。因此，在后面的单边信号拉普拉斯变换的讨论中通常不标注像函数的收敛域。

（2）双边信号与其像函数之间的对应关系，需要结合收敛域进行判定，即

$$X(s)\text{ 的函数表达式 }+\ X(s)\text{ 的收敛域}\xleftrightarrow{\text{一一对应}} x(t)$$

【例 5-6】 求下列时域信号的双边信号拉普拉斯变换。

$$x_1(t)=\begin{cases}e^{-2t}, & t\geqslant 0\\ e^{-t}, & t<0\end{cases},\quad x_2(t)=\begin{cases}e^{-t}+e^{-2t}, & t\geqslant 0\\ 0, & t<0\end{cases}$$

【解】 先求 $X_1(s)$。根据双边信号变换的定义有

$$X_1(s)=\int_{-\infty}^{\infty}x(t)e^{-st}dt=\int_{-\infty}^{0^-}e^{-t}e^{-st}dt+\int_{0^-}^{\infty}e^{-2t}e^{-st}dt=\int_{-\infty}^{0^-}e^{-(\sigma+1+j\omega)t}dt+\int_{0^-}^{\infty}e^{-(\sigma+2+j\omega)t}dt$$

当 $\sigma<-1$ 时，上式第一项积分收敛，当 $\sigma>-2$ 第二项积分收敛，即收敛域为

$$-2<\sigma<-1\quad[\text{参见图 5.4(b)}]$$

在收敛域内上述积分结果为

$$X_1(s)=\frac{1}{s+1}+\frac{1}{s+2} \quad (-2<\sigma<-1) \tag{5-15}$$

再求$X_2(s)$，根据双边信号变换的定义有

$$X_2(s)=\int_{-\infty}^{\infty}x_2(t)\mathrm{e}^{-st}\mathrm{d}t=\int_{0^-}^{\infty}x_2(t)\mathrm{e}^{-st}\mathrm{d}t=\int_{0^-}^{\infty}\mathrm{e}^{-t}\mathrm{e}^{-st}\mathrm{d}t+\int_{0^-}^{\infty}\mathrm{e}^{-2t}\mathrm{e}^{-st}\mathrm{d}t$$

当$\sigma>-1$时，第一项积分收敛，当$\sigma>-2$时，第二项积分收敛。收敛域为两者交集，即

$\sigma>-1$ [参见图 5.2(a)]

在收敛域内上述积分结果为

$$X_2(s)=\frac{1}{s+1}+\frac{1}{s+2} \quad (\sigma>-1) \tag{5-16}$$

【例毕】

由上面的式（5-15）和式（5-16）可以看到，$X_1(s)$和$X_2(s)$具有相同的函数表达式，但收敛域不同。

为什么拉普拉斯变换的一一对应性需要结合收敛域，也可从逆变换公式理解。逆变换定义式（5-6）为

$$x(t)=\frac{1}{2\pi\mathrm{j}}\int_{\sigma-\mathrm{j}\infty}^{\sigma+\mathrm{j}\infty}X(s)\mathrm{e}^{st}\mathrm{d}s$$

很显然，积分结果$x(t)$取决于两大因素：被积函数$X(s)$的表达式和积分路径。如果$X(s)$相同，但积分路径不同，则可能得到两个不同的$x(t)$，这就是式（5-15）和式（5-16）的情形。逆变换公式中的积分路径是收敛域中一条平行于收敛轴的纵向直线。

对于傅里叶逆变换来说，积分路径只有一个（虚轴），因此逆变换的积分结果完全取决于被积函数$X(\omega)$。

5．**拉普拉斯变换和傅里叶变换之间的关系**

由式（5-2）可以清晰地看到，在拉普拉斯变换中令$\sigma=0$则得到傅里叶变换，即有下列关系式成立

$$X(\omega)=X(s)\big|_{s=\mathrm{j}\omega} \tag{5-17}$$

$$X_u(\omega)=X_u(s)\big|_{s=\mathrm{j}\omega} \tag{5-18}$$

例如对于单边指数衰减信号$x(t)=\mathrm{e}^{-at}u(t)$，在第 3 章已知$X(\omega)=\dfrac{1}{\mathrm{j}\omega+a}$，那么逆向应用上述关系可以推知$X_u(s)=X(s)=\dfrac{1}{s+a}$。

对于上述关系作如下两点说明。

（1）只有$x(t)$或$x_u(t)$满足绝对可积条件时，方有上述关系式成立。

当$x(t)$或$x_u(t)$不满足绝对可积条件时，其傅里叶变换含有冲激函数$\delta(\omega)$或$\delta(\omega\pm\omega_0)$。然而，拉普拉斯变换并未引入$s$域冲激函数，因此不可能有上述关系式成立。例如阶跃函数的傅里叶变换为$(1/\mathrm{j}\omega)+\pi\delta(\omega)$，其拉普拉斯变换为$X_u(s)=X(s)=1/s$。

（2）当$X(s)$或$X_u(s)$的收敛域包含s平面虚轴时，方有上述关系成立。

只有$X(s)$或$X_u(s)$的收敛域包含ω轴，方能使s可以在ω轴取任意一点，即才能保证$X(\omega)$或$X_u(\omega)$对于任意ω值都存在。

另外，当$x(t)=x_u(t)$时$X(s)=X_u(s)$，式（5-17）和式（5-18）等价。

【例 5-7】 由方波信号 $x(t)=u(t)-u(t-T)$ 的拉普拉斯变换求其傅里叶变换。

【解】由例 5-5 知其拉普拉斯变换为

$$X(s)=X_u(s)=\frac{1}{s}(1-\mathrm{e}^{-Ts})\quad(\sigma>-\infty)$$

方波信号绝对可积，因此有

$$X(\omega)=X(s)\big|_{s=\mathrm{j}\omega}=X_u(s)\big|_{s=\mathrm{j}\omega}=\frac{1}{\mathrm{j}\omega}(1-\mathrm{e}^{-\mathrm{j}\omega T})$$

上式可以继续利用欧拉公式化简，这里省略。

【例毕】

6．系统响应求解的信号建模和单边信号拉普拉斯变换

实际应用中通常需要考察的是“从某个时刻开始系统加入激励或切换至某个激励后的系统响应”，不失一般性，可将此时刻设定为 $t=0$。这一过程可以用图 5.5 进行描述。图 5.5 中 $x(t)$ 是一信号源，用双边信号建模；将激励加入过程或激励切换过程建模为 $t=0$ 时的开关动作；系统激励用单边信号 $x_u(t)=x(t)u(t)$ 建模，即将 $t\leqslant 0^-$ 时的系统输入信号设定为 $x_u(t)=0$；$t\leqslant 0^-$ 时刻外界对系统的作用转换为系统的初始储能；系统输出也用单边信号 $y_u(t)=y(t)u(t)$ 建模，因为感兴趣的是 $t=0$ 时刻以后的系统输出。因此，实际应用中系统响应求解涉及的输入和输出信号常常是单边信号，当希望用 s 域分析方法求解时，对应的是单边信号的拉普拉斯变换。

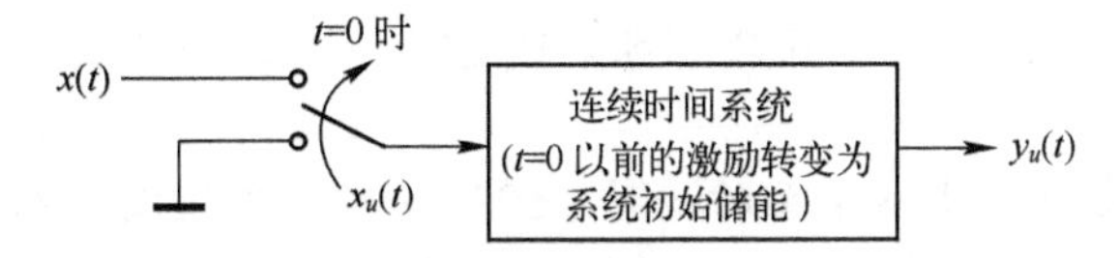

图 5.5　典型系统响应求解的输入输出信号建模

对于上述系统响应求解的信号模型，还需注意到以下概念。

（1）取值 $x_u(0^-)=0$，$x_u(0^+)=x(0^+)$ 是明确的。在 $t=0$ 时刻定义 $x_u(0)=x(0)$，否则上述模型不能用于 $x(t)=\delta(t)$ 的系统冲激响应求解。

（2）当系统本身用微分方程描述时，根据图 5.5 中的模型显然有

$$x_u(0^-)=x_u'(0^-)=x_u''(0^-)=\cdots=0 \tag{5-19}$$

（3）对于 $y_u(t)$，由于系统在 $t\leqslant 0^-$ 时可能有外界作用，因此不能有式（5-19）类似的零状态假定，一般情况下只能假定

$$y_u(0^-)\neq 0,\ y_u'(0^-)\neq 0,\ y_u''(0^-)\neq 0,\cdots \tag{5-20}$$

但响应求解时认为它们的取值已知。

（4）在输入的激励下，系统输出在 $t=0$ 时刻可能会发生跳变，即 $y_u(0^+)\neq y_u(0^-)$。自然希望在 s 域分析中能够通过 $Y_u(s)$ 确定 $y_u(0^+)$。这就是后面介绍单边信号拉普拉斯初值定理的意义所在。

（5）通过 $Y_u(s)$ 确定 $y_u(\infty)$ 也是应用中的需求，因为一个稳定系统需有 $|y_u(\infty)|<\infty$ 成立。这是介绍单边信号拉普拉斯终值定理的意义所在。

最后需要说明的是，在实际应用中图 5.5 所示系统的激励在 $t<0$ 时可能并不“接地”

（零信号），而是连接的另一个信号源 $x^-(t)$。从分析建模来讲，求解系统在 $x^-(t)$ 作用下 $(-\infty,0]$ 区间的系统响应，也是一个与图 5.5 类似的分析模型，即图 5.5 具有一般性。

*7. 关于单边拉普拉斯变换和双边拉普拉斯变换

如果本书是学习时阅读的第一本教材，可不阅读下面的内容，因为在没有比较的情况下，很难理解所讨论的问题。

大多数文献在阐述拉普拉斯变换时，通常建立"两个变换"的概念：单边拉普拉斯变换和双边拉普拉斯变换，分别对应于本书的单边信号拉普拉斯变换式（5-9）和双边信号拉普拉斯变换式（5-3）。由于单边拉普拉斯变换更适合用于系统响应的求解，多数文献重点介绍单边拉普拉斯变换，简介或不介绍双边拉普拉斯变换。在符号使用上，一般像函数使用不同的函数符号，时域函数使用相同的符号。这里将上述阐述特点通俗地概括为"一个信号、两个变换"（针对一个时域信号 $x(t)$ 定义单边和双边两个拉普拉斯变换）。采用这一阐述体系具有它的优点：将式（5-9）理解为对同一个 $x(t)$ 的另一个变换（单边拉普拉斯变换），可以将讨论聚焦于式（5-9），避开系统响应求解中并不需要涉及的问题，降低了复杂度，也降低了入门学习的难度。更为重要的是，现实世界中时间的概念被认为是绝对的，通常无必要计算已经"流逝"的事件。这就是说，实际应用中有单边拉普拉斯变换就足够了（注意，在第6章的 z 变换中概念会发生一些变化）。

然而，这一阐述体系存在如下一些问题。

（1）"两个变换"的阐述体系让初学者形成了概念隔离。大多数初学者将单边变换和双边变换理解为"两套知识体系"，且只学习单边变换。当遇到涉及双边变换的概念或问题时，则无所适从。

（2）多数文献给出单边变换定义时，对 $t<0$ 时 $x(t)$ 的取值没有明晰，通常隐含的意义是可取任何值，例如很多文献在讨论单边变换的时移性质时就是这样假定的。为了使 $x(t)$ 和 $X(s)$ 之间的关系变得严谨，有些文献在每个 $X(s)$ 表达式后都标注上收敛域，增加了学习难度。

（3）$x(t)$ 符号的含义不够明确。大多数情况下默认单边变换中 $x(t)$ 是单边信号，但在有些地方需要假定 $x(t)$ 是双边信号。在讨论单边变换的时移性质、时域微分性质、时域卷积定理等问题时，这种 $x(t)$ 符号意义的"可变性"在相关问题阐述和学习时都易导致概念困惑。

本书调整理解问题的视角，将"一个信号、两个变换"调整变为"一个变换、两类信号"。所谓一个变换，即拉普拉斯变换定义只有一个[式（5-3）]。所谓两类信号是指在该定义下，针对双边和单边两类不同的信号计算拉普拉斯变换，即式（5-3）和式（5-9），改称为双边信号的拉普拉斯变换和单边信号的拉普拉斯变换。叫法上虽只增加了"信号"二字，但概念上突出和强调了"一个变换"。同时，将双边信号和单边信号分别用 $x(t)$ 和 $x_u(t)=x(t)u(t)$ 两个不同的函数符号表示。通过视角的调整和符号的区分，明晰了很多问题，其代价是学习负荷的增加。

5.1.2 拉普拉斯变换的性质

在上小节中，直接从定义式出发，求解了一些信号的拉普拉斯变换。但是对于稍复杂的信号，这一方法会比较麻烦，甚至出现积分困难。求解拉普拉斯变换的有效方法是利用已知的简单典型信号的变换结果，结合拉普拉斯变换的性质进行求解。熟记常用单边信号拉普拉斯变换和常用性质公式，是系统响应 s 域求解的一个基本技能。

系统响应求解中应用的是单边信号拉普拉斯变换，因此本节的学习重点是单边信号拉普拉斯变换 $X_u(s)$ 的性质。这里同时给出双边信号拉普拉斯变换 $X(s)$ 的性质，主要是为了便于对比，达到全面深入理解的目的。符号 $x(t)$ 为双边信号，$x(t)$ 对应的像函数 $X(s)$ 由式（5-3）计算而得。符号 $x_u(t)$ 为单边信号，$x_u(t)=x(t)u(t)$ 对应的像函数 $X_u(s)$ 也是由式（5-3）计算的结果，只是将 $x_u(t)=x(t)u(t)$ 代入式（5-3）后，自然得到式（5-9）的形式。带有下标 u 的 $X_u(s)$ 只是强调它对应单边信号 $x(t)u(t)$，不表示它是"另一个变换"的 s 域函数（单边变换）。这就是本书强调的"一个变换"的含义。因下面的符号 $\overset{\mathscr{L}}{\longleftrightarrow}$ 指的是式（5-3）及其反变换。当信号本身是一个右边单边信号时，符号 $\overset{\mathscr{L}}{\longleftrightarrow}$ 自然地指式（5-9）及其反变换。

为了提升易读性，降低学习难度，下面的性质介绍中都略去了收敛域的讨论和标注。但这不影响对 s 域分析和求解方法的掌握。

性质 1　线性性质

$$ax_u(t)+by_u(t)\overset{\mathscr{L}}{\longleftrightarrow}aX_u(s)+bY_u(s)\quad（a,b\text{ 为常数}）\tag{5-21}$$

$$ax(t)+by(t)\overset{\mathscr{L}}{\longleftrightarrow}aX(s)+bY(s)\quad（a,b\text{ 为常数}）\tag{5-22}$$

这一结论是很显然的，因为积分满足线性。读者可自行证明。

性质 2　时移性质

$$x_u(t-t_0)\overset{\mathscr{L}}{\longleftrightarrow}X_u(s)\mathrm{e}^{-st_0}\quad(t_0>0)\tag{5-23}$$

$$x(t-t_0)\overset{\mathscr{L}}{\longleftrightarrow}X(s)\mathrm{e}^{-st_0}\tag{5-24}$$

$$\boxed{\{x(t-t_0)u(t)\}\overset{\mathscr{L}}{\longleftrightarrow}\mathrm{e}^{-st_0}[X_u(s)+\int_{-t_0}^{0^-}x(\tau)\mathrm{e}^{-s\tau}\mathrm{d}\tau]}\quad(t_0>0)\tag{5-25}$$

$$\{x(t+t_0)u(t)\}\overset{\mathscr{L}}{\longleftrightarrow}\mathrm{e}^{st_0}[X_u(s)-\int_{0^-}^{t_0}x(\tau)\mathrm{e}^{-s\tau}\mathrm{d}\tau]\quad(t_0>0)\tag{5-26}$$

注意 $x_u(t-t_0)=x(t-t_0)u(t-t_0)$ 和 $x(t-t_0)u(t)$ 的区别。下面证明式（5-25），其他三式证明完全类似。

【**证明**】由单边信号拉普拉斯变换的定义知

$$\begin{aligned}\mathscr{L}\{x(t-t_0)u(t)\}&=\int_{0^-}^{\infty}x(t-t_0)\mathrm{e}^{-st}\mathrm{d}t\\&=\int_{-t_0}^{\infty}x(\tau)\mathrm{e}^{-s(\tau+t_0)}\mathrm{d}\tau\qquad[\text{令 }\tau=t-t_0\text{ 作变量代换}]\\&=\mathrm{e}^{-st_0}[\int_{-t_0}^{0^-}x(\tau)\mathrm{e}^{-s\tau}\mathrm{d}\tau+\int_{0^-}^{\infty}x(\tau)\mathrm{e}^{-s\tau}\mathrm{d}\tau]\\&=\mathrm{e}^{-st_0}[X_u(s)+\int_{-t_0}^{0^-}x(\tau)\mathrm{e}^{-s\tau}\mathrm{d}\tau]\end{aligned}$$

【**证毕**】

图 5.6(a)(d)给出了 $x(t)$ 及其单边波形，$x(t)$ 右移后及单边波形如图 5.6(b)(e)所示，$x(t)$ 左移后及单边波形如图 5.6(c)(f)所示。当计算 $x(t-t_0)u(t)$ 的单边信号拉普拉斯变换时，由图 5.6(e)可知有新的样值进入积分区间，这就是式（5-25）右端多出的积分项。式（5-26）可从图 5.6(c) (f)理解其几何意义。

【**例 5-8**】 利用性质求信号 $x_u(t)=u(t)-u(t-T)$ 的 $X_u(s)$

【**解**】由线性和时移特性可得

$$X_u(s)=\mathscr{L}\{u(t)\}-\mathscr{L}\{u(t-T)\}=\frac{1}{s}-\frac{1}{s}\mathrm{e}^{-Ts}=\frac{1}{s}(1-\mathrm{e}^{-Ts})\quad（\text{全 }s\text{ 平面收敛}）$$

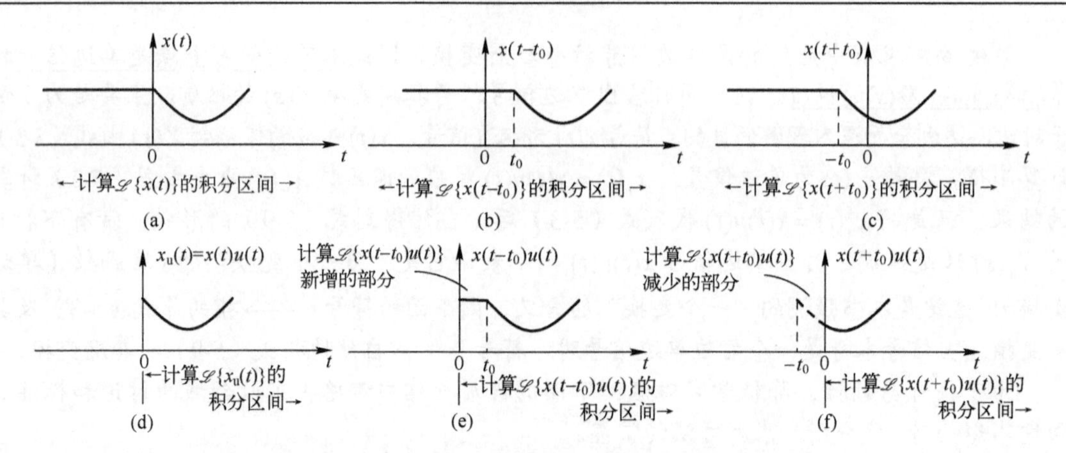

图 5.6 信号时移及拉普拉斯变换积分范围的说明

【例毕】

性质 3 尺度变换性质

$$x_u(at) \xleftrightarrow{\mathscr{L}} \frac{1}{a} X_u\left(\frac{s}{a}\right) \quad (a>0) \tag{5-27}$$

$$x(at) \xleftrightarrow{\mathscr{L}} \frac{1}{|a|} X\left(\frac{s}{a}\right) \tag{5-28}$$

【证明】 由几何意义易知，当 $a>0$ 时有 $u(at)=u(t)$。由拉普拉斯变换定义有

$$\begin{aligned}
\mathscr{L}\{x_u(at)\} &= \int_{-\infty}^{\infty} x(at)u(t)\mathrm{e}^{-st}\mathrm{d}t \qquad [u(at)=u(t)] \\
&= \int_{0^-}^{\infty} x(at)\mathrm{e}^{-st}\mathrm{d}t \\
&= \int_{0^-}^{\infty} x(\tau)\mathrm{e}^{-s\frac{\tau}{a}} \frac{1}{a}\mathrm{d}\tau \qquad [\text{令 } \tau=at\text{，并注意到 } a>0] \\
&= \frac{1}{a}\int_{0^-}^{\infty} x(\tau)\mathrm{e}^{-\frac{s}{a}\tau}\mathrm{d}\tau \\
&= \frac{1}{a} X_u\left(\frac{s}{a}\right) \qquad [\text{对比式（5-9）}]
\end{aligned}$$

【证毕】

对于 $X_u(s)$ 只有 $a>0$ 时才能使 $x(at)u(at)$ 仍满足单边信号的定义。对于 $X(s)$ 则无须 $a>0$ 的约束，读者可自行证明。

【例 5-9】 设 $x_u(t) \xleftrightarrow{\mathscr{L}} X_u(s)$，求 $x_u(at-t_0)$（$a>0, t_0>0$）的单边信号变换。

【解】 $t_0>0$ 和 $a>0$ 分别满足时移和尺度变换性质的条件，直接应用性质有

$$\mathscr{L}\{x_u(t-t_0)\} = X_u(s)\mathrm{e}^{-t_0 s} \qquad [\text{时移性质}]$$

$$\mathscr{L}\{x_u(at-t_0)\} = \frac{1}{a} X_u\left(\frac{s}{a}\right)\mathrm{e}^{-t_0\frac{s}{a}} \qquad [\text{尺度变换性质}]$$

对这类问题的求解：先考虑平移，后考虑压扩和反转，不易出错。

【例毕】

性质 4 时域微分性质

$$\frac{\mathrm{d}x_u(t)}{\mathrm{d}t} = [x(t)u(t)]' \xleftrightarrow{\mathscr{L}} sX_u(s) \tag{5-29}$$

$$\frac{\mathrm{d}x(t)}{\mathrm{d}t}=x'(t)\xleftrightarrow{\mathscr{L}}sX(s) \tag{5-30}$$

$$\boxed{x'(t)u(t)\xleftrightarrow{\mathscr{L}}sX_u(s)-x(0^-)} \tag{5-31}$$

【证明】（1）证明式（5-29）。单边信号拉普拉斯逆变换的定义为

$$x_u(t)=\frac{1}{2\pi\mathrm{j}}\int_{\sigma-\mathrm{j}\infty}^{\sigma+\mathrm{j}\infty}X_u(s)\mathrm{e}^{st}\mathrm{d}s$$

上式两边对 t 求导，并交换等式右边求导和积分的顺序得

$$x_u'(t)=\frac{1}{2\pi\mathrm{j}}\int_{\sigma-\mathrm{j}\infty}^{\sigma+\mathrm{j}\infty}X_u(s)\frac{\mathrm{d}\mathrm{e}^{st}}{\mathrm{d}t}\mathrm{d}s=\frac{1}{2\pi\mathrm{j}}\int_{\sigma-\mathrm{j}\infty}^{\sigma+\mathrm{j}\infty}X_u(s)s\mathrm{e}^{st}\mathrm{d}s$$

与单边信号拉普拉斯逆变换的定义比较可知 $x_u'(t)\xleftrightarrow{\mathscr{L}}sX_u(s)$。

（2）证明式（5-30）。与上类似的过程，可证得式（5-30）。

（3）证明式（5-31）。首先需要注意到式（5-31）和前两式的不同，尤其是注意与式（5-29）的比较。式（5-31）不能采用前两式的证明方法。这里给出三种证明方法。

证法一　采用分部积分进行证明。根据单边拉普拉斯变换的定义

$$\begin{aligned}
\mathscr{L}\{x'(t)u(t)\}&=\int_{0^-}^{\infty}x'(t)\mathrm{e}^{-st}\mathrm{d}t && [\text{单边信号拉普拉斯变换定义式（5-9）}]\\
&=x(t)\mathrm{e}^{-st}\Big|_{0^-}^{\infty}-\int_{0^-}^{\infty}x(t)(\mathrm{e}^{-st})'\mathrm{d}t && [\text{分部积分公式}\int_a^b u'v\mathrm{d}t=uv\Big|_a^b-\int_a^b uv'\mathrm{d}t]\\
&=x(t)\mathrm{e}^{-st}\Big|_{0^-}^{\infty}+s\int_{0^-}^{\infty}x(t)\mathrm{e}^{-st}\mathrm{d}t && [\frac{\mathrm{d}\mathrm{e}^{-st}}{\mathrm{d}t}=-s\mathrm{e}^{-st}]\\
&=x(\infty)\mathrm{e}^{-s\infty}-x(0^-)+sX(s) && [\text{第 1 项代入，第 2 项对比单边变换公式}]\\
&=sX(s)-x(0^-) && [\text{由 }X(s)\text{ 存在，即}\int_{0^-}^{\infty}x(t)\mathrm{e}^{-st}\mathrm{d}t<\infty\text{ 知，}\lim_{t\to\infty}x(t)\mathrm{e}^{-st}=0]
\end{aligned}$$

证法一较为严谨，不少文献采用此证法。但未能揭示物理概念或几何意义。

证法二　假定 $x(t)$ 在 $t=0$ 处连续，即 $x(0)=x(0^+)=x(0^-)$，由 $x_u(t)$ 的求导得

$$x_u'(t)=[x(t)u(t)]'=x'(t)u(t)+x(t)\delta(t)=x'(t)u(t)+x(0)\delta(t)=x'(t)u(t)+x(0^-)\delta(t)$$

因此有

$$x'(t)u(t)=x_u'(t)-x(0^-)\delta(t)$$

两边取拉普拉斯变换，并代入式（5-29）即可。

对于 $x(t)$ 在 $t=0$ 处连续的情形，证法二简单且更加严谨，但仍有缺乏说服力之处。

证法三　依据图 5.7 证明，以揭示式（5-31）的几何意义。

先对图 5.7 进行一点说明。图 5.7(a)～图 5.7(c)示意了双边信号 $x(t)$ 在 0^- 的取值情况和在原点处的函数连续性情况；图 5.7(d)～图 5.7(f)示意了与 $x(t)$ 对应的单边信号 $x_u(t)$；后两行图示意了它们的导函数。图 5.7(c)(e)(f)在 $t=0$ 处函数不连续，其求导可以参见例 1-13 图 1.28 相关的说明。例如图 5.7(i)是图 5.7(c)的导数，由于图 5.7(c)中 $x(t)$ 在 $t=0$ 处有一个正向跳变，假定 $x_0(t)$ 为去掉 $x(t)$ 中跳变后的连续函数，则 $x(t)$ 可以表示为

$$x(t)=x_0(t)+[x(0^+)-x(0^-)]u(t)$$

上式求导则有

$$x'(t)=x_0'(t)+[x(0^+)-x(0^-)]\delta(t)$$

即为图 5.7(i)所示情形。

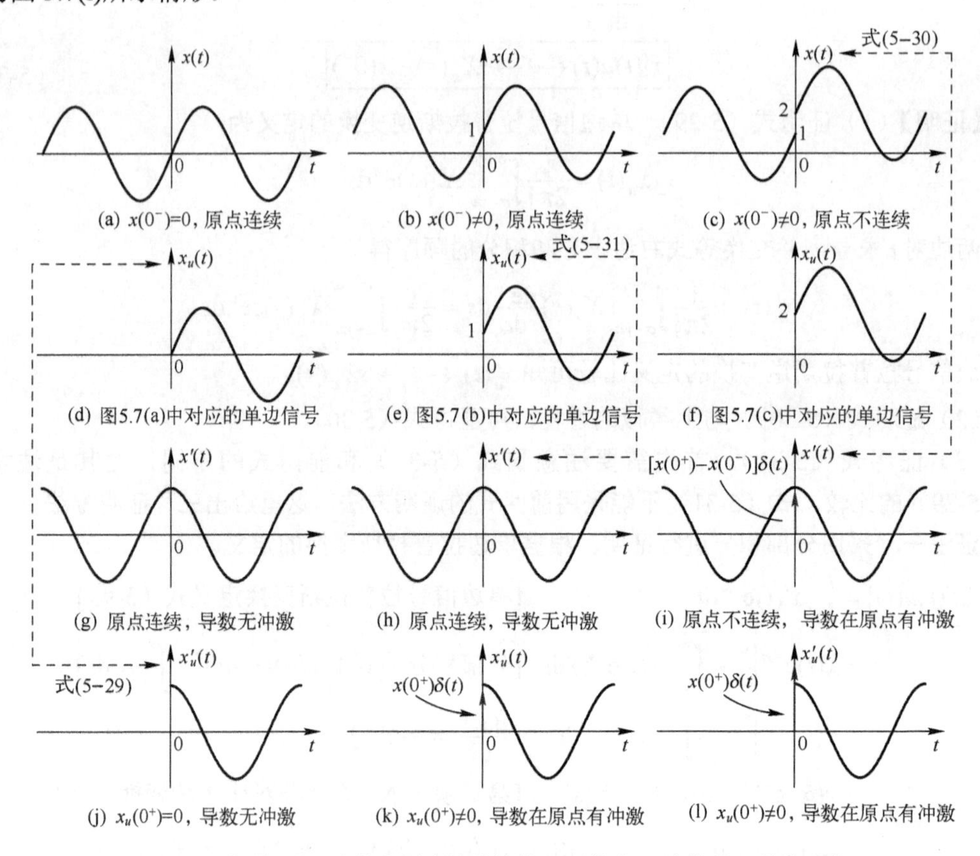

图 5.7　典型 $x(0^-)$ 取值和原点连续性情况下单边/双边信号及导数示意

式（5-29）～式（5-31）中符号“$\overset{\mathscr{L}}{\longleftrightarrow}$”两边所涉及的二组信号波形均标注在图中（每行波形为一组）。式（5-31）的证明主要考察第 3、第 4 行波形。下面就 $x(t)$ 的三种典型情形证明式（5-31）。

图 5.7(a)为 $x(0^-)=0$ 情形。比较图 5.7(g)和图 5.7(j)可以看到

$$x'(t)u(t)=x_u'(t)$$

两边取拉普拉斯变换，并利用式（5-29），则有

$$\mathscr{L}\{x'(t)u(t)\}=\mathscr{L}\{x_u'(t)\}=sX_u(s)$$

图 5.7(b)为 $x(0^-)\neq 0$ 但 $x(0^+)=x(0^-)$ 情形，比较图 5.7(h)和图 5.7(k)可得

$$x'(t)u(t)=x_u'(t)-x(0^+)\delta(t)=x_u'(t)-x(0^-)\delta(t)$$

两边取拉普拉斯变换，并利用式（5-29），则有

$$\mathscr{L}\{x'(t)u(t)\}=\mathscr{L}\{x_u'(t)\}=sX_u(s)-x(0^-)$$

图 5.7(c)为 $x(0^-)\neq 0$ 且 $x(0^+)\neq x(0^-)$ 情形，假定 $x_0(t)$ 为去掉 $x(t)$ 中 0 点跳变后的连续函数，则由图 5.7(l)可知

$$x_u'(t)=x_0'(t)u(t)+x(0^+)\delta(t)$$

图 5.7(i)可类似表示，并注意到上式则有

$$x'(t)u(t)=x_0'(t)u(t)+[x(0^+)-x(0^-)]\delta(t)=x_u'(t)-x(0^-)\delta(t)$$

两边取拉普拉斯变换则得证。

证法三有较为清晰的几何意义，物理概念清晰，有助于理解式（5-31）。但该证明方法的一般性略有欠缺。

【证毕】

多次应用式（5-31）可以获得时域高阶微分所对应的 s 域函数，即有

$$x''(t)u(t)=\frac{\mathrm{d}^2x(t)}{\mathrm{d}t^2}u(t)\xleftrightarrow{\mathscr{L}}s^2X_u(s)-sx(0^-)-x'(0^-) \tag{5-32}$$

$$x^{(k)}(t)u(t)=\frac{\mathrm{d}^kx(t)}{\mathrm{d}t^k}u(t)\xleftrightarrow{\mathscr{L}}s^kX_u(s)-s^{k-1}x(0^-)-\cdots-x^{(k-1)}(0^-) \tag{5-33}$$

时域微分性质式（5-33）在系统响应的 s 域分析中有着非常重要的作用，也是前面所述“单边拉普拉斯变换更适合于系统响应求解”的关键所在。大多数连续时间系统可以通过一阶或高阶常系数微分方程进行描述，利用式（5-33）可将时域微分方程转变为 s 域的代数方程，使系统响应的求解更为方便。从下面的例子将看到，单边信号的拉普拉斯变换自动将 0^- 时刻系统初始状态值纳入了 s 域的表达式中，使计算系统初始状态所产生的响应分量变得非常方便。

【例 5-10】 设 $x(t)$ 和 $y(t)$ 是连续时间系统的输入和输出[准确地讲是图 5.5 中的 $x_u(t)$ 和 $y_u(t)$，这里省略下标 u]，该系统用下列微分方程描述

$$y''(t)+a_1y'(t)+a_0y(t)=x'(t)+b_0x(t)$$

试利用时域微分性质式（5-33）确定该系统输入输出关系的 s 域描述。

【解】 利用时域微分性质对方程两边进行拉普拉斯变换

$$s^2Y(s)-sy(0^-)-y'(0^-)+a_1[sY(s)-y(0^-)]+a_0Y(s)=sX(s)-x(0^-)+b_0X(s)$$

代入式（5-19）和式（5-20）的初始条件结论，上式可化简为

$$(s^2+a_1s+a_0)Y(s)-[sy(0^-)+y'(0^-)+a_1y(0^-)]=(s+b_0)X(s)$$

整理得

$$Y(s)=\frac{s+b_0}{s^2+a_1s+a_0}X(s)+\frac{sy(0^-)+y'(0^-)+a_1y(0^-)}{s^2+a_1s+a_0}$$

由上式看到，系统在 s 域中的输入输出关系是一个代数方程，并且方程中包含了系统的初始状态，所以单边信号拉普拉斯变换为响应求解带来了便利。

【例毕】

【例 5-11】 求冲激函数导数 $\delta'(t)$ 的单边信号拉普拉斯变换。

【解】 由于 $\delta(0^-)=0$，由时域微分性质易知，

$$\delta'(t)\xleftrightarrow{\mathscr{L}}s \tag{5-34}$$

不难推知

$$\delta^{(k)}(t)\xleftrightarrow{\mathscr{L}}s^k \tag{5-35}$$

【例毕】

【例 5-12】 如图 5.8 所示 $x_1(t)=\mathrm{e}^{-at}u(t)$，$x_2(t)=\mathrm{e}^{-at}u(t)-u(-t)$，求 $x_1'(t)$ 和 $x_2'(t)$ 的单边信号拉普拉斯变换。

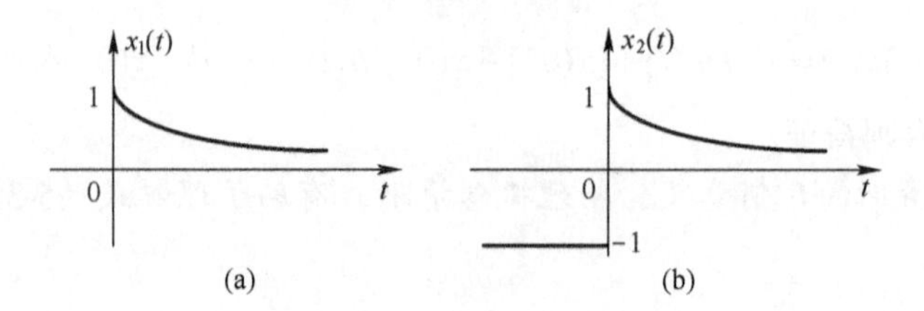

图 5.8 信号示意图

【解】由函数曲线知 $x_{1,u}(t)=x_1(t)u(t)=x_2(t)u(t)=x_{2,u}(t)$，其单边信号拉普拉斯变换为

$$X_{1,u}(s)=X_{2,u}(s)=\frac{1}{s+a}$$

下面用两种方法求解 $x_1'(t)$ 和 $x_2'(t)$ 的单边信号拉普拉斯变换。

方法一 利用时域微分性质式（5-31）求解。由图 5.8 知 $x_1(0^-)=0, x_2(0^-)=-1$

$$\mathscr{L}\{x_1'(t)u(t)\}=sX_{1,u}(s)-x_1(0^-)=sX_{1,u}(s)=\frac{s}{s+a}$$

$$\mathscr{L}\{x_2'(t)u(t)\}=sX_{2,u}(s)-x_2(0^-)=sX_{2,u}(s)+1=\frac{s}{s+a}+1=\frac{2s+a}{s+a}$$

方法二 对 $x_1(t)$ 和 $x_2(t)$ 求导后再求其单边信号拉普拉斯变换。

$$x_1'(t)=[\mathrm{e}^{-at}u(t)]'=-a\mathrm{e}^{-at}u(t)+\mathrm{e}^{-at}\delta(t)=\delta(t)-a\mathrm{e}^{-at}u(t)$$

由函数波形易知 $[-u(-t)]'=\delta(t)$，因此 $x_2(t)$ 的导数为

$$x_2'(t)=[-u(-t)+\mathrm{e}^{-at}u(t)]'=2\delta(t)-a\mathrm{e}^{-at}u(t)$$

对上两式求单边信号的拉普拉斯变换，并注意到

$$x_1'(t)u(t)=x_1'(t), \quad x_2'(t)u(t)=x_2'(t)$$

则有
$$\mathscr{L}\{x_1'(t)u(t)\}=\mathscr{L}\{x_1'(t)\}=\mathscr{L}\{\delta(t)-a\mathrm{e}^{-at}\}=1-\frac{a}{s+a}=\frac{s}{s+a}$$

$$\mathscr{L}\{x_2'(t)u(t)\}=\mathscr{L}\{x_2'(t)\}=\mathscr{L}\{2\delta(t)-a\mathrm{e}^{-at}\}=2-\frac{a}{s+a}=\frac{2s+a}{s+a}$$

可见两种方法的计算结果相同。

【例毕】

性质 5 时域积分性质

$$\left(\int_{0^-}^{t}x(\tau)\mathrm{d}\tau\right)u(t)\xleftrightarrow{\mathscr{L}}\frac{X_u(s)}{s} \tag{5-36}$$

$$\boxed{\left(\int_{-\infty}^{t}x(\tau)\mathrm{d}\tau\right)u(t)\xleftrightarrow{\mathscr{L}}\frac{X_u(s)}{s}+\frac{\int_{-\infty}^{0^-}x(\tau)\mathrm{d}\tau}{s}} \tag{5-37}$$

$$\int_{-\infty}^{t}x(\tau)\mathrm{d}\tau\xleftrightarrow{\mathscr{L}}\frac{X(s)}{s} \tag{5-38}$$

【证明】（1）证明式（5-36）。

证法一 采用交换积分顺序进行证明。根据单边信号拉普拉斯变换的定义有

$$\mathscr{L}\left\{\left(\int_{0^-}^{t}x(\tau)\mathrm{d}\tau\right)u(t)\right\}=\int_{0^-}^{\infty}\left(\int_{0^-}^{t}x(\tau)\mathrm{d}\tau\right)\mathrm{e}^{-st}\mathrm{d}t \quad [先对\tau积分再对t积分，图 5.9(a)]$$

$$
\begin{aligned}
&= \int_{0^-}^{\infty}\int_{0^-}^{t} x(\tau)\mathrm{e}^{-st}\mathrm{d}\tau\mathrm{d}t \\
&= \int_{0^-}^{\infty} x(\tau)\left(\int_{\tau}^{\infty}\mathrm{e}^{-st}\mathrm{d}t\right)\mathrm{d}\tau \quad [\text{交换积分顺序,积分区域参见图 5.9(b)}] \\
&= \int_{0^-}^{\infty} x(\tau)\left(\frac{1}{-s}\mathrm{e}^{-st}\Big|_{\tau}^{\infty}\right)\mathrm{d}\tau \\
&= \frac{1}{s}\int_{0^-}^{\infty} x(\tau)\mathrm{e}^{-s\tau}\mathrm{d}\tau \\
&= \frac{1}{s}X_u(s)
\end{aligned}
$$

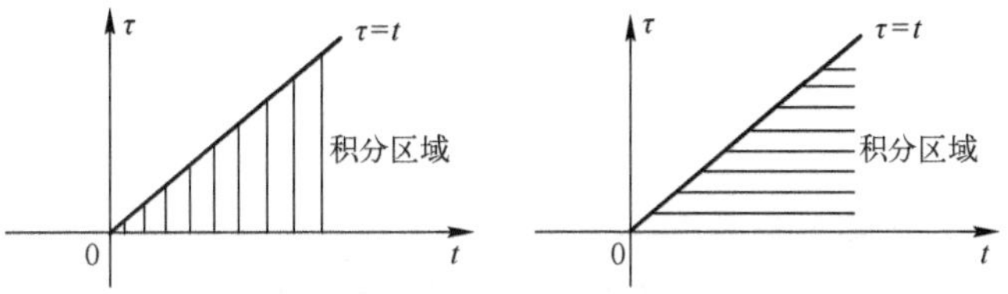

(a) 先对 τ 积分，再对 t 积分　　(b) 先对 t 积分，再对 τ 积分

图 5.9　积分区域和交换积分顺序后积分路径的变化

证法二　利用分部积分进行证明。根据单边信号拉普拉斯变换的定义有

$$
\begin{aligned}
\mathscr{L}\left\{\left[\int_{0^-}^{t} x(\tau)\mathrm{d}\tau\right]u(t)\right\} &= \int_{0^-}^{\infty}\left[\int_{0^-}^{t} x(\tau)\mathrm{d}\tau\right]\mathrm{e}^{-st}\mathrm{d}t \\
&= \int_{0^-}^{\infty}\left[\int_{0^-}^{t} x(\tau)\mathrm{d}\tau\right]\left[\frac{\mathrm{e}^{-st}}{-s}\right]'\mathrm{d}t \qquad [\text{凑微分}\ \frac{\mathrm{d}}{\mathrm{d}t}\left[\frac{\mathrm{e}^{-st}}{-s}\right]=\mathrm{e}^{-st}] \\
&= \frac{\mathrm{e}^{-st}}{-s}\cdot\int_{0^-}^{t} x(\tau)\mathrm{d}\tau\Big|_{0^-}^{\infty} - \int_{0^-}^{\infty}\frac{\mathrm{e}^{-st}}{-s}\left[\int_{0^-}^{t} x(\tau)\mathrm{d}\tau\right]'\mathrm{d}t \quad [\int_a^b u'v\mathrm{d}t = uv\big|_a^b - \int_a^b uv'\mathrm{d}t] \\
&= \frac{\mathrm{e}^{-st}}{-s}\cdot\int_{0^-}^{t} x(\tau)\mathrm{d}\tau\Big|_{0^-}^{\infty} + \frac{1}{s}\int_{0^-}^{\infty} x(t)\mathrm{e}^{-st}\mathrm{d}t \qquad [\frac{\mathrm{d}}{\mathrm{d}t}\int_{0^-}^{t} x(\tau)\mathrm{d}\tau = x(t)] \\
&= \frac{X_u(s)}{s} \quad [\text{第一项中代入}\ \infty\ \text{时}\ \mathrm{e}^{-st}=0,\text{代入}\ 0^-\ \text{时}\ \int_{0^-}^{t} x(\tau)\mathrm{d}\tau = 0] \\
&= \frac{\mathrm{e}^{-st}}{-s}\cdot\int_{0^-}^{t} x(\tau)\mathrm{d}\tau\Big|_{0^-}^{\infty} - \int_{0^-}^{\infty}\frac{\mathrm{e}^{-st}}{-s}\left[\int_{0^-}^{t} x(\tau)\mathrm{d}\tau\right]'\mathrm{d}t \quad [\int_a^b u'v\mathrm{d}t = uv\big|_a^b - \int_a^b uv'\mathrm{d}t]
\end{aligned}
$$

（2）证明式（5-37）。将积分分段

$$
\int_{-\infty}^{t} x(\tau)\mathrm{d}\tau = \int_{-\infty}^{0^-} x(\tau)\mathrm{d}\tau + \int_{0^-}^{t} x(\tau)\mathrm{d}\tau
$$

两边取单边信号拉普拉斯变换，并注意到第一项为常数，则知有式（5-37）成立。式（5-38）的证明省略。

【证毕】

【例 5-13】　利用时域积分性质求 $t^k u(t)$ 的单边信号拉普拉斯变换。

【解】 由下列积分关系

$$
tu(t) = \int_{-\infty}^{t} u(\tau)\mathrm{d}\tau
$$

两边取拉普拉斯变换，并注意到 $\mathscr{L}\{u(t)\} = 1/s$ 和 $\int_{-\infty}^{0^-} u(\tau)\mathrm{d}\tau = 0$，则有

$$\mathscr{L}\{tu(t)\}=\mathscr{L}\left\{\int_{-\infty}^{t}u(\tau)\mathrm{d}\tau\right\}=\frac{\mathscr{L}\{u(t)\}}{s}=\frac{1}{s^2}$$

即
$$tu(t)\xleftrightarrow{\mathscr{L}}\frac{1}{s^2} \tag{5-39}$$

不难验证有下列 k 次积分关系成立

$$\frac{t^k}{k!}u(t)=\underbrace{\int_{-\infty}^{t}\cdots\int_{-\infty}^{t}u(\tau)\mathrm{d}\tau}_{k\text{次积分}} \quad (k=1,2,\cdots)$$

重复一次积分的计算过程可推得

$$t^k u(t)\xleftrightarrow{\mathscr{L}}\frac{k!}{s^{k+1}} \tag{5-40}$$

【例毕】

性质 6　时域卷积性质

$$x_u(t)*h_u(t)\xleftrightarrow{\mathscr{L}}X_u(s)H_u(s) \tag{5-41}$$

$$x(t)*h(t)\xleftrightarrow{\mathscr{L}}X(s)H(s) \tag{5-42}$$

【证明】 证明式（5-41）。根据单边信号拉普拉斯变换的定义有

$$\begin{aligned}
\mathscr{L}\{x_u(t)*h_u(t)\}&=\int_{0^-}^{\infty}\{[x(t)u(t)]*[h(t)u(t)]\}\mathrm{e}^{-st}\mathrm{d}t\\
&=\int_{0^-}^{\infty}[\int_{-\infty}^{\infty}x(\tau)u(\tau)h(t-\tau)u(t-\tau)\mathrm{d}\tau]\mathrm{e}^{-st}\mathrm{d}t \qquad [\text{卷积积分表达式}]\\
&=\int_{0^-}^{\infty}[\int_{0}^{\infty}x(\tau)u(\tau)h(t-\tau)u(t-\tau)\mathrm{d}\tau]\mathrm{e}^{-st}\mathrm{d}t \qquad [\text{据}\,u(\tau)\,\text{定积分下限}]\\
&=\int_{0^-}^{\infty}[\int_{0^-}^{\infty}x(\tau)h(t-\tau)u(t-\tau)\mathrm{d}\tau]\mathrm{e}^{-st}\mathrm{d}t \quad [\text{下限改为}\,0^-\,\text{不影响积分值}]\\
&=\int_{0^-}^{\infty}x(\tau)[\int_{0^-}^{\infty}h(t-\tau)u(t-\tau)\mathrm{e}^{-st}\mathrm{d}t]\mathrm{d}\tau \qquad [\text{交换积分顺序}]\\
&=\int_{0^-}^{\infty}x(\tau)[H_u(s)\mathrm{e}^{-s\tau}]\mathrm{d}\tau \qquad [\text{单边拉普拉斯变换的时移特性}]\\
&=H_u(s)\int_{0^-}^{\infty}x(\tau)\mathrm{e}^{-s\tau}\mathrm{d}\tau\\
&=H_u(s)X_u(s) \qquad [\text{对比单边拉普拉斯变换的定义式}]
\end{aligned}$$

双边信号时域卷积式（5-42）的证明过程与上类似，留给读者自行完成。

【证毕】

各变换域（频域、s 域和 z 域）的时域卷积性质是信号与系统理论的支柱。

*【例 5-14】 利用时域卷积性质证明时移性质。

【解】 根据卷积积分的性质知

$$x_u(t)*\delta(t-t_0)=[x(t)u(t)]*\delta(t-t_0)=x(t-t_0)u(t-t_0)$$

两边取拉普拉斯变换，并利用时域卷积性质可得

$$\mathscr{L}\{x(t-t_0)u(t-t_0)\}=\mathscr{L}\{[x(t)u(t)]*\delta(t-t_0)\}=\mathscr{L}\{x(t)u(t)\}\mathscr{L}\{\delta(t-t_0)\}=X_u(s)\mathrm{e}^{-t_0 s}$$

【例毕】

*【例 5-15】 利用时域卷积性质证明时域积分性质。

【解】先证明下列卷积积分关系

$$[x(t)u(t)]*u(t)=\int_{-\infty}^{\infty}x(\tau)u(\tau)u(t-\tau)\mathrm{d}\tau \quad \text{[按照卷积定义展开]}$$

$$=\int_{0}^{\infty}x(\tau)u(\tau)u(t-\tau)\mathrm{d}\tau \quad \text{[根据}u(\tau)\text{修改积分下限]}$$

$$=\int_{0^-}^{\infty}x(\tau)u(t-\tau)\mathrm{d}\tau \quad \text{[下限改成}0^-\text{不影响积分值]}$$

$$=\left(\int_{0^-}^{t}x(\tau)\mathrm{d}\tau\right)u(t) \quad \text{[由}u(t-\tau)\text{修改上限；要求}t\geqslant 0^-\text{]}$$

即

$$\left(\int_{0^-}^{t}x(\tau)\mathrm{d}\tau\right)u(t)=[x(t)u(t)]*u(t) \tag{5-43}$$

上式两边取拉普拉斯变换得

$$\mathscr{L}\left\{\left(\int_{0^-}^{t}x(\tau)\mathrm{d}\tau\right)u(t)\right\}=\mathscr{L}\{[x(t)u(t)]*u(t)\}=\mathscr{L}\{u(t)\}\mathscr{L}\{x(t)u(t)\}=\frac{1}{s}X_u(s)$$

【例毕】

*【例 5-16】 利用时域卷积性质证明微分性质。

【解】利用 $x(t)=x(t)*\delta(t)$ 和 $x'(t)*y(t)=x(t)*y'(t)$ 可得

$$[x(t)u(t)]'=[x(t)u(t)]'*\delta(t)=[x(t)u(t)]*\delta'(t)$$

上式两边取拉普拉斯变换得

$$\mathscr{L}\{[x(t)u(t)]'\}=\mathscr{L}\{[x(t)u(t)]*\delta'(t)\}=\mathscr{L}\{\delta'(t)\}\mathscr{L}\{x(t)u(t)\}=sX_u(s)$$

【例毕】

性质 7 s 域平移性质

$$\boxed{x_u(t)\mathrm{e}^{s_0t}\xleftrightarrow{\mathscr{L}}X_u(s-s_0)} \tag{5-44}$$

$$x(t)\mathrm{e}^{s_0t}\xleftrightarrow{\mathscr{L}}X(s-s_0) \tag{5-45}$$

从单边信号和双边信号拉普拉斯正变换的定义式出发，很容易证得上两式。

【例 5-17】 求单边正弦信号 $\cos(\omega_0t)u(t)$ 和 $\sin(\omega_0t)u(t)$ 的拉普拉斯变换。

【解】求 $\cos(\omega_0t)u(t)$ 的单边信号拉普拉斯变换。

$$\mathscr{L}\{\cos(\omega_0t)u(t)\}=\mathscr{L}\left\{\left(\frac{1}{2}\mathrm{e}^{\mathrm{j}\omega_0t}+\frac{1}{2}\mathrm{e}^{-\mathrm{j}\omega_0t}\right)u(t)\right\} \quad \text{[欧拉公式]}$$

$$=\frac{1}{2}\mathscr{L}\{\mathrm{e}^{\mathrm{j}\omega_0t}u(t)\}+\frac{1}{2}\mathscr{L}\{\mathrm{e}^{-\mathrm{j}\omega_0t}u(t)\}$$

$$=\frac{1}{2}\frac{1}{s-\mathrm{j}\omega_0}+\frac{1}{2}\frac{1}{s+\mathrm{j}\omega_0} \quad \text{[利用}u(t)\text{的变换和}s\text{域平移性质]}$$

$$=\frac{s}{s^2+\omega_0^2}$$

即

$$\cos(\omega_0t)u(t)\xleftrightarrow{\mathscr{L}}\frac{s}{s^2+\omega_0^2} \tag{5-46}$$

类似可求得

$$\sin(\omega_0t)u(t)\xleftrightarrow{\mathscr{L}}\frac{\omega_0}{s^2+\omega_0^2} \tag{5-47}$$

【例毕】

【例 5-18】 求$e^{-at}\cos(\omega_0 t)u(t)$和$e^{-at}\sin(\omega_0 t)u(t)$的拉普拉斯变换。

【解】由上例的结果并利用s域平移性质可得

$$e^{-at}\cos(\omega_0 t)u(t) \stackrel{\mathscr{L}}{\longleftrightarrow} \frac{s+a}{(s+a)^2+\omega_0^2} \tag{5-48}$$

$$e^{-at}\sin(\omega_0 t)u(t) \stackrel{\mathscr{L}}{\longleftrightarrow} \frac{\omega_0}{(s+a)^2+\omega_0^2} \tag{5-49}$$

【例毕】

式（5-46）～式（5-49）在系统响应求解中应用的概率比较大，尤其是利用它们求单边信号拉普拉斯逆变换。

性质 8　s 域微分性质

$$-tx(t)u(t) \stackrel{\mathscr{L}}{\longleftrightarrow} \frac{\mathrm{d}X_u(s)}{\mathrm{d}s} = X_u'(s) \tag{5-50}$$

$$-tx(t) \stackrel{\mathscr{L}}{\longleftrightarrow} \frac{\mathrm{d}X(s)}{\mathrm{d}s} = X'(s) \tag{5-51}$$

将单边和双边信号拉普拉斯正变换公式两边对s求导，则可证得上两式。

对于某些比较复杂的变换，可以利用上述s域微分性质求得。

*【例 5-19】 求$t\sin(\omega_0 t)u(t)$和$t\cos(\omega_0 t)u(t)$的单边拉普拉斯变换。

【解】由式（5-47）和式（5-50）可知

$$\mathscr{L}\{-t\sin(\omega_0 t)u(t)\} = \frac{\mathrm{d}}{\mathrm{d}s}\frac{\omega_0}{s^2+\omega_0^2} = -\frac{2\omega_0 s}{(s^2+\omega_0^2)^2}$$

因此

$$t\sin(\omega_0 t)u(t) \stackrel{\mathscr{L}}{\longleftrightarrow} \frac{2\omega_0 s}{(s^2+\omega_0^2)^2} \tag{5-52}$$

类似可以求得

$$t\cos(\omega_0 t)u(t) \stackrel{\mathscr{L}}{\longleftrightarrow} \frac{s^2-\omega_0^2}{(s^2+\omega_0^2)^2} \tag{5-53}$$

【例毕】

系统分析，有时需要知道系统在0^+时刻的初始状态值和系统在$t\to\infty$时的终值。当已知单边信号拉普拉斯变换$X_u(s)$后，则可以通过初值定理和终值定理确定。

性质 9　初值定理 设$x_u(t)$在$t=0$时刻不含$\delta(t)$或其导数，则有

$$x_u(0^+) = x(0^+) = \lim_{s\to\infty} sX_u(s) \tag{5-54}$$

其中$x_u(0^+)=x(0^+)$是因为$x_u(0^+)=x(0^+)u(0^+)=x(0^+)$，参见图 5.1。当$x_u(t)$含有$\delta(t)$或其导函数时，$\lim\limits_{s\to\infty} sX_u(s)\to\infty$。

【证明】利用时域微分性质

$$sX_u(s)-x(0^-) = \mathscr{L}\left\{\frac{\mathrm{d}x(t)}{\mathrm{d}t}u(t)\right\} \quad [\text{即式（5-31）}]$$

$$= \int_{0^-}^{0^+}\frac{\mathrm{d}x(t)}{\mathrm{d}t}e^{-st}\mathrm{d}t + \int_{0^+}^{\infty}\frac{\mathrm{d}x(t)}{\mathrm{d}t}e^{-st}\mathrm{d}t \quad [\text{积分分段}]$$

$$=\int_{0^-}^{0^+}\frac{\mathrm{d}x(t)}{\mathrm{d}t}\mathrm{d}t+\int_{0^+}^{\infty}\frac{\mathrm{d}x(t)}{\mathrm{d}t}\mathrm{e}^{-st}\mathrm{d}t \qquad [第一项积分中 \mathrm{e}^{-st}\big|_{t=0}=1]$$

$$=x(0^+)-x(0^-)+\int_{0^+}^{\infty}\frac{\mathrm{d}x(t)}{\mathrm{d}t}\mathrm{e}^{-st}\mathrm{d}t$$

即

$$x(0^+)=sX_u(s)-\int_{0^+}^{\infty}\frac{\mathrm{d}x(t)}{\mathrm{d}t}\mathrm{e}^{-st}\mathrm{d}t$$

上式两边令 $s\to\infty$ 取极限，并考虑到 $\lim\limits_{s\to\infty}x(0^+)=x(0^+)$ 则有

$$x(0^+)=\lim_{s\to\infty}sX_u(s)-\lim_{s\to\infty}\int_{0^+}^{\infty}\frac{\mathrm{d}x(t)}{\mathrm{d}t}\mathrm{e}^{-st}\mathrm{d}t$$

$$=\lim_{s\to\infty}sX_u(s) \qquad [交换极限和积分顺序；由于 t>0，\lim_{s\to\infty}\mathrm{e}^{-st}=0]$$

【证毕】

实际应用中的 $X_u(s)$ 一般为 s 的有理分式（两个多项式之比）。当要求 $x_u(t)$ 不含 $\delta(t)$ 或其导数时，即要求 $X_u(s)$ 为真分式（分子多项式幂次不等于且低于分母多项式幂次）。如果 $X_u(s)$ 不为真分式，需采用多项式长除法将其化为真分式。

【例 5-20】 已知 $X_u(s)=\dfrac{2s+2}{s+3}$，求其初值 $x(0^+)$。

【解】 由于 $X_u(s)$ 不是真分式，采用长除法可得

$$X_u(s)=2+\frac{-4}{s+3}$$

则

$$x(0^+)=\lim_{s\to\infty}s\frac{-4}{s+3}=\lim_{s\to\infty}\frac{-4}{1+3/s}=-4$$

【例毕】

性质 10　终值定理 若 $\lim\limits_{t\to\infty}x_u(t)=x_u(\infty)$ 存在，则

$$x_u(\infty)=\lim_{s\to 0}sX_u(s) \tag{5-55}$$

【证明】 利用时域微分性质

$$sX_u(s)-x(0^-)=\mathscr{L}\left\{\frac{\mathrm{d}x(t)}{\mathrm{d}t}u(t)\right\}=\int_{0^-}^{\infty}\frac{\mathrm{d}x(t)}{\mathrm{d}t}\mathrm{e}^{-st}\mathrm{d}t$$

上式移项后两边令 $s\to 0$ 取极限

$$\lim_{s\to 0}sX_u(s)=\lim_{s\to 0}x(0^-)+\lim_{s\to 0}\int_{0^-}^{\infty}\frac{\mathrm{d}x(t)}{\mathrm{d}t}\mathrm{e}^{-st}\mathrm{d}t$$

$$=x(0^-)+\int_{0^-}^{\infty}\frac{\mathrm{d}x(t)}{\mathrm{d}t}\lim_{s\to 0}\mathrm{e}^{-st}\mathrm{d}t \qquad [交换极限和积分顺序]$$

$$=x(0^-)+\int_{0^-}^{\infty}\frac{\mathrm{d}x(t)}{\mathrm{d}t}\mathrm{d}t \qquad \left[\lim_{s\to 0}\mathrm{e}^{-st}=1\right]$$

$$=x(0^-)+x(\infty)-x(0^-)$$

$$=x(\infty)$$

【证毕】

拉普拉斯变换的其他性质不再介绍，列写在本章附表 5.2 中。

5.1.3　拉普拉斯逆变换求解

拉普拉斯逆变换定义式（5-6）或式（5-10）是一个复变函数在复平面上的线积分，直

接计算比较复杂。由于实际应用中信号或系统的像函数一般为有理分式，采用部分分式展开法即可满足逆变换求解需求。另外，需要注意到的是系统响应的s域求解主要使用单边信号拉普拉斯变换。

有理函数$X_u(s)$的一般形式可表示为

$$X_u(s)=\frac{B_u(s)}{A_u(s)}=\frac{b_M s^M+\cdots+b_1 s+b_0}{a_N s^N+\cdots+a_1 s+a_0}=\frac{b_M}{a_N}\cdot\frac{(s-z_1)(s-z_2)\cdots(s-z_M)}{(s-p_1)(s-p_2)\cdots(s-p_N)} \tag{5-56}$$

其中z_i（$i=1,\cdots,M$）是分子多项式方程$B_u(s)=0$的根，称为$X_u(s)$的零点；p_i（$i=1,\cdots,N$）是分母多项式方程$A_u(s)=0$的根，称为$X_u(s)$的极点。后面将会看到零极点在s平面上的分布提供了信号与系统的很多重要性质。

拉普拉斯逆变换的部分分式展开正是指像函数按照极点的展开。

1．单边信号的拉普拉斯逆变换

将$X_u(s)$按照极点展开后，会出现单重极点和多重极点的情况，下面以实际求解中常遇到的几种情形举例说明逆变换求解方法。先假定$X_u(s)$为真分式（$M<N$）。

1）所有极点均为一阶实数极点

这是最简单的情形。当所有极点均为单极点时，由于$A_u(s)$是s的N阶多项式，$X_u(s)$展开后有N项，写为

$$X_u(s)=\frac{K_1}{s-p_1}+\frac{K_2}{s-p_2}+\cdots+\frac{K_N}{s-p_N} \tag{5-57}$$

其中K_i为待定系数。为了确定K_i，上式两边同乘$(s-p_i)$有

$$(s-p_i)X(s)=\frac{K_1}{s-p_1}(s-p_i)+\cdots+\frac{K_i}{s-p_i}(s-p_i)+\cdots+\frac{K_N}{s-p_N}(s-p_i)$$

令$s=p_i$后上式右端只剩K_i一项，其余各项均等于零，因此有

$$K_i=(s-p_i)X(s)\big|_{s=p_i} \tag{5-58}$$

这一过程就是所谓的部分分式展开。确定了所有待定系数后，由单边指数衰减信号的拉普拉斯变换式（5-13）可知

$$\frac{K_i}{s-p_i}\overset{\mathscr{L}}{\longleftrightarrow}K_i\mathrm{e}^{p_i t}u(t) \tag{5-59}$$

从而求得整个$x_u(t)$。

【例 5-21】 求$X_u(s)=\dfrac{s+2}{s^2+4s+3}$的拉普拉斯逆变换。

【解】 $X_u(s)$分母进行因式分解后可将展开式设为

$$X_u(s)=\frac{s+2}{s^2+4s+3}=\frac{K_1}{s+1}+\frac{K_2}{s+2}$$

$$K_1=(s+1)X_u(s)\big|_{s=-1}=\frac{s+2}{s+3}\bigg|_{s=-1}=\frac{1}{2}$$

$$K_2=(s+3)X_u(s)\big|_{s=-3}=\frac{s+2}{s+1}\bigg|_{s=-3}=\frac{1}{2}$$

将K_1,K_2代入$X_u(s)$，并根据式（5-59）可得其拉普拉斯逆变换为

$$x_u(t)=\frac{1}{2}\mathrm{e}^{-t}u(t)+\frac{1}{2}\mathrm{e}^{-3t}u(t)$$

【例毕】

2）**含有一阶共轭复数极点**

上面介绍的一阶极点情况下求逆变换的方法同时适合于实数极点和复数极点，即 p_i 可以为复数。然而，当 p_i 为复数时，按照上例的方法会涉及复数的化简，过程复杂且易错。

$X_u(s)$ 的分子分母一般为实系数多项式，当出现复数极点时，一定是共轭成对出现。因此，相对简便的逆变换求解方法是利用单边正弦信号和单边余弦信号的拉普拉斯变换式进行求解[式（5-46）和式（5-47）或式（5-48）和式（5-49）]。现举例说明。

【例 5-22】 求 $X_u(s)=\dfrac{s+3}{(s+1)(s^2+2s+4)}$ 的拉普拉斯逆变换。

【解】 可以看到 $X_u(s)$ 有一个实数极点和一对共轭极点。展开式可设为

$$X_u(s)=\frac{K_1}{s+1}+\frac{K_2 s+K_3}{s^2+2s+4}$$

其中一阶极点对应的 K_1 仍用式（5-58）确定

$$K_1=(s+1)X(s)\big|_{s=-1}=\left.\frac{s+3}{s^2+2s+4}\right|_{s=-1}=\frac{2}{3}$$

为了确定 K_2 和 K_3，将 K_1 代入展开式中有

$$\frac{s+3}{(s+1)(s^2+2s+4)}=\frac{2}{3}\frac{1}{s+1}+\frac{K_2 s+K_3}{s^2+2s+4} \tag{5-60}$$

将上式右端两项合并，并通过比较等式两端分子多项式的系数，可以得到确定 K_2 和 K_3 的方程，并求得 $K_2=-2/3$，$K_3=1/3$。因此有

$$\begin{aligned}X_u(s)&=\frac{2}{3}\frac{1}{s+1}-\frac{2}{3}\frac{s-1/2}{s^2+2s+4}\\&=\frac{2}{3}\cdot\frac{1}{s+1}-\frac{2}{3}\frac{s+1}{(s+1)^2+(\sqrt{3})^2}+\frac{\sqrt{3}}{3}\frac{\sqrt{3}}{(s+1)^2+(\sqrt{3})^2}\quad[\text{凑成典型变换形式}]\end{aligned}$$

由相应的典型信号变换公式可知 $x_u(t)$ 为

$$x_u(t)=\frac{1}{3}\left[2-2\cos(\sqrt{3}t)+\sqrt{3}\sin(\sqrt{3}t)\right]\mathrm{e}^{-t}u(t)$$

【例毕】

3）**含有重极点**

当 $X_u(s)$ 含有重极点时，对应于该重极点的部分分式展开式将有所不同，如果 p_1 为 $X_u(s)$ 的 m 阶重极点，则对应于 p_1 的展开式为

$$X_u(s)=\frac{K_{1m}}{(s-p_1)^m}+\frac{K_{1m-1}}{(s-p_1)^{m-1}}+\cdots+\frac{K_{11}}{s-p_1}+\text{其他极点对应展开式} \tag{5-61}$$

为了避免复杂公式的阐述形式，下面直接举例说明上式中待定系数的确定方法。

【例 5-23】 求 $X_u(s)=\dfrac{s^2+2s+5}{(s+3)(s+5)^2}$ 的拉普拉斯逆变换。

【解】 $X_u(s)$ 含有重极点，按照式（5-61），$X_u(s)$ 的展开式可以设为

$$X_u(s)=\frac{K_{12}}{(s+5)^2}+\frac{K_{11}}{(s+5)}+\frac{K_2}{s+3}$$

展开式两端乘 $(s+5)^2$ 并令 $s=-5$，则上式右端只有一项 K_{12}，即

$$K_{12}=(s+5)^2X_u(s)\Big|_{s=-5}=\left.\frac{s^2+2s+5}{s+3}\right|_{s=-5}=-10$$

展开式两端乘以$(s+5)^2$并对s求导，则可以消去K_{12}，进而令$s=-5$后右端只剩下K_{11}，即

$$K_{11}=\frac{\mathrm{d}}{\mathrm{d}s}\left[(s+5)^2X_u(s)\right]\Big|_{s=-5}=\frac{\mathrm{d}}{\mathrm{d}s}\left[\frac{s^2+2s+5}{s+3}\right]\Big|_{s=-5}=\left.\frac{s^2+6s+1}{(s+3)^2}\right|_{s=-5}=-1$$

$$K_2=(s+3)X_u(s)\Big|_{s=-3}=\left.\frac{s^2+2s+5}{(s+5)^2}\right|_{s=-3}=2$$

因此

$$X_u(s)=\frac{-10}{(s+5)^2}+\frac{-1}{(s+5)}+\frac{2}{s+3}$$

上式两边取逆变换，并利用式（5-39）和s域平移性质$\mathrm{e}^{-at}x(t)u(t)\overset{\mathscr{L}}{\longleftrightarrow}X_u(s+a)$得

$$x_u(t)=-10t\mathrm{e}^{-5t}u(t)-\mathrm{e}^{-5t}u(t)+2\mathrm{e}^{-3t}u(t)$$

对于确定多重极点对应的展开式待定系数，如果采用一系列公式表述，会降低易读性。实际求解中的有效方法不是记忆复杂的公式，而是记忆本例展示的过程和“规则”，即当$X_u(s)$包含重极点时，对于每个重极点：

（1）参见式（5-61），按照极点因子降幂的顺序设定部分分式。这里强调降幂排列顺序是为后面公式表述的方便和对应。

（2）最高幂次项待定系数直接按照$K_{1m}=(s-p_1)^mX_u(s)\big|_{s=p_1}$计算，无须求导。各系数的确定可表示为下列统一的形式（按降幂排列）

$$K_{1m}=\frac{1}{0!}\left[(s-p_1)^mX_u(s)\right]\Big|_{s=p_1}\qquad\text{[对应降 0 次幂项，求 0 阶导，系数}\frac{1}{0!}\text{]}$$

（3）降幂项的待定系数需要求导：每降 1 次幂，多求 1 阶导。即

$$K_{1m-1}=\frac{1}{1!}\frac{\mathrm{d}}{\mathrm{d}s}\left[(s-p_1)^mX_u(s)\right]\Big|_{s=p_1}\qquad\text{[对应降 1 次幂项，求 1 阶导，系数}\frac{1}{1!}\text{]}$$

$$K_{1m-2}=\frac{1}{2!}\frac{\mathrm{d}^2}{\mathrm{d}s^2}\left[(s-p_1)^mX_u(s)\right]\Big|_{s=p_1}\qquad\text{[对应降 2 次幂项，求 2 阶导，系数}\frac{1}{2!}\text{]}$$

以此类推。

当p_1为复数重极点时，上述展开式待定系数的确定公式仍然适用。

【例毕】

4）$X_u(s)$**为假分式**（$M\geqslant N$）

当$X_u(s)$为假分式时，首先采用长除法将$X_u(s)$化为多项式和真分式之和，对真分式部分进行部分分式展开。

【例 5-24】 求$X_u(s)=\dfrac{s^4+2s^3-2}{s^3+2s^2-s-2}$的拉普拉斯逆变换。

【解】 首先用长除法分解出真分式

$$
\begin{array}{r}
s \\
s^3+2s^2-s-2\overline{)s^4+2s^3+0s^2+0s-2} \\
\underline{s^4+2s^3-s^2-2s} \\
s^2+2s-2
\end{array}
$$

因此

$$
\begin{aligned}
X_u(s) &= s+\frac{s^2+2s-2}{s^3+2s^2-s-2} \\
&= s+\frac{s^2+2s-2}{(s-1)(s+1)(s+2)} \\
&= s+\frac{K_1}{s-1}+\frac{K_2}{s+1}+\frac{K_3}{s+2} \quad \text{[真分式进行部分分式展开]} \\
&= s+\frac{1/6}{s-1}+\frac{3/2}{s+1}+\frac{-2/3}{s+2} \quad \text{[省略待定系数确定过程]}
\end{aligned}
$$

所求拉普拉斯逆变换为

$$x(t)=\delta'(t)+\frac{1}{6}\mathrm{e}^{t}u(t)+\frac{3}{2}\mathrm{e}^{-t}u(t)-\frac{2}{3}\mathrm{e}^{-2t}u(t)$$

【例毕】

***5）$X_u(s)$ 为非有理函数**

如果 $X_u(s)$ 为非有理函数（工程应用中几乎不会出现），有的情况下可以通过变形和巧妙应用拉普拉斯变换的性质进行逆变换的求解。

【例 5-25】 求 $X_u(s)=\ln(s+a)$ 的拉普拉斯逆变换。

【解】 观察可知 $X_u(s)$ 的导函数为有理分式，即

$$\frac{\mathrm{d}X_u(s)}{\mathrm{d}s}=\frac{\mathrm{d}}{\mathrm{d}s}\ln(s+a)=\frac{1}{s+a}$$

两边进行拉普拉斯逆变换，并利用 s 域微分性质 $-tx(t)u(t)\xleftrightarrow{\mathscr{L}}\frac{\mathrm{d}X_u(s)}{\mathrm{d}s}$ 有

$$-tx_u(t)=-tx(t)u(t)=\mathrm{e}^{-at}u(t)$$

因此

$$x_u(t)=-\frac{1}{t}\mathrm{e}^{-at}u(t)$$

【例毕】

上述讨论的几种逆变换求解情形，可以满足绝大多数单边非周期信号拉普拉斯逆变换的求解需求。逆变换是复变函数的积分问题，不少文献介绍了利用复变函数中留数定理进行逆变换求解的方法。但留数法带来的收益非常有限，并且加大了学习难度，这里不作介绍。

2．从极点分布理解收敛域特征和拉普拉斯变换唯一性

在熟悉了极点概念和部分分式展开的逆变换求解过程后，有必要讨论一下像函数极点分布与拉普拉斯变换收敛域特征之间的关系，进而考察收敛域特征和拉普拉斯变换唯一性之间的关系。相关概念和结论在拉普拉斯逆变换的求解中非常有用。

1）右边单边信号

例 5-21 的极点为 $p_1=-1, p_2=-3$，例 5-22 的极点为 $p_1=-1, p_{2,3}=-1\pm\mathrm{j}\sqrt{3}$。将其标注在 s 平面上，则分别如图 5.10(a)(b)所示（一般极点用×标注，零点用○标注）。所谓极点就是像函数在该点的取值为无穷大，因此极点一定不会处于收敛域内。右边单边信号拉普拉斯变换的收敛域是收敛轴的右半平面。结合这两点，不难得出一个重要概念：<u>右边单边信号拉</u>

普拉斯变换的收敛域一定是以最右端极点为分界线，如图 5.10 所示。

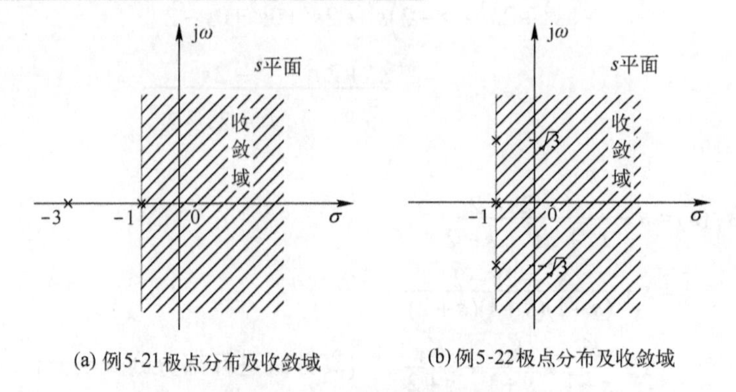

(a) 例5-21极点分布及收敛域　　(b) 例5-22极点分布及收敛域

图 5.10　极点分布和收敛域

【例 5-26】 试求 $X_u(s)=\dfrac{3s^2+4s-1}{s^3+2s^2-s-2}$ 的收敛域和逆变换。

【解】 将 $X_u(s)$ 分母进行因式分解得

$$X_u(s)=\frac{3s^2+4s-1}{(s-1)(s+1)(s+2)}=\frac{1}{s-1}+\frac{1}{s+2}+\frac{1}{s+1}$$

所以

$$x_u(t)=\mathrm{e}^{t}u(t)+\mathrm{e}^{-t}u(t)+\mathrm{e}^{-2t}u(t)$$

最右端极点为 $p=1$，因此收敛域为 $\sigma>1$，极点分布和收敛域如图 5.11 所示。

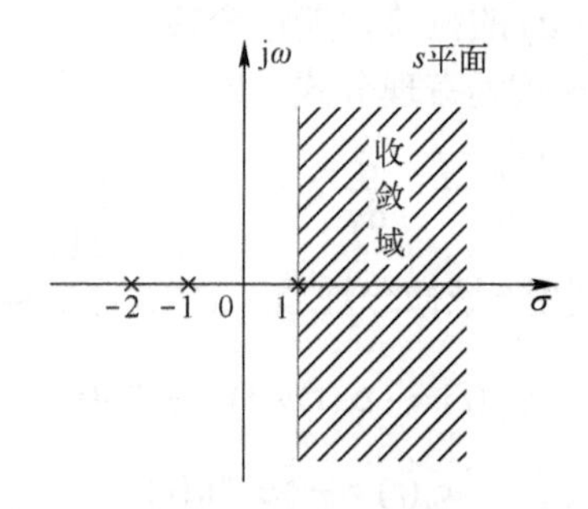

图 5.11　例 5-26 的极点分布和收敛域

如果对上述 $x_u(t)$ 进行拉普拉斯积分，可知每一项的积分收敛的条件分别为 $\sigma>1,\sigma>-1$ 和 $\sigma>-2$（与极点对应），收敛域为它们的交集，即 $\sigma>1$。

【例毕】

上例中 $X_u(s)$ 的收敛域不包含 ω 轴，$x_u(t)$ 的傅里叶变换不存在。从逆变换求解结果 $x_u(t)=\mathrm{e}^{t}u(t)+\mathrm{e}^{-t}u(t)+\mathrm{e}^{-2t}u(t)$ 可以看到，$x_u(t)$ 含有指数增长信号 $\mathrm{e}^{t}u(t)$（对应极点 $p=1$）。$\mathrm{e}^{t}u(t)$ 的傅里叶变换积分是不收敛的，其广义傅里叶变换也不存在。因此得到另一重要概念：收敛域不包含虚轴的像函数，在信号与系统分析中是无意义的，因为其广义傅里叶变换也不存在。

2）左边单边信号

左边单边信号在信号与系统分析中几乎没有应用需求，但在分析收敛域特征和唯一性时，有必要一并考虑。

左边单边信号的收敛域是收敛轴的左半平面，因此有结论：左边单边信号拉普拉斯变换的收敛域一定是以最左端极点为分界线。

【例 5-27】 假设一左边单边信号的拉普拉斯变换为 $\dfrac{3s^2+4s-1}{s^3+2s^2-s-2}$，试确定其收敛域和逆变换。

【解】该左边单边信号的像函数与上例具有相同的表达式，即

$$\frac{3s^2+4s-1}{s^3+2s^2-s-2}=\frac{1}{s-1}+\frac{1}{s+2}+\frac{1}{s+1}$$

最左端极点为 $p=-2$，因此其收敛域为 $\sigma<-2$。

读者可以验证左边单边指数信号的拉普拉斯变换为

$$\mathscr{L}\{\mathrm{e}^{-at}u(-t)\}=\frac{-1}{s+a}\quad(\sigma<-a)$$

因此逆变换为

$$x(t)=-\mathrm{e}^{t}u(-t)-\mathrm{e}^{-2t}u(-t)-\mathrm{e}^{-t}u(-t)$$

另外，该左边单边信号的收敛域不包括 ω 轴，其傅里叶变换不存在，因为它含有指数增长信号。

【例毕】

由例 5-26 和例 5-27 可以形成重要概念：如果已经明确为单边信号像函数（无论是左边还是右边），则其收敛域和逆变换可由像函数表达式唯一确定，因为它们的收敛域只有一种可能。反之，如果不明确是左边或右边单边信号，同一个像函数可能对应不同的时域信号。

3）**双边信号**

同样，双边信号及其拉普拉斯变换在信号与系统分析中几乎没有应用需求，但在讨论收敛域特征和唯一性时，必须涉及。

双边信号拉普拉斯变换收敛域的典型特征是带状区域。当给定像函数表达式后，通常无法确定其收敛域。例如，对于图 5.12 所示的极点分布 $p_1=1$，$p_2=-1, p_3=-2$ 可以构成两个带状区域，分别如图 5.12(a)(b)所示。但是，如果限定收敛域一定包含 ω 轴，那么其收敛域也就唯一确定了。因此有结论：如果已经明确为双边信号像函数且收敛域包含虚轴，则其收敛域和逆变换可由像函数表达式唯一确定。

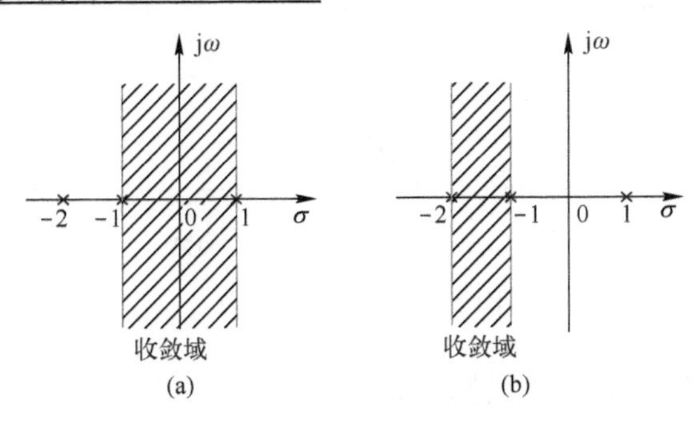

图 5.12　双边信号变换带状收敛域的两种可能性

【例 5-28】 假设一双边信号的拉普拉斯变换为 $X(s)=\dfrac{1}{s-1}+\dfrac{1}{s+2}+\dfrac{1}{s+1}$，试确定其收敛域和逆变换。

【解】如果收敛域是图 5.12(a)，那么 $p_1=1$ 一定是左边单边信号的极点（因为收敛域在

其左边），$p_2=-1$ 和 $p_3=-2$ 一定是右边单边信号的极点。参照前两例的求解过程可知

$$x(t)=-\mathrm{e}^{t}u(-t)+\mathrm{e}^{-t}u(t)+\mathrm{e}^{-2t}u(t)$$

由于该收敛域包含 ω 轴，因此 $x(t)$ 存在傅里叶变换，同时 $x(t)$ 不含有指数增长信号。

如果假定收敛域是图 5.12(b)，那么 $p_1=1$ 和 $p_2=-1$ 一定是左边单边信号极点，$p_3=-2$ 是右边单边信号极点。因此其逆变换为

$$x(t)=-\mathrm{e}^{t}u(-t)-\mathrm{e}^{-t}u(-t)+\mathrm{e}^{-2t}u(t)$$

由于收敛域不包含 ω 轴，$x(t)$ 不存在傅里叶变换，且含有指数负增长信号 $-\mathrm{e}^{-t}u(-t)$。

【例毕】

***3．双边信号拉普拉斯逆变换求解**

事实上，例 5-28 已经给出了双边信号拉普拉斯逆变换的求解步骤：

（1）将像函数进行部分分式展开。

（2）根据收敛域分清左边单边信号极点和右边单边信号极点。

（3）分别求左边单边信号极点和右边单边信号极点的逆变换。

*5.1.4 单边周期信号的拉普拉斯变换

实际应用中（尤其是电路系统中），周期信号激励下系统的响应求解是一类最基本的求解问题，也是一个非常重要的问题，例如正弦信号激励下的系统响应，周期方波激励下的系统响应等。因此，单边周期信号的拉普拉斯正逆变换的求解，仍是相对重要的内容。

1．正变换求解

参见图 5.13，单边信号可以表示为

$$x_u(t)=x_T(t)u(t)=[x_0(t)+x_0(t-T)+x_0(t-2T)+\cdots]u(t)$$

两边取拉普拉斯变换有

$$X_u(s)=X_0(s)[1+\mathrm{e}^{-Ts}+\mathrm{e}^{-2Ts}+\cdots]=\frac{X_0(s)}{1-\mathrm{e}^{-Ts}} \tag{5-62}$$

上式表明，如果要求解单边周期信号的拉普拉斯变换，只要求出单个周期波形的拉普拉斯变换后除以 $(1-\mathrm{e}^{-Ts})$ 因子即可。

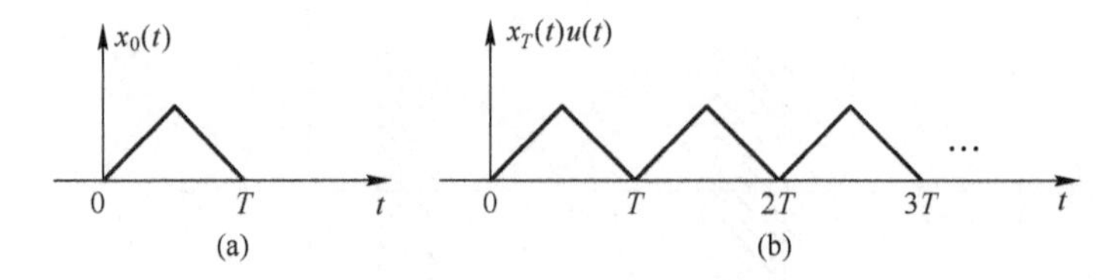

图 5.13 单边周期信号

【例 5-29】 求图 5.14 所示单边周期方波信号的拉普拉斯变换。

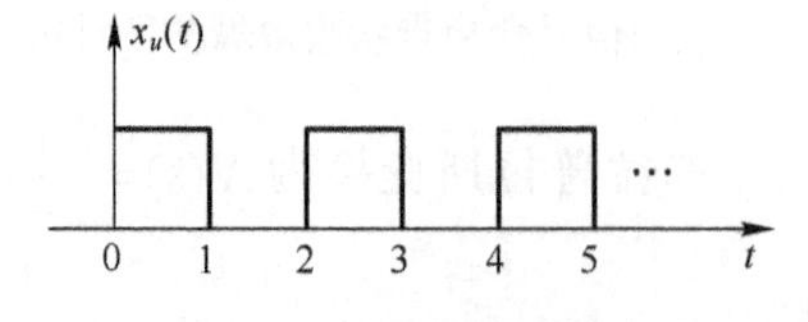

图 5.14 单边周期信号

【解】由图可知 $x_0(t)=u(t)-u(t-1)$，所以 $X_0(s)=\frac{1}{s}(1-\mathrm{e}^{-s})$。由于周期 $T=2$，根据式（5-62）得

$$X_u(s)=\frac{X_0(s)}{1-\mathrm{e}^{-2s}}=\frac{1-\mathrm{e}^{-s}}{s(1-\mathrm{e}^{-2s})}=\frac{1}{s(1+\mathrm{e}^{-s})}$$

事实上，上式省去最后一步化简比较合适，保留分母 $(1-\mathrm{e}^{-Ts})$ 因子，以使单边周期信号的特征一目了然。

【例毕】

2. **逆变换求解**

当像函数分母显式或隐式含有 $(1-\mathrm{e}^{-Ts})$ 因子时，则表明其对应的时域信号是单边周期信号。由例 5-29 可推知其逆变换求解过程如下。

（1）暂不考虑分母中的 $(1-\mathrm{e}^{-Ts})$ 因子。

（2）用部分分式展开法或利用性质求剩余像函数 $X_0(s)$ 的逆变换 $x_0(t)$。

（3）将 $x_0(t)$ 进行单边周期延拓。

【例 5-30】 求单边信号拉普拉斯变换 $X_u(s)=\frac{1}{s(1+\mathrm{e}^{-Ts})}$ 的逆变换。

【解】分母出现形如 $(1+\mathrm{e}^{-Ts})$ 因子，是隐式含有周期信号因子。分子分母同乘 $(1-\mathrm{e}^{-Ts})$ 得

$$X_u(s)=\frac{1}{s(1+\mathrm{e}^{-Ts})}=\frac{1-\mathrm{e}^{-Ts}}{s(1+\mathrm{e}^{-Ts})(1-\mathrm{e}^{-Ts})}=\frac{1-\mathrm{e}^{-Ts}}{s(1-\mathrm{e}^{-2Ts})}$$

所以

$$X_0(s)=\frac{1}{s}(1-\mathrm{e}^{-Ts})$$

逆变换得

$$x_0(t)=u(t)-u(t-T)$$

进行周期为 $2T$ 的单边周期延拓得

$$x_u(t)=\sum_{n=0}^{\infty}x_0(t-2nT)=\sum_{n=0}^{\infty}[u(t-2nT)-u(t-(2n+1)T)]$$

显然这是一个单边周期方波信号。

【例毕】

图 5.14 所示的方波信号加到后面图 5.24(a)和图 5.24(c)所示的 RC 低通和 RC 高通电路中，求电路输出端的电压。这是一个非常典型的问题，应用中很重要，因为只有掌握了正确的分析求解方法，才能正确地设计 RC 参数，以获得所需要的电路功能。

5.2 系统响应的 s 域求解

系统输出响应求解是信号与系统的基本问题，拉普拉斯变换的一个重要应用则是系统响应的求解。本节主要介绍微分方程描述系统的响应求解和电路系统的 s 域分析。

特别注意：系统响应求解仅需单边信号拉普拉斯变换。本节在讨论响应求解过程中，所指的信号均为单边信号及其像函数，为使符号简洁，下标 u 均省略。

5.2.1 微分方程描述系统的响应求解

在前面例 5-10 中已经介绍了微分方程系统响应求解的基本思路：利用时域微分性质式（5-31）或式（5-33）将微分方程转变为s域代数方程，进而在s域中求解。下面举例说明响应求解的几个问题。

1．冲激响应求解

第 2 章指出冲激响应$h(t)$是对连续时间系统的充分描述，因为系统在任意输入$x(t)$激励下的输出为$y(t)=x(t)*h(t)$。第 4 章指出数字滤波器设计的核心原理是冲激响应不变，即$h[n]=h(t)\big|_{t=nT_s}$。下面的例子介绍由微分方程求解$h(t)$的方法。

【例 5-31】 求下列连续时间系统的冲激响应。

$$y''(t)+3y'(t)+2y(t)=x'(t)+4x(t)$$

【解】 冲激响应是系统在零状态下由$\delta(t)$激励系统后的输出。零状态意味着

$$y(0^-)=y'(0^-)=y''(0^-)=0$$

原方程两边进行单边信号拉普拉斯变换得

$$s^2Y(s)+3sY(s)+2Y(s)=sX(s)+4X(s)$$

$$H(s)=\frac{Y(s)}{X(s)}=\frac{s+4}{s^2+3s+2}$$

部分分式展开得

$$H(s)=\frac{3}{s+1}+\frac{-2}{s+2}$$

求逆变换即得到单位冲激响应

$$h(t)=(3\mathrm{e}^{-t}-2\mathrm{e}^{-2t})u(t)$$

还可以从另一个角度求冲激响应，本质上是相同的。当微分方程右端为$x(t)=\delta(t)$时，左端则为冲激响应，即

$$h''(t)+3h'(t)+2h(t)=\delta'(t)+4\delta(t)$$

上式两边进行单边信号拉普拉斯变换，并注意到$h'(0^-)=h(0^-)=0$，有

$$(s^2+3s+2)H(s)=(s+4)$$

从而

$$H(s)=\frac{s+4}{s^2+3s+2}$$

【例毕】

2．零状态响应求解

零状态响应是系统在零状态情况下由$x(t)$激励系统产生的输出响应。

【例 5-32】 系统微分方程同上例，即

$$y''(t)+3y'(t)+2y(t)=x'(t)+4x(t)$$

求当$x(t)=\mathrm{e}^{-2t}u(t)$时系统的零状态响应。

【解】 对$x(t)=\mathrm{e}^{-2t}u(t)$进行单边信号拉普拉斯变换得$X(s)=\dfrac{1}{s+2}$。

由于同样是零状态，所以微分方程两边拉普拉斯变换结果与上例相同，即

$$Y(s)=\frac{s+4}{s^2+3s+2}X(s)=\frac{s+4}{s^2+3s+2}\cdot\frac{1}{s+2}=\frac{3}{s+1}+\frac{-3}{s+2}+\frac{-2}{(s+2)^2}$$

求逆变换得零状态响应为

$$y(t)=3\mathrm{e}^{-t}u(t)-3\mathrm{e}^{-2t}u(t)-2t\mathrm{e}^{-2t}u(t)$$

【例毕】

3．零输入响应求解

零输入响应是在输入为零的情况下由系统初始储能（非零初始状态）产生的输出响应。

【例 5-33】 系统微分方程同前两例，即

$$y''(t)+3y'(t)+2y(t)=x'(t)+4x(t)$$

求当 $y(0^-)=1$，$y'(0^-)=2$ 时系统的零输入响应。

【解】 因为是零输入，所以微分方程变为齐次方程，即

$$y''(t)+3y'(t)+2y(t)=0$$

两边进行单边信号拉普拉斯变换，并注意代入 0^- 时刻初始状态值，有

$$[s^2Y(s)-sy(0^-)-y'(0^-)]+3[sY(s)-y(0^-)]+2Y(s)=0$$

整理得

$$Y_{\mathrm{zi}}(s)=\frac{(s+3)y(0^-)+y'(0^-)}{s^2+3s+2}=\frac{s+5}{s^2+3s+2}=\frac{4}{s+1}-\frac{3}{s+2}$$

求逆变换得零输入响应为

$$y_{\mathrm{zi}}(t)=4\mathrm{e}^{-t}u(t)-3\mathrm{e}^{-2t}u(t)$$

【例毕】

4．完全响应求解

系统同时在输入 $x(t)$ 和初始储能作用下产生的响应则为完全响应，即

$$\text{完全响应} = \text{零状态响应} + \text{零输入响应} \tag{5-63}$$

$$y(t)=y_{\mathrm{zs}}(t)+y_{\mathrm{zi}}(t)$$

式（5-63）强调的概念是：系统的完全响应可以分解为零状态响应分量 $y_{\mathrm{zs}}(t)$ 和零输入响应分量 $y_{\mathrm{zi}}(t)$ 之和。例 5-32 和例 5-33 已经分别展示了零状态响应和零输入响应的求解过程，合并后即为完全响应的求解过程。

【例 5-34】 系统微分方程为

$$y''(t)+3y'(t)+2y(t)=x'(t)+4x(t)$$

假定系统初始状态值 $y(0^-)=1$，$y'(0^-)=2$，求 $x(t)=\mathrm{e}^{-2t}u(t)$ 时系统的零输入响应、零状态响应和完全响应。

【解】 在非零初始状态下对原方程两边进行拉普拉斯变换，并整理得

$$Y(s)=\underbrace{\frac{s+4}{s^2+3s+2}X(s)}_{\text{零状态响应}}+\underbrace{\frac{(s+3)y(0^-)+y'(0^-)}{s^2+3s+2}}_{\text{零输入响应}}=Y_{\mathrm{zs}}(s)+Y_{\mathrm{zi}}(s)$$

其中第一项仅与系统输入有关，与系统初始状态无关，所以为零状态响应分量；第二项仅与

系统初始状态有关，与系统输入无关，所以为零输入响应分量。

注意：因为原题要求解零输入和零状态响应分量，所以两项未合并。如果只需求解完全响应，自然可以合并化简后再求逆变换。

代入 $X(s)$ 和初始状态值后得

$$Y(s)=\frac{s+4}{s^2+3s+2}X(s)+\frac{(s+3)y(0^-)+y'(0^-)}{s^2+3s+2}=\frac{s+4}{(s^2+3s+2)(s+2)}+\frac{s+5}{s^2+3s+2}$$

两项分别进行部分分式展开和逆变换可得（参见上两例）

$$y_{zs}(t)=3e^{-t}u(t)-3e^{-2t}u(t)-2te^{-2t}u(t)$$

$$y_{zi}(t)=4e^{-t}u(t)-3e^{-2t}u(t)$$

上述两项求和即得系统全响应为

$$y(t)=7e^{-t}u(t)-6e^{-2t}u(t)-2te^{-2t}u(t)$$

【例毕】

***5. 初始状态的跳变**

参见图 5.5，外界激励在 $t=0$ 时刻的接入可能导致系统状态在 $t=0$ 时发生跳变，即从 0^- 时刻状态值跳变到 0^+ 时刻状态值。现将图 5.5 实例化为一个简单 RC 电路，以便更清晰地阐述初始状态跳变的概念，如图 5.15 所示。假设电路中的电流 $i(t)$ 为关注的系统状态。激励接入前的 0^- 时刻 $i(0^-)=0$，开关闭合后 0^+ 时刻 $i(0^+)=E/R$，$i(0^+)\neq i(0^-)$，这就是所谓的初始状态的跳变。

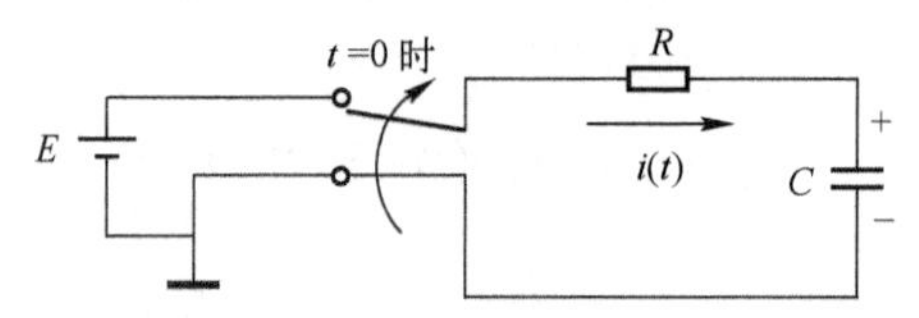

图 5.15 RC 电路的状态跳变

不难看出，0^- 时刻的初始状态通常可以根据实际应用方便地获得或假定。单边信号拉普拉斯变换的积分下限定义为 0^-，使求解中只需要求已知 0^- 时刻状态值，给响应求解带来了很大的方便。

对于用线性常系数微分方程描述的系统，还可以通过微分方程的经典解法求出系统响应。由于我们只能认为外界激励在 0^+ 时刻完成系统接入，或者说微分方程成立的时刻从 0^+ 开始，从而必须使用 0^+ 初始状态值确定微分方程求解中的待定系数。当采用微分方程经典解法在时域中求响应时，这就增加了一项求解问题：由 0^- 初始状态值确定 0^+ 初始状态值。然而，对于这一问题，时域中没有一个方便严谨的求解方法。这是采用微分方程经典解法求系统响应的局限性所在。因此，本书并没有介绍相关内容。

*5.2.2 电路的 s 域分析

对于电路中电压或电流的求解，在电路理论相关课程中已形成一套相对成熟的方法，例如直流电路分析、正弦稳态电路分析等，其特点是充分利用电路和激励的特点，形成相对简便有效的分析与求解方法。但是，对于含有电容电感元件的电路过渡过程分析，s 域求解方法仍是适用面更广的方法。

对于电路求解问题，可以先建立相应的微分方程，然后利用上面介绍的拉普拉斯变换方法求解该微分方程。但是当电路稍复杂时，建立一个待求变量的高阶微分方程，有时很困难。如果先建立元件的 s 域模型，然后在 s 域建立方程，则为代数方程建立和化简的过程，简单很多，而且直流电阻电路分析的一套方法可以应用于电路的 s 域等效模型。

1．理想 RLC 元件的 s 域等效模型

在图 5.16 参考方向下，RLC 元件的伏安特性关系为

$$u_R(t)=Ri_R(t) \tag{5-64}$$

$$u_L(t)=L\frac{\mathrm{d}i_L(t)}{\mathrm{d}t} \tag{5-65}$$

$$i_C(t)=C\frac{\mathrm{d}u_C(t)}{\mathrm{d}t} \tag{5-66}$$

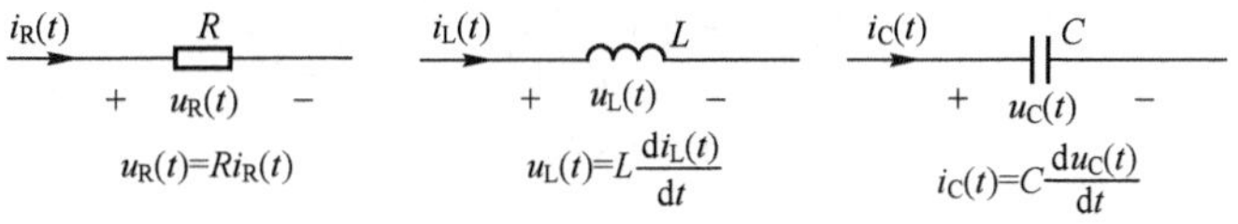

图 5.16　RLC 时域模型

对上面各式两边取单边信号拉普拉斯变换并考虑到时域微分性质有

$$U_R(s)=RI_R(s) \tag{5-67}$$

$$U_L(s)=LsI_L(s)-Li_L(0^-) \tag{5-68}$$

$$I_C(s)=CsU_C(s)-Cu_C(0^-) \tag{5-69}$$

根据上述 s 域的伏安特性关系可得图 5.17 所示的 s 域等效器件模型。

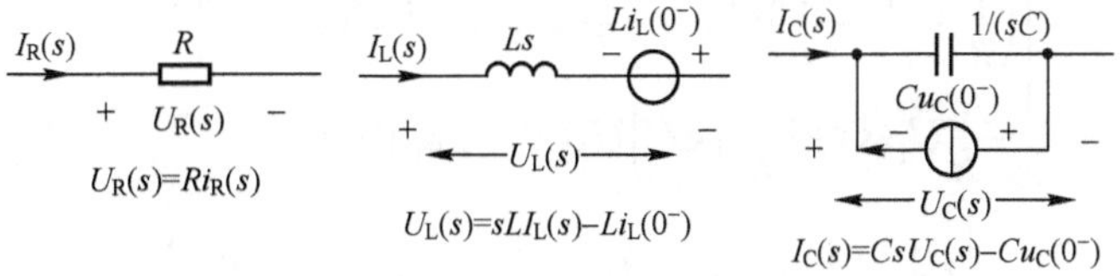

图 5.17　RLC 的 s 域等效模型

利用电压源和电流源的等效互换，可将图 5.17 中 LC 的模型变换为图 5.18 所示的模型。

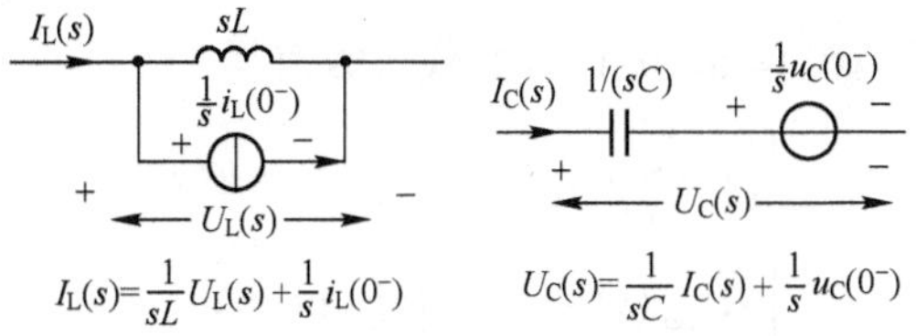

图 5.18　LC 电压源模型和电流源模型的互换

当电路的初始状态为零时，只要令相应的电压源为短路、电流源为开路即可，如图 5.19 所示。

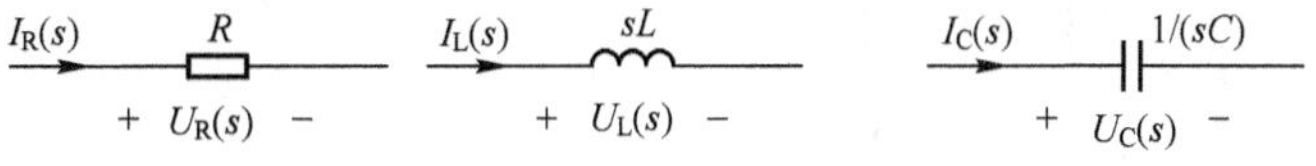

图 5.19　零状态下 RLC 的 s 域模型

对于电路中的其他理想器件，可以按照类似的方法推导出其 s 域模型。

2．电路的 s 域模型和求解

将一个电路中所有的器件用 s 域等效模型替换，则可得该电路的 s 域模型。对此模型可以应用直流电阻电路的一套分析方法进行求解和计算，最后将求得的 s 域解进行拉普拉斯逆变换即可，下面举例说明。

【例 5-35】 在图 5.20(a)中，激励信号及起始条件为

$$e(t)=2\delta(t)+5(\cos t)u(t)$$

$$u_{\mathrm{C}}(0^-)=1\,\mathrm{V}\,,\ \ i_{\mathrm{L}}(0^-)=1\,\mathrm{A}$$

求电容电压的零输入响应和零状态响应。

【解】 根据器件的 s 域模型可得 s 域的电路模型如图 5.20(b)所示，其中

$$E(s)=\mathscr{L}\{e(t)\}=2+\frac{5s}{s^2+1}=\frac{2s^2+5s+2}{s^2+1}$$

$$U_{\mathrm{C}}(s)=U_2(s)$$

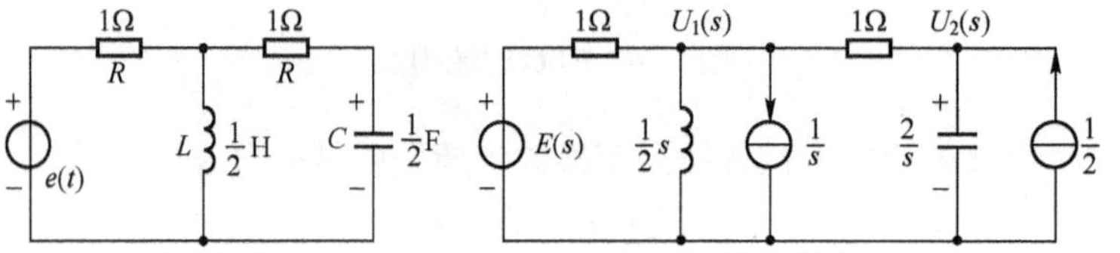

(a) 时域电路　　(b) s 域模型

图 5.20　例 5-35 图

由电路分析中的节点电压法可列方程组

$$\begin{cases}\left(\dfrac{1}{R}+\dfrac{1}{sL}+\dfrac{1}{R}\right)U_1(s)-\dfrac{1}{R}U_2(s)-\dfrac{1}{R}E(s)=-\dfrac{i_{\mathrm{L}}(0^-)}{s}\\ -\dfrac{1}{R}U_1(s)+\left(\dfrac{1}{R}+sC\right)U_2(s)=Cu_{\mathrm{C}}(0^-)\end{cases}$$

化简得

$$\begin{cases}(\dfrac{2}{R}+\dfrac{1}{sL})U_1(s)-\dfrac{1}{R}U_2(s)=\dfrac{1}{R}E(s)-\dfrac{i_{\mathrm{L}}(0^-)}{s}\\ -\dfrac{1}{R}U_1(s)+\left(\dfrac{1}{R}+sC\right)U_2(s)=Cu_{\mathrm{C}}(0^-)\end{cases}\tag{5-70}$$

求零状态响应时，令 $i_{\mathrm{L}}(0^-)=u_{\mathrm{C}}(0^-)=0$ 并代入数值得

$$\begin{cases}\left(2+\dfrac{2}{s}\right)U_{1\mathrm{zs}}(s)-U_{2\mathrm{zs}}(s)=E(s)\\ -U_{1\mathrm{zs}}(s)+\left(1+\dfrac{s}{2}\right)U_{2\mathrm{zs}}(s)=0\end{cases}$$

$$U_{2\mathrm{zs}}(s)=\frac{\begin{vmatrix}\left(2+\dfrac{2}{s}\right) & E(s)\\ -1 & 0\end{vmatrix}}{\begin{vmatrix}\left(2+\dfrac{2}{s}\right) & -1\\ -1 & \left(1+\dfrac{s}{2}\right)\end{vmatrix}}=\frac{s}{s^2+2s+2}E(s)=\frac{s}{s^2+2s+2}\cdot\frac{2s^2+5s+2}{s^2+1}$$

将上式进行部分分式展开

$$U_{2zs}(s)=\frac{K_1}{s-\mathrm{j}}+\frac{K_1^*}{s+\mathrm{j}}+\frac{K_2}{s+1-\mathrm{j}}+\frac{K_2^*}{s+1+\mathrm{j}}$$

可以定出 $K_1=1+\frac{1}{2}\mathrm{j}$，$K_2=-\mathrm{j}$；$K_1^*=1-\frac{1}{2}\mathrm{j}$，$K_2^*=\mathrm{j}$。逆变换得

$$\begin{aligned}u_{2zs}(t)&=\left[\left(1+\frac{1}{2}\mathrm{j}\right)\mathrm{e}^{\mathrm{j}t}+\left(1-\frac{1}{2}\mathrm{j}\right)\mathrm{e}^{-\mathrm{j}t}-\mathrm{j}\mathrm{e}^{(-1+\mathrm{j})t}+\mathrm{j}\mathrm{e}^{(-1-\mathrm{j})t}\right]u(t)\\&=(2\cos t-\sin t+2\mathrm{e}^{-t}\sin t)u(t)\end{aligned}$$

求零输入响应时，在式（5-70）中令 $E(s)=0$ 并代入数值得

$$\begin{cases}(2+\frac{2}{s})U_{1zi}(s)-U_{2zi}(s)=-\frac{1}{s}\\-U_{1zi}(s)+(1+\frac{s}{2})U_{2zi}(s)=\frac{1}{2}\end{cases}$$

$$\begin{aligned}U_{2zi}(s)&=\frac{s}{s^2+2s+2}\cdot\begin{vmatrix}2+\frac{2}{s} & -\frac{1}{s}\\-1 & \frac{1}{2}\end{vmatrix}=\frac{s}{s^2+2s+2}\cdot 1\\&=\frac{s+1-1}{s^2+2s+2}=\frac{s+1}{(s+1)^2+1}-\frac{1}{(s+1)^2+1}\end{aligned}$$

所以　$u_{2zi}(t)=\mathrm{e}^{-t}(\cos t-\sin t)u(t)$

$$\begin{aligned}u_C(t)=u_2(t)&=\underbrace{(2\cos t-\sin t+2\mathrm{e}^{-t}\sin t)u(t)}_{\text{零状态响应}}+\underbrace{\mathrm{e}^{-t}(\cos t-\sin t)u(t)}_{\text{零输入响应}}\\&=(2\cos t-\sin t)u(t)+\mathrm{e}^{-t}(\cos t+\sin t)u(t)\end{aligned}$$

【例毕】

*5.2.3　自由响应与强迫响应、稳态响应与暂态响应

在系统分析中通常关注的是完全响应的零输入和零状态分解，因为它回答了外界激励和内部初始储能在系统输出响应中的贡献大小。这里介绍完全响应的另外两种分解。

1．自由响应与强迫响应

自由响应分量和强迫响应分量的概念源于系统响应的微分方程经典解法（本书未介绍）。线性微分方程的完全解由两部分构成：齐次微分方程的通解和非齐次方程的特解。在系统响应求解中分别称为自由响应和强迫响应，即

完全响应 ＝ 自由响应（通解）＋ 强迫响应（特解）　　（5-71）

上述两个响应分量在 s 域中的构成，可按 s 域系统响应的部分分式定义。

$$Y(s)=H(s)X(s)=\underbrace{\sum_i\frac{K_i^H}{s-p_i^H}}_{\text{自由响应}}+\underbrace{\sum_j\frac{K_j^X}{s-p_j^X}}_{\text{强迫响应}}\tag{5-72}$$

其中 p_i^H 是系统 $H(s)$ 的极点，p_j^X 是输入 $X(s)$ 的极点。这里将所有极点写为一阶极点形式，并不影响结论的正确性。上式表明：所有 $H(s)$ 的极点对应的响应为自由响应；所有 $X(s)$ 的极点对应的响应为强迫响应。

上述四种响应分量之间的关系，可以参考例 5-34 自行分析。

2．稳态响应与暂态响应

系统的完全响应也可以分解为暂态响应和稳态响应，即

$$\text{完全响应} = \text{稳态响应} + \text{暂态响应} \tag{5-73}$$

随着 $t \to \infty$ 而趋于零的响应分量称为暂态响应，其余部分为稳态响应。

【例 5-36】 在图 5.21(a)电路中系统初始储能为 0，试分别求解当 $v_s(t) = 5e^{-3t}u(t)$ 和 $v_s(t) = 5\cos 2t\, u(t)$ 时的 $v_C(t)$。

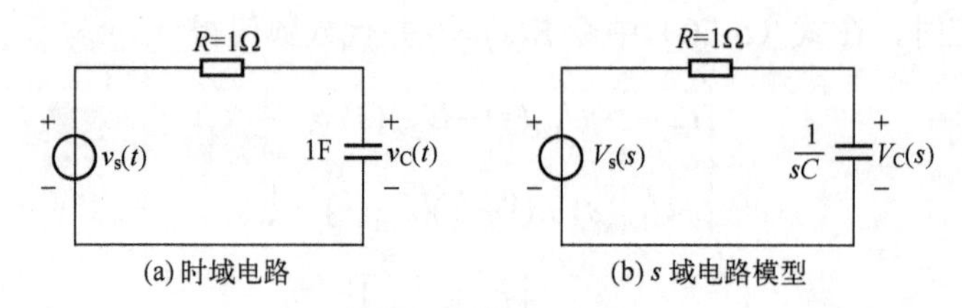

图 5.21　例 5-36 图

【解】 因无初始储能，s 域电路模型如图 5.21(b)所示。由 s 域电路和分压关系可得

$$H(s) = \frac{V_C(s)}{V_s(s)} = \frac{\frac{1}{sC}}{R + \frac{1}{sC}} = \frac{1}{sRC+1} = \frac{1}{s+1}$$

系统响应为

$$V_C(s) = H(s)V_s(s) = \frac{V_s(s)}{s+1}$$

当 $v_s(t) = 5e^{-3t}u(t)$ 时，$V_s(s) = \mathscr{L}\{v_s(t)\} = \frac{5}{s+3}$，代入上式得

$$V_C(s) = \frac{5}{s+3} \cdot \frac{1}{s+1} = \frac{2.5}{s+1} - \frac{2.5}{s+3}$$

因此

$$v_C(t) = \mathscr{L}^{-1}\{V_C(s)\} = \underbrace{\underbrace{2.5e^{-t}u(t)}_{\text{自由响应}} + \underbrace{2.5e^{-3t}u(t)}_{\text{强迫响应}}}_{\text{暂态响应}}$$

当 $v_s(t) = 5\cos 2t\, u(t)$ 时，$V_s(s) = \mathscr{L}\{v_s(t)\} = \frac{5s}{s^2+4}$，从而可求得

$$V_C(s) = -\frac{1}{s+1} + \frac{s+4}{s^2+4} = -\frac{1}{s+1} + \frac{s}{s^2+2^2} + 2 \cdot \frac{2}{s^2+2^2}$$

此时系统响应为

$$v_C(t) = \mathscr{L}^{-1}\{V_C(s)\} = e^{-t}u(t) + \cos 2tu(t) + 2\sin 2tu(t)$$

$$= \underbrace{\underbrace{-e^{-t}u(t)}_{\text{自由响应}}}_{\text{暂态响应}} + \underbrace{\underbrace{\sqrt{5}\cos(2t - 63.43^\circ)u(t)}_{\text{强迫响应}}}_{\text{稳态响应}}$$

【例毕】

5.3　系统的 s 域分析

5.3.1　系统函数与系统特性

1. 因果系统的系统函数

可以实现的连续时间系统必须具有因果性，其冲激响应是单边信号，即

$$h_u(t)=h(t)u(t) \tag{5-74}$$

为了符号含义的清晰，这里将因果系统的单边冲激响应用 $h_u(t)$ 明晰地表示。上式两边进行拉普拉斯变换得

$$H_u(s)=\mathscr{L}\{h_u(t)\}=\mathscr{L}\{h(t)u(t)\} \tag{5-75}$$

称 $H_u(s)$ 为因果系统的系统函数，一般简称系统函数。系统函数并不陌生，从前面的讨论中已经知道系统函数的两个基本性质。

（1）系统函数一般为有理分式，即

$$H_u(s)=\frac{B(s)}{A(s)}=\frac{b_M s^M+\cdots+b_1 s+b_0}{a_N s^N+\cdots+a_1 s+a_0} \tag{5-76}$$

其中分子分母多项式的系数为实数。对于微分方程描述的系统，上式分子分母多项式的系数即为微分方程两端的系数，参见例 5-33。

（2）当 $H_u(s)$ 的收敛域包含 ω 轴时，系统频率响应函数可由 $H_u(s)$ 确定，即

$$H(\omega)=H_u(s)\big|_{s=\mathrm{j}\omega} \tag{5-77}$$

可实现系统的系统函数，其收敛域一定包含 ω 轴。

*2. 非因果系统的系统函数

非因果系统在理论上是存在的，例如，理想低通滤波器的冲激响应 $h(t)$ 就是一个双边信号。双边冲激响应 $h(t)$ 的拉普拉斯变换为非因果系统的系统函数，即

$$H(s)=\mathscr{L}\{h(t)\} \tag{5-78}$$

非因果系统的系统函数也有式（5-76）和式（5-77）两个基本性质成立。然而，系统函数的重要应用是系统设计和实现，由于非因果系统的不可实现性，其系统函数一般不作讨论。后面重点讨论的是因果系统的系统函数。

双边信号的拉普拉斯变换有很大的局限性，例如双边直流信号、符号函数 $\operatorname{sgn}(t)$、$\sin\omega_0 t$、$\cos\omega_0 t$ 等恒幅双边信号的双边信号拉普拉斯变换都不存在。

3. $H_u(s)$ 极点位置与 $h_u(t)$ 波形之间的关系

式（5-76）的 $H_u(s)$ 可进行部分分式展开

$$H_u(s)=\underbrace{\sum_i\frac{K_i}{s-p_i}}_{\text{单阶极点}}+\underbrace{\sum_j\frac{K_{j,1}s+K_{j,2}}{(s-p_j)^2}}_{\text{二阶极点}}+\underbrace{\cdots\cdots}_{\text{高阶极点}} \tag{5-79}$$

从拉普拉斯逆变换的求解过程和典型单边信号拉普拉斯变换对可知：上式中不同的极点位

置和阶数所对应的时域信号将有不同的形式，如表 5.1 所示。

表 5.1 $H_u(s)$ 的极点分布和 $h_u(t)$ 的变化规律

$H(s)$	s 平面上的极点分布	$h(t)$ 中对应部分的变化波形	时域函数
$\frac{1}{s}$	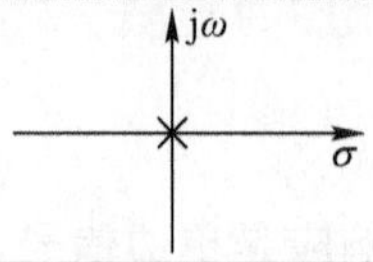	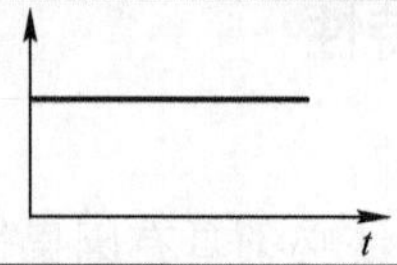	$u(t)$
$\frac{1}{s+a}$	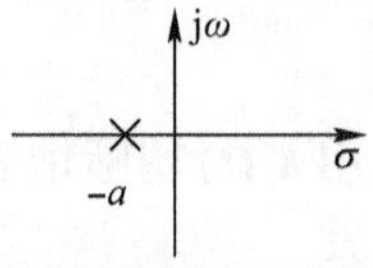	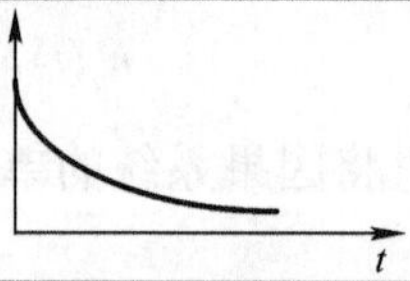	$e^{-at}u(t)$
$\frac{1}{s-a}$	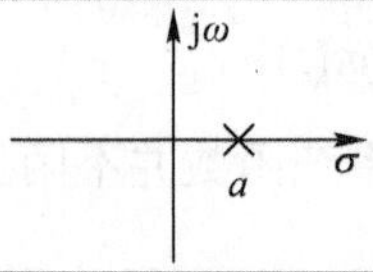	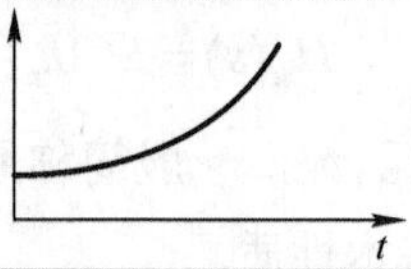	$e^{at}u(t)$
$\frac{\omega_0}{s^2+\omega_0^2}$	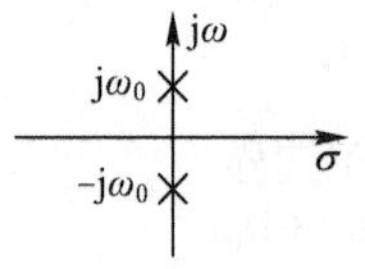	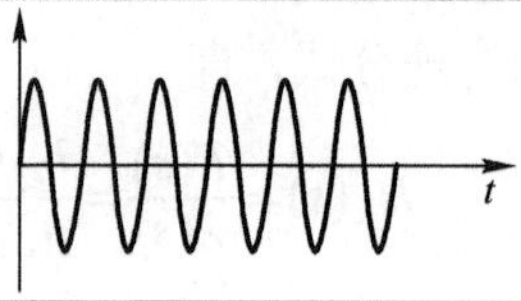	$(\sin\omega_0 t)u(t)$
$\frac{\omega_0}{(s+a)^2+\omega_0^2}$	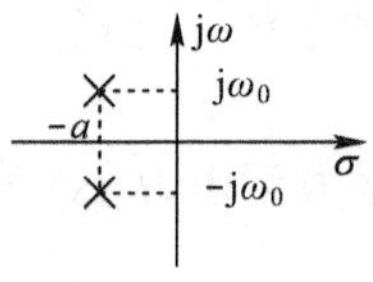	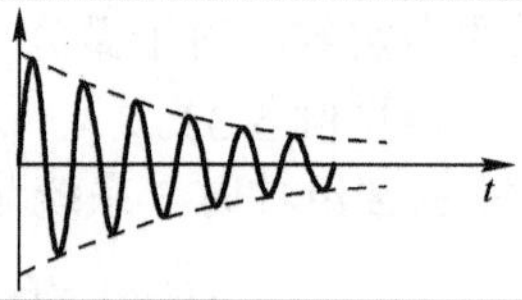	$e^{-at}(\sin\omega_0 t)u(t)$
$\frac{\omega_0}{(s-a)^2+\omega_0^2}$	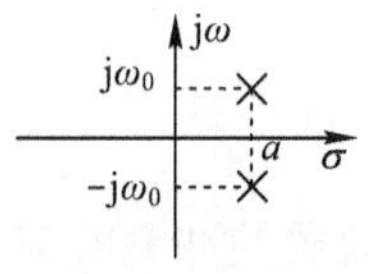	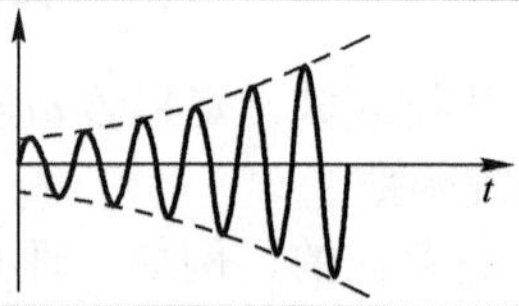	$e^{at}(\sin\omega_0 t)u(t)$
$\frac{1}{s^2}$	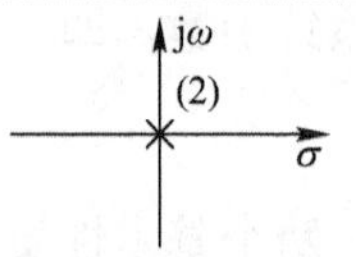	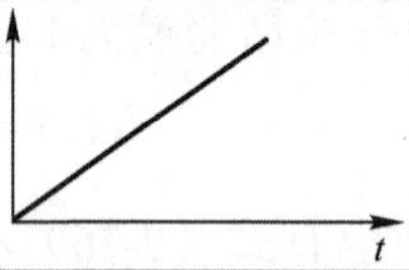	$tu(t)$
$\frac{1}{(s+a)^2}$	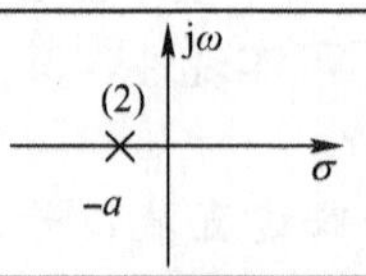	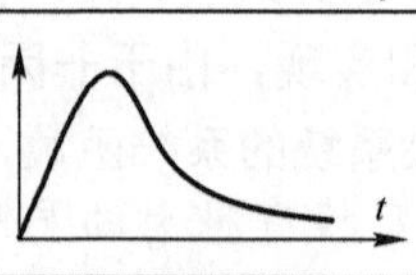	$te^{-at}u(t)$
$\frac{2\omega_0 s}{(s^2+\omega_0^2)^2}$	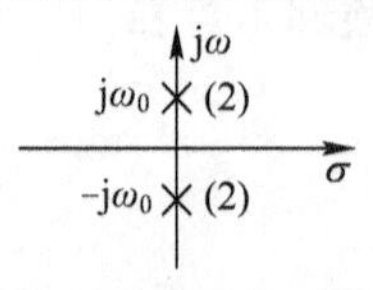	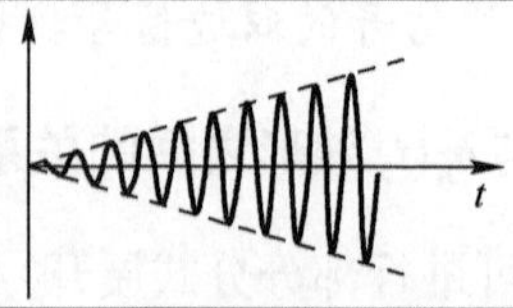	$t(\sin\omega_0 t)u(t)$

从该表中可形成如下重要概念。

（1）若极点位于 s 左半平面（不包括虚轴），无论是单重极点还是多重极点，$h_u(t)$ 中与该极点对应的信号分量具有指数衰减特征。

（2）若极点位于 s 右半平面（不包括虚轴），无论是单重极点还是多重极点，$h_u(t)$ 中与该极点对应的信号分量具有指数增长特征。

（3）若极点位于虚轴上且为单阶极点，$h_u(t)$ 中与该极点对应的信号分量具有恒幅特征；若极点位于虚轴上但为多重极点，$h_u(t)$ 中与该极点对应的信号分量具有幂函数增幅特征。

（4）实数极点不产生振荡；共轭复数极点产生振荡。

【例 5-37】 考察 $H_{u,1}(s)=\dfrac{s+3}{(s+3)^2+2^2}, H_{u,2}(s)=\dfrac{s+1}{(s+3)^2+2^2}$ 的零点对冲激响应的影响。

【解】 利用部分分式展开法可以求得对应的冲激响应分别为

$$h_{u,1}(t)=\mathrm{e}^{-3t}\cos 2t\,u(t),\quad h_{u,2}(t)=(\mathrm{e}^{-3t}\cos 2t-\mathrm{e}^{-3t}\sin 2t)u(t)=\mathrm{e}^{-3t}\cos(2t+45^\circ)u(t)$$

可见，零点的不同位置对冲激响应的变化规律不产生实质性影响。

【例毕】

4．因果稳定系统的极点分布

因果系统未必是稳定系统，稳定系统也未必是因果系统，但只有因果稳定系统才能实际使用。根据前面的讨论可得下列结论。

因果稳定系统： $H_u(s)$ 的所有极点位于 s 左半平面。

因果不稳定系统： $H_u(s)$ 含有 s 右半平面极点或虚轴上的高阶极点。

临界稳定系统： $H_u(s)$ 在虚轴上有一阶极点但无高阶极点，无 s 右半平面极点。

如果从 BIBO 稳定性定义判定，临界稳定系统属于不稳定系统，因为只要存在某个有界输入使输出无界，则系统被视为不稳定系统。

【例 5-38】 临界稳定系统的系统函数为 $H_{u,1}(s)=\dfrac{1}{s}$，考察系统分别在 $u(t)$ 和 $\sin\omega_0 t\,u(t)$ 激励下的输出。

【解】 由表 5.1 知

$$u(t)\overset{\mathscr{L}}{\longleftrightarrow}\frac{1}{s},\quad \sin\omega_0 t\,u(t)\overset{\mathscr{L}}{\longleftrightarrow}\frac{\omega_0}{s^2+\omega_0^{\ 2}}$$

在 $u(t)$ 激励下的输出：$Y_1(s)=\dfrac{1}{s^2}$，$y_1(t)=tu(t)$

在 $\sin\omega_0 t\,u(t)$ 激励下的输出：$Y_2(s)=\dfrac{1}{s}\dfrac{\omega_0}{s^2+\omega_0^2}$，$y_2(t)=\dfrac{1}{\omega_0}(1-\cos\omega_0 t)u(t)$

可见，如果 $Y(s)$ 不产生 ω 轴上的多重极点，临界系统输出也可是恒幅的。

【例毕】

【例 5-39】 图 5.22 是一个典型的负反馈系统（均为可实现系统，这里省略下标 u），前向支路和反馈支路的系统函数分别为

$$H_1(s)=\frac{1}{(s-1)(s+2)},\quad H_2(s)=K$$

试确定 K 值范围，以保障整个系统的稳定性。

【解】 首先需要注意到前向支路 $H_1(s)$（术语称开环系统）含有一个 s 右半平面的极点 $s=1$，因此前向支路是一个不稳定的子系统。增加负反馈支路的目的是希望整个系统（术语称闭环系统）是稳定系统。负反馈的基本思想是：将输出信号反向后与输入端叠加，形成

“抵消”，以达到输出稳定。电路中的振荡器有与图 5.22 类似的特点。

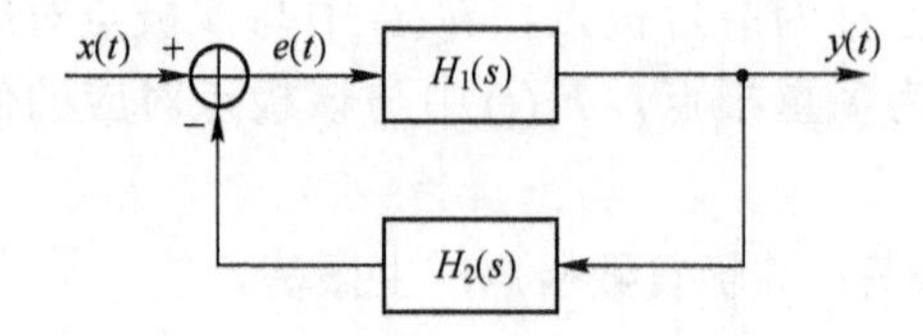

图 5.22　负反馈系统示意图

在加法器输出端和整个系统输出端建立 s 域方程

$$E(s)=X(s)-Y(s)H_2(s)$$
$$Y(s)=E(s)H_1(s)$$

消去 $E(s)$ 可得

$$\frac{Y(s)}{X(s)}=\frac{H_1(s)}{1+H_1(s)H_2(s)}$$

上式为闭环系统函数的标准形式。将具体的子系统代入得

$$H(s)=\frac{\dfrac{1}{(s-1)(s+2)}}{1+\dfrac{K}{(s-1)(s+2)}}=\frac{1}{s^2+s-2+K}$$

由求根公式可以得系统两个极点的位置为

$$p_1=\frac{-1+\sqrt{9-4K}}{2}，\ p_2=\frac{-1-\sqrt{9-4K}}{2}$$

为使系统稳定，两极点必须位于 s 左半平面，对应地 $K>9/4$（一对左半平面的共轭极点）或者 $2<K\leqslant 9/4$（两个左半平面的实数极点）。因此反馈支路增益 $K>2$，则可保证系统稳定。

【例毕】

5.3.2　系统函数与系统频率响应特性

实际应用中最为关心的问题常常是“信号能否通过”“干扰或噪声能否被抑制或滤除”“信号通过系统后是否会产生失真”等。回答这些问题，都需要知道系统的频率响应函数 $H(\omega)$。本小节关注的问题是：当已知系统函数时，如何获得系统的频率响应函数 $H(\omega)$。

1．$H(s)/H_u(s)$ 和 $H(\omega)$ 的关系

由式（5-1）或式（5-2）可以看到，当 $s=\mathrm{j}\omega$（令 $\alpha=0$）时，拉普拉斯变换即为傅里叶变换。但为了保证 $H(\omega)$ 存在（不为无穷大），$H(s)$ 或 $H_u(s)$ 的收敛域应包含 s 平面的虚轴，即当系统函数的收敛域包含虚轴时有

$$H(\omega)=H(s)\big|_{s=\mathrm{j}\omega}，\ H_u(\omega)=H_u(s)\big|_{s=\mathrm{j}\omega} \tag{5-80}$$

因果稳定系统的系统函数，其收敛域包含虚轴。

抛开“信号”和“系统”的概念，式（5-80）事实上给出的是傅里叶变换和拉普拉斯变换之间的数学函数关系，因此将其中 H 换为 X，该式同样成立。

2．频率响应函数的 s 平面矢量计算

在系统分析和设计中一般只考虑因果稳定系统的系统函数，即单边信号拉普拉斯变换 $H_u(s)$。由 $H_u(s)$ 得到 $H_u(\omega)$ 后通常也难以判别系统的频率特性，例如辨别该系统是高通系统还是低通系统。这里讨论直接由 $H_u(s)$ 获得系统幅频特性曲线 $|H_u(\omega)|$ 和相频特性曲线 $\varphi_u(\omega)$ 的方法。$H_u(\omega)$ 可用零极点表示为

$$H_u(\omega)=H_u(s)\big|_{s=\mathrm{j}\omega}=K\left.\frac{\prod_{k=1}^{M}(s-z_k)}{\prod_{i=1}^{N}(s-p_i)}\right|_{s=\mathrm{j}\omega}=K\frac{\prod_{k=1}^{M}(\mathrm{j}\omega-z_k)}{\prod_{i=1}^{N}(\mathrm{j}\omega-p_i)} \tag{5-81}$$

上式中零点 z_k 和极点 p_i 是 s 平面上的定点，$\mathrm{j}\omega$ 是虚轴上随 ω 变化的动点。将复平面上的点和始于坐标系原点的矢量一一对应后，由矢量加减运算的几何意义可知：因子 $(\mathrm{j}\omega-z_k)$ 和 $(\mathrm{j}\omega-p_i)$ 分别是从零点和极点指向 $\mathrm{j}\omega$ 点的矢量，如图 5.23(a)所示，图中 A_1 是矢量 $(\mathrm{j}\omega_1-p_1)$ 的模，θ_1 是矢量 $(\mathrm{j}\omega_1-p_1)$ 的幅角。考虑式（5-81）的所有零极点后，其 s 平面上的矢量如图 5.23(b)所示，由图可以看出频率响应函数的模 $|H_u(\omega)|$ 和幅角 $\varphi_u(\omega)$ 可由每个矢量的模和幅角确定，即

$$|H_u(\omega)|=K\frac{B_1B_2\cdots B_M}{A_1A_2\cdots A_N} \tag{5-82}$$

$$\varphi(\omega)=\psi_1+\psi_2+\cdots+\psi_M-(\theta_1+\theta_2+\cdots+\theta_N) \tag{5-83}$$

原理上讲，在 ω 沿着虚轴从 0 移向 $+\infty$ 的过程中，逐点计算式（5-82）和式（5-83）的值，则可以分别绘制出幅频特性曲线和相频特性曲线。应用中通常是利用 ω 的几个关键点确定 $|H_u(\omega)|$ 的整体趋势，以便判断系统的总体特性。

这里将 $H(s)$ 称为系统函数，$H(\omega)$ 称为频率响应函数。应用中有时不加区分，将 $H(s)$ 和 $H(\omega)$ 都称为系统函数。

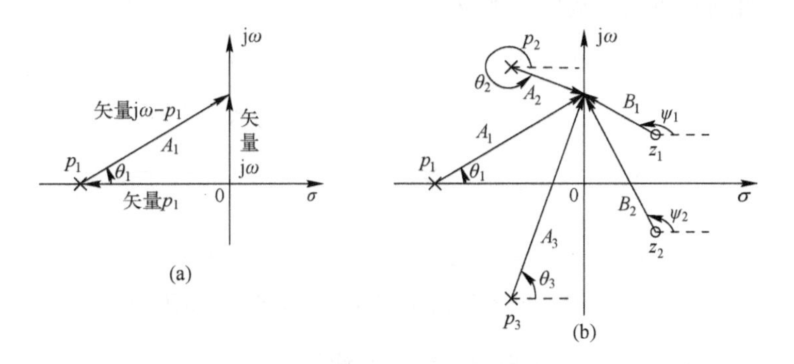

图 5.23　频率响应特性的矢量计算

*3．典型电路的频率响应特性

1）一阶 RC 和 RL 电路

图 5.24 给出了 RC 和 RL 实现的低通和高通电路。应用中常用图 5.24(a)实现积分运算（积分电路是低通），图 5.24(c)实现微分运算（微分电路是高通）。

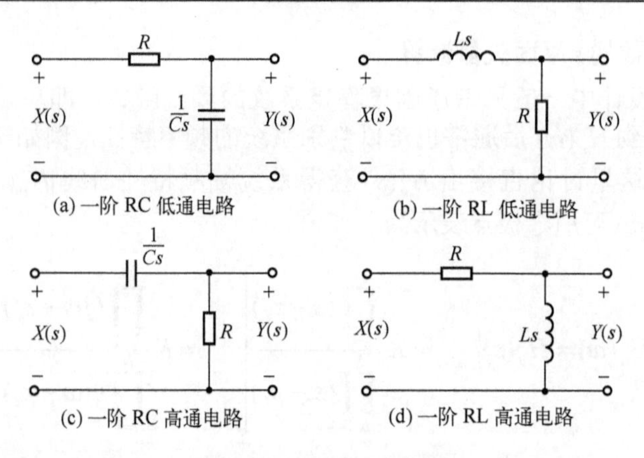

图 5.24 典型一阶电路

在图中的输入输出标注下，利用分压公式可以得到各电路的系统函数如下。

图 5.24(a)一阶 RC 低通：$H(s)=\dfrac{Y(s)}{X(s)}=\dfrac{\frac{1}{Cs}}{R+\frac{1}{Cs}}=\dfrac{\frac{1}{RC}}{s+\frac{1}{RC}}=\dfrac{a}{s+a}$ （$a=\dfrac{1}{RC}$）

图 5.24(b)一阶 RL 低通：$H(s)=\dfrac{Y(s)}{X(s)}=\dfrac{R}{R+Ls}=\dfrac{\frac{R}{L}}{s+\frac{R}{L}}=\dfrac{a}{s+a}$ （$a=\dfrac{R}{L}$）

图 5.24(c)一阶 RC 高通：$H(s)=\dfrac{Y(s)}{X(s)}=\dfrac{R}{R+\frac{1}{Cs}}=\dfrac{s}{s+\frac{1}{RC}}=\dfrac{s}{s+a}$ （$a=\dfrac{1}{RC}$）

图 5.24(d)一阶 RL 高通：$H(s)=\dfrac{Y(s)}{X(s)}=\dfrac{Ls}{R+Ls}=\dfrac{s}{s+\frac{R}{L}}=\dfrac{s}{s+a}$ （$a=\dfrac{R}{L}$）

可以看到，一阶低通只含有一个负实轴的极点，一阶高通含有一个负实轴的极点和一个原点处的零点，零极点矢量如图 5.25 所示。按照图 5.23 所示的原理，不难分析出其低通和高通特性，因此可以形成下列实用概念：

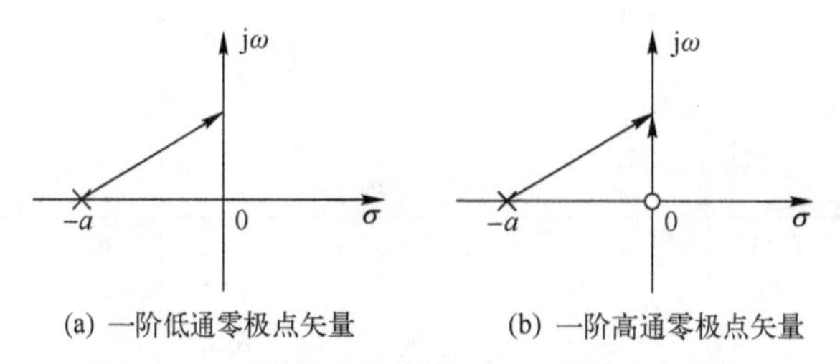

图 5.25 一阶低通和高通 s 平面零极点矢量图

（1）形如 $H(s)=K\dfrac{1}{s+a}$ 的一阶系统一定是低通系统。

（2）形如 $H(s)=K\dfrac{s}{s+a}$ 的一阶系统一定是高通系统。

实际应用中常将图 5.24(a)进行级联，构成图 5.26 所示的高阶低通电路。易知 n 阶级联电路的系统函数为 $H(s)=\left(\dfrac{a}{s+a}\right)^n$，在 $s=-a$ 产生一个 n 阶极点，矢量长度有 n 倍的倍乘，当 ω 从 0 变化至 ∞ 时 $|H(\omega)|$ 下降更迅速。因此，这种低阶电路的级联可以使 $|H(\omega)|$ 变得更

陡峭，即滤波特性会更好。

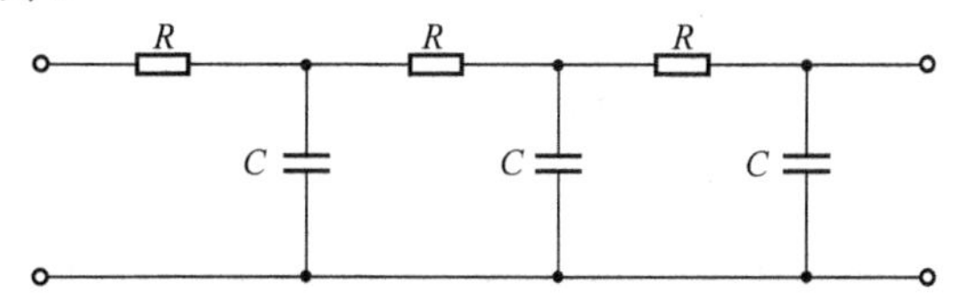

图 5.26 一阶 RC 低通级联构成高阶 RC 低通电路

对于低阶电路，用 $|H(\omega)|$ 的表达式分析也非常方便。例如对于一阶高通

$$H(\omega)=H(s)\big|_{s=\mathrm{j}\omega}=\frac{\mathrm{j}\omega}{\mathrm{j}\omega+a}，\quad |H(\omega)|=\frac{\omega}{\sqrt{\omega^2+a^2}}$$

当 $\omega=0$ 时，$|H(\omega)|=0$；当 $\omega=\infty$ 时，$|H(\omega)|=1/\sqrt{1+(a/\omega)^2}=1$。所以是高通系统。

2）**二阶 RLC 电路**

图 5.27(a)(b)所示的是经典的串联谐振电路和并联谐振电路，图中将电路总电流设为系统输出，则其系统函数就是电路的总导纳。因此有

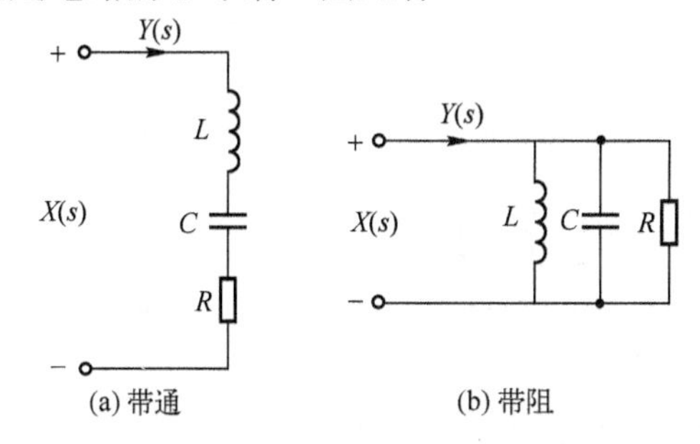

图 5.27 RLC 串联谐振电路和并联谐振电路

图 5.27(a)串联谐振：$H(s)=\dfrac{Y(s)}{X(s)}=\dfrac{1}{Ls+\dfrac{1}{Cs}+R}=\dfrac{1}{L}\dfrac{s}{(s+a)^2+(\omega_0')^2}$

$$[a=\frac{1}{2}\frac{1}{L/R},\omega_0=\frac{1}{\sqrt{LC}},(\omega_0')^2=\omega_0^2-\left(\frac{a}{2}\right)^2>0]$$

图 5.27(b)并联谐振：$H(s)=\dfrac{Y(s)}{X(s)}=\dfrac{1}{Ls}+Cs+\dfrac{1}{R}=C\dfrac{(s+a)^2+(\omega_0')^2}{s}$

$$[a=\frac{1}{2}\frac{1}{RC},\omega_0=\frac{1}{\sqrt{LC}},(\omega_0')^2=\omega_0^2-\left(\frac{a}{2}\right)^2>0]$$

如果仅考虑 $\omega_0^2-\left(\dfrac{a}{2}\right)^2>0$ 的情形，零极点矢量图如图 5.28 所示。

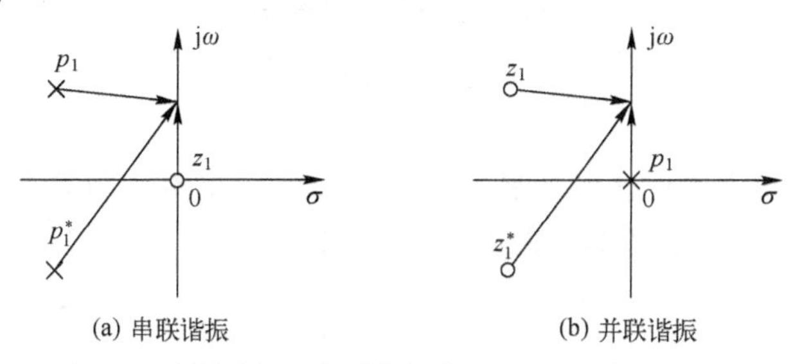

图 5.28 串联谐振和并联谐振电路 s 平面零极点矢量图

对于串联谐振电路，当$\omega=0$时，由于零点矢量长度为 0，因此$|H(\omega)|=0$；当$\omega=\infty$时，由于分子为一阶无穷大（一个零点矢量），分母为二阶无穷大（两个极点矢量），因此比值为 0，即$|H(\omega)|=0$。$|H(\omega)|$在$\omega=0$和$\omega=\infty$两端为 0，可定性判定串联谐振为带通系统（系统输入为电压，系统输出为电流）。

对于并联谐振电路，当$\omega=0$时，由于极点矢量长度为 0，所以$|H(\omega)|=\infty$；当$\omega=\infty$时，由于分子为二阶无穷大（两个零点矢量），分母为一阶无穷大（一个极点矢量），比值为∞，即$|H(\omega)|=\infty$。$|H(\omega)|$在$\omega=0$和$\omega=\infty$两端为∞，可定性判定并联谐振为带阻系统（系统输入为电压，系统输出为电流）。

由上讨论得到的实用概念：形如图 5.28(a)所示的二阶系统是带通系统；形如图 5.28(b)所示的二阶系统是带阻系统。

***3）有源滤波“模板”电路**

用运算放大器构成的有源滤波电路比上述无源 *RLC* 滤波电路有明显的优势，因此实际应用中更有吸引力。图 5.29(a)给出的是一个有源滤波电路（可视为“模板”电路，供实际应用中滤波器设计时参考）。这里分析一下该电路的频率响应特性。

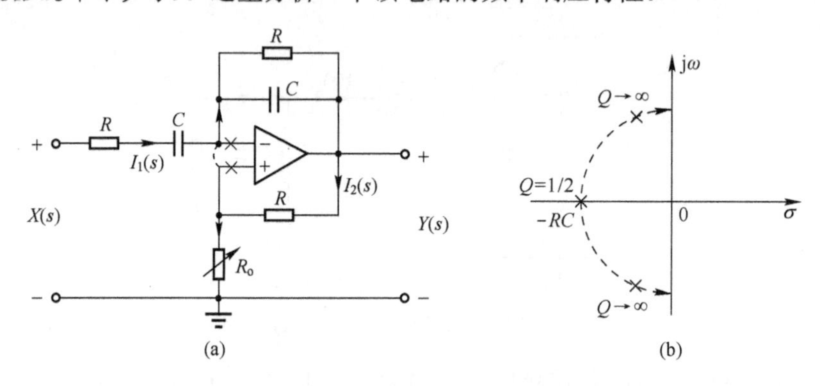

图 5.29 有源滤波器电路及其极点轨迹

运算放大器电路分析的关键技巧是“虚短”和“虚断”。所谓“虚短”是指运算放大器两个输入端之间接近短路[图 5.29(a)中运放输入端的虚线标注]，这是因为运算放大器的开环增益很高，输出端为有限电压值（如 2V 左右）时，输入端口之间的电压非常小，可近似认为电压为 0。所谓虚断就是认为运算放大器的两个输入端不取用电流[图 5.29(a)中运放两输入端标注了“×”，以示断路]，这是因为运算放大器的输入电阻很大。

由于运放“-”输入端的虚断，图中电路上方流经 RC 串联支路的电流和流经 RC 并联支路的电流相等，记为$I_1(s)$，它应等于输入输出端电位差除以该支路总阻抗，即

$$I_1(s)=\frac{X(s)-Y(s)}{(R+\frac{1}{Cs})+\frac{R\cdot\frac{1}{Cs}}{R+\frac{1}{Cs}}} \tag{5-84}$$

由于运放“+”输入端的虚断，图中电路下方反馈支路R和R_o中的电流相等，记为$I_2(s)$，它应等于输出端电压$Y(s)$除以两电阻和，即

$$I_2(s)=\frac{Y(s)}{R+R_o} \tag{5-85}$$

由于"虚短"，在输入端回路中建立电压方程时应有

$$X(s)=I_1(s)\left(R+\frac{1}{CS}\right)+I_2(s)R_o \tag{5-86}$$

将式（5-84）和式（5-85）代入式（5-86）中可得

$$\frac{\frac{R}{Cs}}{(R+\frac{1}{Cs})^2+\frac{R}{Cs}}X(s)=\left[\frac{R_o}{R_o+R}-\frac{(R+\frac{1}{Cs})^2}{(R+\frac{1}{Cs})^2+\frac{R}{Cs}}\right]Y(s)$$

化简整理后可得到一个表达式非常工整的系统函数

$$H(s)=\frac{Y(s)}{X(s)}=K\frac{\frac{1}{Q}\left(\frac{s}{\omega_0}\right)}{\left(\frac{s}{\omega_0}\right)^2+\frac{1}{Q}\left(\frac{s}{\omega_0}\right)+1} \tag{5-87}$$

其中 $\omega_0=\frac{1}{RC}$，$Q=\frac{R}{2R-R_o}$，$K=-\frac{R_o+R}{2R-R_o}$，$2R>R_o\geqslant 0$

对应的频率响应函数为

$$H(\omega)=H(s)\big|_{s=\mathrm{j}\omega}=K\frac{\frac{1}{Q}\left(\frac{\mathrm{j}\omega}{\omega_0}\right)}{\left(\frac{\mathrm{j}\omega}{\omega_0}\right)^2+\frac{1}{Q}\left(\frac{\mathrm{j}\omega}{\omega_0}\right)+1} \tag{5-88}$$

由上述系统函数和频率响应函数，可以推得以下几点结论（不再展开叙述）。

（1）图 5.29(a)是一个二阶带通滤波器，其系统函数零极点分布和图 5.28(a)相同，一对 s 左半平面的共轭极点，一个坐标原点处的零点。

（2）调节 R_o 可以调节共轭极点在 s 左半平面的位置，也即调节滤波器的频率响应特性。当 $R_o=0$ 时，$Q=1/2$，共轭极点重合于 s 平面负实轴 $\sigma=-\omega_0=-1/RC$ 处。随着 $R_o\to 2R$，$Q\to\infty$，两极点从 $\sigma=-\omega_0$ 处分离，沿着半径为 ω_0 的圆，分别向虚轴无限接近，如图 5.29(b)所示。当 $R_o>2R$ 时，极点进入 s 右半平面，系统不再稳定。

*5.3.3 全通系统和最小相位系统

1. 全通系统

1）全通系统的定义及其零极点分布特征

如果一个系统的频率响应在整个频率范围内有 $|H(\omega)|=K$（K 为常量），则该系统称为全通系统。

按照频率响应函数的 s 平面矢量计算原理，可以构造出全通系统的零极点分布。假定系统函数 $H(s)$ 为实系数多项式函数之比，不难理解，如果 $H(s)$ 的所有极点位于 s 左半平面，所有零点位于 s 右半平面，并且零点与极点的分布关于虚轴镜像对称，如图 5.30 所示，那么按照图 5.23 所示的计算原理和式（5-82）可知 $|H(\omega)|$ 将为常数。

2）最简全通系统

如果零极点是位于实轴上的单阶节点，则构成了一个最简全通系统，即

$$H(s)=\frac{s-a}{s+a},\quad H(\omega)=\frac{\mathrm{j}\omega-a}{\mathrm{j}\omega+a},\quad |H(\omega)|=\frac{\sqrt{\omega^2+a^2}}{\sqrt{\omega^2+a^2}}=1\ (a>0)$$

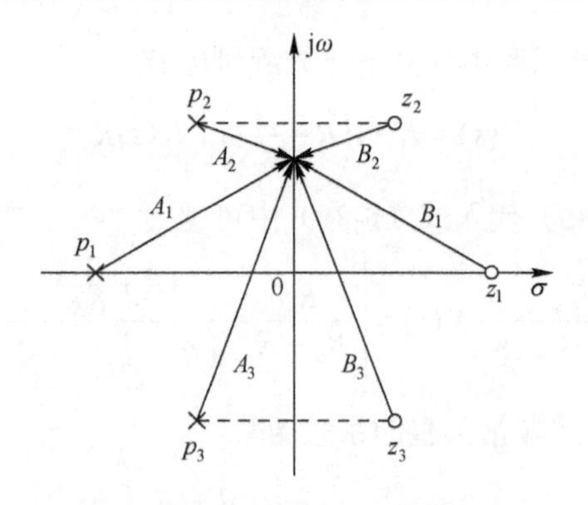

图 5.30　全通系统零极点分布示意

实现$|H(\omega)|=1$全通的根本原因是极点矢量模和零点矢量模始终相等。$|H(\omega)|=K$只意味着系统对输入信号的所有频率分量都具有相同的增益，但这并不意味着不产生信号的波形失真。因为由第 3 章的讨论知道，无失真传输需要系统具有线性相位特性（复变量函数$H(\omega)$的幅角是ω的线性函数），而按图 5.30 构造的全通系统不具有线性相位特性。例如对图 5.31 所示的最简全通系统，由式（5-83）知

$$\varphi(\omega)=\psi-\theta=\left(\pi-\arctan\frac{\omega}{a}\right)-\arctan\frac{\omega}{a}=\pi-2\arctan\frac{\omega}{a}$$

可以看到$\varphi(\omega)$不是ω的线性函数。

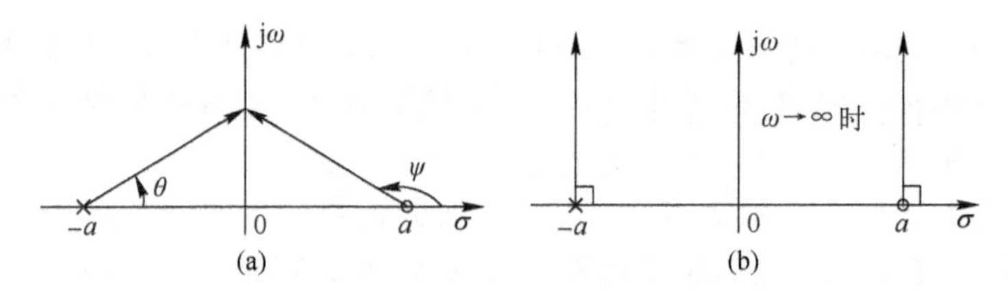

图 5.31　最简全通系统零极点矢量

另外，由图 5.31 可知，当$\omega=0$时，$\varphi(0)=\pi-0=\pi$，当$\omega=\infty$时，$\varphi(\infty)=\pi/2-\pi/2=0$，即$\omega$从 0 变化至$\infty$时，相位减少了$\pi$。不难推知，对于有$N$对零极点的$N$阶全通系统，相位变化量将为$N\pi$。与非全通系统相比，全通系统的相位变化量是最大的。

由于

$$H(s)=\frac{s-a}{s+a}=\frac{s}{s+a}-\frac{a}{s+a}$$

因此该最简全通系统可以通过图 5.24 所示的高通和低通实现，如图 5.32 所示。

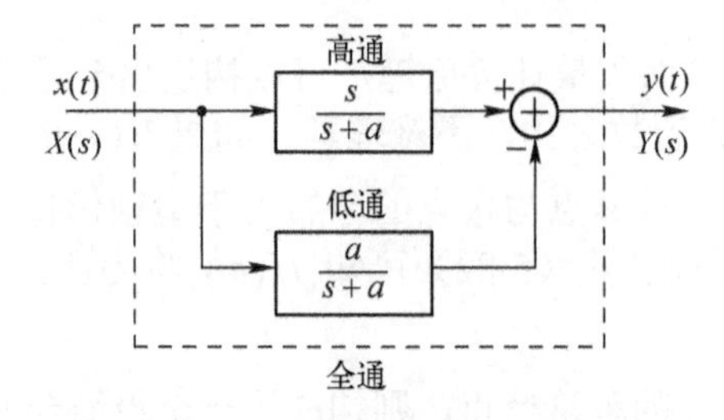

图 5.32　最简全通系统的实现

可将下列三个系统的概念对比一下。

恒等系统：$y(t)=x(t)$，$h(t)=\delta(t)$，$H(\omega)=1$，$H(s)=H_u(s)=1$

理想传输系统：$y(t)=x(t-t_0)$，$h(t)=\delta(t-t_0)$，$H(\omega)=\mathrm{e}^{\mathrm{j}\omega t_0}$，$H(s)=H_u(s)=\mathrm{e}^{-t_0 s}$

全通系统：$|H(\omega)|=K$，$H(s)$ 的零极点关于虚轴镜像对称。

2．最小相位系统

如果系统函数 $H(s)$ 的全部极点均位于 s 左半平面，全部零点位于 s 左半平面或虚轴上，则称该系统为最小相位系统。反之，如果系统在 s 右半平面有一个或多个零点，则称之为非最小相位系统。例如图 5.24 给出的一阶典型电路，其零极点分布均满足最小相位系统的定义。注意，最小相位系统并未要求零点数和极点数相同。

图 5.33(a)给出了含有一个零点的一阶最简最小相位系统，其系统函数为

$$H(s)=\frac{s+b}{s+a},\quad H(\omega)=\frac{\mathrm{j}\omega+b}{\mathrm{j}\omega+a},\quad |H(\omega)|=\frac{\sqrt{\omega^2+b^2}}{\sqrt{\omega^2+a^2}}\quad (a,b>0)$$

由图 5.33(a)和式（5-83）知

$$\varphi(\omega)=\psi-\theta=\arctan\frac{\omega}{b}-\arctan\frac{\omega}{a}$$

$\varphi(\omega)$ 为 ω 的非线性函数。当 $\omega=0$ 和 $\omega=\infty$ 时均有 $\varphi(0)=0$，且 ω 从 0 变化至 ∞ 时，由于 ψ 与 θ 均小于 $\pi/2$ 且相互抵消（参见上式），$\varphi(\omega)$ 产生的变化量是最小的。

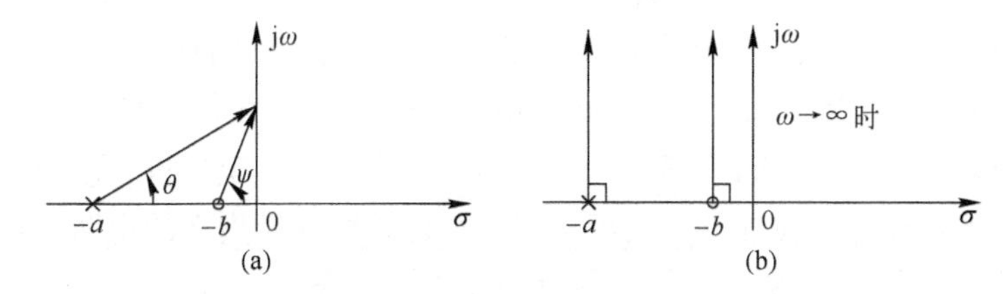

图 5.33 最小相位系统例子

最简最小相位系统可作如下分解，因此它可用图 5.32 类似的结构实现。

$$H(s)=\frac{s+b}{s+a}=\frac{s}{s+a}+\frac{b}{s+a}$$

3．非最小相位系统的表示

当 $H(s)$ 含有一个或多个 s 右半平面零点时，则为非最小相位系统。图 5.34(a)给出的是一个非最小相位系统的例子。

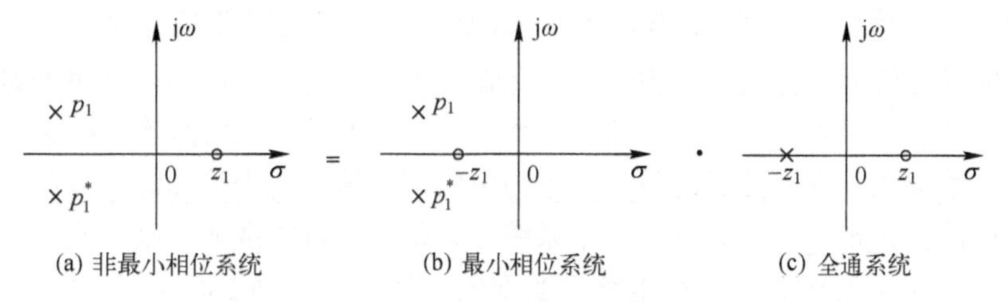

图 5.34 非最小相位系统表示为最小相位系统与全通系统

图 5.34(a)所示非最小相位系统的系统函数总可以作如下的恒等变换

$$H(s)=\frac{s-z_1}{(s-p_1)(s-p_1^*)}\qquad [z_1\text{ 为实数且 }z_1>0,\ p_1^*\text{ 为 }p_1\text{ 的共轭}]$$

$$=\underbrace{\frac{s+z_1}{(s-p_1)(s-p_1^*)}}_{\text{最小相位系统}}\underbrace{\frac{s-z_1}{s+z_1}}_{\text{全通系统}} \qquad [\text{恒等变换}]$$

恒等变换的零极点调配过程如图 5.34(b)(c)所示。不难理解，对于任意的非最小相位系统都可以作上述变换。因此可得出结论：一个非最小相位系统函数 $H(s)$ 可以表示成一个全通系统函数 $H_{\mathrm{ap}}(s)$ 和一个最小相位系统函数 $H_{\mathrm{mp}}(s)$ 的乘积，即

$$H(s)=H_{\mathrm{ap}}(s)\cdot H_{\mathrm{mp}}(s) \tag{5-89}$$

由于全通网络有 $|H_{\mathrm{ap}}(\omega)|=1$，由式（5-89）可知

$$|H(\omega)|=|H_{\mathrm{mp}}(\omega)|\cdot|H_{\mathrm{ap}}(\omega)|=|H_{\mathrm{mp}}(\omega)| \tag{5-90}$$

$$\varphi(\omega)=\varphi_{\mathrm{mp}}(\omega)+\varphi_{\mathrm{ap}}(\omega) \tag{5-91}$$

因此，由上两式可以给出最小相位系统“最小”二字更为准确的含义：在所有具有相同幅频特性的系统中，$H_{\mathrm{mp}}(s)$ 具有最小相位[$\varphi(\omega)$ 是在 $\varphi_{\mathrm{mp}}(\omega)$ 的基础上增加 $\varphi_{\mathrm{ap}}(\omega)$]。

*5.3.4 物理可实现系统

1. 可实现性的含义

在进行系统分析时，系统函数 $H(s)$ 和系统频率响应 $H(\omega)$ 多半来源于对现实世界物理系统的建模，其 $H(s)$ 或 $H(\omega)$ 自然是可实现的。但是当要通过 $H(s)$ 或 $H(\omega)$ 进行系统设计和实现时，首要问题是 $H(s)$ 或 $H(\omega)$ 应该满足什么条件或具有什么样的形式，系统才是物理可实现的。影响可实现性的因素不止一个，因此“物理可实现”也有多层含义。这里主要讨论两种意义下的物理可实现性：因果可实现性和理想器件模型下的电路可实现性。

所谓因果可实现性，即要求系统在零状态下的非零值输出在时间上不能早于系统的非零值输入。简言之，系统的冲激响应 $h(t)$ 应该为右边单边信号，即

$$\text{当}\,t<0\,\text{时}\ h(t)=0\ \ \text{或}\ \ h(t)=h_u(t)=h(t)u(t) \tag{5-92}$$

例如，前面多次提及的理想低通滤波器，其冲激响应 $h(t)$ 为双边非零值信号，输出和输入之间违反了因果关系，因此是因果不可实现的。对于连续时间系统，因果可实现性是物理可实现性的必要条件。

需要注意的是，系统的因果可实现性和系统稳定性是两个不同的约束。因果的未必是稳定的；同样，稳定的未必是因果的。

所谓电路可实现性，即要求 $H(s)$ 或 $H(\omega)$ 是可用电路元器件实现的。电路分析和电路设计中采用的是理想元器件模型，主要有无源器件电阻、电感、电容。这里的讨论还包括理想导线、理想比例运算器（包括反向器）、理想加法器和理想乘法器等。在这些理想器件模型下，线性常系数微分方程描述的系统是电路可实现系统。对于连续时间系统，电路可实现是物理可实现的充分条件。或者说，一个系统如果是电路可实现的，则一定同时是因果可实现的；反之，因果可实现的未必是电路可实现的。例如，图 5.25(a)所示的一阶系统，如果极点落在 s 右半平面，虽为不稳定系统，但它是因果系统（因果可实现的）。但如要电路可实现，则需有“负电阻”或“负电容”器件。在没有特定条件的情况下，负参数器件是不可实现的。

理想元器件中的“理想”二字主要强调的是特性的单一性，即电阻、电感、电容分别只体现电阻特性、电感特性、电容特性。事实上，一个实际电感器件同时也有电阻和电容效

应，只是这种非主要特性通常可以忽略，实际的电阻和电容器件也是类似情况。在本小节中，“理想”二字同时强调频率特性的理想化。例如，理想比例运算器具有无限带宽（ω 在整个 $[0,\infty)$ 区间内取值时比例运算器的增益保持不变）。但是，用实际器件实现的电路或系统，不可能具有无限带宽。

另外，需要注意的是，“系统可实现”和“函数可实现”也不是一回事。例如，对于恒等系统 $y(t)=x(t)*h(t)=x(t)$，$h(t)=\delta(t)$ 是不可实现函数，但是可用理想导线实现该恒等系统。

2．理想器件模型下的电路可实现系统

如果 $H(s)$ 为有理函数且所有极点位于 s 左半平面（包括虚轴），则 $H(s)$ 是电路可实现系统。为了理解该结论，考察含有下列典型因子的 $H(s)$ 部分分式展开式

$$H(s)=K_0+K_1s+\frac{K_2}{s}+\frac{K_3}{s+a_1}+\frac{K_4s+K_5}{(s+a_2)^2+\omega_1^2}+\frac{K_6s+K_7}{s^2+\omega_2^2} \tag{5-93}$$

由前面典型电路频率响应特性的讨论可知（参见图 5.24～图 5.28）：

（1）上式中常数 K_0 项可用比例运算器或电阻元件实现。

（2）K_0s 和 $\dfrac{K_1}{s}$ 项可用理想电感或电容元件实现，其 s 域阻抗模型为 Ls 和 $\dfrac{1}{Cs}$。

（3）$\dfrac{K_2}{s+a_1}$ 可以由一阶 RC 或 RL 电路实现（参见图 5.25）。由于理想器件的参数值可以在 $[0,\infty)$ 任意取值，因此可实现负实轴上的任意极点。

（4）$\dfrac{K_4s+K_5}{(s+a_2)^2+\omega_1^2}$ 可以用 RLC 电路或者有源二阶电路实现。同样由于理想器件参数值可以在 $[0,\infty)$ 任意取值，因此可实现 s 负半平面的任意一对共轭极点。

（5）在 RLC 串联谐振电路中令 $R=0$，则可实现虚轴上任意一对共轭极点[式（5-93）最后一项]。

（6）多重极点可以用单重极点电路级联实现。

3．因果可实现系统的频率响应函数

这里不考虑电路可实现性，仅考虑 $H(\omega)$ 需满足什么条件才能使其为因果系统。

$H(\omega)$ 因果可实现的充分必要条件

设
$$H(\omega)=H_{\mathrm{R}}(\omega)+\mathrm{j}H_{\mathrm{I}}(\omega),\quad h(t)=\mathscr{F}^{-1}\{H(\omega)\}$$

则 $H(\omega)$ 为因果可实现系统的充分必要条件是 $H_{\mathrm{R}}(\omega)$ 为 $H_{\mathrm{I}}(\omega)$ 的希尔伯特变换，即

$$H_{\mathrm{R}}(\omega)=\frac{1}{\pi}\int_{-\infty}^{\infty}\frac{H_{\mathrm{I}}(\lambda)}{\omega-\lambda}\mathrm{d}\lambda=H_{\mathrm{I}}(\omega)*\frac{1}{\pi\omega} \tag{5-94}$$

$$H_{\mathrm{I}}(\omega)=-\frac{1}{\pi}\int_{-\infty}^{\infty}\frac{H_{\mathrm{R}}(\lambda)}{\omega-\lambda}\mathrm{d}\lambda=-H_{\mathrm{R}}(\omega)*\frac{1}{\pi\omega} \tag{5-95}$$

【证明】先证明必要性，即如果系统是因果的，则一定有上面两式成立。

因果系统 $h(t)$ 是右边单边信号，即 $h(t)$ 使下式成立

$$h(t)=h_u(t)=h(t)u(t) \tag{5-96}$$

在 3.4.3 节已经依据式（5-96）推导出 $H_{\mathrm{R}}(\omega)$ 和 $H_{\mathrm{I}}(\omega)$ 满足式（5-94）和式（5-95）。

再证充分性，即如果 $H(\omega)$ 满足式（5-94）和式（5-95），则一定有式（5-96）成立。

$$\begin{aligned}H(\omega)&=H_{\mathrm{R}}(\omega)+\mathrm{j}H_{\mathrm{I}}(\omega)\\&=\frac{1}{2}H_{\mathrm{R}}(\omega)+\frac{1}{2}\mathrm{j}H_{\mathrm{I}}(\omega)+\frac{1}{2}H_{\mathrm{R}}(\omega)+\frac{1}{2}\mathrm{j}H_{\mathrm{I}}(\omega)\\&=\frac{1}{2}H_{\mathrm{R}}(\omega)+\frac{1}{2}\mathrm{j}H_{\mathrm{I}}(\omega)+\frac{1}{2}H_{\mathrm{I}}(\omega)*\frac{1}{\pi\omega}-\frac{1}{2}\mathrm{j}H_{\mathrm{R}}(\omega)*\frac{1}{\pi\omega}\quad[\text{代入式（5-94）、式（5-95）}]\\&=\frac{1}{2}[H_{\mathrm{R}}(\omega)+\mathrm{j}H_{\mathrm{I}}(\omega)]*\delta(\omega)+\frac{1}{2}\left[H_{\mathrm{I}}(\omega)-\frac{1}{2}\mathrm{j}H_{\mathrm{R}}(\omega)\right]*\frac{1}{\pi\omega}\\&=\frac{1}{2\pi}[H_{\mathrm{R}}(\omega)+\mathrm{j}H_{\mathrm{I}}(\omega)]*\left[\pi\delta(\omega)+\frac{1}{\mathrm{j}\omega}\right]\end{aligned}$$

上式两边取傅里叶逆变换，并注意到利用傅里叶变换的频域卷积性质，则有

$$h(t)=h(t)u(t)$$

【证毕】

有文献给出了系统因果可实现的必要条件——佩利-维纳（Paley-Wiener）准则：

$$\int_{-\infty}^{\infty}|H(\omega)|^2\,\mathrm{d}\omega<\infty\quad\text{且}\quad\int_{-\infty}^{\infty}\frac{|\ln|H(\omega)||}{1+\omega^2}\mathrm{d}\omega<\infty$$

并指出：

（1）由佩利-维纳准则知，如果在某一频带内有$|H(\omega)|=0$，则$|\ln|H(\omega)||\to\infty$，从而条件不满足，$H(\omega)$不是因果可实现的。更直接的诠释为：第 3 章图 3.36 所示的理想滤波器都不是因果可实现的，因有“某一频带内$|H(\omega)|=0$”的情形存在。

（2）$|H(\omega)|=\mathrm{e}^{-\omega^2}$也会导致$\int_{-\infty}^{\infty}\frac{|\ln|H(\omega)||}{1+\omega^2}\mathrm{d}\omega\to\infty$，因此$|H(\omega)|=\mathrm{e}^{-\omega^2}$也不是因果可实现的。更直接的诠释为：$H(\omega)$应该为$\mathrm{j}\omega$的有理函数。前面关于电路的分析表明$H(\omega)$的确为$\mathrm{j}\omega$的有理函数。

未查到关于佩利-维纳准则的系统分析与证明，工程应用中很难使用这一判别准则，故本书正文未介绍佩利-维纳准则。

*5.4 模拟滤波器设计

如前所述，信号处理已经进入数字时代，绝大多数情况下的滤波器都可以用数字滤波器替代。第 4 章介绍的脉冲响应不变法很好地揭示了数字滤波器设计的核心原理，但不是一个实用的方法。较为系统的数字滤波器设计方法还是源于相对成熟的模拟滤波器的设计理论。本小节的主要目的是为第 6 章介绍的数字滤波器设计方法奠定概念基础。

由前面的讨论可知，若$H(s)$为有理函数且所有极点位于s左半平面，则$H(s)$是电路可实现的。作为滤波器，通常希望实现的幅频特性$|H(\omega)|$尽可能地逼近理想滤波器的矩形曲线。本小节主要以巴特沃斯滤波器设计为例，介绍模拟滤波器设计的核心原理和基本步骤。

5.4.1 巴特沃斯低通滤波器

1．巴特沃斯低通滤波器的系统函数

假设$H(s)$只含极点，不含零点，并且所有极点等间隔分布在s左半平面单位圆上（参见图 5.35）。根据图 5.23 所示的$|H(\omega)|$的s平面零极点矢量计算方法可知：当$\omega=0$时，$|H(0)|=1$，因为此时所有极点矢量长度均为 1；当$\omega=\infty$时，$|H(\infty)|=0$。因此按照此种极点分布构造的系统，其$|H(\omega)|$将具有低通特性，并且当ω从 0 变化到∞时，$|H(\omega)|$呈现单

调衰减特性。

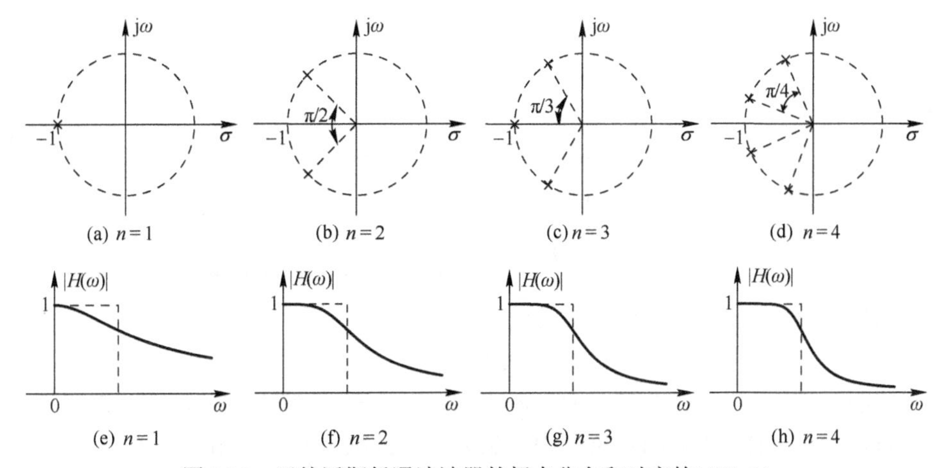

图 5.35　巴特沃斯低通滤波器的极点分布和对应的 $|H(\omega)|$

由于复数极点需要共轭成对出现，图 5.35 中的极点将按照下列规则等分 s 左半平面单位圆：

（1）因有 n 个极点等分 s 左半平面的 π 弧度，所以相邻极点间的夹角为 $\Delta\theta=\dfrac{\pi}{n}$。

（2）第二象限的极点分布：当 n 为奇数时，第一个极点从负实轴开始，在单位圆上按照 $\Delta\theta=\dfrac{\pi}{n}$ 的间隔顺时针排布。当 n 为偶数时，作类似排布，只是第一个极点是从 $\dfrac{\Delta\theta}{2}$ 开始（不是从负实轴开始）。

（3）第三象限的极点分布：复数极点与第二象限极点共轭对称。

由于只含极点、不含零点，所以 $H(s)$ 可以写为

$$H(s)=\frac{1}{A_n(s)}=\prod_{i=1}^{n}\frac{1}{s-p_i}\tag{5-97}$$

按照图 5.35 示意的节点分布，可以求得各阶巴特沃斯低通滤波器分母多项式 $A_n(s)$。例如，由于单位圆上极点可以用极坐标表示为 $1\cdot e^{j\varphi}$，1～3 阶的 $A_n(s)$ 可计算如下：

$$A_1(s)=s-e^{j\pi}=s+1$$

$$A_2(s)=(s-e^{j\frac{3}{4}\pi})(s-e^{-j\frac{3}{4}\pi})=s^2+\sqrt{2}s+1$$

$$A_3(s)=(s-e^{j\pi})(s-e^{j\frac{2}{3}\pi})(s-e^{-j\frac{2}{3}\pi})=s^3+2s^2+s+1$$

为使用方便，前 8 阶巴特沃斯滤波器的分母多项式计算结果列于表 5.2 中。

在设计数字滤波器时，可以参照该表先设计对应的模拟滤波器。对于更高阶滤波器，可以按照上述原理自行计算 $A_n(s)$。

计算出了 $A_n(s)$ 后代入式（5-97）则得到巴特沃斯低通滤波器的系统函数。

表 5.2　1～8 阶巴特沃斯滤波器分母多项式 $A_n(s)=a_ns^n+a_{n-1}s^{n-1}+\cdots+a_1s+a_0$

a_8	a_7	a_6	a_5	a_4	a_3	a_2	a_1	a_0	n
							1	1	1
						1	$\sqrt{2}$	1	2

续表

a_8	a_7	a_6	a_5	a_4	a_3	a_2	a_1	a_0	n
					1	2	1	1	3
				1	2.613	3.414	2.613	1	4
			1	3.236	5.326	5.236	3.236	1	5
		1	3.864	7.464	9.141	7.464	3.864	1	6
	1	4.494	10.103	14.606	14.606	10.103	4.494	1	7
1	5.126	13.138	21.848	25.691	21.848	13.138	5.126	1	8

***2．巴特沃斯低通滤波器的模平方函数**

在按照图 5.35 的方法构建巴特沃斯滤波器的系统函数式（5-97）时，使用了s左半平面单位圆上的极点，如果以纵轴为镜像对称补齐s右半平面单位圆上的极点，那么这 $2n$ 个极点恰好是多项式$1+(-1)^n s^{2n}=0$的 $2n$ 个根。另外，由式（5-97）可知

$$H(-s)=\frac{1}{A_n(-s)}=\prod_{i=1}^{n}\frac{1}{-s-p_i}=-\prod_{i=1}^{n}\frac{1}{s+p_i} \tag{5-98}$$

由上式看到，如果p_i是$H(s)$的一个极点，则$-p_i$必为$H(-s)$的极点。p_i和$-p_i$关于坐标原点对称（实部和虚部均加负号），如图 5.36 所示。因此，整个单位圆上的 $2n$ 个极点是$H(s)H(-s)$的所有极点，即对于巴特沃斯低通滤波器的系统函数有

$$H(s)H(-s)=\frac{1}{1+(-1)^n s^{2n}} \tag{5-99}$$

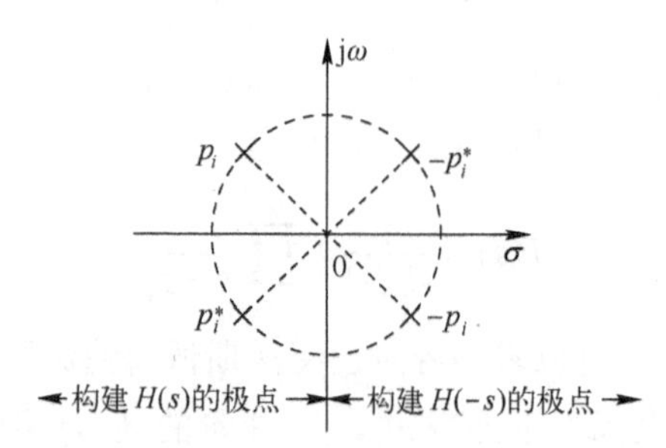

图 5.36　$H(s)$和$H(-s)$的极点关系

利用式（5-99）可推得

$$\begin{aligned}|H(\omega)|^2&=H(\omega)H^*(\omega)\\&=H(\omega)H(-\omega) &&[\text{如果}h(t)\text{为实函数，则}H(-\omega)=H^*(\omega)]\\&=H(s)H(-s)\big|_{s=\mathrm{j}\omega} &&[\text{如果}H(s)\text{的收敛域包含虚轴，则}H(\omega)=H(s)\big|_{s=\mathrm{j}\omega}]\\&=\frac{1}{1+(-1)^n(\mathrm{j}\omega)^{2n}} &&[\text{式（5-99）}]\\&=\frac{1}{1+\omega^{2n}}\end{aligned}$$

所以巴特沃斯低通滤波器频率响应特性的模平方函数为

$$|H(\omega)|^2=H(s)H(-s)\big|_{s=\mathrm{j}\omega}=\frac{1}{1+\omega^{2n}} \tag{5-100}$$

由上式可以看到，当$\omega=1$时，$|H(\omega)|^2=1/2$，因此$\omega=1$称为半功率点。一般将半功率

点定义为低通滤波器的截止频率，即式（5-100）的截止频率为 $\omega_c=1$。在半功率点处有 $|H(\omega)|=1/\sqrt{2}=0.707$。需要注意的是，在式（5-100）中，$n$ 为任意整数时截止频率均为 $\omega_c=1$，图 5.37 给出了几个 n 取值下的 $|H(\omega)|$ 曲线。

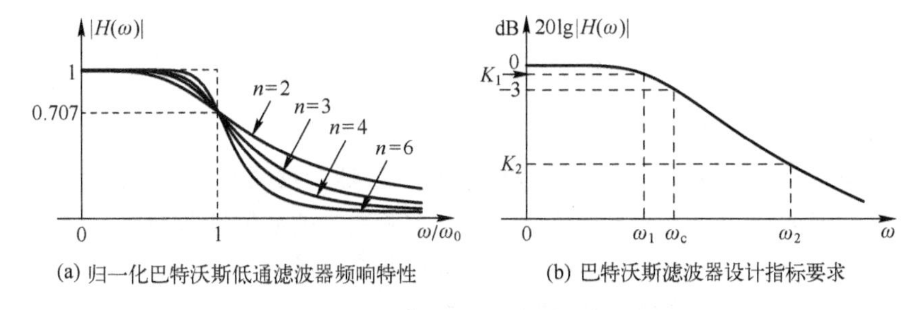

(a) 归一化巴特沃斯低通滤波器频响特性　(b) 巴特沃斯滤波器设计指标要求

图 5.37　巴特沃斯低通滤波器频响特性

很显然，式（5-100）和式（5-99）是一个"归一化"后的函数，即极点放置在单位圆上，对应的低通滤波器截止频率为 $\omega_c=1$。对于任意截止频率，只要将这两式分别作如下修改即可。

$$H(s)H(-s)=\frac{1}{1+(-1)^n\left(\dfrac{s}{\omega_c}\right)^{2n}} \tag{5-101}$$

$$|H(\omega)|^2=\frac{1}{1+\left(\dfrac{\omega}{\omega_c}\right)^{2n}} \tag{5-102}$$

在模拟滤波器的设计中通常用模平方函数描述滤波器的频域特性，因为 $H(\omega)$ 是复变量函数，直接取模运算 $|H(\omega)|=\sqrt{H_R(\omega)+H_I(\omega)}$ 在理论分析中会比较麻烦。另外，当 $H(s)$ 用式（5-81）形式的零极点表示时，由于

$$H(s)=K\frac{\prod\limits_{i=1}^{M}(s-z_i)}{\prod\limits_{i=1}^{N}(s-p_i)};\quad H(-s)=K\frac{\prod\limits_{i=1}^{M}(-s-z_i)}{\prod\limits_{i=1}^{N}(-s-p_i)}=K\frac{\prod\limits_{i=1}^{M}(s+z_i)}{\prod\limits_{i=1}^{N}(s+p_i)}$$

则模平方函数为（其中 z_i 和 p_i 均可为复数）

$$|H(\omega)|^2=H(s)H(-s)\big|_{s=\mathrm{j}\omega}=K^2\frac{\prod\limits_{i=1}^{M}(\omega^2+z_i^2)}{\prod\limits_{i=1}^{N}(\omega^2+p_i^2)} \tag{5-103}$$

$|H(\omega)|^2$ 为 ω^2 的实函数，这会带来很多方便。

此外，在上面的分析讨论中，为了尽可能避免数学计算，隐去了方程 $1+(-1)^n s^{2n}=0$ 的求根问题，因为没有必要关注这 $2n$ 个根的表达式，只要了解图 5.35 所示的极点分布规则即可。如果希望了解如何求根，其过程也比较简单。

当 n 为奇数时：$s^{2n}=1=\mathrm{e}^{\mathrm{j}2\pi}$，$s_k=\mathrm{e}^{\mathrm{j}k\frac{2\pi}{2n}}=\mathrm{e}^{\mathrm{j}k\frac{\pi}{n}}$（$k=1,2,\cdots,2n$）。例如 $n=3$ 时，

$$s_k = e^{jk\frac{\pi}{3}}:\ s_1 = e^{j\frac{\pi}{3}},\ \underbrace{s_2 = e^{j\frac{2\pi}{3}}, s_3 = e^{j\pi}, s_4 = e^{j\frac{4\pi}{3}} = e^{-j\frac{2\pi}{3}}}_{\text{位于}s\text{左半平面}},\ s_5 = e^{j\frac{5\pi}{3}}\ s_6 = e^{j\frac{6\pi}{3}} = e^{j2\pi}$$

当 n 为偶数时：$s^{2n} = -1 = e^{j(2k-1)\pi}$，$s_k = e^{j\frac{(2k-1)}{2n}\pi}$（$k = 1,2,\cdots,2n$）。例如 $n = 2$ 时，

$$s_k = e^{j(2k-1)\frac{\pi}{4}}:\ s_1 = e^{j\frac{\pi}{4}},\ \underbrace{s_2 = e^{j\frac{3\pi}{4}}, s_3 = e^{j\frac{5\pi}{4}} = e^{-j\frac{3\pi}{4}}}_{\text{位于}s\text{左半平面}},\ s_4 = e^{j\frac{7\pi}{4}} = e^{-j\frac{\pi}{4}}$$

最后将巴特沃斯低通滤波器的特点归纳如下。

（1）随着滤波器阶数 n 的增加，$|H(\omega)|$ 的衰减会越来越陡峭，参见图 5.37(a)。当需要比较陡峭的低通滤波特性时，巴特沃斯滤波器会需要较高的滤波器阶数。

（2）通带和阻带内 $|H(\omega)|$ 均无波纹（$|H(\omega)|$ 没有振荡），$|H(\omega)|$ 是光滑的单调下降曲线。巴特沃斯低通滤波器又称最大平坦幅度滤波器。

（3）滤波器极点等间隔分布在 s 左半平面的单位圆上。

3．巴特沃斯低通滤波器的阶数确定

由图 5.35 可以看到，滤波器的阶数决定了滤波器过渡带的陡峭程度。在要求不高的场合，可以凭经验确定一个阶数，例如取 2 阶或 3 阶。如果对过渡带的陡峭程度是有约束要求的，一般给出过渡带起止频率 ω_1 和 ω_2 处的增益要求 K_1 和 K_2（通常以 dB 为单位），如前面图 5.37(b)所示。由式（5-102）可得

$$K_1 = 20\lg|H(\omega_1)| = 10\lg|H(\omega_1)|^2 = 10\lg\frac{1}{1+\left(\frac{\omega_1}{\omega_c}\right)^{2n}} \tag{5-104}$$

$$K_2 = 20\log|H(\omega_2)| = 10\lg\frac{1}{1+\left(\frac{\omega_2}{\omega_c}\right)^{2n}} \tag{5-105}$$

从上两式可以解得

$$n = \frac{1}{2\lg\frac{\omega_1}{\omega_2}}\cdot\lg\frac{10^{-\frac{K_1}{10}}-1}{10^{-\frac{K_2}{10}}-1} \tag{5-106}$$

由上式确定的 n 值不是整数，需向上取整，即 $n' = \lceil n \rceil$，例如 $\lceil 3.1 \rceil = 4$。

当将 n 取整为 n' 后，由式（5-104）和式（5-105）可以看出，按照 n' 设计的滤波器在 ω_1 和 ω_2 处的增益也不再是 K_1 和 K_2。由于 $n' > n$ 且 $\omega_1/\omega_c < 1$ 和 $\omega_2/\omega_c > 1$，所以有

$$K_1' > K_1,\quad K_2' < K_2$$

即用 n' 设计的滤波器其指标会优于给定的指标：通带具有更大的增益，阻带具有更小的增益。

【例 5-40】 假设话音信号的最高频率为 2400Hz，在对其进行抽样前通常应确保信号的最高频率成分不超过 2400Hz。为此，抽样前通常采用一低通滤波器对其进行滤波（所谓的抗混叠滤波器）。试设计用于此目的的巴特沃斯低通滤波器。

【解】 **设计一**　在要求不高的场合或确定带外噪声与干扰很小的情况下，可以采用较为简单的设计方法。例如取 $n = 2$，$\omega_c = 2\pi\times 2400$，则由表 5.2 知

$$H(s) = \frac{1}{\left(\frac{s}{\omega_c}\right)^2 + \sqrt{2}\left(\frac{s}{\omega_c}\right) + 1}$$

上式即为所设计巴特沃斯低通滤波器的系统函数（ω_c 的具体数值尚未代入）。

设计二　如果需要控制带外噪声与干扰，那么首先需要确定的是阻带频率 ω_2 。可考虑 $\omega_2 \approx 1.5\omega_c$，即过渡带宽约为截止频率的 50%（巴特沃斯滤波器不易实现很陡峭的过渡带），现取 $\omega_2 = 2\pi \times 3600$ 。其次要确定 ω_2 处的增益 K_2，可考虑 $K_2 = 0.1$（$20\lg 0.1 = -20\text{dB}$），即阻带信号至少被衰减 90%。将式（5-106）变形，并将 $\omega_c = 2\pi \times 2400$，$\omega_2 = 2\pi \times 3600$ 和 $K_2 = -20$ 代入得

$$n = \frac{\lg(10^{-\frac{K_2}{10}} - 1)}{2\lg\dfrac{\omega_2}{\omega_c}} = \frac{\lg(10^2 - 1)}{2\lg\dfrac{6}{4}} \approx \frac{\lg 10^2}{2\lg\dfrac{6}{4}} = 5.67$$

取 $n = 6$，查表 5.2 可得

$$H(s) = \frac{1}{\left(\dfrac{s}{\omega_c}\right)^6 + 3.864\left(\dfrac{s}{\omega_c}\right)^5 + 7.464\left(\dfrac{s}{\omega_c}\right)^4 + 9.141\left(\dfrac{s}{\omega_c}\right)^3 + 7.464\left(\dfrac{s}{\omega_c}\right)^2 + 3.864\left(\dfrac{s}{\omega_c}\right) + 1}$$

该设计中过渡带设定得很宽，但是滤波器阶数已经达到 6 阶，因此巴特沃斯滤波器不具有锐衰减特性。

设计三　如果对通带和阻带都需要提出指标要求，则需要在设计二的基础上再增加对通带 ω_1 和 K_1 的确定。由于绝大多数人的话音信号能量集中在 1500Hz 以下，需要保证该频点以下的信号不受损，因此取 $\omega_1 = 2\pi \times 1500$，$K_1 = -1\text{dB}$（$K_1 = 0.891$），$\omega_2$ 和 K_2 同设计二。由式（5-106）可得

$$n = \frac{1}{2\lg\dfrac{\omega_1}{\omega_2}} \cdot \lg\frac{10^{-\frac{K_1}{10}} - 1}{10^{-\frac{K_2}{10}} - 1} = \frac{1}{2\lg\dfrac{5}{12}} \cdot \lg\frac{10^{\frac{-1}{10}} - 1}{10^{\frac{-20}{10}} - 1} \approx \frac{1}{2\lg\dfrac{5}{12}} \cdot \lg\frac{0.2589}{100} = 3.402$$

取 $n = 4$，查表 5.2 可得

$$H(s) = \frac{1}{\left(\dfrac{s}{\omega_c}\right)^4 + 2.613\left(\dfrac{s}{\omega_c}\right)^3 + 3.414\left(\dfrac{s}{\omega_c}\right)^2 + 2.613\left(\dfrac{s}{\omega_c}\right) + 1}$$

该设计的阶数低于设计二，是因为 ω_1 和 K_1 的设定，使滤波器有更宽的过渡带。

【例毕】

*5.4.2　切比雪夫低通滤波器

巴特沃斯低通滤波器的最大特点是 $|H(\omega)|$ 平坦，但过渡带不够陡峭。如果要获得更陡峭的过渡带，可以采用切比雪夫低通滤波器。切比雪夫 I 型低通滤波器的 $|H(\omega)|$ 的特性如图 5.38(a)(b)所示，其特点如下。

（1）通带内有等幅振荡的波纹（不是平坦的），波纹振荡幅度由 ε 决定，通带内 $|H(\omega)|$ 最大值为 1，最小值为 $1/\sqrt{1+\varepsilon^2}$，并且滤波器阶数 n 为奇数时 $|H(0)| = 1$，n 为偶数时 $|H(0)| = 1/\sqrt{1+\varepsilon^2}$。阻带内仍为单调衰减（无振荡）。

（2）在截止频率处（$\omega = 1$）增益不再是−3dB，而是 $1/\sqrt{1+\varepsilon^2}$。

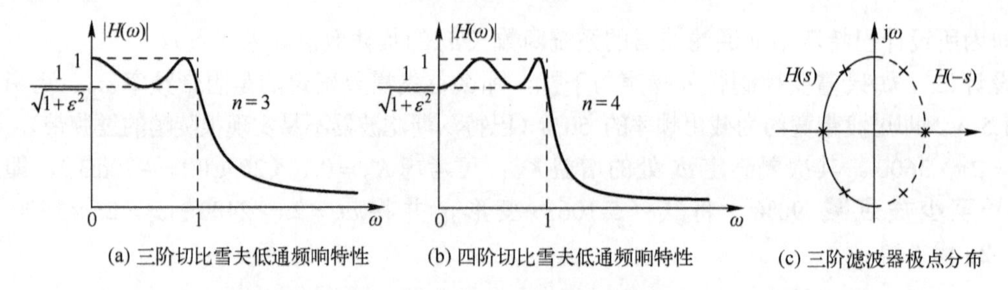

(a) 三阶切比雪夫低通频响特性　(b) 四阶切比雪夫低通频响特性　(c) 三阶滤波器极点分布

图 5.38　归一化切比雪夫低通滤波器特性及极点分布

（3）归一化切比雪夫低通滤波器系统函数 $H(s)$ 的极点分布在 s 左半平面的椭圆上（不再是分布于圆上）。与巴特沃斯滤波器类似，$H(-s)$ 的极点分布在该椭圆的 s 右半平面，如图 5.38(c)所示。极点位置的确定比巴特沃斯滤波器复杂，这里不再展开叙述。

与巴特沃斯滤波器类似，由 s 左半平面极点可以构造出切比雪夫低通滤波器的 $H(s)$。1～7 阶归一化 $H(s)$ 的系数列于表 5.3 中，供设计时查阅，表中 $H(s)=1/A_n(s)$。

（4）在过渡带，切比雪夫滤波器比巴特沃斯滤波器更为陡峭，如图 5.39 所示。

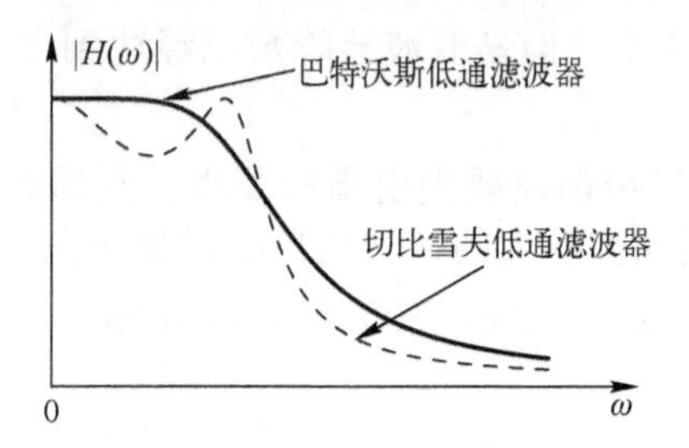

图 5.39　三阶切比雪夫与巴特沃斯滤波器对比

正是振荡带来过渡带的快速衰减。“快变化会产生振荡”是一个常见现象。

（5）其归一化的模平方函数具有如下形式

$$|H(\omega)|^2=\frac{1}{1+\varepsilon^2 T_n^2(\omega)} \tag{5-107}$$

$$T_n(\omega)=\begin{cases}\cos(n\cos^{-1}(\omega)), & |\omega|\leqslant 1\\ \mathrm{ch}(n\,\mathrm{ch}^{-1}(\omega)), & |\omega|>1\end{cases} \tag{5-108}$$

其中 $\cos^{-1}(\cdot)$ 为 $\cos(\cdot)$ 的反函数，$\mathrm{ch}^{-1}(\cdot)$ 为 $\mathrm{ch}(\cdot)$ 的反函数，$\mathrm{ch}(\cdot)$ 为双曲余弦函数

$$\mathrm{ch}\,x=\frac{\mathrm{e}^x+\mathrm{e}^{-x}}{2}=\cos(\mathrm{j}x) \tag{5-109}$$

表 5.3　1～7 阶归一化切比雪夫低通滤波器分母多项式 $A_n(s)=s^n+a_{n-1}s^{n-1}+\cdots+a_1s+a_0$

a_7	a_6	a_5	a_4	a_3	a_2	a_1	a_0	n
2dB 波纹（ε=0.7647831）								
						1	1.3075603	1
					1	0.8038164	0.6367681	2
				1	0.7378216	1.0221903	0.3268901	3
			1	0.7152150	1.2564819	0.5167981	0.2057651	4
		1	0.7064606	1.4995433	0.6934770	0.4593491	0.0817225	5

续表

a_7	a_6	a_5	a_4	a_3	a_2	a_1	a_0	n
2dB 波纹（ε=0.7647831）								
	1	0.7012257	1.7458587	0.8670149	0.7714618	0.2102706	0.0514413	6
1	0.6978929	1.9935272	1.0392203	1.1444390	0.3825056	0.1660920	0.0204228	7
3dB 波纹（ε=0.9976283）								
						1	1.0023773	1
					1	0.6448996	0.7079478	2
				1	0.5972404	0.9283480	0.2505943	3
			1	0.5815799	1.1691176	0.4047679	0.1769869	4
		1	0.5744296	1.4149847	0.5488626	0.4079421	0.0626391	5
	1	0.5706979	1.6628481	0.6906098	0.6990977	0.1634299	0.0442467	6
1	0.5684201	1.9115507	0.8314411	1.0518448	0.3000167	0.1461530	0.0156621	7

5.4.3　低通到高通、带通和带阻滤波器的变换

实际应用中还需要有高通、带通和带阻等类型的滤波器，一般是由低通滤波器转换而获得。为了便于区分，这里将低通、高通、带通、带阻滤波器的系统函数分别表示为 $H_{\rm LP}, H_{\rm HP}, H_{\rm BP}, H_{\rm BS}$。

1．低通到高通的频率转换

对于归一化的低通滤波器，通带范围的 ω 取值是[0, 1]，那么相应地 $1/\omega$ 的取值范围是 $[1, \infty)$。这意味着，作 $\omega \to 1/\omega$ 的变量代换，有可能实现低通通带到高通通带的转换。相对于 s 域来说，这一变量代换是 $s \to 1/s$。为分析简便，下面通过一阶系统说明低通到高通频率变换的核心原理。

对于归一化的一阶巴特沃斯低通滤波器，由表 5.3 知其系统函数为

$$H_{\rm LP}(s) = \frac{1}{s+1} \tag{5-110}$$

作变量代换 $s \to 1/s$，则有

$$H_{\rm HP}(s) = H_{\rm LP}(s)\big|_{s=\frac{1}{s}} = \frac{1}{\frac{1}{s}+1} = \frac{s}{s+1} \tag{5-111}$$

$$H_{\rm HP}(\omega) = H_{\rm HP}(s)\big|_{s=j\omega} = \frac{{\rm j}\omega}{{\rm j}\omega+1} \tag{5-112}$$

$$|H_{\rm HP}(\omega)| = \frac{\omega}{\sqrt{\omega^2+1}} \tag{5-113}$$

由上式可知 $|H_{\rm HP}(0)|=0$，$|H_{\rm HP}(1)|=1/\sqrt{2}=0.707$，$|H_{\rm HP}(\infty)|=1$。因此 $|H_{\rm HP}(\omega)|$ 是截止频率 $\omega=1$ 的归一化高通滤波器。事实上，前面曾经分析过式（5-110）和式（5-111）的频率响应特性，参见图 5.25(a)和图 5.25(b)。

任意一个 N 阶系统可以通过部分分式展开，形成 N 个一阶系统的并联。对于每个一阶低通系统，通过频率变换转换为高阶系统，那么整个高阶系统将由低通转换为高通。简言之，上述一阶低通到高通的频率转换方法是广泛适用的，图 5.40 概括了这一转换方法。

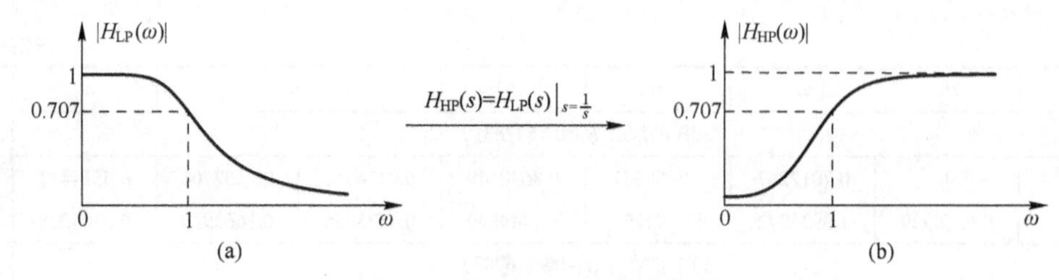

图 5.40 低通到高通的频率变换

对于非归一化的情况，即图 5.40 中截止频率 $\omega=\omega_c$，那么有

$$H_{HP}(s)=H_{LP}(s)\big|_{s=\frac{\omega_c}{s}}=H_{LP}\left(\frac{\omega_c}{s}\right) \tag{5-114}$$

至此，可将高通滤波器的设计步骤归纳如下。

（1）确定归一化低通滤波器。这里存在两个待定问题：一是滤波器选型问题，巴特沃斯滤波器、切比雪夫滤波器、椭圆滤波器（本书未介绍），相对来说巴特沃斯滤波器更常用一点；二是滤波器的阶数确定，需要根据应用需求而定。例 5-40 给出了一些设计思路。

（2）利用式（5-114）确定所需要设计的高通滤波器的系统函数，注意这里 ω_c 是待设计高通滤波器的截止频率。

【例 5-41】 很多应用中，重要信息来自传感器的交流信号，但是器件本身或其随后的放大器可能会有“基线漂移”现象，这种基线漂移的变化频率通常比较低，比如 1Hz 以下，此时可以采用高通滤波器滤除漂移。这里设计一个截止频率为 0.5Hz 的高通滤波器。

【解】 取 3 阶巴特沃斯低通滤波器，由表 5.2 可知

$$H_{LP}(s)=\frac{1}{s^3+2s^2+s+1}$$

由式（5-114）可得待设计的高通滤波器的系统函数为（其中 $\omega_c=2\pi\times0.5=\pi$）

$$H_{HP}(s)=H_{LP}\left(\frac{\omega_c}{s}\right)=\frac{1}{\left(\frac{\omega_c}{s}\right)^3+2\left(\frac{\omega_c}{s}\right)^2+\left(\frac{\omega_c}{s}\right)+1}=\frac{s^3}{s^3+\omega_c s^2+2\omega_c^2 s+\omega_c^3}$$

【例毕】

2．低通到带通滤波器的频率转换

还是通过考察一阶系统的变换过程，理解低通到带通的频率变换原理。假定带通滤波器的频率特性要求如图 5.41(b)所示，系统的带宽 $B=\omega_2-\omega_1$，一阶归一化低通滤波器的系统函数为 $H_{LP}(s)=1/(s+1)$，作变量代换 $s\to(s^2+\omega_0^2)/Bs$ 有

$$H_{BP}(s)=H_{LP}(s)\big|_{s=\frac{s^2+\omega_0^2}{Bs}}=\frac{1}{\frac{s^2+\omega_0^2}{Bs}+1}=\frac{Bs}{s^2+Bs+\omega_0^2} \tag{5-115}$$

$$H_{BP}(\omega)=H_{BP}(s)\big|_{s=j\omega}=\frac{B\cdot j\omega}{(j\omega)^2+B\cdot j\omega+\omega_0^2} \tag{5-116}$$

$$|H_{BP}(\omega)|=\frac{B\omega}{\sqrt{(\omega_0^2-\omega^2)^2+(B\omega)^2}} \tag{5-117}$$

由上面模函数公式易知$|H_{\mathrm{BP}}(0)|=0$和$|H_{\mathrm{BP}}(\infty)|=0$，且有

$$|H_{\mathrm{BP}}(\omega_0)|=\frac{B\omega_0}{\sqrt{(\omega_0^2-\omega_0^2)^2+(B\omega_0)^2}}=1 \tag{5-118}$$

因此式（5-115）为一带通系统，在$\omega=\omega_0$系统增益为 1。同时可以验证该带通系统的上下截止频率分别为ω_1和ω_2，并且有$\omega_0=\sqrt{\omega_1\omega_2}$（参见后面的阅读内容）。图 5.41 示意了低通到带通的频率变换方法。

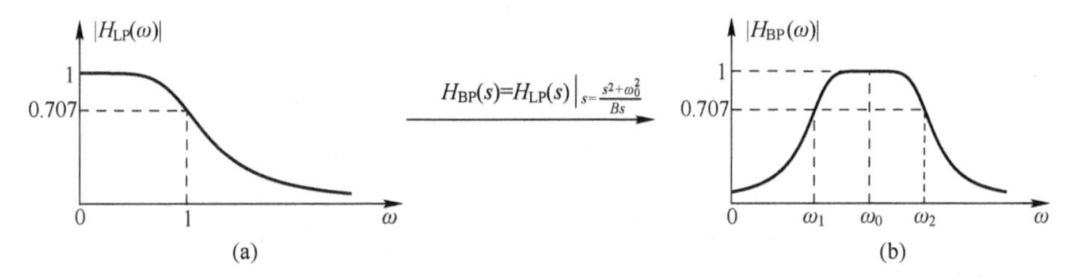

图 5.41　低通到带通的频率变换

【例 5-42】 假设心跳频率为每分钟 40～120 次（对应频率为$\frac{2}{3}$～2Hz），呼吸频率通常为每分钟 10～20 次（对应频率为$\frac{1}{6}\sim\frac{1}{3}$Hz）。心跳频率的检测通常会受呼吸频率的严重干扰。现设计一带通滤波器对呼吸信号进行一定的抑制。

【解】期望过渡带稍微陡峭一点，因此，取 3dB 波纹的 3 阶切比雪夫滤波器作为低通原型，即

$$H_{\mathrm{LP}}(s)=\frac{1}{s^3+a_2s^2+a_1s+a_0}\quad（a_2,a_1,a_0\text{参见表 5.3}）$$

通带截止频率分别取心跳信号的两端频率，即$\omega_1=2\pi\times\frac{2}{3}$，$\omega_2=2\pi\times2$，则

$$B=\omega_2-\omega_1=\frac{4}{3}\times2\pi,\quad \omega_0^2=\omega_1\omega_2=4\pi^2\times\frac{4}{3}$$

利用频率变换得到带通滤波器的系统函数，即

$$H_{\mathrm{BP}}(s)=H_{\mathrm{LP}}\left(\frac{s^2+\omega_0^2}{Bs}\right)=\frac{1}{\left(\frac{s^2+\omega_0^2}{Bs}\right)^3+a_2\left(\frac{s^2+\omega_0^2}{Bs}\right)^2+a_1\left(\frac{s^2+\omega_0^2}{Bs}\right)+a_0}$$

将B,ω_0,a_2,a_1,a_0代入其中化简即可。

【例毕】

为了相对方便地验证式（5-115）带通系统的上下截止频率分别为ω_1和ω_2，现求式（5-117）的半功率点，即考察

$$|H_{\mathrm{BP}}(\omega)|^2=\frac{(B\omega)^2}{(\omega_0^2-\omega^2)^2+(B\omega)^2}=\frac{1}{2}$$

由上得

$$(B\omega)^2=(\omega_0^2-\omega^2)^2$$

因此

$$B\omega=\begin{cases}\omega_0^2-\omega^2, & \omega<\omega_0\\ \omega^2-\omega_0^2, & \omega>\omega_0\end{cases}$$

整理为如下两个待求解一元二次方程

$$\omega^2 + B\omega - \omega_0^2 = 0 \quad (\omega < \omega_0) \tag{5-119}$$

$$\omega^2 - B\omega - \omega_0^2 = 0 \quad (\omega > \omega_0) \tag{5-120}$$

根据上两式的约束条件，可知式（5-119）求解下截止频率ω_1，式（5-120）求解ω_2。由求根公式并舍弃不合理的根可得

$$\omega_1 = \frac{1}{2}\sqrt{B^2 + 4\omega_0^2} - \frac{1}{2}B \quad (\omega < \omega_0) \tag{5-121}$$

$$\omega_2 = \frac{1}{2}\sqrt{B^2 + 4\omega_0^2} + \frac{1}{2}B \quad (\omega > \omega_0) \tag{5-122}$$

上两式即为要求解的半功率点。由上两式可以看到

$$\omega_2 - \omega_1 = B \tag{5-123}$$

$$\omega_1 \cdot \omega_2 = \left(\frac{1}{2}\sqrt{B^2 + 4\omega_0^2} - \frac{1}{2}B\right)\left(\frac{1}{2}\sqrt{B^2 + 4\omega_0^2} + \frac{1}{2}B\right) = \omega_0^2 \tag{5-124}$$

3．低通到带阻滤波器的频率转换

将图 5.41(b)所示的带通频率特性“颠倒”过来，则为带阻滤波器。因此频率变换为

$$H_{\text{BS}}(s) = H_{\text{LP}}(s)\Big|_{s=\frac{Bs}{s^2+\omega_0^2}} = H_{\text{LP}}\left(\frac{Bs}{s^2+\omega_0^2}\right) \tag{5-125}$$

其中B和ω_0的定义与带通滤波器的表达式相同，即式（5-123）和式（5-124）。图 5.42 给出了低通到带阻的频率变换方法。

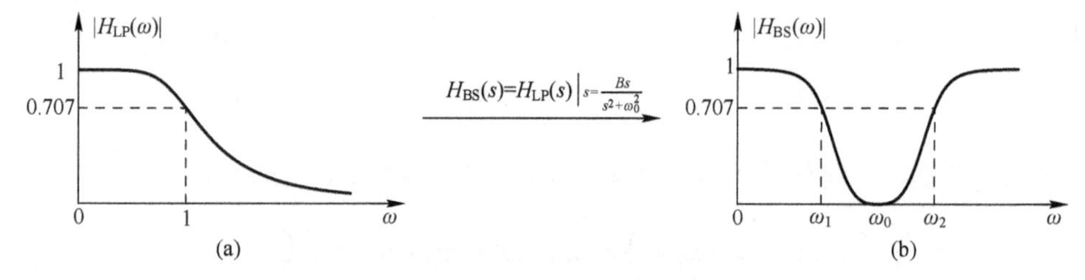

图 5.42 低通到带阻的频率变换

【例 5-43】 带阻滤波器的典型应用是陷波器（Notch Filter），例如采用陷波器抑制 50Hz 的交流电干扰。试设计一 50Hz 的陷波器。

【解】 设计过程和例 5-42 类似，只是频率变换采用式（5-125）。由于是陷波器，通常希望过渡带比较陡峭，即选定低通原型滤波器时，需要较高的阶数。当然，是否一定需要很陡峭的过渡带，还取决于具体的应用场景。例如，在 50Hz 附近没有有用信号，则无须很陡峭的过渡带。

具体设计过程和上例非常类似，不再详述。

【例毕】

*5.5 Matlab 实践

5.5.1 拉普拉斯变换求解

通常 Matlab 用于离散时间信号与系统的分析和计算，但是 Matlab 也提供了数学公式的

推演功能，称为符号计算（不用代入具体数值的计算）。例如可以让 Matlab 计算某个函数求导后的数学表达式。

Matlab 也提供了拉普拉斯变换的公式推演函数 laplace( )，其调用格式如下：

$$\mathrm{Xs} = \mathrm{laplace}(\mathrm{xt},t,s)$$

【例 5-44】 求下列函数的拉普拉斯变换。

（1）$x_1(t) = \mathrm{e}^{-2t}u(t)$

（2）$x_2(t) = \mathrm{e}^{-t}\cos(\omega t)u(t)$

【解】 直接调用函数 laplace( )求解，Matlab 源程序如下：

```
% filename: ex5_44_laplace.m %
clear all; close all;
syms t s w;                          % 定义符号变量
x1t = exp(-2*t)*heaviside(t);        % 给出两个信号时域表达
x2t = exp(-t)*cos(w*t)*heaviside(t);
X1s = laplace(x1t,t,s)  % 求两个信号的拉普拉斯变换
X2s = laplace(x2t,t,s)
% end of file %
```

程序运行结果为：`x1s = 1/(s + 2); x2s =(s + 1)/((s + 1)^2 + w^2)`

可以看到，Matlab 给出的结果和前面解析求解的结果是一致的。

【例毕】

5.5.2　部分分式展开及逆变换求解

Matlab 的符号函数 residue( )可以进行 $X(s)$的部分分式展开，调用格式如下：

$$[\boldsymbol{r}, \boldsymbol{p}, \boldsymbol{k}] = \mathrm{residue}(\boldsymbol{B}, \boldsymbol{A})$$

其中 $\boldsymbol{B}$ 和 $\boldsymbol{A}$ 分别为 $X(s)$分子多项式和分母多项式的系数矢量，$\boldsymbol{r}$ 为所得部分分式的系数矢量，$\boldsymbol{p}$ 为极点矢量，$\boldsymbol{k}$ 为余子多项式的系数矢量。例如，若

$$H(s) = \frac{b_M s^M + b_{M-1}s^{M-1} + \cdots + b_1 s + b_0}{a_N s^N + a_{N-1}s^{N-1} + \cdots + a_1 s + a_0}$$

则输入参数 $\boldsymbol{B} = [b_M, b_{M-1}, \cdots, b_0]$，$\boldsymbol{A} = [a_N, a_{N-1}, \cdots, a_0]$。返回值 $\boldsymbol{p} = [p_1, p_2, \cdots, p_N]$，$\boldsymbol{r} = [r_1, r_2, \cdots, r_N]$，$\boldsymbol{k} = [k_n, k_{n-1}, \cdots, k_0]$的含义为

$$H(s) = k_n s^n + k_{n-1}s^{n-1} + \cdots + k_1 s + k_0 + \frac{r_1}{s - p_1} + \frac{r_2}{s - p_2} + \cdots + \frac{r_N}{s - p_N}$$

【例 5-45】 对 $H(s) = \dfrac{s^3}{s^2 + 6s + 8}$ 进行部分分式展开。

【解】 Matlab 源程序如下：

```
% filename: ex5_45_residue.m %
clear all; close all;
B = [1, 0, 0, 0];                  % 定义分子多项式系数矢量
A = [1, 6, 8];                     % 定义分母多项式系数矢量
[r, p, k] = residue(B, A)          % 调用函数进行部分分式展开
% end of file %
```

程序运行结果为 `r = 32  -4; p = -4  -2;   k = 1  -6`

由运行结果可知，$H(s)$部分分式展开的结果为

$$H(s)=s-6+\frac{32}{s+4}+\frac{-4}{s+2}$$

需要注意的是：第一，矢量 $\boldsymbol{B}$ 和 $\boldsymbol{A}$ 的长度由其对应多项式最高阶次决定，默认的阶次系数必须补零，不能省略；第二，求得的系数矢量 $\boldsymbol{r}$ 和极点矢量 $\boldsymbol{p}$ 必须对应，即第一个系数必须对应第一个极点的部分分式。

Matlab 还提供了拉普拉斯逆变换的符号函数 ilaplace( )，其调用格式为

$$\text{xt} = \text{ilaplace}(\text{Xs}, s, t)$$

需要注意这里 s 和 t 的顺序和正变换相反。

【例 5-46】 已知 $H(s)=\dfrac{s+3}{s^2+3s+2}$，利用 ilaplace 求其原函数。

【解】Matlab 源程序如下：

```
% filename: ex5_46_ilaplace.m %
clear all; close all;
syms t s                          % 定义符号变量
Hs = (s+3)/(s^2+3*s+2);           % 给出象函数 s 域表达
ht = ilaplace(Hs,s,t)             % 求逆拉普拉斯变换
% end of file %
```

程序运行结果为

```
ht = 2*exp(-t)- exp(-2*t)
```

则可知，原函数为

$$h(t)=(2\mathrm{e}^{-t}-\mathrm{e}^{-2t})u(t)$$

【例毕】

5.5.3 系统零极点和系统频率响应

1. 多项式求根与系统零极点绘图

系统函数 $H(s)$ 的零极点为其分子分母多项式的根。Matlab 提供了多项式求根函数 roots( )，还提供了系统零极点的绘图函数 pzmap( )，其调用格式为

$$\text{pzmap(sys)}$$

其中 sys 要通过调用函数 tf( )获得，其调用格式为

$$\text{sys} = \text{tf}(\boldsymbol{B}, \boldsymbol{A})$$

这里 $\boldsymbol{B}$ 和 $\boldsymbol{A}$ 即为前面定义的系统函数分子多项式和分母多项式系数矢量。

【例 5-47】 利用 Matlab 函数绘出 $H(s)=\dfrac{s+1}{s^2+4s+4}$ 的零极点分布图。

【解】采用 roots 求根法和 pzmap 函数分别实现，Matlab 源程序如下：

```
% filename: ex5_47_pzmap.m %
clear all; close all;
%% 方法一：roots 求根法
B = [1, 1];   A = [1, 4, 5];          % 定义分子分母多项式系数矢量
zs = roots(B);  ps = roots(A);        % 求系统零点和极点
figure;plot(real(zs),imag(zs),'o',real(ps),imag(ps),'x')
axis([-4,2,-2,2]);grid on;
legend('零点','极点');
%% 方法二：pzmap 法
```

```
sys = tf(B, A);                    % 构建系统模型
figure;pzmap(sys)                  % 绘制系统零极点分布图
% end of file %
```

程序运行结果如图 5.43 所示:

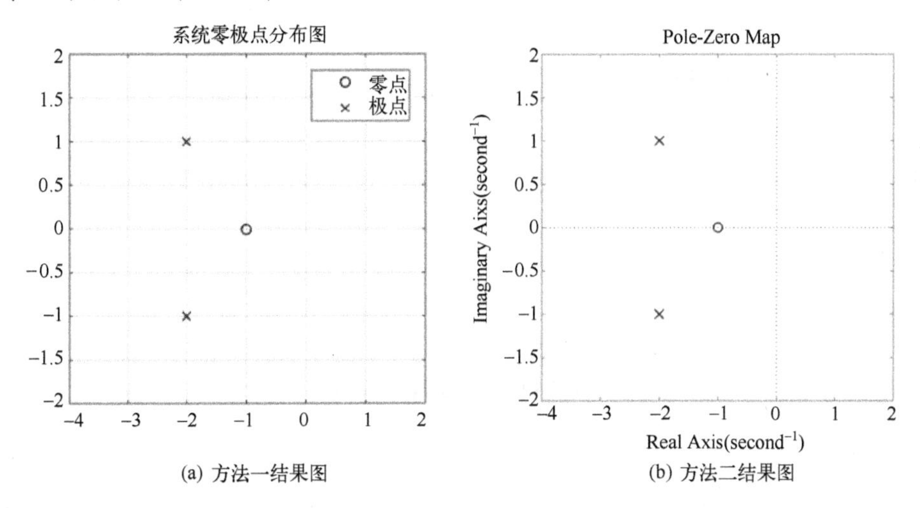

(a) 方法一结果图　　(b) 方法二结果图

图 5.43　系统零极点绘图

【例毕】

2．系统频率响应

当已知 $H(s)$ 时，可以调用 freqs( )函数绘制系统的幅频特性和相频特性曲线。有两种典型调用格式:

调用格式一，即直接绘图： freqs($\boldsymbol{B}, \boldsymbol{A}$)

调用格式二，即间接绘图： $[H, w]$ = freqs($\boldsymbol{B}, \boldsymbol{A}$)

其中 $\boldsymbol{B}$ 和 $\boldsymbol{A}$ 为 $H(s)$ 的分子多项式和分母多项式系数矢量。采用第二种格式后可以再利用 plot 绘出幅频特性和相频特性曲线。

【例 5-48】 绘制 $H(s)=\dfrac{s-3}{s^2+s+1}$ 的频率响应曲线。

【解】 分别采用 freqs 函数的两种调用形式。Matlab 源程序如下:

```
% filename: ex5_48_freqs.m %
%% 方法一：直接绘图
B = [1, -3];  A = [1, 1, 1];             % 定义分子分母多项式系数矢量
freqs(B,A);                              % 画系统频率响应曲线图
%% 方法二：间接绘图
[H, w] = freqs(B,A);                     % 求系统频响函数
figure;subplot(2,1,1);
loglog(w,abs(H));                        % 画系统幅频特性图
xlabel('角频率 (rad/s) ');ylabel('幅频响应')
subplot(2,1,2); semilogx(w,angle(H));    % 画系统相频特性图
xlabel('角频率 (rad/s) ');ylabel('相频响应')
% end of file %
```

程序运行结果如图 5-44 所示。需要说明的是，freqs 函数绘图时，默认采用对数坐标。为了保持两图一致，方法二绘图的时候也采用了对数坐标，其中 loglog 函数是 xy 双对数坐标绘图，semilogx 是 x 轴对数坐标绘图，调用格式和 plot 函数相同。

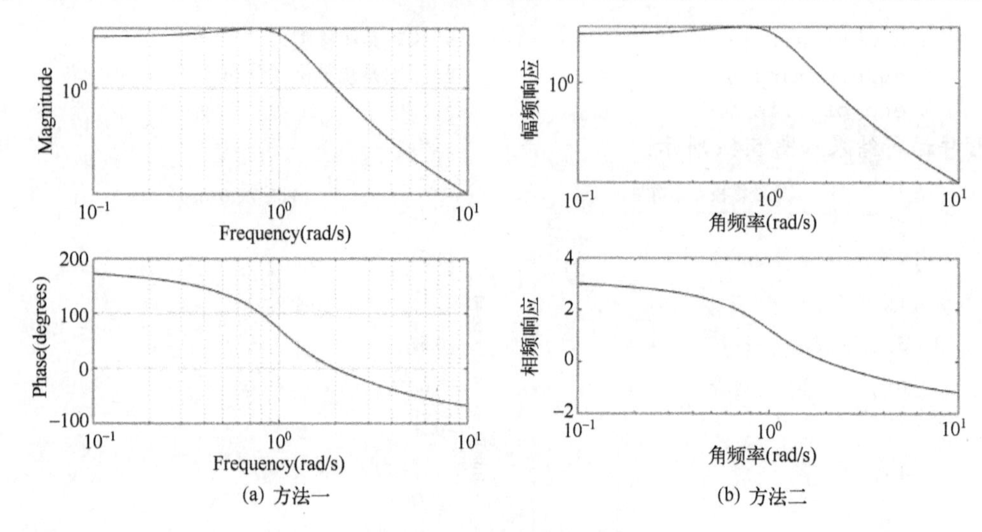

(a) 方法一　　(b) 方法二

图 5.44　系统频率响应图

【例毕】

5.5.4　模拟滤波器设计

Matlab 提供了模拟滤波器设计的相关函数，主要分为滤波器设计和滤波器转换（低通到其他类型滤波器的转换）。实现的滤波器类型有巴特沃斯滤波器、切比雪夫滤波器、椭圆滤波器和贝塞尔滤波器。这里以巴特沃斯滤波器为例作一介绍。

1．归一化巴特沃斯低通原型设计——buttap 函数

这里的归一化是指截止频率 $\omega_c = 1$。所谓原型（Prototype）即“模板”，得到原型设计后还需作适当的调整或变换才能得到所需要的滤波器，例如由低通原型得到高通滤波器。

表 5.2 给出了 1～8 阶归一化巴特沃斯低通滤波器分母多项式系数。在 Matlab 中可以调用 buttap 函数获得归一化巴特沃斯低通原型的 $H(s)$

$$H(s) = \frac{z(s)}{p(s)} = \frac{k}{(s-p(1))(s-p(2))\cdots(s-p(n))}$$

其调用格式如下：

$$[\boldsymbol{z},\boldsymbol{p},k] = \text{buttap}(n)$$

返回值 $\boldsymbol{z},\boldsymbol{p},k$ 分别是滤波器的零点矢量、极点矢量和增益（参见上面 $H(s)$ 的定义式），n 是滤波器的阶数。例如在命令窗口中执行

$$[\boldsymbol{z},\boldsymbol{p},k]=\text{buttap}(3)$$

则执行结果为

```
z=[]
p = -0.500000000000000 + 0.866025403784439i
    -0.500000000000000 - 0.866025403784439i
    -1.000000000000000 + 0.000000000000000i
k = 1.000000000000000
```

简言之，buttap(n)可以计算归一化巴特沃斯低通滤波器的极点。如果需要将零极点表示的 $H(s)$ 转换为多项式表示，可以调用函数 zp2tf（$\boldsymbol{z},\boldsymbol{p},k$）。例如在命令窗口可以执行如下两行

代码

```
[z,p,k]=buttap(3);
[num,den]=zp2tf(z,p,k)
```

其中 **num** 和 **den** 分别是分子和分母多项式矢量。注意第 2 行无分号，以便显示结果。执行后的结果为

```
num = 0 0 0 1   （分子为 1，高幂次在前）
den = 1 2 2 1   （高幂次在前，与表 5.2 的结果相同）
```

Matlab 提供 buttord 函数计算滤波器所需阶数，也可以利用 buttap(n)函数绘出相应的幅频特性函数曲线，判断一下是否满足需求。例如下例程序考察了 3 阶、9 阶和 15 阶巴特沃斯归一化低通的幅频特性曲线。

【例 5-49】 考察 3 阶、9 阶和 15 阶归一化巴特沃斯滤波器的频率响应特性。

```
% filename: ex5_49_buttap.m %
[z3,p3,k3] = buttap(3);  % 确定 3 阶归一化巴特沃斯低通的极点
[num3,den3] = zp2tf(z3,p3,k3);  % 将零极点表示转换为系统函数的多项式表示
w = 0:0.05:2.5; % 角频率范围
h3 = freqs(num3,den3,w);  % 计算频率响应函数值
[z9,p9,k9] = buttap(9);
[num9,den9] = zp2tf(z9,p9,k9);
h9 = freqs(num9,den9,w);
[z15,p15,k15] = buttap(15);
[num15,den15] = zp2tf(z15,p15,k15);
h15 = freqs(num15,den15,w);
figure(1)
plot(w,abs(h3),'--k',w,abs(h9),'-k',w,abs(h15),'-.k');
legend('n=3','n=9','n=15');
% end of file
```

所绘制幅频特性如图 5.45 所示：

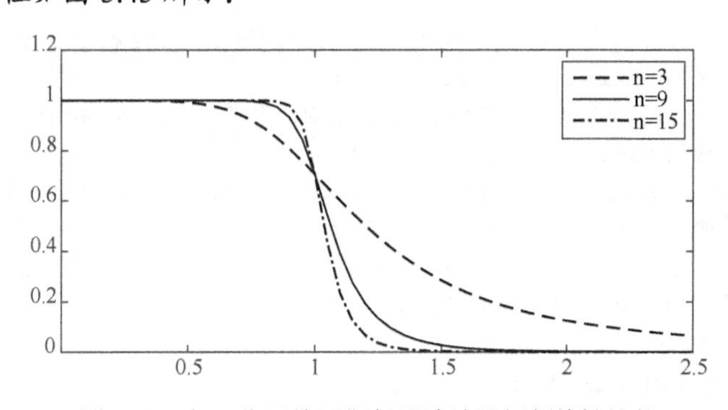

图 5.45　归一化巴特沃斯低通滤波器幅频特性比较

可以看到，从 3 阶到 9 阶，过渡带的陡峭程度变化比较明显。从 9 阶到 15 阶（同样阶数也是增加 6），陡峭程度变化小很多，这个结果不难理解。由此也可以得到一个经验性规则：如果使用巴特沃斯滤波器，一般选用 10 阶以下。如果过渡带陡峭程度不满足要求，改用其他类型的滤波器。

【例毕】

2. 巴特沃斯滤波器设计——butter 函数

上面的 buttap 函数主要是设计归一化的巴特沃斯低通滤波器。函数 butter 可以用于设计

低通、带通、高通和带阻滤波器。最常用的调用格式为

$$[z,p,k] = \text{butter}(n,\text{Wn},\text{'ftype'},\text{'s'})$$

其中输入参数 n 是滤波器的阶数，Wn 是截止频率，字符串'ftype'的取值决定滤波器的类型，有'low'（低通）,'high'（高通），'bandpass'（带通）和'stop'（带阻）四个取值。输出参数 z 是滤波器的零点矢量，p 是极点矢量，k 是滤波器增益（标量）。's'表示设计的是巴特沃斯模拟滤波器。

需要注意的是，butter 也可以用于设计巴特沃斯数字滤波器，调用格式和上面基本相同，只是省去's'和 Wn 的赋值不同。第 6 章将举例介绍。

【例 5-50】 用 butter 函数设计一个截止频率为 200Hz 的低通、截止频率为 300Hz 的高通、截止频率为[150Hz, 250Hz]的带通，以及截止频率为[150Hz, 250Hz]的带阻滤波器。

【解】 滤波器阶数取为 9，源代码如下：

```
% filename: ex5_50_butter.m %
% 截止频率为200Hz的低通
[num,den] = butter(9,2*pi*200,'low','s');
w = [0:500]*2*pi; % 频率范围 0-500Hz
h1 = freqs(num,den,w);
% 截止频率为 300Hz 的高通
[num,den] = butter(9,2*pi*300,'high','s');
h2 = freqs(num,den,w);
% 截止频率为[150Hz,250Hz]的带通
[num,den] = butter(9,[2*pi*150,2*pi*250],'bandpass','s');
h3 = freqs(num,den,w);
% 截止频率为[150Hz,250Hz]的带阻
[num,den] = butter(9,[2*pi*150,2*pi*250],'stop','s');
h4 = freqs(num,den,w);
figure; % 绘图
subplot(2,2,1);plot(w/(2*pi),abs(h1),'k','Linewidth',1);
title('低通');axis([0,500,0,1.1]);
subplot(2,2,2);plot(w/(2*pi),abs(h2),'k','Linewidth',1);
title('高通');axis([0,500,0,1.1]);
subplot(2,2,3);plot(w/(2*pi),abs(h3),'k','Linewidth',1);
title('带通');axis([0,500,0,1.1]);
subplot(2,2,4);plot(w/(2*pi),abs(h4),'k','Linewidth',1);
title('带阻');axis([0,500,0,1.1]);
% end of file %
```

绘制的幅频特性如图 5.46 所示。

【例毕】

3．滤波器变换和其他滤波器设计相关函数

由 butter 函数的调用示例可知，可以直接设计高通、带通和带阻滤波器，也可以先设计对应的低通原型，然后利用低通到高通的变换得到高通滤波器。例如函数 lp2bp 可以将归一化低通转换为指定截止频率的带通滤波器。这里不再举例，因为 butter 可以直接设计带通等其他类型滤波器。

下面给出 Matlab 中滤波器相关函数的名称，便于读者用 doc 命令查看在线帮助文档。

cheby1：切比雪夫 I 型滤波器设计函数（通带有波纹、阻带无波纹）

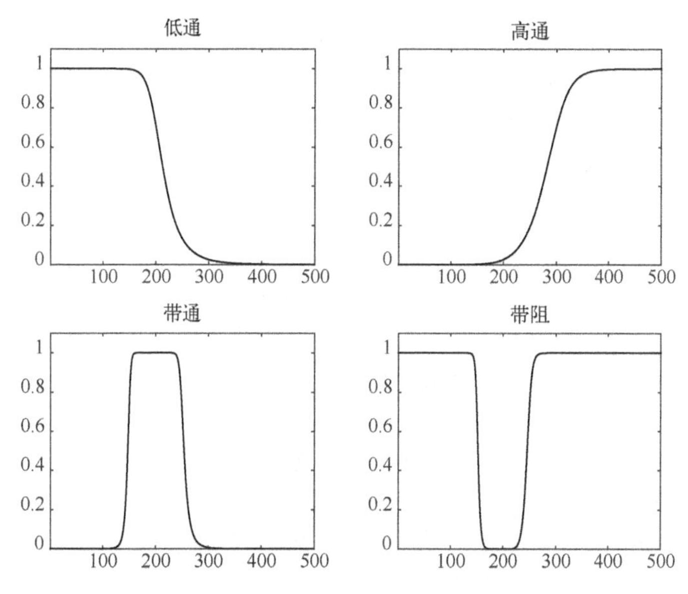

图 5.46　调用 butter 函数设计的四种滤波器

cheby2：切比雪夫 II 型滤波器设计函数（通带无波纹、阻带有波纹）
ellip：椭圆滤波器设计函数（通带阻带均有纹波）
besself：贝塞尔滤波器设计函数
buttord, cheb1ord, cheb2ord, ellipord：求相应类型滤波器最低阶数
lp2bs：低通到带阻滤波器转换
lp2hp：低通到高通滤波器转换
lp2lp：低通到低通滤波器转换

附　录

附表 5.1　常见信号傅里叶变换和拉普拉斯变换对照表

编号	时域信号 $x(t)$	傅里叶变换 $X(\omega)$	双边信号拉普拉斯变换 $X(s)$ (收敛域)
1	$\delta(t-t_0)$	$e^{-j\omega t_0}$	e^{-st_0} ($\sigma>-\infty$)
2	$\delta^{(k)}(t)$	$(j\omega)^k$	s^k ($\sigma>-\infty$)
3	$u(t)$	$\frac{1}{j\omega}+\pi\delta(\omega)$	$\frac{1}{s}$ ($\sigma>0$)
4	$\mathrm{sgn}(t)$	$\frac{2}{j\omega}$	不存在
5	$u(t+T/2)-u(t-T/2)$	$T\mathrm{Sa}\left(\frac{\omega T}{2}\right)$	$\frac{e^{sT/2}-e^{-sT/2}}{s}$ ($\sigma>-\infty$)
6	$t^k u(t)$	$\frac{k!}{(j\omega)^k}+\pi(j)^k\delta^{(k)}(\omega)$	$\frac{k!}{s^{k+1}}$ ($\sigma>0$)
7	1	$2\pi\delta(\omega)$	不存在
8	$e^{-j\omega_0 t}$	$2\pi\delta(\omega+\omega_0)$	不存在

续表

编号	时域信号 $x(t)$	傅里叶变换 $X(\omega)$	双边信号拉普拉斯变换 $X(s)$ (收敛域)
9	$e^{-at}u(t)$	$\frac{1}{a+j\omega}$，$a>0$	$\frac{1}{s+a}$ $(\sigma>-a)$
10	$e^{-a\|t\|}$，$a>0$	$\frac{2a}{\omega^2+a^2}$	$\frac{2a}{a^2-s^2}$ $(\|\sigma\|<a)$
11	$t^k e^{-at}u(t)$	$\frac{k!}{(a+j\omega)^{k+1}}$，$a>0$	$\frac{k!}{(s+a)^{k+1}}$ $(\sigma>-a)$
12	$\sin\omega_0 t$	$j\pi[\delta(\omega+\omega_0)-\delta(\omega-\omega_0)]$	不存在
13	$\cos\omega_0 t$	$\pi[\delta(\omega+\omega_0)+\delta(\omega-\omega_0)]$	不存在
14	$\sin(\omega_0 t)u(t)$	$j\frac{\pi}{2}[\delta(\omega+\omega_0)-\delta(\omega-\omega_0)]+\frac{\omega_0}{\omega_0^2-\omega^2}$	$\frac{\omega_0}{s^2+\omega_0^2}$ $(\sigma>-a)$
15	$\cos(\omega_0 t)u(t)$	$\frac{\pi}{2}[\delta(\omega+\omega_0)+\delta(\omega-\omega_0)]+\frac{j\omega}{\omega_0^2-\omega^2}$	$\frac{s}{s^2+\omega_0^2}$ $(\sigma>-a)$
16	$e^{-at}\sin(\omega_0 t)u(t)$	$\frac{\omega_0}{(a+j\omega)^2+\omega_0^2}$，$a>0$	$\frac{\omega_0}{(s+a)^2+\omega_0^2}$ $(\sigma>-a)$
17	$e^{-at}\cos(\omega_0 t)u(t)$	$\frac{a+j\omega}{(a+j\omega)^2+\omega_0^2}$，$a>0$	$\frac{s+a}{(s+a)^2+\omega_0^2}$ $(\sigma>-a)$

附表 5.2 傅里叶变换和拉普拉斯变换性质对照表

	性质	时域	频域	s 域
1	线性	$a_1x_1(t)+a_2x_2(t)$	$a_1X_1(\omega)+a_2X_2(\omega)$	$a_1X_1(s)+a_2X_2(s)$
2	时域平移	$x(t-t_0)$	$e^{-j\omega t_0}X(\omega)$	$e^{-st_0}X(s)$ (双边)
				$e^{-st_0}X_u(s)$, $t_0>0$ (单边)
3	变换域平移	$e^{j\omega_0 t}x(t)$	$X(\omega-\omega_0)$	
		$e^{s_0 t}x(t)$		$X(s-s_0)$
4	尺度变换	$x(at), a\neq 0$	$\frac{1}{\|a\|}X\left(\frac{\omega}{a}\right)$	$\frac{1}{\|a\|}X\left(\frac{s}{a}\right)$ (双边)
				$\frac{1}{a}X(\frac{s}{a}), a>0$ (单边)
5	时域微分	$x^{(k)}(t)$ $(k>0)$	$(j\omega)^k X(\omega)$	$s^k X(s)$ (双边)
		$x^{(k)}(t)u(t)$ $(k>0)$		$s^k X_u(s)-s^{k-1}x(0^-)-\cdots-x^{(k-1)}(0^-)$ (单边)
6	时域积分	$x^{(-1)}(t)$	$(j\omega)^{-1}X(\omega)+\pi X(0)\delta(\omega)$	$s^{-1}X(s)$ (双边)
		$x^{(-1)}(t)u(t)$		$s^{-1}X_u(s)+s^{-1}x^{(-1)}(0^-)$ (单边)
7	时域卷积	$x_1(t)*x_2(t)$	$X_1(\omega)X_2(\omega)$	$X_1(s)X_2(s)$
8	变换域微分	$t^n x(t)$	$(j)^n\frac{d^n X(\omega)}{d\omega^n}$	$(-1)^n\frac{d^n X(s)}{ds^n}$

续表

	性质	时域	频域	s 域
9	变换域积分	$\frac{x(t)}{-\mathrm{j}t}+\pi x(0)\delta(t)$	$\int_{-\infty}^{\omega}X(\lambda)\mathrm{d}\lambda$	
		$\frac{x(t)}{t}$		$\int_{s}^{\infty}X(v)\mathrm{d}v$
10	变换域卷积	$x_1(t)x_2(t)$	$X_1(\omega)*X_2(\omega)$	$\frac{1}{2\pi\mathrm{j}}\int_{\sigma-\mathrm{j}\infty}^{\sigma+\mathrm{j}\infty}X_1(v)X_2(s-v)\mathrm{d}v$
11	对称	$x(-t)$ $x^*(t)$ $x^*(-t)$	$X(-\omega)$ $X^*(-\omega)$ $X^*(\omega)$	$X(-s)$ (双边) $X^*(-s)$ $X^*(s)$ (双边)
12	初值定理			$x(0^+)=\lim\limits_{s\to\infty}sX(s)$ (单边)
13	终值定理			$x(\infty)=\lim\limits_{s\to 0}sX(s)$ (单边)

皮埃尔-西蒙·拉普拉斯（Pierre-Simon Laplace，1749—1827），法国数学家、天文学家，法国科学院院士。他是天体力学的主要奠基人、天体演化学的创立者之一，他还是分析概率论的创始人，因此可以说他是应用数学的先驱。1749 年 3 月 23 日生于法国西北部卡尔瓦多斯的博蒙昂诺日，曾任巴黎军事学院数学教授。1795 年任巴黎综合工科学校教授，后又在高等师范学校任教授。1816 年被选为法兰西学院院士，1817 年任该院院长。1827 年 3 月 5 日卒于巴黎。

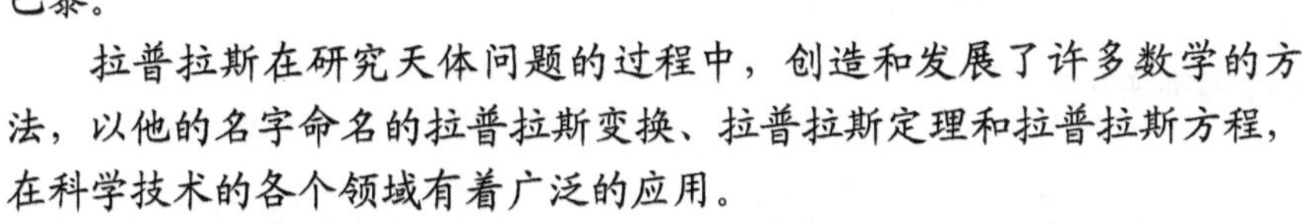

拉普拉斯在研究天体问题的过程中，创造和发展了许多数学的方法，以他的名字命名的拉普拉斯变换、拉普拉斯定理和拉普拉斯方程，在科学技术的各个领域有着广泛的应用。

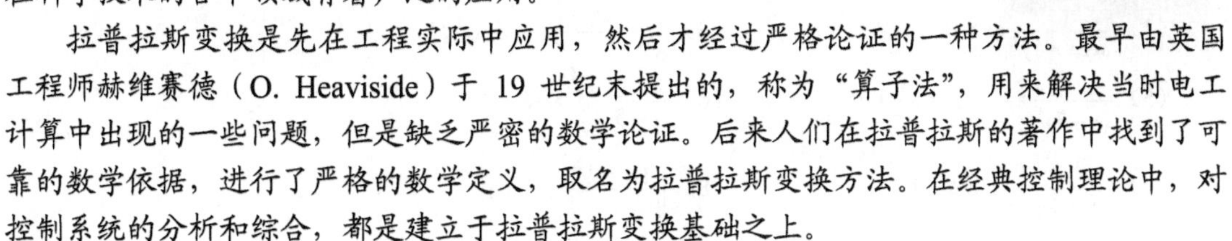

拉普拉斯变换是先在工程实际中应用，然后才经过严格论证的一种方法。最早由英国工程师赫维赛德（O. Heaviside）于 19 世纪末提出的，称为"算子法"，用来解决当时电工计算中出现的一些问题，但是缺乏严密的数学论证。后来人们在拉普拉斯的著作中找到了可靠的数学依据，进行了严格的数学定义，取名为拉普拉斯变换方法。在经典控制理论中，对控制系统的分析和综合，都是建立于拉普拉斯变换基础之上。

习　题

5.1 对下列每个积分，给出使积分收敛的实参数 σ 的取值范围。

（1）$\int_{0}^{\infty}\mathrm{e}^{-5t}\mathrm{e}^{-(\sigma+\mathrm{j}\omega)t}\,\mathrm{d}t$　　（2）$\int_{-\infty}^{0}\mathrm{e}^{-5t}\mathrm{e}^{-(\sigma+\mathrm{j}\omega)t}\,\mathrm{d}t$

（3）$\int_{-5}^{5}\mathrm{e}^{-5t}\mathrm{e}^{-(\sigma+\mathrm{j}\omega)t}\,\mathrm{d}t$　　（4）$\int_{-\infty}^{\infty}\mathrm{e}^{-5t}\mathrm{e}^{-(\sigma+\mathrm{j}\omega)t}\,\mathrm{d}t$

（5）$\int_{-\infty}^{\infty}\mathrm{e}^{-5|t|}\mathrm{e}^{-(\sigma+\mathrm{j}\omega)t}\,\mathrm{d}t$　　（6）$\int_{-\infty}^{0}\mathrm{e}^{-5|t|}\mathrm{e}^{-(\sigma+\mathrm{j}\omega)t}\,\mathrm{d}t$

5.2 求下列信号的双边信号拉普拉斯变换（注意阶跃跳变时间）。

（1）$\mathrm{e}^{-t}u(t-2)$　　（2）$\mathrm{e}^{-(t-2)}u(t-2)$

（3）$e^{-(t-2)}u(t)$　　（4）$e^{2-t}u(2-t)$

（5）$\sin 2tu(t-1)$　　（6）$(t-1)[u(t+1)-u(t-1)]$

5.3　求下列信号的双边信号拉普拉斯变换，并确定收敛域。

（1）$\sin^2 tu(t)$　　（2）$e^{-2t}[u(t)-u(t-2)]$

（3）$e^{-3t}\cos tu(t+1)$　　（4）$\dfrac{e^{t}+e^{-t}}{2}u(t)$

（5）$e^{-|t|}\cos t$　　（6）$\cos tu(-t)$

5.4　求下列信号的单边信号拉普拉斯变换。

（1）$u(t)-u(t-T)$　　（2）$t[u(t)-u(t-T)]$

（3）$(1-e^{-at})u(t)\quad(a>0)$　　（4）$(\sin\omega_0 t+\cos\omega_0 t)u(t)$

（5）$te^{-3t}u(t)$　　（6）$t\sin 3tu(t)$

（7）$\delta(t)+e^{-2t}u(t)$　　（8）$e^{-at}\cos(\omega_0 t)u(t)$　（$a>0$）

5.5　试用拉普拉斯变换的性质求下列函数的拉普拉斯变换。

（1）$(1+3t)e^{-3t}u(t)$　　（2）$\delta(2t)+\dfrac{\sin 3t}{t}u(t)$

（3）$te^{-(t-3)}u(t-1)$　　（4）$(t-2)^2e^{-(t-2)}u(t-2)$

（5）$\dfrac{d}{dt}\left[e^{-t}(\sin 3t)u(t)\right]$　　（6）$\displaystyle\int_0^t\frac{\sin\tau}{\tau}d\tau$

5.6　已知 $x(t)$ 的拉普拉斯变换为 $X(s)$，求下列信号的拉普拉斯变换。

（1）$e^{-at}x(at)$　　（2）$tx(t-2)$

（3）$x(2-3t)$　　（4）$\dfrac{d}{dt}[x(t-t_0)]$

（5）$\displaystyle\int_{-\infty}^{t}x(\tau-3)d\tau$　　（6）$\displaystyle\int_{-\infty}^{t}\tau x(\tau)d\tau$

5.7　求下列信号的拉普拉斯逆变换。

（1）$\dfrac{1}{2s+2},\ \sigma>-1$　　（2）$\dfrac{1-e^{-sT}}{s+1},\ \sigma>-1$

（3）$\dfrac{1}{s(3s+1)},\ \sigma>0$　　（4）$\dfrac{s+2}{s^2+4s-5},\ -5<\sigma<1$

（5）$\dfrac{s+3}{(s+1)^3(s+2)},\ \sigma>-1$　　（6）$\dfrac{s+2}{s+5},\ \sigma>-5$

（7）$\dfrac{s^2e^{-2s-2}}{s^2+2s+5},\ \sigma>-1$　　（8）$\left(\dfrac{1-e^{-s}}{s}\right)^2,\ \sigma>0$

（9）$\dfrac{e^{s}}{s(1-e^{-s})},\ \sigma>0$　　（10）$\dfrac{e^{s}}{s(1+e^{-s})},\ \sigma>0$

5.8　利用初值定理和终值定理确定下列信号的初值和终值。

（1）$X_u(s)=\dfrac{s+1}{(s+4)(s+2)}$　　（2）$X_u(s)=\dfrac{s+2}{(s+1)^2(s+3)}$

5.9　设 $x(t)$ 为双边信号，其单边信号拉普拉斯变换为 $X_u(s)$，试证明：

（1）$\mathscr{L}_u[x(t-t_0)]=e^{-st_0}\left[X_u(s)+\displaystyle\int_{-t_0}^{0^-}x(t)e^{-st}dt\right]$　（$t_0>0$）

（2）$\mathscr{L}_u[x(t+t_0)]=e^{-st_0}\left[X_u(s)-\displaystyle\int_{0^-}^{t_0}x(t)e^{-st}dt\right]$　（$t_0>0$）

5.10　比例积分器的电路如题图 5.10 所示。求当输入信号分别为以下两种情况时的输出信号，并画出其波形草图。

（1）$x(t)=\begin{cases}4, & 0<t<16\\0, & 其他\end{cases}$　　（2）$x(t)=\mathrm{e}^{-2t}u(t)$

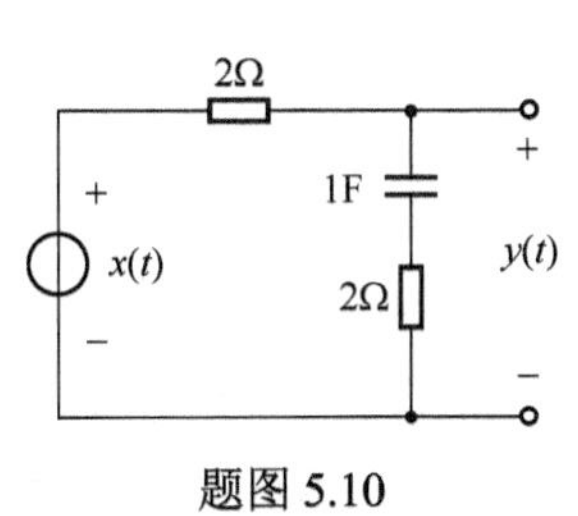

题图 5.10

5.11　某一 LTI 系统的微分方程为

$$\frac{\mathrm{d}^2 y(t)}{\mathrm{d}t^2}+5\frac{\mathrm{d}y(t)}{\mathrm{d}t}+6y(t)=\frac{\mathrm{d}x(t)}{\mathrm{d}t}+x(t)$$

系统的初始条件为 $y(0^-)=y'(0^-)=1$，激励信号 $x(t)=u(t)$，试求：

（1）冲激响应 $h(t)$；

（2）零输入响应 $y_{zi}(t)$，零状态响应 $y_{zs}(t)$ 及全响应 $y(t)$；

（3）用初值定理求全响应的初值 $y(0^+)$；

（4）用初值定理求零状态响应的初值 $y_{zs}(0^+)$。

5.12　连续时间因果系统的微分方程描述如下。已知 $x(t)=u(t)$，$y(0^-)=1$，$y'(0^-)=-5$，试求 $t\geqslant 0$ 时系统的全响应 $y(t)$，并给出零输入响应和零状态响应、自由响应和强迫响应，以及稳态响应和暂态响应各个组成分量。

$$\frac{\mathrm{d}^2 y(t)}{\mathrm{d}t^2}+4\frac{\mathrm{d}y(t)}{\mathrm{d}t}+3y(t)=2\left[x(t)+\mathrm{e}^{-2t}\int_{-\infty}^{t}\mathrm{e}^{2\tau}x(\tau)\mathrm{d}\tau\right]$$

5.13　在题图 5.13 所示电路中，$t=0$ 以前开关 S 位于“1”端，已进入稳定状态。$t=0$ 时，开关从“1”倒向“2”，求 $u_2(t)$。

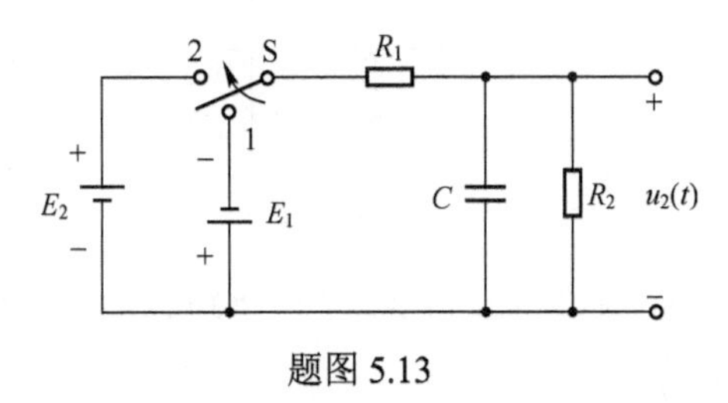

题图 5.13

5.14　求题图 5.14 所示电路的传输函数 $H(s)$。

（1）$H(s)=\dfrac{U_2(s)}{U_1(s)}$ [题图 5.14(a)]　　（2）$H(s)=\dfrac{I_2(s)}{I_1(s)}$ [题图 5.14(b)]

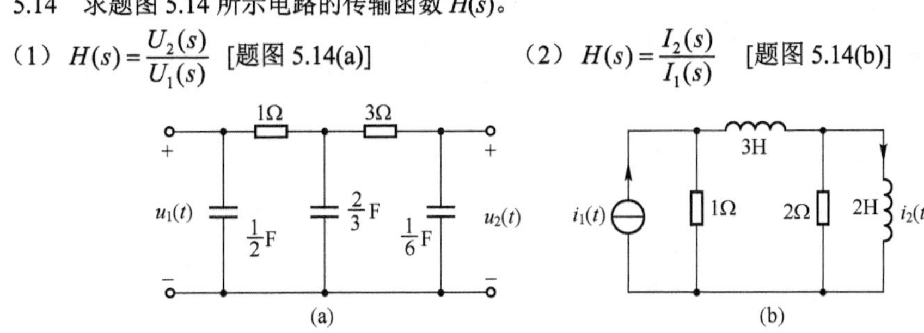

题图 5.14

5.15　电路如题图 5.15 所示，其中 $x(t)=\mathrm{e}^{-2t}u(t)$，试用下面两种 s 域分析法求解电路的全响应 $y(t)$。

（1）根据电路建立微分方程，对方程进行拉普拉斯变换，求得 $y(t)=\mathscr{L}^{-1}[Y(s)]$；

（2）根据电路的复频域模型求得 $y(t)=\mathscr{L}^{-1}[Y(s)]$。

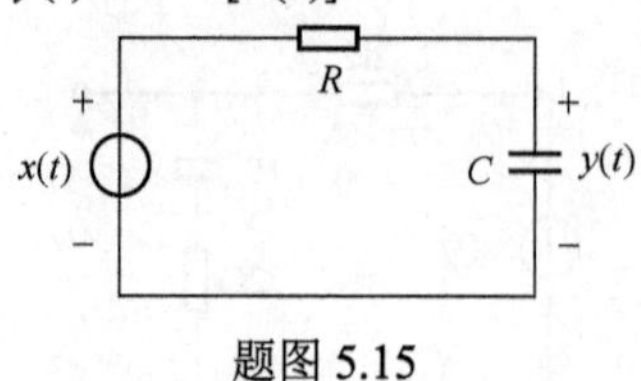

题图 5.15

5.16　系统微分方程为 $y''(t)+6y'(t)+5y(t)=x'(t)+x(t)$，试求系统的冲激响应 $h(t)$。

*5.17　已知系统及其输入信号如题图 5.17 所示，系统的初始条件为零，试求输出电压 $y(t)$。

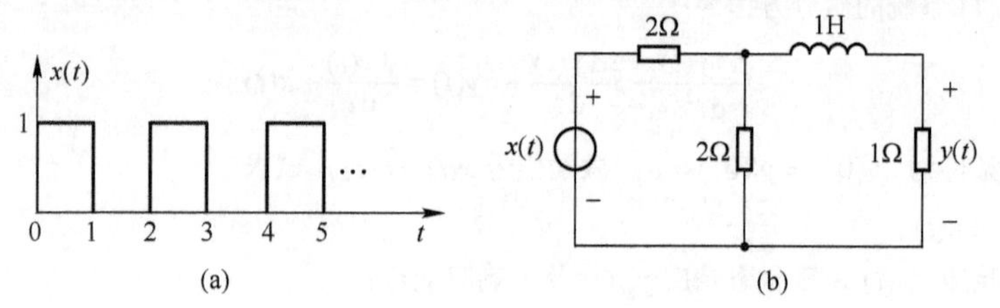

题图 5.17

*5.18　已知一个冲激响应为 $h(t)$的连续时间因果 LTI 系统具有如下特性：

（1）$h(t)$满足微分方程 $h'(t)+2h(t)=(\mathrm{e}^{-4t}+b)u(t)$，其中 b 为待定常数；

（2）当该系统输入为 $x(t)=\mathrm{e}^{2t}$ 时，系统零状态响应为 $y(t)=(1/6)\mathrm{e}^{2t}$。

试确定系数 b 及系统函数 $H(s)$，并给出其微分方程表示。

5.19　$H(s)$ 的零极点分布如题图 5.19 所示，且有 $H(\infty)=4$。试写出 $H(s)$的表示式，并说明该系统的稳定性。

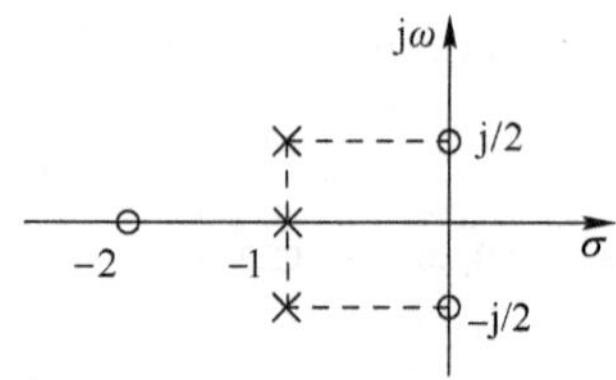

题图 5.19

5.20　已知 $H(s)$的零极点分布如题图 5.20 所示，且有 $H(0)=1$。写出系统的频率响应，用几何求值法粗略绘出幅频与相频特性曲线，并加以必要的标注。

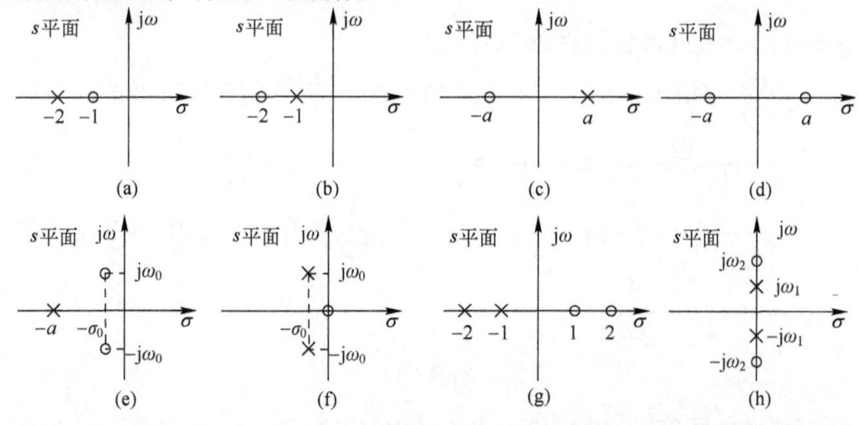

题图 5.20

*5.21　已知系统方程为 $y''(t)+4y'(t)+4y(t)=x''(t)+x(t)$，当激励 $x(t)=\mathrm{e}^{-t}u(t)$ 时系统的完全响应为 $y(t)=(2\mathrm{e}^{-t}+4t\mathrm{e}^{-2t})u(t)$。求：

（1）零状态响应；

（2）零输入响应；

（3）系统起始状态。

5.22　题图 5.22 中的每个方框表示的子系统均为因果 LTI 系统。试求每个系统的系统函数 $H(s)$，并确定系统稳定时 β 的取值范围。

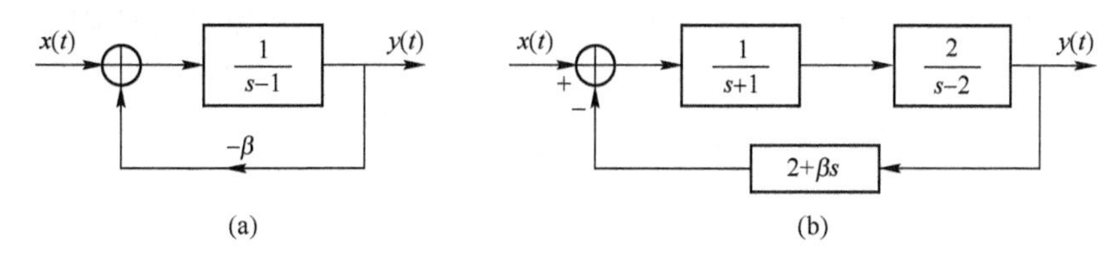

题图 5.22

5.23　在题图 5.23 所示系统中，已知 $Y(s)=X(s)$，试求子系统函数 $H_1(s)$。

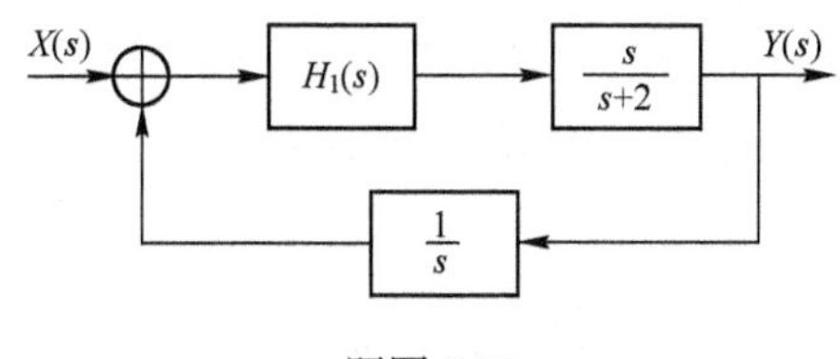

题图 5.23

5.24　在题图 5.24 所示系统中，已知 $H_1(s)=\mathrm{e}^{-s}$，$x_1(t)=\mathrm{e}^{-(t-2)}u(t-2)$，$y(t)=(t-2)^2x_1(t)$，试求 $x(t)$ 和 $H_2(s)$。

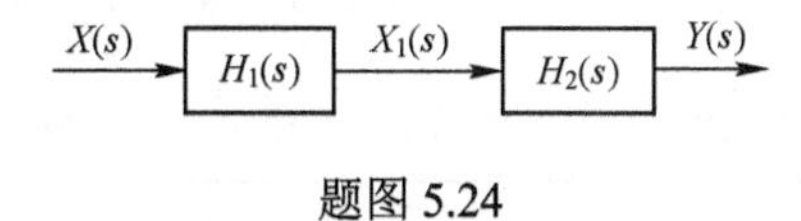

题图 5.24

5.25　一个因果 LTI 系统的结构框图如题图 5.25 所示。

（1）求描述该系统输入 $x(t)$ 和输出 $y(t)$ 之间关系的微分方程。

（2）该系统是否稳定（说明理由）。

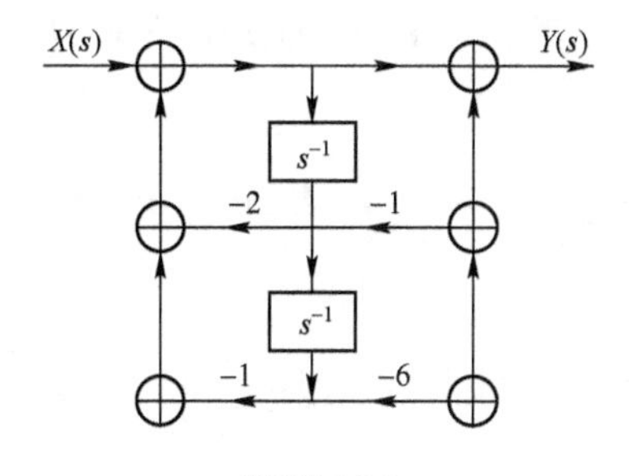

题图 5.25

第 6 章　离散时间信号与系统的 z 域分析

z 变换（z-Transform）是离散时间序列的变换，其地位与作用类似于连续时间中的拉普拉斯变换。本章首先介绍 z 变换的定义、收敛域、性质和逆变换；在此基础上，讨论离散时间 LTI 系统的 z 域分析和系统响应的 z 域求解方法；最后介绍 IIR 数字滤波器的设计。

6.1　z 变换

6.1.1　z 变换的定义及收敛域

1．从离散时间傅里叶变换到 z 变换

由第 4 章离散时间傅里叶变换（DTFT）的讨论知道，不满足绝对可和条件的序列，其 DTFT 不存在，例如指数增长序列 $x[n]=a^n u[n]$（$|a|>1$）。然而，若将 $x[n]$ 乘以衰减序列 r^{-n}（$r>0$），且 r^{-n} 的衰减速度比 $x[n]$ 增长速度快（$|r|>|a|$），则 $x[n]r^{-n}$ 将满足绝对可和条件，其 DTFT 是存在的，即

$$\mathrm{DTFT}\left\{x[n]r^{-n}\right\}=\sum_{n=-\infty}^{\infty}x[n]r^{-n}\mathrm{e}^{-\mathrm{j}\Omega n}=\sum_{n=-\infty}^{\infty}x[n](r\mathrm{e}^{\mathrm{j}\Omega})^{-n} \tag{6-1}$$

令 $z=r\mathrm{e}^{\mathrm{j}\Omega}$（$r>0$），则上式可表示为复数变量 z 的函数，记为 $X(z)$，即

$$X(z)=X(r\mathrm{e}^{\mathrm{j}\Omega})=\mathrm{DTFT}\{x[n]r^{-n}\}=\sum_{n=-\infty}^{\infty}x[n]z^{-n} \tag{6-2}$$

由此得到双边序列 z 变换的定义式

$$\boxed{X(z)=\sum_{n=-\infty}^{\infty}x[n]z^{-n}} \tag{6-3}$$

由上述过程可以看到，$x[n]$ 的双边序列 z 变换实际上是把 $x[n]$ 乘指数衰减序列 r^{-n} 之后再进行 DTFT，因此它是 DTFT 的推广。

为了得到逆 z 变换表达式，考虑从 $\mathrm{DTFT}\{x[n]r^{-n}\}$ 求 $x[n]r^{-n}$。由 DTFT 的逆变换表达式（4-17）可知

$$x[n]r^{-n}=\frac{1}{2\pi}\int_{2\pi}X(r\mathrm{e}^{\mathrm{j}\Omega})\,\mathrm{e}^{\mathrm{j}\Omega n}\mathrm{d}\Omega$$

上式两边同乘 r^n 得

$$x[n]=\frac{1}{2\pi}\int_{2\pi}X(r\mathrm{e}^{\mathrm{j}\Omega})\mathrm{e}^{\mathrm{j}\Omega n}\,r^n\mathrm{d}\Omega=\frac{1}{2\pi}\int_{2\pi}X(r\mathrm{e}^{\mathrm{j}\Omega})(r\mathrm{e}^{\mathrm{j}\Omega})^n\,\mathrm{d}\Omega$$

上式中令 $z=r\mathrm{e}^{\mathrm{j}\Omega}$，则 $\mathrm{d}z=\mathrm{j}r\mathrm{e}^{\mathrm{j}\Omega}\mathrm{d}\Omega=\mathrm{j}z\mathrm{d}\Omega$，即 $\mathrm{d}\Omega=\frac{1}{\mathrm{j}}z^{-1}\mathrm{d}z$。当积分变量 Ω 在单位圆上从 0 变化到 2π 时，z 沿着半径为 r 的圆从 0 变化到 2π。因此变量代换后上式可以写为

$$\boxed{x[n]=\frac{1}{2\pi \mathrm{j}}\oint_c X(z)z^{n-1}\,\mathrm{d}z} \tag{6-4}$$

式（6-4）即为逆 z 变换定义式，其中符号 $\oint_c$ 表示积分路径是封闭曲线 c 。

为了表述方便，正逆 z 变换和变换对通常采用下列符号表示。

$$X(z)=\mathscr{Z}\{x[n]\}，\quad x[n]=\mathscr{Z}^{-1}\{X(z)\}，\quad x[n]\xleftrightarrow{\mathscr{Z}}X(z)$$

与第 5 章拉普拉斯变换的讨论类似，本书中将式（6-3）称为双边序列 z 变换，多数文献称为双边 z 变换。字面差别不大，但理解问题的视角有所调整，这里强调 z 变换只有一种，即式（6-3）。当称单边 z 变换和双边 z 变换时，形成了“两种 z 变换”的概念，会带来一些问题。

式（6-4）是复变量函数围线积分问题，一般可用留数定理求解，但是在信号与系统中，用留数定理求逆 z 变换并没有优势。因此本书只介绍逆 z 变换的部分分式展开法，通常无须考虑式（6-4）的积分求解。

【例 6-1】 求直流信号 $x[n]=1$ 的双边序列 z 变换。

【解】 由定义式（6-3）得

$$X(z)=\sum_{n=-\infty}^{\infty}x[n]z^{-n}=\sum_{n=-\infty}^{-1}1\cdot z^{-n}+\sum_{n=0}^{\infty}1\cdot z^{-n}=\sum_{n=-\infty}^{-1}(r\mathrm{e}^{\mathrm{j}\Omega})^{-n}+\sum_{n=0}^{\infty}(r\mathrm{e}^{\mathrm{j}\Omega})^{-n}$$

欲使上式第一项求和收敛需 $r<1$；欲使第二项求和收敛需 $r>1$ 。不存在一个 r 值使两个求和均收敛，因此直流信号的双边序列 z 变换不存在。这表明式（6-3）定义的双边序列 z 变换不能用于等幅序列。

【例毕】

【例 6-2】 求单位阶跃序列 $x[n]=u[n]$ 的双边序列 z 变换。

【解】 由定义式（6-3）得

$$X(z)=\sum_{n=-\infty}^{\infty}u[n]z^{-n}=\sum_{n=0}^{\infty}1\cdot z^{-n}=1+z^{-1}+z^{-2}+\cdots$$

由于 $z=r\mathrm{e}^{\mathrm{j}\Omega}$ ，当 $|z|=r>1$ 时，上式为无穷递缩等比级数，将收敛于 $\dfrac{1}{1-z^{-1}}$ ，因此有

$$X(z)=\sum_{n=-\infty}^{\infty}u[n]z^{-n}=\frac{1}{1-z^{-1}}=\frac{z}{z-1}\quad（|z|>1）$$

【例毕】

2. 单边序列 z 变换

由例 6-1 看到，式（6-3）定义的双边序列 z 变换会导致直流信号不存在 z 变换。更有用的是右边单边序列 $x_u[n]=x[n]u[n]$ 的 z 变换，由式（6-3）知

$$X_u(z)=\sum_{n=-\infty}^{\infty}x_u[n]z^{-n}=\sum_{n=0}^{\infty}x[n]z^{-n}$$

因此单边序列 z 变换的定义式为

$$X_u(z)=\sum_{n=0}^{\infty}x[n]z^{-n} \tag{6-5}$$

其逆变换仍为式（6-4），只是将被积函数由 $X(z)$ 换为 $X_u(z)$ 即可。当 $x[n]$ 本身就是右边单边

序列时，即 $x[n]=x_u[n]$，显然有 $X(z)=X_u(z)$ 成立。

由于信号与系统中主要讨论右边单边序列，一般无须关注左边单边序列，因此常常将右边单边序列简称为单边序列。

【例 6-3】 求单位冲激序列 $\delta[n]$ 的 $X(z)$ 和 $X_u(z)$。

【解】 由于 $\delta[n]$ 是单边序列，所以有

$$X(z)=X_u(z)=\sum_{n=0}^{\infty}\delta[n]z^{-n}=1 \text{（}z\text{ 为任意值时求和收敛）}$$

即
$$\boxed{\delta[n]\xleftrightarrow{\mathscr{Z}}X_u(z)=X(z)=1} \tag{6-6}$$

【例毕】

可以看到，$\delta[n]$ 的单边序列 z 变换和双边序列 z 变换相等。对于单位阶跃序列 $u[n]$（参见例 6-2），其单边序列 z 变换和双边序列 z 变换也相等，即

$$\boxed{u[n]\xleftrightarrow{\mathscr{Z}}X_u(z)=X(z)=\frac{z}{z-1}} \quad (|z|>1) \tag{6-7}$$

【例 6-4】 求单边指数衰减序列 $x[n]=a^n u[n]$ 的 $X(z)$ 和 $X_u(z)$。

【解】 由于 $x[n]=a^n u[n]$ 是单边序列，所以有

$$X(z)=X_u(z)=\sum_{n=0}^{\infty}a^n z^{-n}=1+az^{-1}+(az^{-1})^2+\cdots$$

当 $|az^{-1}|<1$，即 $|z|>|a|$ 时，上式为无穷级数，收敛于 $\dfrac{1}{1-az^{-1}}$，因此有

$$\boxed{a^n u[n]\xleftrightarrow{\mathscr{Z}}X_u(z)=X(z)=\frac{z}{z-a}} \quad (|z|>|a|) \tag{6-8}$$

【例毕】

【例 6-5】 求方波序列 $x[n]=u[n]-u[n-N]$ 的 $X(z)$ 和 $X_u(z)$。

【解】 由于 $x[n]$ 为单边序列，因此有

$$X(z)=X_u(z)=\sum_{n=0}^{N-1}1\cdot z^{-n}=1+z^{-1}+z^{-2}+\cdots+z^{-(N-1)}$$

上式是有限项级数的和，只要 $z\neq 0$ 求和一定是收敛的，因此

$$X(z)=X_u(z)=\frac{1-z^{-N}}{1-z^{-1}}=\frac{z}{z-1}(1-z^{-N}) \quad (z\neq 0)$$

即
$$u[n]-u[n-N]\xleftrightarrow{\mathscr{Z}}X(z)=X_u(z)=\frac{z}{z-1}(1-z^{-N}) \quad (z\neq 0) \tag{6-9}$$

【例毕】

3．z 变换的收敛域特征

如果 $z=z_0$ 使 z 变换定义式（6-3）的求和有 $X(z_0)<\infty$ 成立，则称 z 变换在 $z=z_0$ 处收敛，$z=z_0$ 为收敛点。从前面的讨论看到，z 变换通过调节 $z=r\mathrm{e}^{\mathrm{j}\Omega}$ 中的 r 改善 DTFT 求和的收敛性，因此 z 变换的收敛域是使 $X(z)<\infty$ 的所有半径 r 取值的集合。由于 $r=|z|$，收敛域的描述通常用 $|z|$ 表示，例如式（6-7）中 $|z|>1$ 和式（6-8）中 $|z|>|a|$。

需要明确的是，收敛域中的每一点 z 都将保证 z 变换的无穷项级数能收敛到函数 $X(z)$ 且有 $X(z)<\infty$；非收敛域中的每一点 z（包括"边界线"即收敛圆上的点）都不能使 z 变换

的无穷项级数收敛到函数 $X(z)$ 且无穷项级数的和趋向无穷大，因为 r 的取值不满足要求。

1）**右边单边序列 z 变换的收敛域特征**

与拉普拉斯变换类似，在利用 $X_u(z)$ 进行响应求解等计算时通常不必关注收敛域，甚至也不必标注收敛域，因为 $X_u(z)$ 和 $x_u[n]$ 之间是一一对应的，但了解 $X_u(z)$ 的收敛域特征仍是非常重要的。

由前面的例题不难理解，由于 $X_u(z)$ 的求和区间为 $[0,\infty)$，$X_u(z)$ 的收敛域具有如下主要特征：

（1）有限长单边序列 $x_u[n]$ 的 $X_u(z)$ 收敛域为除 $z=0$ 外的整个 z 平面。参见例 6-5，$X_u(z)$ 为有限项求和，只要 $z\neq 0$ 则每一项不为无穷大，求和一定收敛。

（2）无限长单边序列 $x_u[n]$ 的 $X_u(z)$ 收敛域为 z 平面上某个圆外，即收敛域为 $|z|>r_1$ 的形式。这是因为 $X_u(z)$ 的求和项 $x[n]z^{-n}=x[n](r\mathrm{e}^{\mathrm{j}\Omega})^{-n}=(x[n]/r^n)\mathrm{e}^{-\mathrm{j}\Omega n}$ 只有在 r 足够大时才是衰减的，参见例 6-4。后面为叙述方便，称 $|z|=r_1$ 为收敛圆（注意：收敛圆本身不在收敛域范围）。

（3）当 $x_u[n]$ 为单边指数衰减序列时，$X_u(z)$ 的收敛域包含 z 平面单位圆；当 $x_u[n]$ 为单边等幅序列时，$X_u(z)$ 的收敛圆与单位圆重合，例如单位阶跃序列的 $X_u(z)$；当 $x_u[n]$ 为单边指数增长序列时，$X_u(z)$ 的收敛圆位于单位圆外，即收敛域不包括单位圆。图 6.1 直观地表示了收敛域的这一特征。

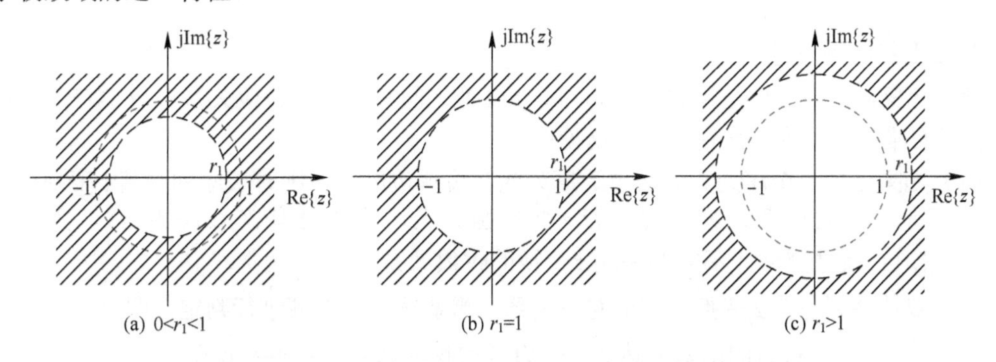

图 6.1　右边无限长序列 z 变换收敛域的三种典型情况

2）**左边单边序列 z 变换的收敛域特征**

为了避免 $n=0$ 时序列重叠，一般将在 $(-\infty,-1]$ 区间内有非零值的序列称为左边单边序列。由上讨论不难理解左边单边无限长序列的收敛域具有如下特征：

（1）收敛域为 z 平面某个圆内，即收敛域为 $|z|<r_2$ 的形式。

（2）左边指数衰减序列（即 $n\to-\infty$ 时 $x[n]\to 0$）的收敛域将包含单位圆；左边等幅序列的收敛圆与单位圆重叠；左边指数增长序列的收敛域不包含单位圆。如图 6.2 所示。

3）**双边无限长序列 z 变换的收敛域特征**

求解双边无限长序列 $x[n]$ 的 z 变换式（6-3）时，需将 $x[n]$ 分为右边无限长序列和左边无限长序列进行求和，它们的收敛域分别为某个圆外和圆内，如图 6.1 和图 6.2 所示，当存在公共收敛域时，则 $x[n]$ 的 z 变换存在，且收敛域必为 $r_1<|z|<r_2$ 圆环，如图 6.3 所示。反之，如果没有公共收敛域存在，则 $x[n]$ 的 z 变换不存在。

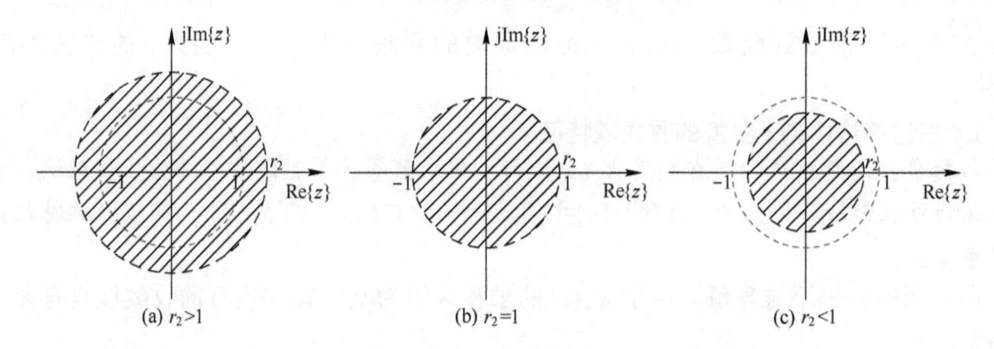

图 6.2 左边无限长序列 z 变换收敛域的三种典型情况

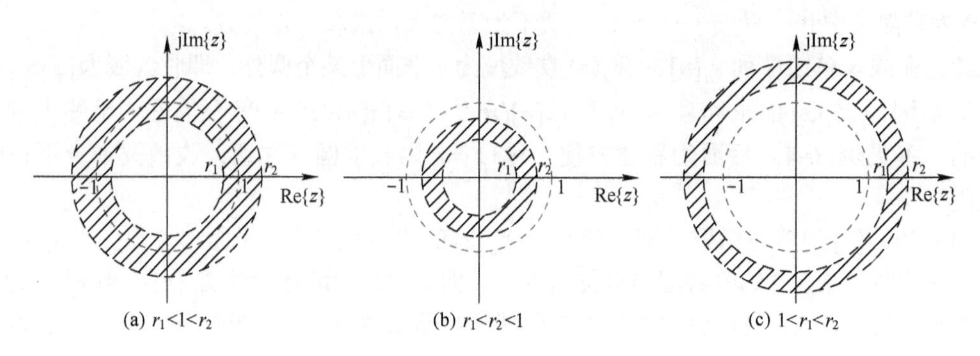

图 6.3 双边无限长序列的收敛域

4．z 变换的唯一性

所谓 z 变换的唯一性是指时域序列和其 z 变换之间具有一一对应关系。与 DTFT 一样，z 变换具有唯一性。具体来说有如下结论：

（1）如果已知一个序列为右边单边序列或左边单边序列，则时域序列与其 z 变换函数表达式之间是一一对应的，或者说，若 z 变换函数表达式本身有 $X_u(z)\neq F_u(z)$，则一定有 $x_u[n]\neq f_u[n]$；反之亦然。不需要关注 z 变换的收敛域。

（2）双边序列与其 z 变换之间的对应关系，需要结合收敛域进行判定，即

$$X(z)\text{的函数表达式} + X(z)\text{的收敛域} \xleftrightarrow{\text{一一对应}} x[n]$$

【例 6-6】 求序列 $x[n]=-a^n u[-n-1]$ 的 $X_u(z)$ 和 $X(z)$。

【解】 $u[-n-1]$ 是 $u[n-1]$ 的反转序列（$u[-n-1]$ 和 $u[n-1]$ 关于纵轴镜像对称），因此 $x[n]$ 是从-1 开始的左边无限长序列。由单边序列 z 变换定义式（6-5）知

$$X_u(z)=0$$

由 z 变换定义式（6-3）知

$$X(z)=\sum_{n=-1}^{-\infty}-a^n z^{-n}=\sum_{n=-1}^{-\infty}-(a^{-1}z)^{-n}=-[a^{-1}z+(a^{-1}z)^2+\cdots]$$

当 $|a^{-1}z|<1$（$|z|<|a|$）时，上述无穷级数收敛于 $-a^{-1}z\cdot\dfrac{1}{1-a^{-1}z}=\dfrac{z}{z-a}$

即

$$-a^n u[-n-1] \xleftrightarrow{\mathscr{Z}} \frac{z}{z-a}\quad(|z|<|a|) \tag{6-10}$$

比较式（6-10）和式（6-8）可以看到，$-a^n u[-n-1]$ 和 $a^n u[n]$ 双边序列 z 变换 $X(z)$ 具有

相同的表达式 $\dfrac{z}{z-a}$，所不同的是其收敛域。因此，当仅给出双边序列 z 变换的函数表达式 $X(z)=\dfrac{z}{z-a}$ 时，无法确定它对应的时域序列。

当然，如果已知 $\dfrac{z}{z-a}$ 对应的是右边序列或左边序列，则上述模糊性也就随之消失了。

【例毕】

5．z 变换和 DTFT 之间的关系

由式（6-2）可以看到，在 z 变换中令 $r=1$，则得到序列 $x[n]$ 的 DTFT，即有下列关系式成立

$$X(\mathrm{e}^{\mathrm{j}\Omega})=\mathrm{DTFT}\{x[n]\}=X(z)\big|_{z=\mathrm{e}^{\mathrm{j}\Omega}} \tag{6-11}$$

$$X_u(\mathrm{e}^{\mathrm{j}\Omega})=\mathrm{DTFT}\{x_u[n]\}=X_u(z)\big|_{z=\mathrm{e}^{\mathrm{j}\Omega}} \tag{6-12}$$

即单位圆上的 z 变换就是离散时间傅里叶变换（DTFT）。显然，如果要求有上两式成立，时域中 $x[n]$ 或 $x_u[n]$ 的 DTFT 必须存在（满足绝对可和条件），即频域中 $X(z)$ 或 $X_u(z)$ 的收敛域必须包含单位圆。

【例 6-7】 利用例 6-5 的结论，求方波序列 $x[n]=u[n]-u[n-N]$ 的 DTFT。

【解】 方波序列为有限长序列，满足绝对可和条件，其 z 变换的收敛域包含单位圆，因此可以利用 z 变换和 DTFT 的关系求解。由式（6-9）得

$$\mathrm{DTFT}\{u[n]-u[n-N]\}=\frac{z}{z-1}(1-z^{-N})\Big|_{z=\mathrm{e}^{\mathrm{j}\Omega}}=\frac{\mathrm{e}^{\mathrm{j}\Omega}}{\mathrm{e}^{\mathrm{j}\Omega}-1}(1-\mathrm{e}^{-\mathrm{j}\Omega N})=\frac{\sin\frac{N}{2}\Omega}{\sin\frac{1}{2}\Omega}\mathrm{e}^{-\mathrm{j}\frac{N-1}{2}\Omega}$$

【例毕】

6．双边序列 z 变换与单边序列 z 变换

实际应用中通常关注的是“从某个时刻开始系统加入激励后的响应”，因此系统响应的 z 域求解主要应用的是单边序列 z 变换式（6-5），而非双边序列 z 变换式（6-3），这与拉普拉斯变换的应用情况类似。

然而，离散时间系统在处理信号时可以是非实时的，并且信号值是可以存储的。例如算法执行时，如果假定当前时刻为 $n=0$，它完全可以使用已被存储的任何历史时刻（$n<0$）的数据，这在连续时间模拟系统中是无法实现的；另外，n 未必是时间。例如，在二维的图像信号处理中，自变量（n,m）表示的是空间坐标，负（n,m）值完全是合理的。因此，需要注意两点：

（1）离散时间的双边序列 z 变换比连续时间的双边信号拉普拉斯变换重要，因为有应用需求。

（2）对离散时间系统的因果可实现性需要有更全面的理解。由于离散时间系统的历史数据是可以存储的，因此离散时间非因果系统是“可实现的”（应用时需要注意其正确性和合理性）。非因果系统的分析只能采用双边序列 z 变换。

很多文献将式（6-3）称为双边 z 变换，式（6-5）称为单边 z 变换，且以介绍单边 z 变换为主。这种处理和阐述方式的优点是可以略去一些内容和概念的讨论。但它易给初学者形成这样的概念——z 变换有两个，一个是单边 z 变换，一个是双边 z 变换，这会导致一些问题。本书将式（6-3）和式（6-5）分别称为双边序列 z 变换和单边序列 z 变换，增加“序

列”二字的目的是调整理解问题的视角，即

“一个信号（$x[n]$）下两个变换（对$x[n]$作单边变换和对$x[n]$作双边变换）”

⇓调整为

“一个变换[式（6-3）]下两类信号的变换（双边$x[n]$的变换和单边$x_u[n]$的变换）”

6.1.2 z 变换的性质

在前面的例子中，直接从定义出发，求解了一些信号的z变换。但是通常情况下，z变换的正逆变换求解都应该充分利用典型信号的z变换以及z变换的性质，以避开直接求解的困难，这是介绍z变换性质的重要意义所在。

系统响应求解需要的是单边序列z变换，因此学习重点是单边序列z变换的相关性质。在不引起概念混淆和不产生多义性的前提下，为了提升易读性，性质介绍中都略去了收敛域的讨论和标注。

在介绍性质前需要再次明确关键符号的含义。符号$x[n]$表示任意序列，即默认为双边序列。$x[n]$对应的z域函数$X(z)$是由式（6-3）定义的z变换。

符号$x_u[n]$为单边序列，$x_u[n]=x[n]u[n]$对应的z域函数也是由式（6-3）计算的结果，只是当将$x_u[n]=x[n]u[n]$代入式（6-3）后，自然得到式（6-5）的形式。因此，带有下标u的符号$X_u(z)$只是显式表明该z域函数是由右边单边序列$x[n]u[n]$经式（6-3）计算得到的结果，不是表示它是由“另一个变换”计算得到的z域函数，这就是本书强调的“z变换只有一个”的概念。因此，下面的符号$\overset{\mathscr{Z}}{\longleftrightarrow}$指的是式（6-3）及其反变换，只是当序列本身就是一个右边单边序列时，它等价地指（6-5）及其反变换。

性质1　线性性质

$$ax_u[n]+by_u[n]\overset{\mathscr{Z}}{\longleftrightarrow}aX_u(z)+bY_u(z)\quad（a,b\text{为常数}）\tag{6-13}$$

$$ax[n]+by[n]\overset{\mathscr{Z}}{\longleftrightarrow}aX(z)+bY(z)\quad（a,b\text{为常数}）\tag{6-14}$$

由于求和运算满足线性，所以有该性质成立，读者可自行证明。

性质2　位移性质

$$x_u[n-m]\overset{\mathscr{Z}}{\longleftrightarrow}X_u(z)z^{-m}\quad（m>0）\tag{6-15}$$

$$x[n-m]\overset{\mathscr{Z}}{\longleftrightarrow}X(z)z^{-m}\quad（m>0\text{或}m<0）\tag{6-16}$$

$$\boxed{x[n-m]u[n]\overset{\mathscr{Z}}{\longleftrightarrow}z^{-m}[X_u(z)+\sum_{n=-m}^{-1}x[n]z^{-n}]}\quad（m>0）\tag{6-17}$$

$$x[n+m]u[n]\overset{\mathscr{Z}}{\longleftrightarrow}z^{m}[X_u(z)-\sum_{n=0}^{m-1}x[n]z^{-n}]\quad（m>0）\tag{6-18}$$

为了便于公式的理解和记忆，先借助图6.4对上述表达式的特点作一概括，注意图中标注的各种情况下z变换计算所涉及的样值。

（1）右移对应z域乘z^{-m}，左移对应z域乘z^{m}（假定$m>0$）。

（2）如果在位移前后参与z变换计算的非零样值集合没有发生变化，则只需乘z^{-m}或z^{m}即可，如式（6-15）和式（6-16）所示。

式（6-16）的理解可参见图6.4(b)和图6.4(c)，对应于式（6-15）的图未绘出。

（3）如果在位移前后参与z变换计算的非零样值集合发生了变化，则需在表达式中体现出样值的增加或减少。

式（6-17）对应于图 6.4(e)：z 变换计算涉及了新加入的样值，因此式（6-17）中多了后面的“加”项。式（6-18）对应于图 6.4(f)：z 变换计算时有样值被“剔除”，因此式（6-18）中多了后面的“减”项。

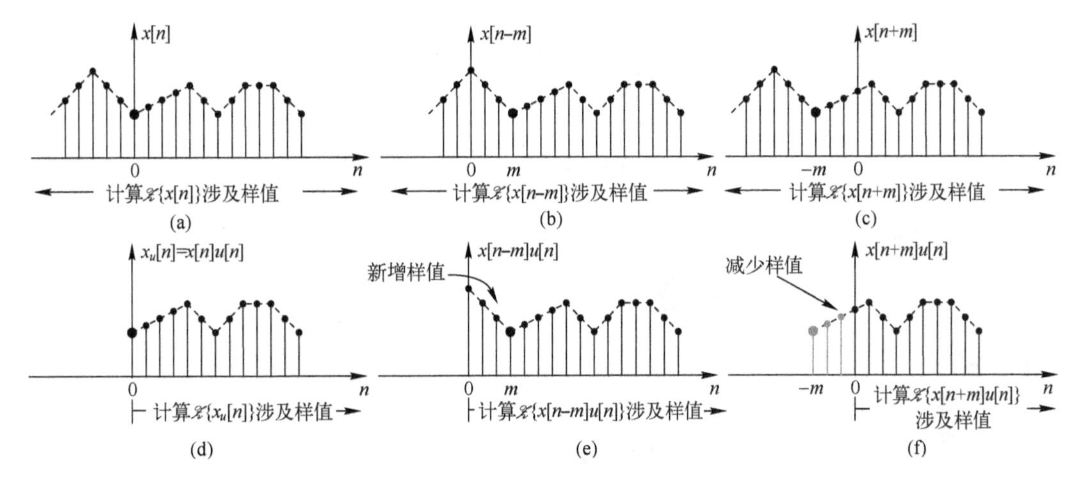

图 6.4　位移性质说明

【证明】下面证明式（6-17），其他式子的证明方法类似。由式（6-3）可知

$$\begin{aligned}
\mathscr{Z}\{x[n-m]u[n]\} &= \sum_{n=-\infty}^{\infty} x[n-m]u[n]z^{-n} \\
&= \sum_{n=0}^{\infty} x[n-m]z^{-n} && [\text{根据 } u[n] \text{ 化简求和下限}] \\
&= \sum_{k=-m}^{\infty} x[k]z^{-(k+m)} && [\text{令 } k=n-m\text{，作变量代换}] \\
&= z^{-m}[\sum_{k=-m}^{-1} x[k]z^{-k} + \sum_{k=0}^{\infty} x[k]z^{-k}] && [\text{求和分段}] \\
&= z^{-m}[\sum_{k=-m}^{-1} x[k]z^{-k} + X_u(z)] && [\text{注意 } \sum_{k=0}^{\infty} x[k]z^{-k} = X_u(z)\text{，不是 } X(z)]
\end{aligned}$$

【证毕】

【例 6-8】 利用 z 变换性质求 $x[n]=u[n]-u[n-N]$ 的 z 变换（参见例 6-5）。

【解】首先需要明确该序列是单边序列，有 $X(z)=X_u(z)$。该例可以利用式（6-7）求解，这里从式（6-8）开始，令 $a=1$ 则获得单位阶跃序列 $u[n]$ 的 z 变换

$$u[n] \xleftrightarrow{\mathscr{Z}} X_u(z)=X(z)=\frac{z}{z-1} \quad (|z|>1) \tag{6-19}$$

由于 $u[n]$ 是单边序列，其右移 z 变换 $\mathscr{Z}\{u[n-N]\}$ 属于式（6-15）的情形，因此

$$\mathscr{Z}\{u[n-N]\}=\frac{z}{z-1}z^{-N}$$

再由线性性质可得

$$\mathscr{Z}\{u[n]-u[n-N]\}=\frac{z}{z-1}-\frac{z}{z-1}z^{-N}=\frac{z}{z-1}(1-z^{-N})$$

【例毕】

引入 z 变换的一个重要作用是使离散时间的响应求解变得更方便。应用位移性质，式（6-17）可以将时域差分方程转变为 z 域的代数方程，因此式（6-17）是上述公式中最为重要的一个。

性质 3 指数加权性质

$$\boxed{a^n x_u[n] \overset{\mathscr{Z}}{\longleftrightarrow} X_u\left(\frac{z}{a}\right)} \tag{6-20}$$

$$a^n x[n] \overset{\mathscr{Z}}{\longleftrightarrow} X\left(\frac{z}{a}\right) \tag{6-21}$$

【证明】 下面证明式（6-20）。

$$\mathscr{Z}\{a^n x_u[n]\} = \sum_{n=0}^{\infty} a^n x[n] z^{-n} = \sum_{n=0}^{\infty} x[n]\left(\frac{z}{a}\right)^{-n} = X_u\left(\frac{z}{a}\right)$$

【证毕】

当 $a=-1$ 时，上两式变为

$$(-1)^n x_u[n] \overset{\mathscr{Z}}{\longleftrightarrow} X_u(-z) \tag{6-22}$$

$$(-1)^n x[n] \overset{\mathscr{Z}}{\longleftrightarrow} X(-z) \tag{6-23}$$

【例 6-9】 求单边正弦序列 $\sin(\Omega_0 n)u[n]$ 和 $\cos(\Omega_0 n)u[n]$ 的 z 变换。

【解】 由欧拉公式知

$$\cos(\Omega_0 n)u[n] = \frac{1}{2}\mathrm{e}^{\mathrm{j}\Omega_0 n}u[n] + \frac{1}{2}\mathrm{e}^{-\mathrm{j}\Omega_0 n}u[n]$$

两边进行 z 变换，并利用阶跃函数的 z 变换结论和指数加权性质可得

$$\mathscr{Z}\{\cos(\Omega_0 n)u[n]\} = \frac{1}{2}\mathscr{Z}\{\mathrm{e}^{\mathrm{j}\Omega_0 n}u[n]\} + \frac{1}{2}\mathscr{Z}\{\mathrm{e}^{-\mathrm{j}\Omega_0 n}u[n]\} = \frac{1}{2}\frac{\dfrac{z}{\mathrm{e}^{\mathrm{j}\Omega_0}}}{\dfrac{z}{\mathrm{e}^{\mathrm{j}\Omega_0}}-1} + \frac{1}{2}\frac{\dfrac{z}{\mathrm{e}^{-\mathrm{j}\Omega_0}}}{\dfrac{z}{\mathrm{e}^{-\mathrm{j}\Omega_0}}-1}$$

化简得

$$\cos(\Omega_0 n)u[n] \overset{\mathscr{Z}}{\longleftrightarrow} \frac{z^2 - z\cos\Omega_0}{z^2 - 2z\cos\Omega_0 + 1} \tag{6-24}$$

类似可求得

$$\sin(\Omega_0 n)u[n] \overset{\mathscr{Z}}{\longleftrightarrow} \frac{z\sin\Omega_0}{z^2 - 2z\cos\Omega_0 + 1} \tag{6-25}$$

如果进一步利用指数加权性质，可以求得

$$a^n\cos(\Omega_0 n)u[n] \overset{\mathscr{Z}}{\longleftrightarrow} \frac{z^2 - az\cos\Omega_0}{z^2 - 2az\cos\Omega_0 + a^2} \tag{6-26}$$

$$a^n\sin(\Omega_0 n)u[n] \overset{\mathscr{Z}}{\longleftrightarrow} \frac{az\sin\Omega_0}{z^2 - 2az\cos\Omega_0 + a^2} \tag{6-27}$$

【例毕】

性质 4 z 域微分性质

$$nx_u[n] \overset{\mathscr{Z}}{\longleftrightarrow} -z\frac{\mathrm{d}X_u(z)}{\mathrm{d}z} \tag{6-28}$$

$$nx[n] \xleftrightarrow{\mathscr{Z}} -z\frac{\mathrm{d}X(z)}{\mathrm{d}z} \tag{6-29}$$

【证明】下面证明式（6-28）。式（6-5）两边对 z 求导有

$$\frac{\mathrm{d}X_u(z)}{\mathrm{d}z} = \frac{\mathrm{d}}{\mathrm{d}z}\sum_{n=0}^{\infty} x[n]z^{-n} = \sum_{n=0}^{\infty} x[n]\frac{\mathrm{d}}{\mathrm{d}z}z^{-n} = -\sum_{n=0}^{\infty} nx[n]z^{-n-1} = -\frac{1}{z}\sum_{n=0}^{\infty} nx[n]z^{-n}$$

即

$$-z\frac{\mathrm{d}X_u(z)}{\mathrm{d}z} = \sum_{n=0}^{\infty} nx[n]z^{-n}$$

【证毕】

【例 6-10】 求斜波序列 $nu[n]$ 的 z 变换。

【解】设 $x_u[n]=u[n]$，则 $X_u(z)=\dfrac{z}{z-1}$。利用 z 域微分性质知

$$nu[n] \xleftrightarrow{\mathscr{Z}} -z\frac{\mathrm{d}}{\mathrm{d}z}\frac{z}{z-1} = -z\frac{(z-1)-z}{(z-1)^2} = \frac{z}{(z-1)^2} \tag{6-30}$$

【例毕】

性质 5　时域卷积性质

$$x_u[n]*h_u[n] \xleftrightarrow{\mathscr{Z}} X_u(z)H_u(z) \tag{6-31}$$

$$x[n]*h[n] \xleftrightarrow{\mathscr{Z}} X(z)H(z) \tag{6-32}$$

【证明】下面证明式（6-31）。

$$\begin{aligned}
\mathscr{Z}\{x_u[n]*h_u[n]\} &= \sum_{n=-\infty}^{\infty}(x_u[n]*h_u[n])z^{-n} \\
&= \sum_{n=-\infty}^{\infty}\Big(\sum_{m=-\infty}^{\infty} x_u[m]h_u[n-m]\Big)z^{-n} && [\text{代入卷积公式}] \\
&= \sum_{n=-\infty}^{\infty}\Big(\sum_{m=-\infty}^{\infty} x[m]u[m]h_u[n-m]\Big)z^{-n} && [x_u[m]=x[m]u[m]] \\
&= \sum_{n=-\infty}^{\infty}\Big(\sum_{m=0}^{\infty} x[m]h_u[n-m]\Big)z^{-n} && [\text{由 } u[m] \text{ 化简求和下限}] \\
&= \sum_{m=0}^{\infty} x[m]\Big(\sum_{n=0}^{\infty} h_u[n-m]z^{-n}\Big) && [\text{交换求和顺序}] \\
&= \sum_{m=0}^{\infty} x[m]H_u(z)z^{-m} && [\text{利用位移性质式（6-17）}] \\
&= H_u(z)\sum_{m=0}^{\infty} x[m]z^{-m} \\
&= H_u(z)X_u(z)
\end{aligned}$$

【证毕】

***性质 6　z 域卷积性质**

$$x_u[n]h_u[n] \xleftrightarrow{\mathscr{Z}} \frac{1}{2\pi\mathrm{j}}\oint_{c_1} X_u(\lambda)H_u\left(\frac{z}{\lambda}\right)\lambda^{-1}\mathrm{d}\lambda \ \text{或}\ \frac{1}{2\pi\mathrm{j}}\oint_{c_2} H_u(\lambda)X_u\left(\frac{z}{\lambda}\right)\lambda^{-1}\mathrm{d}\lambda \tag{6-33}$$

$$x[n]h[n] \xleftrightarrow{\mathscr{Z}} \frac{1}{2\pi\mathrm{j}}\oint_{c_3} X(\lambda)H\left(\frac{z}{\lambda}\right)\lambda^{-1}\mathrm{d}\lambda \ \text{或}\ \frac{1}{2\pi\mathrm{j}}\oint_{c_4} H(\lambda)X\left(\frac{z}{\lambda}\right)\lambda^{-1}\mathrm{d}\lambda \tag{6-34}$$

【证明】下面证明式（6-33）。

$$\begin{aligned}
\mathscr{Z}\{x_u[n]h_u[n]\} &= \sum_{n=-\infty}^{\infty} x_u[n]h_u[n]z^{-n} \\
&= \sum_{n=-\infty}^{\infty}\left(\frac{1}{2\pi \mathrm{j}}\oint_c X_u(\lambda)\lambda^{n-1}\mathrm{d}\lambda\right)h_u[n]z^{-n} \quad [x_u[n]\text{用逆}z\text{变换定义式代入}] \\
&= \frac{1}{2\pi \mathrm{j}}\oint_c X_u(\lambda)\left(\sum_{n=-\infty}^{\infty} h_u[n]z^{-n}\lambda^{n-1}\right)\mathrm{d}\lambda \quad [\text{交换求和与积分的顺序}] \\
&= \frac{1}{2\pi \mathrm{j}}\oint_c X_u(\lambda)\left(\lambda^{-1}\sum_{n=-\infty}^{\infty} h_u[n]\left(\frac{z}{\lambda}\right)^{-n}\right)\mathrm{d}\lambda \\
&= \frac{1}{2\pi \mathrm{j}}\oint_c X_u(\lambda)H_u\left(\frac{z}{\lambda}\right)\lambda^{-1}\mathrm{d}\lambda \quad \left[H_u\left(\frac{z}{\lambda}\right)=\sum_{n=-\infty}^{\infty} h_u[n]\left(\frac{z}{\lambda}\right)^{-n}\right]
\end{aligned}$$

【证毕】

*性质 7　时域差分性质

$$x_u[n]-x_u[n-1] \xleftrightarrow{\mathscr{Z}} (1-z^{-1})X_u(z) \tag{6-35}$$

$$x[n]-x[n-1] \xleftrightarrow{\mathscr{Z}} (1-z^{-1})X(z) \tag{6-36}$$

z 变换的时域差分性质对应于拉普拉斯变换的时域微分特性，但简单很多，它是线性和时域位移特性的直接结果。

*性质 8　时域求和性质

$$\sum_{m=0}^{n} x_u[m] \xleftrightarrow{\mathscr{Z}} \frac{X_u(z)}{1-z^{-1}} \tag{6-37}$$

$$\sum_{m=-\infty}^{n} x[m] \xleftrightarrow{\mathscr{Z}} \frac{X(z)}{1-z^{-1}} \tag{6-38}$$

【证明】该性质的证明换一个思路，不再直接利用 z 变换定义式进行证明，而是利用时域卷积性质进行证明。

$$x_u[n]*u[n]=\sum_{m=-\infty}^{\infty} x_u[m]u[n-m]=\sum_{m=0}^{n} x_u[m] \tag{6-39}$$

上式第二个等式是因为 $x_u[n]$ 为单边序列，所以求和下限从 $m=0$；当 $n-m<0$（$m>n$）时，$u[n-m]=0$，所以求和上限只需到 n。上式两边进行 z 变换，并利用时域卷积性质有

$$\mathscr{Z}\{\sum_{m=0}^{n} x_u[m]\}=\mathscr{Z}\{x_u[n]*u[n]\}=X_u(z)\cdot\frac{1}{1-z^{-1}}$$

类似有

$$x[n]*u[n]=\sum_{m=-\infty}^{\infty} x[m]u[n-m]=\sum_{m=-\infty}^{n} x[m] \tag{6-40}$$

上式两边进行 z 变换，并利用时域卷积性质有

$$\mathscr{Z}\left\{\sum_{m=-\infty}^{n} x[m]\right\}=\mathscr{Z}\{x[n]*u[n]\}=X(z)\cdot\frac{1}{1-z^{-1}}$$

注意，$u[n]$ 的单边序列 z 变换和双边序列 z 变换是相等的。

【证毕】

z 变换的时域求和性质对应于拉普拉斯变换的时域积分特性。

***性质 9　时域反转性质**

$$x_u[-n] \xleftrightarrow{\mathscr{Z}} X_u(z^{-1}) \tag{6-41}$$

$$x[-n] \xleftrightarrow{\mathscr{Z}} X(z^{-1}) \tag{6-42}$$

【证明】先证明式（6-41）。首先需要注意的是，$x_u[-n]$ 是从 $n=0$ 开始的左边单边序列，对其进行 z 变换事实上是形成了一个和右边单边序列 z 变换式（6-5）对偶的左边单边序列 z 变换，因此下面的证明过程阐述的稍详细一点。

$$\begin{aligned}\mathscr{Z}\{x_u[-n]\} &= \sum_{n=-\infty}^{\infty} x_u[-n]z^{-n} \\ &= \sum_{n=-\infty}^{0} x_u[-n]z^{-n} && [\text{根据 } x_u[-n] \text{ 是左边单边序列修改求和上限}] \\ &= \sum_{m=\infty}^{0} x_u[m]z^{m} && [\text{令 } m=-n \text{ 作变量代换}] \\ &= \sum_{m=0}^{\infty} x[m](z^{-1})^{-m} && [\text{在}[0,\infty)\text{区间内 } x_u[m]=x[m]] \\ &= X_u(z^{-1}) && [\text{对比式（6-5）}]\end{aligned}$$

再证明式（6-42）。注意到应用变量代换 $-n=m$，则有

$$\mathscr{Z}\{x[-n]\} = \sum_{n=-\infty}^{\infty} x[-n]z^{-n} = \sum_{m=\infty}^{-\infty} x[m]z^{m} = \sum_{m=-\infty}^{\infty} x[m](z^{-1})^{-m} = X(z^{-1})$$

【证毕】

式（6-41）是一个理论上很有意义的结论，它表明如果我们定义一个与"右边单边序列 z 变换"对偶的"从 $n=0$ 开始的左边单边序列 z 变换"，那么其典型序列的 z 变换可以利用式（6-41）获得。下面举一例说明和验证。

【例 6-11】　求左边单边序列 $a^{-n}u[-n]$ 的 z 变换。

【解】先直接根据定义求解。

$$\mathscr{Z}\{a^{-n}u[-n]\} = \sum_{n=-\infty}^{\infty} a^{-n}u[-n]z^{-n} = \sum_{n=-\infty}^{0} a^{-n}z^{-n} = 1 + az + (az)^2 + \cdots$$

当 $|az|<1$（$|z|<\frac{1}{|a|}$）时，上式收敛于 $\frac{1}{1-az}$，即

$$a^{-n}u[-n] \xleftrightarrow{\mathscr{Z}} \frac{1}{1-az} \quad \left(|z|<\frac{1}{|a|}\right) \tag{6-43}$$

再利用式（6-41）求解。由式（6-8）知

$$x_u[n]=a^n u[n] \xleftrightarrow{\mathscr{Z}} X_u(z)=\frac{z}{z-a}=\frac{1}{1-az^{-1}} \quad (|z|>|a|)$$

利用式（6-41）可得

$$x_u[-n]=a^{-n}u[-n] \xleftrightarrow{\mathscr{Z}} X_u(z^{-1})=\frac{1}{1-az} \quad \left(|z^{-1}|>|a|，\text{即} |z|<\frac{1}{|a|}\right)$$

即
$$a^{-n}u[-n] \overset{\mathscr{Z}}{\longleftrightarrow} \frac{1}{1-az} \quad (|z|<\frac{1}{|a|})$$

当 $a=1$ 时，有

$$u[-n] \overset{\mathscr{Z}}{\longleftrightarrow} \frac{1}{1-z} \quad (|z|<1) \tag{6-44}$$

由该例还可以看到，当右边单边序列反转为左边单边序列后，z 变换的收敛域也从右边序列的某个圆外转变成另一个圆的圆内，并且这两个圆的半径 R 关于单位圆互逆，即 $R_{右} \cdot R_{左} = 1$。

【例毕】

***性质 10　序列内插零**

$$x_{\mathrm{i},u}[n] = \begin{cases} x_u[n/M], & n为M的整数倍 \\ 0, & n不为M的整数倍 \end{cases} \overset{\mathscr{Z}}{\longleftrightarrow} X_u(z^M) \tag{6-45}$$

$$x_{\mathrm{i}}[n] = \begin{cases} x[n/M], & n为M的整数倍 \\ 0, & n不为M的整数倍 \end{cases} \overset{\mathscr{Z}}{\longleftrightarrow} X(z^M) \tag{6-46}$$

上述序列内插零的定义曾在式（4-61）给出过，其几何意义可参见图 4.12。这里增加了单边序列的内插。

【证明】 证明单边序列内插性质式（6-45）。

$$\begin{aligned}
\mathscr{Z}\{x_{\mathrm{i},u}[n]\} &= \sum_{n=-\infty}^{\infty} x_{\mathrm{i},u}[n] z^{-n} \\
&= \sum_{\substack{n=-\infty \\ n=lM}}^{\infty} x_u[n/M] z^{-n} && [代入内插序列定义，n 为 M 的整数倍] \\
&= \sum_{l=-\infty}^{\infty} x_u[l] z^{-Ml} && [令 l=n/M 作变量代换] \\
&= \sum_{l=0}^{\infty} x[l](z^M)^{-l} && [x_u[l] 为单边序列] \\
&= X_u(z^M)
\end{aligned}$$

【证毕】

***性质 11　序列抽取性质**

$$x_{\mathrm{d},u}[n] = x_u[Mn] \overset{\mathscr{Z}}{\longleftrightarrow} \frac{1}{M}\sum_{k=0}^{M-1} X_u(z^{\frac{1}{M}} \mathrm{e}^{-\mathrm{j}\frac{2k\pi}{M}}) \tag{6-47}$$

$$x_{\mathrm{d}}[n] = x[Mn] \overset{\mathscr{Z}}{\longleftrightarrow} \frac{1}{M}\sum_{k=0}^{M-1} X(z^{\frac{1}{M}} \mathrm{e}^{-\mathrm{j}\frac{2k\pi}{M}}) \tag{6-48}$$

上述序列抽取的定义曾在式（4-62）给出过，其几何意义可参见图 4.12。这里增加了单边序列的抽取。

【证明】 序列抽取前后参与 z 变换计算的非零样值集合发生了较大的变化，寻找抽取前后 z 域函数的关系相对困难。限于篇幅，这里利用 z 变换和 DTFT 之间的关系式（6-11）证明式（6-48）。第 4 章式（4-68）已经给出了双边序列抽取后的 DTFT，即

$$X_{\mathrm{d}}(\mathrm{e}^{\mathrm{j}\Omega}) = \frac{1}{M}\sum_{k=0}^{M-1} X(\mathrm{e}^{\mathrm{j}\frac{\Omega-2k\pi}{M}}) = \frac{1}{M}\sum_{k=0}^{M-1} X\left((\mathrm{e}^{\mathrm{j}\Omega})^{\frac{1}{M}} \mathrm{e}^{-\mathrm{j}\frac{2k\pi}{M}}\right)$$

上式中令 $e^{j\Omega}=z$，则可得到 z 变换之间的关系

$$X_{\mathrm{d}}(z)=\frac{1}{M}\sum_{k=0}^{M-1}X(z^{\frac{1}{M}}\mathrm{e}^{-\mathrm{j}\frac{2k\pi}{M}})$$

【证毕】

*性质 12　**初值定理**

$$x_u[0]=\lim_{z\to\infty}X_u(z) \tag{6-49}$$

【证明】 将 $X_u(z)$ 写成幂级数形式

$$X_u(z)=\sum_{n=0}^{\infty}x[n]z^{-n}=x[0]+x[1]z^{-1}+x[2]z^{-2}+\cdots$$

上式令 $z\to\infty$，则可得式（6-49）。

【证毕】

*性质 13　**终值定理**

$$x_u[\infty]=\lim_{z\to 1}[(z-1)X_u(z)] \tag{6-50}$$

【证明】 考察 $x_u[n+1]-x_u[n]$ 的 z 变换

$$\mathscr{Z}\{x_u[n+1]-x_u[n]\}=z(X_u(z)-x_u[0])-X_u(z)=(z-1)X_u(z)-zx_u[0]$$

上式移项后取极限有

$$\begin{aligned}\lim_{z\to 1}(z-1)X_u(z)&=\lim_{z\to 1}(zx_u[0]+\mathscr{Z}\{x_u[n+1]-x_u[n]\})\\&=\lim_{z\to 1}\left(zx_u[0]+\sum_{n=0}^{\infty}(x_u[n+1]-x_u[n])z^{-n}\right)\\&=x_u[0]+(x_u[1]-x_u[0])+(x_u[2]-x_u[1])+\cdots\\&=x_u[\infty]\end{aligned}$$

【证毕】

需要应用初值定理和终值定理的情形不是很多，系统分析时可能偶尔用之。

6.1.3　逆 z 变换的求解

逆 z 变换定义式（6-4）是复变函数的围线积分，可以利用留数定理求解，但在信号与系统分析中，这一方法并不具有优势，本书不作介绍。实际应用中的 z 域函数一般为有理函数，用部分分式展开法求逆 z 变换简单有效。z 变换本质上是一个幂级数求和式，这也为逆 z 变换求解提供了另一个更为简单的方法——长除法，但长除法不能给出闭式解。需要强调的是，离散时间系统响应的 z 域求解主要使用单边序列 z 变换。

1．单边序列逆 z 变换的部分分式展开法

有理函数 $X_u(z)$ 的一般形式可表示为

$$X_u(z)=\frac{B_u(z)}{A_u(z)}=\frac{b_Mz^M+\cdots+b_1z+b_0}{a_Nz^N+\cdots+a_1z+a_0}=\frac{b_M}{a_N}\cdot\frac{(z-z_1)(z-z_2)\cdots(z-z_M)}{(z-p_1)(z-p_2)\cdots(z-p_N)} \tag{6-51}$$

其中 z_i 是零点，p_i 是极点。由于离散时间情况下典型 z 变换具有 $z/(z-p_i)$ 的形式，故一般不是直接将 $X(z)$ 展开成部分分式，而是将式（6-51）两边同除以 z 后，对 $X_u(z)/z$ 进行部分分式展开。下面假定 $X_u(z)/z$ 为真分式，以实际求解中常遇到的几种情形举例说明逆变

换求解方法。

1）$X(z)/z$ **无重极点**

此种情形下可假定 $X_u(z)/z$ 的展开式为

$$\frac{X_u(z)}{z}=\sum_{i=1}^{N}\frac{K_i}{z-p_i} \tag{6-52}$$

其中 K_i 由下式确定[可参见式（5-58）的推导过程]

$$K_i=(z-p_i)\frac{X_u(z)}{z}\bigg|_{z=p_i} \tag{6-53}$$

【例 6-12】 求 $X_u(z)=\dfrac{z^2(7z-2)}{(z-0.2)(z-0.5)(z-1)}$ （$|z|>1$）的逆 z 变换。

【解】 将 $X_u(z)/z$ 展开为部分分式

$$\frac{X_u(z)}{z}=\frac{K_1}{z-0.2}+\frac{K_2}{z-0.5}+\frac{K_3}{z-1}$$

由式（6-53）可以确定 $K_1=-0.5$，$K_2=-5$，$K_3=12.5$，因此

$$X_u(z)=-0.5\frac{z}{z-0.2}-5\frac{z}{z-0.5}+12.5\frac{z}{z-1}$$

利用 $a^n u[n]\leftrightarrow\dfrac{z}{z-a}$ 对上式两边求逆 z 变换得

$$x_u[n]=-0.5(0.2)^n u[n]-5(0.5)^n u[n]+12.5u[n]$$

【例毕】

2）$X_u(z)/z$ **有重极点**

设 p_1 为 $X_u(z)/z$ 的 m 重极点，对应于 p_1 的展开式有 m 项，如下式所示

$$\frac{X_u(z)}{z}=\frac{K_{1m}}{(z-p_1)^m}+\frac{K_{1m-1}}{(z-p_1)^{m-1}}+\cdots+\frac{K_{11}}{z-p_1}+\text{其他极点对应的展开式} \tag{6-54}$$

为避免形式复杂的公式表述，下面举例说明上式中待定系数的确定方法。

【例 6-13】 求 $X_u(z)=\dfrac{z(z^2-z/2-1/4)}{(z-1/2)^2(z-1)}$ 的逆变换。

【解】 本例含有一个二重极点，所以展开式设为如下形式

$$\frac{X_u(z)}{z}=\frac{K_{12}}{(z-1/2)^2}+\frac{K_{11}}{z-1/2}+\frac{K_2}{z-1}$$

其中系数确定如下

$$K_{12}=(z-1/2)^2\frac{X_u(z)}{z}\bigg|_{z=1/2}=\frac{z^2-z/2-1/4}{z-1}\bigg|_{z=1/2}=\frac{1}{2}$$

$$K_{11}=\frac{\mathrm{d}}{\mathrm{d}z}\left((z-1/2)^2\frac{X_u(z)}{z}\right)\bigg|_{z=1/2}=\frac{z^2-z/2-1/4}{z-1}\bigg|_{z=1/2}=0$$

$$K_2=(z-1)\frac{X_u(z)}{z}\bigg|_{z=1}=\frac{z^2-z/2-1/4}{(z-1/2)^2}\bigg|_{z=1}=1$$

所以
$$X_u(z)=\frac{z/2}{(z-1/2)^2}+\frac{z}{z-1}$$

对照表 6.1 和阶跃序列的 z 变换知

$$x_u[n] = n0.5^n u[n] + u[n]$$

对于多重极点部分分式展开式待定系数的确定，记忆本例展示的过程和“规则”是相对更有效的方法。当 $X_u(z)$ 包含重极点时，对于每个重极点有：

（1）参见式（6-54），按照极点因子降幂的顺序设定部分分式。这里强调降幂排列顺序是为后面公式表述的方便和下标对应。

（2）最高幂次项待定系数直接按照 $K_{1m} = (z-p_1)^m \dfrac{X_u(z)}{z}\Big|_{z=p_1}$ 计算（本题是 K_{12}），无须求导。写成统一形式即为

$$K_{1m} = \frac{1}{0!}\left[(z-p_1)^m \frac{X_u(z)}{z}\right]\Bigg|_{z=p_1} \qquad [\text{对应降 0 次幂项，求 0 阶导，系数}\frac{1}{0!}]$$

（3）降幂项的待定系数需要求导——每降 1 次幂，多求 1 阶导。即

$$K_{1m-1} = \frac{1}{1!}\frac{\mathrm{d}}{\mathrm{d}z}\left[(z-p_1)^m \frac{X_u(z)}{z}\right]\Bigg|_{z=p_1} \qquad [\text{对应降 1 次幂项，求 1 阶导，系数}\frac{1}{1!}]$$

$$K_{1m-2} = \frac{1}{2!}\frac{\mathrm{d}^2}{\mathrm{d}z^2}\left[(z-p_1)^m \frac{X_u(z)}{z}\right]\Bigg|_{z=p_1} \qquad [\text{对应降 2 次幂项，求 2 阶导，系数}\frac{1}{2!}]$$

以此类推。

【例毕】

表 6.1 列出了多重极点情况下的常用逆 z 变换，利用 z 域微分性质可证明表中结论。常用单边序列的 z 变换列写于附录的表中。

2．单边序列逆 z 变换的幂级数展开法（长除法）

单边序列 z 变换本质上就是 z^{-1} 的幂级数，即

$$X_u(z) = \sum_{n=0}^{\infty} x[n]z^{-n} = x[0] + x[1]z^{-1} + x[2]z^{-2} + x[3]z^{-3} + \cdots \tag{6-55}$$

因此，当已知 $X_u(z)$ 时，可以利用长除法将其展开为 z^{-1} 的幂级数，那么 z^{-i} 的系数就是序列 $x[i]$ 的值。为了构成 z^{-1} 的幂级数（不是 z 的幂级数），长除时需将 $X_u(z)$ 的分子分母多项式作 z 的降幂排列。

表 6.1　常用多重极点逆 z 变换表

单边序列 z 变换 $X_u(z)$	单边序列 $x_u[n]$
$\dfrac{z}{(z-1)^2}$，$\|z\|>1$	$nu[n]$
$\dfrac{z}{(z-1)^3}$，$\|z\|>a$	$\dfrac{n(n-1)}{2!}u[n]$
$\dfrac{z}{(z-1)^{m+1}}$，$\|z\|>1$	$\dfrac{n(n-1)\cdots(n-m+1)}{m!}u[n]$
$\dfrac{az}{(z-a)^2}$，$\|z\|>a$	$na^n u[n]$
$\dfrac{z^2}{(z-a)^2}$，$\|z\|>a$	$(n+1)a^n u[n]$

续表

单边序列 z 变换 $X_u(z)$	单边序列 $x_u[n]$
$\dfrac{z^3}{(z-a)^3}$，$\lvert z\rvert>a$	$\dfrac{(n+1)(n+2)}{2!}a^n u[n]$
$\dfrac{z^{m+1}}{(z-a)^{m+1}}$，$\lvert z\rvert>a$	$\dfrac{(n+1)(n+2)\cdots(n+m)}{m!}a^n u[n]$

【例 6-14】 用幂级数展开法求 $X_u(z)=\dfrac{z^2}{(z-1)(z-2)}$（$\lvert z\rvert>2$）的逆 z 变换。

【解】 因为收敛域是圆外，所以序列是右边单边序列，长除时按降幂排列

$$
\begin{array}{r|l}
 & 1+3z^{-1}+7z^{-2}+\cdots \\
\hline
z^2-3z+2 & z^2 \\
 & \underline{z^2-3z+2} \\
 & 3z-2 \\
 & \underline{3z-9+6z^{-1}} \\
 & 7-6z^{-1} \\
 & \underline{7-21z^{-1}+14z^{-2}} \\
 & 15z^{-1}-14z^{-2}
\end{array}
$$

上式中的商即为展开的 z^{-1} 的幂级数，即

$$X_u(z)=1+3z^{-1}+7z^{-2}+\cdots$$

所以

$$x_u[0]=1\,,x_u[1]=3\,,x_u[2]=7\,,\cdots$$

【例毕】

由上例可以看到，长除法求逆 z 变换的优点是原理简单，在只需知道几个初始样值的情况下，该方法非常实用。但长除法一般不易得到闭式解，因为要由样值归纳出序列变化的公式通常是比较困难的。

3．极点分布、收敛域和序列类别之间的关系

z 变换收敛域的典型特征是圆外、圆内和圆环，分别对应于右边单边序列、左边单边序列和双边序列。在逆 z 变换求解中，了解极点分布、收敛域和序列类别三者之间的关系是非常重要的。

从逆 z 变换部分分式展开法的求解过程可以看到：序列 $x[n]$ 的变化规律是由 $X(z)$ 的极点决定的。$X(z)$ 的一个极点不仅决定了 $x[n]$ 中对应的“子序列”变化形式，同时该极点将整个 z 平面划分为圆内和圆外两个区域，对应于该“子序列”的收敛域和非收敛域，这一结论也可以从例 6-2 和例 6-4 的 $u[n]$ 和 $a^n u[n]$ 正变换求解过程体会到。由此形成一个重要的概念：每个极点所在的圆是“子序列” z 变换的收敛域“边界圆”（子序列 z 变换的收敛圆）。这个边界圆有可能也是整个 $X(z)$ 的收敛域边界圆，因为整个 $X(z)$ 的收敛域是所有极点收敛域的公共区域。基于这一理解，可以将极点位置、收敛域和序列类别三者之间的关系归纳为如下规则：

（1）右边单边序列 z 变换的收敛域一定是以半径最大的极点为收敛圆，圆外为收敛域，所有极点位于圆内，如图 6.5(a)所示。这是因为右边单边序列的每个子序列一定均是右边单边序列，每个子序列的收敛域是其极点位置的圆外，公共收敛区域必定是半径最大

极点的圆外。

（2）左边单边序列 z 变换的收敛域一定是以半径最小的极点为收敛圆，圆内为收敛域，所有极点位于圆外，如图 6.5(b)所示。分析同上。

（3）综合上述两点结论，则可以得到双边序列的对应规则。双边序列 z 变换的收敛域是圆环：内环由各右边单边子序列中的最大半径极点决定[图 6.5(c)中极点 p_2]，所有右边单边子序列的极点均位于内环内[图 6.5(c)中极点 p_1、p_2]；外环由其各左边单边子序列中的最小半径极点决定[图 6.5(c)中极点 p_3]，所有左边单边子序列的极点均位于外环外[图 6.5(c)中极点 p_3、p_4]。

对于双边序列，如果仅知道双边序列的极点分布图，不知道各极点对应的是右边序列还是左边序列，则无法确定哪两个极点位置构成收敛域环。例如，图 6.5(c)所示的 4 个正实轴上的极点可构成 3 个圆环，从纯数学角度无法确定收敛域环。然而在信号与系统中，一般情况下都要求所分析和研究的信号或系统有 DTFT 存在，即要求收敛域包含单位圆（单位圆上的 z 变换是 DTFT）。加上这个约束条件后，则可以确定该情形下的收敛域：包含单位圆的圆环是双边序列的收敛域。特别注意：收敛环内是不可能有极点存在的。

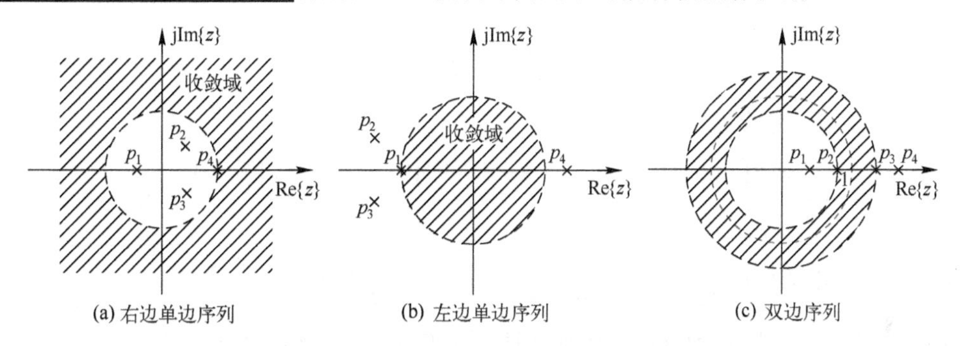

图 6.5　极点分布、收敛域和序列类别三者之间的关系

*4. 双边序列逆 z 变换求解

由于历史数据的可存储和可访问，离散时间双边序列 z 变换虽不是重点，但仍有一定应用需求。

1）部分分式展开法

双边序列逆 z 变换的主要求解步骤如下：

（1）将 $X(z)/z$ 进行部分分式展开。

（2）根据收敛域特征分清右边序列极点和左边序列极点。

（3）分别求右边序列极点和左边序列极点所对应的逆变换。

如果要熟练求解双边序列的逆 z 变换，需要对典型左边无限长序列的 z 变换表达式有比较全面的了解，表 6.2 从求逆变换的角度列出了常用变换对。

表 6.2　左边序列逆 z 变换表

左边序列 z 变换	左边序列
$\dfrac{z}{z-1}$，$\lvert z\rvert<1$	$-u[-n-1]$
$\dfrac{z}{z-a}$，$\lvert z\rvert<\lvert a\rvert$	$-a^n u[-n-1]$

续表

左边序列 z 变换	左边序列
$\dfrac{az}{(z-a)^2}$，$\lvert z\rvert<\lvert a\rvert$	$-na^n u[-n-1]$
$\dfrac{z^2}{(z-a)^2}$，$\lvert z\rvert<\lvert a\rvert$	$-(n+1)a^n u[-n-1]$
$\dfrac{z^3}{(z-a)^3}$，$\lvert z\rvert<\lvert a\rvert$	$-\dfrac{(n+1)(n+2)}{2!}a^n u[-n-1]$
$\dfrac{z^{m+1}}{(z-a)^{m+1}}$，$\lvert z\rvert<\lvert a\rvert$	$-\dfrac{(n+1)(n+2)\cdots(n+m)}{m!}a^n u[-n-1]$

【例 6-15】 求 $X(z)=\dfrac{z^2(7z-2)}{(z-0.2)(z-0.5)(z-1)}$ 的逆 z 变换（$|z|<0.2$）。

【解】 先注意到本题中的 $X(z)$ 表达式与例 6-12 完全相同，所不同的是收敛域。这里的收敛域是最小半径极点的圆内 $|z|<0.2$。因此，所有极点均对应于左边无限长单边序列。由例 6-12 知道其部分分式展开结果为

$$X(z)=-0.5\frac{z}{z-0.2}-5\frac{z}{z-0.5}+12.5\frac{z}{z-1}$$

由表 6.2 可得其逆 z 变换为

$$x[n]=\mathscr{Z}^{-1}\{X(z)\}=[0.5(0.2)^n+5(0.5)^n-12.5]u[-n-1]$$

【例毕】

【例 6-16】 求 $X(z)=\dfrac{z^2-z+1/6}{(z-1/2)(z-1/3)}$（$\dfrac{1}{3}<|z|<\dfrac{1}{2}$）的逆 z 变换。

【解】 由收敛域可以看到这是一个双边序列 z 变换。先进行部分分式展开

$$\frac{X(z)}{z}=\frac{z^2-z+1/6}{z(z-1/2)(z-1/3)}=\frac{K_1}{z}+\frac{K_2}{z-1/2}+\frac{K_3}{z-1/3}$$

可以确定 $K_1=1$，$K_2=-1$，$K_3=1$，所以

$$X(z)=1+\frac{z}{z-1/2}+\frac{z}{z-1/3}$$

由收敛域为 $\dfrac{1}{3}<|z|<\dfrac{1}{2}$ 知上式第 2 项是左边单边序列（$|z|<\dfrac{1}{2}$），逆变换为 $-(1/2)^n u[-n-1]$；第 3 项为右边单边序列（$|z|>\dfrac{1}{3}$），逆变换为 $(1/3)^n u[n]$。因此

$$x[n]=\delta[n]-(1/2)^n u[-n-1]+(1/3)^n u[n]=(1/2)^n u[-n]+(1/3)^n u[n]$$

【例毕】

2）长除法

如果已知 $X(z)$ 是一个左边单边序列，其逆变换也可以采用长除法获得。由于左边单边序列的 z 变换是 z 的正幂次级数，长除时需按升幂排列。

【例 6-17】 应用长除法求下列逆 z 变换

$$X(z)=\frac{z^2}{(z-1)(z-2)}\quad（|z|<1）$$

【解】本题和例 6-14 具有相同的函数表达式，但收敛域不同。由收敛域标注可知 $X(z)$ 是左边单边序列，作长除法时按升幂排列。

$$
\begin{array}{r|l}
 & \frac{1}{2}z^2+\frac{3}{4}z^3+\frac{7}{8}z^4+\cdots \\
\hline
2-3z+z^2 & z^2 \\
 & \underline{z^2-\frac{3}{2}z^3+\frac{1}{2}z^4} \\
 & \quad \frac{3}{2}z^3-\frac{1}{2}z^4 \\
 & \quad \underline{\frac{3}{2}z^3-\frac{9}{4}z^4+\frac{3}{4}z^5} \\
 & \qquad \frac{7}{4}z^4-\frac{3}{4}z^5 \\
 & \qquad \underline{\frac{7}{4}z^4-\frac{21}{8}z^5+\frac{7}{8}z^6} \\
 & \qquad\quad \frac{15}{8}z^5-\frac{7}{8}z^6
\end{array}
$$

即　$X(z)=\frac{1}{2}z^2+\frac{3}{4}z^3+\frac{7}{8}z^4+\cdots$，$x[-2]=\frac{1}{2}$，$x[-3]=\frac{3}{4}$，$x[-4]=\frac{7}{8}$，…

【例毕】

*6.1.4　单边周期序列的 z 变换

系统在单边周期序列激励下的分析和响应求解是应用中的一个典型问题。

1．z 正变换

参见图 6.6，单边周期序列可以表示为

$$x_u[n]=x_N[n]u[n]=(x_0[n]+x_0[n-N]+x_0[n-2N]+\cdots)u[n] \tag{6-56}$$

两边取 z 变换有

$$X_u(z)=X_0(z)(1+z^{-N}+z^{-2N}+z^{-3N}+\cdots)=\frac{X_0(z)}{1-z^{-N}}\quad(|z|>1) \tag{6-57}$$

其中，无穷项级数的收敛条件是 $|z^{-N}|<1$（$|z|>1$）。因此，单边周期序列的 z 变换可利用上式求解，即求得 $x_0[n]$ 的 z 变换后除以表示周期的因子 $(1-z^{-N})$ 即可。

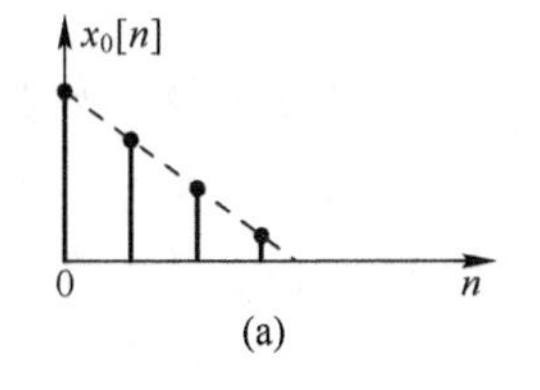

(a)

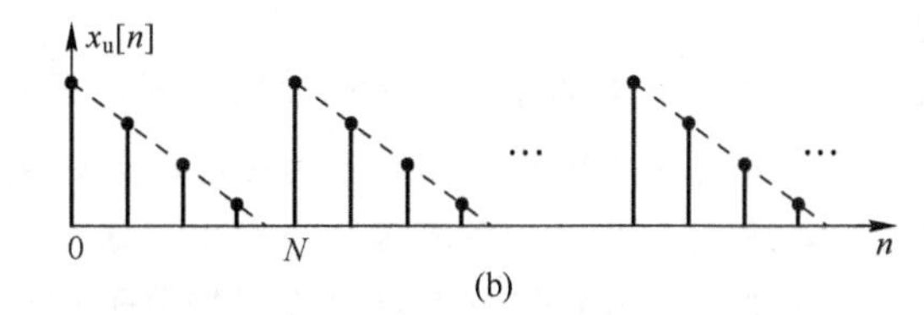

(b)

图 6.6　单边周期序列

【例 6-18】　求 $x_u[n]=\sum_{m=0}^{\infty}x_0[n-4m]$ 的 z 变换，其中设 $x_0[n]=u[n]-u[n-2]$。

【解】这是一个周期 $N=4$ 的单边周期序列，每个周期内有两个单位样值。由于 $u[n]\leftrightarrow\frac{1}{1-z^{-1}}$，$u[n-2]\leftrightarrow\frac{1}{1-z^{-1}}z^{-2}$，所以 $x_0[n]=u[n]-u[n-2]$ 的 z 变换为

$$X_0(z)=\frac{1}{1-z^{-1}}(1-z^{-2})\text{（收敛域为}z\neq 0\text{）}$$

由式（6-57）知该单边周期序列的 z 变换为

$$X_u(z)=\frac{X_0(z)}{1-z^{-4}}=\frac{1-z^{-2}}{(1-z^{-1})(1-z^{-4})}=\frac{1+z^{-1}}{1-z^{-4}}\quad\text{（收敛域为}|z|>1\text{）}\tag{6-58}$$

值得注意的是，为了保留体现周期的因子 $1/(1-z^{-N})$，上式并未约去分子分母中所有可以约去的因式。如果约去所有可以约掉的因式，则有

$$X_u(z)=\frac{1-z^{-2}}{(1-z^{-1})(1-z^{-4})}=\frac{1}{(1-z^{-1})(1+z^{-2})}=\frac{z^3}{(z-1)(z^2+1)}\quad(|z|>1)\tag{6-59}$$

【例毕】

2．单边周期序列的逆 z 变换

求解单边周期序列逆 z 变换的基本要点是先求 $X_0(z)$ 的逆变换，然后进行周期延拓。

【例 6-19】 求上例单边周期序列的逆 z 变换。

【解】 由上例 $X_u(z)=\frac{1+z^{-1}}{1-z^{-4}}$ 知 $X_0(z)=1+z^{-1}$。由于 $\delta[n]\leftrightarrow 1$，$\delta[n-1]\leftrightarrow z^{-1}$，所以 $x_0[n]=\delta[n]+\delta[n-1]$。将这两个单位样值进行周期为 4 的单边周期延拓，即为上例的单边周期序列。

如果上例中将 $X_u(z)$ 的周期因子约去了，且化简到式（6-59）的最简形式

$$X_u(z)=\frac{z^3}{(z-1)(z^2+1)}$$

极可能导致逆变换的求解过程如下，计算量增加很多（这里只是主要步骤）

$$\frac{X_u(z)}{z}=\frac{z^2}{(z-1)(z^2+1)}=\frac{K_1}{(z-1)}+\frac{K_2}{(z+\mathrm{j})}+\frac{K_3}{(z-\mathrm{j})}$$

$$X_u(z)=\frac{1}{2}\frac{z}{(z-1)}+\frac{1}{4}(1+\mathrm{j})\frac{z}{(z+\mathrm{j})}+\frac{1}{4}(1-\mathrm{j})\frac{z}{(z-\mathrm{j})}$$

$$x_u[n]=[\frac{1}{2}+\frac{1}{4}(1+\mathrm{j})(-\mathrm{j})^n+\frac{1}{4}(1-\mathrm{j})\cdot\mathrm{j}^n]u[n]$$

令 $n=0,1,2,3,4,5,\cdots$ 可以得到 $x_u[n]=\{1,1,0,0,1,1,0,0,\cdots\}$。当然，也可以设法将上式继续化简至实数序列。

【例毕】

上例表明，对于单边周期序列，如果处理得当，只对 $X_0(z)$ 求逆 z 变换，计算过程会简便很多。将体现单边周期序列的周期因子约去后，会给逆变换带来很大的麻烦，通常很难化简到最佳形式的表达式。因此，当像函数分母出现诸如（$1+z^{M}$），（$1+z^{-M}$）等因子时，求逆变换前需多加注意，因为它们都可以配出周期因子 $1/(1-z^{-N})$。与拉普拉斯变换情况不同的是：在 z 变换中周期因子本身也是有理函数的形式 $1/(1-z^{-N})$，易与 $X_0(z)$ 的因子混淆或被约分。在单边周期信号的拉普拉斯变换中，周期因子 $1/(1-\mathrm{e}^{-Ts})$ 是非有理函数，很容易与 $X_0(s)$ 区分。

简言之，求 z 正变换时将 $X(z)$ 化简到最简形式，未必是件好事。

【例 6-20】 求 $X_u(z)=\dfrac{z^{21}}{(z-1)(z^{20}+1)}$ 的逆 z 变换。

【解】如果直接对 $X_u(z)$ 进行部分分式展开，有 21 个极点，并且 $(z^{20}+1)$ 的极点是单位圆上 20 个等分点，几乎全部是复数极点，例 6-19 中已经展示了其复杂度。因此，直接利用部分分式展开法求该题的逆 z 变换，一定是不可取的方法。事实上，分母中因子 $(z^{20}+1)$ 已经提示：这是一个周期序列（或周期延拓序列，稍后将讨论），应该设法利用式（6-57）求解。

$$X_u(z)=\frac{1}{(1-z^{-1})(1+z^{-20})}\qquad [\text{写成 } z \text{ 的负幂次}]$$

$$=\frac{(1-z^{-20})}{(1-z^{-1})(1-z^{-40})}\qquad [\text{分子分母同乘 } (1-z^{-20}) \text{ 使分母出现 } (1-z^{-N}) \text{ 因子}]$$

所以 $X_0(z)=\dfrac{1-z^{-20}}{1-z^{-1}}$，而分子中 z^{-20} 为时延特征。因此逆变换过程如下

$$\frac{1}{1-z^{-1}} \xleftrightarrow{\mathscr{Z}} u[n]$$

$$\frac{1-z^{-20}}{1-z^{-1}} \xleftrightarrow{\mathscr{Z}} u[n]-u[n-20]=x_0[n]$$

$$\frac{(1-z^{-20})}{(1-z^{-1})(1-z^{-40})} \xleftrightarrow{\mathscr{Z}} x_u[n]=\sum_{m=0}^{\infty}x_0[n-40m]$$

计算过程简洁且不易出错。

【例毕】

*3. 单边周期延拓序列的 z 变换

事实上，式（6-57）适用于更广泛的一类序列——单边周期延拓序列。所谓单边周期延拓序列，即用某个 $x_0[n]$ 进行周期延拓后所构建的序列，但是周期延拓未必构成周期序列，例如下列由 $u[n]$ 周期延拓构成的序列，是一个单边上升的阶梯序列，不是周期序列。

$$x_u[n]=u[n]+u[n-N]+u[n-2N]+\cdots=\sum_{k=0}^{\infty}u[n-kN]$$

对上式两边进行 z 变换有

$$X_u(z)=\frac{1}{1-z^{-1}}[1+z^{-N}+z^{-2N}+\cdots]=\frac{1}{1-z^{-1}}\cdot\frac{1}{1-z^{-N}}=\frac{X_0(z)}{1-z^{-N}}\ (|z^{-N}|<1)$$

可见，式（6-57）本质上是单边周期延拓序列的 z 变换。

不难理解，周期延拓序列同时也是周期序列的充分条件为：$x_0[n]$ 的序列长度不大于延拓周期 N，这样 $x_0[n]$ 在周期延拓时不会产生混叠。

考察有限长指数序列 $x_0[n]=a^n(u[n]-u[n-M])$ 的单边周期延拓

$$x_u[n]=x_0[n]+x_0[n-N]+x_0[n-2N]+\cdots$$

当 $M\leqslant N$ 时，上述 $x_u[n]$ 一定为周期序列。将 $x_0[n]$ 稍加变形

$$x_0[n]=a^nu[n]-a^nu[n-M]=a^nu[n]-a^Ma^{n-M}u[n-M]$$

利用位移性质，有

$$X_0(z)=\frac{1}{1-az^{-1}}-a^M\frac{1}{1-az^{-1}}z^{-M}=\frac{1-(az^{-1})^M}{1-az^{-1}}$$

即 $$x_0[n]=a^n(u[n]-u[n-M])\overset{\mathscr{Z}}{\longleftrightarrow}X_0(z)=\frac{1-(az^{-1})^M}{1-az^{-1}} \tag{6-60}$$

由式（6-57）知对应的单边周期序列的 z 变换为

$$x_u[n]=\sum_{m=0}^{\infty}x_0[n-mN]\overset{\mathscr{Z}}{\longleftrightarrow}X_u(z)=\frac{1-(az^{-1})^M}{1-az^{-1}}\cdot\frac{1}{1-z^{-N}}\quad（|z|>1） \tag{6-61}$$

最后考察一下上两式的收敛域问题。因 $x_0[n]$ 为有限长右边单边序列，所以

$$X_0[z]=x_0[0]+x_0[1]z^{-1}+\cdots+x_0[M-1]z^{-(M-1)} \tag{6-62}$$

即其收敛域应为 $z\neq 0$（收敛域为除坐标原点外的整个 z 平面）。从表面上看，式（6-60）$X_0(z)$ 的收敛域似乎不是 $z\neq 0$。其实，式（6-60）分子中含有分母中（$1-az^{-1}$）因子，约去后将与式（6-62）相同。由于 $X_0(z)$ 的收敛域为 $z\neq 0$，而 $1+z^{-N}+z^{-2N}+\cdots$ 的收敛条件为 $|z|>1$（$|z^{-N}|<1$），式（6-61）中 $X_u(z)$ 的收敛域为两者交集，即 $|z|>1$。

6.2 系统响应的 z 域求解

系统输出响应求解是信号与系统的基本问题之一，单边序列 z 变换的一个重要应用是离散时间系统输出响应的求解。为使符号简洁，在本小节讨论响应求解的过程中，序列的下标 u 均省略，均指单边序列及 z 域函数。

由第 2 章时域分析知，LTI 系统的零状态响应为

$$y[n]=x[n]*h[n] \tag{6-63}$$

上式进行 z 变换，并利用 z 变换的时域卷积性质，则有

$$Y(z)=X(z)H(z) \tag{6-64}$$

由此，可以形成离散时间系统响应 z 域求解的基本思路和步骤：

（1）由 $x[n]$ 和 $h[n]$ 求得 $X(z)$ 和 $H(z)$；

（2）求 $Y(z)=X(z)H(z)$；

（3）求逆 z 变换 $y[n]=\mathscr{Z}^{-1}\{Y(z)\}$。

下面针对两种主要的系统描述形式，介绍相应的具体求解方法。

6.2.1 差分方程描述系统的响应求解

这里的系统响应求解模型和图 5.5 所示的完全类似，不同的是现在考虑的是离散时间系统（不再另外绘图）。离散时间的这一求解模型包含两个假定：

（1）系统输入假定为单边序列，在 $n<0$ 时刻 $x[n]$ 对系统的激励为零，即

$$x[-1]=x[-2]=\cdots=0 \tag{6-65}$$

（2）系统输出假定为双边序列，因为系统在 $n<0$ 时刻可能由内部储能产生非零输出，即当系统有内部储能时

$$y[-1]\neq 0, y[-2]\neq 0\cdots \tag{6-66}$$

下面通过例子说明差分方程描述系统的 z 域表示和响应求解。

【例 6-21】 设描述系统的方程为

$$a_0 y[n] + a_1 y[n-1] + a_2 y[n-2] = b_0 x[n] + b_1 x[n-1]$$

本例用 z 变换的位移性质将其转变为 z 域表示。

【解】 利用位移性质式（6-17），方程两边进行<u>单边序列 z 变换</u>，并代入初始条件假定式（6-65）和式（6-66），则有

$$a_0 Y(z) + a_1 z^{-1}[Y(z) + y[-1]z] + a_2 z^{-2}[Y(z) + zy[-1] + y[-2]z^2] = b_0 X(z) + b_1 z^{-1} X(z)$$

整理得

$$Y(z) = \underbrace{\frac{b_0 + b_1 z^{-1}}{a_0 + a_1 z^{-1} + a_2 z^{-2}} X(z)}_{\text{零状态响应}} + \underbrace{\frac{-(a_1 y[-1] + a_2 y[-2]) - a_2 y[-1] z^{-1}}{a_0 + a_1 z^{-1} + a_2 z^{-2}}}_{\text{零输入响应}} \tag{6-67}$$

上式为差分方程系统 z 域求解的基本形式。第一项只与输入有关，与系统的初始储能无关，因此该项是系统的零状态响应；第二项只与系统初始储能有关，与输入无关，因此该项是系统的零输入响应。

上式第一项与式（6-64）比较可知，该系统的 $H(z)$ 为

$$H(z) = \frac{b_0 + b_1 z^{-1}}{a_0 + a_1 z^{-1} + a_2 z^{-2}} \tag{6-68}$$

可以看到，$H(z)$ 可以直接根据差分方程写出，其分子分母多项式的系数即为原差分方程两边的系数。

【例毕】

【例 6-22】 已知差分方程为 $y[n] - \frac{1}{2} y[n-1] = x[n]$，$x[n] = u[n]$，$y[-1] = 1$。求系统的完全响应，并指出零状态响应和零输入响应。

【解】 方程两边进行单边序列 z 变换，并整理得

$$Y(z) = \underbrace{\frac{1}{1 - \frac{1}{2} z^{-1}} X(z)}_{\text{零状态响应}} + \underbrace{\frac{\frac{1}{2} y[-1]}{1 - \frac{1}{2} z^{-1}}}_{\text{零输入响应}}$$

将 $X(z) = \frac{z}{z-1}$ 和 $y[-1] = 1$ 代入有

$$Y(z) = \frac{z}{z - \frac{1}{2}} \cdot \frac{z}{z-1} + \frac{\frac{1}{2} z}{z - \frac{1}{2}}$$

部分分式展开

$$Y(z) = -\frac{z}{z - \frac{1}{2}} + 2\frac{z}{z-1} + \frac{1}{2}\frac{z}{z - \frac{1}{2}}$$

求逆 z 变换得

$$y[n] = \underbrace{-\left(\frac{1}{2}\right)^n u[n] + 2u[n]}_{\text{零状态响应}} + \underbrace{\frac{1}{2}\left(\frac{1}{2}\right)^n u[n]}_{\text{零输入响应}} = \left[2 - \left(\frac{1}{2}\right)^{n+1}\right] u[n]$$

【例毕】

6.2.2 方框图描述系统的响应求解

差分方程描述的离散时间系统也可转化为系统方框图描述，在 2.4.2 节已作过相关介绍。实际应用中常常用方框图描述一个离散时间系统，直观且便于硬件实现。方框图描述系统的 z 域求解方法与上一小节介绍内容的基本相同，主要问题是如何根据系统方框图建立 z 域方程。

【例 6-23】 求图 6.7 所示系统的 z 域方程，系统无初始储能。

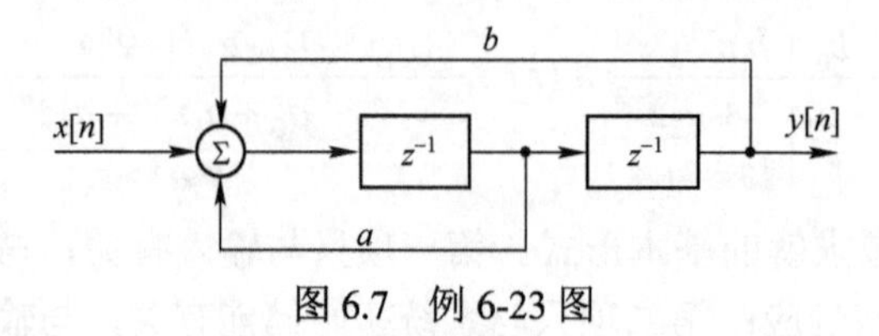

图 6.7 例 6-23 图

【解】如果要根据方框图列写方程，首先需弄清延时单元输出端的信号表示，然后在求和器输出端和系统输出端列方程，必要的情况下增设中间变量，然后消除中间变量。对于本题，假设求和器输出端为 $v[n]$，则可列写如下方程

$$v[n]=av[n-1]+bv[n-2]+x[n]$$

$$y[n]=v[n-2]$$

方程两边进行单边序列 z 变换得

$$V(z)=az^{-1}V(z)+bz^{-2}V(z)+X(z)$$

$$Y(z)=z^{-2}V(z)$$

消去 $V(z)$ 可得

$$Y(z)=\frac{z^{-2}}{1-az^{-1}-bz^{-2}}X(z) \quad 或 \quad H(z)=\frac{z^{-2}}{1-az^{-1}-bz^{-2}}$$

有了上述 z 域方程，求解响应的过程则和前面相同。

当系统方框图比较复杂时，求系统函数并不一定容易。可以阅读其他文献中有关信号流图和梅森公式的相关内容。

【例毕】

*6.2.3 完全响应的分解及响应分量的 z 域求解

系统的输出源于系统的输入和激励加入前的系统储能，在两者共同作用下产生的输出称为完全响应。由于系统输出对这两种作用是线性可加的[参见式（6-67）]，因此完全响应可以分解为零状态响应和零输入响应，即

$$\underbrace{y[n]}_{\text{完全响应}} = \underbrace{y_{zi}[n]}_{\substack{\text{零输入响应}\\\text{初始储能的作用}}} + \underbrace{y_{zs}[n]}_{\substack{\text{零状态响应}\\\text{外界激励的作用}}} \tag{6-69}$$

下标 zi 表示 zero-input（零输入），zs 表示 zero-state（零状态）。

在差分方程的时域经典解法中（本书未介绍），方程的完全解 $y[n]$ 是由齐次差分方程的通解和非齐次方程的特解构成，通解和特解被分别称为自由响应和强迫响应，即

$$\underbrace{y[n]}_{\text{完全响应}} = \underbrace{y_{\text{nr}}[n]}_{\substack{\text{自由响应}\\ \text{齐次方程通解}}} + \underbrace{y_{\text{fr}}[n]}_{\substack{\text{强迫响应}\\ \text{非齐次方程特解}}} \tag{6-70}$$

在引入差分方程的 z 域求解后，自由响应和强迫响应的划分变得更为简单和清晰。由式（6-67）的 z 域完全响应表达式可以看到，$Y(z)$ 包含两部分极点，即系统 $H(z)$ 的极点和激励 $X(z)$ 的极点。总响应是由各极点贡献的响应分量构成的，其中 $H(z)$ 各极点贡献的响应分量总和即为自由响应，$X(z)$ 各极点贡献的响应分量总和即为强迫响应。因此上式又可表述为

$$\underbrace{y[n]}_{\text{完全响应}} = \underbrace{y_{\text{nr}}[n]}_{\substack{\text{自由响应}\\ H(z)\text{极点逆变换}}} + \underbrace{y_{\text{fr}}[n]}_{\substack{\text{强迫响应}\\ X(z)\text{极点逆变换}}} \tag{6-71}$$

下标 nr 表示 natural response（自由响应），fr 表示 forced response（强迫响应）。

需要特别强调的是，上式中第一项"$H(z)$极点逆变换"还包括式（6-69）右端第二项零状态响应的一部分。也就是说，自由响应由两部分构成，即全部的零输入响应和部分零状态响应。强迫响应只是零状态相应的一部分。

由例 6-22 的响应求解结果可以看到，输出响应的一部分随着 $n\to\infty$ 而趋于 0，例如 $y[n]=2u[n]-2^{-(n+1)}u[n]$ 中的 $-2^{-(n+1)}u[n]$ 项，这部分响应被称作暂态响应，余下部分称为稳态响应（注意：这仅仅是个定义问题，未趋于 0 的部分未必是"稳"态的），即

$$\underbrace{y[n]}_{\text{完全响应}} = \underbrace{y_{\text{tr}}[n]}_{\substack{\text{暂态响应}\\ \text{当}n\to\infty\text{时趋于零}}} + \underbrace{y_{\text{sr}}[n]}_{\substack{\text{稳态响应}\\ \text{其余分量}}} \tag{6-72}$$

下标 tr 表示 transient response（暂态响应），sr 表示 steady-state response（稳态响应）。

由逆 z 变换的求解可知，当极点处于单位圆内时，对应的响应分量一定是衰减的，且有 $n\to\infty$ 时响应趋于 0。因此上式又可以表述为

$$\underbrace{y[n]}_{\text{完全响应}} = \underbrace{y_{\text{tr}}[n]}_{\substack{\text{暂态响应}\\ \text{单位圆内极点逆变换}}} + \underbrace{y_{\text{sr}}[n]}_{\substack{\text{稳态响应}\\ \text{其余极点逆变换}}} \tag{6-73}$$

【例 6-24】 本例和例 6-22 相同，本例用以说明各响应分量的 z 变换求解方法。例 6-22 的差分方程、系统输入和系统初始状态重新列写如下：

$$y[n]-\frac{1}{2}y[n-1]=x[n]，\ x[n]=u[n]，\ y[-1]=1$$

【解】 本例的目的是说明每个响应分量的求解过程，以加深对各响应分量的概念理解。因此本例的求解将针对每一个响应分量展开，重点是自由响应和强迫响应的求解。

（1）零状态响应的求解

此时的求解条件为 $y[n]-\frac{1}{2}y[n-1]=x[n]$，$x[n]=u[n]$，$y[-1]=0$。

注意初始状态值为零，在此条件下按照例 6-22 给出的步骤求解即可。

（2）零输入响应的求解

此时的求解条件变为 $y[n]-\frac{1}{2}y[n-1]=0$，$y[-1]=1$。

注意方程右端置为零，在此条件下按照例 6-22 给出的步骤即可。

（3）自由响应的求解

自由响应与初始储能和激励均有关，所以自由响应的求解条件为

$$y[n]-\frac{1}{2}y[n-1]=x[n]，\quad x[n]=u[n]，\quad y[-1]=1$$

它和完全响应的求解条件是相同的，区别在于需要“剔除” $X(z)$ 极点所对应的分量。对于本例，由例 6-22 求解知完全响应为

$$Y(z)=-\frac{z}{z-\frac{1}{2}}+2\frac{z}{z-1}+\frac{1}{2}\frac{z}{z-\frac{1}{2}}$$

剔除 $X(z)$ 的极点后的自由响应为

$$Y_{\rm nr}(z)=-\frac{z}{z-\frac{1}{2}}+\frac{1}{2}\frac{z}{z-\frac{1}{2}}=-\frac{1}{2}\frac{z}{z-\frac{1}{2}}$$

所以自由响应为

$$y_{\rm nr}[n]=-\frac{1}{2}\left(\frac{1}{2}\right)^n u[n]=-\left(\frac{1}{2}\right)^{n+1}u[n]$$

（4）强迫响应的求解

此时的求解条件为 $y[n]-\frac{1}{2}y[n-1]=x[n]$，$x[n]=u[n]$，$y[-1]=0$。

它和零状态响应的求解条件相同，区别在于只需“保留”零状态响应中 $X(z)$ 极点所对应的分量。参见例 6-22 的求解，由于

$$Y(z)=-\frac{z}{z-\frac{1}{2}}+2\frac{z}{z-1}+\frac{1}{2}\frac{z}{z-\frac{1}{2}}，\quad Y_{\rm zs}(z)=-\frac{z}{z-\frac{1}{2}}+2\frac{z}{z-1}，\quad Y_{\rm fr}(z)=2\frac{z}{z-1}$$

所以强迫响应为

$$y_{\rm fr}[n]=2u[n]$$

（5）暂态响应的求解

此时的求解条件为 $y[n]-\frac{1}{2}y[n-1]=x[n]$，$x[n]=u[n]$，$y[-1]=1$。

它和完全响应的求解条件相同，区别在于只需“保留”完全响应 $Y(z)$ 中单位圆内极点所对应的分量。对于本例，由于完全响应为

$$Y(z)=-\frac{z}{z-\frac{1}{2}}+2\frac{z}{z-1}+\frac{1}{2}\frac{z}{z-\frac{1}{2}}$$

保留单位圆内的极点得暂态响应

$$Y_{\rm tr}(z)=-\frac{z}{z-\frac{1}{2}}+\frac{1}{2}\frac{z}{z-\frac{1}{2}}=-\frac{1}{2}\frac{z}{z-\frac{1}{2}}$$

所以暂态响应为

$$y_{\rm tr}[n]=-\frac{1}{2}\left(\frac{1}{2}\right)^n u[n]=-\left(\frac{1}{2}\right)^{n+1}u[n]$$

（6）稳态响应的求解

此时的求解条件为 $y[n]-\frac{1}{2}y[n-1]=x[n]$，$x[n]=u[n]$，$y[-1]=1$。

它和完全响应的求解条件相同，区别在于需“剔除”完全响应 $Y(z)$ 中单位圆内极点所对应的分量。由于完全响应为

$$Y(z)=-\frac{z}{z-\frac{1}{2}}+2\frac{z}{z-1}+\frac{1}{2}\frac{z}{z-\frac{1}{2}}$$

剔除单位圆内的极点得稳态响应

$$Y_{sr}(z)=2\frac{z}{z-1}$$

所以稳态响应为

$$y_{sr}[n]=2u[n]$$

可以看到，完全响应的三种分解是从不同角度提出的，但六种响应分量之间存在相互的关系。这种关系留给读者自己分析和总结。

【例毕】

6.3　系统的 z 域分析

6.3.1　系统函数与系统特性

1．因果系统的系统函数

因果系统的冲激响应必须是单边序列，即对于任意 n 值有下式成立

$$h_u[n]=h[n]u[n] \tag{6-74}$$

上式两边进行 z 变换得

$$H_u(z)=\mathscr{Z}\{h_u[n]\}=\mathscr{Z}\{h[n]u[n]\} \tag{6-75}$$

$H_u(z)$ 称为因果系统的系统函数。应用中的系统函数通常具有如下两个性质。

（1）系统函数一般为有理分式，即

$$H_u(z)=\frac{B(z)}{A(z)}=\frac{b_0+b_1z^{-1}+\cdots+b_Mz^{-M}}{a_0+a_1z^{-1}+\cdots+a_Nz^{-N}} \tag{6-76}$$

其中多项式的系数一般为实数。对于差分方程描述的系统，上式分母和分子多项式的系数分别为差分方程左端和右端的系数，参见例 6-21 和式（6-68）。

注意，为了和差分方程系数有正确对应关系，式（6-76）采用了 z^{-1} 多项式。

（2）当 $H_u(z)$ 的收敛域包含 z 平面单位圆时，系统的频率响应函数可由 $H_u(z)$ 确定，即

$$H_u(e^{j\Omega})=H_u(z)\big|_{z=e^{j\Omega}} \tag{6-77}$$

稍后将说明，因果稳定系统的 $H_u(z)$ 其收敛域一定包含单位圆。

2．非因果系统的系统函数

非因果系统的冲激响应 $h[n]$ 为双边序列，其双边序列 z 变换定义为系统函数

$$H(z)=\mathscr{Z}\{h[n]\} \tag{6-78}$$

对于非因果系统，式（6-76）和式（6-77）的两个基本性质也是成立的，但后面主要讨论因果系统的系统函数。

3．$H_u(z)$极点位置与 $h_u[n]$波形之间的关系

将 $H_u(z)$ 进行部分分式展开

$$H_u(z)=\underbrace{\sum_i \frac{K_i}{1-p_i z^{-1}}}_{\text{单阶极点}}+\underbrace{\sum_i \frac{K_j}{(1-p_j z^{-1})^2}}_{\text{二阶极点}}+\underbrace{\cdots\cdots}_{\text{高阶极点}} \tag{6-79}$$

从逆 z 变换的求解过程和典型右边单边序列的 z 变换可知，上式中极点位置和阶数的不同，所对应的时域序列将具有不同的形式，如图 6.8 所示。

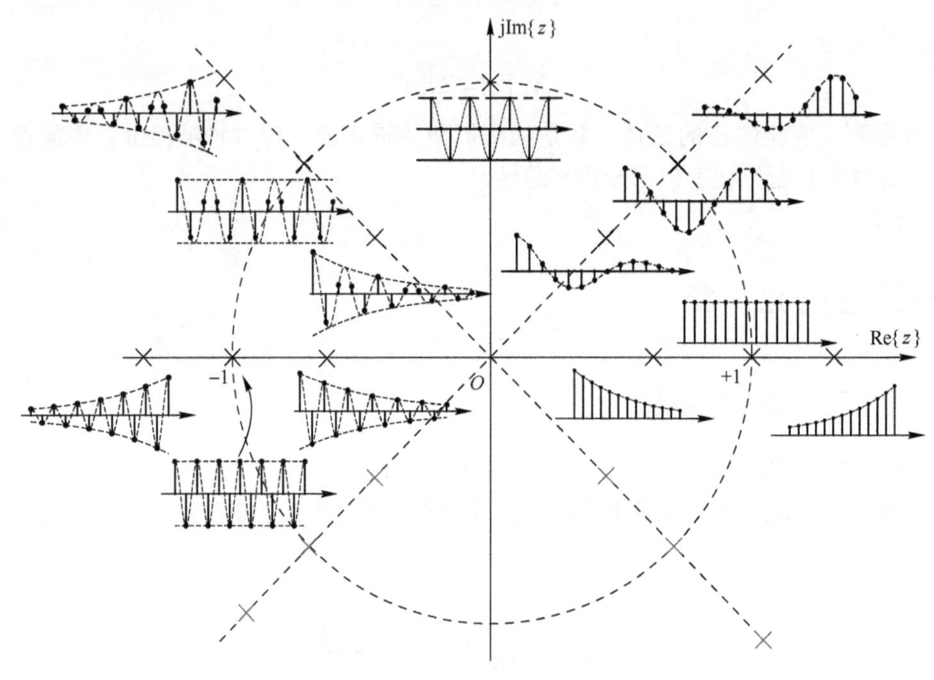

图 6.8　$H(z)$极点位置与 $h[n]$形状的关系

从图 6.8 形成如下重要结论：

（1）若极点位于 z 平面单位圆内（不包括单位圆），无论是单重极点还是多重极点，$h_u[n]$ 中与该极点对应的子序列具有指数衰减特征。

（2）若极点位于 z 平面单位圆外（不包括单位圆），无论是单重极点还是多重极点，$h_u[n]$ 中与该极点对应的子序列具有指数增长特征。

（3）若极点位于 z 平面单位圆上且为单阶极点，$h_u[n]$ 中与该极点对应的子序列具有恒幅特征；若极点位于 z 平面单位圆上但为多重极点，$h_u[n]$ 中与该极点对应的子序列具有增幅特征。

（4）正实轴上的极点不产生振荡或交替变化，负实轴上的极点产生正负交替变化，共轭复数极点产生正弦振荡。

4．因果稳定系统的极点分布

因果系统未必是稳定的，稳定系统未必是因果的。但根据前面的讨论可知：

因果稳定系统 $H_u(z)$ 的所有极点位于 z 平面单位圆内；

因果不稳定系统 $H_u(z)$ 含有 z 平面单位圆外的极点或单位圆上的高阶极点；

临界稳定系统 $H_u(z)$ 在单位圆上有一阶极点但无高阶极点和单位圆外极点。

按照 BIBO 稳定性定义，临界稳定系统属于不稳定系统。不难理解，系统的极点越靠近单位圆，系统的稳定性越差。

图 6.8 的结论及上述关于离散时间因果稳定性的结论与连续时间是相同的，只是将 s 平面虚轴对应于 z 平面单位圆。

【例 6-25】 考察系统 $H(z)=\dfrac{z^3-2z^2+z}{z^2+2z+1}$ 的因果性。

【解】 对于因果系统有 $H(z)=h[0]+h[1]z^{-1}+h[2]z^{-2}+\cdots$，因此必有

$$\lim_{z\to\infty} H(z)=h[0]<\infty$$

而本题系统函数有 $H(\infty)\to\infty$，因此为非因果系统。

因此，因果系统 $H(z)$ 分子多项式的幂次一定不高于（至多等于）分母多项式的幂次。

【例毕】

【例 6-26】 考察图 6.9 所示系统的闭环稳定性，其中

$$H_1(z)=\frac{1}{(1-0.5z^{-1})(1-2z^{-1})}\;;\quad H_2(z)=K$$

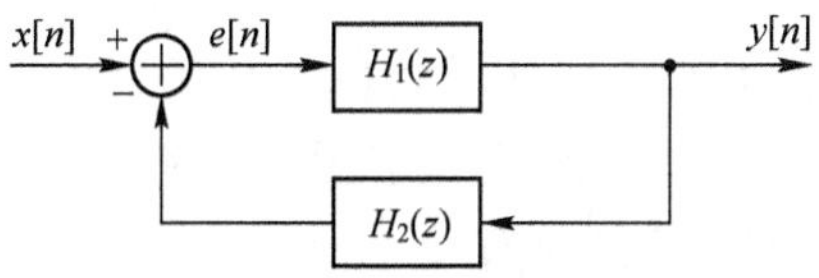

图 6.9　负反馈系统

【解】 这是一个典型的带有反馈支路的系统结构，一般称 $H_1(z)$ 为前向支路传输函数或开环系统函数，$H_2(z)$ 为反馈支路传输函数，整个系统的输出输入比 $H(z)=Y(z)/X(z)$ 称为闭环系统函数。

在加法器输出端和整个系统输出端列方程，则有

$$E(z)=X(z)-Y(z)H_2(z)$$

$$Y(z)=E(z)H_1(z)$$

消去 $E(z)$ 可得闭环系统函数为

$$H(z)=\frac{Y(z)}{X(z)}=\frac{H_1(z)}{1+H_1(z)H_2(z)} \tag{6-80}$$

上式为闭环系统函数的标准形式。代入题给 $H_1(z)$ 和 $H_2(z)$ 得

$$H(z)=\frac{\dfrac{1}{(1-0.5z^{-1})(1-2z^{-1})}}{1+\dfrac{K}{(1-0.5z^{-1})(1-2z^{-1})}}=\frac{z^2}{(K+1)z^2-2.5z+1}$$

由求根公式可知系统的两个极点为

$$p_{1,2}=\frac{2.5\pm\sqrt{2.5^2-4(K+1)}}{2(K+1)}$$

如果要求闭环系统稳定，则要求 $|p_{1,2}|<1$。

（1）当有两个实数根时 $2.5^2-4(K+1)\geqslant 0$，且要求

$$\frac{2.5+\sqrt{2.5^2-4(K+1)}}{2(K+1)}<1,\quad \frac{2.5-\sqrt{2.5^2-4(K+1)}}{2(K+1)}>-1$$

化简得 $\frac{9}{16}\geqslant K>\frac{1}{2}$ 或 $K<-\frac{9}{2}$。

（2）当有两个共轭复根时 $2.5^2-4(K+1)<0$，且要求

$$\left|\frac{2.5\pm \mathrm{j}\sqrt{4(K+1)-2.5^2}}{2(K+1)}\right|<1$$

化简得 $K>\frac{9}{16}$。

综上，K 的取值范围为 $K>\frac{1}{2}$ 或 $K<-\frac{9}{2}$。

【例毕】

6.3.2 系统函数与系统频率响应特性

1．$H(z)/H_u(z)$ 和 $H(\mathrm{e}^{\mathrm{j}\Omega})$ 的关系

与连续时间系统类似，数字信号处理通常也是从频域角度考虑的，关注哪些频率分量应该保留，哪些频率分量应该滤除，系统函数和系统频率响应之间的关系也有类似的结论。当系统函数的收敛域包含 z 平面单位圆时有

$$H(\mathrm{e}^{\mathrm{j}\Omega})=H(z)\big|_{z=\mathrm{e}^{\mathrm{j}\Omega}},\quad H_u(\mathrm{e}^{\mathrm{j}\Omega})=H_u(z)\big|_{z=\mathrm{e}^{\mathrm{j}\Omega}} \tag{6-81}$$

因果稳定系统的系统函数，其收敛域包含单位圆。

注意：式（6-81）事实上给出的是 DTFT 和 z 变换之间的数学函数关系，因此将其中 H 换为 X，同样成立。

2．频率响应函数的 z 平面矢量计算

系统函数可用零极点表示如下（假定 $N\geqslant M$，将 z^{-1} 多项式变换为 z 多项式后分子的阶次记为 M'）

$$H(z)=\frac{b_0+b_1z^{-1}+\cdots+b_Mz^{-M}}{a_0+a_1z^{-1}+\cdots+a_Nz^{-N}}=K\frac{\prod\limits_{i=1}^{M'}(z-z_i)}{\prod\limits_{i=1}^{N}(z-p_i)}$$

上式中令 $z=\mathrm{e}^{\mathrm{j}\Omega}$，可以获得系统的频率响应函数

$$H(\mathrm{e}^{\mathrm{j}\Omega})=K\frac{\prod\limits_{i=1}^{M'}(\mathrm{e}^{\mathrm{j}\Omega}-z_i)}{\prod\limits_{i=1}^{N}(\mathrm{e}^{\mathrm{j}\Omega}-p_i)} \tag{6-82}$$

如果复平面上的一点用一个始于坐标原点的矢量表示，则极点因子 $(\mathrm{e}^{\mathrm{j}\Omega}-p_i)$ 可以用点 p_i 指向点 $\mathrm{e}^{\mathrm{j}\Omega}$ 的矢量表示，如图 6.10(a)所示，零点因子 $(\mathrm{e}^{\mathrm{j}\Omega}-z_i)$ 具有类似的几何意义。因此 $H(\mathrm{e}^{\mathrm{j}\Omega})$ 的模和幅角可以用这些矢量的模和幅角计算如下

$$H(e^{j\Omega})=|H(e^{j\Omega})|e^{j\varphi(\Omega)}，\quad |H(e^{j\Omega})|=K\frac{\prod_{i=1}^{M'}B_i}{\prod_{i=1}^{N}A_i}，\quad \varphi(\Omega)=\sum_{i=1}^{M'}\psi_i-\sum_{i=1}^{N}\theta_i \tag{6-83}$$

式中 A_i 和 θ_i 是极点因子矢量的模和幅角，B_i 和 ψ_i 是零点矢量因子的模和幅角，参见图 6.10(b)。

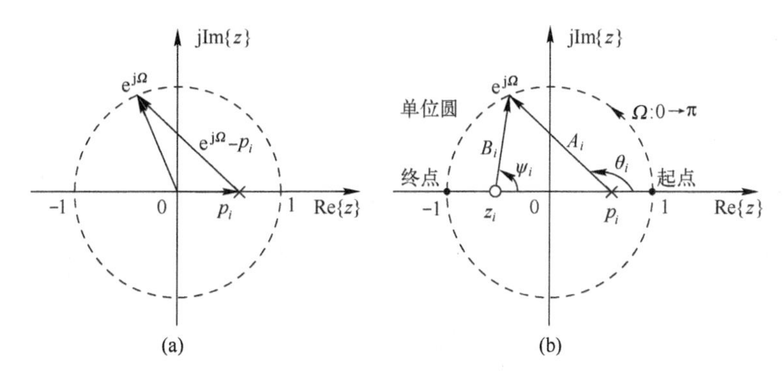

图 6.10　频率响应特性的矢量计算

$H(e^{j\Omega})$ 为 Ω 周期函数且周期为 2π，但最高数字角频率为 π，因此从 $\Omega=0$ 开始逐渐变化到 $\Omega=\pi$，逐点按照式（6-83）计算，则可获得 $H(e^{j\Omega})$ 的幅频特性和相频特性。应用中通常是考察 Ω 的几个关键点，大致判定 $|H(e^{j\Omega})|$ 的整体变化趋势，以确定系统具有低通、高通还是带通特性。

3．典型离散单元的频率响应特性

1）单位延时单元

由第 2 章图 2.23～图 2.29 可以看到，单位延时单元 z^{-1} 是离散时间系统最基本单元，也是离散时间系统实现的重要单元，即便该系统不是基于差分方程描述的。由 $H(z)=z^{-1}=\dfrac{1}{z}$ 可知，延时单元系统具有一个位于坐标原点的极点，如图 6.11(a)所示。按照图 6.10(b)所示的计算原理，可知延时单元具有 $|H(e^{j\Omega})|=1$ 的全通特性。事实上，通过 $H(e^{j\Omega})=H(z)|_{z=e^{j\Omega}}=e^{-j\Omega}$ 易知 $|H(e^{j\Omega})|=1$，如图 6.11(b)所示。延时单元的输入输出关系为 $y[n]=x[n-1]$（$Y(z)=z^{-1}X(z)$，$H(z)=z^{-1}$），即延时单元是一个理想传输系统。

了解上述结论的意义在于：明确了 z^{-1} 单元不会改变输入信号的频率特性。但需注意的是，连续时间系统中 $H(s)=s^{-1}$ 不是全通系统或理想传输系统，是积分系统。

2）典型一阶、二阶实数极点系统

由逆变换求解过程知道，$H(z)=1/(1-az^{-1})=z/(z-a)$ 是最典型的一阶离散时间系统，其零极点分布如图 6.11(c)所示。由几何关系已知

$$当\ \Omega=0\ 时，|H(e^{j0})|=\frac{B_1}{A_1}=\frac{1}{1-a}；\quad 当\ \Omega=\pi\ 时，|H(e^{j\pi})|=\frac{1}{1+a}$$

并且极点矢量的长度 A_1 在 $\Omega=0$ 最短，在 $\Omega=\pi$ 最长，因此该系统具有低通特征，如图 6.11(d)所示。a 越接近于 1，$|H(e^{j\Omega})|$ 的动态范围越大，曲线越陡峭。

二阶系统 $z/(z-a)^2$ 是常见的二阶重极点系统（参见表 6.1），容易推知，它也是一个低

通系统，只是幅频特性曲线更陡峭一点。

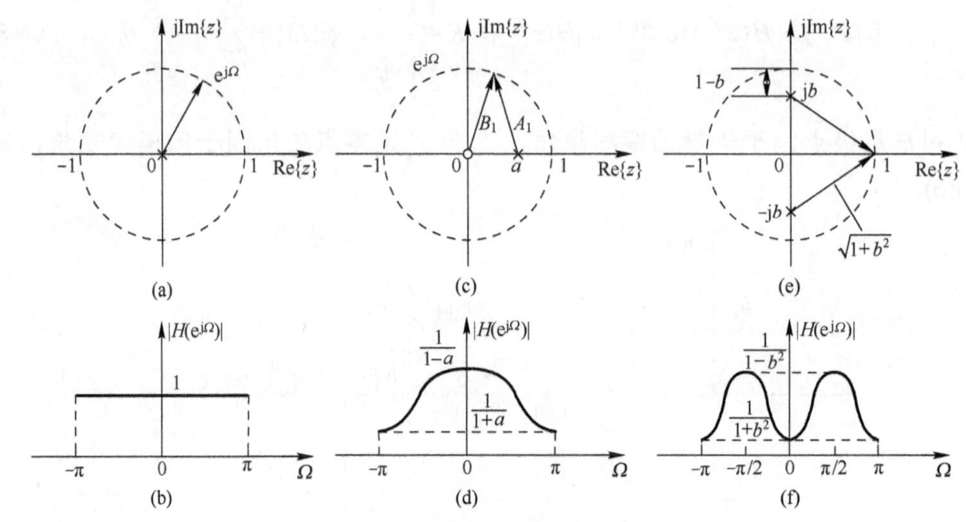

图 6.11 典型单元幅频特性举例

3）二阶复数极点系统

$H(z)=\dfrac{1}{z^2+b^2}=\dfrac{1}{(z-\mathrm{j}b)(z+\mathrm{j}b)}$ 是一个构造的二阶共轭复极点系统，其极点分布如图 6.11(e)所示。由几何关系已知

$$当\ \Omega=0\ 和\ \Omega=\pi\ 时，|H(\mathrm{e}^{\mathrm{j}\Omega})|=\frac{1}{1+b^2}；当\ \Omega=\pm\frac{\pi}{2}\ 时，|H(\mathrm{e}^{\mathrm{j}\Omega})|=\frac{1}{1-b^2}$$

$|H(\mathrm{e}^{\mathrm{j}\Omega})|$ 呈现带通特性，如图 6.11(f)所示。

*6.3.3 全通系统和最小相位系统

1．全通系统

根据图 6.10 所示 $H(\mathrm{e}^{\mathrm{j}\Omega})$ 的 z 平面矢量计算原理，可以按照图 6.12 示意的零极点分布规则构造出 $|H(\mathrm{e}^{\mathrm{j}\Omega})|=1$ 的全通系统，其零极点分布特征为：

（1）所有极点位于单位圆内，零点位于单位圆外，从而保证系统稳定性。

（2）对每个 $p_i\neq 0$ 的单位圆内极点存在一个单位圆外零点 z_i 使 $|z_i|\cdot|p_i|=1$。

$p_i=0$ 时，例如前面讨论的延时单元 $H(z)=1/z$ 本身是一个全通系统。

（3）复数零点和极点均共轭成对出现。

图 6.12 所示系统具有 $|H(\mathrm{e}^{\mathrm{j}\Omega})|$ 为常数的特征，因此为全通系统。不难推知，零极点成对增加时系统仍然为全通系统。

【证明】图 6.12 为全通系统。

证法一 用图 6.12 所示的零极点可以构造如下的系统函数：

$$H(z)=\frac{z-z_1^*}{z-p_1}\cdot\frac{z-z_1}{z-p_1^*}$$

$$=\frac{1-\dfrac{1}{p_1^*}z^{-1}}{1-p_1z^{-1}}\cdot\frac{1-\dfrac{1}{p_1}z^{-1}}{1-p_1^*z^{-1}}\quad [分子分母同除以\ z；令\ z_1=1/p_1，\ z_1^*=1/p_1^*]$$

$$=\frac{-1}{p_1^*}\cdot\frac{-1}{p_1}\cdot\frac{z^{-1}-p_1^*}{1-p_1z^{-1}}\cdot\frac{z^{-1}-p_1}{1-p_1^*z^{-1}} \qquad [提取 -1/p_1^* 和 -1/p_1]$$

$$H(e^{j\Omega})=H(z)\big|_{z=e^{j\Omega}}=\frac{1}{|p_1|^2}\cdot\frac{e^{-j\Omega}-p_1^*}{1-p_1e^{-j\Omega}}\cdot\frac{e^{-j\Omega}-p_1}{1-p_1^*e^{-j\Omega}}$$

$$=\frac{e^{-j2\Omega}}{r^2}\cdot\frac{1-re^{-j\theta}e^{j\Omega}}{1-re^{j\theta}e^{-j\Omega}}\cdot\frac{1-re^{j\theta}e^{j\Omega}}{1-re^{-j\theta}e^{-j\Omega}} \qquad [设 p_1=re^{j\theta} 则 p_1^*=re^{-j\theta}；提取 e^{-j\Omega}]$$

$$=\frac{e^{-j2\Omega}}{r^2}\cdot\frac{1-re^{j(\Omega-\theta)}}{1-re^{-j(\Omega-\theta)}}\cdot\frac{1-re^{j(\Omega+\theta)}}{1-re^{-j(\Omega+\theta)}}$$

$$|H(e^{j\Omega})|=\left|\frac{e^{-j2\Omega}}{r^2}\right|\cdot\left|\frac{1-re^{j(\Omega-\theta)}}{1-re^{-j(\Omega-\theta)}}\right|\cdot\left|\frac{1-re^{j(\Omega+\theta)}}{1-re^{-j(\Omega+\theta)}}\right|$$

$$=\frac{1}{r^2}\cdot\left|\frac{X}{X^*}\right|\cdot\left|\frac{Y}{Y^*}\right| \qquad [令 X=1-re^{j(\Omega-\theta)}，Y=1-re^{j(\Omega+\theta)}]$$

$$=\frac{1}{r^2} \qquad [共轭复数模相等]$$

证法二　用平面几何证明。从图 6.10 幅频特性的矢量模计算原理看，如果图 6.12 是全通系统，一定应该有矢量长度 B_1/A_1=常数，即从平面几何应该可以证明 B_1/A_1=常数。

为了表述三角形，记坐标原点为 o，单位圆上的任意频点记为 Ω。$\triangle o\Omega z_1$ 和 $\triangle op_1\Omega$ 共用 $\angle z_1o\Omega$，同时该角的对应边呈比例

$$\frac{oz_1}{o\Omega}=\frac{|z_1|}{1}=\frac{1}{|p_1|}=\frac{o\Omega}{op_1} \qquad [因为有 |z_i|\cdot|p_i|=1]$$

所以 $\triangle o\Omega z_1$ 和 $\triangle op_1\Omega$ 是相似三角形，其第三边也呈比例，即有

$$\frac{B_1}{A_1}=\frac{1}{|p_1|}=\frac{1}{r} \qquad [为与角频率 \Omega 无关的常数]$$

【证毕】

另外，也还存在特殊形式的全通系统。例如，延时单元 z^{-N} 是全通系统。

无论是连续时间还是离散时间，延时电路都是理想传输系统，仅对输入信号产生延时，不产生其他信号失真。

2．最小相位系统

如果系统函数 $H(z)$ 的全部极点位于单位圆内，全部零点位于单位圆内或圆上（所有零点不出单位圆），则称该系统为最小相位系统，如图 6.13 所示。需注意的是，最小相位系统并不要求零极点数目相等。

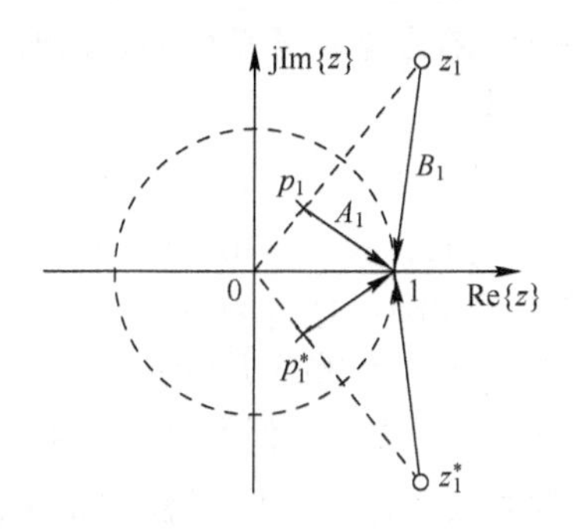

图 6.12　全通系统零极点分布特征

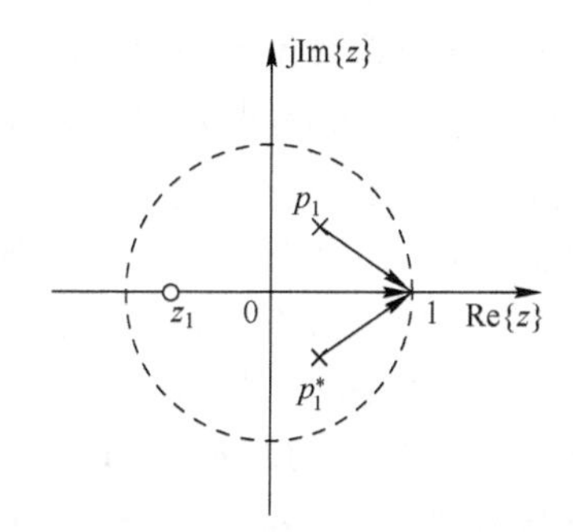

图 6.13　最小相位系统零极点分布特征

假定一个系统含有一对单位圆内共轭极点和一个单位圆外的零点，即

$$H(z)=\frac{z-z_1}{(z-p_1)(z-p_1^*)}\quad（|p_1|<1，|z_1|>1）$$

由于 $H(z)$ 存在单位圆外的零点，因此 $H(z)$ 是一个非最小相位系统（它也是非全通系统）。但是 $H(z)$ 总可以进行如下的恒等变换：

$$H(z)=\frac{(z-z_1)}{(z-p_1)(z-p_1^*)}=\underbrace{\frac{z-\dfrac{1}{z_1}}{(z-p_1)(z-p_1^*)}}_{\text{最小相位系统}}\underbrace{\frac{z-z_1}{z-\dfrac{1}{z_1}}}_{\text{全通系统}}=\underbrace{H_{\text{mp}}(z)}_{\text{最小相位}}\underbrace{H_{\text{ap}}(z)}_{\text{全通}} \tag{6-84}$$

上式表明，任一个系统总可以表示为一个最小相位系统和全通系统的乘积。式（6-84）的相位特性关系为

$$\phi(\Omega)=\phi_{\text{mp}}(\Omega)+\phi_{\text{ap}}(\Omega) \tag{6-85}$$

由于 $|H_{\text{ap}}|=K$（常数），所以 $|H(z)|=K|H_{\text{mp}}(z)|$。结合式（6-85）可以看到，最小相位的含义是在所有幅频特性等于 $|H(z)|$ 的系统中，$H_{\text{mp}}(z)$ 具有最小相位。

由于最小相位系统 $H_{\text{mp}}(z)$ 的所有零极点都位于单位圆内，其逆系统 $1/H_{\text{mp}}(z)$ 的所有零极点也位于单位圆内（只是零点变为极点，极点变为零点），即逆系统也是稳定的，且也是最小相位系统。这是最小相位系统的一个良好特性。

下标 ap 表示 all pass（全通），mp 表示 minimum phase（最小相位）。

*6.3.4 因果稳定性和可实现性

1．因果性

实际应用中大多数离散时间系统是用来处理连续时间信号的，在这类应用中离散时间系统也必须是因果的，否则信号处理的结果无法进行合理解释，时序关系也不正确。因果性要求系统的冲激响应 $h[n]$ 为右边单边信号，即

$$h[n]=0\text{，当 } n<0\ （\text{等价约束：恒有 } h_u[n]=h[n]u[n]） \tag{6-86}$$

因果性约束源于现实世界中事件发生在时间上的先后顺序约束。如果系统输出早于输入，则违反了时间上应有的合理顺序。

若 $h[n]$ 中的 n 不是现实世界的时间，则无须服从时间上的因果性约束。例如，二维数字图像滤波器 $h[m,n]$ 中 m,n 是空间坐标，则无须有时间因果性约束。

事实上，当前面讨论的连续时间冲激响应 $h(t)$ 中的 t 不为现实世界中的时间时（只是符号上用 t 表示），那么 $h(t)$ 也无须服从时间上的因果性约束。

2．稳定性

通常情况下，一个可以长时间使用的系统必须是稳定的。式（2-30）已经给出了稳定系统需要满足的条件，即绝对可和。需要注意的是，稳定性和因果性之间没有约束关系。一个稳定系统未必是因果的，例如，$h[n]$ 是双边绝对可和序列时，该系统是稳定的，但不是因果的；同样，一个因果系统未必是稳定的，例如 $h[n]$ 是右边单边序列，但不是绝对可和序列。

当离散系统用于处理连续时间模拟信号时，通常要求它是一个因果稳定系统。因果稳定系统的 $h[n]$ 必须是单边的绝对可和的，其 $H(z)$ 的所有极点必定位于单位圆内。

3．可实现性

无论是连续时间系统还是离散时间系统，系统的可实现性是指系统的冲激响应或系统函数可以用软件或硬件加以实现。可实现性受到几个方面的约束，例如在第 5 章连续时间系统中主要讨论了因果可实现性和电路可实现性因素。在离散时间系统中，因果性不再制约离散系统的可实现性，原因如下：

（1）当 $h[n]$ 不是时间函数时，系统未必一定需要受因果性约束。实际应用中，$h[n]$ 不是时间函数的情况是不足为奇的。

（2）当离散系统不需实时处理数据时，即使 $h[n]$ 是时间的函数，其当前“时刻”是算法定义的，“过去”时刻和“将来”时刻的数据都可以存在。例如，计算机中存储的双边 $h[n]$ 序列，完全可以参与 $y[n]=h[n]*x[n]$ 的计算，从而实现非因果系统，至于其计算结果是否合理可解释，是另一回事，需根据具体应用加以分析。

计算量和存储容量可能对离散系统的可实现性形成制约。例如，将连续时间理想低通滤波器的冲激响应 $h(t)=\dfrac{1}{\pi t}\sin\omega_c t$ [式（4-136）]离散化后，$h[n]=\dfrac{1}{n\pi}\sin\Omega_c n$ [式（4-137）]为无限长序列，如果不作截断处理，$y[n]=h[n]*x[n]$ 的计算有可能需要无穷次运算，存储 $h[n]$ 也需要无限大存储空间（当然，实现 $y[n]=h[n]*x[n]$ 未必一定要预先存储 $h[n]$）。

*6.4　z 变换与拉普拉斯变换

连续时间信号与系统分析和求解的有效工具是拉普拉斯变换，离散时间信号与系统分析和求解的有效工具是 z 变换，通常情况下各自独立应用即可。讨论两者之间的关系，会让原本已经很抽象的数学变换“纠缠”在一起，并非十分必要。然而，在前面的介绍中我们已经看到两个变换存在一些对应关系，例如

s 平面的虚轴 $\longleftrightarrow$ z 平面的单位圆

s 左半平面 $\longleftrightarrow$ z 平面单位圆内；s 右半平面 $\longleftrightarrow$ z 平面单位圆外

如果要揭示上述对应关系的内在原因，则有必要讨论两个变换之间的关系。

需要强调的是，前面讨论的 $H(\omega)$ 和 $H(e^{j\Omega})$ 之间的关系是非常重要的，因为它是从模拟滤波走向数字滤波的核心概念和理论基础。

6.4.1　从拉普拉斯变换到 z 变换

z 变换也可以借助抽样信号的拉普拉斯变换引出。为此，考察连续时间信号 $x(t)$ 的抽样后信号 $x_s(t)$ 的双边信号拉普拉斯变换。

$$X_s(s)=\int_{-\infty}^{\infty}[x(t)\sum_{n=-\infty}^{\infty}\delta(t-nT)]e^{-st}dt \qquad [x_s(t)=x(t)\sum_{n=-\infty}^{\infty}\delta(t-nT),T\text{ 为抽样间隔}]$$

$$=\int_{-\infty}^{\infty}[\sum_{n=-\infty}^{\infty}x(t)\delta(t-nT)]e^{-st}dt$$

$$=\int_{-\infty}^{\infty}[\sum_{n=-\infty}^{\infty}x(nT)\delta(t-nT)]e^{-st}dt \qquad [\text{利用性质 } x(t)\delta(t-t_0)=x(t_0)\delta(t-t_0)]$$

$$=\sum_{n=-\infty}^{\infty}x(nT)\int_{-\infty}^{\infty}\delta(t-nT)e^{-st}dt \qquad [\text{交换积分与求和的顺序}]$$

$$=\sum_{n=-\infty}^{\infty}x(nT)\mathrm{e}^{-Ts} \qquad [\mathscr{L}\{x(t-t_0)\}=X(s)\mathrm{e}^{-t_0 s}, \ \mathscr{L}\{\delta(t)\}=1] \tag{6-87}$$

上式中 $x(nT_s)$ 就是抽样点上的样值，隐去 T_s 的显式表示可写为 $x[n]$，若再令

$$z=\mathrm{e}^{Ts} \ \text{或} \ s=\frac{1}{T}\ln z \tag{6-88}$$

式（6-87）右端即为 $x[n]$ 的 z 变换定义式。

式（6-87）也给出了 z 变换和拉普拉斯变换之间的关系

$$\mathrm{z}\{x[n]\}=\mathscr{L}\{x_s(t)\}\Big|_{\mathrm{e}^{Ts}=z} \ \text{即} \ X(z)=X_s(s)\Big|_{s=\frac{1}{T}\ln z} \tag{6-89}$$

如果上述函数 $x(t)$ 为连续时间系统的冲激响应 $h(t)$，则有

$$H(z)=H_s(s)\Big|_{s=\frac{1}{T}\ln z} \tag{6-90}$$

6.4.2 s 平面和 z 平面之间的映射关系

将 $z=r\mathrm{e}^{\mathrm{j}\Omega}$ 和 $s=\sigma+\mathrm{j}\omega$ 代入式（6-88）中有

$$r\mathrm{e}^{\mathrm{j}\Omega}=\mathrm{e}^{T(\sigma+\mathrm{j}\omega)}=\mathrm{e}^{\sigma T}\cdot\mathrm{e}^{\mathrm{j}\omega T}$$

比较等式两端有

$$r=\mathrm{e}^{\sigma T}; \quad \Omega=\omega T \tag{6-91}$$

上式构成了 s 平面直角坐标系中一点与 z 平面极坐标系中一点之间的映射关系。

例如，s 平面实轴上一点（$\sigma=a$，$\omega=0$）代入上式得 z 平面上的点为（$r=\mathrm{e}^{aT}$，$\Omega=0$）。由于当实数 a 从 $-\infty$ 变化到 $+\infty$ 时，$r=\mathrm{e}^{aT}$ 将从 0 变化到 ∞，同时考虑到 $\omega=0$ 和 $\Omega=0$，则有

$$s\text{平面实轴}\xleftrightarrow{\text{映射}}z\text{平面正实轴}$$

又如，s 平面虚轴上一点（$\sigma=0$，$\omega=\omega_0$）代入上式得 z 平面上的点为（$r=1,\Omega=\omega_0 T$），即

$$s\text{平面虚轴}\xleftrightarrow{\text{映射}}z\text{平面单位圆}$$

按照类似的分析方法，还可以得到

$$s\text{左半平面}\xleftrightarrow{\text{映射}}z\text{平面单位圆内}$$

$$s\text{右半平面}\xleftrightarrow{\text{映射}}z\text{平面单位圆外}$$

s 平面和 z 平面的各种映射关系整理在表 6.3 中。为更清晰和直观，最后两行配以图示。

表 6.3 z 平面和 s 的映射关系

s 平面（$s=\sigma+\mathrm{j}\omega$）	z 平面（$z=r\mathrm{e}^{\mathrm{j}\Omega}$）
坐标原点（$\sigma=0,\omega=0$）	实轴上点 $z=1$
实轴（任意 σ，$\omega=0$）	正实轴（任意 r，Ω）
虚轴（$\sigma=0$，任意 ω）	**单位圆（$r=1$，任意 Ω）**
s 左半平面（$\sigma<0$，任意 ω）	**单位圆内（$r<1$，任意 Ω）**
s 右半平面（$\sigma>0$，任意 ω）	**单位圆外（$r>1$，任意 Ω）**
平行于虚轴的直线（$\sigma=\sigma_0$，任意 ω）	圆（$r=\mathrm{e}^{\sigma_0 T}$，任意 Ω）

续表

平行于实轴的直线（任意 σ，$\omega=\omega_1$）	始于原点的射线（任意 r，$\Omega=\omega_1 T$）
水平带状区域（$\lvert\omega\rvert<\frac{\pi}{T}$，任意 σ）	整个 z 平面（任意 r，任意 Ω）
jω　π/T　0　−π/T	jIm{z}　0　Re{z}
沿纵向延拓上述带状区域	重复覆盖整个 z 平面
jω　π/T　0　σ　−π/T	jIm{z}　0　Re{z}

*6.5　数字滤波——IIR 滤波器

第 4 章介绍了数字滤波器设计的核心思想——脉冲响应不变法。然而，由 $H(s)$ 求解 $h(t)$ 非常不便，并且采用脉冲响应不变法设计的数字滤波器，会存在频域的混叠。本节介绍的双线性变换法，可以直接通过变量代换将模拟滤波器的 $H(s)$ 转换为拟设计的数字滤波器 $H(z)$，这样可以充分利用已有的模拟滤波器设计理论，同时，双线性变换法不会产生频域混叠。

6.5.1　双线性变换法

1．频域混叠

在 4.4.4 节曾介绍过，当已知模拟滤波器的冲激响应 $h(t)$ 时，完成等价功能的对应的数字滤波器可以通过对 $h(t)$ 抽样实现，即 $h[n]=h(t)\big|_{t=nT_s}$（T_s 为抽样间隔）。$h(t)$ 的频谱和 $h[n]$ 的频谱关系为[式（4-134）]

$$H(e^{j\Omega})=\frac{1}{T_s}\sum_{k=-\infty}^{\infty}H\left(\omega-k\frac{2\pi}{T_s}\right)\Bigg|_{\omega=\frac{\Omega}{T_s}} \tag{6-92}$$

可以看到，$h[n]$ 的频谱 $H(e^{j\Omega})$ 是 $h(t)$ 的频谱 $H(\omega)$ 的周期延拓，而可实现滤波器的 $H(\omega)$ 理论上都会延伸到 $\omega=\infty$（例如第 5 章介绍的 RC 低通、巴特沃斯低通），从而 $H(\omega)$ 周期延拓后会产生混叠，如图 6.14 所示。这意味着按照冲激响应不变法得到的数字滤波器，其频率响应特性是含有频域混叠失真的。

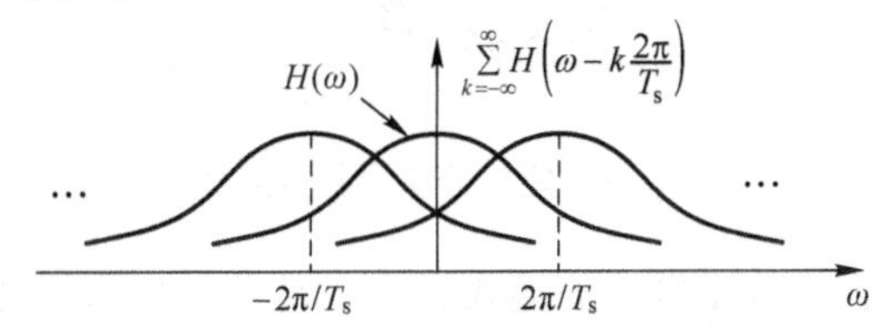

图 6.14　脉冲响应不变法产生频谱混叠

由图可知，如果抽样间隔足够小（$2\pi/T_s$足够大），混叠失真也可忽略。

另外，采用冲激响应不变法设计数字滤波器非常不便，因为需要知道滤波器的$h(t)$。应该说，冲激响应不变法很好地揭示了构建数字滤波器的核心概念，但它不是一个非常实用的数字滤波器设计方法。

模拟滤波器设计远早于数字滤波器设计，已形成一套成熟的理论和方法。很自然，数字滤波器设计的一个直接思路是，先设计模拟滤波器的$H(s)$，然后转换成对应的数字滤波器，这便是双线性变换法的总体设计流程。

2．连续时间系统 $H(s)$的基本环节

为了寻找一个简单且适用于任意阶$H(s)$到$H(z)$的变换方法，首先需要分析$H(s)$的最简基本单元。由第 5 章的讨论知道，任意一个高阶系统$H(s)$都可以进行部分分式展开，进而可以用低阶子系统的并联实现，而任何一个重极点子系统总可以用一阶系统的级联实现，例如$H_i(s)=\dfrac{K}{(s-p_i)^2}=\dfrac{\sqrt{K}}{(s-p_i)}\dfrac{\sqrt{K}}{(s-p_i)}$。因此下列形式的一阶环节是任意阶$H(s)$的基本环节（下标 1 表示一阶系统）。

$$H_1(s)=\frac{K}{s-p} \tag{6-93}$$

它对应于一阶微分方程

$$y'(t)-py(t)=Kx(t) \tag{6-94}$$

其系统结构如图 6.15 所示。将该系统离散化，主要是对一次积分运算的离散化。

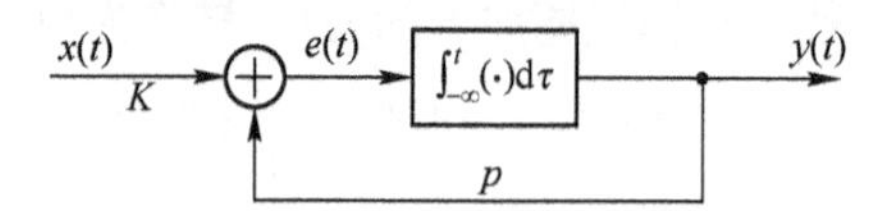

图 6.15 连续时间系统一阶环节

3．从积分的数值计算到双线性变换

图 6.15 中的一次积分运算可以用梯形法作数值计算，即

$$y(t)\big|_{t=nT}=\int_{-\infty}^{nT}e(\tau)\mathrm{d}\tau=\int_{-\infty}^{(n-1)T}e(\tau)\mathrm{d}\tau+\int_{(n-1)T}^{nT}e(\tau)\mathrm{d}\tau=y[(n-1)T]+\int_{(n-1)T}^{nT}e(\tau)\mathrm{d}\tau$$

将上式第 2 项积分用梯形法近似（用梯形面积近似曲边面积，图 6.16），则有

$$y[nT]=y[(n-1)T]+\underbrace{\frac{T}{2}\{e[(n-1)T]+e[nT]\}}_{\text{梯形面积，代替积分的曲边面积}}$$

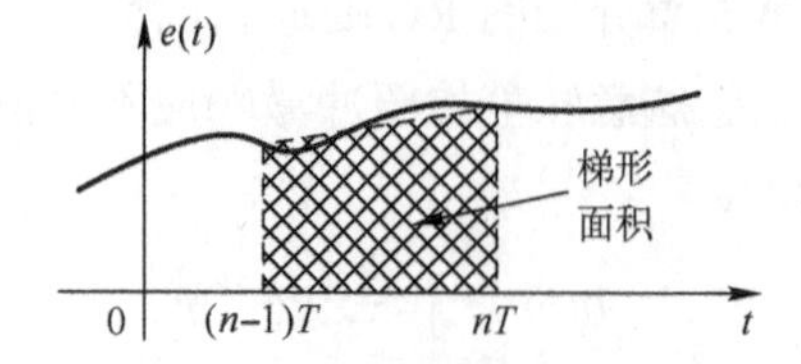

图 6.16 定积分梯形数值近似

其中T为抽样间隔。隐去T在自变量中的显式表示，将上式写为标准的差分方程

$$y[n]-y[n-1]=\frac{T}{2}e[n]+\frac{T}{2}e[n-1] \tag{6-95}$$

上式两边进行单边序列 z 变换（$y[-1]=0$，$e[-1]=0$），并整理得

$$H_{\rm I}(z)=\frac{Y(z)}{E(z)}=\frac{T}{2}\frac{1+z^{-1}}{1-z^{-1}} \tag{6-96}$$

即连续时间的积分环节可用离散系统 $H_{\rm I}(z)$ 实现（下标 I: integral，积分）。

$H_{\rm I}(z)$ 的实现结构如图 6.17(a)所示[证明：可由图 6.17(a)推导出 $H_{\rm I}(z)$]。因此，图 6.15 所示的整个连续时间一阶环节可以用图 6.17(b)所示的离散时间系统实现。对该离散系统，求其闭环系统函数，则有（下标 1 表示一阶系统）

$$H_1(z)=\frac{KH_{\rm I}(z)}{1-pH_{\rm I}(z)}=\frac{K}{\dfrac{1}{H_{\rm I}(z)}-p}=\frac{K}{\dfrac{2}{T}\cdot\dfrac{1-z^{-1}}{1+z^{-1}}-p} \tag{6-97}$$

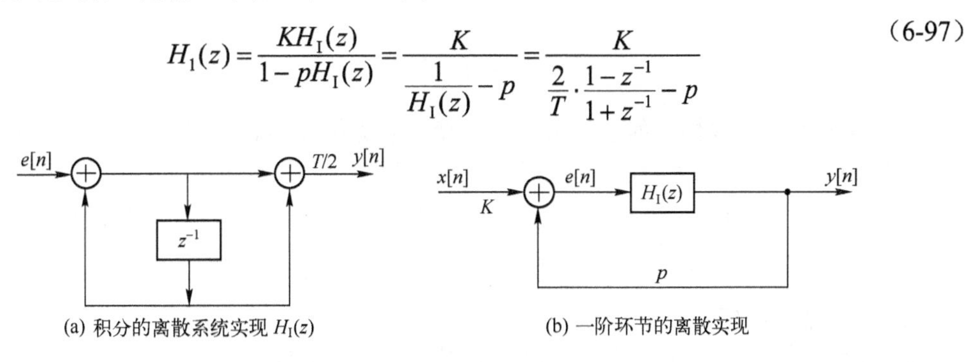

图 6.17　离散时间系统一阶环节

将式（6-97）与式（6-93）比较可知，如果需要将连续时间一阶环节用离散时间系统实现，则只要对其系统函数 $H_1(s)$ 作如下的变量代换即可

$$s=\frac{2}{T}\cdot\frac{1-z^{-1}}{1+z^{-1}}=\frac{2}{T}\cdot\frac{z-1}{z+1}\qquad \left(H_1(z)=H_1(s)\big|_{s=\frac{2}{T}\cdot\frac{1-z^{-1}}{1+z^{-1}}}\right) \tag{6-98}$$

上式即为模拟滤波器到数字滤波器的双线性变换公式。

如前所述，一阶环节是高阶 $H(s)$ 的基本单元，每个一阶环节离散化后，整个 $H(s)$ 就实现了离散化。更进一步，当给定抽样间隔 T 后，式（6-98）给出了变量 s 和变量 z 之间的关系。因此，当给定模拟滤波器系统函数 $H(s)$ 时，无须将其展开成一阶系统，直接对 $H(s)$ 作式（6-98）的变量代换即可。

4．频率映射与消除混叠、频率畸变与预畸变

在式（6-98）中令 $s={\rm j}\omega, z={\rm e}^{{\rm j}\Omega}$ 则构成了双线性变换下模拟频率和数字频率之间的关系

$${\rm j}\omega=\frac{2}{T}\frac{{\rm e}^{{\rm j}\Omega}-1}{{\rm e}^{{\rm j}\Omega}+1}=\frac{2}{T}\frac{{\rm e}^{{\rm j}\Omega/2}({\rm e}^{{\rm j}\Omega/2}-{\rm e}^{-{\rm j}\Omega/2})}{{\rm e}^{{\rm j}\Omega/2}({\rm e}^{{\rm j}\Omega/2}+{\rm e}^{-{\rm j}\Omega/2})}={\rm j}\frac{2}{T}\frac{\sin\dfrac{\Omega}{2}}{\cos\dfrac{\Omega}{2}}={\rm j}\frac{2}{T}\tan\frac{\Omega}{2}$$

即

$$\omega=2f_{\rm s}\tan\frac{\Omega}{2}\quad \text{或}\quad \Omega=2\arctan\frac{\omega}{2f_{\rm s}} \tag{6-99}$$

由于 arctan(·) 的主值区间为$\left[-\dfrac{\pi}{2},\dfrac{\pi}{2}\right]$，所以由上式得到的 Ω 主值区间为$[-\pi,\pi]$。可见，上述频率映射关系将$[0,\infty)$区间上取值的 ω 压缩映射成在$[0,\pi]$取值的 Ω，因此不会产生频域混叠。

然而，模拟频率和数字频率之间的正确映射关系应该为 $\Omega=\omega/f_{\rm s}$ [参见式（4-128）或

式（1-20）]，是一个线性映射关系，它将$[0, f_s/2]$范围内的模拟频率映射到$[0, \pi]$范围内的数字频率。因此，双线性变换法消除了脉冲响应不变法中的频率混叠，但将线性频率映射变成了非线性频率映射，如图 6.18(a)所示。

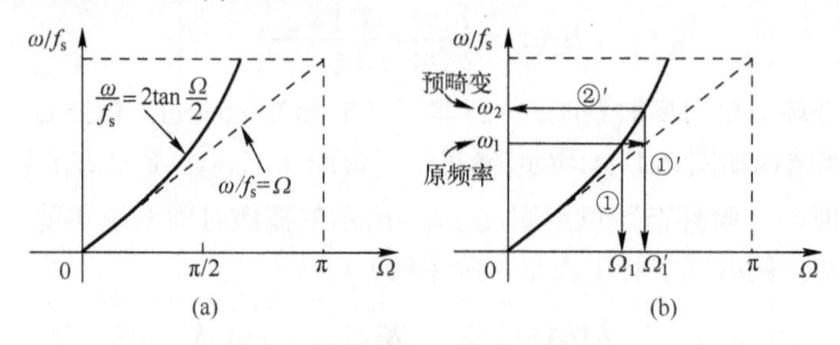

图 6.18　频率映射及频率预畸变

式（6-99）的非线性映射会导致频率畸变。参见图 6.18(b)，图中模拟频率ω_1经过双线性变换被映射到图中的Ω_1（图中标注①的映射路径），但是按照正确的线性映射关系应该映射到图中的Ω_1'（图中标注①′的映射路径）。因此，双线性变换产生了数字频率的畸变。为了保证ω_1能正确地映射到Ω_1'，在双线性变换前进行预畸变（工程应用中常用此思路解决畸变问题），其基本原理和步骤如下：

（1）将ω_1通过$\Omega_1' = \omega_1/f_s$映射为Ω_1'，图中的映射路径①′。

（2）将Ω_1'通过$\omega_2 = 2f_s \tan\dfrac{\Omega_1'}{2}$映射为$\omega_2$，图中的映射路径②′，即可在双线性变换前将设计频点参数由ω_1调整到ω_2，让模拟频率产生预畸变。

（3）$H(s)$到$H(z)$的双线性变换过程将会使ω_2通过$\Omega = 2\arctan\dfrac{\omega}{2f_s}$映射到$\Omega_1'$，得到正确的数字频率。

6.5.2　IIR 滤波器的设计与实现

所谓 IIR（Infinite Impulse Response）滤波器即无限长脉冲响应滤波器。当$H(z)$含有分母多项式时，对应的差分方程具有如下的形式

$$y[n] = -a_1 y[n-1] - a_2 y[n-2] + \cdots + x[n] + \cdots$$

如果$x[n] = \delta[n]$（系统输入为$\delta[n]$），由上述方程知，$h[n]$为

$$h[n] = -a_1 h[n-1] - a_2 h[n-2] + \cdots + \delta[n] + \cdots$$

上式构成了迭代运算，所以$h[n]$将为无限长序列。

依据式（6-98），将 IIR 滤波器双线性变换的设计和实现主要步骤归纳如下：

（1）根据模拟信号的滤波要求设计$H(s)$，设计方法可参见 5.4 节内容。

（2）对$H(s)$的频点参数（例如低通的截止频率）进行预畸变。

（3）利用双线性变换式（6-98）将完成预畸变后的$H(s)$变换为$H(z)$。至此，完成了设计过程。

（4）实现过程：如果滤波器用软件实现，由$H(z)$写出差分方程即可。滤波过程就是该差分方程的迭代计算过程。如果是用硬件实现，将$H(z)$构建成类似图 2.27 所示的系统结构，然后用硬件实现其中的延时单元、乘法器和加法器。

硬件实现的意义在于可以提升速度，减轻 CPU 的负担。除非是专门用途的、要求极高的系统，数字滤波还是采用软件实现会有更好的综合性价比。另外，乘法器等集成电路常常会严重限制整个硬件滤波系统的工作频率。

【例 6-27】 该例为例 5-40 的后续：设计一个截止频率为 2400Hz 的话音信号数字滤波器，抽样频率 $f_s = 8000\text{Hz}$。

【解】（1）模拟滤波器的设计（参见例 5-40）。

为了表达式的简洁，模拟滤波器采用例 5-40 的设计一，即按照经验选定模拟滤波器的类型和阶数，直接查表 5.2 获得归一化的二阶巴特沃斯滤波器函数 $H(s)$ [或者根据图 5.35 阐述的原理计算出 $H(s)$]，去归一化得到截止角频率为 $\omega_c = 2\pi\times2400\text{Hz}$ 的模拟低通滤波器的系统函数（参见例 5-40），即

$$H(s)=\frac{1}{\left(\dfrac{s}{\omega_c}\right)^2+\sqrt{2}\left(\dfrac{s}{\omega_c}\right)+1}$$

（2）预畸变

先由 $\Omega_c' = \omega_c/f_s$ 确定 ω_c 经线性映射后的无畸变数字频率（正确的数字频率）

$$\Omega_c' = \omega_c/f_s = 2\pi\times2400/8000 = 1.8850 \text{（弧度）}$$

再将 Ω_c' 经过 $\omega_c' = 2f_s\tan\dfrac{\Omega_c'}{2}$ 进行预畸变

$$\omega_c' = 2f_s\tan\frac{\Omega_c'}{2} = 2\times8000\tan\frac{1.8850}{2} = 2.2022\times10^4$$

从而得到频率预畸变后的系统函数

$$H(s)=\frac{1}{\left(\dfrac{s}{\omega_c'}\right)^2+\sqrt{2}\left(\dfrac{s}{\omega_c'}\right)+1}$$

（3）双线性变换

$$H(z)=\frac{1}{\left(\dfrac{2f_s}{\omega_c'}\dfrac{z-1}{z+1}\right)^2+\sqrt{2}\left(\dfrac{2f_s}{\omega_c'}\dfrac{z-1}{z+1}\right)+1}$$

化简整理得

$$H(z)=\frac{a^2}{a^2+\sqrt{2}a+1}\frac{z^2+2z+1}{z^2+2\dfrac{a^2-1}{a^2+\sqrt{2}a+1}z+\dfrac{a^2-\sqrt{2}a+1}{a^2+\sqrt{2}a+1}}$$

$$=0.4898\frac{1+2z^{-1}+z^{-2}}{1+0.4625z^{-1}+0.4968z^{-2}}$$

其中 $a=\dfrac{\omega_c'}{2f_s}=\dfrac{2.2022\times10^4}{2\times8000}=1.3764$。$H(z)$ 的效果参见 Matlab 实践例 6-28。

（4）滤波器实现

$$y[n]=-0.4625y[n-1]-0.4968y[n-2]+0.4898(x[n]+2x[n-1]+x[n-2])$$

初始化：$y[-1]=y[-2]=x[-1]=x[-2]=0$；输入：$x[n]$；输出：$y[n]$。

实时滤波时将每个 n 值下的输入 $x[n]$ 代入差分方程计算 $y[n]$ 即可。

【例毕】

上例给出的是低通滤波器的设计，如果需要设计高通、带通等其他类型的数字滤波器，在得到低通原型 $H(s)$ 后参照例 5-41 至例 5-43 的方法，获得相应的系统函数，再进行双线性变换即可。

*6.6 Matlab 实践

数字滤波的应用越来越广泛，甚至非电气信息类领域的研究和研发工作也有数据滤波的需求，并涉及数字滤波器的设计和实现问题。本章 Matlab 实践重点解决两个问题：一是如何调用 Matlab 函数分析和显示离散时间系统的频率响应；二是如何调用 Matlab 函数设计滤波器和实现数据滤波。

6.6.1 离散时间系统频率响应

对于连续时间系统 $H(s)$，可以调用 Matlab 函数 freqs 获得系统的频率响应。对于离散时间系统 $H(z)$，对应的函数是 freqz（函数名助记：freqence+s 和 freqence+z）。函数 freqz 的典型调用格式为

$$[h,w] = \text{freqz}(b,a)$$

b,a 是 $H(z)$ 分子分母 z^{-1} 多项式的系数，定义为

$$H(z) = \frac{b_0 + b_1 z^{-1} + b_2 z^{-2} + \cdots + b_M z^{-M}}{a_0 + a_1 z^{-1} + a_2 z^{-2} + \cdots + a_N z^{-N}}$$

$$b = [b_0\ b_1\ b_2 \cdots b_M], \qquad a = [a_0\ a_1\ a_2 \cdots a_N]$$

如果采用无返回值函数调用格式：freqz（b,a），则绘制幅频和相频特性图。

【例 6-28】 用 freqz 函数考察例 6-27 所设计话音低通滤波器的正确性（和 Matlab 函数的设计结果对比），并考察不采用频率预畸变时频响特性损失。

```
% file name: ex_6_28_freqz.m %
fs = 8000; fc = 2400; wc = 2*pi*fc;   % 设计参数
% == 不采用预畸变时的 H(z) 多项式计算 == %
a_wfs = wc/(2*fs);                    % a_wfs = wc/(2fs)
K = a_wfs^2/(a_wfs^2 + sqrt(2)*a_wfs + 1);
a1= 2*(a_wfs^2-1)/(a_wfs^2 + sqrt(2)*a_wfs + 1);
a2 = (a_wfs^2-sqrt(2)*a_wfs+1)/(a_wfs^2+sqrt(2)*a_wfs+1);
% == 采用预畸变时的 H(z) 多项式计算 == %
Omega1 = wc/fs;                       % 模拟频率无失真变换到数字频率
wc1 = 2*fs*tan(Omega1/2);             %数字频率非线性变换到模拟频率
a_wfs1 = wc1/(2*fs);   % a_wfs = wc/(2fs)
K1 = a_wfs1^2/(a_wfs1^2 + sqrt(2)*a_wfs1 + 1);
a1_1= 2*(a_wfs1^2-1)/(a_wfs1^2 + sqrt(2)*a_wfs1 + 1);
a2_1 = (a_wfs1^2-sqrt(2)*a_wfs1+1)/(a_wfs1^2+sqrt(2)*a_wfs1+1);
% 构建 a, b 矢量，计算频响
b = K*[1,2,1];                        % 无畸变
a = [1, a1, a2];
```

```
[h,w] = freqz(b,a);
b1 = K1*[1,2,1];                % 有畸变
a1 = [1, a1_1, a2_1];
[h1,w1] = freqz(b1,a1);
% == 直接调用 Matlab 中 butter 函数设计 == %
wc_but = fc/(fs/2);             % 最高频率/抽样频率一半
[b_but,a_but] = butter(2,wc_but);
[h_but,w_but] = freqz(b_but,a_but);
% 幅频特性绘制
figure(1)  %% 有预畸变设计和 butter 函数结果比较
f_plot = w*(fs/2)/pi; % 归一化频率变为模拟频率，作为横坐标
f_but_plot = w_but*(fs/2)/pi;
plot(f_plot,abs(h1),'-r',f_but_plot,abs(h_but),'--k');
legend('有预畸变双线性变换','butter 函数设计');
figure(2) %% 有预畸变设计和无预畸变设计比较
plot(f_plot,abs(h1),'-k',f_plot,abs(h),'--k');
legend('有预畸变','无预畸变');
% end of file
```

freqz 绘制的结果如图 6.19 所示，其中左图是例 6-27 采用预畸变双线性变换设计的结果与 Matlab butter 函数设计结果的比较，右图是采用预畸变和不采用预畸变双线性变换设计结果的比较，可以看到以下两点结论：

（1）例 6-28 采用预畸变双线性变换设计的滤波器和 Matlab butter 函数设计结果完全相同（两条幅频特性曲线完全重叠）。这说明 butter 函数采用的设计方法也是有预畸变的双线性变换。

（2）双线性变换设计中预畸变不可省略。若不采用预畸变，设计结果不能满足要求（如右图中虚线所示），若抽样频率达到截止频率的 8～10 倍，即图 6.18(a)的非线性频率映射处于近似线性部分，结果会比图 6.19 右图好。

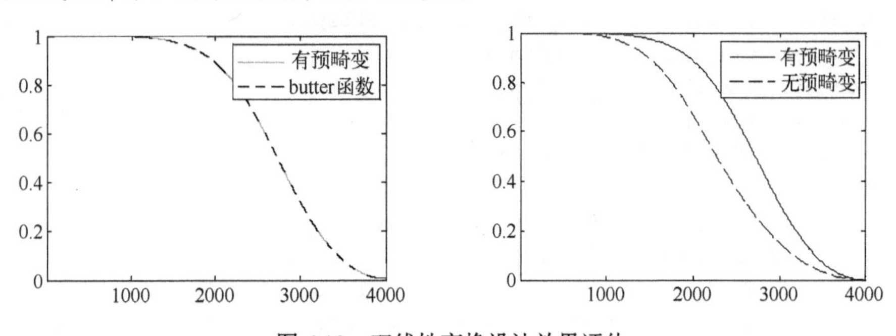

图 6.19　双线性变换设计效果评估

【例毕】

6.6.2　IIR 数字滤波器设计与实现

Matlab 中 FIR 滤波器设计的主要函数只有 fir 一个，但通过不同的调用格式提供。IIR 滤波器设计主要源于模拟滤波器的设计，所以提供的函数比较多，常用数字滤波器包括巴特沃斯滤波器、切比雪夫滤波器和椭圆滤波器。每一种滤波器设计中涉及的主要问题包括滤波器阶数的确定、低通到高通和带通等滤波器类型的转换。（需要说明的是，Matlab 在线帮助

文档在模拟滤波器条目下并没有列出确定滤波器阶数的函数，在数字滤波器条目下给出了阶数确定函数，这些函数通过输入参数可以指定是用于模拟滤波器的。）

在 6.5 节中，IIR 滤波器的设计采用两大步骤，即先设计模拟滤波器，再用双线性变换获得数字滤波器。Matlab 替用户将两步合并了，即直接获得数字滤波器。下面仍通过话音信号低通滤波器设计，给出各函数的调用示例。

【例 6-29】 用 Matlab 函数设计话音低通滤波器，在模拟通带边界频率 f_1=2400Hz 处衰减不大于 1dB（89.125%），在模拟阻带边界频率 f_2=3000Hz 处衰减不小于 60dB（0.1%）。抽样频率 f_s=8000Hz。

```
% file name:ex6_29_IIRfilters.m %
f1 = 2400; f2 = 3000; fs = 8000;  % 频点设置
R1 = 1; R2 = 60;  % 衰减设置
% 巴特沃斯滤波器设计
[n_butter,Wn_butter] = buttord(f1/(fs/2),f2/(fs/2),R1,R2);
[b_butter,a_butter] = butter(n_butter,Wn_butter);
% 切比雪夫Ⅰ型滤波器设计
[n_cheby1,Wp_cheby1] = cheb1ord(f1/(fs/2),f2/(fs/2),R1,R2);
[b_cheby1,a_cheby1] = cheby1(n_cheby1,R1,Wp_cheby1);
% 切比雪夫Ⅱ型滤波器设计
[n_cheby2,Ws_cheby2] = cheb2ord(f1/(fs/2),f2/(fs/2),R1,R2);
[b_cheby2,a_cheby2] = cheby2(n_cheby2,R2,Ws_cheby2);
% 椭圆滤波器设计
[n_ellip,Wp_ellip] = ellipord(f1/(fs/2),f2/(fs/2),R1,R2);
[b_ellip,a_ellip] = ellip(n_ellip,R1,R2, Wp_ellip);
% 幅频特性比较-显示
[h_butter,W_butter] = freqz(b_butter,a_butter);
[h_cheby1,W_cheby1] = freqz(b_cheby1,a_cheby1);
[h_cheby2,W_cheby2] = freqz(b_cheby2,a_cheby2);
[h_ellip,W_ellip] = freqz(b_ellip,a_ellip);
f_butter = W_butter*fs/(2*pi);
f_cheby1 = W_cheby1*fs/(2*pi);
f_cheby2 = W_cheby2*fs/(2*pi);
f_ellip = W_ellip*fs/(2*pi);
figure(1);
plot(f_butter,abs(h_butter),'k');hold on;
plot(f_cheby1,abs(h_cheby1),'--k');hold on;
plot(f_cheby2,abs(h_cheby2),'-.k');hold on;
plot(f_ellip,abs(h_ellip),':k');hold off;
legend('butter n=14','cheby1 n=8','cheby2 n=8','ellip n=5');
% end of file
```

程序运行后输出的幅频特性如图 6.20 所示。

比较该例的滤波器阶数和幅频特性，可以得到下列实验结论：

（1）如果需要通带内平坦，选择巴特沃斯或切比雪夫Ⅱ型。

（2）综合阶数和过渡带陡峭问题，切比雪夫Ⅰ型比较合适（最陡峭）。

（3）在过渡带陡峭程度要求相同时，巴特沃斯滤波器所需的滤波器阶数最高，椭圆滤波器阶数最低。

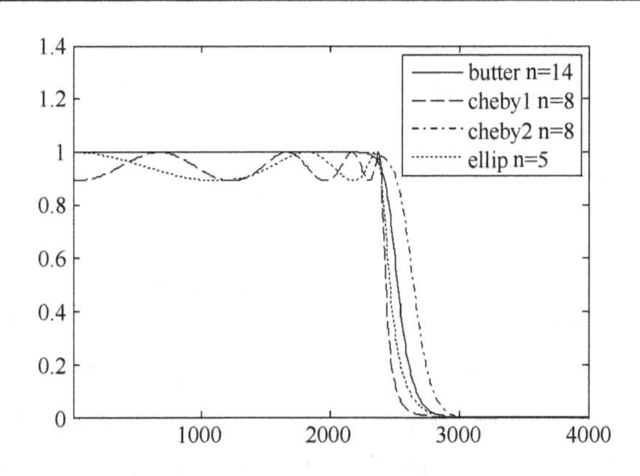

图 6.20　四种滤波器设计的话音信号低通滤波器比较

下面是 workspace 中巴特沃斯滤波器的 $H(z)$ 矢量：

b = [0.00306436589702,　0.04290112255825,　0.27885729662862,
1.11542918651446,　3.06743026291476,　6.13486052582953,
9.20229078874429,　10.5169037585649,　9.20229078874429,
6.13486052582953,　3.06743026291476,　1.11542918651446,
0.27885729662862,　0.04290112255825,　0.00306436589702]

a = [1.00000000000000,　3.36778781930443,　6.93998063747022,
9.73956830795722,　10.3452415701292,　8.52973195725022,
5.59485231654780,　2.93064469802090,　1.22641979441228,
0.40549945729977,　0.10394412188598,　0.01995400741363,
0.00270547936431,　0.00023129916454,　$9.39051822200050\times10^{-6}$]

【例毕】

附　　录

附表 6.1　常见单边序列 z 变换及其收敛域

序号	序列	z 变换	收敛域
1	$\delta[n]$	1	整个 z 平面
2	$u[n]$	$\frac{z}{z-1}$	$\lvert z\rvert>1$
3	$nu[n]$	$\frac{z}{(z-1)^2}$	$\lvert z\rvert>1$
4	$a^n u[n]$	$\frac{z}{z-a}$	$\lvert z\rvert>\lvert a\rvert$
5	$na^n u[n]$	$\frac{az}{(z-a)^2}$	$\lvert z\rvert>\lvert a\rvert$
6	$\cos[\Omega_0 n]u[n]$	$\frac{z(z-\cos\Omega_0)}{z^2-2z\cos\Omega_0+1}$	$\lvert z\rvert>1$
7	$\sin[\Omega_0 n]u[n]$	$\frac{z\sin\Omega_0}{z^2-2z\cos\Omega_0+1}$	$\lvert z\rvert>1$

续表

序号	序列	z 变换	收敛域
8	$a^n\cos[\Omega_0 n]u[n]$	$\dfrac{z(z-a\cos\Omega_0)}{z^2-2za\cos\Omega_0+a^2}$	$\lvert z\rvert>\lvert a\rvert$
9	$a^n\sin[\Omega_0 n]u[n]$	$\dfrac{za\sin\Omega_0}{z^2-2za\cos\Omega_0+a^2}$	$\lvert z\rvert>\lvert a\rvert$

z 变换的历史最早可以回溯到 18 世纪。1730 年法国数学家棣莫弗（Abraham De Moivre，1667—1754）将生成函数（Generating Function）的概念用于概率理论的研究，这种生成函数的形式与 z 变换相同。从 19 世纪的拉普拉斯（P. S. Laplace）到 20 世纪的沙尔（H. L. Seal），有不少研究者相继在这方面做出贡献。然而，在数学领域中 z 变换的概念没能得到充分运用和发展。1947 年，W. Hurewicz 将其作为一个求解线性常系数差分方程的方法。1952 年，哥伦比亚大学的 Ragazzini 和 Zadeh 称之为“z 变换”，并用于抽样数据处理。计算机问世后，伴随着数字信号处理技术的发展，z 变换在离散时间信号与系统分析中获得了重要应用。

习　题

6.1 求下列每个序列的 z 变换，并指出收敛域。

（1）$\delta[n+5]$　（2）$\left(\frac{1}{2}\right)^n u[n]$　（3）$(-1)^n u[n]$

（4）$-\left(\frac{1}{3}\right)^n u[-n-1]$　（5）$\left(\frac{1}{2}\right)^{n+1} u[n+3]$　（6）$\left(-\frac{1}{3}\right)^n u[-n-2]$

（7）$\left(-\frac{1}{4}\right)^n u[3-n]$　（8）$2^n u[-n]+\left(\frac{1}{4}\right)^n u[n-1]$

6.2 若 $x[n]\xleftrightarrow{\mathscr{Z}}X(z)$，$(\lvert z\rvert>r)$，试证明：

（1）$a^n x[n]\xleftrightarrow{\mathscr{Z}}X\left(\frac{z}{a}\right)$　$(\lvert z\rvert>\lvert a\rvert r)$

（2）$nx[n]\xleftrightarrow{\mathscr{Z}}-z\frac{\mathrm{d}X(z)}{\mathrm{d}z}$　$(\lvert z\rvert>r)$

（3）$x[n]*h[n]\xleftrightarrow{\mathscr{Z}}X(z)H(z)$　$[\lvert z\rvert>\max(r_1,r_2)]$

6.3 利用 z 变换性质和常见信号的 z 变换对，求下列序列的 z 变换，并给出收敛域。

（1）$\cos(\pi n/8)u[n-4]$　（2）$\frac{a^n-b^n}{n}u[n]$，$\lvert a\rvert<1$，$\lvert b\rvert<1$

（3）$(n-1)a^{2n+1}u[-n]$，$\lvert a\rvert<1$　（4）$\frac{1-\sin\pi n}{n}u[-n-1]$

（5）$\lvert n-3\rvert u[n]$　（6）$\sum_{k=0}^{+\infty}u[n-kN]$

6.4 已知信号 $x[n]$ 的 z 变换为 $X(z)$，收敛域为 R，求下列离散信号的 z 变换。

（1）$x[2n-1]$　（2）$(2n-1)x[2n-1]$　（3）$x[1-2n]$

（4）$\lvert x[n]\rvert^2$　（5）$x[n]\sin\Omega_0 n$　（6）$\sum_{k=-\infty}^{n}x[2k-1]$

（7）$(-1)^n\left(x[n]-x[n-1]\right)$　（8）$\sum_{k=-\infty}^{n}kx[k]$

6.5　已知信号 $x[n]$ 的 z 变换为 $X(z)$，分别利用长除法和部分分式展开法求逆变换。

（1）$\dfrac{1}{1+0.5z^{-1}}$，$|z|>0.5$　　（2）$\dfrac{1}{1+0.5z^{-1}}$，$|z|<0.5$

（3）$\dfrac{z^{-1}-0.5}{1-0.5z^{-1}}$，$|z|>0.5$　　（4）$\dfrac{z^{-1}-0.5}{1-0.5z^{-1}}$，$|z|<0.5$

6.6　求 $X(z)$ 的逆 z 变换。

（1）$X(z)=\dfrac{10}{(1-0.5z^{-1})(1-0.25z^{-1})}, |z|>0.5$

（2）$X(z)=\dfrac{10z^2}{(z-1)(z+1)}$，　$|z|>1$

（3）$X(z)=\dfrac{1+z^{-1}}{1-2z^{-1}\cos\Omega_0+z^{-2}}$，$|z|>1$

6.7　画出 $X(z)=\dfrac{-3z^{-1}}{2-5z^{-1}+2z^{-2}}$ 的零极点图，在下面三种收敛域下，哪种情况对应左边序列、右边序列、双边序列？并求各对应序列。

（1）$|z|>2$　　（2）$|z|<0.5$　　（3）$0.5<|z|<2$

6.8　利用性质求取下列 $x[n]$ 的 z 变换。

（1）$nu[n]$　　（2）$n^2u[n]$　　（3）$n^3u[n]$

（4）$na^nu[n]$　　（5）$n^2a^nu[n]$　　（6）$n^3a^nu[n]$

6.9　已知信号 $x[n]$ 的 z 变换为 $X(z)$，求序列的初值 $x[0]$和终值 $x[\infty]$。

（1）$\dfrac{1}{1+0.5z^{-1}}$，$|z|>0.5$　　（2）$\dfrac{z^{-1}-0.5}{1-0.5z^{-1}}$，$|z|>0.5$

（3）$X(z)=\dfrac{1}{(1-az^{-1})(1+az^{-1})}$，$|z|>|a|$

6.10　利用卷积定理求 $y[n]=x[n]*h[n]$。

（1）$h[n]=\left(\dfrac{1}{3}\right)^n u[n]$，$x[n]=u[n]$　　（2）$h[n]=a^nu[n](0<a<1)$，$x[n]=u[n]-u[n-N]$

6.11　已知一连续 LTI 系统的差分方程为 $y[n]-\dfrac{1}{3}y[n-1]=x[n]$。

（1）求系统的单位冲激响应；

（2）如果系统的零状态响应为 $y[n]=3(1/2)^n u[n]-3(1/3)^n u[n]$，求激励信号 $x[n]$。

6.12　已知一离散系统框图如题图 6.12 所示：

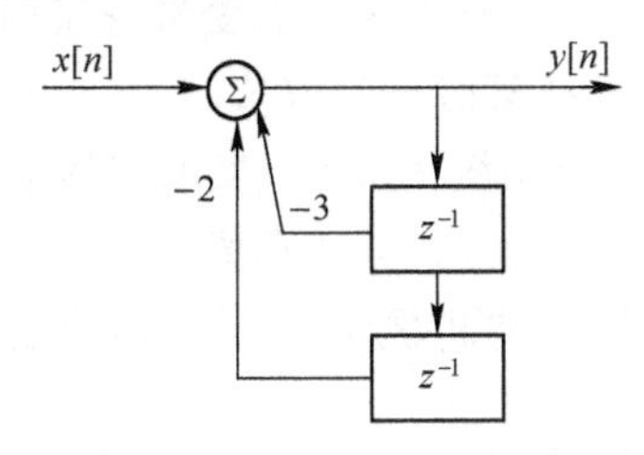

题图 6.12

（1）列写系统差分方程，求系统函数 $H(z)$，画出零极点分布图，并判断系统稳定性；

（2）已知 $y[0]=0, y[1]=2$，激励信号 $x[n]=u[n]$，求零输入响应，零状态响应。

6.13　已知某离散时间系统的单位函数响应 $h[n]=\cos(n\pi/2)u[n]$。

（1）求其系统函数 $H(z)$；　　（2）粗略绘出该系统的幅频特性；

（3）画出该系统的框图。

第 7 章　状态方程与 MIMO 系统

面对新一代信息技术、人工智能等新技术的发展，有必要加强新兴学科和交叉学科内容的学习。

学习本章内容需要具有矩阵理论和概率论方面的有关概念和知识，本章附录中给出了一定的介绍和回顾，必要时可先从附录开始阅读和学习。信号与系统的经典内容通常只包含确定性信号分析，几乎不涉及随机信号，因此本章部分内容超出了经典讲授内容范围。但在当前的技术发展背景下，学习和了解相关概念和方法，是有必要且有意义的。

本章中用黑体、斜体字母表示矢量和矩阵（如 $\boldsymbol{x}$，$\boldsymbol{A}$），非黑体的为标量（如 x，A），正文中不再一一说明。为了阅读和理解的方便，相同物理含义的变量采用相同的字母，例如 $\boldsymbol{x}_{k|k-1}=\boldsymbol{A}\boldsymbol{x}_{k-1|k-1}+\boldsymbol{B}\boldsymbol{u}_k$ 和 $x_{k|k-1}=Ax_{k-1|k-1}+Bu_k$，但前者是矢量和矩阵，后者全为标量。

前面各章分析所用的系统模型是输入输出模型，并且只考虑单输入单输出情形（Single Input and Single Output, SISO）。基于这一模型，得到了 LTI 系统的单变量描述形式，以及在任意输入激励下输出响应的求解方法。本章考虑多输入多输出系统（Multiple Input and Multiple Output, MIMO）和系统的状态方程描述。主要内容包括系统的状态方程描述模型、基于状态方程描述的卡尔曼滤波和贝叶斯滤波算法原理、确定性状态描述系统的变换域响应求解，以及人工神经网络和深度学习的基本概念。随着人工智能、机器人、深度学习和现代移动通信等技术的发展，基于状态方程和 MIMO 描述的信号处理理论和方法获得了广泛的应用。

7.1　系统的状态方程描述

7.1.1　离散时间状态方程

简单地讲，所谓状态（State）就是指物理量或变量在某时刻的取值。所谓系统状态就是指被研究系统（又称目标系统）中一个或一组变量在某时刻的取值。例如，机器人的位置、姿态、行走方向、行走速度等在某时刻的取值。

在现实世界中，绝大多数情况下系统状态的真实取值是未知的，只能通过观测获得真值的观测值。例如，无人机在空中的三维坐标，其“真值”是无法知道的，只能通过某种测量和测算的方法而获得。现实世界中有很多类似的例子，可以将其抽象为图 7.1 所示的一般系统模型。

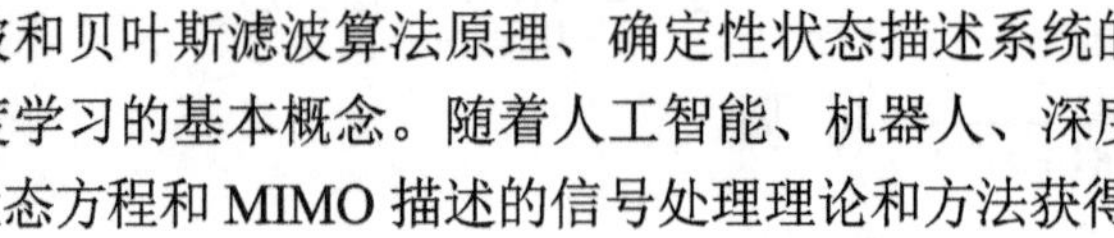

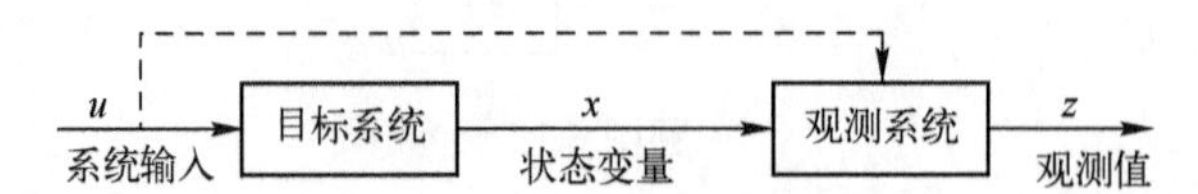

图 7.1　状态方程描述系统的一般模型（离散和连续时间系统）

图 7.1 中目标系统是待分析和求解的对象，所关心的物理量是系统状态变量在当前 k 时刻的取值 $\boldsymbol{x}_k$。$\boldsymbol{x}_k$ 的真值未知，但可以通过观测系统获得与之对应的观测值 $\boldsymbol{z}_k$。为了求解的方便，在多数的状态方程描述中一般假定：

（1）k 时刻的状态值仅由 $k-1$ 时刻的状态值和 k 时刻的系统输入决定，无须考虑更早时刻的状态值和输入值，因为可以认为更早时刻状态值和输入值的作用已经体现在 $k-1$ 时刻的状态值中。

（2）k 时刻的观测值仅取决于 k 时刻的状态值。在有些应用中，将图 7.1 中的观测系统建模为输出系统，此时其输出值一般也与系统输入值有关，如图 7.1 中的虚线所示。

因此，上述系统可用下列方程描述：

状态方程
$$\boldsymbol{x}_k = \boldsymbol{g}(\boldsymbol{x}_{k-1}, \boldsymbol{u}_k) \tag{7-1}$$

观测方程
$$\boldsymbol{z}_k = \boldsymbol{h}(\boldsymbol{x}_k, \boldsymbol{u}_k) \tag{7-2}$$

其中 $\boldsymbol{g}$ 和 $\boldsymbol{h}$ 是反映目标系统和观测系统变化规律的两个矢量函数。习惯上将系统的上述描述称为状态方程描述，通常假定 $\boldsymbol{u}_k$、$\boldsymbol{z}_k$、$\boldsymbol{g}$、$\boldsymbol{h}$ 是已知的，待求量是系统在 k 时刻的状态值 $\boldsymbol{x}_k$。

如果上述模型中的函数 $\boldsymbol{g}$ 和 $\boldsymbol{h}$ 是线性的，通常表示为

状态方程
$$\boldsymbol{x}_k = \boldsymbol{A}\boldsymbol{x}_{k-1} + \boldsymbol{B}\boldsymbol{u}_k + \boldsymbol{G}\boldsymbol{w}_k \tag{7-3}$$

观测方程
$$\boldsymbol{z}_k = \boldsymbol{C}\boldsymbol{x}_k + \boldsymbol{D}\boldsymbol{u}_k + \boldsymbol{H}\boldsymbol{v}_k \tag{7-4}$$

其中 $\boldsymbol{A}$、$\boldsymbol{B}$、$\boldsymbol{C}$、$\boldsymbol{D}$、$\boldsymbol{G}$、$\boldsymbol{H}$ 是表征线性系统模型的系数矩阵，一般假定与时间变量 k 无关（没有下标 k），即假定为线性时不变系统；$\boldsymbol{w}_k$ 和 $\boldsymbol{v}_k$ 是均值为零、协方差矩阵分别为 $\boldsymbol{Q}_k$ 和 $\boldsymbol{R}_k$ 的多维高斯随机变量，即

$$\boldsymbol{w}_k \sim \mathcal{N}(0, \boldsymbol{Q}_k),\quad \boldsymbol{v}_k \sim \mathcal{N}(0, \boldsymbol{R}_k) \tag{7-5}$$

用于表征状态值和观测值变化过程中的不确定性或噪声。

在具体应用中，可能不需用全部六个系数矩阵进行描述。例如很多应用场景中，观测值与目标系统输入 $\boldsymbol{u}_k$ 无关，且有 $\boldsymbol{H}=\boldsymbol{I}$（$\boldsymbol{I}$ 为单位矩阵），此时观测方程的形式则为 $\boldsymbol{z}_k = \boldsymbol{C}\boldsymbol{x}_k + \boldsymbol{v}_k$。

【例 7-1】 假设一车辆在水平路面上直线行驶，如果将车辆的平面坐标位置视为系统状态变量，则可以建立如下方程：

$$x_k = x_{k-1} + v_k^x T + w_k^x$$
$$y_k = y_{k-1} + v_k^y T + w_k^y$$

其中(x_k, y_k)和(x_{k-1}, y_{k-1})分别是车辆在 k 时刻和 $k-1$ 时刻的坐标；v_k^x 和 v_k^y 是$[(k-1)T, kT]$时间区间内车辆在 x 和 y 方向的平均速度，T 是抽样时间间隔；w_k^x 和 w_k^y 用以体现随机因素对车辆位置产生的影响，如车速随机抖动、抽样时刻随机抖动等。上两式用矩阵表示可写为

$$\boldsymbol{s}_k = \boldsymbol{s}_{k-1} + \boldsymbol{u}_k + \boldsymbol{w}_k$$

其中
$$\boldsymbol{s}_k = \begin{bmatrix} x_k \\ y_k \end{bmatrix},\quad \boldsymbol{u}_k = \begin{bmatrix} v_k^x T \\ v_k^y T \end{bmatrix},\quad \boldsymbol{w}_k = \begin{bmatrix} w_k^x \\ w_k^y \end{bmatrix}$$

这里状态方程的系数矩阵均为单位阵 $\boldsymbol{I}$。本例的观测方程可表示为

$$\boldsymbol{z}_k = \boldsymbol{C}\boldsymbol{s}_k + \boldsymbol{v}_k$$

其中 $\boldsymbol{z}_k = [z_k^x, z_k^y]^{\mathrm{T}}$ 是定位系统给出的坐标测算值；矩阵 $\boldsymbol{C}$ 可以是不同坐标系之间的坐标转换矩阵，通常 $\boldsymbol{C}=\boldsymbol{I}$；$\boldsymbol{v}_k$ 代表坐标测量中的各种不确定性。

注意，当对实际应用中的问题进行建模时，如果系统或问题相对复杂，不同的思路和不同的考虑，所得到的方程有可能不同，但都应该保证其合理性。

【例毕】

7.1.2 连续时间状态方程

当系统状态随时间连续变化时，可用连续时间状态方程对实际问题进行建模。从第 2 章的讨论已经知道，离散时间一阶差分方程对应于连续时间系统的一阶微分方程，因此与式（7-3）和式（7-4）相对应的连续时间系统状态方程为

$$\dot{\boldsymbol{x}}(t)=\boldsymbol{A}\boldsymbol{x}(t)+\boldsymbol{B}\boldsymbol{u}(t)+\boldsymbol{G}\boldsymbol{w}(t) \tag{7-6}$$

$$\boldsymbol{z}(t)=\boldsymbol{C}\boldsymbol{x}(t)+\boldsymbol{D}\boldsymbol{u}(t)+\boldsymbol{H}\boldsymbol{v}(t) \tag{7-7}$$

其中 $\dot{\boldsymbol{x}}(t)$ 表示状态矢量的导数，其定义为（设共有 m 个状态变量）

$$\dot{\boldsymbol{x}}(t)=\left[\frac{\mathrm{d}x_1(t)}{\mathrm{d}t},\frac{\mathrm{d}x_2(t)}{\mathrm{d}t},\cdots,\frac{\mathrm{d}x_m(t)}{\mathrm{d}t}\right]^{\mathrm{T}} \quad \text{（T 表示转置）}$$

历史上连续时间状态方程先于离散时间状态方程提出。连续时间状态方程在理论分析中有时显得更为方便。在工程应用中，也可以用模拟电路实现连续时间信号的运算。在当今的数字时代，显然，离散时间状态方程描述有难以抗衡的优势。通过抽样，总可以将实际的连续时间问题建模为离散时间状态方程。

【例 7-2】 假设有一模拟设备采用图 7.2 所示系统进行监测和控制，其中，RC 串联电路是该设备的等效电路，需要监测和控制的是设备总输入电流 $i(t)$，由于电流测量不方便，通常测量电压 $v_c(t)$。试给出其状态方程描述。

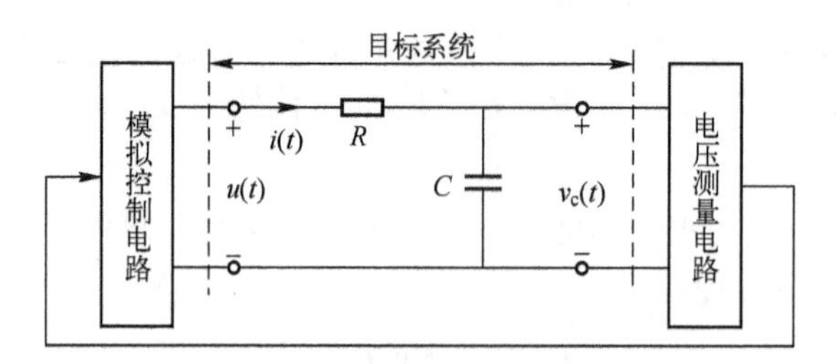

图 7.2 连续时间状态方程建模举例

【解】 由电路理论知道，选择电容器电压作为状态变量建模较适宜。在图中标注的参考方向下，电容电压和电流之间的关系为

$$i(t)=C\frac{\mathrm{d}v_c(t)}{\mathrm{d}t}=C\dot{v}_c(t)$$

假定测量电路有无穷大电阻，可以视为开路，则无电流流入电压测量电路，在 RC 回路列写电压方程有

$$RC\dot{v}_c(t)+v_c(t)=u(t)$$

改写为标准形式

$$\dot{v}_c(t)=-\frac{1}{RC}v_c(t)+\frac{1}{RC}u(t)$$

在此例中，式（7-6）变成只有一个状态变量的标量方程，系数矩阵退化为标量，即在式（7-6）中，$\boldsymbol{A}=-\frac{1}{RC},\boldsymbol{B}=\frac{1}{RC}$，以及 $\boldsymbol{u}(t)=u(t)$。如果需要考虑随机因素，可以引入随机变量。当不考虑随机因素时，该例的测量方程可建模为

$$z(t) = x(t) = v_c(t)$$

【例毕】

*7.1.3　状态方程描述的特点及相关问题的讨论

第一次学习本章内容时，可暂跳过该小节。当想利用卡尔曼滤波等技术解决实际应用中的问题时，下面的讨论或许有助于读者的思考。

1．状态方程描述的特点

本书前 6 章是基于单输入单输出描述的系统分析和求解方法，都限于线性时不变系统（LTI 系统），因此其分析和求解方法都只适用于 LTI 系统。LTI 系统的分析理论和方法相对简单和成熟，然而，现实世界中没有绝对的 LTI 系统，而非线性系统或时变系统的分析和求解都会复杂和困难很多。

系统的状态方程描述则具有令人难以置信的优点：它可适用于时变系统；也可适用于非线性系统，后面介绍的扩展卡尔曼滤波和无迹卡尔曼滤波就是为解决非线性系统的估值问题而提出的；同时它还可以用于“有界输入有界输出”定义下的非稳定系统。状态方程描述的另一个特点是它假定状态的真值是未知的，并引入随机变量对不确定因素进行建模。事实上，在认识客观世界时常常遇到的是“真值未知”的问题。因此，可以说状态方程建模更具普适意义。

状态方程描述的缺点是分析和求解相对烦琐或复杂。后面介绍的基于状态方程的滤波方法，都是利用计算机迭代求解的算法。

2．时变系统和非线性系统的状态方程

在式（7-3）、式（7-4）和式（7-6）、式（7-7）中，系数矩阵与时间无关，因此分别对应于离散时间和连续时间 LTI 系统。所谓时变系统是指系统特性或参数随着时间的变化而变化，当用状态方程描述时则表现为系数矩阵是时间的函数，即

$$\boldsymbol{x}_k = \boldsymbol{A}_k \boldsymbol{x}_{k-1} + \boldsymbol{B}_k \boldsymbol{u}_k + \boldsymbol{G}_k \boldsymbol{w}_k \tag{7-8}$$

$$\boldsymbol{z}_k = \boldsymbol{C}_k \boldsymbol{x}_k + \boldsymbol{D}_k \boldsymbol{u}_k + \boldsymbol{H}_k \boldsymbol{v}_k \tag{7-9}$$

$$\dot{\boldsymbol{x}}(t) = \boldsymbol{A}(t)\boldsymbol{x}(t) + \boldsymbol{B}(t)\boldsymbol{u}(t) + \boldsymbol{G}(t)\boldsymbol{w}(t) \tag{7-10}$$

$$\boldsymbol{z}(t) = \boldsymbol{C}(t)\boldsymbol{x}(t) + \boldsymbol{D}(t)\boldsymbol{u}(t) + \boldsymbol{H}(t)\boldsymbol{v}(t) \tag{7-11}$$

目前，越来越多的文献采用时变系统的状态方程，因为机器人、运动目标跟踪等问题，至少在总体上都是时变系统求解问题。

式（7-1）和式（7-2）是既适合于线性也适合于非线性的一般形式。如果要强调它是一个时变系统，可将 t 或 k 表示为 $\boldsymbol{g}$ 和 $\boldsymbol{h}$ 的参变量，即

$$\boldsymbol{x}_k = \boldsymbol{g}(\boldsymbol{x}_{k-1}, \boldsymbol{u}_k; k) \tag{7-12}$$

$$\boldsymbol{z}_k = \boldsymbol{h}(\boldsymbol{x}_k, \boldsymbol{u}_k; k) \tag{7-13}$$

$$\dot{\boldsymbol{x}}(t) = \boldsymbol{g}(\boldsymbol{x}(t), \boldsymbol{u}(t); t) \tag{7-14}$$

$$\boldsymbol{z}(t) = \boldsymbol{h}(\boldsymbol{x}(t), \boldsymbol{u}(t); t) \tag{7-15}$$

***3．随机变量 w 和 v**

状态方程描述中引入的随机变量 w 和 v 是对不确定性或噪声的建模。内因或外因导致的系统状态取值的随机性抖动或噪声都可纳入 w 中；测量系统内部或外部的各种不确定性都

可纳入v中，这是状态方程建模的优势之一，因为在很多应用场景中往往很难知道“不确定因素”来自何处，变化规律如何，用随机变量对其建模是最合适的。需要注意的是，w_k和v_k带有下标k是表明w_k和v_k为一时间序列，并不是表示w_k和v_k的统计特性（概率分布函数、均值、方差等）是随k变化的。例如，在多数的实际应用场景中观测过程的v_k是一个近似平稳随机过程，在足够长的时间范围内其方差是一个与k无关的常数。

在很多的分析求解中，都假定随机变量服从高斯分布，这是因为高斯分布具有一些良好的特性，其中最重要的是，高斯随机变量通过线性系统后仍服从高斯分布。有一类滤波器被称为高斯滤波器（本章介绍的卡尔曼滤波器、扩展卡尔曼滤波器、无迹卡尔曼滤波器和贝叶斯滤波器均是高斯滤波器），其命名的原因是假定了随机变量服从高斯分布。现实世界中有太多非高斯分布的随机因素，但概率论中的中心极限定理为高斯分布假设提供了较强的支撑理由。

7.2 卡尔曼滤波

卡尔曼滤波（Kalman Filter）在实际应用中被证明是一个有效方法，用系统的状态方程描述后受到了越来越广泛的重视。因此，卡尔曼滤波是系统状态方程描述框架下的最重要内容。

卡尔曼滤波在自动控制、雷达目标跟踪、飞行器定位、机器人等系统中获得广泛应用。作为状态方程描述的一个典型应用，本节介绍经典卡尔曼滤波的基本概念、原理和算法。

7.2.1 卡尔曼滤波的基本原理和迭代公式

1. 卡尔曼滤波的状态方程和两步求解策略

经典卡尔曼滤波通常假定如下形式的方程[在式（7-3）和式（7-4）中有$\boldsymbol{D}=0,\boldsymbol{G}=\boldsymbol{H}=\boldsymbol{I}$]

$$\boldsymbol{x}_k=\boldsymbol{A}\boldsymbol{x}_{k-1}+\boldsymbol{B}\boldsymbol{u}_k+\boldsymbol{w}_k \tag{7-16}$$

$$\boldsymbol{z}_k=\boldsymbol{C}\boldsymbol{x}_k+\boldsymbol{v}_k \tag{7-17}$$

其中$\boldsymbol{w}_k$和$\boldsymbol{v}_k$服从零均值高斯分布，且其协方差矩阵$\boldsymbol{Q}_k$和$\boldsymbol{R}_k$已知。卡尔曼滤波的目的是求解当前k时刻的$\boldsymbol{x}_k$。

为了便于理解，先对下列一维标量情形考察求解的可行性

$$x_k=Ax_{k-1}+Bu_k+w_k \tag{7-18}$$

$$z_k=Cx_k+v_k \tag{7-19}$$

上述两方程看似简单，但求解x_k的真值并不容易，因为无法确定随机变量w_k在k时刻的取值，同时x_{k-1}也是未知的，或者说，由于w和v的存在，使x和z的取值也具有随机性，即x,z也应视为随机变量。

这里先尝试利用v_k的零均值特性（$E[v_k]=0$）。式（7-19）两边求统计均值（$E[]$运算满足线性）

$$E[z_k]=E[Cx_k]+E[v_k]=CE[x_k]\quad [因E[v_k]=0] \tag{7-20}$$

则得到x_k的统计均值

$$E[x_k]=C^{-1}E[z_k] \tag{7-21}$$

即 x_k 的统计均值可以由观测值 z_k 的均值获得。更进一步，如果假定统计均值可由时间均值代替，那么根据式（7-21）可以形成如下估计 x_k 的均值滤波方法：

在每个 k 时刻，计算所有观测值的时间均值，并将其作为统计均值代入式（7-21），将 x_k 的统计均值 $E[x_k]$ 作为 x_k 真值的估计，即

$$\hat{x}_k=E[x_k]=C^{-1}E[z_k]=C^{-1}\frac{1}{k}\sum_{m=1}^{k}z_m \tag{7-22}$$

显然，该方法的核心思想是用观测序列的均值作为当前时刻状态的估值。其实这是日常测量中常用的方法，即当待测变量的真值为恒定值，而测量具有一定的随机误差时，可采取“多次测量取均值”的方法减少测量误差。当然，当待测变量的真值为非恒定值时，上述简单的均值方法就失效了。

例如 GPS 定位。即使是静止不动的 GPS 接收模块，由于存在随机性测量误差，接收模块每次解算的定位数据常常是不同的，尤其是在 GPS 信号较弱时这一现象更为明显（GPS 官网宣称的民用 GPS 定位误差为 10 米左右）。在接收模块静止不动或极低速移动的情况下，如果用若干次 GPS 数据的均值作为定位测量结果，整体上讲其定位误差会有所降低。然而，当 GPS 接收模块在快速运动时（例如行驶车辆的 GPS 接收模块），车辆坐标的真值本身在快速变化，这时对定位数据求均值显然是无意义的。

式（7-22）估值方法存在的另一个问题是，其求解过程只利用了观测方程，与系统的状态方程没有发生任何联系。然而，系统状态的真值本质上是由系统变化规律（状态方程）决定的，仅利用测量值进行状态真值估计，显然是不够的。为此，也可尝试采用与上类似的思路，对状态方程式（7-18）两边求数学期望（注意 u_k 不是随机变量），利用 $E[w_k]=0$，则有

$$\hat{x}_k=E[x_k]=AE[x_{k-1}]+BE[u_k]+E[w_k]=AE[x_{k-1}]+Bu_k \tag{7-23}$$

上式形成了迭代求解公式。现在如果假定 $E[x_{k-1}]$ 已经求得，由式（7-22）和式（7-23）确定的两个估值 $\hat{x}_k$ 未必是相等的（通常不等）。

如果假定状态变量是一个平稳过程（随机性是由于 w_k 的存在），则其数学期望为常数，即 $E[x_k]=E[x_{k-1}]$，由上式可求得

$$\hat{x}_k=E[x_k]=E[x_{k-1}]=\frac{Bu_k}{1-A}$$

如何合理地同时利用状态方程和测量方程进行系统状态值的估计？现将式（7-22）作如下改写

$$\begin{aligned}
\hat{x}_{k|k}&=C^{-1}\frac{1}{k}\sum_{m=1}^{k}z_m && [\text{记}\,k\,\text{时刻估值为}\,\hat{x}_{k|k},\text{下标}\,k|k\,\text{表示从}\,k\,\text{时刻到}\,k\,\text{时刻}]\\
&=C^{-1}\frac{1}{k}\sum_{m=1}^{k-1}z_m+C^{-1}\frac{1}{k}z_k && [\text{求和拆分}]\\
&=\frac{k-1}{k}\left(C^{-1}\frac{1}{k-1}\sum_{m=1}^{k-1}z_m\right)+C^{-1}\frac{1}{k}z_k && [\text{配}\,\frac{1}{k-1}\,\text{因子}]\\
&=\frac{k-1}{k}\hat{x}_{k|k-1}+C^{-1}\frac{1}{k}z_k && [\text{用}\,\hat{x}_{k|k-1}\,\text{替换}\,C^{-1}\frac{1}{k-1}\sum_{m=1}^{k-1}z_m\,\text{，注意不是令其等于}]
\end{aligned}$$

$$= \hat{x}_{k|k-1} - \frac{1}{k}\hat{x}_{k|k-1} + C^{-1}\frac{1}{k}z_k \qquad [\text{拆分}]$$

$$= \hat{x}_{k|k-1} + C^{-1}\frac{1}{k}(z_k - C\hat{x}_{k|k-1}) \qquad [\text{重组}]$$

$$= \hat{x}_{k|k-1} + K_k(z_k - C\hat{x}_{k|k-1}) \qquad [\text{用}K_k\text{替换}C^{-1}\frac{1}{k}\text{，注意不是令其等于}]$$

即

$$\hat{x}_{k|k} = \hat{x}_{k|k-1} + K_k(z_k - C\hat{x}_{k|k-1}) \tag{7-24}$$

上式中已经包含了观测值z_k，如果假定$\hat{x}_{k|k-1}$是在k时刻用$k-1$时刻估值$\hat{x}_{k-1|k-1}$通过状态方程获得的，那么k时刻$\hat{x}_{k|k}$的计算则同时利用了状态方程和观测值z_k。

基于式（7-24），可以构建系统状态真值估计的两步求解策略：

（1）假定$k-1$时刻的状态估值$\hat{x}_{k-1|k-1}$是一个正确的估计，则可依据$\hat{x}_{k-1|k-1}$由状态方程计算一个k时刻的“预估”值$\hat{x}_{k|k-1}$。针对公式（7-18），即为

$$\hat{x}_{k|k-1} = A\hat{x}_{k-1|k-1} + Bu_k \tag{7-25}$$

这一步完全是根据目标系统状态方程的确定性部分计算的，而确定性的变化规律是可预测的，因此这一步计算在卡尔曼滤波中称为“预测”（由$k-1$时刻的状态估值预测k时刻的状态值），通常也将$\hat{x}_{k|k-1}$称为预测值。

（2）由于计算$\hat{x}_{k|k-1}$时丢掉了w_k，显然不能简单地将$\hat{x}_{k|k-1}$作为k时刻的状态估值。为此利用观测值对预测值$\hat{x}_{k|k-1}$进行更新，这便是式（7-24）。更准确地讲，是利用观测值和预测值之间的误差信息$(z_k - C\hat{x}_{k|k-1})$对$\hat{x}_{k|k-1}$进行更新[很多文献将$(z_k - C\hat{x}_{k|k-1})$称为新息，Innovation]。

对于多维变量系统式（7-16）和式（7-17），上述讨论的预测和更新公式则为

$$\hat{\boldsymbol{x}}_{k|k-1} = \boldsymbol{A}\hat{\boldsymbol{x}}_{k-1|k-1} + \boldsymbol{B}\boldsymbol{u}_k \quad (\text{预测}) \tag{7-26}$$

$$\hat{\boldsymbol{x}}_{k|k} = \hat{\boldsymbol{x}}_{k|k-1} + \boldsymbol{K}_k(\boldsymbol{z}_k - \boldsymbol{C}\hat{\boldsymbol{x}}_{k|k-1}) \quad (\text{更新}) \tag{7-27}$$

此为卡尔曼滤波算法五个公式中两个最为重要的公式，它也反映了卡尔曼滤波算法的重要策略：分两步求解。式（7-27）中的$\boldsymbol{K}_k$称为卡尔曼增益（Kalman Gain）。

注意：上述两公式的介绍并不是严谨的数学推导，或者说并没有证明两步求解的正确性或最佳性，而是尽可能以比较容易理解的方式诠释隐藏于卡尔曼滤波迭代公式中的概念。事实上，卡尔曼滤波本质上是用线性估计器[指式（7-27）的线性组合]求最小均方解（估计值和真值之间误差的均方值达到最小）。已经有人证明最小均方估计器具有“预测器-更正器”（Predictor-Corrector）结构，即这样的两步求解策略是数学上已被证明的。

卡尔曼滤波共有五个公式，后面将陆续给出剩余三个公式，但推导过程复杂且抽象。读者可以暂跳过对推导过程的阅读，重点关注概念的阐述和结论公式。

2．预估计误差和估计误差

前面介绍了卡尔曼滤波的两步求解策略，并给出了相应的迭代公式（7-26）和式（7-27）。那么，这两步计算得到的$\hat{\boldsymbol{x}}_{k|k-1}$和$\hat{\boldsymbol{x}}_{k|k}$与真值$\boldsymbol{x}_k$之间的误差是多少？如何计算？本小节主要对此进行分析。这一分析也是为了推导卡尔曼滤波中协方差矩阵的迭代计算公式。

第k次迭代中$\hat{\boldsymbol{x}}_{k|k-1}$和$\hat{\boldsymbol{x}}_{k|k}$与真值$\boldsymbol{x}_k$之间的误差可表示为

$$\boldsymbol{e}_{k|k-1} = \boldsymbol{x}_k - \hat{\boldsymbol{x}}_{k|k-1} \tag{7-28}$$

$$e_{k|k} = x_k - \hat{x}_{k|k} \tag{7-29}$$

由于 x_k 包含随机成分，因此上述误差是随机的，随机取值无法用于度量（度量值需要是一个确定值）。为此，对误差取均方值（统计平均）有：

预估计误差

$$P_{k|k-1} = E[e_{k|k-1}e_{k|k-1}^{\mathrm{T}}] = E[(x_k - \hat{x}_{k|k-1})(x_k - \hat{x}_{k|k-1})^{\mathrm{T}}] \tag{7-30}$$

估计误差

$$P_{k|k} = E[e_{k|k}e_{k|k}^{\mathrm{T}}] = E[(x_k - \hat{x}_{k|k})(x_k - \hat{x}_{k|k})^{\mathrm{T}}] \tag{7-31}$$

$P_{k|k-1}$ 和 $P_{k|k}$ 是由误差矢量生成的矩阵，当误差矢量的各分量之间相互独立时（通常都满足），$P_{k|k-1}$ 和 $P_{k|k}$ 为对角矩阵。

$P_{k|k-1}$ 和 $P_{k|k}$ 比较抽象，一维情况下的表达式具有更直观的概念，例如

$$P_{k|k} = E[e_k e_k^{\mathrm{T}}] = E[(x_k - \hat{x}_{k|k})(x_k - \hat{x}_{k|k})^{\mathrm{T}}] = E[(x_k - \hat{x}_{k|k})^2]$$

另外，由附录 B 中给出的协方差定义可知，如果 $e_{k|k-1}$ 和 $e_{k|k}$ 是零均值的，则 $P_{k|k-1}$ 和 $P_{k|k}$ 为协方差矩阵，因为协方差 $\mathrm{cov}[e] = E[(e-\mu_e)(e-\mu_e)^{\mathrm{T}}] = E[ee^{\mathrm{T}}]$（当 $\mu_e = 0$）。可以证明误差矢量是零均值的，这里不再讨论。

说明：这里将 $P_{k|k-1}$ 称为预估计误差，并不是一个广泛使用的命名。

式（7-30）和式（7-31）并不能用于迭代计算中，因为真值 x_k 是未知的。但从式（7-30）出发，可以证明 $P_{k|k-1}$ 的迭代计算式为

$$P_{k|k-1} = AP_{k-1|k-1}A^{\mathrm{T}} + Q_k \tag{7-32}$$

【证明】将 x_k 的表达式（7-16）和 $\hat{x}_{k|k-1}$ 的表达式（7-26）分别代入式（7-30），有

$$\begin{aligned}
P_{k|k-1} &= E[(x_k - \hat{x}_{k|k-1})(x_k - \hat{x}_{k|k-1})^{\mathrm{T}}] && [\text{式（7-30）}] \\
&= E[(Ax_{k-1} + Bu_k + w_k - A\hat{x}_{k-1|k-1} - Bu_k)(Ax_{k-1} + Bu_k + w_k - A\hat{x}_{k-1|k-1} - Bu_k)^{\mathrm{T}}] \\
&= E[(Ax_{k-1} + w_k - A\hat{x}_{k-1|k-1})(Ax_{k-1} + w_k - A\hat{x}_{k-1|k-1})^{\mathrm{T}}] && [Bu_k\ \text{抵消}] \\
&= E[A(x_{k-1} - \hat{x}_{k-1|k-1})(x_{k-1} - \hat{x}_{k-1|k-1})^{\mathrm{T}}A^{\mathrm{T}} + w_k w_k^{\mathrm{T}}] && [\text{展开重组}] \\
&= AE[(x_{k-1} - \hat{x}_{k-1|k-1})(x_{k-1} - \hat{x}_{k-1|k-1})^{\mathrm{T}}]A^{\mathrm{T}} + E[w_k w_k^{\mathrm{T}}] && [\text{利用数学期望性质}] \\
&= AP_{k-1|k-1}A^{\mathrm{T}} + E[w_k w_k^{\mathrm{T}}] && [E[(x_{k-1} - \hat{x}_{k-1|k-1})(x_{k-1} - \hat{x}_{k-1|k-1})^{\mathrm{T}}] = P_{k-1|k-1}] \\
&= AP_{k-1|k-1}A^{\mathrm{T}} + Q_k && [E[w_k w_k^{\mathrm{T}}] = Q_k]
\end{aligned}$$

【证毕】

同样，从式（7-31）出发可以证明 $P_{k|k}$ 的迭代计算式为

$$P_{k|k} = (I - K_k C)P_{k|k-1}(I - K_k C)^{\mathrm{T}} + K_k R_k K_k^{\mathrm{T}} \tag{7-33}$$

【证明】由式（7-31）知

$$\begin{aligned}
P_{k|k} &= E[(x_k - \hat{x}_{k|k})e^{\mathrm{T}}] && [\text{为避免表达式过长}, e^{\mathrm{T}}\ \text{暂不展开}] \\
&= E[\{x_k - \hat{x}_{k|k-1} - K_k(z_k - C\hat{x}_{k|k-1})\}e^{\mathrm{T}}] && [\text{将}\ \hat{x}_{k|k}\ \text{用式（7-27）代入}] \\
&= E[\{x_k - \hat{x}_{k|k-1} - K_k(Cx_k + v_k - C\hat{x}_{k|k-1})\}e^{\mathrm{T}}] && [\text{将}\ z_k\ \text{用式（7-17）代入}] \\
&= E[\{(I - K_k C)(x_k - \hat{x}_{k|k-1}) - K_k v_k\}e^{\mathrm{T}}] && [\text{重新组合}] \\
&= E[\{(I - K_k C)(x_k - \hat{x}_{k|k-1}) - K_k v_k\}\{(I - K_k C)(x_k - \hat{x}_{k|k-1}) - K_k v_k\}^{\mathrm{T}}] && [\text{结果代入}\ e] \\
&= E[\{(I - K_k C)(x_k - \hat{x}_{k|k-1}) - K_k v_k\}\{(x_k - \hat{x}_{k|k-1})^{\mathrm{T}}(I - K_k C)^{\mathrm{T}} - (K_k v_k)^{\mathrm{T}}\}] && [\text{转置内置}]
\end{aligned}$$

$$
\begin{aligned}
&= E[(\boldsymbol{I}-\boldsymbol{K}_k\boldsymbol{C})(\boldsymbol{x}_k-\hat{\boldsymbol{x}}_{k|k-1})(\boldsymbol{x}_k-\hat{\boldsymbol{x}}_{k|k-1})^{\mathrm{T}}(\boldsymbol{I}-\boldsymbol{K}_k\boldsymbol{C})^{\mathrm{T}}]- && \text{[展开为四项]}\\
&\quad -E[(\boldsymbol{I}-\boldsymbol{K}_k\boldsymbol{C})(\boldsymbol{x}_k-\hat{\boldsymbol{x}}_{k|k-1})(\boldsymbol{K}_k\boldsymbol{v}_k)^{\mathrm{T}}]- && \text{[稍后证明该项等于 0]}\\
&\quad -E[\boldsymbol{K}_k\boldsymbol{v}_k(\boldsymbol{x}_k-\hat{\boldsymbol{x}}_{k|k-1})^{\mathrm{T}}(\boldsymbol{I}-\boldsymbol{K}_k\boldsymbol{C})^{\mathrm{T}}]+ && \text{[同样可证该项等于 0]}\\
&\quad +E[\boldsymbol{K}_k\boldsymbol{v}_k(\boldsymbol{K}_k\boldsymbol{v}_k)^{\mathrm{T}}]\\
&= E[(\boldsymbol{I}-\boldsymbol{K}_k\boldsymbol{C})(\boldsymbol{x}_k-\hat{\boldsymbol{x}}_{k|k-1})(\boldsymbol{x}_k-\hat{\boldsymbol{x}}_{k|k-1})^{\mathrm{T}}(\boldsymbol{I}-\boldsymbol{K}_k\boldsymbol{C})^{\mathrm{T}}]+E[\boldsymbol{K}_k\boldsymbol{v}_k(\boldsymbol{K}_k\boldsymbol{v}_k)^{\mathrm{T}}] && \text{[留下非 0 项]}\\
&= (\boldsymbol{I}-\boldsymbol{K}_k\boldsymbol{C})E[(\boldsymbol{x}_k-\hat{\boldsymbol{x}}_{k|k-1})(\boldsymbol{x}_k-\hat{\boldsymbol{x}}_{k|k-1})^{\mathrm{T}}](\boldsymbol{I}-\boldsymbol{K}_k\boldsymbol{C})^{\mathrm{T}}+\boldsymbol{K}_kE[\boldsymbol{v}_k\boldsymbol{v}_k^{\mathrm{T}}]\boldsymbol{K}_k^{\mathrm{T}} && \text{[展开]}\\
&= (\boldsymbol{I}-\boldsymbol{K}_k\boldsymbol{C})\boldsymbol{P}_{k|k-1}(\boldsymbol{I}-\boldsymbol{K}_k\boldsymbol{C})^{\mathrm{T}}+\boldsymbol{K}_kE[\boldsymbol{v}_k\boldsymbol{v}_k^{\mathrm{T}}]\boldsymbol{K}_k^{\mathrm{T}} && \text{[代入式（7-30）]}\\
&= (\boldsymbol{I}-\boldsymbol{K}_k\boldsymbol{C})\boldsymbol{P}_{k|k-1}(\boldsymbol{I}-\boldsymbol{K}_k\boldsymbol{C})^{\mathrm{T}}+\boldsymbol{K}_k\boldsymbol{R}_k\boldsymbol{K}_k^{\mathrm{T}} && [\text{因 } \boldsymbol{R}_k=E[\boldsymbol{v}_k\boldsymbol{v}_k^{\mathrm{T}}]]
\end{aligned}
$$

此即为式（7-33）。

上述证明过程还留有两个式子待证明：

$$E[(\boldsymbol{I}-\boldsymbol{K}_k\boldsymbol{C})(\boldsymbol{x}_k-\hat{\boldsymbol{x}}_{k|k-1})(\boldsymbol{K}_k\boldsymbol{v}_k)^{\mathrm{T}}]=0$$

$$E[\boldsymbol{K}_k\boldsymbol{v}_k(\boldsymbol{x}_k-\hat{\boldsymbol{x}}_{k|k-1})^{\mathrm{T}}(\boldsymbol{I}-\boldsymbol{K}_k\boldsymbol{C})^{\mathrm{T}}]=0$$

下面以第 1 个式子为例，给出证明过程。

$$
\begin{aligned}
&E[(\boldsymbol{I}-\boldsymbol{K}_k\boldsymbol{C})(\boldsymbol{x}_k-\hat{\boldsymbol{x}}_{k|k-1})(\boldsymbol{K}_k\boldsymbol{v}_k)^{\mathrm{T}}]\\
&= E[(\boldsymbol{I}-\boldsymbol{K}_k\boldsymbol{C})\boldsymbol{e}_{k|k-1}(\boldsymbol{K}_k\boldsymbol{v}_k)^{\mathrm{T}}] && \text{[代入式（7-28）]}\\
&= E[(\boldsymbol{I}-\boldsymbol{K}_k\boldsymbol{C})\boldsymbol{e}_{k|k-1}\boldsymbol{v}_k^{\mathrm{T}}\boldsymbol{K}_k^{\mathrm{T}}] && [(\boldsymbol{AB})^{\mathrm{T}}=\boldsymbol{B}^{\mathrm{T}}\boldsymbol{A}^{\mathrm{T}}]\\
&= (\boldsymbol{I}-\boldsymbol{K}_k\boldsymbol{C})E[\boldsymbol{e}_{k|k-1}\boldsymbol{v}_k^{\mathrm{T}}]\boldsymbol{K}_k^{\mathrm{T}} && \text{[非随机量移至 } E[\ ] \text{外]}\\
&= (\boldsymbol{I}-\boldsymbol{K}_k\boldsymbol{C})E[\boldsymbol{e}_{k|k-1}](E[\boldsymbol{v}_k])^{\mathrm{T}}]\boldsymbol{K}_k^{\mathrm{T}} && \text{[完全可假定预估计误差和观测噪声独立]}\\
&= (\boldsymbol{I}-\boldsymbol{K}_k\boldsymbol{C})E[\boldsymbol{e}_{k|k-1}](0)^{\mathrm{T}}]\boldsymbol{K}_k^{\mathrm{T}} && [\boldsymbol{v}_k\text{ 零均值，即 } E[\boldsymbol{v}_k]=0]\\
&= 0
\end{aligned}
$$

【证毕】

如果将下列卡尔曼增益表达式（稍后证明）

$$\boldsymbol{K}_k=\boldsymbol{P}_{k|k-1}\boldsymbol{C}_k^{\mathrm{T}}(\boldsymbol{C}_k\boldsymbol{P}_{k|k-1}\boldsymbol{C}_k^{\mathrm{T}}+\boldsymbol{R}_k)^{-1} \tag{7-34}$$

代入式（7-33）中，则可以将 $\boldsymbol{P}_{k|k}$ 的迭代计算式进一步化简为

$$\boldsymbol{P}_{k|k}=(\boldsymbol{I}-\boldsymbol{K}_k\boldsymbol{C})\boldsymbol{P}_{k|k-1} \tag{7-35}$$

【证明】

$$
\begin{aligned}
\boldsymbol{P}_{k|k}&=(\boldsymbol{I}-\boldsymbol{K}_k\boldsymbol{C})\boldsymbol{P}_{k|k-1}(\boldsymbol{I}-\boldsymbol{K}_k\boldsymbol{C})^{\mathrm{T}}+\boldsymbol{K}_k\boldsymbol{R}_k\boldsymbol{K}_k^{\mathrm{T}} && \text{[即式（7-33）]}\\
&=(\boldsymbol{I}-\boldsymbol{K}_k\boldsymbol{C})\boldsymbol{P}_{k|k-1}(\boldsymbol{I}-\boldsymbol{C}^{\mathrm{T}}\boldsymbol{K}_k^{\mathrm{T}})+\boldsymbol{K}_k\boldsymbol{R}_k\boldsymbol{K}_k^{\mathrm{T}} && [(\boldsymbol{K}_k\boldsymbol{C})^{\mathrm{T}}=\boldsymbol{C}^{\mathrm{T}}\boldsymbol{K}_k^{\mathrm{T}}]\\
&=\boldsymbol{P}_{k|k-1}-\boldsymbol{P}_{k|k-1}\boldsymbol{C}^{\mathrm{T}}\boldsymbol{K}_k^{\mathrm{T}}-\boldsymbol{K}_k\boldsymbol{C}\boldsymbol{P}_{k|k-1}+\boldsymbol{K}_k\boldsymbol{C}\boldsymbol{P}_{k|k-1}\boldsymbol{C}^{\mathrm{T}}\boldsymbol{K}_k^{\mathrm{T}}+\boldsymbol{K}_k\boldsymbol{R}_k\boldsymbol{K}_k^{\mathrm{T}} && \text{[展开]}\\
&=\boldsymbol{P}_{k|k-1}-\boldsymbol{P}_{k|k-1}\boldsymbol{C}^{\mathrm{T}}\boldsymbol{K}_k^{\mathrm{T}}-\boldsymbol{K}_k\boldsymbol{C}\boldsymbol{P}_{k|k-1}+\boldsymbol{K}_k(\boldsymbol{C}\boldsymbol{P}_{k|k-1}\boldsymbol{C}^{\mathrm{T}}+\boldsymbol{R}_k)\boldsymbol{K}_k^{\mathrm{T}} && \text{[重组]} \qquad (7\text{-}36)\\
&=\boldsymbol{P}_{k|k-1}-\boldsymbol{P}_{k|k-1}\boldsymbol{C}^{\mathrm{T}}\boldsymbol{K}_k^{\mathrm{T}}-\boldsymbol{K}_k\boldsymbol{C}\boldsymbol{P}_{k|k-1}+\underbrace{\boldsymbol{P}_{k|k-1}(\boldsymbol{C}_k^{\mathrm{T}}\boldsymbol{C}_k\boldsymbol{P}_{k|k-1}\boldsymbol{C}_k^{\mathrm{T}}+\boldsymbol{R}_k)^{-1}}_{\boldsymbol{K}_k}(\boldsymbol{C}\boldsymbol{P}_{k|k-1}\boldsymbol{C}^{\mathrm{T}}+\boldsymbol{R}_k)\boldsymbol{K}_k^{\mathrm{T}}\\
&=\boldsymbol{P}_{k|k-1}-\boldsymbol{P}_{k|k-1}\boldsymbol{C}^{\mathrm{T}}\boldsymbol{K}_k^{\mathrm{T}}-\boldsymbol{K}_k\boldsymbol{C}\boldsymbol{P}_{k|k-1}+\boldsymbol{P}_{k|k-1}\boldsymbol{C}_k^{\mathrm{T}}\ \boldsymbol{K}_k^{\mathrm{T}} && [\text{利用性质 } \boldsymbol{A}^{-1}\boldsymbol{A}=\boldsymbol{I}]\\
&=\boldsymbol{P}_{k|k-1}-\boldsymbol{K}_k\boldsymbol{C}\boldsymbol{P}_{k|k-1}
\end{aligned}
$$

$$=(\boldsymbol{I}-\boldsymbol{K}_k\boldsymbol{C})\boldsymbol{P}_{k|k-1}$$

注意：上述推导中将式（7-36）最后一项中的 $\boldsymbol{K}_k$ 用式（7-34）作了替代。

【证毕】

至此，已经给出了卡尔曼滤波的全部五个公式：式（7-26）、式（7-27）、式（7-32）、式（7-33）或式（7-35），以及式（7-34）（后面将证明）。

3．五个迭代公式和伪代码描述

作为小结，将五个迭代公式按照两步求解策略和计算顺序归纳如下：

第一步　预测

$$\hat{\boldsymbol{x}}_{k|k-1}=\boldsymbol{A}\hat{\boldsymbol{x}}_{k-1|k-1}+\boldsymbol{B}\boldsymbol{u}_k \tag{7-37}$$

$$\boldsymbol{P}_{k|k-1}=\boldsymbol{A}\boldsymbol{P}_{k-1|k-1}\boldsymbol{A}^{\mathrm{T}}+\boldsymbol{Q}_k \tag{7-38}$$

$$\boldsymbol{K}_k=\boldsymbol{P}_{k|k-1}\boldsymbol{C}^{\mathrm{T}}(\boldsymbol{C}\boldsymbol{P}_{k|k-1}\boldsymbol{C}^{\mathrm{T}}+\boldsymbol{R}_k)^{-1} \tag{7-39}$$

第二步　更新

$$\hat{\boldsymbol{x}}_{k|k}=\hat{\boldsymbol{x}}_{k|k-1}+\boldsymbol{K}_k(\boldsymbol{z}_k-\boldsymbol{C}\hat{\boldsymbol{x}}_{k|k-1}) \tag{7-40}$$

$$\boldsymbol{P}_{k|k}=(\boldsymbol{I}-\boldsymbol{K}_k\boldsymbol{C})\boldsymbol{P}_{k|k-1} \tag{7-41}$$

$$(\text{或}\ \boldsymbol{P}_{k|k}=(\boldsymbol{I}-\boldsymbol{K}_k\boldsymbol{C})\boldsymbol{P}_{k|k-1}(\boldsymbol{I}-\boldsymbol{K}_k\boldsymbol{C})^{\mathrm{T}}+\boldsymbol{K}_k\boldsymbol{R}_k\boldsymbol{K}_k^{\mathrm{T}}) \tag{7-42}$$

式（7-41）对数据截断比较敏感，导致算法的数值性能比较差。早先计算机表示一个数的位数较少，截断效应比较明显，此时用式（7-42）替代式（7-41），可明显提升数值计算性能。对于目前在 32 位或 64 位操作系统平台上实现和运行的算法，截断效应可以忽略，因此现在文献一般仅给出式（7-41）。32 位以上的系统，在一般的科学计算中都可以认为是无限精度系统。

不难看出，卡尔曼滤波需要计算的只有 $\hat{\boldsymbol{x}}$ 和 $\boldsymbol{P}$ 两个量，具有双时间下标 $k|k-1$ 的变量也只有 $\hat{\boldsymbol{x}}$ 和 $\boldsymbol{P}$，因此在 $k=1,2,\cdots$ 的迭代求解中，只需保留 $\hat{\boldsymbol{x}}$ 和 $\boldsymbol{P}$ 供下轮迭代使用。或者说算法的输入参数是上一个时刻的 $\hat{\boldsymbol{x}}$ 和 $\boldsymbol{P}$，算法的输出是当前时刻的 $\hat{\boldsymbol{x}}$ 和 $\boldsymbol{P}$。下面用伪代码形式表述卡尔曼滤波算法，明晰且便于编程。

Algorithm KalmanFilter($\hat{\boldsymbol{x}}_{k-1|k-1}$, $\boldsymbol{P}_{k-1|k-1}$, $\boldsymbol{u}_k$, $\boldsymbol{z}_k$)

$\hat{\boldsymbol{x}}_{k|k-1}=\boldsymbol{A}\hat{\boldsymbol{x}}_{k-1|k-1}+\boldsymbol{B}\boldsymbol{u}_k$

$\boldsymbol{P}_{k|k-1}=\boldsymbol{A}\boldsymbol{P}_{k-1|k-1}\boldsymbol{A}^{\mathrm{T}}+\boldsymbol{Q}_k$

$\boldsymbol{K}_k=\boldsymbol{P}_{k|k-1}\boldsymbol{C}^{\mathrm{T}}(\boldsymbol{C}\boldsymbol{P}_{k|k-1}\boldsymbol{C}^{\mathrm{T}}+\boldsymbol{R}_k)^{-1}$

$\hat{\boldsymbol{x}}_{k|k}=\hat{\boldsymbol{x}}_{k|k-1}+\boldsymbol{K}_k(\boldsymbol{z}_k-\boldsymbol{C}\hat{\boldsymbol{x}}_{k|k-1})$

$\boldsymbol{P}_{k|k}=(\boldsymbol{I}-\boldsymbol{K}_k\boldsymbol{C})\boldsymbol{P}_{k|k-1}$

return $\hat{\boldsymbol{x}}_{k|k}$, $\boldsymbol{P}_{k|k}$

注意：五个公式都涉及矩阵运算，如拟在嵌入式系统中实现卡尔曼滤波算法，有一定的编程工作量。矩阵求逆需用替代方法，以提高数值计算的鲁棒性。支持矩阵运算是 Matlab 的特点，上述五个公式在 Matlab 中实现，则非常简单，基本是五个公式的直接改写。但 Matlab 没有给出通用的卡尔曼滤波函数，而是将其封装后，用在系统控制设计、计算机视觉、自动驾驶等应用领域。有兴趣的读者可以阅读本章后面的 Matlab 实践部分。

为更直观地理解卡尔曼滤波的迭代计算过程，这里给出一维情形下的迭代公式。在一维情形下，协方差矩阵 $\boldsymbol{Q}_k,\boldsymbol{R}_k$ 就是随机变量 w_k,v_k 的方差 $\sigma_{w,k}^2,\sigma_{v,k}^2$（注意 w_k,v_k 是零均值的）；矩阵求逆变为倒数，即

$$(\boldsymbol{C}\boldsymbol{P}_{k|k-1}\boldsymbol{C}^{\mathrm{T}}+\boldsymbol{R}_k)^{-1}=\frac{1}{C^2P_{k|k-1}+\sigma_{v,k}^2}$$

Algorithm KalmanFilter_1D($\hat{x}_{k-1|k-1}$, $P_{k-1|k-1}$, u_k , z_k)

$$\hat{x}_{k|k-1}=A\hat{x}_{k-1|k-1}+Bu_k \tag{7-43}$$

$$P_{k|k-1}=A^2P_{k-1|k-1}+\sigma_{w,k}^2 \tag{7-44}$$

$$K_k=\frac{CP_{k|k-1}}{C^2P_{k|k-1}+\sigma_{v,k}^2} \tag{7-45}$$

$$\hat{x}_{k|k}=\hat{x}_{k|k-1}+K_k(z_k-C\hat{x}_{k|k-1}) \tag{7-46}$$

$$P_{k|k}=(1-CK_k)P_{k|k-1} \tag{7-47}$$

return $\hat{x}_{k|k}$, $P_{k|k}$

【例 7-3】 温控系统每隔一定的时间采集一次温度数据。由于存在一些随机干扰，拟采用卡尔曼滤波算法进行数据预处理，以获得对实际温度更好的跟踪。记k时刻的温度真值为x_k，可建立如下状态方程：

$$x_k=x_{k-1}+w$$
$$z_k=x_k+v$$

其中w,v为零均值、方差分别为σ_w^2,σ_v^2的高斯随机变量，体现温度本身和温度测量中的不确定性。假定温度变化本身不确定性产生的温度标准差为 0.3℃，则$\sigma_w^2=0.09$。类似，如果假定温度测量不确定性产生的标准差为 0.2℃，则$\sigma_v^2=0.04$。试用卡尔曼滤波算法对该温度测量数据进行滤波处理。

当认为温控系统中的不确定性是由很多个随机因素叠加产生的效应时，由概率论中的中心极限定理可知，假定w,v服从高斯分布是基本合理的。

【解】 假定温度真值为 20℃，为了展示迭代的过渡过程，取$\hat{x}_{0|0}=10$℃，$p_{0|0}=1$。假定实测温度数据为$z_k=\{20.5, 20.3, 19.8, 19.5, 20.4, \cdots\}$。

下面根据式（7-43）至式（7-47）进行迭代计算（注意到$A=1, C=1, B=0$）。

$k=1$时：

$$\hat{x}_{1|0}=\hat{x}_{0|0}=10 \qquad [\text{式（7-43）}]$$

$$p_{1|0}=p_{0|0}+\sigma_w^2=1+0.09=1.09 \qquad [\text{式（7-44）}]$$

$$K_1=\frac{p_{1|0}}{p_{1|0}+\sigma_v^2}=\frac{1.09}{1.09+0.04}=0.9646 \qquad [\text{式（7-45）}]$$

$$\hat{x}_{1|1}=\hat{x}_{1|0}+K_1(z_1-\hat{x}_{1|0})=10+0.9646(20.5-10)=20.1283 \qquad [\text{式（7-46）}]$$

$$p_{1|1}=(1-K_1)p_{1|0}=(1-0.9646)\times1.09=0.038586 \qquad [\text{式（7-47）}]$$

$k=2$时：

$$\hat{x}_{2|1}=\hat{x}_{1|1}=20.1283$$

$$p_{2|1}=p_{1|1}+\sigma_w^2=0.038586+0.09=0.128586$$

$$K_2=\frac{p_{2|1}}{p_{2|1}+\sigma_v^2}=\frac{0.128586}{0.128586+0.04}=0.762732$$

$$\hat{x}_{2|2} = \hat{x}_{2|1} + K_2(z_2 - \hat{x}_{2|1}) = 20.1283 + 0.762732 \times (20.3 - 20.1283) = 20.2593$$

$$p_{2|2} = (1 - K_2)p_{2|1} = (1 - 0.762732) \times 0.128586 = 0.030509$$

$k = 3$ 时：

$$\hat{x}_{3|2} = \hat{x}_{2|2} = 20.2593$$

$$p_{3|2} = p_{2|2} + \sigma_w^2 = 0.030509 + 0.09 = 0.120509$$

$$K_3 = \frac{p_{3|2}}{p_{3|2} + \sigma_v^2} = \frac{0.120509}{0.120509 + 0.04} = 0.750791$$

$$\hat{x}_{3|3} = \hat{x}_{3|2} + K_3(z_3 - \hat{x}_{3|2}) = 20.2593 + 0.750791 \times (19.8 - 20.2593) = 19.9145$$

$$p_{3|3} = (1 - K_3)p_{3|2} = (1 - 0.750791) \times 0.120509 = 0.030032$$

$k = 4$ 时：

$$\hat{x}_{4|3} = \hat{x}_{3|3} = 19.9145$$

$$p_{4|3} = p_{3|3} + \sigma_w^2 = 0.030032 + 0.09 = 0.120032$$

$$K_4 = \frac{p_{4|3}}{p_{4|3} + \sigma_v^2} = \frac{0.120032}{0.120032 + 0.04} = 0.750050$$

$$\hat{x}_{4|4} = \hat{x}_{4|3} + K_4(z_4 - \hat{x}_{4|3}) = 19.9145 + 0.750050 \times (19.5 - 19.9145) = 19.6036$$

$$p_{4|4} = (1 - K_4)p_{4|3} = (1 - 0.750050) \times 0.120032 = 0.030002$$

$k = 5$ 时：

$$\hat{x}_{5|4} = \hat{x}_{4|4} = 19.6036$$

$$p_{5|4} = p_{4|4} + \sigma_w^2 = 0.030002 + 0.09 = 0.120002$$

$$K_5 = \frac{p_{5|4}}{p_{5|4} + \sigma_v^2} = \frac{0.120002}{0.120002 + 0.04} = 0.750003$$

$$\hat{x}_{5|5} = \hat{x}_{5|4} + K_5(z_5 - \hat{x}_{5|4}) = 19.6036 + 0.750003 \times (20.4 - 19.6036) = 20.2009$$

$$p_{5|5} = (1 - K_5)p_{5|4} = (1 - 0.750003) \times 0.120002 = 0.030000$$

……

为了便于观察比较，将上述计算数据整理成表 7.1。

表 7.1　例 7-3 卡尔曼滤波结果

假定的初始值：$\hat{x}_{0\|0} = 10$，$p_{0\|0} = 1$，$\sigma_w^2 = 0.09$，$\sigma_v^2 = 0.04$						
k	1	2	3	4	5	…
x_k	20	20	20	20	20	…
z_k	20.5	20.3	19.8	19.5	20.4	…
$\hat{x}_{k\|k}$	20.1283	20.2593	19.9145	19.6036	20.2009	…
$\hat{x}_{k\|k-1}$	10	20.1283	20.2593	19.9145	19.6036	…
K_k	0.9646	0.762732	0.750791	0.750050	0.750003	…
$p_{k\|k-1}$	1.09	0.128586	0.120509	0.120032	0.120002	…
$p_{k\|k}$	0.038586	0.030509	0.030032	0.030002	0.030000	…

两点说明：

（1）温度真值是未知的，迭代计算中也不需要。假定温度真值是恒温 20℃的目的是为构建测量值仿真数据提供依据。如果设定仿真测量值线性波动上升，则意味着仿真的温度真值是线性上升的。

（2）为了展示卡尔曼滤波的快速收敛能力，这里设 $\hat{x}_{0|0}=10℃, p_{0|0}=1$，偏离较大（根据 $p_{k|k}$ 的物理含义及真值和观测值的设定，可以估算 $p_{0|0}$）。

【例毕】

结合上例，给出以下几点讨论，以便对卡尔曼滤波有更好的理解。

（1）经过一次迭代，$\hat{x}_{k|k}$ 就从初始设定的 10℃跳到观测值/真值附近的 20.1℃，可谓“一步收敛”到真值附近，由此可以体验到为什么卡尔曼滤波适用于时变系统。

一般情况下，卡尔曼滤波做不到“一步收敛”，但过渡过程也比较短暂，可以认为几步迭代后即进入稳态。

（2）实际应用中因观测误差，观测值会在真值附近波动。卡尔曼滤波的功能是减小观测值的波动，从表 7.1 的数据也可以看到这一点：在 20℃真值附近，$\hat{x}_{k|k}$ 的波动比 z_k 小。但是，卡尔曼滤波不可能完全或近似完全地滤除围绕真值的波动，给出“理想的真值”。因为真值未知，滤波器需要以观测值为参考。或者说，卡尔曼滤波的输出会受到算法中观测值的牵引。

（3）$K_k, p_{k|k-1}, p_{k|k}$ 也以很快的速度收敛到相应的特定值。

在卡尔曼滤波迭代算法中，需要知道噪声协方差矩阵 $\boldsymbol{Q}$ 和 $\boldsymbol{R}$（本例中为 σ_w^2, σ_v^2）。然而，应用中这些值通常是未知的。这些值如何设定？其值的选取对滤波效果有多大影响？上述问题读者可将该例用 Matlab 实现，自行进行实验研究和分析。

7.2.2 卡尔曼增益和卡尔曼滤波的核心概念

卡尔曼增益 $\boldsymbol{K}_k$ 是卡尔曼滤波中的重要变量，也被认为是卡尔曼的重要贡献。

在前面给出的两个 $\boldsymbol{P}_{k|k}$ 公式中，式（7-41）已利用 $\boldsymbol{K}_k$ 计算公式进行化简，因此不能用其推导 $\boldsymbol{K}_k$ 计算公式，确定 $\boldsymbol{K}_k$ 需用式（7-42）。这里可从式（7-36）开始，为阅读方便将式（7-36）重写于此：

$$\boldsymbol{P}_{k|k}=\boldsymbol{P}_{k|k-1}-\boldsymbol{P}_{k|k-1}\boldsymbol{C}^{\mathrm{T}}\boldsymbol{K}_k^{\mathrm{T}}-\boldsymbol{K}_k\boldsymbol{C}\boldsymbol{P}_{k|k-1}+\boldsymbol{K}_k(\boldsymbol{C}\boldsymbol{P}_{k|k-1}\boldsymbol{C}^{\mathrm{T}}+\boldsymbol{R}_k)\boldsymbol{K}_k^{\mathrm{T}} \tag{7-48}$$

由式（7-31）知，$\boldsymbol{P}_{k|k}$ 是估计误差矢量构成的矩阵，其对角线元素为各状态分量估计误差的均方值。确定 $\boldsymbol{K}_k$ 的基本思路就是求得一个 $\boldsymbol{K}_k$ 值使 $\boldsymbol{P}_{k|k}$ 的迹达到最小（参见附录 A，矩阵迹即对角线元素之和）。为了方便理解，下面先推导一维情形下的 K_k 计算公式。

1．一维情形下卡尔曼增益的推导

在一维情况下，式（7.48）变为

$$\begin{aligned}P_{k|k}&=P_{k|k-1}-P_{k|k-1}C^{\mathrm{T}}K_k^{\mathrm{T}}-K_kCP_{k|k-1}+K_k(CP_{k|k-1}C^{\mathrm{T}}+R_k)K_k^{\mathrm{T}} && \text{[均为标量]}\\&=P_{k|k-1}-2P_{k|k-1}CK_k+(C^2P_{k|k-1}+\sigma_{v,k}^2)K_k^2 && [\text{一维下化简；} R_k=\sigma_{v,k}^2]\end{aligned}$$

上式两边对 K_k 求导，并令其等于零得

$$\frac{\mathrm{d}P_{k|k}}{\mathrm{d}K_k}=-2CP_{k|k-1}+2(C^2P_{k|k-1}+\sigma_{v,k}^2)K_k=0$$

解得

$$K_k=\frac{CP_{k|k-1}}{C^2P_{k|k-1}+\sigma_{v,k}^2}$$

上式即为式（7-45）。

2．多维情形下卡尔曼增益的推导

各分量预测误差均方值位于 $\boldsymbol{P}_{k|k}$ 的对角线上，误差均方值总和为对角线元素和，即矩阵的迹。对式（7-48）两边矩阵求迹，即

$$\begin{aligned}\mathrm{tr}[\boldsymbol{P}_{k|k}] &= \mathrm{tr}[\boldsymbol{P}_{k|k-1}]-\mathrm{tr}[\boldsymbol{P}_{k|k-1}\boldsymbol{C}^{\mathrm{T}}\boldsymbol{K}_k^{\mathrm{T}}]-\mathrm{tr}[\boldsymbol{K}_k\boldsymbol{C}\boldsymbol{P}_{k|k-1}]+\mathrm{tr}[\boldsymbol{K}_k(\boldsymbol{C}\boldsymbol{P}_{k|k-1}\boldsymbol{C}^{\mathrm{T}}+\boldsymbol{R}_k)\boldsymbol{K}_k^{\mathrm{T}}]\\ &= \mathrm{tr}[\boldsymbol{P}_{k|k-1}]-2\mathrm{tr}[\boldsymbol{P}_{k|k-1}\boldsymbol{C}^{\mathrm{T}}\boldsymbol{K}_k^{\mathrm{T}}]+\mathrm{tr}[\boldsymbol{K}_k(\boldsymbol{C}\boldsymbol{P}_{k|k-1}\boldsymbol{C}^{\mathrm{T}}+\boldsymbol{R}_k)\boldsymbol{K}_k^{\mathrm{T}}]\quad [\mathrm{tr}[\boldsymbol{A}]=\mathrm{tr}[\boldsymbol{A}^{\mathrm{T}}]]\end{aligned}$$

上式两边对 $\boldsymbol{K}_k$ 求导，并令其等于零，得

$$\begin{aligned}\frac{\mathrm{d}(\mathrm{tr}[\boldsymbol{P}_{k|k}])}{\mathrm{d}\boldsymbol{K}_k} &= \frac{\mathrm{d}(\mathrm{tr}[\boldsymbol{P}_{k|k-1}])}{\mathrm{d}\boldsymbol{K}_{\mathrm{k}}}-2\frac{\mathrm{d}(\mathrm{tr}[\boldsymbol{P}_{k|k-1}\boldsymbol{C}^{\mathrm{T}}\boldsymbol{K}_k^{\mathrm{T}}])}{\mathrm{d}\boldsymbol{K}_{\mathrm{k}}}+\frac{\mathrm{d}(\mathrm{tr}[\boldsymbol{K}_k(\boldsymbol{C}\boldsymbol{P}_{k|k-1}\boldsymbol{C}^{\mathrm{T}}+\boldsymbol{R}_k)\boldsymbol{K}_k^{\mathrm{T}}]}{\mathrm{d}\boldsymbol{K}_{\mathrm{k}}}\\ &= -2(\boldsymbol{C}\boldsymbol{P}_{k|k-1})^{\mathrm{T}}+2\boldsymbol{K}_k(\boldsymbol{C}\boldsymbol{P}_{k|k-1}\boldsymbol{C}^{\mathrm{T}}+\boldsymbol{R}_k)\quad [\frac{\mathrm{d}}{\mathrm{d}\boldsymbol{A}}\mathrm{tr}[\boldsymbol{A}\boldsymbol{B}\boldsymbol{A}^{\mathrm{T}}]=2\boldsymbol{A}\boldsymbol{B},\ \frac{\mathrm{d}}{\mathrm{d}\boldsymbol{A}}\mathrm{tr}[\boldsymbol{A}\boldsymbol{B}]=\boldsymbol{B}^{\mathrm{T}}]\\ &= 0\end{aligned}$$

即 $-2(\boldsymbol{C}\boldsymbol{P}_{k|k-1})^{\mathrm{T}}+2\boldsymbol{K}_k(\boldsymbol{C}\boldsymbol{P}_{k|k-1}\boldsymbol{C}^{\mathrm{T}}+\boldsymbol{R}_k)=0$，　$\boldsymbol{K}_k(\boldsymbol{C}\boldsymbol{P}_{k|k-1}\boldsymbol{C}^{\mathrm{T}}+\boldsymbol{R}_k)=(\boldsymbol{C}\boldsymbol{P}_{k|k-1})^{\mathrm{T}}$。所以

$$\begin{aligned}\boldsymbol{K}_k &= (\boldsymbol{C}\boldsymbol{P}_{k|k-1})^{\mathrm{T}}(\boldsymbol{C}\boldsymbol{P}_{k|k-1}\boldsymbol{C}^{\mathrm{T}}+\boldsymbol{R}_k)^{-1}\\ &= \boldsymbol{P}_{k|k-1}^{\mathrm{T}}\boldsymbol{C}^{\mathrm{T}}(\boldsymbol{C}\boldsymbol{P}_{k|k-1}\boldsymbol{C}^{\mathrm{T}}+\boldsymbol{R}_k)^{-1}\qquad [(\boldsymbol{A}\boldsymbol{B})^{\mathrm{T}}=\boldsymbol{B}^{\mathrm{T}}\boldsymbol{A}^{\mathrm{T}}]\\ &= \boldsymbol{P}_{k|k-1}\boldsymbol{C}^{\mathrm{T}}(\boldsymbol{C}\boldsymbol{P}_{k|k-1}\boldsymbol{C}^{\mathrm{T}}+\boldsymbol{R}_k)^{-1}\qquad [\text{协方差矩阵为对称阵，即 }\boldsymbol{P}_{k|k-1}^{\mathrm{T}}=\boldsymbol{P}_{k|k-1}]\end{aligned}$$

上式即式（7-39）。

3．卡尔曼增益的意义和作用

稍仔细观察一下卡尔曼滤波的五个迭代公式就会发现，单纯从计算角度看，$\boldsymbol{K}_k$ 只是每步迭代中的一个中间结果，完全可以将其代入其他表达式，构成卡尔曼滤波算法的四公式描述（即可省去一个公式）。然而，单独列写 $\boldsymbol{K}_k$ 公式，不仅是算法优化的需要（避免重复计算 $\boldsymbol{K}_k$），更为重要的是卡尔曼增益是支撑卡尔曼滤波两步求解策略的"杠杆支点"。本小节的概念讨论主要采用一维情形下的增益公式。

1）卡尔曼增益的概念定义和取值范围

在式（7-45）中设 $C=1$（假定测量系统直接测得状态值，大多数应用满足 $C=1$），则得到 K_k 的下列概念定义：

$$K_k=\frac{P_{k|k-1}}{P_{k|k-1}+\sigma_{v,k}^2}=\frac{\text{预估计误差均方值}}{\text{预估计误差均方值}+\text{测量不确定性}}\quad(\text{第 }k\text{ 次迭代中})\tag{7-49}$$

上式中 $\sigma_{v,k}^2$ 是 v_k 的方差，反映了测量中的不确定性，$P_{k|k-1}$ 是预估计误差均方值。由于 $P_{k|k-1},\sigma_{v,k}^2\geqslant 0$，所以有

$$0\leqslant K_k\leqslant 1\quad(k=1,2,3,\cdots)\tag{7-50}$$

由上两式给出如下几点讨论：

（1）如假定 $\sigma_{v,k}^2=0$，则 $K_k=1$，假定 $\sigma_{v,k}^2=0$ 意味着测量过程无不确定性。若 $P_{k|k-1}>>\sigma_{v,k}^2$，则 $K_k\approx 1$。

（2）若 $P_{k|k-1}=0$ 则 $K_k=0$。当 $\sigma_{v,k}^2>>P_{k|k-1}$ 时有 $K_k\approx 0$。

（3）如果假定 v_k 为平稳随机过程，则 $\sigma_{v,k}^2$ 是一个与 k 无关的常数。

对于 m 个状态变量的多维情形，如果设 $\boldsymbol{C}=\boldsymbol{I}$，则有

$$\boldsymbol{K}_k = \boldsymbol{P}_{k|k-1}\boldsymbol{C}^{\mathrm{T}}(\boldsymbol{C}\boldsymbol{P}_{k|k-1}\boldsymbol{C}^{\mathrm{T}} + \boldsymbol{R}_k)^{-1} = \boldsymbol{P}_{k|k-1}(\boldsymbol{P}_{k|k-1} + \boldsymbol{R}_k)^{-1}$$

由于通常$\boldsymbol{P}$和$\boldsymbol{R}$为对角阵，上式中$\boldsymbol{K}_k$也将为对角阵

$$\boldsymbol{K}_k = \begin{bmatrix} \dfrac{p_{k|k-1,11}}{p_{k|k-1,11}+\sigma_v^2} & 0 & \cdots & 0 \\ 0 & \dfrac{p_{k|k-1,22}}{p_{k|k-1,22}+\sigma_v^2} & 0 & \vdots \\ \vdots & 0 & \ddots & 0 \\ 0 & \cdots & 0 & \dfrac{p_{k|k-1,mm}}{p_{k|k-1,mm}+\sigma_v^2} \end{bmatrix} \tag{7-51}$$

因此上述对一维的讨论也适用于多维的情况。

2）$\boldsymbol{K}_k$的“增益”含义

状态更新公式$\hat{x}_{k|k} = \hat{x}_{k|k-1} + K_k(z_k - \hat{x}_{k|k-1})$（设$C=1$）清晰地展示了$K_k$的“增益”含义之一——它是用误差$(z_k - \hat{x}_{k|k-1})$信息更新状态估值时的增益系数。增益值越大，更新过程中误差$(z_k - \hat{x}_{k|k-1})$所起的作用越大。

将$\hat{x}_{k|k} = \hat{x}_{k|k-1} + K_k(z_k - \hat{x}_{k|k-1})$稍加重组，又有

$$\hat{x}_{k|k} = (1-K_k)\hat{x}_{k|k-1} + K_k z_k \tag{7-52}$$

上式赋予了K_k另一个增益含义——当综合利用预测值$\hat{x}_{k|k-1}$和观测值z_k进行状态值更新时，两者各自的权重分别为$(1-K_k)$和K_k。显然，K_k越大，更新中观测值z_k的作用越大，滤波器估值结果主要由z_k主导；反之，预测值$\hat{x}_{k|k-1}$的作用越大。因此，当测量较为准确和可信时K_k值将较大；反之，当测量误差比较大时K_k会较小，更新过程会对预测值$\hat{x}_{k|k-1}$给予更大的信任。当假定测量过程没有不确定性时，$\sigma_{v,k}^2 = 0$导致$K_k = 1$，估值更新完全由测量值决定（此时也就失去了采用卡尔曼滤波的意义，只要相信观测值即可）。相反，当目标系统没有不确定性时（$\boldsymbol{w}_k = 0$），由状态方程求得的预测值$\hat{x}_{k|k-1}$也将没有不确定性，预估计误差的方差$p_{k|k-1} = 0$，此时有$K_k = 0$，估值的更新值完全由预测值决定。

简言之，卡尔曼滤波依据目标系统和测量的不确定性大小，通过卡尔曼增益调节预测值和观测值在更新过程中的占比，从而获得当前时刻状态的估值。

7.2.3 协方差矩阵和误差传播

为了兼顾式（7-30）和式（7-31），这里省略误差矢量的下标$k|k-1$和$k|k$。考虑误差矢量的协方差矩阵，由本章附录B式（7-225）知

$$\begin{aligned}
\mathrm{cov}[\boldsymbol{e}] &= E[(\boldsymbol{e}-\boldsymbol{\mu}_e)(\boldsymbol{e}-\boldsymbol{\mu}_e)^{\mathrm{T}}] && [\boldsymbol{\mu}_e = E[\boldsymbol{e}]\text{为误差矢量的均值}] \\
&= E[\boldsymbol{e}\boldsymbol{e}^{\mathrm{T}} - \boldsymbol{e}\boldsymbol{\mu}_e^{\mathrm{T}} - \boldsymbol{\mu}_e\boldsymbol{e}^{\mathrm{T}} + \boldsymbol{\mu}_e\boldsymbol{\mu}_e^{\mathrm{T}}] && [\text{展开}] \\
&= E[\boldsymbol{e}\boldsymbol{e}^{\mathrm{T}}] - E[\boldsymbol{e}]\boldsymbol{\mu}_e^{\mathrm{T}} - \boldsymbol{\mu}_e E[\boldsymbol{e}^{\mathrm{T}}] + \boldsymbol{\mu}_e\boldsymbol{\mu}_e^{\mathrm{T}} && [\boldsymbol{\mu}_e\text{是常数}] \\
&= E[\boldsymbol{e}\boldsymbol{e}^{\mathrm{T}}] - \boldsymbol{\mu}_e\boldsymbol{\mu}_e^{\mathrm{T}} - \boldsymbol{\mu}_e(E[\boldsymbol{e}])^{\mathrm{T}} + \boldsymbol{\mu}_e\boldsymbol{\mu}_e^{\mathrm{T}} && [E[\boldsymbol{e}] = \boldsymbol{\mu}_e] \\
&= E[\boldsymbol{e}\boldsymbol{e}^{\mathrm{T}}] - \boldsymbol{\mu}_e\boldsymbol{\mu}_e^{\mathrm{T}}
\end{aligned}$$

上式中误差$\boldsymbol{e}$的均值$\boldsymbol{\mu}_e$等于零。例如对于$E[\boldsymbol{e}_{k|k}] = E[\boldsymbol{x}_{k|k}] - E[\hat{\boldsymbol{x}}_{k|k}]$，当估值有效时，真值变量和估值变量具有相同的均值，即$E[\boldsymbol{e}_{k|k}] = E[\boldsymbol{x}_{k|k}] - E[\hat{\boldsymbol{x}}_{k|k}]$=0。所以

$$\mathrm{cov}[\boldsymbol{e}]=E[\boldsymbol{e}\boldsymbol{e}^{\mathrm{T}}]$$

上式表明式（7-30）和式（7-31）分别等于其各自的协方差矩阵，即$\boldsymbol{P}_{k|k-1}$是预估计误差协方差矩阵，$\boldsymbol{P}_{k|k}$是估计误差协方差矩阵。

卡尔曼滤波迭代求解两个变量值：状态估值和估计误差的协方差矩阵。

在附录B中已经给出证明：若随机矢量$\boldsymbol{X}$服从高斯分布$\boldsymbol{X}\sim\mathcal{N}(\boldsymbol{\mu}_x,\boldsymbol{P}_x)$，$\boldsymbol{Y}$是$\boldsymbol{X}$的线性变换$\boldsymbol{Y}=\boldsymbol{A}\boldsymbol{X}+\boldsymbol{b}$，则$\boldsymbol{Y}$服从$\boldsymbol{Y}\sim\mathcal{N}(\boldsymbol{A}\boldsymbol{\mu}_x+\boldsymbol{b},\ \boldsymbol{A}\boldsymbol{P}_x\boldsymbol{A}^{\mathrm{T}})$，即$\boldsymbol{Y}$的协方差矩阵和$\boldsymbol{X}$的协方差矩阵之间的关系为

$$\boldsymbol{P}_y=\boldsymbol{A}\boldsymbol{P}_x\boldsymbol{A}^{\mathrm{T}}$$

上式和卡尔曼滤波的迭代计算公式（7-38）$\boldsymbol{P}_{k|k-1}=\boldsymbol{A}\boldsymbol{P}_{k-1|k-1}\boldsymbol{A}^{\mathrm{T}}+\boldsymbol{Q}_k$比较，可以看到两者非常相近。另外，迭代公式（7-37）$\hat{\boldsymbol{x}}_{k|k-1}=\boldsymbol{A}\hat{\boldsymbol{x}}_{k-1|k-1}+\boldsymbol{B}\boldsymbol{u}_k$和$\boldsymbol{Y}=\boldsymbol{A}\boldsymbol{X}+\boldsymbol{b}$具有相同的形式。因此，很容易认为$\boldsymbol{P}_{k-1|k-1}$是$\hat{\boldsymbol{x}}_{k-1|k-1}$的协方差矩阵，$\boldsymbol{P}_{k|k-1}$是$\hat{\boldsymbol{x}}_{k|k-1}$的协方差矩阵，$\boldsymbol{P}_{k|k}$是$\hat{\boldsymbol{x}}_{k|k}$的协方差均值。然而，这个结论通常是不成立的，因为两个协方差矩阵针对的是不同的矢量。例如对于$\mathrm{cov}[\boldsymbol{e}_{k|k-1}]$和$\mathrm{cov}[\hat{\boldsymbol{x}}_{k|k-1}]$，有

$$\begin{aligned}\boldsymbol{P}_{k|k-1}&=\mathrm{cov}[\boldsymbol{e}_{k|k-1}]=E[(\boldsymbol{e}_{k|k-1}-\boldsymbol{\mu}_e)(\boldsymbol{e}_{k|k-1}-\boldsymbol{\mu}_e)^{\mathrm{T}}]\\&=E[\boldsymbol{e}_{k|k-1}(\boldsymbol{e}_{k|k-1})^{\mathrm{T}}] &&[\text{误差为零均值，即}\ \boldsymbol{\mu}_e=0]\\&=E[(\boldsymbol{x}_k-\hat{\boldsymbol{x}}_{k|k-1})(\boldsymbol{x}_k-\hat{\boldsymbol{x}}_{k|k-1})^{\mathrm{T}}] &&[\text{注意}\ \boldsymbol{x}_k\ \text{为真值}]\end{aligned}\tag{7-53}$$

$\hat{\boldsymbol{x}}_{k|k-1}$的协方差矩阵$\mathrm{cov}[\hat{\boldsymbol{x}}_{k|k-1}]$的定义为

$$\begin{aligned}\mathrm{cov}[\hat{\boldsymbol{x}}_{k|k-1}]&=E[(\hat{\boldsymbol{x}}_{k|k-1}-E[\hat{\boldsymbol{x}}_{k|k-1}])(\hat{\boldsymbol{x}}_{k|k-1}-E[\hat{\boldsymbol{x}}_{k|k-1}])^{\mathrm{T}}] &&[\text{协方差矩阵的定义}]\\&=E[(E[\hat{\boldsymbol{x}}_{k|k-1}]-\hat{\boldsymbol{x}}_{k|k-1})(E[\hat{\boldsymbol{x}}_{k|k-1}]-\hat{\boldsymbol{x}}_{k|k-1})^{\mathrm{T}}] &&[\text{改变顺序}]\end{aligned}$$

如果满足$\boldsymbol{x}_k=E[\hat{\boldsymbol{x}}_{k|k-1}]$，则上式和式（7-53）是同等的。因此，当真值$\boldsymbol{x}_k$等于预测值$\hat{\boldsymbol{x}}_{k|k-1}$的均值时（充分条件），$\boldsymbol{P}_{k|k-1}$则为$\hat{\boldsymbol{x}}_{k|k-1}$的协方差矩阵。迭代求解中一般不会有$\boldsymbol{x}_k=E[\hat{\boldsymbol{x}}_{k|k-1}]$成立，因此，$\boldsymbol{P}_{k|k-1}$一般不等于$\hat{\boldsymbol{x}}_{k|k-1}$的协方差矩阵。对于$\boldsymbol{P}_{k|k}$与$\hat{\boldsymbol{x}}_{k|k}$协方差矩阵的关系，分析类似，结论也类似。

卡尔曼滤波的两步求解策略形成两个估计误差（以一维标量形式为例），预估计误差$P_{k|k-1}=E[(x_k-\hat{x}_{k|k-1})^2]$和估计误差$P_{k|k}=E[(x_k-\hat{x}_{k|k})^2]$。随着$k$的增加，误差由上次迭代传递到下一次，由迭代公式可以看到传递过程为

$$\text{初始化赋值}\ P_{0|0}\to P_{1|0}\to P_{1|1}\to P_{2|1}\to P_{2|2}\to P_{3|2}\to P_{3|3}\to\dots$$

这一过程又可称为误差传播（Propagation）。由$P_{k|k}=(1-K_k)P_{k|k-1}$看到，由于$1\geqslant K_k\geqslant 0$，因此一定有

$$P_{k|k}\leqslant P_{k|k-1}\tag{7-54}$$

即“更新”一定不会导致误差的增加。

7.2.4　一维卡尔曼滤波的收敛性分析

这里的收敛是指随着$k\to\infty$，$P_{k|k-1}$和$P_{k|k}$均不会趋向无穷大，而是趋向于零或一个常数。卡尔曼滤波的特点是收敛较快，在满足一定条件时甚至可以“一步收敛到位”，这也是

为什么卡尔曼滤波比较适合时变系统的原因。

1．$P_{k|k-1}, P_{k|k}$ 和 K_k 的收敛终值

假设 $P_{k|k-1}, P_{k|k}$ 和 K_k 分别收敛于 P_∞^1, P_∞ 和 K_∞，即定义

$$P_\infty^1 = \lim_{k\to\infty} P_{k|k-1}，\quad P_\infty = \lim_{k\to\infty} P_{k|k}，\quad K_\infty = \lim_{k\to\infty} K_{k|k} \tag{7-55}$$

由于收敛后有 $P_{k|k} = P_{k-1|k-1} = P_\infty$，因此一维迭代中式（7-44）、式（7-45）和式（7-47）可写为

$$P_\infty^1 = A^2 P_\infty + \sigma_w^2 \quad [式（7-44）] \tag{7-56}$$

$$K_\infty = \frac{CP_\infty^1}{C^2 P_\infty^1 + \sigma_v^2} \quad [式（7-45）] \tag{7-57}$$

$$P_\infty = P_\infty^1 - CP_\infty^1 K_\infty \quad [式（7-47）] \tag{7-58}$$

联立上面三式，可以解得

$$P_\infty = \frac{1}{2A^2C^2}[\sqrt{(C^2\sigma_w^2 + \sigma_v^2 - A^2\sigma_v^2)^2 + 4A^2C^2\sigma_w^2\sigma_v^2} - (C^2\sigma_w^2 + \sigma_v^2 - A^2\sigma_v^2)] \tag{7-59}$$

需注意到，当 $A>1$ 和 $C>1$ 时，P_∞ 值存在，即 $P_{k|k-1}$ 和 $P_{k|k}$ 有收敛终值存在。

当 $C=1$ 时（常见情形），上式简化为

$$P_\infty = \frac{1}{2A^2}[\sqrt{(\sigma_w^2 + \sigma_v^2 - A^2\sigma_v^2)^2 + 4A^2\sigma_w^2\sigma_v^2} - (\sigma_w^2 + \sigma_v^2 - A^2\sigma_v^2)] \tag{7-60}$$

当 $C=A=1$ 时（较常见情形），上式进一步简化为

$$P_\infty = \frac{\sigma_w}{2}(\sqrt{\sigma_w^2 + 4\sigma_v^2} - \sigma_w^2) \tag{7-61}$$

确定了 $P_{k|k}$ 的终值 P_∞ 后，代入（7-56）可求得 $P_{k|k-1}$ 的终值 P_∞^1，进而由式（7-57）可得 K_k 的终值 K_∞。例如，当 $P_\infty = 0$ 时，有

$$P_\infty^1 = \lim_{k\to\infty} P_{k|k-1} = \sigma_w^2 \tag{7-62}$$

$$P_\infty = \lim_{k\to\infty} P_{k|k} = 0 \tag{7-63}$$

$$K_\infty = \lim_{k\to\infty} K_{k|k} = \frac{C\sigma_w^2}{C^2\sigma_w^2 + \sigma_v^2} \tag{7-64}$$

【证明】式（7-59）的证明。

由式（7-57）、式（7-58）消去 K_∞ 可得

$$\sigma_v^2 P_\infty^1 - C^2 P_\infty^1 P_\infty - \sigma_v^2 P_\infty = 0$$

将式（7-56）代入上式，并整理可得

$$A^2C^2P_\infty^2 + (C^2\sigma_w^2 + \sigma_v^2 - A^2\sigma_v^2)P_\infty - \sigma_w^2\sigma_v^2 = 0 \tag{7-65}$$

利用二次求根公式，舍去负根后即为式（7-59）。

【证毕】

2．无偏估计的条件

卡尔曼滤波用以估计真值 x_k，其估计误差的均方值为 $P_{k|k} = E[(x_k - \hat{x}_{k|k})^2]$，当满足 $\lim_{k\to\infty} P_{k|k} = 0$ 时，则为无偏估计。无偏估计要求 $P_\infty = 0$，即要求式（7-65）有零根存在，当且

仅当其常数项为零才有零根存在。因此，无偏估计的充分必要条件是

$$\sigma_w^2 = 0 \quad 或 \quad \sigma_v^2 = 0 \tag{7-66}$$

这意味着，当假定过程噪声和观测噪声同时存在时，卡尔曼滤波是不能实现无偏估计的。对 $P_\infty \neq 0$ 的有偏估计，收敛终值可以依照式（7-60）、式（7-56）、式（7-57）计算。

当用 Matlab 编程实现卡尔曼滤波算法时，可顺便验证上述收敛终值计算公式的正确性。

3．$P_{k|k-1}, P_{k|k}$ 和 K_k 的收敛性曲线特征

这里以 $C=1, A\leqslant 1$ 为例说明 $P_{k|k-1}, P_{k|k}$ 一定收敛，并且 $P_{k|k-1}, P_{k|k}$ 和 K_k 具有指数变化规律。由于 $0\leqslant K_k \leqslant 1$ 和 $P_{k|k}\leqslant P_{k|k-1}$，所以关键是证明 $P_{k|k-1}$ 一定收敛。

可以证明 $P_{k|k-1}$ 满足下列不等式

$$P_{k|k-1} \leqslant P'(k) = \frac{1}{K'}A'^k P_{0|0} + \frac{1}{1-A'}(1-A'^k)\sigma_w^2 \tag{7-67}$$

其中

$$K' = \max\{(1-K_1), (1-K_2), \cdots\} \text{（K_i 为卡尔曼增益，$1>K'>0$）} \tag{7-68}$$

$$A' = A^2 K' \text{（A 为状态方程中的系数）} \tag{7-69}$$

由于 $A\leqslant 1$，所以 $A'<1$。当 $\sigma_w^2=0$（无偏估计）且 $P_{0|0}\neq 0$ 时，$P'(k)$ 是一趋向于零的指数衰减曲线（前面也已证明无偏估计时 $P_\infty = 0$）；当 $\sigma_w^2 \neq 0$（有偏估计）且 $P_{0|0}=0$ 时，$P'(k)$ 是一趋向于 $\sigma_w^2/(1-A')$ 的指数增长曲线；当 $\sigma_w^2\neq 0$ 且 $P_{0|0}\neq 0$ 时，趋势上 $P'(k)$ 仍为一指数增长曲线，因为第一项会衰减至零。

由于 $P_{k|k}\leqslant P_{k|k-1}\leqslant P'(k)$，因此 $P_{k|k}$ 和 $P_{k|k-1}$ 均收敛。最后，由于

$$K_k = \frac{P_{k|k-1}}{P_{k|k-1}+\sigma_{v,k}^2} = \frac{1}{1+\dfrac{\sigma_v^2}{P_{k|k-1}}}$$

因此当 $P_{k|k-1}$ 单调变化并收敛于一个值时，K_k 必定也单调变化且收敛于对应的值。

简言之，卡尔曼滤波迭代算法是收敛的，当满足无偏估计的条件时，$P_{k|k}$ 收敛于零，当不满足无偏估计的条件时，$P_{k|k}$ 收敛于非负常数。

【证明】式（7-67）的证明。由协方差迭代公式可得

$k=1$：$P_{1|0} = A^2 P_{0|0} + \sigma_w^2$

$$\begin{aligned}
k=2：P_{2|1} &= A^2 P_{1|1} + \sigma_w^2 \\
&= A^2(1-K_1)P_{1|0} + \sigma_w^2 \\
&= A^2(1-K_1)(A^2 P_{0|0} + \sigma_w^2) + \sigma_w^2 \\
&= (A^2)^2(1-K_1)P_{0|0} + A^2(1-K_1)\sigma_w^2 + \sigma_w^2
\end{aligned}$$

$$\begin{aligned}
k=3：P_{3|2} &= A^2 P_{2|2} + \sigma_w^2 \\
&= A^2(1-K_2)P_{2|1} + \sigma_w^2 \\
&= A^2(1-K_2)[(A^2)^2(1-K_1)P_{0|0} + A^2(1-K_1)\sigma_w^2] + \sigma_w^2 \\
&= (A^2)^3(1-K_2)(1-K_1)P_{0|0} + (A^2)^2(1-K_2)(1-K_1)\sigma_w^2 + \sigma_w^2
\end{aligned}$$

$\vdots$

$$
\begin{aligned}
k=k:\ P_{k|k-1}&=(A^2)^k(1-K_{k-1})\cdots(1-K_1)P_{0|0}+(A^2)^{k-1}(1-K_{k-1})\cdots(1-K_1)\sigma_w^2+\cdots+\\
&\quad +A^2(1-K_1)\sigma_w^2+\sigma_w^2\\
&\leqslant(A^2)^k K'^{k-1}P_{0|0}+(A^2)^{k-1}K'^{k-1}\sigma_w^2+\cdots+ \qquad [\text{注意为小于等于号}]\\
&\quad +A^2K'\sigma_w^2+\sigma_w^2 \quad [\text{令} K'=\max\{(1-K_1),(1-K_2),\cdots\}]\\
&=\frac{1}{K'}(A^2K')^kP_{0|0}+(A^2K')^{k-1}\sigma_w^2+\cdots+A^2K'\sigma_w^2+\sigma_w^2\\
&=\frac{1}{K'}A'^kP_{0|0}+(A')^{k-1}\sigma_w^2+\cdots+A'\sigma_w^2+\sigma_w^2 \quad [\text{令} A'=A^2K']\\
&=\frac{1}{K'}A'^kP_{0|0}+(1+A'+\cdots+A'^{k-1})\sigma_w^2\\
&=\frac{1}{K'}A'^kP_{0|0}+(1+A'+\cdots+A'^{k-1})\sigma_w^2\\
&=\frac{1}{K'}A'^kP_{0|0}+\frac{1-A'^k}{1-A'}\sigma_w^2 \qquad [\text{有限项级数和}]\\
&=\frac{1}{K'}A'^kP_{0|0}+\frac{1}{1-A'}(1-A'^k)\sigma_w^2
\end{aligned}
$$

【证毕】

由图 7.3 可以看到，K_k 的收敛值小于 $P_{k|k-1}$ 和 $P_{k|k}$。

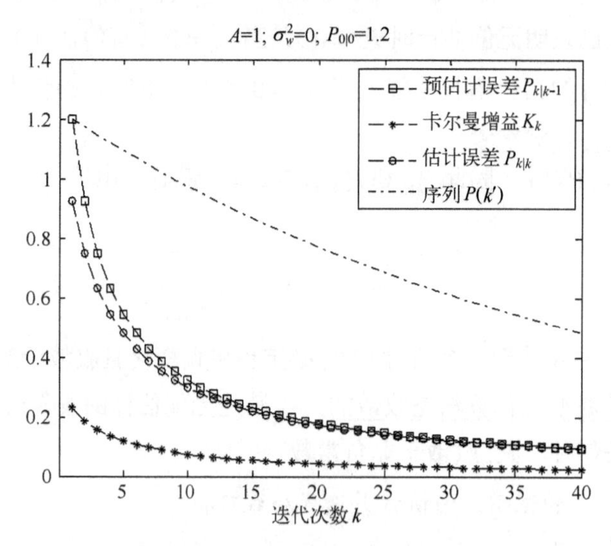

图 7.3 $P(k')$ 和 $P_{k|k-1}, P_{k|k}, K_k$ 的关系示意

7.2.5 卡尔曼滤波的初始赋值

从一维迭代公式和例 7-3 可以看到，卡尔曼滤波需假定四个初始值：过程噪声 w_k 的方差 σ_w^2、观测噪声 v_k 的方差 σ_v^2、状态初值 $x_{0|0}$ 和初值 $P_{0|0}$。

先分析初始赋值对迭代起始值的影响。将式（7-44）代入式（7-45）中可得

$$K_k=\frac{CP_{k|k-1}}{C^2P_{k|k-1}+\sigma_{v,k}^2}=\frac{C(A^2P_{k-1|k-1}+\sigma_{w,k}^2)}{C^2(A^2P_{k-1|k-1}+\sigma_{w,k}^2)+\sigma_{v,k}^2}$$

假定 $C=1$，同时假定 w_k 和 v_k 是平稳过程，即有 $\sigma_{w,k}^2=\sigma_w^2$ 和 $\sigma_{v,k}^2=\sigma_v^2$，则

$$K_k = \frac{A^2 P_{k-1|k-1} + \sigma_w^2}{A^2 P_{k-1|k-1} + \sigma_w^2 + \sigma_{v,k}^2} = \frac{1}{1 + \dfrac{\sigma_v^2}{A^2 P_{k-1|k-1} + \sigma_w^2}} \tag{7-70}$$

对 $k=1$，有

$$K_1 = \frac{1}{1 + \dfrac{\sigma_v^2}{A^2 P_{0|0} + \sigma_w^2}} \tag{7-71}$$

可以看到，上式涉及三个初始赋值，下面对三种典型赋值情形进行讨论。

为阅读方便，$C=1$ 时的更新公式重写于此：

$$\hat{x}_{k|k} = \hat{x}_{k|k-1} + K_k(z_k - \hat{x}_{k|k-1}) = (1-K_k)\hat{x}_{k|k-1} + K_k z_k$$

情形一　假定 $\sigma_v^2 \neq 0, \sigma_w^2 = 0$ 且 $P_{0|0} = 0$，则 $K_1 = 0, \hat{x}_{1|1} = \hat{x}_{1|0}$。在输入 $u_k = 0$ 时，通过迭代可以验证，当 $k \geqslant 2$ 时，$K_k = 0, \hat{x}_{k|k} = \hat{x}_{k|k-1}$。即这种初始赋值会导致观测值不起作用，失去卡尔曼滤波的意义，通常应该避免。从概念上讲，假定 $\sigma_v^2 \neq 0, \sigma_w^2 = 0$，即认为状态转移过程无噪声存在，$P_{0|0} = 0$ 意味着 $\hat{x}_{0|0}$ 就是真值，因此只要输出按照状态方程迭代计算的值即可。

需要特别注意的是，"$\sigma_v^2 \neq 0, \sigma_w^2 = 0$ 但 $P_{0|0} \neq 0$"是实现无偏估计的常用赋值组合，滤波的意义在于从非真值 $\hat{x}_{0|0}$ 出发，逐渐收敛到系统真值。

情形二　假定 $\sigma_w^2 \neq 0, \sigma_v^2 = 0$，则 $K_1 = 1$，$\hat{x}_{1|1} = z_1$，并且由 K_k 的计算公式可知，$\sigma_v^2 = 0$ 将导致 $k \geqslant 2$ 时 $K_k = 1$，即这种初始赋值会导致状态方程和预测值不起作用，状态估值直接等于观察值。显然，通常也应该避免出现这种情形，因为失去了滤波器存在的意义。从概念上讲，假定 $\sigma_w^2 \neq 0, \sigma_v^2 = 0$ 即认为是观测过程无噪声存在，观测到的就是状态真值，自然无须滤波。

情形三　假定 $\sigma_v^2 \neq 0, \sigma_w^2 \neq 0$，此时 K_1 位于（0,1）区间，$\hat{x}_{1|1}$ 位于 z_1 和 $\hat{x}_{1|0}$ 之间。当 $k \geqslant 2$ 时，$\hat{x}_{k|k}$ 在观测值和预测值之间取值，这是应用卡尔曼滤波相对典型的情形。需要注意的是，$\sigma_v^2 \neq 0$ 且 $\sigma_w^2 \neq 0$ 不满足无偏估计的条件。

设 $f = (1-K)x + Ky, 1 \geqslant K \geqslant 0$，现证明 f 介于 x 和 y 之间。先假定 $x \geqslant y$，有：$f - y = (1-K)x + Ky - y = (1-K)(x-y) \geqslant 0$，因为 $x \geqslant y$，$1-K \geqslant 0$，所以 $f \geqslant y$；$x - f = x - (1-K)x - Ky = K(x-y) \geqslant 0$，因为 $x \geqslant y, K \geqslant 0$，所以 $x \geqslant f$。

综合有 $y \leqslant f \leqslant x$；如果 $x \leqslant y$，则有 $x \leqslant f \leqslant y$。总之，$f$ 的取值介于 x 和 y 之间。

正因为"加权求和输出"的特点，使卡尔曼滤波具有降低噪声的能力。也正因为这种加权求和输出机制，使其不可能完全滤除噪声。例如，含在 z_k 中的观测噪声会始终被 K_k（$K_k<1$）加权后输出。

σ_w^2 和 σ_v^2 取值大小可根据应用场景设定一个经验值，其绝对数值的大小并不重要，但两者的比值大小对滤波输出影响较大，因为由式（7-70）可以看到，K_k 值主要由 σ_w^2 和 σ_v^2 的相对大小决定，而 K_k 是滤波器加权输出中的分配比例。

关于卡尔曼滤波器的应用举例，可参见本章后 Matlab 实践部分。

*7.2.6 卡尔曼滤波和频域滤波

卡尔曼滤波使用“滤波”一词命名，导致很多人联想到熟知的频域滤波器，进而在应用中会发生困惑——应该选择频域滤波还是卡尔曼滤波。因此理解两者的区别是学习卡尔曼滤波中的一个重要概念问题。

从发展历史讲，卡尔曼滤波的诞生的确与频域滤波有关联。从主要功能看，在很多应用场景中两者都被用于降噪或去噪，但只有对它们的区别有较好的理解，才能在两者中作出恰当的选择。

首先回顾一下频域滤波。频域滤波的核心原理源于$|Y(\omega)|=|H(\omega)|\cdot|X(\omega)|$。当在某个频率$\omega_0$处有$|H(\omega_0)|=0$时，系统的输出在该频率有$|Y(\omega_0)|=0$，则输入信号在该频点的频率分量被滤波器滤除。对于可实现的滤波器，$|H(\omega)|$不可能是理想矩形，因此，当在通带内某个频点ω_1处有$|H(\omega_1)|<1$，则输入信号中在该频点上的信号分量会被衰减。以第 3 章 do, mi, sol 和弦音乐信号为例，假如期望从 1+3+5 合奏音乐信号中提取 do 信号，为了确保滤除 mi 和 sol（有足够大的衰减），通常所实现的滤波器在 do 频点处也有不小的衰减。这就是说，频域滤波主要解决的问题是信号频率分量的分离或滤除，但并不关心信号的真值大小。例如，对于上述被分离后的 do 音，如果认为信号强度不够，可以对其再进行放大。这里的核心概念是：频域滤波要解决的问题是信号分离或频域分量的滤除，所关心的频点上信号分量的真值大小并不重要。

卡尔曼滤波拟解决的问题是对未知的状态真值给出最佳估计或预测，即拟解决的问题是估值（预测也是一种估值）。之所以真值未知，也是因为存在不确定性（或称噪声），估值的过程就是去除噪声的过程。因此，卡尔曼滤波器也具有“抑制噪声”的效果，但其出发点不是“滤除噪声”。

为了便于把握什么情况下应该用频域滤波，什么情况下应该用卡尔曼滤波，不妨记忆这样一句话：频域滤波不求真值，但求滤除；卡尔曼滤波不求滤除，但求真值。如果要求能实时估计信号真值，卡尔曼滤波目前还是一个得到普遍认可的方法，似乎也是唯一的方法，因此个别文献作者盛赞卡尔曼滤波是 20 世纪信号处理领域的最大发现。

频域滤波所依据的傅里叶分析，其理论体系相对完善而庞大，完全从一个新视角（即频域）认识信号。在分离（滤除）信号时有明确的区分度，即信号的频率不同。卡尔曼滤波求解真值的核心数学原理是最小二乘估计，其理论体系相对单一。由于卡尔曼滤波假定真值未知，并且在信号和噪声之间没有一个明确的区分准则，因此对于滤波器输出值的正确与否，常常很难判定，这也增加了卡尔曼滤波的应用难度。

*7.3 贝叶斯滤波

贝叶斯（Bayes）滤波已经成为机器人学的一个基础理论。事实上，贝叶斯滤波是一个框架，卡尔曼滤波、扩展卡尔曼滤波、无迹卡尔曼滤波、粒子滤波等都是该框架下的一个算法实现。

在多数情况下，贝叶斯滤波采用与卡尔曼滤波相同的一步状态转移模型，和卡尔曼滤波具有相同的状态方程和观测方程，为阅读方便重写于此。

离散时间：
$$x_k = Ax_{k-1} + Bu_k + w_k \tag{7-72}$$
$$z_k = Cx_k + v_k \tag{7-73}$$
连续时间：
$$\dot{x}(t) = Ax(t) + Bu(t) + w(t) \tag{7-74}$$
$$z(t) = Cx(t) + v(t) \tag{7-75}$$

概念上略有不同的是，这里明确将状态变量直接建模为随机变量，用概率理论求解状态的估值。后面的讨论多以离散时间和有限状态空间为例。

在确定性数学函数的表示中，变量符号通常具有两重意义。例如，某个时间函数 $f(t)$，t 既表示时间变量，又表示时间变量的一个任意取值。概率论中表示的习惯是将随机变量本身用大写符号表示，随机变量的一个任意取值用对应的小写符号表示。在不影响理解的情况下，大小写使用也不是严格按此规则，例如，用小写同时表示随机变量和随机变量的取值。

7.3.1　状态值的贝叶斯估计

1．贝叶斯估计的核心思想

设随机变量 X ,Z 分别表示状态变量和观测变量，x 和 z 分别是其一个取值。条件概率 $p(z|x)$ 的定义是在事件"$X=x$"已经发生的条件下，事件"$Z=z$"发生的概率。在这里的具体含义是：当状态变量取某个值 x 后，观测值取某个值 z 的概率大小。类似理解，条件概率 $p(x|z)$ 的含义则是：当观测值取某个值 z 时，状态变量取某个值 x 的概率大小。条件概率 $p(x|z)$ 称为后验概率，状态估计问题就是后验概率的求解问题，即根据已经测得的观测值确定系统的状态取值。

具体地说，假设观测系统已测得一个值 z_0，根据 z_0 求解对应状态变量取值的核心思想是：在已知观测值 z_0 的条件下，求出状态随机变量 X 取所有值的概率大小，即求出条件概率函数曲线 $p(x|z_0)\sim x$。当确定了函数曲线 $p(x|z_0)\sim x$ 后，寻找该函数曲线最大值对应的自变量值 x^*，将 x^* 作为此观测值 z_0 所对应的系统状态估值 $\hat{x}_k$，如图 7.4 所示。该求解思路可用数学语言表述为

$$\hat{x}_k = x^* = \arg\max_x\{p(x|z_0)\} \tag{7-76}$$

其中，arg 是反函数的意思（理解为"取自变量"更直接），$\max\limits_x$ 强调求最大值过程中发生变化的是 x。

按式（7-76）或图 7.4 思路求解的状态值是概率意义上的最优估计：在真值未知的情况下给出发生概率最大的估计值。

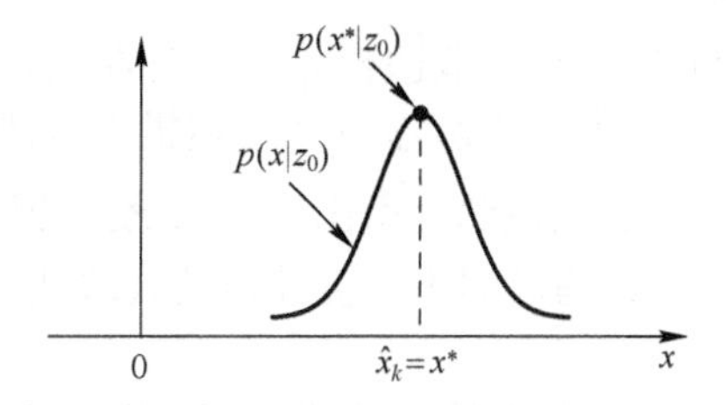

图 7.4　状态值的贝叶斯估计原理

2．后验概率的贝叶斯公式求解

贝叶斯公式提供了计算后验概率 $p(x|z)$ 的方法。已知观测值 z_0 时的后验概率可表示为

[参见附录 B 式（7-232）]

$$p(x|z_0)=\frac{p(x)p(z_0|x)}{p(z_0)} \tag{7-77}$$

注意到在固定 z_0 遍历所有 x 确定 $p(x|z_0)$ 的过程中，$p(z_0)$ 是一个常数，因此上式可改写为

$$p(x|z_0)=\eta p(x)p(z_0|x) \tag{7-78}$$

其中，常数 η 的取值保证在 x 变化时 $p(x|z_0)$ 概率总和为 1。这一处理的意义在于，状态估计时不需要知道观测值的先验概率分布 $p(z)$，简化了问题，因为获悉 $p(z)$ 也非易事。虽然在获得一个观测值后的迭代求解中观测值 $Z=z_0$ 是不变的，但是在下一步迭代计算时观测值 z 也是变化的，因此上式通常写为

$$p(x|z)=\eta p(x)p(z|x) \tag{7-79}$$

其中，η 在不同的迭代步骤（不同的 k 值）中取值是不同的。上式为贝叶斯滤波求解状态估计值的关键公式之一。

7.3.2 贝叶斯滤波算法

1．置信度

前面介绍的状态值估计思路可以求得一个发生概率最大的状态值，它是概率意义上的估计值，因此存在可信度有多大的问题。显然，条件概率值 $p(x|z)$ 越大，可信度越高。因此，在贝叶斯滤波中称之为置信度（belief），这里采用符号 bel 表示，即

$$\text{bel}(x_k)=p(x_k|z_k,u_k) \tag{7-80}$$

两个条件变量强调了它是在观测值 z_k 和系统激励 u_k 均已发生情况下的条件概率。引入置信度的概念后，状态估值问题转变为置信度 $\text{bel}(x_k)$ 的求解问题。

需要说明的是，本章只考虑状态的一步转移，更一般的定义是考虑所有历史时刻的条件概率，即

$$\text{bel}(x_k)=p(x_k|z_{1:k},u_{1:k}) \tag{7-81}$$

其中 $z_{1:k}$ 是 $z_{1:k}=(z_1,z_2,\cdots,z_k)$ 的简写，$u_{1:k}$ 类似理解。

另外，对于初学者来说，当条件概率表达式中含有三个以上的随机变量时，例如 $p(x_k|z_k,u_k)$，从形式上对 $p(x_k|z_k,u_k)$ 的理解可以有两种，即 $p(x_k|(z_k,u_k))$ 和 $p((x_k|z_k),u_k)$，类似于运算符优先级的问题，在条件概率表达式中，表示条件的符号“|”总是最后一级，因此形如 $p(x_k|z_k,u_k)$ 的理解均是 $p(x_k|(z_k,u_k))$。

2．置信度的预测和更新

和卡尔曼滤波类似，贝叶斯滤波也是迭代算法，且在每步迭代中采用“预测、更新”两步求解置信度 $\text{bel}(x_k)$。然而，由于求解涉及多个随机变量的条件概率推导和演算，要求对概率理论有较深入的理解。为了从概念上引出贝叶斯滤波的迭代算法，回避复杂且晦涩的多变量条件概率表达式及其演算，借助对卡尔曼滤波迭代算法的理解，这里采用简化但不够严谨的表达形式和阐述步骤。

由于输入 u_k 不是所考虑问题的关键量（只要在概念上知道有其存在即可），因此在下面的分析中，首先将其从表达式中其隐去，即

$$\begin{aligned}\text{bel}(x_k)&=p(x_k|z_k,u_k) && [\text{式（7-80）}]\\&=p(x_k|z_k) && [\text{隐去}\ u_k]\end{aligned}$$

$$=\eta p(z_k \mid x_k)p(x_k) \qquad \text{[式（7-79）]} \tag{7-82}$$

$$=\eta p(z_k \mid x_k)\overline{\mathrm{bel}}(x_k) \qquad \text{[记上式中 } p(x_k) \text{ 为 } \overline{\mathrm{bel}}(x_k)\text{]}$$

上面最后一步是将其中的 $p(x_k)$ 用第 k 步迭代中的预测值替代。因此得

$$\mathrm{bel}(x_k)=\eta p(z_k \mid x_k)\overline{\mathrm{bel}}(x_k) \tag{7-83}$$

该式即为贝叶斯滤波中的“更新”公式。

在卡尔曼滤波中，第 k 步迭代的状态预测值 $\hat{x}_{k|k-1}$ 由第 $k-1$ 步迭代所求得的状态估计值 $\hat{x}_{k-1|k-1}$ 计算而得。同样在贝叶斯滤波中，第 k 步迭代中置信度预测值 $\overline{\mathrm{bel}}(x_k)$ 由第 $k-1$ 步迭代所求得的置信度 $\mathrm{bel}(x_{k-1})$ 计算而得。由式（7-82）

$$\begin{aligned}
\overline{\mathrm{bel}}(x_k) &= p(x_k) \\
&= \sum_{x_{k-1}} p(x_k, x_{k-1}) && \text{[联合概率和边缘概率之间的关系]} \\
&= \sum_{x_{k-1}} p(x_k|x_{k-1})p(x_{k-1}) && \text{[贝叶斯公式]} \\
&= \sum_{x_{k-1}} p(x_k|x_{k-1})\mathrm{bel}(x_{k-1}) && \text{[用 } k-1 \text{ 迭代求得的 } \mathrm{bel}(x_{k-1}) \text{ 替代 } p(x_{k-1})\text{]} \\
&= \sum_{x_{k-1}} p(x_k|x_{k-1}, u_k)\mathrm{bel}(x_{k-1}) && \text{[补回前面隐去的 } u_k\text{]}
\end{aligned}$$

即

$$\overline{\mathrm{bel}}(x_k)=\sum_{x_{k-1}} p(x_k|x_{k-1}, u_k)\mathrm{bel}(x_{k-1}) \tag{7-84}$$

上式即为贝叶斯滤波中的“预测”公式。

3．贝叶斯滤波算法的伪代码描述

上述讨论的贝叶斯滤波算法可用伪代码形式表述如下。

Algorithm Bayes_filter1($\mathrm{bel}(x_{k-1})$)

　　for all　x_k, do

$$\overline{\mathrm{bel}}(x_k)=\sum_{x_{k-1}} p(x_k|x_{k-1}, u_k)\mathrm{bel}(x_{k-1})$$

$$\mathrm{bel}(x_k)=\eta p(z_k \mid x_k)\overline{\mathrm{bel}}(x_k)$$

　　end for

return　$\mathrm{bel}(x_k)$

由算法描述可以看到，置信度的迭代计算需已知以下两个条件概率，即 $p(x_k|x_{k-1}, u_k)$：在当前激励 u_k 的作用下，系统的状态转移概率。$p(z_k \mid x_k)$：测量系统的传输概率，即在给定测量系统输入值时，其输出值的取值概率。

在实际应用中，要获得这两个条件概率，通常没有足够的实测数据，因此贝叶斯滤波是一种框架，需在此框架下再寻找具体的实现算法。事实上，上节讨论的卡尔曼滤波就是贝叶斯滤波框架下的一种具体算法实现。

如果状态变量 x_k 的取值空间为无穷（无穷多个取值可能），上述算法中的概率分布函数需要用概率密度函数替换，求和用积分替换，算法描述应如下。

Algorithm Bayes_filter2（ $\mathrm{bel}(x_{k-1})$ ）

　　for all　x_k, do

$$\overline{\text{bel}}(x_k) = = \int p(x_k|x_{k-1},u_k)\text{bel}(x_{k-1})\text{d}x_{k-1}$$

$$\text{bel}(x_k) = \eta p(z_k \mid x_k)\overline{\text{bel}}(x_k)$$

end for

return bel(x_k)

需要再次解释的是，实际需要求解的是状态估计值，而贝叶斯算法给出的却是置信度的迭代求解（条件概率的求解），其原因就是式（7-76）和图 7.4 所阐述的贝叶斯滤波核心思想。对于高斯分布，均值处概率取最大值，因此只要求得条件概率分布即可，因为最大值点 x^* 就是该分布的均值，无须任何求最大值的过程，问题被简化为求出了条件概率分布则求出了状态估计值。

最后，将采用贝叶斯滤波进行状态真值估计的核心原理概括为图 7.5 所示。

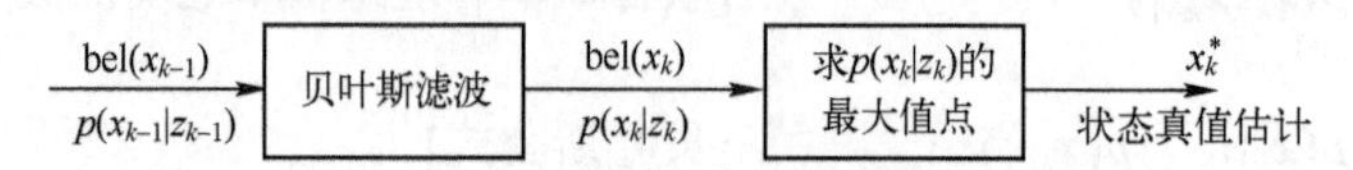

图 7.5　贝叶斯滤波进行状态真值估计的原理

需要注意的是，本书前 6 章中的连续时间信号 $x(t)$ 是指时间变量 t 是连续的，$x(t)$ 抽样后形成的序列 $x[n]$ 称为离散时间信号，但事实上，$x[n]$ 的函数取值可以是连续的。如果将 $x[n]$ 的函数取值视为一个随机变量，且可在实数域中连续取值，则 $x[n]$ 在本章中是连续随机变量。如果 $x[n]$ 的函数取值是非连续的，但是取值状态为无穷多个，则 $x[n]$ 仍视为连续随机变量，因为无穷多个取值可能导致每一个取值的概率趋于无穷小，只能用概率密度函数描述。抛硬币、投骰子的结果才是离散随机变量，因为其取值空间是有限的。

【例 7-4】 图 7.6 是利用机器人检查办公楼下班后的关门情况。机器人通过拍照系统感知门的开关状态，如果感知到门未关，则通过机械手臂将门关上。本例示意机器人如何利用贝叶斯滤波算法判定门的开关状态。

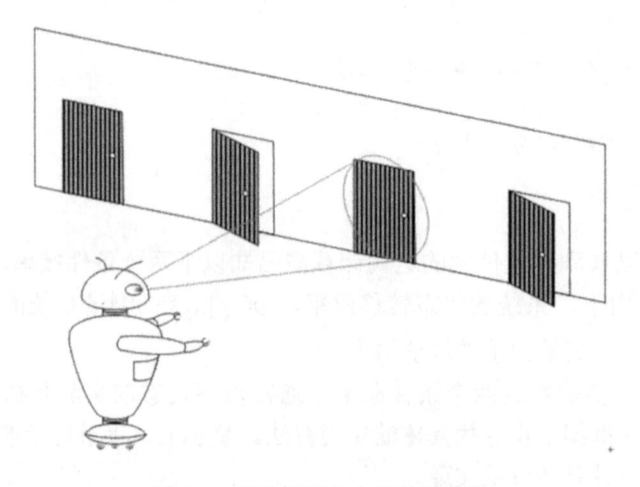

图 7.6　移动机器人自动关门示意

【解】（1）建模

将门视为一个“系统”。用随机变量 X 描述门的开关状态，且假定 X 的取值只有“开”和“关”，即 $x \in \{开, 关\}$；机械手臂对门的操作视为系统的激励 U，且假定 U 的取值只有两种，即 $u \in \{$推, 无$\}$（“无”即无操作）；摄像/拍照系统视为观测系统，其输出的门状态用随机变量 z 表示，经过内部判决，输出的观测值与门状态取值相同，即 $z \in \{$开, 关$\}$。

取值记为 $x, z \in \{$开, 关$\} = \{1, 0\}$，$u \in \{$推, 无$\} = \{1, 0\}$。

（2）条件概率值确定（由合理假定和实验数据统计而得）

已知激励下的状态转移 $p(x_k|x_{k-1}, u_k)$：

$p(x_k = 0|x_{k-1} = 1, u_k = 1) = 0.8$　[门开着，有操作，门被关上的概率为 0.8]

$p(x_k = 1|x_{k-1} = 1, u_k = 1) = 0.2$　[门开着，有操作，门未能关上的概率为 0.2]

$p(x_k = 0|x_{k-1} = 1, u_k = 0) = 0.0$　[门开着，无操作，门被关上的概率为 0.0]

$p(x_k = 1|x_{k-1} = 1, u_k = 0) = 1.0$　[门开着，无操作，门仍开着的概率为 1.0]

$p(x_k = 0|x_{k-1} = 0, u_k = 1) = 1.0$　[门关着，有操作，门被关的概率为 1.0]

$p(x_k = 1|x_{k-1} = 0, u_k = 1) = 0.0$　[门关着，有操作，门被打开的概率为 0.0]

$p(x_k = 0|x_{k-1} = 0, u_k = 0) = 1.0$　[门关着，无操作，门仍关着的概率为 1.0]

$p(x_k = 1|x_{k-1} = 0, u_k = 0) = 0.0$　[门关着，无操作，门被打开的概率为 0.0]

测量先验概率 $p(z_k \mid x_k)$：

$p(z_k = 1|x_k = 1) = 0.8$　[门开着，正确检测概率为 0.8]

$p(z_k = 0|x_k = 1) = 0.2$　[门开着，错误检测概率为 0.2]

$p(z_k = 0|x_k = 0) = 0.6$　[门关着，正确检测概率为 0.6]

$p(z_k = 1|x_k = 0) = 0.4$　[门关着，错误检测概率为 0.4]

（3）初值

$\text{bel}(x_0 = 1) = 0.5$，$\text{bel}(x_0 = 0) = 0.5$　[初始时不知道门的状态，各占 0.5]

（4）迭代计算

$k=1$ 时：假定 $z_1 = 0$，$u_1 = 0$　[感知门为关，机器人无动作]

预测：$\overline{\text{bel}}(x_1) = \sum_{x_0} p(x_1 \mid x_0, u_1)\text{bel}(x_0)$　[式（7-84）]

$\overline{\text{bel}}_1(0) = p(0|0,0) \times \text{bel}_0(0) + p(0|1,0) \times \text{bel}_0(1)$　[$u_1 = 0, x_1 = 0, x_0 = 0$ 和 1]

$= 1 \times 0.5 + 0 \times 0.5 = 0.5$　[代入状态转移概率]

$\overline{\text{bel}_1}(1) = p(1|0,0) \times \text{bel}_0(0) + p(1|1,0) \times \text{bel}_0(1)$　[$u_1 = 0, x_1 = 1, x_0 = 0$ 和 1]

$= 0 \times 0.5 + 1 \times 0.5 = 0.5$

更新：$\text{bel}_1(x_1) = \eta p(z_1 \mid x_1)\overline{\text{bel}}_1(x_1)$　[式（7-83）]

$\text{bel}_1(0) = \eta p(0|0)\overline{\text{bel}_1}(0) = \eta \times 0.6 \times 0.5 = 0.3\eta$　[$z_1 = 0, x_1 = 1, \overline{\text{bel}_1}(0) = 0.5$]

$\text{bel}_1(1) = \eta p(0|1)\overline{\text{bel}}(1) = \eta \times 0.2 \times 0.5 = 0.1\eta$　[$z_1 = 0, x_1 = 1, \overline{\text{bel}_1}(1) = 0.5$]

由 $\text{bel}_1(0) + \text{bel}_1(1) = 0.3\eta + 0.1\eta = 1$ 可确定 $\eta = 2.5$，代入上两式则有

$$\text{bel}_1(0) = 0.75, \quad \text{bel}_1(1) = 0.25$$

因 $\text{bel}_1(0) > \text{bel}_1(1)$，所以 $k = 1$ 时机器人 75%相信“门关着”。

$k=2$ 时：假定 $z_1 = 0$，$u_1 = 1$　[感知门为关，机器人动作]

类似计算过程可得

$$\overline{\text{bel}}_2(0) = 1 \times 0.75 + 0.8 \times 0.25 = 0.95, \quad \overline{\text{bel}}_2(1) = 0 \times 0.75 + 0.2 \times 0.25 = 0.05$$

$$\text{bel}_2(0) = \eta \times 0.6 \times 0.95 \approx 0.983, \quad \text{bel}_2(1) = \eta \times 0.2 \times 0.05 \approx 0.017$$

因 $\text{bel}_2(0) > \text{bel}_2(1)$，所以 $k = 2$ 时机器人 98.3%相信“门关着”。

可见经过两个时刻，门的状态判定产生了较强的倾向性。

【例毕】

7.3.3 概率滤波和高斯滤波

由贝叶斯滤波描述可以看到，滤波器的输入是$k-1$时刻置信度$\mathrm{bel}(x_{k-1})$，滤波器的输出是k时刻置信度$\mathrm{bel}(x_k)$，如图 7.7(a)所示。置信度是已知观测值的情况下状态变量的取值概率$p(x_k|z_k)$[参见式（7-80）]。在滤波过程中，z_k是不变的[参见式（7-76）和图 7.4]。为了揭示核心问题，隐去不变的量，则贝叶斯滤波本质上就是状态变量取值概率$p(x_k)$的滤波，如图 7.7(b)所示。

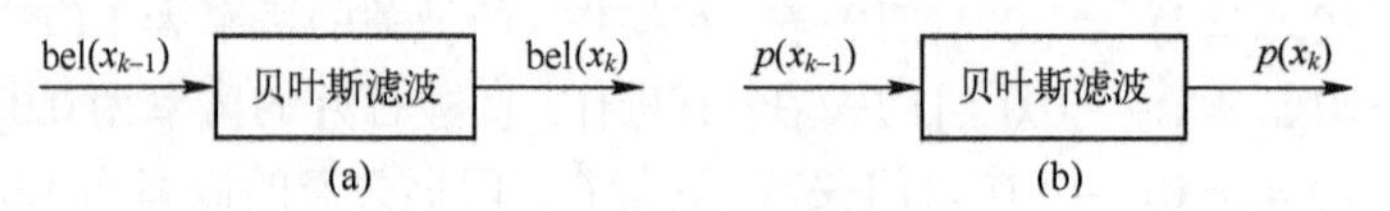

图 7.7 贝叶斯滤波

如果将图 7.7(b)中的输入输出视为两个任意随机变量的概率函数$p(x)$，$p(y)$，则贝叶斯滤波可视为一种概率滤波，如图 7.8(a)所示，其输入输出为概率函数。如果概率滤波器的输入和输出随机变量服从高斯分布，则称为高斯滤波（Gaussian Filter），如图 7.8(b)所示。

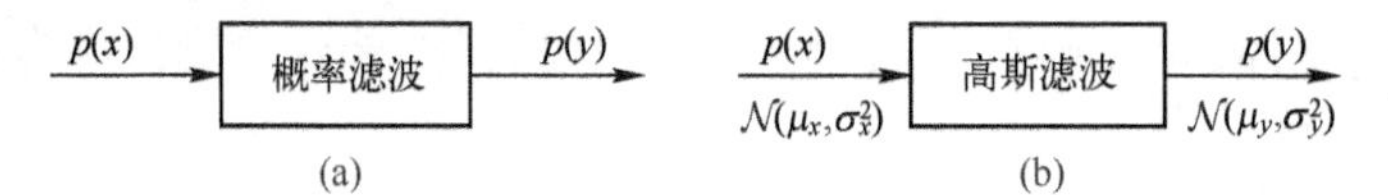

图 7.8 概率滤波和高斯滤波

因此，贝叶斯滤波的置信度一步迭代算法本质上是概率函数的迭代计算过程。特别注意的是，它需要计算的是整个概率函数[参见式（7-76）]。对于有限状态随机变量，这一计算是可行的，如例 7-4 给出的示例。但是对于无限状态随机变量，由于有无穷多状态，计算整个概率函数比较困难，必须寻求可行的求解方法。另外，在一次迭代中求解概率函数，并不是问题求解的目的，求解概率函数的目的是需要找到使概率为最大的状态变量值（参见图 7.5）。很显然，在没有任何约束条件或附加已知条件下，求解这个最大值点也非易事。因此，贝叶斯滤波提供了一个算法框架，并不是具体的算法实现。具体实现算法要解决两个问题：整个概率函数的计算和最大值点的计算。

如果随机变量X和Y之间是线性关系$Y=AX+b$，且X服从高斯分布$\mathcal{N}(\mu_x,\sigma_x^2)$。由高斯随机变量的性质可知$Y$也服从高斯分布$\mathcal{N}(\mu_y,\sigma_y^2)$。两者之间的概率关系如图 7.9 所示。

对于高斯分布，概率函数计算和寻找最大概率点都将变得简单方便。因为对于高斯分布，当已知均值和方差后概率函数就被确定了，同时，概率函数的最大值点就是均值点。

上面提及的滤波概念关系如下：

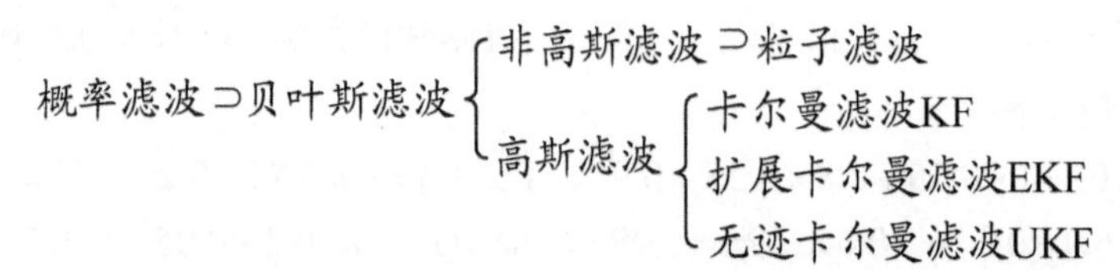

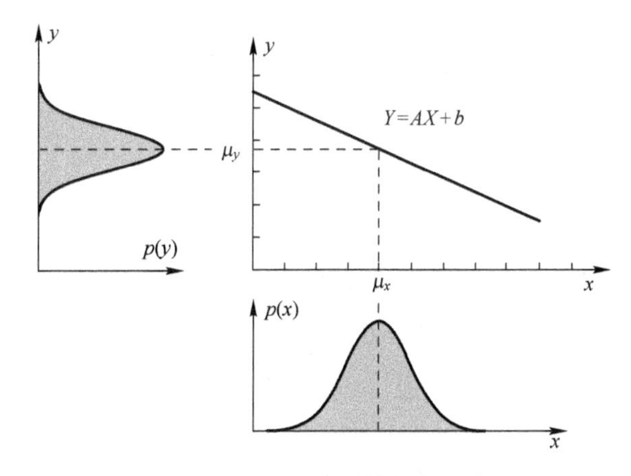

图 7.9　高斯随机变量的线性变换

7.3.4　贝叶斯滤波框架下的线性卡尔曼滤波

对于 7.2 节中讨论的经典卡尔曼滤波，由于 w_k 的随机性，x_k 的取值也具有随机性，且服从高斯分布，但其均值和方差与 w_k 不同[参见本章附录 B 式（7-223）]。当完全从随机变量的角度理解状态变量和观测变量时，经典卡尔曼滤波则为贝叶斯滤波和概率滤波理论框架下的一个具体算法实现。在贝叶斯滤波框架下，经典卡尔曼滤波迭代求解状态估值的过程，在概念上统一为置信度（条件概率）的迭代求解过程，待求解的状态估值为最大概率点。对于高斯分布，概率函数完全由均值和方差确定，最大概率点即为均值，因此迭代求解过程就是均值和方差的迭代过程。可用伪代码表述如下。

Algorithm Bayes_KF($\hat{\boldsymbol{\mu}}_{k-1|k-1}, \boldsymbol{P}_{k-1|k-1}, \boldsymbol{u}_k, \boldsymbol{z}_k$)

$$\hat{\boldsymbol{\mu}}_{k|k-1} = \boldsymbol{A}\hat{\boldsymbol{\mu}}_{k-1|k-1} + \boldsymbol{B}\boldsymbol{u}_k \tag{7-85}$$

$$\boldsymbol{P}_{k|k-1} = \boldsymbol{A}\boldsymbol{P}_{k-1|k-1}\boldsymbol{A}^{\mathrm{T}} + \boldsymbol{Q}_k \tag{7-86}$$

$$\boldsymbol{K}_k = \boldsymbol{P}_{k|k-1}\boldsymbol{C}^{\mathrm{T}}(\boldsymbol{C}\boldsymbol{P}_{k|k-1}\boldsymbol{C}^{\mathrm{T}} + \boldsymbol{R}_k)^{-1} \tag{7-87}$$

$$\hat{\boldsymbol{\mu}}_{k|k} = \hat{\boldsymbol{\mu}}_{k|k-1} + \boldsymbol{K}_k(\boldsymbol{z}_k - \boldsymbol{C}\hat{\boldsymbol{\mu}}_{k|k-1}) \tag{7-88}$$

$$\boldsymbol{P}_{k|k} = (\boldsymbol{I} - \boldsymbol{K}_k\boldsymbol{C})\boldsymbol{P}_{k|k-1} \tag{7-89}$$

return　$\boldsymbol{\mu}_{k|k}, \boldsymbol{P}_{k|k}$

将上述算法公式与 7.2 节中经典卡尔曼滤波算法 Algorithm KalmanFilter[或式（7-37）～式（7-42）]比较可以看到，两者几乎完全相同，除了将状态值的迭代改为均值迭代。事实上，从概念到公式形式，两者都是一样的。在引出经典卡尔曼滤波的迭代公式时，曾提及过对于真值未知的状态值，用均值代替作为其估值[参见式（7-22）和式（7-24）的推导过程]，因此，这里的 $\hat{\boldsymbol{\mu}}$ 和前面的 $\hat{\boldsymbol{x}}$ 完全相同，其他符号的含义与经典卡尔曼滤波也相同，不再解释。

上述算法对应的一维形式和式（7-43）～式（7-47）相同，只要将 $\hat{x}$ 换为 $\hat{\mu}$ 即可。

【例 7-5】 本例演示一下如何将例 7-3 改用 Bayes_KF 进行计算，已知条件和例 7-3 相同。

【解】 只要将 $\hat{x}$ 换为 $\hat{\mu}$ 即可，因为从原理上讲两者是一回事。

$k=1$时：

$$\hat{\mu}_{1|0}=\hat{\mu}_{0|0}=10$$

$$p_{1|0}=p_{0|0}+\sigma_w^2=1+0.09=1.09$$

$$K_1=\frac{p_{1|0}}{p_{1|0}+\sigma_v^2}=\frac{1.09}{1.09+0.04}=0.9646$$

$$\hat{\mu}_{1|1}=\hat{\mu}_{1|0}+K_1(z_1-\hat{\mu}_{1|0})=10+0.9646\times(20.5-10)=20.1283$$

$$p_{1|1}=(1-K_1)p_{1|0}=(1-0.9646)\times1.09=0.038586$$

$k=2$时：

$$\hat{\mu}_{2|1}=\hat{\mu}_{1|1}=20.1283$$

$$p_{2|1}=p_{1|1}+\sigma_w^2=0.038586+0.09=0.128586$$

$$K_2=\frac{p_{2|1}}{p_{2|1}+\sigma_v^2}=\frac{0.128586}{0.128586+0.04}=0.762732$$

$$\hat{\mu}_{2|2}=\hat{\mu}_{2|1}+K_2(z_2-\hat{\mu}_{2|1})=20.1283+0.762732\times(20.3-20.1283)=20.2593$$

$$p_{2|2}=(1-K_2)p_{2|1}=(1-0.762732)\times0.128586=0.030509$$

……

【例毕】

正是将经典卡尔曼滤波中的状态估值从概率理论上赋予了新的、更为严谨的解释，从而形成了贝叶斯滤波和概率滤波框架。

*7.4 非线性卡尔曼滤波

7.4.1 扩展卡尔曼滤波（EKF）

扩展卡尔曼滤波（Extended Kalman Filter, EKF）将KF扩展到非线性系统，获得了更为广泛的应用。

1．EKF的核心原理

KF考虑的是线性系统，即图7.9中$Y=AX+b$的线性关系。实际应用中很多问题需用非线性方程描述，其一般形式可表述为[参见式（7-12）、式（7-13）]

$$\boldsymbol{x}_k=\boldsymbol{g}(\boldsymbol{x}_{k-1},\boldsymbol{u}_k;k) \tag{7-90}$$

$$\boldsymbol{z}_k=\boldsymbol{h}(\boldsymbol{x}_k,\boldsymbol{u}_k;k) \tag{7-91}$$

图7.10示意的是一维情形下的非线性状态转移关系，图中$y=g(x)$即为

$$x_k=g(x_{k-1}) \tag{7-92}$$

可以看到，高斯随机变量x经非线性变换后，y不再服从高斯分布，因此不能直接按照KF算法进行均值和方差的迭代计算，因为贝叶斯滤波迭代计算的是整个概率函数，不是数字特征。然而，很多情况下，在足够小的范围内可以将非线性函数$g(x)$在点x处进行泰勒展开，取其一次线性项作为$g(x)$的线性近似，如图7.11中的虚直线所示。EKF的核心思想就是，在每一次迭代中，利用线性方程近似非线性函数$g(x)$。

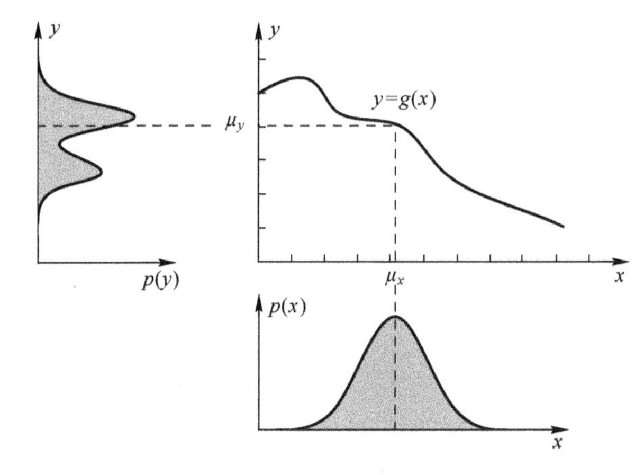

图 7.10　高斯随机变量的非线性变换

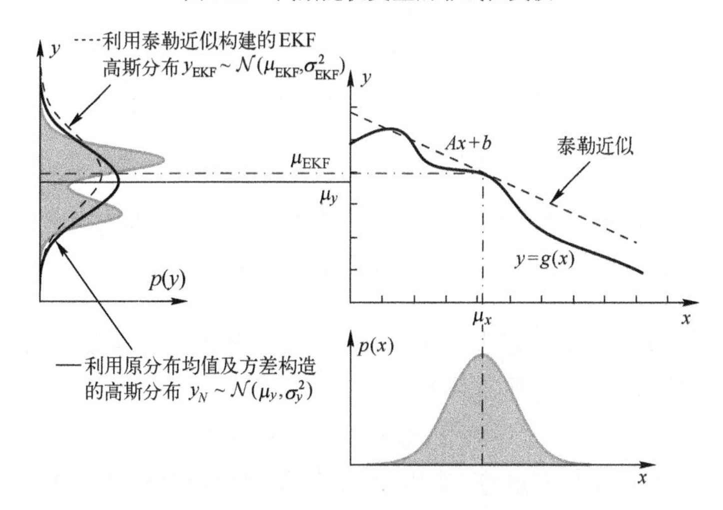

图 7.11　EKF 原理示意

借助一维情形的图 7.11，EKF 算法的核心原理具体表述如下：

（1）假定 $k-1$ 时刻状态变量 x_{k-1} 服从高斯分布，即图 7.11 中的 $p(x)$。

（2）将 $k-1$ 时刻的均值估值 $\hat{\mu}_{k-1|k-1}$ 通过非线性函数 $g(x)$ 变换为 μ_{EKF}，并将 μ_{EKF} 作为 k 时刻的均值预测值，即 $\hat{\mu}_{k|k-1}=\mu_{\text{EKF}}=g(\hat{\mu}_{k-1|k-1})$。

（3）利用 $g(x)$ 一阶泰勒展开的线性化关系 $y=Ax+b$，获得预估计误差协方差 $P_{k|k-1}=AP_{k-1|k-1}A^{\text{T}}+Q_k$。

通过上述步骤，将非线性状态方程的求解转换为线性状态方程的求解。线性变换后随机变量 y_{EKF} 服从高斯分布 $\mathcal{N}(\mu_{\text{EKF}},\sigma^2_{\text{EKF}})$，其中，均值 μ_{EKF} 由非线性函数 $y=g(x)$ 决定，方差 σ^2_{EKF} 由 $g(x)$ 的线性近似函数 $Ax+b$ 决定。

需要注意的是，曾经在 7.2.3 节的讨论中指出一般情况下 $\sigma^2_{\text{EKF}}\neq P_{k|k-1}$。

图 7.11 左侧图还绘制了第三个分布：用非线性变换 $y=g(x)$ 后 y 的均值和方差也可以构建一个高斯分布 $y_N\sim\mathcal{N}(\mu_y,\sigma_y^2)$，即图中的实线高斯分布曲线，$y_N$ 保留了 y 的均值和方差。

非线性变换可能导致 $p(y)$ 的最大概率点未必是 $p(y)$ 的均值点。从图 7.11 不难理解，EKF 能否有较好的效果，主要取决于以下两点：

（1）图中 $g(x)$ 在泰勒级数展开点的局部线性程度越好，EKF 的效果越好。

（2）图中随机变量 x 的随机性越小，EKF 的效果越好，图 7.12 给出了示意。概率曲线越陡峭，随机性越小，因为 x 大概率在较小的范围内取值。

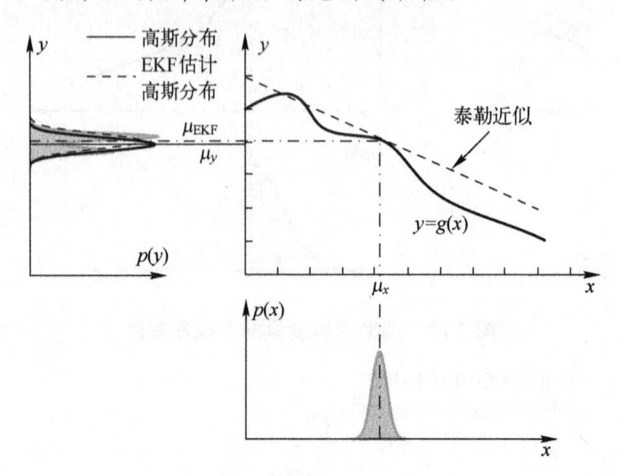

图 7.12 x 的随机性小，EKF 可以获得较好的效果

由于 EKF 的简单性和计算效率，EKF 已经成为机器人状态估计中最流行的方法。EKF 在很多不满足 KF 假设条件的状态估计问题中获得了成功。

2．泰勒展开

将非线性函数线性化有多种方法，EKF 采用一阶泰勒展开。函数 $f(x)$ 在 x_0 处的一阶泰勒展开（即函数值在 x_0 附近的一阶近似）为

$$f(x) \approx f(x_0) + f'(x_0)(x - x_0) \tag{7-93}$$

对照式（7-92）的状态转移函数 $g(x)$，这里 x_0 应为上次迭代求得的均值估计 $\hat{\mu}_{k-1|k-1}$，x 对应于 $\hat{\mu}_{k-1|k-1}$ 附近的真值 x_{k-1}。于是，式（7-92）的一阶泰勒展开式为

$$x_k = g(x_{k-1}) \approx g(\hat{\mu}_{k-1|k-1}) + g'(\hat{\mu}_{k-1|k-1})(x_{k-1} - \hat{\mu}_{k-1|k-1}) \tag{7-94}$$

写成线性状态方程的标准形式，有

$$x_k = g'(\hat{\mu}_{k-1|k-1})x_{k-1} + g(\hat{\mu}_{k-1|k-1}) - g'(\hat{\mu}_{k-1|k-1})\hat{\mu}_{k-1|k-1} \tag{7-95}$$

注意 $\hat{\mu}_{k-1|k-1}, g(\hat{\mu}_{k-1|k-1})$ 和 $g'(\hat{\mu}_{k-1|k-1})$ 均为已知值。

与状态方程的一阶泰勒展开类似，观测方程可展开为

$$z_k = h(x_k) \approx h(\hat{\mu}_{k|k}) + h'(\hat{\mu}_{k|k})(x_k - \hat{\mu}_{k|k}) \tag{7-96}$$

注意，这里的展开点 x_0 选择与式（7-94）有所不同。写成线性观测方程的标准形式

$$z_k = h'(\hat{\mu}_{k|k})x_k + h(\hat{\mu}_{k|k}) - h'(\hat{\mu}_{k|k})\hat{\mu}_{k|k} \tag{7-97}$$

式（7-93）是单变量函数的一阶泰勒展开，如果是两变量的函数，则为

$$\begin{bmatrix} f_1(x,y) \\ f_2(x,y) \end{bmatrix} \approx \begin{bmatrix} f_1(x_0,y_0) \\ f_2(x_0,y_0) \end{bmatrix} + \begin{bmatrix} \dfrac{\partial f_1(x_0,y_0)}{\partial x} & \dfrac{\partial f_1(x_0,y_0)}{\partial y} \\ \dfrac{\partial f_2(x_0,y_0)}{\partial x} & \dfrac{\partial f_2(x_0,y_0)}{\partial y} \end{bmatrix} \cdot \begin{bmatrix} x - x_0 \\ y - y_0 \end{bmatrix} \tag{7-98}$$

上式中偏导数矩阵通常称为雅可比矩阵（Jacobian）。参照上式不难推知 n 维矢量函数的一阶

泰勒展开式，即式（7-95）和式（7-97）对应的矢量形式为

$$\boldsymbol{x}_k = \boldsymbol{g}(\hat{\boldsymbol{\mu}}_{k-1|k-1}) + \boldsymbol{G}_k(\boldsymbol{x}_{k-1} - \hat{\boldsymbol{\mu}}_{k-1|k-1}) = \boldsymbol{G}_k\boldsymbol{x}_{k-1} + \boldsymbol{g}(\hat{\boldsymbol{\mu}}_{k-1|k-1}) - \boldsymbol{G}_k\hat{\boldsymbol{\mu}}_{k-1|k-1} \tag{7-99}$$

$$\boldsymbol{z}_k = \boldsymbol{h}(\hat{\boldsymbol{\mu}}_{k|k}) + \boldsymbol{H}_k(\boldsymbol{x}_k - \hat{\boldsymbol{\mu}}_{k|k}) = \boldsymbol{H}_k\boldsymbol{x}_k + \boldsymbol{h}(\hat{\boldsymbol{\mu}}_{k|k}) - \boldsymbol{H}_k\hat{\boldsymbol{\mu}}_{k|k} \tag{7-100}$$

3．EKF 算法

由 EKF 算法的核心思想可知，确定 EKF 迭代公式的关键在于找到对应于 KF 迭代公式中的 $\boldsymbol{A}$ 矩阵和 $\boldsymbol{C}$ 矩阵。从式（7-99）和式（7-100）可以看到，$\boldsymbol{G}$~$\boldsymbol{A}$, $\boldsymbol{H}$~$\boldsymbol{C}$。因此，EKF 的算法如下。

Algorithm Bayes_EKF($\hat{\boldsymbol{\mu}}_{k-1|k-1}, \boldsymbol{P}_{k-1|k-1}, \boldsymbol{u}_k, \boldsymbol{z}_k$)

$$\hat{\boldsymbol{\mu}}_{k|k-1} = \boldsymbol{g}(\hat{\boldsymbol{\mu}}_{k-1|k-1}, \boldsymbol{u}_k) \tag{7-101}$$

$$\boldsymbol{P}_{k|k-1} = \boldsymbol{G}_k\boldsymbol{P}_{k-1|k-1}\boldsymbol{G}_k^{\mathrm{T}} + \boldsymbol{Q}_k \tag{7-102}$$

$$\boldsymbol{K}_k = \boldsymbol{P}_{k|k-1}\boldsymbol{H}_k^{\mathrm{T}}(\boldsymbol{H}_k\boldsymbol{P}_{k|k-1}\boldsymbol{H}_k^{\mathrm{T}} + \boldsymbol{R}_k)^{-1} \tag{7-103}$$

$$\hat{\boldsymbol{\mu}}_{k|k} = \hat{\boldsymbol{\mu}}_{k|k-1} + \boldsymbol{K}_k(\boldsymbol{z}_k - \boldsymbol{h}(\hat{\boldsymbol{\mu}}_{k|k-1})) \tag{7-104}$$

$$\boldsymbol{P}_{k|k} = (\boldsymbol{I} - \boldsymbol{K}_k\boldsymbol{H}_k)\boldsymbol{P}_{k|k-1} \tag{7-105}$$

return $\hat{\boldsymbol{\mu}}_{k|k}, \boldsymbol{P}_{k|k}$

上述迭代公式中的 $\boldsymbol{G}$ 和 $\boldsymbol{H}$ 矩阵即为形如式（7-98）的雅可比矩阵，求偏导的对象分别为状态方程和测量方程中的非线性函数。由于每一次迭代都是在不同点进行泰勒级数展开，因此，这里的 $\boldsymbol{G}$ 和 $\boldsymbol{H}$ 通常都是与 k 相关的。

7.4.2　无迹卡尔曼滤波（UKF）

无迹卡尔曼滤波（Unscented Kalman Filter, UKF）利用所谓的 sigma 点获得比 EKF 更好的非线性变换下的均值和方差估计，在此基础上形成滤波迭代算法。

1．随机变量非线性变换后的均值

在介绍 UKF 前，有必要先分析一下高斯随机变量经非线性变换后其均值的真值。设一维随机变量 X 服从高斯分布 $\mathcal{N}(\mu_x, \sigma_x^2)$，现确定 X 经非线性变换 $y = g(x)$ 后随机变量 Y 的均值。

由于 $X \sim \mathcal{N}(\mu_x, \sigma_x^2)$，因此，如果令 $X = \mu_x + \Delta X$，则不难理解 ΔX 服从零均值、方差为 σ_x^2 的高斯分布，即 $\Delta X \sim \mathcal{N}(0, \sigma_x^2)$。在 μ_x 处将 $g(x)$ 展开为泰勒级数

$$g(\mu_x + \Delta x) = g(\mu_x) + g'(\mu_x)\Delta x + \frac{1}{2!}g''(\mu_x)\Delta x^2 + \frac{1}{3!}g'''(\mu_x)\Delta x^3 + \cdots$$

两边取数学期望，并注意到零均值高斯分布的奇数阶原点矩为零

$$\begin{aligned}\mu_y &= E[g(x)] = E[g(\mu_x + \Delta x)] \\ &= g(\mu_x) + \frac{1}{2!}g''(\mu_x)E[\Delta x^2] + \frac{1}{4!}g^{(4)}(\mu_x)E[\Delta x^4] + \cdots \quad [\text{奇数阶原点矩为零}] \\ &= g(\mu_x) + \frac{1}{2}g''(\mu_x)\sigma_x^2 + \frac{1}{8}g^{(4)}(\mu_x)\sigma_x^4 + \cdots \qquad [E[\Delta x^4] = 3\sigma_x^4]\end{aligned} \tag{7-106}$$

上式即为随机变量经非线性变换后的均值真值。可以看到在非线性变换下

$$\mu_y \neq g(\mu_x) \tag{7-107}$$

在高斯分布的线性变换下，由于零均值高斯分布的奇数阶原点矩为零和 $g(x)$ 的高阶导数为

零，则有 $\mu_y = g(\mu_x)$ 成立。

方差真值则为

$$\sigma_y^2 = E[(g(x)-\mu_y)^2] = E[g^2(x)] - \mu_y^2 = E[g^2(\mu_x + \Delta x)] - \mu_y^2 \tag{7-108}$$

2．EKF 存在的问题

从原理和应用两方面看，EKF 存在如下问题：

（1）EKF 直接将 $k-1$ 时刻的均值 μ_x 通过非线性变换作为 k 时刻 y 均值的预估计值，参见式（7-101）和图 7.11。然而，由式（7-107）知 $\mu_y \neq g(\mu_x)$。

y 是非高斯分布，均值点未必是最大概率点，但在没有其他已知信息时，使 $\mu_y = g(\mu_x)$ 也具一定的合理性，因此，UKF 未必总是比 EKF 具有更好的效果。

（2）在 EKF 的迭代过程中，均值传播是利用非线性变换，即式（7-101），而协方差传播利用的是线性变换，即式（7-102）。

（3）一阶泰勒展开只有在 ΔX 较小时才有较好的近似。

（4）在维数较大时，求解雅可比矩阵是比较麻烦的。如果函数 $g(x)$ 在展开点不可导，则无法求雅可比矩阵，即无法使用 EKF。

UKF 提出者 Simon Julier 和 Jeffrey K. Uhlmann 在其论文中以车辆圆周运动为例，说明了 EKF 中协方差线性传播导致的方差估计问题。

3．UKF 的核心原理

如果要相对准确地知道非线性变换后 y 的均值和方差，一个非常直接的方法是所谓的蒙特卡洛法（Monte-Carlo）：

（1）按照 $p(x)$ 分布产生 N 个（足够多）的随机样值 x_i（$i=1,2,\cdots,N$）。

（2）将这 N 个样值 x_i 进行非线性变换得到 $y_i = g(x_i)$。

（3）用 N 个 y_i 样值求其均值和方差，即

$$\mu_y = \frac{1}{N}\sum_{i=1}^{N} y_i，\quad \sigma_y^2 = \frac{1}{N}\sum_{i=1}^{N}(y_i - \mu_y)^2 \tag{7-109}$$

有了 μ_y 和 σ_y^2，则可以构造一高斯分布，从而可以进行卡尔曼滤波的迭代计算。但蒙特卡洛法的问题是计算量和存储量过大。

UKF 求均值和方差的思路与上有些类似，但是 UKF 试图用极少的特别选定的 x 样值点获得比 EKF 更好的 y 的均值和方差估计。下面举例说明其可行性。

1）线性变换下均值和方差的小样本确定

设一维随机变量的线性变换为 $y = f(x) = Ax + b$，则 y 的均值和方差真值为

$$\mu_y = E[y] = AE[x] + b = A\mu_x + b = f(\mu_x) \tag{7-110}$$

$$\sigma_y^2 = E[(y-\mu_y)^2] = E[(Ax+b-(A\mu_x+b))^2] = E[A^2(x-\mu_x)^2] = A^2\sigma_x^2 \tag{7-111}$$

以上是解析计算过程。然而，$x = \mu_x$ 也可视为随机变量 X 的一个样值点，$\mu_y = f(\mu_x)$ 可视为由 x 一个单样点的变换确定 y 的均值。同样，$x = \mu_x + \sigma_x$ 和 $x = \mu_x - \sigma_x$ 可分别视为随机变量 X 包含方差信息的两个样值点。如果选择三个样值点

$$\mathcal{X}^{(0)} = \mu_x，\quad \mathcal{X}^{(1)} = \mu_x + \sqrt{3/2}\sigma_x，\quad \mathcal{X}^{(2)} = \mu_x - \sqrt{3/2}\sigma_x$$

可以利用类似式（7-109）的方法获得 μ_y 和 σ_y^2。计算过程如下：

（1）将 X 的样值点变换为 Y 的样值点

$$\mathcal{Y}^{(0)} = f(\mathcal{X}^{(0)}) = A\mathcal{X}^{(0)} + b = A\mu_x + b$$

$$\mathcal{Y}^{(1)} = f(\mathcal{X}^{(1)}) = A\mathcal{X}^{(1)} + b = A(\mu_x + \sqrt{3/2}\sigma_x) + b$$

$$\mathcal{Y}^{(2)} = f(\mathcal{X}^{(2)}) = A\mathcal{X}^{(2)} + b = A(\mu_x - \sqrt{3/2}\sigma_x) + b$$

（2）用样值点确定 Y 的均值

$$\mu_y = \frac{1}{3}(\mathcal{Y}^{(0)} + \mathcal{Y}^{(1)} + \mathcal{Y}^{(2)}) = A\mu_x + b$$

（3）用样值点确定 Y 的方差

$$\begin{aligned}
\sigma_y^2 &= \frac{1}{3}\sum_{i=0}^{2}(\mathcal{Y}^{(i)} - \mu_y)^2 \\
&= \frac{1}{3}(A\mu_x + b - \mu_y)^2 + \frac{1}{3}[A(\mu_x + \sqrt{3/2}\sigma_x) + b - \mu_y]^2 + \frac{1}{3}[A(\mu_x - \sqrt{3/2}\sigma_x) + b - \mu_y]^2 \\
&= \frac{1}{3}(\mu_y - \mu_y)^2 + \frac{1}{3}(\mu_y + \sqrt{3/2}A\sigma_x - \mu_y)^2 + \frac{1}{3}(\mu_y - \sqrt{3/2}A\sigma_x - \mu_y)^2 \\
&= \frac{1}{3}(\sqrt{3/2}A\sigma_x)^2 + \frac{1}{3}(\sqrt{3/2}A\sigma_x)^2 \\
&= A^2\sigma_x^2
\end{aligned}$$

将上述求解结果与式（7-110）、式（7-111）比较可以看到，对于一维情形的确可以用三个样点获得 y 的均值和方差。在 UKF 中 $\mathcal{X}^{(i)}$ 称为 sigma 点。

2）非线性变换 $y = x^2$ 下均值和方差的小样本确定

同样，这里 $X \sim \mathcal{X}(\mu_x, \sigma_x^2)$，$X = \mu_x + \Delta X$，$\Delta X \sim \mathcal{X}(0, \sigma_x^2)$。由式（7-106）可得

$$\begin{aligned}
\mu_y &= g(\mu_x) + \frac{1}{2}g''(\mu_x)\sigma_x^2 + \frac{1}{8}g^{(4)}(\mu_x)\sigma_x^4 + \dots \\
&= g(\mu_x) + \frac{1}{2}g''(\mu_x)\sigma_x^2 \qquad [\text{高阶导数为 0}] \\
&= \mu_x^2 + \frac{1}{2}\times 2\times\sigma_x^2 \qquad [g(\mu_x) = \mu_x^2]
\end{aligned}$$

即

$$\mu_y = g(\mu_x) + \sigma_x^2 = \mu_x^2 + \sigma_x^2 \tag{7-112}$$

由于 $y = x^2$ 的高阶导数为零，上式是严格相等，而非近似值。对于一般的非线性函数，需用有限项作为 y 均值的近似。对于方差求解，有

$$\begin{aligned}
\sigma_y^2 &= E[(y - \mu_y)^2] \\
&= E[((\mu_x + \Delta x)^2 - (\mu_x^2 + \sigma_x^2))^2] \qquad [y = (\mu_x + \Delta x)^2\text{；代入式（7-112）}] \\
&= E[((\Delta x)^2 + 2\mu_x\Delta x - \sigma_x^2)^2] \qquad [\text{展开化简}] \\
&= E[(\Delta x)^4 + 4\mu_x\Delta x^3 + (4\mu_x^2 - 2\sigma_x^2)\Delta x^2 - 4\sigma_x^2\mu_x\Delta x + \sigma_x^4] \qquad [\text{展开整理}] \\
&= E[\Delta x^4] + 4\mu_x E[\Delta x^3] + (4\mu_x^2 - 2\sigma_x^2)E[\Delta x^2] - 4\sigma_x^2\mu_x E[\Delta x] + E[\sigma_x^4] \\
&= E[\Delta x^4] + (4\mu_x^2 - 2\sigma_x^2)E[\Delta x^2] + \sigma_x^4 \qquad [E[\Delta x^3] = E[\Delta x] = 0] \\
&= 2\sigma_x^4 + 4\mu_x^2\sigma_x^2
\end{aligned}$$

即

$$\sigma_y^2 = 2\sigma_x^4 + 4\mu_x^2\sigma_x^2 \tag{7-113}$$

下面再尝试用 sigma 点计算均值和方差。取三个 sigma 点：

$$\mathcal{X}^{(0)}=\mu_x\text{，}\ \mathcal{X}^{(1)}=\mu_x+\sigma\text{，}\ \mathcal{X}^{(2)}=\mu_x-\sigma \quad (\sigma=\sqrt{(n+k)\sigma_x^2}) \tag{7-114}$$

其中n为随机矢量的维数（这里$n=1$），k为尺度参数。

（1）将 sigma 点进行非线性变换

$$\mathcal{Y}^{(0)}=g(\mathcal{X}^{(0)})=\mu_x^2$$
$$\mathcal{Y}^{(1)}=g(\mathcal{X}^{(1)})=(\mu_x+\sigma)^2=\mu_x^2+2\mu_x\sigma+\sigma^2$$
$$\mathcal{Y}^{(2)}=g(\mathcal{X}^{(2)})=(\mu_x-\sigma)^2=\mu_x^2-2\mu_x\sigma+\sigma^2$$

（2）用样值点确定Y的均值

$$\begin{aligned}\mu_y&=\frac{k}{(n+k)}\mathcal{Y}^{(0)}+\frac{1}{2(n+k)}\sum_{i=1}^{2n}\mathcal{Y}^{(i)} && \text{[不追究系数的由来]}\\&=\frac{k}{(1+k)}\mathcal{Y}^{(0)}+\frac{1}{2(1+k)}\sum_{i=1}^{2}\mathcal{Y}^{(i)} && \text{[一维情形，}n=1\text{]}\\&=\frac{k}{(1+k)}\mu_x^2+\frac{1}{2(1+k)}(2\mu_x^2+2\sigma^2) && \text{[代入}\mathcal{Y}^{(i)}\text{]}\\&=\frac{k}{(1+k)}\mu_x^2+\frac{1}{(1+k)}(\mu_x^2+(1+k)\sigma_x^2)\\&=\mu_x^2+\sigma_x^2 && \text{[加权系数保证了结果的正确性]}\end{aligned}$$

可见结果与式（7-112）相同。

（3）用样值点确定Y的方差

$$\begin{aligned}\sigma_y^2&=\frac{k}{(n+k)}(\mathcal{Y}^{(0)}-\mu_y)^2+\frac{1}{2(n+k)}\sum_{i=1}^{2n}(\mathcal{Y}^{(i)}-\mu_y)^2\\&=\frac{k}{(1+k)}(\mathcal{Y}^{(0)}-\mu_y)^2+\frac{1}{2(1+k)}\sum_{i=1}^{2n}(\mathcal{Y}^{(i)}-\mu_y)^2 && \text{[一维情形，}n=1\text{]}\\&=\frac{k}{(1+k)}\sigma_x^4+\frac{1}{2(1+k)}[(\sigma^2+2\mu_x\sigma-\sigma_x^2)^2+(\sigma^2-2\mu_x\sigma-\sigma_x^2)^2] && \text{[代入}\mathcal{Y}^{(i)}\text{和}\mu_y\text{]}\\&=\frac{k}{(1+k)}\sigma_x^4+\frac{1}{(1+k)}[k^2\sigma_x^4+4\mu_x^2(1+k)\sigma_x^2] && \text{[省略化简过程]}\\&=k\sigma_x^4+4\mu_x^2\sigma_x^2\end{aligned}$$

取$k=2$，则上述结果与（7-113）完全相同。

由$y=f(x)=Ax+b$和$y=g(x)=x^2$的两个计算例子可以看到，对于一维情形，利用三个 sigma 点即可计算出随机变量变换后y的均值和方差。在$g(x)=x^2$的例子中，由于$g(x)$三次及三次以上导数为零，利用 sigma 点计算得到的均值和方差与真值完全相等。一般情况下，只能略去高次项求得近似值。

有了y的均值和方差，则可依照贝叶斯-卡尔曼滤波的基本步骤，形成相应的迭代算法。简言之，UKF 的核心原理是利用 sigma 点获得比 EKF 更为准确的y的均值和方差，构建卡尔曼滤波算法。需再次强调的是，更准确的y的均值和方差估计并不一定意味着更好的滤波器性能。

3）多维情况下 sigma 点、均值与方差的计算

对于n维高斯矢量$\boldsymbol{x}\sim\mathcal{N}(\boldsymbol{\mu}_x,\boldsymbol{P}_x)$，在$n$维空间中按如下规则选择$2n+1$个 sigma 点：

$$\boldsymbol{\mathcal{X}}^{(0)}=\boldsymbol{\mu}_x=[\mu_{x,1},\mu_{x,2},\cdots,\mu_{x,n}]^{\mathrm{T}} \tag{7-115}$$

$$\mathcal{X}^{(i)} = \boldsymbol{\mu}_x + \left(\sqrt{(n+\lambda)\boldsymbol{P}_x}\right)_{第\,i\,列} \quad (i=1,2,\cdots,n) \tag{7-116}$$

$$\mathcal{X}^{(n+i)} = \boldsymbol{\mu}_x - \left(\sqrt{(n+\lambda)\boldsymbol{P}_x}\right)_{第\,i\,列} \quad (i=1,2,\cdots,n) \tag{7-117}$$

对上述 $2n+1$ 个 sigma 点进行非线性变换后得到 $2n+1$ 个 $\boldsymbol{y}$ 的样值点

$$\mathcal{Y}^{(i)} = g(\mathcal{X}^{(i)}) \quad (i=0,1,2,\cdots,2n) \tag{7-118}$$

$2n+1$ 个 $\boldsymbol{y}$ 样值点按照下列公式加权计算 $\boldsymbol{y}$

$$\boldsymbol{\mu}_y = \sum_{i=0}^{2n} w_{\mathrm{m}}^{(i)} \mathcal{Y}^{(i)} = \frac{\lambda}{n+\lambda}\mathcal{Y}^{(0)} + \frac{1}{2(n+\lambda)}\sum_{i=1}^{2n}\mathcal{Y}^{(i)} \tag{7-119}$$

$$\begin{aligned}\boldsymbol{P}_y &= \sum_{i=0}^{2n} w_{\mathrm{c}}^{(i)} (\mathcal{Y}^{(i)} - \boldsymbol{\mu}_y)(\mathcal{Y}^{(i)} - \boldsymbol{\mu}_y)^{\mathrm{T}} \\ &= \left(\frac{\lambda}{n+\lambda} + 1 - \alpha^2 + \beta\right)(\mathcal{Y}^{(0)} - \boldsymbol{\mu}_y)(\mathcal{Y}^{(0)} - \boldsymbol{\mu}_y)^{\mathrm{T}} + \\ &\quad + \frac{1}{2(n+\lambda)}\sum_{i=1}^{2n}(\mathcal{Y}^{(i)} - \boldsymbol{\mu}_y)(\mathcal{Y}^{(i)} - \boldsymbol{\mu}_y)^{\mathrm{T}}\end{aligned} \tag{7-120}$$

其中 $w_{\mathrm{m}}^{(i)}, w_{\mathrm{c}}^{(i)}$ 为加权系数，λ, α, β 为 UKF 算法改进中引入的调节参数。几点解释和说明如下：

（1）式（7-116）、式（7-117）中下标“第 i 列”即取矩阵的第 i 列矢量，等式右端为两个列矢量相加，矩阵的平方根 $\sqrt{\boldsymbol{P}_x}$ 为 $\boldsymbol{P}_x$ 的 Cholesky 分解。Cholesky 分解将 $\boldsymbol{P}_x$ 分解为一个下三角矩阵及其转置的乘积，即

$$\boldsymbol{P}_x = \sqrt{\boldsymbol{P}_x}(\sqrt{\boldsymbol{P}_x})^{\mathrm{T}} = \begin{bmatrix} * & 0 & \cdots & 0 \\ * & * & 0 & \vdots \\ * & * & * & 0 \\ * & * & * & * \end{bmatrix}\begin{bmatrix} * & 0 & \cdots & 0 \\ * & * & 0 & \vdots \\ * & * & * & 0 \\ * & * & * & * \end{bmatrix}^{\mathrm{T}}$$

很多应用场景中假定状态矢量的各分量相互独立，此时 $\boldsymbol{P}_x$ 为对角矩阵，无须进行 Cholesky 分解，开根号运算直接作用于对角线上元素即可。

（2）式（7-115）～式（7-117）定义了 n 维空间中的 $2n+1$ 个 sigma 点。例如对于二维空间，$\sqrt{\boldsymbol{P}_x}$ 和 5 个 sigma 点的具体形式为

$$\sqrt{\boldsymbol{P}_x} = \begin{bmatrix} p_{11} & 0 \\ p_{21} & p_{22} \end{bmatrix}, \quad \mathcal{X}^{(0)} = \begin{bmatrix} \mu_{x,1} \\ \mu_{x,2} \end{bmatrix},$$

$$\mathcal{X}^{(1)} = \begin{bmatrix} \mu_{x,1} \\ \mu_{x,2} \end{bmatrix} + \sqrt{2+\lambda}\begin{bmatrix} p_{11} \\ p_{21} \end{bmatrix}, \quad \mathcal{X}^{(2)} = \begin{bmatrix} \mu_{x,1} \\ \mu_{x,2} \end{bmatrix} + \sqrt{2+\lambda}\begin{bmatrix} 0 \\ p_{22} \end{bmatrix},$$

$$\mathcal{X}^{(3)} = \begin{bmatrix} \mu_{x,1} \\ \mu_{x,2} \end{bmatrix} - \sqrt{2+\lambda}\begin{bmatrix} p_{11} \\ p_{21} \end{bmatrix}, \quad \mathcal{X}^{(4)} = \begin{bmatrix} \mu_{x,1} \\ \mu_{x,2} \end{bmatrix} - \sqrt{2+\lambda}\begin{bmatrix} 0 \\ p_{22} \end{bmatrix}$$

（3）λ 定义为

$$\lambda = \alpha^2(n+k) - n \tag{7-121}$$

当 $\alpha=1, \beta=0$ 时 $\lambda=k$，式（7-116）～式（7-120）给出的是 UKF 最初提出时的 sigma 点选取规则。将式（7-121）代入 $\sqrt{(n+\lambda)\boldsymbol{P}_x}$ 得 $\boldsymbol{\sigma}$ 值为

$$\boldsymbol{\sigma}=\gamma\sqrt{\boldsymbol{P}_x}=\sqrt{n+\lambda}\cdot\sqrt{\boldsymbol{P}_x}=\alpha\sqrt{n+k}\sqrt{\boldsymbol{P}_x}\quad(\gamma=\sqrt{n+\lambda}=\alpha\sqrt{n+k}) \tag{7-122}$$

可以看到，由于$\boldsymbol{\mathcal{X}}^{(i)}=\boldsymbol{\mu}_x\pm\boldsymbol{\sigma}$，因此$\alpha$的主要作用是调节 sigma 点到均值点的距离。可以根据非线性函数的特点调节α值，对于高斯分布理论上可以将α调到无穷大。通常可以按照 UKF 最初提出时的取值，即取$\alpha=1$。

（4）参数β只在式（7-120）的第 1 项中出现，即

$$w_{\mathrm{c}}^{(0)}=\frac{\lambda}{n+\lambda}+1-\alpha^2+\beta \tag{7-123}$$

所以β只影响$\boldsymbol{\mathcal{Y}}^{(0)}-\boldsymbol{\mu}_y$在$\boldsymbol{P}_y$中的权重，$\boldsymbol{\mathcal{Y}}^{(0)}$是由$\boldsymbol{\mathcal{X}}^{(0)}=\boldsymbol{\mu}_x$变换而得，增加$\beta$则增强了$\boldsymbol{x}$均值在$\boldsymbol{P}_y$估算中的作用。当 sigma 点选择较远时，$1-\alpha^2$可能为负，可用$\beta$平衡$1-\alpha^2$。通常可设$\beta$为零。

（5）回顾前面$y=x^2$的例子，$\sigma_y^2=k\sigma_x^4+4\mu_x^2\sigma_x^2$，可以看到$k$主要用于对高阶矩占比的调节，例中取$k=2$时可以由 sigma 点解得$\sigma_y^2$的真值。通常可以取$k=2$。

（6）为了后面算法迭代公式的叙述方便，将加权系数明确如下。

$$w_{\mathrm{m}}^{(0)}=\frac{\lambda}{n+\lambda},\quad w_{\mathrm{c}}^{(0)}=\frac{\lambda}{n+\lambda}+(1-\alpha^2+\beta) \tag{7-124}$$

$$w_{\mathrm{m}}^{(i)}=w_{\mathrm{c}}^{(i)}=\frac{\lambda}{2(n+\lambda)}\quad(i=1,2,\cdots,2n) \tag{7-125}$$

4．UKF 算法

UKF 也是高斯滤波的一种，迭代计算的仍然是均值和协方差矩阵，与 KF 和 EKF 不同的是 UKF 利用 sigma 点计算均值和方差。算法伪代码如下。

Algorithm Bayes_UKF($\hat{\boldsymbol{\mu}}_{k-1|k-1},\boldsymbol{P}_{k-1|k-1},\boldsymbol{u}_k,\boldsymbol{z}_k$)

// 按式（7-115）～式（7-116）构建预测阶段 sigma 点，γ定义参见式（7-122）

$$\boldsymbol{\mathcal{X}}_{k-1|k-1}=(\hat{\boldsymbol{\mu}}_{k-1|k-1}\quad\hat{\boldsymbol{\mu}}_{k-1|k-1}+\gamma\sqrt{\boldsymbol{P}_{k-1|k-1}}\quad\hat{\boldsymbol{\mu}}_{k-1|k-1}-\gamma\sqrt{\boldsymbol{P}_{k-1|k-1}}) \tag{7-126}$$

// sigma 点进行无噪状态方程的非线性变换

$$\boldsymbol{\mathcal{X}}_{k|k-1}=\boldsymbol{g}(\boldsymbol{\mathcal{X}}_{k-1|k-1}) \tag{7-127}$$

// 计算预测阶段的均值和方差。可比较式（7-129）和 EKF 的式（7-102）

$$\hat{\boldsymbol{\mu}}_{k|k-1}=\sum_{i=0}^{2n}w_{\mathrm{m}}^{(i)}\boldsymbol{\mathcal{X}}_{k|k-1}^{(i)} \tag{7-128}$$

$$\boldsymbol{P}_{k|k-1}=\sum_{i=0}^{2n}w_{\mathrm{c}}^{(i)}(\boldsymbol{\mathcal{X}}_{k|k-1}^{(i)}-\hat{\boldsymbol{\mu}}_{k|k-1})(\boldsymbol{\mathcal{X}}_{k|k-1}^{(i)}-\hat{\boldsymbol{\mu}}_{k|k-1})^{\mathrm{T}}+\boldsymbol{Q}_k \tag{7-129}$$

// 构建更新阶段 sigma 点

$$\boldsymbol{\mathcal{X}}_{k|k}=(\hat{\boldsymbol{\mu}}_{k|k-1}\quad\hat{\boldsymbol{\mu}}_{k|k-1}+\gamma\sqrt{\boldsymbol{P}_{k|k-1}}\quad\hat{\boldsymbol{\mu}}_{k|k-1}-\gamma\sqrt{\boldsymbol{P}_{k|k-1}}) \tag{7-130}$$

// 新 sigma 点$\boldsymbol{\mathcal{X}}_{k|k}$进行观测方程的非线性变换

$$\boldsymbol{\mathcal{Z}}_k=\boldsymbol{h}(\boldsymbol{\mathcal{X}}_{k|k}) \tag{7-131}$$

// 计算预测观测值，$\boldsymbol{\mathcal{Z}}_k^{(i)}$为第$i$点

$$\hat{\boldsymbol{z}}_k=\sum_{i=0}^{2n}w_{\mathrm{m}}^{(i)}\boldsymbol{\mathcal{Z}}_k^{(i)} \tag{7-132}$$

// 计算观测不确定性 $\mathcal{S}_k$，$\mathcal{S}_k$ 对应 EKF 式（7-103）中 $\boldsymbol{H}_k\boldsymbol{P}_{k|k-1}\boldsymbol{H}_k^{\mathrm{T}}+\boldsymbol{R}_k$

$$\mathcal{S}_k=\sum_{i=0}^{2n}w_{\mathrm{c}}^{(i)}(\mathcal{Z}_k^{(i)}-\hat{z}_k)(\mathcal{Z}_k^{(i)}-\hat{z}_k)^{\mathrm{T}} \tag{7-133}$$

// 计算状态值和观测值之间的互协方差，对应 EKF 式（7-103）中 $\boldsymbol{P}_{k|k-1}\boldsymbol{H}_k^{\mathrm{T}}$

$$\boldsymbol{P}_k^{x,z}=\sum_{i=0}^{2n}w_{\mathrm{c}}^{(i)}(\mathcal{X}_{k|k}^{(i)}-\hat{\boldsymbol{\mu}}_{k|k-1})(\mathcal{Z}_k^{(i)}-\hat{z}_k)^{\mathrm{T}} \tag{7-134}$$

// 计算卡尔曼增益

$$\boldsymbol{K}_k=\boldsymbol{P}_k^{x,z}\mathcal{S}_k^{-1} \tag{7-135}$$

// 更新均值和方差，其中 z_k 是来自传感器的观测值

$$\hat{\boldsymbol{\mu}}_{k|k}=\hat{\boldsymbol{\mu}}_{k|k-1}+\boldsymbol{K}_k(z_k-\hat{z}_k) \tag{7-136}$$

$$\boldsymbol{P}_{k|k}=\boldsymbol{P}_{k|k-1}-\boldsymbol{K}_k\mathcal{S}_k\boldsymbol{K}_k^{\mathrm{T}} \tag{7-137}$$

return　$\hat{\boldsymbol{\mu}}_{k|k},\boldsymbol{P}_{k|k}$

文献[3]指出，通常 EKF 比 UKF 计算速度稍快一点，UKF 的效率略高一点。对于线性系统，可以证明 UKF 和 KF 是等价的；对于非线性系统，UKF 比 EKF 性能略好。在很多应用中 UKF 和 EKF 的差别可以忽略。UKF 的优点是它不需要计算雅可比矩阵，有些情况下确定雅可比矩阵是比较困难的。

7.5　MIMO 系统

7.5.1　MIMO 系统的描述

实际应用中关心的物理量常常不是单一的。但是为了简化分析或为了研究需要，一般是只假定一个变量发生变化，考察另一个量的变化规律，此时可建立一个 SISO 模型。然而，在有些应用场景中，必须采用 MIMO 系统进行建模。例如，移动通信中，当考虑收发端天线阵列的信号传输时，只能采用 MIMO 系统建模，如图 7.13 所示。

1．连续时间 MIMO 系统描述

以图 7.13 无线信道传输为例，发送端每一天线上的信号为信道的输入，记为 $x_i(t)$（$i=1,2,\cdots,M$），接收端每一天线上的信号为信道的输出，记为 $y_j(t)$（$j=1,2,\cdots,N$）。在满足一定的条件下，可以将无线信道建模为 LTI 系统。

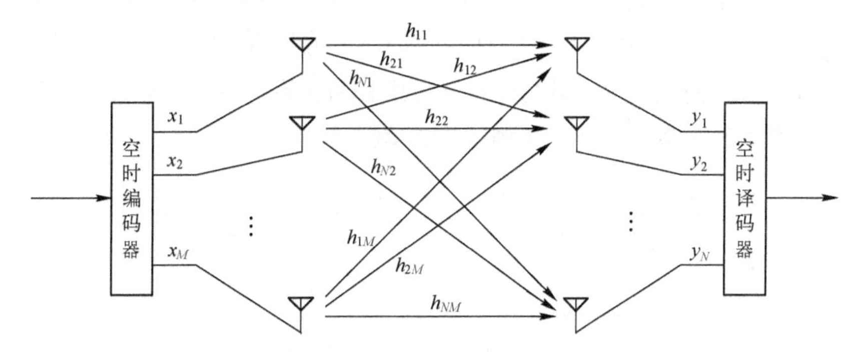

图 7.13　多天线构成的 MIMO 系统

由第 2 章时域分析的结论可知

$$
\begin{aligned}
y_1(t) &= h_{11}(t)*x_1(t)+h_{12}(t)*x_2(t)+\cdots+h_{1M}(t)*x_M(t)\\
y_2(t) &= h_{21}(t)*x_1(t)+h_{22}(t)*x_2(t)+\cdots+h_{2M}(t)*x_M(t)\\
&\vdots\\
y_N(t) &= h_{N1}(t)*x_1(t)+h_{N2}(t)*x_2(t)+\cdots+h_{NM}(t)*x_M(t)
\end{aligned}
\tag{7-138}
$$

两边进行拉普拉斯变换，则有

$$
\begin{aligned}
Y_1(s) &= H_{11}(s)X_1(s)+H_{12}(s)X_2(s)+\cdots+H_{1M}(s)X_M(s)\\
Y_2(s) &= H_{21}(s)X_1(s)+H_{22}(s)X_2(s)+\cdots+H_{2M}(s)X_M(s)\\
&\vdots\\
Y_N(s) &= H_{N1}(s)X_1(s)+H_{N2}(s)X_2(s)+\cdots+H_{NM}(s)X_M(s)
\end{aligned}
\tag{7-139}
$$

上两式通常采用更简洁的矩阵表述形式

$$\boldsymbol{y}(t)=\boldsymbol{h}(t)*\boldsymbol{x}(t) \tag{7-140}$$

$$\boldsymbol{Y}(s)=\boldsymbol{H}(s)\boldsymbol{X}(s) \tag{7-141}$$

其中，输入输出信号为列矢量，系统函数为矩阵，即

$$\boldsymbol{x}(t)=[x_1(t),x_2(t),\cdots,x_M(t)]^{\mathrm{T}}；\quad \boldsymbol{X}(s)=[X_1(s),X_2(s),\cdots,X_M(s)]^{\mathrm{T}} \tag{7-142}$$

$$\boldsymbol{y}(t)=[y_1(t),y_2(t),\cdots,y_N(t)]^{\mathrm{T}}；\quad \boldsymbol{Y}(s)=[Y_1(s),Y_2(s),\cdots,Y_N(s)]^{\mathrm{T}} \tag{7-143}$$

$$\boldsymbol{h}(t)=\begin{bmatrix} h_{11}(t) & h_{12}(t) & \cdots & h_{1M}(t)\\ h_{21}(t) & h_{22}(t) & \cdots & h_{2M}(t)\\ \vdots & \vdots & & \vdots\\ h_{N1}(t) & h_{N2}(t) & \cdots & h_{NM}(t)\end{bmatrix}_{N\times M} \tag{7-144}$$

$$\boldsymbol{H}(s)=\begin{bmatrix} H_{11}(s) & H_{12}(s) & \cdots & H_{1M}(s)\\ H_{21}(s) & H_{22}(s) & \cdots & H_{2M}(s)\\ \vdots & \vdots & & \vdots\\ H_{N1}(s) & H_{N2}(s) & \cdots & H_{NM}(s)\end{bmatrix}_{N\times M} \tag{7-145}$$

式（7-140）、式（7-141）分别描述了 MIMO 信道（系统）的时域和 s 域输入输出关系。式（7-144）、式（7-145）分别为 MIMO 信道的时域冲激响应和系统函数。

当仅有第 j 个输入信号非零，其他输入信号恒为零，并且只观测第 i 个输出端时，由式（7-138）或式（7-139）可得

$$y_i(t)=h_{ij}(t)*x_j(t) \quad 或 \quad Y_i(s)=H_{ij}(s)X_j(s) \tag{7-146}$$

上式可作为 $h_{ij}(t)$ 和 $H_{ij}(s)$ 的定义，其物理意义可用 SIMO 系统描述。例如，对于 2×2 MIMO 系统，$H_{ij}(s)$ 的物理含义等价于图 7.14 描述的 SIMO 系统。

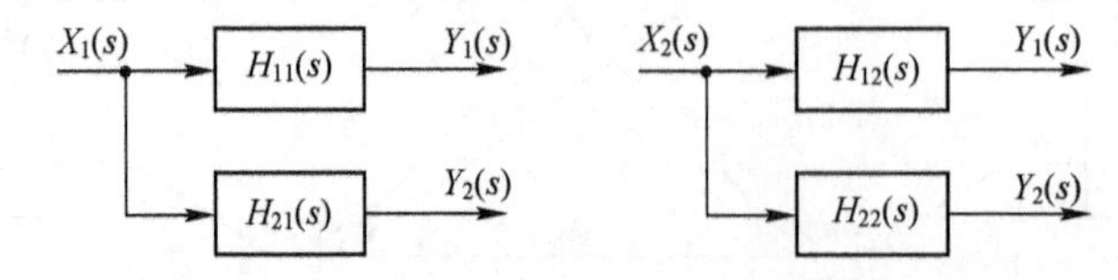

图 7.14 2×2 MIMO 系统 $H_{ij}(s)$ 的物理含义

由系统的拉普拉斯变换和傅里叶变换的关系不难推知，MIMO 系统的频域描述为

$$\boldsymbol{Y}(\omega)=\boldsymbol{H}(\omega)\boldsymbol{X}(\omega) \tag{7-147}$$

其中各项的含义类似 s 域中的矢量和矩阵，不再赘述。

对矢量信号 $\boldsymbol{x}(t)$ 或系统矩阵 $\boldsymbol{h}(t)$ 进行拉普拉斯变换或傅里叶变换，是指对矢量或矩阵中的每个元素进行变换。

*【例 7-6】 2×2 MIMO 无线信道的频分复用和正交频分复用。

如果一个终端使用 2 根天线，每根天线传输各自的数据，那么数据的传输速率可以加倍（或者说信道容量可以加倍）。问题是每根接收天线会同时接收到来自 2 根发送天线的信号，即

$$Y_1(\omega)=H_{11}(\omega)X_1(\omega)+H_{12}(\omega)X_2(\omega)=X_1(\omega)+X_2(\omega)$$
$$Y_2(\omega)=H_{21}(\omega)X_1(\omega)+H_{22}(\omega)X_2(\omega)=X_1(\omega)+X_2(\omega)$$

上式中假定了无线信道是理想的恒等系统[$h_{ij}(t)=\delta(t)$, $H_{ij}(\omega)=1$]。可见，如果 $X_1(\omega)$ 和 $X_2(\omega)$ 在频域上不重叠，接收端使用频域滤波器则可以分开两路信号，如图 7.15 所示。

频分复用占用的频带资源较大，如果使 $x_1(t)$ 和 $x_2(t)$ 相互正交，即

$$\int_0^T x_1(t)x_2(t)\mathrm{d}t=0 \quad（T \text{ 为符号传输时间}）$$

则接收端也可以区分 $x_1(t)$ 和 $x_2(t)$，如图 7.16(b)所示。可以证明，当采用正交区分信号时，图 7.15(a)中的 $X_1(\omega)$ 和 $X_2(\omega)$ 可以重叠，如图 7.16(a)所示，因此，利用正交性区分信号更加节约频带资源。

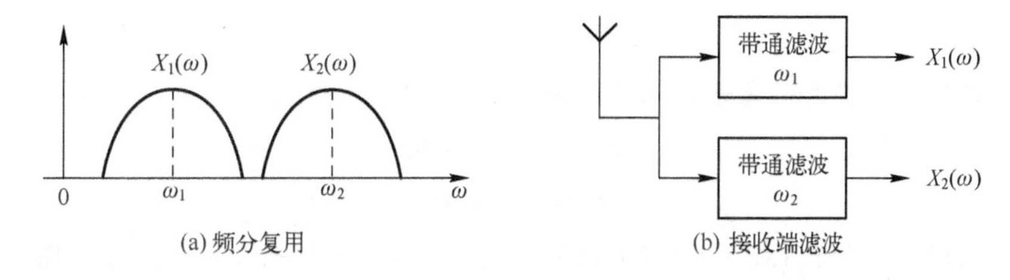

图 7.15　2×2 MIMO 频分复用

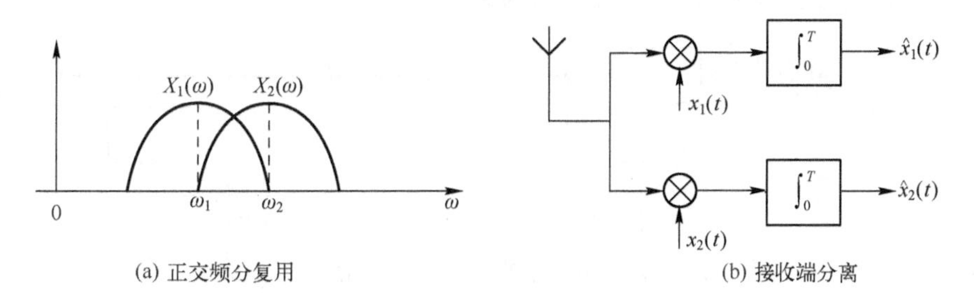

图 7.16　2×2 MIMO 正交频分复用

【例毕】

2．离散时间 MIMO 系统描述

与上述连续时间 MIMO 系统描述对应，有相应的离散时间 MIMO 系统时域、z 域和频域描述，其矩阵形式的关系式如下：

$$\boldsymbol{y}[n]=\boldsymbol{h}[n]*\boldsymbol{x}[n] \tag{7-148}$$

$$\boldsymbol{Y}(z)=\boldsymbol{H}(z)\boldsymbol{X}(z) \tag{7-149}$$

$$\boldsymbol{Y}(\mathrm{e}^{\mathrm{j}\Omega})=\boldsymbol{H}(\mathrm{e}^{\mathrm{j}\Omega})\boldsymbol{X}(\mathrm{e}^{\mathrm{j}\Omega}) \tag{7-150}$$

关于各信号矢量和系统矩阵的定义及物理含义，可参考连续时间部分的介绍。

3．状态方程描述的 MIMO LTI 系统

系统的状态方程描述本身就是按照多输入多输出系统建模的，是较早获得成功应用的 MIMO 系统。但是当将图 7.1 所示系统视为确定性（非随机的）线性时不变 MIMO 系统时，对其定义和理解与卡尔曼滤波和贝叶斯滤波中的假定是有所不同的。具体来说，有以下三点重要区别：

（1）MIMO LTI 系统模型中的系数矩阵与时间（k 或 t）无关，即为常量。

（2）模型不考虑随机因素（无随机变量），从而构成确定性系统模型。

（3）将模型输出端 $\boldsymbol{z}$ 视为系统的未知输出，而不是已知的观测值。

如果假定 $\boldsymbol{z}$ 为已知，由状态方程 $\boldsymbol{x}_k=\boldsymbol{A}\boldsymbol{x}_{k-1}+\boldsymbol{B}\boldsymbol{u}_k$ 和观测方程 $\boldsymbol{z}_k=\boldsymbol{C}\boldsymbol{x}_k+\boldsymbol{D}\boldsymbol{u}_k$ 将分别确定两个不同的 $\boldsymbol{x}_k$ 值，模型就失去了意义。因此，在确定性 MIMO LTI 系统中，先前的测量方程一般被称为输出方程。

注意到上述区别，确定性离散和连续 MIMO LTI 系统的状态方程可写为

离散时间：
$$\boldsymbol{x}_k=\boldsymbol{A}\boldsymbol{x}_{k-1}+\boldsymbol{B}\boldsymbol{u}_k \tag{7-151}$$

$$\boldsymbol{z}_k=\boldsymbol{C}\boldsymbol{x}_k+\boldsymbol{D}\boldsymbol{u}_k \tag{7-152}$$

连续时间：
$$\dot{\boldsymbol{x}}(t)=\boldsymbol{A}\boldsymbol{x}(t)+\boldsymbol{B}\boldsymbol{u}(t) \tag{7-153}$$

$$\boldsymbol{z}(t)=\boldsymbol{C}\boldsymbol{x}(t)+\boldsymbol{D}\boldsymbol{u}(t) \tag{7-154}$$

在不少文献中，确定性离散时间系统采用如下形式的方程：

$$\boldsymbol{x}_{k+1}=\boldsymbol{A}\boldsymbol{x}_k+\boldsymbol{B}\boldsymbol{u}_k \tag{7-155}$$

$$\boldsymbol{z}_k=\boldsymbol{C}\boldsymbol{x}_k+\boldsymbol{D}\boldsymbol{u}_k \tag{7-156}$$

即状态方程采用 $\boldsymbol{x}_{k+1}$ 和 $\boldsymbol{x}_k$ [式（7-151）采用 $\boldsymbol{x}_k$ 和 $\boldsymbol{x}_{k-1}$]。对于一阶系统，参见图 7.17，两者的区别在于，是在延时器输出端设置状态变量 x_k（图 7.17 左图采用的方案），还是在延时器输入端设置状态变量 x_k（图 7.17 右图采用的方案）。

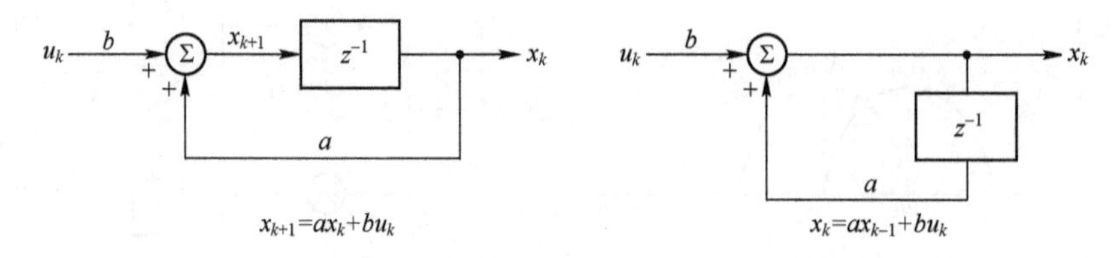

图 7.17　一阶差分方程的两种形式和对应的系统结构

模型的合理性需要根据应用中拟解决的问题而定。由 1.1.3 节式（1-16）和式（1-14）知，左图为前向差分系统（Look Forward），涉及未来时刻的值（如果设定 k 时刻为当前时刻），对实时系统建模时是不合适的。然而，如果考虑的是预测问题，则应该采用前向系统。但需注意，当假定为确定性无噪系统时，无须进行预测，因为状态值可直接计算。

4．将高阶 SISO 系统转换为 MIMO 系统描述

一个高阶差分方程或微分方程描述的 SISO 系统，可以通过增加状态变量的设置，将其

转变为 MIMO 系统。下面各举一个二阶系统的例子进行说明。

【例 7-7】 试将下列二阶离散时间差分方程系统转换为状态方程描述。

$$a_0v[n]+a_1v[n-1]+a_2v[n-2]=b_0w[n]+b_1w[n-1]+b_2w[n-2]$$

【解】 转换的方法之一是先将差分方程转换为方框图，例如转变为图 2.27 所示的直接 II 型标准结构，然后将每个延时器输出端设为一个状态变量，最后根据系统方框图建立方程。对比图 2.27 可知，题给二阶系统可以表示为图 7.18 所示的系统，延时器输出端的状态变量如图中标注，从而可建立方程

$a_0x_1[n+1]=-a_1x_1[n]-a_2x_2[n]+w[n]$　　[在左上角求和器输出端列方程]

$$x_1[n+1]=-\frac{a_1}{a_0}x_1[n]-\frac{a_2}{a_0}x_2[n]+\frac{1}{a_0}w[n]$$

$x_2[n+1]=x_1[n]$　　[在第一个延时器输出端列方程]

$z[n]=v[n]=b_0x_1[n+1]+b_1x_1[n]+b_2x_2[n]$　　[在右上角求和器输出端列方程]

$$=\frac{a_0b_1-a_1b_0}{a_0}x_1[n]+\frac{a_0b_2-a_2b_0}{a_0}x_2[n]+\frac{b_0}{a_0}w[n]$$　　[代入前面所得 $x_1[n+1]$]

写为矩阵形式，有

$$\begin{bmatrix}x_1[n+1]\\x_2[n+1]\end{bmatrix}=\begin{bmatrix}-\dfrac{a_1}{a_0} & -\dfrac{a_2}{a_0}\\1 & 0\end{bmatrix}\begin{bmatrix}x_1[n]\\x_2[n]\end{bmatrix}+\begin{bmatrix}\dfrac{1}{a_0}\\0\end{bmatrix}w[n]$$

$$z[n]=\frac{1}{a_0}\begin{bmatrix}a_0b_1-a_1b_0 & a_0b_2-a_2b_0\end{bmatrix}\begin{bmatrix}x_1[n]\\x_2[n]\end{bmatrix}+\frac{b_0}{a_0}w[n]$$

本例中矩阵 $\boldsymbol{B}$ 退变为列矢量，$\boldsymbol{C}$ 退变为行矢量，$\boldsymbol{D}$ 退变为标量。

由于在延迟器输出端设置状态变量，得到的是前向差分形式的状态方程。

【例毕】

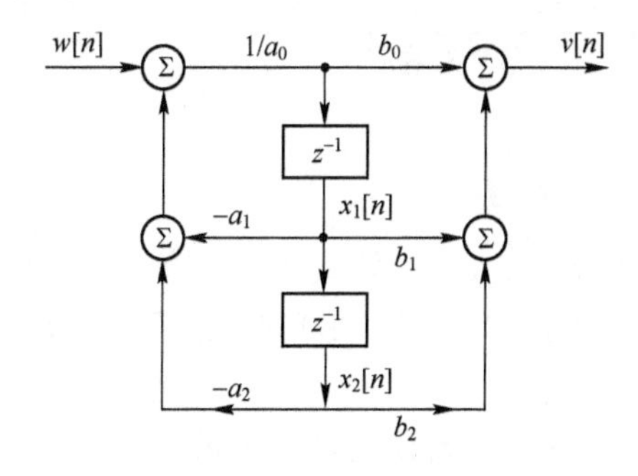

图 7.18　例 7-7 系统结构

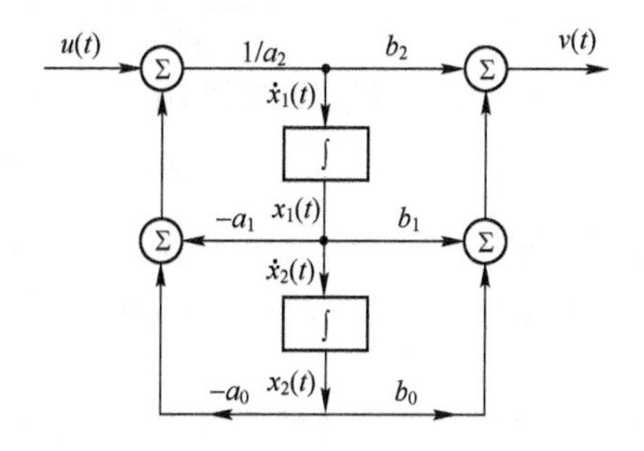

图 7.19　例 7-8 系统结构

【例 7-8】 设二阶连续时间系统微分方程如下，试转换为状态方程描述。

$$a_2v''(t)+a_1v'(t)+a_0v(t)=b_2u''(t)+b_1u'(t)+b_0u(t)$$

【解】 求解思路同例 7-7。对照图 2.21 和对应的微分方程知，该二阶系统可用图 7.19 所示的直接 II 型标准结构表示。设两积分器输出端为状态变量 $x_1(t)$ 和 $x_2(t)$，那么其输入端则分别 $\dot{x}_1(t)$ 和 $\dot{x}_2(t)$，由方框图可建立方程如下：

$a_2\dot{x}_1(t)=-a_1x_1(t)-a_0x_2(t)+u(t)$　　[在左上角求和器输出端列方程]

$\dot{x}_2(t)=x_1(t)$　　[在第一个积分器输出端列方程]

$$z(t)=v(t)=b_2\dot{x}_1(t)+b_1x_1(t)+b_0x_2(t) \qquad [\text{在右上角求和器输出端列方程}]$$

$$=\frac{1}{a_2}(a_2b_1-a_1b_2)x_1(t)+\frac{1}{a_2}(a_2b_0-a_0b_2)x_2(t)+\frac{b_2}{a_2}u(t) \qquad [\text{代入}\ \dot{x}(t)\ ]$$

上式写为矩阵形式，有

$$\begin{bmatrix}\dot{x}_1(t)\\ \dot{x}_2(t)\end{bmatrix}=\begin{bmatrix}-\dfrac{a_1}{a_2} & -\dfrac{a_0}{a_2}\\ 1 & 0\end{bmatrix}\begin{bmatrix}x_1(t)\\ x_2(t)\end{bmatrix}+\begin{bmatrix}\dfrac{1}{a_2}\\ 0\end{bmatrix}u(t)$$

$$z(t)=\frac{1}{a_2}\begin{bmatrix}a_2b_1-a_1b_2 & a_2b_1-a_1b_2\end{bmatrix}\begin{bmatrix}x_1(t)\\ x_2(t)\end{bmatrix}+\frac{b_2}{a_2}u(t)$$

【例毕】

高阶系统的转换与上两例类似。需要注意的是，同一个方程可以用不同结构的方框图表示，所建立的状态方程也可能不同。

应用中很少需要将一个 SISO LTI 系统转换为状态方程描述。

7.5.2 MIMO LTI 系统的变换域求解

1．离散时间状态方程的 z 域求解

对式（7-151）和式（7-152）两边进行单边序列 z 变换并应用移位性质，则有

$$\boldsymbol{X}(z)=\boldsymbol{A}(z\boldsymbol{X}(z)+\boldsymbol{x}[-1])+\boldsymbol{BU}(z)$$

$$\boldsymbol{Z}(z)=\boldsymbol{CX}(z)+\boldsymbol{DU}(z)$$

利用矩阵运算规则，由上两式不难求得

$$\boldsymbol{X}(z)=\underbrace{(\boldsymbol{I}-z^{-1}\boldsymbol{A})^{-1}\boldsymbol{Ax}[-1]}_{\text{零输入分量}}+\underbrace{(\boldsymbol{I}-z^{-1}\boldsymbol{A})^{-1}\boldsymbol{BU}(z)}_{\text{零状态分量}} \tag{7-157}$$

$$\boldsymbol{Z}(z)=\underbrace{\boldsymbol{C}(\boldsymbol{I}-z^{-1}\boldsymbol{A})^{-1}\boldsymbol{Ax}[-1]}_{\text{零输入响应}}+\underbrace{[\boldsymbol{C}(\boldsymbol{I}-z^{-1}\boldsymbol{A})^{-1}\boldsymbol{B}+\boldsymbol{D}]\boldsymbol{U}(z)}_{\text{零状态响应}} \tag{7-158}$$

系统函数为零状态响应分量除以$\boldsymbol{U}(z)$，即

$$\boldsymbol{H}(z)=\boldsymbol{C}(\boldsymbol{I}-z^{-1}\boldsymbol{A})^{-1}\boldsymbol{B}+\boldsymbol{D} \tag{7-159}$$

需要特别注意的是，上面三式的推导基于的是式（7-151）和式（7-152）的后向差分方程模型。如果是例 7-7 的前向差分模型，对应于（7-157）～式（7-159）的表达式是略有不同的，读者可自行推导。

注意：观测变量也使用了符号 $\boldsymbol{z}$，与 z 变换符号相同，请注意不要混淆。

【例 7-9】 二阶离散系统的状态方程和输出方程如下，系统初始储能为零，求该系统在单位阶跃序列激励下的输出响应 $z[n]$。

$$\begin{bmatrix}x_1[n]\\ x_2[n]\end{bmatrix}=\begin{bmatrix}1 & -1\\ 1 & 1\end{bmatrix}\begin{bmatrix}x_1[n-1]\\ x_2[n-1]\end{bmatrix}+\begin{bmatrix}1\\ 1\end{bmatrix}u[n], \quad z[n]=\begin{bmatrix}2 & 1\end{bmatrix}\begin{bmatrix}x_1[n]\\ x_2[n]\end{bmatrix}$$

【解】 各系数矩阵为

$$\boldsymbol{A}=\begin{bmatrix}1 & -1\\ 1 & 1\end{bmatrix},\ \boldsymbol{B}=\begin{bmatrix}1\\ 1\end{bmatrix},\ \boldsymbol{C}=\begin{bmatrix}2 & 1\end{bmatrix},\ \boldsymbol{D}=0$$

为避免表达式过长，先计算逆矩阵$(\boldsymbol{I}-z^{-1}\boldsymbol{A})^{-1}$

$$\boldsymbol{I}-z^{-1}\boldsymbol{A}=\begin{bmatrix}1&0\\0&1\end{bmatrix}-z^{-1}\begin{bmatrix}1&-1\\1&1\end{bmatrix}=\begin{bmatrix}1-z^{-1}&z^{-1}\\-z^{-1}&1-z^{-1}\end{bmatrix}$$

$$(\boldsymbol{I}-z^{-1}\boldsymbol{A})^{-1}=\begin{bmatrix}1-z^{-1}&z^{-1}\\-z^{-1}&1-z^{-1}\end{bmatrix}^{-1}$$

$$=\frac{1}{(1-z^{-1})^2+z^{-2}}\begin{bmatrix}1-z^{-1}&-z^{-1}\\z^{-1}&1-z^{-1}\end{bmatrix}\qquad [\begin{bmatrix}a&b\\c&d\end{bmatrix}^{-1}=\frac{1}{ad-bc}\begin{bmatrix}d&-b\\-c&a\end{bmatrix}]$$

$$=\frac{1}{1-2z^{-1}+2z^{-2}}\begin{bmatrix}1-z^{-1}&-z^{-1}\\z^{-1}&1-z^{-1}\end{bmatrix}$$

由于零状态$\boldsymbol{x}[-1]=0$，由式（7-158）知

$$\boldsymbol{Z}(z)=[\boldsymbol{C}(\boldsymbol{I}-z^{-1}\boldsymbol{A})^{-1}\boldsymbol{B}+\boldsymbol{D}]\boldsymbol{U}(z)=\boldsymbol{C}(\boldsymbol{I}-z^{-1}\boldsymbol{A})^{-1}\boldsymbol{B}\boldsymbol{U}(z)$$

代入各矩阵得

$$\boldsymbol{Z}(z)=\frac{1}{1-2z^{-1}+2z^{-2}}[2\quad 1]\begin{bmatrix}1-z^{-1}&-z^{-1}\\z^{-1}&1-z^{-1}\end{bmatrix}\begin{bmatrix}1\\1\end{bmatrix}\frac{1}{1-z^{-1}}\qquad [U(z)=\frac{1}{1-z^{-1}}]$$

$$=\frac{1}{1-2z^{-1}+2z^{-2}}\begin{bmatrix}2-z^{-1}&1-3z^{-1}\end{bmatrix}\begin{bmatrix}1\\1\end{bmatrix}\frac{1}{1-z^{-1}}$$

$$=\frac{1}{1-2z^{-1}+2z^{-2}}\cdot(3-4z^{-1})\cdot\frac{1}{1-z^{-1}}$$

$$=\frac{z^2(3z-4)}{(z^2-2z+2)(z-1)}$$

部分分式展开，有

$$\frac{\boldsymbol{Z}(z)}{z}=\frac{z(3z-4)}{(z^2-2z+2)(z-1)}=\frac{K_1z+K_2}{z^2-2z+2}+\frac{K_3}{z-1}\qquad [这样展开可避免复数极点]$$

$$=\frac{K_1z+K_2}{z^2-2z+2}+\frac{-1}{z-1}\qquad [K_3=\left.\frac{z(3z-4)}{z^2-2z+2}\right|_{z=1}=-1]$$

$$=\frac{4z-2}{z^2-2z+2}-\frac{1}{z-1}\qquad [通分后令分子=z(3z-4),可定K_1,K_2]$$

$$=4\frac{z-1}{z^2-2z+2}+4\frac{1/2}{z^2-2z+2}-\frac{1}{z-1}$$

所以

$$\boldsymbol{Z}(z)=4\frac{z^2-z}{z^2-2z+2}+2\frac{z}{z^2-2z+2}-\frac{z}{z-1}$$

$$=4\frac{z^2-\sqrt{2}\cos\frac{\pi}{4}z}{z^2-2\sqrt{2}\cos\frac{\pi}{4}z+\sqrt{2}^2}+2\frac{\sqrt{2}\cos\frac{\pi}{4}z}{z^2-2\sqrt{2}\cos\frac{\pi}{4}z+\sqrt{2}^2}-\frac{z}{z-1}$$

两边取逆 z 变换，并注意$(a^n\cos\Omega_0 n)u[n]$和$(a^n\sin\Omega_0 n)u[n]$的 z 变换，则有

$$z[n]=\left(4(\sqrt{2})^n\cos\left(\frac{\pi}{4}n\right)+2(\sqrt{2})^n\sin\left(\frac{\pi}{4}n\right)-1\right)u[n]$$

【例毕】

2．连续时间状态方程的 s 域求解

对式（7-153）和式（7-154）两边进行单边信号拉普拉斯变换，并考虑到系统的初始状态可能不为零，则有

$$\boldsymbol{X}(s)=\boldsymbol{A}[s\boldsymbol{X}(s)+\boldsymbol{x}(0^-)]+\boldsymbol{B}\boldsymbol{U}(s)$$

$$\boldsymbol{Z}(s)=\boldsymbol{C}\boldsymbol{X}(s)+\boldsymbol{D}\boldsymbol{U}(s)$$

由上两式可求得

$$\boldsymbol{X}(s)=\underbrace{(s\boldsymbol{I}-\boldsymbol{A})^{-1}\boldsymbol{x}(0^-)}_{\text{零输入分量}}+\underbrace{(s\boldsymbol{I}-\boldsymbol{A})^{-1}\boldsymbol{B}\boldsymbol{U}(s)}_{\text{零状态分量}} \tag{7-160}$$

$$\boldsymbol{Z}(s)=\underbrace{\boldsymbol{C}(s\boldsymbol{I}-\boldsymbol{A})^{-1}\boldsymbol{x}(0^-)}_{\text{零输入响应}}+\underbrace{[\boldsymbol{C}(s\boldsymbol{I}-\boldsymbol{A})^{-1}\boldsymbol{B}+\boldsymbol{D}]\boldsymbol{U}(s)}_{\text{零状态响应}} \tag{7-161}$$

系统函数为零状态响应分量除以 $\boldsymbol{U}(s)$，即

$$\boldsymbol{H}(s)=\boldsymbol{C}(s\boldsymbol{I}-\boldsymbol{A})^{-1}\boldsymbol{B}+\boldsymbol{D} \tag{7-162}$$

【例 7-10】 二阶连续时间系统的状态方程和输出方程如下，系统初始储能为零，求该系统在单位阶跃信号激励下的输出响应 $z(t)$。

$$\begin{bmatrix}\dot{x}_1(t)\\ \dot{x}_2(t)\end{bmatrix}=\begin{bmatrix}1 & -1\\ 1 & 1\end{bmatrix}\begin{bmatrix}x_1(t)\\ x_2(t)\end{bmatrix}+\begin{bmatrix}1\\ 1\end{bmatrix}u(t),\qquad z(t)=\begin{bmatrix}2 & 1\end{bmatrix}\begin{bmatrix}x_1(t)\\ x_2(t)\end{bmatrix}$$

【解】各系数矩阵为

$$\boldsymbol{A}=\begin{bmatrix}1 & -1\\ 1 & 1\end{bmatrix},\ \boldsymbol{B}=\begin{bmatrix}1\\ 1\end{bmatrix},\ \boldsymbol{C}=\begin{bmatrix}2 & 1\end{bmatrix},\ \boldsymbol{D}=0$$

$$(s\boldsymbol{I}-\boldsymbol{A})^{-1}=\begin{bmatrix}s-1 & 1\\ -1 & s-1\end{bmatrix}^{-1}=\frac{1}{(s-1)^2+1}\begin{bmatrix}s-1 & -1\\ 1 & s-1\end{bmatrix}$$

由式（7-161）知

$$\begin{aligned}\boldsymbol{Z}(s)&=\boldsymbol{C}(s\boldsymbol{I}-\boldsymbol{A})^{-1}\boldsymbol{B}\boldsymbol{U}(s)\\ &=\frac{1}{(s-1)^2+1}\begin{bmatrix}2 & 1\end{bmatrix}\begin{bmatrix}s-1 & -1\\ 1 & s-1\end{bmatrix}\begin{bmatrix}1\\ 1\end{bmatrix}\frac{1}{s}\\ &=\frac{1}{s^2-2s+2}\begin{bmatrix}2s-1 & s-3\end{bmatrix}\begin{bmatrix}1\\ 1\end{bmatrix}\frac{1}{s}\\ &=\frac{3s-4}{(s^2-2s+2)s}\qquad\text{[结果为标量]}\end{aligned}$$

部分分式展开

$$Z(s)=\frac{3s-4}{(s^2-2s+2)s}=\frac{2s-1}{s^2-2s+2}-\frac{2}{s}=2\frac{s-1}{(s-1)^2+1}+\frac{1}{(s-1)^2+1}-\frac{2}{s}$$

取拉普拉斯逆变换，并注意 $(\mathrm{e}^{-at}\cos\omega_0 t)u(t)$ 和 $(\mathrm{e}^{-at}\sin\omega_0 t)u(t)$ 的变换，则有

$$z(t)=\left(2\mathrm{e}^t\cos t+\mathrm{e}^t\sin t-2\right)u(t)$$

【例毕】

*7.6　MIMO 与神经网络

机器学习和人工智能的研究与发展已有几十年的历史，目前神经网络和深度学习已成为机器学习和人工智能的主流技术。作为 MIMO 系统的例子，本节对神经网络和深度学习的基本概念和核心原理作一介绍。

Artificial Intelligence ⊃ Machine learning ⊃ Neural Network ⊃ Deep Learning

7.6.1　人脑神经系统的 MIMO 建模

1．人脑神经元模型

提出人工神经网络（Artificial Neural Network，ANN）的直接动因是希望计算机能实现人脑的诸多功能。可以认为人脑的最小工作单元是神经元，单个神经元的基本结构如图 7.20 所示。如果从电学角度解释或建模单个神经元的工作过程，可用输入、处理、输出三个阶段进行描述，如图 7.21 所示。

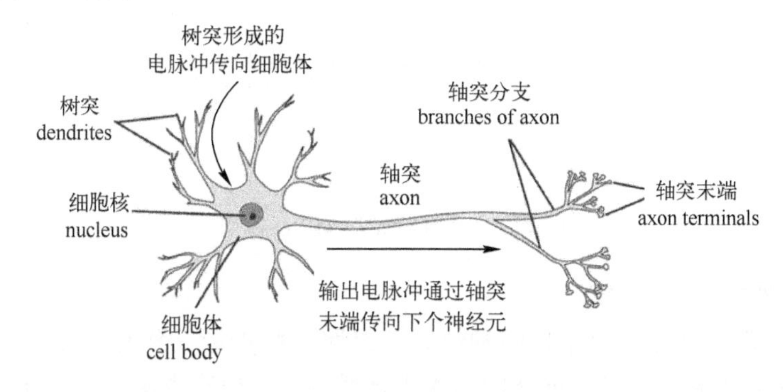

图 7.20　人脑神经元及其“工作”过程

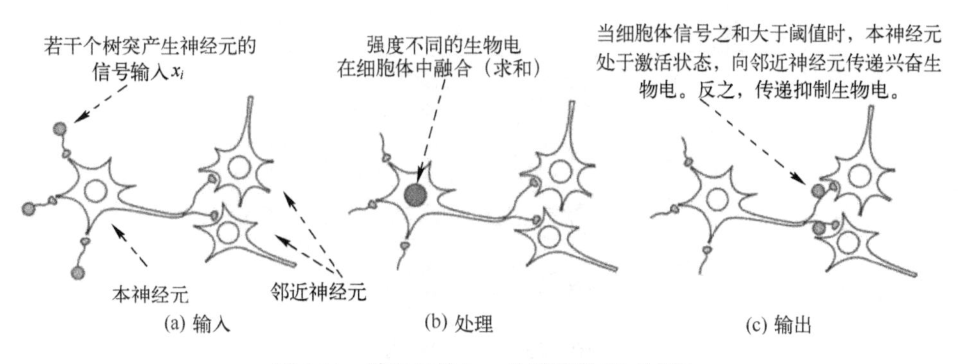

图 7.21　神经元输入、处理和输出三过程

在图 7.21(a)的输入阶段，一个神经元的 n 个树突感知生物电，将第 i 个树突感知获得的生物电用电信号 x_i 表示。在图 7.21(b)的处理阶段，各树突感知的生物电传导到细胞体内进行融合，这一传导和融合被认为是相对简单的过程，用一个线性加权函数建模，即

$$f(\boldsymbol{x};\boldsymbol{w},b)=w_1x_1+w_2x_2+\cdots+w_nx_n+b=\sum_{i=1}^{n}w_ix_i+b=\boldsymbol{w}^{\mathrm{T}}\boldsymbol{x}+b \tag{7-163}$$

其中w_i为加权系数，b是偏离量。如果将一个神经元视为一个微系统，那么（$\boldsymbol{w},b$）是描述该系统的参数。人脑在工作过程中根据参数（$\boldsymbol{w},b$）对输入矢量$\boldsymbol{x}$进行处理。当希望用计算机模拟人脑功能时，主要问题就是为每个神经元寻找能完成特定功能的（$\boldsymbol{w},b$）参数，用已知正确结果的样本数据确定这一参数过程就是所谓的训练。图 7.21(c) 的输出阶段包含了神经元工作的另一个重要机理——神经元的激活状态和抑制状态。当细胞体内融合处理后的生物电强度大于一个阈值时，该神经元会处于激活状态，通过轴突末端向邻近神经元传递兴奋生物电；反之，如果其强度小于这个阈值，神经元会处于抑制状态，向邻近神经元传递抑制生物电。这一过程可用具有二值化功能的非线性函数建模。

综上所述，单个神经元可以用图 7.22 所示的 MISO 系统建模，其中非线性函数$g(v)$控制着神经元输出激活态或抑制态，在 ANN 中称$g(v)$为激活函数（Activation Function）。当表示多神经元的神经网络时，单个神经元用一个节点符号○表示，参见图 7.23。该节点符号○中包含了图 7.22 中的求和运算（含加权系数，偏离量b）和激活函数。

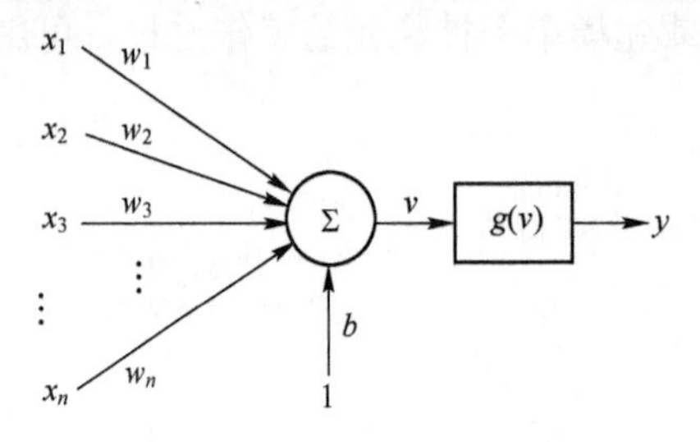

图 7.22　单神经元的 MISO 模型

2．人工神经网络——ANN

人脑通常包含数百亿至上千亿的神经元。参照人脑神经元和神经元之间的连接关系，用若干神经元节点构建的电信号网络即为人工神经网络。研究表明，神经元分层处理和传递生物电信号，因此 ANN 通常采用图 7.23 所示的网络结构。

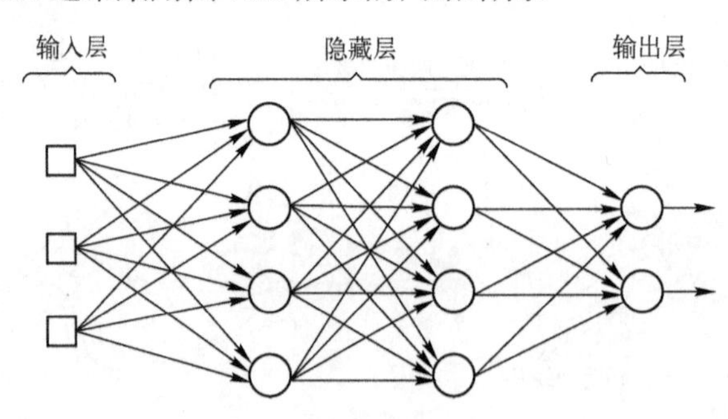

图 7.23　人工神经网络

图 7.23 所示的 ANN 经典结构包含了如下假定：

（1）同层神经元之间没有连接，神经元也不发生跨层连接。

（2）相邻层神经元之间是全连接。

（3）不包含任何反馈支路。

需要注意的是，这里将输入层节点用□表示，以区别其他各层用○表示的节点，这是因为节点□中不包含任何运算和函数，仅仅表示信号源点。没有隐藏层的神经网络称为单层神经网络，至少含一层隐藏层的神经网络称为多层神经网络，含有两层及以上隐藏层的神经网络又称深度神经网络（Deep Neural Network, DNN）。早期比较知名的多层感知机模型（Multi-Layer Perceptron，MLP）含一层隐藏层。深度学习（Deep Learning）是基于 DNN 的机器学习技术。

概念上 DNN 和 CNN（Convolution Neural Network，卷积神经网络）均属于 ANN。但在有些场合，将 ANN 特指早期的神经网络技术，即 MLP。

7.6.2　神经网络的基本原理

1. 单层神经网络的监督学习

应用神经网络前，先要确定合适的网络结构和激活函数，然后通过已知正确输出结果的训练数据集对网络进行训练，以确定各神经单元的参数，训练过程就是神经网络自身的学习过程。神经网络的学习属于“有参考答案”的监督学习，如图 7.24 所示，根据神经网络输出和正确输出之间的误差大小，调节各神经元的参数，直至参数趋于稳定或误差小于限定值，训练后的网络则可投入使用。

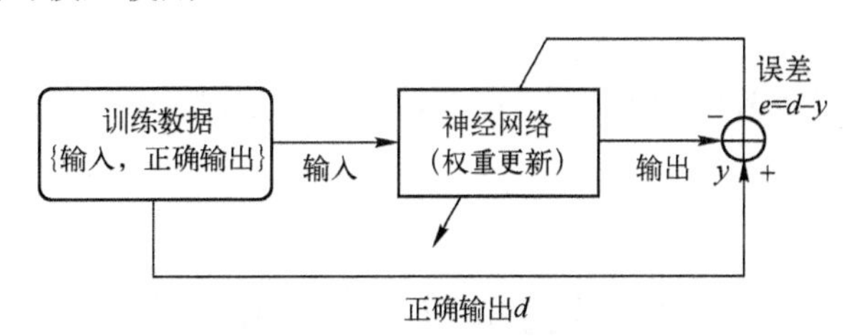

图 7.24　神经网络的监督学习

参见图 7.25，这里以不含隐藏层的单层神经网络为例，说明神经网络中权重系数的调节规则，即所谓的学习规则。基本学习规则有以下两种：

增量规则
$$w_{ij} \leftarrow w_{ij} + \alpha e_i x_j \tag{7-164}$$

广义增量规则
$$w_{ij} \leftarrow w_{ij} + \alpha \delta_i x_j \ (\delta_i = g'(v_i)e_i) \tag{7-165}$$

其中 $g'(v_i)$ 为输出层神经元的激活函数的导数，v_i 为该节点的求和结果。$\alpha \in (0, 1]$称为学习率，α 过小会导致学习速度很慢，过大会引起震荡。广义增量规则要求激活函数在 v_i 处可导。特别注意下标 i 是输出端节点号，下标 j 是输入端节点号。

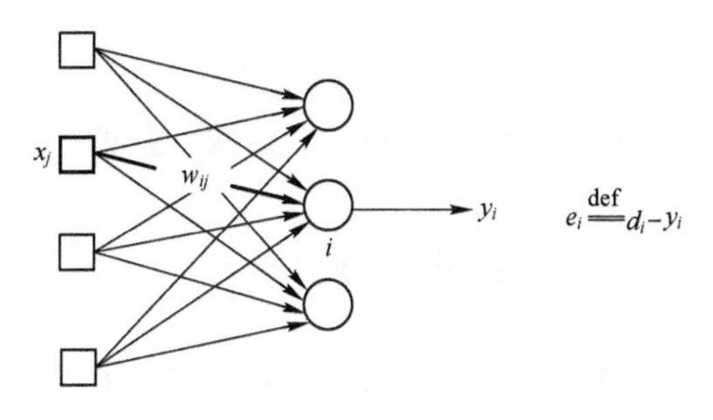

图 7.25　单层神经网络

有监督学习的训练数据集形式为{样本数据 x_i，正确输出 y_i}（$i = 1,2,\cdots$）。

无监督学习的训练数据集形式为{样本数据 x_i}（$i = 1,2,\cdots$）。

强化学习的训练数据集形式为{一组样本数据，一些输出，这些输出的等级}。

2．权值更新的梯度下降法

不难理解，在上述两个学习规则中广义增量规则更具有一般性，它包含了增量规则。广义增量规则来自迭代求解函数最小值的梯度下降法（一维情况下梯度的概念就是函数的导数）。

假设式（7-165）和图 7.25 中误差的平方为$e_i^2 = f(w_{ij})$。当网络输出和训练数据的正确结果相同时（$y_i = d_i$），误差一定达到最小值 0，即函数$f(w_{ij})$一定有最小值存在。神经元的学习过程就是不断调整w_{ij}使e_i^2趋于零的过程。问题是如何改变w_{ij}才能使$f(w_{ij})$向函数值减小的方向迈进，即满足$f(w_{ij}+\Delta w_{ij}) < f(w_{ij})$。为此，在$w_{ij}$处将$f(w_{ij}+\Delta w_{ij})$进行一阶泰勒级数展开（若$\Delta w_{ij}$足够小，高阶项可忽略）

$$f(w_{ij}+\Delta w_{ij}) \approx f(w_{ij}) + f'(w_{ij})\Delta w_{ij}$$

显然，当$f'(w_{ij})\Delta w_{ij} < 0$时，有$f(w_{ij}+\Delta w_{ij}) < f(w_{ij})$，即“$\Delta w_{ij}$与$f'(w_{ij})$的符号相反”是函数值下降的方向。为了确定$\Delta w_{ij}$，将$f(w_{ij})$表示为

$$f(w_{ij}) = e_i^2 = (d_i - y_i)^2 = (d_i - g(v_i))^2 = (d_i - \sum_{k=1}^{m} w_{ik}x_k)^2 \text{ [设节点} i \text{ 有 } m \text{ 个输入]}$$

上式对w_{ij}求导，有

$$f'(w_{ij}) = 2(d_i - y_i)(-g'(v_i))\frac{\partial}{\partial w_{ij}}(\sum_{k=1}^{m} w_{ik}x_k) = -2e_i g'(v_i)x_j \quad \text{[只 } k=j \text{ 一项求导非零]}$$

考虑到Δw_{ij}需与$-2e_i g'(v_i)x_{ij}$反号，取

$$\Delta w_{ij} = \alpha e_i g'(v_i)x_j$$

其中$0 < \alpha \leqslant 1$，以保证Δw_{ij}不要过大。上式即式（7-165）。

3．激活函数

图 7.22 中激活函数$g(v)$用以模仿人脑神经元与神经元之间生物电的传导现象。本神经元向邻近神经元传递的是一个模糊二值化信息，以表明本神经元是处于“抑制”状态还是“兴奋”状态。激活函数是神经元的重要组成部分，对神经网络的性能有着重要的影响，因此采用什么样的激活函数是神经网络中的一个重要研究问题。这里给出几种 ANN 中常见激活函数。

1）sigmoid 函数

具有模糊二值化功能的典型函数是 sigmoid 函数，参见图 7.26，其定义及其导函数分别为

$$\sigma(x) = \text{sigmoid}(x) = \frac{1}{1+\mathrm{e}^{-x}} \tag{7-166}$$

$$\sigma'(x) = \frac{\mathrm{e}^{-x}}{(1+\mathrm{e}^{-x})^2} = \sigma(x)[1-\sigma(x)] \tag{7-167}$$

sigmoid 函数的主要特点：

（1）非对称输出。它将在$(-\infty,\infty)$区间取值的x映射为[0, 1]区间取值的y。如果希望输出y关于零点对称，则 sigmoid 函数不适用。

（2）梯度逐渐消失。由 sigmoid 的函数曲线可以看到，当x取值较大时，sigmoid 函数的导数（梯度）趋于0。由广义增量规则式（7-165）可知，这会导致$\Delta w_{ij} \to 0$，神经元的权值不再发生更新。

这些神经元称为饱和神经元（Saturated Neurons），与饱和神经元相连的神经元也将非常缓慢地更新。如果存在大量的饱和神经元，将导致网络训练失败。

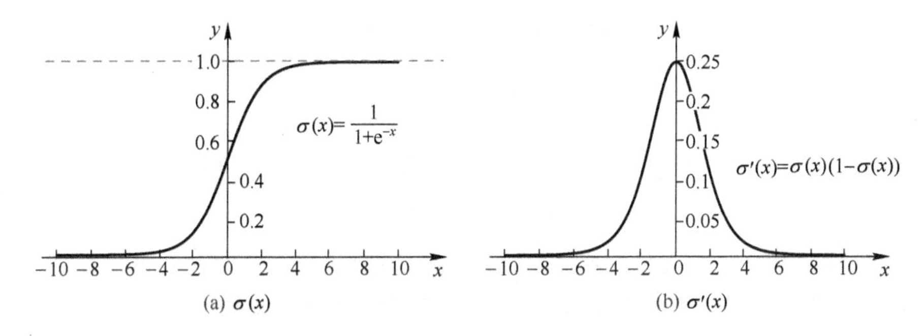

图 7.26 sigmoid 函数及其导函数

2）tanh 函数（双曲正切函数）

tanh 函数的定义、函数曲线及其导函数分别如下（参见图 7.27）。可以看到 tanh 函数产生对称输出，但是梯度逐渐消失的问题仍然存在。

$$\tanh(x)=\frac{e^x-e^{-x}}{e^x+e^{-x}}=\frac{\sinh(x)}{\cosh(x)}=\frac{(e^x-e^{-x})/2}{(e^x+e^{-x})/2} \tag{7-168}$$

$$\tanh'(x)=\frac{4}{(e^x+e^{-x})^2}=2\tanh(x)[1-\tanh(x)]=\frac{1}{\cosh^2(x)} \tag{7-169}$$

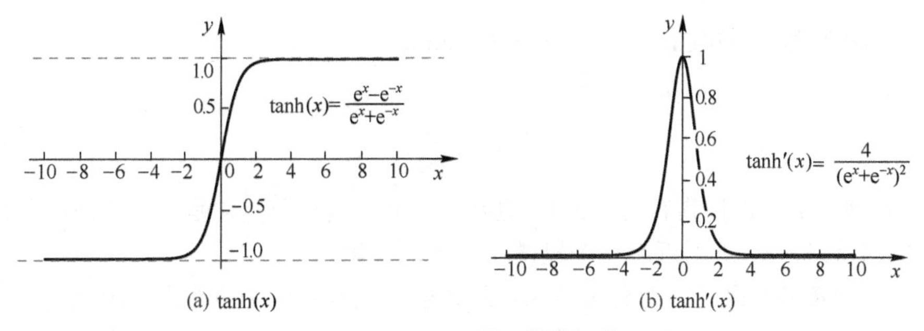

图 7.27 tanh 函数及其导函数

3）ReLU 函数（Rectified Linear Unit，整流线性单元）

ReLU 函数即信号与系统中的斜波函数[参见图 1.20(a)]，但在 ANN 中一般用 max 函数表示

$$g(x)=r(x)=\max(0,x)=\begin{cases}x, & x>0\\ 0, & x\leqslant 0\end{cases} \tag{7-170}$$

$$g'(x)=\begin{cases}1, & x>0\\ 0, & x<0\end{cases} \tag{7-171}$$

采用 ReLU 函数可以使网络快速收敛，当$x>0$时，不会有饱和及梯度逐渐消失问题，计算也非常简单；但当$x<0$时，神经元的输出恒为0，导函数也恒为0，前述问题会非常严

重，出现 ReLU 网络的死亡现象。

ReLU 在 $x=0$ 处的导函数值是未定义的，应用中可根据实际需求补充定义。

4）Leaky ReLU 函数和 Parametric ReLU

为了改善 ReLU 网络死亡的问题，有人提出了 Leaky ReLU 激活函数（参见图 7.28），其定义为

$$g(x)=r_{\mathrm{L}}(x)=\max(0.1x,x) \tag{7-172}$$

$$r_{\mathrm{L}}'(x)=\begin{cases}1, & x>0\\ 0.1, & x<0\end{cases} \tag{7-173}$$

可以将上述 0.1 变为一个参数，从而得到参数化 ReLU 激活函数（PReLU）

$$g(x)=r_{\mathrm{P}}(x)=\max(\alpha x,x) \tag{7-174}$$

其中 α 可以在学习中确定，从而使神经元可以为 $x<0$ 时选择一个合适的坡度。

一般建议使用 ReLU，但也可尝试 Leaky ReLU 和 Parametric ReLU。

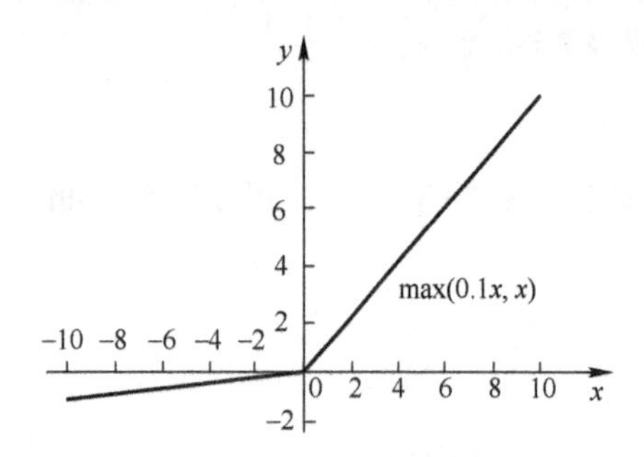

图 7.28　Leaky ReLU 函数

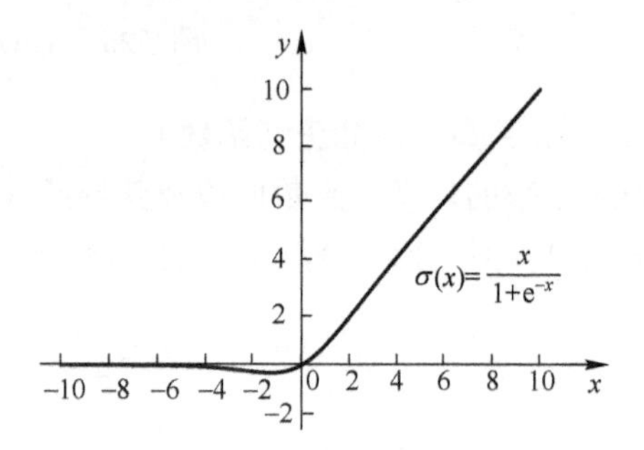

图 7.29　SWISH 函数

5）SWISH 函数（Self-Gated Activation Function）

SWISH 是新提出的激活函数，定义为

$$\sigma(x)=\frac{x}{1+\mathrm{e}^{-x}} \tag{7-175}$$

SWISH 激活函数声称具有比 ReLU 更好的性能，其重要变化是改变了所有其他激活函数单调变化的特点，$x=0$ 附近有一个轻微的非单调变化过程。

一个常被问及的问题是，为什么不采用线性激活函数？以下为两点思考线索：

（1）引入激活函数的本意是对神经元之间“抑制”和“兴奋”传导过程的建模，这是一个模糊二值化的过程，线性函数无法对其进行刻画。

（2）线性函数 $y=f(v)$ 将给出 v 和 y 之间的一一映射关系，这使 $y=f(v)$ 的映射在很多情况下失去了必要，或者说无法产生变化，例如无法将直线变为曲线。

4．单层神经网络的局限性——XOR 问题

XOR 运算即异或运算（半加运算/无进位运算），运算规则如图 7.30(a)所示。如果用图 7.25 的二层结构（此时为 2 输入 1 输出），则无法通过训练使该网络正确地完成这一简单的异或运算，这是 ANN 历史上闻名的 XOR 问题。

假如将 XOR 运算视为一个二分类问题，那么它需要在（x_1, x_2）平面上形成一个非线性分割线，才能将图 7.30(b)中的×点和○点正确分割，而单层神经网络只能实现线性分割。这就是说，单层神经网络存在很大的局限性。

本小节将 ANN 神经元的基本原理概括如下：

训练时通过梯度下降法，迭代求解使输出误差达到最小的各神经元参数；使用时以此参数计算网络在输入激励下的输出值，从而完成所训练的功能。

x_1	x_2	$y=x_1\oplus x_2$
0	0	0
0	1	1
1	0	1
1	1	0

(a) XOR运算

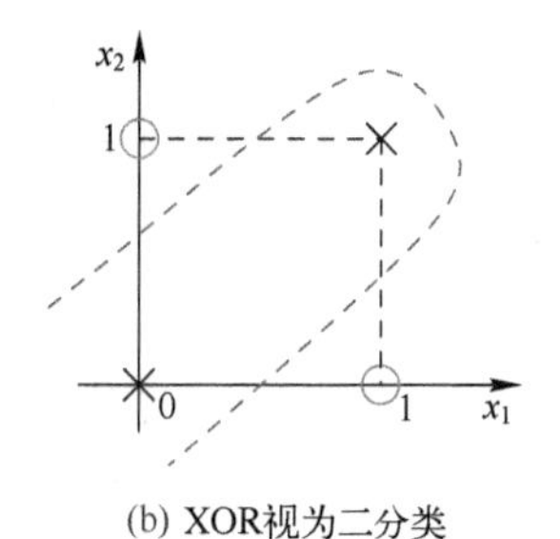

(b) XOR视为二分类

图 7.30　XOR 运算及其二分类问题

早期 ANN 并不能得到生物学家、医学家等研究者的广泛认可，反对的理由很充分：人脑和神经元的活动过程不可能完全用电信号过程等效。后来电子耳蜗、脑电控制实验、深度学习等一系列的成功，电信号建模的有效性得到了反复证明。

7.6.3　多层神经网络的反向传播算法

在 ANN 中增加隐藏层，则构成多层神经网络。如果要训练一个多层神经网络，会遇到一个问题：训练中隐藏层的权重和偏离量缺少调节依据，因为训练数据通常只能给出最终的正确结果。直到 1986 年提出反向传播（Backward Propagation, BP）算法，并于 1989 年获得成功应用，ANN 才迎来新的发展。

1．BP 算法的基本思想和计算步骤

BP 算法解决上述问题的思路很直接，即训练中以网络的最后输出端为起点，从后向前确定各层神经元参数的调节依据[式（7-165）中的增量 δ_i]。下面以二层网络为例说明 BP 算法的具体步骤。

步骤一：对网络中各神经元的参数进行合适的初始化，例如赋值随机数。

步骤二：取一个训练样本，正向计算各神经元输出，直至获得最终输出误差。

参见图 7.31，注意图中各层均为全连接，考虑标注的清晰问题，没有画出所有连线。同时，为了算法表述的简洁，各层采用矢量和矩阵形式的变量和参数。

节点矢量：　$\boldsymbol{x}=[x_1,x_2,\cdots,x_M]^{\mathrm{T}}$，　$\boldsymbol{z}=[z_1,z_2,\cdots,z_L]^{\mathrm{T}}$，　$\boldsymbol{y}=[y_1,y_2,\cdots,y_N]^{\mathrm{T}}$

加权矩阵：
$$\boldsymbol{W}^{(1)}=\begin{bmatrix} w_{11}^{(1)} & w_{12}^{(1)} & \cdots & w_{1L}^{(1)} \\ w_{21}^{(1)} & w_{22}^{(1)} & \cdots & w_{2L}^{(1)} \\ \vdots & \vdots & \vdots & \vdots \\ w_{M1}^{(1)} & w_{M2}^{(1)} & \cdots & w_{ML}^{(1)} \end{bmatrix},\quad \boldsymbol{W}^{(2)}=\begin{bmatrix} w_{11}^{(2)} & w_{12}^{(2)} & \cdots & w_{1N}^{(2)} \\ w_{21}^{(2)} & w_{22}^{(2)} & \cdots & w_{2N}^{(2)} \\ \vdots & \vdots & \vdots & \vdots \\ w_{L1}^{(2)} & w_{L2}^{(2)} & \cdots & w_{LN}^{(2)} \end{bmatrix}$$

其中上标为层的编号，参见图 7.31。

偏离矢量：　$\boldsymbol{b}^{(1)}=[b_1^{(1)},b_2^{(1)},\cdots,b_L^{(1)}]^{\mathrm{T}}$，　$\boldsymbol{b}^{(2)}=[b_1^{(2)},b_2^{(2)},\cdots,b_N^{(2)}]^{\mathrm{T}}$

激活函数输入：　$\boldsymbol{v}^{(1)}=[v_1^{(1)},v_2^{(1)},\cdots,v_L^{(1)}]^{\mathrm{T}}$，　$\boldsymbol{v}^{(2)}=[v_1^{(2)},v_2^{(2)},\cdots,v_N^{(2)}]^{\mathrm{T}}$

正确输出和误差矢量：　$\boldsymbol{d}=[d_1,d_2,\cdots,d_N]^{\mathrm{T}}$，　$\boldsymbol{e}=[e_1,e_2,\cdots,e_N]^{\mathrm{T}}$

在上述符号定义下，输出误差计算可表述如下：

$\boldsymbol{v}^{(1)} = \boldsymbol{W}^{(1)}\boldsymbol{x} + \boldsymbol{b}^{(1)}$ [隐藏层求和输出计算]

$\boldsymbol{z} = g(\boldsymbol{v}^{(1)})$ [隐藏层激活函数输出计算，对每个分量计算 $g(v_i^{(1)})$]

$\boldsymbol{v}^{(2)} = \boldsymbol{W}^{(2)}\boldsymbol{z} + \boldsymbol{b}^{(2)}$ [输出层求和输出计算]

$\boldsymbol{y} = g(\boldsymbol{v}^{(2)})$ [输出层激活函数输出计算]

$\boldsymbol{e} = \boldsymbol{d} - \boldsymbol{y}$ [输出误差计算]

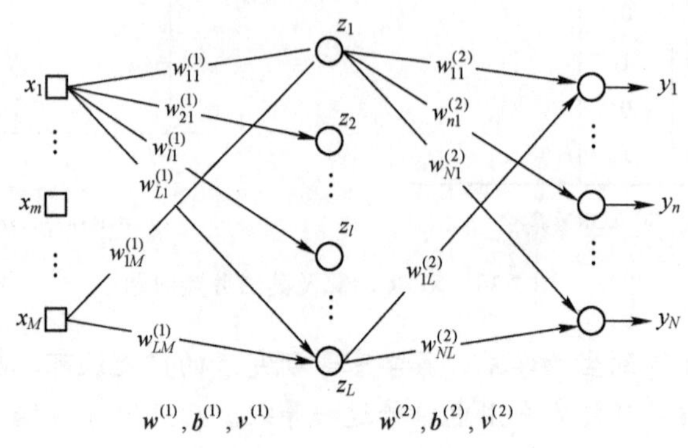

图 7.31 二层神经网络

步骤三：计算反向传播时输出层增量 $\boldsymbol{\delta}^{(2)} = [\delta_1^{(2)}, \delta_2^{(2)}, \cdots, \delta_N^{(2)}]^{\mathrm{T}}$ 。

误差的反向传播是 BP 算法的核心，图 7.32 示意了其传播过程。注意，图 7.32 和图 7.31 结构相同，但传播方向相反，传播的数据和节点计算模型也不相同。

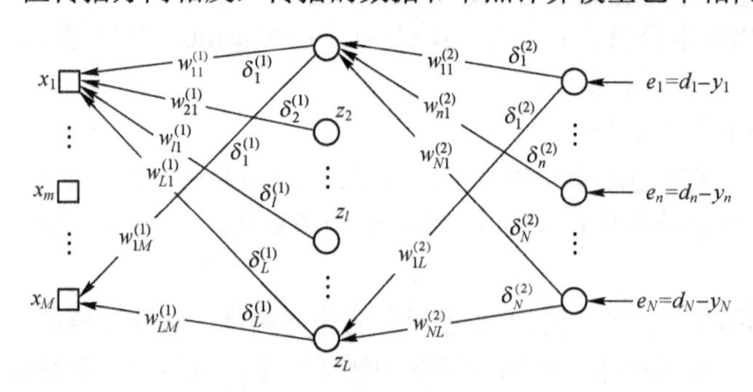

图 7.32 误差的反向传播过程

先看反向传播时输出层节点的计算模型。反向传播时输出层节点是一个乘法器，图 7.33 给出了输出层第 n 个节点的计算模型。该模型来源于前面给出的广义增量规则式（7-165），它将正向传播中的导数 $g'(v_n^{(2)})$ 作为乘法器的一个输入，其中 $v_n^{(2)}$ 是前面步骤二中输出层节点 n 的求和器输出，g' 是该节点的激活函数导数；乘法器的另一个输入为 e_n（图 7.32 中标注的该节点误差）。

因此，反向传播中输出层节点的增量计算可表示为

$$\delta_n^{(2)} = g'(v_n^{(2)})e_n \quad (n = 1, 2, \cdots, N)$$

其中下标 n 表示输出层的第 n 个节点。

步骤四：计算反向传播时隐藏层增量 $\boldsymbol{\delta}^{(1)} = [\delta_1^{(1)}, \delta_2^{(1)}, \cdots, \delta_L^{(1)}]^{\mathrm{T}}$ 。

隐藏层的节点模型与输出层有所不同，它为求和器和乘法器的级联，如图 7.34 所示，其输入是右侧输出层增量 $\boldsymbol{\delta}^{(2)} = [\delta_1^{(2)}, \delta_2^{(2)}, \cdots, \delta_N^{(2)}]^{\mathrm{T}}$ ，$v_l^{(1)}$ 是前面步骤二中隐藏输出层节点 l 的

求和器输出，g' 是该节点的激活函数导数。由图 7.34 可知

$$e_1^{(1)} = w_{11}^{(2)}\delta_1^{(2)} + w_{21}^{(2)}\delta_2^{(2)} + \cdots + w_{N1}^{(2)}\delta_N^{(2)} + b_1^{(2)}; \qquad \delta_1^{(1)} = g'(v_1^{(1)})e_1^{(1)}$$
$$\vdots \qquad\qquad \vdots$$
$$e_l^{(1)} = w_{1l}^{(2)}\delta_1^{(2)} + w_{2l}^{(2)}\delta_2^{(2)} + \cdots + w_{Nl}^{(2)}\delta_N^{(2)} + b_l^{(2)}; \qquad \delta_l^{(1)} = g'(v_l^{(1)})e_l^{(1)}$$
$$\vdots \qquad\qquad \vdots$$
$$e_L^{(1)} = w_{1L}^{(2)}\delta_1^{(2)} + w_{2L}^{(2)}\delta_2^{(2)} + \cdots + w_{NL}^{(2)}\delta_N^{(2)} + b_L^{(2)}; \qquad \delta_L^{(1)} = g'(v_L^{(1)})e_L^{(1)}$$

可简写为

$$\boldsymbol{e}^{(1)} = (\boldsymbol{W}^{(2)})^{\mathrm{T}}\boldsymbol{\delta}^{(2)}$$
$$\delta_l^{(1)} = g'(v_l^{(1)})e_l^{(1)} \quad (l = 1,2,\cdots,L)$$

其中下标 l 表示输出层的第 l 个节点。

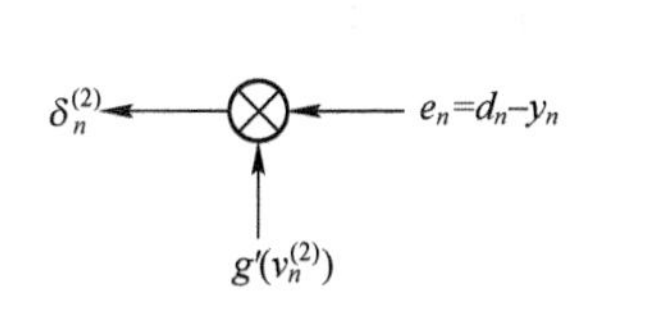

图 7.33 反向传播时的输出层节点模型

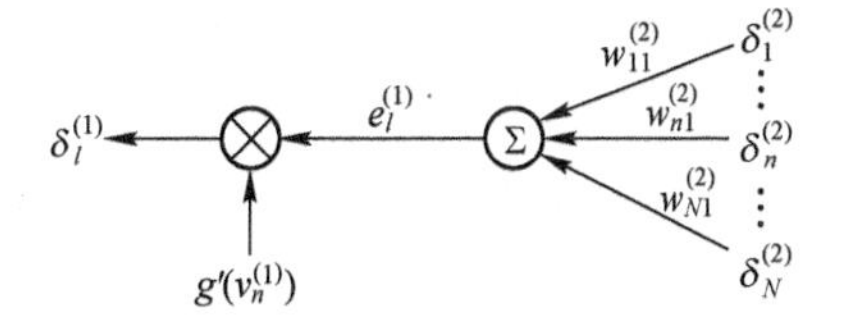

图 7.34 反向传播时的隐藏层节点模型

至此，对于讨论的二层网络，已经获得所有层的增量 δ 值。如果网络的层数大于 2，隐藏层节点的计算模型与图 7.34 相同，以此采用与上相同的计算过程即可，直至计算出所有隐藏层的增量 δ。

步骤五：更新网络参数。通过反向传播的计算，已获得每个节点的增量，现可逐层更新节点参数。更新公式和式（7-165）相同，即

$$w_{ij} \leftarrow w_{ij} + \alpha\delta_i x_j$$

对于第一隐藏层，上式中的 x_j 来自输入层（当前的训练样本）；对于第二隐藏层，上式中的 x_j 来自第一层隐藏层的输出，以此类推。

步骤六：对训练数据集中的每个样本，依次重复步骤二到步骤五。

步骤七：训练集数据可重复使用。重复步骤二到步骤六，直至网络训练完成。

依据上述计算步骤的描述，不难进行算法编程。需要说明的是，这里对于每个训练样本，进行了一次网络参数调节，这就是所谓的随机梯度法（Stochastic Gradient Decend, SGD）

epoch（轮）：整个训练集的每一个训练样本都被用于训练一次，称为一轮。

batch（批）：整个训练集样本可以分成若干批。

iteration（迭代）：训练一个 batch 就是一次 iteration。一个 batch 也可以只取一个训练样本。

2．权重调整的动量法

式（7-165）给出的权重调整只计入了当前的增量，有时会导致权重调整的波动性比较大。减小算法波动性的一个思路是让前面的增量也部分地参与当前权重的调整，即采用如下的调整策略：

$$m_k = \alpha\delta_i x_j + \beta m_{k-1} \quad (0 \leqslant \beta < 1) \tag{7-176}$$

$$w_{ij} \leftarrow w_{ij} + m_k \tag{7-177}$$

$$m_{k-1}=m_k \tag{7-178}$$

式（7-176）中 $\alpha\delta_i x_j$ 是本次迭代中的增量，m_{k-1} 是上次迭代中的动量（momentum），两者结合构成本次调整的动量。由于 $0\leqslant\beta<1$，上次的动量只是部分参与本次调整，且每次的动量会在接下来的几次迭代中发挥作用，逐渐衰减至可以忽略。

动量法属于梯度下降法的优化问题，梯度下降法有着广泛的应用。一个性能优良的权值调整方法对于深度学习非常重要，因为深度神经网络通常很难训练（如果你不是在重复一个已经成功的实验）。

3．代价函数

代价函数（Cost function）、损失函数（Loss function）和目标函数（Objective function）三个术语通常可被认为是相同的。不同领域拟解决问题的目的不同，给出了不同的命名，即便需要深究它们之间的区别，也只是一个术语的定义问题。

在讨论单层神经网络的权值调整时，曾使用了误差平方函数，即

$$f(w_{ij})=e_i^2=(d_i-y_i)^2$$

调整权值 w_{ij} 的依据是使 $f(w_{ij})$ 达到最小。对于神经网络的监督学习，有两种主要的代价函数，即

平方函数
$$J=\frac{1}{2}\sum_{i=1}^{N}(d_i-y_i)^2 \tag{7-179}$$

交叉熵函数
$$J=\sum_{i=1}^{N}\left(d_i\ln\frac{1}{y_i}+(1-d_i)\ln\frac{1}{1-y_i}\right) \tag{7-180}$$

式（7-179）的求和项是误差平方函数，为误差 $d-y$ 的二次曲线，比较熟悉，不再讨论。交叉熵函数用于正确输出为 $\{d=0,d=1\}$ 的情形（一般激活函数采用 sigmoid）。对于一个节点[式（7-180）中求和的一项]，则为

$$J=d\ln\frac{1}{y}+(1-d)\ln\frac{1}{1-y}=\begin{cases}\ln\dfrac{1}{y}, & d=1\\ \ln\dfrac{1}{1-y}, & d=0\end{cases}$$

由上式看到，当 $y=d$ 时，$J=0$，当 $y=\overline{d}$ 时，$J=\infty$，因此，采用交叉熵函数时 J 实质上也是反映误差的大小，只是随着误差的增加交叉熵函数增长更快，对误差更敏感。

$\overline{d}$ 表示"d 非"，若 $d=1$ 则 $\overline{d}=0$，若 $d=0$ 则 $\overline{d}=1$。

4．交叉熵函数下多层网络的权值更新

采用误差平方代价函数时，多层网络的参数更新已经在前面讨论过。当采用交叉熵代价函数时，反向传播中增量 δ 的计算方法需作一点调整，即在图（7.33）的输出层节点模型中去掉乘法器，改为"直通"，此时输出层有

$$\delta_n^{(2)}=e_n\quad(n=1,2,\cdots,N)$$

隐藏层增量的计算方法不变，且算法无须作其他更改。

7.6.4 神经网络与分类

人脑具有多方面的功能，其中感知判断能力和推演决策能力是两个最为常用的能力。

感知判断能力是人脑根据各种感知信号判断“是”和“否”或者判断“这是什么”的能力。例如，车辆驾驶中需要感知判断前方有无障碍物，或者前方物体是否是一车辆等。推演决策能力是人脑根据感知判断的结果推演“将会发生什么”和/或“应该怎么做”。例如，车辆驾驶中当前方车速偏慢时是否需要变道或超车。人工智能的早期研究主要关注的是推演决策问题，当前各类神经网络主要解决的是感知判断问题。

“是”和“否”的感知判断是一个二分类问题，“这是什么”的感知判断通常可归纳为多分类问题。

***1．二分类与支持矢量机（SVM）**

机器学习中解决二分类问题的经典技术是支持矢量机（Support Vector Machine，SVM）。SVM 也是一种有监督的学习方法，其理论较为严谨，在二分类问题中显示出优良的性能。了解 SVM 原理，有助于体会神经网络实现分类的隐含机理。

1）二分类的基本原理

可将二分类问题直观地表示为二维平面上点的划分问题，如图 7.35 所示，其目的是区分○样本点和×样本点。很显然，可以在○点和×点密集区域之间找一条直线，该直线将两类样本进行分割，如图中实线所示。在(x,y)平面，直线 $wx+b=y$ 可以处于任意期望的位置，改变 x 的加权系数 w（直线斜率）可以改变直线的方向，改变偏离量 b（直线的截距）可以让直线上下平移。总之，对于类似图中所示的可分样点分布，总可以找到一条直线 $wx+b=y$ 实现图中样点的二分类。

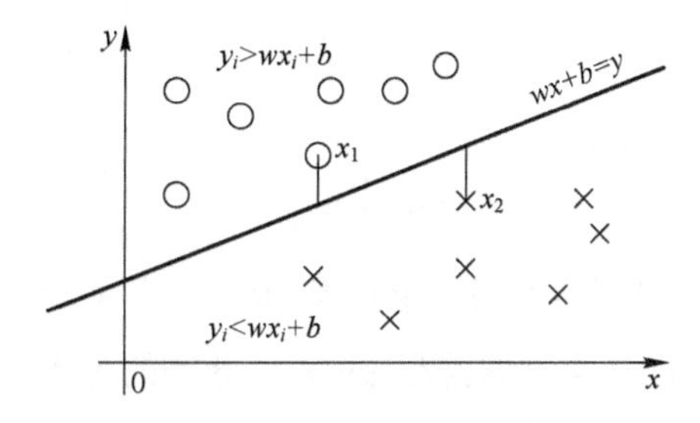

图 7.35　二分类的基本原理

记(x,y)为分割线上的点，(x_i,y_i)为平面上的任一样本点，如果(x_i,y_i)处于分隔线上方则有 $y_i>y$（横坐标相同）；反之则有 $y_i<y$。参见图中 x_1 和 x_2 点。因此对于待分类的点(x_i,y_i)，若有 $y_i>wx_i+b$ 则(x_i,y_i)属于○类；反之(x_i,y_i)属于×类。

2）SVM 的基本原理

上述二分类问题的阐述稍作修改和拓展，则为 SVM。将图 7.35 中的坐标系改为(x_1,x_2)，(x_1,x_2)平面上任一直线的方程可写为 $w_1x_1+w_2x_2+b=0$，矢量形式为

$$\boldsymbol{w}^{\mathrm{T}}\boldsymbol{x}+b=0 \quad (\boldsymbol{w}=[w_1,w_2]^{\mathrm{T}},\ \boldsymbol{x}=[x_1,x_2]^{\mathrm{T}})$$

进一步，构造代价函数

$$J=\boldsymbol{w}^{\mathrm{T}}\boldsymbol{x}+b \tag{7-181}$$

则图 7.35 所示的二分类问题可以阐述为：在(x_1,x_2)平面上寻找一条直线 $\boldsymbol{w}^{\mathrm{T}}\boldsymbol{x}+b=0$，对于所有○点有 $\boldsymbol{w}^{\mathrm{T}}\boldsymbol{x}+b>0$，而对于所有×点有 $\boldsymbol{w}^{\mathrm{T}}\boldsymbol{x}+b<0$。需要特别注意的是，图 7.35 是在二维空间$(x,y)$中依据坐标关系解释二分类问题，没有构造代价函数，而这里是在样本空间(x_1,x_2)上构造了一个代价函数值 J，将其拓展成了(x_1,x_2,J)三维空间，尽管图 7.35 和

图 7.36 是非常相似的二维图形。

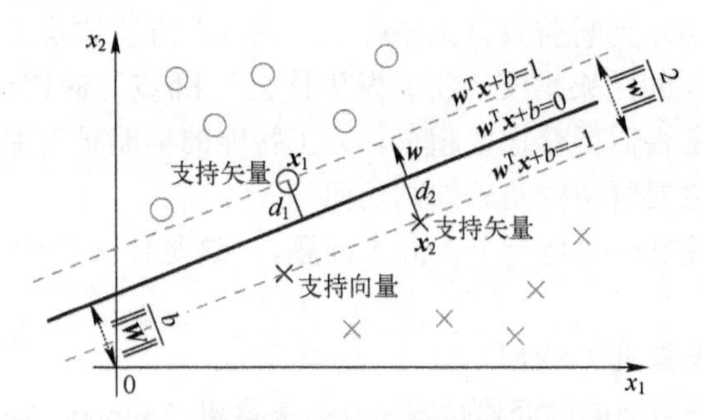

图 7.36　SVM 基本原理

由于需要解决的问题是用一条直线将○点和×点进行分割，因此只要代价函数 J 的取值对两类样点有明显区别即可，J 的绝对取值并不重要。为此，可以定义对所有○点有 $J \geqslant +1$（$\boldsymbol{w}^{\mathrm{T}}\boldsymbol{x}+b \geqslant 1$），对所有的×点有 $J \leqslant -1$（$\boldsymbol{w}^{\mathrm{T}}\boldsymbol{x}+b \leqslant -1$）。另外，由图 7.36 不难看出，能划分○点和×点的分割线并不是唯一的，例如稍加旋转和平移图中的分割线，仍能对○点和×点进行正确分割。为此，选择一个最优准则：使“边界”处的○点和×点到分割线等距离且距离达到最大，参见图 7.36。可以证明“最近距离边界点”（图 7.36 中的 $\boldsymbol{x}_1$ 和 $\boldsymbol{x}_2$）到分割线的距离为 $1/\|\boldsymbol{w}\|$（$\|\boldsymbol{w}\|^2=\sum w_i^2$）。因此，图 7.36 的分割线确定问题即为下列最大值求解问题：

$$\max_{w,b} \frac{2}{\|\boldsymbol{w}\|} \tag{7-182}$$

写成等价的最小值求解问题，即为

$$\min_{w,b} \frac{1}{2}\|\boldsymbol{w}\| \tag{7-183}$$

使 $\boldsymbol{w}^{\mathrm{T}}\boldsymbol{x}_i + b = \pm 1$ 的点 $\boldsymbol{x}_i$ 称为支持矢量（Support Vector）。有了分割线后则可以对新样点 $\boldsymbol{x}_j$ 通过计算 $\boldsymbol{w}^{\mathrm{T}}\boldsymbol{x}_j + b$ 的值对 $\boldsymbol{x}_j$ 进行分类。这就是 SVM 二分类的基本原理。

图 7.36 绘出的是线性可分的情形，即可以找到一条直线实现二分类。事实上 SVM 理论的主要内容是阐述“不是线性可分”情形下的分类方法。

2．神经网络的分类应用

单个神经元的计算模型为求和运算 $v=\boldsymbol{w}^{\mathrm{T}}\boldsymbol{x}+b$ 和非线性函数 $g(v)$ 的级联，因此可以借助 SVM 的二分类原理理解神经网络实现分类的机理。图 7.37 和图 7.38 分别给出了可用于二分类和三分类的神经网络示例。在图 7.37 的二分类问题中，采用单输出 y，且激活函数采用 sigmoid 函数时输出 y 取值为 0 或 1。在图 7.38 的三分类问题中，采用三输出 $\boldsymbol{y}=[y_1,y_2,y_3]^{\mathrm{T}}$。对于每一类样点，正确输出分别为 $d_1=[1,0,0]^{\mathrm{T}}$，$d_2=[0,1,0]^{\mathrm{T}}$，$d_3=[0,0,1]^{\mathrm{T}}$。由于是对二维平面样点进行分类，所以图 7.37 和图 7.38 均为两输入 (x_1,x_2)。

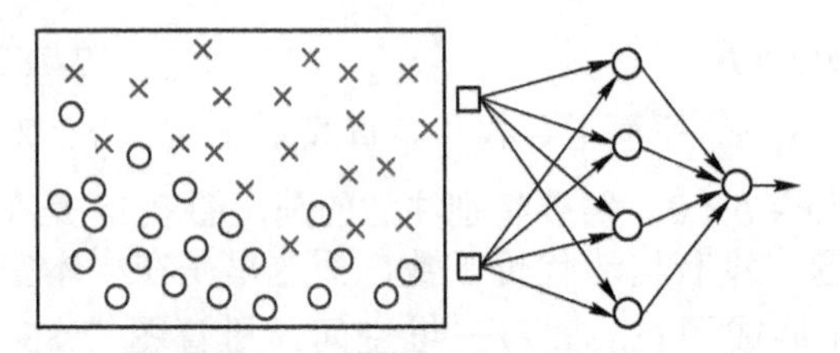

图 7.37　二层神经网络用于二分类

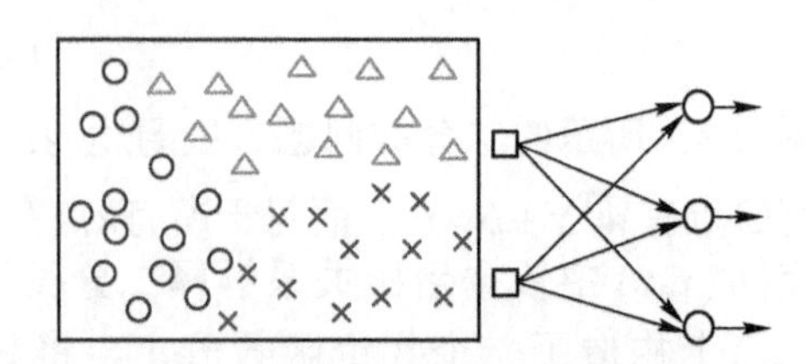

图 7.38　单层神经网络用于三分类

对于图 7.38 的三输出分类问题，需要采用 softmax 激活函数，对于该三分类输出，softmax 激活函数的定义为

$$y_i = g(v_i) = \frac{\mathrm{e}^{v_i}}{\mathrm{e}^{v_1} + \mathrm{e}^{v_2} + \mathrm{e}^{v_3}} \quad (i = 1,2,3) \tag{7-184}$$

softmax 激活函数的特点是它同时考虑了其他输出节点的求和输出。

需要说明的是，图 7.37 和图 7.38 是为了概念的介绍给出的示例，并未特别考虑网络结构的设计问题。对于多层神经网络需采用 BP 算法进行训练。一般而言，用神经网络进行分类的优势在于对不是线性可分的情形具有较好的性能。

图 7.39 是 Y. LeCun 著名 BP 论文“Backprogation Applied to Handwritten Zip Code Recognition”中的插图，可以考察一下其神经网络结构。

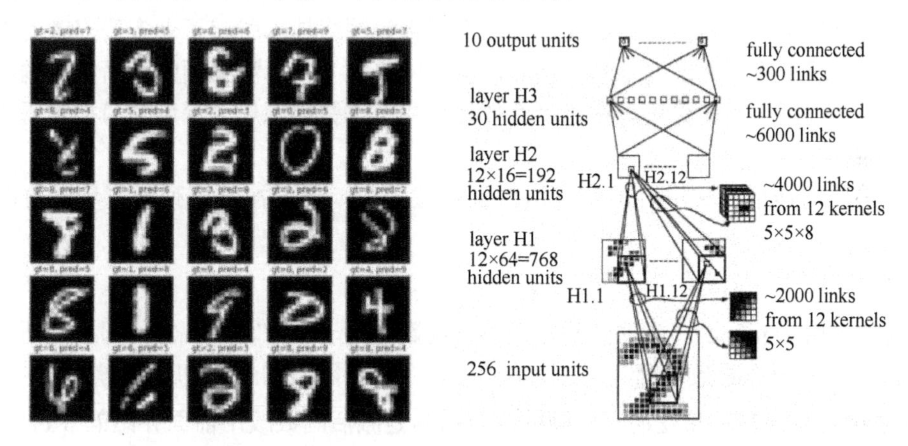

图 7.39　神经网络用于手写 0～9 数字的识别

机器学习中的逻辑回归（Logistic Regression）也是用 sigmoid 函数实现二分类问题，如图 7.40 所示，但线性回归（Linear Regression）通常是对样本数据集寻找一个线性函数，使样点与线性函数的坐标差达到最小，如图 7.41 所示。线性回归要解决的问题是“直线”拟合，当有了拟合的曲线后，则可以实现预测（给定 x 值后可知对应的 y 值），例如给定身高可以预测体重。请注意图 7.41 和图 7.36 中被最小化的“距离”是有所不同的。

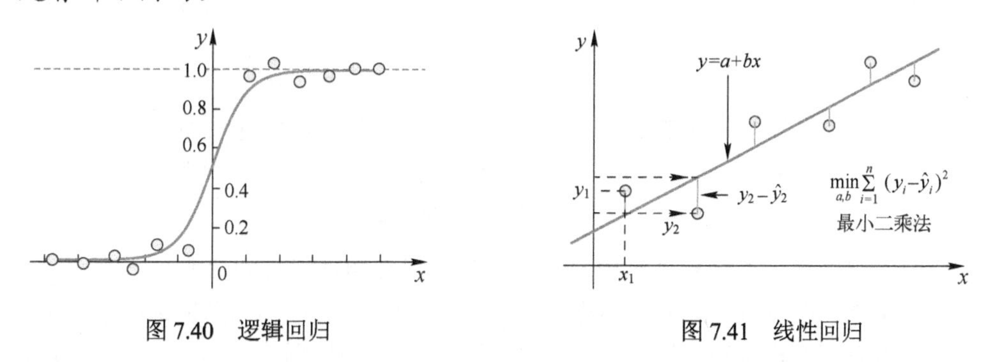

图 7.40　逻辑回归　　　　图 7.41　线性回归

7.6.5　深度学习

深度学习作为机器学习的一个分支，在图像识别、语音识别、自然语言处理（NLP）等

领域获得了举世瞩目的成功应用。根据训练数据是否带有标记信息，深度学习方法分为监督学习、半监督学习和无监督学习。常被提及的与深度学习相关的概念和名词缩写包括深度神经网络（DNN）、卷积神经网络（CNN）、循环神经网络（RNN）（包括 LSTM，长短期记忆）、自编码器（AE）、深度信念网络（DBN）、生成对抗网络（GAN）和深度强化学习（DRL）等，其研究的热度和应用的广泛程度可见一斑。本小节介绍促使形成深度学习技术的几个基本概念。

如果要给深度学习下一个简单的定义，可以是一种利用深度神经网络的机器学习技术。深度学习使人工神经网络再度迎来一个蓬勃发展的局面。但深度学习没有特别的技术，它是几项小改进共同促成了一种新的机器学习方法和技术路线。

由于隐藏层缺乏网络参数更新的依据，多层网络一直难以得到应用，人工神经网络曾陷入了发展停滞期。反向传播算法提出后，多层神经网络技术引起了众多研究者的兴趣，人工神经网络出现了第二次研究浪潮。然而，多层网络和 BP 算法又面临了新的问题，即梯度消失、过拟合和巨大的计算量。在相对有效地解决了这些问题后，深度学习技术得以形成。

1．梯度消失

在利用反向传播算法进行深度网络的训练过程中，需要按照下列计算步骤更新网络的权重系数

$$\delta_i = g'(v_i)e_i, \qquad w_{ij} \leftarrow w_{ij} + \alpha\delta_i x_j$$

当激活函数采用 sigmoid 一类的函数时，其导函数易趋于 $0[g'(v_i)\to 0]$，即出现所谓的梯度消失问题。梯度消失导致增量 $\delta_i \to 0$，$w_{ij} \leftarrow w_{ij} + 0$。网络训练中即使误差 $e_i \neq 0$，权值系数 w_{ij} 也不再更新。解决梯度消失问题的基本措施是激活函数改用前面介绍的 ReLU 函数，它避免了导函数趋于 0 的问题。

2．过拟合（Over-fitting）

当用样值点拟合一条函数曲线以寻找数据变化规律时，通常会出现三种情形，即适度拟合、欠拟合和过拟合。例如，数据实际变化规律是 2 次的，如果用直线进行拟合则会欠拟合；反之，如果用 3 次方或以上的函数进行拟合，则会出现过拟合，如图 7.42 所示。

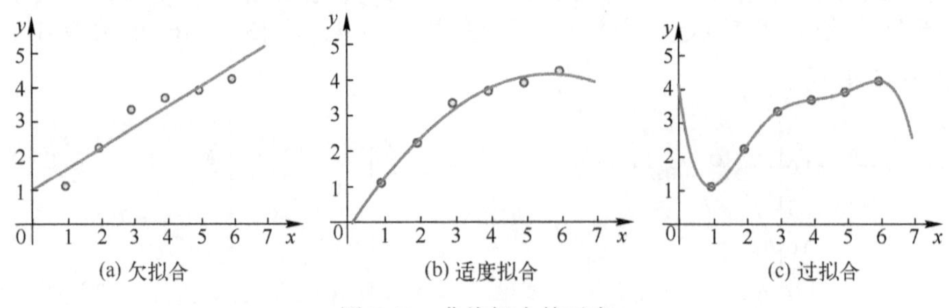

图 7.42　曲线拟合的示意

在神经网络的模型选择和训练中，也会出现欠拟合和过拟合的情况。当训练样本产生的误差很难再得到改善时，通常表明出现欠拟合，类似图 7.42(a)；当训练样本产生的误差可以很小，但是测试样本却有较大的误差时，通常表明出现了过拟合，类似图 7.42(c)，每一个训练样本和曲线都非常吻合，但新测试样本大概率不会像拟合曲线那样大幅度振荡，从而导致“训练误差很小但测试误差有时会很大”的现象。对于神经网络模型，如果节点数目过多、网络层次过深，则会出现过拟合。

解决过拟合问题的简单有效方案是节点丢弃（dropout），即每一次不训练全部节点，只训练其中随机挑选的节点。

需要意识到是，虽然讨论形成深度学习的几项改进技术时，显得比较简单和轻松，但深度神经网络的训练和应用还是比较困难的。

7.6.6　卷积神经网络（CNN）

卷积神经网络（Convolution Neural Network，CNN）是专门用于图像识别的深度神经网络，其架构设计力图模仿人脑视觉皮质处理图像的机理。先前图像识别技术通常都需要事先进行图像的特征提取，然后进行图像的分类，如图 7.43 所示。CNN 图像识别网络的最大特点是将特征提取纳入网络中自动完成，如图 7.44 所示。通常特征提取部分的网络层数越深，图像识别的效果越好，代价是训练难度加大。

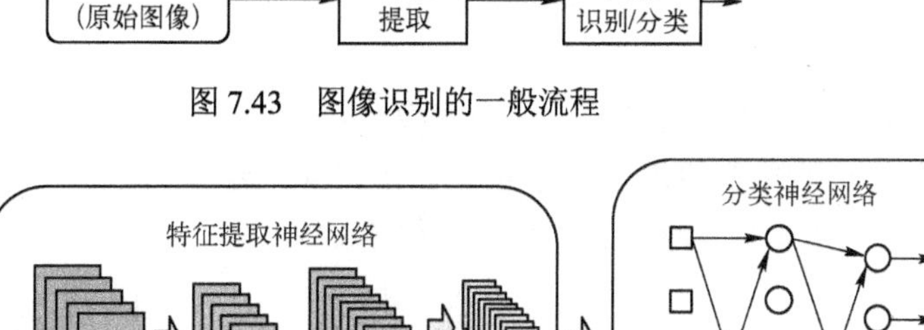

图 7.43　图像识别的一般流程

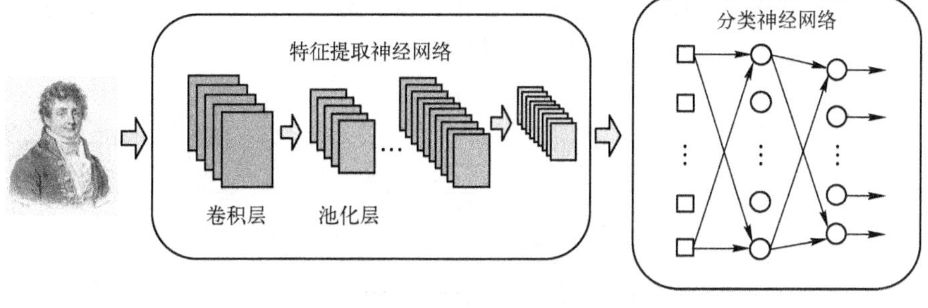

图 7.44　CNN 的典型结构

1．卷积层

一维离散序列的卷积在第 2 章已经作了较为充分的讨论。将一维序列卷积推广到二维情形，则有下列的一般定义式

$$y[m,n]=x[m,n]*h[m,n]=\sum_{j=-\infty}^{\infty}\sum_{i=-\infty}^{\infty}x[i,j]h[m-i,n-j] \tag{7-185}$$

对比一维卷积：
$$y[n]=x[n]*h[n]=\sum_{i=-\infty}^{\infty}x[i]h[n-i]$$

其中 x 表示系统的输入序列，h 表示系统的冲激响应（在图像处理中常称为“卷积核”）。式（7-185）定义的是无限长二维序列的卷积，一幅图像是有限长二维序列（矩阵），通常也采用有限长的冲激响应滤波器进行滑动滤波（这里“滤波”理解为广义的“处理”）。例如采用 3×3 或 5×5 的二维方阵序列 $h[m,n]$ 对图像进行二维滑动滤波，如图 7.45 所示。

CNN 中的卷积层则通过对原始图像的处理，获得图像的各种特征。例如，图像的高通滤波可以获得图像的边缘信息，等等。

由一维情形知卷积计算比较麻烦，如何计算二维卷积也不是这里要讨论的内容。如果 $x[m,n]$ 是 $M\times M$ 大小的图像矩阵块，$h[m,n]$ 是 $N\times N$ 的矩阵块，则 $x[m,n]*h[m,n]$ 后是

$(M+N-1)\times(M+N-1)$的矩阵块。例如，3×3 矩阵块卷积 3×3 矩阵块后将为 5×5 矩阵块。因此图像块的滑动卷积需要对边缘像素和卷积后图像尺寸进行特别处理。

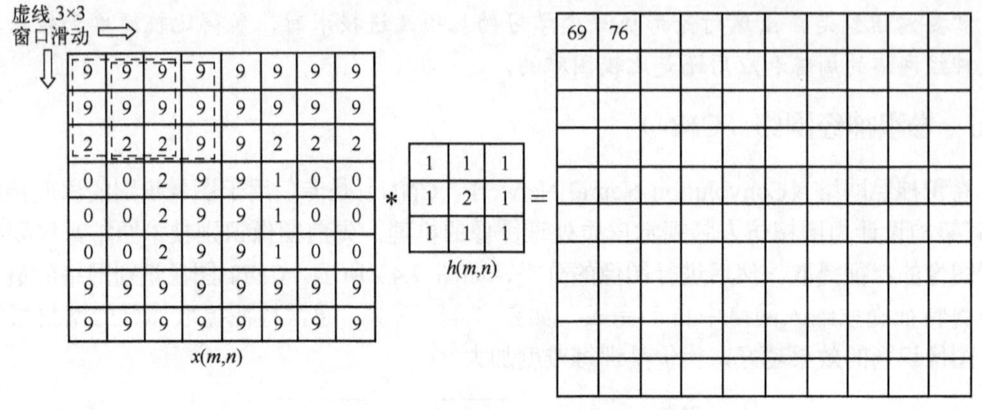

图 7.45　二维序列滑动卷积

2. 池化层

在 CNN 中通过池化（Pooling）减小图像的尺寸，池化运算也是采用滑动窗口，与卷积运算的不同之处是池化窗口滑动时不重叠。图 7.46 给出平均池化（求窗口内像素值的均值）和最大池化（求窗口内最大像素值）的简单示意。

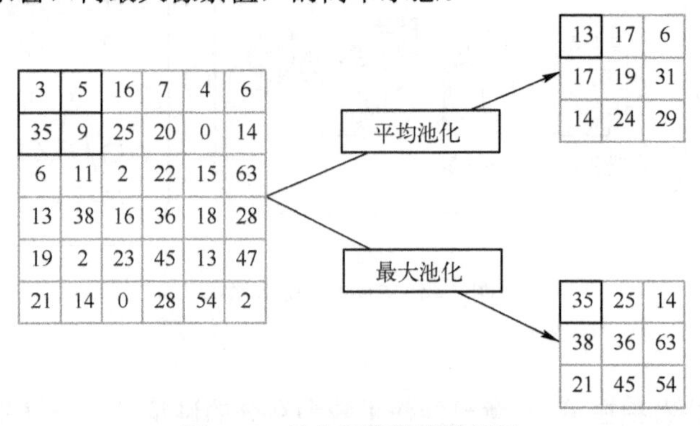

图 7.46　池化运算的简单例子

虽然 ANN 和 CNN 可以非常庞大，但全网络的计算考虑的都是一个时刻，或者说将前后的输入都视为孤立的数据。因此，当要考虑数据的前后关联性或时序关系时，ANN 和 CNN 都会难以胜任。循环神经网络（Recurrent Neural Network，RNN）在网络结构上考虑了输入的序列特性，即数据的先后关系，因此 RNN 广泛用于语音识别、自然语言处理等领域，这里不再介绍。

*7.7　Matlab 实践

随着自动驾驶、机器视觉、传感网络等技术逐步走向实际应用，Kalman 滤波展示出强大的吸引力。本章 Matlab 实践的重点是 Kalman 滤波。

Matlab 中并没有一个通用的 Kalman 滤波函数，而是将 Kalman 滤波的迭代算法封装起来，纳入不同的应用领域中予以介绍，如自动驾驶、控制系统、计算机视觉等，这给初学者的 Kalman 滤波实践入门带来了较大的困难。

7.7.1　卡尔曼滤波应用一：匀速平面行驶车辆的位置跟踪

下面的程序是 Matlab Automated Driving Toolbox 中的示例程序，利用卡尔曼滤波实现对车辆位置的预测，这里适当增加了注释。

```
% filename:KF_Matlab_Vehicle2DimPosPredicion.m %
 % ====== 初始化 ======
  x = 5.3; y = 3.6;  % 车辆初始坐标
  initialState = [x;0;y;0]; % 滤波器迭代赋值 x0|0 ,初始速度设为零
 % 调用 Matlab 函数 trackingKF 构建卡尔曼跟踪滤波器对象
  KF = trackingKF('MotionModel','2D Constant Velocity',...
                  'State', initialState); %
 % == 设置车辆位置的仿真真值 ==
  vx = 0.2; vy = 0.1; % 车辆速度仿真真值,低车速
  T  = 0.5; % 抽样间隔 0.5 秒
 % 共 21 点: x = 0,0.1,0.2,...,2; y = 5,5.05,5.1,...,6
  pos = [0:vx*T:2;5:vy*T:6]'; % 转置为 2 列矢量
 % ==== 预测滤波: 对每个点调用 KF 的预测方法和更新方法 ====
  for k = 1:size(pos,1)  % pos 是 21×2 矩阵,size(pos,1)=21
     pstates(k,:) = predict(KF,T);
     cstates(k,:) = correct(KF,pos(k,:)); % 更新时提供 pos
  end
 % ==== 绘图 ====
  plot(pos(:,1),pos(:,2),'k.', pstates(:,1), ...
      pstates(:,3),'+',cstates(:,1),cstates(:,3),'o')
      xlabel('x [m]');ylabel('y [m]'); grid;
      xt  = [x-2 pos(1,1)+0.1 pos(end,1)+0.1];
      yt = [y pos(1,2) pos(end,2)];
      text(xt,yt,{'First measurement','First position',...
                'Last position'})
      legend('Object position', 'Predicted position',...
             'Corrected position')
```

程序运行结果如图 7.47 所示。

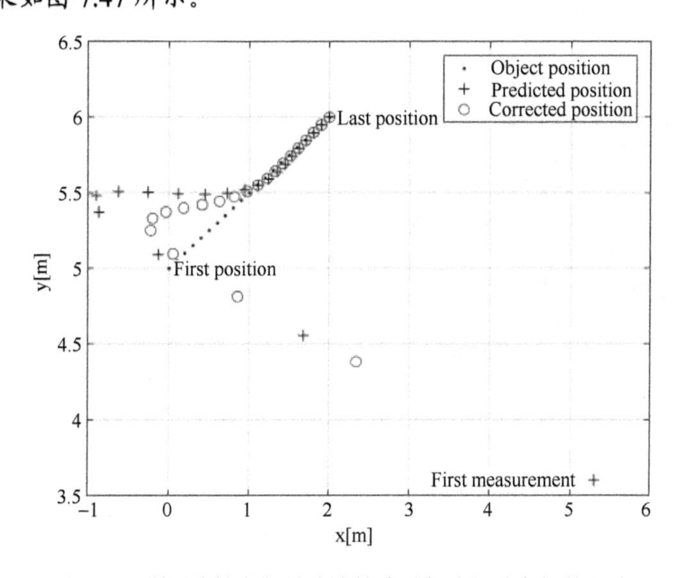

图 7.47　利用线性卡尔曼滤波算法对匀速行驶车辆的跟踪

Matlab 中也引入了高级编程语言中“对象”的概念。程序中函数 trackingKF 的调用类似 C++语言中创建类对象的功能，返回的是对象的句柄 KF，其后则可以利用该句柄调用对象中的方法 predict(KF,T)和 correct(KF,pos(k,:))；predict 对应卡尔曼滤波迭代公式中“预测”阶段的计算，调用时提供了抽样时间间隔，计算后的坐标即图中+点；correct 对应卡尔曼滤波迭代公式中“更新”阶段的计算（用 correct 比用 update 意思更准确），调用时提供了车辆位置的仿真真值，计算后的坐标即图中的○点。应该说该例仅是个示例，还不能展示卡尔曼滤波技术的意义所在。

函数 trackingKF 有几种调用格式，提供不同的使用灵活度。程序中使用的是 Help 文档中的最后一种调用格式（也是最灵活的调用格式，兼容前四种调用格式），即

```
filter = trackingKF(___,Name,Value)
```

示例程序中，没有对各矩阵进行赋值，采用了默认值:

$$\boldsymbol{Q}=E[\boldsymbol{w}_n\boldsymbol{w}_n^{\mathrm{T}}]=\boldsymbol{I}\,,\quad \boldsymbol{R}=E[\boldsymbol{v}_n\boldsymbol{v}_n^{\mathrm{T}}]=\boldsymbol{I}\,,\quad \boldsymbol{P}_{0|0}=\boldsymbol{I}$$

从图 7.47 显示的结果可以看到，卡尔曼滤波大概经过 11 次迭代，从较远的假定位置（右下角）收敛到给定的 pos 值，收敛速度较快。

Matlab 没有提供通用的卡尔曼滤波函数。如果将上例直接用迭代公式计算，示例程序如下。程序中设置了 $\boldsymbol{Q}=0.1*\boldsymbol{I}\,,\boldsymbol{R}=\boldsymbol{I}$，运行后结果如图 7.48 所示，与图 7.47 的结果非常接近。

```
% filename:KF_Formula_Vehicle2DimPosPredict.m%
% Model
% vecx stands for vector x; k1 stands for k+1
%    vecx_k1  =  F*vecx_k + vecw_k
%     vecz_k =  H*vecx_k + vecv_k
   T = 0.5;  %% sampling interval, in second
   vx = 0.2; %% speed of x direction
   vy = 0.1; %% speed of y direction
   pos = [0:vx*T:2;5:vy*T:6]'; %% car positions, total 21 poingts
   F = [1  T  0  0;...
        0  1  0  0;...
        0  0  1  T;...
        0  0  0  1];
   H = [1 0 0 0;...
        0 0 1 0];
   Q = 0.1*eye(4,4);  % covariance of w
   R = eye(2,2); % covariance of v
   x = 5.3;y = 3.6;
   vecx_00 = [x 0 y 0]';  %% initial state
   P_00 = eye(4,4); %% initial covariance
   pstates = zeros(21,4);
   cstates = zeros(21,4);
   vecx_kk = vecx_00;
   P_kk = P_00;
   for k = 1:size(pos,1)
       % predict
       vecx_k1k = F*vecx_kk;
       P_k1k = F*P_kk*F'+Q;
```

```
    vecz_k1k = H*vecx_k1k;
    % correct
    S_k1 = H*P_k1k*H'+R;
       K_k1 =(P_k1k*H')*inv(S_k1);
    vecx_k1k1 = vecx_k1k + K_k1*(pos(k,:)'-H*vecx_k1k);
    P_k1k1 = P_k1k - K_k1*S_k1*K_k1';
    vecz_k1k1 = H*vecx_k1k1;
    % prepare for next loop
    pstates(k,:) = vecx_k1k;
    cstates(k,:) = vecx_k1k1;
   vecx_kk =  vecx_k1k1;
    P_kk = P_k1k1;
end
plot(pos(:,1),pos(:,2),'k.',...
     pstates(:,1),pstates(:,3),'k+', ...
     cstates(:,1),cstates(:,3),'ko')
axis([-1,6,3.5,6.5]);
xlabel('x [m]');ylabel('y [m]');grid;
xt  = [x-2 pos(1,1)+0.1 pos(end,1)+0.1];
yt = [y pos(1,2) pos(end,2)];
text(xt,yt,{'First measurement','First position',...
            'Last position'})
legend('Object position', 'Predicted position',...
      'Corrected position')
title('Set w[n]=v[n]=0 while Q=R=I');
```

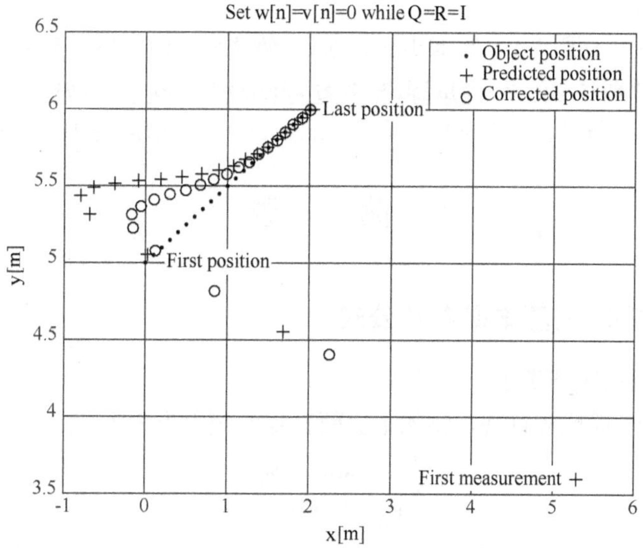

图 7.48　直接按照迭代公式计算的预测结果

7.7.2　卡尔曼滤波应用二：系统控制设计

在系统控制中“被控对象”常被称为 plant。图 7.49 是 Matlab Help 说明卡尔曼滤波应用于系统控制时的方框图。在很多应用场景中，如果要实现对 plant 的控制，需要知道其内部状态取值和 plant 的输出 y，此时则可用卡尔曼滤波器获得其估值，如图 7.49 所示。几点说明如下：

（1）plant 的输出 y 对应于前面阐述卡尔曼滤波时的观测值 z。一般在卡尔曼滤波中不关注观测值的真值，但在这里采用卡尔曼滤波的主要目的之一就是抑制加性噪声 v，从而获得 plant 输出真值的估计 $\hat{y}$。

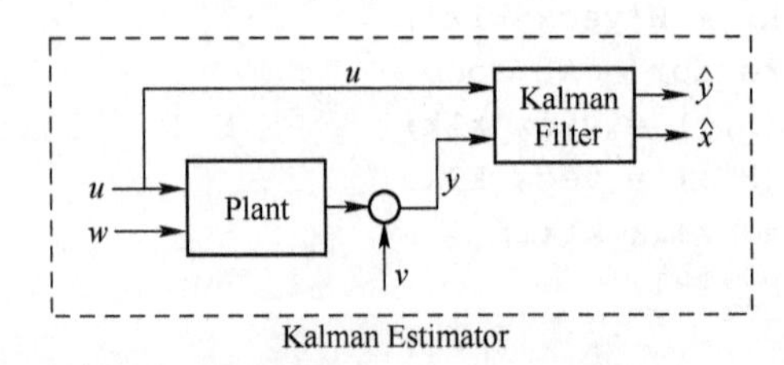

图 7.49 卡尔曼滤波用于被控系统的状态和输出估计

（2）Matlab 中假定的 plant 模型是（Matlab Help 未用黑体）

$$x[n+1]=Ax[n]+Bu[n]+Gw[n]$$

$$y[n]=Cx[n]+Du[n]+Hw[n]+v[n]$$

其中 $w[n],v[n]$ 为零均值噪声，且假定

$$E(w[n]w[n]^{\mathrm{T}})=Q,\ E(v[n]v[n]^{\mathrm{T}})=R,\ E(w[n]v[n]^{\mathrm{T}})=N$$

由于模型略有区别，因此不能直接套用前述的迭代公式。

（3）图 7.49 并没有给出完整的对 plant 实现控制的闭环结构图，只示意了 Kalman Filter 和 plant 之间的关系。

（4）Matlab 给出了图 7.49 中 Kalman Filter 的设计示例程序，示例程序中有一函数名为 kalman。但是需要特别注意的是，Matlab 中名为 kalman 的函数，其功能并不是卡尔曼滤波，而是完成卡尔曼滤波器的设计。这也是前面简介 Matlab 图 7.49 的主要原因，以免初学者感到困惑。

附 录

附录 A 矢量和矩阵的基本概念及公式

1．线性方程组的矩阵表示

线性方程组的表述比较直观，例如下例两变量的线性方程组

$$\begin{cases} y_1 = a_{11}x_1 + a_{12}x_2 \\ y_2 = a_{21}x_1 + a_{22}x_2 \end{cases} \tag{7-186}$$

但是当变量个数比较多时（例如 20 个变量），这种表述则会非常烦琐，并且很难进行演算和推导。如果将多个变量以及方程组中的系数“组合”起来，即定义

$$\boldsymbol{y}=\begin{bmatrix} y_1 \\ y_2 \end{bmatrix},\quad \boldsymbol{x}=\begin{bmatrix} x_1 \\ x_2 \end{bmatrix},\quad \boldsymbol{A}=\begin{bmatrix} a_{11} & a_{12} \\ a_{21} & a_{22} \end{bmatrix} \tag{7-187}$$

并定义一套“组合后变量”中各元素（$y_1, y_2; x_1, x_2; a_{11}; a_{12}; a_{21}; a_{22}$）相互间的运算规则，则可将上述线性方程组非常简洁地表述为

$$\boldsymbol{y}=\boldsymbol{A}\boldsymbol{x}$$

这里的 $\boldsymbol{x},\boldsymbol{y}$ 称为矢量，$\boldsymbol{A}$ 称为矩阵。所谓定义元素间的运算规则，是为了保证 $\boldsymbol{A}$ 和 $\boldsymbol{x}$ 相乘后能够得到与原线性方程组完全相同的表达式。采用矩阵表示后，再多的变量个数也都具有同样的表示形式。标量和矢量都是矩阵的特列，例如在 Matlab 编程中所有的变量都视为矩阵。

矢量和矩阵一般用黑体倾斜表示，并且矢量用小写字母，矩阵用大写字母。但这是人为约定，也未必是人人遵守。

2．矢量和矩阵的转置

前面给出的矢量 $\boldsymbol{x},\boldsymbol{y}$ 称为列矢量（排成一列）。所谓转置运算就是改变排列方式，即将列排列改变为行排列，或相反。转置一般用上标 T 表示。例如

$$\boldsymbol{z}=\boldsymbol{y}^{\mathrm{T}}=\begin{bmatrix}y_1\\y_2\end{bmatrix}^{\mathrm{T}}=\begin{bmatrix}y_1 & y_2\end{bmatrix}，\quad \boldsymbol{B}=\boldsymbol{A}^{\mathrm{T}}=\begin{bmatrix}a_{11} & a_{12}\\a_{21} & a_{22}\end{bmatrix}^{\mathrm{T}}=\begin{bmatrix}a_{11} & a_{21}\\a_{12} & a_{22}\end{bmatrix}$$

$$\boldsymbol{z}^{\mathrm{T}}=\begin{bmatrix}y_1 & y_2\end{bmatrix}^{\mathrm{T}}=\begin{bmatrix}y_1\\y_2\end{bmatrix}，\quad \boldsymbol{B}^{\mathrm{T}}=\begin{bmatrix}a_{11} & a_{21}\\a_{12} & a_{22}\end{bmatrix}^{\mathrm{T}}=\begin{bmatrix}a_{11} & a_{12}\\a_{21} & a_{22}\end{bmatrix}$$

转置运算的常用性质如下：

（1）$(\boldsymbol{A}^{\mathrm{T}})^{\mathrm{T}}=\boldsymbol{A}$　　（7-188）

（2）$(\lambda\boldsymbol{A})^{\mathrm{T}}=\lambda\boldsymbol{A}^{\mathrm{T}}$　（λ 为标量）　　（7-189）

（3）$(\boldsymbol{A}+\boldsymbol{B})^{\mathrm{T}}=\boldsymbol{A}^{\mathrm{T}}+\boldsymbol{B}^{\mathrm{T}}$　　（7-190）

（4）$(\boldsymbol{ABC})^{\mathrm{T}}=\boldsymbol{C}^{\mathrm{T}}\boldsymbol{B}^{\mathrm{T}}\boldsymbol{A}^{\mathrm{T}}$（例线性方程组 $(\boldsymbol{A}\boldsymbol{x})^{\mathrm{T}}=\boldsymbol{y}^{\mathrm{T}}\Rightarrow\boldsymbol{x}^{\mathrm{T}}\boldsymbol{A}^{\mathrm{T}}=\boldsymbol{y}^{\mathrm{T}}$）　　（7-191）

3．矩阵的基本运算

加/减　定义为对应元素的加/减。例如

$$\boldsymbol{A}=\begin{bmatrix}a_{11} & a_{12}\\a_{21} & a_{22}\end{bmatrix},\quad \boldsymbol{B}=\begin{bmatrix}b_{11} & b_{12}\\b_{21} & b_{22}\end{bmatrix},\quad \boldsymbol{A}\pm\boldsymbol{B}=\begin{bmatrix}a_{11}\pm b_{11} & a_{12}\pm b_{12}\\a_{21}\pm b_{21} & a_{22}\pm b_{22}\end{bmatrix}$$

数乘　定义为与矩阵中每个元素相乘。例如

$$\lambda\boldsymbol{A}=\begin{bmatrix}\lambda a_{11} & \lambda a_{12}\\\lambda a_{21} & \lambda a_{22}\end{bmatrix}$$

相乘　定义为左边矩阵一行与右边矩阵一列进行“对应元素相乘后求和”。例如

$$\boldsymbol{AB}=\begin{bmatrix}a_{11} & a_{12}\\a_{21} & a_{22}\end{bmatrix}\begin{bmatrix}b_{11} & b_{12}\\b_{21} & b_{22}\end{bmatrix}=\begin{bmatrix}a_{11}b_{11}+a_{12}b_{21} & a_{11}b_{12}+a_{12}b_{22}\\a_{21}b_{11}+a_{22}b_{21} & a_{21}b_{12}+a_{21}b_{22}\end{bmatrix}=\begin{bmatrix}c_{11} & c_{12}\\c_{21} & c_{22}\end{bmatrix}=\boldsymbol{C}$$

即 $\boldsymbol{C}$ 中的元素 c_{ij} 等于 $\boldsymbol{A}$ 的第 i 行和 $\boldsymbol{B}$ 的第 j 列对应元素相乘后相加。矩阵相乘必须满足可乘的条件：左边矩阵的列数等于右边矩阵的行数（否则没有办法按照上述规则相乘）。

矢量相乘　视为矩阵相乘的特例。例如

$$\boldsymbol{x}^{\mathrm{T}}\boldsymbol{y}=[x_1 \quad x_2]\begin{bmatrix}y_1\\y_2\end{bmatrix}=x_1y_1+x_2y_2=\sum_i x_iy_i\quad（变成标量）$$

$$\boldsymbol{x}\boldsymbol{y}^{\mathrm{T}}=\begin{bmatrix}x_1\\x_2\end{bmatrix}[y_1 \quad y_2]=\begin{bmatrix}x_1y_1 & x_1y_2\\x_2y_1 & x_2y_2\end{bmatrix}\quad（列矢量与行矢量相乘则扩展成矩阵）$$

$$\begin{cases} a_{11}x_1y_1 + a_{12}x_1y_2 = b_1 \\ a_{21}x_2y_1 + a_{22}x_2y_2 = b_2 \end{cases} \xrightarrow{\text{矩阵表示}} \boldsymbol{Axy}^{\mathrm{T}} = \boldsymbol{b}$$

$$\boldsymbol{x}^{\mathrm{T}}\boldsymbol{Ay} = \begin{bmatrix} x_1 & x_2 \end{bmatrix} \begin{bmatrix} a_{11} & a_{12} \\ a_{21} & a_{22} \end{bmatrix} \begin{bmatrix} y_1 \\ y_2 \end{bmatrix} = \begin{bmatrix} a_{11}x_1 + a_{21}x_2 & a_{12}x_1 + a_{22}x_2 \end{bmatrix} \begin{bmatrix} y_1 \\ y_2 \end{bmatrix} = \sum_{i,j} a_{ij}x_i y_j \quad \text{（标量）}$$

4．单位阵、对称矩阵、对角矩阵、方阵

单位阵 单位阵一般用 $\boldsymbol{I}$ 表示，定义为

$$\boldsymbol{I} = \begin{bmatrix} 1 & 0 & \cdots & 0 \\ 0 & 1 & 0 & \vdots \\ \vdots & 0 & 1 & 0 \\ 0 & \cdots & 0 & 1 \end{bmatrix}$$

即主对角线元素为 1，其余均为 0。单位阵相当于标量中的 1，即任何矩阵和单位阵相乘保持不变：$\boldsymbol{AI} = \boldsymbol{IA} = \boldsymbol{A}$。

对称矩阵 主对角线两边元素以主对角线为镜像对称，即 $\boldsymbol{A}^{\mathrm{T}} = \boldsymbol{A}$。

对角矩阵 除主对角线上有非零元素外，其余元素均为 0。例如，单位阵就是对角矩阵的一个特例（一般对角阵其主对角线上元素未必相等）。

方阵 矩阵的行数和列数相等（不是所有的矩阵都是方阵）。

5．矩阵的行列式

一个方阵 $\boldsymbol{A}$ 的行列式一般记为 $\det\boldsymbol{A}$（determinant），$\det\boldsymbol{A}$ 是一个标量。为了简化讨论，这里不给出行列式的一般定义，只给出计算 2 阶和 3 阶矩阵行列式的对角线法则（注意对角线法则只适用于 2 阶和 3 阶矩阵）：

$$\boldsymbol{A}_2 = \begin{bmatrix} a_{11} & a_{12} \\ a_{21} & a_{22} \end{bmatrix}$$

$$\det\boldsymbol{A}_2 = a_{11}a_{22} - a_{12}a_{21}$$

$$\boldsymbol{A}_3 = \begin{bmatrix} a_{11} & a_{12} & a_{13} \\ a_{21} & a_{22} & a_{23} \\ a_{31} & a_{32} & a_{33} \end{bmatrix}$$

只绘出三条示意
左上→右下为正
右上→左下为负

$$\det\boldsymbol{A}_3 = a_{11}a_{22}a_{33} + a_{21}a_{32}a_{13} + a_{31}a_{23}a_{12} - a_{13}a_{22}a_{31} - a_{23}a_{32}a_{11} - a_{33}a_{21}a_{12}$$

行列式的常用性质如下：

（1）$\det\boldsymbol{A}^{\mathrm{T}} = \det\boldsymbol{A}$ （7-192）

（2）$\det(\lambda\boldsymbol{A}) = \lambda^n \det\boldsymbol{A}$ （λ 为标量，$\boldsymbol{A}$ 是 n 阶方阵） （7-193）

（3）$\det(\boldsymbol{AB}) = \det\boldsymbol{A}\det\boldsymbol{B}$（例线性方程组 $(\boldsymbol{Ax})^{\mathrm{T}} = \boldsymbol{y}^{\mathrm{T}} \Rightarrow \boldsymbol{x}^{\mathrm{T}}\boldsymbol{A}^{\mathrm{T}} = \boldsymbol{y}^{\mathrm{T}}$） （7-194）

6．矩阵求逆

对于标量构成的方程 $Ax = b$ 有 $x = b/A = A^{-1}b$。对于矩阵构成的方程 $\boldsymbol{Ax} = \boldsymbol{b}$ 形式上也有 $\boldsymbol{x} = \boldsymbol{A}^{-1}\boldsymbol{b}$，其中 $\boldsymbol{A}^{-1}$ 称为 $\boldsymbol{A}$ 的逆矩阵。求逆对应于除法。如果 $\boldsymbol{AB} = \boldsymbol{C}$，则

$$\boldsymbol{A}^{-1}\boldsymbol{AB} = \boldsymbol{A}^{-1}\boldsymbol{C}\,(\boldsymbol{A}^{-1}\boldsymbol{A} = \boldsymbol{I}) \Rightarrow \boldsymbol{B} = \boldsymbol{A}^{-1}\boldsymbol{C} \quad \text{（不能写成 } \boldsymbol{B} = \boldsymbol{CA}^{-1}\text{）}$$

$$\boldsymbol{ABB}^{-1} = \boldsymbol{CB}^{-1}\,(\boldsymbol{BB}^{-1} = \boldsymbol{I}) \Rightarrow \boldsymbol{A} = \boldsymbol{CB}^{-1} \quad \text{（不能写成 } \boldsymbol{A} = \boldsymbol{B}^{-1}\boldsymbol{C}\text{）}$$

即左乘逆矩阵和右乘逆矩阵是需要区分的。矩阵可逆的条件是其行列式不等于 0。这里不介绍一般矩阵的求逆方法，只给出两种简单情形的矩阵求逆。

如果 $\boldsymbol{A}$ 为对角阵，即

$$\boldsymbol{A}=\begin{bmatrix} a_{11} & 0 & \cdots & 0 \\ 0 & a_{22} & 0 & \vdots \\ \vdots & 0 & \ddots & 0 \\ 0 & \cdots & 0 & a_{nn} \end{bmatrix}，简记 \boldsymbol{A}=\operatorname{diag}(a_{11},a_{22},\cdots,a_{nn})\ （diagonal）$$

则

$$\boldsymbol{A}^{-1}=\operatorname{diag}(1/a_{11},\ 1/a_{22},\cdots,\ 1/a_{nn})$$

2 阶矩阵的逆：主对角线元素对调，副对角线元素改号（只适用于 2 阶矩阵）

$$\boldsymbol{A}=\begin{bmatrix} a_{11} & a_{12} \\ a_{21} & a_{22} \end{bmatrix} \quad \boldsymbol{A}^{-1}=\frac{1}{\det \boldsymbol{A}}\begin{bmatrix} a_{22} & -a_{12} \\ -a_{21} & a_{11} \end{bmatrix}=\frac{1}{a_{11}a_{22}-a_{12}a_{21}}\begin{bmatrix} a_{22} & -a_{12} \\ -a_{21} & a_{11} \end{bmatrix}$$

逆矩阵的常用性质如下：

（1）$\boldsymbol{A}\boldsymbol{A}^{-1}=\boldsymbol{A}^{-1}\boldsymbol{A}=\boldsymbol{I}$　[$\boldsymbol{I}$ 为单位阵]　（7-195）

（2）$(\boldsymbol{A}^{\mathrm{T}})^{-1}=(\boldsymbol{A}^{-1})^{\mathrm{T}}$　（7-196）

（3）$(\lambda\boldsymbol{A})^{-1}=\dfrac{1}{\lambda}\boldsymbol{A}^{-1}$（标量 $\lambda\neq 0$）　（7-197）

（4）$(\boldsymbol{ABC})^{-1}=\boldsymbol{C}^{-1}\boldsymbol{B}^{-1}\boldsymbol{A}^{-1}$　（7-198）

7．矩阵的迹

矩阵的迹一般记为 $\operatorname{tr}(\boldsymbol{A})$，它等于 n 阶方阵 $\boldsymbol{A}$ 的主对角线上的元素之和，即 $\operatorname{tr}(\boldsymbol{A})=\sum_{i=1}^{n}a_{ii}$。$\operatorname{tr}(\boldsymbol{A})$ 也等于矩阵特征值之和。$\operatorname{tr}(\boldsymbol{A})$ 是一个标量。

矩阵迹的常用性质如下：

（1）$\operatorname{tr}(\lambda\boldsymbol{A})=\lambda\cdot\operatorname{tr}(\boldsymbol{A})$　（7-199）

（2）$\operatorname{tr}(\boldsymbol{A}+\boldsymbol{B})=\operatorname{tr}(\boldsymbol{A})+\operatorname{tr}(\boldsymbol{B})$　（7-200）

（3）$\operatorname{tr}(\boldsymbol{AB})=\operatorname{tr}(\boldsymbol{BA})$　（7-201）

8．标量函数对矢量的求导

设函数 f 是一标量函数（即函数值不为矢量），$\boldsymbol{x}=[x_1,x_2,\cdots,x_n]^{\mathrm{T}}$ 为一列矢量，$f(\boldsymbol{x})$ 对 $\boldsymbol{x}$ 的求导定义为对每一个 x_i 求偏导，再写成对应的矢量形式，即

$$\frac{\mathrm{d}f}{\mathrm{d}\boldsymbol{x}}=\left[\frac{\partial f}{\partial x_1},\frac{\partial f}{\partial x_2},\cdots,\frac{\partial f}{\partial x_n}\right]^{\mathrm{T}}\quad（\boldsymbol{x}\ 为列矢量，求导后也写成列矢量）$$

$$\frac{\mathrm{d}f}{\mathrm{d}\boldsymbol{x}^{\mathrm{T}}}=\left[\frac{\partial f}{\partial x_1},\frac{\partial f}{\partial x_2},\cdots,\frac{\partial f}{\partial x_n}\right]\quad（\boldsymbol{x}^{\mathrm{T}}\ 为行矢量，求导后也写成行矢量）$$

上两式是所谓的分母排列，即求导后结果的排列和分母变量的排列方式相同。需要特别注意的是，对矢量的求导的要点是“对矢量的每个元素求导”，而求导结果的排列是一个人为定义。在标量函数对矢量的求导中，排列方式不会引起太大区别，在后面的矢量函数对矢量的求导中，排列方式的不同，会导致求导结果的表达式有明显区别，不同的文献会给出不同的结果。核验的最好方法是自己根据定义推导一下，虽有点烦琐，但是并不难。

设列矢量 $\boldsymbol{x}=[x_1,x_2,\cdots,x_n]^{\mathrm{T}}$，$\boldsymbol{y}=[y_1,y_2,\cdots,y_m]^{\mathrm{T}}$，常用性质如下：

（1）$\dfrac{\mathrm{d}f}{\mathrm{d}\boldsymbol{x}^{\mathrm{T}}}=\left(\dfrac{\mathrm{d}f}{\mathrm{d}\boldsymbol{x}}\right)^{\mathrm{T}}$ （7-202）

（2）$\dfrac{\mathrm{d}}{\mathrm{d}\boldsymbol{x}}(\boldsymbol{x}^{\mathrm{T}}\boldsymbol{x})=2\boldsymbol{x}$，$\dfrac{\mathrm{d}}{\mathrm{d}\boldsymbol{x}}(\boldsymbol{x}^{\mathrm{T}}\boldsymbol{y})=\boldsymbol{y}$，$\dfrac{\mathrm{d}}{\mathrm{d}\boldsymbol{y}}(\boldsymbol{x}^{\mathrm{T}}\boldsymbol{y})=\boldsymbol{x}$ （需 $m=n$） （7-203）

$\dfrac{\mathrm{d}}{\mathrm{d}\boldsymbol{x}^{\mathrm{T}}}(\boldsymbol{x}^{\mathrm{T}}\boldsymbol{x})=2\boldsymbol{x}^{\mathrm{T}}$，$\dfrac{\mathrm{d}}{\mathrm{d}\boldsymbol{x}^{\mathrm{T}}}(\boldsymbol{x}^{\mathrm{T}}\boldsymbol{y})=\boldsymbol{y}^{\mathrm{T}}$，$\dfrac{\mathrm{d}}{\mathrm{d}\boldsymbol{y}^{\mathrm{T}}}(\boldsymbol{x}^{\mathrm{T}}\boldsymbol{y})=\boldsymbol{x}^{\mathrm{T}}$（需 $m=n$） （7-204）

其中 $\boldsymbol{x}^{\mathrm{T}}\boldsymbol{x}=\sum\limits_i x_i^2$，$\boldsymbol{x}^{\mathrm{T}}\boldsymbol{y}=\sum\limits_i x_i y_i$ 均为标量。

（3）$\dfrac{\mathrm{d}}{\mathrm{d}\boldsymbol{x}}(\boldsymbol{x}^{\mathrm{T}}\boldsymbol{A}\boldsymbol{x})=(\boldsymbol{A}+\boldsymbol{A}^{\mathrm{T}})\boldsymbol{x}$，$\dfrac{\mathrm{d}}{\mathrm{d}\boldsymbol{x}}(\boldsymbol{x}^{\mathrm{T}}\boldsymbol{A}\boldsymbol{x})=2\boldsymbol{A}\boldsymbol{x}$（若 $\boldsymbol{A}$ 为对称阵） （7-205）

$\dfrac{\mathrm{d}}{\mathrm{d}\boldsymbol{x}^{\mathrm{T}}}(\boldsymbol{x}^{\mathrm{T}}\boldsymbol{A}\boldsymbol{x})=\boldsymbol{x}^{\mathrm{T}}(\boldsymbol{A}+\boldsymbol{A}^{\mathrm{T}})$，$\dfrac{\mathrm{d}}{\mathrm{d}\boldsymbol{x}^{\mathrm{T}}}(\boldsymbol{x}^{\mathrm{T}}\boldsymbol{A}\boldsymbol{x})=2\boldsymbol{x}^{\mathrm{T}}\boldsymbol{A}^{\mathrm{T}}$（若 $\boldsymbol{A}$ 为对称阵） （7-206）

其中 $\boldsymbol{x}^{\mathrm{T}}\boldsymbol{A}\boldsymbol{x}=\sum\limits_{i,j}a_{ij}x_ix_j=\sum\limits_i\sum\limits_j a_{ij}x_ix_j$

（4）$\dfrac{\mathrm{d}}{\mathrm{d}\boldsymbol{x}}(\boldsymbol{x}^{\mathrm{T}}\boldsymbol{A}\boldsymbol{y})=\boldsymbol{A}\boldsymbol{y}$，$\dfrac{\mathrm{d}}{\mathrm{d}\boldsymbol{y}}(\boldsymbol{x}^{\mathrm{T}}\boldsymbol{A}\boldsymbol{y})=\boldsymbol{x}^{\mathrm{T}}\boldsymbol{A}$ （7-207）

$\dfrac{\mathrm{d}}{\mathrm{d}\boldsymbol{x}^{\mathrm{T}}}(\boldsymbol{x}^{\mathrm{T}}\boldsymbol{A}\boldsymbol{y})=\boldsymbol{y}^{\mathrm{T}}\boldsymbol{A}^{\mathrm{T}}$，$\dfrac{\mathrm{d}}{\mathrm{d}\boldsymbol{y}^{\mathrm{T}}}(\boldsymbol{x}^{\mathrm{T}}\boldsymbol{A}\boldsymbol{y})=\boldsymbol{A}^{\mathrm{T}}\boldsymbol{x}$ （7-208）

其中 $\boldsymbol{x}^{\mathrm{T}}\boldsymbol{A}\boldsymbol{y}=\sum\limits_{i,j}a_{ij}x_iy_j=\sum\limits_{i=1}^{n}\sum\limits_{j=1}^{m}a_{ij}x_iy_j$

9．矢量函数对矢量的求导

所谓矢量函数即多个函数值构成一个矢量。当自变量也是矢量时，则构成如下形式的函数

$$\boldsymbol{y}(\boldsymbol{x})=[y_1(\boldsymbol{x}),y_2(\boldsymbol{x}),\cdots,y_m(\boldsymbol{x})]^{\mathrm{T}}\quad(\boldsymbol{x}=[x_1,x_2,\cdots,x_n]^{\mathrm{T}})$$

此时出现矢量函数对矢量的求导问题。核心概念是：每一个函数分量分别对每一个自变量分量求导。求导结果可有两种排列方式。

$$\frac{\partial\boldsymbol{y}}{\partial\boldsymbol{x}}=\begin{bmatrix}\dfrac{\partial y_1}{\partial x_1} & \dfrac{\partial y_1}{\partial x_2} & \cdots & \dfrac{\partial y_1}{\partial x_n}\\ \dfrac{\partial y_2}{\partial x_1} & \dfrac{\partial y_2}{\partial x_2} & \cdots & \dfrac{\partial y_2}{\partial x_n}\\ \vdots & \vdots & \cdots & \vdots\\ \dfrac{\partial y_m}{\partial x_1} & \dfrac{\partial y_m}{\partial x_2} & \cdots & \dfrac{\partial y_m}{\partial x_n}\end{bmatrix}\text{（每一列同 }\boldsymbol{y}\text{ 的排列，称分子布局。后面采用）}$$

$$\frac{\partial\boldsymbol{y}}{\partial\boldsymbol{x}}=\begin{bmatrix}\dfrac{\partial y_1}{\partial x_1} & \dfrac{\partial y_2}{\partial x_1} & \cdots & \dfrac{\partial y_m}{\partial x_1}\\ \dfrac{\partial y_1}{\partial x_2} & \dfrac{\partial y_2}{\partial x_2} & \cdots & \dfrac{\partial y_m}{\partial x_n}\\ \vdots & \vdots & \cdots & \vdots\\ \dfrac{\partial y_1}{\partial x_n} & \dfrac{\partial y_2}{\partial x_n} & \cdots & \dfrac{\partial y_m}{\partial x_n}\end{bmatrix}\text{（每一列同 }\boldsymbol{x}\text{ 的排列，称分母布局。后面未用）}$$

设列矢量 $\boldsymbol{x}=[x_1,x_2,\cdots,x_n]^{\mathrm{T}}$，常用性质如下：

（1）$\frac{\partial}{\partial \boldsymbol{x}}\boldsymbol{x}=\boldsymbol{I}$　（7-209）

（2）$\frac{\partial}{\partial \boldsymbol{x}}\boldsymbol{A}\boldsymbol{x}=\boldsymbol{A}$　（7-210）

（3）$\frac{\partial}{\partial \boldsymbol{x}}\boldsymbol{x}^{\mathrm{T}}\boldsymbol{A}=\boldsymbol{A}^{\mathrm{T}}$　（7-211）

（4）$\frac{\partial}{\partial \boldsymbol{x}}\boldsymbol{A}\boldsymbol{u}(\boldsymbol{x})=\boldsymbol{A}\frac{\partial}{\partial \boldsymbol{x}}\boldsymbol{u}(\boldsymbol{x})$　（7-212）

（5）$\frac{\partial}{\partial \boldsymbol{x}}\boldsymbol{u}(\boldsymbol{x})\boldsymbol{v}(\boldsymbol{x})=\boldsymbol{u}\frac{\partial}{\partial \boldsymbol{x}}\boldsymbol{v}(\boldsymbol{x})+\boldsymbol{u}\frac{\partial}{\partial \boldsymbol{x}}\boldsymbol{v}(\boldsymbol{x})$　（7-213）

附录 B　随机变量和高斯分布的基本概念及公式

1．随机变量

在客观自然界中有很多事物或事件难以用确定性函数表征其变化规律。例如投骰子出现的点数、抛硬币出现正反面等。这类事件适合用随机变量及其概率分布函数来描述，例如，设随机变量 X 表示投骰子出现的点数，那么 X 的取值空间为 $X=\{1,2,3,4,5,6\}$，出现某一点数的概率为$1/6$，可表述为

$$p_i=P\{X=x_i\}=\frac{1}{6}\quad i=1,2,3,4,5,6$$

这种随机变量的取值为离散且有限的，称为离散随机变量。离散随机变量的概率满足

$$1\geqslant p_i\geqslant 0 \text{ 且 } \sum_i p_i=1$$

有些情况下，随机变量的取值是连续的（或者虽离散，但有无穷多个取值），例如测量误差。由于仍然要求所有取值的概率总和为 1，因此单个取值的概率只能为无穷小（无穷多个无穷小的和，方可能为 1）。这种情形下，描述随机变量概率特性的函数被称为概率密度函数（probability density function，pdf）。对于 pdf 有

$$\int_{-\infty}^{\infty}p(x)\mathrm{d}x=1\quad(\,p(x)\geqslant 0,\forall x\,)$$

2．随机变量的均值

虽然随机变量 X 的取值是随机的，但会存在一个确定的统计意义上的平均值，一般称为数学期望，用$E[X]$表示。离散和连续随机变量均值的定义分别为

$$\mu=E[X]=\sum_i p_i x_i$$

$$\mu=E[X]=\int xp(x)\mathrm{d}x$$

通常不区分数学期望和均值两个概念，都称为均值，因为均值的概念很容易理解。区分两者的要点是看计算过程中是否考虑概率。均值计算不需要考虑概率问题，例如，利用随机变量的 N 个样本计算其算术平均值，就不能称其为数学期望，因为计算中不涉及概率。数学期望的英文名称是 Expectation，这个命名带有这样的观点：随机变量的真值是无法知道的，但预期它会取某个值，这个值就是$E[X]$，或者说，$E[X]$是预期它最可能的取值，因此，随机变量在 $E[X]$处的概率最大是一种期望。

数学期望具有如下常用性质：

（1）$E[a]=a$（a 为常数）　（7-214）

（2）$E[aX+b]=aE[X]+b$ （7-215）

（3）$E[X\pm Y]=E[X]\pm E[Y]$ （7-216）

（4）$E[XY]=E[X]E[Y]$ （当 X,Y 相互独立） （7-217）

3．随机变量的方差

方差反映随机变量取值偏离期望值的程度，记为$V[X]$，其定义为

$$V[X]=E[(X-\mu)^2]=\sum_i p_i(x_i-\mu)^2 \quad (\mu=E[X])$$

$$V[X]=E[(X-\mu)^2]=\int(x-\mu)^2 p(x)\mathrm{d}x$$

方差具有如下常用性质：

（1）$V[a]=0$（a 为常数） （7-218）

（2）$V[X]=E[X^2]-\mu^2$ （7-219）

（3）$V[aX]=a^2V[X]$ （7-220）

（4）$V[X\pm b]=V[X]$ （7-221）

（5）$V[X\pm Y]=V[X]+V[Y]\pm 2E[(x-\mu_x)(y-\mu_y)]$ （7-222）

注意，$V[XY]\neq V[X]V[Y]$。

另外，$E[X^k]$称为随机变量的k阶原点矩，$E[(X-\mu)^k]$称为k阶中心矩。一阶原点矩即为均值，二阶中心矩即为方差。通常将$k\geqslant 3$的情形称为高阶矩。

在信号处理和分析中，均值就是直流信号成分，去掉直流后的信号（统计）均值就是交流功率，因此方差就是随机信号的交流功率。

在信号估计中，估计性能的好坏需要从准确度（accuracy）和精度（precision）两个方面衡量，图 7.50 说明了两个概念的区别。图 7.50(b)和图 7.50(c)估计值的方差比图 7.50(a)小，因此小方差估计可以提供高精度，但未必是高准确度，例如图 7.50(b)就是有偏估计。

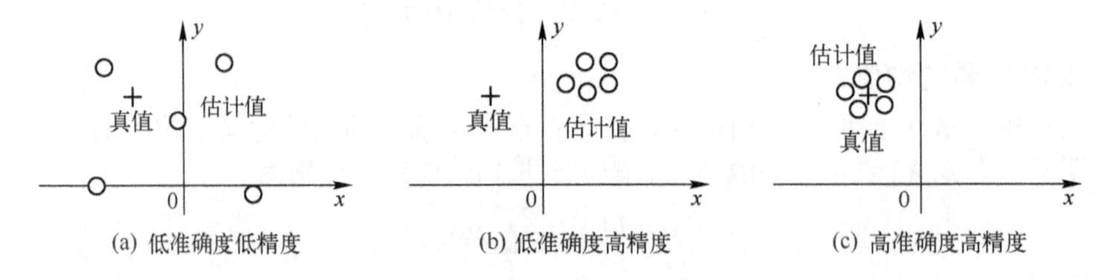

图 7.50 准确度和精度的说明

4．高斯分布

均值为μ方差为σ^2的高斯随机变量X的概率密度函数为

$$f(x)=\frac{1}{\sqrt{2\pi}\sigma}\mathrm{e}^{-\frac{(x-\mu)^2}{2\sigma^2}} \quad （简记 X\sim\mathcal{N}(\mu,\sigma^2)）$$

方差开根号称为标准差（Standard Deviation），对于高斯分布标准差等于σ。图 7.51 绘出了高斯分布 pdf 的一个例子。可以看到，在均值处概率最大，方差越小峰值概率越大，曲线越陡峭；约 68%的随机变量样本在统一意义上将落在均值两边一个标准差的范围内。

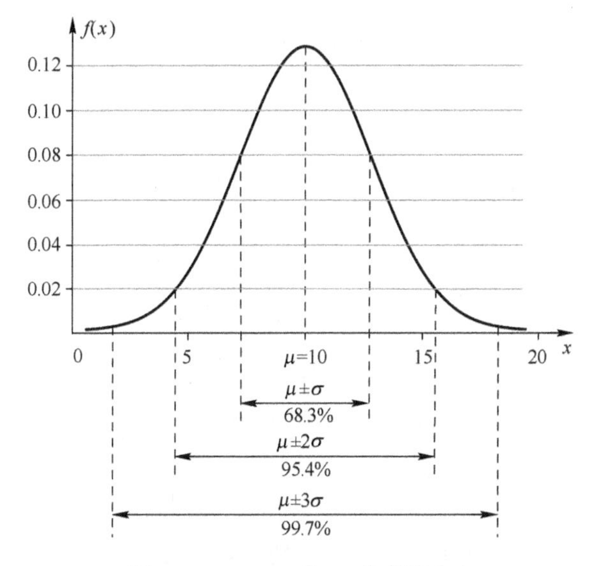

图 7.51　$\mu=10,\sigma^2=9$ 的高斯分布

高斯分布的常用性质如下：

（1）设 $X\sim\mathcal{N}(\mu_x,\sigma_x^2)$，$Y=aX+b$，则

$$Y\sim\mathcal{N}(\mu_y,\sigma_y^2)=\mathcal{N}(a\mu_x+b,a^2\sigma_x^2) \tag{7-223}$$

该性质表达了一个重要概念，即高斯分布线性变换仍然服从高斯分布。

（2）若 $X\sim\mathcal{N}(\mu_x,\sigma_x^2)$，$Y\sim\mathcal{N}(\mu_y,\sigma_y^2)$，且 X,Y 相互独立，则 $Z=X+Y$ 的分布为

$$Z\sim\mathcal{N}(\mu_z,\sigma_z^2)=\mathcal{N}(\mu_x+\mu_y,\ \sigma_x^2+\sigma_y^2) \tag{7-224}$$

5．随机矢量及多维高斯分布

多个随机变量可以构成随机矢量 $\boldsymbol{X}=[X_1,X_2,\cdots,X_m]^{\mathrm{T}}$，概念上讲其统计特性由多变量概率密度函数 $p(x_1,x_2,\cdots,x_m)$ 描述，但多变量函数的形式不够简洁，所以一般采用矢量的函数形式 $p(\boldsymbol{x})$ 表示。随机矢量的数学期望定义为

$$\boldsymbol{\mu}=[E[X_1],E[X_2],\cdots,E[X_m]]^{\mathrm{T}}$$

在随机矢量的情形下，单变量中方差的概念拓展为协方差矩阵 $\boldsymbol{P}$，其定义为

$$\boldsymbol{P}=\mathrm{cov}[\boldsymbol{X}]=E[(\boldsymbol{X}-\boldsymbol{\mu})(\boldsymbol{X}-\boldsymbol{\mu})^{\mathrm{T}}] \tag{7-225}$$

矩阵 $\boldsymbol{P}$ 的对角线元素 $p_{ii}=E[(X_i-\mu_i)^2]$ 是随机变量 X_i 的方差。

这里使用 $\boldsymbol{P}$ 表示协方差矩阵是为了和前述卡尔曼滤波中的符号一致。

【例 7-11】 设 $\boldsymbol{X}=[X_1,X_2]\sim\mathcal{N}(\boldsymbol{\mu},\boldsymbol{\sigma}^2)$，其中 $\boldsymbol{\mu}=[\mu_1,\mu_2]^{\mathrm{T}},\boldsymbol{\sigma}^2=[\sigma_1^2,\sigma_2^2]$。求协方差矩阵 $\mathrm{cov}[\boldsymbol{X}]$。

【解】 由协方差矩阵定义知

$$\boldsymbol{P}=E[(\boldsymbol{X}-\boldsymbol{\mu})(\boldsymbol{X}-\boldsymbol{\mu})^{\mathrm{T}}]=E\left[\begin{bmatrix}X_1-\mu_1\\X_2-\mu_2\end{bmatrix}\begin{bmatrix}X_1-\mu_1\\X_2-\mu_2\end{bmatrix}^{\mathrm{T}}\right]=\begin{bmatrix}p_{11}&p_{12}\\p_{21}&p_{22}\end{bmatrix}$$

$$p_{11}=E[(X_1-\mu_1)^2]=\sigma_1^2,\quad p_{22}=E[(X_2-\mu_2)^2]=\sigma_2^2$$

$$p_{12}=p_{21}=E[(X_1-\mu_1)(X_2-\mu_2)]$$

如果定义高斯随机变量X_1, X_2的相关系数ρ为

$$\rho = \frac{E[(X_1-\mu_1)(X_2-\mu_2)]}{\sqrt{E[(X_1-\mu_1)^2]E[(X_2-\mu_2)^2]}} = \frac{E[(X_1-\mu_1)(X_2-\mu_2)]}{\sigma_1\sigma_2}$$

即

$$E[(X_1-\mu_1)(X_2-\mu_2)] = \rho\sigma_1\sigma_2 = p_{12} = p_{21}$$

因此有

$$\boldsymbol{P} = \text{cov}[\boldsymbol{X}] = \begin{bmatrix} \sigma_1^2 & \rho\sigma_1\sigma_2 \\ \rho\sigma_1\sigma_2 & \sigma_2^2 \end{bmatrix}$$

当高斯随机变量X_1, X_2相互独立时$\rho=0$,因为

$$E[(X_1-\mu_1)(X_2-\mu_2)] = E[X_1X_2]-\mu_1\mu_2 = E[X_1]E[X_2]-\mu_1\mu_2 = 0$$

所以

$$\boldsymbol{P} = \text{cov}[\boldsymbol{X}] = \begin{bmatrix} \sigma_1^2 & 0 \\ 0 & \sigma_2^2 \end{bmatrix}$$

从求解过程可以看到，上述结论是一个一般结论，即当随机矢量$\boldsymbol{X}$的各分量X_i相互独立时，由于$E[(X_i-\mu_i)(X_j-\mu_j)]=0$，协方差矩阵$\boldsymbol{P}$为对角阵。

【例毕】

引入协方差矩阵概念后，使多维高斯随机矢量的概率密度函数表示变得非常简便，与一维高斯随机变量的pdf具有非常相似的形式。

【例 7-12】 多维高斯随机变量概率密度函数的协方差矩阵表示。

【解】先考察二维高斯随机矢量的 pdf。两个高斯随机变量X_1, X_2的联合概率密度函数为

$$p(x_1,x_2) = \frac{1}{2\pi\sigma_1\sigma_2\sqrt{1-\rho^2}} \times \exp\left\{-\frac{1}{2(1-\rho^2)}\left[\frac{(x_1-\mu_1)^2}{\sigma_1^2} - 2\rho\frac{(x_1-\mu_1)(x_2-\mu_2)}{\sigma_1\sigma_2} + \frac{(x_2-\mu_2)^2}{\sigma_2^2}\right]\right\}$$

不难理解，当随机变量的个数增加时，类似于上述形式的pdf将变得非常复杂，甚至无法表示。不难计算出上一例题中两变量情况下的协方差矩阵的逆矩阵为

$$\boldsymbol{P}^{-1} = \frac{1}{\det\boldsymbol{P}}\begin{bmatrix} \sigma_2^2 & -\rho\sigma_1\sigma_2 \\ -\rho\sigma_1\sigma_2 & \sigma_1^2 \end{bmatrix} = \frac{1}{\sigma_1^2\sigma_2^2(1-\rho^2)}\begin{bmatrix} \sigma_2^2 & -\rho\sigma_1\sigma_2 \\ -\rho\sigma_1\sigma_2 & \sigma_1^2 \end{bmatrix}$$

若记$\boldsymbol{X} = \begin{bmatrix} X_1 \\ X_2 \end{bmatrix}, \boldsymbol{\mu} = \begin{bmatrix} \mu_1 \\ \mu_2 \end{bmatrix}$，则有

$$(\boldsymbol{x}-\boldsymbol{u})^{\mathrm{T}}\boldsymbol{P}^{-1}(\boldsymbol{x}-\boldsymbol{u}) = \frac{1}{\det\boldsymbol{P}}[x_1-\mu_1, x_2-\mu_2]\begin{bmatrix} \sigma_2^2 & -\rho\sigma_1\sigma_2 \\ -\rho\sigma_1\sigma_2 & \sigma_1^2 \end{bmatrix}\begin{bmatrix} x_1-\mu_1 \\ x_2-\mu_2 \end{bmatrix}$$

因此，借助协方差矩阵可以将二维高斯随机变量的联合概率密度函数表示为如下更为简洁的形式

$$p(\boldsymbol{x}) = \frac{1}{2\pi\sqrt{\det\boldsymbol{P}}}\exp\{-\frac{1}{2}(\boldsymbol{x}-\boldsymbol{u})^{\mathrm{T}}\boldsymbol{P}^{-1}(\boldsymbol{x}-\boldsymbol{u})\}$$

重要的是，采用协方差矩阵可将n维高斯随机矢量$\boldsymbol{X}=[X_1, X_2, \cdots, X_n]^{\mathrm{T}}$的概率密度函数表示为与上类似的简洁形式

$$p(\boldsymbol{x})=\frac{1}{\sqrt{(2\pi)^n \det \boldsymbol{P}}}\exp\{-\frac{1}{2}(\boldsymbol{x}-\boldsymbol{u})^{\mathrm{T}}\boldsymbol{P}^{-1}(\boldsymbol{x}-\boldsymbol{u})\} \tag{7-226}$$

当其各分量不相关时，矩阵 $\boldsymbol{P}$ 为对角阵。

【例毕】

（1）协方差矩阵为对称方阵，即 $\boldsymbol{P}^{\mathrm{T}}=\boldsymbol{P}$。当随机矢量各分量相互独立时，协方差矩阵为对角方阵。

（2）若 $\boldsymbol{X}\sim\mathcal{N}(\boldsymbol{\mu}_x,\boldsymbol{P}_x)$，$\boldsymbol{Y}=\boldsymbol{A}\boldsymbol{X}+\boldsymbol{b}$，则

$$\boldsymbol{Y}\sim\mathcal{N}(\boldsymbol{\mu}_y,\boldsymbol{P}_y)=\mathcal{N}(\boldsymbol{A}\boldsymbol{\mu}_x+\boldsymbol{b},\ \boldsymbol{A}\boldsymbol{P}_x\boldsymbol{A}^{\mathrm{T}}) \tag{7-227}$$

【证明】

$$\boldsymbol{\mu}_y=E[\boldsymbol{Y}]=E[\boldsymbol{A}\boldsymbol{X}+\boldsymbol{b}]=\boldsymbol{A}E[\boldsymbol{X}]+\boldsymbol{b}=\boldsymbol{A}\boldsymbol{\mu}_x+\boldsymbol{b}$$

$$\begin{aligned}
\boldsymbol{P}_y&=E[(\boldsymbol{Y}-\boldsymbol{u}_y)(\boldsymbol{Y}-\boldsymbol{u}_y)^{\mathrm{T}}]\\
&=E[(\boldsymbol{A}\boldsymbol{X}+\boldsymbol{b}-\boldsymbol{u}_y)(\boldsymbol{A}\boldsymbol{X}+\boldsymbol{b}-\boldsymbol{u}_y)^{\mathrm{T}}] \quad [\text{代入}\boldsymbol{Y}=\boldsymbol{A}\boldsymbol{X}+\boldsymbol{b}]\\
&=E[(\boldsymbol{A}\boldsymbol{X}+\boldsymbol{b}-(\boldsymbol{A}\boldsymbol{u}_x+\boldsymbol{b}))(\boldsymbol{A}\boldsymbol{X}+\boldsymbol{b}-(\boldsymbol{A}\boldsymbol{u}_x+\boldsymbol{b}))^{\mathrm{T}}] \quad [\text{代入}\boldsymbol{\mu}_y=\boldsymbol{A}\boldsymbol{\mu}_x+\boldsymbol{b}]\\
&=E[\boldsymbol{A}(\boldsymbol{X}-\boldsymbol{u}_x)(\boldsymbol{A}(\boldsymbol{X}-\boldsymbol{u}_x))^{\mathrm{T}}]\\
&=E[\boldsymbol{A}(\boldsymbol{X}-\boldsymbol{u}_x)(\boldsymbol{X}-\boldsymbol{u}_x)^{\mathrm{T}}\boldsymbol{A}^{\mathrm{T}}] \quad [(\boldsymbol{A}\boldsymbol{B})^{\mathrm{T}}=\boldsymbol{B}^{\mathrm{T}}\boldsymbol{A}^{\mathrm{T}}]\\
&=\boldsymbol{A}E[(\boldsymbol{X}-\boldsymbol{u}_x)(\boldsymbol{X}-\boldsymbol{u}_x)^{\mathrm{T}}]\boldsymbol{A}^{\mathrm{T}}\\
&=\boldsymbol{A}\boldsymbol{P}_x\boldsymbol{A}^{\mathrm{T}}
\end{aligned}$$

【证毕】

6．条件概率、联合概率和贝叶斯公式

随机事件 $\{X=x_i\}$ 的发生概率大小可能与随机事件 $\{Z=z_j\}$ 有无发生有关。例如，在对一个物理量 X（如信号电压）进行测量前，X 的可能取值范围较宽，取各种值的概率服从某一种分布。当对 X 进行测量并且获得其测量值后，即 $\{Z=z_j\}$ 的事件发生后，$\{X=x_i\}$ 事件发生的概率会有所不同——X 在测量值附近取值的概率会大大增加，远离测量值的概率会大大减小。这就是条件概率的概念，条件概率表示为 $p(x|z)$,有时记为 $P(X|Z)$。

注意：条件概率中竖线符号的“组合”优先级最低。当出现 $P(X|Y,Z)$ 时，Y 和 Z 先“组合”，因此 $P(X|Y,Z)$ 的物理含义是随机变量 Y,Z 发生后，X 的取值概率，是涉及三变量的条件概率。不要将 $P(X|Y,Z)$ 理解成 $X|Y$ 与 Z 的联合概率，没有这种“组合”方法。

如果考虑向平面上随机投点的实验，那么点落在平面上的坐标构成一对随机变量 (X,Y)，描述点落在平面上 (X,Y) 的概率 $P(X,Y)$ 即为随机变量 X 和 Y 的联合概率。有时记为 $P(XY)$, $p(x,y)$, $p(xy)$。

条件概率和联合概率的常用性质如下。

（1）若 X 和 Y 相互独立，则 $P(X|Y)=P(X)$，$P(Y|X)=P(Y)$　（7-228）

（2）若 X 和 Y 相互独立，则 $P(XY)=P(X)P(Y)$　（7-229）

（3）$P(XY)=P(X)P(Y|X)=P(Y)P(X|Y)$　（7-230）

（4）$\int p(x,y)\mathrm{d}x=p(y)$，$\int p(x,y)\mathrm{d}y=p(x)$　（7-231）

（5）贝叶斯公式：$P(X \mid Y)=\dfrac{P(XY)}{P(Y)}$ （7-232）

7．随机过程

随机变量的概念不和时间发生任何关系。例如，用投骰子实验考察随机变量的概率问题时，即便进行了成千上万次投掷实验，也并不会关心或记录投掷的先后顺序或时间。显然，随机变量不能描述与时间有关的随机现象，例如，在信号分析和处理领域，信号通常被视为时间的函数（包括离散时间），当要将电子器件或设备的热噪声电压用随机量描述时，与时间无关的随机变量概念则难以胜任了。如果多次进行热噪声电压的测试和记录，可以得到类似图 7.52 所示的波形，其中一条曲线表示一次实验的记录，即一次实验中随机噪声电压随时间变化的情况。图 7.52 所示的就是一个随机过程——随机变量随时间变化的过程，一般记为$X(t)$，图中的一条曲线称为随机过程的一个样本（图中只绘了 2 个样本曲线，实线虚线各 1 条）。

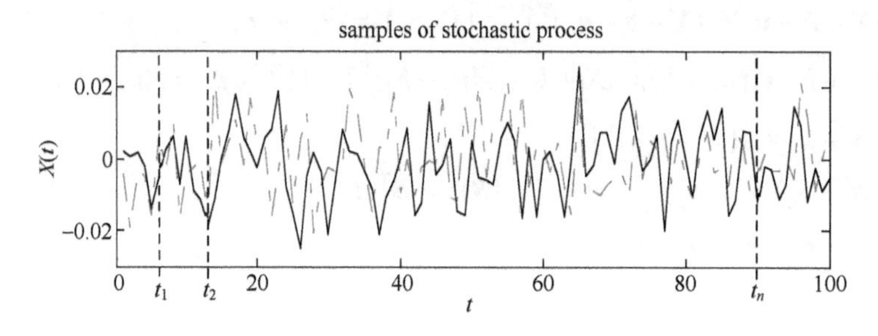

图 7.52 随机过程示意图

随机过程统计特性的表征还需借助随机变量的概念。在图 7.52 中，当考察某个时刻t_1的噪声电压取值$X(t_1)$时，可以将该时刻噪声电压的取值视为一个随机变量X_1，其统计特性为概率密度函数$p(x_1)$。为了表述整个随机过程的统计特性，取n个时刻$t_1,t_2,\cdots,t_n$得到n个随机变量$X_1,X_2,\cdots,X_n$，用这n个随机变量的联合概率密度函数表征随机过程$X(t)$的统计特性，一般记为$p(x_1,x_2,\cdots,x_n;t_1,t_2,\cdots,t_n)$。

$p(x_1,x_2,\cdots,x_n;t_1,t_2,\cdots,t_n)$中的分号表示后面的时间是参变量（不是主变量），时间参变量常常被隐去。例如对于一个高斯随机过程$X(t)$，其统计特性就是用式（7-226）表示，只是此时其中的n个随机变量是随机过程n个时刻所对应的随机变量。当然，为了体现随机过程的时间概念，也可写为

$$p(\boldsymbol{x},t)=\frac{1}{(2\pi)^n\det\boldsymbol{P}}\exp\left\{-\frac{1}{2}(\boldsymbol{x}(t)-\boldsymbol{u}(t))^{\mathrm{T}}\boldsymbol{P}^{-1}(\boldsymbol{x}(t)-\boldsymbol{u}(t))\right\} \tag{7-233}$$

n时刻$t_1,t_2,\cdots,t_n$如何选取，并没有定义，也无法定义。可以说随机过程的定义并不严谨或并不完美，上述定义也是一种无奈之举。

随机过程的数字特征就是n维随机变量联合分布的数字特征，如$X(t)$的均值为

$$E[X(t)]=\int\boldsymbol{x}(t)p(\boldsymbol{x},t)\,\mathrm{d}\boldsymbol{x}=\hat{\boldsymbol{\mu}}(t) \tag{7-234}$$

如果对照随机过程的定义，上两式中t符号的使用也不够严谨，不再讨论。

随机过程中有一个重要概念是平稳性，即所谓的平稳随机过程（Stationary Stochastic

Process)。所谓严平稳随机过程是指概率函数不随时间的变化而变化。更准确地说，上述 n 个随机变量 $X_1, X_2, \cdots, X_n$ 的联合概率分布函数不会因为 $t_1, t_2, \cdots, t_n$ 的选取不同而不同。显然，要考察一个"随机过程是否为严平稳过程"是比较困难的。通常说的平稳过程是指宽平稳随机过程，所谓宽平稳随机过程是指数学期望与时间无关（为常数）且协方差只与时间差有关的随机过程。不满足宽平稳条件的，称为非平稳过程（Nonstationary Stochastic Process）。

随机过程中另一个重要概念是各态历经性（Ergodicity，又称遍历性）。由图 7.52 不难理解，当需要计算某个 t_i 时刻随机变量 X_i 的均值时，按照定义需要有很多样本，通常很难做到。假设由一个样本遍历了所有的可能取值，并且体现了随机过程的统计特性，那么 X_i 的各数字特征都可以用一个样本计算而得。满足这个假设的随机过程就是所谓的各态历经过程。因此，对于各态历经过程，X_i 的统计均值等于 $X(t)$ 一个样本的时间均值。各态历经过程一定是平稳过程。

R.E.卡尔曼（Rudolf Emil Kalman, 1930.5.19—2016.7.2）出生于匈牙利首都布达佩斯。1953 年和 1954 年先后在 MIT 获得电子工程学士和硕士学位，1957 年在哥伦比亚大学获得博士学位。1957—1958 年在位于纽约州的 IBM Research Laboratory 当技术员，1958—1964 年在马里兰州巴尔的摩市由著名数学家 Solomon Lefschetz 创办的 Research Institute for Advanced Studies（RIAS）进行数学研究，1964—1971 年在斯坦福大学任教授，1971 年佛罗里达大学任 Graduate Research Professor，并任该校数学系统理论研究中心主任，至 1992 年退休，1991 年、1993 年、1994 年先后任美国国家工程院院士、美国艺术与科学院院士，美国国家科学院院士。

在第二次世界大战的早期，美国科学家、控制论奠基人 N.维纳（Norbert Wiener，1894—1964）在对空火炮自动控制器的设计中需要解决飞机位置的预测问题，以确保炮弹能命中飞机。控制器必须利用含噪的雷达跟踪信号预测将来时刻的飞机轨迹，其后的研究工作形成了所谓的 Wiener - Kolmogorov Filter。1958 年卡尔曼和 Bucy 受到美国空军资助开展估计和控制领域的研究。1958 年 11 月下旬，卡尔曼乘火车从普林斯顿回巴尔的摩，火车在巴尔的摩郊外停留了近一小时，由于是晚间 11 点左右，长时间的火车停留使卡尔曼感觉有些疲劳和头疼，也正是在这个时间卡尔曼有了一个想法：*Why not apply the notion of state variables to Wiener-Kolmogorov filtering problem*? 这一听似"牛顿与苹果"的故事被有些文献认为是后来推导卡尔曼滤波的关键起始。事实上，卡尔曼滤波理论是在动态系统建模与最优估计方法的研究过程中逐渐形成的。卡尔曼 1954 年在 MIT 完成的硕士学位论文就是关于离散时间线性动态系统的研究，1960 年发表了离散时间滤波算法，形成了一套完整的递推公式，即今天熟知的 Kalman Filter。

1961 年扩展卡尔曼滤波算法被用于美国阿波罗号飞船载人登月计划项目研究，以滤除宇宙飞船陀螺仪、加速度计和雷达等传感器测量数据中的不确定性误差和随机噪声，以便对飞船的位置和运动速度做出更准确和精确的估计。这一成功应用，使卡尔曼和卡尔曼滤波器声名鹊起，也使卡尔曼滤波和状态空间描述得到广泛认可。在近几十年的数字技术年代中，离散卡尔曼滤波算法获得异常成功的应用，甚至已变得无可替代。

习　题

7.1　设$\boldsymbol{A}=\begin{bmatrix}2 & 4\\1 & 3\end{bmatrix}$，求det($\boldsymbol{A}$)，$\boldsymbol{A}^{-1}$和tr($\boldsymbol{A}$)。

7.2　设$g(x)=\boldsymbol{w}^{\mathrm{T}}\boldsymbol{x}=\sum_{i=1}^{n}w_i x_i$，求$\dfrac{\mathrm{d}g}{\mathrm{d}\boldsymbol{x}}$。

7.3　设一维随机变量X服从高斯分布$X\sim\mathcal{N}(\mu_x,\sigma_x^2)$，试证明其线性变换$Y=aX+b$的均值和方差为$\mu_y=a\mu_x+b$，$\sigma_y^2=a^2\sigma_x^2$。

7.4　设高斯随机变量X和Y相互独立，试证明其联合概率密度函数为

$$p(x,y)=\frac{1}{\sqrt{2\pi}\sigma_x\sigma_y}\mathrm{e}^{-[\frac{(x-\mu_x)^2}{2\sigma_x^2}+\frac{(y-\mu_y)^2}{2\sigma_y^2}]}$$

7.5　设$\boldsymbol{f}(\boldsymbol{x})=\begin{bmatrix}f_1(x_1,x_2)\\f_2(x_1,x_2)\end{bmatrix}=\begin{bmatrix}2x_2^2+x_1x_2\\x_1x_2+4x_2^2\end{bmatrix}$，求其雅可比矩阵。

7.6　记k时刻车辆在直角坐标系中的坐标为(x_k, y_k)，x和y方向的速度分别为$v_{x,k}$和$v_{y,k}$。车辆位置坐标值可由定位系统测量，系统抽样时间间隔为T_{s}。

（1）假定车辆做匀速直线行驶，选择车辆位置(x_k, y_k)为状态变量，试建立其状态方程输出方程。

（2）假定车辆做匀速直线行驶，x和y方向速度可由测速系统获得，选择车辆位置和速度为状态变量，试建立其状态方程和输出方程。

（3）同题（1），但假定车辆做匀加速直线行驶。

（4）同题（2），但假定车辆做匀加速直线行驶。

（5）同题（1），但假定车辆在弯道上做匀速圆周行驶，转弯半径为R。

（6）同题（2），但假定车辆在弯道上做匀速圆周行驶，转弯半径为R。

（7）同题（1），但假定车辆在弯道上做匀加速圆周行驶，转弯半径为R。

（8）同题（2），但考虑车辆的三维坐标和速度。

（9）假定车辆作非规则曲线的变速行驶，试建立其状态方程输出方程。

7.7　试在Matlab中分别编程实现题7.6（6）的EKF和UKF算法，并进行实验比较。

7.8　连续时间LTI系统的微分方程如下，试将其转换为状态方程描述。

$$y'''(t)+a_2y''(t)+a_1y'(t)+a_0y(t)=bx(t)$$

7.9　已知系统函数如下，试画出其直接型系统方框图，并写出其状态方程和输出方程。

$$H(s)=\frac{10s^2+17s+3}{s^3+6s^2+11s+6}$$

7.10　已知状态方程、输出方程、初始状态和输入分别如下，求状态矢量$\boldsymbol{x}(t)$和输出矢量$\boldsymbol{y}(t)$。

$$\begin{bmatrix}\dot{x}_1(t)\\\dot{x}_2(t)\end{bmatrix}=\begin{bmatrix}2 & 3\\0 & -1\end{bmatrix}\begin{bmatrix}x_1(t)\\x_2(t)\end{bmatrix}+\begin{bmatrix}0 & 1\\1 & 0\end{bmatrix}\begin{bmatrix}f_1(t)\\f_2(t)\end{bmatrix};\quad\begin{bmatrix}x_1(0^-)\\x_2(0^-)\end{bmatrix}=\begin{bmatrix}2\\-1\end{bmatrix}$$

$$\begin{bmatrix}y_1(t)\\y_2(t)\end{bmatrix}=\begin{bmatrix}1 & 1\\0 & -1\end{bmatrix}\begin{bmatrix}x_1(t)\\x_2(t)\end{bmatrix}+\begin{bmatrix}1 & 0\\1 & 0\end{bmatrix}\begin{bmatrix}f_1(t)\\f_2(t)\end{bmatrix};\quad\begin{bmatrix}f_1(t)\\f_2(t)\end{bmatrix}=\begin{bmatrix}u(t)\\\mathrm{e}^{-3t}u(t)\end{bmatrix}$$

7.11　已知一离散时间系统的方框图如下所示，选延时器输出端作为状态变量，试建立该系统的状态方程和输出方程。

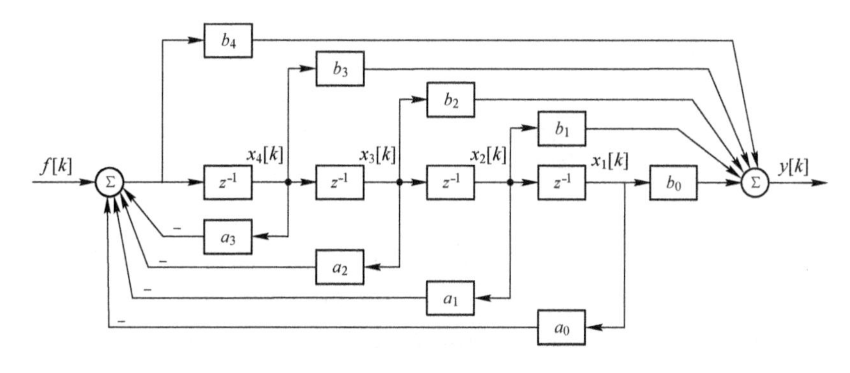

题图 7.11

7.12　已知离散时间因果 LTI 系统的系统函数如下，将其变换为状态方程描述。

$$H(z)=\frac{3z^2+4}{z^3+\frac{1}{4}z^2-\frac{1}{4}z-\frac{1}{16}}$$

7.13　已知状态方程如下，求该系统的零输入响应、零状态响应和完全响应。

$$\begin{bmatrix} x_1[k+1] \\ x_2[k+1] \end{bmatrix}=\begin{bmatrix} 0 & 1 \\ -\frac{1}{6} & \frac{5}{6} \end{bmatrix}\begin{bmatrix} x_1[k] \\ x_2[k] \end{bmatrix}+\begin{bmatrix} 0 \\ 1 \end{bmatrix}f[k],\quad \begin{bmatrix} y_1[k+1] \\ y_2[k+1] \end{bmatrix}=\begin{bmatrix} -1 & 5 \\ 2 & 0 \end{bmatrix}\begin{bmatrix} x_1[k] \\ x_2[k] \end{bmatrix}$$

$$\begin{bmatrix} x_1[0] \\ x_2[0] \end{bmatrix}=\begin{bmatrix} 2 \\ 3 \end{bmatrix},\quad f[k]=u[k]$$

参 考 文 献

[1] 芮坤生, 潘孟贤, 丁志中. 信号分析与处理（第二版）[M]. 北京: 高等教育出版社, 2003.

[2] 芮坤生, 等. 信号分析与处理（第一版）[M] . 北京: 高等教育出版社, 1993.

[3] Sebastian Thrun, Wolfram Burgard and Dieter Fox. Probabilistic Robotics [M]. The MIT Press, Cambridge Massachusetts, London, England, 2006.

[4] [韩] Phil Kim. 深度学习: 基于 MATLAB 的设计实例 [M]. 邹伟, 等译. 北京: 北京航空航天大学出版社, 2018.

[5] Simon Julier and Jeffrey K. Uhlman. A General Method for Approximating Nonlinear Transformations of Probability Distributions [J]. https://xueshu.baidu.com.

[6] [加] Joyce Van de Vegre. 数字信号处理基础 [M]. 侯正信, 等译. 北京: 电子工业出版社, 2003.

[7] 郑君里, 应启珩, 杨为理. 信号与系统（第三版）[M]. 北京: 高等教育出版社, 2011.

[8] 管致中, 孟乔, 夏恭恪. 信号与线性系统（第六版）[M]. 北京: 高等教育出版社, 2019.

[9] 陈后金, 等. 信号与系统（第三版）[M]. 北京: 高等教育出版社, 2020.

[10] 燕庆明, 等. 信号与系统教程（第四版）[M]. 北京: 高等教育出版社, 2019.

[11] Alan V. Oppenheim. Signals and Systems (Second Edition) [M]. 北京: 电子工业出版社, 2002.

[12] 吴大正, 李小平. 信号与线性系统分析（第五版）[M]. 北京: 高等教育出版社, 2019.

[13] Y. LeCun, B. Boser, J.S.Denker et al. Backpropagation Applied to Handwritten Zip Code Recognition [J]. Neural Computation, 1989, 1(4): 541-551.

[14] 丁志中, 等. 周期信号傅氏变换两种表达式的等效性证明 [J]. 电工教学, 1996, 18(1): 49-50.

[15] 丁志中, 等. 频谱无混叠抽样和信号完全可重构抽样 [J]. 数据采集与处理, 2005, 20(3): 333-337.

[16] 丁志中. 双线性变换法原理的解释 [J]. 电气电子教学学报, 2004, 26(2): 53-54.

反侵权盗版声明

反侵权盗版声明